湿地研究法

李春义　栾晓峰　陆　梅
黄力平　郭保香　王希群　编著

中国林业出版社
China Forestry Publishing House

图书在版编目(CIP)数据

湿地研究法/李春义等编著. —北京：中国林业出版社，2020.12
ISBN 978-7-5219-0919-7

Ⅰ.①湿… Ⅱ.①李… Ⅲ.①沼泽化地–自然资源保护–研究–中国
Ⅳ.①P942.078

中国版本图书馆 CIP 数据核字(2020)第 234999 号

责任编辑：	李　敏　于晓文
电　　话：	01083143575　01083143549

出版发行	中国林业出版社(100009　北京市西城区德内大街刘海胡同7号)
	http://www.forestry.gov.cn/lycb.html
印　刷	北京中科印刷有限公司
版　次	2020 年 12 月第 1 版
印　次	2020 年 12 月第 1 次
开　本	787mm×1092mm　1/16
印　张	47.5
字　数	1037 千字
定　价	198.00 元

未经许可，不得以任何方式复制或抄袭本书之部分或全部内容。

版权所有　侵权必究

《湿地研究法》编著者

李春义　中国林业科学研究院湿地研究所
栾晓峰　北京林业大学
陆　梅　西南林业大学
黄力平　新疆林业科学院
郭保香　国家林业和草原局林产工业规划设计院
王希群　中国林业科学研究院

前 言
PREFACE

湿地是一个自然体，是一个十分复杂的生态系统，由于湿地构建主体多样而复杂，使人们对湿地难以达到这样一个统一的认识：什么是湿地？

1971年2月2日，来自18个国家的代表在伊朗南部海滨小城拉姆萨尔签署了一个旨在保护和合理利用全球湿地的公约——《关于特别是作为水禽栖息地的国际重要湿地公约》(*Convention on Wetlands of International Importance Especially as Waterfowl Habitat*)，简称《湿地公约》，该公约于1975年12月21日正式生效。1992年1月3日中华人民共和国国务院决定加入《关于特别是作为水禽栖息地的国际重要湿地公约》(国函〔1992〕1号)，明确执行该公约的具体事宜，林业部负责组织、协调。《湿地公约》第一条第一款规定：为本公约之目的，湿地是指，不问其为天然或人工、长久或暂时的沼泽地、泥炭地或水域地带，带有静止或流动的淡水、半咸水或咸水水体，包括低潮时水深不超过6米的水域(For the purpose of this convention wetlands are areas of marsh, fen, peatland or water, whether natural or artificial, permanent or temporary, with water that is static or flowing, fresh, brackish or salt, including areas of marine water the depth of which at low tide does not exceed six metres)，这个湿地的概念还是被公认的。从这个概念可以看出，湿地应该是连续或不连续的、具有一定面积的水域，并能在地上与地下进行物质和能量交换，是自然界中具有特殊作用的水与土壤的结合体，也是多个自然生态系统的集合体。

科学词汇"湿地"，也是一个舶来品，在我国出现在20世纪初。1912年12月，天翼《湿地可化良田》刊于中华基督教青年会主办《进步》杂志第3卷第2期113~114页。在整个20世纪，新疆伊犁河谷湿地、云南开蒙湿地、陕西延安南泥湾湿地、黑龙江三江平原湿地等被大面积或全部开垦，鄱阳湖、洞庭湖、太湖、洪泽湖、巢湖、洪湖等湖泊被围垦或开垦、填埋，大面积湿地减少或消失，一些湿地作为储水罐和调节器的功能逐渐减小或者消失。科学词汇"保护湿地"在我国则是出现在1972年翻译的《关于特别是作为水禽栖息地的国际重要湿地公约》。《野生动物》杂志在1986年第2期、第3期介绍了《世界湿地保护概况——介绍拉姆萨尔(Ramsar)公约》，使人们知道了湿地也需要保护，湿地问题已经成为关乎民族延续和可持续发展的重大问题。

进入 21 世纪，保护湿地引起了党中央、国务院的高度重视。2000 年 11 月 8 日，由国家林业局牵头，外交部、国家计委、财政部、农业部、水利部等 17 个部委共同参与制定并发布《中国湿地保护行动计划》，这是一个中国保护湿地的国家标志，中国保护湿地进入了一个崭新阶段，保护湿地成为国家和全社会的共识。2004 年 2 月，经国务院批准，国家林业局公布了由 10 个部门共同编制的《全国湿地保护工程规划》；2016 年 11 月 30 日，国务院办公厅印发了《湿地保护修复制度方案》（国办发〔2016〕89 号）；2017 年 5 月 11 日，国家林业局、国家发展改革委、财政部、国土资源部、环境保护部、水利部、农业部、国家海洋局印发了《贯彻落实〈湿地保护修复制度方案〉的实施意见》（林函湿字〔2017〕63 号），保护和修复湿地已经成为国家行动。2017 年 10 月 24 日，《中国共产党章程》（修订）明确提出："中国共产党领导人民建设社会主义生态文明。树立尊重自然、顺应自然、保护自然的生态文明理念，增强绿水青山就是金山银山的意识，坚持节约资源和保护环境的基本国策，坚持节约优先、保护优先、自然恢复为主的方针，坚持生产发展、生活富裕、生态良好的文明发展道路。着力建设资源节约型、环境友好型社会，实行最严格的生态环境保护制度，形成节约资源和保护环境的空间格局、产业结构、生产方式、生活方式，为人民创造良好生产生活环境，实现中华民族永续发展"。在国家层面，2017 年开始第三次全国国土调查单独设立了"湿地类"，将土地利用现状中水田、红树林地、森林沼泽、灌丛沼泽、沼泽草地、盐田、河流水面、湖泊水面、水库水面、坑塘水面、沿海滩涂、内陆滩涂、沟渠、沼泽地归为湿地。但是，要看到的是湿地的保护与开发这一问题仍然存在，仍在博弈中。要使保护湿地像保护人类自身的肾一样，我国要走的路还很长、很长，任务还很重、很重。

我在 2012 年陕甘宁边区林业发展历史研究时对陕北高原湿地南泥湾调查和 2015 年、2017 年在新疆额尔齐斯河科克托海湿地自然保护区、内蒙古图牧吉国家级自然保护区综合科学考察和总体规划时，由于对湿地认识不同，一起参加考察的同志和基层的同志共同反映需要一部系统研究湿地方法的书籍，这成为大家一个共同的需求。

2016 年 7 月，我们完成对新疆额尔齐斯河科克托海湿地自然保护区综合科学考察和总体规划后，我被组织调到中国林业科学研究院工作，正好中国林业科学研究院湿地研究所李春义也在对湿地研究的方法体系进行系统整理，这样，我们共同把《湿地研究法》编研作为一项重要的工作。

李春义：中国林业科学研究院湿地研究所副研究员，主要研究方向湿地研究方法论、湿地生态学、湿地资源管理。

栾晓峰：北京林业大学生态与自然保护学院教授，主要研究方向自然保护地建设与管理、生物多样性保护与利用、保护规划理论与方法、资本评估和信息系统建设。

陆　梅：西南林业大学副教授，主要研究方向湿地生态学、土壤生态学和湿地土壤微生物等。

黄力平：新疆林业科学院副研究员，主要研究方向林业资源监测与评价、林业"3S"技术应用、林业应对气候变化、林业可持续发展等。

郭保香：国家林业和草原局林产工业规划设计院教授级高级工程师，主要研究方向林业资源调查、监测与评价，自然保护区、湿地公园等自然保护地综合科学考察、规划设计等。

李春义、栾晓峰、陆梅、黄力平、郭保香都是在我国湿地一线的科技工作者。

任何一项研究采用正确的方法是得到正确结果的最佳途径。湿地研究法是以解决湿地问题为目标的通用理论和方法体系，包括环境、阶段、任务、目标、工具、方法、技巧等，直接影响到研究的水平，是开展湿地研究的一项最基础工作。但必须认识到，由于湿地多样而复杂，而研究目的和认识水平不同，对研究方法的应用也就不同，同时研究方法随着时间、地点、环境的变化也发生着变化。

湿地是地球上的一个自然体，是一个长期的储水器，湿地利用和保护是人类一项长期的事业。要想利用好、保护好湿地，首先应该了解和掌握湿地的知识，而在一线的湿地科研人员和湿地管理工作人员提出这样的需求，正是我们研究者工作的一个方向。

《湿地研究法》虽已完成，但由于受到编著者水平的限制和专业的局限，书中的缺点肯定是存在的，甚至个别地方还会有误。同时，这些研究方法也会随着时代和科技的进步而完善，一是原始的调查方法得到重视，使一些现代方法在基本调查中得到验证，二是现代科学技术对一些原始的调查方法进行深入改进，自动化、信息化技术得到充分应用。恳望使用者在使用本书发现问题时及时与我们联系，我们会不断纠正错误，使《湿地研究法》得到不断完善和提高。

王希群

写于新疆伊犁河谷新源县那拉提湿地

2020 年 4 月 18 日

目 录
CONTENTS

前 言

第一章 湿地调查方法与技术 ... 1
第一节 湿地调查分类与内容 ... 1
一、调查分类 ... 1
二、调查内容 ... 2
三、调查时间 ... 2
第二节 湿地类型及其边界界定 ... 2
一、湿地分类 ... 2
二、边界确定 ... 4
第三节 湿地调查因子分类标准 ... 7
一、地貌类型 ... 7
二、土壤分类 ... 8
三、泥炭厚度分类 ... 9
四、地表水水质分类 ... 9
五、地下水水质分类 ... 11
六、其他调查因子标准 ... 16
第四节 湿地调查指标与方法 ... 18
一、一般调查 ... 18
二、重点调查 ... 20
第五节 无人机调查技术 ... 35
一、无人机概况 ... 35
二、无人机调查特点与流程 ... 37
三、无人机在湿地调查中应用与分析技术 ... 38

参考文献 ... 42

第二章 湿地植物 ······ 44
第一节 湿地植物调查方法 ······ 44
一、样地设置和描述 ······ 44
二、植物群落调查与观测 ······ 46
三、湿地植物群落生物量和第一性生产力测定 ······ 57
第二节 湿地藻类调查与测定 ······ 60
一、浮游藻类测定 ······ 60
二、着生藻类测定 ······ 63
三、藻类多样性计算 ······ 66
四、叶绿素和藻蓝素测定 ······ 67
第三节 湿地物候观测 ······ 73
一、观测方法 ······ 73
二、物候观测 ······ 74
三、气象水文现象观测 ······ 76
第四节 湿地植物凋落物 ······ 77
一、凋落物测定方法 ······ 77
二、分解速率及阶段性变化 ······ 79
三、气候因素及土壤动物对凋落物分解的影响 ······ 82
第五节 湿地植物根际 ······ 83
一、植物根系观测与采集 ······ 83
二、植物根系原位置观测 ······ 87
三、植物根系形态与活力 ······ 89
四、根系分泌物收集、分离与鉴定 ······ 93
参考文献 ······ 97

第三章 湿地动物 ······ 100
第一节 湿地兽类调查方法 ······ 100
一、大型兽类 ······ 101
二、小型兽类 ······ 102
第二节 湿地爬行、两栖类调查方法 ······ 104
一、爬行类调查方法 ······ 104
二、两栖类调查方法 ······ 106
第三节 湿地鱼类种类和数量调查方法 ······ 107
一、鱼类样品采集 ······ 107
二、鱼类种类鉴定 ······ 108
三、鱼类数量调查方法 ······ 109

四、鱼体测量和称重 ··· 110
　　五、鱼类年龄鉴定 ··· 110
第四节　湿地浮游动物调查方法 ·· 111
　　一、水样采集 ·· 111
　　二、水样固定 ·· 112
　　三、水样浓缩 ·· 112
　　四、浮游动物统计 ··· 112
第五节　湿地底栖动物调查方法 ·· 115
　　一、大型底栖动物调查 ··· 115
　　二、小型底栖动物调查 ··· 116
第六节　湿地昆虫调查方法 ·· 124
　　一、取样类型 ·· 124
　　二、野外调查方法 ··· 124
　　三、种群数量估算法 ·· 125
第七节　湿地鸟类调查研究 ·· 126
　　一、湿地鸟类及其生境调查 ·· 127
　　二、湿地鸟类群落结构 ··· 132
　　三、湿地鸟类迁徙与监测 ··· 136
　　四、湿地鸟类觅食生态 ··· 139
　　五、湿地鸟类繁殖生态 ··· 140
　　六、湿地鸟类行为发育 ··· 142
参考文献 ·· 144

第四章　湿地水体 ··· 147
第一节　湿地水文要素观测 ··· 147
　　一、地表水深观测 ··· 147
　　二、地表水位观测 ··· 148
　　三、流速观测 ·· 151
　　四、湿地径流量测定 ·· 151
　　五、地下水位观测 ··· 153
第二节　水样采集与保存 ·· 155
　　一、采样点布设 ·· 155
　　二、采样方法 ·· 156
　　三、水样保存 ·· 159
　　四、水样管理 ·· 163
第三节　水的理化性质测定 ··· 163

一、水温 163
二、色度 164
三、臭 167
四、浊度 170
五、透明度 174
六、pH 175
七、矿化度 178
八、电导率 179
九、氧化还原电位 182
十、碱度(总碱度、重碳酸盐和碳酸盐) 185

第四节 营养盐及有机污染综合指标 191
一、溶解氧 191
二、化学需氧量 197
三、生化需氧量 202
四、高锰酸钾指数 208
五、总有机碳 211
六、磷(总磷、溶解性磷酸盐和溶解性总磷) 214
七、总氮 218
八、硝酸盐氮 222
九、亚硝酸盐氮 225
十、氨氮 230
十一、硫酸盐 235

第五节 金属元素及其化合物 241
一、铝 241
二、钙、镁(含总硬度) 250
三、锌 252
四、钾、钠 258
五、铁 261
六、铜 265
七、汞 267
八、锰 274
九、铅 276
十、硒 279
十一、砷 285

第六节 有机污染物 290

一、石油类 290

　　二、苯系物 296

　　三、酚类化合物 300

　　四、多环芳烃 304

　　五、二噁英类 312

　　六、苯胺类化合物 325

　　七、硝基苯类 328

　　八、有机氯农药(六六六、滴滴涕) 332

　参考文献 337

第五章　湿地土壤 340

第一节　湿地土壤样品采集与处理 340

　　一、土壤样品采集 340

　　二、土壤样品处理与保存 343

第二节　湿地土壤物理指标 344

　　一、土壤颗粒组成 344

　　二、土粒密度(土壤比重) 355

　　三、土壤容重(土壤密度) 356

　　四、土壤孔隙度 357

　　五、土壤含水量 359

　　六、土壤田间含水量 362

　　七、土壤凋萎含水量 364

　　八、土壤水吸力及土壤水分特性曲线 365

第三节　湿地土壤主要养分元素 366

　　一、土壤有机质 367

　　二、土壤腐殖质组成 370

　　三、土壤全盐量 372

　　四、土壤氮、磷、钾 375

　　五、土壤硫化物 389

　　六、土壤微量元素 393

第四节　湿地土壤有机污染物 400

　　一、土壤有机磷污染物 400

　　二、土壤挥发性有机物 404

　　三、土壤多氯联苯 412

第五节　湿地土壤呼吸 418

　　一、静态气室法 418

二、动态气室法 ………………………………………………………… 420
　　三、土壤呼吸测量仪 …………………………………………………… 421
参考文献 …………………………………………………………………… 426

第六章　湿地沉积物 …………………………………………………… 428
第一节　采样与处理 …………………………………………………… 428
　　一、沉积物采样器 ……………………………………………………… 429
　　二、沉积物采样 ………………………………………………………… 438
　　三、沉积物样品分样 …………………………………………………… 441
　　四、沉积物处理 ………………………………………………………… 443
　　五、沉积物样品保存 …………………………………………………… 455
第二节　湿地沉积物物理指标 ………………………………………… 457
　　一、沉积物基本物理参数 ……………………………………………… 457
　　二、沉积物颗粒物理性质 ……………………………………………… 469
　　三、沉积物基本土力学性质 …………………………………………… 481
第三节　沉积物年代测定 ……………………………………………… 498
　　一、纹层定年法 ………………………………………………………… 499
　　二、14C 测年法 ………………………………………………………… 501
　　三、^{210}Pb 和 ^{137}Cs 测年法 ……………………………………………… 504
　　四、释光测年法 ………………………………………………………… 508
第四节　沉积物稳定同位素测定 ……………………………………… 512
　　一、无机碳同位素 ……………………………………………………… 514
　　二、有机碳同位素 ……………………………………………………… 517
　　三、氧同位素 …………………………………………………………… 518
　　四、氮同位素 …………………………………………………………… 519
　　五、硫同位素 …………………………………………………………… 521
　　六、锶同位素 …………………………………………………………… 525
参考文献 …………………………………………………………………… 527

第七章　湿地微生物与酶 ……………………………………………… 531
第一节　微生物纯培养方法与技术 …………………………………… 531
　　一、灭菌和消毒 ………………………………………………………… 532
　　二、培养基制作 ………………………………………………………… 533
　　三、接种、分离纯化和培养 …………………………………………… 535
　　四、微生物菌落观察与计数方法 ……………………………………… 539
　　五、微生物稀释平板培养 ……………………………………………… 540

第二节 微生物分析方法 541
- 一、微生物生物量测定 541
- 二、微生物总数分析 546
- 三、微生物总体活性测定 551
- 四、微生物群落功能多样性测定 555
- 五、微生物样品总 DNA 提取 557
- 六、微生物群落结构及多样性分析 559

第三节 土壤酶活性测定 568
- 一、氧化还原酶 568
- 二、水解酶 573
- 三、转移酶和裂解酶 581

参考文献 585

第八章 湿地气象与大气环境 587

第一节 湿地气候环境与观测方法 587
- 一、小气候观测基本要求和方法 588
- 二、观测项目与测量方法 589

第二节 湿地气象要素观测 603
- 一、气象观测场地选择 603
- 二、地面气象要素观测 605
- 三、气象要素自动观测——新型自动气象站 609

第三节 湿地大气环境观测 615
- 一、二氧化碳 615
- 二、甲烷 618
- 三、二氧化硫 618
- 四、氮氧化物 625
- 五、$PM_{2.5}$、PM_{10} 633
- 六、空气负(氧)离子 635
- 七、臭氧和总氧化剂 639
- 八、干湿沉降 646

参考文献 654

第九章 湿地动态演变与"4S"技术 657

第一节 湿地数据获取 658
- 一、湿地数据 658
- 二、历史数据 661

三、遥感数据 …………………………………………………………… 662
第二节　遥感数据处理与提取 ……………………………………………… 665
　　一、波段选择与优化组合 ………………………………………………… 666
　　二、基础校正 ……………………………………………………………… 667
　　三、特征集构建 …………………………………………………………… 669
　　四、土地利用/覆被变化信息提取 ……………………………………… 672
第三节　湿地景观演变分析 ………………………………………………… 678
　　一、景观格局指数分析法 ………………………………………………… 678
　　二、动态度模型 …………………………………………………………… 679
　　三、马尔科夫转移矩阵法 ………………………………………………… 680
　　四、空间质心模型 ………………………………………………………… 680
第四节　湿地景观演变驱动力分析 ………………………………………… 681
　　一、湿地演变驱动力指标体系构建 ……………………………………… 681
　　二、湿地演变驱动力定量分析 …………………………………………… 683
参考文献 ……………………………………………………………………… 689

第十章　湿地大数据 …………………………………………………………… 691
第一节　湿地大数据采集 …………………………………………………… 691
　　一、内容与特点 …………………………………………………………… 692
　　二、时态分类 ……………………………………………………………… 694
　　三、格式与形态 …………………………………………………………… 696
　　四、采集渠道 ……………………………………………………………… 698
第二节　湿地大数据集构建 ………………………………………………… 701
　　一、采集技术 ……………………………………………………………… 701
　　二、集成与构建 …………………………………………………………… 702
第三节　湿地大数据应用分析 ……………………………………………… 712
　　一、湿地大数据技术 ……………………………………………………… 712
　　二、湿地大数据分析方法 ………………………………………………… 717
　　三、湿地大数据应用 ……………………………………………………… 719
参考文献 ……………………………………………………………………… 732

附录 …………………………………………………………………………… 734

第一章 湿地调查方法与技术

湿地是自然资源和生态环境的重要组成部分，对促进可持续发展和保护人类生存环境具有重要意义。开展湿地调查的目的在于摸清湿地资源及其环境现状，掌握湿地资源的动态变化规律，建立湿地资源数据库和管理信息平台，实现对湿地资源进行全面、客观的分析评价，为湿地资源的保护、管理和合理利用提供统一、完整、及时、准确的基础数据和决策依据，为制定湿地保护规划、开展湿地保护和修复提供基础材料。

第一节 湿地调查分类与内容

一、调查分类

根据湿地的重要性、调查内容的不同，湿地调查分为一般调查和重点调查。

一般调查是指对所要开展调查的湿地进行面积、湿地型、分布、植被类型、动植物以及保护管理状况等内容的调查。

重点调查是指对符合以下条件之一的湿地进行详细调查：

(1) 已列入《湿地公约》国际重要湿地名录的湿地。

(2) 已列入《中国湿地保护行动计划》国家重要湿地名录的湿地。

(3) 已建立各级自然保护区、自然保护小区中的湿地。

(4) 已建立湿地公园中的湿地。

(5) 除以上条件之外，符合下列条件之一的湿地：

① 省(自治区、直辖市)特有类型的湿地。

② 分布有特有濒危保护物种的湿地。

③ 面积$\geq 10000 hm^2$的近海与海岸湿地、湖泊湿地、沼泽湿地和水库。

④ 红树林。

⑤ 其他具有特殊保护意义的湿地。

二、调查内容

(一) 一般调查

调查湿地型、面积、分布(行政区、中心点坐标)、平均海拔、所属流域、水源补给状况、植被类型及面积、主要优势植物种、土地所有权、保护管理状况、河流湿地的流域级别。

(二) 重点调查

除一般调查所列内容外，还应调查：
① 自然环境要素：包括位置(坐标范围)、平均海拔、地形、气候、土壤。
② 湿地水环境要素：包括水文要素、地表水和地下水水质。
③ 湿地野生动物：重点调查湿地内重要陆生和水生湿地脊椎动物种类、分布及生境状况，包括鸟类、兽类、两栖类、爬行类和鱼类；以及该重点调查湿地内占优势或数量很大的某些无脊椎动物，如贝类、虾类、蟹类等。
④ 湿地植物群落和植被。
⑤ 湿地保护与管理、湿地利用状况、社会经济状况和受威胁状况。

三、调查时间

湖泊湿地、河流湿地、沼泽湿地以及人工湿地的遥感影像解译应选取近两年丰水期的影像资料。如果丰水期遥感影像的效果影响到判读解译的精度，可以选择最为靠近丰水期的遥感影像资料。近海与海岸湿地调查应选取低潮时的遥感影像资料。

湿地外业调查根据调查目的和对象的不同，分别选取适合的时间和季节进行。

第二节 湿地类型及其边界界定

一、湿地分类

根据国家林业局 2010 年 1 月修订《全国湿地资源调查技术规程》(试行)湿地划分技术标准，将湿地划分为 5 类 34 型。

1. 近海与海岸湿地

在近海与海岸地区由天然滨海地貌形成的浅海、海岸、河口以及海岸性湖泊湿地统称为近海与海岸湿地，包括低潮水深不超过 6m(含 6m)的浅海区与高潮位(含高潮线)海水能直接浸润到的区域。

2. 河流湿地

河流是陆地表面宣泄水流的通道,是江、河、川、溪的总称,河流湿地是围绕天然河流水体而形成的河床、河滩、洪泛区、冲积而成的三角洲、沙洲等自然体的统称。调查范围为宽度10m以上、长度5km以上的河流。

3. 湖泊湿地

由地面上大小形状不一、充满水体的天然洼地组成的湿地,包括各种天然湖、池、荡、漾、泡、海、错、淀、洼、潭、泊等各种水体名称。

4. 沼泽湿地

具有以下3个基本特征的自然综合体:①受淡水、咸水或盐水的影响,地表经常过湿或有薄层积水;②生长沼生和部分湿生、水生或盐生植物;③有泥炭积累或尽管无泥炭积累,但在土壤层中具有明显的潜育层。

5. 人工湿地

人类为了利用某种湿地功能或用途而建造的湿地,或对自然湿地进行改造而形成的湿地,也包括某些开发活动导致积水而形成的湿地。

各湿地类、湿地型及划分标准,见表1-1。

表1-1 湿地类、湿地型及划分标准

代码	湿地类	代码	湿地型	划分标准
Ⅰ	近海与海岸湿地	Ⅰ1	浅海水域	浅海湿地中,湿地底部基质为无机部分组成,植被盖度<30%的区域,多数情况下低潮时水深<6m,包括海湾、海峡
		Ⅰ2	潮下水生层	海洋潮下,湿地底部基质为有机部分组成,植被盖度≥30%的区域,包括海草层、海草、热带海洋草地
		Ⅰ3	珊瑚礁	基质由珊瑚聚集生长而成的浅海湿地
		Ⅰ4	岩石海岸	底部基质75%以上是岩石和砾石,包括岩石性沿海岛屿、海岩峭壁
		Ⅰ5	沙石海滩	由砂质或沙石组成的,植被盖度<30%的疏松海滩
		Ⅰ6	淤泥质海滩	由淤泥质组成的,植被盖度<30%的海滩
		Ⅰ7	潮间盐水沼泽	潮间地带形成的,植被盖度≥30%的潮间沼泽,包括盐碱沼泽、盐水草地和海滩盐沼
		Ⅰ8	红树林	由红树植物为主组成的潮间沼泽
		Ⅰ9	河口水域	从近口段的潮区界(潮差为零)至口外海滨段的淡水舌锋缘之间的永久性水域
		Ⅰ10	三角洲/沙洲/沙岛	河口系统四周冲积的泥/沙滩、沙洲、沙岛(包括水下部分),植被盖度<30%
		Ⅰ11	海岸性咸水湖	地处海滨区域有一个或多个狭窄水道与海相通的湖泊,包括海岸性微咸水、咸水或盐水湖
		Ⅰ12	海岸性淡水湖	起源于泻湖,与海隔离后演化而成的淡水湖泊

(续)

代码	湿地类	代码	湿地型	划分标准
II	河流湿地	II 1	永久性河流	常年有河水径流的河流,仅包括河床部分
		II 2	季节性或间歇性河流	一年中只有季节性(雨季)或间歇性有水径流的河流
		II 3	洪泛平原湿地	在丰水季节由洪水泛滥的河滩、河心洲、河谷、季节性泛滥的草地以及保持了常年或季节性被水浸润内陆三角洲所组成
		II 4	喀斯特溶洞湿地	喀斯特地貌下形成的溶洞集水区或地下河/溪
III	湖泊湿地	III 1	永久性淡水湖	由淡水组成的永久性湖泊
		III 2	永久性咸水湖	由微咸水/咸水/盐水组成的永久性湖泊
		III 3	季节性淡水湖	由淡水组成的季节性或间歇性淡水湖(泛滥平原湖)
		III 4	季节性咸水湖	由微咸水/咸水/盐水组成的季节性或间歇性湖泊
IV	沼泽湿地	IV 1	藓类沼泽	发育在有机土壤、具有泥炭层的以苔藓植物为优势群落的沼泽
		IV 2	草本沼泽	由水生和沼生的草本植物组成优势群落的淡水沼泽
		IV 3	灌丛沼泽	以灌丛植物为优势群落的淡水沼泽
		IV 4	森林沼泽	以乔木森林植物为优势群落的淡水沼泽
		IV 5	内陆盐沼	受盐水影响,生长盐生植被的沼泽。以苏打为主的盐土,含盐量应>0.7%;以氯化物和硫酸盐为主的盐土,含盐量应分别>1.0%和1.2%
		IV 6	季节性咸水沼泽	受微咸水或咸水影响,只在部分季节维持浸湿或潮湿状况的沼泽
		IV 7	沼泽化草甸	为典型草甸向沼泽植被的过渡类型,是在地势低洼、排水不畅、土壤过分潮湿、通透性不良等环境条件下发育起来的,包括分布在平原地区的沼泽化草甸以及高山和高原地区具有高寒性质的沼泽化草甸
		IV 8	地热湿地	由地热矿泉水补给为主的沼泽
		IV 9	淡水泉/绿洲湿地	由露头地下泉水补给为主的沼泽
V	人工湿地	V 1	库塘	以蓄水、发电、农业灌溉、城市景观、农村生活为主要目的而建造的,面积≥8hm²的蓄水区
		V 2	运河、输水河	为输水或水运而建造的人工河流湿地,包括灌溉为主要目的的沟、渠
		V 3	水产养殖场	以水产养殖为主要目的而修建的人工池塘
		V 4	稻田/冬水田	能种植一季、双季、三季的水稻田或者是冬季蓄水或浸湿的农田
		V 5	盐田	为获取盐业资源而修建的晒盐场所,包括盐池、盐水泉

二、边界确定

(一) 近海与海岸湿地

滩涂部分为沿海大潮高潮位与低潮位之间的潮浸地带。

浅海水域为低潮时水深不超过6m的海域,以及位于湿地内的岛屿或低潮时水深超过

6m 的海洋水体，特别是具有水禽生境意义的岛屿或水体。

近海与海岸湿地型及其现地界定标准，见表 1-2。

表 1-2 近海与海岸湿地型及其现地界定标准

代码	湿地型	现地界定标准
Ⅰ1	浅海水域	以海洋部门最新海潮资料的低潮线（含低潮线）与 6m 水深线进行划定和计算，其中 6m 水深线以潮位 5m 水深线与 10m 水深线经内插法得出
Ⅰ2	潮下水生层	潮位界定同浅海水域类型，但水下植被盖度≥30%
Ⅰ3	珊瑚礁	根据海洋主管部门资料确定分布区域和面积
Ⅰ4	岩石海岸	低潮线（不含）以上与高潮线以下（含高潮线）之间基质为岩石的海岸区
Ⅰ5	沙石海滩	低潮线（不含）以上与高潮线以下（含高潮线）之间基质为砂质或沙石的，植被盖度<30%的疏松海滩
Ⅰ6	淤泥质海滩	低潮线（不含）以上与高潮线以下（含高潮线）之间，植被盖度<30%的淤泥质海滩
Ⅰ7	潮间盐水沼泽	低潮线（不含）以上与高潮线以下（含高潮线）之间，植被盖度≥30%的潮间海滩
Ⅰ8	红树林	由红树植物生长及覆盖的潮间地带
Ⅰ9	河口水域	从近口段的潮区界（潮差为零）至口外海滨段的淡水舌锋缘之间的永久性水域
Ⅰ10	三角洲/沙洲/沙岛	河口系统四周冲积的泥/沙滩、沙洲、沙岛（包括水下部分，但低潮时能露出），植被盖度<30%
Ⅰ11	海岸性咸水湖	地处海滨区域有一个或多个狭窄水道与海相通的湖泊，包括海岸性微咸水、咸水或盐水湖
Ⅰ12	海岸性淡水湖	根据湖泊的演化历史和技术标准界定，起源于泻湖，与海隔离后演化而成的淡水湖泊

（二）河流湿地

河流湿地按调查期内的多年平均最高水位所淹没的区域进行边界界定。

河床至河流在调查期内的年平均最高水位所淹没的区域为洪泛平原湿地，包括河滩、河心洲、河谷、季节性泛滥的草地以及保持了常年或季节性被水浸润的内陆三角洲。如果洪泛平原湿地中的沼泽湿地区面积≥8hm^2，需单独列出其沼泽湿地型，统计为沼泽湿地。如沼泽湿地区面积<8hm^2，则统计到洪泛平原湿地中。

干旱区的断流河段全部统计为河流湿地。干旱区以外的常年断流的河段连续 10 年或以上断流则断流部分河段不计算其湿地面积，否则为季节性或间歇性河流湿地。

河流湿地型及其现地界定标准，见表 1-3。

表 1-3 河流湿地型及其现地界定标准

代码	湿地型	现地界定标准
Ⅱ1	永久性河流	永久性河流仅包括河床部分，采用的遥感影像图上有明显河道和水流痕迹
Ⅱ2	季节性或间歇性河流	在所用遥感影像图上有明显河道痕迹，干旱地区的全部断流河段包括在内
Ⅱ3	洪泛平原湿地	河床至河流多年平均最高水位所淹没的河滩、河心洲、河谷、季节性泛滥的草地、内陆三角洲
Ⅱ4	喀斯特溶洞湿地	喀斯特地貌下形成的溶洞集水区或地下河/溪

(三）湖泊湿地

如果湖泊周围有堤坝的，则将堤坝范围内的水域、洲滩等统计为湖泊湿地。

如果湖泊周围没有堤坝的，将湖泊在调查期内的多年平均最高水位所覆盖的范围统计为湖泊湿地。

如果湖泊内水深不超过2m的挺水植物区域面积≥8hm^2，需单独将其统计为沼泽湿地，并列出其沼泽湿地型；如湖泊周围的沼泽湿地区域面积≥8hm^2，需单独列出其沼泽湿地型；如沼泽湿地区域面积<8hm^2，则统计到湖泊湿地中。

湖泊湿地型及其现地界定标准，见表1-4。

表1-4　湖泊湿地型及其现地界定标准

代码	湿地型	现地界定标准
Ⅲ1	永久性淡水湖	由淡水组成的永久性湖泊
Ⅲ2	永久性咸水湖	由微咸水/咸水/盐水组成的永久性湖泊
Ⅲ3	季节性淡水湖	由淡水组成的季节性或间歇性淡水湖（泛滥平原湖）
Ⅲ4	季节性咸水湖	由微咸水/咸水/盐水组成的季节性或间歇性湖泊

（四）沼泽湿地

沼泽湿地是一种特殊的自然综合体。凡同时具备以下三个特征的均统计为沼泽湿地：①受淡水或咸水、盐水的影响，地表经常过湿或有薄层积水；②生长有沼生和部分湿生、水生或盐生植物；③有泥炭积累，或虽无泥炭积累，但土壤层中具有明显的潜育层。

在野外对沼泽湿地进行边界界定时，首先根据其湿地植物的分布初步确定其边界，即某一区域的优势种和特有种是湿地植物时，可初步认定为沼泽湿地的边界；然后再根据水分条件和土壤条件确定沼泽湿地的最终边界。

调查中，将虽不全部具备沼泽湿地三个特征的沼泽化草甸、地热湿地、淡水泉或绿洲湿地统计为沼泽湿地。

沼泽湿地型及其现地界定标准，见表1-5。

表1-5　沼泽湿地型及其现地界定标准

代码	湿地型	现地界定标准
Ⅳ1	藓类沼泽	只在高寒区域有分布，发育在有机土壤、具有泥炭层的以苔藓植物为优势群落的沼泽
Ⅳ2	草本沼泽	由水生和沼生的草本植物组成优势群落的淡水沼泽
Ⅳ3	灌丛沼泽	以灌丛植物为优势群落的淡水沼泽
Ⅳ4	森林沼泽	以乔木森林植物为优势群落的淡水沼泽
Ⅳ5	内陆盐沼	受盐水影响，生长盐生植被的沼泽；以苏打为主的盐土，含盐量应>0.7%；以氯化物和硫酸盐为主的盐土，含盐量应分别>1.0%和1.2%

(续)

代码	湿地型	现地界定标准
Ⅳ6	季节性咸水沼泽	受微咸水或咸水影响，只在部分季节维持浸湿或潮湿状况的沼泽
Ⅳ7	沼泽化草甸	为典型草甸向沼泽植被的过渡类型，是在地势低洼、排水不畅、土壤过分潮湿、通透性不良等环境条件下发育起来的，包括分布在平原地区的沼泽化草甸以及高山和高原地区具有高寒性质的沼泽化草甸
Ⅳ8	地热湿地	由地热矿泉水补给为主的沼泽
Ⅳ9	淡水泉/绿洲湿地	由露头地下泉水补给为主的沼泽

（五）人工湿地

人工湿地包括面积≥8hm² 的库塘、运河、输水河、水产养殖场、稻田/冬水田和盐田等。

人工湿地型及其现地界定标准，见表1-6。

表1-6 人工湿地型及其现地界定标准

代码	湿地型	现地界定标准
Ⅴ1	库塘	为蓄水、发电、农业灌溉、城市景观、农村生活而导致的积水区，包括水库、农用池塘、城市公园景观水面等
Ⅴ2	运河、输水河	为输水或水运而建造的人工河流湿地，包括以灌溉为主要目的的沟、渠
Ⅴ3	水产养殖场	包括淡水养殖的鱼池、虾池和沿岸高位养殖场所。淡水养殖场一般有规则分布在自然湖区和河流湿地周边，区划时与农用库塘相区别。沿岸高位养殖场区划时与近海与海岸湿地相区别
Ⅴ4	稻田/冬水田	能种植一季、双季、三季的水稻田或是冬季蓄水或浸湿的农田
Ⅴ5	盐田	为获取盐业资源而修建的晒盐场所，包括盐池、盐水泉。区划时与近海与海岸湿地相区别

第三节 湿地调查因子分类标准

一、地貌类型

以湿地区域内的主体地貌作为湿地地貌类型，一般分为内陆地区、潮间带与河口区。

（一）内陆地区

① 高山：海拔高度>3500m，相对高程>1000m 的山地。
② 中山：海拔高度为 1000~3500m 的山地。
③ 低山：海拔高度为 500~1000m 的山地，相对高程>200m。

④ 丘陵：海拔高度500m以下，相对高程<200m。
⑤ 高原：海拔高度>3000m，相对高程较小的大面积隆起地区。
⑥ 冲积平原：由河流沉积作用形成的平原地貌。
⑦ 湖积平原：由湖泊沉积物淤积而形成的平原。
⑧ 三角洲平原：河流流入海洋或湖泊时，因流速减低，所携带泥沙大量沉积，逐渐发育而成。
⑨ 火山口：指火山喷出物在喷出口周围堆积，在地面上形成的环形坑。

（二）潮间带与河口区

① 基岩海岸：由坚硬岩石组成的海岸。
② 砂砾质海岸：由砾石（粒径>2mm）或沙（粒径0.2~2mm）所组成的海岸。
③ 淤泥质海岸：由淤泥或杂以粉沙的淤泥（主要是指粒径为0.01~0.05mm的泥沙）组成，多分布在输入细颗粒泥沙的大河入海口沿岸。
④ 珊瑚礁海岸：由造礁珊瑚、有孔虫、石灰藻等生物残骸构成的海岸。
⑤ 河口：河流的终段是河流和受水体的结合地段，受水体可能是海洋、湖泊、水库和河流等，因而河口可分为入海河口、入湖河口、入库河口和支流河口等。

二、土壤分类

中国土壤分类执行中华人民共和国国家标准《中国土壤分类与代码》（GB/T 17296—2009），湿地土壤共划分为60个土类，见表1-7。

表1-7 湿地土壤类型

代码	土壤类型	代码	土壤类型	代码	土壤类型	代码	土壤类型
10	砖红壤	160	黑土	310	石灰（岩）土	460	酸性硫酸盐土
20	赤红壤	170	灰色森林土	320	火山灰土	470	漠境盐土
30	红壤	180	黑钙土	330	紫色土	480	寒原盐土
40	黄壤	190	栗钙土	340	磷质石灰土	490	碱土
50	黄棕壤	200	黑垆土	350	粗骨土	500	水稻土
60	黄褐土	210	棕钙土	360	石质土	510	灌淤土
70	棕壤	220	灰钙土	370	草甸土	520	灌漠土
80	暗棕壤	230	灰漠土	380	潮土	530	草毡土
90	白浆土	240	灰棕漠土	390	砂姜黑土	540	黑毡土
100	棕色针叶林土	250	棕漠土	400	林灌草甸土	550	寒钙土
110	灰化土	260	黄绵土	410	山地草甸土	560	冷钙土
120	漂灰土	270	红粘土	420	沼泽土	570	棕冷钙土
130	燥红土	280	新积土	430	泥炭土	580	寒漠土
140	褐土	290	龟裂土	440	盐土	590	冷漠土
150	灰褐土	300	风沙土	450	滨海盐土	600	寒冻土

三、泥炭厚度分类

沼泽湿地的泥炭(有机质含量≥30%,或有机质含量≥300g/kg)厚度划分为3类:
① 薄层:<50cm。
② 厚层:50~200cm。
③ 超厚层:>200cm。

四、地表水水质分类

湿地的水资源属于地面水。依照国家环境保护总局《地表水环境质量标准》(GB 3838—2002)规定的地面水使用目的和保护目标,我国地面水分五大类:

Ⅰ类:主要适用于源头水、国家级自然保护区;

Ⅱ类:主要适用于集中式生活饮用水、地表水源地一级保护区、珍稀水生生物栖息地、鱼虾类产卵场、仔稚幼鱼的索饵场等;

Ⅲ类:主要适用于集中式生活饮用水、地表水源地二级保护区、鱼虾类越冬、洄游通道、水产养殖区等渔业水域及游泳区;

Ⅳ类:主要适用于一般工业用水区及人体非直接接触的娱乐用水区;

Ⅴ类:主要适用于农业用水区及一般景观要求水域。

超过Ⅴ类水质标准的水体基本上已无使用功能,称"劣Ⅴ类"水体。

对应地表水上述五类水域功能,将地表水环境质量标准基本项目标准值分为五类,不同功能类别分别执行相应类别的标准值见表1-8。水域功能类别高的标准值严于水域功能类别低的标准值。同一水域兼有多类使用功能的,执行最高功能类别对应的标准值。实现水域功能与功能类别标准为同一含义。地表水环境质量标准基本项目分析方法,见表1-9。

表1-8 地表水环境质量标准基本项目标准限值

序号	项目	Ⅰ类	Ⅱ类	Ⅲ类	Ⅳ类	Ⅴ类
1	水温(℃)	人为造成的环境水温变化应限制在:周平均最大温升≤1,周平均最大温降≤2				
2	pH(无量纲)	6~9				
3	溶解氧(mg/L)≥	饱和率90%(或7.5)	6	5	3	2
4	高锰酸盐指数(mg/L)≤	2	4	6	10	15
5	化学需氧量(COD, mg/L)≤	15	15	20	30	40
6	五日生化需氧量(BOD_5, mg/L)≤	3	3	4	6	10
7	氨氮(NH_3-N, mg/L)≤	0.015	0.5	1.0	1.5	2.0
8	总磷(以P计, mg/L)≤	0.02(湖、库0.01)	0.10(湖、库0.025)	0.20(湖、库0.05)	0.30(湖、库0.10)	0.40(湖、库0.20)

(续)

序号	项目	I类	II类	III类	IV类	V类
9	总氮(湖、库,以N计,mg/L)≤	0.2	0.5	1.0	1.5	2.0
10	铜(mg/L)≤	0.01	1.0	1.0	1.0	1.0
11	锌(mg/L)≤	0.05	1.0	1.0	2.0	2.0
12	氟化物(以F^-计,mg/L)≤	1.0	1.0	1.0	1.5	1.5
13	硒(mg/L)≤	0.01	0.01	0.01	0.02	0.02
14	砷(mg/L)≤	0.05	0.05	0.05	0.1	0.1
15	汞(mg/L)≤	0.00005	0.00005	0.0001	0.001	0.001
16	镉(mg/L)≤	0.001	0.005	0.005	0.005	0.01
17	铬(六价,mg/L)≤	0.01	0.05	0.05	0.05	0.1
18	铅(mg/L)≤	0.01	0.01	0.05	0.05	0.1
19	氰化物(mg/L)≤	0.005	0.05	0.2	0.2	0.2
20	挥发酚(mg/L)≤	0.002	0.002	0.005	0.01	0.1
21	石油类(mg/L)≤	0.05	0.05	0.05	0.5	1.0
22	阴离子表面活性剂(mg/L)≤	0.2	0.2	0.2	0.3	0.3
23	硫化物(mg/L)≤	0.05	0.1	0.2	0.5	1.0
24	粪大肠菌群(个/L)≤	200	2000	10000	20000	40000

表1-9 地表水环境质量标准基本项目分析方法

序号	项目	分析方法	最低检出限(mg/L)	方法来源
1	水温	温度计法		GB 13195—1991
2	pH	玻璃电极法		GB 6920—1986
3	溶解氧	碘量法	0.2	GB 7489—1987
		电化学探头法		HJ 506—2009
4	高锰酸盐指数		0.5	GB 11892—1989
5	化学需氧量	重铬酸盐法	10	HJ 828—2017
6	五日生化需氧量	稀释与接种法	2	HJ 505—2009
7	氨氮	纳氏试剂比色法	0.05	HJ 535—2009
		水杨酸分光光度法	0.01	HJ 536—2009
		连续流动—水杨酸分光光度法	0.01	HJ 665—2013
		流动注射—水杨酸分光光度法	0.01	HJ 666—2013
8	总磷	钼酸铵分光光度法	0.01	GB 11893—1989
		连续流动—钼酸铵分光光度法	0.01	HJ 670—2013
		流动注射—钼酸铵分光光度法	0.01	HJ 671—2013

（续）

序号	项目	分析方法	最低检出限（mg/L）	方法来源
9	总氮	碱性过硫酸钾消解紫外分光光度法	0.05	HJ 636—2012
10	铜	2,9-二甲基-1,10-菲啰啉分光光度法	0.06	HJ 486—2009
		二乙基二硫代氨基甲酸钠分光光度法	0.010	HJ 485—2009
		原子吸收分光光度法（整合萃取法）	0.001	GB 7475—1987
11	锌	原子吸收分光光度法	0.05	GB 7475—1987
12	氟化物	氟试剂分光光度法	0.02	HJ 488—2009
		茜素磺酸锆目视比色法	0.1	HJ 487—2009
		离子选择电极法	0.05	GB 7484—1987
13	硒	2,3-二氨基萘荧光法	0.00025	GB 11902—1989
		石墨炉原子吸收分光光度法	0.003	GB/T 15505—1995
14	砷	二乙基二硫代氨基甲酸银分光光度法	0.007	GB 7485—1987
		冷原子荧光法	0.00006	*
15	汞	冷原子吸收分光光度法	0.00002	HJ 597—2011
		冷原子荧光法	0.00005	HJ/T 341—2007
16	镉	原子吸收分光光度法（整合萃取法）	0.001	GB 7475—1987
17	铬（六价）	二苯碳酰二肼分光光度法	0.004	GB 7467—1987
18	铅	原子吸收分光光度法（整合萃取法）	0.01	GB 7475—1987
19	氰化物	异烟酸—吡唑啉酮比色法	0.004	GB 7487—1987
		吡啶—巴比妥酸比色法	0.002	
20	挥发酚	4-氨基安替比林分光光度法	0.0003	HJ 503—2009
21	石油类	红外分光光度法	0.06	HJ 637—2018
22	阴离子表面活性剂	亚甲蓝分光光度法	0.05	GB 7494—1987
23	硫化物	亚甲基蓝分光光度法	0.005	GB/T 16489—1996
		流动注射—亚甲基蓝分光光度法	0.004	HJ 824—2017
24	粪大肠菌群	多管发酵法、滤膜法		*

注：暂采用下列分析方法，待国家方法标准发布后，执行国家标准。*为《水和废水监测分析方法（第四版）》，中国环境科学出版社，2002。

五、地下水水质分类

（一）地下水质量分类

依据我国地下水质量状况和人体健康风险，参照生活饮用水、工业、农业等用水质量要求，依据各组分含量高低（pH除外）分为五类，划分标准执行《地下水质量标准》（GB/T 14848—2017）。

Ⅰ类：地下水化学组分含量低，适用于各种用途；

Ⅱ类：地下水化学组分含量较低，适用于各种用途；

Ⅲ类：地下水化学组分含量中等，以 GB 5749—2006 为依据，主要适用于集中式生活饮用水水源及工农业用水；

Ⅳ类：地下水化学组分含量较高，以农业和工业用水质量要求以及一定水平的人体健康风险为依据，适用于农业和部分工业用水，适当处理后可作生活饮用水；

Ⅴ类：地下水化学组分含量高，不宜作为生活饮用水水源，其他用水可根据使用目的选用。

（二）地下水质量分类指标

地下水质量指标分常规指标和非常规指标，其分类及限值，见表1-10 和表1-11。

表 1-10　地下水质量分类指标

序号	指标	Ⅰ类	Ⅱ类	Ⅲ类	Ⅳ类	Ⅴ类
		感官性状及一般化学指标				
1	色(铂钴色度单位)	≤5	≤5	≤15	≤25	>25
2	嗅和味	无	无	无	无	有
3	浑浊度(NTU)a	≤3	≤3	≤3	≤10	>10
4	肉眼可见物	无	无	无	无	有
5	pH	6.5≤pH≤8.5			5.5≤pH<6.5 或 8.5<pH≤9.0	pH<5.5 或 pH>9.0
6	总硬度（以 $CaCO_3$ 计，mg/L）	≤150	≤300	≤450	≤650	>650
7	溶解性总固体(mg/L)	≤300	≤500	≤1000	≤2000	>2000
8	硫酸盐(mg/L)	≤50	≤150	≤250	≤350	>350
9	氯化物(mg/L)	≤50	≤150	≤250	≤350	>350
10	铁(mg/L)	≤0.1	≤0.2	≤0.3	≤2.0	>2.0
11	锰(mg/L)	≤0.05	≤0.05	≤0.10	≤1.50	>1.50
12	铜(mg/L)	≤0.01	≤0.05	≤1.00	≤1.50	>1.50
13	锌(mg/L)	≤0.05	≤0.50	≤1.00	≤5.00	>5.00
14	铝(mg/L)	≤0.01	≤0.05	≤0.20	≤0.50	>0.50
15	挥发性酚类（以苯酚计，mg/L）	≤0.001	≤0.001	≤0.002	≤0.01	>0.01
16	阴离子表面活性剂(mg/L)	不得检出	≤0.1	≤0.3	≤0.3	>0.3
17	耗氧量（COD_{Mn} 法，以 O_2 计，mg/L）	≤1.0	≤2.0	≤3.0	≤10.0	>10.0
18	氨氮(以 N 计，mg/L)	≤0.02	≤0.10	≤0.50	≤1.50	>1.50
19	硫化物(mg/L)	≤0.005	≤0.01	≤0.02	≤400	>400

(续)

序号	指标	Ⅰ类	Ⅱ类	Ⅲ类	Ⅳ类	Ⅴ类
20	钠(mg/L)	≤100	≤150	≤200	≤1.0	>1.0
微生物指标						
21	总大肠菌群（MPN[b]/100mL 或 CFU[c]/100mL）	≤3.0	≤3.0	≤3.0	≤100	>100
22	菌落总数(CFU/mL)	≤100	≤100	≤100	≤1000	>1000
毒理学指标						
23	亚硝酸盐(以N计, mg/L)	≤0.01	≤0.10	≤1.00	≤4.80	>4.80
24	硝酸盐(以N计, mg/L)	≤2.0	≤5.0	≤20.0	≤30.0	>30.0
25	氰化物(mg/L)	≤0.001	≤0.01	≤0.05	≤0.1	>0.1
26	氟化物(mg/L)	≤1.0	≤1.0	≤1.0	≤2.0	>2.0
27	碘化物(mg/L)	≤0.04	≤0.04	≤0.08	≤0.50	>0.50
28	汞(mg/L)	≤0.0001	≤0.0001	≤0.001	≤0.002	>0.002
29	砷(mg/L)	≤0.001	≤0.001	≤0.01	≤0.05	>0.05
30	硒(mg/L)	≤0.01	≤0.01	≤0.01	≤0.1	>0.1
31	镉(mg/L)	≤0.0001	≤0.001	≤0.005	≤0.01	>0.01
32	铬(六价, mg/L)	≤0.005	≤0.01	≤0.05	≤0.10	>0.10
33	铅(mg/L)	≤0.005	≤0.05	≤0.01	≤0.10	>0.10
34	三氯甲烷(μg/L)	≤0.5	≤6	≤60	≤300	>300
35	四氯化碳(μg/L)	≤0.5	≤0.5	≤2.0	≤50.0	>50.0
36	苯(μg/L)	≤0.5	≤1.0	≤10.0	≤120	>120
37	甲苯(μg/L)	≤0.5	≤140	≤700	≤1400	>1400
放射性指标[d]						
38	总α放射性(Bq/L)	≤0.1	≤0.1	≤0.5	>0.5	>0.5
39	总β放射性(Bq/L)	≤0.1	≤1.0	≤1.0	>1.0	>1.0

注：a. NTU为散射浊度单位；b. MPN表示最可能数；c. CFU表示菌落形成单位；d. 放射性指标超过指导值，应进行核素分析和评价。

表1-11 地下水质量非常规分类指标

序号	指标	Ⅰ类	Ⅱ类	Ⅲ类	Ⅳ类	Ⅴ类
毒理学指标						
1	铍(mg/L)	≤0.0001	≤0.0001	≤0.002	≤0.06	>0.06
2	硼(mg/L)	≤0.02	≤0.10	≤0.50	≤2.00	>2.00
3	锑(mg/L)	≤0.0001	≤0.0005	≤0.005	≤0.01	>0.01
4	钡(mg/L)	≤0.01	≤0.10	≤0.70	≤4.00	>4.00
5	镍(mg/L)	≤0.002	≤0.002	≤0.02	≤0.10	>0.10
6	钴(mg/L)	≤0.005	≤0.005	≤0.05	≤0.10	>0.10

(续)

序号	指标	Ⅰ类	Ⅱ类	Ⅲ类	Ⅳ类	Ⅴ类
7	钼(mg/L)	≤0.001	≤0.01	≤0.07	≤0.15	>0.15
8	银(mg/L)	≤0.001	≤0.01	≤0.05	≤0.10	>0.10
9	铊(mg/L)	≤0.0001	≤0.0001	≤0.0001	≤0.001	>0.001
10	二氯甲烷(μg/L)	≤1	≤2	≤20	≤500	>500
11	1,2-二氯乙烷(μg/L)	≤0.5	≤3.0	≤30.0	≤40.0	>40.0
12	1,1,1-三氯乙烷(μg/L)	≤0.5	≤400	≤2000	≤4000	>4000
13	1,1,2-三氯乙烷(μg/L)	≤0.5	≤0.5	≤5.0	≤60.0	>60.0
14	1,2-二氯丙烷(μg/L)	≤0.5	≤0.5	≤5.0	≤60.0	>60.0
15	三溴甲烷(μg/L)	≤0.5	≤10.0	≤100	≤800	>800
16	氯乙烯(μg/L)	≤0.5	≤0.5	≤5.0	≤90.0	>90.0
17	1,1-二氯乙烯(μg/L)	≤0.5	≤3.0	≤30.0	≤60.0	>60.0
18	1,2-二氯乙烯(μg/L)	≤0.5	≤5.0	≤50.0	≤60.0	>60.0
19	三氯乙烯(μg/L)	≤0.5	≤7.0	≤70.0	≤210	>210
20	四氯乙烯(μg/L)	≤0.5	≤4.0	≤40.0	≤300	>300
21	氯苯(μg/L)	≤0.5	≤60.0	≤300	≤600	>600
22	邻二氯苯(μg/L)	≤0.5	≤200	≤1000	≤2000	>2000
23	对二氯苯(μg/L)	≤0.5	≤30.0	≤300	≤600	>600
24	三氯苯(总量)(μg/L)[a]	≤0.5	≤4.0	≤20.0	≤180	>180
25	乙苯(μg/L)	≤0.5	≤30.0	≤300	≤600	>600
26	二甲苯(总量)(μg/L)[b]	≤0.5	≤100	≤500	≤1000	>1000
27	苯乙烯(μg/L)	≤0.5	≤2.0	≤20.0	≤40.0	>40.0
28	2,4-二硝基甲苯(μg/L)	≤0.1	≤0.5	≤5.0	≤60.0	>60.0
29	2,6-二硝基甲苯(μg/L)	≤0.1	≤0.5	≤5.0	≤30.0	>30.0
30	萘(μg/L)	≤1	≤10	≤100	≤600	>600
31	蒽(μg/L)	≤1	≤360	≤1800	≤3600	>3600
32	荧蒽(μg/L)	≤1	≤50	≤240	≤480	>480
33	苯并(b)荧蒽(μg/L)	≤0.1	≤0.4	≤4.0	≤8.0	>8.0
34	苯并(a)芘(μg/L)	≤0.002	≤0.002	≤0.01	≤0.50	>0.50
35	多氯联苯(总量,μg/L)[c]	≤0.05	≤0.05	≤0.50	≤10.0	>10.0
36	邻苯二甲酸二(2-乙基己基)酯(μg/L)	≤3	≤3	≤8.0	≤300	>300
37	2,4,6-三氯酚(μg/L)	≤0.05	≤20.0	≤200	≤300	>300
38	五氯酚(μg/L)	≤0.05	≤0.90	≤9.0	≤18.0	>18.0
39	六六六(总量,μg/L)[d]	≤0.01	≤0.50	≤5.00	≤300	>300

(续)

序号	指标	Ⅰ类	Ⅱ类	Ⅲ类	Ⅳ类	Ⅴ类
40	γ-六六六(林丹，μg/L)	≤0.01	≤0.20	≤2.00	≤150	>150
41	滴滴涕(总量，μg/L)^e	≤0.01	≤0.10	≤1.00	≤2.00	>2.00
42	六氯苯(μg/L)^b	≤0.01	≤0.10	≤1.00	≤2.00	>2.00
43	七氯(μg/L)	≤0.01	≤0.04	≤0.40	≤0.80	>0.80
44	2,4-滴(μg/L)	≤0.1	≤6.0	≤30.0	≤150	>150
45	克百威(μg/L)	≤0.05	≤1.40	≤7.00	≤14.0	>14.0
46	涕灭威(μg/L)	≤0.05	≤0.60	≤3.00	≤30.00	>30.0
47	敌敌畏(μg/L)	≤0.05	≤0.10	≤1.00	≤2.00	>2.00
48	甲基对硫磷(μg/L)	≤0.05	≤4.00	≤20.0	≤40.0	>40.0
49	马拉硫磷(μg/L)	≤0.05	≤25.0	≤250	≤500	>500
50	乐果(μg/L)	≤0.05	≤16.0	≤80.0	≤160	>160
51	毒死蜱(μg/L)	≤0.05	≤6.00	≤30.0	≤60.0	>60.0
52	百菌清(μg/L)	≤0.05	≤1.00	≤10.0	≤150	>150
53	莠去津(μg/L)	≤0.05	≤0.40	≤2.00	≤600	>600
54	草甘膦(μg/L)	≤0.1	≤140	≤700	≤1400	>1400

注：a. 三氯苯(总量)为 1,2,3-三氯苯、1,2,4-三氯苯、1,3,5-三氯苯 3 种异构体加和；b. 二甲苯(总量)为邻二甲苯、间二甲苯、对二甲苯 3 种异构体加和；c. 多氯联苯(总量)为 PCB28、PCB52、PCB101、PCB118、PCB138、PCB153、PCB180、PCB194、PCB206 9 种多氯联苯单体加和；d. 六六六(总量)为 α-六六六、β-六六六、γ-六六六、δ-六六六 4 种异构体加和；e. 滴滴涕(总量)为 o,p′-滴滴涕、p,p′-滴滴伊、p,p′-滴滴滴、p,p′-滴滴涕 4 种异构体加和。

(三) 地下水质量调查与监测

① 地下水质量应定期监测，潜水监测频率应不少于每年两次(丰水期和枯水期各 1 次)，承压水监测频率可以根据质量变化情况确定，宜每年 1 次。

② 依据地下水质量的动态变化，应定期开展区域性地下水质量的调查评价。

③ 地下水质量调查与监测指标以常规指标为主，为便于水化学分析结果的审核，应补充钾、钙、镁、重碳酸根、碳酸根、游离二氧化碳指标；不同地区可在常规指标的基础上，根据当地实际情况补充选定非常规指标进行调查与监测。

④ 地下水样品的采集参照相关标准执行，地下水样品的保存和送检按《地下水质量标准》(GB/T 14848—2017)执行。

⑤ 地下水质量检测方法参见《地下水质量标准》(GB/T 14848—2017)。

六、其他调查因子标准

(一) 水文要素划分标准

1. 水源补给状况

划分为5类:地表径流补给(河流补给、冰雪融水、坡面径流)、大气降水补给、地下水补给(泉水、地下水)、人工补给、综合补给。

2. 流出状况

划分为5类:永久性、季节性、间歇性、偶尔、没有。

3. 积水状况

划分为4类:永久性积水、季节性积水、间歇性积水、季节性水涝。

① 永久性积水:地表被天然水永久覆盖(除特别干旱年份)。

② 季节性积水:地表被半永久性覆盖,当表面缺水时,地下水位处在地表或附近。

③ 间歇性积水:地表被暂时性覆盖,地表水在一年中出现时间较短,但地下水位低于土壤表面。

④ 季节性水涝:地表长期被水饱和,但地表水很少出现。

(二) 水质要素划分标准

1. pH分级标准

极强酸:1.00~2.99   强酸性:3.00~3.99   酸性:4.00~4.99

微酸性:5.00~6.49   中性:6.50~7.49   弱碱性:7.50~8.49

碱性:8.50~9.99   强碱性:10.00~11.49   极强碱:≥11.50

2. 矿化度分级标准(g/L)

淡水:<1.00   微咸水:1.00~2.99

咸水:3.00~10.0   盐水:>10.0

3. 透明度分级标准(m)

不透明:<0.05   很浑浊:0.05~0.24   浑浊:0.25~2.49

清:2.50~25.0   很清:>25.0

4. 营养状况分级

水体的营养状况分级评价项目为总磷、总氮、透明度3项,营养程度按贫营养、中营养和富营养三级评价,见表1-12。

表1-12 地表水富营养化评价标准

营养程度	评分值	总磷(mg/m³)	总氮(mg/m³)	透明度(m)
贫营养	10	1.0	20	10.00
	20	4.0	50	5.00

(续)

营养程度	评分值	总磷(mg/m³)	总氮(mg/m³)	透明度(m)
中营养	30	10.0	100	3.00
	40	25.0	300	1.50
	50	50.0	500	1.00
富营养	60	100.0	1000	0.50
	70	200.0	2000	0.40
	80	600.0	6000	0.30
	90	900.0	9000	0.20
	100	1300.0	16000	0.12

注：评价方法用评分法，具体做法：①查表将单参数浓度值转为评分，监测值处于表列值两者中间者可采用相邻点内插，或就高不就低处理；②几个参评项目评分值求取均值；③用求得的均值再查表得营养状况等级。

（三）湿地利用方式分类

① 种植业：水稻田、其他灌溉、园艺和非灌溉农用地。

② 养殖业：养殖鱼、虾、蟹、贝类等。

③ 牧业：放牧牛（羊、马等）的牧场或作为集约畜牧业的草料基地。

④ 林业：包括乔木林地、疏林地、灌木林地和未成林造林地。

⑤ 工矿业：泥炭、原油开采、薪炭、采沙等。

⑥ 旅游和休闲：包括各种被动和主动的游憩、捕猎等。

⑦ 水源地：工业用水、生活用水、农业用水、地下水回灌等。

⑧ 其他利用方式：未包括在以上利用方式范围内的其他利用方式。

（四）保护状况分类

① 自然保护区：包括国家级自然保护区和地方自然保护区。

② 自然保护小区。

③ 湿地公园：包括国家湿地公园和地方湿地公园。

④ 湿地多用途管理区。

（五）受威胁状况分类

1. 湿地受威胁因子

① 基建和城市建设；② 围垦；③ 泥沙淤积；④ 污染；⑤ 过度捕捞和采集；⑥ 非法狩猎；⑦ 水利工程和引排水的负面影响；⑧ 盐碱化；⑨ 外来物种入侵；⑩ 过牧；⑪ 森林过度采伐；⑫ 沙化；⑬ 其他。

2. 受威胁状况等级

① 安全：基本未受干扰，保持原有生境状况（如国家级自然保护区、省级自然保护区、人烟稀少的地方）。

② 轻度：受到轻度干扰，生境类型没有明显改变，停止干扰后生境状况可较快恢复。

③ 重度：受到某一威胁因子的影响较严重或同时受到多个因子的威胁，干扰严重，原有生境类型基本消失，难以逆转。

第四节　湿地调查指标与方法

一、一般调查

（一）调查方法

采用以遥感（RS）为主，地理信息系统（GIS）、全球定位系统（GPS）和北斗导航系统（BDS）为辅的"4S"技术，即通过遥感解译获取湿地斑块的湿地型、面积、分布（所属区、中心点坐标）、平均海拔、植被类型及其面积、所属三级流域等信息。通过野外调查、现地访问和收集最新资料获取水源补给状况、主要优势植物种类、土地所有权、保护管理状况、主导利用和受威胁等情况。

在多云多雾的山区，如无法获取清晰的遥感影像数据，则可通过无人机获取低空影像数据，或通过实地调查来完成。遥感无法解译的湿地型和植被类型，也应通过实地调查或利用无人机来补充完成。

（二）调查内容

① 湿地斑块名称：根据现有的湿地斑块名称或地形图上就近的自然地物、居民点等进行命名。

② 湿地斑块序号：按照湿地斑块在湿地区中的顺序进行填写。

③ 所属湿地区名称：根据已有的湿地区名称填写。

④ 湿地区编码：根据湿地编码的相关规定进行填写。

⑤ 湿地型：按照湿地分类的要求，分34型进行填写。

⑥ 湿地面积（hm^2）：直接填写遥感影像解译的湿地斑块面积。

⑦ 湿地分布：分所属县市和中心点地理坐标填写。

⑧ 平均海拔（m）：填写湿地斑块的平均海拔。

⑨ 所属流域：按照全国一、二、三级流域的划分，按代码填写到三级流域。

⑩ 河流级别：仅河流湿地需填写。

⑪ 水源补给状况：按照地表径流补给、大气降水补给、地下水补给、人工补给、综合补给5个类型填写。

⑫ 潮汐类型、盐度（‰）和水温（℃）：近海与海岸湿地需填写。

⑬ 土地所有权：分国有和集体所有。

⑭ 植被类型及面积（hm^2）：以遥感解译为主，配合野外现地调查验证。

⑮ 群系名称：以遥感解译为主，配合野外现地调查验证。

⑯ 优势植物种：填写野外调查到的主要优势植物种。

⑰ 湿地斑块区划因子：根据湿地斑块区划原则填写划分湿地斑块的因子。存在多个因子时，可以重复填写或选择。

⑱ 保护管理状况：包括已采取的保护管理措施，是否建立自然保护区、自然保护小区、湿地公园。

⑲ 湿地斑块受威胁状况：根据湿地斑块实际受威胁情况，填写受威胁因子。

调查内容，见表1-13。

表1-13 湿地斑块一般调查表

调查人：　　　　　　　　　　　　　　　　　　调查时间：　　　年　　月　　日

湿地斑块名称		湿地斑块序号			
所属湿地区名称		湿地区编码			
湿地型		湿地面积(hm^2)			
湿地分布	所属区				
	中心点坐标	北纬		东经	
所属流域		河流级别（河流湿地）			
平均海拔(m)					
水源补给状况	1. 地表径流　2. 大气降水　3. 地下水　4. 人工补给　5. 综合补给				
近海与海岸湿地	1. 潮汐类型　2. 盐度　3. 水温				
土地所有权	1. 国家　2. 集体	主导利用方式			
湿地植被类型		湿地植被面积(hm^2)			
群系名称	优势植物				
	中文名	拉丁名		科名	
湿地斑块区划因子	1. 三级流域不同　2. 湿地型不同　3. 县级行政区域不同　4. 土地所有权不同　5. 保护状况不同　6. 单独成块				
保护管理状况		是否建立自然保护区、自然保护小区、湿地公园			
威胁因子	1. 基建占用　2. 围垦　3. 泥沙淤积　4. 污染　5. 过度捕捞和采集　6. 非法狩猎　7. 引排水的负面影响　8. 盐碱化　9. 外来物种入侵　10. 过牧　11. 森林过度采伐　12. 沙化　13. 其他				

二、重点调查

（一）调查方法

重点调查的湿地斑块调查采用以遥感（RS）为主，地理信息系统（GIS）、全球定位系统（GPS）和北斗导航系统（BDS）为辅的"4S"技术，即通过遥感解译获取湿地型、面积、分布（所属区、中心点坐标）、平均海拔、所属三级流域等信息。在多云多雾的山区，如无法获取清晰的遥感影像数据，或遥感无法解译湿地型，则应通过实地调查来补充完成。通过野外调查、现地访问和收集最新资料获取水源补给状况、土地所有权等数据。

自然环境要素、湿地水文水质、湿地野生动物、湿地植物群落、湿地植物群落优势植物种、湿地植被、湿地植被利用和破坏情况、湿地保护和管理状况、湿地功能和利用现状、湿地范围内的社会经济状况、湿地受威胁状况等的重点调查，以重点调查湿地为调查单位，根据调查对象的不同，选取合适的时间和季节开展外业调查，并收集相关资料。

（二）调查内容

① 湿地斑块名称：根据现有的湿地斑块名称或地形图上就近的自然地物、居民点等进行命名。

② 湿地斑块序号：按照湿地斑块在湿地区中的顺序填写。

③ 所属重点调查湿地名称：填写湿地斑块所在的重点调查湿地名称。

④ 所属湿地区名称：根据已有的湿地区名称填写。

⑤ 湿地区编码：根据湿地区编码的相关规定填写。

⑥ 湿地型：按照湿地分类的要求，分34型按代码填写。

⑦ 湿地面积（hm^2）：直接填写遥感影像解译的湿地斑块面积。

⑧ 湿地分布：分所属县市和中心点地理坐标填写。

⑨ 所属流域：按照全国一、二、三级流域的划分，填写到三级流域。

⑩ 河流级别：仅河流湿地需填写。

⑪ 平均海拔（m）：填写湿地斑块的平均海拔。

⑫ 水源补给状况：按照地表径流补给、大气降水补给、地下水补给、人工补给、综合补给5个类型填写。

⑬ 潮汐类型、盐度（‰）和水温（℃）：仅近海与海岸湿地需填写。

⑭ 土地所有权：分国有和集体所有。

⑮ 主导利用方式：根据湿地的利用方式分类，填写湿地的主导利用方式。

⑯ 湿地植被面积（hm^2）：以遥感解译为主，配合野外现地调查验证。

⑰ 群系名称：填写野外调查到的湿地植物群系名称。

⑱ 优势植物：填写野外调查到的主要优势植物种。

⑲ 湿地斑块区划因子：根据湿地斑块区划原则填写划分湿地斑块的因子。存在多个因子时，可以重复填写或选择。

（三）自然环境要素调查

1. 调查方法

主要通过野外调查和收集最新资料获取。野外调查是对湿地设立一定数量的典型样地进行调查，典型样地的数量要求包含整个湿地的各种资源和生境类型。对野外难以获取的数据，可以从附近的气象站和生态监测站等收集，但应注明该站的地理位置（经纬度）。

2. 湿地地貌调查

以湿地区域内的主体地貌作为湿地地貌，根据野外观察到的地貌类型填写。

3. 湿地土壤类型调查

通过野外土壤剖面调查或收集资料，对泥炭沼泽湿地填写泥炭层厚度（薄层、厚层、超厚层）。如来源于资料，需注明资料出处和年份。

湿地土壤类型调查划分到土类。

4. 湿地气象要素调查

年降水量(mm)：多年平均值和变化范围。

年均蒸发量(mm)：不同型号蒸发器的观测值，统一换算为 E601 型蒸发器的蒸发量。

年均气温(℃)：多年平均气温和变化范围。

积温(℃)：≥0℃和≥10℃的积温。

资料来源：填写气象资料的出处和年份。

自然环境要素调查内容，见表 1-14。

表 1-14　重点调查湿地自然环境调查表

调查人：　　　　所属区：　　　　　　　　　调查时间：　　　年　　月　　日

重点调查湿地名称			湿地区编码	
湿地类			主要湿地型	
主要地貌类型				
土壤	土壤类型			
	泥炭厚度（沼泽湿地）	1. 薄层　2. 厚层　3. 超厚层		
	备注：			
气象要素	年均降水量(mm)		变化范围	
	年均蒸发量(mm)		变化范围	
	年均气温(℃)		变化范围	
	≥0℃年均积温		≥10℃年均积温	
	资料来源：			

（四）水环境要素调查

1. 调查方法

通过野外调查获取湿地水文数据，对野外难以获取或无法进行野外调查的，可以从就近的水文站和生态监测站等收集，但应注明该站的地理位置（经纬度）。水质调查则在野外选取典型地点采集地表水和地下水的水样，由具有专业资质的单位进行化验分析，获取相关数据。

2. 湿地水文调查

① 水源补给状况：分为地表径流补给、大气降水补给、地下水补给、人工补给和综合补给5种类型。如数据来源于资料，注明资料出处。

② 流出状况：分为永久性、季节性、间歇性、偶尔或没有5种类型。如数据来源于资料，注明资料出处。

③ 积水状况：分为永久性积水、季节性积水、间歇性积水和季节性水涝4种类型。如数据来源于资料，注明资料出处。

④ 水位（m）：地表水位包括年丰水位、年平水位和年枯水位，采用自记水位计或标尺测量，或从水文站和生态监测站获取，注明资料出处和年份。

⑤ 蓄水量（湖泊、沼泽和人工蓄水区，万 m^3）：从水利等部门获取有关资料，注明资料出处和年份。

⑥ 水深（湖泊、库塘，m）：包括最大水深和平均水深，从水利等部门获取有关资料，注明资料出处和年份。

3. 地表水水质调查

① pH：采用野外 pH 计测定，对测得的结果进行分级。pH 分级如下：

极强酸：1.00~2.99　　强酸性：3.00~3.99　　酸性：4.00~4.99
微酸性：5.00~6.49　　中性：6.50~7.49　　弱碱性：7.50~8.49
碱性：8.50~9.99　　强碱性：10.00~11.49　　极强碱：≥11.50

② 矿化度（g/L）：采用重量法测定，对测得结果进行分级。矿化度分级如下：

淡水：<1.00　　微咸水：1.00~2.99
咸水：3.00~10.0　　盐水：>10.0

③ 透明度（m）：采用野外透明度盘测定，对测得结果进行分级。透明度分级标准如下：

不透明：<0.05　　很浑浊：0.05~0.24　　浑浊：0.25~2.49
清：2.50~25.0　　很清：>25.0

④ 营养物：包括总氮和总磷，需野外采集水样，到实验室进行测定。

总氮（mg/L）：通常采用紫外分光光度法进行测定。

总磷（mg/L）：采用分光光度法测定水中磷含量。

⑤ 营养状况分级：将测得的透明度、总氮、总磷结果按照富营养化分级标准对水的

营养状况分级。富营养化分级评价项目为总磷、总氮、透明度3项，控制标准可参照表1-12给出的浓度值；营养程度按贫营养、中营养和富营养三级评价。

⑥ 化学需氧量（COD）：是指在一定条件下，用强氧化剂处理水样时所消耗氧化剂的量，以氧的mg/L来表示，一般采用重铬酸钾法测定。

⑦ 主要污染因子：调查对水环境造成有害影响的污染物的名称，包括有机物质（油类、洗涤剂等）和无机物质（无机盐、重金属等）。

⑧ 水质级别：执行地表水环境质量标准（GB 3838—2002），填写Ⅰ类、Ⅱ类、Ⅲ类、Ⅳ类、Ⅴ类、劣Ⅴ类。

4. 地下水水质调查

① pH：采用野外pH计测定，对测得结果分级。

② 矿化度（g/L）：采用重量法测定，对测得结果分级。

③ 水质级别：执行地下水质量标准（GB/T 14848—2017）。

水环境要素调查内容，见表1-15。

表1-15 重点调查湿地水环境要素调查表

湿地名称：　　　　　　　　　　　　　　湿地区编码：

调查人：　　　　　　所属区：　　　　　　调查时间：　　　　　年　月　日

类别	调查要素	内容		
水文要素	水源补给状况	1. 地表径流　2. 大气降水　3. 地下水　4. 人工补给　5. 综合补给		
	流出状况	1. 永久性　2. 季节性　3. 间歇性　4. 偶尔　5. 没有		
	积水状况	1. 永久性积水　2. 季节性积水　3. 间歇性积水　4. 季节性水涝		
	水位（m）	枯水位：	平水位：	丰水位：
	水深（m）	最大水深：	平均水深：	
	蓄水量（万 m³）			
	资料来源：			
地表水水质	pH		pH分级	
	矿化度（g/L）		矿化度分级	
	透明度（m）		透明度等级	
	总氮（mg/L）			
	总磷（mg/L）			
	营养状况	1. 贫营养　2. 中营养　3. 富营养		
	化学需氧量（mg/L）			
	主要污染源和主要污染因子			
	水质级别			
	测定方法或资料来源：			

(续)

类别	调查要素	内 容	
地下水水质	pH	pH 分级	
	矿化度(g/L)	矿化度分级	
	水质级别		
	测定方法或资料来源：		

(五)湿地野生动物调查

1. 调查对象

在湿地生境中生存的脊椎动物和在某一湿地内占优势或数量很大的某些无脊椎动物，包括鸟类、两栖类、爬行类、兽类、鱼类以及贝类、虾类等。其中，鸟类应查清其种类、分布、数量和迁徙情况，其他各类则以种类调查为主。考虑到各调查对象的调查季节和生境的不同，湿地野生动物调查可以不在同一样地进行。

2. 调查方式

动物的调查方式主要用样线法。首先选择出有代表性的样线，然后在样线上选择有代表性的观测点进行实体计数，样线的起点、终点及观测点需进行定位仪定位，在位置分布图上标出并编号。

3. 调查时间

动物数量调查分繁殖季和越冬季调查。越冬季动物的数量情况可以通过查阅历史资料获得。

动物调查时间选择在动物活动较为频繁、易于观察的时间段内进行。根据物候特点确定最佳调查时间，其原则：调查时间应选择调查区域内的鸟类和数量均保持相对稳定的时期；调查在较短时间内完成，一般同一天内数据可以认为没有重复计算，面积较大区域可以采用分组方法在同一时间范围内开展调查，以减少重复记录。

调查时要根据动物的活动节律，尽量在动物活动的高峰期进行。一些动物主要在傍晚和黄昏时活动与觅食，调查时间也应与其匹配。

4. 调查方法

野外调查方法分为常规调查和专项调查。常规调查是指适合于大部分调查种类的直接计数法、样方调查法、样带调查法和样线调查法。对那些分布区狭窄而集中、习性特殊、数量稀少，难于用常规调查方法调查的种类，应进行专项调查。

(1) 鸟类调查

鸟类调查采用线路统计法、直接计数法和样方法，在同一个湿地区中同步调查。

线路统计法：① 首先，在熟悉鸟类识别方法后便可选择线路进行调查统计，线路应尽量均匀地分布于调查区内，并尽可能穿过所有的生境。生境面积大的，调查统计线路可以加长，调查统计时间也可增加，生境面积小的则相反。② 调查时间可选择鸟类活动最活跃的时候进行，以日出后 2~3h 或日落前 2~3h 为宜；同时要选择晴朗、风力不大（3 级以下）的天气。每次调查的时间不能少于 1.5h，调查时须带上望远镜。步行调查时，行走的速度一般为每小时 1~3km。鸟类种类很多的地区，行走的速度要适当放慢，以记录鸟类实体为主，繁殖季节可以记录鸟巢数，再转换成种群数量（一般每一巢鸟应视为一对鸟）。③ 每条样线填写一张调查表。如同时观测到两只以上的同种鸟类，可用阿拉伯数字填入，如观测到单只鸟类，则用记"正"字的方法或划"++++"记号的方法记数。为了避免重复，一般只记录路线两侧及由前向后飞的鸟类，由后向前飞的鸟类则不必记入。为了数据的可靠性，一条统计路线通常要重复调查 2 次。另外，计数还可借助于单筒或双筒望远镜进行。如果群体数量极大，或群体处于飞行、取食、行走等运动状态时，可以 5、10、20、50、100 等为计数单元来估计群体的数量。对于面积比较大的水域可以乘船进行种类和数量的调查统计，匀慢速行驶的船只对鸟类的影响较小，更有利于调查。

直接计数法：① 直接计数法是通过直接计数而得到调查区域中鸟类绝对数量的调查方法，适用于调查区域较小、便于计数的繁殖群体的数量统计。调查时以步行为主，在比较开阔、生境均匀的大范围区域可借助汽车、船只进行调查。② 记录对象以鸟类实体为主，在繁殖季节记录鸟巢数，再转换成种群数量（繁殖期被鸟类利用的每一鸟巢应视为一对鸟；鸟类孵化期观察的一只成体鸟应视为一对鸟）。③ 计数可借助于单筒或双筒望远镜进行。如果群体数量极大，或群体处于飞行、取食、行走等运动状态时，可以 5、10、20、50、100 等为计数单元来估计群体的数量。春、秋季候鸟迁徙季节的调查以种类调查为主，同时还应兼顾迁徙种群数量的变化。

样方法：通过随机取样来估计鸟类种群的数量。在群体繁殖密度很高的或难于进行直接计数的区域可采用样方法。样方大小为 50m×50m；同一调查区域的样方数量应不低于 8 个，调查强度不低于 1%。

重点调查湿地鸟类调查记录，见表 1-16。

表 1-16 重点调查湿地鸟类调查记录表

湿地名称：　　　　　　　调查地点：　　　　　　　地理坐标：N　　　　E
海　　拔：　　　m　　　调查日期：　　　　　　　调查起止时间：
天气状况：　　　　　　　调查人：　　　　　　　　样方编号：

中文名	数 量	小生境类型	备 注

（2）两栖、爬行类调查

① 种类调查：两栖、爬行动物以种类调查为主，可采用野外踏查、走访和利用近期的野生动物调查资料相结合的方法，记录到种或亚种。数量状况可采用常见（20 只以上）、可见（5~20 只）、罕见（5 只以下）三个等级进行估测。依据看到的动物实体或痕迹进行估测，在调查现场换算成个体数量。

国家Ⅰ、Ⅱ级重点保护野生动物需查清物种分布和种群数量。

野外调查可采用样方法，即通过计数在设定的样方中所见到的动物实体，然后通过数量级分析来推算动物种群数量状况。样方尽可能设置为方形、圆形或矩形等规则几何图形，方形样方大小为100m×100m。

重点调查湿地两栖、爬行动物样方调查记录，见表1-17。

表1-17 重点调查湿地两栖、爬行动物样方调查记录表

湿地名称：　　　　　调查地点：　　　　　地理坐标：N　　　　E
调查日期：　　　　　调查起止时间：　　　天气状况：
样方编号：　　　　　样方大小：　　　　　调查人：

中文名	数量	小生境	备注

② 分布及小生境状况调查：分布及小生境是野生动物取食、活动、营巢、隐蔽的具体地点，应以一定的地物特征加以说明，如林缘、林下、养殖区、河滩、溪岸、沟边、湖岸、河岸、草丛、芦苇丛、灌丛、水泡、沼泽地等。

(3) 兽类调查

① 种类调查方法：兽类以种类调查为主，可采用野外踏查、走访和利用近期的野生动物调查资料相结合的方法，记录到种或亚种。数量状况可采用常见(20只以上)、可见(5~20只)、罕见(5只以下)三个等级进行估测。依据看到的动物实体或痕迹进行估测，在调查现场换算成个体数量。

国家Ⅰ、Ⅱ级重点保护野生动物需查清物种分布和种群数量。

湿地兽类野外调查宜采用样带调查法和样方调查法，样带(方)布设依据典型布样，样带(方)情况能够反映该区域兽类分布基本情况，然后通过数量级分析来推算种群数量状况。样带长度不少于2000m，单侧宽度不低于100m；样方大小为50m×50m。

重点调查湿地兽类野外调查记录，见表1-18。

表1-18 重点调查湿地兽类野外调查记录表

湿地名称：　　　　　调查地点：　　　　　地理坐标：N　　　　E
海　　拔：　　　m　调查日期：　　　　　调查起止时间：
天气状况：　　　　　调查方法：　　　　　调查人：

中文名	观察物		数量(推算数量)	小生境	备注
	实体	痕迹			

② 分布及小生境状况调查方法：分布及小生境是某种野生动物取食、活动、营巢、隐蔽的具体地点，应以一定的地物特征加以说明，如林缘、林下等。

(4) 鱼类及贝类、虾类等调查

① 调查方法：鱼类及贝类、虾类等调查主要采取向渔政部门访问调查，以收集现有资料为主，主要查清湿地中现存的经济鱼类、珍稀濒危鱼类、贝类、虾类等的种类及最近 3 年来的捕获量。

重点调查湿地鱼、贝、虾、蟹类调查记录，见表 1-19。

表 1-19 重点调查湿地鱼、贝、虾、蟹类调查记录表

湿地名称：

调查持续时间： 填表人： 填表时间：

中文名	数量状况	调查方法	备注

② 分布及小生境状况调查：通过查阅历史资料，获取各地上报的本区域范围内鱼类分布概况。小生境是鱼类取食、活动、隐蔽的具体地点，应以一定的地物特征加以说明，如河、溪、沟、湖、芦苇丛、水泡、沼泽地等。

5. 影响动物生存的因子调查

在进行动物野外调查时，须查清对湿地动物生存构成威胁的主要因子，并据此提出合理化建议。

6. 调查统计

直接计数法得到的某种动物数量总和即为该区域该种动物的数量。

样带(方)数量计算公式：

$$N = \overline{D} \cdot M$$

$$\overline{D} = \frac{\sum_{i=1}^{j} N_i}{\sum_{i=1}^{j} M_i}$$

式中：N 为某区域某种动物数量；$\overline{D}$ 为该区域该物种平均密度；M 为该调查区域总面积；$\sum_{i=1}^{j} N_i$ 为 j 个样带(方)调查的该物种数量和；$\sum_{i=1}^{j} M_i$ 为 j 个样带(方)总面积。

样带(方)法动物数量级计算是把整个湿地区域调查过程中的每种动物数量总和除以该类动物总数，求出该种动物所占百分数。当百分数>50%，为极多种，用"++++"表示；百分数为 10%～50%，为优势种，用"+++"表示；当百分数为 1%～10%，为常见种，用"++"表示；当百分数<1%，为稀有种，用"+"表示。

(六) 植物群落调查

1. 调查方法

首先，搜集调查地区的湿地遥感图、航片图、地形图等。采用的卫片和地形图比例尺应不小于1/10万。其次，搜集和了解湿地植物群落的基本情况，如建群种、群落类型(如单建群种群落、共建种群群落)等、植物群落结构、特征和分布是否受生态因子(如矿化度、盐度、高程等)梯度的影响等。如果这些资料缺乏，则需进行预调查。第三，以5万hm^2的植物群落面积为基本单位，将所调查的湿地划为若干不同的调查单元，不足5万hm^2的植物群落面积以5万hm^2计。最后，根据这些资料和每个调查单元的植物群落情况，制定调查的技术路线和方法。群落调查主要依据生态因子梯度是否明显影响湿地植物群落结构、特征和分布，将调查划分为三大类型。

(1) 生态因子梯度影响不明显的植物群落调查

① 样地和样方布局：在每个调查单元内，以最长的直线样带为准，设置至少一条贯穿于调查单元的样带。用定位仪按一定间距均匀布设样地，在每个样地范围确定1个调查样方的位置。

确定调查样方位置时要考虑以下3条原则：一是典型性和代表性，使有限的调查面积能够较好地反映出植物群落的基本特征；二是自然性，人为干扰和动物活动影响相对较少的地段，并且较长时间不被破坏，如流水冲刷、风蚀沙埋、过度放牧和开垦等；三是可操作性，选择易于调查和取样的地段，避开危险地段进行调查。如果样带穿过道路或建筑物等而造成样带不连续时，同时样地恰好落在该位置上，则可适当调整该样地的位置，再确定调查的样方。

② 样地数量确定：根据建群种将调查单元内的植物群落分为三种类型：单建群种群落、共建群种群落和混合型群落(既有单建群种群落又有共建群种群落)。

单建群种群落：调查单元内只有一种单建群种群落的类型，样地数量≥15个；调查单元内有两种或两种以上单建群种群落类型，每种植物群落的样地数量≥10个。

共建群种群落：每个调查单元内样地数量≥30个。

混合型群落：每一种单建群种群落样地数量≥10个，每一种共建群种群落的样地数量≥30个。

③ 样方面积：

乔木：样方面积$400m^2$($20m×20m$，树高≥5m)。

灌木：平均高度≥3m的样方面积$16m^2$($4m×4m$)，平均高度在1~3m之间的样方面积$4m^2$($2m×2m$)，平均高度<1m的样方面积$1m^2$($1m×1m$)。

草本(或蕨类)：平均高度≥2m的样方面积$4m^2$($2m×2m$)，平均高度在1~2m范围的样方面积$1m^2$($1m×1m$)，平均高度<1m的样方面积$0.25m^2$($0.5m×0.5m$)。

苔藓植物：面积$0.25m^2$($0.5m×0.5m$)或者$0.04m^2$($0.2m×0.2m$)。

(2) 生态因子梯度影响明显的植物群落调查

① 样地和样方布局：根据影响植物群落最明显的一个生态因子梯度变化情况，在调查单元内设置高、中、低三个梯度；或者调查人员根据实际需要，增加梯度的个数；在每一个梯度的范围内，设置一条样带。在样带内划分为单建群种群落、共建群种群落和混合型群落。

② 样地布局、数量及其样方确定：每条样带内样地布局、数量和样方的确定，与生态因子梯度影响不明显的植物群落调查方法相同。

③ 样方面积：样方面积的确定参照生态因子梯度影响不明显的植物群落的调查方法。

（3）上述两种情况兼有的植物群落调查

在某一块调查湿地，生态因子梯度影响不明显和明显的植物群落都可能同时存在，这部分地区往往处于湿地的边界或是湿地内的岛屿等。在这些边界和岛屿的地方，物种多样性可能会比较特殊，必须列为调查的特殊"对象"。首先利用遥感图、航片图、地形图等资料将湿地划分为生态因子梯度影响明显和不明显的两种类型，然后再分别依照上述两种方法进一步调查。

2. 调查季节选择

调查季节应避开汛期，根据植物的生活史(生命周期)确定调查季节。

生活史为一年的植物群落，应选择在生物量最高和(或)开花结实的时期；一年内完成多次生活史的植物群落，根据生物量最高和(或)开花结实的情况，选择最具有代表性的一个时期；多年完成一个生活史的植物群落，选择开花结实的季节；对具有复层结构的群落，主林层植物是用来确定调查季节的依据。

3. 调查内容

（1）调查对象

裸子植物、被子植物、蕨类植物和苔藓植物。

（2）生境

记录样方号、地理位置、地貌部位(坡向、坡位、坡度等)、土壤类型、水文状况(积水状况、淡水或咸水等)。

（3）群落垂直结构分层

如果植物群落在垂直结构上有多个层次(如乔木层、灌木层、草本层等)，则需进行分层调查，即在乔木植物群落中随机设置一个灌木层或草本层的植物样地，按上述方法记录乔木层和灌木层或草本层的群落特征。

如果湿地中乔木、灌木或草本群落中有蕨类和苔藓植物，则调查时将蕨类和苔藓植物归到草本层中进行记录或单独记录。

（4）物候期

对样方内各种植物的物候特征进行逐一调查和记录。

（5）保护级别

根据国家和地方珍稀濒危植物物种名录，对调查的植物按保护级别分类记录，如特有种(应明确特有种的范围，属于全国特有还是省级特有)、罕见种、濒危种、对环境有指示意义的指示种以及外来(或外来入侵)物种等。

(6) 生活力

将植物生活力分为强、中、弱三级，根据湿地主林层植物的生长发育状况记录植物的生活力。

(7) 群落属性标志

① 种类组成：记录样方内每一高等植物的中文名、拉丁名及其科名；对于复层群落，记录时要分层进行；野外不能鉴别的植物种类，要采集标本鉴定。

② 群落特征：乔木层和灌木层包括多度、密度、高度、郁闭度、胸径、冠幅等；草本层、蕨类植物和苔藓植物包括多度、密度、高度、盖度等。

重点调查湿地植物群落典型调查，见表1-20。

表1-20 重点调查湿地植物群落典型调查表

湿地名称					
海拔(m)		经度		纬度	
积水状况		小生境			
植物群系		主林层			
乔木层或灌木层					
调查单元序号		样方序号		样方面积(m²)	
序号	植物名称	平均冠幅(cm)	平均高度(m)	平均胸径(cm)	株数
草本层、蕨类层或苔藓层					
调查单元序号		样方序号		样方面积(m²)	
序号	植物名称	平均盖度(%)	平均高度(cm)	株数	

调查日期：　　　　　调查人：　　　　　记录人：

(七) 植被调查

1. 调查内容

综合植物群落调查每个调查单元的结果，填写湿地植被调查的有关内容。

① 湿地植被面积及其占湿地总面积的百分比，裸子植物、被子植物、蕨类植物和苔藓植物各个类型的群落面积及其占湿地总面积的百分比等。

② 对群落调查的裸子植物、被子植物、蕨类植物和苔藓植物科、属、种的名称、物种数进行统计和汇总。

③ 参照生态—外貌原则，按植物群落重要值的分析结果，依据《中国湿地植被类型表》，确定植被类型。

2. 湿地植被利用和破坏情况调查

以已有资料为主，充分搜集相关的研究成果、文献，结合访问，了解湿地植被利用和受破坏情况，在开展外业调查时进行现场核实。

重点调查湿地植被利用和破坏情况调查，见表1-21。

表1-21 重点调查湿地植被利用和破坏情况调查表

调查日期：　　　　　　　记录人：

湿地名称							
生态功能		经济价值		社会价值		科研价值	
人为破坏情况		工业污染情况		破坏面积		面积比例	

注：1. 生态功能、经济价值、社会价值、科研价值填写好、中、差。2. 人为破坏情况、工业污染情况填写轻微、中等、严重。

（八）湿地保护和利用状况调查

1. 调查方法

主要通过野外踏查、走访调查以及收集资料等方法获取。

2. 调查内容

（1）保护管理状况

① 已有保护措施：包括已采取的各种保护措施、时间和效果等。

② 是否建立自然保护区。已建立自然保护区需要调查：保护区名称、级别（国家级和省级）、保护区面积、核心区面积、建立时间、主要保护对象、主要科研活动等。

③ 是否建立湿地公园。已建立湿地公园需要调查：湿地公园名称、级别（国家湿地公园和地方湿地公园）、面积、建立时间、经营管理机构等。

④ 主要管理部门。

⑤ 土地所有权。

⑥ 建议采取的保护管理措施。

重点调查湿地保护和管理状况调查，见表1-22。

表 1-22 重点调查湿地保护和管理状况调查表

调查地点　　　　　市(县)　　　　　　　　　　　　　　调查时间：　　年　　月　　日

重点调查湿地名称				湿地区编码			
湿地类				主要湿地型			
主要管理部门：				土地所有权：1. 国有　2. 集体			
已有的保护措施：							
已采取保护措施的面积：				占全部湿地的百分比：			
保护区名称：		级别：		总面积(hm^2)：		主要保护对象	
核心区面积：		建立时间：		主管部门：			
人员编制	日常经费	管理人员	科技人员	车辆数量	科研投入	宣教投入	主要科研活动：
湿地公园名称：		级别：		建立时间：		总面积(hm^2)：	
主管部门：		经营管理机构：					

(2) 湿地功能与利用方式

① 湿地产品和服务功能：通过野外踏查和收集相关部门资料，调查湿地生态系统所提供的以下主要产品和服务功能，并注明资料出处。

水资源：包括从湿地提取的工业、农业、生活和生态用水量等。

动物产品：提供的野生动物、鸟类、鱼、虾、蟹、蛤、贝种类、产量和价值。

植物产品：提供林产品、芦苇、蔬菜、药材的数量和价值。

人工养殖与种植：品种、产量和价值。

矿产品及工业原料：泥炭、石油、芦苇等产量和价值。

航运：通航里程、年通航时间、货运量和客运量等。

休闲旅游：宾馆数量、疗养院数量、接待人数和产值。

体育运动：运动项目、主要经营内容、接待人数和产值。

调蓄：调蓄河川径流和滞洪能力。

泥炭：储存数量。

水力发电：装机容量和发电量。

其他功能等。

② 湿地利用方式：按照湿地的利用方式分类，通过野外踏查和收集资料等获取。

种植业：水稻田、其他灌溉、园艺和非灌溉农用地。

养殖业：养殖鱼、虾、蟹、贝类等。

畜牧业：放牧牛(羊、马等)的牧场或作为集约畜牧业的草料基地。

林业：包括乔木林地、疏林地、灌木林地和未成林造林地。

工矿业：泥炭、原油开采、薪炭、采沙等。

休闲旅游：包括各种被动和主动的游憩、捕猎等。

水源地：工业用水、生活用水、农业用水、地下水回灌等。

其他利用方式：未包括在以上利用方式范围内的其他利用方式。

重点调查湿地功能和利用现状调查，见表1-23。

表1-23 重点调查湿地功能和利用现状调查表

湿地名称：　　　　　　湿地型：　　　　　　编号：　　　　　　所属县市：

调查时间：　　年　　月　　日

编号	湿地功能	详细说明				
1	水资源（万t）	总取水量	工业取水量	农业取水量	生活取水量	生态用水量
2	动物产品	产品名称	鱼	虾	蟹	软体类
		产量(t)				
		价值(万元)				
3	植物产品	产品名称				
		产量(t)				
		价值(万元)				
4	人工养殖与种植	品种	鱼	虾	蟹	贝
		产量(t)				
		价值(万元)				
5	矿产品及工业原料	品种	泥炭	石油	芦苇	（　　）
		产量(t)				
		价值(万元)				
6	航运	通航里程(km)	年通航时间（天）	货运量（万t）	客运量（万人）	
7	休闲旅游	疗养院数量（个）	宾馆数量（个）	游客量（万人）	疗养人数（万人）	
8	体育运动	运动项目名称				
		接待人数(万人)				
		产值(万元)				
9	调蓄	调蓄河流名称				
		调蓄能力(m³)				
10	泥炭储存	储存量(t)				
11	水力发电	装机容量(kW·h)		发电量(kW·h)		
12	湿地的主要利用方式及其详细说明：					

注：1. 括号里可填入表中未列入的种类；2. 各数据均以年为单位统计。

(3) 湿地范围内的社会经济状况调查

通过查阅主管部门的有关统计资料，以乡（镇）为基本单位，记录湿地范围内的乡（镇）名称及其社会经济发展状况，包括乡（镇）面积、人口、工业总产值、农业总产值、主要产业。有关数据资料均以乡（镇）为单位进行收集，社会经济状况应注明统计资料时间。

重点调查湿地范围内的社会经济状况调查，见表1-24。

表1-24 重点调查湿地范围内的社会经济状况调查表

湿地名称： 编号： 所属市县： 调查时间： 年 月 日

编号	乡(镇)名称	面积 (hm²)	人口		工业总产值(万元)		农业总产值(万元)		与湿地有关的主要产业
			数量	密度	年	五年平均	年	五年平均	
合计									

注：1. 人口密度合计值为湿地范围内总人口与总面积的比值；2. 主要产业填位于前三位的主导产业。

(九) 湿地受威胁状况调查

1. 调查方法

以实地调查和收集资料相结合的方法，了解湿地受破坏和受威胁的情况，重点查清对湿地产生威胁的因子、作用时间、影响面积、已有危害及潜在威胁。

2. 调查内容

① 湿地受威胁因子：根据野外调查、访问和查阅有关资料确定湿地受威胁因子。

② 起始时间：通过访问调查和查阅有关资料确定。

③ 受威胁面积：根据遥感资料和有关图面材料估算。

④ 已有危害：对每个因子简要描述。

⑤ 潜在威胁：对每个因子简要描述。

⑥ 受威胁状况等级评价：根据调查湿地受威胁状况，在综合分析的基础上，给予每块湿地一个定性的评价。受威胁状况等级分为安全、轻度和重度。

安全：基本未受干扰，保持原有生境状况（如国家级自然保护区、省级自然保护区、人烟稀少的地方）。

轻度：受到轻度干扰，生境类型没有明显改变，停止干扰后生境状况可较快恢复。

重度：受到某一威胁因子的影响较严重或同时受到多个因子的威胁，干扰严重，原有生境类型基本消失，难以逆转。

重点调查湿地受威胁现状调查,见表1-25。

表1-25 重点调查湿地受威胁现状调查表

湿地名称:　　　　　　编号:　　　　所属市县:
调查日期:　年　月　日　　调查人:

序号	湿地名称 威胁因子	起始时间(年)	影响面积(hm²)	总影响面积(hm²) 危害面积	潜在威胁
1	基建和城市化				
2	围垦				
3	泥沙淤积				
4	污染				
5	过度捕捞和采集				
6	非法狩猎				
7	水利工程和引排水的负面影响				
8	盐碱化				
9	外来物种入侵				
10	过牧				
11	森林过度采伐				
12	沙化				
13	其他				
湿地受威胁状况等级		1. 安全　2. 轻度　3. 重度			

第五节　无人机调查技术

湿地资源调查是开展湿地保护与管理工作的基础,传统的湿地资源调查数据采集困难、工作量大、周期长、耗费人力大。在高新技术条件下,传统的湿地调查技术与遥感技术、摄影测量技术等相结合,无人机低空摄影测量已成为一种新型的中低空数据获取工具。在重点区域或小范围区域,无人机低空摄影测量系统具有机动、灵活、快速、经济等特点,能够快速获取高质量、高分辨率的遥感影像,已经成为湿地资源调查和生态环境监测体系的重要手段。

一、无人机概况

(一)基本概念

无人机(unmanned aircraft vehicle,UAV)是由控制站管理(包括远程操纵或自主飞行)的航空器,也称远程驾驶航空器(remotely piloted aircraft,RPA)。无人机系统(unmanned aircraft system,UAS)也称远程驾驶航空器系统(remotely piloted aircraft systems,RPAS),

是指由无人机、相关控制站、所需的指令与控制数据链路,以及批准的型号设计规定部件组成的系统。

由于无人机在完成相应任务时需要与任务载荷、测控与信息传输系统、起飞(发射)与回收系统、地面保障系统等配合工作,因此,无人机与以上各类装置和设备组成的完整系统称为无人机系统。无人机系统可由单个无人机构成,也可由多个同型的无人机或多型多个无人机共同构成。目前,在临近空间(20~100km空域)飞行的飞行器,例如,平流层飞艇、高空气球和太阳能无人机等也被列为无人机的范围。

(二)无人机特点

无人机没有机上驾驶员,因此不用考虑人的生理承受能力(大机动)和体力限制,可执行危险、污染性的工作,使用灵活,用途广泛,成本低廉,生存力强。

1. 隐蔽性好,生存力强

与有人驾驶飞机相比,无人机无论是体积、质量,还是反射面积都比前者小得多,加之其独特精巧的设计、机体表面涂敷的隐身涂料,使得它的暴露率呈几何级数减小。无人机还可不受人为因素,如过载因素的制约,因而可以最大限度地发挥速度、高度、航程等性能,也可以通过超加速升降、倒飞、急转弯飞行等方式来增加隐蔽性、机动性,从而提高生存能力。

2. 造价低廉,不惧伤亡

无人机不仅体积小、结构紧凑,而且机上大量使用高技术模块化的电子设备和微型高效的系统,结构简单,使用方便,造价较低。此外,无人机的最大优点,就是不存在人员伤亡危险,可在高风险区域上空执行任务。

3. 起降简单,操作灵活

无人机的起飞方式有短距起飞和垂直起飞。无人机体积小、质量轻,短距起飞,滑跑距离短。旋翼式垂直起飞方式可分为主旋翼/尾旋翼(尾桨)式垂直起飞、共轴式垂直起飞、倾转翼式垂直起飞等。

(三)无人机分类

无人机实际上是无人驾驶飞行器的统称,按实用升限可分为:

① 超低空无人机,实用升限一般为100m以下。
② 低空无人机,实用升限为100~1000m。
③ 中空无人机,实用升限为1000~7000m。
④ 高空无人机,实用升限为7000~18000m。
⑤ 超高空无人机,实用升限一般不小于18000m。

按续航时间分类,无人机可以分为正常航时无人机和长航时无人机。正常航时无人机的续航时间一般小于24h,长航时无人机的续航时间一般等于或大于24h。

二、无人机调查特点与流程

(一)无人机调查特点

以无人机遥感为基础的无人机调查支持低空近地、多角度观测、高分辨率观测、通过视频或图像的连续观测,形成时间和空间重叠度高的序列图像,信息量丰富,特别适合对特定区域、重点目标湿地资源调查和环境监测。

1. 机动性、灵活性和安全性

无人机具有灵活、机动的特点,受空中管制和气候的影响较小,能够在恶劣环境下直接获取影像,具有较高的安全性。

2. 低空作业,获取高分辨率影像

无人机可以在云下超低空飞行,弥补了卫星光学遥感和普通航空摄影经常受云层遮挡获取不到影像的缺陷,可获取比卫星遥感和普通航摄更高分辨率的影像。

3. 精度高,测图精度可达 1∶1000

无人机为低空飞行,飞行高度在 50~1000m,属于近景航空摄影测量,摄影测量精度达到了亚米级,精度范围通常在 0.1~0.5m,符合 1∶1000 的测图要求,能够满足湿地资源调查与环境监测的精细制图需要。

4. 成本相对较低,操作简单

无人机低空航摄系统使用成本低、耗费低,对操作员的培养周期相对较短,系统的保养和维修简便,可以无须机场起降,将摄影与测量集一体,实现按需开展航摄飞行作业的模式。

5. 周期短、效率高

对于面积较小的湿地资源调查监测任务($10\sim100km^2$),受天气和空域管理的限制较多,大飞机航空摄影测量成本高,而采用全野外调查方法作业量大、成本也比较高。采用无人机遥感系统具有机动、快速、经济等优势,在阴天、轻雾天也能获取合格的影像,将大量的野外工作转入内业,提高了作业的效率和精度。

(二)无人机调查作业流程

1. 区域确定与资料准备

根据调查任务确定无人机调查的作业区域,充分收集作业区域相关的地形图、影像等资料或数据,了解作业区域地形地貌、气象条件以及起降场、重要设施等情况,并进行分析研究,确定作业区域的空域条件、设备对任务的适应性,制订详细的实施方案。

2. 实地勘察和场地选取

调查人员需对调查区域及周边进行实地勘察,采集地形地貌、植被、周边机场、重要设施、城镇布局、道路交通、人口密度等信息,为起降场地的选取、航线规划以及应急预案制定等工作提供资料。飞行起降场地的选取应根据无人机的起降方式,考虑飞行场地宽度、起降场地风向、净空范围、通视情况等场地条件和起飞场地能见度、云高、风速,监测区能见度、监测区云高等气候条件以及电磁兼容环境。

3. 航线规划

航线规划是针对调查任务性质和调查范围(面积),综合考虑天气和地形等因素,规划如何实现调查任务要求的技术指标,实现基于安全飞行条件下最大覆盖及重点目标的密集覆盖。航线规划宜根据1:50000或更大比例尺地形图、影像图进行。

4. 飞行检查与作业实施

起飞前须仔细检查无人机系统设备的工作状态。作业实施过程主要包括起飞阶段操控、飞行模式切换、视距内飞行监控、视距外飞行监控、任务设备指令控制和降落阶段操控等。

5. 数据获取

无人机数据获取分实时回传和回收后获取两种方式。如果无人机获取的图像数据是实时传回地面接收站的,那么通过无人机的机载数据无线传输设备发送的数据包有的是压缩格式,地面接收站在接收到该数据包后,需要对其中的图像数据进行解压缩处理。

6. 数据质量检查与预处理

需要对无人机获取的影像数据进行质量检验,剔除不符合作业规范的影像,并对影像数据进行格式转换、角度旋转、畸变差改正和图像增强等预处理。

7. 数据处理与产品制作

运用目标定位、运动目标检测与跟踪、数字摄影测量、序列图像快速拼接、影像三维重建等技术对无人机获取图像数据进行处理,并按照相应的规范制作二维或三维的无人机测绘产品。

三、无人机在湿地调查中应用与分析技术

(一)无人机在湿地调查中的应用

湿地资源调查是以调查湿地区域内生长的动、植物及其环境条件为对象的调查,无人机可根据搭载设备的不同来执行不同的湿地调查任务,如搭载相机获取湿地的正射影像图,搭载激光雷达获取湿地的三维点云数据,搭载摄像机与图传设备来获取湿地的实时监控画面,开展湿地资源的调查与监测。无人机不同传感器的应用案例和优劣势对比,见表1-26。

表 1-26　无人机不同传感器应用比较

传感器	原始数据	应用案例	优势	局限性
高分相机	二维图像，包含颜色信息	湿地监测、林火监测、野生动物研究、地形产品生成	价格便宜、数据处理技术相对成熟	成像质量受天气条件影响；光谱信息有限
多光谱成像仪	二维图像，包含几个离散波段的光谱信息	冠层截获的光合有效辐射研究	能够获取光谱信息，反演常用植被指数	同物异谱、同谱异物现象造成数据解译困难
高光谱成像仪	二维图像，能够获取近百个波段的光谱信息	病虫害监测、冠层生化参数反演	光谱分辨率高，有利于精确反演各种生化参数	数据量大，数据处理分析难度大
热红外相机	二维图像，包含温度信息	干旱胁迫响应研究、冠层水分胁迫研究、动物监测	能够获取温度信息，可以识别部分动物	温度变化易受周围环境影响
激光雷达扫描仪	点云数据，包含三维地理坐标	森林与湿地参数提取、森林与湿地变化监测	高精度，受外界环境因素影响小；可反演植被三维形态结构参数	无法获取纹理、光谱信息

① 湿地资源调查：无人机遥感技术可用于对湿地水体、湿地土壤、湿地动植物以及湿地景观格局进行调查，能满足湿地调查对高空间分辨率、高精度和时效性的要求。

② 湿地生态环境动态监测：无人机搭载光谱相机，通过影像提取 NDVI（植被覆盖指数）或者不同波段影像数据，可进行生态环境调查监测、病虫害及胁迫（如干旱胁迫、热胁迫等）监测评估预警、林业灾害监测评估、水资源监测规划管理、土壤侵蚀监测评估、野生动物及其栖息地调查监测评估、自然保护区管理等。

③ 湿地火灾监测与预防：湿地火灾突发性强、破坏性大，且经常发生在人为活动少、交通不便地区，处置救助困难，使用无人机进行火灾实时监测和动态管理，具有使用成本低、快速部署、操纵方便、功能多样化的优势。

（二）数据处理与分析技术

1. 相机检校

无人机调查测绘一般搭载非量测相机，其主距 f 和像主点在像片中心坐标系里的坐标未知，根据影像无法直接量测以像主点为原点的坐标，须进行内定向，同时非量测相机的镜头畸变差较大，所量测的像点坐标产生误差，造成像点、投影中心和相应的物方点之间的共线关系受到破坏，影响物方坐标的解算精度，必须对其进行校正。常用的相机检校方法主要有试验场检校法、自检校法和基于多像灭点的检校方法。其中试验场检校法相对成熟且应用广泛，自检校法灵活性强但效率低，基于多像灭点的检校法在可变焦镜头的标定上，算法复杂结果更精确。

2. 地面控制点布设

为了提高数据的准确性和精度,人们依据工区大小和地貌特征,采集一定量的地面控制点(ground control point, GCP)。地面控制点的分布方式和数量是影响研究区测量数据准确性的关键因素之一。控制点的目标影像应清晰,易于判别和立体量测,如选在交角良好(30°~150°)的细小线状地物交点、明显地物拐角点、原始影像中不大于 3 像素×3 像素的点状地物中心,同时应是高程起伏较小、常年相对固定且易于准确定位和量测的地方,弧形地物及阴影等不应选作点位目标;高程控制点点位目标应选在高程起伏较小的地方,以线状地物的交点和平山头为宜;狭沟、尖锐山顶和高程起伏较大的斜坡等,均不宜选作点位目标。

3. 实时动态定位

RTK-GPS 是基于载波相位观测值的实时动态定位技术,它能够实时地提供测站点在指定坐标系中的三维定位结果,并达到厘米级精度。在 RTK 作业模式下,基准站通过数据链将其观测值和测站坐标信息一起传送给流动站。流动站不仅通过数据链接收来自基准站的数据,还要采集 GPS 观测数据,并在系统内组成差分观测值进行实时处理。流动站可处于静止状态,也可处于运动状态。

PPK(post processed kinematic)技术,又称为动态后处理技术,是利用载波相位进行事后差分的 GPS 定位技术。PPK 的工作原理是利用进行同步观测的一台基准站接收机和至少一台流动站接收机对卫星的载波相位观测量,事后在计算机中利用 GPS 处理软件进行线性组合,形成虚拟的载波相位观测量值,确定接收机之间厘米级的相位位置;然后进行坐标转换得到流动站在地方坐标系中的坐标。PPK 技术与传统测量相比具有优势:受通视条件、能见度、气候、季节等因素的影响和限制小;作业半径大,可达 30km;定位精度高,误差不传播,不累积,精度可达 5mm。

惯性导航系统(inertial navigation system, INS),也称作惯性参考系统,是一种不依赖于外部信息,也不向外部辐射能量的自主式导航系统。基本原理是根据惯性空间的力学定律,利用陀螺仪和加速计等惯性元件感受运行体在运动过程中的旋转角速度和加速度,通过伺服系统的地垂跟踪或坐标系统旋转变换,在一定的坐标系内积分计算,最终得到运动体的相对位置、速度和姿态等导航数据。陀螺和加速计等惯性元件总称为惯性单元(IMU),它是 INS 的核心部件。PPK 与 INS 分别获取高精度位置信息(x、y、z)与姿态信息(ψ、ω、κ),用于空中三角测量。

4. 空中三角测量

空中三角测量也称空三加密,是利用航摄像片与所摄目标之间的空间几何关系,根据少量像片控制点,计算待求点像片外方位元素的过程。当前广泛应用的是 GPS/IMU 辅助空中三角测量。空中三角测量是无人机调查数字测绘中最核心的环节,决定了测绘精度。空中三角测量主要包括像点匹配、控制点量测和平差。像点匹配由软件自动完成,需根据调查内容设定参数。通常无人机航飞影像像幅小,初始姿态参数误差较大,在引入 GPS/

IMU 后也不可避免地出现一部分粗差点，可在初次空三加密完成后得到外方位元素，将外方位元素作为 POS 数据用于空三加密。在此基础上进行像点匹配，可明显提高整体匹配精度。控制点量测时，先量测测区四周的 4 个控制点后进行平差，其他控制点可以通过预测功能找到粗略位置达到快速量测的目的。应用控制点参与计算，可以提升空三加密精度。量测完成后进行最终的平差解算，首先将物方标准方差权放大，进行粗差的消除，然后逐步提高物方权重，确保粗差被全部探测出，最后给合适的权值平差。

5. 地理配准与投影变换

数字高程模型（digital elevation model，DEM）是通过有限的地形高程数据实现对地面地形的数字化模拟（即地形表面形态的数字化表达），它是用一组有序数值阵列形式表示地面高程的一种实体地面模型，是数字地形模型（digital terrain model，DTM）的一个分支，其他各种地形特征值均可由此派生。无人机航空摄影测量生产 DEM 主要过程包括在空三加密基础上对原始影像进行重采样生产核线影像，系统自动匹配三维离散点，得到数字地表模型（digital surface model，DSM），最后进行滤波得到 DEM。虽然航测软件实现了自动匹配，但是由于调查地物的复杂性，需要对 DEM 进行人工编辑。DEM 是原始航片进行纠正的基础，只有准确的 DEM 才能保证 DOM 的精度。

数字正射影像（digital orthophoto map，DOM）是对航空（或航天）相片进行数字微分纠正和镶嵌，按一定图幅范围裁剪生成的数字正射影像集，它是同时具有地图几何精度和影像特征的图像。无人机航空摄影测量生产 DOM 主要过程包括在空三加密基础上进行 DEM 数据处理、影像匀光匀色处理、影像纠正处理、DOM 镶嵌处理及分幅裁剪处理。镶嵌处理中镶嵌线尽可能沿自然地物且避开建筑物，确保 DOM 接边精度符合要求。

数字线划图（digital line graphic，DLG），是与现有线划基本一致的各地图要素的矢量数据集，且保存了各要素的空间关系信息和相关属性信息。无人机航空摄影测量生产 DLG 主要过程包括在空三加密基础上恢复立体像对、立体采集、外业调绘和内业编辑成图。

6. 实景三维模型建模

实景三维模型属于三维模型的范畴，是调查场景的实地真实反映。主要制作流程包括影像导入、定位信息导入、空三加密、模型生产和模型修复等。实景三维模型生产目前比较成熟的软件有 Context Capture、Photoscan 等。

7. 湿地植被分类与斑块矢量数据可视化

颜色空间是指颜色信息的描述方式，一般采用多维强度值来表示。对湿地植被彩色图像进行图像灰度化，通过 HSV 和 Lab 颜色空间转换处理。图像的纹理特征是指图像中不连续灰度值的像素点集合，通过图像纹理特征可刻画出图像中物体的轮廓。采用无人机载航拍获取的湿地植被航拍影像，包含丰富的轮廓信息，针对这一特性，选择对图像进行纹理特征提取。Gabor 过滤器是一个线性的滤波器，由于其可视为抽取空间局部的频域特征，常用于图像纹理特征的提取。利用 Gabor 过滤器、HSV 与 Lab 颜色空间提取树种纹理特征及颜色信息，产生纹理特征图及颜色信息特征图，基于纹理和颜色信息，将特征图像像素分块,进行方向梯度直方图(histogram of gradient,HOG)特征编码,形成多元 HOG 特征向量。随机森林算法是一种众数的分类算法,它由许多的分类器(决策树)构成,具有高准确度、抗噪能力强、性能稳定等优势,在分类任务中经常表现出优异的分类结果,基于提取的多元特征向量,可采用随机森林机器学习算法建构识别模型,进行植被分类分析。

利用数字地形分析技术与图像编辑软件的图像分割功能,将由光照投影图或遥感影像分割获得的矢量多边形数据代替传统的格网作为统计范围,改良传统地形起伏度、平均高程、平均坡度等地形因子的计算方法,将面向对象影像分类技术引入数字地貌制图中。依据植被分类结果及其属性数据库和数字高程模型,将植被类型转化为空间上的分布,实现植被斑块矢量数据的可视化表达与专题制图。

参 考 文 献

[1] 包云,马广仁,2012. 中国湿地报告[M]. 北京:中国林业出版社.

[2] 北京市林业勘察设计院,2018. 北京市湿地资源调查技术操作细则(试行)[R].

[3] 董鸣,1997. 陆地生物群落调查观测与分析[M]. 北京:中国标准出版社.

[4] 国家海洋局,2005. 滨海湿地生态监测技术规程(HY/T 080—2005)[S]. 北京:中国标准出版社.

[5] 国家环境保护总局,国家质量监督检验检疫总局,2002. 地表水环境质量标准(GB 3838—2002)[S]. 北京:中国环境科学出版社.

[6] 国家林业局,2000. 中国湿地保护行动计划[M]. 北京:中国林业出版社.

[7] 国家林业局,2008. 全国湿地资源调查技术规程(试行)(林湿发[2008]265 号)[R].

[8] 国家林业局,2010. 全国湿地资源调查技术规程(修订)[R].

[9] 国家林业局野生动植物保护与自然保护区管理司,国家林业局调查规划设计院,2011. 全国第二次陆生野生动物资源调查技术规程[R]. 国家林业局关于全面启动第二次陆生野生动物资源调查有关工作的通知(林护发〔2011〕111 号) http://www.forestry.gov.cn/portal/main/govfile/13/govfile_1817.htm 2011-06-09.

[10] 国家林业局,2015. 中国湿地资源总卷[M]. 北京:中国林业出版社.

[11] 郭庆华,吴芳芳,胡天宇,等,2016. 无人机在生物多样性遥感监测中的应用现状与展望[J]. 生物多样性,24(11):1267-1278.

[12] 环境保护部,2015. 生态环境状况评价技术规范(HJ 192—2015)[S]. 北京:中国环境出版社.

[13] 环境保护部,2015. 生物多样性观测技术导则 淡水底栖大型无脊椎动物(HJ 710.8—2014)[S]. 北京:中国环境出版社.

[14] 环境保护部,2015. 生物多样性观测技术导则 两栖动物(HJ 710.6—2014)[S]. 北京:中国环境出版社.

[15] 环境保护部,2015. 生物多样性观测技术导则 陆生哺乳动物(HJ 710.3—2014)[S]. 北京:中国环境出版社.

[16] 环境保护部,2015. 生物多样性观测技术导则 陆生维管植物(HJ 710.1—2014)[S]. 北京:中国环境出版社.

[17] 环境保护部,2015. 生物多样性观测技术导则 内陆水域鱼类(HJ 710.7—2014)[S]. 北京:中国环境出版社.

[18] 环境保护部,2015. 生物多样性观测技术导则 鸟类(HJ 710.4—2014)[S]. 北京:中国环境出版社.

[19] 环境保护部,2015. 生物多样性观测技术导则 爬行动物(HJ 710.5—2014)[S]. 北京:中国环境出版社.

[20] 环境保护部,2016. 生物多样性观测技术导则 水生维管植物(HJ 710.12—2016)[S]. 北京:中国环境出版社.

[21] 吉林省市场监督管理厅,2018. 湿地生态监测技术规程(DB22/T 2951—2018)[S]. 北京:中国标准出版社.

[22] 姜明,吕宪国,刘吉平,等,2005. 湿地生态系统观测进展与展望[J]. 地理科学进展,05:41-49.

[23] 李迪强,张于光,2009. 自然保护区资源调查和标本采集整理共享技术规程[M]. 北京:中国大地出版社.

[24] 李果,李俊生,关潇,等,2014. 生物多样性监测技术手册[M]. 北京:中国环境出版社.

[25] 李荣冠,王建军,林和山,2015. 中国典型滨海湿地[M]. 北京:科学出版社.

[26] 李志学,颜紫科,张曦,2017. 无人机测绘数据处理关键技术及应用探究[J]. 测绘通报,(S1):36-40.

[27] 刘晓霞,张金环,2008. 植物标本的采集、制作与保存[J]. 陕西农业科学,54(1):223-224.

[28] 刘兴土,等,2005. 东北湿地[M]. 北京:科学出版社.

[29] 吕宪国,2008. 中国湿地与湿地研究[M]. 石家庄:河北科学技术出版社.

[30] 栾晓峰,等,2011. 自然保护区管理教程[M]. 北京:中国林业出版社.

[31] 万刚,等,2015. 无人机测绘技术及应用[M]. 北京:测绘出版社.

[32] 王苏民,窦鸿身,1998. 中国湖泊志[M]. 北京:科学出版社.

[33] 杨持,2017. 生态学实验与实习(第3版)[M]. 北京:高等教育出版社.

[34] 张怀清,凌成星,孙华,等,2014. 北京湿地资源监测与分析[M]. 北京:中国林业出版社.

[35] 张怀清,王金增,王亚欣,等,2014. 北京湿地资源信息管理技术[M]. 北京:中国林业出版社.

[36] 张明祥,张建军,2007. 中国国际重要湿地监测的指标与方法[J]. 湿地科学,5(1):1-6.

[37] 赵魁义,1999. 中国沼泽志[M]. 北京:科学出版社.

[38] 赵学敏,2005. 湿地:人与自然和谐共存的家园—中国湿地保护[M]. 北京:中国林业出版社.

[39] 中国科学院南京地理与湖泊研究所,2015. 湖泊调查技术规程[M]. 北京:科学出版社.

[40] 中华人民共和国国际湿地公约履约办公室,2013. 湿地保护管理手册[M]. 北京:中国林业出版社.

[41] 中华人民共和国国家质量监督检验检疫总局,中国国家标准化管理委员会,2009. 中国土壤分类与代码(GB/T 17296—2009)[S]. 北京:中国标准出版社.

[42] 中华人民共和国国家质量监督检验检疫总局,中国国家标准化管理委员会,2017. 地下水质量标准(GB/T 14848—2017)[S]. 北京:中国标准出版社.

[43] 中华人民共和国卫生部,中国国家标准化管理委员会,2007. 生活饮用水卫生标准(GB 5749—2006)[S]. 北京:中国标准出版社.

[44] State Forestry Administration P. R. China, 2002. China National Wetland Conservation Action Plan[M]. Beijing:China Forestry Publishing House.

第二章 湿地植物

湿地植被是湿地生态系统的重要组成部分,在维持生态系统结构和功能方面起到十分重要的作用。湿地植被群落的最大生物量是衡量湿地生态系统健康状况的重要指标,也代表着湿地演替的相关阶段。湿地植物生长在地表经常过湿、常年淹水或季节性淹水环境中,根据植物和水分关系,将湿地植物分为耐湿植物、挺水植物、浮水植物、沉水植物、漂浮植物五种类型。按营养状况划分为贫营养植物、中营养植物和富营养植物三种类型。湿地植物具有特殊的生态特征,如密丛型生长方式、以不定根方式进行繁殖、通气组织发达、某些植物具有食虫性、一些植物具有旱生结构等。湿地植物群落既有草地、灌丛和森林等类型,又有不同的淹水状况,这给湿地植物及其群落的调查与研究带来较大困难,应根据不同情况选用不同的观测指标和方法开展湿地植物调查与观测。

第一节 湿地植物调查方法

在调查湿地植物时,为了反映植物及其群落的动态变化,一般设立固定样地(或样带)进行长期监测,主要对湿地植物及其群落的种类组成、生长发育、生物量和生产力的背景及动态变化进行监测,特别是对湿地植物优势种和特征种进行动态监测,可以反映出湿地生态系统的结构和功能的变化。

一、样地设置和描述

(一)样地设置原则

湿地植物的调查样地设置必须遵照以下原则。

典型性和代表性原则:样地要有较好的代表性,有限的调查面积中能够较好反映出植物群落的基本特征,不可在两个群落的过渡带上设置样方,否则会影响调查数据的准确性。同时样地地形要相对平坦,地势开阔,土壤、植被分布相对均一。

自然性原则:选择人为干扰和动物活动影响相对较少的地段,并且样地在较长时间不被破坏，如流水冲刷、风蚀沙埋、过度放牧、开垦和筑路等。

充分性原则：样地内或样地外具有足够的植物供取样分析，以及土壤水分观测，土壤样品取样，便于气象观测或资料收集等。对固定样地要进行围栏封育，围栏面积要大于监测样地的实际面积。

安全性原则：在进行植物及其群落调查和采样时，要选择对湿地生态系统破坏较小的监测方法，避免因为监测活动对湿地造成较大影响。监测区域设置在其所要反映的科学问题上具有合理性，并减少监测活动对综合观测场地生态环境的干扰，同时保证监测位点的有效利用，避免重复设置。

易定位原则：由于湿地内寻找样地较为困难，对永久样地，必须有明显标识物，以便辨认和寻找。可以通过打桩定位，也可以借助定位仪定位。

（二）样地设置方法

固定样地设置应该具有该植物群落的典型特征，样方要布设在能够代表该植物群落典型特征的地段上。植物样地分布面积不宜太大，面积大工作量大，不易操作；但面积过小，又不能全面反映该群落的特征。一般来说，湿地固定样地设置面积≥10hm^2，监测位点面积≥1hm^2。具体操作步骤：

① 选择代表该区域典型湿地生态系统的样地，确定样地边界，并做好标记，样地面积≥10hm^2。

② 在样地周围埋好标桩。标桩粗为15cm，露出地面1.2m。

③ 在样地内划出用于不同项目观测区域，确定不同湿地植物类型的样方位置。一般情况下，每个典型植物群落至少设两个以上的固定样方。

④ 对于每个固定样方应设置明显标志物，挂好标牌，标明编号。

⑤ 设置警示牌，对管理人员及监测人员严格要求，尽量减小每次观测对样地的破坏，要定期检查标桩和标牌，如出现损坏要及时修复。

（三）样地描述

在植物群落学中，必须对调查样地自然环境和植被类型进行描述，它不仅使人们对所研究的植物群落的发生、演替、分布以及人类活动对植物群落的影响等有所了解，而且为野外调查结果和数据处理以及研究论文、报告的撰写提供基础资料。

仪器与工具：调查表、方格纸、记录本、铅笔、钢卷尺、胸径尺、测高仪、罗盘仪、手持式定位仪或海拔表、皮尺或样绳等。

样地描述：样方号、样方面积、调查人、日期和样方所在的详细地理位置(县、乡镇、村)，可采用定位仪测定其准确的地理坐标位置，用高程表和定位仪测量海拔高度。此外，应对样地所处的地貌特征(平地、低山、丘陵、高原、阶地、河漫滩、冲积扇等)和受人为干扰(开荒、挖渠、排水、道路建设、污染等)、自然灾害(如滑坡、泥石流、火灾、旱灾、水灾等)和动物活动(鼠害等)及影响情况做详实记录。植物群落样地描述，见表2-1。

表 2-1　植物群落样地描述调查表

样方号：	样方面积(m^2)：
调查者：	地理位置：
图号：	地形地貌：
日期：	人类影响：
纬度：	自然灾害：
经度：	动物活动：
海拔(m)：	

完成以上记录以后，再对样地或群落的土壤类型和特征进行描述和记载，就完成了整个样地的描述工作。土壤类型及特征的野外记载包括以下几个方面：土壤类型、pH、质地、结构、紧实度、颜色、根系分布情况、湿度、新生体和侵入体，以及土壤地表覆盖状况和土层发育状况，见表 2-2。

表 2-2　土壤剖面记录表

层次	深度(cm)（附层次剖面图）	pH	质地	结构	紧实度	颜色	根系	湿度	新生体	侵入体
枯枝落叶层 A_{00}										
草根层 A_0										
腐殖质层 A_1										
过渡层 B										
母质层 C										

二、植物群落调查与观测

（一）调查方法

在野外进行植物群落研究时，为了获得准确的定性和定量数据，对整个群落特征做出判断，必须进行样方调查。常用的样方调查有样方法、$0.1hm^2$ 样地法、相邻样方格子法、样线法、点—四分法、随机成对法和徘徊四分法。其中 $0.1hm^2$ 样地法和相邻样方格子法具有信息量大，能反映不同尺度上的特征和与环境变化的相互关系以及在变通后适宜于不同类型植物群落的优点。由于湿地植物比较密集，$0.1hm^2$ 样地法应用不多。湿地植物群落常用的调查法有相邻样方格子法。

1. 样方法

① 调查工具：调查表、方格纸、记录笔、铅笔、尺子、定位仪、测绳。

② 样地选择和面积确定：湿地植物群落调查样地应具有该植物群落完整的特征，样地的位置和样地的密度要有代表性。一般来说，森林沼泽植物群落的种类数不超过 40 种，

样方面积为 10m×10m，灌丛群落为 2m×2m，草本群落为 1m×1m，至少需要 10 个重复（也可根据具体情况自定样方面积）。

③ 样方设置：样方设置有机械和随机两种方法，前者在群落内等距离地机械布置样方，后者在若干随机点上向四周扔出一系列带标志的标杆或铁片等作为新样方的中心点。

④ 最小样方面积的确定：在自然植物群落中，群落特征（如植物种类）随扩大调查样方面积而增加到一定程度后就不再增加，这时的样方面积即为群落最小面积。确定并使用最小面积，既能够充分反映植物群落的基本特征，又不至于造成人力、物力的浪费。常用种—面积曲线法来确定最小样方面积。

⑤ 调查内容：对样方内的植物调查，首先要记录优势种的主要特征，包括种名、高度、盖度、频度和多度等特征，同时标明在水平地带或垂直地带上属于何种植被类型；其次是对每种植物详细调查，包括种名、生活型、季相、高度、盖度、多度、群集度、频度、密度等特征。调查结果记录见表 2-3。

表 2-3 湿地植物群落样方调查表

样地号：　　群落名称：　　地貌部位：　　积水状况：　　样地面积：
湿地名称：　　湿地面积：　　湿地类型：　　湿地地点：
土壤类型：　　干扰状况：　　调查日期：　　调查人：

序号	植物	生活型	季相	盖度（%）	频度（%）	高度(cm)		胸径(cm)		多度	群集度	密度
						平均	最高	平均	最高			
1												
2												
3												

注：季相：1. 花前营养期；2. 花蕾期；3. 开花期；4. 果期；5. 果后营养期；6. 枯死期。
盖度级（C）：r. 单株；+. <1%；1. 1%~5%；2. 6%~25%；3. 26%~50%；4. 51%~75%；5. >75%。
群集度（G）：1. 单生；2. 小丛；3. 大丛或小斑块；4. 大斑块；5. 密集群丛。
多度：1. Un.（个别或单株）；2. Sol.（数量很少而稀疏）；3. Sp.（数量不多而分散）；4. Cop1（数量尚多）；5. Cop2（数量多）；6. Cop3（数量很多）；7. Soc（极多）。

2. 相邻样方格子法

在传统的样方法中，样方被随机（或系统）且间隔地设置，此法的缺陷是分析结果受样方大小的限制，且不能反映不同尺度上的特征以及与环境变化的相互关系，而相邻样方格子法能克服此缺点并得到广泛运用。相邻样方格子法的另一优点是可以测定群落中植物分布格局。

在样地内设置由相邻基本格子组成的样方或样带。基本格子的大小依群落类型和研究目的而定，一般草本群落可取 1m×1m，灌丛群落可取 2m×2m。然后，在每个基本格子内记录与样方法相同的指标以及环境因子等。

(二)群落种类组成和生活型谱

群落内的植物种类的多少和组成种群的生活型差异会影响植物群落的结构、功能和外貌。生活型反映当地的环境条件,也是划分地带性植被的指标之一。在进行调查时,必须准确鉴定并详细记录所有植物种及所属的生活型。对于不能当场鉴定的植物一定要采集标本。

生活型是植物的形态、外貌对环境,特别是气候条件综合适应的表现形式。对于各种生活型,可按它们在群落中所占的比例绘制生活型谱,以表示群落的生活型组成特点。温度、湿度、水分(以雨量表示)可作为揭示生活型的基本因素,以植物体在度过生活不利时期(冬季严寒、夏季干旱)对恶劣条件的适应方式作为分类基础。具体是以休眠或复苏芽所处位置的高低和保护的方式为依据,把高等植物划分为五大生活型类群。在各类群之下,再按照植物体的高度、芽有无芽鳞保护、落叶或常绿、茎的特点以及旱生形态与肉质性等特征,细分为较小的类群。

① 高位芽植物:高位芽植物的芽或顶端嫩枝是位于离地面25cm以上的较高处的枝条上。如乔木、灌木和一些生长在热带潮湿气候条件下的草本等。

② 地上芽植物:地上芽植物的芽或顶端嫩枝位于地表或很接近地表处,一般都不高于地表20~30cm,因而它们受地表的残落物保护,在冬季地表积雪地区也受积雪的保护。

③ 地面芽植物:地面芽植物在不利季节,植物体地上部分死亡,只是被土壤和残落物保护的地下部分仍然活着,并在地面处有芽。

④ 地下芽植物:又称隐芽植物,度过恶劣环境的芽埋在地表以下,或位于水体中。

⑤ 一年生植物:一年生植物是只能在良好季节中生长的植物,它们以种子的形式度过不良季节。

(三)群落特征的计数方法

湿地植物群落特征调查通常采用实测和估测两种方法。估测法速度快,但需要有经验的野外工作者才能获得较为准确的数据。实测方法虽然费工费时,但准确度高,便于对数据结果进行统计分析。

1. 多度

多度是群落样方内每种植物个体数量多少的一种目测估计,是对物种个体数量多少的一种估测指标,常用于草本植物的调查。通常用Drude划分的多度级来表示,操作中使用代码,见表2-4。

表2-4 Drude的多度级

植物个体数量	符号	数码
植物数量极多,植株密集,形成背景	Soc	7
植物数量很多	Cop3	6

（续）

植物个体数量	符号	数码
植物数量多	Cop2	5
植物数量尚多	Cop1	4
植物数量不多，散布	Sp.	3
植物数量稀少，偶见	Sol.	2
植物在样方里只有1株	Un.	1

2. 密度

密度是单位面积上某植物种的个体数量，通常用计数法测定。按株数测定密度，有时会遇到困难，尤其在草丛湿地生态系统中，不易分清根茎禾草的地上部分是属于一株还是多株。此时，可以把能数出来的独立植株作为一个单位，而密丛禾草则应一丛为一个计数单位。丛和株并非等值，所以必须同它们的盖度结合起来才能获得较为正确的判断。特殊的计数单位都应在样方登记表中加以注明。

种群密度（D）计算公式：

$$D = \frac{N}{A}$$

式中：D 为种群密度[株(丛)/m²]；N 为样方内某植物种的个体数[株(丛)]；A 为样方面积(m²)。

种群密度一定程度上决定着种群的能流、种群内部生理压力的大小、种群的散布、种群的生产力及资源的可利用性。

3. 频度

频度是指某种植物在全部调查样方中出现的百分率，表示某植物种在群落中分布是否均匀一致的测度，是种群结构分析特征之一。它不仅与密度、分布格局和个体大小有关，还受样方大小的影响，使用大小不同的样方所取得的数值不能进行比较。种群频度（F）计算公式：

$$F = \frac{Q_i}{Q} \times 100$$

式中：F 为种群频度(%)；Q_i 为某种植物出现的（小）样方数（个）；Q 为调查的全部（小）样方数（个）。

4. 盖度

盖度是指群落中某种植物遮盖地面的百分率，既反映了植物（个体、种群、群落）在地面上的生存空间，又反映了植物利用环境及影响环境的程度。植物种群的盖度一般有两种：投影盖度和基面积盖度。投影盖度是指某种植物植冠在一定地面所形成的覆盖面积占地表面积的比例；基面积盖度一般对乔木种群而言，以胸高断面积的比表示。

投影盖度（C_c）和基面积盖度（C_b）的计算公式：

$$C_c = \frac{\sum_{i=1}^{n} C_i}{A} \times 100$$

$$C_b = \frac{\sum_{i=1}^{n} DBH_i}{A} \times 100$$

式中：C_c 为样方内某种植物投影盖度(%)；C_b 为样方内某种植物基面积盖度(%)；$\sum_{i=1}^{n} C_i$ 为样方内某种植物植冠投影面积之和(m^2)；A 为样方水平面积(m^2)；$\sum_{i=1}^{n} DBH_i$ 为样方内某乔木种胸高断面积之和(m^2)。

5. 植物高度

一般用实测或目测方法进行，以 cm 或 m 表示。当测量植物种群高度时，植株高度应以自然状态下的高度为准，不要伸直。在测量单株植物时，应测其绝对高度。植株高度因种的生活型和生态特征以及生长的环境而异，同时随时间的推移有明显的季节变化。种群高度 H 应以该种植物成熟个体的平均高度表示，计算公式：

$$H = \frac{\sum_{i=1}^{n} H_i}{n}$$

式中：H 为样方内某种植物成熟个体平均高度(m)；$\sum_{i=1}^{n} H_i$ 为样方内所有某种植物成熟个体的高度之和(m)；n 为该种植物成熟个体数(株)。

6. 叶面积指数

叶面积指数(leaf area index，LAI)，是植物叶片面积与土地面积之比，即单位土地面积上全部植物的总叶面积，是决定株间光照状况的重要因素，也是表示群体大小的最好指标。叶片是植物进行光合作用与外界进行水气交换的主要器官，叶面积指数是衡量群落和种群的生长状况和光能利用率的重要指标。在以往的群落学研究中，叶面积的测量方法有多种，如计算纸(方格纸)法、纸重法、干重法、求积仪法、长宽系数法、叶面积仪法、拓印法等。叶面积仪法方便准确，是湿地植物叶面积观测常用的一种方法。

(1) 林木标准木叶面积及叶面积指数

方法：伐倒标准木，测定所有叶片的干重，根据实测的比叶面积，计算标准木总叶面积，然后换算成林分的叶面积指数。

仪器与工具：电锯、天平(感量：0.01g)、光电叶面积仪、游标卡尺(精度：0.01cm)、烘箱。

操作步骤：

① 叶重测量：在林分内选择一标准木。标准木不但胸径、树高处于林分平均水平，而且它的生长空间和冠形也具有代表性。伐倒标准木，把树冠从上到下均匀分为 3 层(部分)，砍掉所有树枝，按层归组堆放。测定每层所有枝的基径和枝长并计算二者的算术平

均数。以平均数的±3%为标准,每层选择 3 个标准枝。标准枝上的叶量具中等水平。分离枝上的叶,并按新叶和老叶(2 年生以上)归类,全树的叶(鲜)重(新叶和老叶计算方法一样)计算公式:

$$W_f = \sum_{i=1}^{n}(N_i \times \frac{1}{3} \times \sum_{j=1}^{3} W_{ij})$$

式中:W_f 为全树叶的鲜重(g);N_i 为第 i 层枝数;W_{ij} 为第 i 层第 j 标准枝叶重(g)。

将全部新叶和老叶分别混放在一起,称鲜重(W_{tfo}),分别采鲜样约 100g(W_{sfo}),放入纸袋,带回室内。再次称重所采叶样(W_{sfi}),取其 1/10 两份(W_{f1} 和 W_{f2}),在 80℃下烘干,称干重(W_{d1} 和 W_{d2}),全树叶的干重(W_d)计算公式:

$$W_d = W_{tfo} \cdot \frac{W_{d1} + W_{d2}}{W_{f1} + W_{f2}} \cdot \frac{W_{sfi}}{W_{sfo}}$$

式中:W_d 为全树叶的干重(g);W_{tfo} 为全部老叶和新叶鲜重(g);W_{sfo} 为上述老叶和新叶采样鲜重(g);W_{sfi} 为上述样品实验室鲜重(g);W_{f1}、W_{f2} 为烘干前两份样重(g);W_{d1}、W_{d2} 为烘干后两份样重(g)。

② 比叶面积:再从剩余的鲜叶中任意取叶 10 片(针叶 30 个)测量其叶面积,阔叶树的叶面积用光电叶面仪测定,针叶用百分之一厘米卡尺量测,其叶面积按相应的表面积公式计算,单位为 cm^2,精确到 $0.01cm^2$。把所有叶片在 80℃下烘干,比叶面积(SLA)计算公式:

$$SLA = \frac{LA}{LW}$$

式中:SLA 为比叶面积(cm^2/g);LA 为 10 片(针叶 30 片)鲜叶面积(cm^2);LW 为上述叶片(针叶)干重(g)。

③ 叶面积指数(LAI)计算公式:

$$LAI = \frac{W \cdot SLA}{A}$$

式中:LAI 为叶面积指数;W 为标准木叶重(g);SLA 为比叶面积(cm^2/g);A 为标准木的投影地面积(cm^2)。

(2)草灌丛群落叶面积指数

草灌丛群落叶面积指数测定采用直接测定和干重系数相结合的综合测定方法。首先,使用光电面积仪直接测量单株植物的叶面积;而后将叶片放入干燥箱在 70~80℃下烘干,再用电子天平称重;然后求出单株植物的平均面积——干重系数,即面积干重比(cm^2/g),再结合群落生物量测定测出样方中每种植物叶片的总干重,乘以各自的干重系数即可求出每种植物的叶片总面积,进而统计出各种群、科群、纲群和群落的叶面积指数,具体测定方法见林木叶面积指数的测定方法。

(四)植物群落组分重要值和优势度

1. 植物种的重要值

植物种的重要值是评价某一植物在群落中作用的综合性数量指标,是植物种的相对盖度、相对频度和相对密度(或相对高度)的总和。由于群落中任何植物单项相对数量值都不会超过100%，所以，群落中任何一个种的重要值都不会超过300%。重要值(IV)计算公式：

$$IV = RDE + RCO + RFE$$

式中：IV 为重要值；RDE 为相对密度(样方内某种植物的密度与群落所有植物种群密度总和之比)；RCO 为相对盖度(样方内某种植物的盖度与所有植物种盖度总和之比)；RFE 为相对频度(样方内某种植物的频度与所有植物种的总频度之比)。

2. 总和优势度

总和优势度是评价植物在群落中相对作用大小的一种综合性数量指标，是通过各种数量测度的比值计算而得。其实，上述重要值也是总和优势度的一种，用以反映群落组分种群优势程度顺序。任一数量测度的比值的计算方法是某植物种的某一测度除以群落中的最大该数量测度。密度比、盖度比、频度比、高度比、重量比和总和优势度的计算公式：

$$C' = \frac{C_i}{C_1}$$

$$D' = \frac{D_i}{D_1}$$

$$F' = \frac{F_i}{F_1}$$

$$H' = \frac{H_i}{H_1}$$

$$W' = \frac{W_i}{W_1}$$

$$SDR_5 = \frac{C' + D' + F' + H' + W'}{5}$$

式中：C' 为盖度比(%)；C_i 为某植物种的盖度(m^2)；C_1 为群落中盖度最大的种的盖度(m^2)；D' 为密度比(%)；D_i 为某植物种的密度(株/hm^2)；D_1 为群落中密度最大的种的密度(株/hm^2)；F' 为频度比(%)；F_i 为某植物种的频度；F_1 为群落中频度最高的种的频度；H' 为高度比(%)；H_i 为某植物种的高度(m)；H_1 为群落中高度最高的种的高度(m)；W' 为重量比(%)；W_i 为某植物种的重量(kg)；W_1 为群落中重量最大的种的重量(kg)；SDR_5 为总和优势度。

总和优势度是群落某植物种的密度比、盖度比、频度比、高度比、重量比的总和平均值，可以根据实际情况选用不同指标的平均值，如对结构均匀的草本群落来说，利用两项总和优势度也可得到满意的结果。总和优势度能够客观而真实地反映出各植物种在群落中的地位和作用。

(五) 群落多样性测度

植物群落的物种多样性是反映群落组织化水平，通过结构与功能的关系间接反映植物群落功能特征的指标。群落多样性有以下几方面的生态学意义：表述群落结构特征的一个指标；了解湿地景观破碎、生境破坏和其他干扰的影响；预测关键物种或类群灭绝可能带来的生态变化；比较两个群落的复杂性，作为环境质量评价和比较资源丰富程度的指标；认识群落的性质，为群落动态观测提供信息，并为群落的保护和利用提供依据。

1. α 多样性测度方法

（1）物种多样性

① 物种丰富度指数：物种丰富度即物种的数量，是最简单、最古老的物种多样性测度方法，仍有许多生态学家特别是植物生态学家使用。如果研究地区或样地面积在时间和空间上是确定的或可控制的，则物种丰富度会提供很有用的信息，否则物种丰富度几乎是没有意义的，因为物种丰富度与样方大小有关，换言之二者不独立但二者之间又没有确定的函数关系。为了解决这个问题，一般采用两种方式：一是用单位面积的物种数量即物种密度来测度物种的丰富程度，这种方法多用于植物多样性研究，一般用每平方米的物种数量表示；二是用一定数量的个体或生物量中的物种数量，即数量丰富度这种方法，多用于水域物种多样性研究。

物种丰富度除用一定大小的样方内物种的数量表示外，还可以用物种数量与样方大小或个体总数的不同数学关系 D 来测度，D 是物种数量随样方增大而增大的速率，已有多种此类指数提出，其中比较重要的有：

$$D_{Gl} = \frac{S}{\ln A}$$

$$D_{Ma} = \frac{S-1}{\ln N}$$

$$D_{Me} = \frac{S}{N^{1/2}}$$

$$D_{Mo} = \frac{S}{N}$$

式中：D_{Gl} 为 Gleason 指数；S 为调查样方内所有物种种类的数量；A 为样方面积；D_{Ma} 为 Margalef 指数；N 为所有物种的个体数之和；D_{Me} 为 Menhinick 指数；D_{Mo} 为 Monk 指数。

② 香农—威纳多样性指数（Shannon-Wiener index，H'）：Shannon-Wiener 提出了信息不确定的测度公式。如果群落中随机抽取一个个体，它将属于哪个种是不确定的，而且物种数越多，其不确定性越大，因此，将不确定性当作多样性，计算公式：

$$H' = -\sum_{i=1}^{n}(P_i \cdot \ln P_i)$$
$$P_i = N_i/N$$

式中：H' 为香农—维纳多样性指数；P_i 为调查样方内物种 i 的相对丰度；N_i 为群落内第 i 种的个体数；N 为所有物种的个体数之和。

香农—维纳多样性指数的意义在于物种间数量分布均匀时，多样性最高。两个个体数量分布均匀的总体，物种数越多多样性越高。

③ Pielou 均匀度指数（Pielou evenness index，E_H）：Pielou 把均匀度 E_H 定义为群落的实测多样性（H'）与最大多样性（H'_{max}，即在给定物种数 S 下的完全均匀群落的多样性）之比率，计算公式：

$$E_H = \frac{-\sum_{i=1}^{n}(P_i \cdot \ln P_i)}{\ln S}$$

式中：E_H 为 Pielou 的均匀度指数；P_i 为物种 i 的相对丰度；S 为调查样方内所有物种种类的数量。

(2) 功能多样性指数

功能多样性是联系生物多样性和生态系统功能的关键性因素，主要指群落内物种间功能的总体差别及其多样性。群落内功能多样性的量化描述对于研究生物多样性响应环境变化及其对生物多样性—生态系统功能关系的影响至关重要。计算功能多样性指数的方法同物种多样性指数一样，功能多样性指数也可分为功能丰富度指数和功能均匀度指数。

① Walker 功能多样性指数（functional attribute diversity，FAD）：即功能属性多样性指数，属性是指功能特征，该指数是物种对之间的距离之和，计算公式：

$$FAD = \sum_{i=1}^{S}\sum_{j>1}^{S} d_{i,j}$$

$$d_{i,j} = \sqrt{\sum_{t=1}^{T}(x_{tj} - x_{ti})^2}$$

式中：FAD 为物种对之间的距离和；S 为物种数量；$d_{i,j}$ 为物种 i 和物种 j 间的欧氏距离；T 为性状数量；x_{ti} 和 x_{tj} 分别为物种 i 和物种 j 性状 t 值。

② Petchey 和 Gaston 指数（functional diversity，FD）：是一种以群落中物种的功能特征信息为基础，构建功能系统树的分枝总长度，以树状图来计算功能多样性的度量方法。计算步骤如下：首先，得到功能特征矩阵，矩阵中包含了所有的物种功能特征信息；其次，将物种特征矩阵转换为距离矩阵；第三，通过聚类方法，将距离矩阵聚类生成树状分类图；第四，计算树状分类图的分枝总长度，即植物的功能多样性。

③ Rao's 二次熵指数（Rao's quadratic entropy，FD_Q）：将群落内性状值的分离程度定量化，表示随机选出的两个物种具有相同性状值的可能性，即性状的重叠程度。该指数是两两物种间功能距离加权物种相对丰度之和，是描述功能性状多样性的较为合适的指标，体现了物种间生态位的互补程度，定量表示群落中性状值的异质性，较高的功能分离度表示物种生态位重叠的效应较弱，资源竞争小，计算公式：

$$FD_Q = \sum_{i}^{s-1}\sum_{j=i+1}^{s} d_{i,j} P_i P_j$$

$$d_{i,j} = \frac{1}{n}\sum_{k=1}^{n}(X_{ik} - X_{jk})^2$$

式中：FD_Q 为二次熵指数；S 为样方中的物种总数；P_i、P_j 分别为第 i、j 个物种在群落中的相对多度；$d_{i,j}$ 为种 i 与种 j 之间的欧氏距离，$d_{i,j}$ 值介于 0（两物种具有完全相同的特征）和 1（两物种具备完全不同的特征）之间；n 为性状数（如株高、冠幅、叶长、叶宽、叶形指数、叶厚、比叶面积、叶氮含量、叶绿素含量等）；X_{ik} 为种 i 的 k 性状值；X_{jk} 为种 j 的 k 性状值。

④ 群落植物特征加权平均数指数（community-weighted mean trait values，CWM）：群落内植物功能特征的加权平均值，是以各物种的特征值及物种相对丰富度为基础而进行的，对于评价群落的动态及生态系统过程具有重要意义，计算公式：

$$CWM = \sum_{i=1}^{S} P_i \cdot X_i$$

式中：CWM 为群落植物特征加权平均数指数；S 为调查样方内物种数量；P_i 为物种 i 的相对贡献率（相对丰富度或相对生物量）；X_i 为物种 i 的测定性状值。

⑤ 功能均匀度指数（functional evenness，FE_{ve}）：功能均匀度指物种功能特性在生态空间中分布的均匀程度，计算公式：

$$FE_{ve} = \frac{\sum_{i=1}^{S-1} \left[\min\left(PEW_i, \frac{1}{S-1}\right) \right] - \frac{1}{S-1}}{1 - \frac{1}{S-1}}$$

$$PEW_i = \frac{EW_i}{\sum_{i=1}^{S-1} EW_i}$$

$$EW_i = \frac{d_{ij}}{w_i + w_j}$$

式中：FE_{ve} 为功能均匀度指数；S 为所有物种种类的数量；PEW_i 为物种 i 的局部加权均匀度；EW_i 为加权均匀度；w_i 和 w_j 为物种 i 和物种 j 的相对多度；d_{ij} 为物种 i 与物种 j 间的欧氏距离。

⑥ 功能分歧指数（functional divergence，FD_{iv}）：功能分离度反映了从一个群落中随机抽取两个物种，它们功能特征相同的概率，同时也体现了物种间生态位的互补程度，定量地描述了群落中特征值的异质性，较高的功能分歧度暗示生态位重叠的效应较弱，生态系统中的资源竞争比较弱。因此功能分离度较高的群落，由于资源利用效率较高，可以增加生态系统的功能。用丰富度权重的平方和为基础对功能分歧度进行计算，某一群落的功能分歧指数可用物种个体所占有的有效生态位的丰富度及其多维特征值表示，计算公式：

$$FD_{iv} = \frac{2}{\pi} \arctan \left\{ 5 \times \sum_{i=1}^{N} \left[(\ln C_i - \overline{\ln x})^2 \times A_i \right] \right\}$$

式中：FD_{iv} 为功能分歧指数；C_i 为第 i 项功能性状的数值；A_i 为第 i 项功能性状的相对丰度；$\overline{\ln x}$ 为物种特征值自然对数的加权平均（即以种的多度为权重）；N 为群落中的物种数。

(3) 谱系多样性

谱系多样性反映了物种的亲缘关系，其计算过程主要包括谱系树的构建以及谱系多样性指数的计算。

① 谱系树的构建：首先，明确群落中所有物种的科属信息，利用 Phylomatic 和 R 软件构建群落物种的谱系树。将每个群落中的全部物种的科属信息输入到 Phylomatic 软件中，根据以被子植物分类系统的骨架 APGIII 自动构建物种的系统发育拓扑结构，然后在 Phylomatic 软件中直接生成一个带有进化枝长的谱系树。

② 谱系多样性指数计算：一般采用净谱系亲缘关系指数（net related index，NRI）和净最近种间亲缘关系指数（net nearest taxon index，NTI）作为谱系的 α 多样性的测度指标，计算公式：

$$NRI = -1 \times \frac{MPD_S - MPD_r}{SD(MPD_r)}$$

$$NTI = -1 \times \frac{MNTD_S - MNTD_r}{SD(MNTD_r)}$$

$$MPD = \frac{\sum_{i}^{n}\sum_{j}^{n}\delta_{ij}}{n} \quad (i \neq j)$$

$$MNTD = \frac{\sum_{i}^{n} \min \delta_{ij}}{n} \quad (i \neq j)$$

式中：NRI 为净谱系亲缘关系指数；MPD_S、$MNTD_S$ 为每个样地群落中实际观察值；MPD_r、$MNTD_r$ 为每个样地中通过随机模型所获得值的平均值；SD 为标准偏差；$MNTD$ 为最近种间平均进化距离（mean nearest phylogenetic taxon distance），是物种谱系位点与其最近物种谱系位点距离的平均值；MPD 为种间平均进化距离（mean phylogenetic distance），是群落各物种对之间谱系位点距离的平均值；δ_{ij} 为物种 i 和物种 j 之间的谱系距离；n 为群落物种数；$\min \delta_{ij}$ 为物种 i 和物种 j 之间的最短谱系距离。

2. β 多样性测度方法

β 多样性是指沿着环境梯度变化物种替代的程度，还包括不同群落间物种组成的差异。精确测度 β 多样性具有重要意义，这是因为它可以指示生境被物种分隔的程度，还可以用来比较不同地段的生境多样性；β 多样性与多样性一起构成了总体多样性或一定地段的生物异质性。

（1）Whittaker 指数（Whittaker's index，β_w）

Whittaker 指数由 Whittaker 于 1960 年提出的第一个多样性指数，计算公式：

$$\beta_w = \frac{S}{ma} - 1$$

式中：β_w 为 Whittaker 指数；S 为研究系统中记录的物种总数；ma 为各样方或样本的平均物

种数。

Whittaker 指数计算简便，而且直观地反映了 β 多样性与物种丰富度之间的关系，是一种应用较为广泛的 β 多样性指数。

（2）Cody 指数(Cody index，$β_c$)

Cody 指数是指调查中物种在生境梯度的每个点上被替代的速率，计算公式：

$$\beta_c = \frac{g(H) + l(H)}{2}$$

式中：$β_c$ 为 Cody 指数；$g(H)$ 为沿生境梯度 W 增加的物种数量；$l(H)$ 为沿生境梯度 H 失去的物种数量，即在上一个梯度中存在而在下一个梯度中没有的物种数量。

Cody 指数通过对新增加和失去的物种数量进行比较，能获得直观的物种更替概念，对于沿生境梯度变化排列的样本，清楚地表明了 β 多样性的含义。

（3）Wilson-Schmida 指数(Wilson index，$β_T$)

Wilson-Schmida 在野外研究物种沿环境梯度分布时，提出了另一个多样性指数，计算公式：

$$\beta_T = \frac{g(H) + l(H)}{2 \times \alpha}$$

式中：$β_T$ 为 Wilson-Schmida 指数；$g(H)$ 为沿生境梯度 H 增加的物种数量；$l(H)$ 为沿生境梯度 H 失去的物种数量，即在上一个梯度中存在而在下一个梯度中没有的物种数量；$α$ 为各样方或样本的平均物种数。

（4）Sorenson 相似性系数(Sorenson similarity index，C_s)

Sorenson 相似性系数测度群落或生境间的 β 多样性。在众多的相似性指数中应用最广效果最好的是早期提出的 Sorenson 指数，计算公式：

$$C_s = \frac{2 \times j}{a + b}$$

式中：C_s 为 Sorenson 指数；j 为两个群落或样地共有种数；a 为样地 A 的物种数；b 为样地 B 的物种数。

3. γ 多样性测度方法

γ 多样性的主要指标为物种数(S)。γ 多样性高（即地理区域生物多样性高）的地区一般出现在地理上相互隔离但彼此相邻的生境中。在这类生境中常常会发现一些生态特征相近但分类特征极不相近的生物种类生活在一起。γ 多样性主要用于描述生物进化过程中的生物多样性，γ 多样性为地理区域尺度上的 β 多样性。

三、湿地植物群落生物量和第一性生产力测定

（一）群落生物量和第一性生产力测定一般方法

1. 群落生物量测定方法

植物群落生物量是指单位群落面积上所有植物体的总量，是一个密度的概念，单位是

t/hm² 或 kg/m²。

湿地植被生物量是指湿地范围内单位面积湿地植物的总重量，通常以鲜重(湿重)或干重表示。严格意义上的湿地植被生物量应是指在任一时间内湿地植物的生产总量，或者是湿地植被种群进行光合作用总积累的初级生产量。

对于沼生植物和湿生植物，一般应用收获法测其生物量。生物量的测定是建立在对植物群落的光合产物进行收获基础上，因而称为收获法。操作方法：选择一定数量的样地，然后收获植物群落的地上部分和地下部分(或整个植物体)。收获法测定生物量简单、直接，且不需要昂贵的仪器；对于湿地水生植物，常用框架采集法和叶绿素 a 法等。

乔木、灌木群落地上生物量的测定方法：① 选取典型样地或样带，并设置数量不等的样方；② 记录每个样方内的物种数、冠幅等测树因子；③ 选取较为典型的标准木，伐倒后精确测定胸径和树高，以 1m 或 2m 为区分段进行分层切割，测定样木地上部分各器官(干、皮、枝、叶、胚轴、花、果)的鲜重；④ 再分别取样 10~200g 作室内分析；⑤ 将样品置于 85℃ 或 105℃ 恒温箱内烘干至恒重，计算含水率及各器官的干重生物量；⑥ 根据相对较长时间序列研究的实测资料，进行生物量回归等式的建立。

湿地植被地下生物量一般与地上生物量同时进行测定。对于乔木、灌木群落地下生物量的常用测定方法：以树桩为中心，向外 1m 为半径作圆，将圆内深 1m 的根系及泥土挖出，用纱网在水中洗干净，再将所得根系按直径大小分为粗(>1cm)、中(0.5~1cm)、细(0.2~0.5cm)、极细(<0.2cm)，然后称其鲜重。分别取样 5~10g(3 个重复)，将样品烘干至恒重，求其各级根系的含水率及根系的干重生物量。

2. 第一性生产力测定方法

第一性生产力(第一性生产量，biological productivity)是指单位时间单位群落面积上生命有机体转化直接来自太阳辐射的能量，它是一个速率概念。第一性生产力主要通过绿色植物的光合作用来完成，单位是 t/(hm²·a) 或 g/(m²·d)。单位时间单位群落面积上群落光合作用所同化的总量为总第一性生产力(又称总初级生产力，gross primary productivity, GPP)。当其除去单位时间单位群落面积里植物呼吸量后，则称为净第一性生产力(又称净初级生产力，net primary productivity, NPP)。

测定植物群落第一性生产力可用多次收获法和光合作用测定仪法。

收获量测定法用于陆地生态系统，定期收割植被，烘干至恒重，然后以每年每平方米的干物质重量表示(地上净初级生产量，ANPP)，以其生物量的产出测定，但位于地下的生物量，难以测定。地下的部分可以占有 40%~85% 的总生产量，因此不能省略。

光合作用测定仪测定群落内每一种植物组织的净光合速率和呼吸速率，进而外推群落的净光合速率和呼吸速率，然后再根据群落的净光合速率和呼吸速率求算 NPP 和 GPP。

获取 NPP 除直接测量外大多采用模型，常用的模型可分为统计模型、过程模型和光能利用率模型三大类。① 统计模型主要利用气候因子与 NPP 之间的相关性原理，利用实测 NPP 数据建立简单统计回归模型，模型输入参数简单，但缺乏严密的植物生理生态学机制,适合较大区域 NPP 估算。②过程模型又称机理模型,该模型充分考虑植物的光合作用、有机物分解及营养元素循环等生理过程,具有较强的机理性和系统性,但模型往往设计复杂,在参数的可获得性、可靠性和尺度转换方面问题较多。③光能利用率模型基于资源平衡观点,认为植被累积的生物量实际就是太阳入射辐射植被冠层截获、吸收和转化的结果,模型比较简单,参数可以直接通过遥感方式获得,但需要时间分辨率较高的长时间序列遥感数据支持,如 LANDSAT 影像数据、TM/ETM 影像数据、MODIS 影像数据等,而时间分辨率高的遥感数据往往空间分辨率较低,应用在小区域范围内精度较低。同时,区域范围内应用光能利用率模型也需要选择合适的最大光能利用率等参数。

(二) 草本植物群落生物量和第一性生产力测定

1. 草本植物群落现存量测定

现存量是当期的生物量,由地上生物量(绿色量、立枯量、凋落物量)和地下生物量构成。

(1) 绿色量与立枯量测定

① 测定方法:早春从群落中大多数植物萌发后 10~15 天开始进行第一次测定,此后每隔一个月测定一次。在我国北方的湿地草本植物,由 5 月初开始至 10 月底结束,每年均测定 6 次。此外,于植物萌发之前的 4 月和植物全部枯死后的 11 月各测定一次枯草量,以了解冬季枯草的损失量。测定样方的大小应以群落最小面积为准,湿地草本植物群落以 $1m^2$,每期重复 5 个样方。

② 仪器与工具:样方框、钢卷尺、剪刀(羊毛剪或蔬菜剪)、塑料袋、纸口袋、号用纸、小毛刷、电子天平、鼓风干燥箱。

③ 测定步骤:测定生物量前,首先需对所要测定的各个样方,按逐个植物种进行其数量特征的记载;然后用剪刀,将样方内的植物齐地面剪下。为减少室内分种的工作量,最好在野外分种取样,而且边剪边记株数,最后记录每一种的密度;将剪下的样品,按种分别装入塑料袋中,然后按样方集中并进行编号,带回实验室内处理;样品带回室内后,迅速剔除前几年的枯草,然后将绿色部分和已枯部分分开,分别称其鲜重后,再放入大小适宜的纸袋中,置于鼓风干燥箱内 80℃烘干至恒重,则可得到各样方中各个种的活物质与立枯物的烘干重(g/m^2),并将所得到的干重和鲜重数据填入表 2-5;如果样品量较多而鼓风干燥箱的容量有限时,应将纸袋中的鲜样品按样方集中放入细纱布口袋中,挂于通风处阴干,然后再烘干。

(2) 凋落物收集与测定

① 仪器与工具:样方框、钢卷尺、剪刀(羊毛剪或蔬菜剪)、塑料袋、纸口袋、号用纸、小毛刷、电子天平、鼓风干燥箱。

② 测定步骤:在第一次测定地上生物量的剪草样方中,用手将当年的凋落物捡起。在以后各期的样方内,仅收集前几次至今脱落的凋落物。为此,必须在第一期测定时即将第二期测定的样方中的凋落物全部清除,防止新旧凋落物的混杂,以减少工作的难度。新

旧凋落物的鉴别方法可以通过残落物的颜色来判断，需要凭经验加以判断；将收集到的凋落物按样方分别装入塑料袋内，编样方号，带回实验室内处理；在实验室内，将凋落物用软毛刷清除黏附着的细土粒和污物。如刷不净，可用流水快速冲洗，并及时用滤纸吸干。然后置于鼓风干燥箱内烘干称重，即得当期凋落物的重量(g/m^2)。通常凋落物只计其总量即可，见表2-5。

表2-5 湿地草本群落地上生物量登记表

调查日期： 调查人：

样方号：			样方面积(m^2)：		植物群落名称：							
群落总盖度(%)：			生殖苗高(cm)：		叶层高(cm)：			凋落物量(干重，g)：				
序号	植物名称	层	平均高(cm)		盖度(%)	密度(株/m^2)	多度	物候期	鲜重(g)			干重(g)		
			生殖苗	叶层					绿色	立枯	合计	绿色	立枯	合计

第二节 湿地藻类调查与测定

藻类具有叶绿素，且植物体没有真正的根茎叶分化，能通过单细胞的孢子或合子进行生殖，是营自养生活的低等植物。按照生活习性可将藻类分为浮游藻类和着生藻类两大类。浮游藻类是在水中能够适应悬浮生活的植物群落，易在风和水流的作用下作被动运动。着生藻类是营附着或固着生长在浸没于水体中各种基质表面上的藻类。

一、浮游藻类测定

浮游生物是指悬浮在水体中的生物，它们多数个体小，游泳能力弱或完全没有游泳能力，过着随波逐流的生活。浮游生物可划分为浮游植物和浮游动物两大类。在淡水中，浮游植物主要是藻类，它们以单细胞、群体或丝状体的形式出现。浮游生物是水生食物链的基础，在水生生态系统中占有重要地位。许多浮游生物对环境变化反应很敏感，可作为水质的指示生物，所以在水污染调查中，浮游生物也常被列为主要的研究对象之一。

（一）采样

1. 采样点位设置

采样点设置要有代表性，采到的浮游藻类要能真正代表一个水体或一个水体不同区域的实际状况。在江河中，应在污水汇入口附近及其上下游设点，以反映受污染和未受污染的状况。在排污口下游则往往要多设点，以反映不同距离受污染和恢复的程度。在整个调查流域按适当间距设置。在较宽阔的河流中，河水横向混合较慢，往往需要在近岸的左右两边设置。受潮汐影响的河流，涨潮时污水可能向上游回溯，设点时也应考虑。在湖泊或水库中，若水体是圆形或接近圆形的，则应从此岸至彼岸至少设两个互相垂直的采样断面。在狭长的水域，至少应设置三个互相平行、间隔均匀的断面。第一个断面设在排污口附近，另一个断面在中间，再一个断面在靠近湖库的出口处。此外，采样点的设置尽可能与水质监测的采样点相一致，以便于所得结果相互比较。若有浮游藻类历史资料的，拟设的点位应包括过去的采样点，便于与历史资料作比较。在一个水体里，要在非污染区设置对照采样点，若整个水体均受污染，则往往须在邻近找一非污染的类似水体设点作为对照点，在整理调查结果时可作比较。

2. 采集工具

在湖泊、水库和池塘等水体中，可用有机玻璃采水器采样。有机玻璃采样器为圆柱形，上下底面均有活门。采水器沉入水中，活门自动开启，沉入哪一深度就能采到哪一水层的水样。采水器内部有温度计，可同时测量水温，有机玻璃采水器现有1000mL、1500mL、2000mL等各种容量和不同深度的型号。在河流中采样，要用颠倒式采水器或其他型号采水器。

定性标本用浮游生物网采集。浮游生物网呈圆锥形，网口套在铜环上，网底管（有开关）接盛水器。网的本身用筛绢制成，根据筛绢孔径不同划分网的型号。25号浮游生物网（网长：50cm，网圈内径：20cm，网衣：200目尼龙，孔径：0.064mm），可用于采集藻类，见图2-1。

3. 采样深度

浮游藻类在水体中不仅水平分布上有差异，而且垂直分布上也不同。若只采集表面水样就不能代表整个水层浮游藻类的实际情况。因此，要根据各种水体的具体情况采取不同的取样层次，如在湖泊和水库中，水深5m以内的，采样点可在水表面以下0.5m、1m、2m、3m和4m五个水层采样，混合均匀，从其中取定量水样。水深2m以内的，仅在0.5m左右深处采集亚表层水样即可，若透明度很小，可在下层加取水样，并与表层样混合制成混合样。深水水体可按3~6m间距设置采样层次。变温层以下的水层，由于缺少光线，浮游植物数量不多，可适当少采样。对于透明度较大的深水水体，可按表层、透明度0.5倍处、1倍处、1.5倍处、2.5倍处、3倍处各取一水样，再将各层样品混合均匀后再从混合样中取一样品，作为定量样品。在江河中，由于水不断流动，上下层混合较快，采集水面以下0.5m左右亚表层样即可，或在下层加采一次，两次混

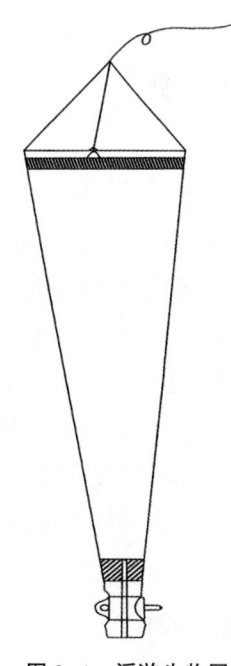

图2-1 浮游生物网

合即可,若需了解浮游藻类垂直分布状况,在不同层次分别采样后勿需混合。

4. 采样量

采样量要根据浮游藻类的密度和研究需要量而定。一般原则:浮游藻类密度高,采水量可少;密度低,采水量则要多。常用于浮游藻类的采水量以1L为宜。若要测定藻类叶绿素和干重等,则需另外采样。

利用25号浮游生物网采集浮游藻类定性标本,在表层至0.5m深处以20~30cm/s的速度作"∞"形循回缓慢拖动1~3min,或在水中沿表层拖滤1.5~5.0m^{3}水体积。

5. 采样频率

浮游藻类由于漂浮在水中,群落分布和结构随环境的变更而变化较大,采样频率一般全年应不少于4次(每季度1次),条件允许时,最好是每月1次。根据排污状况,必要时可随时增加采样次数。

(二) 固定和浓缩

水样采集之后,马上加固定液固定,以免时间延长标本变质。对藻类水样,每升加入15mL左右鲁哥氏液固定保存。可将15mL鲁哥氏液事先加入1L的玻璃瓶中,带到现场采样。固定后,送实验室保存。鲁哥氏液配制方法:40g碘溶于含碘化钾60g的1000mL水溶液中。福尔马林固定液配制方法:福尔马林(市售的40%甲醛)4mL、甘油10mL、水86mL。

从野外采集并经固定的水样,带回实验室后必须进一步沉淀浓缩。为避免损失,样品不要多次转移。1000mL的水样直接静置沉淀24h后,用虹吸管小心抽掉上清液,余下20~25mL沉淀物转入30mL定量瓶中。为减少标本损失,再用上清液少许冲洗容器几次,冲洗液加入30mL定量瓶中。用鲁哥氏液固定的水样,作为长期保存的浮游植物样品,在实验室内浓缩至30mL后补加1mL 40%的甲醛溶液然后密封保存。

(三) 显微镜校准

将目(测微)尺放入10倍目镜内,应使刻度清晰成像(一般刻度面应朝下),将台(测微)尺当作显微玻片标本,用20倍物镜进行观察,使台尺刻度清晰成像。台尺的刻度代表标本上的实际长度,一般每小格0.01mm。转动目镜并移动载物台,使目尺与台尺平行,并且目尺的边沿刻度与台尺的0点刻度重合,然后数出目尺10格相当于台尺多少格,用这个格数去乘0.01mm,其乘积表示目尺10格代表标本上的长度多少毫米,做好记录,即某台显微镜20倍物镜配10倍目镜,某目尺10格代表标本上的长度。用台尺测出视野的直径,按πr^2计算视野面积。用作测量和计数的其他镜头的每一种搭配,也都应作同样的校准和记录。

(四) 计数

个体计数仍是常用的浮游藻类定量方法。浮游藻类计数时,要将样品充分摇匀,将样品置入计数框内,在显微镜或解剖镜下进行计数。常用计数框容量有0.1mL、1mL、5mL

和 8mL 四种。用定量加样管在水样中部吸液移入计数框内。移入之前要将盖玻片斜盖在计数框上，样品按准确定量注入，在计数框中一边进样，另一边出气，这样可避免气泡产生，注满后把盖玻片移正。计数片子制成后，稍候几分钟，让浮游藻类沉至框底，然后计数。不易下沉到框底的生物，则要另行计数，并加到总数之内。

藻类的计数：吸取 0.1mL 样品注入 0.1mL 计数框，在 10×40 倍或 8×40 倍显微镜下计数，藻类计数 100 个视野，计数两片取其平均值。如两片计数结果个数相差 15% 以上，则进行第三片计数，取其中个数相近两片的平均值。

藻类计数也可采用长条计数法，选取两相邻刻度从计数框的左边一直计数到计数框的右边称为一个长条。与下沿刻度相交的个体，应计数在内，与上沿刻度相交的个体，不计数在内，与上、下沿刻度都相交的个体，以生物体的中心位置作为判断标准，也可在低倍镜下，按上述原则单独计数，最后加入总数之中。一般计数三条，即第 2、5、8 条，若藻体数量太少，则应全片计数。硅藻细胞破壳不计数。

若计数种属的组成，分类计数 200 个藻体以上，用画"正"的方法，则每画代表一个个体，记录每个种属的个体数。

（五）计算

每升水中浮游藻类数量，计算公式：

$$N = \frac{A}{A_c} \cdot \frac{V_w}{V} \cdot n$$

式中：N 为每升水中浮游藻类的数量（个/L）；A 为计数框面积（mm^2）；A_c 为计数面积（mm^2），即视野面积×视野数或长条计数时长条长度×参与计数的长条宽度×镜检的长条数；V_w 为 1L 水样经沉淀浓缩后的样品体积（mL）；V 为计数框体积（mL）；n 为计数所得浮游藻类的个体数或细胞数。

按上述方法进行采样、浓缩、计数。A 为 400mm^2，V_w 为 30mL，V 为 0.1mL，故 $V_w/V = 300$。

二、着生藻类测定

着生藻类即周丛藻类，指生长在浸没于水中的各种基质表面上的有机体群落。由于悬浮颗粒也沉淀在基质上，故这些有机体往往被一层黏滑的、甚至毛茸的泥沙所覆盖。基质的不同性质也会影响周丛生物的群落组成。基质有植物的、动物的、树木的、石头的，相应的就有附植生物、附动生物、附树生物、附木生物和附石生物。近年来，着生藻类的研究日益受到重视，除了因其具有较大的初级生产能力以及自来水厂给排水系统中的各种管道常被大量繁殖的着生藻类所堵塞，影响正常使用外，主要是在环境保护工作中，用着生藻类指示水体污染程度，在河流中应用较多，也可在湖泊和水库中以及氧化塘中应用。除调查有关水体着生藻类生长情况外，在监测中也常应用人工基质法。由于人工基质本身的特点以及人为控制时间等因素的影响，人工基质上的群落不能完全代表自然基质。

（一）采样

1. 采样点及采样频率确定

采样点的设置及其数量可视被调查水体的形态和大小而定，关键是要有代表性，要顾及水体(或污染水体)的污染源及不同地段。在河流中，上游的采样点可作对照，在湖泊或水库则根据深度和其他形态特征选择断面及采样点，并尽可能与水化学监测断面(或点)相一致，以利于时空同步采样。一般要求，采样(或监测)频率每年不少于两次，建议春秋各一次。

2. 人工基质采样

着生藻类采样应用的人工基质制作：聚氨酯泡沫塑料法(孔径为 $100\sim150\mu m$，简称PFU)、硅藻计—载玻片法和聚酯薄膜法等。PFU 块为 $50mm\times75mm\times65mm$ 的泡沫塑料，用来采集微型生物群落。硅藻计采样器可用有机玻璃或木材制作，包括一个用以固定载玻片 $26mm\times76mm$ 的固定架、漂浮装置(可用泡沫塑料或渔网用的浮子、木块等)、固定装置(可用绳索绑在其他物体上或用重物固定，或用棍棒插入水底)。在江河流水中使用，前端需要有挡水板，以分开或疏导水流和阻挡杂物。聚酯薄膜采样器，用 0.25mm 厚的透明、无毒的聚酯薄膜作基质，规格为 $4cm\times40cm$，一端打孔，固定在钓鱼用的浮子上，浮子下端缚上重物作重锤，此采样器轻便，且不易丢失。

PFU、载玻片和聚酯薄膜放置于采样点时，必须固定好，在河流中须避开急流和漩涡。采样器的深度一般为 $5\sim10cm$，使之得到合适的光照，放置的时间为 14 天，或根据测定目的确定。

（二）样品保存和制作

1. 定量样品保存和制作

用毛刷或硬胶皮将基质上所着生的藻类及其他生物(人工基质取玻片三片或聚酯薄膜 $4cm\times15cm$)，全部刮到盛有蒸馏水的玻璃瓶中，并用蒸馏水将基质冲洗多次，用鲁哥氏液固定，贴上标签，带回实验室。置沉淀器内经 24h 沉淀，弃去上清液，定容至 30mL 备用，观察后，如需长期保存再加入 1.2mL(4%)福尔马林液保存，取样时，如时间不允许，可在野外将天然基质、玻片或聚酯薄膜放入带水的玻璃瓶中，带回实验室内刮取，并固定和保存。

2. 定性样品保存和制作

仍按上述方法，将全部着生藻类刮到盛有蒸馏水的玻璃瓶中，用鲁哥氏液固定，带回实验室作种类鉴定。鉴定后，再加入 4%浓度福尔马林液长期保存。

3. 硅藻永久封片制作

硅藻细胞壳体的形状及壳面纹饰等是硅藻植物分类鉴定的主要依据。对标本进行酸处理，除去硅藻细胞内的原生质，只对剩下的硅质外壳进行对不同硅藻种类鉴定。

（1）用硝酸微波消解法进行标本酸处理

① 取采集的水样 10mL 离心去上清液，取沉淀或悬浊液 2mL 左右转移到消解管中。

② 加入等量的硝酸 10mL，总体积不超过消解管的 1/3。
③ 将消解管置于微波消解仪进行消解。
④ 反应完成，待样品冷却后，移至 14mL 离心管中，用酒精反复清洗 5~7 次，弃上清液，将样品转移至 1.5mL 离心管，保存于 98% 酒精中。

（2）永久封片制作
① 取适量甲苯溶解封片胶。
② 将洁净的载玻片和盖玻片置于加热平板上加热。
③ 将处理好的样品振荡混匀。
④ 取适量悬浊液置于盖玻片，涂匀，加热至干燥。
⑤ 取适量的封片胶滴于载玻片中央，将涂有硅藻样品的盖玻片盖于胶的正上方。
⑥ 将已放好的玻片置于加热板上，使气泡被赶走。
⑦ 置于水平桌面上，使其完全冷却干燥，静置 1~2 周后方可进行镜检观察。

（三）种类鉴定和计数

1. 定性鉴定

吸取备用的定性样品适量，在显微镜下进行种类鉴定，一般鉴定到属或种，优势种尽可能鉴定到种。必要时硅藻可制片进行鉴定，以取得较好的效果。在制片时，将定性样品放到表面皿内均匀旋转，去掉沉淀的泥沙颗粒，用小玻璃管吸取少量硅藻样品放入玻璃试管中，加入与样品等量的浓硫酸，然后慢慢滴入与样品等量的浓硝酸，此时即产生褐色气体，在砂浴或酒精灯上加热至样品变白，液体变成无色透明为止。待冷却后将其离心（3000r/min，5min）或沉淀。吸出上层清液，加入几滴重铬酸钾饱和溶液，使标本氧化漂白呈透明，再离心或沉淀。吸出上层清液，用蒸馏水重复洗 4~5 次，直至中性，加入几滴 95% 酒精，每次洗时必须使标本沉淀或离心，吸出上层清液可免使藻类丢失。制片时，吸出适量处理好的标本均匀放在盖玻片上，在烘台上烘干或在酒精灯上烤干，然后加上 1 滴二甲苯，随即加 1 滴封片胶，将有胶的这一面盖在载玻片中央，待风干后，即可镜检。

2. 定量计数

把已定容到 30mL 的定量样品充分摇匀后，吸取 0.1mL 置入 0.1mL 的计数框里，在显微镜下，横行移动计数框，逐行计平行线内出现的各种（属）藻类数。视藻类密度大小，一般计算 10 行、20 行或 40 行以至全片，必须使优势种类计数的个体数在 100 个以上。

将定量计数的各种类的个体数进行计算，并换算为 1cm² 基质上着生藻类个体数量，计算公式：

$$N_i = \frac{C_1 \cdot L \cdot n_i}{C_2 \cdot R \cdot h \cdot S}$$

式中：N_i 为单位面积第 i 种藻类的个体数（个/cm²）；C_1 为标本定容水量（mL）；C_2 为实际计数的标本水量（mL）；L 为藻类计数框每边的长度（μm）；h 为视野中平行线间的距离（μm）；

R 为计数的行数;n_i 为实际计数所得第 i 种藻类个体数;S 为刮取基质的总面积(cm^2)。

三、藻类多样性计算

湿地藻类多样性指数的变化,可以反映出群落内物种生存环境的变化。在清洁水体中,水生生物种类多样,而每种生物数量较少;在受到严重污染的水体中,敏感种类会逐渐消失,耐污种类会大量生长,种类相对单一,且数量很大。测度多样性的方法应用较普遍的多样性指数有 Shannon-Wiener 指数和 Simpson 指数等。均匀度指数也是表征群落内种类组成、数量分布均匀程度的一个重要指标,是多样性指数的实际值与理论最大值的比值,数值范围在 0~1,可以清晰、直观地描述群落内物种数量分配的均匀程度。一般来说,群落内物种组成结构越稳定,多样性指数越高,均匀度指数也越高。

(一) 香农—威纳及均匀度指数

常用的湿地藻类多样性指数包括香农—威纳多样性指数(Shannon-Wiener index,H'),计算公式:

$$H' = -\sum_{i=1}^{S}(P_i \cdot \ln P_i)$$

$$P_i = \frac{N_i}{N}$$

式中:H' 为多样性指数;N_i 为群落内第 i 种浮游藻类的个体数;N 为群落内浮游藻类总个体数;S 为群落内浮游藻类种类总数;P_i 为浮游藻类 i 的相对丰富度。

(二) Margalef 丰富度指数(D_{Ma})

计算公式:

$$D_{Ma} = \frac{S-1}{\ln N}$$

式中:D_{Ma} 为 Margalef 丰富度指数;N 为群落内浮游藻类总个体数;S 为群落内浮游藻类种类总数。

(三) Pielou 均匀度指数(Pielou evenness index,E_H)

计算公式:

$$E_H = \frac{H'}{\ln S}$$

式中:E_H 为均匀度指数;H' 为该样点的香农—威纳指数;S 为样品中的种类数目。

(四) 优势度

根据 Berger-Parker 优势度指数(Berger-Parker dominance index,d)对浮游藻类优势度进行分析,计算公式:

$$d = \frac{N_i}{N}$$

式中：d 为 Berger-Parker 优势度指数；N_i 为群落内第 i 优势种浮游藻类的个体数；N 为群落内浮游藻类总个体数。

（五）Q 指数

将不同水体进行分类归类，划分出各自的水体类别（钙质型水体、碱性水体等），同时确定各个浮游植物功能类群在不同水体类别代表的分数，通过加权平均计算所有共存的功能类群的总分数（即 Q 值），计算公式：

$$Q = \sum_{i=1}^{S} \frac{N_i}{N} \cdot F_i$$

式中：Q 为 Q 指数；N 为浮游植物总生物量；N_i 为第 i 个功能类群的生物量；F_i 为第 i 个功能类群的赋值；S 为浮游植物功能类群数量。

Q 指数值的范围为 0~5：$0<Q\leq1$ 表示水质差（bad），$1<Q\leq2$ 表示水质耐受（tolerable），$2<Q\leq3$ 表示水质中等（medium），$3<Q\leq4$ 表示水质好（good），$4<Q\leq5$ 表示水质极好（excellent）。

四、叶绿素和藻蓝素测定

叶绿素 a 存在于所有可能发生光合作用的藻类中，而叶绿素 b 只存在于绿藻和裸藻中，藻蓝素只存在于蓝藻、红藻和隐藻中。湿地底栖生境中红藻、裸藻和隐藻数量少，对底栖藻类生物量的贡献很小，因此，叶绿素 a、叶绿素 b 和藻蓝素的含量分别表征藻类总量、绿藻数量和蓝藻数量。

（一）叶绿素测定

叶绿素分析主要有分光光度法、高效液相色谱法和荧光分光光度法三大类。① 分光光度法是一种对样品进行取样分析的测量方法，主要经过采样、抽滤、研磨、离心等几个步骤。这种方法虽然可以准确获得数据，但是还存在一些缺点，比如取样困难、定位误差比较大、信息量较少等缺点，更值得注意的是，这种方法在短时间很难获取水体中的藻类信息，因此减弱了环境监测的实时性和有效性，也在一定程度上大大影响了水体环境的监测和预警。② 高效液相色谱法价格昂贵，还需要大量对人体有害的溶剂，无法做到高灵敏度的检测。③ 荧光分光光度法除了具有灵敏度高、选择性好的优点之外，还具有动态线性范围宽、方法简单、重现性好、取样量少、仪器设备易操作等优点。

1. 分光光度计法

（1）方法原理

采用有机溶剂，如丙酮、甲醇、乙醇或者含有一定比例水的有机溶液，对叶绿素及其衍生物进行提取，由于叶绿素及其衍生物可分别在 665nm 和 750nm 处有特征吸收，故可采用分光光度计测定叶绿素及其衍生物的吸光度,换算成含量。

脱镁叶绿素 a 能够干扰叶绿素 a 的测定,当含有脱镁叶绿素 a 时,叶绿素 a 的测定值偏高。因此,在测定叶绿素 a 的时候,还要测定脱镁叶绿素 a。脱镁叶绿素 a 对叶绿素 a 的干扰,可通过测定叶绿素 a 酸化前后产生的吸收峰之比,对表观叶绿素 a 的浓度作脱镁叶绿素 a 的校正。

(2) 仪器设备

冷冻干燥机、超声振荡机、分光光度计、离心管、冰箱。

(3) 试剂溶液

① 丙酮溶液(90%):量取丙酮(CH_3COCH_3,99.8%,分析纯)450mL,用蒸馏水稀释至 500mL。

② 盐酸溶液(30%):取 30mL 浓盐酸(分析纯)溶于 70mL 蒸馏水中。

(4) 操作步骤

① 湿地藻类样品提取:称取一定量的冻干的藻类样品到离心管,以 1:3 比例加入 90%丙酮,漩涡混合,将混合物混匀。保持低温,大功率超声 1min,低温静置过夜;离心(5000r/min,5min,4℃),将提取物从藻类样品中分离出来,将上清液倾出。重复以上提取过程 1 次(但不静置)。将两次的提取物混合,定容,低温(一般可放置于常用冰箱冷冻室)保存至分析。整个提取过程在黑暗或弱光及低温条件下进行。

② 测定:在分光光度计上,以 90%丙酮作为参比,用 1cm 光程比色皿,分别读取 665nm 和 750nm 波长的吸光度,以测定叶绿素及衍生物,加 30%盐酸酸化至不超过 0.003mol/L,在 1~15min 内再次读取 665nm 和 750nm 波长的吸光度。测定的吸光度值应在 0.1~0.8。

(5) 结果计算

$$CD = \frac{E_b}{M}$$

$$NC = \frac{E_b - E_a}{0.7 \times E_a} \times 100$$

$$E_b = D_{665b} - D_{750b}$$

$$E_a = D_{665a} - D_{750a}$$

式中:CD 为叶绿素及其衍生物(unit/g 有机质,unit 表示标准单位,提取液 100mL 时,1cm 长比色皿测到的吸收值为 1.0 时为一个标准单位);NC 为叶绿素(自然叶绿素)在叶绿素及其衍生物中的所占比例(%);D_{665b} 为酸化前 665nm 的吸光度;D_{750b} 为酸化前 750nm 的吸光度;D_{665a} 为酸化后 665nm 的吸光度;D_{750a} 为酸化后 750nm 的吸光度;E_b 为酸化前经校正的 665nm 的吸光度;E_a 为酸化后经校正的 665nm 的吸光度;M 为藻类样品中有机质含量(g)。

(6) 注意事项

① 色素对光氧化特别敏感,所有样品应包裹在铝箔中,如叶绿素提取液对光敏感,

所以提取操作等要尽量在微弱的光照下进行。

② 使用的玻璃器皿和比色皿均应清洁、干燥。

③ 吸收池事先要用90%丙酮溶液进行校正。

④ 750nm处的吸光度读数用来校正混浊度，由于在750nm提取液的吸光度对丙酮与水之比的变化非常敏感，因此，丙酮提取液的配制要严格遵守90份丙酮比10份水（体积比）的配比。

⑤ 750nm的吸光度在0.005以上时，应将溶液再一次充分地离心分离，然后测定其吸光度。

⑥ 结果计算中的叶绿素及其衍生物（CD）含量并非藻类样品质量中的含量，藻类样品有机质中的含量，需要先测定藻类样品有机质含量，再进行换算。

2. 荧光分光光度计法

（1）方法原理

叶绿素 a 和叶绿素 b 在一定的激发光下会产生特征荧光发射峰，在特定波长的激发光和发射光下，样品的浓度与荧光强度成正比，以标准叶绿素配制标准系列溶液，在特征波长激发光下作出标准曲线，然后在相同条件下测定环境样品的荧光发射峰，确定其浓度。而对于叶绿素 a 和叶绿素 b，由于它们的荧光发射峰相距较近（分别位于670nm和655nm处），在测定时易发生干扰，应用同步荧光法可使相距很近的荧光发射峰相互分离并能同时测定两者的含量。通过丙酮溶液将藻类样品中的叶绿素萃取出来，利用荧光光度计，在不同激发—发射波长下同步测定叶绿素 a 和叶绿素 b 的荧光强度，建立方程，根据标准曲线求得藻类样品中叶绿素 a、叶绿素 b 的含量。

（2）仪器设备

荧光光度计、冷冻干燥机、离心机（≥5000r/min）、漩涡混合仪、冰箱、具塞离心管（10mL）、容量瓶（10mL）、研钵等。

（3）试剂溶液

① 叶绿素 a、叶绿素 b 标准样品：纯度>98.8%。

② 丙酮溶液（90%）：取90.5mL的99.5%丙酮（分析纯），用蒸馏水稀释到100mL刻度。

（4）操作步骤

① 样品准备：将冷冻干燥后的藻类样品放入研钵中，仔细研磨5~10min；称取研磨好的样品（根据藻类样品中叶绿素含量多少，取1~5g），置于10mL具塞离心管中。

② 叶绿素提取：加入2~3mL 90%丙酮溶液，于漩涡混合仪上振荡混匀，在4℃黑暗条件下静置8~10h，然后以5000r/min离心5min，上清液转移至10mL容量瓶中。离心管中的藻类样品继续以2~3mL的90%丙酮溶液反复萃取2~3次，收集上清液至容量瓶中，最后用90%丙酮定容至10mL。

③ 标准曲线溶液配制：将标准叶绿素 a、叶绿素 b 用90%丙酮溶液稀释至标准系列溶液，标准叶绿素 a 浓度梯度为1μg/L、10μg/L、100μg/L、1000μg/L、10000μg/L，标准

叶绿素 b 浓度梯度为 10μg/L、100μg/L、1000μg/L、10000μg/L。

④ 测定条件：将分光光度计的条件设定为扫描速度 60nm/min，激发和发射单色仪狭缝带通宽度 5nm，响应时间 2s，PM 增益置于 LOW。取叶绿素 a 标准系列溶液，以 90%丙酮为参比液。首先，以 $\Delta\lambda=258nm$ 为固定波长差进行同步扫描，在 670nm 处出现狭长的叶绿素 a 荧光发射峰，以此荧光强度对叶绿素 a 的浓度绘制标准曲线；其次，以 $\Delta\lambda=193nm$ 为固定波长差对叶绿素 b 标准系列溶液进行同步扫描，在 655nm 处出现狭长的叶绿素 b 荧光发射峰，以此荧光强度对叶绿素 b 的浓度绘制叶绿素 b 的标准曲线。

⑤ 测定：取此溶液在与标准样品相同的条件下，分别以固定波长差 $\Delta\lambda=258nm$ 和 $\Delta\lambda=193nm$ 进行同步荧光扫描，记录 670nm 和 655nm 处荧光强度。

(5) 结果计算

由叶绿素 a 和叶绿素 b 的同步荧光强度在各自的标准曲线上求得其浓度(取对数)，结合原称取的藻类样品的量，计算出藻类样品中的叶绿素 a 和叶绿素 b 的含量。

(6) 注意事项

① 叶绿素也可采用湿样法，在 1g 湿样离心管中加入 10mL 丙酮的同时，加入适量碳酸镁，-20℃萃取 24h。为换算成干藻类样品，需取藻类样品(约 20g)测定含水率。

② 由于标准溶液设定的浓度范围较宽，且相邻两个浓度相差 10 倍，在普通的荧光强度(F)—浓度(C)标准曲线上低浓度的几个点容易靠近而难以分清楚，因此可以将 F—C 曲线换算为对数(lgF-lgC)标准曲线，可以直观看出线性关系。

③ 利用单位面积叶绿素 a 含量(mg/m^2)作为底栖藻类生物量，可以根据其生物量估算底栖藻类的生产力，计算公式：

$$P = 1.13 \times B + 8.23$$

式中：P 为底栖藻类年初级生产力$[mg/(m^2 \cdot a)]$；B 为表层藻类中叶绿素 a 浓度$[mg/(m^2 \cdot a)]$，叶绿素 a 浓度为夏季和冬季的平均值。

(二) 藻蓝素测定

藻蓝素(phycocyanin，PC)又称藻蓝蛋白，是普遍存在于蓝藻、隐藻和红藻中的光合色素。最早的测定和研究是从螺旋藻开始的，应用于天然食用色素和药用领域。藻蓝蛋白单聚体由一条 α 肽链和一条 β 肽链所组成，每一条链各与一分子的藻蓝素结合，三聚体的吸收光谱在 620~650nm 处有明显的吸收峰。

包括藻蓝素在内的藻蓝蛋白均是先使细胞的细胞壁和细胞膜破裂，利用现代生物技术萃取获得。细胞破碎的方法有多种，如组织捣碎法、超声波破碎法、反复冻融法、溶胀法和化学试剂法等，以上细胞破碎方法各有优缺点，常常配合使用，如冻融法和超声波破碎法相结合等。对于藻蓝素的提取方法，虽然有超滤法和盐析法，但常用提取剂的方法，提取剂主要是两种 Tris，即磷酸缓冲溶液(PBS)和三羟甲基氨基甲烷(THAM)，pH 要求均为 7。同叶绿素分析相似，藻蓝蛋白的测定也有多种，主要有分光光度法和荧光分光光度法两大类。同样当藻类样品中藻蓝素含量较低时，因灵敏度较低分光光度法难以检出。荧光分析法灵敏度较分光光度法高，所需样品量少，更为简便快速和经济，应用越来越普遍。

1. 分光光度法

(1) 方法原理

经研磨的样品用中性磷酸盐缓冲溶液溶解，放入低温环境中冷冻、融解，使色素蛋白析出；根据藻蓝素在特定最大吸收峰波长下，对分离后的提取液进行分光光度测定，计算出藻类样品中的藻蓝素含量。低温（-20℃）冷冻的反复冻融法是细胞破碎最常用的方法，利用细胞内冰粒的形成和细胞液盐浓度增高引起溶胀，使细胞结构破碎。化学试剂法是使用一些化学试剂破坏藻体细胞的细胞壁和细胞膜，如采用十二烷基苯磺酸钠破坏藻细胞提取藻蓝蛋白，提取率可达98%。

(2) 仪器设备

分光光度计、冷冻干燥机、超声波振荡器、低温冰箱（-20℃）、高速离心机、研钵、具塞离心管（50mL）、容量瓶（250mL）、漩涡混合仪等。

(3) 试剂溶液

磷酸盐缓冲溶液（pH 7.0）：将0.1mol/L磷酸二氢钾溶液与0.1mol/L磷酸氢二钾溶液（45+55，v/v）混合。

(4) 操作步骤

① 样品准备：将冷冻干燥后的藻类样品放入研钵中仔细研磨5~10min，称取一定量（约1g，精确至0.0001g）经研磨好的样品，置于50mL具塞离心管中，加入适量磷酸盐缓冲溶液，超声振荡5min，定容于250mL容量瓶中，摇匀。

② 冷冻提取：将溶液全部转入250mL广口瓶中，置于-20℃的冰箱内冷冻12h（或静置过夜），取出解冻，摇匀。

③ 离心：取部分溶液于50mL离心管中，在3000r/min转速下离心15min。

④ 测定：取上层清液，放入1cm比色皿，在分光光度计上分别测定620nm、652nm和562nm处的吸光度，用磷酸盐缓冲液做空白。

(5) 结果计算

试样中藻蓝蛋白的质量分数含量，计算公式：

$$W_1 = 0.187 \times A_{620} - 0.089 \times A_{652}$$

$$W_2 = 0.196 \times A_{652} - 0.041 \times A_{620}$$

$$W_3 = 0.104 \times A_{562} - 0.251 \times W_1 - 0.088 \times W_2$$

$$W_4 = \frac{(W_1 + W_2 + W_3) \times V \times 100}{m \times 1000}$$

式中：W_1为测试液中藻蓝素的含量（mg/mL）；W_2为测试液中异藻蓝素的含量（mg/mL）；W_3为测试液中藻红素的含量（mg/mL）；W_4为样品中藻蓝蛋白的质量分数（g/100g）；A为相应波长处（562nm、620nm和652nm）的吸光度值；V为样品定容体积（mL）；m为样品重量（g）。

(6) 允许偏差

平行试验允许相对误差≤4%。

(7) 注意事项

① 整个操作过程要注意避光，分光光度测定须在 15min 之内完成。

② rag 是碱含量单位，物质在火焰光度计测得的结果可用 rag/mL 单位表示，即 1mL 物质中所含有效物质的量，同 mg/mL 一样计算。

2. 荧光分光光度法

(1) 方法原理

经研磨的样品反复用中性磷酸缓冲溶液于 4℃ 环境下溶解，放入低温环境中冷冻、融解，使色素蛋白析出、提取；分离后的提取液，根据藻蓝素在特定的荧光强度下具有最大吸收峰，采用分光光度法测定，计算出藻类样品中的藻蓝素含量。

(2) 仪器设备

荧光光度计、冷冻干燥机、超声波振荡器、低温冰箱、高速离心机、研钵、具塞离心管、漩涡混合仪等。

(3) 试剂溶液

① 藻蓝素标准样品。

② 三羟甲基氨基甲烷(Tris)：称取 12.1g Tris，溶于 1L 去离子水中，配置成 0.1mol/L Tris 溶液。

③ HCl 溶液(0.1mol/L)：量取 8.3mL 浓盐酸(1.19g/mL，分析纯)，用去离子水稀释至 1L。

④ Tris 缓冲液(0.05mol/L，pH 7.0)：量取 50mL 市售 Tris 溶液(0.1mol/L)，加入 45.5mL HCl 溶液(0.1mol/L)，加水稀释至 100mL。

(4) 操作步骤

① 样品准备：将冷冻干燥后的藻类样品放入研钵中，仔细研磨 5~10min，称取一定量(约 1g，精确至 0.0001g)研磨好的样品，置于 10mL 具塞离心管中。

② 提取：加入 2~3mL Tris 缓冲溶液(0.05mol/L，pH 7.0)，于漩涡混合仪上振荡混匀，在 4℃ 黑暗条件下静置 8~10h。然后，以 5000r/min 离心 10min，上清液转移至 10mL 容量瓶中。离心管中的藻类样品继续以 2~3mL Tris 缓冲溶液反复萃取 2~3 次，收集上清液至容量瓶中，最后用 Tris 缓冲溶液定容至 10mL，待测。

③ 标准曲线制作：将标准藻蓝素用 Tris 缓冲溶液稀释至标准系列溶液，浓度梯度为 10μg/L、100μg/L、1000μg/L、10000μg/L。将荧光分光光度计设定为激发光波长为 620nm，发射光波长 647nm 等条件，以 Tris 缓冲液为参比液分别测定荧光强度，以荧光强度对藻蓝素浓度做出标准曲线。

④ 测定：在与标准系列相同的条件下测定样品提取液的荧光强度，分别记录最大吸光度值 A_{max} 和最小吸光度值 A_{min}。

（5）结果计算

根据对数浓度标准曲线，计算求得藻类样品中藻蓝素含量：

$$PC = 10^4 \times \frac{1-\rho}{m} \times 10^{\frac{\lg\left(\frac{A_{max}+A_{min}}{2}\right) - 0.5957}{1.0889}}$$

式中：PC 为单位质量藻类样品中藻蓝素的含量（ng/g）；A_{max} 和 A_{min} 为最大吸光度值和最小吸光度值；m 为藻类样品质量（g）；ρ 为藻类样品含水率（%）。

第三节　湿地物候观测

物候观测和研究是一门气象学、生物学、地理学的综合性科学。我国古代《诗经》里就有物候观测方面的内容，20世纪60年代初在竺可桢先生的带领下，我国建立了全国物候观测网。物候变化是气象因子、自然地理条件、生态环境综合影响的结果，是各种因素的综合体现，所以观测和研究物候是非常有意义的。

湿地物候观测主要通过观测和记录一年中湿地植物的生长枯荣和环境变化等，比较其时空分布的差异，探索湿地植物生长发育过程的周期性规律及与周围环境条件的依赖关系，进而了解气候变化对湿地植物的影响。

环境对湿地植物生长发育的影响是一个极其复杂的过程，通过仪器只能记录当时环境条件中的某些个别因素，而物候现象却是过去和现在各种环境因素的综合反映。因此，物候现象可以作为环境因素影响的指标，也可以用来评价环境因素对于植物影响的总体效果。

一、观测方法

物候观测的基本研究方法是平行观测法，即同时观测生物物候现象和气象因子的变化，以研究其互相关系，主要是定点观测生物物候现象的周年变化；按照统一的观测方法组织物候观测网，对物候现象同时进行观测；在短期内（3~5天）使用汽车等交通工具进行小地区的物候观测；通过地球资源卫星照片来分析农作物和植被的物候变化；通过试验来研究物候期内生物受气候等因子影响时的生理机制。

物候观测具体研究方法可参考《中国物候观测方法》，按照统一的观测种类和标准进行。物候观测时要注意4个要点：

（1）定点

物候观测点的选择一定要有长远性、代表性，并要考虑能方便工作的原则。一个地方的观测资料，其年代越长越有价值，所以观测点要固定，选定的点要能进行多年观测，不应轻易变动；所选的观测点还要能代表区域湿地的地形、土壤、植被情况，尽可能是在平坦开阔的地方；为了工作方便，观测点还须选在观测员住地附近。

（2）定物

观测的植物要统一。湿地植物中木本植物有红树林植物、沼柳、落叶松、柳叶绣线菊等；草本植物有芦苇、薹草、莼类、浮萍以及一些藻类等；同时还要观测霜、雪、土壤、湖泊、河水的冻结和解冻等。

（3）定人、定时

专人在规定时间（一般隔一天观测一次，最好在下午）进行观测。春、夏、秋三季可以2~3天观测一次，冬季在植物休眠期，也可停止观测。观测时间一般可在下午，但还应随季节和观测对象灵活掌握，某些只在早晨开花的植物最好是上午观测。

（4）记录统一

湿地物候记录规格必须统一。主要观测芽期、展叶期、开花期、果实期、叶变期、落叶期等。

二、物候观测

(一) 乔木、灌木物候观测

1. 树液流动开始期

冬天结束时，白天阴处的温度升高到0℃时，在树干的向南方向表皮上用刀划开小缝（或钻个小孔）有树液流出的日子，是树液流动的开始日期。树液流动指示春季来临，树木开始生长（树液流动观察之后，宜用油灰之类，把树皮缝隙补塞，以免发生病虫害）。

2. 芽膨大开始期

具有鳞片的乔木和灌木的芽开始分开，侧面显露淡色的线形或角形。花芽或叶芽宜分别记录其膨大日期。

3. 芽开放期

芽的鳞片裂开，芽的上部露出绿色尖端。如芽膨大与芽开放时不易分辨，可记芽开放期。

4. 开始展叶期

第一批（10%）小叶开始展开。针叶树为出现幼针叶。

5. 展叶盛期

植株上有一半枝条的小叶完全展开。

6. 花蕾或花序出现期

叶腋或花芽中开始出现花蕾或花序。

7. 开花始期

第一批花的花瓣开始完全开放，为开花始期。风媒传粉树木的开花始期按照下述各个特征记录：

① 风媒传粉树木开花始期特征：柳属、桦属等属于风媒传粉树木，其开花始期的特征是，当摇动树枝的时候，雄花序就散出花粉（柳属的雄花序是在一株树上，而雌花序就在另外一株树上）。

② 柳属开花始期特征：在柳属的柔荑花序上长出雄蕊（柔荑花序在向太阳的一面出现

黄色，用手指触摸时手指上粘有花粉）。

8. 开花盛期

在观测的树上有一半枝条上的花都展开花瓣或花序散出花粉。

9. 开花末期

在观测的树上留有极少数的花。至于风媒传粉的树木，其柔荑花序停止散出花粉，或柔荑花序大部分脱落。

10. 第二次开花期

有时树木在夏天和初秋有第二次开花现象，宜记录下列各项：

① 二次开花日期。

② 二次开花是个别树还是多数树。

③ 二次开花和没有二次开花的树在地势上有什么不同。

④ 二次开花的树有没有损害。如受损伤、病虫害等，以后还须注意是否第二次结果实，果实多少，果实是否成熟。

11. 一年多次开花期

可分别为夏梢开花期或秋梢开花期。

12. 果实和种子成熟期

① 球果类：如松属种子的成熟，球果变黄褐色；水杉的果实是出现黄褐色。

② 蒴果类：果实的成熟是出现黄绿色，少数尖端开裂，露出白絮，如柳属。

③ 坚果类：如沼生栎种子的成熟是果实的外壳变硬，并出现褐色。

④ 核果、浆果、仁果类：核果、浆果成熟时是果实变软，并呈现该品种的标准颜色；仁果成熟时果实呈该品种的特有颜色和口味。

⑤ 荚果类：如豆科植物种子的成熟是荚果变褐色。

⑥ 翅果类：如榆属和白蜡属种子的成熟是翅果绿色消失，变为黄色或黄褐色。

13. 果实和种子脱落期

松属为种子散布；柳属为飞絮；榆属为果实或种子脱落等，宜观察记录开始脱落期和脱落末期。

14. 新梢生长期

新梢（或枝条）的生长，有春梢、夏梢、秋梢三种。除春梢开始生长期不记，只记载停止生长期外，其余分别记载开始生长期和停止生长期。当年发出的枝条叫做新梢，按其发生的时期可分为春梢、夏梢、秋梢三种。按照气象学对四季的划分，12月、1月、2月为冬季；3月、4月、5月为春季；6月、7月、8月为夏季；9月、10月、11月为秋季。可视新梢发生的时期分别记为春梢、夏梢、秋梢。

15. 叶秋季变色期

当观测的树木有10%呈现秋天的颜色，为秋季叶开始变色期，完全变色时为秋季叶全部变色期。所谓叶变色开始是指正常的季节性变化，树上出现变色的叶子颜色不再消失，并且有新变色的叶子在增多，但不能与夏天因干燥、炎热或其他原因引起的叶变色混同。

16. 落叶期

当观测的树木秋季开始落叶为开始落叶期；树上的叶子几乎全部脱落为落叶末期。落叶开始时的象征是指当轻轻地摇动树枝，就落下 3~5 片叶子，或者在没有风的时候，叶子一片一片地落下来，这就是落叶。但不可和夏季因干燥、炎热而落叶混淆起来。落叶是枝条生长木质化的特征。如气温降至 0℃ 或 0℃ 以下时，叶子还未脱落，应该记录。如树叶在夏季发黄散落下来，也宜记录。

（二）草本物候观测

1. 萌动期

草本植物有地面芽和地下芽越冬两种不同情况，当地面芽变绿色或地下芽出土时，为芽的萌动期。

2. 展叶期

10% 的叶展开时为开始展叶期，50% 的叶子展开时为展叶盛期。

3. 花序或花蕾出现期

花序或花蕾开始出现的时候。

4. 开花

10% 花瓣完全展开时为开花始期，50% 展开时为开花盛期。

5. 果实或种子成熟

果实或种子有 10% 变色为成熟开始期，50% 成熟时为全熟期。

6. 果实脱落期

果实开始脱落的时候。

7. 种子散布期

种子开始散布的时候。

8. 第二次开花

某些草本植物在春季或夏季开花后秋季偶尔又重新开花，为第二次开花期。

9. 黄枯期

草本植物黄枯期以下部基生叶为准。下部基生叶有 10% 黄枯为开始黄枯期；达到 50% 黄枯时为普遍黄枯期；完全黄枯时为全部黄枯期。

三、气象水文现象观测

1. 霜

秋冬初霜日期、春季终霜日期。如植物遭受霜冻，记录植物名称、受害日期、受害程度(以%表示)以及处在植物哪个发育期。

2. 雪

冬季初雪日期、春季终雪日期、冬季初次雪覆盖(观测点附近地面一半为雪掩盖,即为雪覆盖)日期。

3. 严寒开始

阴暗处开始结冰日期。

4. 土壤表面冻结

土壤表面开始冻结日期。

5. 水面(池塘、湖泊)结冰

岸边有薄冰、水面全部结冰日期。

6. 河上薄冰出现

第一次结薄冰日期。

7. 河流封冻

完全封冻日期。

8. 土壤表面解冻日期

湿地土壤表层开始解冻日期、完全解冻日期。

9. 水面(池塘、湖泊)春季解冻

开始解冻日期、完全解冻日期。

10. 河流春季解冻

开始解冻日期、完全解冻日期。

11. 河流春季流冰

流冰开始日期、流冰终了日期。

第四节 湿地植物凋落物

凋落物也称枯落物或有机碎屑,但这两种类型的名称却适用于不同类型的研究中,凋落物通常用于陆地生态系统的研究,而有机碎屑常用于水生生态系统的研究。凋落物是指生态系统内由生物组分产生并归还到陆地表面的,作为分解者的物质和能量的来源,借以维持生态系统功能的所有有机物的总称。凋落物常被划分为叶凋落物、枝凋落物、花果凋落物、皮凋落物、根凋落物等类型。凋落物积累量由凋落物产量与凋落物分解量的动态关系决定。

一、凋落物测定方法

凋落物生物量是湿地生态系统中植物生物量的重要组成部分,而生物量则反映了生态系统的初级生产力水平,是生态系统功能的重要体现。凋落物既是植物自身的代谢产物,又是土壤养分的主要来源,凋落物的养分归还对植物的生长及地力的维持起着重要作用。

凋落物生物量根据研究的需要可分为凋落物积累量(又称凋落物现存量)和凋落物产量(简称凋落量)。

(一) 凋落物现存量/积累量测定方法

凋落物积累量是在一定面积地面上堆积的凋落物重量。凋落物现存量/积累量测定方法：根据研究需要设定样方，在每个样方中收集枯枝落叶凋落物，按叶、枝、树皮、球果分别收集，收集所有凋落物，取样烘干至恒重，根据其平均值，推算出样地内单位面积凋落物的现存量。该测定方法的准确性与微地形的影响有关，凹地出现累计物量增大，并不仅仅因为凹地起着聚积盆的作用，还因为凹地中的叶片不易干燥，而干燥后的凋落物常被风吹走。

(二) 凋落物产量测定方法

凋落物产量是单位时间内单位面积土地上植物产生凋落物的重量，反映植物凋落物的生产力水平，常以年为单位时间，hm^2为单位面积。估测凋落量的方法主要有4种：① 直接收集法；② 根据枯死体的现存量进行估测；③ 根据分层收割法进行估测；④ 根据生长过程中个体数的减少情况推算。大多数研究一般多采用直接收集法，即凋落物收集器法估测凋落量。通常，根据研究目的和研究对象的不同，所设计的收集器形状和大小也有所不同，主要分漏斗式和盒式两种，通常以粗铁丝或木板做框架，在底部安装上网格直径<2mm的纱网，收集器面积应在$0.2 \sim 1m^2$之间为宜。同时，还应考虑所研究林分(如红树林、池杉林)中应布设的收集器的总数，即总的接收面积。一般来说，一个林分内收集器接收面积应达到调查总面积的1%。

湿地凋落物产量的测定多采用直接收集法，即采用凋落物收集器估测植物凋落量。首先将凋落物收集器若干个(10~20个)放置在湿地样方内，定期(如每月1次)收集凋落物，然后将收集到的凋落物分类(可根据叶、枝、花果和杂物分类，也可根据研究目的分出植物种类)、烘干、称重。凋落物收集器的容器类型和大小多样，一般使用具有矮边的塑料盘，其底部有网孔可以排水。也常用孔径为1mm左右的尼龙网做成，放置于林下距离地面50cm左右的高处，固定在支架上。后者排水功能较前者更好，减少了测定前凋落物在湿地中的产量，常通过收集器收集凋落物。收集器的大小范围很广，水平方向大小约为$1m^2$($100cm \times 100cm$)或为$0.05 \sim 0.5m^2$。针对不同研究目的与对象，凋落物收集器面积可不同。收集器面积越大，所获数据越精确，实际工作中，多采用面积为$1m^2$($100cm \times 100cm$)的收集器。一般而言，小型枝叶(乔木凋落物)的研究采用收集器面积为$0.125 \sim 110m^2$；大型枯枝(粗死木质残体)的研究，多采用回收样地，面积大小应占样地面积的10%。理想的收集器总接收面积应达到调查面积的1%。实际上，要达到这一标准很困难，因为随着收集面积的增加，工作量也会相应增加。一般一个样地至少设10个收集器，每个收集器的面积不应<$0.12m^2$。

对于湿地草本植物凋落物收集，需根据研究需要设置样点，每个样点放置5个用铁丝网制作的枯枝落叶收集器，网眼大小使植物的茎穿过生长为宜，这样就可将生长初期枯枝落叶量视为零,然后定期测定枯枝落叶积累量。草本植物需采集的凋落物均为新近掉落在地表的植株部分和已经死亡但仍然连接在活的植株上的部分。

二、分解速率及阶段性变化

凋落物分解基本可分为以下三个步骤:① 淋溶,即凋落物中的可溶性物质通过水的作用而被淋洗掉;② 自然粉碎,即经过土壤的干湿交替、冻融交替及土壤动物等的作用而转化为碎片的过程;③ 代谢,即经过淋溶或粉碎的凋落物由复杂的有机化合物转变为简单的盐类分子和易于植物吸收的物质过程。以上三个步骤在凋落物的分解过程中交互发生,同时进行。

(一)分解速率

凋落物可分为叶凋落物、枝凋落物、花果凋落物、根凋落物等。以叶凋落物为研究对象占绝大部分,以枝凋落物、花果凋落物为对象的研究较少,以根凋落物为对象的研究很少。研究湿地凋落物分解速率的方法主要有以下几种:

1. 野外分解袋法

野外分解袋法主要采用尼龙网袋法,其基本原理是以不可降解和柔软材料的尼龙网(具有不同目孔径)为材料缝制成袋,将已知干重的适量枯枝落叶(如植物凋落物不同器官,根、茎、叶等)装入袋中并模拟自然状态随机平放在处理好的分解环境中。按实验要求设定取回周期和频次,并快速测定剩余植物凋落物的干重和所需指标,计算干重损失率。这种方法是测定植物凋落物分解速率最常用的方法,操作简单,结果可行,被大多数学者采用。然而,分解袋也存在一定局限性,比如尼龙网袋中的凋落物与外界环境存在一定隔离,网袋还会限制土壤生物的活动,从而影响植物凋落物的分解,并且分解袋测分解率所耗时间较长。不同的分解袋网孔大小会对不同土壤生物活动产生影响,通常小网孔的分解袋只允许原生动物、细菌和真菌作用于植物凋落物;中等网孔的分解袋除允许微生物通过网孔外,还可以通过小型动物;大网孔分解袋可以将对环境的干扰降至最小,可通过大部分土壤生物,长期野外分解实验宜采用大网孔分解袋。但是大网孔的分解袋不能用来进行细小的植物凋落物的分解实验。因此,部分研究通过在分解袋的上下表面使用不同孔径的尼龙网来解决分解袋方法的缺陷,也就是在分解袋的下表面使用比较细密的尼龙网以防止未分解的植物凋落物滑落,而在分解袋的上表面使用网孔较大的尼龙网以保证小动物的活动。除了网袋法外,还有学者通过金属网罩法来研究凋落物的分解。

2. 室内分解培养法

室内分解培养法通过控制一些因子的变化,研究一个或多个影响因素对分解作用的影响,排除野外自然条件下的多变性和不可控制性。室内分解培养法主要被用来研究植物凋落物类群和土壤的混合对分解的影响等方面,并可在较短时间内得出结果,但由于实验是在非自然状态下进行,其结果不能真实反映植物凋落物的实际状况,只具有相对意义,因此常被作为室外原位实验的辅助对比实验。

3. 周转系数 k 值法

周转系数 k 值法是通过植物凋落物产量和地表植物凋落物现存量的关系,比较植物凋落物分解速率或周转时间。用植物凋落物收集器收集一定时间段内的植物凋落物量,计算产量,并与地表植物凋落物累积量进行比较,从而获得周转速率。

4. 其他方法

近年来同位素示踪法在沼泽湿地植物凋落物分解研究中开始应用,同位素示踪法用到的元素为 ^{15}N 和 ^{14}C。同位素示踪法的优点在于植物凋落物完全与周围环境接触,不会有容器法造成的任何约束,同位素示踪法用于凋落物分解的研究能使分析更为快速和准确,但由于许多技术难题尚未解决,仍处于试验阶段。

此外,由于近红外光谱能够预测植物凋落物的化学成分,因此建立植物凋落物初始光谱特征与植物凋落物可分解性的相关性,可以用红外光谱测定分解过程中的质量变化。该方法快速便捷,为植物凋落物分解研究带来了重要的技术变革。

总体来说,凋落物分解研究使用最广泛的方法是室内分解培养法与野外分解袋法,前者方便可控,适用于短期测定,后者更适用于长期研究。

(二) 凋落物分解数学模型和统计方法

植物凋落物分解是个长期而复杂的过程,使用模型能更有效地表征分解过程,有助于揭示分解过程的机理。湿地凋落物分解速率往往可通过模型的方式进行拟合,凋落物分解模型包括经验模型、机理模型和生态系统模型三种。基于凋落物最终分解状态的假设(完全分解或者部分分解),可以将经验模型分为两类。第一类认为凋落物最终可以完全分解,这类模型主要有单指数模型和双指数模型。第二类模型基于凋落物的一部分以极低的分解速率分解或者不分解的假设,该类模型的主要特点是存在渐进线或者类似渐进线。由于凋落物中的酸不溶物质分解极其缓慢,对于一些凋落物,随着分解进行,分解可能越来越慢,甚至趋于零。

1. 经验模型

(1) 单指数模型(single exponential model)

凋落物分解通常初期快而后期较慢。1963 年 Olson 提出的单指数分解模型可以很好地描述这一动态,模型通过对分解残留率 X_t/X_0 进行转换后,线性拟合得到分解速率常数 k。单指数模型适合各种凋落物的分解早期模拟,并且相对简单,所以应用广泛。计算公式:

$$M_S = \ln\left(\frac{X_t}{X_0}\right) = -k \cdot t$$

式中:M_S 为凋落物残留率(%);X_0 为凋落物的初始量(g);X_t 为凋落物经时间 t 后的分解残留量(g);t 为分解时间(年或月);k 为分解速率常数;$t_{0.95}$ 为95%干物质分解需要的时间(年或月)。

(2) 双指数分解模型(double exponential model)

在分解过程受到木质素缓慢分解的抑制或很高浓度的可溶性物质加速分解作用的情况下,单指数模型就不能很好地描述分解过程。于是在单指数模型的基础上产生了双指数模型,双指数模型假设凋落物由具有不同分解速率的 2 种不同质量的基质组成,计算公式:

$$M = A \cdot e^{-k_1 t} + B \cdot e^{-k_2 t}$$

式中:M 为凋落物残留率(%);t 为分解时间(年或月);k_1 和 k_2 分别为凋落物快速和慢速分解组分的速率常数;A 和 B 为表示各个组分的量(g)。

(3) 三指数分解模型(triple exponential model)

三指数分解模型是双指数模型的发展,它假设凋落物基质有 3 个不同分解速率的组分,计算公式:

$$M = A \cdot e^{-k_1 t} + B \cdot e^{-k_2 t} + C \cdot e^{-k_3 t}$$

式中:M 为凋落物残留率(%);t 为分解时间(年或月);k_1、k_2 和 k_3 分别为凋落物快、慢、极慢分解组分的速率常数;A、B 和 C 为表示各个组分的量(g)。

(4) 渐近线分解模型(asymptotic model)

凋落物分解过程中,一些易分解的物质首先消失,留下较难分解的部分,因而分解速率不是一个常数而是逐渐减小。在分解的晚期阶段,凋落物的残体里富集难分解的物质,某些情况下分解几乎停止,部分凋落物分解后的剩余量达到了一个最低水平,渐进的非线形模型,能很好地描述这个过程。

$$L_t = m \times (1 - e^{-kt/m})$$

式中:L_t 为累积失重(%);t 为分解时间(年或月);k 为初始分解速率;m 为累积失重最终要达到的渐进线水平,通常不是 100%,而是更小。

上述经验模型是以统计学为基础的,不能揭示因果关系,因而只能在模型建立的条件范围内准确预测分解过程,不能用于外推。

2. 机理模型

机理模型以分析为基础,用一系列的方程来描述复杂的过程。这类模型对深入了解湿地系统性能、建立和检验一般性的原理很有用处,但只能用于外推具有相同机理的系统。在实际运用中,许多模型都结合了经验和机理的成分,综合考虑了分解的生物学过程,因而这类模型具有一定的外推能力。先后建立的模型模拟凋落物分解,这些模型在结构上是半机理型的。大多数情况下,微生物被认为是凋落物分解的驱动因素,模型把分解过程和微生物属性联系起来,因此,温度和湿度对分解的影响来自微生物活性的变化,这些模型的优点是能够应用于不同的环境和条件。

3. 生态系统模型

将植物凋落物分解模型结合到生态系统模型中就形成了植物凋落物分解的生态系统模型,早期的模型把凋落物分为两个或两个以上的有机质库(一个快速的组分和一个慢速的组分)。这些多库模拟模型仍然是绝大多数土壤碳循环模型的基础,如 APSM 模型、CEN-

TURY 模型、CenW 模型、FullCAM 模型、GDAY 模型、GRASP 模型、GRAZPLAN 模型、Linkages 模型、Roth-C 模型、Socrates 模型、DCOMP 模型、Yasso 模型。

(三) 凋落物分解速率阶段性变化

凋落物分解包含凋落物降解为基本化学成分的物理和化学过程。分解通常被看作是一个两步的过程，两步有时是平行进行的。第一步，凋落物被食碎屑者破碎成小块，使其能被化学降解。第二步，分解者（细菌和真菌）将这些小块转化为基本的无机分子，如氨、磷、水和二氧化碳等。

对于单种凋落物，最常用的描述分解速率随着时间进程而下降的模型是一阶指数分解方程：

$$W_t = W_0 \cdot e^{-k \cdot t}$$

式中：W_t 为时间 t 时的重量（g）；t 为分解时间（天）；W_0 为初始重量（g）；k 为分解常数，凋落物重量呈指数型下降。

由于凋落物中的各个成分有不同的分解速率，并不与一阶分解模型相吻合。理论上说，凋落物中的每一个成分都有自己的分解速率和指数型分解。解决的方案是增加模型的参数，使之能够显著地拟合实验数据，2004 年 Tekley and Maimer 用了二阶指数分解方程：

$$W_t = W_1 \cdot e^{-k_1 \cdot t} + W_2 \cdot e^{-k_2 \cdot t}$$

式中：W_t 为时间 t 时的重量（g）；W_1 为易分解成分的重量（g）；W_2 为耐分解成分的重量（g）；t 为分解时间（天）；k_1 和 k_2 分别为易分解成分和耐分解成分指数的系数。

三、气候因素及土壤动物对凋落物分解的影响

凋落物分解速率受环境条件、凋落物质量（即凋落物初始分解时的物理和化学性质，如 N 含量、C/N 比、木质素含量等）以及土壤生物调控，这三种因素对凋落物分解速率进行的调控是分等级的。简而言之，三个主要的调控等级起作用的顺序：环境条件>凋落物质量>土壤生物。在全球尺度或区域尺度上，气候因素对凋落物的分解起主导作用，土壤生物在这三大因素中居于最低的等级，在小尺度上起作用。

(一) 气候因素与凋落物分解

气候因素与凋落物分解的研究方法主要通过实验模拟的方式进行研究。通过设置开顶式增温棚、降低海拔和纬度等 3 种方式模拟气候变化对凋落物分解的影响，研究发现气候变暖和相应的植被群落物种组成的变化可以协同加速泥炭地植物凋落物的分解。

(二) 土壤动物对凋落物分解的作用

在生态系统中凋落物分解，既是养分循环的重要环节，也是能量转换的重要环节。凋

落物为土壤生物(包括土壤动物和土壤微生物)提供食物来源,将其中的能量提供给土壤动物和土壤微生物,而土壤动物和土壤微生物的活动又对凋落物分解起促进作用。土壤动物是调控凋落物分解的一个重要生物因素,通过对凋落物的混合、湿润、破碎、采食等直接调控凋落物。土壤动物统计和分析指标主要有生物量、数量分布、类群丰富度或者功能群组成等。

第五节 湿地植物根际

根际是植物—土壤—微生物及其与环境条件相互作用的重要界面,也是植物—土壤生态系统中物质和能量交换的重要结点,是土壤中活性最强的微生态区域。近年来,根际生态学得到快速发展,成为生态学的热点研究领域之一。根际生态学研究通常包括以下四个方面的内容:植物根系形态学与根构型研究;植物根系生理生态学研究;植物根系分泌物研究;植物根际养分与生物学过程及其生态效应研究。

一、植物根系观测与采集

植物根系生长构型及采集的观察较为困难。许多研究者在这方面进行了大量的探索,创立了一系列研究方法。这些方法大致可分为两类:挖掘法类和非挖掘法类。

(一)挖掘法类

1. 传统挖掘法

首先确定供挖掘的植株,应调查植株株高、生长发育状况和特有的形态特征,并做好记录。开掘前,必须切除或固定植株顶部,根群应固定保持其原来的位置。当挖掘高大乔木的根系时,为了安全起见,树干和树冠通常都应伐去。然后,便开始挖掘。壕沟与植株茎部的距离应足够远,以保证横向生长的根群不致受损,但必须考虑尽量减少所需挖掘的土方量。对于禾本科或草本植物,一般以20~80cm距离为宜,具体距离按不同植物种类和生长阶段而定。但高大乔木的横向根群伸离树干达10m或更远。因此,壕沟的位置必须适中。如果不清楚待挖掘根系水平伸展的大概范围,则应从树干开始,小心地清除地面表层土壤,弄清待挖掘树木在壕沟这边主要横向根群的水平伸展范围。壕沟至少1m宽,沟深应超过最深根系20~30cm。壕沟的宽度和深度不仅因植物种类不同,而且因土壤类型不同而异。在沙质土上挖掘时,壕沟应尽量宽些,并采取防护措施,以防止壕沟倒塌而压伤工作人员。可在沟壁上挖小台阶以供上下。可能的话,在挖掘初期,可使用挖沟机械挖掘工作区。沟挖后,下一步是掘露根系。掘露根系时应小心地清除壕沟靠植株侧的土壤,并从表土开始,逐渐往下延伸,挖至露出根系的土壤剖面。泥土须一小块一小块地取出,避免伤害根部。根周围的土块应尽量沿根部平行方向取出,因为根能耐受较大的平行于其生长方向的拉力。在挖掘根系的同时,必须进行细致的测量、绘图和照相。

上述的根系挖掘方法通常叫干掘法,还有其他的挖掘方法,如水压挖掘法、气压挖掘法。这两种方法与干掘法的操作过程基本相同,不同的是掘露根系的工具不同。水压挖掘法是利用带压的水流冲洗根系周围的土粒;气压挖掘法是利用气流(用高压气流吹走土粒或用真空吸走土粒)清除根系周围的泥土。

2. 原状土柱法

用铁板取根器,以植株为中心掘取长等于行距、宽等于株距、深30cm左右的土柱,按厚5cm横切成4~6层,装入尼龙网袋,在50%盐水中浸1~2天,洗去泥土,淘去沙砾,剔除杂物,得到单株各层次的植物根,然后按需要测定各层植物根的鲜重、体积和干重。此法简单易行,对根系损伤较小,可展现植物根在土中的立体分布。

3. 根钻法

根钻法一般用于大型乔木的细根调查,基本的操作方法:首先选择平均树高和平均胸径相似的生长状况良好的植株,在植株周围根据方位确定4个样区,在4个样区中,分别在以样木为中心50cm、80cm、120cm为半径的弧线上选取3个取样点,共12个。每个样点处分土层用根钻钻取土芯,每层土芯10cm深,共钻3层,总土芯深度为30cm。对于每个样品,先挑出石块等杂物,拣出较大根系并用镊子和清水小心冲洗干净,剩下的土样用60目网袋装好后置于清水中浸泡,小心搓洗网袋,滤出沙土,拣出网袋中和浮于水中的根系样品,与之前挑拣出较大的根系置于同一个有标签的封口袋中。

4. 网袋法

网袋法可以直接在大田进行试验操作,所获取的根系样本具有较好的普遍性和代表性,基本操作方法:先在每小区内按试验要求依对角线设置样点,在点上先插入外筒(筒径、筒高视植物而定),挖去筒内泥土,然后将套有尼龙网袋(网孔径依植物根粗细而定)的内筒(筒径稍小于外筒、筒高稍高于外筒)插入外筒中,将内筒填满泥土,最后依次抽出内筒和外筒。每点按规格插植植物,并竖杆标记。取样时先将地上部收割,然后从设置的样点上相继将尼龙袋连同植物根系带土取出,冲净泥土,获得较完整的根系,用于各项指标测定。

5. 简易根箱法

具体操作方法:在未移栽植物之前预先在田间挖方形坑,长、宽为植株的株行距或其整倍数,深约30cm,然后放入一相应大小的木制框架,框架的空间用铁丝网或不锈钢纱窗网格分隔成若干层,每填一层挖起的土壤就层固定,直到与地面齐平。这样就保证了箱框内植物与大田生长的完全一致,需用时从田间挖出来,用水由上至下逐层淋洗掉土壤颗粒,就露出了由纱窗网格(铁丝网)固定支撑的完整的根系立体分布图。如果能用数码相机或摄像机将此分布图拍摄下来输入电脑,制成根系标本并作相应的处理,就可进行各根的坐标记位和各项根系参数的测试。

6. 塑料管土柱法

塑料管土柱法又叫塑料管栽法,是近年来植物根系研究上应用较多的方法,具有取样简单、工作量小、易于操作、根系完整,与大田生长一致的优点。具体操作方法:将工程塑料硬管(PVC)先横向切成长度不等(因需要而异)的管段(直径视植物而定),再将管纵向劈为两半,不论横向纵向都用金属套加螺丝合拢固定立于深土坑中,管口与地表齐平,内装按试验要求所配制(由蛭石、细沙、细土组成)的"混合土壤"。播前根据管口面积和体积在表层30cm内施入适量的N、P、K肥和有机肥,并灌水保持植物适宜生长的土壤湿度。为便于取样和防止水分沿管壁渗出,内衬塑料套。若进行与土壤类型有关的根系试验,应在管底装适量的砂土,以免根系盘结。取样时先将地上部分收割,再将管挖出,平放于水池中,去掉塑料管的合拢套,打开塑料管,露出土柱,待土柱变得松散后,用水轻洗根系,冲洗干净后,从水中取出完整根系,进行各项指标测定。

7. 三维坐标容器法

① "三维坐标容器"制作:用钢材制成长方体(长、宽、高视植物而定)的框架(框架底部封死),在框架的两侧每隔一定的位置(间隔距离按试验要求定)钉上横木条,以支撑安于此位置的不锈钢纱窗网格。

② 纱窗裁剪:纱窗的大小尺寸应与容器的上下表面相一致。

③ "三维坐标容器"安放:将制成的木框架安放在试验地的深土坑内。

④ 填充土壤:将挖取的野外土壤按第一步的间隔要求分层放置,并对应地填充在框架里;应注意每填至间隔位置时,要安放裁剪好的不锈钢纱窗,并尽可能保持所有纱窗的网格对齐,以便进行坐标定位。

⑤ 土壤冲洗:进行根系研究时,将框架从土坑中取出,然后用自来水由上往下逐层淋洗,直至土壤被完全冲洗干净,露出完整的根系。

⑥ 根系观测:用相机进行完整根系的拍摄,扫描入计算机,制成根系标本并做相应处理;进行各根的坐标定位,用AutoCAD软件进行三维绘图;分层剪根进行各项根系参数的测量。

(二)非挖掘法类

1. 雾培法

雾培法又叫气培法,整个培养系统由空气压缩机、水泵、培养箱(桶)组成。培养箱(桶)为圆筒形,直径和高度视植物而定。桶顶盖有夹板,植株由苯乙烯泡沫块固定,生长在夹板的孔中,孔距为株行距。每个泡沫块直径与夹板的孔径相一致,其中有一个中心孔,底部包一块尼龙网,种子播于其上。容器中的营养液被空气压缩机产生的高压气体雾化,经底部的喷嘴不断地喷到植物根上,多余的营养液又滴回到桶底容器中而得到回收。雾培系统中的空气、营养液成分和喷出的压力可根据需要予以调节。此法既可得到完整的根系,又可充分地利用营养液。

2. 同位素示踪法

同位素示踪法(isotopic tracer method)简称示踪法,是利用放射性核素作为示踪剂对植物根系进行标记的微量分析方法,即把放射性同位素的原子掺到其他物质中,让它们一起运动、迁移,再用放射性探测仪器进行追踪,就可分析出放射性原子通过的路径和分布。通常应用于根系研究的方法有4种。

(1) 根部标记法

以植物植株为圆心,取四周不同半径及离地面不同深度的若干点,引入放射性同位素或化合物,常用7.4~22.2 MPq的$KH_2^{32}PO_4$、$NaH_2^{32}PO_4$与$^{86}RbCl_2$溶液0.05~0.20mL。经过一定时间,测定植株地上部分的任意部位的放射性活度,就能获取该植物根系的活力。

(2) 植株地上部标记法

主要是从茎基部引入放射性核素(如^{32}P、^{86}Rb),经过一定时间,在根系分布区的一定部位,取整段土壤样品,从中分别取代表性样点进行测定,从各点测得的活度,可分析各点根系的含量与根系分布。这种方法通常适用于一年生植物。基本操作方法:将植物播种于盆钵或试验地,待苗长到试验要求时,选择优良植株,从近地面节间插入注射针头,用微量注射器注入一定量的^{32}P溶液,其剂量与根部标记法相似。拔出针头后,用火棉胶或橡皮泥封住注射孔。经过一定时间(盆栽6~12h,试验地2~5天),^{32}P在根系中均匀分布后,采用原状土壤样品,进行放射性测定。

(3) 放射自显影法

采用该方法可以测定整个根系的动态分布。这种方法是在特制的根箱中进行的,根箱的容积由根系分布的大小来定,一般(25~40)cm×(10~30)cm×(80~100)cm,用胶木板制成,其中一面装有可拆的有机玻璃板,以便于观察并获得一个平面的根系分布图。试验植物种在箱子内,试验时在植株地上部分注入^{32}P溶液,经过3~5天后,用包衬好的X射线胶片,贴覆在根箱装有机玻璃板的一面(抽去有机玻璃板),进行曝光,然后显影、定影,就制备好了完整的根系分布图。

(4) 中子照相法

此法利用中子发生器产生的热中子,使其透过种有植物的金属盆钵,照射到后面铟(In)转换器上,通过反应而放出γ射线使照相底片感光而得到根系的照片。相对而言,同位素示踪法主要是作为根系研究的辅助手段而加以应用的。

3. 桶(盆)钵栽培法

此法简便易行,不需额外设施,在植物根系研究中应用较多,可直接挖取大田泥土,晒干粉碎后称重装入塑料桶(盆),然后加水,按需要插入所需幼苗,从而可进行类似大田般的管理与研究,优点是桶钵易于挪移,适于同时采用多种土类和设置不同处理,在互不干扰的条件下对根系生长进行研究。该法用以研究完整根系稍嫌不足,但如能配用上超声波洗涤器等清洗,也易获得完整的根系。

4. 沙培法

沙培法就是将植物种植在浸润有其生长必需营养成分营养液的沙子基质中的一种无土栽培法,此法是湿地植物研究最常用的根系研究方法,它不存在因清洗土壤沙砾而导致对根系的伤损,而且容易获得完整无损的根系。

5. 水培法

水培法是把植物种植在设置有固体支撑装置(如泡沫板等),内含植物必需营养成分的营养液中的一种无土栽培法。水培法与沙培法都是研究湿地植物根系的主要方法,都可用于进行各种元素不同浓度或缺素试验。如S、Ca在植物体内难移动,缺S、缺Ca先在新生叶片上表现失绿;而N、P、K、Mg、Fe在植物体内可移动再利用,缺乏时先在老叶上表现症状。由于具有取样方便、工作量小、样本损伤小,采用水培式或沙培式营养液无土栽培法研究湿地植物根系,容易得到完整的根系等优点而使其成为湿地植物根系研究的重要手段。

二、植物根系原位置观测

(一) 玻璃板法

用特制的玻璃箱或在土壤剖面一侧设置玻璃板,通过透明的玻璃板,可以观察土壤剖面与玻璃板交界处的根系生长分布情况。由于本法可以对根系的生长发育进行连续的原位观察而受到重视,现已发展到建造地下人工根系实验室,试验植物的地上部分是处于自然条件下生长的,而其根系则可以从上下通道所设置的透明(玻璃或有机玻璃)观察窗,观察其根系生长发育的情况。但是,地下人工根系实验室的造价比较高,较适于从事专门或长期观察研究根系。

(二) 玻璃管法

1. 观察管

采用长度50~100cm(依试验观察深度而定)、直径为6~7cm的透明玻璃管。管外壁用黑色防水笔画出5cm×5cm的方格,管的底部用木塞或橡皮塞塞紧,以组成透明观察管。

2. 观察系统

将直径小于透明管内径的圆形小镜,固定在1条金属杆的一端,并可以在透明管内上下和左右自由移动,近镜面的金属杆上安装2个6V的干电池观察光源。再配置内径大于透明管外径的不透明观察套管。观察套管上端安装4倍的放大镜,以组成观察系统,见图2-2。

3. 温室观察

在温室做观察根系的试验时,将透明观察管以45°角或垂直埋入植物的生长箱(或其他种植容

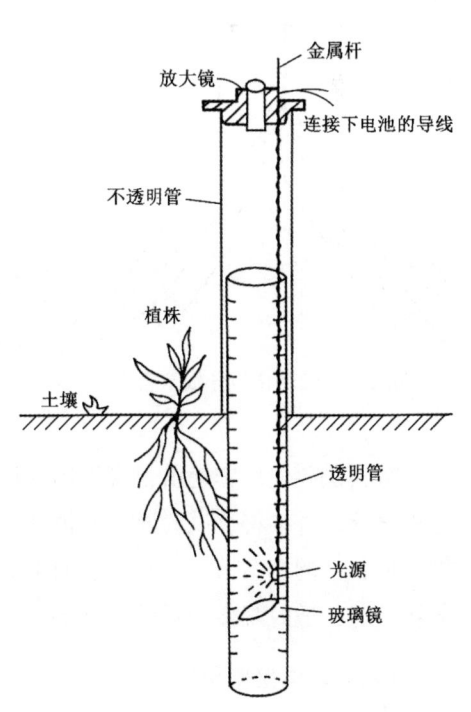

图2-2 透明管观察根系生长装置示意图

器)中,透明管高出土面10~15cm,同时,用黑色塑料管或不透明套管套上露出外面的透明管,随后在生长箱种植试验植物。当观察根系生长情况时,把上述观察镜和光源引入埋好的透明管内,并套好不透明观察套管,这样即可在不搅动植物生长基质的条件下,定期地观察根系沿透明管外壁基质中生长的情况。

4. 野外观察

在野外应用这种方法观察根系时,首先用直径稍大于透明管外径的钻筒,在田间土壤上钻孔,然后把透明管插入钻好的孔中。透明管留10~15cm露出地面,同样用黑色塑料包裹或套上不透明套管。在安装透明管时,需注意在透明管外壁与钻孔侧壁之间的空隙处填满土壤,所填土壤尽可能与原来钻取的各层土壤一致。在操作过程中,需使安装透明管周围一定距离内的土壤不受影响,然后在靠近管壁的土壤内种植试验观察的植物。此后,按试验目的定期地观察植物根系沿管壁土壤生长的情况。这种方法应用较广,如英国洛桑试验站,美国、日本等许多著名的农业试验场都有类似的装置。

这种观察法中较先进的观察仪器是应用内窥镜(医用胃镜)与显像管相连接,可动态地观察根系的生长发育以及根瘤的生长等。

(三) 分根法

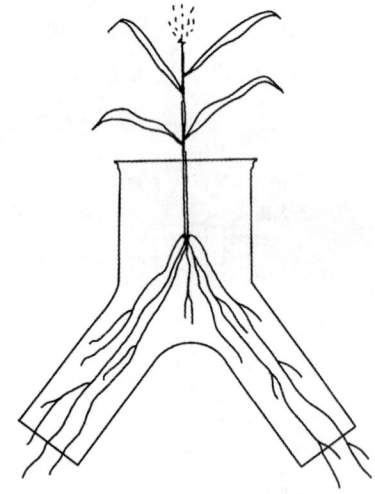

图2-3 试验植物分根示意图

分根法是将同一植株的根系分为两部分,分别置于不同处理的培养基质中,以观察不同营养条件对根系生长发育的影响,适用于苗期试验。

(1) 分根培养箱

培养箱由分隔的两室组成,即在一个培养容器中分为互不连通的两部分,然后分别装入试验所要求的不同培养基,为防止光照或透光,培养箱本身是用不透光材料制成的,同时加盖。

(2) "人"字形分根管

"人"字形分根管可用硬塑料管或玻璃管制成,主管内径2~3cm,长2~3cm;分管的内径1~2cm,长2~3cm,见图2-3。

(3) 育苗和分根试验

分根法要先培养幼苗,可采用沙培或水培。当幼苗生长到有一定数量的根系时,转入分根试验。选取符合试验要求的植株,将其根系分为两部分,分别导入"人"字形的分根管中,使各自的根系植于试验要求的不同基质中,用海绵块在主管中固定植株,然后移入培养箱培养,适时观察记录试验结果。

(四) 田间挖掘窗口法

在试验小区边缘挖一个2.5m深的坑,坑的内侧作观察面,将一个0.5cm厚的玻璃板安装于垂直观察表面,把一层过筛的细土涂于本土面和玻璃间的内表面,固定玻璃,用一张黑塑料片覆盖玻璃,以排除光线;坑的外侧留几级台阶,以便观测时上下方便。被观测植株种植在距玻璃面 5~10cm 处。为避免风、降水和灌溉的损害,坑四周筑起小埂,同时覆盖整个洞穴。此法可长时间跟踪根的生长,适合长期研究。用这种方法定量地测定植物根系,需要一些前提条件,出现在窗壁上的根与生长在其他地方的根没有任何区别,观察窗壁上根的密度具有代表性,观察窗的位置在根的水平分布上具有代表性,观察到根的样品量足够大,观察到根生长的周期性同其他地方的根系统相似,从观察窗观察到的根生长分布可以代表其他部位根系生长的分布。

三、植物根系形态与活力

(一)根系形态参数及分级测定

不管是研究根系生长、分布,还是研究根系生理,都要根据研究目的和实际情况选用一些根系参数,通常用来表示根系生长状况的参数有根数、根长、根体积、根表面积以及根重等。

在根系研究中,根数是常用的参数。尽管根数不能表示出根的大小、长短、质量等指标,但从根数可以了解到环境条件对根系的影响,如不同部位根数的多少,可以反映出根系生长密度的差异。同时,根数也是一个基础参数,计算根数并不难,用简单的计数器,或用人工计数均可。根重是研究根系生长对环境反应最常用的参数之一,通常将洗净的根系干燥,然后测其重量即可。根长可采用直接法(坐标纸法)、交叉法(框格交叉法)或根长测定仪来测定。根的直径可利用装有目测微计的显微镜进行直接测量。根表面积可采用吸附测定法,即通过根表面对染料的吸附特性,将根浸没于已知浓度的染色溶液,并用光电比色计测定染色溶液浓度的变化来计算根表面积。根体积的测定可应用排水技术,即在一个装有溢流管的特制容器中进行测定,容器装满水,直至水分从溢流管溢出。然后,将洗净的新鲜根系用软布小心包裹并吸干后浸于容器的水中,并用一个刻度量筒测定溢出水的体积;也可通过测定根系平均直径和根长来间接计算出根体积。活根的鉴定可根据根尖的形态和色泽,以区别活根尖和死根尖。如果根尖是饱满的,白色至浅褐色,则通常认为是活的。

根系的上述形态参数还可以通过根系扫描仪进行综合测定。具体操作:在实验室,取某一植株的完整根系样品,在装有低温(1~2℃)去离子水的培养皿(直径 15cm)中,将根系样品按照 Pregitzer 等介绍的根序分级法对其进行分级,将最末端的具有根尖的细根定为 1 级根,两个 1 级根交汇处形成 2 级根,1 级根母根为 2 级根,2 级根母根为 3 级根,以此类推,区分出 1~5 级细根,见图 2-4。这种根系分级方法是根据根系自然生长发育的特点来划分,将每个细根在根系统中的位置或者发育顺序称之为根序,并且认为根序的不同会导致处在不同根序的细根具有不同的生理生态功能,与传统的将细根按照直径的大小统一

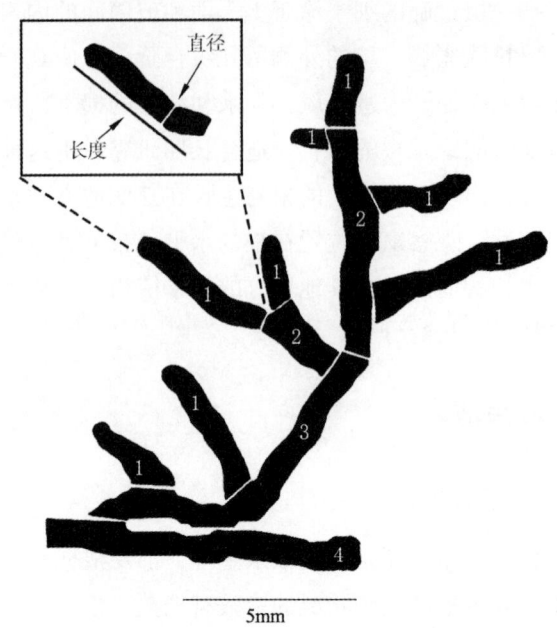

图 2-4 根序分级结构示意图

1—1 级根；2—2 级根；3—3 级根；4—4 级根

划分的方法相比更为精确。根序分级的过程需要注意：在用镊子取下每一级根的时候，要防止错误判断较高的根序，可以通过先将所有 1 级根摘取下，再集中取 2 级根，如此摘取到 5 级根。取下的根段样品放入不同的培养皿中，培养皿中事先加入低温的去离子水。所有的培养皿置于冰盒上，整个分根过程尽量使样品处在低温环境下，避免根系因高温变质。接下来将各级的根段扫描，具体做法：取一个底面相对平整的培养皿，用胶头滴管在其中部滴一些去离子水，不要让水面边缘碰触到培养皿侧壁，以尽量保证中间的水面处于水平，然后将分好的根段置于水面中，每个根段分开不可重叠，用扫描仪以 600dpi 扫描成图片存放。扫描完成后将各等级的根段样品分别装入写好标签的牛皮纸信封，于烘箱中 65℃烘干 48h，测定各级根序的生物量干重（精确至 0.0001g）。最后将各级根系样品密封贮存在干燥的塑料瓶中。扫描的各级根序图像采用 WinRHIZO 软件进行形态特征分析，测量各级根序的直径和长度，并计算每种植物不同根序的平均直径、根长和比根长以及相应的标准误。各级根序的平均直径、平均根长、累积根长和比根长的计算方法：

$$AverageDiameter = \frac{1}{n}\sum_{i=1}^{n} D_i$$

式中：$AverageDiameter$ 为各级根须平均直径（mm）；D_i 为每根段的直径（mm）；n 为某一根序细根数。

$$AverageLength = \frac{1}{n}\sum_{i=1}^{n} L_i$$

式中：$AverageLength$ 为各级根须平均根长（cm）；L_i 为每个根须的长度（cm）；n 为某一根须

细根数。

$$RelativerootLength = \frac{T_i}{T_{total}} \times 100$$

式中：$RelativerootLength$ 为累积根长占比(%)；T_i 为第 i 级根序细根总长度(cm)；T_{total} 为前5级根总长度(cm)。

$$SRL = \frac{T_i}{m_i} \times \frac{1}{100}$$

式中：SRL(比根长，specific root length，SRL)，为单位干质量细根的长度(m/g)；T_i 为不同根序细根总长度(cm)；m_i 为不同根序细根生物量(g)。

$$RTD = \frac{m_i \times 10^8}{T_i \times \pi \left[(AverageDiameter)_i/2\right]^2}$$

式中：RTD(根组织密度，root tissue density，RTD)，为单位体积细根的干质量(g/m³)；m_i 为根序细根生物量(土壤中细根的干质量，g)；T_i 为根序细根总长度(cm)；$(AverageDiameter)_i$ 为某一根序细根平均直径(mm)。

(二) 根系活性测定

植物根系是活跃的吸收器官和合成器官，根的生长情况和活力水平直接影响地上部的营养状况及产量水平，根系活力是植物生长的重要生理指标之一。测定根系活力的方法通常包括α-萘胺氧化法、氯化三苯基四氮唑法(TTC)和甲烯蓝吸附法。

1. α-萘胺氧化法

(1) 方法原理

植物根系能氧化吸附在根表面的α-萘胺，生成红色的α-羟基-1-萘胺，沉淀于有强氧化力的根表面，使这部分根染成红色。根对α-萘胺的氧化能力与其呼吸强度有密切关系。α-萘胺的氧化本质就是过氧化物酶的催化作用，该酶的活力越强，对α-萘胺的氧化能力就越强，染色也就越深。所以可根据染色深浅半定量地判断根系活力大小，还可测定溶液中未被氧化的α-萘胺量，定量地确定根系活力大小。α-萘胺在酸性环境中与对氨基苯磺酸和亚硝酸盐作用产生红色的偶氮染料，可供比色测定α-萘胺含量。

(2) 仪器设备

分光光度计、分析天平、烘箱、三角烧瓶、量筒、移液管、容量瓶。

(3) 试剂溶液

① α-萘胺溶液：称取α-萘胺10mg，先用2mL左右的95%乙醇溶解，然后加水到200mL，成为50μg/mL的溶液。再取150mL该溶液加水稀释成25μg/mL的α-萘胺溶液。

② 1mol/L 磷酸缓冲液(pH 7.0)。

③ 1% 对氨基苯磺酸：称取1g对氨基苯磺酸溶解于100mL 30%醋酸溶液。

④ 0.1mg/mL 亚硝酸钠溶液：称取10mg亚硝酸钠溶于100mL水中。

(4) 实验步骤

① 定性观察：从田间挖取植株，用水冲洗根部所附着的泥土，洗净后再用滤纸吸去附在根系上的水分，然后将植株根系浸入盛有 25μg/mL 的 α-萘胺溶液容器中，容器外用黑纸包裹，静置 24~36h 后观察植物根系的着色状，着色深者，其根系活力较着色浅者大。

② 定量测定：首先，α-萘胺的氧化。挖出植株，并用水洗净根系上的泥土，剪下根系，再用水冲洗，待洗净后用滤纸吸去根表面的水分，称取 1~2g 放在 100mL 三角烧瓶中，然后加 50μg/mL 的 α-萘胺溶液与磷酸缓冲液（pH 7.0）等量混合液 50mL，轻轻振荡，并用玻棒将根全部浸入溶液中，静置 10min，吸取 2mL 溶液测定 α-萘胺含量，作为实验开始时的数值，再将三角烧瓶加塞，放在 25℃ 恒温箱中，经一定时间后，再进行测定。另外，还要用另一只三角烧瓶盛同样数量的溶液，但不放根，作为 α-萘胺自动氧化的空白，也同样测定，求它自动氧化量的数值。其次，α-萘胺含量的测定。吸取 2mL 待测液，加入 10mL 蒸馏水，再在其中加入 1% 对氨基苯磺酸 1mL 和亚硝酸钠溶液 1mL，室温放置 5min，待混合液变成红色，再用蒸馏水定容到 25mL。在 20~60min 内 510nm 处比色，读取吸光度（光密度，optical density，OD），在标准曲线上查得相应的 α-萘胺浓度。从实验开始 10min 时的数值减去自动氧化的数值，即为溶液中所有 α-萘胺的量。被氧化 α-萘胺的量以 $μg/(g·h)$ 表示。因此，还应将根系烘干称其干重。第三，绘制 α-萘胺标准曲线。取浓度为 50μg/mL 的 α-萘胺溶液，配制成浓度为 50μg/mL、45μg/mL、35μg/mL、30μg/mL、25μg/mL、20μg/mL、15μg/mL、10μg/mL、5μg/mL 的系列溶液，各取 2mL 溶液放入试管中，加蒸馏水 10mL、1% 对氨基苯磺酸溶液 1mL 和亚硝酸钠溶液 1mL，室温放置 5min，待混合液变成红色，再用去离子水定容到 25mL。在 20~60min 内分光光度计于 510nm 处比色，读取吸光度值。然后以 OD_{510} 作为纵坐标，α-萘胺浓度为横坐标，绘制标准曲线。

2. 氯化三苯基四氮唑法（TTC）

(1) 方法原理

氯化三苯基四氮唑是一种氧化还原色素，溶于水中成无色溶液，但可将根系细胞内的琥珀酸脱氢酶等还原，生成红色不溶于水的三苯基甲替（TTF），因此，TTC 的还原强度在一定程度上反映根系活力。

(2) 实验设备

烧杯、分光光度计、容量瓶、恒温箱、石英砂、研钵、量筒、三角烧瓶、刻度试管。

(3) 溶液试剂

① 乙酸乙酯。

② 连二亚硫酸钠（$Na_2S_2O_4$）：为强还原剂，俗称保险粉。

③ 1%TTC：准确称取 TTC 4.000g，溶于少量水中，定容至 100mL。

④ 1mol/L 硫酸：用量筒取 98% 浓硫酸 55mL，边搅拌边加入到盛有 500mL 蒸馏水的烧杯中，冷却后稀释至 1000mL。

⑤ 0.4mol/L 琥珀酸：称取琥珀酸 4.72g，溶于水中，定容至 100mL。

⑥ 66mmol/L 磷酸缓冲液（pH 7.0）：其中 A 液，称取 $Na_2HPO_4 \cdot 2H_2O$ 11.876g 溶于蒸馏水中，定容至 1000mL；B 液，称取 9.078g KH_2PO_4 溶于蒸馏水中，定容至 1000mL。用时取 A 液 60mL、B 液 40mL 混合即可。

（4）实验步骤

① 定性观察：第一步，配制反应液。将 1%TTC 溶液 0.4mol/L 琥珀酸和 66mmol/L 磷酸缓冲液（pH 7.0）按 1∶5∶4 混合。第二步，将待测根系仔细洗净后小心吸干，浸入盛有反应液的三角烧瓶中，置于 37℃暗处 2~3h，观察着色情况，新根尖端几毫米以及细侧根都明显地变成红色。

② 定量测定：第一步，TTC 还原量的测定。称取根样品 1~2g，浸没于盛有 0.4%TTC 和 66mmol/L 磷酸缓冲液（pH 7.0）等量混合液 10mL 的烧杯中，于 37℃保温 3h，然后加入 1mol/L 硫酸 2mL 终止反应。取出根系，小心擦干水后与 3~5mL 乙酸乙酯和少量石英砂一起在研钵中充分研磨，以提取出三苯基甲臜，过滤后将红色的提取液移入 10mL 容量瓶，再用少量乙酸乙酯把残渣洗涤 2~3 次，移入容量瓶，最后补充乙酸乙酯至刻度，用分光光度计于 485nm 比色，以空白试验（先加硫酸，再加根样品）作为参比读出吸光度，查标准曲线，即时求出 TTC 的还原量。

③ 计算公式：

$$TTC\ 还原强度 = \frac{TTC\ 还原量}{根重 \times 时间}$$

④ 标准曲线制作：配制浓度 0.04%、0.03%、0.02%、0.01%、0.005% 的 TTC 溶液，各取 5mL 放入刻度试管中，再各取 5mL 乙酸乙酯和少量 $Na_2S_2O_4$（约 2mg，各管中量要一致），充分振荡后产生红色的甲臜，转移到乙酸乙酯层，待有色液层分离后，补充 5mL 乙酸乙酯，振荡后静置分层，取上层乙酸乙酯液，以空白作为参比，在分光光度计于 485nm 处测定各溶液的吸光度。然后以 TTC 浓度作为横坐标，吸光度作为纵坐标绘制标准曲线。

四、根系分泌物收集、分离与鉴定

根系分泌物是植物在生长过程中通过根的不同部位向基质（土壤、营养液等）中泌溢或分泌的一组种类繁多的物质。根系分泌物包括来自健康组织的释放物，也有衰老组织或植物残根分解产物，大致为渗出物、分泌物、黏胶汁、根细胞脱落物和分解物，还包括一定的无机矿质营养。根系分泌物是根际微生态系统中物质迁移和调节的重要组成部分，通过改变根际物理、化学或生物学性质来提高土壤养分的生物有效性，改善植物生长，在促进植物对养分的吸收和利用，以及在克服和缓解养分胁迫中具有重要的意义。

(一) 收集方法

根据植株根系所在的培养系统，可将根系分泌物收集方法分为溶液培收集、基质培（蛭石培、砂培、琼脂培等）收集和土培收集。根据是否在原位条件下进行又可分为原位收集和扰动收集。

1. 溶液培收集

根据溶液中不同元素组分，可将溶液培养收集分为简单 Ca/B 溶液收集和特定营养液收集。简单 Ca/B 溶液收集根系分泌物是指将植株经过胁迫处理后，用无菌蒸馏水清洗，再放入预先加入微生物抑制剂的 Ca/B 溶液中，使之生长一段时间，然后将植株移走，收集其培养液，过滤，确定根系释放物质，即为所收集的根系分泌物。这种收集方法具有简单、方便、易于以后进一步分析等特点。特定营养液收集是指将植株苗放置在缺乏或过量特定元素（如缺磷、缺铁、铝毒）的完全营养液生长一段时间后，收集其营养液，即为所收集的根系分泌物。这种方法得到的根系分泌物成分多，种类复杂，很难对未知的分泌物进行分离鉴定，且部分养分离子还会与根系分泌物的某些成分发生化学反应。采用溶液培养收集方法要注意植株通气状况对根系分泌物的影响。

2. 土培收集

土培收集是指将植物种植于土壤中，生长一段时间后直接获取根际土壤，将其与无菌水按一定比例混合，振荡或离心、过滤所得滤液，即为根系分泌物；或将生长一段时间后的植株根系，用蒸馏水淋洗，所得根系淋洗物即为根系分泌物。另外，一些学者将阴、阳离子膜和层析滤纸置于根系表面，定期取回，用有机溶剂如甲醇、酒精浸洗，所得溶液即为所收集到的根系分泌物。与溶液培收集方法相比，这种方法所得根系分泌物接近于植物自然生长状态下的实际状况。由于土壤存在机械阻力，根系分泌作用比较旺盛，因而土培条件下单位植株干重产生根系分泌物的量要高于溶液培收集的根系分泌物的量。

3. 基质培收集

基质培收集根系分泌物与土培收集根系分泌物具有相似性，不同之处在于根系生长的介质不同。基质培收集根系分泌物常用的基质有石英砂、琼脂、蛭石和人造营养土等。由于石英砂本身不含植物生长所需的有效成分，惰性较强，不易与根系分泌物各组分进行化学反应，因此，常被用于根系分泌作用研究。利用蛭石或人造营养土栽培植物效果良好，然而借助此法来收集根系分泌物并不多见，主要是这类基质易附着于根系表面，难于洗脱。

(1) 石英砂培收集

植株苗在石英砂中胁迫处理一段时间后，借助一定的压力作用使植株根系和石英砂在蒸馏水或稀释的有机溶剂中短时间浸泡，收集其浸泡液，即得根系分泌物。在砂培方法中，进一步研究开发了一种连续收集系统，在这一系统中营养液不断地经过生长植物的根区循环，从砂中洗提细胞外的有机物质，疏水或部分疏水的分泌物可有选择地被 XAD-4 离子交换树脂截流，无机营养不受影响。

(2) 琼脂培收集方法

将植株幼苗置于琼脂介质中，胁迫处理一段时间后，收集根系周围以及附着在根系上的琼脂，加热溶解、过滤，收集其过滤液即为根系分泌物，进一步分离可根据实验目的不同而进行，琼脂培收集根系分泌物时，应注意防止微生物污染。

(3) 其他方法

除上述几种方法外，根据研究目的不同，还设计一些系统或装置来收集根系分泌物。如分根收集装置、自动连续收集系统以及多孔陶头塑料管减压原位收集、层析滤纸定位收集、同位素标记结合土壤溶液取样器收集法等。层析滤纸定位收集的具体操作步骤：用甲醇、蒸馏水清洗过的层析滤纸，在无菌条件下晾干，收集时先将对照和胁迫处理的植物根系在去离子水中清洗数次，以除去根系表面附着的营养元素，然后将根系平放于铺有湿滤纸的瓷盘中，在收集分泌物的根系下方各放一个预先处理好的层析滤纸片，其余根组织部分用湿滤纸覆盖，再用黑塑料布将整个根系盖住，光照下生长2~4h，生长结束后，将附着在根系表面的滤纸片放入试管中，用无菌水洗涤，收集洗涤液，即得根系分泌物，此法对大型根的植物不适合。同位素标记结合土壤溶液取样器收集法适用于大、小型根的分泌物收集，在一定程度上体现出根系分泌物的原位性，其原理是利用标记的同位素培育植物，然后借助土壤溶液取样器定期提取根际溶液，收集此溶液，过滤即为所得根系分泌物；根据标记元素的丰度来推算根系分泌作用的强弱。由于不清楚植株根系在土壤中的真实分布，因此，此法收集根系分泌物重现性不佳。

(二) 分离纯化

根系分泌物收集之后，要进一步分离纯化，才能进行有效分析。在分离纯化过程中要根据待测组分的理化及生物学性质，选择合理的分离纯化方法。例如，可根据待测组分与杂质的密度不同，采用离心分离；利用待测组分与杂质在特定溶剂相中分配比例不同，采用萃取方法进行分离；利用待测组分与杂质在分离柱上的吸附能力不同而进行分离纯化。

常用的分离柱填料有树脂、硅胶、纤维素葡聚糖及氧化铝单体等。对于水溶液中有机物质的提取，常用的有机化合物有甲醇、乙醇、乙醚、三氯甲烷、三氯乙酸等。要获得高纯度待测组分，单一分离技术难以对特定根系分泌物组分进行有效分离，常采用多种分离技术。

1. 离子交换法

离子交换法是利用根系分泌物待测组分与杂质的极性差异，采用特定的填料作固定相，利用待测组分和杂质在固定相上的交换能力不同，从而达到与杂质分离的目的。因此，层析柱填料选择十分重要。树脂是常用的层析柱填料，其型号有XAD系列、Amerblite系列、DEAE纤维素和琼脂糖等。由于树脂大都是苯乙烯和二乙烯苯聚合而成的，具有三向空间网架结构的多孔海绵状高分子化合物，利用构成高分子树脂网架主链上的活性功能团对混合物中的有机物、阴阳离子或极性分子有选择性地吸附、富集或交换，然后经洗脱提取，可达到分离。硅胶是另一种较常用的填料，其型号有硅胶H、硅胶G、

硅胶 GF_{254} 等。氧化铝单体也是一类重要的填料，如氧化铝 G、氧化铝 GF_{251} 等。硅胶属微酸性吸附剂，适合分离鉴定酸性、中性物质。氧化铝单体属微碱性吸附剂，适合分离鉴定碱性、中性物质，而硅藻适合分离强极性物质。选用离子交换法对根系分泌物分离时，应保持层析柱内无气泡。

2. 衍生化与萃取法

衍生化是根系分泌物分离纯化过程中常用的方法，其原理主要是利用特定的化学试剂与根系分泌物中待测组分发生衍生化反应(取代反应、酯化反应等)，使待测组分理化性质部分改变，转化为易分离或易检测的衍生化合物，从而与杂质分离。根系分泌物研究中常用酯化反应来分离含量极低的糖、有机酸、酚和氨基酸等。如利用盐酸羟胺和乙酸酐将糖转化为糖腈乙酰酯；利用四甲基氢氧化铵和碘丁烷将酸转化为酯类物质；利用邻苯二甲醛或 2,4 二硝基氟苯将氨基酸衍生化等。待测产物通过衍生化后，其化学性质发生了明显变化，可选择特定的有机溶剂进行萃取分离。例如，低分子量有机酸经过衍生化(酯化反应)后，选用丙酮或石油醚作为萃取剂，可与无机阴离子如 PO_4^{3-}、SO_4^{2-}、NO_3^-、Cl^- 进行有效分离。

3. 分子膜与超速离心法

分子膜与超速离心分离技术已在根系分泌物研究中广泛应用，如利用分子膜结合超滤技术可对根系分泌物的蛋白质、氨基酸及多肽进行有效分离。由于不同分子量的分子膜孔径一般介于 $0.001\sim1\mu m$ 之间，利用分子膜超滤可将分泌物中的细菌、蛋白质甚至病毒进行分离，防止微生物对根系分泌物的降解作用。超速离心技术可将理化性质相近、分子量差异大的根系分泌物进行有效分离，其原理主要根据不同根分泌物组分离心力不同而分布于不同层面上达到分离。

(三) 鉴定

分离纯化根系分泌物是为了更好地对未知组分进行鉴定。常用的鉴定技术主要有仪器分析方法和生物活性测定方法。

1. 仪器分析方法

用于根系分泌物研究的常用仪器有紫外—可见光谱仪、红外光谱仪、毛细管电泳仪、气相色谱仪、液相色谱仪、离子色谱仪、质谱仪和核磁共振仪等。紫外—可见光谱法和红外光谱法主要根据待测组分在特定波长条件下产生的特征吸收峰不同而对未知组分进行鉴定，其中红外光谱法能给出待测组分的分子结构信息，包括待测组分的去向和存在的官能团等。质谱仪能与多种色谱仪(高效液相色谱、气相色谱、毛细管电色谱、离子色谱)联用，需样量小、灵敏度高，能对待测组分的功能团进行有效鉴定。核磁共振波谱是结构分析中最理想的方法，它能给出化学位移、自旋偶合裂分模式以及积分线高度等信息，能对分子空间构型及各类结构单元的联结方式进行准确测定，预见性好，但测试成本高。

对于未知分泌物分离鉴定，通常可采用的测试流程：根系分泌物→离子交换树脂→膜过滤→有机组分→萃取→色谱分离与纯品制备(气相色谱、毛细管电泳、高效液相色谱)→有机波谱结构分析(紫外光谱、核磁共振、质谱)→色谱与质谱联用(气相色谱—质谱联用、高效液相色谱—质谱联用、毛细管电泳—质谱联用等)→波谱与色谱信息综合分析→确定未知分泌物。

2. 生物活性分析方法

根际微生物活动所需的能源物质除来源于根系残体分解外,很大一部分来源于植物根系的分泌物,主要是根系分泌物中的可溶性糖和氨基酸,其含量高低对根际微生物活性有极大影响。由于不同植物的根系分泌物不同,根际微生物的种类和数量也会呈现差异。根系分泌物就像培养基一样对根际微生物具有选择性,因此,可根据根际特异菌类的生物量、活性或群落分布对根系分泌物进行定性或定量研究;也可利用某些细菌、真菌和植物幼苗等对分泌物特定成分的敏感性来确定根系分泌物成分。另外,通过酶活力测定可评价某些特定酶的分泌物量;用酚硫酸法可测定根系分泌物可溶性碳水化合物的含量。

参 考 文 献

[1] W. 伯姆, 1985. 根系研究法[M]. 薛德榕, 谭协麟, 译. 北京:科学出版社.

[2] M·Г·达拉诺夫斯卡娅, 1962. 根系研究法[M]. 李继云, 等, 译. 北京:科学出版社.

[3] 曹月华, 赵士洞, 1997. 世界环境与生态系统监测和研究网络[M]. 北京:科学出版社.

[4] 曾昭霞, 刘孝利, 王克林, 等, 2010. 桂西北喀斯特区原生林与次生林凋落物及养分归还特征比较[J]. 生态环境学报, 1:152-157.

[5] 陈宜瑜, 吕宪国, 2003. 湿地功能与湿地科学的研究方向[J]. 湿地科学, 1(1):7-10.

[6] 崔保山, 杨志峰, 2006. 湿地学[M]. 北京:北京师范大学出版社.

[7] 董鸣, 1997. 陆地生物群落调查观测与分析[M]. 北京:中国标准出版社.

[8] 冯宗炜, 王效科, 吴刚, 1999. 中国森林生态系统的生物量和生产力[M]. 北京:科学出版社.

[9] 国家林业局野生动植物保护司, 2001. 湿地管理与研究方法[M]. 北京:中国林业出版社.

[10] 胡鸿钧, 魏印心, 2006. 中国淡水藻类——系统、分类及生态[M]. 北京:科学出版社.

[11] 环境保护部, 2015. 生物多样性观测技术导则 陆生维管植物(HJ 710.1—2014)[S]. 北京:中国环境出版社.

[12] 环境保护部, 2016. 生物多样性观测技术导则 水生维管植物(HJ 710.12—2016)[S]. 北京:中国环境出版社.

[13] 黄贤智, 许金钩, 蔡挺, 1987. 同步荧光分析法同时测定叶绿素 a 和叶绿素 b[J]. 高等学校化学学报, 8(5):418-420.

[14] 黄祥飞, 陈伟民, 蔡启铭, 2000. 湖泊生态调查观测与分析[M]. 北京:中国标准出版社.

[15] 雷霆, 崔国发, 卢宝明, 等, 2010. 北京湿地植物研究[M]. 北京:中国林业出版社.

[16] 李迪强, 张于光, 2009. 自然保护区资源调查和标本采集整理共享技术规程[M]. 北京:中国大地出版社.

[17] 李果, 李俊生, 关潇, 等, 2014. 生物多样性监测技术手册[M]. 北京:中国环境出版社.

[18] 刘强, 彭少麟, 2010. 植物凋落物生态学[M]. 北京:科学出版社.

[19] 刘晓霞, 张金环, 2008. 植物标本的采集、制作与保存[J]. 陕西农业科学, 54(1): 223-224.

[20] 刘增文, 高文俊, 潘开文, 等, 2006. 枯落物分解研究方法和模型讨论[J]. 生态学报, 6: 363-370.

[21] 陆健健, 何文珊, 童春富, 等, 2006. 湿地生态学[M]. 北京: 高等教育出版社.

[22] 吕亭亭, 王平, 燕红, 等, 2014. 草甸和沼泽植物群落功能多样性与生产力的关系[J]. 植物生态学报, 5: 405-416.

[23] 吕宪国, 等, 2005. 湿地生态系统观测方法[M]. 北京: 中国环境科学出版社.

[24] 马进泽, 2018. 基于三种实验方式的气候变暖对泥炭地植物凋落物分解影响的模拟研究[D]. 东北师范大学.

[25] 任宪威, 姚庆渭, 王木林, 1990. 中国落叶树木冬态[M]. 北京: 中国林业出版社.

[26] 宋维峰, 王希群, 2007. 林木根系研究综述[J]. 西南林学院学报, 27(5): 8-13.

[27] 宛敏渭, 刘秀珍, 1979. 中国物候观测方法[M]. 北京: 科学出版社.

[28] 汪思龙, 陈楚莹, 2010. 森林残落物生态学[M]. 北京: 科学出版社.

[29] 王希群, 马履一, 贾忠奎, 等, 2005. 叶面积指数的研究和应用进展[J]. 生态学杂志, 24(5): 537-541.

[30] 吴昊, 肖楠楠, 林婷婷, 2020. 秦岭松栎林功能多样性与物种多样性和环境异质性的耦合关系[J]. 生态环境学报, 29(6): 1090-1100.

[31] 向师庆, 赵相华, 1981. 北京主要造林树种的根系研究[J]. 北京林学院学报, 3(2): 19-32.

[32] 向师庆, 赵相华, 1981. 北京主要造林树种的根系研究(续)[J]. 北京林学院学报, 3(3): 9-27.

[33] 杨持, 2017. 生态学实验与实习(第3版)[M]. 北京: 高等教育出版社.

[34] 杨洪强, 束怀瑞, 2007. 苹果根系研究[M]. 北京: 科学出版社.

[35] 张明祥, 张建军, 2007. 中国国际重要湿地监测的指标与方法[J]. 湿地科学, 5(1): 1-6.

[36] 张树仁, 2009. 中国常见湿地植物[M]. 北京: 科学出版社.

[37] 章家恩, 2007. 生态学常用实验研究方法与技术[M]. 北京: 化学工业出版社.

[38] 中国科学院南京地理与湖泊研究所, 2015. 湖泊调查技术规程[M]. 北京: 科学出版社.

[39] 中华人民共和国国家质量监督检验检疫总局, 2002. 进出口螺旋藻粉中藻蓝蛋白、叶绿素含量的测定方法(SN/T 1113—2002)[S]. 北京: 中国标准出版社.

[40] 朱国鹏, 沈宏, 2002. 根系分泌物研究方法(综述)[J]. 亚热带植物科学, 31(z1): 15-21.

[41] 竺可桢, 宛敏渭, 1973. 物候学[M]. 北京: 科学出版社.

[42] Aerts R, 1997. Climate, leaf litter chemistry and leaf litter decomposition in terrestrial ecosystems: a triangular relationship[J]. Oikos. 439-449.

[43] Bany J F, Kilioy C, 2000. Stream Periphyton Monitoring Manual[M]. Christchurch, New Zealand: The Crown.

[44] Metaxatos A, Ignatiades L, 2002. Seasonality of Algal Pigments in the Sea Water and Interstitial Water/Sediment System of an Eastern Mediterranean Coastal Area[J]. Estuarine Coastal & Shelf Science. 55(3): 415-426.

[45] Minderman G, 1968. Addition, decomposition and accumulation of organic matter in forests[J]. Journal of Ecology, 56(2), 355-362.

[46] Montané F, Romanyà J, Rovira P, et al, 2013. Mixtures with grass litter may hasten shrub litter decomposition after shrub encroachment into mountain grasslands[J]. Plant and Soil, 368(1-2): 459-469.

[47] Olson J S, 1963. Energy Storage and the Balance of Producers and Decomposers in Ecological Systems[J]. Ecology, 44(2): 332-341.

[48] Pregitzer K S, Deforest JL, Burton AJ, et al, 2002. Fine root architecture of nine North American trees[J]. Ecological Monographs, 72: 293-309.

[49] Smit A L, Bengough A G, Engels C, et al, 2000. Root methods: a handbook[M]. Springer Verlag.

[50] Swenson N G, 2014. Functional and phylogenetic ecology in R[M]. New York: Springer.

[51] Teklay T, Malmer A, 2004. Decomposition of leaves from two indigenous trees of contrasting qualities under shaded-coffee and agricultural land-uses during the dry season at Wondo Genet, Ethiopia[J]. Soil Biology & Biochemistry, 36(5): 777-786.

[52] Villéger S, Mason N W H, Mouillot D, 2008. New multidimensional functional diversity indices for a multi-faceted framework in functional ecology[J]. Ecology, 89(8): 2290-2301.

第三章 湿地动物

湿地动物是湿地生态系统物质循环和能量流动的关键，也是湿地生态系统演化的重要驱动因子，湿地动物的动态变化可以作为湿地退化和恢复响应的重要生态指标。由于我国湿地类型多样、分布面积广，因而孕育了丰富多样的湿地野生动物。国内外关于"湿地动物"尚无确切的定义，也没有湿地动物的完整名录。根据国家林业局2003年第一次全国湿地普查，我国湿地野生动物基本特征如下：

① 我国湿地野生动物涵盖了7个自然生态地理群，物种资源丰富；
② 我国湿地中野生动物多系既能适应水域也能适应陆域两种生存环境；
③ 我国湿地鸟类绝大部分为迁徙性鸟类，周期性往返于繁殖地和越冬地；
④ 我国湿地动物中，受国家重点保护的野生动物种类较多。

根据2003年国家林业局第一次全国湿地普查结果，我国共有湿地兽类7目12科31种，湿地鸟类12目32科271种，爬行类3目13科122种，两栖类3目13科515种，鱼类13目38科约770种；国家重点保护动物共计20目36科98种，其中有兽类5目9科23种，鸟类10目18科56种，爬行类3目6科12种，两栖类2目3科7种。2013年国家林业局第二次全国湿地普查结果，我国共有湿地兽类7目10科20种，湿地鸟类13目33科231种，爬行类3目12科83种，两栖类3目11科215种，鱼类25目200科1763种；国家重点保护动物共计23目40科91种，其中有兽类4目7科11种，鸟类9目15科49种，爬行类3目7科12种，两栖类2目3科5种，鱼类5目8科13种，无脊椎动物1种。

第一节 湿地兽类调查方法

我国湿地兽类有20种，隶属于7目10科，其中国家重点保护种类有4目7科11种。与湿地两栖类和爬行类不同，湿地兽类的广布种成分较多。生活在水中或经常活动在河湖湿地岸边，如白鱀豚（*Lipotes vexillifer*）、江豚（*Neophocaena asiaeorientalis*）、水獭（*Lutra lutra*）、水貂（*Neovison vison*）等；适合潮湿多水生活条件，如麋鹿（*Elaphurus davidianus*）、大麝鼩（*Crocidura lasiura*）等；经常出没湿地兽类，如川西北沼泽的獾（*Meles meles*）、藏原羚（*Procapra picticaudata*），三江平原湿地的狼（*Canis lupus*）、黑熊（*Ursus thibetanus*）、狍（*Capreolus capreolus*）等。

一、大型兽类

（一）路线统计法

根据不同生境类型，选择若干样线，统计在样线沿途遇见或听见的动物实体及其足迹、粪便、洞巢等。样线分布要均匀，尽量避开公路、村庄，每条样线长 5000m 左右。

1. 仪器与工具

主要仪器和工具包括自动步行计数器、望远镜、罗盘仪、红外相机、定位仪、标本收集袋、大型兽类调查表等。

2. 样线调查

调查者沿样线进行调查，行进速度控制在 3km/h，用自动步行计数器确定观测点位置。可借助望远镜、罗盘进行动物或痕迹观察和定位。调查内容包括动物个体、尸体残骸、足迹粪便、洞巢、鸣叫等。观测范围可不限，但不要重复计数，注意记录观测对象距观测者的角度及距离。调查表见表3-1。

表3-1 大型兽类调查记录表

日期_____ 地点_____ 样地号_____ 路线长_____ 调查人_____

统计路线草图	物种名	目标	样点	数量	距离	角度	性别	老体	成体	幼体	其他

注：观测目标包括动物个体、尸体残骸、足迹、粪便、洞巢、鸣叫等。

3. 环境要素调查

随机选择若干样点，进行环境要素调查，如气象因子、栖息环境和食物环境。

4. 结果计算

用观测目标数量除以线路总长即可求得相对密度。各种观测目标可以分开单独计算，如用观测到的粪堆数量除以样线总长，便可得到一种相对密度指标。用截线法可求得绝对数量。

（二）样地哄赶法

根据生境类型选择若干样方，面积约 50hm²，样方一般呈方形或长方形。调查人员 30 人左右，分成 4 组。调查开始前各组分别到达样地四个角的位置，按预定时间，沿顺时针方向行走，将样地包围起来。每人间距约 100m，记录所遇见动物种类及数量，并记录动物逃逸方向（即包围圈内或外）。完成包围后，开始缩小包围圈，速度稍慢，记录所遇见动物种类及逃逸数量。随机选择若干样点,进行环境要素调查。以逃逸出包围圈外的动物总数量除以样地面积,便可求得绝对密度。

(三)航空调查法

利用飞机从空中调查地面动物的数量,可借助摄影、录像等手段使之更为理想。该方法尤其适合调查开阔地带如草原、湿地等区域的大型动物数量,获得的数据比较准确可靠。

(四)红外相机调查法

当温血动物(主要是兽类和鸟类)从装置前方经过时,红外相机能自动感应识别动物,并拍摄照片或视频进行记录。调查时根据不同海拔高度和生境安放红外相机,通常选择在兽径、水源地、觅食场所等地,也可以选择在有兽类活动痕迹(粪便、足迹等)附近安放。

(五)访谈调查法

由于野生动物的野外调查难度较大,所以在实地调查之前进行了访问调查。访问的对象主要是保护地的管护员、过去的业余猎人、经常到山上活动及对野生动物比较熟悉的人。通过访谈,了解可能存在的兽类种类,并根据历史资料、参考文献进行核实加以科学分析,然后再到实地进行调查。

(六)智能无人机调查法

利用智能无人机可以精准监测野生动物的数据,通过大数据分析、人工智能算法进一步对物种进行识别和归类,还可以监控物种的健康状态,梳理同一物种不同个体间的关系等,实时全方位的监测和保护。此外,智能无人机通过识别(如脚印、面部特征、活动特征等)对某特定濒危动物进行重点监测,达到保护濒危动物的目的。

(七)收购资料估算法

某些兽类的皮毛及其他部位有经济价值,各地收购部门有详细的收购资料。这些资料是一种相对数量,对于了解动物资源现状和历年动态有重要参考价值。收购资料往往受多种外界因素的影响,如猎民数量、收购价格等,要设法予以修正,以便较好地反映实际情况。

二、小型兽类

(一)夹日法

根据生境类型选择若干样地或样线,放置捕获器,据每日捕获的动物种类数量以及丢失的捕捉器来统计动物数量。

1. 仪器与工具

主要仪器和工具包括木板夹、诱捕笼、布袋、塑料袋、三氯甲烷、来苏水等。

2. 操作步骤

选用合适的木板夹(或其他捕捉工具)以及诱饵,沿样线放置,间隔为 5m,共放 50 个。同一样地连捕 3 天,每隔 24h 检查 1 次。将捕获动物装入小布袋内,扎紧口,防止逸出,补充诱饵,重新置好踩翻的夹子,对缺失的夹子要在周围仔细查找,记录当日捕捉的动物种类与数量以及丢夹数。沿线随机选择 10 个样点,进行要素调查。将盛有动物尸体的布袋装入密封容器或塑料袋中,用三氯甲烷熏闷 2h 左右,以便杀死动物体表寄生虫,并进行解剖登记。用过的木板夹用水或来苏水消毒清洗、晒干,以备再用。

3. 结果计算

捕获率计算公式:

$$D = \frac{\sum_{i=1}^{m} M_i}{\sum_{i=1}^{m} (150 - d_i)} \times 100$$

式中:D 为捕获率(%);M_i 为第 i 块样地捕获动物总数(只);d_i 为第 i 块样地丢夹数(个);m 为总样地数(个)。

(二) 去除法

去除法又称 IBP 标准最小值法,是根据生境类型选取若干样方,据每日捕获数与捕获累积数之间的关系,估算种群数量。

1. 仪器与工具

主要工具是木板夹或其他捕捉工具。

2. 操作步骤

选取合适木板夹或其他捕捉工具以及诱饵,在 16m×16m 的网格点上放置夹子,每点相距 16m,每点放置 2 个夹子,共放置 512 个夹子。正式调查前诱捕 3 天,然后正式捕捉 5 天,逐日检查,记录捕捉种类与坐标,将捕捉到的动物尸体处理解剖(见夹日法)。以每日捕获数为纵坐标,捕获累积数为横坐标,绘制曲线,用线性回归法估算动物数量,然后以直线与横坐标的交点上的数值为种群数量上的估算值 K。将估算值 K 除以样方面积 5.76hm² 便可求得单位公顷内动物的绝对数量。但这种计算方法过高估计了绝对密度,因为样方周围的动物也被计算在内。

可以通过以下方法消除边界的影响:16m×16m 棋盘网格布夹从里到外形成 8 层夹线,每层夹线的夹子数分别是 8 个、24 个、40 个、56 个、72 个、88 个、104 个、120 个,共 512 个,计算每层夹线捕获率(%)。最外层夹捕最高,向内依次降低,夹捕率稳定在某一水平时的边界可作为有效边界,以此估算单位面积绝对数量,这个绝对密度基本上消除了边界的影响。

(三) 标志重捕法

根据生境类型选择样地,将捕获的动物标志后原地释放,再重捕。根据捕捉的标志动物数和取样数量估计动物数量。

1. 仪器与工具

主要工具包括活捕器、剪刀、碘酒、钳子、标码金属片等。

2. 操作步骤

选取适宜的活捕器及诱饵。活捕器注意防风遮雨，避免日光曝晒，冬季注意保暖。在样地按 10m×10m 方格棋盘式布放 100 个活捕器，每点间隔 10m，每隔 6h 检查 1 次。对捕获动物进行雌雄鉴别和体重测量，并按剪趾法或耳标法做标志，然后原地释放，记录有关信息(包括标记死亡、逃逸等)，见表 3-2。同一样地连捕 5~6 天。

表 3-2　标志重捕法调查记录表

日期_____　地点_____　样地号_____　路线长_____　调查人_____

时间	地点	生境	物种名	性别	体重(g)	标志法	坐标位置	天气	备注

剪趾法：从腹面观依次从左至右编号。为不影响动物的活动，一般剪趾 1~2 个，特殊情况下可剪趾 3 个。剪趾时尽量不超过第二个趾关节，剪趾后用碘酒消毒。通常由于小型兽前肢 5、6 趾太小，一般不作编码用，但仍然有 18 个趾可作编码。

耳标法：用钳子将特制的印有编号的金属片嵌在动物耳部。原理与剪趾法同。

随机选择 10 个样点调查环境要素。

3. 结果计算

数量计算公式：

$$N = \frac{M \cdot n}{m}$$

式中：N 为绝对数量(只)；M 为标志总数(要除去标志死亡个体，只)；n 为取样数量(只)；m 为取样时带标志的动物数(只)。

由于样方面积为 $1hm^2$，因此 N 可直接转换成绝对密度。由于标志的动物会扩散到样方外，所以 N 是偏高估计。

第二节　湿地爬行、两栖类调查方法

一、爬行类调查方法

爬行动物是能完全适应陆地生活的真正陆生动物，但有一部分种类生活在半水半陆的湿地区，也是典型湿地种。其中一部分次生地回到水中生活(海水或淡水)，一部分则经常在水域中或其附近生活。从动物区划来看，东洋界成分仍占明显优势，其中龟鳖目除陆龟科外，蛇亚目游蛇科的部分种类都分布于我国南部，属东洋界成分。古北界成分集中于蜥蜴目鬣蜥科的一些种类，广布种不多，常见的有乌龟（*Mauremys reevesii*）、鳖（*Pelodiscus sinensis*）、赤链蛇（*Dinodon rufozonatum*）、蝮蛇（*Agkistrodon halys*）等。

（一）访谈调查法

访问调查是收集数据资料的重要方法之一。调查中对当地居民、中草药采集者、保护地工作人员等进行走访。访问时，先向访问对象展示调查区域有分布的爬行类图片并介绍物种特征，再询问其在当地是否见过这些动物，并记录发现时间、地点、数量等详细信息。

（二）样方调查法

北方沼泽湿地中蛇比较少见，南方湖滩上可见蛇，需做相应调查。根据蛇类生境类型选择样地，每种生境类型随机选择3~5个样方。样方面积为200m×200m。采用捕尽法调查，陈旧蛇蜕不计，遇到有新鲜蛇蜕的蛇洞，进行挖洞调查，因地形等原因无法挖洞的，视三种情况处理：① 所捕捉到的蛇中无该蛇蜕种类，仍作有效蛇蜕；② 已捕捉到的蛇中，有该蛇蜕种类的蛇，且与蛇蜕大小差不多，不作为有效蛇蜕；③ 蛇蜕种类无法鉴定，但其大小与捕到的蛇差异显著，作为有效蛇蜕，否则舍去。

蛇蜕换算公式：

$$N = c \cdot y$$

式中：N为实际蛇条数(条)；y为有效蛇蜕数(条)；c为换算系数，该蛇蜕在蛇样方中的概率。

将所有捕捉到的蛇条数与有效蛇蜕数之和除以样方面积，求得样方内蛇密度，将所有生境样方蛇密度加权平均，便可得到调查区域蛇密度(条/m²)。在样方内随机选择若干点，调查环境要素。

（三）样带调查法

根据蛇类生境类型与分布特点，选择若干条样带。每条样带长度一般>5000m，调查宽度为10~30m。

调查时，调查人员2~6人，并排以2~3km/h的速度行进，可手持小竹竿拍打草丛，惊动蛇类，以便于发现。对遇到的蛇要予以捕捉、鉴定，同时还要登记蛇蜕，根据样方调查法中的规定，判断有效蛇蜕数，见表3-3。

表3-3 蛇类调查记录表

日期_____ 地点_____ 路线长_____ 调查人_____

统计路线草图	物种名	观测地点	蛇体数	有效残蜕数	成体	幼体	其他

用样带内遇见的蛇类实体数与有效蛇蜕数之和除以样带面积(长×宽)，求得样带内蛇

的密度(条/m²)。沿样带随机选择若干点,调查环境要素。

(四) 笼捕调查法

根据调查区域龟鳖目的生态习性、海拔和自然环境类型,共选取其可能栖息的河沟若干条,总流程约30km的水域进行调查。采用系统抽样法,沿河沟流向,每间隔40~60m的距离选择一个布笼点,每个布笼点进行5个笼捕日,在进行笼捕法调查的同时,也采取直接寻找的方式,每两天对布笼的河沟两边距离河沟轴线5m范围内的石洞和草丛等龟鳖可能隐藏的地方进行调查,见表3-4。

表3-4 龟鳖类调查记录表

日期_____ 地点_____ 路线长_____ 调查人_____

河流	物种名	捕获/观测地点	龟鳖个体数	健康程度	成体	幼体	其他

二、两栖类调查方法

两栖动物是脊椎动物中从水到陆的过渡类型,它们除成体结构尚不完全适应陆地生活,需要经常返回水中保持体表湿润外,繁殖时期必须将卵产在水中,孵出的幼体还必须在水内生活,有的种类甚至终生在水内生活,所以两栖动物全部归入湿地动物。据统计,我国两栖动物共有3目11科215种。从动物区划来看,东洋界成分占优势,古北界成分次之,广布种较少。国家重点保护种类有2目3科7种,主要分布于秦岭、淮河以南,其中西南地区种类最多。两栖类中无足目仅有版纳鱼螈(*Ichthyophis bannanicus*)1种,生活于云南西双版纳地区湿地;有尾目大多是水栖湿地种,如大鲵(*Andrias davidianus*)、贵州疣螈(*Tylototriton kweichowensis*)、东方蝾螈(*Cynops orientalis*)等;无尾目数量较多、分布甚广。

(一) 路线调查法

两栖动物调查应选择非繁殖期进行,并根据生境类型,选择若干调查线路。沿线路按一定速度行走,路线长1.5~2m、宽度10m左右,仔细观察两侧的两栖类,记录其种类和数量,见表3-5。以调查数量除以总线路长可求得相对数量(只/m)。按截线法可计算绝对数量。随机选择若干样点,调查环境要素。

表3-5 两栖类数量调查记录表

日期_____ 地点_____ 样地号_____ 路线长_____ 调查人_____

统计路线草图	物种名	样点	数量	距离	角度	性别	成体	幼体	卵	其他

(二) 捕尽调查法

根据生境类型，选择若干样方，样方面积为 50m²，每种类型设样方 5~10 个，调查人员 4~5 人，借助捕捉网、手电筒直接捕捉 1 昼夜，捕尽所有两栖类。用调查的数量除以样方面积，可得绝对数量(只/m²)。随机选择若干点，同时调查样方内环境要素。

(三) 配对调查法

首先确定研究区域，调查固定水域分布与面积，选择若干固定水域进行抽样调查。在繁殖交配峰期，雌雄个体群集在一起，配对繁殖，分别调查各水域内两栖类的种类和数量，可借助捕捉网，重复调查 1~2 次。随机选择若干点，调查区域环境要素。

数量估算公式：

$$D = \frac{N \cdot S_0}{n \cdot S \cdot A}$$

式中：D 为两栖动物数量(只/m²)；N 为调查总数量(只)；S 为调查水域面积(m²)；n 为重复调查次数；S_0 为水域总面积(m²)；A 为调查区域的总面积(m²)。

第三节　湿地鱼类种类和数量调查方法

我国大部分河流湿地、湖泊湿地和海岸湿地，水温适中，光照条件好，水生生物资源丰富，为鱼类提供丰富的饵料，因此鱼类种类多，经济价值高。我国鱼类约有 3000 种，其中湿地中鱼类有 1700 余种，占全国鱼类种类一半以上。湿地鱼类由内陆湿地鱼类、近海海洋鱼类、河口半咸水鱼和过河口洄游性鱼类构成。

一、鱼类样品采集

鱼类样品采集，可由研究工作者亲自去捕捞，或者利用渔场或渔民所提供的渔获物，无论在哪一种情况下，都应当尽量避免或减少采样的误差和偏倚，使取得的样品具有充分的代表性。当研究工作者亲自进行采集时，首先了解被采集水域的特征，所研究鱼类的行为习性，可采取的捕捞方法和渔具的选择性，力求使用可靠的渔具、捕鱼方法进行捕捞。一般情况下，鱼苗和幼鱼一般采用网捕，成鱼采集主要采用网捕或钓捕。

调查中，所发现的新种和需要制作标本的某些鱼类，每种鱼可取样 10~20 尾，稀少或特有种类要适当多取一些。每种鱼的样品应含有不同大小的个体，同时样品要新鲜，鳞片和鳍条且无明显损伤。取得的样品鱼用水洗干净，经长度测量和称重后，在其下颌或尾柄系上编号标签。

1. 工具

量鱼板(或尺)、电子天平(精确 0.1g)、数码照相机、解剖盘、镊子、手术剪、塑料水桶、盆、白色毛巾、油性记号笔、中性笔、铅笔、渔获物样本信息记录表、甲醛、量杯、带盖塑料标本箱、注射用针筒、口罩等。

2. 采样准备

在采样时间前到达采样地点，核对采样点坐标；测量采样点水温、pH、透明度、溶解氧等参数并记录在信息记录表上；采样环境信息采集，对采样江段的沿岸带植被、底质（大石块、砾石、沙、淤泥）、河道弯曲度等环境信息拍照记录。

3. 样品收集

调查网具应以定置刺网和饵钩为主，兼顾地笼、游钓等多种渔获方式。记录网具规格、放置时间等，收集渔获物，放置在塑料桶内，尽快带回驻地处理，将一次收集到的鱼类样本摆在解剖盘中，准备进行信息采集。

4. 样品处理及信息采集

清洁工作台面，放置电子秤、解剖盘，解剖盘上铺上白色毛巾。在解剖盘中间偏下方放置量鱼板（或尺）。将鱼类样本放在电子天平上，拍照记录天平读数。

将鱼类样本侧放在解剖盘内的量鱼板（或尺）上方，不要覆盖刻度。用镊子整理好鱼尾、鱼鳍和口须的位置，使其全部出现在视野中，拍照记录。图片编号格式：采样点首字母缩写+采样年月日+样本编号(000)+图片编号(000)，见表3-6。

表3-6 鱼类基本信息采集表

日期_____ 地点_____ 样地号_____ 路线长_____ 调查人_____

船数	网具	生境信息	沿岸带	河道形状	植被状况	水温	pH	透明度	溶解氧	其他
第1尾	图片编号									
第2尾	图片编号									
第3尾	图片编号									

5. 图像信息采集

拍照应在光线较好的自然光环境中，相机镜头垂直于水平面。鱼类样本标准侧面照1张，包含体长信息，清晰度应从图像上可以读数。鱼类样本称重照1张，清晰度应可以从图像上读数。头部细节照应包含吻部（口的位置、大小、形状及吻部的细节等）、口须（长度）、眼睛（大小、位置）；尾部细节照应包含尾柄、尾部分叉等；细节鳍条细节照应可以数出鳍条分支数；其他特殊特征，如腹棱、背部等。

二、鱼类种类鉴定

根据渔获物的抽样检测结果，利用鱼类检索表、图鉴或专家知识确定所观测水体的鱼类种类组成。在采样中若发现新种，根据鱼类分类学方法鉴定到种或亚种，见表3-7。

表 3-7　鱼类名录表

日期：＿＿＿＿＿＿＿＿　　地点：＿＿＿＿＿＿＿＿＿＿＿　　调查人：＿＿＿＿＿＿＿

序号	种类	学名	其他

三、鱼类数量调查方法

（一）渔业调查法

渔业调查法主要是通过现场走访沿江等水域渔民，或通过渔政部门统计近年来的渔船数量、渔民数量、网具类型和数量、渔业产量等信息和资料。

（二）水声学调查法

利用鱼探仪（Simrad EY60，携带分裂波束式换能器），在调查区域开展水声学调查，研究鱼类资源量的时空分布特征。换能器的工作频率为 200kHz，半功率角（3dB beam width）为 7°。在探测过程中换能器固定于监测船的船舷中部并入水约 0.6m，方向垂直向下。数据采集过程中换能器的发射功率为 300W，脉冲宽度（pulse duration）为 64μs。调查船按航道行驶，船速 8~10km/h。为了比较不同水层的鱼类密度，将探头至水底的距离分成三部分，0%~33%水深为表层，33%~66%水深为中层，66%~100%水深为底层。根据目标深度和水深，可以将目标定为某一层，最后统计探测到鱼类目标强度的分布特点。为了避免声纳发射时产生噪声的影响，只统计 2.0m 以下的回声信号。

回声探测仪截面面积，计算公式：

$$S = (h^2 - 1.5^2) \times \tan(\theta/2)$$

探测体积，计算公式：

$$V = L \cdot S$$

鱼群密度，计算公式：

$$\rho = \frac{n}{V}$$

式中：h 为水深（m）；θ 为回声探测仪波束的角度；S 为探测截面面积（m²）；L 为探测距离（m）；n 为探测到鱼的个体数（尾）；V 为探测体积（m³）；ρ 为鱼的密度（尾/m³）。

（三）网捕调查法

选择有代表性的水域采用多种形式的网捕方法进行鱼类种类和数量调查，在被调查种群的分布范围内，随机撒网或设置网笼进行捕获，通过计数捕获的种类和个体数量，计算获得区域的种类和种群密度。

（四）标志重捕法

在被调查种群的活动范围内，捕获一部分个体，做上标记后再放回原来的水域环境中，经过一段时间后进行重捕，根据重捕到的鱼类中标记个体数占总数的比例，来估计种群密度。计算公式：

$$种群数量 = \frac{标记个体数 \times 重捕个体数}{重捕标记数}$$

四、鱼体测量和称重

鱼体的长度以 cm 或 mm 为单位，最好使用量鱼板来测量。常用的长度指标：

体长——鱼的吻端至尾鳍中央鳍条基部的直线长度；

全长——鱼的吻端至尾鳍末端的直线长度。

对于尾鳍分叉的鱼类，在测量其全长时，可将尾鳍的两叶握紧，按其中较长的一叶来测量，或者把尾鳍摆成自然状态进行测量。为了减少测量误差，测量过程中应注意操作上的一致性。

鱼体的重量以 g 或 mg 为单位。在称重过程中，所有的样品鱼应保持标准湿度，以免因失重而造成误差。经低温保存的样品鱼重量测定值，须按样品鱼保存期间的失重率予以校正。

为了比较同一种鱼在不同时期或不同水域的肥瘦情况，常用鱼的肥满度指标来测定。鱼的肥满度计算公式：

$$K = \frac{W}{L^3} \times 100$$

式中：K 为肥满度(%)；L 为体长(cm)；W 为体重(g)。

五、鱼类年龄鉴定

（一）材料收集

有鳞鱼类的年龄材料一般以鳞片为主，无鳞或鳞片细小的鱼类则采用某种骨质材料测定。鳞片应取自新鲜鱼体，并要求选取形状正常和环纹清晰的大型鳞片，不能用再生鳞作为年龄鉴定的材料，每尾鱼应取鳞片 10~20 片。骨质材料主要指脊椎骨、鳃盖骨、匙骨等，骨质材料的量酌情而定。取下的鳞片放置于鳞片袋内或用纸褶保存，骨质材料可用纸或纱布包裹，并注明与样品鱼同样的编号。

（二）年龄鉴定

用鳞片鉴定鱼类年龄时，将鳞片放入温水或淡氨水中浸泡数分钟，视鳞片的大小分别用牙刷、纱布或手指轻轻除去其表皮和黏液,接着放入清水中漂洗,然后用纸或纱擦干,选择5~8片形状正常,中心部分完整的鳞片夹在载玻片之间,并于载玻片的一端贴上标签,两端用橡皮筋扎紧。利用放大镜或显微镜观察鳞片的年轮来确定鱼类的年龄,鳞片上的年轮可按其环片的疏密排列或切割现象来识别,注意不要将副轮、幼轮、产卵轮等误认为年轮。用骨质材料鉴定鱼类年龄时,将靠近头部的脊椎骨取下,清除上面附着的脂肪和结缔组织,然后放在火上稍烧一下,即可利用入射光在椎体凹处以肉眼观察其年轮,骨片上的年轮由一个宽带和一个窄带所构成,在入射光照射下,宽带呈浊白色,窄带呈暗黑色,用透射光观察时,宽带暗黑,窄带则光亮透明。

第四节 湿地浮游动物调查方法

浮游动物是湿地生态系统中一类极为重要的消费者,它既可作为许多经济鱼类、鸟类的优质食物,又可调节控制藻类和细菌的发生、发展。湿地水体中浮游动物组成十分复杂,主要由原生动物、轮虫、枝角类和桡足类等水生无脊椎动物组成。

一、水样采集

采集浮游动物定性和定量样品的工具有浮游生物采集网和采水器。

浮游生物采集网:圆锥形,由一直径3~4mm的钢条构成圆形的网口,口径约20cm,网衣用筛绢制成,网长约60cm,网底套一金属或合成材料制成的网头,网头上有一个活塞,供收集样品(图2-1)。常用浮游生物网的孔径一般为64μm(25号)和86μm(13号)两种。前者用于采集体积较小的浮游动物,后者可采集较大型的轮虫、枝角类、桡足类等浮游动物。

采水器:一般为有机玻璃采水器,容量为2.5L和5L两种。圆柱形有机玻璃桶,具有上下两个活门,底部配有一个出水口。操作时,将采水器放入水中,活门即被水压推开,提起时,活门又被水压关闭,即可采得所需水样。该采样器的内壁附有水温计,可同时测量水温,见图3-1。

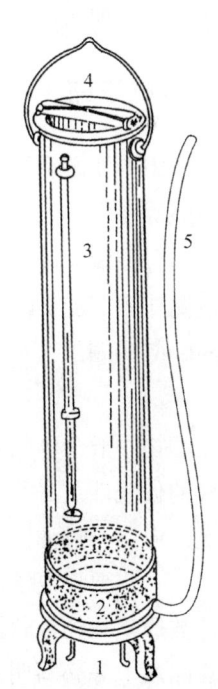

图3-1 有机玻璃采水器
1—进水阀门;2—压重铅圈;
3—温度计;4—溢水门;
5—橡皮管

1. 采样点设置

应根据水体的面积、形态特征、工作条件和要求、浮游动物的生态分布特点等设置采样点和确定采样频率。在水体的中心区、沿岸区、主要进出水口附近必须设有代表性的采样点。

2. 采样频率和时间

根据工作目的，可以每月采样1~4次，或每季度1次，或春、夏各1次，或仅夏季1次。采样时间应尽量在一天的相近时间，例如在8：00~10：00。

3. 采样层次

视水体的深浅而定，如水深在2m以内、水团混合良好的水体，可只采表层(0.5m)水样，水深为2~10m的水体，应至少分别取表层(0.5m)和底层(离底0.5m)两处的混合水样。如果进行浮游动物垂直分布研究，则必须分层采样、计数。

4. 采水量

一般采水样1000mL，如用表底层混合水样，则分别在离表、底层0.5m处各采500mL加以混合。

二、水样固定

采集的水样应立即加以固定，以杀死水样中浮游动物和其他生物。固定剂用碘液(称取6g碘化钾溶于20mL蒸馏水中，待完全溶解后加入4g碘，摇动至碘全溶后，再加入80mL蒸馏水混匀)。固定剂用量为水样的1%，使水样呈棕黄色即可。需要长期保存的样品，再在水样中加入5mL左右的甲醛溶液。

三、水样浓缩

把水样中的浮游动物浓缩到小的体积中，一般采用沉淀或过滤两种方法。

1. 沉淀法

把筒形分液漏斗固定在架子上，并放在稳定的桌子上，将水样倒入筒形分液漏斗。在筒形分液漏斗中沉淀24~48h后，吸取上层清液，把沉淀浓缩样品放入试剂瓶中，最后定量为30mL或50mL。

2. 过滤法

甲壳动物一般个体较大，在水体中的丰度也较低，故要用浮游生物网过滤较多的水样才有较好的代表性。必须注意两点：首先，必须用25号(孔径为64μm)浮游生物网作过滤网；其次，应当有过滤网和定性网之分。避免用捞定性样品的网当作过滤网。如果再次过滤样品时，一定要反复洗净方可使用。用25号(孔径为64μm)浮游生物网过滤的水样，不能当作计数原生动物或轮虫的定量样品之用。在野外遵循先采定量样品，后采定性标本的原则，样品瓶上务必写明采样日期、采样点和采水量等。

四、浮游动物统计

个体计数仍是常用的浮游动物定量方法。浮游动物计数时，要将样品充分摇匀，将样品置入计数框内,在显微镜或解剖镜下进行计数。常用计数框容量有 0.1mL、1mL、5mL 和 8mL 四种。用定量加样管在水样中部吸液移入计数框内,移入之前要将盖玻片斜盖在计数框上,样品按准确定量注入,在计数框中一边进样,另一边出气,这样可避免气泡产生,见图 3-2。注满后把盖玻片移正。计数片子制成后,稍候几分钟,让浮游动物沉至框底,然后计数。不易下沉到框底的浮游动物,则要另行计数,并加到总数之内。甲壳动物一般全部计数,优势种类鉴定到种,一般种类鉴定到属,一些疑难种类应保存好标本,以待进一步鉴定。

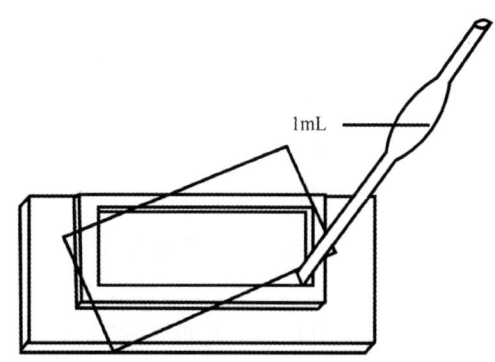

图 3-2　S-R 浮游生物计数框

(容积 1mL,图上显示注样方法)

1. 原生动物、轮虫计数

计数时,沉淀样品要充分摇匀,然后用定量吸管吸 0.1mL 注入 0.1mL 计数框中,在 10×20 的放大倍数下计数原生动物;吸取 1mL 注入 1mL 计数框中,在 10×10 的放大倍数下计数轮虫。一般计数两片,取其平均值。

2. 甲壳动物计数

取 10~50L 水样,用 25 号浮游生物网(孔径为 64μm)过滤,把过滤物放入标本瓶中。在计数时,根据样品中甲壳动物的多少分若干次全部过数。如果在样品中有过多的藻类,则可加伊红染色。

1000mL 水中浮游动物的数量,计算公式:

$$N = \frac{n \cdot V_s}{V \cdot V_a}$$

式中:N 为浮游动物的数量(个/L);n 为计数所得的个体数;V 为采样体积(mL);V_s 为沉淀体积(mL);V_a 为计数体积(mL)。

例如:取 1000mL 水样,浓缩至 30mL,取 0.1mL 样品计数全片,结果有原生动物 50 个,轮虫 30 个,则 1L 水中原生动物的数量:

$$\frac{30 \times 50}{1 \times 0.1} = 15000 \text{ 个}$$

1L 水中轮虫的数量:无节幼体如在 1L 沉淀样品中计数,则和轮虫一样换算:

$$\frac{30 \times 30}{1 \times 0.1} = 9000 \text{ 个}$$

浮游动物的个体小而数量大,一般用 10×40 倍或 8×40 倍物镜进行观察。统计时,需对计数框内的标本进行二次抽样,即每次只计算框中的一部分面积。抽样方法:

(1) 计数框行格法

每次计算计数框上第 2、5、8 行共 30 个小方格，数量不多时也可计算全片。每一水样的浮游动物需各计算两片，然后将两次计算的数值平均，如两次计算结果相差很大，则需再计算一、两次，将各次数值平均。

(2) 目镜视野法

先用台(测微)尺量出显微镜一定放大视野的直径，然后按公式 $S = \pi r^2$ 计算出视野面积。每次统计的视野数应根据样本中浮游动物的数量来确定，通常所计数的量在 300~500 个视野。可以先统计 100 个视野，如计数值太小，则再增加 100 个视野，依此类推至达到所需的计数量为止。计数的视野要均匀分布在计数框上，这点可利用计数框上的方格或显微镜移动台上的标尺刻度来实现。

1000mL 水中浮游动物的数量，计算公式：

$$N = n \cdot \left(\frac{A}{A_c} \cdot \frac{V_s}{V_a} \right)$$

式中：N 为浮游动物数量(个/L)；n 为计数所得的个体数；A 为计数框面积(mm^2)；V_s 为沉淀体积(mL)；A_c 为计数面积即视野面积(mm^2)；V_a 为计数体积(mL)。

实际上式中 $A = 20 \times 20 = 400 mm^2$，$V_s = 30mL$，$V_a = 0.1mL$，如果计数面积 A_c 确定，可求出一常数。

$$K = \frac{A}{A_c} \cdot \frac{V_s}{V_a}$$

当用计数框行格法计数 3 行时：

$$K = (400/120) \times (30/0.1) = 1000$$

当用目镜视野法时，如视野面积为 $0.093 mm^2$、计数 100 个视野，则：

$$K = (400/9.3) \times (30/0.1) = 12900$$

计数 200 个视野：

$$K = (400/18.6) \times (30/0.1) = 6450$$

这样每次计数后只需把 n 值乘以 K，即可得到每升水样中浮游动物的数量。

定量计算时，需注意：

① 计算框用过后，立即用清水轻轻洗涤，并用绸布揩干包好，保持清洁。

② 必须先准备好吸管，然后摇荡水样。如摇好后再准备，则样品中生物再沉淀，分布不均匀，影响定量计算。

③ 盖玻片需选择薄者为佳。如盖上盖玻片后，在计数框内有气泡，则要重新进行，尤其在计算浮游动物时要二次抽样，气泡的存在会影响样本的准确性。

④ 气温较高时，须在盖玻片四周涂上一层极薄的石蜡，防止水分蒸发，以保证在数小时内不致有气泡产生。

⑤ 0.1mL 的吸管内如有沉积物时，需用蒸馏水、酒精或洗瓶液清洗。

第五节　湿地底栖动物调查方法

底栖动物(或称水底动物)是由栖息在水体底部和不能长时间在水中游动的各类动物所组成,它是一个庞大的生态类群。底栖动物的种类和生活方式都较浮游动物和自游生物(主要是鱼类)复杂,包括的门类较多,淡水中主要的类群有软体动物门的螺类(腹足纲)、蚌类(瓣鳃类)、节肢动物的虾、水生昆虫(昆虫纲)、环节动物门的水蚯蚓(寡毛纲)等。底栖动物现存量是指单位体积或单位面积底泥中所存在各类底栖动物的数量(密度)或重量(生物量),通常用采泥器法测定。

一、大型底栖动物调查

(一) 样点设置

在水体中选择有代表性的点用采泥器进行采集作为小样本,由若干小样本连成的若干断面为大样本,然后由样本推断总体。在设置样点时,必须要考虑底栖动物的分布特点,使所采集样品具有代表性。一般在水体的沿岸带、敞水带以及不同的大型水生动物分布区均需设置采样点或断面。

(二) 样品采集和处理

当采泥器在采样点采样后,底栖动物与底泥、腐屑等混为一体,必须洗涤后才能进行检测。筛洗、澄清后,将获得的底栖动物及其腐屑等剩余物装入塑料袋,并同时放进标签,用橡皮筋扎紧袋口,带回实验室做进一步分检。

带回的样品,因时间关系不能立即进行分检的,应将样品放入冰箱(0℃),或把塑料袋口打开,置于通风、凉爽处,以防止样品中底栖动物在环境改变后突然死亡和昆虫迅速羽化,造成数量上的损失。

(三) 样品分样

大型底栖动物经洗净污泥后,在工作船上即可分样,在室内即可按大类群分别进行称重与数量记录。与泥沙、腐屑等混在一起的小型动物,如水蚯蚓、昆虫等,则需在室内进行仔细分样,将洗净的样品置入白色盘中,加入清水,利用尖嘴镊、吸管、毛笔、放大镜等工具挑选出的各类动物,分别放入已装好固定液的指管瓶中,直到采样点采集的标本全部检完为止。在指管瓶外贴上标签,瓶内也放入一标签,其内容与塑料袋内的标签一致,最后盖好瓶盖保存。

在分样中,尽可能在标本生活状态中进行,底栖动物的运动将有助于挑选工作的顺利完成。

(四) 样品鉴定

软体动物和水栖寡毛类的优势种应鉴定到种，摇蚊科幼虫鉴定到属，水生昆虫等鉴定到科。对于疑难种类应有固定标本，以便进一步分析鉴定。

水栖寡毛类和摇蚊幼虫等应先制片，然后在解剖镜或显微镜下观察鉴定，一般用甘油做透明剂。如需保留制片，可用加拿大树胶或普氏胶封片。封片时先滴1、2滴加拿大树胶或普氏胶在载玻片上(胶的用量要适当)，避免产生气泡。

(五) 种类计数与称重

把每个采样点所采到的底栖动物按不同种类准确地统计个数，再根据采样器的开口面积推算出 1m² 面积内的个数(ind/m^2)，包括每种的数量和总数量。

底栖种类的称重，如水蚯蚓、摇蚊虫等，可将它们从保存剂中取出，放在吸水纸上轻轻翻动，以吸去标本上附着的水分，然后置于感量为 0.01g 或 0.001g 的天平上称重。先称得各采集点样品的总重，然后分类称重，其数据代表固定后的湿重。大型种类，如螺、蚌等，虽可放置数日不死，但它不断失去水分，影响称重数值，也需同时称重，可用托盘天平或电子天平即可，其数值为带壳湿重，记录时应加注予以说明。将称重获得的结果换算为每平方米面积上的生物量(g/m^2)，见表 3-8。

表 3-8 底栖动物调查记录表

水域名称：_____ 采集时间：_____ 面积：_____ 调查人：_____
气温：_____ 水温：_____ 水深：_____ 流速：_____
底泥 pH：_____ 底层溶解氧：_____ 底质类别：_____

种类	实采个数	湿重(mg)	数量(ind/m^2)	生物量(g/m^2)

二、小型底栖动物调查

小型底栖动物是指分选时能通过 0.5mm 孔径的网筛，而被 0.042mm 孔径网筛所截留的一类底栖动物，主要成分是多细胞后生动物，也包括一部分原生动物，如有孔虫、纤毛虫等。小型底栖动物是底栖生态系统的一个重要组成部分，是底栖食物网中十分重要的环节，也是许多经济鱼、虾和贝类幼体阶段的优质饵料。小型底栖动物还是沉积物中异养细菌和碎屑的主要摄食者，在水生生态系统物质循环和能量流动中，以及水域水层—底栖生态系统耦合过程中具有重要作用，甚至还对微生物摄食和调控具有全球尺度的影响效应。小型底栖生物数量大、分布广，对环境变化响应快，作为湿地生态监测和湿地生态系统健康评估体系的一个指标，已被广泛应用于湿地环境监测。分析湿地小型底栖动物数量分布、群落组成、结构和多样性等，对于人们理解小型底栖生物在湿地中的生态学作用和评估生态系统的健康状况具有重要价值。

（一）取样与固定

1. 方法原理

在每个采样站点采用箱式或芯样取样器，以低扰动无洒漏方式，随机（或二次取样）获取代表性柱状样品。为方便观察、定量和保存需要，须用醛醇类等有机溶液对小型底栖动物进行一定程度的麻醉和固定。

2. 仪器设备

① 采样器：根据底质类型选取箱式采样器、弹簧采泥器或大口径柱状采样器，条件允许可采用多管采样器或潜水采样。

② 二次取样管：可采用不同内径的有机玻璃管（内径 2.2cm、2.6cm、3.6cm 和 4.4cm），前两种适用于泥质和砂泥质底，后两者适用于泥砂质和砂质。对于泥质底，也可用一次性注射器（60mL）代替，将其改造成芯样取样器。对于多管采样一般不再进行二次取样。

③ 样品瓶 250mL。

④ 冰箱。

3. 试剂溶液

① 氯化镁溶液（750g/L）：称取 750g 的 $MgCl_2$（分析纯）溶于 1000mL 蒸馏水中，此为麻醉剂。

② 福尔马林溶液（10%，中性）：量取 100mL 甲醛溶液（37%~40%，分析纯），称取 4.0g 的 NaH_2PO_4（分析纯）和 6.5g 的无水 Na_2HPO_4（分析纯），分别溶于 900mL 蒸馏水中，用棕色瓶盛装，此为固定剂。

③ 乙醇溶液（95%，分析纯）：用于保存的固定剂。

④ DESS 固定液[0.25mol/L 的乙二胺四乙酸二钠盐，pH 7.5，20% 二甲基亚砜（DMSO，NaCl 饱和）]：称取 23.265g 的乙二胺四乙酸二钠盐（$C_{10}H_{14}N_2Na_2O_8 \cdot 2H_2O$），加 50mL 去离子水溶解，用稀 NaOH 调至 pH 8.0，再加入去离子水至 200mL，然后加 50mL 的二甲基亚砜（分析纯），在溶液中加入 NaCl（分析纯）直至溶液饱和。

4. 操作步骤

① 取样：用柱状采样器采集芯样长度为 8~10cm 底样，按设计需要从表层向下取分层样。如果用箱式采泥器采集，则需二次采样（再采样），采样位置需离开采泥器边缘 2cm 以上，可使用注射器改造的取样管，芯样长度为 10cm，并按 0~2cm、2~5cm、5~10cm 现场分层，将样品分别推置于 250mL 样品瓶内。

② 麻醉：定量采集沉积物样品体积（cm^3），加入与样品等体积的麻醉剂（氯化镁溶液 750g/L），摇动静置 10min。

③ 固定：在经麻醉处理的样品中，加入与样品等体积的固定剂固定保存。如需要对样品进行活体观察，则不加麻醉剂和固定剂，直接放入冰箱冷藏保存。

5. 注意事项

① 取样管内径过小(如<2cm)易导致明显的压缩效应，不利于沉积物垂直分层和所处生境的比较。

② 对于采集的芯样长度为8~10cm时，一般划分0~2cm、2~5cm、>5cm的分层间隔；泥砂质或砂质样取芯样长度为16~28cm，需借助橡皮锤敲击取样管顶部。当达到取样深度后，用橡皮塞封堵管顶部，拔出取样管；一旦取样管离底，即用手封住取样管末端。借助取样管顶端和末端的开启配合，分割样芯，即可获得每隔4cm的分层取样。

③ 10%中性福尔马林溶液用于样品中小型底栖生物的整体固定，适用于需要进行形态鉴定的分析；95%的乙醇用于分子生物学分析的小型底栖生物芯样的保存固定(不适用于形态学鉴定的分析)；DESS固定液既适用于形态学也适用于分子生物学分析。

(二) 样品分选

1. 方法原理

分选是对小型底栖动物测定的初始处理，通过一定的方法将动物与污泥分离，并在镜下分类计数的过程。其方法原理根据尺寸的不同，借助适当孔径的网筛，颗粒组成的不同，采用淘洗法将动物从中分选出来；或是根据密度的差异，采用分层分离法、离心漂浮法或几种方法的结合，达到将小型底栖动物与污泥有效分离的目的。

2. 仪器设备

① 套筛：筛直径10cm，孔径分别为0.5mm、0.25mm、0.042mm。

② 冰箱。

③ 离心机：台式，转速5000r/min。

④ 比重计。

⑤ 分样器。

⑥ 分离淘洗装置：非必需。

⑦ 体视解剖镜。

⑧ 离心管：100mL。

⑨ 广口量杯：1000mL。

⑩ 量筒：1000mL，有盖。

⑪ 其他物品：计数培养皿、吸管、解剖针、尖头镊子等。

3. 试剂溶液

① 四氯四碘荧光素染色剂(1g/L)：又称虎红，取四氯四碘荧光素($C_{20}H_2Cl_4I_4Na_2O_5$，分析纯)1g，溶于1L体积分数为10%的甲醛溶液中，用棕色瓶盛装，储存于4℃黑暗

环境。

② 硅溶胶：取 2 份市售硅溶胶 Ludox-TM（130m²/g）加 3 份蒸馏水，用比重计测试，将相对密度调至 1.15，备用。

③ 甲醛固定液（37%，分析纯，或 95%乙醇或 DESS 固定液）：约 1 体积的甲醛溶液加入 9 体积的样品溶液中。

4. 操作步骤

① 样品染色：在已知量（重量或面积）的样品中，按每 100cm³ 样品加 5mL 染色剂虎红溶液染色，染色时间≥24h。

② 样品筛分：分两层套筛，套筛直径为 10cm，搁放在相应直径稍大的 1000mL 量杯上，上层网筛孔径为 0.5mm，下层为 0.042mm。

③ 砂质沉积物分离（倾上浮液淘洗法）：样品移至 1000mL 容量的广口量杯内，加自来水至 800mL，加盖，颠倒摇动数次，静置 1~3min，上浮液通过两层套筛，以上步骤重复 3 次，用洗瓶分别冲洗两层套筛上残留物至备好的计数培养皿中，供计数。

④ 泥质沉积物分离（分层分离法）：将样品倾倒至由三层套筛（孔径分别为 0.5mm、0.25mm、0.042mm）组成的分离装置上，用洗瓶冲洗至绝大部分较细粒级的颗粒被冲尽，再用洗瓶分别冲洗每层网筛上的残留物至计数培养皿中供计数，动物数量过大时，采用分样器取分样。

⑤ 泥质沉积物分离（硅溶胶离心漂浮法）：① 取 15cm³ 的沉积物样品，置于 100mL 的离心管中，加 45~60mL 预先制备的硅溶胶溶液（Ludox-TM），加盖摇动充分混合；② 离心管静置 5min 后，对称放置离心机中，于 3min 内加速至 1800r/min，维持 3min；③ 将离心管中含有生物的上悬液，通过 0.042mm 网筛，用蒸馏水彻底清洗，将样品冲至计数皿中；④ 在离心管中加同样分量的硅胶溶液，与余渣混匀，重复以上步骤 2 次或 3 次。

⑥ 取分样：与沉积物分离后的样品，若小型底栖动物数量太多（如超过 500 个体）时，可随机取分样鉴定计数，将样品移入分样器，注入蒸馏水至 2000mL，加顶盖，颠倒摇动，静置 1h，取分样 2 个或 3 个。

⑦ 计数：在高倍体视显微镜（≥40 倍）下观察、鉴定和计数主要类群。对"软体"小型动物，如腹毛虫、涡虫、颚咽动物等，应尽量活体观察、鉴定和计数；对"硬体"小型动物类群，如线虫、桡足类、介形类、动吻类等可制成临时性或永久性封片观察、鉴定和计数。

5. 注意事项

① 在分选过程中用自来水冲洗样品更为方便，但在分选样品前需要检查实验室的自来水以确保其中不含有微小动物。检查方法：让自来水流过孔径 0.042mm 的网筛 5~10min，并在解剖镜下检查网筛上是否有微小动物存在。

② 为了冲样方便，可在自来水龙头上套一软管，水流不宜过大过急，避免喷溅的水流将小型底栖动物冲走。

③ 酒精和甲醛等固定剂都可能与硅溶胶反应生成絮状沉淀，因此在进行分离的硅溶

胶(Ludox-TM)离心之前,对样品进行初始冲洗可将较细的污泥成分,如粉砂、粘土和大部分固定剂冲掉。

④ 有时样品可能包含腐叶、纸片等,可在套筛最上面加一个孔径 1mm 的网筛来移除,该网筛上的截留物应作镜检确保网筛上没有余留小型底栖动物。

⑤ Ludox 硅溶胶具有腐蚀性,干后易产生白色粉末,操作时应戴手套,用过的玻璃器皿、筛子、洗瓶等可用稀释的 NaOH 溶液浸泡,再用热水冲洗。

⑥硅溶胶离心分选适用于泥质样品,硅溶胶与样品的比例(3~4∶1)、离心速度(1800r/min)、离心时间(约 5min)、离心重复次数 3 次左右,按以上程序可到达 95%以上的分离效率,但不同的沉积物类型会有所差异,建议对于以上参数根据情况进行校正。

(三) 鉴定与测量

1. 方法原理

小型底栖动物的整体封片允许利用研究型显微镜对动物做进一步种类鉴定和计数,并可借助显微绘图仪或显微成像系统,获得每种或每个类群的平均体长和体宽,再通过体积换算法测定其生物量。

2. 仪器设备

① 显微镜:研究型,带绘图仪或显微成像 CCD 和微分干涉相差。

② 微量分析天平:感量 0.01mg 和 0.0001mg。

③ 加热板。

④ 胚胎培养皿。

⑤ 载玻片:长×宽为 76mm×26mm 或 76mm×39mm,用于制作永久封片。

⑥ 其他物品:吸管、解剖针、盖玻片、玻片盒、衬珠、钻石笔、铝箔(或秤皿)等。

3. 试剂溶液

① 丙三醇(>99.7%):甘油,医药级。

② 乙醇溶液(50%):取 526mL 的 95%乙醇(分析纯)与 474mL 去离子水混合至 1L。

③ 乙醇—甘油混合液:根据总用量估算,按 1∶9(体积比),量取丙三醇(甘油)和 50%乙醇,混合,备用。

④ 加拿大树胶:中性,分析纯,显微镜用(FMP)。

⑤ 二甲苯(100%):分析纯。

⑥ 石蜡:固体。

⑦ 重蒸水:蒸馏水是指经过蒸馏、冷凝操作的水,蒸二次的叫重蒸水。

4. 操作步骤

(1) 冲洗

用乙醇—甘油混合液,将已提取的小型底栖动物样品冲洗至 42μm 孔径网筛,然后将网筛上的全部动物用乙醇—甘油混合液，冲至胚胎培养皿内。

（2）驱水挥发

将胚胎培养皿置于温度为20~30℃的加热板上加热至少24h或保存于干燥器中至少1周，让水分和乙醇充分挥发掉，只留下甘油和其中的动物。

（3）载玻片准备

取两种规格载玻片（76mm×26mm和76mm×39mm），先在载玻片上用溶化的石蜡印上一个环，用于制作临时封片。

（4）整体封片制作

封片制作分永久封片和临时封片。

① 永久封片（以线虫为例）：在干净的载玻片中央滴1滴甘油，在解剖镜下用解剖针从胚胎培养皿中，逐一挑取10~20条大小相似的线虫至载玻片的甘油滴中，将线虫排列好位置（侧放于甘油滴底部，虫体相互不可交叉），选取适当大小的衬珠放置于甘油滴的三个角上，用镊子取1盖玻片，从甘油滴的一侧慢慢倾放盖玻片（尽量避免气泡产生），最后在盖玻片四周以加拿大树胶封边。

② 临时封片：将胚胎培养皿中的小型底栖动物样品和甘油，全部或部分移至已准备好的带有石蜡环的载玻片中央。如果甘油太少，加1~2滴甘油，盖上盖玻片，确保盖玻片与石蜡环重叠并与甘油接触。将载玻片放在55~60℃加热板上加热，使石蜡熔化，待冷却后盖玻片被蜡封。用钻石笔在载玻片的边缘记录相关信息。

（5）种类鉴定

选用适当倍数的物镜，在显微镜下从封片的一角开始，从上至下、从左至右进行系统扫描式检查（做到不遗漏任何动物标本）。依据相关的文献资料，对不同类群小型底栖动物分别进行种类鉴定。

（6）生物量测定

① 体积换算法：该方法适用于小型底栖动物各主要类群。在显微镜下，用绘图仪或显微成像系统软件，测量各类群一定数量（通常随机选取20个生物个体，个体数不足20的全部计数）个体的体长（线虫长尾种类至锥状部分，丝状尾种类至肛门，mm）、体宽（身体最大体宽，mm），结果以表格方式记录。

② 直接称重法：随机取样2份或3份，用重蒸水小心冲洗，然后用吸管将样品置于微型铝箔（或微型秤皿）内。每份样品所需动物数量依类群而异，线虫100~200条，底栖桡足类30~50个，介形类10~20个，多毛类10~20条；将样品置于标准水分测定仪（红外加热或卤素加热）。线虫和桡足类样品分别置于感量0.0001mg超微量分析天平中称重3次，介形类和多毛类分别置于感量0.01mg微量分析天平中称重3次，每次称重应相应地称皿3次，记录结果。

5. 结果计算

（1）生物量（体积换算法）

计算公式：
$$V = L \cdot W^2 \cdot C$$

式中：V 为体积（0.001mm³）；L 为体长（mm）；W 为最大体宽（mm）；C 为不同类群的换算系数，见表 3-9。

表 3-9　小型底栖动物各主要类群的体积换算系数

类群	换算系数 C	类群	换算系数 C
线虫	530	腹毛类	550
桡足类	475	缓步动物	614
介形类	450	多毛类	530
动吻类	295	环带类（原寡毛类）	530
扁形动物（原涡虫）	550	等足类	230

注：桡足类的换算系数依体型而不同，这里是 8 种不同体型的平均值。

（2）生物量（干重换算法）

计算公式：
$$W_d = V \cdot K \cdot D$$

式中：W_d 为个体平均干重生物量（μg/ind）；V 为个体体积，0.001mm³；K 为平均相对密度，1.13；D 为干湿比，0.25。

（3）丰度（密度）

计算公式：
$$D = \frac{T}{\pi \times \left(\dfrac{d}{2}\right)^2} \times 10$$

式中：D 为丰度或个体密度（ind/10cm²）；T 为重复芯样的个体平均数，ind；d 为取样管内径（cm）。

（4）单位生物量（以面积计）

计算公式：
$$B = \sum_{i=1}^{N} (\overline{W}_d \cdot \overline{D}_i)$$

式中：B 为小型动物的总生物量（μg dwt/10cm²）；$\overline{W}_d$ 为第 i 个种群的个平均干重（μg/ind）；$\overline{D}_i$ 为第 i 个种群的平均密度（ind/10cm²）；N 为动物的类群数。

6. 注意事项

① 永久封片适用于对所研究区域小型底栖动物的种类组成尚不了解的情况，更适用于形态分类学研究；临时封片适用于对所研究区域小型底栖动物的种类组成已有了解，主要是以生态学研究为目的的情况。

② 永久封片制作过程中控制好甘油滴的大小是关键，量太多，容易渗漏，量不足，

封边的树胶会进入封片中,形成较大的气泡样结构,破坏封片的完整性。临时封片制作过程中也要控制好甘油的量及石蜡环的厚度,石蜡的融化过程不宜太快。

③ 制作好的封片应水平放置保存于玻片盒中。

④ 10 倍物镜适用于扫描式初步检查,并可借助于载物台的机械标尺记录动物体的坐标位置。若要进行更详细的形态学观察,需要采用 40 倍物镜甚至是 100 倍油镜。

(四)群落结构和多样性分析

小型底栖动物群落结构与生物多样性分析是利用小型底栖动物的定量或半定量数据,运用一系列的单变量和多变量统计学方法,从群落生态学的角度分析小型底栖动物的群落结构及多样性等时空分布格局,并联系研究区域包括湿地环境因子,解析可能引起其时空变化的环境要素,包括自然因素和人为因素。单变量分析主要利用 IBM SPSS 统计学软件;多变量分析以群落生态学专业统计分析软件,包括 SAS、MATLAB 和 PRIMER。

1. 多变量分析(多元统计分析)

多变量分析由一系列以等级相似性为基础的非参数技术方法组成,包括等级聚类(CLUSTER)、非度量多维标度(MDS)、主成分分析(PCA)、ANOSIM 检验、SIMPER 分析、BIOENV/BVSTEP 分析和 RELATE 检验等。具体步骤:

① 原始生物数据矩阵和环境数据矩阵的建立。

② 样品间(非)相似性测定和(非)相似性矩阵的建立,第 j 与第 k 个样品间的 Bray-Curtis 相似性 S_{jk} 由以下公式计算:

$$S_{jk} = 100 \times \left\{ 1 - \frac{\sum_{i=1}^{p} |y_{ij} - y_{ik}|}{\sum_{i=1}^{p} (y_{ij} + y_{ik})} \right\}$$

式中:y_{ij} 为原始矩阵第 i 行和第 j 列的输入值[注:第 j 个样品中第 i 种的丰度或生物量 $i = 1, 2, \cdots, p$;$j = 1, 2, \cdots, n$),y_{ik} 由此类推]。

③ 计算原始环境矩阵中每对样品间环境组成的非相似性,产生一个三角形非相似性矩阵。第 j 与第 k 个样品间的欧氏距离非相似性 d_{jk},计算公式:

$$d_{jk} = \sqrt{\sum_{i=1}^{p} (y_{ij} - y_{ik})^2}$$

④ 通过样品的聚类和排序展示群落结构格局。

⑤ 群落结构差异的统计检验,ANOSIM 检验。

⑥ 群落结构与环境变量的多元相关分析,采用主成分分析(PCA)、BIOENV/BVSTEP 分析和 RELATE 相关显著性检验。

2. 单变量和生物多样性分析

单变量和生物多样性分析指数主要有香农—威纳多样性指数(Shannon-Wiener index,H')、马格列夫物种丰富度指数(Margalef's species richness,D_{Ma})、Pielou 均匀度指数

(Pielou evenness index，E_H)、辛普森优势度指数(Simpson's dominance，D)等。

第六节　湿地昆虫调查方法

昆虫是湿地生态系统中重要的生物类群之一，昆虫在动物界中，是拥有物种数量最大的纲。昆虫作为生物资源有很多的利用价值，昆虫传粉使许多湿地植物结实，它们能够影响湿地植物个体、种群、群落的生长、分布格局及演替，同时昆虫本身也是一类极其重要的生物资源。因此，对湿地昆虫种类与数量的观测具有重要的意义。

一、取样类型

由于昆虫的活动性较大，样地面积应根据不同的昆虫种类而确定。取样时间应安排在昆虫主要发生期，至少要有一个相当长的时期以便能够完成观察工作。对昆虫的取样和调查常用的单位：①面积或体积(土栖昆虫及密植作物昆虫)；②长度(条播作物昆虫)；③植株或植株的一部分(稀植作物及森林、果树昆虫)；④时间(多用于较活泼的善飞昆虫)；⑤其他(如捕虫网、粘虫板、诱虫器等)可以间接地估计不易观察计数的昆虫种类和数量特征。

二、野外调查方法

在昆虫野外调查取样中，最常用的仪器和工具：捕虫网、样框、样筒、捕器、快捕器、吸虫器(机)、振落伞、蛹盘、黄色诱杀卡、各种诱捕器、望远镜、目测标杆、米尺和计数器等，捕获的昆虫可以暂时贮存于冰袋、酒精瓶、塑料袋、活虫笼或纸袋中。若不能立即分类鉴定，还需保存在冰箱中或浸泡在酒精液中。

(一) 直接调查法

全数调查用直接观察法，计数一定面积内生存的个体数。主要包括样方法、夜捕法、快捕法、圆筒法、线形或带形样条调查法和目测法等。

样方法是动物生态学中普遍应用的方法，在地上设置一定大小的无底样框，调查其中昆虫的个数，对迁移性小的动物，其优点是比其他方法更能得到准确的密度。夜捕法是一种较好的蝗虫取样方法，夜捕器在夜晚随机放置在野外，一般每个样地放置12~21个夜捕器，次日上午计数掉入小杯内的蝗虫数。快捕法适合于许多种湿地节肢动物的取样方法，快捕器至少在前一天放置好，待取样时，松开操作绳，捕网降落至地面时即可将草丛中的昆虫捕获。圆筒法是将草本植物围在有盖的圆筒之内，昆虫受到杀虫剂击倒后，即用某种方法采集。线形或带形样条调查法是对富于变化的栖境进行调查时，按照所代表的各种场所划有限数量的直线，调查接触这些样线的昆虫个体。目测法在一定的长度或面积范围内，点数其中看到的昆虫，也可以使用某种惊扰的方法，来点数受到惊扰跳跃和起飞的昆虫数量。

（二）间接调查法

此法也称相对方法，是指采样单位往往不是实际的面积或体积。主要有扫网法、振落法、蛹盘法、诱捕法和引诱型诱捕器法等，其中扫网法是在野外的昆虫生态学研究中最普遍使用的方法，该方法操作简单、迅速，设备造价低廉，是采集昆虫广泛使用的方法。它能捕获那些在植物顶部停留、当采集者接近时不坠落或不飞离的个体，且对飞翔或跳跃的昆虫也有使用方便的优点；缺点是在茎叶间隙和接近地表的昆虫不易被捕捉到，因天气不同捕获率有变化，误差较大。扫网使用的捕虫网，必须规定其口径、网深、柄长等，一般来说，在扫网时一个往返为1次，20次为一个取样单位，根据不同栖息环境和昆虫种类，可取20~50单位为宜。扫网时每次往返应呈180°，20次取样应走5~10m长，扫网的直径在30~45cm范围内，标准的扫网直径为38cm，深度为65~75cm，柄长为1~1.3m。扫网袋常用亚麻布、绢纱或一些合成纤维制成。

三、种群数量估算法

昆虫个体数通常是用种群密度（population density）或简称为密度（density）的方式表示，是一定面积或体积中的个体数，也是衡量每个生境比较和长期变动探讨的标准，有时也使用单位植株或叶片密度的方法，但多数的生态学者单讲密度时，是指单位面积的昆虫个体数。有时根据不同目的，食叶性昆虫用一定叶量或一定茎数的昆虫个体数，或寄生性昆虫用一定寄主数的昆虫个体数来表示密度，比单位面积的个体数更为方便。

（一）绝对数量估算

绝对种群：单位面积（hm^2、m^2）的昆虫数量，只有将种群估计转换成绝对数字，才能预测或研究死亡因素。

种群强度：生境单位如叶片、树枝、植株、寄主上的昆虫数量，从抽样的特性来说，这种测度通常是最先获得的一种类型，当昆虫种群水平同植物或寄主受害有关系时，它比绝对种群的估计更有意义。

基本种群：有些湿地昆虫常常在某个生活史阶段生活在树上，直接测定它们的种群数量是不容易的。最简便的方法是采用强度测定法和土地面积（如$10m^2$）上树枝叶片表面测定法，这样的数据可以转换成绝对种群或种群密度。

（二）相对数量估算

用未知单位测定种群的相对估计只能对空间和时间进行比较，在广度研究工作和对动物活动的研究或多型性种群组成的调查中特别有用，已采用的方法有单位努力捕获量（catch per unit effort，CPUE）或其他诱捕方法，这些方法产生的结果依赖于种群以外的许多因素，在相对方法和绝对方法之间没有严格的界线，因为绝对抽样方法的效率很少达到

100%。但是，相对抽样方法有时可以通过不同的途径进行修正以做出密度估计，这种方法获得的种群密度估计被称为相对种群。

除上述两种方法外，对昆虫本身不易进行计数的，可对它们的产物(如虫粪、网、蜕、巢、蛀道和潜道等)进行计算。通过回归分析方法，将种群指数和种群相对估计同绝对种群发生联系(在同一时间测定)，这种研究是以充足资料为依据，所获得的种群估计可以从相对方法或指数转变为采用各种修正因素而获得的绝对估计。

昆虫产物或效应的数量也可以当作测量种群大小的一种指标。当计算蜕数时，这些指标对绝对种群关系是等量变化的，一般测量危害数所获得的那些数据，仅仅是一个近似的相互关系，具有水生幼虫阶段昆虫的幼虫壳或蛹壳常常在一些引人注意的水体边缘附近的地方蜕下，在那里可以收集这些壳用来测定羽化率和新羽化成虫的绝对种群。这种方法最易用于较大型昆虫，如蜻蜓等，某些地下昆虫的老熟幼虫期的蜕，也常作为调查的对象。

第七节　湿地鸟类调查研究

湿地鸟类是指在生态上依赖于湿地，即某一生活史阶段依赖于湿地，且在形态和行为上对湿地形成适应特征的鸟类，它们以湿地为栖息空间，依水而居，或在水中游泳和潜水，或在浅水、滩地与岸边涉行，或在其上空飞行，以各种特化的喙和独特的方式在湿地觅食。无论它们在湿地停留的时间是长还是短，是日栖还是夜宿，是嬉戏还是觅食与筑巢，湿地鸟类在喙、腿、脚、羽毛、体形和行为方式等方面均会显示出其相应的长期适应特征。

湿地鸟类包括潜鸟目、鸊鷉目、鹳形目、红鹳目、雁形目和鸻形目(海雀除外)的所有种类，以及鹈形目、鹤形目和佛法僧目的部分种类。有学者认为湿地鸟类还应包括海鸟，但鹱形目、鹈形目的鹲、鲣鸟、军舰鸟和鸻形目的海雀、贼鸥等属远洋性海鸟，它们的生活史主要在海洋及其远洋岛屿上完成，基本上不依赖于湿地，故也有学者认为远洋性海鸟不应列入湿地鸟类之范畴。此外，与湿地关系密切、经常栖息于湿地的鸟类还有隼形目、鹃形目、鸮形目、䴕形目和雀形目的许多种类。因此，将依赖于湿地和经常栖息于湿地的鸟类一并统称为湿地鸟类。

我国湿地鸟类资源丰富，据2013年调查统计，我国共有湿地鸟类13目33科231种，主要由鹤类、鹭类、雁鸭类、鸻鹬类、鸥类、鹳类等组成，此外尚有少量猛禽和鸣禽，其中有许多是珍稀濒危物种，被列为国家重点保护的湿地鸟类共9目15科49种，其中国家一级重点保护鸟类12种，国家二级重点保护鸟类37种。湿地鸟类是湿地野生动物中最具有代表性的类群，根据居留型可分为夏候鸟、冬候鸟、留鸟和旅鸟4类。我国北方的寒温带和温带以夏候鸟和旅鸟占优势，南方的亚热带和热带，以冬候鸟和留鸟为主。很多迁徙鸟在北方繁殖，到南方越冬。

一、湿地鸟类及其生境调查

(一) 航空调查法

已广泛采用航空调查来判别湿地鸟类的主要栖息地、统计鸟类的数量、分析植被的分布以及湿地环境威胁程度等。原亚洲湿地局(Asian Wetland Bureau，AWB)应用航调开展了大量红树林自然保护区调查工作；荷兰政府在瓦登海(Waddenzee)区域曾做过连续数年的航调，监测该地区野鸭、天鹅、大雁等。为判别湖区濒危鸟类的数量和栖息场所，我国在江西的鄱阳湖和湖南的洞庭湖也做过航调。

1. 航空调查优缺点

航空调查速度快，控制范围广。对鸟类和栖息地进行航空调查，将植被、地貌和威胁情况标记在地图上，将有利于了解调查对象的空间分布和它们之间的关系。在大型湿地生态系统开展调查研究，可能会涉及鸟类数量、植被分布、水淹范围、人类活动干扰及邻近湿地之间的相互关系等。通过航调，还可以方便直观地获得湿地环境和资源的非法利用和围垦的资料，便于把握湿地总体变化。

当然，航调也有一些缺点，特别是费用高。此外，飞行许可证需要当地政府、空军和航管部门批准。

2. 航空调查资料准备

在进行鸟类与栖息地航空调查之前，要先查阅有关地形、植被和土地利用图。通过这些地图，可以得到以下信息：

① 整个湿地区域的大小和范围。

② 湿地中不同的生境类型和它们之间的关系。如芦苇滩、浅水区、深水区、河道、渠沟等。调查人员可以根据鸟类的不同栖息特性，选择关键的调查区域，如调查野鸭，注意力要集中在开阔的水域；调查鹤类，则在泥滩。

③ 安排地面核查的路线和方法。如通过河道或深水区，必须备好船只；到泥滩，要备好水靴；去不熟悉地区时，用地图作预先准备是十分必要的。

3. 航空调查应具备条件

飞行员必须具备低空飞行的能力并熟悉飞行路线，了解飞行中所要调查的对象。因此，在飞行之前，驾驶员要与调查人员一起进行讨论并开展必要的准备工作。如果是湿地生境调查，则可控制在150~300m的飞行高度，而调查和统计鸟类，100m以下是理想的飞行高度。理想的航调气象条件为能见度大、有高层云(减少反光)、无雾、无雨、无雪，多云比晴空万里好，风速应低于25km/h。航调鸟类时，应背向太阳，早上和傍晚，阳光所产生长射影会影响视觉，使统计鸟类的准确性受到影响。

飞行前要做好工作分配，每个航调队员都应明确其工作职责。导航员、调查员与飞行员事先应商量飞行高度、速度和路线，注明在地图上，有些关键地区的调查目的应该让飞行员提出他的见解。当调查一个范围较大的区域时,导航员应将详细的导航地图分成几个小区,做好这些小区的标号,并选择一些特殊的地形,如河口、岛屿、山冈作为划分小区的分界线。

4. 航调中观察和记载

航空调查应充分有效地利用空中调查时间,尽可能多地观察、计数和填图。记录资料可以用笔在记录本上记录或在地形图上填写,或用小型录音机(笔)录音,或用摄像(影)机进行摄影。导航员应对照分好小区的地图,在进入新区时将时间通知给其他航调员,导航员要熟练地使用地图和摄像机,对地形、植被和威胁鸟类的生境进行拍摄并在地图上做上标记。观察员负责统计和识别鸟类,辨认地形、植被种类、湿地的利用和发展趋势,正确地描述所观察到的一切。飞行中应集中精力观察和统计鸟类数量、描述土地使用以及地形或植被分布情况。如果用小型录音机(笔)口述下来,效果则更好。观察员还必须根据导航员的提示,记录分区的地点和进入时间。记录员必须能正确、清楚和系统地把观察员口述的资料准确记录在已准备好的地图上或笔记本里。

5. 航空调查中鉴别和统计

大多数小型鸟类很难从空中鉴别,特别在它们栖息或觅食时候,空中的识别就更难。当然,对体型较大的鸟类,如鹭、鹳、鹤、鹈鹕和天鹅等的鉴别要容易一些。许多鸟类(特别是中小型鸟类)在飞翔时候,往往展示出独特的翅羽、尾羽和背部,在空中俯视这些飞行鸟类,能够鉴出许多种类。

(二)无人机调查法

1. 无人机调查优点

无人机具有体积小、质量轻、操作简单、灵活性高、作业周期短、对动物干扰小等优势。无人机航拍作为卫星遥感必不可少的技术补充手段,能够弥补卫星遥感数据分辨率低、不能直接识别动物等缺陷。与地面调查相比,无人机具有灵活机动、不存在视线遮挡、调查范围较大等特点,可自由到达交通闭塞、人类难以进入的区域,航线布设方案不受河流等自然条件的限制。随着无人机软硬件技术和快速获取技术的发展,无人机航拍是鸟类监测的重要有力工具,能获取大范围、高精度、长时间系列的鸟类种群数据,为鸟类种群动态监测提供技术支撑。

2. 无人机航拍调查方法

根据调查区域的地形特征,选择调查的样线,运用无人机进行航拍后,利用高性能的图形工作站分别对无人机航拍影像进行分航带拼接和整体拼接,然后分别对分航带拼接无人机航拍影像和整幅拼接无人机航拍影像进行目视解译,统计所调查区域内鸟类的种类和数量,进而估算调查区域鸟类种群数量。

(1) 飞行航线选取

根据调查区域的特征及调查物种的生态习性,在调查区域内系统抽样选择若干条飞行航线。在尽量提高分辨率、增加航带间重叠度的前提下，调查航带覆盖了不同划分区域，并根据土地覆被类型与草地类型调整航线位置，使航线尽可能涵盖所有土地覆被类型。对距离人工地物与城镇过近的航线进行调整，避开人类活动影响大的地区。同时，结合DEM数据，在山峦密集的地区适当调高飞行高度。根据地形情况，调整航带位置，选择适合飞行的场地，设置传感器间重叠度和合适的飞行高度。

（2）无人机航拍影像预处理

由于无人机在航拍过程中，受到飞行高度和相机焦距等限制，所获取的单幅影像覆盖范围较小，往往无法覆盖整个调查区域。因此，为获取整个目标区域信息，就需将获取的多张航拍影像拼接融合成一幅影像。无人机航拍影像拼接是后续进行鸟类识别与分析的基础，影响到分析的准确性。

（3）鸟类图像识别

数字图像识别技术是动植物识别研究的一个新的研究方法。基于彩色图像的鸟类物种识别不仅有助于拓宽模式识别的应用领域，而且能够丰富鸟类保护的手段，具有重要的社会和生态意义。数字图像识别技术可根据不同鸟类的整体和局部特征，通过鸟类彩色图像颜色、形状、纹理特征的提取与识别实现鸟类的有效分类，统计出鸟类的种类和数量。

鸟类的颜色特征是人类进行鸟类识别的首要感官特征，具有尺度、平移及旋转不变性，有较强的鲁棒性（robustness），是表征鸟类物种的重要特征。鸟类的形状特征在图像识别研究中具有重要地位，对于颜色相近的鸟类，其致密度也具有很强的分类特性，有些鸟类的体型比较饱满，其致密度较高，有些鸟类的体型修长，其致密度较低。此外，鸟类身上的羽毛具有较强的纹理特征，通过对鸟类的Gabor纹理特征进行分类提取，也可以较好地识别鸟类的局部特征。

（4）鸟类种群数量估算

整理统计数据，分别统计每种鸟类的数量，根据调查面积计算每种鸟类的平均密度。

（三）水路调查法

航调以后，必须进行必要的地面补充调查，以验证航调结果。水路调查具有许多航空调查所不具备的优点，如利用船只可以到达步行所不能去的地方，如河流、湖泊的中心。

水路调查的主要缺点：驾驶机动船时，容易惊吓鸟类。船身的摇摆会影响调查者的观察和记录，因此在浅水区域，调查者可以跳下船，在水中或泥沼地上工作。

水路调查观察和记载的方法与航调相类似。事先将地图根据地形特点分成几个小区，标上记号，然后依次调查。调查者可以通过望远镜来统计和鉴别鸟类。在船上，由于摇晃，使用双筒望远镜效果比单筒的好。

（四）样线调查法

样线调查法也称步行调查法，是鸟类和湿地调查最实用的方法，可以定期进行。常年定期举行步行调查,再配合航调,可以获得完整的湿地数据。有些湿地,如软泥滩、浅水滩和浮生草毡,行走困难,因此步行和船只并用,是统计和观察鸟类及其生境的好方法。在步行调查时,应注意下列事项:

① 调查者必须与观察鸟类保持一定距离,以防惊飞鸟类。
② 调查者不可直接向鸟群走去,以免引起鸟类注意。
③ 调查者在工作时,最好顺光观察鸟类,这样鸟类的特征和羽色看得清楚。
④ 调查者不要在空荡的环境中行走,以防被鸟发现。
⑤ 调查者应保持安静,行动谨慎,以免惊动鸟群。
⑥ 在海岸或湖岸用望远镜在沿岸带找出鸟类的栖息地,并鉴定种类,统计数量。如果仅有少量鸟类,调查人员可以接近到100~200m距离内,用望远镜进行观察和统计。
⑦ 在不干扰鸟类活动情况下,调查者可以在隐蔽地点,如山丘、芦苇丛中观察鸟类,在这种情况下,可使用单筒望远镜。

样线法(line transect)适用于调查高度开放生境中的鸟,如灌木、草原、沼泽地的鸟,也适用于调查离开海岸的海鸟和鸟类。

样线法是观察者沿着固定的线路活动,并记录所见到的样线两侧的鸟,沿样线在陆地上行走、驾车,在海上可划船,或在空中飞行。由于观察者需要在陆地、海洋或空中自由运行,所以样线对大面积连续的开放生境最为适宜。样线带的总长度随所调查内容而变化。

如果在一个小区中取几条不同的样线带,这些样线带应该要保持适当距离,以确保同一个体在不同的样带中被重复计数。在封闭生境中距离是150~200m,在开阔生境为250~500m。鸟类调查样带记录,见表3-10。

表3-10 鸟类调查样带记录表

日期:_____ 地点:_____ 生态环境:_____ 调查人:_____
海拔高度:_____ 天气:_____ 能见度:_____

序号	鸟种	时间	数量(只)	与样线带的垂直距离(m)					性别	年龄	高度	行为	植物种类	备注
				0~5	6~10	11~25	25~50	>50						

(五)样点观察法

样点观察法(point count)适用于调查高度可见的、鸣叫的以及在广阔生境中的鸟类。

样点法是一定时间内在固定的观察点进行观察计数,它可以在一年中的任何时间进行,而不受繁殖季节限制。样点法可以用于估计每个种的相对密度,或者与距离估测结合起来,计算出绝对密度。样点法调查区域可以有系统地选择(比如在网格点上),随机地选择、分层随机选择或不分层随机选择。计数站之间不应太接近，因为可能会导致某些鸟种被重复计数，这样会影响结果的准确性，建议最小的距离为200m。但如果计数站之间距离太多，将会浪费很多时间在计数站之间行走。样点法的方法不适用于小面积的调查，对每一个调查小区来说，计数站数量以20个左右为宜，而且20个计数点在黎明后开始，用一个上午的时间便可以完成。

在每一个计数站等数分钟再开始计数，这是让鸟类在观察者到达后平静下来，在每一计数站计数一定的时间，较理想的是3~10min，实际时间长短取决于生境类型和所存在的鸟类群落。如果计数时间太短，某些个别鸟种可能会被忽略；相反，如计数的时间太长，某些鸟种可能会被重复计数。将见到的和听到的所有鸟类记录下来，要尽量使每个个体只记录一次，大多数鸟会在前几分钟内被记录，计数时间太长的意义不大。单次计数时间较短，可以有更多时间计数更多的点，从而减轻野外工作的负担。不过在鸟类区系很丰富的湿地或在种类难以区分和鉴别的地区，计数时间有可能会超过10min。鸟类调查样点记录，见表3-11。

表3-11　鸟类调查样点记录表

日期：＿＿＿＿＿　　地点：＿＿＿＿＿　　生态环境：＿＿＿＿＿　　调查人：＿＿＿＿＿
海拔高度：＿＿＿＿＿　　天气：＿＿＿＿＿　　能见度：＿＿＿＿＿

序号	鸟种	时间	数量	性别	年龄	距离	高度	行为	植物种类	植物高度	备注

（六）隐蔽观察站法

在定点观察中，有些调查内容如鸟类觅食、繁殖行为等，通过羽毛鉴别鸟类年龄，必须接近鸟类，因此在隐蔽观察站观察是有效的方法。为了更好地了解鸟类的生活习性，可以建一些相应的隐蔽观察站。隐蔽观察站的建造应当就地取材（如湿地的芦苇、竹片和其他草木材料）并精心设计。

设计观察站时要注意不能让光从后面透射出来，这样会因观察站里的人影惊动鸟类，因此观察站后面一定要有遮盖物。如果想建造一个可以环视四周的观察站，则四周必须有窗，而且窗内有遮光的窗帘，以防阳光透射。在湿地建造观察站时，必须找一个坚实的地基，观察站可建得高一些，以防涨水时被水淹没。

观察站的形状、大小和地点可依照其用途安排。选择观察站地址时，还应考虑到地形条件和阳光的照射方向。

（七）同步调查法

同步调查法指按照统一的调查方法和技术标准，多人多点在规定的时间段对不同调查区域或同一调查区域不同调查单元内进行的鸟类调查。同步调查可以选择一种方法也可以选择多种方法，但调查区域不能重复交叉。

① 调查频次与时间：每年4~5月、8~9月，每月至少调查2次，其余月份每月调查1次，应选择鸟群相对较为集中的时间段开展调查，在当月高潮位前后2天内，当日日潮高潮位前后2h内应开展调查。

② 调查人员与分工：每个调查组至少应有2名调查人员组成，其中，至少1人负责鸟类种类识别和计数。

③ 记录数据：调查人员应了解调查区域的地形、生境和常见鸟类物种等信息，熟悉调查方法，具备常见物种识别能力。

二、湿地鸟类群落结构

鸟类群落是指依靠内陆湖泊、河流沼泽或滨海区水陆交接的岸边涉水生活的鸟类，由资源因素等决定并通过各种相互作用而共存的鸟类集合体。鸟类群落结构研究是进行湿地鸟类群落研究的第一步。物种组成在一定程度上反映了该地区环境和历史因素对群落的综合利用，因此，物种组成情况能够作为不同生态环境差异的衡量指标。许多鸟类构成了鸟类群落，而群落中的物种组成是群落内物种的增加和减少过程中一个瞬间的平衡。现存的鸟类群落是经过长期的物种增加与消失过程，也就是形成群落的动态过程而发展和建立起来的。鸟类群落的形成受各种因素影响，包括物种库、资源、鸟类的扩散能力、栖息地和中间关系等。因此，鸟类群落总是处于动态变化，不可能保持稳定的平衡状态。

（一）鸟类数量统计

精确统计和估算是一种统计鸟类的基本方法。在实际工作中，有许多因素会影响到这两种方法所得结果的精度。因此，在统计时，应考虑到统计鸟类数量的时间、从观察地点到所统计鸟类之间的距离、遮盖物或障碍物、鸟类飞行、暴风雨等外部条件对统计的影响。如果总数不超过3000只，一般可用精确统计法计数，如果超过3000只，就得用估算法统计。

鸟类的统计一般将双筒望远镜和单筒望远镜交替使用。而观察者离鸟类的距离往往根据地形来决定，如平坦的开阔地距离要远一些，在有隐蔽物的地方，距离可相对拉近。鸟类的统计工作可由一个人完成，也可由一组人完成。两个人完成的工作方法：假设甲为观察者，乙为记录者。观察程序：

① 甲和乙一起用双筒望远镜观察湿地，找到鸟类的集中区。

② 一起用双筒望远镜来估算鸟类的总数。

③ 将单筒望远镜架在三脚架上。甲用单筒望远镜环视鸟类，估算鸟类数量、优势种的比例，将结果口述给乙。甲的统计必须从鸟类集群的一边开始至另一边结束。

④ 甲可以用单筒望远镜鉴别鸟类的种类组成，并进行精确统计。

⑤ 甲将每一种的准确数目口述给乙，乙将这些结果准确地记录下来。

⑥ 如果只有一个人调查时，也可以采用相似的方法来统计，只是在记录时，把统计工作暂停下来。另一种方法是使用便携式录音机(笔)，用口述将资料记录下来。

在常年的系统调查中，所采用的统计方法应该一致。这样，月复一月的统计数据就可以进行对比和分析。

在许多场合，鸟类统计还采用估算法，即集团统计法(block method)，该法比较实用和有效，特别是对地面密集性鸟群和空中飞过的鸟群，通常都采用此方法。集团统计法是将鸟类分成一个个小集团，每个集团可以为10个、100个、1000个鸟类(根据种群数量大小而定)，根据统计集团数来推算鸟类的总数。在估算中，调查者应把优势种所占的比例也估算出来。如果有时间和条件，再精确地统计出每一种鸟的数量或占总数的比例。为了准确无误地统计鸟群，可以使用计数器，在统计鸟类数量时，按其按钮，即可以将鸟类的数量记录下来。

(二) 鸟类密度计算

1. 物种多样性指数

香农—威纳多样性指数(Shannon-Wiener index，H')，计算公式：

$$H' = - \sum_{i=1}^{S} (P_i \cdot \ln P_i)$$

$$P_i = \frac{N_i}{N}$$

式中：H' 为多样性指数；N_i 为群落内第 i 种鸟类的个体数；N 为群落鸟类总个体数；S 为群落鸟类种类总数。

2. Pielou 均匀度指数(Pielou evenness index，E_H)

计算公式：

$$E_H = \frac{H'}{\ln S}$$

式中：E_H 为均匀度指数；H' 为该样点的香农—威纳指数；S 为群落鸟类种类总数。

3. 频率指数(RB)

计算公式：

$$RB = \frac{d}{D} \cdot \frac{N}{D}$$

式中：RB 为频率指数；d 为遇见该种鸟类的天数；N 为遇见该种鸟类总数量；D 为调查总天数。

当 $RB>500$ 时，为优势种；当 $50<RB\leqslant 500$ 时，为普通种；当 $5<RB\leqslant 50$ 时，为少见种；当 $RB\leqslant 5$ 时，为偶见种。

(三) 鸟类年龄鉴定

鸟龄抽样统计适用于具有野外成幼区别特征并在冬季集群栖息的鸟类。鸟龄抽样统计的结果可为种群管理等提供宝贵资料。鸟龄抽样统计一般是在每年冬季鸟类数量最稳定的时候进行。已有研究表明，隆冬是最稳定时期，每年1~2月、10~12月，成幼鸟还未迁徙，在3~4月鸟类开始迁徙。调查的鸟类总数适当地控制在1500~2000只。调查可以在整个冬季，这样可得到整个冬季的年龄变化。调查时，可以抽查几个小群的年龄比，也可以一次调查一个大群的年龄比，每一群鸟至少抽查250只，或者总数的10%。利用双筒或单筒望远镜来统计，将结果填入鸟龄抽样表格。

鸟龄鉴定要根据鸟类种类和特征的不同，选择适当的方法。

1. 鹤类、雁类和鸭类鸟龄鉴定

(1) 尾羽端部的形状

这个方法从秋季到初冬都可以采用。尾羽的端部呈正常圆形或呈尖形是成鸟，若尾羽的端部有V形的切迹或呈方形，则为幼鸟。

(2) 腔上囊的存在与否

鸭科幼雏的雌雄均具腔上囊，可与成鸟区别。腔上囊是一个盲囊状器官，开口于泄殖腔的背壁，囊本身位于大肠的背面，当幼鸟接近成熟时，该囊消失，大多数种类的幼鸭，其腔上囊皆在1周岁以前消失，而鹤、雁类成熟较迟，至少保持1周岁以上才消失。

(3) 足部(包括跗部)颜色

成鸟的足部颜色鲜明，幼鸟足部颜色较淡。

(4) 羽衣厚薄

入冬鹤类幼鸟羽衣厚薄不一，倒置后可从胸、腹部正羽底下的羽绒间常夹杂未长齐的短羽。

(5) 喙尖细纹有无

幼鸭、幼雁和部分幼鹤，在其上下喙的尖端，皆具纵行的细纹，这种细纹通常在长成后都消失，如肉眼看不见，可用放大镜。

(6) 泄殖腔构造

鸭类与突胸总目中的所有其他个体不同，凡是雄性皆具有交接器。成雄的交接器着生在泄殖腔左腹壁的肉质附件，具外鞘支持着，而幼雄的交接器较小也无外鞘。成雌的输卵管通向泄殖腔的开口处，有一显著裂缝，位于泄殖腔的左壁上，幼雌的开口处被膜覆盖着，不具裂缝。

(7) 生殖腺形状

解剖鸭科动物，观察生殖器的性状。成雄的一对睾丸很大、颜色深，幼雏甚小，呈延长型，颜色与肾脏相近。成雌卵巢呈小葡萄状，幼雌卵巢外形扁小而无色。

2. 鹬类、涉禽鸟龄鉴定

可根据飞羽长度确定鸟的年龄。多数鹬类具有以下翅式：1>2>3>4>5，将翅折合，量测后翅长度比前翅长度的增长量和初级飞羽的最大长度。以初级飞羽根数为横坐标，初级飞羽长度为纵坐标，将量得的数据画在图上，可得若干组代表年龄的线条，从而确定鸟类的年龄。

此外，有的鸟类可以根据其眼睛晶体重量鉴定年龄。随着动物的长大，它的眼睛晶体会变得致密和增多。用眼睛晶体重量确定鸟类年龄的方法，可以区别 5~6 年的鸟龄。最精确的鉴定鸟龄的方法是根据环志鉴定年龄，把当年幼鸟环志，数年后重捕计算年龄，方法精度很高。

（四）鸟类性比鉴定

性比的研究可为鸟类的种群管理和栖息地保护提供科学依据，可以采用统计鸟龄的方法来统计性比。越冬鸟类的性比调查也可在较稳定的隆冬季节中进行，调查对象以雌雄性状非常明显的鸟类如一些鸭类和雁类为主。调查方法与鸟龄抽样方法相同，抽样总数在 1500~2000 只，调查大群鸟类的 10% 或最少一次 250 只为一个样本，数据可填写在性比统计表上。

鸟类有雌雄异型，也有雌雄同型的。对性别的鉴定可采用如下方法：

(1) 体型大小

一般雌鸟体型大于雄鸟，如鹰类；雌鸟翅的长度大于雄鸟，雄鸟的尾大于雌鸟，如家燕；雌鸟的体重大于雄鸟。

(2) 羽毛颜色

根据鸟类某个部位单个羽毛颜色不同鉴定鸟类性别，一般雌鸟浅淡，雄鸟鲜艳。

(3) 眼睛和嘴的颜色

根据雌雄鸟眼睛虹膜颜色和嘴的蜡膜色不同鉴定性别。

(4) 泄殖口的突起性状

性活动期间，雄鸟排泄口纵轴朝前，突起高，雌鸟排泄口直径增大，口径加宽，开始椭圆形纵轴朝上，观察时不能触动。雄鸭的泄殖腔内有交接器，雌鸭缺如。孵卵斑的有无也是重要特征。

(5) 气管的形状（适于鸭类）

雄鸭气管的下端，通常具有一个膨大的构造，称鸭匣，雌鸭缺如。

(6) 羽衣上虫囊状斑状纹

仅适于鸭类，雄鸭波浪纹细密，雌鸭不明显。

(7) 上喙上斑点

鸭中一部分上喙具有较暗的斑点，如针尾鸭。

(8) 生殖腺

主要是解剖观察睾丸和卵巢来确定雌雄鸟，这是最可靠的方法。

三、湿地鸟类迁徙与监测

（一）鸟类迁徙原理

鸟类迁徙是鸟类往返于繁殖地和越冬地的一种有规律的活动，对迁徙活动还有许多问题有待于研究。自然界里，各种环境的变化很大，可能某些鸟类在适宜的繁殖地繁殖，在非繁殖季节，繁殖地环境恶化，又迁飞到不适合繁殖但可供充足食物的地区越冬，一旦到了繁殖季节，它们又返回繁殖地。决定鸟类迁徙时间的内因是鸟类体内的激素，外因则是随季节变化的日照长度（如在春季日照时间加长，秋季日照时间缩短），而鸟类是依靠什么来导航的，仍是许多学者研究的课题。现有研究结果表明，不同种类的鸟会采用不同的方法去辨认它们的飞行方向。一只长途迁徙的候鸟，一次要连续飞行24h以上，那么，在白天和黑夜所用的导航手段可能是不一样的，可以帮助鸟类导航的因素有各种地形标记，如河谷、山脉；地球绕着太阳公转，如果鸟类有调节这种公转的时间偏差，就可以利用太阳作导航的指南针，调节自身的生物钟；利用星座导航，鸟类还可以从地球磁场得到导航的信息。

有些鸟类，如鹤和雁，以家族群为单位生活和迁徙，幼鸟可以从成鸟那里学到导航的能力，这类鸟经常发生更换越冬地的现象。例如一个家族群到达一个环境优越的新越冬地，那么这个家族群的子孙将来会一直到这里越冬。有些鸟类特别是涉禽，成幼鸟的迁徙时间要相差几个星期，即成鸟先向南迁徙，幼鸟靠自己向越冬地迁徙。幼鸟是靠什么来判别迁飞方向，需要多少天到达越冬区，现在唯一的解释是，这些幼鸟有导航的遗传本能，而飞行路线长短则以它们体内脂肪的消耗为准。

多年连续监测和环志研究发现，亚太地区迁徙的候鸟有两种迁徙类型：① 中途多次停栖的迁徙；② 中途停栖较少的迁徙。亚洲地区的广大湿地和丰富的食物资源为第一种迁徙类型的形成提供了丰厚的物质基础。此类迁徙候鸟在栖息地养精蓄锐，储存脂肪后，就开始迁飞。经过一段时间，其脂肪储存量下降，就停栖补充食物，得到休息，恢复体力，这类鸟有黑腹滨鹬（*Calidris alpina*）、白鹤（*Grus leucogeranus*）、灰鹤（*Grus grus*）等，其中白鹤只能在白天飞行，因此不可能长距离地连续飞行。第二种候鸟脂肪储存量充足，可作长途旅行。有多种鸟在西伯利亚繁殖，在澳大利亚越冬，迁徙途中很少在亚洲湿地停栖，这类候鸟有红腹滨鹬（*Calidris canutus*）、细嘴滨鹬（*Calidris tenuirostris*）、白额雁（*Anser albifrons*）等。

鸟类环志研究提供了候鸟在各地的体重变化资料。根据这些资料，可以判别哪些湿地是鸟类迁徙的重要中转站。在越冬区，通过对候鸟的体重测定，可以推测各类候鸟在迁徙时的第一个中转站的距离。途经亚洲和中国湿地的候鸟多数属于多次停栖的迁徙类型，它们的往返有赖于这些湿地的保护。中国的许多湿地是这些鸟类的重要中转站，要让亚太地区的迁徙鸟类繁衍生存，中国湿地的保护则是十分必要的。

（二）迁徙监测技术

几乎所有鸟类体重变化和换羽的资料都来自于鸟类环志工作。通过对这些数据的收集，可以使我们对鸟类迁徙的规律有较深了解，为一些重要湿地的自然保护措施提供科学依据。研究鸟类迁徙，最主要的手段就是鸟类标记，用特殊记号来标志鸟类，进行长期监测，所收集到的资料极其珍贵。鸟类标记属于一项国际性的工作，各标记单位应事先协商其标记的细节，以避免标志重复，特别对鸟类的颜色标记，更应小心。

1. 标记方法

（1）有特殊编码的金属标志

在鸟腿的跗部套上一个标准的金属环，每个金属环上都刻有特殊的编码和迁徙监测研究部门的通讯地址。当一有环志的鸟被重捕时，不管是研究人员还是当地猎户，都应将重捕地点、日期和生物学测定数据等详细资料按环上地址寄回。

（2）彩环（彩色脚环）

彩环往往与金属环志一起套在鸟类脚上。彩环是采用坚固的塑料制成，色彩鲜艳，有红、黄、绿、蓝和白等几种颜色。有时一只鸟上可用两、三种颜色的彩环，以表示不同的意义，如地点、日期等。为了详细研究鸟类行为，用不同颜色彩环也可识别不同的个体。

（3）有色脚标

有色脚标和彩环一样，以颜色作为识别鸟类的记号。一般一只鸟只用一种颜色的脚标，它的优点是在野外比较容易发现。澳大利亚和新西兰用的有色脚标是PVC薄膜，而俄罗斯则采用过粘在彩环上的塑料片。

（4）染色

染色是指在鸟身上部的羽毛用特殊的染料涂上颜色，使其在野外很容易被人识别。最常用的三种染料是花青蓝、碱性蕊香红和黄色苦味酸。一般鸟类染色的部位是胸腹部和翼下，这样可以使观察者在一群飞行的鸟类中很容易识别被染色个体。羽毛被染色后所维持的最长时间是该鸟换上新羽前的时间段。如一只在11月、12月和1月被染色的鸟将在迁徙前后的3月、4月或5月换上夏羽。换羽时，染色部分的羽毛也将脱落。因此在迁徙途中，人们能见到少量的被染色鸟类，到了繁殖地，极大部分鸟类已换成新羽，能见到的染色鸟类已很少。由此可见，染色的时效要比上彩环和脚标短得多。

（5）彩色颈环

彩色颈环是由坚固的塑料制成，套在鸟类的颈项上。颈环上可以打上号码，有号码的颈环仅局限使用于大型鸟类，如天鹅、雁类、鹭类等。

（6）翅膀标志的颜色或编号

翅膀标志一般用可缩性塑料或坚固的织布制成，这些翅膀都染上了颜色，印上编号。翅膀标志一般都系缚在不影响鸟类飞行的外层覆羽上。无论是飞行还是栖息，鸟的翅膀标志都容易被发现，这种标志方法常用于大型鸟类，如鹭类等。

除上述方法外，雷达监测也是一种有效的监测方法，该方法一般是通过雷达电波的反射来测出飞行的鸟群。在雷达上进行时差曝光（数次重复摄影），来拍摄鸟类的活动轨迹，记录其速度等。对不同时间、季节、气候条件的雷达监测，可以得到鸟类迁徙方向等资料。

2. 注意事项

当在野外观察到标记鸟类时，要记录有关资料，并将这些资料寄往有关组织，并写明以下内容：

① 观察的日期。

② 观察的地理位置，最好用地图标明，填写经纬度。

③ 气候状况，观察区的小气候情况。

④ 湿地的类型，如沼泽、森林、鱼池、稻田、湖泊等。

⑤ 鸟的种类。

⑥ 鸟在当时的状况：觅食、孵卵、死亡、被捕等。

⑦ 标记的种类：环志、彩环、颈环、脚标、染色、翅膀标志。

⑧ 该鸟类在湿地已经栖息的时间。

⑨ 标记的编码是否清楚。

⑩ 如果该鸟被重捕，写明它的结果，如释放、杀死或被饲养。

（三）区域性协作统计

区域性协作统计是指在一个大的区域（如亚太地区），各国家和地区的鸟类学工作者用基本相同的方法同时统计本地的鸟类。这种统计的目的在于了解鸟类的种群数量、迁飞路线、栖息时间以及哪些是鸟类迁徙主要中转站等。通过协作统计，加上种群的年龄和性别结构的调查（可以在越冬繁殖地研究）以及中转站的环境指标和狩猎情况，就可以为迁徙候鸟的保护提供充分的科学依据。

进行区域性协作统计，必须在一个迁徙系统中进行。这个系统（如亚太地区）的各国研究人员相互联系形成一个工作网络，按事先拟定的协议，在某一天或某一段时间内同时在各地进行系统的鸟类统计。根据亚太地区的涉禽研究计划，各国有关的研究人员在迁徙高峰期和越冬期进行一月一次或两次的系统调查。其中一次是在每月的开始，如4月1日，一次是在每月的月半，如4月15日。有时由于种种原因，不能如期举行调查，那么在月初或月半5天的统计数据是可以接受的。亚太地区涉禽研究计划由湿地国际—亚太组织负责，该组织在亚洲布置了12个国家25个固定的工作网点，收集亚洲湿地各类鸟类在迁徙期和越冬期的数量、生态和生物学资料，同时还收集其他10个国家所提供的湿地信息。另外有一个中亚鸟类统计计划在欧洲和北欧地区执行，亚洲有9个参加国。所有的这些研究，目的都是对各类鸟类作深入的了解，以便为这些地区重要湿地制定规划和保护措施。

四、湿地鸟类觅食生态

(一) 鸟类觅食行为和环境

为了对鸟类栖息地或自然保护区进行有效的管理和保护，了解鸟类的觅食行为和其对栖息地的需求是十分重要的。

研究生境状况的简单方法是将在某一时期不同生境取食、嬉戏、栖息或营巢的鸟类数量和种类记录下来。对不同种类都以类似的表格，通过一段时间对不同地点的鸟类数量调查，综合其调查结果，列出鸟类对不同生境类型的需求。一旦了解了各种鸟类对不同生境的需求，就可以对这些生境进行保护，使更多的鸟类栖息在这些地方。

(二) 鸟类觅食方法

传统的研究方法是杀死鸟类，进行解剖。因为对濒危动物，这种食性解剖危害其种群数量，不是可取的方法。鸟类觅食的研究方法：

1. 野外鸟类觅食直接观察

用单筒望远镜架在三角架上观察和记录鸟类所食的食物种类，并以鸟为比例标准衡量食物大小。观察和记录的内容应包括觅食行为，如单次取食还是多次取食；是单次探索取食还是多次探索取食。每一次的成功率是多少，鸟类的各种活动时间，如取食、奔跑、行走、立停等以秒为单位，用秒表记录。

必须记录小生境的资料，描写一个小生境，如在泥滩洼地、边缘生长马来眼子菜(*Potamogeton wrightii*)和水蓼(*Polygonum hydropiper*)等，气候情况、基质类型和水位深浅也一并记录。

为了能准确鉴别食物种类，必须在取食地作抽样调查，收集全部的食物资料，在做这工作之前，先要确定鸟类是素食性的还是肉食性的。抽样调查也可以用于测定鸟类的能量消耗(如用氧碳仪和灰干重法测定)，所得数据可以结合野外鸟类啄食率和成功率，来研究觅食策略。

2. 对排泄和粪便团的分析

从取食地捡回来的鸟类排泄样本，可以判断各种食物，如贝壳、哺乳类和昆虫类骨骼(甲壳)、鱼骨、植物纤维、谷物、硬核等。为了分辨仔细，可以用放大镜或解剖镜，这种方法较适用于雁类，因为雁的排泄物主要集中在草地，容易收集。许多鸟类，如翠鸟和一些涉禽的食物不易消化，排出体外的是粪团，采用这种方法分析食性较为有效。

不同鸟类取食同一食物时，其觅食策略是不同的，以此来利用同种食物在不同生态位上的资源。鸻形目鸟类的喙型构造差异显著，借此在相同的地点和平共处地取食相同或相近的食物。如大杓鹬(*Numenius madagascariensis*)和中杓鹬(*Numenius phaeopus*)有长而弯曲的喙，以利在泥滩上挖掘，黑翅长脚鹬(*Himantopus himantopus*)和小青脚鹬(*Tringa guttifer*)的喙直而呈针状，利于水中挑起昆虫；黑腹滨鹬(*Calidris alpina*)的喙短且稍有下弯，利于在泥滩地探索食物；尖尾滨鹬(*Calidris acuminata*)和红颈滨鹬(*Calidris ruficollis*)的喙甚短，利于在泥地表面寻找食物；犀鸟(*Anthracoceros albirostris*)喙短而粗，有利于在泥地表面追啄食物；翻石鹬(*Arenaria interpres*)喙短呈锥形，稍有上翘，利于翻动石头和植物。正是由于鸻形目鸟类的这些取食器官在构造上的差异，以及取食行为的不同，使它们在同一地点避开了食物的竞争。浮水鸭类通常在浅水处取食水生植物和无脊椎动物，潜鸭则在深水区域捕鱼或水生昆虫，而食草鸭则有点像雁，在草地中食草，它们互不干涉，合理地利用了湿地的自然资源。

五、湿地鸟类繁殖生态

研究鸟类繁殖应尽量避免对鸟的骚扰。观察记载鸟类繁殖时，调查者要保护好鸟巢、鸟卵或幼鸟，避免发生意外，毁坏鸟巢。因人类活动干扰鸟类繁殖生活，恶劣的气候和食物的缺乏也能造成鸟类弃巢，鸟巢不够隐蔽而使天敌侵入，这就要求研究者将鸟巢的标记或人工鸟巢放置在更隐蔽的地方。

(一) 营巢地鉴别

在观察记载鸟类繁殖过程中，对各种鸟类，特别是濒危和稀有种类进行保护和适当处理是非常重要的。了解鸟类的生态习性、确立调查手段、估计受干扰的程度等，是做繁殖生态研究前应仔细考虑的事。鉴别鸟类的营巢地一般可以采用野外调查方法(即航空、水路、步行调查方法)进行。不管用哪种方法，都不能给鸟类带来干扰，否则会影响以后工作。寻找一个种的集群繁殖地，可以通过查找以下线索来判别营巢地：

① 鸟类营巢时的拾柴行为。
② 雄鸟的求偶行为和鸣叫。
③ 鸟类衔食现象。
④ 繁殖区，鸟类群居之地。
⑤ 受干扰时的鸟类悸戒和反抗行为。

通过这些线索，可以知道附近有繁殖鸟类的存在。

(二) 营巢地标记

在给营巢地做标记时，不应用柱子或其他明显的标记物做指明地点的标记物，以免引起鸟类的天敌如狐狸、乌鸦等的注意。标记物尽量做得隐蔽一些，如果能利用其特殊的地形如小山丘、树林并借助指南针来确定鸟巢地点，则十分理想。

1. 鸟巢记录卡

发现和标记鸟巢地点后，可以使用鸟巢记录卡来收集鸟繁殖的资料。许多国家都用鸟巢记录卡来系统收集鸟类繁殖的资料，以便对这些鸟类进行保护和管理。定期的观察(每周1次)，可将有关资料，如鸟卵数量、孵化成功离巢与鸟巢方位以及栖息地情况联系在一起，记录在这种卡上，并且须注意准确性，随时细心检查鸟卵。如果鸟类出现很早或很晚繁殖，在特殊环境下繁殖等不寻常现象，也要记录，因无法确定亲鸟属于哪一种类，也要立即备注。每一张卡片只记录一个鸟巢的资料，写出调查地区的省份，注明邻近的省县，可借用地图标明。对巢区以及鸟类栖息地的生境描述，如湿地类型、积水情况、农田、森林，以及鸟巢周围的主要区域也作较详细的描述，每次调查都作记录。有时，当观察者发现鸟类时，雏鸟已经出壳生长，要判断这些出壳的雏鸟年龄，就只能依靠观察的经验来推测。

2. 群居性鸟类

研究群居性鸟类，如鹭、鹳、鸥等，首要是要找出它们的集群栖息地。调查方法：

（1）鸟巢直接统计法

该方法是统计整个群居鸟类地的所有鸟巢，这种方法只适用于那些群体数目不大（<1000只鸟巢）的鸟类或者容易调查的地区（如湖泊、沼泽、沙丘、盐沼和平坦的小岛）。具体做法是用颜色较重的色带（用麻绳涂上鲜艳的颜色），将鸟类繁殖地平行地划分成几个带，逐一调查每个带中的鸟巢，这种方法的误差可以控制在2%左右。对于鸟巢数量较多的营巢地（>1000只鸟巢），应采用其他的调查方法。

（2）成鸟数量统计法

该方法是计算鸟群中成鸟的数量，这种方法的误差较大，一般可达20%。因为成鸟不可能在同一观察时间内出现，用这种方法往往是统计那些难以接近的鸟群。调查时，调查者最好在鸟类活动低潮期统计，飞行和站立的成鸟也应包括在统计对象里面，这种方法会将一些非繁殖的成鸟也统计在内。

（3）鸟巢航空调查法

该方法可采用两种手段完成，一是靠视觉统计，另一种是用摄像机来拍摄。统计时都应尽量避免干扰鸟类，如飞机必须在150m高度以上飞行。视觉统计对小型的营巢地（1000只鸟巢）比较适用，营巢地越大，准确性越差。经验丰富的调查者，使用计数器或手携式录音机。航空统计效果好，速度快，但必须注意：① 植物茂密的营巢地不易统计；② 很难区分孵卵鸟和非孵卵鸟；③ 在背景太亮或太暗时，不易分辨鸟类；④ 难于区分混群鸟类。完成空中调查后，应实地考察栖息地鸟群大小、雏鸟发育情况和鸟巢高度等，以便验证和校核。

（4）块形抽样统计法

该方法可分为两种基本方法：① 将营巢地划分成不同的栖息地类型，每一种类型都拥有较均匀的鸟巢密度，计算出各栖息地的面积。在每一个栖息地类型中取10m×10m的样方，统计鸟巢数目，根据面积推算出总体鸟巢数。② 首先计算营巢地面积大小，然后在营巢地地形图上划成方格，用随机数值表，在此地形图上确定10个以上样方。根据这些样方位置在实地插上标柱，在柱上绑上7.9m长无弹性绳子一根，调查者拉紧绳子走一圈统计圈内鸟巢数目。这样，如果取10个样方，则得500m²或0.05hm²的统计面积，根据总面积，计数总巢数，这种方法误差为6%~10%。抽样面积可以按具体情况变动，例如

5m 绳长，10 个样方则得 0.079hm² 抽样面积；20m 长的绳子，10 个样方则得 12600m² 即 1.26hm² 抽样面积。该方法适用于栖息地类型单一、大群繁殖的鸟类，而不能用于树上筑巢的鹭科鸟类。该方法优点是一旦干扰了鸟类，也是仅干扰一小部分，不影响整个鸟群的繁殖。

（5）带状抽样调查法

该方法用一条有重量的绳子将整个鸟巢地圈起来，手持一根两端缚有绳子的 2m 长棍子，沿铺在地面的绳子走一圈，边走边统计 2m 内的鸟巢数目，把统计数除以 2 得每平方米的鸟巢密度，该密度再乘上整个繁殖区域面积，得到总巢数。该统计法适用于那些凹凸不平的独特地形巢地，统计效果快而简便，误差一般在 11%～14%，一般该方法会低估鸟巢数，原因是调查者通常将绳子放在比较容易走动的地方，而这些地方鸟巢较少。

在鸟类繁殖研究中，根据不同生境、不同鸟龄来分别收集繁殖资料，包括：鸟巢的位置（如树上营巢鸟类）、鸟群大小、孵卵成功率、雏鸟生长率、取食种类等。长期研究可用颜色标记法和逐年监测鸟群大小、栖息地情况来收集繁殖资料。逐年研究鸟类繁殖应用同样时间、同样方法调查鸟群，如均在早上调查某一阶段的孵卵鸟数，这将确保每年的数据可作比较，调查鸟群大小的最佳时期是孵卵中期。所有鸟类繁殖的研究，都会对鸟群带来影响，在分析结果时应考虑其影响程度、影响原因。

六、湿地鸟类行为发育

鸟类一切行为都是其对体内外环境条件变化（刺激）所产生的反应，行为起因包括刺激、动物自身内部的状态、动物在发展过程中积累的不同类型的经验及它所具有的基因。研究这些行为发生起因的模式，包括它们之间的相互作用，是分析行为因果的首要目标。直接影响行为起因的刺激并且使个体行为能够发展的主要因素就是兴趣，按照最适性理论，自然选择总是倾向于使动物最有效地传递基因而进行各种行为活动，使动物在行为时间分配和能量利用方面的适合度达到最大。每个物种为适应生态环境所采取的行为策略都是在长期的生存竞争和自然选择中形成的进化稳定对策，使自身的适合度最大。鸟类行为适应环境主要依靠两种方法：首先是靠先天的正确反应，先天反应是一种本能，是通过自然选择进化而来；另一种方法是靠后天的学习，学习是鸟类在成长过程中借助于经验的积累而改进自身行为的能力。鸟类在实践中可以学会作出什么样的反应对自己最适合，并据此改变自己的行为，所以就有了行为的发育。

（一）湿地鸟类行为产生和发育

鸟类行为发育是鸟类的行为在个体发育过程中逐渐形成并获得完全体现的一种过程，是先天遗传和外部环境之间共同相互作用的结果，是为了提高其广义适合度的结果，是自然选择的结果，这使动物在长期的进化过程中学习行为的能力得到了选择，并得以发育、进化。

行为发育具有一定的稳定性，发育过程本身对于一些潜在的有害影响似乎具有一定的缓冲能力。对于大多数鸟类来说，它们的行为发育都具有极强的可预测性和可靠性，发育过程总能表现出一定的适应性和稳定性，会求取一个在各种不利影响之间的平衡。行为的发育具有一定的可塑性。

外界因素会对雏鸟的发育产生影响，比如铅和食物成分。铅在自然界是无处不在的，也会对鸟类行为产生影响。生活早期暴露于铅环境中会对鸟类的形态、行为、生理和智力发育产生影响。利用铅诱导亲鸟和雏鸟的行为缺陷实验表明，雏鸟的反应、运动、热调节机制、乞食和取食行为都产生了差异。

（二）湿地鸟类鸣叫行为

雏鸟学习鸣叫大多发生在敏感期内，敏感期内雏鸟会对自己发出以及听见的声音产生选择性反应，建立听觉系统模板。鸣声学习可以分为两个方面：听觉学习和动作学习，然后通过练习学会鸣叫，这是一个经验积累的过程。研究发现，如果人为干扰了雏鸟的听觉学习和动作学习这两个经历过程，长大后根本无法像同类其他个体那样发出特别的悦耳鸣叫声。在不同物种中，它们发生的时间也是不同的，并且遵循的规律也是不一样的。

（三）湿地鸟类学习行为

学习行为是行为能够发育并发展的一个重要途径，学习行为可分为：印记行为、顿悟行为、模仿行为、玩耍行为、试错行为、习惯化行为、经典条件反射行为、操作反射学习。

1. 印记行为

鸟类的印记行为是刚出生的鸟类学习的重要形式，它能使没有自我保护能力的雏鸟紧紧跟随在父母身边，得到食物与庇护。印记行为对于鸟类的配偶选择也具有重要作用，研究发现如果将一只白色鸽子抚育长大的是黑色鸽子，那么这只白色鸽子发育成熟后选择的配偶是黑色鸽子。将刚出生的绿头鸭与母鸭隔离，它会跟着一个移动的物体行走，这就是"亲子印记"学习行为，也叫"跟随反应"。如果幼鸟在接近一个物体的同时还能得到食物，它就会对其依赖性加强，一般情况下这个物体都是亲鸟，所以印记行为是一种学习行为。但是印记行为的敏感期会随着幼鸟日龄的增加而结束，对于刚出生的雏鸟来讲任何东西都是陌生的，随着日龄的增加它们对一些物体感到熟悉后，就会对其他物体感到陌生，所以会影响到印记行为，继而消失。

2. 模仿行为

模仿是鸟类在观察其他个体的行为活动之后，改进自身的行为活动和学会新行为活动的能力。模仿是比较常见的一种行为发育方法，对鸟类进行的很多观察记录都能证明它们的很多行为都与模仿有关。行为发育不单纯是一种进化的产物，而且是进一步进化的动力之一。

3. 玩耍行为

玩耍是一种高兴的活动，是一种放松的方式，动物和人都需要玩耍。在行为发育过程中探索和玩耍涉及两种重要行为的改变：雏鸟离巢和开始觅食。探索和玩耍被证明是独立自主觅食的开始，这是从依赖亲鸟喂食到自主觅食的过渡，也导致了亲鸟与雏鸟之间的关系发生变化。随雏鸟日龄的增加，亲鸟减少喂食次数，起初雏鸟向亲鸟乞食，但因越来越困难，它们就变成独立觅食。

4. 习惯化行为

习惯化行为就是当一种刺激重复或者连续发生时，动物对其所作出的行为反应就会逐渐减弱消退甚至完全消失，它是最简单的学习行为类型。习惯化行为能使动物对与自己无关的刺激不做出反应，因而节省能量。

（四）湿地鸟类行为观察方法

选择处于育雏阶段的湿地鸟类进行观察记录，对雏鸟行为谱的研究采用瞬时扫描法，每隔3min记录一次雏鸟正在发生的行为，每小时扫描20次，观察对象为视野内能观察到的全部个体。记录时间从4：00~18：00观察视线不利为止，同时借助于望远镜、照相机、摄像机等设备记录雏鸟行为，观察时尽量做到隐蔽。

对于雏鸟及亲鸟喂食行为的观察采用焦点动物取样法，选择焦点动物，对其各种行为进行完全记录。记录时间从4：00~18：00观察视线不利为止。同时借助于望远镜、照相机、摄像机等设备记录雏鸟行为，观察时尽量做到隐蔽。

雏鸟的乞食强度：以小鹧鸪雏鸟乞食强度随日龄增加的变化为例统计雏鸟的乞食强度，根据雏鸟嘴张开大小、颈部伸直度、身体直立与否将雏鸟乞食强度分成5个等级，见表3-12。

表3-12 雏鸟的乞食强度

行为	等级
未张嘴	Ⅰ
微微张嘴	Ⅱ
脖子未全伸直且一直张嘴	Ⅲ
脖子完全伸直且一直张嘴	Ⅳ
脖子完全伸直、一直张嘴且身体直立	Ⅴ

亲鸟的喂食频次：通过体色区分雌雄亲鸟，分别统计记录雌雄亲鸟每天对不同雏鸟的喂食次数。

参 考 文 献

[1] 蔡音亭，干晓静，马志军，2010. 鸟类调查的样线法和样点法比较：以崇明东滩春季盐沼鸟类调查为例[J]. 生物多样性，18（1）：44-49.

[2] 陈锦云,2011. 安徽沿江湖泊越冬鸟类群落结构研究[D]. 合肥:安徽大学.

[3] 陈伟斌,2009. 鸟类图像分类特征的选择与提取[J]. 长江大学学报(自然科学版),6(4):265-267.

[4] 董鸣,1997. 陆地生物群落调查观测与分析[M]. 北京:中国标准出版社.

[5] 国家环境保护总局《水和废水监测分析方法》编委会,2002. 水和废水监测分析方法(第四版)(增补版)[M]. 北京:中国环境科学出版社.

[6] 国家林业局野生动植物保护司,2001. 湿地管理与研究方法[M]. 北京:中国林业出版社.

[7] 胡健波,张健,2018. 无人机遥感在生态学中的应用进展[J]. 生态学报,38(01):20-30.

[8] 环境保护部,2015. 生物多样性观测技术导则 淡水底栖大型无脊椎动物(HJ 710.8—2014)[S]. 北京:中国环境出版社.

[9] 环境保护部,2015. 生物多样性观测技术导则 两栖动物(HJ 710.6—2014)[S]. 北京:中国环境出版社.

[10] 环境保护部,2015. 生物多样性观测技术导则 陆生哺乳动物(HJ 710.3—2014)[S]. 北京:中国环境出版社.

[11] 环境保护部,2015. 生物多样性观测技术导则 内陆水域鱼类(HJ 710.7—2014)[S]. 北京:中国环境出版社.

[12] 环境保护部,2015. 生物多样性观测技术导则 鸟类(HJ 710.4—2014)[S]. 北京:中国环境出版社.

[13] 环境保护部,2015. 生物多样性观测技术导则 爬行动物(HJ 710.5—2014)[S]. 北京:中国环境出版社.

[14] 黄祥飞,陈伟民,蔡启铭,2000. 湖泊生态调查观测与分析[M]. 北京:中国标准出版社.

[15] 李迪强,张于光,2009. 自然保护区资源调查和标本采集整理共享技术规程[M]. 北京:中国大地出版社.

[16] 李果,李俊生,关潇,等,2014. 生物多样性监测技术手册[M]. 北京:中国环境出版社.

[17] 吕宪国,2008. 中国湿地与湿地研究[M]. 石家庄:河北科学技术出版社.

[18] 吕宪国,等,2005. 湿地生态系统观测方法[M]. 北京:中国环境科学出版社.

[19] 马志军,陈水华,2018. 中国海洋与湿地鸟类[M]. 长沙:湖南科学技术出版社.

[20] 尚玉昌,1998. 行为生态学[M]. 北京:北京大学出版社.

[21] 尚玉昌,2005. 动物的模仿和玩耍学习行为[J]. 生物学通报,40(11):18-19.

[22] 王克雄,王丁,赤松友成,2005. 水生哺乳动物信标跟踪记录技术及其应用[J]. 水生生物学报,29(1):91-96.

[23] 文礼章,2010. 昆虫学研究方法与技术导论[M]. 北京:科学出版社.

[24] 吴飞,杨晓君,2008. 样点法在森林鸟类调查中的运用[J]. 生态学杂志,27(12):2240-2244.

[25] 吴亚楠,2019. 智能无人机在林业中的应用探讨[J]. 信息通信,02:83-84.

[26] 杨道德,吴香文,宋澄,等,1998. 湖南浏阳大围山实验林场鸟类资源及保护对策[J]. 中南林业科技大学学报,18(4):69-77.

[27] 许龙,张正旺,丁长青,2003. 样线法在鸟类数量调查中的运用[J]. 生态学杂志,22(5):127-130.

[28] 杨持,2017. 生态学实验与实习(第3版)[M]. 北京:高等教育出版社.

[29] 姚正明,覃龙江,谭成江,等,2018. 茂兰国家级自然保护区两栖类物种多样性研究[J]. 贵州师范大学学报(自然科学版),36(02):33-38.

[30] 尹文英,2000. 中国土壤动物[M]. 北京:科学出版社.

[31] 臧绍云, 董亚芳, 冯瑞本, 2001. 动物的学习[J]. 生物学通报, 36(7): 15-17.

[32] 张明祥, 张建军, 2007. 中国国际重要湿地监测的指标与方法[J]. 湿地科学, 5(1): 1-6.

[33] 张志南, 周红, 华尔, 等, 2017. 中国小型底栖生物研究的40年——进展与展望[J]. 海洋与湖沼, 48(4): 657-671.

[34] 章家恩, 2007. 生态学常用实验研究方法与技术[M]. 北京: 化学工业出版社.

[35] 章宗涉, 黄祥飞, 1991. 淡水浮游生物研究方法[M]. 北京: 科学出版社.

[36] 赵修江, 王丁, 2011. 长江八里江江段的江豚种群数量与分布[J]. 长江流域资源与环境, 20(12): 1432-1439.

[37] 郑光美, 2012. 鸟类学(第2版)[M]. 北京: 北京师范大学出版社.

[38] 周东兴, 李淑敏, 张迪, 2009. 生态学研究方法及应用[M]. 哈尔滨: 黑龙江人民出版社.

[39] 左明雪, 陈刚, 2000. 鸣禽发声学习行为的神经生物学机制[J]. 生命科学, 12(2): 60-62.

[40] Bolhuis J J, 1999. The development of animal behavior: from Lorenz to neural nets[J]. Naturwissenschaften, 86(3): 101-111.

[41] Buckland S T, Anderson D R, Burnham K P, et al, 2001. Introduction to distance sampling: estimating abundance of biological populations[M]. Oxford: Oxford University Press.

[42] Burger J, Gochfeld M, 1993. Lead and behavioral development in young herring gulls: effects of timing of exposure on individual recognition[J]. Fundamental and Applied Toxicology, 21(2): 187-195.

[43] Dawson S, Wade P, Slooten E, et al, 2008. Design and field methods for sighting surveys of cetaceans in coastal and riverine habitats[J]. Mammal Review, 38(1): 19-49.

[44] Giere O, 2009. Meiobenthology. The microscopic motile fauna of aquatic sediments (Second Edition)[M]. University of Hamburg. Berlin: Springer-Verlag.

[45] Higgins R P, Thiel H, 1988. Introduction to the study of meiofauna[M]. Washington D C: Smithsonian Press: 488.

[46] Hogan J A, 1988. Cause and function in the development of behavior systems[M]. In E. M. Blass (Ed.), Handbook of behavioral neurobiology (Vol. 9, 63-106). New York: Plenum.

[47] Komdeur J, Bertelson J, Cracknell G, 1992. Manual for aeroplane and ship surveys of waterfowl and seabirds[M]. Slimbridge: IWRB Special Publication.

[48] Reynolds R T, Scott J M, Nussbaum R A, 1980. A variable circular plot method for estimating bird numbers[J]. Condor, 82: 309-313.

[49] Walsh P M, Hailey D J, Haris M P, et al, 1995. Seabird monitoring handbook for Britain and Ireland[M]. Peterborough: JNCC.

第四章 湿地水体

水、土壤和生物是湿地生态系统的三大要素，其中水是建立和维持湿地及其演变过程最重要的决定因素，通常包括水量和水质两个方面。湿地的水文条件创造了湿地生态系统独特的生态环境，这使湿地生态系统既不同于排水条件好的陆地系统，也不同于深水水生系统，而表现出湿地自身特有的特征。一些水文条件如降水、地表径流、地下水、潮汐和泛滥河流能为湿地输送或从湿地中带走能量和营养物质，水的输入和输出形成的水深、水流模式和洪水泛滥的持续时间及频率都会影响土壤的物理、化学性质，从而也是决定湿地生态系统的主要因素。在不同区域特定的气象、地形、土壤等环境条件下，水量随时间的年内和年际变化形成该区域湿地生态系统独特的水文情势。对于某一湿地生态系统来说，其水文情势主导着冲刷、沉积、淹没等物理过程，并影响着营养盐、pH、固体悬浮物等水质要素的变化，在很大程度上决定着生境的时空分布，从而塑造其生物群落及其生态过程，在湿地生态系统的演替过程中处于支配地位。因此，加强对水体要素的观测、分析、模拟，是进一步研究湿地生态系统的前提条件。

第一节　湿地水文要素观测

湿地水文要素观测指标主要有地表水深、地表水位、流速、水量、地下水位等指标，通过这些指标的观测，可以掌握湿地的水文情势变化，是进一步认识湿地生态系统的群落演替、结构与功能变化以及地球化学循环的基础。

一、地表水深观测

（一）定义

地表水深是指湿地水体表面到底部的深度，单位 m。

（二）测定仪器

一般测深设备有测深杆、测深锤等仪器。

（三）测定方法

测定水深时要根据湿地水体的具体情况确定测线一条或多条。测线上的测点数目根据水体形状、水体面积等因素来确定，测点位置利用定位仪来定位。

二、地表水位观测

（一）定义

地表水位是指河流、湖泊、水库及海洋等水体自由水面的高程，单位 m。

（二）观测仪器

常用水位观测设备有水尺和自记水位计两类。水尺是湿地水位观测的基本设施，按形式可分为直立式、倾斜式、矮桩式和悬锤式四种。直立式水尺构造最简单，且观测方便，为湿地水文测量所普遍采用。自记水位计具有记录连续、完整、节省人力等优点，可根据需要和可能条件予以采用。使用的自记水位计的形式，主要有就地记录式与远传记录式两种。在同一地点不同水位可选用不同类型的水位观测设备。采用自记水位计时，应在同一断面上设立水尺，以作校核。

自记水位计由自记水位仪与水位计台两部分组成。国产的主要是机械型自记仪器，其特点是感应系统通过机械传动作用于记录系统，直接带动记录系统在自记水位计台仪器室记录，也有借助无线网络远距离传送至室内记录的电动远传记录式。仪器由传感器、记录器及接收器（包括电源整流器）三部分组成。按仪器的记录时间划分，有日记式、周记式、长期自记式（如1个月、3个月等）数种。自记水位仪器在安装、使用前，应做性能检查，合格后方可使用。检查的主要内容：仪器各部位机件的尺寸规格、性能、灵敏度和准确性等。

自记水位计类型：浮筒式自记水位计、电传式自记水位计和压力或浮子式远传水位计等。

（三）设备布置及校准

1. 水尺

（1）水尺布置

确定水尺类型后，应根据历年水位变幅，本着满足使用要求、保证观测精度与经济安全的原则，安排水尺位置与观测范围。

① 水尺观读范围，一般应高于和低于测点历年最高、最低水位 0.5m。

② 设置两支以上水尺时，各相邻水尺的观读范围应有 0.1~0.2m 的重合。

③ 同一组的各支水尺，应尽量设在同一断面线上。如受地形限制或其他原因不能在同一断面线设置时，其最上游与最下游两支水尺之间的水位差应不超过 1cm。

④ 水尺应力求坚实耐用，设置稳固，利于观测，便于养护，保证精度。选用何种形

式水尺，可视湿地土质和稳定程度、断面形状以及水流情况而定。

⑤ 直立式水尺一般由靠桩与水尺板组成。靠桩可用木桩、型钢、铁管或钢筋混凝土桩等材料，水尺板由木板、搪瓷板、高分子板或不锈钢板做成。水尺靠桩入土深度一般为 1.0~1.5m；松软土层或冻土层地带，入土深度不宜小于靠桩在河床以上高度的 1.5~2.0 倍。

（2）水尺零点高程测量测次要求

水尺设立后即应测定零点高程，使用期间的校测次数，以能完全掌握水尺的变动情况，取得准确连续的水位资料为原则。一般应在雨季前将所有水尺校测一次，在夏汛前将洪水可能达到的水尺全部校测一次，汛后要校测使用过的水尺。平时，发现水尺零点高程有变动迹象时，应随时校测。结冰湿地和河流测点，应在冰期前后，校测使用过的水尺。

（3）水位观测内容和精度

用水尺观测时，应按要求的测次观测，记录水尺读数，计算水位与日平均水位，或统计每日出现的各次高、低水位。用自记水位计观测时，应定时校测、换纸、调整仪器，并对记录进行订正、摘录，计算日平均水位，或统计各次高、低水位。在水面较宽的河道、湖泊、潮水站应观测风向、风速。水位用某一基面以上米数表示，一般读记至 0.01m。断面的水位差<0.2m 时，比降水尺水位可读记至 0.005m。对基本、辅助水尺水位有特殊精度要求者，也可读记至 0.005m。

2. 自记水位计

（1）自记水位计设置

建立自记台之前，应进行勘测设计，根据水位变幅、流速、泥沙、冰凌、漂浮物、河床土质和稳定程度、断面形状以及观测便利、经济安全等情况，确定自记台形式和细部的规格尺寸。自记台的测井可用铁管、混凝土管、塑料管、木制或砖石砌成。岛式测井内径，应使浮子距井壁的空隙≥0.5m，井底一般应低于仪器最低工作水位 0.2~0.5m；岸式自记台的进水管可用钢管、塑料管、陶瓷管、混凝土管，也可用砖石砌成暗渠。进水管的型式主要有卧式、虹吸式和虹连式三种。卧式进水管结构简单，适用于河岸稳定、管路较短、易于开挖的测点，管径一般为 5~20cm，最好为直线管路。自记台的进水孔面积或进水管直径应选择适当，一方面要使测井内受风浪影响不大，另一方面在水位涨落率最大时，要使井内外水位差一般不超过 2cm。

（2）自记水位计水准测量

新建自记水位计使用前应接测校核水尺的零点高程，测定自记台的测井井底高程及进水管口高程，需要时测定自记仪器台的高程以及作检查自记台稳定性用的固定点高程。已建自记水位计的测点，只需复测校核水尺零点高程。自记水位计建成后，应经与校核水尺比测合格后才能正式使用。比测结果应符合要求：75%以上测次偶然误差不超过±2cm，系统误差不超过±1cm，仪器的时间误差每日不超过±10min，水位记录受风浪影响的变幅一般不超过±5cm。

（四）水位基本定时观测时间和观测次数

湿地水位观测次数，视湿地及临近河流水位涨落变化情况合理分布，以能测得完整的水位变化过程，满足日平均水位计算和水情预报的要求。水位变化缓慢时，每日 8:00、20:00 观测 2 次。枯水季 20:00 观测确有困难时，可以提前至其他时间观测，水位变化较大或出现缓慢的峰谷时，每日 2:00、8:00、14:00、20:00 观测 4 次。洪水期或水位变化急剧时期，每 1~6h 观测 1 次，暴涨暴落时期应视需要再增加测次，例如每半小时或若干分钟（6min 或 6min 的倍数）观测 1 次，以能测得各次峰谷和完整的水位变化过程为原则。

（五）观测方法

① 直接观读水尺时，应读取水面截于水尺上的读数，并注意折光影响。有风浪且无静水设备时，应读记波浪的峰顶和谷底在水尺上所截两个读数的均值；或以水面出现瞬时平静的读数为准，并应连续观读 2~3 次，取其均值。

② 观测人员必须掌握时机，测得最高洪水位。如因某种原因漏测最高洪水位时，发现后应立即在断面附近找出两个以上的可靠洪痕，以水文四等水准测量测出高程，取其均值作为峰顶水位，并大致判断出现时间，记入记载簿，在备注栏说明情况。

③ 比降水位一般由两人同时观测上、下比降水尺水位。水位变化平缓时，也可由一人观测。

④ 使用自记水位计观测水位，一般每日定时进行一次校测和检查。仪器性能良好、记录周期较长时，可适当减少校测和检查次数。水位涨落急剧或仪器性能较差时，应适当增加校测和检查次数。

⑤ 每次校测时，可在自记过程线的末端记上校测的准确时间和校核水尺水位，在记录纸的时间坐标上划一竖线记号，以便进行时间和水位订正。

⑥ 每次换纸时，应上紧自记钟，并将自记笔尖调整到当时的准确时间和水位的坐标上；在记录纸上记明换纸日期、时间和校核水尺水位。此项工作，每个记录周期只进行一次。水位变化缓慢时期，一张记录纸可重复使用数次，但应使记录线尽量避免交叉。

（六）水位观测结果计算

日平均水位计算：水位用某一基面以上米数表示，由水尺读数与水尺零点高程（或固定点高程）的代数和算得。一日内水位变化缓慢时，或水位变化虽较大，但是等时距（如 8:00、20:00 两次，2:00、8:00、14:00、20:00 四次等）观测记录的，日平均水位采用算术平均法。水位变化比较均匀，逐时水位过程线图的纵坐标比例尺较大时，可采用图解法，即用透明三角板在水位过程线上比量，使三角板的一边的上、下两个阴影部分的方格数相等，此边对应的纵坐标即为日平均水位。

三、流速观测

(一) 定义

流速是指单位时间内的水体的位移。流速观测适用于湿地流动水体的观测,单位m/s。

(二) 观测仪器

流速利用流速仪来测量,流速仪主要有便携式、机械记数式以及悬挂式流速计。

(三) 观测方法

过水断面的流速分布是不均匀的,用流速仪只能测得某点的流速,为了掌握断面流速的分布情况,就要合理安排测速垂线和测点。

1. 垂线布设

根据湿地水体形态、水下地形、底坡等确定实测水体的水流垂线位置和密度。一般应该垂直流线布设断面,或大致垂直于风向,或以入流、出流口为圆心作扇形布置。

2. 垂线上测点分布

一般采用五点法(0.0H、0.2H、0.6H、0.8H、1.0H,H 为最大水深),或三点法(0.2H、0.6H、0.8H)。在分层水体上层(混合层)至少应有 3 个测点;垂线上测点间距≥仪器旋桨或旋杯的直径,水体底部测点距底应为 2~5cm。

3. 流速测量

通常用一个短时段内测得流速仪的转数来进行记数,测量水流的测点流速。常用的流速仪是垂直轴的旋杯式流速仪和水平轴的旋桨式流速仪。每个测点的测速历时100~200s。

4. 垂线平均流速计算公式

五点法:
$$v_m = \frac{1}{10}(v_{0.0} + 3v_{0.2} + 3v_{0.6} + 2v_{0.8} + v_{1.0})$$

三点法:
$$v_m = \frac{1}{3}(v_{0.0} + v_{0.6} + v_{0.8})$$

式中:v_m 为垂线平均流速(m/s);$v_{0.0}$、$v_{0.2}$、$v_{0.6}$、$v_{0.8}$、$v_{1.0}$ 为垂线上各测点的流速(m/s)。

四、湿地径流量测定

流量是反映湿地水资源和湿地水量变化的基本指标,在研究湿地水分输入输出时,流量观测是一个最基本的项目,是掌握湿地径流调节功能的重要内容。此外,在进行流域水资源规划时,必须掌握全流域的水量分布情况,才能实现水资源的合理利用。

流量测定方法比较复杂，难以完全依靠实测流量来掌握其变化过程及全年各种径流值。因此，一般根据水位与流量的相互关系，通过建立水位与流量之间的数量关系，用水位来推算逐日流量及各种径流值。测流方法有流速仪法、浮标法、量水建筑物法。在实测时可在保证测量精度和测验安全的前提下，因地制宜，选用和配合使用不同的方法。

（一）定义

湿地径流量是指单位时间内通过一定断面的水量，单位 m^3/s。

（二）观测方法

进入和排出湿地的水量可以通过单位时间内的流量与测定时间的乘积计算获得，而单位时间内水的流量就是水的流速与水流断面面积的乘积。有以下几种方法：

1. 流速仪法

当水深>0.3 m，流速≥0.05m/s 时，可用流速仪测流速，计算公式：

$$Q = v \cdot S$$

式中：Q 为水流量（m^3/s）；v 为断面平均流速（m/s）；S 为水流断面面积（m^2）。

2. 浮标法

当进出湿地的水沟较直、水深较浅的情况下，可用此法。选用质量较轻的物质作为浮标，置于水面上，记录随水漂流的距离和时间，重复测量数次，求平均值，计算公式：

$$Q = K_{ff} \cdot v \cdot S$$

式中：Q 为水流量（m^3/s）；v 为浮标平均流速（m/s）；S 为浮标中断面的水道断面面积（m^2）；K_{ff} 为浮标系数，浮标系数与河流水文因素、气候因素、河流断面形状以及河床糙率有关，一般情况下，湿润地区大、中河流可取 0.85～0.90，小河可取 0.75～0.85，干旱地区大、中河流可取 0.80～0.85，小河可取 0.70～0.80，特殊情况下，湿润地区可取 0.90～1.00，干旱地区可取 0.65～0.70。

3. 容积法

用一容器在水流出口处接流，测定容器装满水时所需的时间，重复测量数次，求平均值。已采用电子计数方式实现容积法测进出湿地水的流速，即人工建筑一个挡水堰，水堰之下安装一个可左右倾翻的接水容器。当水注满容器后，容器即倾翻，容器中水全部流出，电子计数器得到一个信号，记录下一个水量。当容器中的水再次注满时，容器再次倾翻，计数器再次得到一个信号。如果水的流量大，则单位时间内记录的倾翻次数多。流量计算公式：

$$Q = \frac{V}{t}$$

式中：Q 为水流量（m^3/s）；V 为容器容积（m^3）；t 为接流时间（s）。

4. 三角堰法

对于不规则的进入和排出湿地的小水渠,常选用三角堰法测流量。即在水流路上作一个直角三角堰拦住水流,形成溢流堰,见图4-1。本方法适用于下游水位低于堰顶的渠道。

测量堰板前后水头和水位,流量计算公式:

$$Q = k \cdot h^{\frac{5}{2}}$$

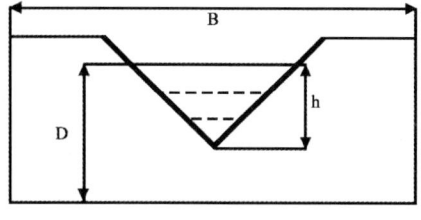

图4-1 直角三角堰

式中:Q 为水流量(m^3/s);k 为流量系数;h 为水头高(m)。

其中流量系数 k 由下式求出:

$$k = 81.2 \times \frac{0.24}{4} \times \left(8.4 + \frac{12}{D^{1/2}}\right) \times (B - 0.09)^3$$

式中:D 为从水流底部到三角堰水面的高度(m);B 为水流宽度(m)。

这种方法的约束条件:$0.5m < B < 1.2m$;$0.1m < D < 0.7m$;$0.07m < h < 0.26m$。对一般湿地水量可采用下式计算:

$$Q = 1.4 \times h^{\frac{5}{2}}$$

式中:Q 为水流量(m^3/s);h 为水头高(m)。

(三) 测量次数

测流的次数应根据湿地水流特征以及控制情况等因素而定,总的要求是能准确推算出逐日流量和各项特征值。为此,必须掌握各个时期的水情变化,使测次均匀地分布在各级水位(包括最大流量和最小流量),必要时要控制水位与流量变化过程的转折点,还要全面了解监测点的特性,掌握测流时机,以便取得点绘水位(或其他水力因素)与流量关系曲线所必要的和足够的实测点数据。

新建测点的测流次数,要比同类测点适当增加。有条件时,最好能在全年选择一些典型时段(如平水期、洪水期、枯水期等)加密测量次数,以便通过分析,确定监测点最合理的流量测次。

五、地下水位观测

(一) 定义

地下水位是表征地下水接受补给或是向下排泄状况的动态指标,它是指水压力与大气压力相等时的高度位置。地下水位可以用相对海平面的绝对高度表示,即水位高程,也可以用低于地表的深度来表示,即地下埋深,单位 m。

(二) 观测井布设

湿地中的地下水位是不断波动的,特别是在雨季或受地表河流的补给等影响,因此对地下水位的观测一般都通过打地下观测井，利用人工测量或自记水位计测量水位。

1. 观测井布置

① 在平原地区，为了解地面与地下水位的动态，布设地下水观测井应有统一规划，并与水文地质、农田灌溉等部门密切协作，测井布设互相配合。在有关部门已经布设了地下水观测井网的地区，必要时可布设少量的补充井点。

② 观测井应大体均匀分布，注意深井、浅井合理布局，使能分别代表不同深度的含水层的水位变化情况。如仅为确定一定区域内水位变化趋势，井位布局可以稍稀一些。在水田开发集中、机电抽水井密度较高的区域、地下水下降或变化显著的地区和特殊水文地质地段，观测井要适当加密。

③ 观测井尽量用专用井，条件不具备时，可用民用井代替，使用的民用井，应能代表当地正常地下水位。测井井壁应坚固不易塌落，井底无严重淤积，水位反应灵敏，以保证较长时期的观测。

④ 观测井应尽量远离河道、渠道、蓄水建筑物、工业废水排放沟渠等，以免影响地下水位或污染水质。井址地面高程与附近地面高程应大体一致，避免选在局部洼地或高地。井口最好有高出地面 0.2~0.5m 的井台，以防地表水流入。

⑤ 为了研究水库周围或河网地区的地下水浸渍问题、渠灌地区防止盐碱化问题或河流补给问题等的地下水位观测，要在指定地区进行。测井应选在水库、河、渠水位的影响范围之内，并主要为浅层井。

⑥ 研究河流补给问题的测井，应垂直于河流的断面布设。断面数可视河流大小布设 1~3 处，测井在断面上的排列方法，可自河道中水位时的水边线向一侧大致呈几何等级排列，其距离一般为 10m、20m、50m、100m、200m、500m 等。

2. 测井高程测量

测井选好后，需在井口设置固定点，并引测其高程和测井附近地面平均高程。一般应与当地使用的高程系统引用同一基面(1985 黄海高程系)。没有条件时，可采用假定基面。高程系统应保持稳定，以便对比。固定点高程测量按接测水尺零点高程测量的要求进行。

(三) 观测方法

地下水观测一般应于每月 1 日、6 日、11 日、16 日、21 日、26 日观测 6 次，变化较大时期应适当加测。每次观测工作应在当日大量用水之前且水位稳定时进行，如遇地下水位有较大变化时，应查明原因记入记载簿备注栏。测量地下水位(或埋深)，可采用测杆、测锤、测盅(线索下系倒盅形物，盅口接触水面时发生响声)等测具。每次观测应重复测量 2 次，取其均值，两次测量误差应不超过 2cm，否则应重测。地下水位由井口固定点高程减去固定点至水面的距离而得。固定点至水面距离减去固定点与测井附近地面的平均高差即得地下水埋深。

观测也可用电测仪或自记地下水位计，自记地下水位计利用时钟齿轮带动记录纸转动，用浮筒跟踪地下水位变化并带动记录笔在记录纸上留下轨迹。

(四) 机井出水量观测

在需要计算地下水开采量的地区，可在地下水位观测井中选择 1~2 个有代表性的测井(机电抽水井)，结合抽水灌溉，每 1~3 个月进行一次出水量观测。事先在井旁安装好顶角为 90°的三角形量水堰。抽水前，测量静水位，抽水后，当井水位下降保持稳定时，观测动水位和三角堰水头高度，从"顶角 θ = 90°的三角形堰水头与流量关系表"中查得流量。在观测时，还可以测定水泵每用 1kW·h 电或 1kg 油的相应出水量和每灌 0.0667hm² (1 亩)田所需要的水量。这样，结合平时记录的抽水时间、耗电或耗油量、灌溉面积等，就可以估算一个时段或全年的单井出水量。

第二节 水样采集与保存

一、采样点布设

(一) 内陆湿地采样点布设

内陆湿地水样采集，采用网格法均匀布点，同时根据湿地中居民点、道路、污染状况等调整水样的布点，如果有河流、湖泊分布，在它们附近采集水样应该遵循河流、湖泊湿地的布点方式。在污染源对水体水质有影响的河段，一般需设对照断面、控制断面和消减断面。断面上的采样点数目视河道形状、宽度与水深状况具体而定。一般主干流可设左、中、右三点，水深超过 5m 的，又可分为上、中、下三层分别采样。河宽 50~100m，在河流左右两边距岸约 5m 处有代表性的位置布设两个采样点；河宽 50m 以内，只在河流中心布设一个采样点。如河流一边有污染带，在污染带增设一个采样点。湖泊湿地采样点数目的确定与湖泊面积大小、形状有关。采样原则上采取网格式均匀布点，同时兼顾湖泊局部污染状况设置采样密度。观测站点的水文仪器布设，应充分考虑当地的自然地理条件，合理布设水文仪器。

(二) 滨海湿地采样点布设

采样观测点和观测断面应该根据观测计划提出的观测目的，结合水域类型、观测项目、水文、气象、环境等自然特征及污染源分布，综合各因素提出优化布点方案。

1. 水文物理特征

根据水文特征、水体功能、水环境自净能力等因素的差异性来考虑采样点的布设，同时，布设采样点要考虑到采样点的自然地理差异及特殊需要。

2. 采样点典型位置应该能反映水质特征

一个断面可分左、中、右和不同深度，通过水质参数的实测后，可作各采样点之间的方差分析，判断显著性，同时分析判断各采样点之间的密切程度，从而决定断面内的采样点位置。为确定完全混合区域内断面上的采样点数目，有必要规定采样点之间的最小相关系数。海洋沿岸的采样,可在沿海设置大断面,并在断面上设置多个采样点。

3. 观测断面布设

海洋污染以河口、港湾和沿岸地段最为严重。河口和港湾观测断面布设前,应调查河流流量、污染物的种类、点污染源或非点污染源、直接排污口污染物的排放类型及其他影响水质均匀程度的因素。观测断面的布设应该有代表性,能较全面真实地反映水质及污染物时空分布和变化规律,选择优化方案,力求以较少的断面和测点取得代表性最好的样点。

① 入海河口区的采样断面一般与径流方向垂直布设。根据地形和水动力特征布设一至数个断面。

② 海湾采样断面视地形、潮汐、航道和观测对象等情况布设。在潮流复杂的区域,采样断面可与岸线垂直设置。

③ 海岸开阔海区的采样点呈纵横断面网格状布设,也可在海洋沿岸设置大断面。

④ 采样断面的布设应该体现近岸较密、远岸较疏的原则,重点区(如主要河口、排污口、渔场或养殖场、风景、游览区、港口码头等)较密,对照区较疏的原则,在优化基础上设计采样断面。

4. 采样时间和频率

以最小的工作量满足反映生态环境信息所需的数据,能够真实地反映出环境要素的变化特征,尽量考虑采样时间的连续性、技术上的可行性和可能性。一般来说,近岸滨海湿地按枯水期、丰水期、平水期进行采样。在采样月份第一次大潮期(朔、望)和小潮期(上弦、下弦)各采样1天,每天采集断面涨平时和退平时的水样一份。有特殊要求的观测位,为掌握水质在一个或几个潮周内连续变化状况,可按 1~2h 间隔,连续采样 2~6 个潮周期。

5. 注意事项

① 进行现状调查时,设置在不受人类活动影响或影响很小的区域。

② 在潮汐河段和感潮河段,应选择无潮流影响或影响较小处;若为了了解潮流区水体状况及变化趋势,应在潮流区适当布设断面和采样点。

③ 采样点的布设要考虑到观测点在湿地中的具体地理位置、地貌条件、水文地质等情况,同时还要考虑交通等问题。

二、采样方法

(一) 水样分类

1. 综合水样

把从不同采样点同时采集的各个瞬时水样混合起来所得到的样品称作综合水样。综合水样在各点的采样时间虽然不能同步进行,但越接近越好,以便得到可以对比的数据。综合水样是获得平均浓度的重要方式,有时需要把代表断面上的各点,或几个污水排放口的污水按相对比例流量混合,取其平均浓度。

综合水样采集要视水体的具体情况和采样目的而定。如为几条排污河渠建设综合处理厂，从各河道取单样分析就不如综合水样更为科学合理，因为各股污水的相互反应可能对设施的处理性能及其成分产生显著的影响，对其相互作用的数学预测可能不正确或不可能时，综合水样能提供更加有用的数据。有些情况取单样就合理，如湖泊和水库在深度和水平方向常常出现组分上的变化，此时大多数的平均值或总值的变化不显著，局部变化明显，采用综合水样就失去意义。

2. 瞬时水样

对于组成较稳定的水体，或水体的组成在相当长的时间和相当大的空间范围变化不大，采瞬时样品具有很好的代表性。当水体的组成随时间发生变化，则要在适当时间间隔内进行瞬时采样，分别进行分析，测出水质的变化程度、频率和周期。当水体的组成发生空间变化时，就要在各个相应的部位采样。

3. 混合水样

混合水样是指在同一采样点上于不同时间所采集的瞬时水样的混合样，有时用时间混合样的名称与其他混合样相区别。

混合水样在观察平均浓度时非常有用。当不需要测定每个水样而只需要平均值时，混合水样能节省监测分析工作量和试剂等的消耗。混合水样不适用于测试成分在水样储存过程中发生明显变化的水样，如挥发酚、油类、硫化物等。

如果水体污染物在水中的分布随时间而变化，必须采集"流量比例混合样"，即按一定的流量采集适当比例的水样（例如每 10t 采样 100mL）混合而成。往往使用流量比例采样器完成水样的采集。

4. 平均污水样

对于排放污水的企业而言，生产的周期性影响着排污的规律性。为了取得代表性的污水样（往往要求得到平均浓度），应根据排污情况进行周期性采样。不同的工厂、车间生产周期时间长短不相同，排污的周期性差别也很大。一般来说，应在一个或几个生产或排放周期内，按一定的时间间隔分别采样。对于性质稳定的污染物，可对分别采集的样品进行混合后一次测定；对于不稳定的污染物，可在分别采样、分别测定后取平均值。

生产的周期性也影响污水的排放量，在排放流量不稳定的情况下，可将一个排污口不同时间的污水样，依照流量的大小，按比例混合，可得到称之为平均比例混合的污水样，这是获得平均浓度最常采用的方法，有时需将几个排污口的水样按比例混合，用以代表瞬时综合排污浓度。

5. 其他水样

为监测洪水期或退水期的水质变化，调查水污染事故的影响等都需采集相应的水样。采集这类水样时，需根据污染物进入水系的位置和扩散方向布点并采样，一般采集瞬时水样。

（二）水样采集

1. 水样类型

（1）表层水

在湿地中采取表层水可以通过直接取水，利用适当的容器采样。要注意不能混入水面上漂浮的物质。

（2）一定深度的水

在湖泊、水库等处采集一定深度的水样时，可用直立式或有机玻璃采水器。这类装置是在下沉过程中，水就从采样器中流过。当达到预定的深度时，容器能够闭合而取水样。在河水流动缓慢的情况下，采用上述方法时，最好在采样器下系上适宜重量的坠子，当水深流急时要系上相应重的铅块，并配备绞车。

（3）泉水、井水

对于自喷的泉水，可在涌口处直接采样。采集不自喷泉水时，将停滞在抽水管的水汲出，新水更替之后，再进行采样。

从井水采集水样，必须在充分抽汲后进行，以保证水样能代表地下水水源。

（4）自来水或抽水设备中的水

采集这些水样时，应先放水数分钟，使积留在水管中的杂质及陈旧水排出，然后再取样。采集水样前，应先用水样洗涤采样器容器、盛样瓶及塞子2~3次（油类除外）。

2. 注意事项

① 采样时不可搅动水底部的沉积物。

② 采样时应保证采样点的位置准确，必要时使用定位仪定位。

③ 认真填写水质采样记录表，用硬质铅笔在现场记录，字迹应端正、清晰，项目完整。

④ 保证采样按时、准确、安全。

⑤ 采样结束前，应核对采样计划、记录与水样，如有错误或遗漏，应立即补采或重采。

⑥ 如采样现场水体很不均匀，无法采到有代表性样品，则应详细记录不均匀的情况和实际采样情况，供使用该数据者参考。

⑦ 测定油类的水样，应在水面至水的表面下300mm采集柱状水样，并单独采样，全部用于测定，采样瓶（容器）不能用采集的水样冲洗。

⑧ 测溶解氧、生化需氧量和有机污染物等项目时，水样必须注满容器，上部不留空间，并有水封口。

⑨ 如果水样中含沉降性固体（如泥沙等），则应分离除去。分离方法：将所采水样摇匀后倒入筒形玻璃容器（如1~2L量筒），静置30min，将已不含沉降性固体但含有悬浮性固体的水样移入盛样容器并加入保存剂。测定总悬浮物和油类的水样除外。

⑩ 测定湖库水化学需氧量(COD)、高锰酸盐指数、叶绿素 a、总氮、总磷时的水样，静置 30min 后，用吸管一次或几次移取水样，吸管进水尖嘴应插至水样表层 50mm 以下位置，再加保存剂保存。

⑪ 测定油类、生化需氧量(BOD_5)、溶解氧(DO)、硫化物、余氯、粪大肠菌群、悬浮物、放射性等项目要单独采样。

3. 水质采样记录

水质采样记录一般包括采样现场描述与现场测定两部分。现场测定指标：水温、pH、溶解氧、透明度、电导率、氧化还原电位、浊度等。

水样感官指标：① 颜色，用相同的比色管，分取等体积的水样和蒸馏水作比较，进行定性描述；② 水的气味(嗅)、水面有无油膜等；③ 潮汐河流各点位采样时，还应同时记录潮位。

三、水样保存

(一) 导致水质变化的因素

水样采集后，应尽快送到实验室分析。样品久放，受下列因素影响，某些组分的浓度可能会发生变化。

1. 生物因素

微生物的代谢活动，如细菌、藻类和其他生物的作用可改变许多被测物的化学形态，它们可影响许多测定指标的浓度，主要反映在 pH、溶解氧、生化需氧量、二氧化碳、碱度、硬度、磷酸盐、硫酸盐、硝酸盐和某些有机化合物的浓度变化上。

2. 化学因素

测定组分可能被氧化或还原，如六价铬在酸性条件下易被还原为三价铬，低价铁可氧化成高价铁。由于铁、锰等价态的改变，可导致某些沉淀与溶解、聚合物产生或解聚作用的发生。如多聚无机磷酸盐、聚硅酸等，均能导致测定结果与水样实际情况不符。

3. 物理因素

测定组分被吸附在容器壁上或悬浮颗粒物的表面上，如溶解的金属或胶状的金属，某些有机化合物以及某些易挥发组分的挥发损失。

(二) 容器选择

采样容器应由惰性物质制成，能抗破裂、清洗方便，且密封性和开启性均较好，同时避免样品受吸附、蒸发和外来物质的污染，所以需使用能塞紧的容器，但不得使用橡皮塞或软木塞。样品瓶可以选择硬质(硼硅)玻璃瓶或高压聚乙烯瓶，测定重金属的样品瓶应选用高压低密度聚乙烯瓶。在选择样品瓶容器时，必须考虑水样与容器之间可能产生的问题，以确定容器的种类和洗涤方法。

实验器皿一般用洗涤剂除去污垢灰尘，然后用清水洗净，再用硝酸（10%）浸泡48h。新购买的玻璃器皿表面常附着有游离的碱性物质，先用肥皂水（或去污粉）洗刷，再用自来水洗净，然后浸泡在1%~2%盐酸溶液中过夜（不少于4h），再用自来水冲洗，最后用蒸馏水冲洗2~3次，在100~130℃烘箱内烘干备用。玻璃仪器用后立即冲洗干净，或用稀盐酸摇洗一次，再用水冲洗，然后倒置于铁丝框内或有空心格子的木架上，在室内晾干。急用时可盛于框内或搪瓷盘上，放烘箱烘干。

（三）水样保存方法

1. 冷藏或冷冻

样品在4℃冷藏或将水样迅速冷冻，贮存于暗处，可以抑制生物活动，减缓物理挥发作用和化学反应速度。冷藏是短期内保存样品的一种较好方法，对测定基本无影响。但需要注意冷藏保存也不能超过规定的保存期限，冷藏温度必须控制在4℃左右。温度太低（例如<0℃），因水样结冰体积膨胀，使玻璃容器破裂，或样品瓶盖被顶开失去密封，样品受沾污，温度太高则达不到冷藏目的。

2. 加入化学保存剂

（1）控制溶液pH

测定金属离子的水样常用硝酸酸化至pH 1~2，既可以防止重金属的水解沉淀，又可以防止金属在器壁表面上的吸附，同时在pH 1~2的酸性介质中还能抑制生物的活动。用此法保存，大多数金属可稳定数周或数月。测定氰化物的水样需加氢氧化钠调至pH 12。测定六价铬的水样应加氢氧化钠调至pH 8，因在酸性介质中，六价铬的氧化电位高，易被还原。保存总铬的水样，则应加硝酸或硫酸至pH 1~2。

（2）加入抑制剂

为了抑制生物作用，可在样品中加入抑制剂。如在测氨氮、硝酸盐氮和COD的水样中，加氯化汞或加入三氯甲烷、甲苯作防护剂以抑制生物对亚硝酸盐、硝酸盐、铵盐的氧化还原作用。在测酚水样中用磷酸调节溶液pH，加入硫酸铜以控制苯酚分解菌的活动。

（3）加入氧化剂

水样中痕量汞易被还原，引起汞的挥发性损失，加入硝酸—重铬酸钾溶液可使汞维持在高氧化态，汞的稳定性大为改善。

（4）加入还原剂

测定硫化物的水样，加入抗坏血酸对保存有利。含余氯水样，能氧化氰离子，可使酚类、烃类、苯系物氯化生成相应的衍生物，为此在采样时加入适量的硫代硫酸钠予以还原，除去余氯干扰。样品保存剂如酸、碱或其他试剂在采样前应进行空白试验，其纯度和等级必须达到分析的要求。

（四）水样保存要求

适当的保护措施可以减缓水样变化的速度或降低水样变化的程度，但是，并不能完全抑制变化，而对于那些特别容易发生变化的项目必须在采样现场进行测定。有一部分项目可以在采样现场采取一些简单的预处理措施后，能够保存一段时间。水样允许保存的时间，与水样性质、分析项目、溶液酸度、储存容器、存放温度等多种因素有关。

1. 水样保存要求

① 减缓生物作用。

② 减缓化合物或者络合物水解及氧化还原。

③ 减少组分的挥发和吸附损失。

2. 水样保存措施

① 选择适当的材料。

② 控制溶液的 pH。

③ 加入化学试剂抑制氧化还原反应和生化作用。

④ 冷藏或冷冻以降低细菌活性和化学反应速度。

3. 水样保存技术

水样的保存条件和分析方法应该保持一致。另外，由于天然水，尤其是人工湿地的水样，成分复杂，同样保存条件很难保证对不同类型样品中待测物都是可行的。因此，在采样前应根据样品的性质、组成和环境条件，检验保存方法或选用保存剂的可靠性。经研究表明，污水或受纳污水的地表水在测定重金属 Pb、Cd、Cu、Zn 等时，往往需加入酸达到 1%，才能保证重金属不沉淀或不被容器壁吸附。一般性的水样保存技术见表 4-1。

表 4-1 水样的保存技术

待测项目	容器类别	保存方法	分析地点	可保存时间	建议
pH	P 或 G		现场		现场直接测试
酸度及碱度	P 或 G	在 2~5℃暗处冷藏	分析室	24h	水样注满容器
电导率	P 或 G	冷藏于 2~5℃	分析室	24h	最好在现场测试
浊度	P 或 G		现场		现场直接测试
溶解氧	溶解氧瓶	现场固定并存放暗处	现场、分析室	数小时	碘量法加 1mL 1mol/L 硫酸锰和 2mL 1mol/L 碱性碘化钾
石油及其衍生物	G	现场萃取至冷冻-20℃	分析室	24h 数月	建议使用分析时所用的溶剂冲洗容器，采样后立即加入萃取剂，或进行现场萃取
砷	P 或 G	加 H_2SO_4 使 pH <2；加碱调节至 pH 12	分析室	数月	不能用硝酸酸化。生活污水及工业废水应使用加碱保存方法
硫化物	G	每 100mL 水样先加 2mL/L 醋酸锌后，再加入 2mL 2mol/L 的 NaOH 并冷藏	分析室	24h	必须现场固定

（续）

待测项目		容器类别	保存方法	分析地点	可保存时间	建议
化学需氧量		G	在2~5℃暗处冷藏用H_2SO_4酸化至pH<2	分析室	尽快1周	如果COD是因为存在有机物引起的，则必须加以酸化
生物需氧量		G	在2~5℃暗处冷藏	分析室	尽快	最好使用专用玻璃容器
总氮		P、G	加H_2SO_4酸化至pH<2	分析室	24h	
氨氮		P或G	用H_2SO_4酸化至pH<2，并在2~5℃冷藏	分析室	尽快	为了阻止硝化细菌的新陈代谢，应考虑加入杀菌剂如丙烯基硫脲或氯化汞或三氯甲烷等
硝酸盐氮		P或G	酸化至pH<2并在2~5℃冷藏	分析室	24h	有些废水样品不能保存，需要现场分析
亚硝酸盐氮		P或G	在2~5℃冷藏	分析室	尽快	
酚		BG	用$CuSO_4$抑制生化作用，并用H_3PO_4酸化，或用NaOH调节至pH>12	分析室	24h	保存方法取决于所用的分析方法
叶绿素a		P或G	2~5℃下冷藏，过滤后冷冻滤渣	分析室	1个月	
汞		P、BG		分析室	2周	保存方法取决于分析方法
镉	可过滤镉	P或BG	在现场过滤，硝酸酸化滤液至pH<2	分析室	1个月	滤渣用于测定不可过滤镉，滤液用于该项测定
	总镉		硝酸酸化至pH<2	分析室	1个月	取均匀样品消解后测定
铜		P或G	见镉			
铅		P或BG	见镉	酸化时不能使用H_2SO_4		
锰		P或BG	见镉			
锌		P或BG	见镉			
总铬		P或G	酸化使pH<2	分析室	尽快	不得使用磨口及内壁已磨毛的容器，以避免对铬的吸附
钙		P或BG	过滤后将滤液酸化至pH<2	分析室	数月	酸化时不要用H_2SO_4，酸化的样品可同时用于测其他金属
镁		P或BG	见钙			
氯化物		P或G		分析室	数月	
总磷		BG	用H_2SO_4酸化至pH<2	分析室	数月	
硫酸盐		P或G	于2~5℃冷藏	分析室	1周	

注：P为聚乙烯；G为玻璃；BG为硼硅玻璃。

四、水样管理

对采集到的每一个水样都要做好记录,并在每一个瓶子上做相应的标记。要记录足够的资料以便为日后提供准确的水样鉴别,同时记录采集者的姓名、环境条件等。在现场观测时,现场观测值及备注等可直接记录在表 4-2。

表 4-2　采样现场记录

采样地点:　　　　　　　　　　　　采样人员:

样品标号	采样时间	pH	温度	其他参数

装有样品的容器必须密封并妥善保存。在运输中除应该防止震动、避免日光照射和低温运输外,还要防止新的污染物进入容器和沾污瓶口。在转交样品时,转交人和接受人都必须清点和检查并注明时间,要在记录卡上签字。样品送到实验室时,首先要核对样品,验明标志,确定无误并签字验收。样品验收后,如不能立即进行分析,则应该妥善保管。

第三节　水的理化性质测定

一、水温

水的物理化学性质与水温有密切关系。水中溶解性气体(如氧、二氧化碳等)的溶解度,水中生物和微生物活动,非离子氨、盐度、pH 以及碳酸钙饱和度等都受水温变化的影响。水温为现场监测项目之一,常用的测量仪器有水温计和颠倒温度计,前者用于地表水、污水等浅层水温的测量,后者用于湖泊、水库等深层水温的测量。

(一) 水温计法

1. 仪器

水温计:水温计为安装于金属半圆槽壳内的水银温度表,下端连接一金属贮水杯,使温度表球部悬于杯中,温度表顶端的槽壳带一圆环,拴以一定长度的绳子。通常测量范围为 $-6 \sim 40℃$,分度为 $0.2℃$。

2. 测定步骤

将水温计插入一定深度的水中,放置 5min 后,迅速提出水面并读取温度值。当气温与水温相差较大时,尤应注意立即读数,避免受气温的影响。必要时,重复插入水中,再一次读数。

3. 注意事项

① 当现场气温高于35℃或低于-30℃时，水温计在水中的停留时间要适当延长，以达到温度平衡。

② 在冬季的东北地区读数应在 3s 内完成，否则水温计表面形成一层薄冰，影响读数的准确性。

（二）颠倒温度计法

1. 仪器

颠倒温度计：颠倒温度表有闭端（防压）和开端（受压）两种，均需装在采水器上使用。前者用于测量水温，后者与前者配合使用，确定采水器的沉放深度。

颠倒温度计由主温表和辅温表组装在厚壁玻璃套管内构成，闭端颠倒温度表的厚壁玻璃套管两端完全封闭。主温表是双端式的水银温度表，其测量范围通常为-2~32℃，分度为 0.10℃。辅温表是普通的水银温度表，用于校正因环境温度改变而引起的主温表读数变化。辅温表的测量范围一般为-20~50℃，分度为 0.5℃。

2. 测定步骤

颠倒温度计随颠倒采水器沉入一定深度的水层，放置 10min 后，使采水器完成颠倒动作后，提出水面立即读取水温（辅温读至一位小数，主温读至两位小数）。根据主、辅温度的读数，分别查主、辅温度表的器差表（依温度表检定证中的检定值线性内插作成）得相应的校正值。

当水温测量不需要十分精确时，则主温表的订正值即可作为水温的测量值。如需精确测量，则应进行颠倒温度计的校正。

闭端颠倒温度计的校正值 K 的计算公式：

$$K = \frac{(T-t) \cdot (T+V_0)}{n} \cdot \left(1 + \frac{T+V_0}{n}\right)$$

式中：K 为闭端颠倒温度计的校正值；T 为主温表经器差订正后的读数；t 为辅温表经器差订正后的读数；V_0 为主温表自接受泡至刻度 0℃处的水银容积，以温度度数表示；$1/n$ 为水银与温度表玻璃的相对体膨胀系数。

由主温表的读数加 K 值，即为实际水温。

3. 注意事项

水温计或颠倒温度计应定期校核。

二、色度

纯水为无色透明。清洁水在水层浅时应为无色，深层为浅蓝绿色。天然水中存在腐殖质、泥土、浮游生物、铁和锰等金属离子，均可使水体着色。工业废水常含有大量的染料、生物色素和有色悬浮颗粒等，因此常常是使环境水体着色的主要污染源。有色废水排入湿地后又使天然水着色，减弱水体的透光性，影响水生生物的生长。

水的颜色定义为改变透射可见光光谱组成的光学性质，可区分为表观颜色和真实颜色。

真实颜色是指去除浊度后水的颜色。测定真色时，如水样浑浊，应放置澄清后，取上清液或用孔径为 0.45nm 滤膜过滤，也可经离心后再测定。没有去除悬浮物的水所具有的颜色，包括溶解性物质及不溶解悬浮物所产生的颜色，称为表观颜色，测定未经过滤或离心的原始水样颜色即为表观颜色。对于清洁的或浊度很低的水，这两种颜色相近。对着色很深的工业废水，其颜色主要由于胶体和悬浮物所造成，故可根据需要测定真实颜色或表观颜色。

水的色度单位是度，即在每升溶液中含有 2mg 六水合氯化钴（Ⅱ）（相当于 0.5mg 钴）和 1mg 铂[以六氯铂（Ⅳ）酸的形式]时产生的颜色为 1 度。

测定较清洁的、带有黄色色调的天然水和饮用水的色度，用铂钴标准比色法，以度数表示结果，此法操作简单，标准色列的色度稳定，易保存。对受工业废水污染的地表水，可用文字描述颜色的种类和深浅程度，并以稀释倍数法测定色度。

要注意水样的代表性，所取水样应为无落叶、枯枝等漂浮杂物。将水样盛于清洁、无色的玻璃瓶内，尽快测定，否则应在 4℃冷藏保存，48h 内测定。

（一）铂钴标准比色法

1. 方法原理

用氯铂酸钾与氯化钴配成标准系列溶液，与水样进行目视比色。

2. 干扰及消除

如水样浑浊，则放置澄清，也可用离心法或用孔径为 0.45nm 滤膜过滤以去除悬浮物，但不能用滤纸过滤，因滤纸可吸附部分溶解于水的颜色。

3. 仪器

50mL 具塞比色管，其刻线高度应一致。

4. 试剂溶液

铂钴标准溶液：称取 1.246g 氯铂酸钾（K_2PtCl_6，相当于 500mg 铂）及 1.000g 氯化钴（$CoCl_2 \cdot 6H_2O$，相当于 250mg 钴），溶于 100mL 水中，加 100mL 盐酸，用水定容至 1000mL，此溶液色度为 500 度，保存在密塞玻璃瓶中，放于暗处。

5. 测定步骤

（1）标准色列配制

向 50mL 比色管中加入 0.00mL、0.50mL、1.00mL、1.50mL、2.00mL、2.50mL、3.00mL、3.50mL、4.00mL、4.50mL、5.00mL、6.00mL 及 7.00mL 铂钴标准溶液，用水稀释至标线，混匀，密塞保存，各管的色度依次为 0 度、5 度、10 度、15 度、20 度、25

度、30 度、35 度、40 度、45 度、50 度、60 度和 70 度。

(2) 水样测定

① 分取 50.0mL 澄清透明水样于比色管中，如水样色度较大，可酌情少取水样，用水稀释至 50.0mL。

② 将水样与标准色列进行目视比较。观测时，可将比色管置于白瓷板或白纸上，使光线从管底部向上透过液柱，目光自管口垂直向下观察。记下与水样色度相同的铂钴标准色列的色度。

6. 计算

$$A_0 = \frac{A \times 50}{B}$$

式中：A_0 为水样色度（度）；A 为稀释后水样相当于铂钴标准色列的色度（度）；B 为水样的体积（mL）。

7. 注意事项

① 可用重铬酸钾代替氯铂酸钾配制标准色列。方法：称取 0.0437g 重铬酸钾和 1.000g 硫酸钴（$CoSO_4 \cdot 7H_2O$），溶于少量水中，加入 0.50mL 硫酸，用水稀释至 500mL，此溶液的色度为 500 度，不宜久存。

② 如果样品中有泥土或其他分散很细的悬浮物，虽经预处理而得不到透明水样时，则只测表观颜色。

(二) 稀释倍数法

1. 方法原理

为说明污染较严重的水体颜色种类，如深蓝色、棕黄色、暗黑色等，可用文字描述。

为定量说明污染较严重的水体色度的大小，采用稀释倍数法表示色度，即将污染较严重的水体按一定的稀释倍数，用水稀释到接近无色时，记录稀释倍数，以此表示该水样的色度，单位为倍。

2. 干扰及消除

测定水样的真实颜色，应放置澄清取上清液，或用离心法去除悬浮物后测定；测定水样的表观颜色，待水样中的大颗粒悬浮物沉降后，取上清液测定。

3. 仪器

50mL 具塞比色管，其标线高度要一致。

4. 测定步骤

① 取 100~150mL 澄清水样置于烧杯中，以白色瓷板为背景，观察并描述其颜色种类。

② 分取澄清的水样，用水稀释成不同倍数，分取 50mL 分别置于 50mL 比色管中，管底部衬一白瓷板，由上向下观察稀释后水样的颜色，并与蒸馏水相比较，直至刚好看不出颜色，记录此时的稀释倍数。

三、臭

无臭无味的水虽不能保证其不含污染物，但有利于使用者对水质的信任，也是湿地水体质量重要的表征指标。臭可作为检验原水和处理水质的必测项目之一，对评价水处理效果也很有意义，还可作为追查污染源的一种手段。

水中产生臭的一些有机物和无机物，主要是由于生活污水或工业废水污染、天然物质分解，或微生物、生物活动的结果。某些物质只要存在零点几微克/升时即可察觉，但很难鉴定产臭物质的组成。

水样应采集在具磨口塞玻璃瓶中，并尽快分析。如需要保存水样，则至少采集500mL于玻璃瓶并充满，4℃以下冷藏，并确保冷藏时不得有外来气味进入水中。不能用塑料容器盛水样。

（一）文字描述法

1. 方法原理

水样采集后，最好在6h内完成臭的检验。检验人员依靠自己的嗅觉，在20℃和煮沸后稍冷闻气味，用适当的词句描述臭特性，并按6个等级报告臭强度。

2. 仪器

250mL锥形瓶、0~100℃温度计、1000W变阻电炉。

3. 试剂溶液

无臭水：一般自来水通过颗粒活性炭即可制取无臭水。自来水含余氯时，用硫代硫酸钠溶液滴定至终点脱除；如深井自来水含矿物质过多，或pH过高（及过低），可改用蒸馏水制取无臭水。将12~40目颗粒活性炭洗去粉末后，填装在内径76mm、高460mm的玻璃管中，在炭粒顶部覆盖一层玻璃棉以防炭粒冲出。通过炭层水的流速为100mL/min。一旦发现炭粒脱臭失效时，即予更换。如无活性炭，可将自来水煮沸，蒸去体积的1/10，即可作为无臭水。但不可直接用市售蒸馏水作无臭水，因它具特殊气味，不能使用，有时去离子水也有气味。

4. 测定步骤

① 量取100mL水样置250mL锥形瓶内，用温水或冷水在瓶外调节水温至20℃±2℃，振荡瓶内水样，从瓶口闻水的气味。必要时，可用无臭水对照。用适当文字描述臭的特征，并记录其强度。

② 取一个小漏斗放在瓶口，把瓶内水样加热至沸腾，立即取下。稍冷后，再闻水的气味。用适当文字描述，并记录其强度。

5. 结果表示

① 文字定性描述。

② 臭强度等级见表4-3。

表 4-3 臭强度等级

等级	强度	说明
0	无	无任何气味
1	微弱	一般饮用者难于察觉，嗅觉敏感者可以察觉
2	弱	一般饮用者刚能察觉
3	明显	已能明显察觉，不加处理，不能饮用
4	强	有很明显的臭味
5	很强	有强烈的恶臭

6. 注意事项

① 本法是粗略的检臭法。由于各人的嗅觉感受程度不同，所得结果会有一定出入。

② 每个人的睡眠、是否感冒等身体状况对检验结果也有影响，应尽力避免。

③ 水样存在余氯时，可在脱氯前、后各检验 1 次。可用新配的 3.5g/L 硫代硫酸钠溶液脱氯，1mL 此溶液可除去 1mg 余氯。

（二）臭阈值法

1. 方法原理

臭阈值法（odor threshold quantity method）采用无臭水稀释水样，直至闻出最低可辨别臭气的浓度，表示臭的阈限。因检验人员的嗅觉敏感性有差别，对某一水样并无绝对的臭阈值。检验人员在过度工作中敏感性会减弱，甚至每天或一天之内也不一样。此外，各人对臭特征及产臭物浓度的反应也不相同。因此，确定检验臭阈值的人数视检测目的、费用和选定检臭人员等条件而定。一般情况下，至少 5 人，最好 10 人或更多，方可取得精度较高的结果。可用邻甲酚或正丁醇测试检臭人员嗅觉敏感程度。

2. 仪器

500mL 具塞锥形瓶、0~100℃温度计、恒温水浴。

全部仪器应洗涤干净，用无臭水淋洗，不带任何气味。

3. 试剂溶液

无臭水：同（一）文字描述法。

4. 测定步骤

通过初步测验后，选定检臭人员。检臭人员虽不需要嗅觉特灵的人，但嗅觉迟钝者不可入选。要求检臭人员避免外来气味的刺激，保证不因感冒或厌烦而对测臭不合要求。保持在检臭实验室不分散注意力，不受气流及气味的干扰。不要让检验人员制备试样或知道试样的稀释浓度。样瓶编暗码，先给检臭人员以最稀的试样，逐渐升高浓度，以免闻了浓的试样后产生嗅觉疲倦。试样温度保持在 60℃±1℃。

① 吸取 2.8mL、8mL、12mL、50mL 和 200mL 水样分别放入 5 支 500mL 锥形瓶中，各加无臭水使总体积为 200mL，于水浴内加热至 60℃±1℃。

② 检验人员取出锥形瓶时，手上不能有异臭，不要触及瓶颈。振荡锥形瓶 2~3s，去塞后，闻其臭气，与无臭水对比，记录肯定闻出最低臭气的水样浓度。

③ 从上述粗测结果，依据肯定闻出最低臭气的水样体积，按表 4-4 配制适宜的水样稀释系列，各瓶编以暗码，可插入两瓶或多瓶空白样，但不要放重复的稀释样。

④ 将样瓶加热至 60℃±1℃，从最低浓度开始，按同样方式闻样品的臭气。闻出臭气的水样记录"+"号，未闻出的记"-"号。

表 4-4　水样不同臭强度的稀释情况

在粗测中肯定刚刚闻出臭气的最低水样毫升数(mL)							
200		50		12		2.8	
稀释至 200mL 试样系列，原水样体积(mL)和臭阈值							
水样(mL)	臭阈值	水样(mL)	臭阈值	水样(mL)	臭阈值	水样(mL)	臭阈值
200	1.0	50	4	12.0	17	2.8	70
140	1.4	35	6	8.3	24	2.0	100
100	2.0	25	8	5.7	35	1.4	140
70	3.0	17	12	4.0	50	1.0	200

5. 计算

① 用臭阈值表示结果。闻出臭气的最低浓度称为臭阈浓度，水样稀释到闻出臭气浓度的稀释倍数称为臭阈值：

$$O = \frac{A + B}{A}$$

式中：O 为臭阈值；A 为水样体积(mL)；B 为无臭水体积(mL)。

② 按表 4-5 方法记录出现闻到臭气的稀释样。例如稀释后试样体积为 200mL。

表 4-5　某水样稀释检测臭的结果

原水样体积(mL)	12	0	17	25	0	35	50
反应	-	-	-	+	-	+	+

该水样最低取用 25mL 稀释到 200mL 时，闻到臭气，其臭阈值为 8。必要时，可配中间稀释样，例如 20mL 水样稀释至 200mL 时闻到臭气，则臭阈值为 10。

③ 有时，出现水样浓度低的为"+"、而浓度高的反为"-"，此时以开始连续出现"+"的那个水样的稀释倍数作为臭阈值。例如：

　　　　　增高水样浓度→
　　　　　闻臭气结果：- - + - + + + +
　　　　　　　　　　　　　　↓
　　　　　　　　　　　　　臭阈值

由连续出现阴性至连续出现阳性，其中包括的水样越多，说明检验的精度越差。如果有数人参加检验，用几何均值表示臭阈值。

6. 注意事项

① 如水样含余氯，应在脱氯前、后各检验一次。用新配制的硫代硫酸钠溶液（3.5g $Na_2S_2O_3 \cdot 5H_2O$ 溶于 1000mL 水中，1mL 此溶液可除去 0.5mg 余氯）脱氯。

② 臭阈值随温度而变，报告中必须注明检验时的水温。有时也可用 40℃ 作为检臭温度。

四、浊度

浊度（turbidity）是由于水中含有泥沙、粘土、有机物、无机物、浮游生物和微生物等悬浮物质所造成的，可使光散射或吸收。天然水经过混凝、沉淀和过滤等处理，使水变得清澈。测定水样浊度可用分光光度法、目视比浊法或浊度计法。

样品收集于具塞玻璃瓶内，应在取样后尽快测定。如需保存，可在 4℃ 冷藏、暗处保存 24h，测试前要激烈振摇水样并恢复到室温。

（一）分光光度法

1. 方法原理

在适当温度下，硫酸肼与六次甲基四胺聚合，形成白色高分子聚合物，以此作为浊度标准液，在一定条件下与水样浊度相比较。

水样应无碎屑及易沉降的颗粒。器皿不清洁及水中溶解的空气泡会影响测定结果。如在 680nm 波长下测定，天然水中存在的淡黄色、淡绿色无干扰。本法适最低检测浊度为 3 度。

2. 仪器

50mL 比色管、分光光度计。

3. 试剂溶液

（1）无浊度水

将蒸馏水通过 0.2μm 滤膜过滤，收集于用滤过水荡洗两次的烧瓶中。

（2）浊度贮备液

① 硫酸肼溶液：称取 1.000g 硫酸肼 $[(NH_2)_2SO_4 \cdot H_2SO_4]$ 溶于水中，定容至 100mL。

② 六次甲基四胺溶液：称取 10.00g 六次甲基四胺 $[(CH_2)_6N_4]$ 溶于水中，定容至 100mL。

③ 浊度标准溶液：吸取 5.00mL 硫酸肼溶液与 5.00mL 六次甲基四胺溶液于 100mL 容量瓶中，混匀，于 25℃±3℃ 下静置反应 24h，冷却后用水稀释至标线，混匀，此溶液浊度为 400 度，可保存 1 个月。

4. 测定步骤

（1）标准曲线绘制

吸取浊度标准溶液 0.00mL、0.50mL、1.25mL、2.50mL、5.00mL、10.00mL 和 12.50mL，置于 50mL 比色管中，加无浊度水至标线，摇匀后即得浊度为 0、4、10、20、40、80、100 的标准系列。于 680nm 波长，用 3cm 比色皿，测定吸光度，绘制标准曲线。

（2）水样测定

吸取 50.0mL 摇匀水样（无气泡，如浊度超过 100 度可酌情少取，用无浊度水稀释至 50.0mL），于 50mL 比色管中，按绘制校准曲线步骤测定吸光度，由标准曲线上查得水样浊度。不同浊度范围测试结果的精度要求，见表 4-6。

表 4-6　不同浊度范围测试结果的精度

浊度范围（度）	精度（度）
1~10	1
10~100	5
100~400	10
400~1000	50
>1000	100

5. 计算

$$A_0 = \frac{A \cdot (B + C)}{C}$$

式中：A_0 为水样浊度（度）；A 为稀释后水样的浊度（度）；B 为稀释水体积（mL）；C 为原水样体积（mL）。

6. 注意事项

硫酸肼毒性较强，属致癌物质，取用时必须注意。

（二）目视比浊法

1. 方法原理

将水样与由硅藻土（或白陶土）配制的浊度标准液进行比较，相当于 1mg 一定粒度的硅藻土（白陶土）在 1000mL 水中所产生的浊度，称为 1 度。

2. 仪器

100mL 具塞比色管、250mL 具塞无色玻璃瓶（玻璃质量和直径均需一致）、分光光度计。

3. 浊度标准液

① 称取 10g 通过 0.1mm 筛孔（150 目）的硅藻土，于研钵中加入少许蒸馏水调成糊状并研细，移至 1000mL 量筒中，加水至刻度，充分搅拌，静置 24h，用虹吸法仔细将上层 800mL 悬浮液移至第二个 1000mL 量筒中。向第二个量筒内加水至 1000mL，充分搅拌后再

静置24h。

② 虹吸出上层含较细颗粒的800mL悬浮液，弃去。下部悬浊液加水稀释至1000mL，充分搅拌后贮于具塞玻璃瓶中，作为浑浊度原液，其中含硅藻土颗粒直径为400μm左右。

③ 取上述悬浊液50.0mL置于已恒重的蒸发皿中，在水浴上蒸干。于105℃烘箱内烘2h，置干燥器中冷却30min，称重，重复以上操作，即烘干1h，冷却，称重，直至恒重，求出每毫升悬浊液中含硅藻土的重量(mg)。

④ 吸取含250mg硅藻土的悬浊液，置于1000mL容量瓶中，加入10mL甲醛溶液加水至刻度，摇匀，此溶液浊度为250度。

⑤ 吸取浊度为250度的标准液100mL置于250mL容量瓶中，用水稀释至标线，此溶液浊度为100度的标准液。

4. 测定步骤

(1) 浊度低于10度的水样

① 吸取浊度为100度的标准液0.0mL、1.0mL、2.0mL、3.0mL、4.0mL、5.0mL、6.0mL、7.0mL、8.0mL、9.0mL及10.0mL于100mL比色管中，加水稀释至标线，混匀，其浊度依次为0.0度、1.0度、2.0度、3.0度、4.0度、5.0度、6.0度、7.0度、8.0度、9.0度、10.0度的标准液。

② 取100mL摇匀水样置于100mL比色管中，与浊度标准液进行比较，可在黑色度板上，由上往下垂直观察。

(2) 浊度为10度以上的水样

① 吸取浊度为250度的标准液0mL、10mL、20mL、30mL、40mL、50mL、60mL、70mL、80mL、90mL及100mL置于250mL的容量瓶中，加水稀释至标线，混匀，即得浊度为0度、10度、20度、30度、40度、50度、60度、70度、80度、90度和100度的标准液，移入成套的250mL具塞玻璃瓶中，密塞保存。

② 取250mL摇匀水样，置于成套的250mL具塞玻璃瓶中，瓶后放一有黑线的白纸作为判别标志。从瓶前向后观察，根据目标清晰程度，选出与水样产生视觉效果相近的标准液，记下其浊度值。

③ 水样浊度超过100度时，用水稀释后测定。

5. 计算

同(一)法。

(三) 便携式浊度计法

1. 方法原理

根据ISO 7027国际标准设计进行测量，利用一束红外线穿过含有待测样品的样品池，光源为具有890nm波长的高发射强度的红外发光二极管，以确保使样品颜色引起的干扰达到最小。传感器处在与发射光线垂直的位置上，测量由样品中悬浮颗粒散射的光量，微电脑处理器再将该数值转化为浊度值(透射浊度值和散射浊度值在数值上是一致的)。

2. 干扰及消除

① 当出现漂浮物和沉淀物时，读数将不准确。

② 气泡和震动将会破坏样品的表面，得出错误的结论。

③ 有划痕或沾污的比色皿都会影响测定结果。

3. 仪器

多参数水质现场快速分析仪。

4. 测定步骤

① 按开关键将仪器打开，仪器先进行全功能的自检，自检完毕后，仪器进入测量状态。

② 将完全搅拌均匀的水样倒入干净的比色皿内，距瓶口1.5cm，在盖紧保护黑盖前允许有足够的时间让气泡逸出(不能将盖拧得过紧)。在比色皿插入测量池之前，先用无绒布将其擦干净，比色皿必须无指纹、油污、脏物，特别是光通过的区域(大约距比色皿底部2cm处)必须洁净。

③ 将比色皿放入测量池内，检查盖上的凹口是否和槽相吻合，保护黑盖上的标志应与仪器上的箭头相对，按读数(或测量)键，大约25s后浊度值就会显示出来。

④ 若数值≤40度，可直接读出浊度值。

⑤ 若>40度，需进行稀释。读出未经稀释样品的值 T_1，则取样体积 $V(mL) = 3000/T_1$，用无浊度水定容至100mL。

5. 计算

按测定步骤①~⑤读出浊度值，计算原始水样的浊度。

$$A_0 = T_2 \times \frac{100}{V}$$

式中：A_0 为水样浊度(度)；T_2 为稀释后浊度值(度)；V 为取样体积(mL)。

6. 注意事项

① 为了将比色皿带来的误差降到最低，在校准和测量过程中使用同一比色皿。

② 将盛有0度标准溶液比色皿插入测量槽，再按CAL(校准)键，大约50s后仪器校准完毕，可以开始测量。

③ 用待测水样将比色皿冲洗两次，这样可将仍保留在瓶内的残留液体和其他脏物去除，接着将待测水样沿着比色皿边缘缓慢倒入，以减少气泡产生。

④ 每次应以同样的力拧紧比色皿盖。

⑤ 读完数后将废弃的样品倒掉，避免腐蚀比色皿。

⑥ 将样品收集在干净的玻璃或塑料瓶内，盖好并迅速进行分析。如果做不到，则将样品储存在阴凉室温下。

⑦ 为了获得有代表性的水样，取样前轻轻搅拌水样，使其均匀，禁止振荡(防止产生

气泡)和悬浮物沉淀。

⑧ 每月用 10 度的标准溶液进行校准。

五、透明度

透明度是指水样的澄清程度，洁净的水是透明的，水体中存在悬浮物和胶体时，透明度便降低。通常地下水的透明度较高，由于供水和环境条件不同，其透明度可能不断变化。透明度与浊度相反，水体中悬浮物越多，其透明度就越低。

(一) 铅字法

1. 方法原理

根据检验人员的视力观察水样的澄清程度，由清楚地见到放在透明度计底部的标准印刷符号时水柱的高度表示水的透明度，单位 cm。本法受检验人员的主观影响较大，照明等条件应尽可能一致，最好取多次，或数人测定结果的平均值。

2. 仪器

① 透明度计，是一种长 33cm、内径 2.5cm 的玻璃筒，筒壁有 cm 为单位的刻度，筒底有一磨光的玻璃片。筒与玻璃片之间有一个胶皮圈，用金属夹固定，距玻璃筒底部 1~2cm 处有一放水侧管，见图 4-2。

② 标准印刷符号，见图 4-3 所示。

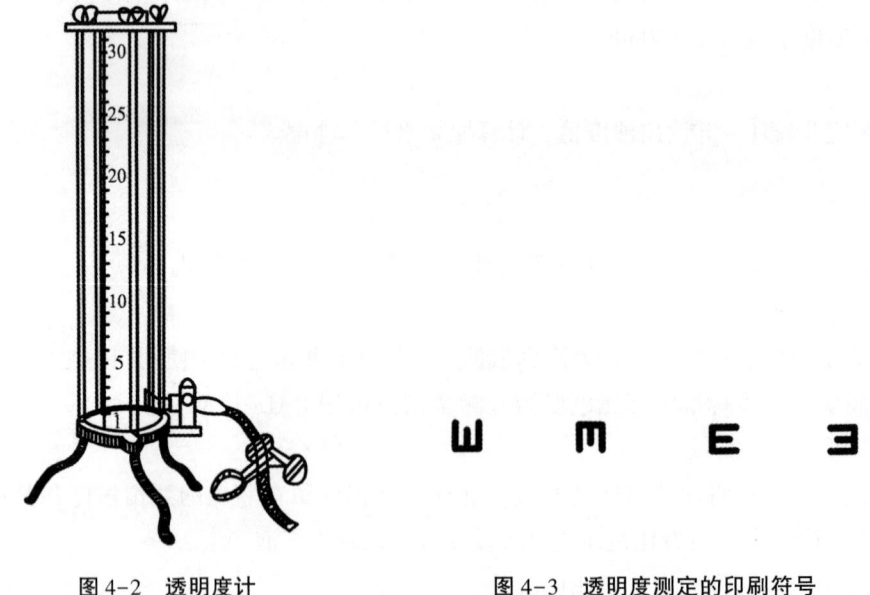

图 4-2　透明度计　　　　　图 4-3　透明度测定的印刷符号

3. 测定步骤

① 透明度计应在光线充足的实验室内，放在离直射阳光窗户约 1m 的地点。

② 将振荡均匀的水样立即倒入筒内至 30cm 处，从筒口垂直向下观察，如不能清楚地

看见印刷符号,缓慢地放出水样,直到刚好能辨认出符号为止,记录此时水柱高度的厘米数,估计至 0.5cm。

4. 计算

透明度以水柱高度的厘米数表示,超出 30cm 作为透明水样。

(二)塞氏盘法

这是一种现场测定透明度的方法,利用一个白色圆盘沉入水中后,观察到不能看见它时的深度。

1. 仪器

透明度盘(又称塞氏圆盘):以较厚的白铁片剪成直径 200mm 的圆板,在板的一面从中心平分为四个部分,以黑白漆相间涂布。正中心开小孔,穿一铅丝,下面加一铅锤,上面系小绳,在绳上每 10cm 处用有色丝线或漆做上一个标记即成,见图 4-4。

图 4-4 透明度盘

2. 测定步骤

将盘在船的背光处平放入水中,逐渐下沉,至恰恰不能看见盘面的白色时,记取其刻度,就是透明度数,以 cm 为单位,观察时需反复 2~3 次。

3. 注意事项

透明度盘使用时间较长后,白漆的颜色会逐渐变黄,必须重新涂漆。

六、pH

pH 是水中氢离子活度的负对数,pH = $-\lg \alpha_{H^+}$。

pH 是水化学中常用的和最重要的检验项目之一。由于 pH 受水温影响而变化,测定时应在规定的温度下进行,或者校正温度。通常采用玻璃电极法和比色法测定 pH。比色法简便,但受色度、浊度、胶体物质、氧化剂、还原剂及盐度的干扰。玻璃电极法基本上不受以上因素的干扰。然而,pH 在 10 以上时,产生"钠差",读数偏低,需选用特制的"低钠差"玻璃电极,或使用与水样的 pH 相近的标准缓冲溶液对仪器进行校正。

(一) 玻璃电极法

1. 方法原理

以玻璃电极为指示电极,饱和甘汞电极为参比电极组成电池。在 25℃理想条件下,氢离子活度变化 10 倍,使电动势偏移 59.16mV,根据电动势的变化测量出 pH。许多 pH 计上有温度补偿装置,用以校正温度对电极的影响,用于常规水样监测可准确再现至 0.1pH 单位,较精密的仪器可准确到 0.01pH 单位。为了提高测定的准确度,校准仪器时选用的标准缓冲溶液的 pH 应与水样的 pH 接近。

2. 仪器

各种型号的 pH 计或离子活度计、玻璃电极、甘汞电极或 Ag/AgCl 电极、磁力搅拌器、50mL 聚乙烯或聚四氟乙烯烧杯。

3. 试剂溶液

用于校准仪器的标准缓冲溶液,按表 4-7 规定的数量称取试剂,溶于 25℃水中,在容量瓶内定容至 1000mL。水的电导率应低于 2μS/cm,临用前煮沸数分钟,除去二氧化碳,冷却。取 50mL 冷却的水,加 1 滴饱和氯化钾溶液,测量 pH,如 pH 在 6~7 之间即可用于配制各种标准缓冲溶液。

表 4-7 pH 标准溶液的配制

	标准物质	pH(25℃)	每 1000mL 水溶液中所含试剂的质量(25℃)
基本标准	酒石酸氢钾(25℃饱和)	3.557	6.4g $KHC_4H_4O_6$①
	柠檬酸二氢钾	3.776	11.41g $KH_2C_6H_5O_7$
	邻苯二甲酸氢钾	4.008	10.12g $KHC_8H_4O_4$
	磷酸二氢钾+磷酸氢二钠	6.865	3.388g $KH_2PO_4$②+3.533g $Na_2HPO_4$②,③
	磷酸二氢钾+磷酸氢二钠	7.413	1.179g $KH_2PO_4$②+4.302g $Na_2HPO_4$②,③
	四硼酸钠	9.180	3.80g $Na_2B_4O_7 \cdot 10H_2O$③
	碳酸氢钠+碳酸钠	10.012	2.92g $NaHCO_3$+2.64g Na_2CO_3
辅助标准	二水合四草酸钾	1.679	12.61g $KH_3C_4O_8 \cdot 2H_2O$④
	氢氧化钙(25℃饱和)	12.454	1.5g $Ca(OH)_2$①

注:① 近似溶解度;② 在 100~130℃烘干 2h;③ 用新煮沸过并冷却的无二氧化碳水;④ 烘干温度不可超出 60℃。

4. 测定步骤

① 仪器校准:将水样与标准溶液调到同一温度,记录测定温度,把仪器温度补偿旋钮调至该温度处。选用与水样 pH 相差不超过 2 个 pH 单位的标准溶液校准仪器。从第一个标准溶液中取出两个电极,彻底冲洗,并用滤纸边缘轻轻吸干,再浸入第二个标准溶液

中，其 pH 约与前一个相差 3 个 pH 单位。如测定值与第二个标准溶液 pH 之差>0.1pH 时，就要检查仪器、电极或标准溶液是否有问题。当三者均无异常情况时方可测定水样。

② 水样测定：先用蒸馏水仔细冲洗两个电极，再用水样冲洗，然后将电极浸入水样中，小心搅拌或摇动使其均匀，待读数稳定后记录 pH。

5. 注意事项

① 玻璃电极在使用前应在蒸馏水中浸泡 24h 以上。用毕，冲洗干净，浸泡在纯水中。盛水容器要防止灰尘落入和水分蒸发干涸。

② 测定时，玻璃电极的球泡应全部浸入溶液中，使它稍高于甘汞电极的陶瓷芯端，以免搅拌时碰破。

③ 玻璃电极的内电极与球泡之间以及甘汞电极的内电极与陶瓷芯之间不能存在气泡，以防断路。

④ 甘汞电极的饱和氯化钾液面必须高于汞体，并应有适量氯化钾晶体存在，以保证氯化钾溶液的饱和。使用前必须先拔掉上孔胶塞。

⑤ 为防止空气中二氧化碳溶入或水样中二氧化碳逸失，测定前不宜提前打开水样瓶塞。

⑥ 玻璃电极球泡受污染时，可用稀盐酸溶解无机盐污垢，用丙酮除去油污(但不能用无水乙醇)后再用纯水清洗干净。按上述方法处理的电极应在水中浸泡一昼夜再使用。

⑦ 注意电极的出厂日期，存放时间过长的电极性能将变劣。

⑧ 国产玻璃电极与饱和甘汞电极建立的零电位 pH 有两种规格，选择时应注意与 pH 计配套。

(二) 便携式 pH 计法

pH 测量常用复合电极法。

1. 方法原理

以玻璃电极为指示电极，以 Ag/AgCl 等为参比电极合在一起组成 pH 复合电极。利用 pH 复合电极电动势随氢离子活度变化而发生偏移来测定水样的 pH。复合电极 pH 计均有温度补偿装置，用以校正温度对电极的影响，用于常规水样监测可准确至 0.1pH 单位，较精密仪器可准确到 0.01pH 单位。为了提高测定的准确度，校准仪器时选用的标准缓冲溶液的 pH 应与水样的 pH 接近。

2. 仪器设备

便携式 pH 计、50mL 烧杯(聚乙烯或聚四氟乙烯)。

3. 试剂溶液

用于配置标准缓冲溶液的水，与(一)玻璃电极法相同。

4. 测定步骤

① 仪器校准：将仪器温度补偿旋钮调至待测水样温度处，选用与水样 pH 相差不超过

2个pH单位的标准溶液校准仪器。从第一个标准溶液中取出电极，彻底冲洗，并用滤纸吸干，再浸入第二个标准溶液中，其pH约与第一个相差3个pH单位，如测定值与第二个标准溶液pH之差>0.1pH单位时，就要检查仪器、电极或标准溶液是否有问题。当三者均无异常情况时方可测定水样。

②水样测定：先用蒸馏水仔细冲洗电极，再用水样冲洗，然后将电极浸入水样中，小心搅拌或摇动，待读数稳定后记录pH。

5. 注意事项

①由于不同复合电极构成各异，其浸泡方式会有所不同，有些电极要用蒸馏水浸泡，而有些则严禁用蒸馏水浸泡电极，须严格遵守操作手册，以免损伤电极。

②测定时，复合电极(含球泡部分)应全部浸入溶液中。

③为防止空气中二氧化碳溶入或水样中二氧化碳逸去，测定前不宜提前打开水样瓶塞。

④电极受污染时，可用低于1mol/L稀盐酸溶解无机盐垢，用稀洗涤剂(弱碱性)除去有机油脂类物质，用稀乙醇、丙酮、乙醚除去树脂高分子物质，用酸性酶溶液(如食母生片)除去蛋白质血球沉淀物，用稀漂白液、过氧化氢除去颜料类物质等。

⑤注意电极的出厂日期及使用期限，存放或使用时间过长的电极性能将变劣。

七、矿化度

矿化度(mineralization of water)是水中所含无机矿物成分的总量，经常饮用低矿化度的水会破坏人体内碱金属和碱土金属离子的平衡，产生病变，饮水中矿化度过高又会导致结石症。矿化度是水化学成分测定的重要指标之一，可评价水中总含盐量，是农田灌溉用水适用性评价的主要指标之一，常用于天然水分析中主要被测离子总和的质量表示。对于严重污染的水样，由于其组成复杂，不易明确其含义，因此矿化度一般只用于天然水的测定。对于无污染的水样，测得的矿化度与该水样在103~105℃时烘干的可滤残渣量相同。

矿化度的测定方法依目的不同分为重量法、电导法、阴阳离子加和法、离子交换法及比重计法等，重量法是较简单通用的方法，具体如下：

1. 方法原理

水样经过滤去除漂浮物及沉降性固体物，放在称至恒重的蒸发皿内蒸干，并用过氧化氢去除有机物，然后在105~110℃下烘干至恒重，将称得重量减去蒸发皿重量即为矿化度。

高矿化度水样含有大量钙、镁的氯化物时易于吸水，硫酸盐结晶水不易除去，均可使结果偏高。采用加入碳酸钠，并提高烘干温度和快速称重的方法处理以消除其影响。

2. 仪器设备

①蒸发皿：直径90mm的玻璃蒸发皿(或瓷蒸发皿)。

②烘箱。

③ 水浴或蒸汽浴。

④ 分析天平,感量 1/10000g。

⑤ 砂芯玻璃坩埚(G3 号)或中速定量滤纸。

⑥ 抽气瓶(容积为 500mL 或 1000mL)。

3. 试剂溶液

过氧化氢溶液(1+1):取 30%的过氧化氢配制。

4. 测定步骤

① 将清洗干净的蒸发皿置于 105~110℃烘箱中烘 2h,放入干燥器中冷却至室温后称重,重复烘干称重,直至恒重(两次称重相差不超过 0.0005g)。

② 取适量水样用玻璃砂芯坩埚抽滤。

③ 取过滤后水样 50~100mL(水样量以产生 2.5~200mg 的残渣为宜),置于已称重的蒸发皿中,于水浴上蒸干。

④ 如蒸干残渣有色,则使蒸发皿稍冷后,滴加过氧化氢溶液数滴,慢慢旋转蒸发皿至气泡消失,再蒸干,反复处理数次,直至残渣变白或颜色稳定不变为止。

⑤ 蒸发皿放入烘箱内于 105~110℃烘干 2h,置于干燥器中冷却至室温,称重,重复烘干称重,直至恒重(两次称重相差不超过 0.0005g)。

5. 计算

$$K = \frac{W - W_0}{V} \times 10^6$$

式中:K 为水质矿化度(mg/L);W 为蒸发皿及残渣的总重量(g);W_0 为蒸发皿重量(g);V 为水样体积(mL)。

6. 注意事项

① 对于高矿化度含有大量钙、镁、氯化物或硫酸盐的水样,可加入 10mL 2%~4%的碳酸钠溶液,使钙、镁的氯化物及硫酸盐转变为碳酸盐及钠盐,在水浴上蒸干后,在 150~180℃下烘干 2~3h 即可称至恒重,所加入的碳酸钠量应从盐分总量中减去。

② 用过氧化氢去除有机物应少量多次,每次使残渣润湿即可,以防有机物与过氧化氢作用分解时泡沫过多,发生盐分溅失。一般情况下应处理到残渣完全变白,但当铁存在时,残渣呈现黄色,若多次处理仍不褪色,即可停止处理。

③ 清亮水样不必过滤,浑浊及有漂浮物时必须过滤,如水样中有腐蚀性物质存在时,应使用砂芯玻璃坩埚抽滤。

八、电导率

电导率是以数字表示溶液传导电流的能力。纯水电导率很小,当水中含无机酸、碱或盐时,电导率增加。电导率常用于间接推测水中离子成分的总浓度,水溶液的电导率取决于离子的性质和浓度、溶液的温度和粘度等。

电导率的标准单位是 S/m(西门子/米)，一般实际使用单位为 μS/cm。单位间的互换为 1mS/m = 0.01mS/cm = 10μS/cm。

新蒸馏水电导率为 0.5~2μS/cm，存放一段时间后，由于空气中的二氧化碳或氨的混入，电导率可上升至 2~4μS/cm；饮用水电导率在 5~1500μS/cm；海水电导率大约为 30000μS/cm；清洁河水电导率约为 100μS/cm。电导率随温度变化而变化，温度每升高 1℃，电导率增加约 2%，通常规定 25℃ 为测定电导率的标准温度。

电导率的测定方法是电导率仪法，电导率仪有实验室内使用的仪器和现场测试仪器两种，而现场测试仪器通常可同时测量 pH、溶解氧、浊度、总盐度和电导率 5 个参数。

(一) 便携式电导率仪法

1. 方法原理

由于电导是电阻的倒数，因此，当两个电极插入溶液中，可以测出两电极间的电阻 R，根据欧姆定律，温度一定时，这个电阻值与电极的间距 $L(cm)$ 成正比，与电极的截面积 $A(cm^2)$ 成反比，即：$R=\rho L/A$。由于电极面积 A 和间距 L 都是固定不变的，故 L/A 是一常数，称电导池常数(以 Q 表示)。比例常数 ρ 称作电阻率，其倒数 $1/\rho$ 称为电导率，以 K 表示。

$$S = \frac{1}{R} = \frac{1}{\rho \cdot Q}$$

式中：S 表示电导度，反映导电能力的强弱，所以，$K = Q \cdot S$ 或 $K = Q/R$。

当已知电导池常数，并测出电阻后，即可求出电导率。

水样中含有粗大悬浮物质、油和脂等干扰测定，可先测水样，再测校准溶液，以了解干扰情况。若有干扰，应经过滤或萃取除去。

2. 仪器和试剂

① 便携式电导率仪。

② 纯水：将蒸馏水通过离子交换柱制得，电导率<10μS/cm。

③ 仪器配套的校准溶液。

3. 测定步骤

① 在烧杯内倒入足够的电导率校准溶液，使校准溶液浸入电极上的小孔。

② 将电极和温度计同时放入溶液内，电极触底确保排除电极套内的气泡，几分钟后温度达到平衡。

③ 记录测出的校准液的温度。

④ 按 ON/OFF 键打开电导率仪。

⑤ 按 COND/TEMP 显示温度，调整温度旋钮，直到显示记录的校准液温度值。

⑥ 再按 COND/TEMP 显示电导率测量档，选择适当的测量范围。注意：如果仪器显示超出范围，需要选择下一个测量档。

⑦ 用小螺丝刀调整仪器旁边的校准钮直到显示校准溶液温度时的电导率值，例如调

校至 25℃时电导率为 12.88μS/cm，随后所有测量都补偿在该温度下；如果想使温度补偿到 20℃，将温度旋钮固定在 20℃（如果水样温度是 20℃），调整旋钮显示 20℃时的电导率值，随后所有测量都补偿在 20℃。

⑧ 仪器校准完成后即可开始测量，测量完毕关闭仪器，清洗电极。

4. 注意事项

① 确保测量前仪器已经过校准（参考校准程序）。

② 将电极插入水样中，注意电极上的小孔必须浸泡在水面以下。

③ 最好使用塑料容器盛装待测的水样。

④ 仪器必须保证每月校准一次，更换电极或电池时也需校准。

（二）实验室电导率仪法

1. 方法原理

同便携式电导率仪法。

2. 样品保存

水样采集后应尽快分析，如果不能在采样后及时进行分析，样品应贮存于聚乙烯瓶中，并满瓶封存，于 4℃冷暗处保存，在 24h 之内完成测定，测定前应加温至 25℃，不得加保存剂。

样品中含有粗大悬浮物质、油和脂干扰测定，可先测水样，再测校准溶液，以了解干扰情况。若有干扰，应过滤或萃取除去。

3. 仪器

① 电导率仪：误差不超过 1%。

② 温度计：能读至 0.1℃。

③ 恒温水浴锅：25℃±0.2℃。

4. 试剂溶液

① 纯水：将蒸馏水通过离子交换柱，电导率<1μS/cm。

② 标准氯化钾溶液（0.0100mol/L）：称取 0.7456g 于 105℃干燥 2h，并冷却后的优级纯氯化钾，溶解于纯水中，于 25℃下定容至 1000mL，此溶液在 25℃时电导率为 1413μS/cm。

必要时，可将标准溶液用纯水加以稀释，各种浓度氯化钾溶液的电导率（25℃），见表 4-8。

表 4-8　不同浓度氯化钾的电导率

浓度（mol/L）	电导率（μS/cm）	浓度（mol/L）	电导率（μS/cm）
0.0001	14.94	0.001	147
0.0005	73.9	0.005	717.8

5. 测定步骤

（1）电导池常数测定

① 用 0.0100mol/L 标准氯化钾溶液冲洗电导池 3 次。

② 将此电导池注满标准溶液，放入恒温水浴中约 15min。

③ 测定溶液电阻 R_{KCl}，更换标准液后再进行测定，重复数次，使电阻稳定在 ±2% 范围内，取其平均值。

④ 用公式 $Q = K·R_{KCl}$ 计算。对于 0.0100mol/L 氯化钾溶液，在 25℃时 $K = 1413\mu S/cm$，则：$Q = 1413 \times R_{KCl}$。

（2）样品测定

用水冲洗数次电导池，再用水样冲洗后，装满水样，同（1）③步骤测定水样电阻 R。由已知电导池常数 Q，得出水样电导率 K，同时记录测定温度。

6. 计算

$$K = \frac{Q}{R} = \frac{1413 \times R_{KCl}}{R}$$

式中：K 为电导率（$\mu S/cm$）；R_{KCl} 为 0.0100mol/L 标准氯化钾溶液电阻（Ω）；R 为水样电阻（Ω）；Q 为电导池常数。

当测定时的水样温度不是 25℃时，应算出 25℃时电导率：

$$K_s = \frac{K_t}{1 + a \times (t - 25)}$$

式中：K_s 为 25℃时电导率（$\mu S/cm$）；K_t 为测定时 t 温度下电导率（$\mu S/cm$）；a 为各离子电导率平均温度系数，取 0.022；t 为测定时温度（℃）。

7. 注意事项

① 最好使用和水样电导率相近的氯化钾标准溶液测定电导池常数。

② 如使用已知电导池常数的电导池，不需测定电导池常数，可调节好仪器直接测定，但要经常用标准氯化钾溶液校准仪器。

九、氧化还原电位

氧化还原电位就是用来反映水溶液中所有物质表现出来的宏观氧化还原性。氧化还原电位越高，氧化性越强，氧化还原电位越低，还原性越强。电位为正表示溶液显示出一定的氧化性，为负则表示溶液显示出一定的还原性。

对于一个水体来说，往往存在着多个氧化还原电对，是一个相当复杂的体系，其氧化还原电位则是多个氧化物质与还原物质发生氧化还原的综合结果（可能已达到平衡，也可能尚未达到平衡），它的氧化还原电位虽不能作为某种氧化物质与还原物质浓度的指标，但能帮助了解水体可能存在什么样的氧化物质或还原物质及其存在量，是水体综合性指标之一。

对于只有一个氧化还原电对的体系，其氧化还原反应可表示为：

$$Red(还原态) \rightleftharpoons O_x(氧化态) + ne(电子)$$

该体系的氧化还原电位可用能斯特方程式表示：

$$E = E_0 + \frac{R \cdot T}{n \cdot F} \cdot \ln \frac{[O_x]}{[Red]}$$

式中：E 为水体的氧化还原电位(mV)；E_0 为标准氧化还原电位(mV)；n 为参加反应的电子数；R 为气体常数；T 为绝对温度(K)；F 为法拉第常数。

由能斯特方程式可知，该体系的氧化还原电位 E 和以下因素有关：

① 氧化还原电对的性质(E_0)。

② 氧化态和还原态的浓度。

③ 参加反应的电子数 n。

④ 体系的温度。

⑤ 若该氧化还原反应涉及 H^+ 或 OH^- 参加，则氧化还原电位还和体系的酸碱度有关。

水体的氧化还原电位必须在现场测定，用贵金属（如铂）作指示电极、饱和甘汞电极作参比电极，测定相对于甘汞电极的氧化还原电位值，然后再换算成相对于标准氢电极的氧化还原电位值作为测量结果。

1. 仪器设备

① 毫伏计或通用 pH 计。

② 铂电极。

③ 饱和甘汞电极或银—氯化银电极。

④ 温度计。

⑤ 1000mL 棕色广口瓶。

2. 试剂溶液

① 纯水：本方法所用去离子水电导率要求<2μS/cm。在配制标准溶液前，应将去离子水煮沸数分钟，以除去水中的二氧化碳，密塞冷却。

② 硫酸亚铁铵—硫酸高铁铵标准溶液：溶解 39.21g 硫酸亚铁铵 $[Fe(NH_4)_2(SO_4)_2 \cdot 6H_2O]$ 和 48.22g 硫酸高铁铵 $[FeNH_4(SO_4)_2 \cdot 12H_2O]$ 于适量水中，缓缓加入 56.2mL 浓硫酸，用纯水定容至 1000mL，贮于玻璃或聚乙烯瓶中。此溶液在 25℃ 时的氧化还原电位为 +430mV。

③ 硝酸溶液(1+1)。

④ 硫酸溶液(3+97)。

3. 测定步骤

（1）铂电极检查和校正

以铂电极为指示电极，连接仪器正极；以饱和甘汞电极为参比电极，连接仪器负极。将两电极插入具有固定电位的标准溶液中，其电位值应与标准值相符。如插入硫酸亚铁铵—硫酸高铁铵标准溶液中，25℃时的氧化还原电位为+430mV。

如实测结果与标准电位值相差>±10mV，则铂电极需重新净化或更换。净化方法有以下两种：

① 用(1+1)硝酸溶液清洗：将电极置于(1+1)硝酸溶液中，缓缓加热至近沸并保持5min。冷却后，将电极取出，用纯水洗净。

② 将电极浸入(3+97)硫酸溶液中，使该电极与1.5V干电池正极相接，干电池负极与另一支铂电极相接，保持5~8min，将与电池正极相接的铂电极取出，用纯水洗净。

净化后电极重新用标准溶液检验，直至合格为止，用纯水洗净备用。

(2) 样品测定

测量氧化还原电位的装置，见图4-5。

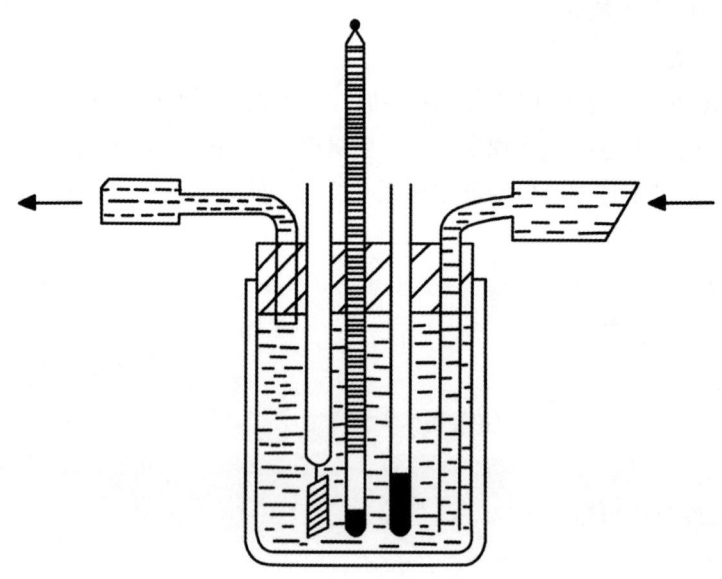

图4-5 氧化还原电位测定装置

① 取洁净的500mL棕色广口瓶一个，用橡皮塞塞紧瓶口，其上打有5个孔，分别插入铂电极、饱和甘汞(或氯化银)电极、温度计及两支玻璃管。其中，两支玻璃管分别供进水和出水用。参比电极的试剂添加口应在瓶塞以上，以免参比电极内进水样，而且添加试剂也较方便。电极插至瓶中间位置，不能触及瓶底。电极与仪器接好。

② 用大塑料桶在现场采集水样，应立即盖紧桶盖，其上开一小孔，插入橡皮管。用虹吸法将水样不断送入测量用广口瓶中，在水流动的情况下，按仪器使用说明进行测定。

4. 计算

水样的氧化还原电位(E_n)，计算公式：

$$E_n = E_{obs} + E_{ref}$$

式中：E_n 为水样的氧化还原电位(mV)；E_{obs} 为由铂电极—饱和甘汞电极测得氧化还原电位值(mV)；E_{ref} 为 $t℃$ 时，饱和甘汞电极电位值(mV)，其值随温度变化而变化，在不同温度下饱和甘汞电极电位，见表4-9。

表 4-9 不同温度下饱和甘汞电极的电极电位

温度(℃)	电极电位(mV)	温度(℃)	电极电位(mV)
0	+260.1	17	+249.0
1	+259.4	18	+248.3
2	+258.8	19	+247.7
3	+258.1	20	+247.1
4	+257.5	21	+246.4
5	+256.8	22	+245.8
6	+256.2	23	+245.1
7	+255.5	24	+244.5
8	+254.9	25	+243.8
9	+254.2	26	+243.1
10	+253.6	27	+242.5
11	+252.9	28	+241.8
12	+252.3	29	+241.2
13	+251.6	30	+240.5
14	+251.0	35	+237.3
15	+250.3	40	+234.0
16	+249.7	50	+227.5

5. 注意事项

① 铂电极可用铂片或铂丝电极，铂片电极响应速度快。电极清洗后，不得用手或异物触摸，以免沾污。

② 测完一个样品后，必须用纯水充分冲洗电极。测试时，待数值稳定后再读数。

③ 电极表面必须保持清洁光亮。

④ 测定应尽可能在采样现场进行，并注意防止空气侵入影响氧化还原电位。

十、碱度(总碱度、重碳酸盐和碳酸盐)

水的碱度是指水中所含能与强酸定量作用的物质总量。水中碱度的来源较多，地表水的碱度基本上是碳酸盐、重碳酸盐及氢氧化物含量的函数，所以总碱度被当作这些成分浓度的总和。当水中含有硼酸盐、磷酸盐或硅酸盐等时，则总碱度的测定值也包含它们所起的作用。湿地水体中，还含有有机碱类、金属水解性盐类等，均为碱度组成部分。在这些情况下，碱度就成为一种湿地水质的综合性指标，代表能被强酸滴定物质的总和。

碱度的测定值因使用的指示剂终点 pH 不同而有很大的差异,只有当试样中的化学组成已知时,才能解释为具体的物质。对于湿地水体可直接以酸滴定至 pH 8.3 时消耗的量,为酚酞碱度。以酸滴定至 pH 4.4~4.5 时消耗的量,为甲基橙碱度,通过计算,可求出相应的碳酸盐、重碳酸盐和氢氧根离子的含量;对于废水、污水,则由于组分复杂,这种计算无实际意义,往往需要根据水中物质的组分确定其与酸作用达到终点时的 pH。然后,用酸滴定以便获得分析者感兴趣的参数,并作出解释。

用标准酸滴定水中碱度是各种方法的基础。有两种常用的方法,即酸碱指示剂滴定法和电位滴定法。电位滴定法根据电位滴定曲线在终点时的突跃,确定特定 pH 下的碱度,它不受水样浊度、色度的影响,适用范围较广。用指示剂判断滴定终点的方法简便快速,适用于控制性试验及例行分析。二法均可根据需要和条件选用。

湿地水样采集后应在 4℃ 保存,分析前不应打开瓶塞,不能过滤、稀释或浓缩。样品应于采集后的当天进行分析,特别是当样品中含有可水解盐类或含有可氧化态阳离子时,应及时分析。

(一) 酸碱指示剂滴定法

1. 方法原理

水样用标准酸溶液滴定至规定的 pH,其终点可由加入的酸碱指示剂在该 pH 时颜色的变化来判断。

当滴定至酚酞指示剂由红色变为无色时,溶液 pH 即为 8.3,指示水中氢氧根离子(OH^-)已被中和,碳酸盐(CO_3^{2-})均被转为重碳酸盐(HCO_3^-),反应如下:

$$OH^- + H^+ \rightarrow H_2O$$
$$CO_3^{2-} + H^+ \rightarrow HCO_3^-$$

当滴定至甲基橙指示剂由橘黄色变成橘红色时,溶液的 pH 为 4.4~4.5,指示水中的重碳酸盐(包括原有的和由碳酸盐转化成的)已被中和,反应如下:

$$HCO_3^- + H^+ \rightarrow H_2O + CO_2\uparrow$$

根据上述两个终点到达时所消耗的盐酸标准滴定溶液的量,可以计算出水中碳酸盐、重碳酸盐及总碱度。该方法不适用于污水及复杂体系中碳酸盐和重碳酸盐的计算。

水样浑浊、有色均干扰测定,遇此情况,可用电位滴定法测定。能使指示剂褪色的氧化还原性物质也干扰测定,例如水样中余氯可破坏指示剂(含余氯时,可加入 1~2 滴 0.1mol/L 硫代硫酸钠溶液消除)。

3. 仪器

酸式滴定管(25mL)、锥形瓶(250mL)。

4. 试剂溶液

① 无二氧化碳水:用于制备标准溶液及稀释用的蒸馏水或去离子水,临用前煮沸

15min，冷却至室温。pH>6.0，电导率<2μS/cm。

② 酚酞指示液：称取 0.5g 酚酞溶于 50mL 95%乙醇中，用水稀释至 100mL。

③ 甲基橙指示剂：称取 0.05g 甲基橙溶于 100mL 蒸馏水中。

④ 碳酸钠标准溶液（$1/2Na_2CO_3$，0.0250mol/L）：称取 1.3249g（于 250℃烘干 4h）的基准试剂无水碳酸钠（Na_2CO_3），溶于少量无二氧化碳水中，移入 1000mL 容量瓶中，用水稀释至标线，摇匀。贮于聚乙烯瓶中，保存时间不要超过 1 周。

⑤ 盐酸标准溶液（0.0250mol/L）：用分度吸管吸取 2.1mL 浓盐酸（1.19g/mL），并用蒸馏水稀释至 1000mL，此溶液浓度约为 0.025mol/L，其准确浓度按下法标定：用无分度吸管吸取 25.00mL 碳酸钠标准溶液于 250mL 锥形瓶中，加无二氧化碳水稀释至约 100mL，加入 3 滴甲基橙指示液，用盐酸标准溶液滴定至由橘黄色刚变成橘红色，记录盐酸标准溶液用量，按下式计算其准确浓度：

$$C = \frac{25.00 \times 0.0250}{V}$$

式中：C 为盐酸标准溶液浓度（mol/L）；V 为盐酸标准溶液用量（mL）。

6. 测定步骤

① 分取 100mL 水样于 250mL 锥形瓶中，加入 4 滴酚酞指示剂，摇匀。当溶液呈红色时，用盐酸标准溶液滴定至刚刚褪至无色，记录盐酸标准溶液用量。若加酚酞指示剂后溶液无色，则不需用盐酸标准溶液滴定，并接着进行第（2）步操作。

② 向上述锥形瓶中加入 3 滴甲基橙指示剂，摇匀，继续用盐酸标准溶液滴定至溶液由橘黄色刚刚变为橘红色为止，记录盐酸标准溶液用量。

7. 计算

对于多数湿地水体水样，碱性化合物在水中所产生的碱度，有 5 种情形。为说明方便，以酚酞作指示剂时，滴定至颜色变化所消耗盐酸标准溶液的量为 P（mL），以甲基橙作指示剂时盐酸标准溶液用量为 M（mL），则盐酸标准溶液总消耗量为 $T = M+P$。

① 第一种情形，$P=T$ 或 $M=0$ 时：P 代表全部氢氧化物及碳酸盐的一半，由于 $M=0$，表示不含有碳酸盐，也不含重碳酸盐，因此，$P=T=$氢氧化物。

② 第二种情形，$P>1/2T$ 时：说明 $M>0$，有碳酸盐存在，且碳酸盐$=2M=2(T-P)$，而且由于 $P>M$，说明尚有氢氧化物存在，氢氧化物$=T-2(T-P)=2P-T$。

③ 第三情形，$P=1/2T$，即 $P=M$ 时：M 代表碳酸盐的一半，说明水中仅有碳酸盐，碳酸盐$=2P=2M=T$。

④ 第四种情形，$P<1/2T$ 时：此时，$M>P$，因此 M 除代表由碳酸盐生成的重碳酸盐外，尚有水中原有的重碳酸盐，碳酸盐$=2P$，重碳酸盐$=T-2P$。

⑤ 第五种情形，$P=0$ 时：此时，水中只有重碳酸盐存在，重碳酸盐$=T=M$。

以上 5 种情形的碱度，见表 4-10。

表 4-10 碱度的组成

滴定的结果	氢氧化物(OH^-)	碳酸盐(CO_3^{2-})	重碳酸盐(HCO_3^-)
$P=T$	P	0	0
$P>1/2T$	$2P-T$	$2T-P$	0
$P=1/2T$	0	$2P$	0
$P<1/2T$	0	$2P$	$T-2P$
$P=0$	0	0	T

按下述公式计算各种情况下总碱度、碳酸盐、重碳酸盐的含量(mg/L)。

① 总碱度(以 CaO 计) = $\dfrac{C \times (P+M) \times 28.04}{V} \times 1000$

总碱度(以 $CaCO_3$ 计) = $\dfrac{C \times (P+M) \times 50.05}{V} \times 1000$

式中：C 为盐酸标准溶液浓度(mol/L)；28.04 为氧化钙(1/2CaO)摩尔质量(g/mol)；50.05 为碳酸钙($1/2CaCO_3$)摩尔质量(g/mol)。

② 当 $P=T$ 时，$M=0$，碳酸盐(CO_3^{2-})=0，重碳酸盐(HCO_3^-)=0。

③ 当 $P>1/2T$ 时，

碳酸盐碱度(以 CaO 计) = $\dfrac{C \times (T-P) \times 28.04}{V} \times 1000$

碳酸盐碱度(以 $CaCO_3$ 计) = $\dfrac{C \times (T-P) \times 50.05}{V} \times 1000$

碳酸盐碱度($1/2CO_3^{2-}$) = $\dfrac{C \times (T-P)}{V} \times 1000$

重碳酸盐(HCO_3^-) = 0

④ 当 $P=1/2T$ 时，$P=M$。

碳酸盐碱度(以 CaO 计) = $\dfrac{C \times P \times 28.04}{V} \times 1000$

碳酸盐碱度(以 $CaCO_3$ 计) = $\dfrac{C \times P \times 50.05}{V} \times 1000$

碳酸盐碱度($1/2\ CO_3^{2-}$) = $\dfrac{C \times P}{V} \times 1000$

重碳酸盐(HCO_3^-) = 0

⑤ 当 $P<1/2T$ 时，

碳酸盐碱度(以 CaO 计) = $\dfrac{C \times P \times 28.04}{V} \times 1000$

碳酸盐碱度(以 $CaCO_3$ 计) = $\dfrac{C \times P \times 50.05}{V} \times 1000$

$$碳酸盐碱度(1/2\ CO_3^{2-}) = \frac{C \times P}{V} \times 1000$$

$$重碳酸盐碱度(以\ CaO\ 计) = \frac{C \times (T - 2 \times P) \times 28.04}{V} \times 1000$$

$$重碳酸盐碱度(以\ CaCO_3\ 计) = \frac{C \times (T - 2 \times P) \times 50.05}{V} \times 1000$$

$$重碳酸盐碱度(HCO_3^-) = \frac{C \times (T - 2 \times P)}{V} \times 1000$$

⑥ 当 $P=0$ 时，

$$碳酸盐(CO_3^{2-}) = 0$$

$$重碳酸盐碱度(以\ CaO\ 计) = \frac{C \times M \times 28.04}{V} \times 1000$$

$$重碳酸盐碱度(以\ CaCO_3\ 计) = \frac{C \times M \times 50.05}{V} \times 1000$$

$$重碳酸盐碱度(HCO_3^-) = \frac{C \times M}{V} \times 1000$$

8. 注意事项

① 若水样中含有游离二氧化碳，则不存在碳酸盐，可直接以甲基橙作指示剂进行滴定。

② 当水样中总碱度<20mg/L时，可改用0.01mol/L盐酸标准溶液滴定，或改用10mL容量的微量滴定管，以提高测定精度。

（二）电位滴定法

1. 方法原理

测定水样的碱度，用玻璃电极为指示电极，甘汞电极为参比电极，用酸标准溶液滴定，其终点通过pH计或电位滴定仪指示。以pH 8.3表示水样中氢氧化物被中和及碳酸盐转为重碳酸盐时的终点，与酚酞指示剂刚刚褪色时的pH相当。以pH 4.4~4.5表示水中重碳酸盐(包括原有重碳酸盐和由碳酸盐转成的重碳酸盐)被中和的终点，与甲基橙刚刚变为橘红色的pH相当。对于含复杂组分的水或污水，以pH 3.7指示总碱度的滴定终点。电位滴定法可以绘制成滴定时pH对酸标准滴定液用量的滴定曲线，然后计算出相应组分的含量或直接滴定到指定的终点。

脂肪酸盐、油状物质、悬浮固体或沉淀物能覆盖于玻璃电极表面致使响应迟缓。但由于这些物质可能参与酸碱反应，因此不能用过滤的方法除去。为消除其干扰，可采用减慢滴定剂加入速度或延长滴定间歇时间，并充分搅拌至反应达到平衡后再增加滴定剂的办法。搅拌应采用磁力搅拌器或机械法，不能通气搅拌。

2. 仪器设备

① pH计、电位滴定仪或离子活度计，精度为0.05pH单位，最好有自动温度补偿

装置。

② 玻璃电极。

③ 甘汞电极。

④ 磁力搅拌器。

⑤ 滴定管：50mL、25mL 及 10mL。

⑥ 高型烧杯：100mL、200mL 及 250mL。

3. 试剂溶液

① 无二氧化碳水。

② 碳酸钠标准溶液（1/2Na$_2$CO$_3$，0.0250mol/L）。

③ 盐酸标准溶液（HCl，0.0250mol/L）。

①~③的制备方法，参见本节（一）酸碱指示剂滴定法。

盐酸标准溶液也可按下述方法进行标定：

按使用说明书准备好仪器和电极，并用 pH 标准缓冲溶液进行校准。用分度吸管吸取 2.1mL 浓盐酸（1.17g/mL），并用蒸馏水稀释至 1000mL，此溶液浓度为 0.0250mol/L，按下法标定其准确浓度：用无分度吸管吸取 25.00mL 碳酸钠标准溶液置于 200mL 高型烧杯中，加入 75mL 无二氧化碳水，将烧杯放在电磁搅拌器上，插入电极连续搅拌，用盐酸标准溶液滴定。当滴定至 pH 为 4.4~4.5 时，记录所耗盐酸标准溶液用量，并按下式计算其浓度：

$$C = \frac{25.00 \times 0.0250}{V}$$

式中：C 为盐酸标准溶液浓度（mol/L）；V 为盐酸标准溶液用量（mL）。

4. 测定步骤

① 分取 100mL 水样置于 200mL 高型烧杯中，用盐酸标准溶液滴定，滴定方法同盐酸标准溶液的标定。当滴定到 pH 为 8.3 时，到达第一个终点，即酚酞指示的终点，记录盐酸标准溶液消耗量。

② 继续用盐酸标准溶液滴定至 pH 为 4.4~4.5 时，到达第二个终点，即甲基橙指示的终点，记录盐酸标准溶液用量。

5. 计算

与（一）酸碱指示剂滴定法相同。

6. 注意事项

① 对于低碱度的水样，可用 10mL 微量滴定管以提高测定精度。对于高碱度的水样，可改用 0.05mol/L 标准溶液，用量超过 25mL 时，可改用 0.1mol/L 盐酸标准溶液滴定。

② 对于复杂水样，可制成盐酸标准液滴定用量对 pH 的滴定曲线。有时可能在曲线上看不出明显的突跃点，这可能是由于盐类水解反应较慢，不易达到电极反应平衡所致，不

同组分的反应速度各异,为此,应放慢滴定速度,采用较长的时间间隔,以便达到平衡时使突跃点明显可辨。

第四节 营养盐及有机污染综合指标

一、溶解氧

溶解在水中的分子态氧称为溶解氧(DO)。湿地水体中溶解氧的含量取决于水体与大气中氧的平衡。溶解氧的饱和含量和空气中氧的分压、大气压力、水温有密切关系。清洁地表水溶解氧一般接近饱和,由于藻类的生长,溶解氧可能过饱和。当湿地水体受有机、无机还原性物质污染时溶解氧降低,大气中的氧来不及补充时,水中溶解氧逐渐降低,以至趋近于零,此时厌氧菌繁殖,水质恶化,导致鱼虾死亡。因此,溶解氧是评价湿地水质的重要指标之一。

测定水中溶解氧常采用碘量法及其修正法、膜电极法和现场快速溶解氧仪法。较清洁的水体可直接采用碘量法测定,但水样中有色或含有氧化性及还原性物质、藻类、悬浮物等时会影响测定。氧化性物质可使碘化物游离出碘,产生正干扰;某些还原性物质可把碘还原成碘化物,产生负干扰;有机物(如腐殖酸、丹宁酸、木质素等)可能被部分氧化产生负干扰。因此,受污染水体必须采用修正的碘量法或膜电极法测定。

水样中亚硝酸盐氮含量高于0.05mg/L,二价铁低于1mg/L时,采用叠氮化钠修正法,此法适用于多数受污染水体;水样中二价铁高于1mg/L时,采用高锰酸钾修正法;水样有色或有悬浮物,采用明矾絮凝修正法;含有活性污泥悬浊物的水样,采用硫酸铜—氨基磺酸絮凝修正法。

膜电极法和快速溶氧仪法是根据分子氧透过薄膜的扩散速率来测定水中溶解氧,该方法简便、快速、干扰少,可用于现场测定。

用碘量法测定水中溶解氧,水样常采集到溶解氧瓶中。采集水样时,要注意不使水样曝气或有气泡残存在采样瓶中。可用水样冲洗溶解氧瓶后,沿瓶壁直接倾注水样或用虹吸法将细管插入溶解氧瓶底部,注入水样至溢流出瓶容积的1/3~1/2。水样采集后,为防止溶解氧的变化,应立即加固定剂于样品中,并存于冷暗处,同时记录水温和大气压力。

(一) 碘量法

1. 方法原理

水样中加入硫酸锰和碱性碘化钾,水中溶解氧将低价锰氧化成高价锰,生成四价锰的氢氧化物棕色沉淀。加酸后,氢氧化物沉淀溶解并与碘离子反应释放出游离碘。以淀粉作指标剂,用硫代硫酸钠滴定释放出的碘,可计算溶解氧的含量。

2. 仪器

250~300mL 溶解氧瓶。

3. 试剂溶液

① 硫酸锰溶液：称取 480g 硫酸锰（$MnSO_4 \cdot 4H_2O$）或 364g $MnSO_4 \cdot H_2O$ 溶于水，用水稀释至 1000mL。此溶液加至酸化过的碘化钾溶液中，遇淀粉不应产生蓝色。

② 碱性碘化钾溶液：称取 500g 氢氧化钠溶解于 300~400mL 水中，另称取 150g 碘化钾（或 135g NaI）溶于 200mL 水中，待氢氧化钠溶液冷却后，将两溶液合并，混匀，用水稀释至 1000mL。如有沉淀，则放置过夜后，倾出上清液，贮于棕色瓶中，用橡皮塞塞紧，避光保存。此溶液酸化后，遇淀粉不应呈蓝色。

③ 硫酸溶液(1+5)。

④ 淀粉溶液(1%)：称取 1g 可溶性淀粉，用少量水调成糊状，再用刚煮沸的水冲稀至 100mL，冷却后，加入 0.1g 水杨酸或 0.4g 氯化锌防腐。

⑤ 重铬酸钾标准溶液（$1/6 K_2Cr_2O_7$，0.0250mol/L）：称取于 105~110℃ 烘干 2h 并冷却的优级纯重铬酸钾 1.2258g，溶于水，移入 1000mL 容量瓶中，用水稀释至标线，摇匀。

⑥ 硫代硫酸钠溶液：称取 3.2g 硫代硫酸钠（$Na_2S_2O_3 \cdot 5H_2O$）溶于煮沸冷却的水中，加入 0.2g 碳酸钠，用水稀释至 1000mL，贮于棕色瓶中。使用前用 0.0250mol/L 重铬酸钾标准溶液标定，标定方法：于 250mL 碘量瓶中，加入 100mL 水和 1g 碘化钾，再加入 10.00mL 0.0250mol/L 重铬酸钾标准溶液、5mL（1+5）硫酸溶液，密塞，摇匀，于暗处静置 5min 后，用硫代硫酸钠溶液滴定至溶液呈淡黄色，加入 1mL 淀粉溶液，继续滴定至蓝色刚好褪去为止，记录硫代硫酸钠溶液用量 V。

$$M = \frac{10.00 \times 0.0250}{V}$$

式中：M 为硫代硫酸钠溶液的浓度（mol/L）；V 为滴定时消耗硫代硫酸钠溶液的体积（mL）。

4. 测定步骤

（1）溶解氧固定

用吸管插入溶解氧瓶的液面下，加入 1mL 硫酸锰溶液、2mL 碱性碘化钾溶液，盖好瓶塞，颠倒混合数次，静置。待棕色沉淀物降至瓶内一半时，再颠倒混合一次，待沉淀物下降到瓶底。一般在取样现场固定。

（2）析出碘

轻轻打开瓶塞，立即用吸管插入液面下加入 2.0mL 硫酸，小心盖好瓶塞，颠倒混合摇匀至沉淀物全部溶解为止，放置暗处 5min。

（3）滴定

移取 100.0mL 上述溶液于 250mL 锥形瓶中，用硫代硫酸钠溶液滴定至溶液呈淡黄色，加入 1mL 淀粉溶液，继续滴定至蓝色刚好褪去为止，记录硫代硫酸钠溶液用量 V。

5. 计算公式

$$C_{DO} = \frac{M \times V \times 8 \times 1000}{100}$$

式中：C_{DO} 为溶解氧浓度(mg/L)；M 为硫代硫酸钠溶液浓度(mol/L)；V 为滴定时消耗硫代硫酸钠溶液体积(mL)。

6. 注意事项

① 如果水样中含有氧化性物质(如游离氯>0.1mg/L 时)，应预先于水样中加入硫代硫酸钠去除，即用两个溶解氧瓶各取一瓶水样，在其中一瓶加入 5mL(1+5)硫酸和 1g 碘化钾，摇匀，此时游离出碘。以淀粉作指示剂，用硫代硫酸钠溶液滴定至蓝色刚褪，记下用量(相当于去除游离氯的量)。于另一瓶水样中，加入同样量的硫代硫酸钠溶液，摇匀后，按操作步骤测定。

② 如果水样呈强酸性或强碱性，可用氢氧化钠或硫酸溶液调至中性后测定。

(二) 膜电极法

膜电极法适用于天然水、污水和盐水，如果用于测定海水或港湾水这类盐水，须对含盐量进行校正，可用于实验室内测定、现场测定和自动在线连续监测等。

根据所采用电极的不同类型，可测定氧的浓度(mg/L)，或氧的饱和百分率(%溶解氧)，或者二者皆可测定。本方法可测定水中饱和百分率为 0%～100%的溶解氧。大多数仪器能测定高于 100%的过饱和值，一般仪器仅适用于溶解氧>0.1mg/L 的水样测定。

膜电极法适于测定色度高及混浊的水，还适于测定含铁及能与碘作用物质的水，而上述物质会干扰碘量法测定。一些气体和蒸气如氯、二氧化硫、硫化氢、胺、氨、二氧化碳、溴和碘能扩散并通过薄膜，如果上述物质存在，会影响被测电流而产生干扰。样品中存在其他物质，会因引起薄膜阻塞、薄膜损坏或电极被腐蚀而干扰被测电流，这些物质包括溶剂、油类、硫化物、碳酸盐和藻类等。

1. 方法原理

膜电极法所采用的电极由一小室构成，室内有两个金属电极并充有电解质，用选择性薄膜将小室封闭住。实际上水和可溶解物质离子不能透过这层膜，但氧和一定数量的其他气体及亲水性物质可透过这层薄膜。将这种电极浸入水中进行溶解氧测定，因原电池作用或外加电压使电极间产生电位差，这种电位差，使金属离子在阳极进入溶液，而透过膜的氧在阴极还原，由此所产生的电流直接与通过膜与电解质液层的氧的传递速度成正比，因而该电流与给定温度下水样中氧的分压成正比。

因膜的渗透性明显地随温度而变化，所以必须进行温度补偿，可采用数学方法(使用计算图表、计算机程序)，也可使用调节装置，或者利用在电极回路中安装热敏元件加以补偿，某些仪器还可对不同温度下氧的溶解度的变化进行补偿。

2. 测量仪器

由以下部件组成：①测量电极：原电池型(例如铅/银)或极谱型(例如银、金)，如果需要，电极上附有温度灵敏补偿装置；②仪表：刻度直接显示溶解氧的浓度和(或)氧的饱和百分率或电流的微安数；③温度计：刻度分度为0.5℃；④气压表：刻度分度为10Pa。

3. 试剂溶液

① 无水亚硫酸钠(Na_2SO_3)或七水合亚硫酸钠($Na_2SO_3 \cdot 7H_2O$)。

② 二价钴盐，例如六水合氯化钴(Ⅱ)($CoCl_2 \cdot 6H_2O$)。

4. 测定步骤

使用测量仪器时，应遵照制造厂的说明书正确调整和测量，一般仪器的使用和校正步骤：

(1) 测量技术和注意事项

① 不得用手触摸膜的活性表面。

② 在更换电解质和膜之后，或当膜干燥时，都要使膜湿润，只有在读数稳定后，才能进行校准，见下述(2)校准。所需时间取决于电解质中溶解氧消耗所需要的时间。

③ 当将电极浸入样品中时，应保证没有空气泡截留在膜上。

④ 样品接触电极的膜时，应保持一定的流速，以防止与膜接触的瞬间将该部位样品中的溶解氧耗尽，而出现虚假的读数。应保证样品的流速不致使读数发生波动，在这方面要参照仪器制造厂家的说明。

⑤ 对于分散样品，测定容器应能密封以隔绝空气并带有搅拌器(例如电磁搅拌棒)。将样品充满容器至溢流，密闭后进行测量。调整搅拌速度使读数达到平衡后保持稳定，并不得夹带空气。

⑥ 对流动样品，例如河道，要检验是否可保证有足够的流速。如不够，则需在水样中往复移动电极，或者取出分散样品按上段叙述的方法测定。

(2) 校准

校准步骤在下述①至③中叙述，但必须参照仪器制造厂家的说明书。

① 调节：调整仪器的电零点，有些仪器有补偿零点，则不必调整。

② 检验零点：检验零点(如需调整零点)时，可将电极浸入每升已加入1g亚硫酸钠和约1mg钴盐(Ⅱ)的蒸馏水中，进行校零，10min内应得到稳定读数(有的仪器只需2~3min)。

③ 接近饱和值校准：在一定温度下，向水中曝气，使水中氧的含量达到饱和或接近饱和，在这个温度下保持15min再测定溶解氧的浓度，例如用碘量法测定。

④ 调整仪器：将电极浸没在瓶内，瓶中完全充满按上述步骤制备并标定好的样品，让探头在搅拌的溶液中稳定10min以后(有的仪器只需约2min)。如果必要，调节仪器读数至样品已知的氧浓度。当仪器不能再校准，或仪器响应变得不稳定或较低时，应更换电解质或膜。如过去的经验已给出空气饱和样品需要的曝气时间和空气流速，则可查表4-

11 和表 4-12 来代替碘量法测定。

表 4-11 作为温度和含盐量函数的水中氧的溶解度

温度(℃)	C_S(mg/L)	ΔC_S(mg/L)	温度(℃)	C_S(mg/L)	ΔC_S(mg/L)
0	14.64	0.0925	20	9.08	0.0481
1	14.22	0.0890	21	8.90	0.0467
2	13.82	0.0857	22	8.73	0.0453
3	13.44	0.0827	23	8.57	0.0440
4	13.09	0.0798	24	8.41	0.0427
5	12.74	0.0771	25	8.25	0.0415
6	12.42	0.0745	26	8.11	0.0404
7	12.11	0.0720	27	7.96	0.0393
8	11.81	0.0697	28	7.82	0.0382
9	11.53	0.0675	29	7.69	0.0372
10	11.26	0.0653	30	7.56	0.0362
11	11.01	0.0633	31	7.43	
12	10.77	0.0614	32	7.30	
13	10.53	0.0595	33	7.18	
14	10.30	0.0577	34	7.07	
15	10.08	0.0559	35	6.95	
16	9.86	0.0543	36	6.84	
17	9.66	0.0527	37	6.73	
18	9.46	0.0511	38	6.63	
19	9.27	0.0496	39	6.53	

注：纯水中氧的溶解度(C_S)，以每升水中氧的毫克数表示，纯水中存在被水蒸气饱和的空气，空气中含有 20.94% 的氧，压力为 101.3kPa；含盐量为 1g/L 时氧溶解度的变化量(ΔC_S)；以上值可通过回归方程计算得到：$C_s = 14.60307 - 0.4021469 \times T + 0.00768703 \times T^2 - 0.0000692575 \times T^3$。

表 4-12 海拔高度和平均大气压的对应值

海拔高度 h(m)	P_h(kPa)	海拔高度 h(m)	P_h(kPa)
0	101.3	1100	88.3
100	100.1	1200	87.2
200	98.8	1300	86.1
300	97.6	1400	85.0
400	96.4	1500	84.0
500	95.2	1600	82.9
600	94.0	1700	81.9
700	92.8	1800	80.9
800	91.7	1900	79.9
900	90.5	2000	78.9
1000	89.4	2100	77.9

(3) 测定

对水样进行测定。在电极浸入样品后，使停留足够的时间，待电极与待测水温一致并使读数稳定。由于所用仪器型号不同及对结果的要求不同，必要时要检验水温和大气压力。

(4) 结果

① 溶解氧的浓度(mg/L)：溶解氧的浓度以每升中氧的毫克数表示，取值到小数点后第一位。当测量样品时的温度不同于校准仪器时的温度，应对仪器读数给予相应校正。有些仪器可以自动进行补偿。该校正考虑到在两种不同温度下溶解氧浓度的差值。要计算溶解氧的实际值，需将测定温度下所得读数乘以下列比值(C_m/C_e)，C_m 为测定温度下的溶解氧浓度，C_e 为校准温度下的溶解氧浓度。

例：

校准温度　25℃

25℃溶解氧浓度　8.25mg/L

测量时的温度　10℃

仪器读数　7.0mg/L

10℃时溶解氧浓度　11.26mg/L

10℃时的实测值　$\dfrac{11.26}{8.25} \times 7.0 = 9.6$ mg/L

注：上例中以 mg/L 表示的 C_m 和 C_e 值可根据对应的温度由表 4-11 中 C_s 栏中查得。

② 作为温度和压力函数的溶解氧浓度：表 4-11 给出了在标准大气压力下作为温度函数的值，表 4-12 则给出作为温度和压力两项函数的值。

③ 盐水样品经过校正的溶解氧浓度：氧在水中溶解度随盐含量的增加而减少，在实际应用中，当含盐量(以总盐表示)在 35g/L 以下时可合理地认为上述关系呈线性。表 4-11 给出每 1g/L 含盐量在校正时减去校正值，即 ΔC_s。所以，当水中含盐量为 N g/L 时，水中氧的溶解浓度等于纯水中相应的溶解浓度减 $N \cdot \Delta C_s$。

④ 以饱和百分率表示的溶解氧浓度：以 mg/L 表示的实际溶解氧浓度，必要时需经过温度校正，除以表 4-11 给出的理论值而得出的百分率：C_s(测定值)/C_s(理论值)×100。

⑤ 大气压力或海拔高度的校正：如果大气压力 P 不是 101.3kPa，那么溶解度 C_s^n 可由 101.3kPa 的 C_s 值计算公式：

$$C_s^n = C_s \times \dfrac{P - P_w}{101.3 - P_w}$$

式中：C_s^n 为溶解氧浓度(mg/L)；C_s 为纯水中溶解氧浓度(mg/L)；P_w 为在选定温度下和空气接触时，水蒸气的压力(kPa)；P 为大气压力(kPa)。

作为海拔高度函数的平均大气压值计算公式：

$$\lg P_h = \lg 101.3 - \frac{h}{18400}$$

式中：P_h 为海拔高度 h（以 m 表示）时的平均大气压（kPa）。

叠氮化钠修正法、高锰酸钾修正法、明矾絮凝修正法、硫酸铜—氨基磺酸絮凝修正法、便携式溶解氧仪法可参考《水和废水监测分析方法（第四版）（增补版）》中溶解氧的测定。

二、化学需氧量

化学需氧量（COD），是指在强酸并加热条件下，用重铬酸钾作为氧化剂处理水样时所消耗氧化剂的量，单位 mg/L。化学需氧量反映了湿地水体受还原性物质污染的程度，水中还原性物质包括有机物、亚硝酸盐、亚铁盐、硫化物等。水被有机物污染是很普遍的，因此化学需氧量也作为有机物相对含量的指标之一，但只能反映能被氧化的有机物污染，不能反映多环芳烃（PAH）、多氯联苯（PCB），二噁英（Dioxin）类等的污染状况。COD_{Cr} 是我国实施排放总量控制的指标之一。

水样的化学需氧量由于加入氧化剂的种类及浓度、反应溶液的酸度、反应温度和时间以及催化剂的有无而获得不同的结果。因此，化学需氧量也是一个条件性指标，必须严格按操作步骤进行。

（一）重铬酸钾法

1. 方法原理

在强酸性溶液中，用一定量的重铬酸钾氧化水样中还原性物质，过量的重铬酸钾以试亚铁灵（$C_{12}H_8N_2$）作指示剂，用硫酸亚铁铵溶液回滴，根据硫酸亚铁铵的用量算出水样中还原性物质消耗氧的量。

酸性重铬酸钾氧化性很强，可氧化大部分有机物，加入硫酸银作催化剂时，直链脂肪族化合物可完全被氧化，而芳香族有机物却不易被氧化，吡啶不被氧化，挥发性直链脂肪族化合物、苯等有机物存在于蒸气相，不能与氧化剂液体接触，氧化不明显。氯离子能被重铬酸盐氧化，并且能与硫酸银作用产生沉淀，影响测定结果。因此，在回流前向水样中加入硫酸汞，成为络合物以消除干扰。氯离子含量高于 1000mg/L 的样品应先作定量稀释，使含量降低至 1000mg/L 以下，再进行测定。

2. 适用范围

用 0.25mol/L 浓度的重铬酸钾溶液可测定大于 50mg/L 的 COD 值，未经稀释水样的测定上限是 700mg/L，用 0.025mol/L

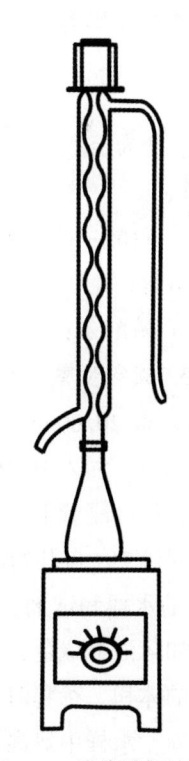

图 4-6 重铬酸钾法测定 COD 的回流装置

浓度的重铬酸钾溶液可测定 5~50mg/L 的 COD 值，但低于 10mg/L 时测量准确度较差。

3. 仪器设备

① 回流装置：带 250mL 锥形瓶的全玻璃回流装置，见图 4-6（如取样量在 30mL 以上，采用 500mL 锥形瓶的全玻璃回流装置）。

② 加热装置：变阻电炉。

③ 50mL 酸式滴定管。

4. 试剂溶液

① 重铬酸钾标准溶液（$1/6K_2CrO_7$，0.2500mol/L）：称取预先在 120℃烘干 2h 的基准或优级纯重铬酸钾 12.258g 溶于水中，移入 1000mL 容量瓶，稀释至标线，摇匀。

② 试亚铁灵指示液：称取 1.458g 邻菲啰啉（$C_{12}H_8N_2 \cdot H_2O$，1,10-phenanthroline），0.695g 硫酸亚铁（$FeSO_4 \cdot 7H_2O$）溶于水中，稀释至 100mL，贮于棕色瓶内。

③ 硫酸亚铁铵标准溶液[$(NH_4)_2Fe(SO_4)_2 \cdot 6H_2O$，0.1mol/L]：称取 39.5g 硫酸亚铁铵溶于水中，边搅拌边缓慢加入 20mL 浓硫酸，冷却后移入 1000mL 容量瓶中，加水稀释至标线，摇匀。临用前，用重铬酸钾标准溶液标定。标定方法：准确吸取 10.00mL 重铬酸钾标准溶液于 500mL 锥形瓶中，加水稀释至 110mL 左右，缓慢加入 30mL 浓硫酸，混匀。冷却后，加入 3 滴试亚铁灵指示液（约 0.15mL），用硫酸亚铁铵溶液滴定，溶液的颜色由黄色经蓝绿色至红褐色即为终点。

$$C = \frac{0.2500 \times 10.00}{V}$$

式中：C 为硫酸亚铁铵标准溶液的浓度（mol/L）；V 为硫酸亚铁铵标准滴定溶液的用量（mL）。

④ 硫酸—硫酸银溶液：于 2500mL 浓硫酸中加入 25g 硫酸银，放置 1~2 天，不时摇动使其溶解（如无 2500mL 容器，可在 500mL 浓硫酸中加入 5g 硫酸银）。

⑤ 硫酸汞：结晶或粉末。

5. 测定步骤

① 取 20.00mL 混合均匀的水样（或适量水样稀释至 20.00mL）置于 250mL 磨口的回流锥形瓶中，加入 10.00mL 重铬酸钾标准溶液及数粒洗净的玻璃珠或沸石，连接磨口回流冷凝管，从冷凝管上口慢慢地加入 30mL 硫酸—硫酸银溶液，轻轻摇动锥形瓶使溶液混匀，加热回流 2h（自开始沸腾时计时）。对于化学需氧量高的水样，可先取上述操作所需体积 1/10 的水样和试剂，于 15mm×150mm 硬质玻璃试管中，摇匀，加热后观察是否变成绿色。如溶液显绿色，再适当减少水样量，直到溶液不变绿色为止，从而确定水样分析时应取用的体积。稀释时，所取水样量不得少于 5mL，如果化学需氧量很高，则水样应多次逐级稀释。水样中氯离子含量超过 30mg/L 时，应先把 0.4g 硫酸汞加入回流锥形瓶中，再加 20.00mL 水样（或适量水样稀释至 20.00mL）、摇匀。以下操作同上。

② 冷却后，用 90mL 水从上部慢慢冲洗冷凝管壁，取下锥形瓶。溶液总体积不得少于

140mL，否则因酸度太大，滴定终点不明显。

③ 溶液再度冷却后，加3滴试亚铁灵指示液，用硫酸亚铁铵标准溶液滴定，溶液的颜色由黄色经蓝绿色至红褐色即为终点，记录硫酸亚铁铵标准溶液的用量。

④ 测定水样的同时，以20.00mL重蒸馏水，按同样操作步骤做空白试验，记录滴定空白时硫酸亚铁铵标准溶液的用量。

7. 计算公式

$$COD_{Cr} = \frac{(V_0 - V_1) \times C \times 8 \times 1000}{V}$$

式中：COD_{Cr}为样品中化学需氧量的质量浓度(mg/L)；C为硫酸亚铁铵标准溶液的浓度(mol/L)；V_0为滴定空白时硫酸亚铁铵标准溶液用量(mL)；V_1为滴定水样时硫酸亚铁铵标准溶液的用量(mL)；V为水样的体积(mL)；8为1/2氧的摩尔质量(g/mol)。

8. 注意事项

① 使用0.4g硫酸汞络合氯离子的最高量可达40mg，如取用20.00mL水样，即最高可络合2000mg/L氯离子浓度的水样。若氯离子浓度较低，也可少加硫酸汞，保持硫酸汞：氯离子=10:1。若出现少量氯化汞沉淀，并不影响测定。

② 水样取用体积可在10.00~50.00mL范围之间，但试剂用量及浓度需按表4-13进行相应调整，也可得到测定结果。

表4-13 水样取用量和试剂用量表

水样体积(mL)	0.2500mol/L K_2CrO_7溶液(mL)	H_2SO_4-Ag_2SO_4溶液(mL)	$HgSO_4$ (g)	$(NH_4)_2Fe(SO_4)_2$ (mol/L)	滴定前总体积(mL)
10.0	5.0	15	0.2	0.050	70
20.0	10.0	30	0.4	0.100	140
30.0	15.0	45	0.6	0.150	210
40.0	20.0	60	0.8	0.200	280
50.0	25.0	75	1.0	0.250	350

③ 对于化学需氧量<50mg/L的水样，应改用0.0250mol/L重铬酸钾标准溶液，回滴时用0.01mol/L硫酸亚铁铵标准溶液。

④ 水样加热回流后，溶液中重铬酸钾剩余量应是加入量的1/5~4/5为宜。

⑤ 用邻苯二甲酸氢钾($C_8H_5KO_4$)标准溶液检查试剂的质量和操作技术时，由于每克邻苯二甲酸氢钾的理论COD_{Cr}为1.176g，所以溶解0.4251g邻苯二甲酸氢钾于重蒸馏水中，转入1000mL容量瓶，用重蒸馏水稀释至标线，使之成为500mg/L的COD_{Cr}标准溶液。用时新配。

⑥ COD_{Cr}的测定结果应保留三位有效数字。

⑦ 每次实验时，应对硫酸亚铁铵标准滴定溶液进行标定，室温较高时尤其应注意其

浓度的变化。标定方法：于空白试验滴定结束后的溶液中，准确加入 10.00mL 0.2500mol/L 重铬酸钾溶液，混匀，然后用硫酸亚铁铵标准溶液进行标定。

⑧ 回流冷凝管不能用软质乳胶管，否则容易老化、变形、冷却水不通畅。

⑨ 用手摸冷却水时不能有温感，否则测定结果偏低。

⑩ 滴定时不能激烈摇动锥形瓶，瓶内试液不能溅出水花，否则影响测定结果。

(二) 库仑法

1. 方法原理

水样以重铬酸钾为氧化剂，在 10.2mol/L 硫酸介质中回流氧化后，过量的重铬酸钾用电解产生的亚铁离子作为库仑滴定剂，进行库仑滴定。根据电解产生亚铁离子所消耗的电量按照法拉第定律进行计算。

$$COD_{Cr} = \frac{Q_s - Q_m}{96487} \times \frac{8 \times 1000}{V}$$

式中：COD_{Cr} 为样品中化学需氧量的质量浓度（mg/L）；Q_s 为标定重铬酸钾所消耗的电量；Q_m 为测定过量重铬酸钾所消耗的电量；V 为水样的体积（mL），96487 为法拉第常数（库仑，C/mol）。

一些仪器已具有简单的数据处理装置，显示的数值即为 COD_{Cr} 值。此法简便、快速、试剂用量少，缩短了回流时间，且电极产生的亚铁离子作为滴定剂，减少了硫酸亚铁铵的配制及标定等繁杂的手续。

当使用 1mL 0.05mol/L 重铬酸钾溶液进行标定值测定时，最低检出浓度为 2mg/L。

当使用 3mL 0.05mol/L 重铬酸钾溶液进行标定值测定时，最低检出浓度为 3mg/L；测定上限为 100mg/L。

2. 仪器设备

① 化学需氧量测定仪。

② 滴定池：150mL 锥形瓶（回流和滴定用）。

③ 电极：发生电极面积为 780mm² 铂片。对电极用铂丝做成，置于底部为融熔玻璃的玻璃管（内充 3mol/L 的硫酸）中，指示电极面积为 300mm² 铂片，参考电极为直径 1mm 钨丝，也置于底部为融熔玻璃的玻璃管（内充饱和硫酸钾溶液）中。

④ 电磁搅拌器、搅拌子。

⑤ 回流装置：带磨口 150mL 锥形瓶的回流装置，回流冷凝管长度为 120mm。

⑥ 电炉（300W）。

⑦ 定时钟。

3. 试剂溶液

① 重蒸馏水：于蒸馏水中加入少许高锰酸钾进行重蒸馏。

② 重铬酸钾溶液（$1/6K_2Cr_2O_7$，0.050mol/L）：称取 2.452g 重铬酸钾溶于 1000mL 重蒸馏水中，摇匀备用。

③ 硫酸—硫酸银溶液：于 2500mL 浓硫酸中加入 25g 硫酸银，使其溶解、摇匀。

④ 硫酸铁溶液[$1/2Fe_2(SO_4)_3$，$1mol/L$]：称取 200g 硫酸铁[$Fe_2(SO_4)_3$]溶于 1000mL 重蒸馏水中(若有沉淀物需过滤除去)。

⑤ 硫酸汞溶液：称取 4g 硫酸汞置于 50mL 烧杯中，加入 20mL 3mol/L 的硫酸，稍加热使其溶解，移入滴瓶中。

4. 测定步骤

(1) 标定值测定

① 准确吸取 12mL 重蒸馏水置于锥形瓶中，加 1.00mL 0.050mol/L 的重铬酸钾溶液，慢慢加入 17.0mL 硫酸—硫酸银溶液，混匀，放入 2~3 粒玻璃珠，加热回流。

② 回流 15min 后停止加热，用隔热板将锥形瓶与电炉隔开、稍冷，由冷凝管上端加入 33mL 重蒸馏水。

③ 取下锥形瓶，置于冷水浴中冷却，加 7mL 1mol/L 硫酸铁溶液，摇匀，继续冷却至室温。

④ 放入搅拌子，插入电极、搅拌。按下标定开关，进行库仑滴定。仪器自动控制终点并显示重铬酸钾相对的 COD_{Cr} 标定值，将此值存入仪器的存储器中。

(2) 水样测定

COD_{Cr} 值<20mg/L 的水样：

① 准确吸取 10.00mL 水样置锥形瓶中，加入 1~2 滴硫酸汞溶液及 0.050mol/L 重铬酸钾溶液 1.00mL，加入 17.00mL 硫酸—硫酸银溶液，混匀，加 2~3 粒玻璃珠，加热回流，操作按照(1)标定值测定中②③进行。

② 放入搅拌子，插入电极并开动搅拌器，按下测定开关，进行库仑滴定，仪器直接显示水样的 COD 值。如果水样氯离子含量较高，可以少取水样用重蒸馏水稀释至 10mL，测得该水样的 COD_{Cr} 为：

$$COD_{Cr} = \frac{10}{V} \times COD$$

式中：COD_{Cr} 为样品中化学需要量质量浓度(mg/L)；V 为水样的体积(mL)；COD 为仪器 COD 读数(mg/L)。

COD_{Cr} 值>20mg/L 的水样：

① 准确吸取 10mL 重蒸馏水置锥形瓶中，加入 1~2 滴硫酸汞溶液，加 0.050mol/L 重铬酸钾溶液 3.00mL，慢慢加入 17.0mL 硫酸—硫酸银溶液，混匀，放入 2~3 粒玻璃珠，加热回流，操作按(1)标定值测定中②③④进行标定。

② 准确吸取 10.00mL 水样(或酌量少取，加入纯水至 10mL)置锥形瓶中，加入 1~2 滴硫酸汞溶液及 0.050mol/L 重铬酸钾溶液 3.00mL，再加 17.0mL 硫酸—硫酸银溶液，混匀，加入 2~3 粒玻璃珠，加热回流，操作按 COD_{Cr}<20mg/L 的水样测定步骤进行。

7. 注意事项

① 对于浑浊及悬浮物较多的水样，要特别注意取样的均匀性，否则会带来较大的误差。

② 当铂电极沾污时，可将电极放入 2mol/L 氨水中浸洗片刻，然后取出并用重蒸馏水洗净。

③ 切勿用去离子水配制试剂和稀释水样。

④ 对于不同型号的 COD 测定仪，应按照仪器使用说明书进行操作。

快速密闭催化消解法、光度法、节能加热法、氯气校正法可参考《水和废水监测分析方法(第四版)(增补版)》中化学需氧量的测定。

三、生化需氧量

生活污水与工业废水中含有大量各类有机物，当其污染湿地水域后，这些有机物在水体中分解时要消耗大量溶解氧，从而破坏湿地水体中氧的平衡，使水质恶化，因缺氧造成鱼类及其他水生生物的死亡。利用水中有机物在一定条件下所消耗的氧来间接表示水体中有机物的含量，生化需氧量(BOD_5)即属于这类的重要指标之一。生化需氧量的测定方法有稀释接种法、微生物电极法等。

测定生化需氧量的水样，采集时应充满并密封于瓶中，在 0~4℃ 下进行保存，一般应在 6h 内进行分析。若需要远距离转运，在任何情况下，贮存时间不应超过 24h。

(一) 稀释接种法

1. 方法原理

生化需氧量是指在规定条件下，微生物分解存在水中的某些可氧化物质，特别是有机物所进行的生物化学过程中消耗溶解氧的量。此生物氧化全过程进行的时间很长，如在 20℃ 培养时，完成此过程需 100 多天。普遍规定 20℃±1℃ 培养 5 天，分别测定样品培养前后的溶解氧，二者之差即为生化需氧量(BOD_5)值，单位 mg/L。

对某些含较多有机物的污染水体，需要稀释后再培养测定，以降低其浓度和保证有充足的溶解氧。稀释的程度应使培养中所消耗的溶解氧>2mg/L，而剩余溶解氧在 1mg/L 以上。为了保证水样稀释后有足够的溶解氧，稀释水通常要通入空气进行曝气(或通入氧气)，使稀释水中溶解氧接近饱和。稀释水中还应加入一定量的无机营养盐和缓冲物质(磷酸盐、钙、镁和铁盐等)，以保证微生物生长的需要。

2. 适用范围

稀释接种法适用于测定 $BOD_5 \geq 2mg/L$，最大不超过 6000mg/L 的水样。当水样 $BOD_5 >$ 6000mg/L，会因稀释带来一定的误差。

3. 仪器设备

① 恒温培养箱(20℃±1℃)。

② 5~20L 细口玻璃瓶。

③ 1000~2000mL 量筒。

④ 玻璃搅棒：棒的长度应比所用量筒高度长 200mm。在棒的底端固定一个直径比量筒底小、并带有几个小孔的硬橡胶板。

⑤ 溶解氧瓶：250~300mL 之间，带有磨口玻璃塞并具有供水封用的钟形口。

⑥ 虹吸管，供分取水样和添加稀释水用。

4. 试剂溶液

(1) 磷酸盐缓冲溶液

称取 8.5g 磷酸二氢钾(KH_2PO_4)、21.75g 磷酸氢二钾(K_2HPO_4)、33.4g 七水合磷酸氢二钠($Na_2HPO_4 \cdot 7H_2O$)和 1.7g 氯化铵(NH_4Cl)溶于水中，稀释至 1000mL，此溶液的 pH 7.2。

(2) 硫酸镁溶液

称取 22.5g 七水合硫酸镁($MgSO_4 \cdot 7H_2O$)溶于水中，稀释至 1000mL。

(3) 氯化钙溶液

称取 27.5g 无水氯化钙溶于水，稀释至 1000mL。

(4) 氯化铁溶液

称取 0.25g 六水合氯化铁($FeCl_3 \cdot 6H_2O$)溶于水，稀释至 1000mL。

(5) 盐酸溶液(0.5mol/L)

量取 40mL(1.18g/mL)盐酸溶于水，稀释至 1000mL。

(6) 氢氧化钠溶液(0.5mol/L)

称取 20g 氢氧化钠溶于水，稀释至 1000mL。

(7) 亚硫酸钠溶液(1/2Na_2SO_3，0.025mol/L)

称取 1.575g 亚硫酸钠溶于水，稀释至 1000mL，此溶液不稳定，需每天配制。

(8) 葡萄糖—谷氨酸标准溶液

称取葡萄糖($C_6H_{12}O_6$)和谷氨酸($C_5H_9NO_4$)在 103℃ 干燥 1h 后，各称取 150mg 溶于水中，移入 1000mL 容量瓶内并稀释至标线，混合均匀。此标准溶液临用前配制。

(9) 稀释水

在 5~20L 玻璃瓶内装入一定量的水，控制水温在 20℃ 左右。然后用无油空气压缩机或薄膜泵，将吸入的空气先后经活性炭吸附管及水洗涤管后，导入稀释水内曝气 2~8h，使稀释水中的溶解氧接近于饱和。曝气也可导入适量纯氧。瓶口盖以两层经洗涤晾干的纱布，置于 20℃ 培养箱中放置数小时，使水中溶解氧含量达 8mg/L 左右。临用前每升水中加入氯化钙溶液、氯化铁溶液、硫酸镁溶液、磷酸盐缓冲溶液各 1mL，并混合均匀。稀释水的 pH 为 7.2，其 BOD_5<0.2mg/L。

(10) 接种液

可选择以下任一方法，以获得适用的接种液。① 城市污水，一般采用生活污水，在室温下放置一昼夜，取上清液供用；② 表层土壤浸出液，取100g植物生长土壤，加入1L水，混合并静置10min，取上清液供用；③ 用含城市污水的河水或湖水；④ 污水处理厂的出水；⑤ 当分析含有难于降解物质的废水时，在其排污口下游适当距离处取水样作为废水的驯化接种液。如无此种水源，可取中和或经适当稀释后的废水进行连续曝气，每天加入少量该种废水，同时加入适量表层土壤或生活污水，使能适应该种废水的微生物大量繁殖。当水中出现大量絮状物，或检查其化学需氧量的降低值出现突变时，表明适用的微生物已进行繁殖，可用作接种液。一般驯化过程需要3～8天。

（11）接种稀释水

分取适量接种液，加入稀释水中，混匀。每升稀释水中接种液加入量：生活污水1～10mL，或表层土壤浸出液20～30mL，或河水、湖水10～100mL。接种稀释水的pH为7.2，BOD_5值在0.3～1.0mg/L为宜。接种稀释水配制后应立即使用。

5. 测定步骤

（1）水样预处理

① 水样的pH若超出6.5～7.5范围时，可用盐酸或氢氧化钠稀溶液调节pH近于7，但用量不要超过水样体积的0.5%。若水样的酸度或碱度很高，可改用高浓度的碱或酸液进行中和。

② 水样中含有铜、铅、锌、镉、铬、砷、氰等有毒物质时，可使用经驯化的微生物接种液的稀释水进行稀释，或提高稀释倍数以减少毒物的浓度。

③ 含有少量游离氯的水样，一般放置1～2h，游离氯即可消失。对于游离氯在短时间不能消散的水样，可加入亚硫酸钠溶液除去。其加入量由下述方法决定：取已中和好的水样100mL，加入(1+1)乙酸10mL，10%碘化钾溶液1mL，混匀。以淀粉溶液为指示剂，用亚硫酸钠溶液滴定游离碘，由亚硫酸钠溶液消耗的体积，计算出水样中应加亚硫酸钠溶液的量。

④ 从水温较低水域或富营养化湖泊中采集的水样，可遇到含有过饱和溶解氧，此时应将水样迅速升温至20℃左右，在不使满瓶的情况下，充分振摇，并时时开塞放气，以赶出过饱和的溶解氧。从水温较高水域或废水排放口取得的水样，则应迅速使其冷却至20℃左右，并充分振摇，使与空气中氧分压接近平衡。

（2）不经稀释水样测定

① 溶解氧含量较高、有机物含量较少的地表水，可不经稀释而直接以虹吸法将约20℃的混匀水样转移入两个溶解氧瓶内，转移过程中应注意不使产生气泡。以同样的操作使两个溶解氧瓶充满水样后溢出少许，加塞。瓶内不应留有气泡。

② 其中一瓶随即测定溶解氧，另一瓶的瓶口进行水封后，放入培养箱中，在20℃±1℃培养5天。在培养过程中注意添加封口水。

③ 从开始放入培养箱算起，经过5天后，弃去封口水，测定剩余的溶解氧。

(3) 需经稀释水样测定

① 稀释倍数确定：根据下述计算方法，供稀释时参考。

地表水：由测得的 COD_{Cr} 与一定的系数的乘积，即求得稀释倍数，见表 4-14。

表 4-14 由 COD_{Cr} 与一定系数的乘积求得的稀释倍数

COD_{Cr}(mg/L)	系数	COD_{Cr}(mg/L)	系数
<5	—	10~20	0.4、0.6
5~10	0.2、0.3	>20	0.5、0.7、1.0

生活、工业污水：由重铬酸钾法测得的 COD 值来确定，通常需作三个稀释比。使用稀释水时，由 COD 值分别乘以系数 0.075、0.15、0.225，即获得三个稀释倍数，使用接种稀释水时，则分别乘以 0.075、0.15、0.25 三个系数。

COD_{Cr} 值可在测定 COD 过程中，加热回流至 60min 时，用由校核试验的邻苯二甲酸氢钾溶液按 COD 测定相同操作步骤制备的标准色列进行估测。

② 稀释操作：

一般稀释法：按照选定的稀释比例，用虹吸法沿筒壁先引入部分稀释水(或接种稀释水)于 1000mL 量筒中，加入需要量的均匀水样，再加入稀释水(或接种稀释水)至 800mL，用带胶板的玻棒小心上下搅匀。搅拌时勿使搅棒的胶板露出水面，防止产生气泡。按不经稀释水样的测定相同操作步骤进行装瓶、测定当天溶解氧和培养 5 天后的溶解氧。另取两个溶解氧瓶，用虹吸法装满稀释水(或接种稀释水)作为空白试验。测定 5 天前后的溶解氧。

直接稀释法：直接稀释法是在溶解氧瓶内直接稀释。在已知两个容积相同(其差<1mL)的溶解氧瓶内，用虹吸法加入部分稀释水(或接种稀释水)，再加入根据瓶容积和稀释比例计算出的水样量，然后用稀释水(或接种稀释水)使刚好充满，加塞，勿留气泡于瓶内。其余操作与上述一般稀释法相同。

BOD_5 测定中，一般采用叠氮化钠改良法测定溶解氧。如遇干扰物质，应根据具体情况采用其他测定法。

6. 计算

① 不经稀释直接培养的水样，计算公式：

$$BOD_5 = C_1 - C_2$$

式中：BOD_5 为生化需氧量(mg/L)；C_1 为水样在培养前的溶解氧浓度(mg/L)；C_2 为水样经 5 天培养后剩余溶解氧浓度(mg/L)。

② 经稀释后培养的水样，计算公式：

$$BOD_5 = \frac{(C_1 - C_2) - (B_1 - B_2) \cdot f_1}{f_2}$$

式中：BOD_5 为生化需氧量(mg/L)；B_1 为稀释水(或接种稀释水)在培养前的溶解氧

（mg/L）；B_2为稀释水（或接种稀释水）在培养后的溶解氧（mg/L）；f_1为稀释水（或接种稀释水）在培养液中所占比例；f_2为水样在培养液中所占比例。

f_1、f_2的计算：例如培养液的稀释比为3%，即3份水样、97份稀释水，则$f_1 = 0.97$、$f_2 = 0.03$。

7. 注意事项

① 水中有机物的生物氧化过程，可分为两个阶段。第一阶段为有机物中的碳和氢，氧化生成二氧化碳和水，此阶段称为碳化阶段，完成碳化阶段在20℃大约需20天。第二阶段为含氮物质及部分氨，氧化为亚硝酸盐及硝酸盐，称为硝化阶段，完成硝化阶段在20℃时需要约100天。因此，一般测定水样BOD_5时，硝化作用很不显著或根本不发生硝化作用。但对于生物处理池的出水，因其中含有大量的硝化细菌。因此，在测定BOD_5时也包括了部分含氮化合物的需氧量。对于这样的水样，如果只需要测定有机物降解的需氧量，可以加入硝化抑制剂，抑制硝化过程。为此，可在每升稀释水样中加入1mL浓度为500mg/L的丙烯基硫脲（ATU，$C_4H_8N_2S$）。

② 玻璃器皿应彻底洗净。先用洗涤剂浸泡清洗，然后用稀盐酸浸泡，最后依次用自来水、蒸馏水洗净。

③ 在两个或三个稀释比的样品中，凡消耗溶解氧>2mg/L和剩余溶解氧>1mg/L，计算结果应取其平均值。若剩余的溶解氧<1mg/L，甚至为零时，应加大稀释比。溶解氧消耗量<2mg/L，有两种可能，一是稀释倍数过大；另一种可能是微生物菌种不适应，活性差，或含毒物质浓度过大，这时可能出现在几个稀释比中稀释倍数较大的消耗溶解氧反而较多的现象。

④ 为检查稀释水和接种液的质量，以及化验人员的操作水平，可将20mL葡萄糖—谷氨酸标准溶液用接种稀释水稀释至1000mL，按测定BOD_5的步骤操作，测得BOD_5的值应在180~230mg/L之间，否则应检查接种液、稀释水的质量或操作技术是否存在问题。

（5）水样稀释倍数超过100倍时，应预先在容量瓶中用水初步稀释后，再取适量进行最后稀释培养。

（二）微生物传感器快速测定法

1. 方法原理

测定水中BOD的微生物传感器是由氧电极和微生物菌膜构成，其原理是当含有饱和溶解氧的水样进入流通池中与微生物传感器接触，水样中溶解性可生化降解的有机物受到微生物菌膜中菌种的作用，使扩散到氧电极表面上氧的质量减少。当水样中可生化降解的有机物向菌膜扩散速度（质量）达到恒定时，此时扩散到氧电极表面上氧的质量也达到恒定，因此产生了一个恒定电流。由于恒定电流与水样中可生化降解的有机物浓度的差值与氧的减少量存在定量关系，据此可换算出水样中生物化学需氧量。

当水样中的氰化物和亚硫酸根离子分别超过20mg/L和1000mg/L时，使测定结果产生较大误差。水样中含 Co^{2+}(10mg/L 以下)、Mn^{2+}(5mg/L 以下)、Zn^{2+}(10mg/L 以下)、Fe^{2+}(5mg/L 以下)、Cu^{2+}(2mg/L 以下)、Hg^{2+}(5mg/L 以下)、Pb^{2+}(5mg/L 以下)、Cd^{2+}(5mg/L 以下)对测定结果不产生明显的干扰。对微生物膜内菌种有毒害作用的高浓度杀菌剂、农药类、游离氯废水,用本方法测定会产生较大误差,可减少取样量或适当稀释试样以减少这类影响。

微生物传感器快速测定法适用于测定 BOD 浓度为 2~500mg/L 的水样,当 BOD 较高时可经适当稀释后测定。

2. 仪器设备

使用的玻璃仪器及塑料容器要认真清洗,不能有可生物降解的化合物,操作中应防止污染。

① BOD 快速测定仪:按说明书使用并选择测量条件。

② 微生物菌膜:微生物菌膜可在室温干燥条件下保存。

③ 微生物菌膜活化与安装:将微生物菌膜放入 0.005mol/L 缓冲溶液中活化 48h,然后将其安装在微生物传感器上(如果间断测量时间超过 7 天,则应重新更换新的菌膜)。

④ 稀释容器:容量瓶、吸管、比色管,其容积大小取决于稀释样品的体积。

⑤ 10L 聚乙烯塑料桶。

3. 试剂溶液

① 磷酸盐缓冲溶液(0.5mol/L):称取 68g 磷酸二氢钾和 71g 磷酸氢二钠溶于蒸馏水中,稀释至 1000mL,备用。

② 磷酸盐缓冲溶液使用液(0.005mol/L):量取 0.5mol/L 的磷酸盐缓冲溶液稀释制得。

③ 盐酸溶液(HCl,0.5mol/L)。

④ 氢氧化钠溶液(NaOH,20g/L)。

⑤ 亚硫酸钠溶液(Na_2SO_3,1.575g/L):此溶液不稳定,需当天配制。

⑥ 葡萄糖—谷氨酸(BOD)标准溶液:称取在 103℃下干燥 1h 并冷却至室温的无水葡萄糖($C_6H_{12}O_6$)和谷氨酸($C_5H_9NO_4$)各 1.705g,溶于磷酸盐缓冲溶液②中,并用此溶液稀释至 1000mL,混合均匀,即得 2500mg/L 的 BOD 标准溶液。

4. 测定步骤

(1) 样品贮存

样品需充满并密封于瓶中,置于 2~5℃下保存,一般应在采样后 6h 之内进行检验,若需远距离转运,在任何情况下贮存皆不得超过 24h。

(2) 水样预处理

① 水样的 pH 超出 5.5~9.0 范围时,可用盐酸或氢氧化钠溶液调节 pH 约为 7,但调节溶液的用量不要超过水样体积的 0.5%。若水样的酸度或碱度很高,可改用高浓度的碱

或酸液进行中和，应注意操作中不要带入气泡。

② 水样浑浊时，可将水样静置澄清 30min，然后取上层非沉降部分进行测定。

③ 从水温较高的水域或废水排放口取得的水样，则应迅速使其冷却至 20℃ 左右，并充分振摇，使与空气中氧分压接近平衡。

④ 从水温较低水域或富营养化湖泊中采集的水样，可遇到含有过饱和溶解氧，此时应将水样迅速升温至 20℃ 左右；在水样瓶未充满的情况下，充分振摇，并时时开塞放气，以赶出过饱和的溶解氧。

⑤ 测定样品中含游离氯或结合氯时，向被测样品中加入相当质量的亚硫酸钠溶液使样品中游离氯或结合氯除去，注意避免亚硫酸钠加过量。

(3) 测定

① 每次测定前应将电极电位洗至相对稳定。

② 用葡萄糖—谷氨酸（BOD）标准溶液配制成含 BOD 0mg/L、5mg/L、10mg/L、25mg/L、50mg/L 的标准系列，按由低到高的顺序依次进行测量，制备标准曲线（贮存在仪器中），然后进行被测水样的测定。微处理器根据内存曲线、样品信号，可直接计算出测量结果。

5. 注意事项

① 进样时应避免输液管路进入气泡。

② 勿使其他溶液漏入电极内参比溶液中，以免造成污染。

③ 测量过程中的进样浓度应从低到高，以减少回复到空白电位所需的时间。

④ 关机后再开机至少间隔 15s，否则仪器不能正常工作。

活性污泥曝气降解法可参考《水和废水监测分析方法（第四版）（增补版）》中生化需氧量的测定。

四、高锰酸钾指数

高锰酸盐指数（COD_{Mn}），也被称为化学需氧量的高锰酸钾法，是指在酸性或碱性介质中，以高锰酸钾（$KMnO_4$）为氧化剂处理水样时所消耗的量，单位 mg/L。水中的亚硝酸盐、亚铁盐、硫化物等还原性无机物和在此条件下可被氧化的有机物，均可消耗高锰酸钾。因此，高锰酸盐指数常被作为湿地水体受有机污染物和还原性无机物质污染程度的综合指标。

由于在规定条件下，水中有机物只能部分被氧化，并不是理论上的需氧量，也不是反映水体中总有机物含量的尺度。因此，用高锰酸盐指数这一术语作为水质的一项指标，有别于重铬酸钾法的化学需氧量，更符合客观实际。

(一) 酸性法

1. 方法原理

水样加入硫酸使呈酸性后，加入一定量的高锰酸钾溶液，并在沸水浴中加热反应一定的时间。剩余的高锰酸钾,用草酸钠溶液还原并加入过量,再用高锰酸钾溶液回滴过量的草酸钠,通过计算求出高锰酸盐指数值。高锰酸盐指数是一个相对的条件性指标,其测定结果与溶液酸度、高锰酸盐浓度、加热温度和时间有关。因此,测定时必须严格遵守操作规定,使结果具可比性。

酸性法适用于氯离子含量不超过300mg/L的水样。当水样的高锰酸盐指数值超过10mg/L时,分取少量试样,并用水稀释后再行测定。

水样采集后,应加入硫酸使pH调至<2,以抑制微生物活动。样品应尽快分析,并在48h内测定。

2. 仪器设备

沸水浴装置、250mL锥形瓶、50mL酸式滴定管、定时钟。

3. 试剂溶液

① 高锰酸钾贮备液($1/5KMnO_4$,0.1mol/L):称取3.2g高锰酸钾溶于1.2L水中,加热煮沸,使体积减少到约1L,在暗处放置过夜,用G-3玻璃砂芯漏斗过滤后,滤液贮于棕色瓶中保存。使用前用0.1000mol/L的草酸钠标准贮备液标定,求得实际浓度。

② 高锰酸钾使用液($1/5KMnO_4$,0.01mol/L):吸取一定量的上述高锰酸钾溶液,用水稀释至1000mL,并调节至0.01mol/L准确浓度,贮于棕色瓶中。使用当天应进行标定。

③ 硫酸(1+3):配制时趁热滴加高锰酸钾溶液至呈微红色。

④ 草酸钠标准贮备液($1/2Na_2C_2O_4$,0.1000mol/L):称取0.6705g在105~110℃烘干1h并冷却的优级纯草酸钠溶于水,移入100mL容量瓶中,用水稀释至标线。

⑤ 草酸钠标准使用液($1/2Na_2C_2O_4$,0.0100mol/L):吸取10.00mL上述草酸钠溶液移入100mL容量瓶中,用水稀释至标线。

3. 测定步骤

① 分取100mL混匀水样(如高锰酸盐指数高于10mg/L,则酌情少取,并用水稀释至100mL)于250mL锥形瓶中。

② 加入5mL(1+3)硫酸,混匀。

③ 加入10.00mL 0.01mol/L高锰酸钾溶液,摇匀,立即放入沸水浴中加热30min(从水浴重新沸腾起计时),沸水浴液面要高于反应溶液的液面。

④ 取下锥形瓶,趁热加入10.00mL 0.0100mol/L草酸钠标准溶液,摇匀,立即用0.01mol/L高锰酸钾溶液滴定至显微红色,记录高锰酸钾溶液消耗量。

⑤ 高锰酸钾溶液浓度标定:将上述已滴定完毕的溶液加热至70℃,准确加入10.00mL草酸钠标准溶液(0.0100mol/L),再用0.01mol/L高锰酸钾溶液滴定至显微红色,记录高锰酸钾溶液的消耗量,按下式求得高锰酸钾溶液的校正系数(K):

$$K = \frac{10.00}{V}$$

式中:K为校正系数;V为高锰酸钾溶液消耗量(mL)。

若水样经稀释时，应同时另取100mL水，同水样操作步骤进行空白试验。

4. 计算

① 水样不经稀释，高锰酸盐指数计算公式：

$$COD_{Mn} = \frac{[(10+V_1) \times K - 10] \times M \times 8 \times 1000}{100}$$

式中：COD_{Mn}为高锰酸盐指数(mg/L)；V_1为滴定水样时，高锰酸钾溶液的消耗量(mL)；K为校正系数；M为草酸钠溶液浓度(mol/L)；8为氧(1/2 O)摩尔质量。

② 水样经稀释，高锰酸盐指数计算公式：

$$COD_{Mn} = \frac{\{[(10+V_1) \times K - 10] - [(10+V_0) \times K - 10] \times C\} \times M \times 8 \times 1000}{V_2}$$

式中：COD_{Mn}为高锰酸盐指数(mg/L)；V_1为滴定水样时，高锰酸钾溶液的消耗量(mL)；V_0为空白试验中高锰酸钾溶液消耗量(mL)；V_2为分取水样量(mL)；C为稀释的水样中含水的比值，如10.0mL水样，加90mL水稀释至100mL，则$C=0.90$。

5. 注意事项

① 在水浴中加热完毕后，溶液仍应保持淡红色，如变浅或全部褪去，说明高锰酸钾的用量不够。此时，应将水样稀释倍数加大后再测定，使加热氧化后残留的高锰酸钾为其加入量的1/3~1/2为宜。

② 在酸性条件下，草酸钠和高锰酸钾的反应温度应保持在60~80℃，所以滴定操作必须趁热进行，若溶液温度过低，需适当加热。

(二) 碱性法

当水样中氯离子浓度高于300mg/L时，应采用碱性法。

1. 方法原理

在碱性溶液中，加一定量高锰酸钾溶液于水样中，加热一定时间以氧化水中的还原性无机物和部分有机物。加酸酸化后，用草酸钠溶液还原剩余的高锰酸钾并加入过量，再以高锰酸钾溶液滴定至微红色。

2. 仪器设备

沸水浴装置、250mL锥形瓶、50mL酸式滴定管、定时钟。

3. 试剂溶液

氢氧化钠溶液(50%)，其余同(一)酸性法中试剂。

4. 测定步骤

① 分取100mL混匀水样(或酌情少取，用水稀释至100mL)于锥形瓶中，加入0.5mL 50%氢氧化钠溶液，加入10.00mL 0.01mol/L高锰酸钾溶液。

② 将锥形瓶放入沸水浴中加热30min(从水浴重新沸腾起计时)，沸水浴的液面要高于反应溶液的液面。

③ 取下锥形瓶，冷却至 70~80℃，加入(1+3)硫酸 5mL 并保证溶液呈酸性，加入 0.0100mol/L 草酸钠溶液 10.00mL，摇匀。

④ 迅速用 0.01mol/L 高锰酸钾溶液回滴至溶液呈微红色为止。

高锰酸钾溶液校正系数测定与(一)酸性法相同。

5. 计算

同(一)酸性法。

6. 注意事项

同(一)酸性法。

五、总有机碳

总有机碳(TOC)，是以碳的含量表示水体中有机物质总量的综合指标，单位 mg/L。由于 TOC 的测定采用燃烧法，因此能将有机物全部氧化，它比 BOD_5 或 COD 更能直接表示有机物的总量，因此常被用来评价水体中有机物污染的程度。

TOC 分析仪按工作原理不同，可分为燃烧氧化—非分散红外吸收法、电导法、气相色谱法、湿法氧化—非分散红外吸收法等，其中，燃烧氧化—非分散红外吸收法只需一次性转化，流程简单、重现性好、灵敏度高，因此这种 TOC 分析仪广为采用。

水样采集后，必须贮存于棕色玻璃瓶中。常温下水样可保存 24h，如不能及时分析，水样可加硫酸调至 pH 为 2，并在 4℃冷藏，可以保存 7 天。

1. 燃烧氧化—非分散红外吸收法原理

(1) 差减法测定总有机碳

将试样连同净化空气(干燥并除去二氧化碳)分别导入高温燃烧管和低温反应管中，经高温燃烧管的水样受高温催化氧化，使有机化合物和无机碳酸盐均转化成为二氧化碳，经低温反应管的水样受酸化而使无机碳酸盐分解成二氧化碳，其所生成的二氧化碳依次引入非色散红外检测器。由于一定波长的红外线可被二氧化碳选择吸收，在一定浓度范围内二氧化碳对红外线吸收的强度与二氧化碳的浓度成正比，故可对水样总碳(TC)和无机碳(IC)进行定量测定，总碳与无机碳的差值，即为总有机碳(TOC)。

(2) 直接法测定总有机碳

将水样酸化后曝气，将无机碳酸盐分解生成二氧化碳去除，再注入高温燃烧管中，可直接测定总有机碳。但由于在曝气过程中会造成水中挥发性有机物的损失而产生测定误差，因此其测定结果只是不可吹出的有机碳，而不是 TOC。

2. 测定范围

本方法适用于湿地水体总有机碳的测定，测定范围为 0.5~100mg/L。高浓度样品可进行稀释测定，检测下限为 0.5mg/L。

地表水中常见共存离子超过下列含量时，对测定有干扰，应作适当的前处理，以消除对测定的干扰影响：SO_4^{2-}(400mg/L)、Cl^-(400mg/L)、NO_3^-(100mg/L)、PO_4^{3-}(100mg/L)、

S^{2-}(100mg/L)。水样含大颗粒悬浮物时,由于受水样注射器针孔的限制,测定结果往往不包括全部颗粒态有机碳。已有大进样孔的仪器出售,使用这类仪器水体颗粒物对测量精度和准确度有影响。

3. 仪器设备

(1) 非色散红外吸收 TOC 分析仪

工作条件:① 环境温度:5~35℃;② 工作电压:仪器额定电压,交流电;③ 总碳燃烧管温度及无机碳反应管温度选定:按仪器说明书规定的仪器条件设定;④ 载气流量:150~180mL/min。

(2) 单笔记录仪或微机数据处理系统

与仪器匹配。工作条件:① 工作电压:仪器额定电压,直流电;② 记录纸速:2.5mm/min;(3)微量注射器:50.0μL(具刻度)。

4. 试剂溶液

除另有说明外,均为分析纯试剂,所用水均为无二氧化碳蒸馏水。

① 无二氧化碳蒸馏水:将重蒸馏水在烧杯中煮沸蒸发(蒸发量10%)稍冷,装入插有碱石灰管的下口瓶中备用。

② 邻苯二甲酸氢钾($KHC_8H_4O_4$,优级纯)。

③ 无水碳酸钠(Na_2CO_3,优级纯)。

④ 碳酸氢钠($NaHCO_3$,优级纯):存放于干燥器中。

⑤ 有机碳标准贮备溶液(400mg/L):称取邻苯二甲酸氢钾(预先在110~120℃干燥2h,置于干燥器中冷却至室温)0.8500g,溶解于水中,移入1000mL容量瓶内,用水稀释至标线,混匀。在低温(4℃)冷藏条件下可保存48天。

⑥ 有机碳标准溶液(100mg/L):准确吸取25.00mL有机碳标准贮备溶液,置于100mL容量瓶内,用水稀释至标线,混匀;此溶液用时现配。

⑦ 无机碳标准贮备溶液(400mg/L):称取碳酸氢钠(预先在干燥器中干燥)1.400g和无水碳酸钠(预先在105℃干燥2h,置于干燥器中,冷却至室温)1.770g溶解于水中,转入1000mL容量瓶内,稀释至标线,混匀。

⑧ 无机碳标准溶液(100mg/L):准确吸取25.00mL无机碳标准贮备溶液,置于100mL容量瓶中,用水稀释至标线,混匀;此溶液用时现配。

5. 测定步骤

(1) 仪器调试

按仪器说明书调试 TOC 分析仪及记录仪或微机数据读取系统。选择好灵敏度、测量范围档、总碳燃烧管温度及载气流量,仪器通电预热2h,至红外线分析仪的输出、记录仪上的基线趋于稳定。

(2) 干扰排除

水样中常见共存离子含量超过干扰允许值时,会影响红外线的吸收。这种情况下,必须用无二氧化碳蒸馏水稀释水样,至各种共存离子含量低于其干扰允许浓度后,再进行分析。

(3) 测样

① 差减测定法:经酸化的水样,在测定前应以氢氧化钠溶液中和至中性,用 50.00μL 微量注射器分别准确吸取混匀的水样 20.0μL,依次注入总碳燃烧管和无机碳反应管,测定记录仪上出现的相应吸收峰峰高或峰面积,下同。

② 直接测定法:用硫酸已酸化至 pH≤2 的 25mL 水样移入 50mL 烧杯中(加酸量为每 100mL 水样中加 0.04mL(1+1)硫酸,已酸化的水样可不再加),在磁力搅拌器上剧烈搅拌几分钟或向烧杯中通入无二氧化碳的氮气,以除去无机碳;吸取 20.0μL 经除去无机碳的水样注入总碳燃烧管,测量记录仪上出现的吸收峰峰高。

(4) 空白试验

按(3)中①或②所述步骤进行空白试验,用 20.0μL 无二氧化碳水代替试样。

(5) 校准曲线绘制

在每组六个 50mL 具塞比色管中,分别加入 0.00mL、2.50mL、5.00mL、10.00mL、20.00mL、50.00mL 有机碳标准溶液和无机碳标准溶液,用蒸馏水稀释至标线,混匀,配制成 0.0mg/L、5.0mg/L、10.0mg/L、20.0mg/L、40.0mg/L、100.0mg/L 的有机碳和无机碳标准系列溶液,然后按(3)的步骤操作。从测得的标准系列溶液吸收峰峰高,减去空白试验吸收峰峰高,得到校正吸收峰峰高,由标准系列溶液浓度与对应的校正吸收峰峰高分别绘制有机碳和无机碳校准曲线。也可按线性回归方程的方法,计算出校准曲线的直线回归方程。

6. 计算

(1) 差减测定法

根据所测试样吸收峰峰高,减去空白试样验吸收峰峰高的校正值,从校准曲线上查得或由校准曲线回归方程算得总碳(TC,mg/L)和无机碳(IC,mg/L)值,总碳与无机碳之差值,即为样品总有机碳(TOC,mg/L)的浓度:

$$TOC = TC - IC$$

(2) 直接测定法

根据所测试样吸收峰峰高,减去空白试样吸收峰峰高的校正值,从校准曲线上查得或由校准曲线回归方程算得总碳(TC,mg/L)值,即为样品总有机碳(TOC,mg/L)的浓度:

$$TOC = TC$$

测样体积为 20.0μL,其结果以一位小数表示。

7. 注意事项

① 按仪器厂家说明书规定,定期更换二氧化碳吸收剂、高温燃烧管中的催化剂和低温反应管中的分解剂等。

② 当地表水中无机碳含量远高于总有机碳时,会影响有机碳的测定精度。

六、磷（总磷、溶解性磷酸盐和溶解性总磷）

在天然水和废水中，磷几乎都以各种磷酸盐的形式存在，它们分为正磷酸盐、缩合磷酸盐（焦磷酸盐、偏磷酸盐和多磷酸盐）和有机结合的磷（如磷脂等），它们存在于水溶液、腐殖质或水生生物中。

一般天然水体中磷酸盐含量不高，工业废水及生活污水中常含有较大量磷。磷是生物生长必需的元素之一，但水体中磷含量过高（如超过 0.2mg/L），可造成藻类的过度繁殖，直至数量上达到有害的程度（称为富营养化），造成湖泊、河流透明度降低，水质变坏。磷是评价水质的重要指标之一。

水中磷的测定，通常按其存在的形式而分别测定总磷、溶解性正磷酸盐和总溶解性磷。正磷酸盐的测定可采用离子色谱法、钼锑抗光度法、氯化亚锡还原钼蓝法（灵敏度较低，干扰也较多），而孔雀绿—磷钼杂多酸法灵敏度较高，是容易普及的方法，罗丹明6G（Rh6G）荧光分光光度法灵敏度最高。

总磷的测定，水样采集后加硫酸酸化至 pH≤1 保存。溶解性正磷酸盐的测定，水样不加任何保存剂，于 2~5℃冷藏保存，在 24h 内进行分析。

（一）水样预处理

采集的水样立即经 0.45μm 微孔滤膜过滤，其滤液供可溶性正磷酸盐的测定。滤液经下述强氧化剂的氧化分解，测得可溶性总磷。取混合水样（包括悬浮物），也经下述强氧化剂分解，测得水中总磷含量。

1. 过硫酸钾消解法

（1）仪器设备

① 医用手提式高压蒸汽消毒器或一般民用压力锅，$1~1.5kg/cm^2$。

② 电炉 2kW。

③ 调压器，2kVA，0~220V。

④ 50mL（磨口）具塞刻度管。

（2）试剂溶液

过硫酸钾溶液（5%）：称取 5g 过硫酸钾溶解于水中，并稀释至 100mL。

（3）测定步骤

① 吸取 25.0mL 混匀水样（必要时，酌情少取水样，并加水至 25mL，使含磷量不超过 30μg）于 50mL 具塞刻度管中，加过硫酸钾溶液 4mL，加塞后管口包一小块纱布并用线扎紧，以免加热时玻璃塞冲出。将具塞刻度管放在大烧杯中，置于高压蒸汽消毒器或压力锅中加热，待锅内压力达 $1.1kg/cm^2$（相应温度为 120℃）时，调节电炉温度使保持此压力 30min 后，停止加热，待压力表指针降至零后，取出冷却。如溶液混浊，则用滤纸过滤，洗涤后定容。

② 试剂空白和标准溶液系列也经同样的消解操作。

(4) 注意事项

① 如采样时水样用酸固定,再用过硫酸钾消解前将水样调至中性。

② 一般民用压力锅,在加热至顶压阀出气孔冒气时,锅内温度约为120℃。

③ 当不具备压力消解条件时,也可在常压下进行,操作步骤:分取适量混匀水样(含磷不超过30μg)于150mL锥形瓶中,加水至50mL,加数粒玻璃珠,加1mL(3+7)硫酸溶液,5mL 5%过硫酸钾溶液,置电热板或可调电炉上加热煮沸,调节温度使保持微沸30~40min,至最后体积为10mL。冷却,加1滴酚酞指示剂,滴加氢氧化钠溶液至刚呈微红色,再滴加1mol/L硫酸溶液使红色褪去,充分摇匀。如溶液不澄清,则用滤纸过滤于50mL比色管中,用水洗锥形瓶及滤纸,一并移入比色管中,加水至标线,供分析用。

2. 硝酸—硫酸消解法

(1) 仪器设备

① 可调温度的电炉或电热板。

② 125mL凯氏烧瓶。

(2) 试剂溶液

① 硝酸(1.40g/mL)。

② 硫酸(1+1)。

③ 硫酸($1/2H_2SO_4$,1mol/L)。

④ 氢氧化钠溶液(1mol/L或6mol/L)。

⑤ 酚酞乙醇指示液(1%):0.5g酚酞溶于95%乙醇并稀释至50mL。

(3) 测定步骤

吸取25.0mL水样置于凯氏烧瓶中,加数粒玻璃珠,加2mL(1+1)硫酸及2~5mL硝酸,在电热板上或可调电炉上加热至冒白烟,如液体尚未清澈透明,冷却后,加5mL硝酸,再加热至冒白烟,并获得透明液体。冷却后加约30mL水,加热煮沸约5min,再冷却后,加1滴酚酞指示剂,滴加氢氧化钠溶液至刚呈微红色,再滴加1mol/L硫酸溶液使微红正好褪去,充分混匀,移至50mL比色管中。如溶液浑浊,则用滤纸过滤,并用水洗凯氏瓶和滤纸,一并移入比色管中,稀释至标线,供分析用。

3. 硝酸—高氯酸消解法

(1) 仪器设备

① 可调温度电炉或电热板。

② 125mL锥形瓶。

(2) 试剂溶液

① 硝酸(1.40g/mL)。

② 高氯酸(优级纯,含量70%~72%)。

③ 硫酸($1/2H_2SO_4$,1mol/L)。

④ 氢氧化钠溶液(1mol/L 或 6mol/L)。

⑤ 酚酞指示剂(1%)：0.5g 酚酞溶于95%乙醇并稀释至50mL。

（3）测定步骤

吸取25.0mL水样置于锥形瓶中，加数粒玻璃珠，加2mL硝酸，在电热板上加热浓缩至约10mL，冷后加5mL硝酸，再加热浓缩至约10mL，冷却，加3mL高氯酸，加热至冒白烟时，可在锥形瓶上加小漏斗或调节电热板温度，使消解液在锥形瓶内壁保持回流状态，直至剩下3~4mL，冷却，加水10mL，加1滴酚酞指示剂，滴加氢氧化钠溶液至刚呈微红色，再滴加1mol/L硫酸溶液使微红正好褪去，充分混匀，移至50mL比色管中。如溶液浑浊，可用滤纸过滤，并用水充分清洗锥形瓶及滤纸，一并移入比色管中，稀释至标线，供分析用。

（4）注意事项

① 消解时需在通风柜中进行。

② 视水样中有机物含量及干扰情况，硝酸和高氯酸用量可适当增减。

③ 高氯酸与有机物的混合物，经加热可能产生爆炸，应注意防止这种危险的产生；不要往可能含有有机物的热溶液中加入高氯酸；含有有机物水样的消解总要先用硝酸处理，而后使用高氯酸完成消解过程；绝对不可将消解液蒸干。

④ 硫酸和硝酸有高度腐蚀性，使用必须特别小心。

（二）钼锑抗分光光度法

1. 方法原理

在酸性条件下，正磷酸盐与钼酸铵、酒石酸锑氧钾反应，生成磷钼杂多酸，被还原剂抗坏血酸还原，则变成蓝色络合物，通常即称磷钼蓝[一种由磷酸、五价钼和六价钼离子组成的复杂混合物，$Mo_4O_{10}(OH)_2$ 及 $Mo_8O_{15}(OH)_6$ 等]。

砷含量>2mg/L 有干扰，可用硫代硫酸钠除去；硫化物含量>2mg/L 有干扰，在酸性条件下通氮气可以除去；六价铬>50mg/L 有干扰，用亚硫酸钠除去；亚硝酸盐>1mg/L 有干扰，用氧化消解或加氨磺酸均可以除去；铁浓度为 20mg/L，使结果偏低 5%；铜<10mg/L 不干扰；氟化物<70mg/L 也不干扰。水中大多数常见离子对显色的影响可以忽略。

本方法最低检出浓度为 0.01mg/L（吸光度 $A = 0.01$ 时所对应的浓度）；测定上限为 0.6mg/L。

2. 仪器

分光光度计。

3. 试剂溶液

① 硫酸(1+1)。

② 抗坏血酸溶液(10%)：溶解10g抗坏血酸于水中，并稀释至100mL。该溶液贮存在

棕色玻璃瓶中,在约4℃可稳定几周,如颜色变黄,则弃去重配。

③ 钼酸盐溶液:溶解13g钼酸铵$[(NH_4)_6Mo_7O_{24}\cdot 4H_2O]$于100mL水中,溶解0.35g酒石酸锑氧钾$[K(SbO)C_4H_4O_6\cdot 1/2H_2O]$于100mL水中,在不断搅拌下,将钼酸铵溶液缓慢加到300mL(1+1)硫酸中,加酒石酸锑氧钾溶液并且混合均匀。贮存在棕色的玻璃瓶中于约4℃保存,至少稳定两个月。

④ 浊度—色度补偿液:混合两份体积的(1+1)硫酸和一份体积的10%抗坏血酸溶液。此溶液当天配制。

⑤ 磷酸盐贮备溶液:将优级纯磷酸二氢钾(KH_2PO_4)于110℃干燥2h,在干燥器中冷却,称取0.2197g溶于水,移入1000mL容量瓶中,加(1+1)硫酸5mL,用水稀释至标线,此溶液每毫升含50.0μg磷(以P计)。

⑥ 磷酸盐标准溶液:吸取10.00mL磷酸盐贮备液于250mL容量瓶中,用水稀释至标线,此溶液每毫升含2.00μg磷。临用时现配。

4. 测定步骤

(1) 校准曲线绘制

取7支50mL具塞比色管,分别加入磷酸盐标准使用液0.00mL、0.50mL、1.00mL、3.00mL、5.00mL、10.0mL、15.0mL,加水至50mL。

① 显色:向比色管中加入1mL 10%抗坏血酸溶液,混匀,30s后加2mL钼酸盐溶液充分混匀,放置15min。

② 测量:用10mm或30mm比色皿,于700nm波长处,以零浓度溶液为参比,测量吸光度。

(2) 样品测定

分取适量经滤膜过滤或消解的水样(使含磷量不超过30μg)加入50mL比色管中,用水稀释至标线,按绘制校准曲线的步骤进行显色和测量,减去空白试验的吸光度,并从校准曲线上查出含磷量。

5. 计算公式

$$C_P = \frac{m}{V}$$

式中:C_P为水中磷的含量(mg/L);m为由校准曲线查得的磷量(μg);V为水样体积(mL)。

6. 注意事项

① 如试样中色度影响测量吸光度时,需做补偿校正。在50mL比色管中,分取与样品测定相同量的水样,定容后加入3mL浊度补偿液,测量吸光度,然后从水样的吸光度中减去校正吸光度。

② 室温低于13℃时,可在20~30℃水浴中显色15min。

③ 操作所用的玻璃器皿,可用(1+5)盐酸浸泡2h,或用不含磷酸盐的洗涤剂刷洗。

④ 比色皿用后应以稀硝酸或铬酸洗液浸泡片刻，以除去吸附的钼蓝有色物。

离子色谱法和孔雀绿—磷钼杂多酸分光光度法可参考《水和废水监测分析方法（第四版）（增补版）》中磷的测定。

七、总氮

大量生活污水、农田排水或含氮工业废水排入水体，使湿地水体中有机氮和各种无机氮化物含量增加，生物和微生物大量繁殖，消耗水中溶解氧，使水体质量恶化。湖泊、水库中含有超标的氮、磷类物质时，造成浮游植物繁殖旺盛，出现富营养化状态。因此，总氮是衡量水质的重要指标之一。

总氮测定方法通常采用过硫酸钾氧化，使有机氮和无机氮化合物转变为硝酸盐后，再以紫外法、偶氮比色法，以及离子色谱法或气相分子吸收法进行测定。

水样采集后，用硫酸酸化到pH<2，在24h内进行测定。

（一）过硫酸钾氧化紫外分光光度法

1. 方法原理

在60℃以上的水溶液中，过硫酸钾按如下反应式分解，生成氢离子和氧。

$$K_2S_2O_8 + H_2O \rightarrow 2KHSO_4 + \frac{1}{2}O_2$$

$$KHSO_4 \rightarrow K^+ + HSO_4^-$$

$$HSO_4^- \rightarrow H^+ + SO_4^{2-}$$

加入氢氧化钠以中和氢离子，使过硫酸钾分解完全。

在120~124℃的碱性介质条件下，用过硫酸钾作氧化剂，不仅可将水样中的氨氮和亚硝酸盐氮氧化为硝酸盐，同时将水样中大部分有机氮化合物氧化为硝酸盐。然后用紫外分光光度法分别于波长220nm与275nm处测定其吸光度，按$A = A_{220} - A_{275}$计算硝酸盐氮的吸光度值，从而计算总氮的含量，其摩尔吸光系数为$1.47 \times 10^3 L/(mol \cdot cm)$。

水样中含有六价铬离子及三价铁离子时，可加入5%盐酸羟胺溶液1~2mL以消除其对总氮测定的影响；碘离子及溴离子对测定有干扰，测定20μg硝酸盐氮时，碘离子含量相对于总氮含量的0.2倍时无干扰；溴离子含量相对于总氮含量的3.4倍时无干扰；碳酸盐及碳酸氢盐对测定的影响，在加入一定量的盐酸后可消除；硫酸盐及氯化物对测定无影响。

过硫酸钾氧化紫外分光光度法测定总氮下限为0.05mg/L，上限为4mg/L。

2. 仪器设备

① 紫外分光光度计。

② 压力蒸汽消毒器或民用压力锅，压力为1.1~1.3kg/cm²，相应温度为120~124℃。

③ 25mL具塞玻璃磨口比色管。

3. 试剂溶液

① 无氨水：每升水中加入 0.1mL 浓硫酸，蒸馏，收集馏出液于玻璃容器中或用新制备的去离子水。

② 氢氧化钠溶液(20%)：称取 20g 氢氧化钠，溶于无氨水中，稀释至 100mL。

③ 碱性过硫酸钾溶液：称取 40g 过硫酸钾($K_2S_2O_8$)、15g 氢氧化钠，溶于无氨水中，稀释至 1000mL，溶液存放在聚乙烯瓶内，可贮存 1 周。

④ 盐酸(1+9)。

⑤ 硝酸钾标准溶液：

标准贮备液：称取 0.7218g 经 105~110℃ 烘干 4h 的优级纯硝酸钾(KNO_3)溶于无氨水中，移至 1000mL 容量瓶中，定容，此溶液每毫升含 100μg 硝酸盐氮。加入 2mL 三氯甲烷为保护剂，至少可稳定 6 个月。

硝酸钾标准使用液：将贮备液用无氨水稀释 10 倍而得，此溶液每毫升含 10μg 硝酸盐氮。

4. 测定步骤

(1) 校准曲线绘制

① 分别吸取 0.00mL、0.50mL、1.00mL、2.00mL、3.00mL、5.00mL、7.00mL、8.00mL 硝酸钾标准使用溶液于 25mL 比色管中，用无氨水稀释至 10mL 标线。

② 加入 5mL 碱性过硫酸钾溶液，塞紧磨口塞，用纱布及纱绳裹紧管塞，以防迸溅出。

③ 将比色管置于压力蒸汽消毒器中，加热 0.5h，放气使压力指针回零，然后升温至 120~124℃ 开始计时(或将比色管置于民用压力锅中，加热至顶压阀吹气开始计时)，使比色管在过热水蒸气中加热 0.5h。

④ 自然冷却，开阀放气，移去外盖，取出比色管并冷却至室温。

⑤ 加入(1+9)盐酸 1mL，用无氨水稀释至 25mL 标线。

⑥ 在紫外分光光度计上，以无氨水作参比，用 10mm 石英比色皿分别在 220nm 及 275nm 波长处测定吸光度，用校正的吸光度绘制校准曲线。

(2) 样品测定

取 10mL 水样，或取适量水样(使氮含量为 20~80μg)，按校准曲线绘制步骤②至⑥操作，然后按校正吸光度，在校准曲线上查出相应的总氮量，再用下列公式计算总氮含量：

$$C_N = \frac{m}{V}$$

式中：C_N 为样品中含氮量(mg/L)；m 为从校准曲线上查得的含氮量(μg)；V 为所取水样体积(mL)。

5. 注意事项

① 玻璃具塞比色管的密合性应良好。使用压力蒸汽消毒器时，冷却后放气要缓慢；

使用民用压力锅时,要充分冷却方可揭开锅盖,以免比色管塞蹦出。

② 玻璃器皿可用10%盐酸浸洗,用蒸馏水冲洗后再用无氨水冲洗。

③ 使用高压蒸汽消毒器时,应定期校核压力表;使用民用压力锅时,应检查橡胶密封圈,使不致漏气而减压。

④ 测定悬浮物较多的水样时,在过硫酸钾氧化后可能出现沉淀,遇此情况,可吸取氧化后的上清液进行紫外分光光度法测定。

(二) 气相分子吸收光谱法

1. 方法原理

在120~124℃的碱性介质中,用过硫酸钾作氧化剂,将水样中的氨、铵盐和亚硝酸盐以及大部分的有机氮化合物氧化成硝酸盐,然后用气相分子吸收光谱法进行总氮的测定,最低检出浓度为0.01mg/L,测定上限为10mg/L。

2. 仪器及工作条件

① 气相分子吸收光谱仪(或原子吸收的燃烧器部位附加气体测定管)。

② 镉空心阴极灯(原子吸收用)。

③ 气液分离吸收装置及其安装与连接,见图4-7。

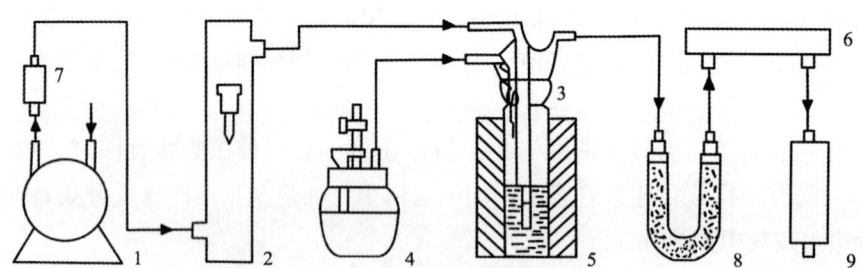

图4-7 气液分离吸收装置示意图

1—空气泵;2—流量计;3—反应瓶;4—加液器;5—水浴;6—检测管;7—净化器;8—干燥器;9—收集器

④ 高压蒸汽灭菌器或民用压力锅,压力为$1.1 \sim 1.3 kg/cm^2$,相应温度为120~124℃。

⑤ 恒温水浴,双孔或四孔,加热并控温至70℃±2℃。

⑥ 不锈钢反应管加热架。

⑦ 测量条件:

灯电流:灯阴极直径<2mm时用5mA,直径为2~3mm时使用8~10mA,测量波长214.4nm。

测定方式:峰高,准备时间0s,测定时间15s,读数5位。

3. 试剂溶液

① 无氨去离子水:将去离子水用硫酸酸化至pH<2后进行蒸馏,弃去最初100mL馏出液,收集后面的馏出液,密封保存在塑料桶中。

② 碱性过硫酸钾溶液：称取 40g 过硫酸钾（$K_2S_2O_8$）及 15g 氢氧化钠，溶解于无氨去离子水中，稀释至 1000mL；溶液存放于聚乙烯瓶中，可使用 1 周。

③ 盐酸（3mol/L，优级纯）。

④ 溴百里酚蓝指示剂：称取 0.1g 溴百里酚蓝，加 2mL 乙醇，搅拌成湿盐状，加入 100mL 水，混匀。

⑤ 硝酸盐氮标准使用液：吸取硝酸盐氮标准贮备液，用水逐级稀释至 10μg/mL 的标准使用液。

⑥ 氨基磺酸（NH_2SO_3H，10%水溶液）。

4. 测定步骤

（1）装置安装及测定准备

① 按照图 4-7，在净化器及收集器中装入活性炭，干燥器中装入固体大颗粒的高氯酸镁 $Mg(ClO_4)_2$，将各部分用聚氯乙烯软管连接好。

② 定量加液器中装入还原剂，用细的硅橡胶管使加液支管与反应瓶盖的加液支管相连接。

③ 恒温水浴中加入足量的自来水，加热至 70℃±2℃待用。

④ 镉空心阴极灯装在工作灯架上，点灯并设定灯电流，待灯预热稳定后，调节仪器，使其能量保持在 110%左右。

（2）校准曲线绘制

① 先将反应瓶盖插入到含有约 5mL 水的清洗瓶中，然后用预先挑选出内径和底部形状一致的反应瓶 7 个或 14 个（以满足测定需要为准）。

② 向各反应瓶中分别加入 0.00mL、0.50mL、1.00mL、1.50mL、2.00mL、2.50mL 的硝酸盐氮标准使用液，用水稀释至 2.5mL，加入 2 滴 10%氨基磺酸及 2.5mL 5mol/L 盐酸，体积保持在 5mL，然后将各反应瓶放入不锈钢反应管架上于水浴中加热约 10min，同时用键盘输入 5.00μg、10.00μg、15.00μg、20.00μg、25.00μg 的标准数值。启动空气泵，调节流量为 0.6L/min，净化气路，提起反应瓶盖，关闭空气泵，将进样管放入 0.00mL 标准溶液的反应瓶中，密闭瓶口，用定量加液器加入 0.5mL 还原剂，按下自动调零按钮调整零点，再次启动空气泵并按下读数按钮，待吸光度读数显示在屏幕上时，提起反应瓶盖，水洗其磨口及砂芯后，再按顺序插入到含有标准溶液的各反应瓶中，与零标准溶液相同的测定步骤，测定各标准溶液，绘制校准曲线。

（3）水样测定

取适量无氨水为空白，再取适量水样（总氮量为 50~100μg），各放入 50mL 具塞比色管中，加入 10mL 碱性过硫酸钾溶液，加水至体积为 30mL，密塞，用纱布及纱绳裹紧瓶塞，以防迸溅出。将比色管放入压力蒸汽消毒器中，盖好盖子，加热至蒸汽压力锅的压力达到规定值，开始记录时间，0.5h 后，缓慢放气，使压力指针回零。冷却后，移去外盖，取出比色管，冷却至室温，滴入 1 滴溴百里酚蓝指示剂，用 3mol/L 盐酸缓慢中和至溶液蓝色刚好褪去，加水稀释至标线，摇匀。空白及各样品溶液均吸取 2.5mL 分别放入反应瓶中，各加入 2.5mL 6mol/L 盐酸，同校准曲线绘制的步骤依次进行空白及各样品的测定。

5. 计算

将水样体积、定容体积及分取量输入仪器计算机，可自动计算分析结果，计算公式：

$$C_N = \frac{m}{V \times \frac{2.5}{50}}$$

式中：C_N 为样品中含氮量（mg/L）；m 为根据校准曲线计算出的氮量（μg）；V 为取样体积（mL）。

6. 注意事项

① 含铁量多的水样，消解后产生大量的氢氧化铁沉淀，必须向 50mL 比色管中加入 6mol/L 盐酸，使其刚好全部溶解。

② 为保证测定结果的准确性，每测定一个样品后，须水洗反应瓶盖及磨口，保持一定水分，使下一个反应瓶得到密封，不漏气。

③ 长期测定废水样，玻璃砂芯易生白色及褐色污垢，影响砂芯透气性，反应瓶壁也会产生白色污垢；此时应将反应瓶的砂芯放入加有 10% 磷酸及少量过氧化氢的烧杯中，反应瓶中也加入这两种试剂，一同放在烧杯中，加热煮沸，待砂芯及反应瓶变得透明后再使用。

八、硝酸盐氮

水中硝酸盐是在有氧环境下，亚硝氮、氨氮等各种形态的含氮化合物中最稳定的氮化合物，也是含氮有机物经无机化作用最终的分解产物。亚硝酸盐可经氧化而生成硝酸盐，硝酸盐在无氧环境中，也可受微生物的作用而还原为亚硝酸盐。水中硝酸盐氮（NO_3^--N）含量相差悬殊，从数十微克/升至数十毫克/升，清洁的地表水中含量较低，受污染的水体以及一些深层地下水中含量较高。

水中硝酸盐的测定方法较多，常用的有酚二磺酸光度法、镉柱还原法、戴氏合金还原法、离子色谱法、紫外法和电极法等。酚二磺酸法测量范围较宽，显色稳定；镉柱还原法适用于测定水中低含量的硝酸盐；戴氏合金还原法对严重污染并带深色的水样最为适用；离子色谱法需有专用仪器，但可同时和其他阴离子联合测定；紫外法和电极法常作为在线快速方法使用，尤其是将电极法改为流通池后可保证电极性能良好，不易受检测水体的沾污和损坏。自动在线监测仪多使用紫外法或电极法。

水样采集后应及时进行测定。必要时，应加硫酸使 pH<2，保存在 4℃ 以下，在 24h 内进行测定。

酚二磺酸光度测定方法：

1. 方法原理

硝酸盐在无水情况下与酚二磺酸反应，生成硝基二磺酸酚，在碱性溶液中生成黄色化合物，进行定量测定。最低检出浓度为0.02mg/L，测定上限为2.0mg/L。

水中含氯化物、亚硝酸盐、铵盐、有机物和碳酸盐时，可产生干扰，含此类物质时，应作适当的预处理。

2. 仪器设备

① 分光光度计。

② 瓷蒸发皿：75~100mL。

3. 试剂溶液

① 酚二磺酸：称取25g苯酚(C_6H_5OH)置于500mL锥形瓶中，加150mL浓硫酸使之溶解，再加75mL发烟硫酸[含13%三氧化硫(SO_3)]，充分混合。瓶口插一小漏斗，小心置瓶于沸水浴中加热2h，得淡棕色稠液，贮于棕色瓶中，密塞保存。当苯酚色泽变深时，应进行蒸馏精制。

② 氨水。

③ 硝酸盐标准贮备液：称取0.7218g经105~110℃干燥2h的优级纯硝酸钾(KNO_3)溶于水，移入1000mL容量瓶中，稀释至标线，加2mL三氯甲烷作保存剂，混匀，至少可稳定6个月，该标准贮备液每毫升含0.100mg硝酸盐氮。

④ 硝酸盐标准使用液：吸取50.0mL硝酸盐标准贮备液置蒸发皿内，加0.1mol/L氢氧化钠溶液使pH调至8，在水浴上蒸发至干，加2mL酚二磺酸，用玻璃棒研磨蒸发皿内壁，使残渣与试剂充分接触，放置片刻，重复研磨一次，放置10min，加入少量水，移入500mL容量瓶中，稀释至标线，混匀，贮于棕色瓶中，此溶液至少稳定6个月；该标准液每毫升含0.010mg硝酸盐氮，应同时制备两份，用以检查硝化完全与否，如发现浓度存在差异时，应重新吸取标准贮备液进行制备。

⑤ 硫酸银溶液：称取4.397g硫酸银(Ag_2SO_4)溶于水，移至1000mL容量瓶中，用水稀释至标线；1.00mL此溶液可去除1.00mg氯离子(Cl^-)。

⑥ 氢氧化铝悬浮液：溶解125g硫酸铝钾[$KAl(SO_4)_2 \cdot 12H_2O$]或硫酸铝铵[$NH_4Al(SO_4)_2 \cdot 12H_2O$]于1000mL水中，加热至60℃，在不断搅拌下，缓慢加入55mL浓氨水，放置约1h后，移入1000mL量筒内，用水反复洗涤沉淀，最后至洗涤液中不含亚硝酸盐为止；澄清后，把上清液尽量全部倾出，只留稠的悬浮物，最后加入100mL水，使用前应振荡均匀。

⑦ 高锰酸钾溶液：称取3.16g高锰酸钾溶于水，稀释至1L。

⑧ 实验用水应为无硝酸盐水。

4. 测定步骤

(1) 校准曲线绘制

于一组50mL比色管中，用分度吸管分别加入硝酸盐氮标准使用液0.00mL、0.10mL、0.30mL、0.50mL、0.70mL、1.00mL、3.00mL、5.00mL、7.00mL、10.0mL（含硝酸盐氮0.000mg、0.001mg、0.003mg、0.005mg、0.007mg、0.010mg、0.030mg、0.050mg、

0.070mg、0.100mg），加水至约40mL，加3mL氨水使呈碱性，稀释至标线，混匀。在波长410nm处，以水为参比，以10mm 0.01~0.10mg 或30mm 0.001~0.01mg 比色皿测量吸光度，由测得的吸光度值减去零浓度管的吸光度值，分别绘制不同比色皿光程长的吸光度对硝酸盐氮含量（mg）的校准曲线。

（2）水样测定

① 水样混浊和带色时，可取100mL水样于具塞比色管中，加入2mL氢氧化铝悬浮液，密塞振摇，静置数分钟后，过滤，弃去20mL初滤液。

② 氯离子去除：取100mL水样移入具塞比色管中，根据已测定的氯离子含量，加入相当量的硫酸银溶液，充分混合，在暗处放置0.5h，使氯化银沉淀凝聚，然后用慢速滤纸过滤，弃去20mL初滤液。如不能获得澄清滤液，可将已加硫酸银溶液后的试样，在近80℃的水浴中加热，并用力振摇，使沉淀充分凝聚，冷却后再进行过滤，如同时需去除带色物质，则可在加入硫酸银溶液并混匀后，再加入2mL氢氧化铝悬浮液，充分振摇，放置片刻待沉淀后，过滤。

③ 亚硝酸盐干扰：当亚硝酸盐氮含量超过0.2mg/L时，可取100mL水加1mL 0.5mol/L硫酸，混匀后，滴加高锰酸钾溶液至淡红色保持15min不褪为止，使亚硝酸盐氧化为硝酸盐，最后从硝酸盐氮测定结果中减去亚硝酸盐氮量。

④ 测定：取50.0mL经预处理的水样于蒸发皿中，用pH试纸检查，必要时用0.5mol/L硫酸或0.1mol/L氢氧化钠溶液调pH至8，置水浴上蒸发至干，加1.0mL酚二磺酸，用玻璃棒研磨，使试剂与蒸发皿内残渣充分接触，静置片刻，再研磨一次，放置10min，加入约10mL无硝酸盐水。

在搅拌下加入3~4mL氨水，使溶液呈现最深的颜色。如有沉淀，则过滤。将溶液移入50mL比色管中，稀释至标线，混匀，于波长410nm处，选用10mm或30mm比色皿，以无硝酸盐水为参比，测量吸光度。如吸光度值超出校准曲线范围，可将显色溶液用无硝酸盐水进行定量稀释，然后再测量吸光度，计算时乘以稀释倍数。当吸光度较低，水样硝酸盐氮浓度低于1mg/L时，应考虑分取少量硝酸盐标准贮备液，使分取50.0mL浓度为0.20mg/L、0.40mg/L、0.80mg/L、1.00mg/L、1.20mg/L的溶液，经蒸干、硝基化、显色等操作后，测量吸光度，绘制校准曲线。

（3）空白试验

以无硝酸盐水代替水样，按相同步骤进行全程序空白测定。

5. 计算公式

$$C_N = \frac{m}{V} \times 1000$$

式中：C_N为样品中含硝酸盐氮的量（mg/L）；m为从校准曲线上查得的硝酸盐氮量（mg）；V为分取水样体积（mL）。

经去除氯离子的水样，按下式计算：

$$C_N = \frac{m}{V} \times 1000 \times \frac{V_1 + V_2}{V_1}$$

式中：C_N 为样品中含硝酸盐氮的量(mg/L)；m 为从校准曲线上查得的硝酸盐氮量(mg)；V 为分取水样体积(mL)；V_1 为水样体积量(mL)；V_2 为硫酸银溶液加入量(mL)。

离子色谱法、紫外分光光度法、气相分子吸收光谱法、离子选择电极—流动注射法可参考《水和废水监测分析方法(第四版)(增补版)》中硝酸盐氮的测定。

九、亚硝酸盐氮

亚硝酸盐氮($NO_2^- -N$)是氮循环的中间产物，不稳定。根据水环境条件，可被氧化成硝酸盐，也可被还原成氨。亚硝酸盐可使人体正常的血红蛋白(低铁血红蛋白)氧化成为高铁血红蛋白，发生高铁血红蛋白症，失去血红蛋白在体内输送氧的能力，出现组织缺氧的症状。亚硝酸盐可与仲胺类化合物反应生成具致癌性的亚硝胺类物质，在 pH 较低的酸性条件下，有利于亚硝胺类的形成。

水中亚硝酸盐的测定方法通常采用重氮—偶联反应，使生成红紫色染料，方法灵敏、选择性强。所用重氮和偶联试剂种类较多，前者为对氨基苯磺酰胺和对氨基苯磺酸，后者为 N-(1-萘基)-乙二胺和 α-萘胺。此外，还有普遍使用的离子色谱法和气相分子吸收法，这两种方法虽然需使用专用仪器，方法简便、快速，干扰较少。

亚硝酸盐在水中可受微生物等作用而很不稳定，在采集后应尽快进行分析，必要时冷藏以抑制微生物的影响。

(一) 离子色谱法(含 NO_2^-、NO_3^-、F^-、Cl^-、Br^-、PO_4^{3-} 和 SO_4^{2-})

1. 方法原理

离子色谱法利用离子交换的原理，连续对多种阴离子进行定性和定量分析。水样注入碳酸盐—碳酸氢盐溶液并流经系列的离子交换树脂，基于待测阴离子对低容量强碱性阴离子树脂(分离柱)的相对亲和力不同而彼此分开。被分离的阴离子，在流经强酸性阳离子树脂(抑制柱)或抑制膜时，被转换为高电导的酸型，碳酸盐—碳酸氢盐则转变成弱电导的碳酸(清除背景电导)。用电导检测器测量被转变为相应酸型的阴离子与标准进行比较，根据保留时间定性、峰高或峰面积定量。

任何与待测阴离子保留时间相同的物质均干扰测定，待测离子的浓度在同一数量级可以准确定量。淋洗位置相近的离子浓度相差太大，不能准确测定。当 Br^- 和 NO_3^- 离子彼此间浓度相差 10 倍以上时不能定量，采用适当稀释或加入标准的方法可以达到定量的目的。

高浓度的有机酸对测定有干扰。水能形成负峰或使峰高降低或倾斜，在 F^- 和 Cl^- 间经常出现，采用淋洗液配制标准和稀释样品可以消除水负峰的干扰。

离子色谱法可以连续测定湿地水体的 F^-、Cl^-、Br^-、NO_2^-、NO_3^-、PO_4^{3-} 和 SO_4^{2-}，测定下限一般为 0.1mg/L。当进样量为 100μL，用 10μS 满刻度电导检测器时，F^- 为 0.02mg/L、Cl^-

为 0.04mg/L、NO_2^- 为 0.05mg/L、NO_3^- 为 0.10mg/L、Br^- 为 0.15mg/L、PO_4^{3-} 为 0.20mg/L、SO_4^{2-} 为 0.10mg/L。

2. 仪器设备

① 离子色谱仪(具分离柱、抑制柱或抑制膜、抑制器)。

② 检测器,记录仪或数据处理系统。

③ 进样器。

④ 淋洗液及再生液贮罐。

3. 试剂溶液

① 实验用水均为电导率<0.5μS/cm 的二次去离子水,并经 0.45μm 的微孔滤膜过滤,所用试剂均为优级纯试剂。

② 淋洗贮备液:分别称取 25.44g 碳酸钠和 26.04g 碳酸氢钠(均已在 105℃烘干 2h,干燥器中冷却),溶解于去离子水,移入 1000mL 容量瓶中,用去离子水稀释到标线,摇匀,贮存于聚乙烯瓶中,在冰箱中保存,此溶液碳酸钠浓度(Na_2CO_3)为 0.24mol/L,碳酸氢钠为 0.31mol/L。

③ 淋洗使用液:取 20.00mL 淋洗贮备液置于 2000mL 容量瓶中,用去离子水稀释到标线,摇匀,此溶液碳酸钠浓度为 0.0024mol/L,碳酸氢钠为 0.0031mol/L。

④ 氟离子标准贮备液:称 2.2100g 氟化钠(105℃烘 2h)溶于去离子水,移入 1000mL 容量瓶中,加入 10.00mL 淋洗贮备液,用去离子水稀释至标线,贮于聚乙烯瓶中,置于冰箱,此溶液每毫升含 1.00mg 氟离子。

⑤ 氯离子标准贮备液:称 1.6484g 氯化钠(105℃烘 2h)溶于去离子水,移入 1000mL 容量瓶中,加入 10.00mL 淋洗贮备液,用去离子水稀释到标线,贮于聚乙烯瓶中,置于冰箱,此溶液每毫升含 1.00mg 氯离子。

⑥ 溴离子标准贮备液:称 1.2879g 溴化钠(105℃烘 2h)溶于去离子水,移入 1000mL 容量瓶中,加入 10.00mL 淋洗贮备液,用去离子水稀释到标线,贮于聚乙烯瓶中,置于冰箱,此溶液每毫升含 1.00mg 溴离子。

⑦ 亚硝酸根离子标准贮备液:称 1.4998g 亚硝酸钠(干燥器中干燥 24h)溶于去离子水,移入 1000mL 容量瓶中,加入 10.00mL 淋洗贮备液,用去离子水稀释到标线,贮于聚乙烯瓶中,置于冰箱,此溶液每毫升含 1.00mg 亚硝酸根。

⑧ 磷酸根标准贮备液:称 1.4950g 磷酸氢二钠(干燥器中干燥 24h)溶于去离子水,移入 1000mL 容量瓶中,加入 10.00mL 淋洗贮备液,用去离子水稀释到标线,贮于聚乙烯液中,置于冰箱,此溶液每毫升含 1.00mg 磷酸根。

⑨ 硝酸根标准贮备液:称 1.3703g 硝酸钠(干燥器中干燥 24h)溶于去离子水,移入 1000mL 容量瓶中,加入 10.00mL 淋洗贮备液,用去离子水稀释到标线,贮于聚乙烯瓶中,置于冰箱,此溶液每毫升含 1.00mg 硝酸根。

⑩ 硫酸根标准贮备液:称 1.8142g 硫酸钾(105℃烘 2h)溶于去离子水,移入 1000mL

容量瓶中,加入10.00mL淋洗贮备液,用去离子水稀释到标线,贮于聚乙烯瓶中,置于冰箱,此溶液每毫升含1.00mg硫酸根。

⑪ 混合标准使用液:可根据被测样品的浓度范围配制混合标准使用液。如吸取 F^- 3.00mL、Cl^- 4.00mL、Br^- 10.0mL、NO_2^- 10.00mL、NO_3^- 30.00mL、PO_4^{3-} 50.00mL、SO_4^{2-} 50.00mL 于1000mL容量瓶中,加入10.00mL淋洗贮备液,用去离子水稀释到标线;F^-、Cl^-、Br^-、NO_2^-、NO_3^-、PO_4^{3-}、SO_4^{2-} 浓度分别为3mg/L、4mg/L、10mg/L、10mg/L、30mg/L、50mg/L、50mg/L。

⑫ 再生液:取硫酸1.39mL于2000mL容量瓶中(瓶中装有少量去离子水),用去离子水稀释到标线。

4. 测定步骤

仪器操作须按仪器的使用说明书进行。

(1) 样品保存及预处理

样品采集后均经0.45μm微孔滤膜过滤,保存于聚乙烯瓶,置于冰箱中,使用前将样品和淋洗贮备液按(99+1)体积混合,以除去负峰干扰。

(2) 校准曲线绘制

分别取2.00mL、5.00mL、10.00mL、50.00mL混合标准溶液于100mL容量瓶中,再分别加1.00mL淋洗贮备液,用去离子水稀释到标线,摇匀;用测定样品相同的条件进行测定,绘制校准曲线。

(3) 样品测定

① 色谱条件:淋洗使用液流速为2.5mL/min,进样量为100μL,电导检测器灵敏度根据仪器情况选择。

② 定性分析:根据各离子的出峰保留时间确定离子种类,参考图4-8。

③ 定量分析:测定未知样的峰高,从校准曲线查得其浓度。

5. 注意事项

① 用淋洗液配制标准溶液和稀释样品,可除去离子水的负峰干扰,使定量更加准确。

② 样品经 ϕ25mm、0.45μm 滤膜过滤,用以除去样品中颗粒物,以防沾污色谱柱。

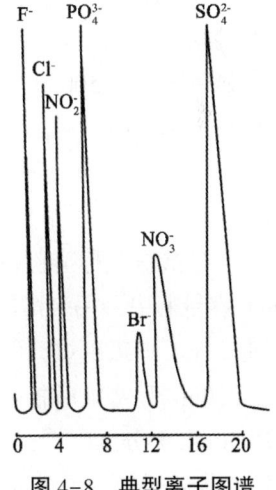

图4-8 典型离子图谱

③ 淋洗液经 ϕ150mm、0.45μm 微孔滤膜过滤,用5000mL滤瓶承接,这样过滤速度快,时间短。

④ 整个系统不能有气泡,否则会影响分离效果。

⑤ 其他型号的离子色谱仪可参照本方法自行选择色谱条件;试液中离子浓度更低或更高,可选择电导检测器的不同灵敏度档。

⑥ 作校准曲线和测定样品应在同一灵敏度下进行。

⑦ 因试剂、器皿或者样品的预处理可引入污染干扰测定，因此要特别注意防止污染。

(二) N-(1-萘基)-乙二胺光度法

1. 方法原理

在磷酸介质中，pH 为 1.8±0.3 时，亚硝酸盐与对氨基苯磺酰胺($C_6H_8N_2O_2S$)反应，生成重氮盐，再与 N-(1-萘基)-乙二胺偶联生成红色染料，在 540nm 波长处有最大吸收峰。亚硝酸盐氮最低检出浓度为 0.003mg/L，测定上限为 0.20mg/L。

氯胺、氯、硫代硫酸盐、聚磷酸钠和高铁离子有明显干扰。水样呈碱性(pH>11)时，可加酚酞溶液为指示剂，滴加磷酸溶液至红色消失。水样有颜色或悬浮物，可加氢氧化铝悬浮液并过滤。

2. 仪器

分光光度计。

3. 试剂溶液

① 实验用水均为不含亚硝酸盐的水。无亚硝酸盐的水：于蒸馏水中加入少许高锰酸钾晶体，使呈红色，再加氢氧化钡(或氢氧化钙)使呈碱性，置于全玻璃蒸馏器中蒸馏，弃去 50mL 初馏液，收集中间约 70% 不含锰的馏出液；也可于每升蒸馏水中加 1mL 浓硫酸和 0.2mL 硫酸锰溶液(每 100mL 水中含 36.4g $MnSO_4 \cdot H_2O$)，加入 1~3mL 0.04% 高锰酸钾溶液至呈红色，重蒸馏。

② 磷酸(1.70g/mL)。

③ 显色剂：于 500mL 烧杯内，加入 250mL 水和 50mL 磷酸，加入 20.0g 对氨基苯磺酰胺，再将 1.00g N-(1-萘基)-乙二胺二盐酸盐($C_{10}H_7NHC_2H_4NH_2 \cdot 2HCl$)溶于上述溶液中，转移至 500mL 容量瓶中，用水稀释至标线，混匀；此溶液贮于棕色瓶中，保存在 2~5℃，至少可稳定 1 个月；此试剂有毒性，避免与皮肤接触或摄入体内。

④ 亚硝酸盐氮标准贮备液：称取 1.232g 亚硝酸钠($NaNO_2$)溶于 150mL 水中，转移至 1000mL 容量瓶中，用水稀释至标线，每毫升含约 0.25mg 亚硝酸盐氮；此溶液贮于棕色瓶中，加入 1mL 三氯甲烷，保存在 2~5℃，至少稳定 1 个月。贮备液标定：

在 300mL 具塞锥形瓶中，加入 50.00mL 0.050mol/L 的高锰酸钾标准溶液、5mL 浓硫酸，用 50mL 无分度吸管，使下端插入高锰酸钾溶液液面下，加入 50.00mL 亚硝酸钠标准贮备液，轻轻摇匀，置于水浴上加热至 70~80℃，按每次 10.00mL 的量加入足够的草酸钠标准液，使红色褪去并过量，记录草酸钠标准溶液用量(V_2)；然后用高锰酸钾标准溶液滴定过量草酸钠至溶液呈微红色，记录高锰酸钾标准溶液总用量(V_1)；再以 50mL 水代替亚硝酸盐氮标准贮备液，如上操作，用草酸钠标准溶液标定高锰酸钾溶液的浓度(C_1)，高锰酸钾标准溶液浓度计算公式：

$$C_1(1/5KMnO_4) = \frac{0.0500 \times V_4}{V_3}$$

亚硝酸盐氮标准贮备液的浓度计算公式：

$$N = \frac{(V_1 \times C_1 - 0.0500 \times V_2) \times 7.00 \times 1000}{50.00} = 140 \times V_1 \times C_1 - 7.00 \times V_2$$

式中：N 为亚硝酸盐浓度（mg/L）；C_1 为经标定的高锰酸钾标准溶液的浓度（mol/L）；V_1 为滴定亚硝酸盐氮标准贮备液时，加入高锰酸钾标准溶液总量（mL）；V_2 为滴定亚硝酸盐氮标准贮备液时，加入草酸钠标准溶液量（mL）；V_3 为滴定水时，加入高锰酸钾标准溶液总量（mL）；V_4 为滴定空白时，加入草酸钠标准溶液总量（mL）；7.0 为亚硝酸盐氮（1/2N）的摩尔质量（g/mol）；50.0 为亚硝酸盐标准贮备液取用量（mL）；0.0500 为草酸钠标准溶液浓度（$1/2Na_2C_2O_4$，mol/L）。

⑤ 亚硝酸盐氮标准中间液：分取 50.00mL 亚硝酸盐标准贮备液（含 12.5mg 亚硝酸盐氮），置于 250mL 容量瓶中，用水稀释至标线，此溶液每毫升含 50.0μg 亚硝酸盐氮，中间液贮于棕色瓶内，保存在 2~5℃，可稳定 1 周。

⑥ 亚硝酸盐氮标准使用液：取 10.00mL 亚硝酸盐氮标准中间液，置于 500mL 容量瓶中，用水稀释至标线，每毫升含 1.00μg 亚硝酸盐氮；此溶液使用时，当天配制。

⑦ 氢氧化铝悬浮液：溶解 125g 硫酸铝钾 [$KAl(SO_4)_2 \cdot 12H_2O$] 或硫酸铝铵 [$NH_4Al(SO_4)_2 \cdot 12H_2O$] 于 1000mL 水中，加热至 60℃，在不断搅拌下，缓慢加入 55mL 浓氨水，放置约 1h 后，移入 1000mL 量筒内，用水反复洗涤沉淀，最后至洗涤液中不含亚硝酸盐为止；澄清后，把上清液尽量全部倾出，只留稠的悬浮物，最后加入 100mL 水，使用前应振荡均匀。

⑧ 高锰酸钾标准溶液（$1/5KMnO_4$，0.050mol/L）：溶解 1.6g 高锰酸钾于 1200mL 水中，煮沸 0.5~1h，使体积减少到 1000mL 左右，放置过夜；用 G-3 号玻璃砂芯滤器过滤后，滤液贮存于棕色试剂瓶中避光保存，按上述方法标定。

⑨ 草酸钠标准溶液（$1/2Na_2C_2O_4$，0.0500mol/L）：溶解经 105℃烘干 2h 的优级纯无水草酸钠 3.350g 于 750mL 水中，移入 1000mL 容量瓶中，稀释至标线。

4. 测定步骤

（1）校准曲线绘制

在一组 6 支 50mL 比色管中，分别加入 0.00mL、1.00mL、3.00mL、5.00mL、7.00mL 和 10.0mL 亚硝酸盐氮标准使用液，用水稀释至标线，加入 1.0mL 显色剂，密塞，混匀，静置 20min 后，在 2h 以内，于波长 540nm 处，用光程长 10mm 的比色皿，以水为参比，测量吸光度；从测得的吸光度，减去零浓度空白管的吸光度后，获得校正吸光度，绘制以氮含量（μg）对校正吸光度的校准曲线。

（2）水样测定

当水样 pH≥11 时，可加入 1 滴酚酞指示液，边搅拌边逐滴加入（1+9）磷酸溶液至红色刚消失。水样如有颜色和悬浮物，可向每 100mL 水中加入 2mL 氢氧化铝悬浮液，搅拌、静置、过滤，弃去 25mL 初滤液。

分取经预处理的水样于 50mL 比色管中（如含量较高，则分取适量，用水稀释至标线），加 1.0mL 显色剂，然后按校准曲线绘制的相同步骤操作，测量吸光度。经空白校正后，从校准曲线上查得亚硝酸盐氮量。

（3）空白试验

用水代替水样，按相同步骤进行测定。

5. 计算公式

$$C_{N'} = \frac{m}{V}$$

式中：$C_{N'}$ 为样品中含亚硝酸盐氮的量（mg/L）；m 为由水样测得的校正吸光度，从校准曲线上查得相应的亚硝酸盐氮的含量（μg）；V 为水样的体积（mL）。

6. 注意事项

① 如水样经预处理后，还有颜色时，则分取两份体积相同的经预处理的水样，一份加 1.0mL 显色剂，另一份改加 1mL（1+9）磷酸溶液。由加显色剂的水样测得的吸光度，减去空白试验测得的吸光度，再减去改加磷酸溶液的水样所测得的吸光度后，获得校正吸光度，以进行色度校正。

② 显色试剂除以混合液加入外，也可分别配制和依次加入，具体方法：

对氨基苯磺酰胺溶液：称取 5g 对氨基苯磺酰胺（磺胺），溶于 50mL 浓盐酸和约 350mL 水的混合液中，稀释至 500mL，此溶液稳定。

N-(1-萘基)-乙二胺二盐酸盐溶液：称取 500mg N-(1-萘基)-乙二胺二盐酸盐溶于 500mL 水中，贮于棕色瓶内，置冰箱中保存。当色泽明显加深时，应重新配制，如有沉淀，则过滤。

于 50mL 水样（或标准管）中，加入 1.0mL 对氨基苯磺酰胺溶液，混匀，放置 2~8min，加入 1.0mL N-(1-萘基)-乙二胺二盐酸盐溶液，混匀，放置 10min 后，在 540nm 波长测量吸光度。

气相分子吸收光谱法可参考《水和废水监测分析方法（第四版）（增补版）》中亚硝酸盐氮的测定。

十、氨氮

氨氮（NH_3-N）以游离氨（NH_3）或铵盐（NH_4^+）形式存在于水中，两者的组成比取决于水的 pH 和水温。当 pH 偏高时，游离氨的比例较高，反之，则铵盐的比例高，水温则相反。

湿地水体中氨氮的来源主要为生活和工业污水中含氮有机物受微生物作用的分解产物。此外，在无氧环境中，水中存在的亚硝酸盐也可受微生物作用，还原为氨。在有氧环境中，水中氨也可转变为亚硝酸盐，甚至继续转变为硝酸盐。鱼类对水中氨氮比较敏感，当氨氮含量高时会导致鱼类死亡。测定水中各种形态的氮化合物，有助于评价水体被污染和"自净"状况。

氨氮的测定通常有纳氏试剂比色法、气相分子吸收法、苯酚—次氯酸盐（或水杨酸—

次氯酸盐)比色法和电极法等。纳氏试剂比色法具操作简便、灵敏等特点,水中钙、镁和铁等金属离子、硫化物、醛、酮类和水体颜色及混浊等均干扰测定,需作相应的预处理。苯酚—次氯酸盐比色法具有灵敏、稳定等优点,干扰情况和消除方法同纳氏试剂比色法。电极法具有需要对水样进行预处理和测量范围宽等优点,但电极寿命和再现性尚存在一些问题。气相分子吸收法比较简单,使用专用仪器或原子吸收仪都可达到良好的效果。氨氮含量较高时,可采用蒸馏—酸滴定法。

测定氨氮水样需采集于聚乙烯瓶或玻璃瓶内,并应尽快分析,必要时可加硫酸将水样酸化至pH<2,于2~5℃下存放。酸化样品应注意防止吸收空气中的氨而沾污。

(一) 水样预处理

水样带色或浑浊以及含其他一些干扰物质会影响氨氮的测定。为此,在分析时需作适当的预处理。对较清洁的水,可采用絮凝沉淀法,对污染严重的水或工业废水,则用蒸馏法消除干扰。

1. 絮凝沉淀法

加适量的硫酸锌于水样中,并加氢氧化钠使呈碱性,生成氢氧化锌沉淀,再经过滤除去颜色和浑浊等。

(1) 仪器

100mL 具塞量筒或比色管。

(2) 试剂溶液

① 硫酸锌溶液(10%):称取 10g 硫酸锌溶于水,稀释至 100mL。

② 氢氧化钠溶液(25%):称取 25g 氢氧化钠溶于水,稀释至 100mL,贮于聚乙烯瓶中。

③ 硫酸(1.84g/mL)。

(3) 测定步骤

取 100mL 水样于具塞量筒或比色管中,加入 1mL 10%硫酸锌溶液和 0.1~0.2mL 25%氢氧化钠溶液,调节 pH 至 10.5 左右,混匀,放置使沉淀,用经无氨水充分洗涤过的中速滤纸过滤,弃去初滤液 20mL。

2. 蒸馏法

调节水样的 pH 在 6.0~7.4,加入适量氧化镁使呈微碱性,蒸馏释放出的氨被吸收于硫酸或硼酸溶液中。采用纳氏比色法或酸滴定法时,以硼酸溶液为吸收液;采用水杨酸—次氯酸盐比色法时,则以硫酸溶液作吸收液。

(1) 仪器

带氮球的定氮蒸馏装置:500mL 凯氏烧瓶、氮球、直形冷凝管和导管,装置见图 4-9。

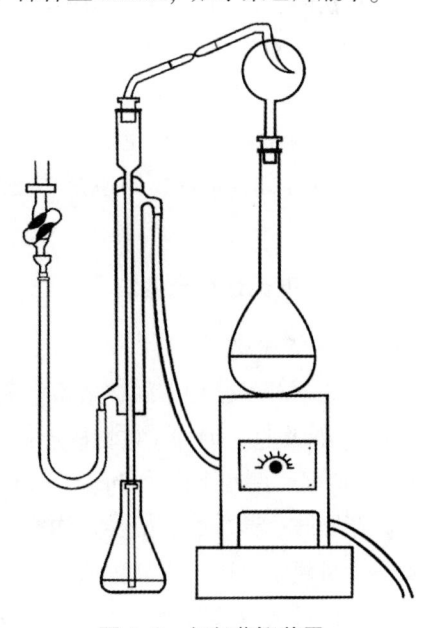

图 4-9 氨氮蒸馏装置

(2) 试剂溶液

① 水样稀释及试剂配制均用无氨水。无氨水制备：

蒸馏法：每升蒸馏水中加 0.1mL 硫酸，在全玻璃蒸馏器中重蒸馏，弃去 50mL 初馏液，接取其余馏出液于具塞磨口的玻璃瓶中，密塞保存。

离子交换法：使蒸馏水通过强酸性阳离子交换树脂柱。

② 盐酸溶液(1mol/L)。

③ 氢氧化钠溶液(1mol/L)。

④ 轻质氧化镁(MgO)：将氧化镁在 500℃下加热，以除去碳酸盐。

⑤ 溴百里酚蓝指示液(0.05%，pH 6.0~7.6)。

⑥ 防沫剂(如石蜡碎片)。

⑦ 吸收液：

硼酸溶液：称取 20g 硼酸溶于水，稀释至 1L；硫酸溶液(0.01mol/L)。

(3) 测定步骤

① 蒸馏装置预处理：加 250mL 水样于凯氏烧瓶中，加 0.25g 轻质氧化镁和数粒玻璃珠，加热蒸馏至馏出液不含氨为止，弃去瓶内残液。

② 分取 250mL 水样(如氨氮含量较高，可分取适量并加水至 250mL，使氨氮含量不超过 2.5mg)，移入凯氏烧瓶中，加数滴溴百里酚蓝指示液，用氢氧化钠溶液或盐酸溶液调节至 pH 7 左右，加入 0.25g 轻质氧化镁和数粒玻璃珠，立即连接氮球和冷凝管，导管下端插入吸收液液面下，加热蒸馏，至馏出液达 200mL 时，停止蒸馏，定容至 250mL。

③ 采用酸滴定法或纳氏比色法时，以 50mL 硼酸溶液为吸收液；采用水杨酸—次氯酸盐比色法时，改用 50mL 0.01mol/L 硫酸溶液为吸收液。

(4) 注意事项

① 蒸馏时应避免发生暴沸，否则可造成馏出液温度升高，氨吸收不完全。

② 防止在蒸馏时产生泡沫，必要时可加少许石蜡碎片于凯氏烧瓶中。

③ 水样如含余氯，则应加入适量 0.35% 硫代硫酸钠溶液，每 0.5mL 可除去 0.25mg 余氯。

(二) 纳氏试剂光度法

1. 方法原理

碘化汞和碘化钾的碱性溶液与氨反应生成淡红棕色胶态化合物，此颜色在较宽的波长内具强烈吸收，通常测量用波长在 410~425nm。纳氏试剂光度法最低检出浓度为 0.025mg/L，测定上限为 2mg/L。采用目视比色法，最低检出浓度为 0.02mg/L。

脂肪胺、芳香胺、醛类、丙酮、醇类和有机氯胺类等有机化合物，以及铁、锰、镁和硫等无机离子，因产生异色或浑浊而引起干扰，水中颜色和浑浊也影响比色。因此，须经絮凝沉淀过滤或蒸馏预处理，易挥发的还原性干扰物质还可在酸性条件下加热以除去。对金属离子的干扰，可加入适量的掩蔽剂(巯基丙醇、二巯基丙磺酸钠等)加以消除。

2. 仪器

分光光度计、pH 计。

3. 试剂溶液

① 配制试剂用水均应为无氨水。

② 纳氏试剂可选择下列一种方法制备：

称取 20g 碘化钾溶于约 100mL 水中，边搅拌边分次少量加入氯化汞($HgCl_2$)结晶粉末（约 10g），至出现朱红色沉淀不易溶解时，改为滴加饱和氯化汞溶液，并充分搅拌，当出现微量朱红色沉淀不易溶解时，停止滴加氯化汞溶液；另称取 60g 氢氧化钾溶于水，并稀释至 250mL，充分冷却至室温后，将上述溶液在搅拌下，缓慢注入氢氧化钾溶液中，用水稀释至 400mL，混匀，静置过夜，将上清液移入聚乙烯瓶中，密塞保存。

称取 16g 氢氧化钠，溶于 50mL 水中，充分冷却至室温。另称取 7g 碘化钾(KI)和 10g 碘化汞(HgI_2)溶于水，然后将此溶液在搅拌下缓慢注入氢氧化钠溶液中，用水稀释至 100mL，贮于聚乙烯瓶中，密塞保存。

③ 酒石酸钾钠溶液：称取 50g 酒石酸钾钠($KNaC_4H_4O_6 \cdot 4H_2O$)溶于 100mL 水中，加热煮沸以除去氨，冷却，定容至 100mL。

④ 铵标准贮备溶液：称取 3.819g 经 100℃ 干燥过的优级纯氯化铵(NH_4Cl)溶于水中，移入 1000mL 容量瓶中，稀释至标线，此溶液每毫升含 1.00mg 氨氮。

⑤ 铵标准使用溶液：移取 5.00mL 铵标准贮备液于 500mL 容量瓶中，用水稀释至标线，此溶液每毫升含 0.010mg 氨氮。

4. 测定步骤

(1) 校准曲线绘制

① 吸取 0.00mL、0.50mL、1.00mL、3.00mL、5.00mL、7.00mL 和 10.0mL 铵标准使用液于 50mL 比色管中，加水至标线，加 1.0mL 酒石酸钾钠溶液，混匀，再加 1.5mL 纳氏试剂，混匀，放置 10min 后，在波长 420nm 处，用光程 20mm 比色皿，以水为参比，测量吸光度。

② 由测得的吸光度，减去零浓度空白的吸光度后，得到校正吸光度，绘制以氨氮含量(mg)对校正吸光度的校准曲线。

(2) 水样测定

① 分取适量经絮凝沉淀预处理后的水样（使氨氮含量不超过 0.1mg），加入 50mL 比色管中，稀释至标线，加 1.0mL 酒石酸钾钠溶液，同校准曲线的绘制。

② 分取适量经蒸馏预处理后的馏出液，加入 50mL 比色管中，加一定量 1mol/L 氢氧化钠溶液以中和硼酸，稀释至标线，再加 1.5mL 纳氏试剂，混匀，放置 10min 后，同校准曲线步骤测量吸光度。

(3) 空白试验

以无氨水代替水样，做全程序空白测定。

5. 计算

由水样测得的吸光度减去空白试验的吸光度后，从校准曲线上查得氨氮含量(mg)。

$$C_{N''} = \frac{m}{V} \times 1000$$

式中：$C_{N''}$为样品氨氮含量(mg/L)；m为由校准曲线查得的氨氮量(mg)；V为水样体积(mL)。

6. 注意事项

① 纳氏试剂中碘化汞与碘化钾的比例，对显色反应的灵敏度有较大影响，静置后生成的沉淀应除去。

② 滤纸中常含痕量铵盐，使用时注意用无氨水洗涤。所用玻璃器皿应避免实验室空气中氨的沾污。

(三) 水杨酸—次氯酸盐光度法

1. 方法原理

在亚硝基铁氰化钠存在下，铵与水杨酸盐和次氯酸离子反应生成蓝色化合物，在波长697nm具最大吸收峰。水杨酸—次氯酸盐光度法最低检出浓度为0.01mg/L，测定上限为1mg/L。

氯铵在此条件下均被定量地测定，钙、镁等阳离子的干扰，可加酒石酸钾钠掩蔽。

2. 仪器设备

分光光度计、滴瓶(滴管流出液体，每毫升相当于20滴±1滴)。

3. 试剂溶液

① 所有试剂配制均用无氨水。

② 铵标准贮备溶液：称取3.819g经100℃干燥过的优级纯氯化铵(NH_4Cl)溶于水中，移入1000mL容量瓶中，稀释至标线，此溶液每毫升含1.00mg氨氮。

③ 铵标准中间液：吸取10.00mL铵标准贮备液移入100mL容量瓶中，稀释至标线，此溶液每毫升含0.10mg氨氮。

④ 铵标准使用液：吸取10.00mL铵标准中间液移入1000mL容量瓶中，稀释至标线，此溶液每毫升含1.00μg氨氮；临用时配制。

⑤ 显色液：称取50g水杨酸[$C_6H_4(OH)COOH$]，加入约100mL水，再加入160mL 2mol/L氢氧化钠溶液，搅拌使之完全溶解；另称取50g酒石酸钾钠溶于水中，与上述溶液合并稀释至1000mL，存放于棕色玻瓶中，加橡胶塞，本试剂至少稳定1个月；若水杨酸未能全部溶解，可再加入数毫升氢氧化钠溶液，直至完全溶解为止，最后溶液的pH为6.0~6.5。

⑥ 次氯酸钠溶液：取市售或自行制备的次氯酸钠溶液，经标定后，用氢氧化钠溶液稀释成含有效氯浓度为0.35%、游离碱浓度为0.75mol/L(以NaOH计)的次氯酸钠溶液，存放于棕色滴瓶内，本试剂可稳定1周。

⑦ 亚硝基铁氰化钠溶液：称取 0.1g 亚硝基铁氰化钠[$Na_2(Fe(CN)_6NO) \cdot 2H_2O$]置于 10mL 具塞比色管中，溶于水，稀释至标线；此溶液临用前配制。

⑧ 清洗溶液：称取 100g 氢氧化钾溶于 100mL 水中，冷却后与 900mL 95%乙醇混合，贮于聚乙烯瓶内。

4. 测定步骤

（1）校准曲线绘制

吸取 0.00mL、1.00mL、2.00mL、4.00mL、6.00mL、8.00mL 铵标准使用液于 10mL 比色管中，用水稀释至约 8mL，加入 1.00mL 显色液和 2 滴亚硝基铁氰化钠溶液，混匀，再滴加 2 滴次氯酸钠溶液，稀释至标线，充分混匀。放置 1h 后，在波长 697nm 处，用光程为 10mm 的比色皿，以水为参比，测量吸光度。

由测得的吸光度，减去空白管的吸光度后得到校正吸光度，绘制以氨氮含量（μg）对校正吸光度的校准曲线。

（2）水样测定

分取适量经预处理的水样（使氨氮含量不超过 8μg）至 10mL 比色管中，加水稀释约 8mL，与校准曲线相同操作，进行显色和测量吸光度。

（3）空白试验

以无氨水代替水样，按样品测定相同步骤进行显色和测量。

5. 计算

由水样测得的吸光度减去空白试验的吸光度后，从校准曲线上查得氨氮含量 m，计算公式：

$$C_{N''} = \frac{m}{V}$$

式中：$C_{N''}$ 为样品氨氮含量（mg/L）；m 为由校准曲线查得的氨氮量（μg）；V 为水样体积（mL）。

6. 注意事项

水样采用蒸馏预处理时，应以硫酸溶液为吸收液，显色前加氢氧化钠溶液使其中和。

滴定法、气相分子吸收光谱法可参考《水和废水监测分析方法（第四版）（增补版）》中氨氮的测定。

十一、硫酸盐

硫酸盐在自然界分布广泛，湿地水体中硫酸盐的浓度可从几毫克/升至数千毫克/升。地表水和地下水中硫酸盐主要来源于岩石土壤中矿物组分的风化和淋溶，金属硫化物氧化也会使硫酸盐含量增大。水中少量硫酸盐对人体健康无影响，但超过 250mg/L 时有致泻作用，饮用水中硫酸盐的含量不应超过 250mg/L。

硫酸盐测定方法各具特色，硫酸钡重量法是一经典方法，准确度高，但操作较繁；铬酸钡光度法适于清洁环境水样的分析,精密度和准确度均好;铬酸钡间接原子吸收法,与铬酸钡光度法的优点相似;EDTA(乙二胺四乙酸二钠)容量法操作比较简单;离子色谱法可同时测定清洁水样中包括 SO_4^{2-} 在内的多种阴离子。

测定的水体中存在有机物时,某些细菌可以将硫酸盐还原成硫化物。因此,对于严重污染的水样应在 4℃ 低温保存,防止菌类增殖。

(一) 离子色谱法(含 SO_4^{2-}、HPO_4^{2-}、NO_2^-、NO_3^-、F^-、Cl^-)

1. 方法原理

离子色谱法利用离子交换的原理,连续对多种阴离子进行定性和定量分析。水样注入碳酸盐—碳酸氢盐溶液并流经系列的离子交换树脂,基于待测阴离子对低容量强碱性阴离子树脂(分离柱)的相对亲和力不同而彼此分开。被分开的阴离子,在流经强酸性阳离子树脂(抑制柱)时,被转换为高电导的酸型,碳酸盐—碳酸氢盐则转变成弱电导的碳酸(清除背景电导)。用电导检测器测量被转变为相应酸型的阴离子,与标准进行比较,根据保留时间定性,峰高或峰面积定量。一次进样可连续测定六种无机阴离子(F^-、Cl^-、NO_2^-、NO_3^-、HPO_4^{2-} 和 SO_4^{2-})。

方法检出限:当电导检测器量程为 10μS,进样量为 25μL 时,无机阴离子检出限见表 4-15。

表 4-15 无机阴离子检出限表

阴离子	F^-	Cl^-	NO_2^-	NO_3^-	HPO_4^{2-}	SO_4^{2-}
检出限(mg/L)	0.02	0.02	0.03	0.08	0.12	0.09

2. 干扰及消除

① 当水的负峰干扰 F^- 或 Cl^- 的测定时,可于 100mL 水样中加入 1mL 淋洗贮备液来消除水负峰的干扰。

② 保留时间相近的两种离子,因浓度相差太大而影响低浓度阴离子的测定时,可用加标的方法测定低浓度阴离子。

③ 不被色谱柱保留或弱保留的阴离子干扰 F^- 或 Cl^- 的测定。若这种共淋洗的现象显著,可改用弱淋洗液(0.005mol/L $Na_2B_4O_7$)进行洗脱。

3. 试剂溶液

① 实验用水均为电导率<0.5μS/cm 的二次去离子水,并经过 0.45μm 微孔滤膜过滤。

② 淋洗液:

淋洗贮备液:分别称取 19.078g 碳酸钠和 14.282g 碳酸氢钠(105℃ 烘干 2h,干燥器中冷却),溶解于水中,移入 1000mL 容量瓶中,用水稀释到标线,摇匀,贮存于聚乙烯瓶中,在冰箱中保存,此溶液碳酸钠浓度为 0.18mol/L,碳酸氢钠浓度为 0.17mol/L。

淋洗使用液:量取 10mL 淋洗贮备液置于 1000mL 容量瓶中,用水稀释到标线,摇匀,此溶液碳酸钠浓度为 0.0018mol/L，碳酸氢钠浓度为 0.0017mol/L。

③ 再生液（1/2H_2SO_3，0.05mol/L）：吸取 1.39mL 浓硫酸溶液于 1000mL 容量瓶中（瓶中装有少量水），用水稀释到标线，摇匀（使用新型离子色谱仪可不用再生液）。

④ 氟离子标准贮备液（1000.0mg/L）：称取 2.2100g 氟化钠（105℃烘干 2h）溶于水，移入 1000mL 容量瓶中，加入 10.00mL 淋洗贮备液，用水稀释到标线，贮存于聚乙烯瓶中，置于冰箱中冷藏。

⑤ 氯离子标准贮备液（1000.0mg/L）：称取 1.6485g 氯化钠（105℃烘干 2h）溶于水，移入 1000mL 容量瓶中，加入 10.00mL 淋洗贮备液，用水稀释到标线，贮存于聚乙烯瓶中，置于冰箱中冷藏。

⑥ 亚硝酸根标准贮备液（1000.0mg/L）：称取 1.4997g 亚硝酸钠（干燥器中干燥 24h）溶于水，移入 1000mL 容量瓶中，加入 10.00mL 淋洗贮备液，用水稀释到标线，贮存于聚乙烯瓶中，置于冰箱中冷藏。

⑦ 硝酸根标准贮备液（1000.0mg/L）：称取 1.3708g 硝酸钠（105℃烘干 2h）溶于水，移入 1000mL 容量瓶中，加入 10.00mL 淋洗贮备液，用水稀释到标线，贮存于聚乙烯瓶中，置于冰箱中冷藏。

⑧ 磷酸氢根标准贮备液（1000.0mg/L）：称取 1.495g 磷酸氢二钠（干燥器中干燥 24h）溶于水，移入 1000mL 容量瓶中，加入 10.00mL 淋洗贮备液，用水稀释到标线，贮存于聚乙烯瓶中，置于冰箱中冷藏。

⑨ 硫酸根标准贮备液（1000.0mg/L）：称取 1.8142g 硫酸钾（105℃烘干 2h）溶于水，移入 1000mL 容量瓶中，加入 10.00mL 淋洗贮备液，用水稀释到标线，贮存于聚乙烯瓶中，置于冰箱中冷藏。

⑩ 混合标准使用液：

混合标准使用液 I：分别从六种阴离子标准贮备液④至⑨项中吸取 5.00mL、10.00mL、20.00mL、40.00mL、50.00mL 和 50.00mL 于 1000mL 容量瓶中，加入 10.00mL 淋洗贮备液，用水稀释到标线。此混合溶液中氟离子、氯离子、亚硝酸根、硝酸根、磷酸氢根和硫酸根的浓度分别为 5.00mg/L、10.0mg/L、20.0mg/L、40.0mg/L、50.0mg/L 和 50.0mg/L；

混合标准使用液 II：吸取 20.00mL 混合标准使用液 I 于 100mL 容量瓶中，加入 1.00mL 淋洗贮备液，用水稀释到标线。此混合溶液中氟离子、氯离子、亚硝酸根、硝酸根、磷酸氢根和硫酸根的浓度分别为 1.00mg/L、2.00mg/L、4.00mg/L、8.00mg/L、10.0mg/L 和 10.0mg/L。

⑪ 吸附树脂：50～100 目。

⑫ 阳离子交换树脂：100～200 目。

⑬ 弱淋洗液（$Na_2B_4O_7$，0.005mol/L）。

4. 仪器设备

① 离子色谱仪（具电导检测器）。

② 色谱柱：阴离子分离柱和阴离子保护柱。

③ 微膜抑制器或抑制柱。

④ 记录仪、积分仪（或微机数据处理系统）。

⑤ 淋洗液或再生液贮存罐。

⑥ 微孔滤膜过滤器。

⑦ 预处理柱：预处理柱管内径为 6mm、长 90mm；上层填充吸附树脂（约 30mm 高），下层填充阳离子交换树脂（约 50mm 高）。

5. 样品采集与保存

① 水样采集后应经 0.45μm 微孔滤膜过滤，保存于清洁的玻璃瓶或聚乙烯瓶中。

② 水样采集后应尽快分析，否则应在 4℃下存放，一般不加保存剂。

③ 样品保存时间，见表 4-16。

表 4-16 样品保存时间一览表

阴离子	容器材质	保存时间
F^- 和 Cl^-	玻璃瓶	2 天
	聚乙烯瓶	1 个月
NO_2^-	玻璃瓶或聚乙烯瓶	2 天
NO_3^-	玻璃瓶或聚乙烯瓶	1 天
HPO_4^{2-}	玻璃瓶	2 天
SO_4^{2-}	玻璃瓶或聚乙烯瓶	1 个月

6. 测定步骤

（1）色谱条件

① 淋洗液浓度：碳酸钠 0.0018mol/L、碳酸氢钠 0.0017mol/L。

② 再生液流速：根据淋洗液流速来确定，使背景电导达到最小值。

③ 电导检测器：根据样品浓度选择量程。

④ 进样量：25μL；淋洗液流速为（1.0~2.0mL/min）。

（2）校准曲线制备

① 根据样品浓度选择混合标准使用液Ⅰ或Ⅱ，配制 5 个浓度水平的混合标准溶液，测定其峰高（或峰面积）。

② 以峰高（或峰面积）为纵坐标，以离子浓度（mg/L）为横坐标，用最小二乘法计算校准曲线的回归方程，或绘制校准曲线。

（3）样品测定

① 高灵敏度的离子色谱法一般用稀释的样品，对未知的样品最好先稀释 100 倍后进样，再根据所得结果选择适当的稀释倍数。

② 对有机物含量较高的样品，应先用有机溶剂萃取除去大量有机物，取水相进行分

析;对污染严重、成分复杂的样品,可采用预处理柱法,同时去除有机物和重金属离子。

(4) 空白试验

以试验用水代替水样,经 0.45μm 微孔滤膜过滤后进行色谱分析。

(5) 标准曲线校准

用标准样品对校准曲线进行校准。

7. 计算

水中阴离子的浓度计算公式:

$$C_{S'} = \frac{h - h_0 - a}{b}$$

式中:$C_{S'}$ 为水中阴离子的浓度(mg/L);h 为水样的峰高(或峰面积);h_0 为空白峰高测定值;b 为回归方程的斜率;a 为回归方程的截距。

8. 注意事项

① 亚硝酸根不稳定,最好临用前现配。

② 样品需经 0.45μm 微孔滤膜过滤,除去样品中颗粒物,防止系统堵塞。

③ 注意整个系统不要进气泡,否则会影响分离效果。

④ 不同型号的离子色谱仪可参照本法选择合适的色谱条件。

⑤ 在与绘制校准曲线相同的色谱条件下测定样品的保留时间和峰高(或峰面积)。

⑥ 在每个工作日或淋洗液、再生液改变时,或分析 20 个样品后,都要对校准曲线进行校准;假如任何一个离子的响应值或保留时间超过预期值的±10%时,必须用新的校准标样重新测定;如果其测定结果仍超过±10%时,则需要重新绘制该离子的校准曲线。

⑦ 对于污染严重、成分复杂的样品,预处理柱可有效去除水样中所含的油溶性有机物和重金属离子,同时对所测定无机阴离子均不发生吸附。

⑧ 不被色谱柱保留或弱保留的阴离子干扰 F^- 或 Cl^- 的测定,如乙酸与 F^- 产生共淋洗,甲酸与 Cl^- 产生共淋洗,若这种共淋洗的现象显著,可改用弱淋洗液(0.005mol/L $Na_2B_4O_7$)进行洗脱。

⑨ 注意器皿的清洁,防止引入污染,干扰测定。

(二) 重量法

1. 方法原理

硫酸盐在盐酸溶液中,与加入的氯化钡形成硫酸钡沉淀。在接近沸腾的温度下进行沉淀,并至少煮沸 20min,使沉淀陈化之后过滤,洗沉淀至无氯离子为止,烘干或者灼烧沉淀,冷却后,称硫酸钡的重量。重量法可测定硫酸盐含量 10mg/L(以 SO_4^{2-} 计)以上的水样,测定上限为 5000mg/L。

样品中包含悬浮物、硝酸盐、亚硝酸盐和二氧化硅可使结果偏高。碱金属硫酸盐,特别是碱金属硫酸氢盐常使结果偏低。铁和铬等能影响硫酸盐的完全沉淀,使测定结果偏低。硫酸钡的溶解度很小,在酸性介质中进行沉淀,虽然可以防止碳酸钡和磷酸钡沉淀,但是酸度较大时也会使硫酸钡沉淀溶解度增大。

2. 仪器设备

① 蒸汽浴或水浴。

② 烘箱。

③ 马弗炉。

④ 滤纸：酸洗并经过硬化处理、能阻留微细沉淀的致密无灰分滤纸（即慢速定量滤纸）。

⑤ 滤膜：孔径为 0.45μm。

⑥ 熔结玻璃坩埚 G4：约 30mL。

⑦ 铂蒸发皿：75mL。

3. 试剂溶液

① 盐酸(1+1)。

② 氯化钡溶液(100g/L)：称取 100g 二水合氯化钡($BaCl_2 \cdot 2H_2O$)溶于约 800mL 水中，加热有助于溶解，冷却并稀释至 1L。此溶液能长期保持稳定，1mL 可沉淀约 40mg SO_4^{2-}。

③ 甲基红指示液(0.1%)。

④ 硝酸银溶液(约 0.1mol/L)：将 0.17g 硝酸银溶解于 80mL 水中，加 0.1mL 硝酸，稀释至 100mL，贮存于棕色试剂瓶中，避光保存。

⑤ 无水碳酸钠。

⑥ 氨水(1+1)。

4. 测定步骤

(1) 沉淀

① 移取适量经 0.45μm 滤膜过滤的水样（测可溶性硫酸盐）置于 500mL 烧杯中，加 2 滴甲基红指示液，用盐酸或氨水调至试液呈橙黄色，再加 2mL 盐酸，然后补加水使试液的总体积约为 200mL。加热煮沸 5min（此时若试液出现不溶物，应过滤后再进行沉淀），缓慢加入约 10mL 热的氯化钡溶液，直到不再出现沉淀，再过量 2mL，继续煮沸 20min，放置过夜，或在 50~60℃下保持 6h 使沉淀陈化。

② 如果要回收和测定不溶物中的硫酸盐，则取适量混匀水样，经定量滤纸过滤。将滤纸转移到铂蒸发皿中，在低温燃烧器上加热灰化滤纸，并将 4g 无水碳酸钠同皿中残渣混合，于 900℃使混合物熔融。冷却后，用 50mL 热水溶解熔融混合物，并全量转移到 500mL 烧杯中（洗净蒸发皿），将溶液酸化后再按前述方法进行沉淀。

③ 如果水样中二氧化硅及有机物的浓度能引起干扰（如 SiO_2 浓度超过 25mg/L），则应除去。方法：将水样分次置于铂蒸发皿中，在水浴上蒸发至近干，加 1mL 盐酸，将皿倾斜并转动使酸和残渣完全接触，并继续蒸发至干；再放入 180℃的炉内完全烘干（如果水样中含有机质，则在燃烧器的火焰上或者马弗炉中加热使之炭化，然后用 2mL 水和 1mL 盐

酸把残渣浸湿，再在蒸汽浴上蒸干）；加入 2mL 盐酸，用热水溶解可溶性的残渣，过滤，用几份少量的热水反复洗涤不溶的二氧化硅，将滤液和洗液合并，弃去残渣。滤液和洗液按上述方法进行沉淀。

(2) 过滤

① 用已经恒重过的烧结玻璃坩埚(G4)过滤沉淀。用带橡皮头的玻璃棒将烧杯的沉淀完全转移到坩埚中去，用热水少量多次地洗涤沉淀直到没有氯离子为止。

② 在含约 5mL 硝酸银溶液的小烧杯中检验洗涤过程中氯化物，收集约 5mL 的过滤洗涤水，如果没有沉淀生成或者不变浑浊，即表明沉淀中已不含氯离子。

③ 检验坩埚下侧的边沿上有无氯离子。

(3) 干燥和称重

取下坩埚并在 105℃±2℃ 干燥 1~2h，然后将坩埚放在干燥器中，冷却至室温后，称重。再将坩埚放在烘箱中干燥 10min，冷却，称重，直到前后两次的重量差 ≤0.0002g 为止。

5. 计算公式

$$C_{S'} = \frac{m \times 0.4115 \times 1000}{V}$$

式中：$C_{S'}$ 为水中硫酸盐的浓度(mg/L)；m 为从试样中沉淀出来的硫酸钡的质量(mg)；V 为试液的体积(mL)；0.4115 为 $BaSO_4$ 重量换算为 SO_4^{2-} 的系数。

要得到试样中硫酸盐的总浓度(即可溶以及不可溶态的)，可将不溶物中的硫酸盐加上可溶态硫酸盐。

6. 注意事项

① 使用过的烧结玻璃坩埚清洗：可用每升含 8g Na_2-EDTA 和 25mL 乙醇胺的水溶液将坩埚浸泡过夜，然后将坩埚在抽滤情况下用水充分洗涤。

② 用少量无灰滤纸的纸浆与硫酸钡混合，能改善过滤效果并防止沉淀产生蠕升现象；在此种情况下，应将过滤并洗涤好的沉淀放在铂坩埚中，在 800℃ 灼烧 1h，放在干燥器中冷却至恒重。

③ 使用铂蒸发皿或铂坩埚前，应先查阅铂器皿使用的注意事项。

铬酸钡光度法、铬酸钡间接原子吸收法可参考《水和废水监测分析方法(第四版)(增补版)》中硫酸盐的测定。

第五节 金属元素及其化合物

一、铝

铝(Al)是自然界中的常量元素，正常人每天摄入量为 10~100mg，由于铝的盐类不易被肠壁吸收,所以在人体内含量不高。铝的毒性不大,过去曾列为无毒的微量元素并能拮抗铅的毒害作用。现有研究表明,过量摄入铝能干扰磷的代谢,对胃蛋白酶的活性有抑制作用,且对中枢神经有不良影响。

天然水中铝的含量变化幅度较大,一般为每升零点几毫克到几毫克。冶金工业、石油加工、造纸、罐头和耐火材料、木材加工、防腐剂生产、纺织等工业排放废水中都含较高量的铝。氯化铝、硝酸铝、乙酸铝毒性较大。当铝含量不高时可促进植物生长。当大量铝化合物随污水进入水体时,可使水体自净作用减慢。例如,硝酸铝浓度达到1.0mg/L时,水生生物繁殖会受到抑制,硫酸铝达到15mg/L时,水体自净作用受到抑制。

铝的测定方法有分光光度法和原子吸收法,前者受共有成分铁及碱金属、碱土金属元素干扰。火焰原子吸收法由于铝在空气—乙炔火焰中形成耐高温氧化物,灵敏度很低。在石墨炉原子吸收法中,铝也难以形成基态原子,适用性不强。

络合物交换反应间接原子吸收法通过测定铜达到定量测定铝,方法虽然操作复杂,但灵敏度较高。电感耦合等离子体原子发射光谱法(inductively coupled plasma-atomic emission spectrometry,简称ICP-AES)在国际上已列入标准方法。

(一)电感耦合等离子体原子发射光谱法

铝(含砷、钡、铍、钙、镉、钴、铬、铜、铁、钾、镁、锰、钠、镍、铅、锶、钛、钒、锌)电感耦合等离子体原子发射光谱法(ICP-AES),是以电感耦合等离子矩为激发光源的一类光谱分析方法。由于具有检出限低、准确度及精密度高、分析速度快、线性范围宽等优点,已成为一种极为普遍、适用范围广的常规分析方法,并已广泛用于环境试样、岩石、矿物、生物医学、金属与合金中数十种元素的测定。ICP-AES法应用于水体中多元素的同时测定,具有快速、简便、线性范围宽等优点。

1. 方法原理

等离子体发射光谱法可以同时测定样品中多元素的含量。当氩气通过等离子体火炬时,经射频发生器所产生的交变电磁场使其电离、加速并与其他氩原子碰撞。这种连锁反应使更多的氩原子电离,形成原子、离子、电子的粒子混合气体,即等离子体。等离子体火炬可达6000~8000K的高温。过滤或消解处理过的样品经进样器中的雾化器被雾化并由氩载气带入等离子体火炬中,气化的样品分子在等离子体火炬的高温下被原子化、电离、激发。不同元素的原子在激发或电离时可发射出特征光谱,所以等离子体发射光谱可用来定性测定样品中存在的元素。特征光谱的强弱与样品中原子浓度有关,与标准溶液进行比较,即可定量测定样品中各元素的含量。

2. 干扰及消除

ICP-AES法通常存在的干扰大致可分为两类:一类是光谱干扰,主要包括连续背景和谱线重叠干扰;另一类是非光谱干扰,主要包括化学干扰、电离干扰、物理干扰以及去溶剂干扰等,在实际分析过程中各类干扰很难截然分开。在一般情况下,必须予以补偿和校正。

此外,物理干扰一般由样品的黏滞程度及表面张力变化而致,尤其是当样品中含有大量可溶盐或样品酸度过高,都会对测定产生干扰。消除此类干扰的最简单方法是将样品稀释。

① 基体元素干扰:优化实验条件选择出最佳工作参数,无疑可减少 ICP-AES 法的干扰效应,但由于废水成分复杂,大量元素与微量元素间含量差别很大,因此来自大量元素的干扰不容忽视。表 4-17 列出了待测元素分析波长下的主要光谱干扰。

表 4-17 待测元素分析波长下的主要光谱干扰

测定元素	测定波长(nm)	干扰元素	测定元素	测定波长(nm)	干扰元素
Al	308.21	Mn、V、Na	Cr	202.55	Fe、Mo
	396.15	Ca、Mo		267.72	Mn、V、Mg
As	193.69	Al、P		283.56	Fe、Mo
Be	313.04	Ti、Se	Cu	324.7	Fe、Al、Ti
	234.86	Fe	Mn	257.61	Fe、Mg、Al
Ba	233.53	Fe、Y	Ni	231.60	Co
Ca	315.89	Co	Pb	220.35	Al
	317.93	Fe	V	290.88	Fe、Mo
Cd	214.44	Fe		292.40	Fe、Mo
	226.50	Fe		311.07	Ti、Fe、Mn
	228.80	As	Zn	213.86	Ni、Cu
Co	228.62	Ti	Ti	334.94	Cr、Ca

② 干扰校正:校正元素间干扰的方法很多,化学富集分离的方法效果明显并可提高元素的检出能力,但操作手续繁冗且易引入试剂空白;基体匹配法(配制与待测样品基体成分相似的标准溶液)效果十分令人满意,此种方法对于测定基体成分固定的样品,是理想的消除干扰的方法,但存在高纯试剂难于解决的问题,而且废水的基体成分变化复杂,在实际分析中,标准溶液的配制工作将是十分麻烦的。比较简便并且经常采用的方法是背景扣除法(凭实验,确定扣除背景的位置及方式)及干扰系数法,当存在单元素干扰时,可按公式 $K_i = (Q' - Q)/Q_i$ 求得干扰系数,式中 K_i 是干扰系数,Q' 是干扰元素加分析元素的含量,Q 是分析元素的含量,Q_i 是干扰元素的含量。通过配制一系列已知干扰元素含量的溶液在分析元素波长的位置测定其 Q',根据上述公式求出 K_i,然后进行人工扣除或计算机自动扣除。鉴于水的主要成分为 K、Na、Ca、Mg、Fe 及 Al 等元素,可依据所用仪器的性能及待测废水的成分选择适当的元素谱线和适当的修正干扰的方法予以消除。

3. 适用范围

ICP-AES 法适用于湿地水体中 Al、As、Ba、Be、Ca、Cd、Co、Cr、Cu、Fe、K、Mg、Mn、Na、Ni、Pb、Sr、Ti、V 及 Zn 等 20 种元素溶解态及元素总量的测定。

① 溶解态元素:未经酸化的样品中,能通过 0.45μm 滤膜的元素成分。

② 元素总量：未经过滤的样品，经消解后测得的元素浓度，即样品中溶解态和悬浮态两部分元素浓度的总和。

ICP-AES 法一般地把元素检出限的 5 倍作为方法定量浓度的下限，其校准曲线有较大的线性范围，在多数情况下可达 3~4 个数量级，这就可以用同一条校准曲线同时分析样品中从痕量到较高浓度的各种元素。表 4-18 给出了一般仪器宜采用的元素特征谱线波长及检出限。

表 4-18 测定元素推荐波长及检出限

测定元素	波长(nm)	检出限(mg/L)	测定元素	波长(nm)	检出限(mg/L)
Al	308.21	0.1	Cu	327.39	0.01
	396.15	0.09	Fe	238.20	0.03
As	193.69	0.1		259.94	0.03
Ba	233.53	0.004	K	766.49	0.5
	455.40	0.003	Mg	279.55	0.002
Be	313.04	0.0003		285.21	0.02
	234.86	0.005	Mn	257.61	0.001
Ca	317.93	0.01		293.31	0.02
	393.37	0.002	Na	589.59	0.2
Cd	214.44	0.003	Ni	231.60	0.01
	226.50	0.003	Pb	220.35	0.05
Co	238.89	0.005	Sr	407.77	0.001
	228.62	0.005	Ti	334.94	0.005
Cr	205.55	0.01		336.12	0.01
	267.72	0.01	V	311.07	0.01
Cu	324.75	0.01	Zn	213.86	0.006

4. 仪器及主要工作参数

① 仪器：电感耦合等离子发射光谱仪和一般实验室仪器以及相应的辅助设备。常用的电感耦合等离子发射光谱仪通常分为多道式及顺序扫描式两种。

② 主要工作参数：影响 ICP-AES 法分析特性的因素很多，但主要工作参数有 3 个：高频功率、载气流量及观测高度。对于不同的分析项目及分析要求，上述三项参数存在一定差异。表 4-19 列出了一般仪器采用通用的气动雾化器时，同时测定多种元素的工作参数折中值范围，供使用时参考。

表 4-19 工作参数折中值范围

高频功率(kW)	反射功率(W)	观测高度(mm)	载气流量(L/min)	等离子气流量(L/min)	进样量(mL/min)	测量时间(s)
1.0~1.4	<5	6~16	1.0~1.5	1.0~1.5	1.5~3.0	1~20

5. 试剂溶液

① 分析时均使用符合国家标准或专业标准的分析纯试剂、去离子水或同等纯度的水。

② 硝酸(HNO_3,1.42g/mL,优级纯)。

③ 盐酸(HCl,1.19g/mL,优级纯)。

④ 硝酸溶液(1+1):用硝酸②配制。

⑤ 氩气:钢瓶气,纯度不低于99.9%。

⑥ 标准溶液:

单元素标准贮备液配制:ICP-AES法所用的标准溶液,一般采用高纯金属(>99.99%)或组成一定的盐类(基准物质)溶解配制成1.00mg/mL的标准贮备液。市售的金属有板状、线状、粒状、海绵状或粉末状等。为了称量方便,需将其切屑(粉末状除外),切屑时应防止由于剪切或车床切削带来的沾污,一般先用稀HCl或稀HNO_3迅速洗涤金属以除去表面的氧化物及附着的污物,然后用水洗净。为干燥迅速,可用丙酮等挥发性强的溶剂进一步洗涤,以除去水分,最后用纯氩或氮气吹干。贮备溶液配制酸度保持在0.1mol/L以上,见表4-20。

表4-20 单元素标准贮备液配制方法

元素	浓度(mg/mL)	配制方法
Al	1.00	称取1.0000g金属铝,用150mL HCl(1+1)加热溶解,煮沸,冷却后用水定容至1L
Zn	1.00	称取1.0000g金属锌,用40mL HCl溶解,煮沸,冷却后用水定容至1L
Ba	1.00	称取1.5163g无水$BaCl_2$(250℃烘2h),用20mL(1+1)HNO_3溶解,用水定容至1L
Be	0.10	称取0.1000g金属铍,用150mL HCl(1+1)加热溶解,冷却后用水定容至1L
Ca	1.00	称取2.4972g $CaCO_3$(110℃干燥1h),溶解于20mL水中,滴加HCl至完全溶解,再加10mL HCl,煮沸除去CO_2,冷却后用水定容至1L
Co	1.00	称取1.0000g金属钴,用50mL HNO_3(1+1)加热溶解,冷却,用水定容至1L
Cr	1.00	称取1.0000g金属铬,加热溶解于30mL HCl(1+1)中,冷却,用水定容至1L
Cu	1.00	称取1.0000g金属铜,加热溶解于30mL HNO_3(1+1)中,冷却,用水定容至1L
Fe	1.00	称取1.0000g金属铁,用150mL HCl(1+1)溶解,冷却,用水定容至1L
K	1.00	称取1.9067g KCl(在400~450℃灼烧到无爆裂声)溶于水,用水定容至1L
Mg	1.00	称取1.0000g金属镁,加入30mL水,缓慢加入30mL HCl,待完全溶解后,煮沸,冷却后用水定容至1L
Na	1.00	称取2.5421g NaCl(在400~450℃灼烧到无爆裂声)溶于水,用水定容至1L
Ni	1.00	称取1.0000g金属镍,用30mL HNO_3(1+1)加热溶解,冷却,用水定容至1L
Pb	1.00	称取1.0000g金属铅,用30mL HNO_3(1+1)加热溶解,冷却,用水定容至1L
Sr	1.00	称取1.6848g $SrCO_3$,用60mL HCl(1+1)溶解并煮沸,冷却,用水定容至1L
Ti	1.00	称取1.0000g金属钛,用100mL HCl(1+1)加热溶解,冷却,用HCl(1+1)定容至1L
V	1.00	称取1.0000g金属钒,用30mL水加热溶解,浓缩至近干,加入20mL HCl冷却后用水定容至1L
Cd	1.00	称取1.0000g金属镉,用30mL HNO_3溶解,用水定容至1L

(续)

元素	浓度（mg/mL）	配制方法
Mn	1.00	称取1.0000g金属锰,用30mL HCl(1+1)加热溶解,冷却,用水定容至1L
As	1.00	称取1.3203g As_2O_3,用20mL 10%的NaOH溶解(稍加热),用水稀释以HCl中和至溶液呈弱酸性,加入(1+1)HCl 5mL,再用水定容至1L

单元素中间标准溶液配制:分取上述单元素标准贮备液,将Cu、Cd、V、Cr、Co、Ba、Mn、Ti及Ni等元素稀释成0.10mg/mL,将Pb、As及Fe稀释成0.50mg/mL,将Be稀释成0.01mg/mL的单元素中间标准溶液。稀释时,补加一定量相应的酸,使溶液酸度保持在0.1mol/L以上。

多元素混合标准溶液配制:为进行多元素同时测定,简化操作手续,必须根据元素间相互干扰的情况与标准溶液的性质,用单元素中间标准溶液,分组配制成多元素混合标准溶液。由于所用标准溶液的性质及仪器性能和对样品待测项目的要求不同,元素分组情况也不尽相同。本方法条件下的多元素混合标准溶液分组情况,见表4-21,混合标准溶液的酸度应尽量保持与待测样品溶液的酸度一致。

表4-21 多元素混合标准溶液分组情况

I		II		III	
元素	浓度(mg/L)	元素	浓度(mg/L)	元素	浓度(mg/L)
Ca	50	K	50	Zn	1.0
Mg	50	Na	50	Co	1.0
Fe	10	Al	50	Cd	1.0
		Ti	10	Cr	1.0
				Cu	1.0
				V	1.0
				Sr	1.0
				Ba	1.0
				Be	0.1
				Ni	1.0
				Pb	5.0
				Mn	1.0
				As	5.0

5. 测定步骤

(1) 样品预处理

① 测定溶解态元素:样品采集后立即通过0.45μm滤膜过滤,弃去初始的50~100mL溶液,收集所需体积的滤液并用(1+1)硝酸把溶液调节至pH<2。废水试样加入硝酸至含量达到1%。

② 测定元素总量：取一定体积的均匀样品（污水取含悬浮物的均匀水样，地表水自然沉降 30min 取上层非沉降部分），加入（1+1）硝酸若干毫升（视取样体积而定，通常每 100mL 样品加 5.0mL 硝酸）置于电热板上加热消解，确保溶液不沸腾，缓慢加热至近干（注意：防止把溶液蒸至干涸）取下冷却，反复进行这一过程，直到试样溶液颜色变浅或稳定不变。冷却后，加入硝酸若干毫升，再加入少量水，置电热板上继续加热使残渣溶解，冷却后用水定容至原取样体积，使溶液保持 5% 的硝酸酸度。

③ 空白溶液：取与样品相同体积的水按相同的步骤制备试剂空白溶液。

（2）样品测定

将预处理好的样品及空白溶液，在仪器最佳工作参数条件下，按照仪器使用说明书的有关规定，两点标准化后，做样品及空白测定。扣除背景或以干扰系数法修正干扰。

7. 计算

① 扣除空白值后的元素测定值即为样品中该元素的浓度。

② 如果试样在测定之前进行了富集或稀释，应将测定结果除以或乘以一个相应的倍数。

③ 测定结果最多保留三位有效数字，单位以 mg/L 计。

8. 注意事项

① 仪器要预热 1h，以防波长漂移。

② 测定所使用的所有容器需清洗干净后，用 10% 的热硝酸荡洗后，再用自来水冲洗、去离子水反复冲洗，以尽量降低空白背景。

③ 若所测定样品中某些元素含量过高，应立即停止分析，并用 2% 硝酸 + 0.05% TritonX-100 溶液来冲洗进样系统，将样品稀释后，继续分析。

④ Se、Sn、Sb、Bi、Te、Ge、As 及 Pb 等易于氢化的元素可采用氢化物发生 ICP-AES 法测定，用以降低该元素的检出限。

⑤ 谱线波长 <190nm 的元素，宜选用真空紫外通道测定，可获得较高的灵敏度。

⑥ 含量太低的元素，可浓缩后测定。

⑦ 如测定非溶解态元素，可把未通过 0.45μm 滤膜的元素残存物，经 HNO_3+HCl 混酸消解后，按本方法测定，也可由元素总量减去可溶态元素含量而得。

⑧ 成批量测定样品时，每 10 个样品为一组，加测一个待测元素的质控样品，用以检查仪器的漂移程度。当质控样品测定值超出允许范围时，需用标准溶液对仪器重新调整，然后再继续测定。

⑨ 铍和砷为剧毒致癌元素，配制标准溶液及测定时，防止与皮肤直接接触并保持室内有良好的排风系统。

（二）间接火焰原子吸收法

1. 方法原理

在 pH4.0~5.0 的乙酸—乙酸钠缓冲介质中及在 1-(2-吡啶偶氮)-2-萘酚(PAN)存在

的条件下，Al^{3+} 与 Cu(Ⅱ)-EDTA 发生定量交换，反应式：

$$Cu(Ⅱ)\text{-EDTA}+PAN+Al^{3+}\rightarrow Cu(Ⅱ)\text{-PAN}+Al(Ⅲ)\text{-EDTA}$$

生成物 Cu(Ⅱ)-PAN 可被氯仿萃取，用空气—乙炔火焰测定水相中剩余的铜，从而间接测定铝的含量。

2. 干扰及消除

K^+、Na^+（各 10mg），Ca^{2+}、Mg^{2+}、Fe^{2+}（各 200μg），Cr^{3+}（125μg），Zn^{2+}、Mn^{2+}、Mo^{6+}（各 50μg），PO_4^{3-}、Cl^-、NO_3^-、SO_4^{2-}（各 1mg）不干扰 20μg Al^{3+} 的测定。

Cr^{6+} 超过 125μg 稍有干扰，Cu^{2+}、Ni^{2+} 干扰严重，但在加入 Cu(Ⅱ)-EDTA 前，先加入 PAN，则 50μg Cu^{2+} 及 5μg Ni^{2+} 无干扰。Fe^{3+} 干扰严重，加入抗坏血酸可使 Fe^{3+} 还原为 Fe^{2-}，从而消除干扰。F^- 与 Al^{3+} 形成很稳定的络合物，加入硼酸可消除其干扰。

3. 适用范围

间接火焰原子吸收法最低检出浓度为 0.1mg/L，测定上限为 0.8mg/L，可用于地表水、地下水、饮用水及污染较轻废水中铝的测定。

4. 仪器及工作条件

① 原子吸收分光光度计。

② 铜空心阴极灯。

③ 工作条件：按仪器使用说明书调节仪器至测定 Cu 的最佳工作状态。波长：324.7nm，火焰种类：空气—乙炔，贫燃焰（比例少于化学计量焰，得到贫燃火焰，空气乙炔比例为 4∶1 至 6∶1，火焰清晰，呈淡蓝色，燃烧充分，火焰温度较高，不具备还原性，用于不宜生成氧化物元素的原子化；碱金属和一些高熔点的惰性金属，如 Ag、Pb、Pt、Rh、In 等较宜使用）。

5. 试剂溶液

① 铝标准贮备液：准确称取预先磨细并在硅胶干燥器中放置 3 天以上的 $KAl(SO_4)_2\cdot 12H_2O$ 1.759g，用 0.5% H_2SO_4 溶液溶解，并定容至 100mL，此液含铝 1.000mg/mL。

② 铝标准使用液：临用前，用 0.05% H_2SO_4 溶液将铝标准贮备液逐级稀释，使成为含铝 10μg/mL 的标准使用液。

③ 乙二胺四乙酸溶液（EDTA，0.01mol/L）：称取乙二胺四乙酸二钠 0.372g，溶于 100mL 水中（使用时稀释 10 倍）。

④ 铜溶液（0.1mg/mL）：称取预先磨细并在硅胶干燥器中放置 3 天以上的 $Cu(NO_3)_2\cdot 3H_2O$ 0.039g 溶于 100mL 水中。

⑤ 1-(2-吡啶偶氮)-2-萘酚（PAN）0.1%乙醇溶液：用乙醇溶解 PAN，100mL 含 0.1g PAN。

⑥ 乙酸—乙酸钠缓冲溶液（pH4.5）：称取 $NaCH_3COO\cdot 3H_2O$ 32g，溶于适量水中，加入冰乙酸 24mL，稀释至 500mL，用 pH 计加以校准。

⑦ Cu(Ⅱ)-EDTA 溶液：吸取 0.001mol/L EDTA 溶液 50mL 于 250mL 锥形瓶中，加乙

酸—乙酸钠缓冲溶液(pH4.5)5mL、0.1% PAN 乙醇溶液 5 滴，加热至 60～70℃，用 0.1mg/mL 铜溶液滴定，颜色由黄变紫红，过量 3 滴，待溶液冷至室温，用 20mL 三氯甲烷萃取，弃去有机相，水相即为 Cu(Ⅱ)-EDTA 溶液，备用。

⑧ 乙醇(95%，分析纯)。

⑨ 三氯甲烷(分析纯)。

⑩ 百里香酚蓝(0.1%)乙醇溶液(20%)：在 20%(v/v)乙醇溶液中溶解 0.1%的百里香酚蓝(100mL 乙醇溶液中含 0.1g 百里香酚蓝)。

⑪ 硼酸溶液(2%)。

⑫ 抗坏血酸溶液(5%，临用时现配)。

6. 测定步骤

(1) 样品预处理

取水样 100mL 于 250mL 烧杯中，加入 HNO_3 5mL，置于电热板上消解，待溶液约剩 10mL 时，加入 2%硼酸溶液 5mL，继续消解，蒸至近干，取下稍冷，加入 5%抗坏血酸 10mL，转至 100mL 容量瓶中，用水定容。

(2) 试液制备

准确转移试样 0.5～30mL(使 Al^{3+}≤50μg)于 50mL 比色管中，加入 1 滴百里香酚蓝指示剂，用(1+1)氨水调至刚刚变黄，然后依次加入 pH4.5 的 HAc-NaAc 缓冲溶液 5mL、95%乙醇 6mL、0.1%PAN 溶液 1mL，摇匀。准确加入 Cu(Ⅱ)-EDTA 溶液 5mL，用水定容至刻度，摇匀，在约 80℃水浴中加热 10min，冷却至室温，用 10mL 三氯甲烷萃取 1min，静置分层，水相待测。

(3) 试液测定

按仪器使用说明书调节仪器至最佳工作状态，测定水相中铜的吸光度。测定波长为 324.7nm，通带宽度 1.3nm，空气—乙炔火焰。

(4) 校准曲线绘制

于 7 支 50mL 比色管中，加入铝标准使用液 0.0mL、0.25mL、0.5mL、1.0mL、2.0mL、3.0mL、4.0mL，操作同试液制备。按试液的测定条件测其吸光度，并绘制铜的吸光度—铝的量(μg)曲线。

7. 计算公式

$$C_{Al} = \frac{m}{V}$$

式中：C_{Al} 为样品铝的含量(mg/L)；m 为从校准曲线上查得样品中铝的微克数(μg)；V 为取样的体积(mL)。

8. 注意事项

① 配制铝标准溶液前，应先将 $KAl(SO_4)_2 \cdot 12H_2O$ 在玛瑙研钵中研碎，平铺于培养皿中，在硅胶干燥器中放置 3 天，以除去湿存水，再进行称量。

② 需挑选刻线和塞之间空间较大的比色管，以便于萃取。

③ 如水样含量低，在消解水样时，可将样品适当浓缩。

④ 消解到最后时，应当将酸尽量除去，否则在下一步调酸度时会因加入的氨水太多，使体积增大，超出 50mL 刻度线。

二、钙、镁（含总硬度）

钙（Ca）广泛地存在于各种类型的天然水中，浓度为每升含零点几毫克到数百毫克，主要来源于含钙岩石（如石灰岩）的风化溶解，是构成水中硬度的主要成分。钙是构成动物骨骼的主要元素之一。硬度过高的水也不利于人们生活中的洗涤及烹饪，饮用了这些水还会引起肠胃不适，但水质过软也会引起或加剧某些疾病（如钙流失等）。

镁（Mg）是天然水中的一种常见成分，主要是含碳酸镁的白云岩以及其他岩石的风化溶解产物。镁在天然水中的浓度为每升零点几到数百毫克。镁是动物体内所必需的元素之一，人体每日需镁量为 $0.3 \sim 0.5$ g，浓度超过 125mg/L 时，还能起导泻和利尿作用，镁盐也是水质硬化的主要因素。

钙、镁测定方法比较：EDTA 络合滴定法简单快速，是常选用的方法；原子吸收法测定钙、镁，方法简单、快速、灵敏、准确，干扰易于消除；当采用 EDTA 法有干扰时，最好改用原子吸收法；等离子发射光谱法快速、灵敏度高、干扰少，且可同时测定多种元素，也是较为理想的方法之一。

钙、镁测定采集的水样贮存于聚乙烯瓶中，将水样用硝酸或盐酸调节到 pH<2。

（一）火焰原子吸收法

1. 方法原理

将试液喷入空气—乙炔火焰中，使钙、镁原子化，并选用 422.7nm 共振线的吸收定量钙，用 285.2nm 共振线的吸收定量镁。

火焰原子吸收法适用的校准溶液浓度范围与仪器的特性有关，随仪器的参数变化而变化，见表 4-22。通过样品的浓缩和稀释还可使测定实际样品浓度范围得到扩展。

表 4-22　测定范围及最低检出浓度

元素	最低检出浓度（mg/L）	测定范围（mg/L）	元素	最低检出浓度（mg/L）	测定范围（mg/L）
钙	0.02	0.1~6.0	镁	0.002	0.01~0.6

原子吸收法测定钙、镁的主要干扰有铝、硫酸盐、磷酸盐、硅酸盐等，它们能抑制钙、镁的原子化，产生干扰，可加入锶、镧或其他释放剂来消除干扰。火焰条件直接影响着测定灵敏度，必须选择合适的乙炔量和火焰观测高度。试样需检查是否有背景吸收，如有背景吸收应予以校正。

2. 仪器设备

① 原子吸收分光光度计及其附件。

② 钙、镁空心阴极灯。

③ 仪器工作参数因仪器不同而异,可根据仪器说明书选择,仪器工作参数见表 4-23。

表 4-23 仪器工作参数

元素	光源	灯电流(mA)	测量波长(nm)	通带宽度(nm)	观测高度(mm)	火焰种类
钙	空心阴极灯	10.0	422.7	2.6	12.5	空气—乙炔 化学计量火焰
镁	空心阴极灯	7.5	285.2	2.6	7.5	空气—乙炔 化学计量火焰

3. 试剂溶液

① 分析时均使用符合国家标准或专业标准的分析纯试剂,去离子水或同等纯度的水。

② 硝酸(HNO_3,1.40g/mL)。

③ 高氯酸($HClO_4$,1.68g/mL,优级纯)。

④ 硝酸溶液(1+1)。

⑤ 燃气:乙炔,用钢瓶气供给,也可用乙炔发生器供给,但要适当纯化。

⑥ 助燃气:空气,一般由空气压缩机供给,进入燃烧器以前应经过适当过滤,以除去其中的水、油和其他杂质。

⑦ 镧溶液(0.1g/mL):称取氧化镧(La_2O_3)23.5g,用少量(1+1)硝酸溶液溶解,蒸至近干,加10mL 硝酸溶液及适量水,微热溶解,冷却后用水定容至200mL。

⑧ 钙标准贮备液(1000mg/L):准确称取 105~110℃ 烘干过的碳酸钙($CaCO_3$,优级纯)2.4973g 于 100mL 烧杯中,加入 20mL 水,小心滴加硝酸溶液至溶解,再多加 10mL 硝酸溶液加热煮沸,冷却后用水定容至 1000mL。

⑨ 镁标准贮备液(100mg/L):准确称取 800℃ 灼烧至恒重的氧化镁(MgO,光谱纯)0.1658g 于 100mL 烧杯中,加入 20mL 水,滴加硝酸溶液至完全溶解,再多加 10mL 硝酸溶液,加热煮沸,冷却后用水定容至 1000mL。

⑩ 钙、镁混合标准溶液(钙 50mg/L、镁 5.0mg/L):准确吸取钙标准贮备液和镁标准贮备液各 5.0mL 于 100mL 容量瓶中,加入 1mL 硝酸溶液,用水稀释至标线。

4. 测定步骤

(1) 试样制备

① 分析可滤态钙、镁时,如水样有大量的泥沙、悬浮物,样品采集后应及时澄清,澄清液通过 0.45μm 有机微孔滤膜过滤,滤液加试剂硝酸(1.40g/mL)酸化至 pH 1~2。

② 分析钙、镁总量时,采集后立即加硝酸酸化至 pH 1~2。如果样品需要消解,则校准曲线溶液,空白溶液也要消解。

③ 消解步骤:取 100mL 待处理样品,置于 200mL 烧杯中,加入 5mL 硝酸,在电热板上加热消解,蒸至 10mL 左右,加入 5mL 硝酸和 2mL 高氯酸,继续消解,蒸至 1mL 左右,取下冷却,加水溶解残渣,通过用酸洗涤后的中速滤纸,滤入 50mL 容量瓶中,用水稀释至标线(注意:消解中使用的高氯酸易爆炸,必须在通风柜中进行)。

(2) 测定试样溶液

准确吸取经预处理的试样 1.00~10.00mL（含钙不超过 250μg，镁不超过 25μg）于 50mL 容量瓶中，加入 1mL 硝酸溶液和 1mL 镧溶液用水稀释至标线，摇匀。

(3) 空白试验

在测定的同时应进行空白试验。空白试验时用 50mL 水取代试样，所用试剂及其用量、步骤与试样完全相同。

(4) 标准系列

在 50mL 容量瓶中，依次加入适量的钙、镁混合标准溶液，按步骤(2)至少配制 5 个标准溶液（不包括零点），参照表 4-24。

表 4-24 钙、镁标准系列配制

元素	序号							
	1	2	3	4	5	6	7	8
混合标准溶液体积(mL)	0.00	0.50	1.00	2.00	3.00	4.00	5.00	6.00
钙含量(mg/L)	0.00	0.50	1.00	2.00	3.00	4.00	5.00	6.00
镁含量(mg/L)	0.00	0.05	0.10	0.20	0.30	0.40	0.50	0.60

(5) 测定

① 根据表 4-23 选择波长等参数并调节火焰至最佳工作状态，依次从稀至浓测定标准系列和水样的吸光度。

② 根据试样扣除空白后的吸光度，在校准曲线上查出（或用回归方程计算出）试样中的钙、镁浓度。

5. 计算公式

$$X = f \cdot C$$

式中：X 为钙或镁含量，以 Ca 或 Mg 计(mg/L)；f 为试样定容体积与试样体积之比；C 为由校准曲线查得的钙、镁浓度(mg/L)。

(二) ICP-AES 法

见本节铝测定方法(一)。

EDTA 滴定法可参考《水和废水监测分析方法(第四版)(增补版)》中钙、镁的测定。

三、锌

锌(Zn)是人体必不可少的有益元素。碱性水中锌的浓度超过 5mg/L 时，水有苦涩味，并出现乳白色。水中含锌 1mg/L 时，对水体的生物氧化过程有轻微抑制作用。锌对白鲢鱼的安全浓度为 0.1mg/L。

直接吸入火焰原子吸收分光光度法测定锌，具有较高的灵敏度，干扰少，适合测定各类水中的锌;对污水中高含量的锌,为了避免高倍稀释引入的误差,可选用双硫腙分光光度法;高盐度的废水或海水中微量锌的测定可选用阳极溶出伏安法或示波极谱法,这两种方法抗干扰能力较强。

锌是极易受沾污的元素之一,采样瓶必须用酸荡洗,采样时须做现场空白。地表水可酸化至 pH<2 保存,污水应加入酸,使酸度达到约 1%。

(一) 双硫腙分光光度法

1. 方法原理

在 pH4.0~5.5 的乙酸盐缓冲介质中,锌离子与双硫腙形成红色螯合物,其反应式:

$$Zn^{2+} + 2S=C\begin{pmatrix}NH-N-C_6H_5\\ \|\\ N=N-C_6H_5\end{pmatrix} \longrightarrow S=C\begin{pmatrix}N=N-C_6H_5\\ \|\\ N-N-C_6H_5\end{pmatrix}Zn\begin{pmatrix}N=N-C_6H_5\\ \|\\ N-N-C_6H_5\end{pmatrix}C=S + 2H^+$$

该螯合物可被四氯化碳(或三氯甲烷)定量萃取,以混色法完成测定。

用四氯化碳萃取,锌—双硫腙螯合物的最大吸收波长为 535nm,其摩尔吸光系数约为 $9.3×10^4$ L/(mol·cm)。

水中存在少量铋、镉、钴、铜、金、铅、汞、镍、钯、银和亚锡等金属离子时,对本法均有干扰,但可用硫代硫酸钠掩蔽剂和控制溶液的 pH 消除这些干扰。三价铁、余氯和其他氧化剂会使双硫腙变成棕黄色。由于锌普遍存在于环境中,而锌与双硫腙反应又非常灵敏,因此需要采取特殊措施防止污染。

当使用 20mm 比色皿,试样体积为 100mL 时,锌的最低检出浓度为 0.005mg/L。

2. 仪器设备

① 分光光度计,应用 10mm 或更长光程的比色皿。

② 分液漏斗:容量为 125mL 和 60mL,最好配有聚四氟乙烯活塞。

③ 玻璃器皿:所有玻璃器皿均先后用(1+1)硝酸荡洗和无锌水清洗。

3. 试剂溶液

① 无锌水:将普通蒸馏水通过阴阳离子交换柱以除去水中痕量锌,用于配制试剂。

② 四氯化碳(CCl_4)。

③ 高氯酸(1.75g/mL)。

④ 盐酸(1.18g/mL)。

⑤ 盐酸(6mol/L):取 500mL 浓盐酸用水稀释至 1000mL。

⑥ 盐酸(2mol/L):取 100mL 浓盐酸用水稀释至 600mL。

⑦ 盐酸(0.02mol/L):取 2mol/L 盐酸 10mL 用水稀释到 1000mL。

⑧ 乙酸(含量 36%)。

⑨ 氨水(0.90g/mL)。

⑩ 氨溶液(1+99)：取氨水 10mL 用水稀释至 1000mL。

⑪ 硝酸(1.42g/mL)。

⑫ 硝酸溶液(2%)：取硝酸 20mL 用水稀释至 1000mL。

⑬ 硝酸溶液(0.2%)：取 2mL 硝酸用水稀释至 1000mL。

⑭ 乙酸钠缓冲溶液：将 68g 三水合乙酸钠($CH_3COONa \cdot 3H_2O$)溶于水中，并稀释至 250mL，另取乙酸 1 份与 7 份水混合；将上述两种溶液按等体积混合，混合液再用 0.1% 双硫腙四氯化碳溶液重复萃取数次，直到最后的萃取液呈绿色不变，然后再用四氯化碳萃取，以除去残留的双硫腙。

⑮ 硫代硫酸钠溶液：将 25g 五水合硫代硫酸钠($Na_2S_2O_3 \cdot 5H_2O$)溶于 100mL 水中，每次用 0.05% 双硫腙四氯化碳溶液 10mL 萃取，直到双硫腙溶液呈绿色不变为止，然后再用四氯化碳萃取以除去多余的双硫腙。

⑯ 双硫腙四氯化碳贮备溶液(0.05%)：称取 0.10g 双硫腙($C_6H_5NNCSNHNH \cdot C_6H_5$)溶解于 200mL 四氯化碳，贮于棕色瓶中，放置在冰箱内；如双硫腙试剂不纯，提纯步骤：

将上述双硫腙四氯化碳溶液滤去不溶物，滤液置分液漏斗中，每次用(1+99)氨水 20mL 提取，共提取 5 次，此时双硫腙进入水层，合并水层，然后用 6mol/L 盐酸中和，再用 200mL 四氯化碳分 3 次提取，合并四氯化碳层；将此双硫腙四氯化碳溶液放入棕色瓶中，保存于冰箱内备用。

⑰ 双硫腙四氯化碳中间溶液(0.01%)：临用前将 0.05% 双硫腙四氯化碳溶液用四氯化碳稀释 5 倍。

⑱ 双硫腙四氯化碳溶液(0.0004%)：量取 0.01% 双硫腙四氯化碳溶液 10mL，用四氯化碳稀释至 250mL(此溶液的透光度在 500nm 波长处用 10mm 比色皿测量时应为 70%)；当天配制。

⑲ 柠檬酸钠溶液：将 10g 二水合柠檬酸钠($C_6H_5O_7Na_3 \cdot 2H_2O$)溶解在 90mL 水中，按上面介绍方法用双硫腙四氯化碳溶液萃取纯化，此试液用于玻璃器皿的最后洗涤。

⑳ 锌标准贮备溶液：准确称取 0.1000g 锌粒(纯度 99.9%)溶于 5mL 2mol/L 盐酸溶液，移入 1000mL 容量瓶，用水稀释至标线，此溶液每毫升含 100μg 锌。

㉑ 锌标准溶液：取锌标准贮备溶液(100μg/mL) 10.00mL 置于 1000mL 容量瓶中，加 5mL 2mol/L HCl，用水稀释至标线，此溶液每毫升含 1.00μg 锌。

4. 测定步骤

(1) 样品预处理

除非证明水样的消解处理是不必要的，例如不含悬浮物的地下水和清洁地表水可直接测定，否则要按下述二种情况进行预处理。

① 比较浑浊的地表水，每 100mL 水样加入 1mL 硝酸，置于电热板上微沸消解 10min，冷却后用快速滤纸过滤，滤纸用 0.2% 硝酸溶液洗涤数次，然后用此酸稀释到一定体积，

供测定用。

② 含悬浮物和有机物较多的地表水或废水，每 100mL 水样加入 5mL 硝酸，置电热板上加热，消解到 10mL 左右，稍冷却，再加入 5mL 硝酸和 2mL 高氯酸，继续加热消解，蒸至近干；冷却后用 0.2%硝酸溶液温热溶解残渣，再冷却后，用快速滤纸过滤，滤纸用 0.2%硝酸洗涤数次，滤液用此酸稀释定容后，供测定用；每分析一批试样要平行做两个空白试验。

③ 准确量取含不超过 3μg 锌的适量试样放入 250mL 分液漏斗中，用水补充至 100mL，加入 3 滴 0.1%百里酚蓝指示液，用 6mol/L 氢氧化钠溶液或 6mol/L 盐酸溶液调节到刚好出现稳定的黄色，此时溶液的 pH 为 2.8，备作测定用。

（2）试样

如果水样中锌的含量太高而不在测定范围内，可将试样作适当的稀释或减少取样量。如锌的含量太低，也可取较大量试样置于石英蒸发皿中进行浓缩。如果取加酸保存的试样，则要取一份试样放在石英蒸发皿中，蒸发至干，以除去过量酸（注意：不要用氢氧化物中和，因为此类试剂中的含锌量往往过高）。然后加无锌水，加热煮沸 5min，用稀盐酸或经提纯的氨水调节试样的 pH 2~3，最后以无锌水定容。

（3）样品测定

① 显色萃取：取 10.0mL（含锌量在 0.5~5μg）试样置于 125mL 分液漏斗中，加入乙酸钠缓冲溶液 5mL 及硫代硫酸钠溶液 1mL，混匀后，再加 0.0004%双硫腙四氯化碳溶液 10.0mL，振摇 4min，静置分层后，将四氯化碳层通过少许洁净脱脂棉过滤入 20mm 比色皿中。

② 光度测量：立即在 535nm 波长处测量溶液的吸光度，参比皿中放入四氯化碳，由测量所得吸光度减去空白试验吸光度之后，从校准曲线上查出锌量，然后按公式计算样品中锌的含量。

③ 空白试验：用适量无锌水代替试样，其他试剂用量均相同，按上述步骤进行处理。

④ 校准曲线绘制：向 7 个 1 组 125mL 分液漏斗中，分别加入锌标准溶液（1.00μg/mL）0.00mL、0.50mL、1.00mL、2.00mL、3.00mL、4.00mL、5.00mL，各加适量无锌水补充到 10mL，向各分液漏斗中加入乙酸钠缓冲溶液 5mL 和硫代硫酸钠溶液 1mL，混匀后，按样品测定步骤进行显色萃取和测量。

5. 计算公式

$$C_{Zn} = \frac{m}{V}$$

式中：C_{Zn} 为样品铝的含量（mg/L）；m 为从校准曲线上查得锌量（μg）；V 为用于测定的水样体积（mL）。

6. 注意事项

① 本法所用的器皿和试剂以及去离子水，均应不含痕量锌。因此，在进行实验测定之

前应先用硝酸荡洗所用器皿，用水冲洗净表面所吸附的锌，然后用无锌的水冲洗几次。

② 所用试液需用无锌水配制。

③ 实验中如出现高而无规律的空白值，这种现象往往是来源于含氧化锌的玻璃，或表面被锌所污染的玻璃器皿；因此，须用酸彻底浸泡或用热酸荡洗后清洗干净，并保留一套专供测定锌用的玻璃器皿，单独存放。

④ 橡胶制品、活塞润滑剂、试剂级化学药品或蒸馏水，也常常含有相当量的锌，因此要特别注意。

（二）火焰原子吸收法

火焰原子吸收法可测定水体中的锌、铜、铅和镉等。

1. 方法原理

将水样或消解处理好的试样直接吸入火焰，火焰中形成的原子蒸气对光源发射的特征电磁辐射产生吸收。将测得的样品吸光度和标准溶液的吸光度进行比较，确定样品中被测元素的含量。

样品中溶解性硅的含量超过 20mg/L 时干扰锌的测定，使测定结果偏低，加入 200mg/L钙可消除这一干扰。铁的含量超过 100mg/L 时，抑制锌的吸收。当样品中含盐量很高，分析波长又低于 350nm 时，可能出现非特征吸收。如高浓度钙，因产生非特征吸收，即背景吸收，使铅的测定结果偏高。

基于上述原因，分析样品前需要检验是否存在基体干扰或背景吸收。一般通过测定加标回收率，判断基体干扰的程度。通过测定分析线附近1nm 内的一条非特征吸收线处的吸收，可判断背景吸收的大小。选择与选用分析线相对应的非特征吸收谱线，见表 4-25。

表 4-25　背景校正用的邻近线波长

元素	分析线波长（nm）	非特征吸收谱线（nm）
锌	213.8	214（氘）
铜	324.7	324（锆）
铅	283.3	283.7（锆）
镉	228.8	229（氘）

根据检验结果，如果存在基体干扰，可加入干扰抑制剂，或用标准加入法测定并计算结果。如果存在背景吸收，用自动背景校正装置或邻近非特征吸收谱线法进行校正。后一种方法是从分析线处测得的吸收值中扣除邻近非特征吸收谱线处的吸收值，得到被测元素原子的真实吸收。此外，也可通过螯合萃取或样品稀释、分离或降低产生基体干扰或背景吸收的组分。

火焰原子吸收法适用浓度范围与仪器特性有关，适用浓度范围，见表 4-26。

表 4-26　适用浓度范围

元素	适用浓度范围(mg/L)	元素	适用浓度范围(mg/L)
锌	0.05~1	铅	0.2~10
铜	0.05~5	镉	0.05~1

2. 仪器设备

原子吸收分光光度计、背景校正装置、所测元素的元素灯及其他必要的附件。

3. 试剂溶液

① 硝酸(优级纯)。

② 高氯酸(优级纯)。

③ 去离子水。

④ 燃气：乙炔，纯度不低于 99.6%。

⑤ 助燃气：空气，由空气压缩机供给，经过必要的过滤和净化。

⑥ 金属标准贮备溶液：准确称取经稀酸清洗并干燥后的 0.5000g 光谱纯金属，用 50mL(1+1)硝酸溶解，必要时加热直至溶解完全，用水稀释至 500.0mL，此溶液每毫升含 1.00mg 金属。

⑦ 混合标准溶液：用 0.2%硝酸稀释金属标准贮备溶液配制而成，使配成的混合标准溶液每毫升含锌、铜、铅和镉分别为 10.0μg、50.0μg、100.0μg 和 10.0μg。

4. 测定步骤

(1) 样品预处理

取 100mL 水样放入 200mL 烧杯中，加入硝酸 5mL，在电热板上加热消解(不要沸腾)，蒸至 10mL 左右，加入 5mL 硝酸和 2mL 高氯酸，继续消解，直至 1mL 左右。如果消解不完全，再加入硝酸 5mL 和高氯酸 2mL，再次蒸至 1mL 左右。取下冷却，加水溶解残渣，用水定容至 100mL。取 0.2%硝酸 100mL，按上述相同的程序操作，以此为空白样。

(2) 样品测定

仪器用 0.2%硝酸调零，吸入空白样和试样，测量其吸光度。扣除空白样吸光度后，从校准曲线上查出试样中的金属浓度。如可能，也可从仪器上直接读出试样中的金属浓度。分析线波长和火焰类型参数选择，见表 4-27。

表 4-27　分析线波长和火焰类型

元素	分析线波长(nm)	火焰类型
锌	213.8	乙炔—空气，氧化型
铜	324.7	乙炔—空气，氧化型
铅	283.3	乙炔—空气，氧化型
镉	228.8	乙炔—空气，氧化型

(3)校准曲线

吸取混合标准溶液 0.00mL、0.50mL、1.00mL、3.00mL、5.00mL 和 10.00mL，分别放入 6 个 100mL 容量瓶中，用 0.2% 硝酸稀释定容，此混合标准系列各金属的浓度见表 4-28。按样品测定的步骤测量吸光度，用经空白校正的各标准的吸光度对相应的浓度作图，绘制校准曲线。

表 4-28 标准系列配制和浓度

混合标准使用溶液体积(mL)		0.00	0.50	1.00	3.00	5.00	10.00
标准系列各金属浓度 (mg/L)	锌	0.00	0.05	0.10	0.30	0.50	1.00
	铜	0.00	0.25	0.50	1.50	2.50	5.00
	铅	0.00	0.50	1.00	3.00	5.00	10.00
	镉	0.00	0.05	0.10	0.30	0.50	1.00

5. 计算公式

$$X = \frac{m}{V}$$

式中：X 为被测金属含量(mg/L)；m 为从校准曲线上查出或仪器直接读出的被测金属量(μg)；V 为分析用的水样体积(mL)。

(三) ICP-AES 法

见本节铝测定方法(一)。

在线富集流动注射—火焰原子吸收法、阳极溶出伏安法、示波极谱法可参考《水和废水监测分析方法(第四版)(增补版)》中锌的测定。

四、钾、钠

钾(K)和钠(Na)是植物的基本营养元素，存在于所有的天然水中。钠含量从小于 1mg/L 到大于 500mg/L，由于钾盐受土壤岩石的吸附及植物吸收与固定的影响，水中钾离子含量为钠离子的 4%~10%。

测定钾的方法主要有两种：火焰原子吸收分光光度法和火焰原子发射法，使用仪器有火焰光度计和备有火焰发射工作方式的原子吸收分光光度计，两种都是测定快速、灵敏且准确的方法。

水样应贮于聚乙烯瓶中，用硝酸调至 pH<2，不宜用玻璃瓶，特别不能用软质玻璃瓶贮存中性和碱性水样，否则样品会受到钾、钠的沾污。

(一) 火焰原子吸收法

1. 方法原理

钾和钠在空气—乙炔火焰中易于原子化，可在其灵敏线 766.5nm(K) 和 589.0nm(Na)

处进行原子吸收测定。对于钾和钠含量较高样品,可选用次灵敏线 404.4nm(K)、330.2nm(Na)进行测定。

在高温火焰中,钾和钠易发生电离而产生电离干扰,可在分析试样中加入一定量更易电离的铯盐 1000~2000mg/L 作消电离剂予以消除。由于铯盐难以购得纯品,也可用锶盐代替。

无机酸对钾和钠的测定有影响,硝酸大于 8%、硫酸大于 2%时,吸光度均偏低,盐酸和高氯酸随酸量增加使吸光度明显下降,因此应保持标准系列和样品的酸度一致,一般选用 2%盐酸。

火焰原子吸收法可用于一般环境水样中钾、钠的测定,测定的适宜浓度范围,见表 4-29。

表 4-29　钾、钠测定的适宜浓度范围

元素	波长(nm)	最低检出浓度(mg/L)	适宜浓度(mg/L)
钾	766.5	0.03	0.05~4.0
	404.4	0.40	1.0~300
钠	589.0	0.01	0.05~2.0
	330.3	0.10	0.5~200

2. 仪器设备

① 原子吸收分光光度计及其附件。

② 钾、钠空心阴极灯。

③ 可根据仪器说明书选择工作参数,见表 4-30。

表 4-30　仪器参数

元素	光源	灯电流(mA)	测量波长(nm)	通带宽度(nm)	观测高度(mm)	火焰种类
钾	空心阴极灯	10.0	766.5	2.6	7.5	空气—乙炔 氧化型
钠	空心阴极灯	10.0	589.0	0.4	7.5	空气—乙炔 氧化型

3. 试剂溶液

① 钾标准溶液:称取在 150℃烘干 2h 的基准氯化钾(优级纯)0.9534g,以去离子水或重蒸馏水溶解,加入(1+1)硝酸 2mL,用去离子水或重蒸馏水于容量瓶中稀释至 500mL,摇匀,其浓度为每毫升含 1.000mg 钾。

② 钠标准溶液:称取在 150℃烘干 2h 的基准氯化钠(优级纯)1.2711g,操作同钾标准溶液配制,其浓度为每毫升含 1.000mg 钠。

③ 钾、钠混合标准使用液:浓度范围,见表 4-29。

④ 消电离剂:1%硝酸铯($CsNO_3$)水溶液。

4. 测定步骤

(1) 样品预处理

如水样有大量泥沙、悬浮物,必须及时离心或澄清,再通过 0.45μm 有机微孔滤膜

(ϕ25mm)过滤后的清水用硝酸调至 pH<2。对于有机物污染严重的水样可经硝酸加热消解后测定。

(2) 样品测定

① 准确移取处理过的水样 2~25mL(含钾不超过 200μg,含钠不超过 100μg)置 50mL 容量瓶中,加(1+1)硝酸 2mL,1%硝酸铯 3mL,加水至标线,摇匀。

② 选择仪器最佳测量参数,与标准系列同时测量各份试液的吸光度,经空白校正后,从校准曲线上求出钾、钠的浓度。

(3) 校准曲线绘制

于 50mL 容量瓶中,加入适量的标准溶液,建议值见表 4-31,(1+1)硝酸 2mL,1%硝酸铯 3mL,用去离子水稀释至标线,摇匀,测量与样品操作相同。

表 4-31 用灵敏线测定钾、钠标准系列配制

元素	0	1	2	3	4	5
钾(mg/L)	0.00	1.00	2.00	3.00	4.00	5.00
钠(mg/L)	0.00	0.25	0.50	1.00	1.50	2.00

5. 计算公式

$$C_K = f \cdot C$$
$$C_{Na} = f \cdot C$$

式中:C_K 为样品钾的含量(mg/L);C_{Na} 为样品钠的含量(mg/L);f 为稀释比,$f = \dfrac{\text{定容量(mL)}}{\text{水样量(mL)}}$;$C$ 为由校准曲线查得的钾、钠浓度(mg/L)。

6. 注意事项

① 钾、钠为常量元素,原子吸收又是灵敏度很高的分析方法,器皿、试剂及尘埃等均会带来污染,因此必须认真仔细操作。

② 为避免稀释倍数过大带来误差,在高浓度情况下,最好使用次灵敏线测定或将燃烧器转动一个小角度,减小吸收光程。

③ 为了得到更准确的分析结果,可用插入法测量,具体方法:选择和配制两个相近的标准点,使水样的浓度恰好位于这两个标准点之间,与水样同时测量吸光度,并重复测量求其平均值,然后按下式计算分析结果。

$$C_K (\text{或} C_{Na}) = \left[\frac{(B-A) \cdot (S-a)}{b-a} + A\right] \cdot f$$

式中:C_K 为样品钾的含量(mg/L);C_{Na} 为样品钠的含量(mg/L);B 为上端点标准溶液浓度;A 为下端点标准溶液浓度;b 为上端点吸光度;a 为下端点吸光度;S 为水样吸光度;f 为稀释比。

(二) ICP-AES 法

见本节铝测定方法(一)。

五、铁

地壳中含铁量(Fe)约为 5.6%，分布很广，但天然水体中含量并不高。实际水体中铁的存在形态是多种多样的，可以在真溶液中以简单的水合离子和复杂的无机、有机络合物形式存在，也可以存在于胶体，悬浮物的颗粒物中，可能是二价，也可能是三价的，而且水样暴露于空气中，二价铁易被迅速氧化为三价，样品 pH>3.5 时，易导致高价铁的水解沉淀。样品在保存和运输过程中，水中细菌的增殖也会改变铁的存在形态。样品的不稳定性和不均匀性对分析结果影响较大，因此必须仔细进行样品的预处理。铁及其化合物均为低毒性和微毒性，含铁量高的水往往带黄色，有铁腥味，对水的外观有影响。

原子吸收法和等离子发射光谱法操作简单、快速，结果的精密度、准确度好，适用于环境水样和废水样的分析；邻菲啰啉光度法灵敏、可靠，适用于清洁环境水样和轻度污染水的分析；污染严重、含铁量高的废水，可用 EDTA 络合滴定法以避免高倍数稀释操作引起的误差。

测总铁的样品，在采样后立刻用盐酸酸化至 pH<2 保存；测过滤性铁的样品，应在采样现场经 0.45μm 的滤膜过滤，滤液用盐酸酸化至 pH<2；测亚铁的样品，最好在现场显色测定，或按邻菲啰啉光度法操作步骤处理。

(一) 火焰原子吸收法

1. 方法原理

在空气—乙炔火焰中，铁、锰的化合物易于原子化，可分别于波长 248.3nm 和 279.5nm 处，测量铁、锰基态原子对铁、锰空心阴极灯特征辐射的吸收进行定量。

影响铁、锰原子吸收法准确度的主要干扰是化学干扰。当硅的浓度>20mg/L 时，对铁的测定产生负干扰，当硅的浓度>50mg/L 时，对锰的测定也产生负干扰。这些干扰的程度随着硅浓度的增加而增加。如试样中存在 200mg/L 氯化钙时，上述干扰可以消除。一般来说，铁、锰的火焰原子吸收分析法的基体干扰不太严重，由分子吸收或光散射造成的背景吸收也可忽略。但对于含盐量高的工业废水，则应注意基体干扰和背景校正。此外，铁、锰的光谱线较复杂，例如，在铁线 248.3nm 附近还有 248.8nm 线；在锰线 279.5nm 附近还有 279.8nm 和 280.1nm 线，为克服光谱干扰，应选择最小的狭缝或光谱通带。

火焰原子吸收法的铁、锰检出浓度分别是 0.03mg/L 和 0.01mg/L，测定上限分别为 5.0mg/L 和 3.0mg/L。

2. 仪器设备

① 原子吸收分光光度计。

② 铁、锰空心阴极灯。

③ 乙炔钢瓶或乙炔发生器。

④ 空气压缩机，应备有除水、除油装置。

⑤ 仪器工作条件：不同型号仪器的最佳测试条件不同，可自行选择，测试条件见表4-32。

表4-32　原子吸收测定铁、锰的条件

光源	铁空心阴极灯	锰空心阴极灯
灯电流(mA)	12.5	7.5
测定波长(nm)	248.3	279.5
光谱通带(nm)	0.2	0.2
观测高度(mm)	7.5	7.5
火焰种类	空气—乙炔，氧化型	空气—乙炔，氧化型

3. 试剂溶液

① 铁标准贮备液：准确称取光谱纯金属铁1.000g，用60mL(1+1)硝酸溶解完全后，加10mL(1+1)硝酸，用去离子水准确稀释至1000mL，此溶液含1.00mg/mL铁。

② 锰标准贮备液：准确称取1.0000g光谱纯金属锰（称量前用稀硫酸洗去表面氧化物，再用去离子水洗去酸，烘干。在干燥器中冷却后尽快称取），用10mL(1+1)硝酸溶解。当锰完全溶解后，用1%硝酸准确稀释至1000mL，此溶液每毫升含1.00mg锰。

③ 铁锰混合标准使用液：分别准确移取铁和锰标准贮备液50.00mL和25.00mL，置1000mL容量瓶中，用1%盐酸稀释至标线，摇匀，此液每毫升含50.0μg铁，25.0μg锰。

4. 测定步骤

(1) 样品预处理

对于没有杂质堵塞仪器吸样管的清澈水样，可直接喷入火焰进行测定。如测总量或含有机质较高的水样时，必须进行消解处理。处理时先将水样摇匀，分取适量水样置于烧杯中，每100mL水样加5mL硝酸，置于电热板上在近沸状态下将样品蒸至近干。冷却后，重复上述操作一次。以(1+1)盐酸3mL溶解残渣，用1%盐酸冲洗杯壁，用经(1+1)盐酸洗涤干净的快速定量滤纸滤入50mL容量瓶中，以1%盐酸稀释至标线。每分析一批样品，平行测定两个试剂空白样。

(2) 校准曲线绘制

分别取铁锰混合标准液0.00mL、1.00mL、2.00mL、3.00mL、4.00mL、5.00mL于50mL容量瓶中，用1%盐酸稀释至刻度，摇匀。用1%盐酸调零点后，在选定的条件下测定其相应的吸光度，经空白校正后绘制浓度—吸光度校准曲线。

(3) 试样测定

在测定标准系列溶液的同时，测定试样及空白样的吸光度。由试样吸光度减去空白样吸光度，从校准曲线上求得试样中铁、锰的含量。

5. 计算公式

$$C_{Fe}(或 C_{Mn}) = \frac{m}{V}$$

式中：C_{Fe} 为样品铁的含量(mg/L)；C_{Mn} 为样品锰的含量(mg/L)；m 为由校准曲线查得铁、锰量(μg)；V 为水样体积(mL)。

6. 注意事项

① 各种型号的仪器，测定条件不尽相同，因此，应根据仪器使用说明书选择合适条件。

② 当样品的无机盐含量高时，采用塞曼效应扣除背景，无此条件时，也可采用邻近吸收线法扣除背景吸收；在测定浓度允许条件下，也可采用稀释方法以减少背景吸收。

③ 硫酸浓度较高时易产生分子吸收，以采用盐酸或硝酸介质为好。

④ 铁和锰都是多谱线元素，在选择波长时要注意选择准确，否则会导致测量失败。

⑤ 为了避免稀释误差，在测定含量较高的水样时，可选用次灵敏线测量。

(二) 邻菲啰啉分光光度法

1. 方法原理

亚铁离子在 pH 3~9 的溶液中与邻菲啰啉生成稳定的橙红色络合物，其反应式：

此络合物在避光时可稳定半年，测量波长为 510nm，其摩尔吸光系数为 $1.1 \times 10^4 L/(mol·cm)$。若用还原剂(如盐酸羟胺)将高铁离子还原，则本法可测高铁离子及总铁含量。

强氧化剂、氰化物、亚硝酸盐、焦磷酸盐、偏聚磷酸盐及某些重金属离子会干扰测定。经过加酸煮沸可将氰化物及亚硝酸盐除去，并使焦磷酸、偏聚磷酸盐转化为正磷酸盐以减轻干扰，加入盐酸羟胺则可消除强氧化剂的影响。

邻菲啰啉能与某些金属离子形成有色络合物而干扰测定，但在乙酸—乙酸铵的缓冲溶液中，不大于铁浓度 10 倍的铜、锌、钴、铬及小于 2mg/L 的镍不干扰测定，当浓度再高时，可加入过量显色剂予以消除。汞、镉、银等能与邻菲啰啉形成沉淀，若浓度低时，可加过量邻菲啰啉来消除；浓度高时，可将沉淀过滤除去。水样有底色，可用不加邻菲啰啉的试液作参比，对水样的底色进行校正。

邻菲啰啉分光光度法铁的最低检出浓度为 0.03mg/L，测定上限为 5.00mg/L。对铁离子大于 5.00mg/L 的水样，可适当稀释后再按本方法进行测定。

2. 仪器设备

分光光度计、10mm 比色皿。

3. 试剂溶液

① 铁标准贮备液：准确称取 0.7020g 硫酸亚铁铵[$(NH_4)_2Fe(SO_4)_2 \cdot 6H_2O$]，溶于(1+1)硫酸 50mL 中，转移至 1000mL 容量瓶中，加水至标线，摇匀，此溶液含 100μg/mL 铁。

② 铁标准使用液：准确移取标准贮备液 25.00mL 置 100mL 容量瓶中，加水至标线，摇匀，此溶液含 25.0μg/mL 铁。

③ 盐酸(1+3)。

④ 盐酸羟胺溶液(10%)。

⑤ 缓冲溶液：40g 乙酸铵加 50mL 冰乙酸，用水稀释至 100mL。

⑥ 邻菲啰啉(1,10-phenanthroline)水溶液(0.5%)：加数滴盐酸帮助溶解。

4. 测定步骤

(1) 校准曲线绘制

依次移取铁标准使用液 0.00mL、2.00mL、4.00mL、6.00mL、8.00mL、10.0mL 置 150mL 锥形瓶中，加入蒸馏水至 50.0mL，再加(1+3)盐酸 1mL，10%盐酸羟胺 1mL，玻璃珠 1~2 粒。加热煮沸至溶液剩 15mL 左右，冷却至室温，定量转移至 50mL 具塞比色管中，加一小片刚果红试纸，滴加饱和乙酸钠溶液至试纸刚刚变红，加入 5mL 缓冲溶液、0.5%邻菲啰啉溶液 2mL，加水至标线，摇匀。显色 15min 后，用 10mm 比色皿，以水为参比，在 510nm 处测量吸光度，由经过空白校正的吸光度对铁的微克数作图。

(2) 总铁测定

采样后立即将样品用盐酸酸化至 pH<1，分析时取 50.0mL 混匀水样于 150mL 锥形瓶中，加(1+3)盐酸 1mL、10%盐酸羟胺溶液 1mL，加热煮沸至体积减少到 15mL 左右，以保证全部铁的溶解和还原。若仍有沉淀应过滤除去，按绘制校准曲线同样操作，测量吸光度并做空白校正。

(3) 亚铁测定

采样时将 2mL 盐酸放在一个 100mL 具塞的水样瓶内，直接将水样注满样品瓶，塞好瓶塞以防氧化，一直保存到进行显色和测量(最好现场测定或现场显色)。分析时只需取适量水样，直接加入缓冲溶液与邻菲啰啉溶液，显色 5~10min，在 510nm 处以水为参比测量吸光度，并做空白校正。

(4) 可过滤铁测定

在采样现场，用 0.45μm 滤膜过滤水样，并立即用盐酸酸化过滤水至 pH<1，准确吸取样品 50mL 置于 150mL 锥形瓶中，以下操作与测定步骤(1)相同。

5. 计算公式

$$C_{Fe} = \frac{m}{V}$$

式中：C_{Fe} 为样品铁的含量（mg/L）；m 为由校准曲线查得的铁量（μg）；V 为水样体积（mL）。

6. 注意事项

① 各批试剂的铁含量如不同，每新配一次试液，都需重新绘制校准曲线。

② 含氰化物（CN^-）或硫化物（S^{2-}）离子的水样酸化时，必须小心进行，因为会产生有毒气体。

③ 若水样含铁量较高，可适当稀释，浓度低时可换用 30mm 或 50mm 的比色皿。

（三）ICP-AES 法

见本节铝的测定方法(一)。

六、铜

铜（Cu）是人体必需的微量元素，成人每日的需要量 1.5~3mg。水中铜达 0.01mg/L 时，对水体自净有明显的抑制作用。铜对水生生物毒性很大，有人认为铜对鱼类的起始毒性浓度为 0.002mg/L，但一般认为水体含铜 0.01mg/L 对鱼类是安全的。铜对水生生物的毒性与其在水体中的形态有关，游离铜离子的毒性比络合态铜要大得多。铜的主要污染源有电镀、冶炼、五金、石油化工和化学工业等企业排放的废水。

铜的测定方法：直接吸入火焰原子吸收分光光度法具有测定快速、干扰少的优点，适合分析废水和受污染的水。分析清洁水可选用萃取或离子交换浓缩火焰原子吸收分光光度法，也可选用石墨炉原子吸收分光光度法，但后一种方法基体干扰比较复杂，要注意干扰的检验和校正。还可选用二乙氨基二硫代甲酸钠萃取光度法、新亚铜灵萃取光度法、阳极溶出伏安法、示波极谱法或等离子发射光谱法。

（一）火焰原子吸收法

见本节锌测定方法(一)。

（二）二乙氨基二硫代甲酸钠萃取光度法

1. 方法原理

在氨性溶液中（pH9~10），铜与二乙氨基二硫代甲酸钠（DDTC）作用，生成摩尔比为 1∶2 的黄棕色络合物。

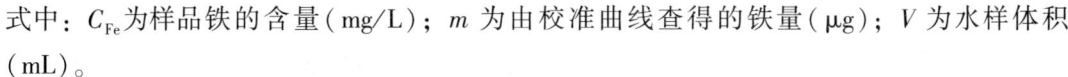

该络合物可被四氯化碳或三氯甲烷萃取，其最大吸收波长为 440nm。在测定条件下，有色络合物可稳定 1h，其摩尔吸光系数为 1.4×10^4 L/(mol·cm)。

在测定条件下，二乙氨基二硫代甲酸钠也能与铁、锰、镍、钴和铋等离子生成有色络合物，干扰铜的测定，除铋外均可用 EDTA 和柠檬铵掩蔽消除。

二乙氨基二硫代甲酸钠萃取光度法测定范围为 0.02~0.60mg/L，最低检出浓度为 0.01mg/L，经适当稀释测定上限可达 2.0mg/L。

2. 仪器设备

分光光度计、20mm 比色皿。

3. 试剂溶液

① 盐酸、硝酸、高氯酸、氨水(优级纯)。

② 四氯化碳、三氯甲烷。

③ 氨水(1+1)。

④ 二乙氨基二硫代甲酸钠溶液(0.2%)：称取 0.2g 二乙氨基二硫代甲酸钠溶于水中并稀释 100mL，用棕色玻璃瓶贮存，放在暗处可以保存两周。

⑤ 甲酚红指示液(0.4g/L)：称取 0.02g 甲酚红溶于 50mL 95%乙醇中。

⑥ EDTA—柠檬酸铵溶液：称取 5g EDTA 和 20g 柠檬酸铵溶于水中并稀释至 100mL，加入 4 滴甲酚红指示液，用(1+1)氨水调至 pH8~8.5(由红色变为浅紫色)，加入少量 0.2%二乙氨基二硫代甲酸钠溶液，用四氯化碳萃取提纯。

⑦ 氯化铵—氢氧化铵缓冲溶液：称取 70g 氯化铵溶于适量水中，加入 570mL 氨水，用水稀释至 1000mL。

⑧ 铜标准贮备溶液：准确称取 1.000g 金属铜(99.9%)置于 150mL 烧杯中，加入(1+1)硝酸 20mL，加热溶解后，再加入(1+1)硫酸 10mL 并加热至冒白烟；冷却后，加水溶解并转入 1000mL 容量瓶中，用水定容至标线，此溶液 1.00mL 含 1.00mg 铜；铜标准使用溶液由上述标准贮备溶液稀释成每毫升含 5.0μg 铜。

4. 测定步骤

(1) 试样制备

① 清洁的湿地水样可直接进行测定。

② 含悬浮物和有机物较多的湿地水样，可吸取 50mL 酸化的水样置 150mL 烧杯中，加入 5mL 硝酸，在电热板上加热消解并蒸发到 10mL 左右；稍冷再加入 5mL 硝酸和 1mL 高氯酸，继续加热消解，蒸至近干，加水 40mL，加热煮沸 3min，冷却，将试液转入 50mL 容量瓶中，用水稀释至标线(若有沉淀，应过滤除去)。

(2) 显色萃取

① 吸取适量的试样(含铜量低于 30μg，体积≤50mL)置 125mL 分液漏斗中，加水至 50mL。

② 清洁水样可加入 10mL EDTA-柠檬酸铵溶液，5mL 氯化铵—氢氧化铵缓冲溶液，摇匀；对消解后的试样可加入 10mL EDTA-柠檬酸铵溶液、2 滴甲酚红指示液，用(1+1)氨水调至由红色经黄色变成紫色。

③ 加入 0.2%二乙氨基二硫代甲酸钠溶液 5mL，摇匀，静置 5min。

④ 准确加入 10mL 四氯化碳,用力振荡不少于 2min(若用振荡器振荡,应不少于 4min),静置待分层。

⑤ 测定:用滤纸吸去漏斗颈部的水分,塞入一小团脱脂棉,弃去最初流出的有机相 1~2mL,然后将有机相放入干燥的 20mm 比色皿中,于 440nm 波长处,以四氯化碳作参比,测量吸光度。

⑥ 用 50mL 水代替试样,按上述步骤同时进行空白试验,以试样的吸光度减去空白试验的吸光度后,从校准曲线查出铜含量。

(3) 校准曲线

① 于 8 个分液漏斗中,分别加入 0.00mL、0.20mL、0.50mL、1.00mL、2.00mL、3.00mL、5.00mL、6.00mL 铜标准使用溶液,加水至体积为 50mL,配成一组标准系列溶液。

② 按上述操作步骤进行显色萃取和测量,将测得的吸光度做空白校正后,再与相应的铜含量绘制校准曲线。

5. 计算公式

$$C_{Cu} = \frac{m}{V}$$

式中:C_{Cu} 为样品铜的含量(mg/L);m 为由校准曲线查得的铜量(μg);V 为萃取用的水样体积(mL)。

6. 注意事项

① 为了防止铜离子吸附在采样容器壁上,采样后样品应尽快进行分析。如果需要保存,样品应立即酸化至 pH<2,通常每 100mL 样品加入(1+1)盐酸 0.5mL。

② 分液漏斗的活塞不得涂抹油性润滑剂,因润滑剂溶于有机溶剂影响铜的测定。

③ 水样中铜含量高时,也可直接在水相中进行比色,并用明胶或淀粉溶液作稳定剂,不必用四氯化碳萃取,但校准曲线要按同样操作步骤进行。

④ 萃取和比色时,避免日光直射,以免铜-DDTC 络合物分解。

APDC-MIBK 萃取火焰原子吸收法、在线富集流动注射—火焰原子吸收法、石墨炉原子吸收法、阳极溶出伏安法、示波极谱法可参考《水和废水监测分析方法(第四版)(增补版)》中铜的测定。

七、汞

汞(Hg)及其化合物属于剧毒物质,可在生物体内聚集。进入水体的无机汞离子可转变为毒性更大的有机汞,经食物链进入人体,引起全身中毒。天然水中含汞极少,一般不超过 0.1μg/L。

冷原子吸收法、冷原子荧光法和原子荧光法是测定水中微量、痕量汞的特效方法,干扰因素少,灵敏度较高;双硫腙分光光度法是测定多种金属离子的通用方法,如能掩蔽干扰离子和严格掌握反应条件，也能得到满意的结果，但步骤复杂，为了防止废水测定中大量稀释引入的误差可采用这种方法。

汞水样采集时，每采集 1L 水样应立即加入 10mL 硫酸或 7mL 硝酸，使水样 pH≤1。若取样后不能立即进行测定，向每升样品中加入 5% 高锰酸钾溶液 4mL，必要时多加一些，使其呈现持久的淡红色。样品贮存于硼硅玻璃瓶中，废水样品应加酸至 1%。

（一）冷原子吸收法

1. 方法原理

汞原子蒸气对波长 253.7nm 的紫外光具有选择性吸收作用，在一定范围内，吸收值与汞蒸汽浓度成正比。在硫酸—硝酸介质和加热条件下，用高锰酸钾和过硫酸钾将试样消解，或用溴酸钾和溴化钾混合试剂，在 20℃ 以上室温和 0.6~2mol/L 的酸性介质中产生溴，将试样消解，使所含汞全部转化为二价汞。用盐酸羟胺将过剩的氧化剂还原，再用氯化亚锡将二价汞还原成金属汞。在室温下通入空气或氮气，将金属汞气化，载入冷原子吸收测汞仪，测量吸收值，求得试样中汞的含量。

碘离子浓度≥3.8mg/L 时，明显影响高锰钾酸钾—过硫酸钾消解法的回收率与精密度。当阴离子洗涤剂浓度≥0.1mg/L 时，采用溴酸钾—溴化钾消解法，汞的回收率<67.7%。若有机物含量较高，规定的消解试剂最大用量不足以氧化样品中有机物时，则本法不适用。

视仪器型号与试样体积不同而异，冷原子吸收法最低检出浓度为 0.1~0.5μg/L 汞；在最佳条件下（测汞仪灵敏度高，基线噪声极小及空白试验值稳定），当试样体积为 200mL 时，最低检出浓度可达 0.05μg/L 汞。

2. 仪器设备

① 测汞仪。

② 台式自动平衡记录仪或微机数据处理系统。

③ 汞还原器，容积分别为 50mL、100mL、250mL、500mL，具磨口、带莲蓬形多孔吹气头的翻泡瓶。

④ U 形管：$\phi 15mm \times 10mm$，内填变色硅胶 60~80mm。

⑤ 三通阀。

⑥ 汞吸收塔：250mL 玻璃干燥塔，内填经碘化钾处理的柱状活性炭。

3. 试剂溶液

① 硫酸（1.84g/mL，优级纯）。

② 硝酸（1.42g/mL，优级纯）。

③ 盐酸（1.19g/mL，优级纯）。

④ 重铬酸钾（优级纯）。

⑤ 高锰酸钾溶液（5%）：称取 50g 高锰酸钾（优级纯，必要时重结晶精制）用水溶解并

稀释至 1000mL。

⑥ 过硫酸钾溶液(5%)：称取 5g 过硫酸钾用水溶解并稀释至 100mL。使用时当天配制。

⑦ 溴酸钾—溴化钾溶液(简称溴化剂，0.1mol/L)：称取 2.784g 溴酸钾(优级纯)，用水溶解，加入 10g 溴化钾并用水稀释至 1000mL；置棕色细口瓶中保存。若有溴释出，则应重新配制。

⑧ 盐酸羟胺溶液(20%)：称取 20g 盐酸羟胺用水溶解并稀释至 100mL。

⑨ 氯化亚锡溶液(20%)：称取 20g 氯化亚锡加入 20mL 盐酸中，微热助溶，冷后用水稀释至 100mL。以 2.5L/min 的流速通氮气或干净空气约 2min 除汞，加几颗锡粒密塞保存。

⑩ 汞标准固定液(简称固定液)：称取 0.5g 重铬酸钾溶于 950mL 水，再加 50mL 硝酸。

⑪ 汞标准贮备溶液：称取在硅胶干燥器中放置过夜的 0.1354g 氯化汞，用固定液溶解后转移至 1000mL 容量瓶中，再用固定液稀释至标线，摇匀，此溶液每毫升含 100μg 汞。

⑫ 汞标准中间溶液：吸取汞标准贮备溶液 100.00mL，移入 1000mL 容量瓶，用固定液稀释至标线，摇匀，此溶液每毫升含 10.0μg 汞。

⑬ 汞标准使用溶液：吸取汞标准中间溶液 10.00mL，移入 1000mL 容量瓶，用固定液稀释至标线，摇匀。于室温下阴凉处保存，可稳定 100 天左右，此溶液每毫升含 0.100μg 汞。

⑭ 稀释液：称取 0.2g 重铬酸钾溶于 900mL 水，加入 28mL 硫酸，再用水稀释至 1000mL。

⑮ 经碘化钾处理的活性炭：称取 1 份重量碘、2 份重量碘化钾和 20 份重量水，在烧杯中配成溶液，加入约 10 份重量柱状活性炭(工业用，φ3mm，长 3～7mm)，用力搅拌至溶液脱色后，用 G1 号砂芯漏斗滤出活性炭，在 100℃左右烘干 1～2h。

⑯ 洗液：称取 10g 重铬酸钾溶于 9L 水中，加入 1000mL 硝酸。

⑰ 若所用的试剂导致空白试验值偏高，应改用级别更高的试剂，或自行提纯精制。

⑱ 配制试液或试样稀释定容，均使用无汞去离子水。

4. 测定步骤

(1) 试样制备

试样制备方法可根据样品特性，从以下两种消解法中选择使用。

高锰酸钾—过硫酸钾消解法：

① 近沸保温法：适用于一般废水、地表水或地下水。

将样品摇匀，取 10～50mL 污染水样(或 100～200mL 清洁湿地水样)，移入 125mL(或 500mL)锥形瓶中，补充适量无汞去离子水至约 50mL。依次加 1.5mL 硫酸(对地表水或地下水应加 2.5~5.0mL，使 H_2SO_4 约为 0.5mol/L）、(1+1)硝酸溶液 1.5mL（对地表水或地下水，应加 2.5~5.0mL）、5%高锰酸钾溶液 4mL（如不能在 15min 内维持紫色，再补加适量高锰酸钾溶液使维持紫色，但总量不超过 30mL）、5%过硫酸钾溶液 4mL，插入小漏斗，置沸水浴中使样液在近沸状态保温 1h，取下冷却。

临近测定时，边摇边滴加 20%盐酸羟胺溶液，直至刚好使过剩的高锰酸钾褪色及二氧化锰全部溶解为止，转入 100mL 容量瓶，用稀释液稀至刻度（地表水或地下水不稀释定容）。

② 煮沸法：对消解含有机物、悬浮物较多、组分复杂的污染水样，本法效果比近沸保温法好。按上法取样和加入试剂后，向样液中加数粒玻璃珠或沸石，插入小漏斗，擦干瓶底，置电炉或电热板上加热煮沸 10min，取下冷却，同上法进行还原和定容。

溴酸钾—溴化钾消解法：适用于清洁湿地水体或地下水，也适用于含有机物（如洗涤剂）及受污染较少的湿地水体。

将样品摇匀，取 10~50mL 移入 100mL 容量瓶，取样少于 50mL 时补加适量水，加 2.5mL 硫酸、2.5mL 溴化剂，加塞摇匀，于 20℃以上室温下放置 5min 以上。样液中应有橙黄色溴释出，否则可适当补加溴化剂（但每 50mL 水样中用量不应超过 8mL，若仍无溴释出，则本法不适用，可改用高锰酸钾—过硫酸钾消解法的煮沸法进行消解）。临测定前，边摇边滴加 20%盐酸羟胺溶液还原过剩的溴，用稀释液稀释至标线。

空白试样：每分析一批试样，应同时用无汞去离子水代替样品，按试样制备步骤①近沸保温法或②煮沸法相同操作制备 2 份空白试样，并把采样时加的试剂量考虑在内。

（2）校准曲线

① 取 100mL 容量瓶 8 个，准确吸取每毫升含 0.100μg 汞的汞标准使用溶液 0.00mL、0.50mL、1.00mL、1.50mL、2.00mL、2.50mL、3.00mL 和 4.00mL 移入容量瓶中，每个容量瓶中加入适量固定液补足至 4.00mL，加稀释液至标线，摇匀，按下述测量试样步骤逐一进行测量。

② 以经过空白校正的各测量值为纵坐标，以相应标准溶液的汞浓度（μg/L）为横坐标，绘制出校准曲线。

（3）测量

① 连接好仪器，更换 U 形管中的硅胶，按说明书调试好测汞仪及记录仪（数据处理系统），选定灵敏度档及载气流速，将三通阀旋至"校零"端。

② 取出汞还原器吹气头，逐个吸取 10.00mL 试样或空白溶液注入汞还原器中，加入 20%氯化亚锡溶液 1mL，迅速插入吹气头，将三通阀旋至"进样"端，使载气通入汞还原器，记下最高读数或记录纸上的峰高。待读数或记录笔重新回零后，将三通阀旋回"校零"端，取出吹气头，弃去废液，用水洗汞还原器两次，再用稀释液洗一次（氧化可能残留的二价锡），然后进行另一试样的测量。

5. 计算

根据经空白校正的试样测量值，从校准曲线上查得汞浓度，再乘以样品被稀释的倍

数,即得样品中汞含量,计算公式:

$$C_{Hg} = C \cdot \frac{V_0}{V} \cdot \frac{V_1 + V_2}{V_1}$$

式中:C_{Hg} 为样品汞的含量(mg/L);C 为试样测量所得汞浓度(μg/L);V 为试样制备所取水样体积(mL);V_0 为试样制备最后定容体积(mL);V_1 为最初采集水样时的体积(mL);V_2 为采样时加入试剂总体积(mL)。

如果对采样时加入试剂的体积忽略不计,则上列公式中,等号后的第三项 $\frac{V_1 + V_2}{V_1}$ 可略去。

6. 注意事项

① 仪器的载气净化系统,可根据不同测汞仪的特点及具体条件进行连接。

② 所有玻璃仪器及盛样瓶均用洗液浸泡过夜,用去离子水冲洗干净。

③ 当室温低于10℃时,应采取增高操作间环境温度的办法来提高汞的气化效率。

④ 汞还原器的大小应根据试样体积选定,以气相与液相体积比为2∶1~3∶1最佳;当采用关闭气路振摇操作时,则以3∶1~8∶1时灵敏度最高;吹气头形状以莲蓬形最佳,且与底部距离越近越好。

⑤ 加入氯化亚锡溶液后,先在关闭气路条件下用手或振荡器充分振荡30~60s,待完全达到气液平衡后才将汞蒸气抽入(或吹入)测量池。在相同条件下,采取此操作与不振荡的相比,视温度、载气流速、汞还原器翻泡效率的不同,可使信号值读数高80%~110%。

⑥ 载气流速太大会使进入测量池的汞蒸气浓度降低,流速过小又会使气化速度减慢,选用0.8~1.2L/min较好。若采用抽气法,将吹气头上的吹气管截去一部分,使之离液面5~10mm;在加入氯化亚锡溶液后,先关闭气路振摇1min,再将汞蒸气抽入测量池,这样,不仅灵敏度高,而且零点稳定(缺点是残留在废液中的汞将污染室内空气)。

⑦ 盐酸羟胺溶液的提纯也可使用巯基棉纤维管除汞法:在内径6~8mm、长约100mm,一端拉细的玻璃管中,或在500mL分液漏斗的放液管中,填充0.1~0.2g巯基棉纤维,将待净化试液以10mL/min速度流过1~2次即可除尽汞。

巯基棉纤维制法:于棕色磨口广口瓶中,依次加入硫代乙醇酸($CH_2SHCOOH$,分析纯)100mL、乙酸酐[$(CH_3CO)_2O$]60mL、36%乙酸40mL、硫酸0.3mL,充分混匀并冷却至室温后,加入长纤维脱脂棉30g,铺平,使之完全浸泡于溶液内,用水冷却,待反应热散去后加盖,放入40℃±2℃烘箱中2~4天后取出,用耐酸过滤漏斗抽滤,以无汞去离子水充分洗涤至中性后,摊开,于30~35℃下烘干,放入棕色磨口广口瓶中,避光和较低温下保存。

(二) 冷原子荧光法

1. 方法原理

水样中的汞离子被还原剂还原为单质汞,再气化成汞蒸气,其基态汞原子受到波长

253.7nm 的紫外光激发,当激发态汞原子去激发时便辐射出相同波长的荧光。在给定的条件下和较低的浓度范围内,荧光强度与汞的浓度成正比。

激发态汞原子与其他分子,如 O_2、CO_2、CO 等碰撞而发生能量传递,造成荧光猝灭,从而降低汞的测定灵敏度。冷原子荧光法采用高纯氩气和氮气作载气。为避免在测量操作过程中进入空气,采用密封式还原瓶进样技术。

冷原子荧光法检出限为 1.5ng/L,测定上限为 1μg/L。

2. 仪器

① 数字荧光测汞仪。

② 记录仪或显示器、计算机等数据处理系统。

③ 远红外辐射干燥箱(烘箱),该烘箱体积小,适用于含汞水样的消解。

④ 1.0mL 和 10μL 微量进样器。

⑤ 高纯氩气或氮气。

3. 试剂

① 蒸馏水,当天蒸馏。

② 硫酸(1.84g/mL,优级纯)。

③ 硝酸(1.42g/mL,优级纯)。

④ 盐酸(1.18g/mL,优级纯)。

⑤ 洗涤溶液:称取 2g 优级纯的高锰酸钾溶解于 950mL 水中,加入 50mL 硫酸。

⑥ 固定溶液:称取 0.5g 优级纯的重铬酸钾溶解于水中,并用水稀释至 1000mL。

⑦ 高锰酸钾溶液(5%):称取 50g 优级纯的高锰酸钾溶解于水中,并用水稀释至 1000mL。

⑧ 盐酸羟胺溶液(10%):称取 10g 分析纯的盐酸羟胺用水溶解,并稀释至 100mL,将此溶液每次加入 10mL 含 20mg/L 双硫腙的苯溶液萃取 3~5 次。

⑨ 氯化亚锡溶液(10%):称取 10g 分析纯的氯化亚锡,在无汞污染的通风柜内加入 20mL 盐酸,微微加热助溶,溶后继续加热几分钟除汞,或者将此溶液用经洗涤溶液洗涤的空气以 2.5L/min 流速曝气约 1h 除汞,然后用水稀释至 100mL。

⑩ 汞标准贮备溶液:称取在硅胶干燥器中放置过夜的氯化汞 0.1354g,用固定溶液溶解,移入 1000mL 容量瓶中,再用固定液稀释至刻度,摇匀,此溶液每毫升含 100μg 汞。

⑪ 汞中间溶液:吸取汞标准贮备溶液适当体积,用固定溶液稀释至每毫升含 10μg 汞,摇匀。

⑫ 汞标准使用溶液:吸取汞中间溶液,用固定溶液逐级稀释至每毫升含 100ng 汞。

⑬ 测汞所用玻璃器皿,均应用洗涤溶液浸泡煮沸 1h;为避免玻璃壁有可能出现褐色二氧化锰斑点,须趁热取出玻璃器皿,用水冲洗干净备用。

4. 测定步骤

(1) 仪器工作条件

仪器工作参数,见表 4-33。

表 4-33 仪器工作条件

元素	光电管负压（V）	载气 Ar 流量（mL/min）	屏蔽 Ar 流量（mL/min）	仪器测量（档）	记录仪（mV）	进样量（mL）
汞	550	120	500	×5	10	1.0

（2）水样消解

分别取 10mL 水样于 10mL 具塞比色管中，加入 0.1mL 硫酸（用滴管加 4 滴）,0.1mL 5%高锰酸钾溶液（用滴管加 1~2 滴，以能保持水样呈紫红色为准），加塞摇匀。排列于金属架上，放于烘箱内，在比色管上加一个瓷盘盖，防止水样受热后管塞跳出，于 105℃ 消解 1h，取出冷却。临近测定时，向消解水样加入 0.05mL 10%盐酸羟胺溶液，经摇动使高锰酸钾刚好褪色，取 1.0mL 测定。

（3）测定

按表 4-33 仪器工作条件调好仪器，预热 1h，将控制阀（简称阀）转至准备档，用 1mL 注射器向进样口注入 1.0mL 蒸馏水，按动氯化亚锡按钮，即加入 0.2mL 10%氯化亚锡溶液，以清扫汞发生器及其管道。反复测定直到水读数值最低时，才可对试剂空白、汞标准曲线系列溶液和水样进行测定，绘制汞的标准曲线，计算水样中汞的含量。

（4）校准曲线

① 标准曲线法：取 6 支 10mL 具塞比色管，加入 10mL 蒸馏水，用 10μL 微量注射器分别加入 100 ng/mL 汞标准使用溶液 0μL、2μL、4μL、6μL、8μL、10μL，摇匀，分别加入 4 滴硫酸、1 滴 5%高锰酸钾，摇匀，再用 10%盐酸羟胺溶液 1 滴还原后测定。

② 标准加入法：于 7 支 10mL 具塞比色管，其中一支加入蒸馏水做空白，其余 6 支分别加入 10mL 含汞量低的水样，加入 100μg/L 汞标准使用溶液 0μL、2μL、4μL、6μL、8μL 和 10μL 摇匀，按水样消解步骤操作和测定。

最后以扣除空白（零标准溶液）后的标准系列各点测定值（与汞浓度成正比的）为纵坐标，以相应标准试样溶液汞浓度为横坐标，绘制测定值—浓度校准曲线。

5. 计算结果

$$C_{Hg} = \frac{m}{V}$$

式中：C_{Hg} 为样品汞的含量（μg/L）；m 为根据校准曲线计算出的水样中汞量（ng）；V 为取样体积（mL）。

6. 注意事项

① 测定 ng/L 量级汞，要求实验用的水和试剂的纯度较高，而且其用量应尽可能地少，以降低空白值。

② 水样在消解过程中，高锰酸钾的紫红色若褪至红褐色，应适当补加高锰酸钾溶液

至紫红色不褪。

③ 滴加盐酸羟胺溶液时，应小心勿过量，因过量的盐酸羟胺会还原汞离子，导致汞的损失。

④ 实验室环境及通风柜和消解水样的烘箱应无汞污染。

⑤ 测定汞的废气应通到酸性高锰酸钾吸收液内，以防污染环境。

⑥ 氯化亚锡按钮易发生堵塞，要及时用稀酸清洗。

双流腙光度法和原子荧光法可参考《水和废水监测分析方法（第四版）（增补版）》中汞的测定。

八、锰

锰（Mn）是生物必需的微量元素之一。锰的化合物有多种价态，主要有二价、三价、四价、六价和七价。地下水中由于缺氧，锰以可溶态的二价锰形式存在，而在地表水中还有可溶性三价锰的络合物和四价锰的悬浮物存在。在环境水样中锰的含量在数微克/升至数百微克/升，很少有超过1mg/L的。锰盐毒性不大，但水中锰可使衣物、纺织品和纸呈现斑痕。锰的主要污染源是黑色金属矿山、冶金、化工排放的废水。

原子吸收法和等离子发射光谱法可直接用于水中锰的测定，操作简便、快速、干扰少，且灵敏度高；测量高锰酸盐的紫红色光度法选择性较好，经常被采用；甲醛肟分光光度法为ISO的标准方法，灵敏度比高锰酸盐法高，但不如原子吸收法或等离子发射光谱法。

水样中的二价锰在中性或碱性条件下，能被空气氧化为更高的价态而产生沉淀，并被容器壁吸附。因此，测定总锰的水样，应在采样时加硝酸酸化至pH<2；测定可过滤性锰的水样，应在采样现场用0.45μm有机微孔滤膜过滤，再用硝酸酸化至pH<2保存，废水样品应加入HNO_3至水样体积的1%。

（一）原子吸收光度法

见本节铁测定方法（一）。

（二）高碘酸钾氧化光度法

1. 方法原理

用高碘酸钾氧化低价锰为紫红色的高锰酸盐，于波长525nm处进行光度测定。在酸性介质中，用高碘酸钾氧化需长时间加热煮沸才能完成；而本方法在中性（pH 7.0~8.6）溶液中，有焦磷酸钾—乙酸钠存在时，高碘酸钾可于室温下瞬间将低价锰氧化为高锰酸盐，且色泽稳定16h以上。

水样中常见的金属离子和阴离子均不干扰锰的测定。含有强还原剂或氧化剂的污水，或含有悬浮物的废水，应预先加入硝酸和硫酸（或高氯酸）加热消解后测定。

高碘酸钾氧化光度法测锰的最低检出浓度为0.05mg/L（吸光度A为0.01时所对应的

锰浓度)。使用50mm比色皿时,50mL水中锰量低于125μg时,符合比尔定律。

2. 仪器设备

分光光度计、50mm比色皿。

3. 试剂溶液

① 焦磷酸钾—乙酸钠缓冲溶液:称取焦磷酸钾($K_4P_2O_7$)230g和结晶乙酸钠($C_2H_9NaO_5$)136g溶于热水中,冷却后定容到1000mL,此溶液浓度焦磷酸钾为0.6mol/L,乙酸钠为1.0mol/L。

② 高碘酸钾溶液(2%):用(1+9)硝酸配制。

③ 锰标准溶液:称取约0.5000g(准确到0.0001g)纯度不低于99.9%的电解锰,溶于(1+1)硝酸10mL中,加热溶解后移入500mL容量瓶中,冷却后用水稀释至标线,摇匀,此贮备液每毫升含1.00mg锰,再定量移取部分溶液到另一支容量瓶中,用水稀释成每毫升50.0μg锰的使用溶液。

4. 测定步骤

(1) 校准曲线绘制

分别吸取0.00mL、0.50mL、1.00mL、1.50mL、2.00mL、2.50mL锰标准使用液置于6支50mL比色管中,加水至约25mL,再加入10mL焦磷酸钾—乙酸钠缓冲溶液,摇匀后再加入2%高碘酸钾溶液3mL,用水稀释至刻度,摇匀。放置10min后,用50mm比色皿在525nm处,以水作参比测量吸光度,由所测得吸光度经空白校正后对锰的量绘制校准曲线(或进行相应的回归计算)。

(2) 样品测定

悬浮物较多或色度较深的废水样,取25.00mL混匀样两份置于100mL烧杯中,加入5mL硝酸和2mL(1+1)硫酸(或高氯酸),加热消解直至冒白烟(若试液色深,还可补加硝酸继续消解),蒸发至近干(勿干涸),取下。稍冷却,加少量水,微热溶解,定量移入50mL比色管中,用(1+9)氨水调pH至近中性,其中一份按校准曲线绘制的相同步骤显色,另一份用纯水代替水样按同样操作作为参比溶液,在525nm处测量吸光度。

对于清洁的环境水样可省去消解操作,直接取25mL水样置50mL比色管中,按所述步骤直接显色和测量。

5. 计算公式

$$C_{Mn} = \frac{m}{V}$$

式中:C_{Mn}为样品锰的含量(mg/L);m为由校准曲线查得或用回归方程算出的锰量(μg);V为试样体积(mL)。

6. 注意事项

① 酸度是发色完全与否的关键条件,pH应控制在7~8.3,选用pH为7.3~7.8。若pH<6.5,则发色速度减慢,影响测定结果,加入的焦磷酸钾—乙酸钠溶液具有一定的缓

冲容量，酸性保存的样品，当硝酸浓度≤0.5%时，无需调节酸度，可直接发色。酸度太大的样品分析前应调节 pH 至弱酸性或近中性。

② 试样加热消解，切不可蒸至干涸，否则铁、锰氧化物析出后，便难被稀酸溶解，易导致测定结果偏低。

(三) ICP-AES 法

见本节铝的测定方法(一)。

九、铅

铅(Pb)是可在人体和动物组织中聚集的有毒金属。铅的主要毒性效应是可导致贫血症、神经机能失调和肾损伤。铅对水生生物的安全浓度为 0.16mg/L。用含铅 0.1~4.4mg/L 的水灌溉水稻和小麦时，作物中含铅量明显增加。铅的主要污染源是蓄电池、冶炼、五金、机械、涂料和电镀工业等排放的废水。

在测定含铅较高的污染水试样时，为了避免大量稀释引入的误差，可使用双硫腙分光光度法。

(一) 双硫腙分光光度法

1. 方法原理

在 pH8.5~9.5 的氨性柠檬酸盐—氰化物的还原性介质中，铅与双硫腙形成可被三氯甲烷(或四氯化碳)萃取的淡红色的双硫腙铅螯合物，其反应式：

$$Pb^{2+} + 2S=C\begin{matrix}N-N\\ \| \\ N=N\end{matrix}\begin{matrix}H\\ \\ \end{matrix}\begin{matrix}C_6H_5\\ \\ C_6H_5\end{matrix} \longrightarrow S=C\begin{matrix}N-N\\ \\ N=N\end{matrix}Pb\begin{matrix}N=N\\ \\ N-N\end{matrix}C=S + 2H^+$$

双硫腙(绿色)　　　铅—双硫腙螯合物(淡红色)

有机相可于最大吸光波长 510nm 处测量，铅—双硫腙螯合物的摩尔吸光系数为 $6.7×10^4 L/(mol·cm)$。

在 pH 8~9 时，干扰铅萃取测定的元素有铋(Ⅲ)、亚锡和铊，但一般水样中含铊很少，可不必考虑，而铋(特别是锡)经常存在，应特别注意。一般在 pH 2~3 时，先用双硫腙三氯甲烷萃取除去，同时被萃取除去的干扰离子还有铜、汞、银等离子。然后在 pH 8.5~9.5 的柠檬酸盐—氰化钾—盐酸羟胺还原性溶液中，以双硫腙—三氯甲烷萃取铅。加入盐酸羟胺目的是用于还原一些氧化性物质，如三价铁和可能存在的其他氧化性物质，防止双硫腙被氧化。氰化钾可掩蔽铜、锌、镍、钴等多种金属。柠檬酸盐是三元羧酸盐，在广泛的 pH 范围内具有较强络合能力的掩蔽剂，它的主要作用是络合钙、镁、铝、铬、铁等阳离子，防止在碱性溶液中形成这些金属的氢氧化物沉淀。

双硫腙分光光度法测定 0~75μg/L 铅时，在 100μg/L 下列各离子不干扰：银、汞、铋、铜、砷、锑、锡、铁、铬、镍、钴、锰、锌、钙、锶、钡、镁等离子。

当使用 10mm 比色皿、试样体积为 100mL，用 10mL 双硫腙—三氯甲烷溶液萃取时，铅的最低检出浓度可达 0.01mg/L，测定上限为 0.3mg/L。

2. 仪器设备

分光光度计、10mm 比色皿。所用玻璃仪器，包括采样容器，在使用前需用稀硝酸荡洗，并用自来水和无铅水冲洗洁净。

3. 试剂溶液

① 本法所用试剂均为分析纯试剂，配制试液应使用不含铅的去离子水。

② 三氯甲烷。

③ 高氯酸(1.67g/mL，优级纯)。

④ 硝酸(1.42g/mL)。

⑤ 硝酸溶液(20%)：取 200mL 硝酸用水稀释到 1000mL。

⑥ 硝酸溶液(0.2%)：取 2mL 硝酸用水稀释到 1000mL。

⑦ 盐酸溶液(0.5mol/L)：取 42mL 盐酸(1.19g/mL)用水稀释到 1000mL。

⑧ 氨水(0.90g/mL)。

⑨ 氨溶液(1+9)：取 10mL 氨水加 90mL 水。

⑩ 氨溶液(1+100)：取 10mL 氨水加 1000mL 水。

⑪ 柠檬酸盐—氰化钾还原性溶液：称取 400g 柠檬酸氢二铵、20g 无水亚硫酸钠、10g 盐酸羟胺和 40g 氰化钾(注意剧毒)溶解在水中，并稀释到 1000mL，将此溶液和 2000mL 氨水混合(此溶液剧毒，不可用嘴吸取)。

⑫ 亚硫酸钠溶液：称取 5g 无水亚硫酸钠，溶解在 100mL 无铅去离子水中。

⑬ 碘溶液(0.05mol/L)：称取 20g 碘化钾溶解在 25mL 去离子水中，加入 6.35g 升华碘，然后用水稀释到 500mL。

⑭ 铅标准贮备溶液：称取 0.1599g 硝酸铅(纯度≥99.8%)，溶解在约 200mL 水中，加入 10mL 硝酸，定量移入 1000mL 容量瓶，最后用水稀释到标线[或将 0.1000g 纯金属铅(纯度≥99.9%)溶解在 20mL(1+1)硝酸中，然后用水稀释到 1000mL]，此溶液每毫升含 100.0μg 铅。

⑮ 铅标准使用溶液：取 20.00mL 铅标准贮备溶液置于 1000mL 容量瓶中，用水稀释到标线，摇匀，此溶液每毫升含 2.0μg 铅。

⑯ 双硫腙贮备溶液：称取 100mg 纯净双硫腙($C_6H_5NNCSNHNHC_6H_5$)，溶解于 1000mL 三氯甲烷中，贮于棕色瓶，放置在冰箱内备用，此溶液每毫升含 100μg 双硫腙；如双硫腙试剂不纯可滤去不溶物，滤液置分液漏斗中，每次用(1+100)氨水 20mL 提取，共提取 5 次，此时双硫腙进入水相，合并水相，然后用 6mol/L 盐酸中和，再用 250mL 三氯甲烷分 3 次提取，合并三氯甲烷相，将此双硫腙三氯甲烷溶液放入棕色瓶中，保存于

5℃冰箱内备用，此液的准确浓度测定方法：取一定量上述双硫腙—三氯甲烷溶液，置50mL容量瓶中，以三氯甲烷稀释定容，使其浓度<0.001%，然后将此溶液置于10mm比色皿中，于606nm波长测量其吸光度，将此吸光度除以摩尔吸光系数（molar absorption coefficient，ε）$4.06×10^4$ L/(mol·cm)，即可求得双硫腙的准确浓度。

⑰ 双硫腙实验溶液：取100mL双硫腙贮备溶液置于250mL容量瓶中，用三氯甲烷稀释到标线，此溶液每毫升含40μg双硫腙。

⑱ 双硫腙专用溶液：将250mg双硫腙溶解在150mL三氯甲烷中，此溶液不需要纯化，专用于萃取提纯试液。

4. 测定步骤

（1）样品预处理

见本节锌测定方法（一）双硫腙分光光度法，按测定步骤（1）的操作进行。

（2）样品测定

① 显色萃取：向置于250mL分液漏斗中的试样（含铅量≤30μg，最大体积≤100mL）加入20%硝酸10mL，柠檬酸盐—氰化钾还原性溶液50mL，塞紧摇匀并冷却到室温，加入10mL双硫腙实验溶液后，加塞密闭，剧烈摇动分液漏斗30s，放置分层。

② 测定：在分液漏斗的颈管内塞入一小团无铅脱脂棉，然后放出下层有机相，弃去1~2mL三氯甲烷层后，再注入10mm比色皿中，以三氯甲烷为参比，在510nm处测定萃取液的吸光度，扣除空白试验吸光度，再从校准曲线上查出铅量。

③ 空白试验：取无铅水代替试样，其他试剂用量均相同，按上述步骤进行处理。

（3）校准曲线绘制

向一系列250mL分液漏斗中，分别加入铅的标准使用溶液0.00mL、0.50mL、1.00mL、5.00mL、7.50mL、10.00mL、12.50mL、15.00mL，补加适量无铅去离子水至100mL，按样品测定步骤进行显色和测量。

5. 计算公式

$$C_{Pb} = \frac{m}{V}$$

式中：C_{Pb}为样品铅的含量（mg/L）；m为从校准曲线上查得的铅量（μg）；V为水样体积（mL）。

6. 注意事项

① 本法所用的器皿和试剂以及去离子水都不含痕量铅，因此，在进行实验室测定之前，应先用稀硝酸浸泡或用稀热硝酸荡洗所用器皿，然后用无铅水冲洗几次。

② 三氯甲烷放置过久受光和空气作用，易产生氧化物质而使双硫腙被氧化，故应检查三氯甲烷的质量，不合格的应重蒸馏提纯。

③ 调节酸度时可用0.1%甲基百里酚蓝作指示剂（当pH 1.2~2.8，其变色区由红色变成黄色；pH 8.0~9.6由黄色变成蓝色）。

④ 干扰检查和消除方法：

过量干扰物消除：铋、锡和铊的双硫腙盐与双硫腙铅的最大吸收波长不同，在510nm和465nm分别测量试样的吸光度，可以检查上述干扰是否存在。从每个波长位置的试样吸光度中，扣除同一波长位置空白试验的吸光度，得出试样吸光度的校正值，计算510nm吸光度校正值与465nm处吸光度校正值的比值。此比值对双硫腙铅盐为2.08，而对双硫腙铋盐为1.07。如果比值明显小于2.08，即表明存在干扰，这时需要另取100mL试样按以下步骤处理，处理方法：对未经消解处理试样，加入5%亚硫酸钠溶液5mL，以还原残留的碘（采样时加入的碘溶液是为避免挥发性有机铅化合物在水样消解处理过程中损失）。必要时，在pH计上，用20%硝酸溶液或(1+9)氨水溶液，将试样的pH调为2.5，将试样转入250mL分液漏斗中，每次用0.1%双硫腙专用溶液10mL萃取，至少萃取3次，或者萃取到三氯甲烷层呈绿色不变，然后每次用20mL三氯甲烷萃取，以除去双硫腙（绿色消失），水相备作测定用。

（二）火焰原子吸收法

见本节锌测定方法（二）。

（三）ICP-AES法

见本节铝的测定方法（一）。

APDC-MIBK萃取火焰原子吸收法、在线富集流动注射—火焰原子吸收法、石墨炉原子吸收法、阳极溶出伏安法、示波极谱法可参考《水和废水监测分析方法（第四版）（增补版）》中铅的测定。

十、硒

水体中硒（Se）以无机的六价、四价、负二价及某些有机硒的形式存在，也可能有极微量的元素硒附着在悬浮颗粒物上。一般天然水中主要含有六价或四价硒，含量大多数在1μg/L以下，个别水体流经含硒量高的地层或受含硒废水污染，硒含量可高达百微克/升。含硒废水主要来源于硒矿山开采、冶炼、炼油、精炼铜、制造硫酸及特种玻璃等行业。废水中常含有各种价态硒，含量为几十至数百微克/升。微量硒是生物体必需的营养元素，但其有用性和致毒性之间界限很窄，过量的硒能引起中毒，使人脱发、脱指甲、四肢发麻甚至偏瘫等病症。

原子荧光法灵敏度高、准确度好，且仪器设备简单；石墨炉原子吸收法可测定0.015~0.2mg/L水和废水中的硒；2,3-二氨基萘荧光光度法灵敏、准确，可测定含硒量在10μg/L以下的水样；二氨基联苯胺光度法灵敏度低，适合于测定含硒量在5μg/L以上的水样，合成该试剂的原料有致癌性，试剂很难购得且稳定性差；火焰原子吸收法可以测定硒，但其测量波长（196.0nm）处火焰背景吸收严重，测定效果较差。

水样采集后，最好尽快分析，否则必须贮于经(1+1)盐酸或(1+1)硝酸荡洗，然后用大量清洁水、纯水冲洗干净的玻璃瓶或塑料瓶中,特别是新塑料瓶一定要经酸处理后才能使用,否则硒损失较大。一般湿地水体可置于室内阴凉处或冰箱内,勿加酸保存(水中含有六价或四价硒时,是否加酸保存均影响不大;但工业废水成分复杂,含有各种价态硒,有的以负二价硒为主,若加酸保存时可生成硒化氢气体逸散,使总硒含量损失很大)。

(一) 原子荧光法(含硒、砷、锑、铋)

1. 方法原理

本方法适用于地表水和地下水中痕量硒、砷、锑、铋的测定。在消解处理水样后加入硫脲,把硒还原成四价,砷、锑、铋还原成三价。在酸性介质中加入硼氢化钾(KBH_4)溶液,四价硒和三价砷、锑、铋分别形成硒化氢、砷化氢、锑化氢和铋化氢气体,由载气(氩气)直接导入石英管原子化器中,进而在氩氢火焰中原子化。基态原子受特种空心阴极灯光源的激发,产生原子荧光,通过检测原子荧光的相对强度,利用荧光强度与溶液中的硒、砷、锑和铋含量呈正比的关系,计算样品溶液中相应成分的含量。

原子荧光法存在的主要干扰元素是高含量的 Cu^{2+}、Co^{2+}、Ni^{2+}、Ag^+、Hg^{2+} 以及形成氢化物元素之间的互相影响等。一般的水样中,这些元素的含量在本方法的测定条件下,不会产生干扰。其他常见的阴阳离子没有干扰。

原子荧光法硒的检出限为 0.4μg/L,测定下限 1.6μg/L;砷的检出限为 0.3μg/L,测定下限为 1.2μg/L;铋和锑的检出限为 0.2μg/L,测定下限为 0.8μg/L。

2. 仪器及测量条件

① 硒、砷、锑、铋高强度空心阴极灯。

② 原子荧光光谱仪工作条件,见表 4-34。

表 4-34 原子荧光光谱仪工作条件

元素	灯电流(mA)	负高压(V)	氩气流量(mL/min)	原子化温度(℃)
硒	90~100	260~280	1000	200
砷	40~60	240~260	1000	200
锑	60~80	240~260	1000	200
铋	40~60	250~270	1000	300

3. 试剂溶液

① 硝酸(优级纯)。

② 高氯酸(优级纯)。

③ 盐酸(优级纯)。

④ 氢氧化钾或氢氧化钠(优级纯)。

⑤ 硼氢化钾溶液(0.7%):称取 7g 硼氢化钾于预先加有 2g KOH 的 200mL 去离子水中,用玻璃棒搅拌至溶解后,用脱脂棉过滤,稀释至 1000mL;此溶液现用现配。

⑥ 硫脲溶液(10%):称取 10g 硫脲微热溶解于 100mL 去离子水中。

⑦ 硒标准贮备溶液：称取 0.1000g 光谱纯硒粉于 100mL 烧杯中，加 10mL HNO_3，低温加热溶解后，加 3mL $HClO_4$ 蒸至冒白烟时取下，冷却后用去离子水吹洗杯壁并蒸至刚冒白烟，加水溶解，移入 1000mL 容量瓶中，并稀释至刻度，摇匀，此溶液 1mL 含 0.1mg 硒。

⑧ 硒标准实验溶液：用硒的标准贮备溶液逐级稀释至 1mL 含 10μg，1mL 含 1μg，1mL 含 0.10μg 硒的标准实验溶液，并保持 4mol/L HCl 浓度。

⑨ 砷标准贮备溶液：称取 0.1320g 经过 105℃ 干燥 2h 的优级纯 As_2O_3，溶于 5mL 1mol/L NaOH 溶液中，用 1mol/L HCl 中和至酚酞红色褪去，稀释至 1000mL，此溶液 1.00mL 含 0.1mg 砷。

⑩ 砷标准实验溶液：移取砷标准贮备溶液 5.00mL 于 500mL 容量瓶中，以 1mol/L HCl 溶液定容，摇匀，此溶液 1.00mL 含 1.00μg 砷，再移取此溶液 10mL 于 100mL 容量瓶中，用 1mol/L HCl 定容，摇匀，此溶液 1.00mL 含 0.10μg 砷。

⑪ 锑标准贮备溶液：称取 0.1197g 经过 105℃ 干燥 2h 的 Sb_2O_3 溶解于 80mL HCl 中，转入 1000mL 容量瓶中，补加 HCl 120mL，用水稀释至刻度，摇匀，此溶液 1mL 含 0.1mg 锑。

⑫ 锑标准实验溶液：移取锑标准贮备溶液 5.00mL 于 500mL 容量瓶中，以 1mol/L HCl 溶液定容，摇匀，此溶液 1.00mL 含 1.00μg 锑，再移取此溶液 10mL 于 100mL 容量瓶中，用 1mol/L HCl 溶液定容，摇匀，此溶液 1.00mL 含 0.10μg 锑。

⑬ 铋标准贮备溶液：称取高纯金属铋 0.1000g 于 250mL 烧杯中，加入 20mL（1+1）HCl，于电热板上低温加热溶解，加入 3mL $HClO_4$ 继续加热至冒白烟，取下冷却后转移入 1000mL 容量瓶中，加入浓 HCl 50mL 后，用去离子水定容，此溶液 1.00mL 含 0.1mg 铋。

⑭ 铋标准实验溶液：移取铋标准贮备溶液 5.00mL 于 500mL 容量瓶中，以 1mol/L HCl 溶液定容，摇匀，此溶液 1.00mL 含 1.00μg 铋。再移取 10mL 于 100mL 容量瓶中，用 1mol/L HCl 定容，摇匀，此溶液 1.00mL 含 0.10μg 铋。

4. 测定步骤

（1）样品预处理

清洁的湿地水体可直接取样进行测定。污水等按下述步骤进行预处理。

取 50mL 污水样于 100mL 锥形瓶中，加入新配制的 HNO_3-$HClO_4$（1+1）5mL，于电热板上加热至冒白烟后，取下冷却，再加 5mL HCl（1+1）加热至黄褐色烟冒尽，冷却后用水转移到 50mL 容量瓶中，定容，摇匀。

（2）样品测定

移取 20mL 清洁的水样或经过预处理的水样于 50mL 烧杯中，加入 3mL HCl 和 10% 硫脲溶液 2mL，混匀。放置 20min 后，用定量加液器注入 5.0mL 于原子荧光仪的氢化物发生器中，加入 4mL 硼氢化钾溶液，进行测定，或通过蠕动泵进样测定（调整进样和进硼氢化钾溶液流速为 0.5mL/s），但须通过设定程序保证进样量的准确性和一致性，记录相应的相对荧光强度值,从校准曲线上查得测定溶液中硒(或砷、锑、铋)的浓度。

(3)校准曲线绘制

用含硒、砷、锑和铋 0.1μg/mL 的标准实验溶液制备标准系列,在标准系列中各种金属元素的浓度,见表4-35。

表4-35 标准系列各元素的浓度

元素	标准系列(μg/L)						
硒	0.0	1.0	2.0	4.0	8.0	12.0	16.0
砷	0.0	1.0	2.0	4.0	8.0	12.0	16.0
锑	0.0	0.5	1.0	2.0	4.0	6.0	8.0
铋	0.0	0.5	1.0	2.0	4.0	6.0	8.0

准确移取相应量的标准实验溶液于100mL容量瓶中,加入12mL HCl、8mL 10%硫脲溶液,用去离子水定容,摇匀后按样品测定步骤进行操作,记录相应的相对荧光强度,绘制校准曲线。

5. 计算

由校准曲线查得测定溶液中各元素的浓度,再根据水样的预处理稀释体积进行计算。

$$C_{Se}(C_{As}、C_{Bi}、C_{Sb}) = \frac{V_1 \cdot C}{V_2}$$

式中:C_{Se} 为样品硒的含量(μg/L);C_{As} 为样品砷的含量(μg/L);C_{Bi} 为样品铋的含量(μg/L);C_{Sb} 为样品锑的含量(μg/L);C 为从校准曲线上查得相应测定元素的浓度(μg/L);V_2 为测定时水样的总体积(mL);V_1 测定时定容体积(mL)。

6. 注意事项

① 分析中所用的玻璃器皿均需用(1+1)HNO_3溶液浸泡24h,或热 HNO_3 荡洗后,再用去离子水洗净后方可使用;对于新器皿,应作相应的空白检查后才能使用。

② 对所用的每一瓶试剂都应作相应的空白实验,特别是盐酸要仔细检查。配制标准溶液与样品应尽可能使用同一瓶试剂。

③ 所用的标准系列必须每次配制,与样品在相同条件下测定。

(二)石墨炉原子吸收法

1. 方法原理

将试样或消解处理过的试样直接注入石墨炉,在石墨炉中形成的硒基态原子对特征电磁辐射(196.0nm)产生吸收,将测定的试样吸光度与标准溶液的吸光度进行比较,确定试样中被测元素硒的浓度。

废水中的共存离子和化合物在常见浓度下不干扰测定。当硒的浓度为0.08mg/L时,锌(或镉、铋)、钙(或银)、镧、铁、钾、铜、钼、硅、钡、铝(或锑)、钠、镁、砷、铅、锰的浓度达 7500mg/L、6000mg/L、5000mg/L、2750mg/L、2500mg/L、2000mg/L、1000mg/L、750mg/L、

450mg/L、350mg/L、300mg/L、150mg/L、100mg/L、75mg/L、20mg/L，以及磷酸根、氟离子、硫酸根、氯离子的浓度达 550mg/L、225mg/L、150mg/L、125mg/L 时，对测定无干扰。

石墨炉原子吸收法的检测限为 0.003mg/L，测定范围是 0.015~0.2mg/L。如果试样经过 0.45μm 滤膜过滤，测得的是溶解态硒。若未经过滤直接消解水样后测定，测定结果是溶解态和悬浮态硒的总和，即总硒。

2. 仪器设备

常用实验室仪器。原子吸收分光光度计及相应的辅助设备，配有石墨炉和背景校正器，光源选用空心阴极灯或无极放电灯，仪器操作参数见表4-36，或参照厂家的说明进行选择。

表4-36　仪器使用条件

元素	波长(nm)	灯电流(mA)	通带宽度(nm)	载气
硒	196.0	8	1.3	氩气

3. 试剂溶液

① 分析时均使用符合国家标准的分析纯试剂，去离子水或同等纯度的水。

② 硝酸(HNO_3，1.42g/mL，优级纯)。

③ 载气(氩气，纯度不低于99.9%)。

④ 硝酸溶液(1+1)：用硝酸②配制。

⑤ 硝酸溶液(1+49)：用硝酸②配制。

⑥ 硝酸溶液(1+499)：用硝酸②配制。

⑦ 硒粉(高纯，99.999%)。

⑧ 硒标准贮备液(1000mg/L)：称取硒粉1.0000g用5mL硝酸②溶解，必要时加热直到完全溶解，转移入1000mL容量瓶中，用去离子水稀释至1000mL。

⑨ 硒标准使用液(0.4mg/L)：用硝酸溶液⑥稀释硒标准贮备液配制。

⑩ 硝酸镍[$Ni(NO_3)_2 \cdot 6H_2O$]。

⑪ 硝酸镍溶液(16g/L 镍)：称取硝酸镍79.251g，溶于适量水中，用水稀释至1000mL。

4. 测定步骤

(1) 试样制备

① 总硒：用聚乙烯塑料瓶采集样品(分析硒总量的样品)，采集后立即加硝酸②酸化至含酸约1%。正常情况下，每1000mL样品加入10mL硝酸②。常温下，可保存半年。

② 溶解态硒：分析溶解态硒时，样品采集后立即用0.45μm滤膜过滤，滤液酸化后贮存于聚乙烯瓶中。

③ 试样消解：取均匀混合的试样50~200mL，加入5~10mL硝酸②在电热板上加热蒸发至1mL左右。若试液混浊不清，颜色较深，再补加2mL硝酸②，继续消解至试液清澈

透明,呈浅色或无色,并蒸发至近干。取下稍冷,加入 20mL 硝酸⑤,温热,溶解可溶性盐类,若出现沉淀,用中速滤纸滤入 50mL 容器中,用去离子水稀释至标线,待测。

(2) 空白试验溶液制备

① 在测定试样的同时,测定空白。

② 取适量去离子水代替试样置于 250mL 烧杯中,视需要按测定溶解态硒或总硒的步骤处理,再按试样消解和测定步骤测定。

(3) 标准溶液系列制备

① 参照表 4-37,在 10mL 具塞比色管中,加入硒标准液配制至少五个标准溶液,加入 0.1mL 硝酸④和 0.5mL 硝酸镍溶液⑪,用去离子水定容至 10mL。

② 试样被测元素的浓度应在标准系列浓度范围内。

表 4-37 标准系列

硒标准使用液加入体积(mL)	0	1.00	2.00	3.00	4.00	5.00
标准溶液浓度(mg/L)	0	0.040	0.080	0.120	0.160	0.200

(4) 校准和测定

① 绘制校准曲线:表 4-36 和表 4-38 是仪器测试的各项参数。

② 根据表 4-36 和表 4-38 选择波长等条件以及设置石墨炉升温程序,空烧至石墨炉空白值稳定,向石墨管内注入所制备的空白、标准溶液和试样溶液,记录吸光度。

表 4-38 升温程序

阶段	温度(℃)	时间(s)	阶段	温度(℃)	时间(s)
干燥	120	20	原子化	2400	5
灰化	400	10	清洗	2600	2

③ 用测得的吸光度与相对应的浓度绘制校准曲线。

④ 根据扣除空白吸光度后的试样吸光度,在校准曲线中查出试样中硒的浓度。

在测量时,应确保硒空心阴极灯有 1h 以上的预热时间。在每次测定前,须重复测定空白和标准溶液,及时校正仪器和石墨炉灵敏度的变化。

5. 计算

硒的浓度计算公式:

$$C_{Se} = C \cdot \frac{V'}{V}$$

式中:C_{Se} 为样品硒的含量(mg/L);C 为校准曲线上查得的硒浓度(mg/L);V 为试样的体积(mL);V' 为测定时定容体积(mL)。

报告结果中,要指明测定的是溶解硒还是硒总量。

十一、砷

砷(As)是人体非必需元素,元素砷的毒性较低,但砷的化合物均有剧毒,三价砷化合物比五价砷化合物毒性更强,且有机砷对人体和生物都有剧毒。砷通过呼吸道、消化道和皮肤接触进入人体。如摄入量超过排泄量,砷就会在人体的肝、肾、肺、脾、子宫、胎盘、骨骼、肌肉等部位,特别是在毛发、指甲中聚集,从而引起慢性砷中毒,潜伏期可长达几年甚至几十年。慢性砷中毒有消化系统症状、神经系统症状和皮肤病变等。砷还有致癌作用,能引起皮肤癌。在一般情况下,土壤、水、空气、植物和人体都含有微量的砷,对人体不会构成危害。砷的污染主要来源于采矿、冶金、化工、化学制药、农药生产、纺织、玻璃、制革等部门的工业废水。

新银盐分光光度法和二乙氨基二硫代甲酸银光度法测定砷,其原理相同,具有类似的选择性。但新银盐分光光度法测定快速、灵敏度高,适合于水和废水中砷的测定,特别对天然水样,是较好的测定方法。而二乙氨基二硫代甲酸银光度法是一经典方法,适合分析水和废水,但使用三氯甲烷,会污染环境。氢化物发生原子吸收法是将水和废水中的砷以氢化物形式吹出,通过加热产生砷原子,从而进行定量。原子荧光法灵敏度高、干扰少,简便快速,同时还可测定汞、硒、锑、铋、镉、碲等,应用广泛。

样品采集后,用硫酸将样品酸化至 pH<2 保存,废水样品需酸化至含酸达 1%。

(一)新银盐分光光度法

1. 方法原理

硼氢化钾(或硼氢化钠)在酸性溶液中产生新生态的氢,将水中无机砷还原成砷化氢气体,以硝酸—硝酸银—聚乙烯醇—乙醇溶液为吸收液。砷化氢将吸收液中的银离子还原成单质胶态银,使溶液呈黄色,颜色强度与生成氢化物的量成正比。黄色溶液在 400nm 处有最大吸收峰,峰形对称,颜色在 2h 内无明显变化(20℃以下)。化学反应式:

$$BH_4^- + H^+ + 3H_2O \rightarrow 8[H] + H_3BO_3$$

$$As^+ + 3[H] \rightarrow AsH_3$$

$$6Ag^+ + AsH_3 + 3H_2O \rightarrow 6Ag + H_3AO_3 + 6H^+$$

新银盐分光光度法对于砷的测定具有较好的选择性,但在反应中能生成与砷化氢类似氢化物的其他离子有正干扰,如锑、铋、锡、锗等;能被氢还原的金属离子有负干扰,如镍、钴、铁、锰、镉等;常见阴阳离子没有干扰。

在含 $2\mu g$ 砷的 250mL 试样中加入 15% 的酒石酸溶液 20mL,可消除为砷量 800 倍的铝、锰、锌、镉,200 倍的铁,80 倍的镍、钴,30 倍的铜,2.5 倍的锡(Ⅳ),1 倍的锡(Ⅱ)的干扰。用浸渍二甲基甲酰胺(DMF)脱脂棉可消除为砷量 2.5 倍的锑、铋和 0.5 倍的锗的干扰。用乙酸铅棉可消除硫化物的干扰,水体中含量较低的硫、硒对本方法无影响。

取最大水样体积 250mL,新银盐分光光度法检出限为 0.0004mg/L,测定上限为

0.012mg/L。

2. 仪器设备

① 分光光度计，10mm 比色皿。

② 砷化氢发生与吸收装置，见图 4-10。

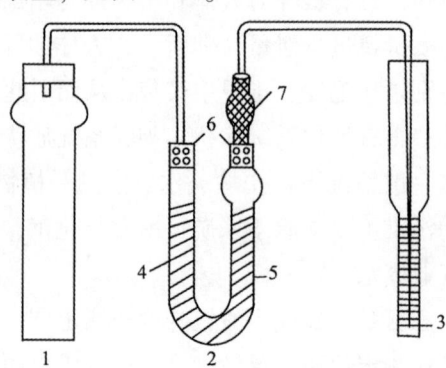

图 4-10　砷化氢发生与吸收装置

1—250mL 反应管（φ30mm，液面高约为管高的 2/3 或 100mL、50mL 反应管）；2—U 形管；3—吸收管；
4—0.3g 醋酸铅棉；5—0.3g 吸有 1.5mL DMF 混合液的脱脂棉；6—脱脂棉；
7—内装吸有无水硫酸钠和硫酸氢钾混合粉（9+1）的脱脂棉耐压聚乙烯管

3. 试剂溶液

① 硫酸。

② 硝酸。

③ 高氯酸。

④ 乙醇（95%或无水）。

⑤ 硼氢化钾片。

⑥ 聚乙烯醇水溶液（0.2%）：称取 0.4g 聚乙烯醇（平均聚合度为 1750±50）置于 250mL 烧杯中，加入 200mL 去离子水，在不断搅拌下加热溶解，待全溶后，盖上表面皿，微沸 10min；冷却后，贮于玻璃瓶中，此溶液可稳定 1 周。

⑦ 碘化钾—硫脲溶液（15%）：15%碘化钾水溶液 100mL 中含 1g 硫脲。

⑧ 硝酸—硝酸银溶液：称取 2.040g 硝酸银置 100mL 烧杯中，加入约 50mL 去离子水，搅拌溶解后，加 5mL 硝酸，用去离子水稀释到 250mL，摇匀，于棕色瓶中保存。

⑨ 硫酸—酒石酸溶液：于 0.5mol/L 硫酸 400mL 中，加入 60g 酒石酸（一级）溶解。

⑩ 二甲基甲酰胺混合液（简称 DMF 混合溶液）：将二甲基甲酰胺与乙醇胺，按体积比（9+1）进行混合，此溶液于棕色瓶中可保存 30 天。

⑪ 乙酸铅棉：将 10g 脱脂棉浸于 10%的乙酸铅溶液 100mL 中，0.5h 后取出，拧去多余水分，在室温下自然晾干，装入磨口瓶备用。

⑫ 吸收液：将硝酸银、聚乙烯醇、乙醇按体积比（1+1+2）进行混合，临用时现配。

⑬ 砷标准溶液：称取三氧化二砷（于 110℃烘 2h）0.1320g 置 50mL 烧杯中，加 20%氢

氧化钠溶液 2mL，搅拌溶解后，再加 1mol/L 硫酸 10mL，转入 100mL 容量瓶中，用水稀释到标线，混匀，此溶液每毫升含 1.00mg 砷；取上述溶液稀释成每毫升含 1.0μg 砷的标准使用液；临用时现配。

4. 测定步骤

（1）样品预处理

清洁的湿地水体可直接取样进行测定，否则应按下述步骤进行预处理。

① 取适量样品（不超过 3μg 砷）置 250mL 烧杯中，加 6.0mL 盐酸、2.0mL 硝酸和 2.0mL 高氯酸，在电热板上加热至冒白烟，并蒸至近干。冷却后，用 0.5mol/L 盐酸 1.5mL 溶解，再加热至沸。取下冷却，加入 20～30mg 抗坏血酸，15% 碘化钾硫脲溶液 2.0mL，放置 15min 后，再加热并微沸 1min。

② 取下冷却，用少量水冲洗表面皿与杯壁，加 2 滴甲基橙指示剂，用（1+1）氨水调至黄色，再用 0.5mol/L 盐酸调到溶液刚微红，加入硫酸—酒石酸溶液（或 20% 酒石酸溶液）5mL，将此溶液移入 50mL 反应管中，用水稀释到标线待测。

（2）样品测定

① 反应：取清洁水样 250mL（砷浓度较高时，可取少量样品用水稀释到 250mL，砷含量不超过 3μg）置 250mL 反应管中，加入硫酸—酒石酸溶液 20mL，混匀。向各干燥吸收管中加入 3.0mL 吸收液，按图 4-10 连接好导气管。将两片硼氢化钾（或硼氢化钠）分别放于反应管的小泡中，盖好塞子，先将小泡中的硼氢化钾片倒一片于溶液中，待反应完（约 5min），再将另一片倒入溶液中，反应 5min，显色液待测。若试液体积小于 50mL，可用 50mL 反应管，加 1 片硼氢化钾反应。样品和校准均用 50mL 反应管进行。

② 测定：用 10mm 比色皿，以空白吸收液为参比，于 400nm 处测定上述吸收液吸光度。

③ 校准曲线：于 7 支 250mL 反应管中，分别加入砷标准使用溶液 0.00mL、0.50mL、1.00mL、1.50mL、2.00mL、2.50mL、3.00mL，以下操作同样品测定，并绘制相应的校准曲线。

5. 计算公式

$$C_{As} = \frac{m}{V}$$

式中：C_{As} 为样品砷的含量（mg/L）；m 为由校准曲线上查得的砷量（μg）；V 为被测水样的体积（mL）。

6. 注意事项

① 三氧化二砷为剧毒药品（俗称砒霜），用时必须小心。

② 砷化氢为剧毒气体，故在硼氢化钾（或硼氢化钠）加入溶液之前，必须检查管路是否连接好，以防漏气或反应瓶盖被崩开，必须放在通风柜内反应。

③ 吸收液配制：最好按前后顺序加入试剂，以免溶液出现混浊；如出现混浊时，可

放于热水(70℃左右)浴中，待透明后取出，冷却后装入瓶中。

④ U型管中乙酸铅棉和脱脂棉的填充必须松紧适当和均匀一致；加入DMF混合液后，可用洗耳球慢慢吹气约1min，使溶液均匀分布于脱脂棉上。

⑤ DMF棉可反复使用30次，但如果发现空白试验值高时，即应更换；新换DMF棉后，在测样品之前，先用中等浓度的砷样，按操作程序反应一次，以免样品测定结果偏低。

⑥ 在反应时，若反应管中有泡沫产生，加入适量乙醇即可消除。

⑦ 硼氢化钾片制备：将硼氢化钾和氯化钠分别研细后，按(1+4)的量混合；充分混匀后，在医用压片机上压成直径为1.2cm的片剂，每片重为1.5g±0.1g。

⑧ 二甲基甲酰胺混合液也可按二甲基甲酰胺、三乙醇胺、乙醇胺的体积比(5+3+2)进行混合而得。

⑨ 硼氢化钾是强还原剂，对皮肤有强腐蚀性，不可用手触摸。

(二) 二乙氨基二硫代甲酸银光度法

1. 方法原理

锌与酸作用，产生新生态氢。在碘化钾和氯化亚锡存在下，使五价砷还原为三价，三价砷被新生态氢还原成气态砷化氢(胂)。用二乙氨基二硫代甲酸银—三乙醇胺的三氯甲烷溶液吸收胂，生成红色胶体银，在波长510nm处测吸收液的吸光度。

铬、钴、铜、镍、汞、银或铂的浓度高达5mg/L时也不干扰测定，只有锑和铋能生成氢化物，与吸收液作用生成红色胶体银干扰测定。按本方法加入氯化亚锡和碘化钾，可抑制30μg/L锑盐和铋盐的干扰。硫化物对测定有干扰，可通过乙酸铅棉去除。

取试样量为50mL，二乙氨基二硫代甲酸银光度法最低检出浓度为0.007mg/L砷，测定上限浓度为0.50mg/L砷。

2. 仪器设备

① 分光光度计，10mm比色皿。

② 砷化氢发生装置，见图4-11。

3. 试剂溶液

① 砷标准溶液：配制方法见本节砷测定方法(一)。

② 吸收液：将0.25g二乙氨基二硫代甲酸银用少量三氯甲烷调成糊状，加入2mL三乙醇胺，再用三氯甲烷稀释到100mL，用力振荡尽量溶解；静置暗处24h后，倾出上清液或用定性滤纸过滤于棕色瓶内，贮存于冰

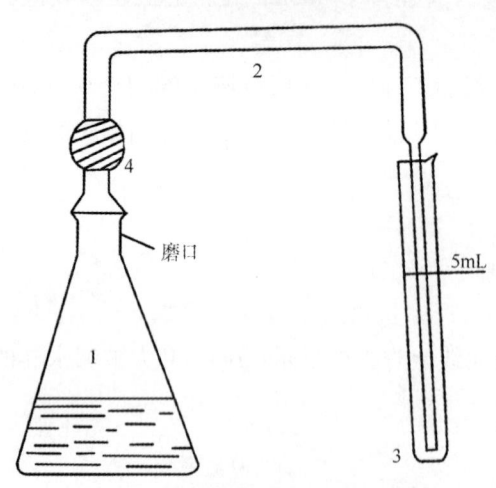

图4-11 砷化氢发生与吸收装置图

1—锥形瓶；2—导气管；
3—吸收管；4—乙酸铅棉

箱中。

③ 氯化亚锡溶液(40%)：将 40g 氯化亚锡($SnCl_2 \cdot 2H_2O$)溶于 40mL 浓盐酸中，加微热，使溶液澄清后，用水稀释到 100mL，加数粒金属锡保存。

④ 碘化钾溶液(15%)：将 15g 碘化钾溶于水中，稀释到 100mL，贮存在棕色玻璃瓶内，此溶液至少可稳定 1 个月。

⑤ 乙酸铅棉：制备见本节砷测定方法(一)。

⑥ 无砷锌粒(10~20目)。

⑦ 硝酸。

⑧ 硫酸。

4. 测定步骤

(1) 试样制备

除非证明试样的消解处理是不必要的，可直接取样进行测量，否则，应按下述步骤进行预处理。

① 取 50mL 样品或适量样品稀释到 50mL(含砷量<25μg)，置砷化氢发生瓶中，加 4mL 硫酸和 5mL 硝酸，在通风柜内消解至产生白色烟雾，如溶液仍不澄清，可再加 5mL 浓硝酸，继续加热至产生白色烟雾，直至溶液澄清为止(其中可能存在乳白色或淡黄色酸不溶物)。

② 冷却后，小心加入 25mL 水，再加热至产生白色烟雾，驱尽硝酸，冷却后，加水使总体积为 50mL，备测量用。

(2) 试样测量

① 显色：于上述砷化氢发生瓶中，加入 4mL 碘化钾溶液和 2mL 氯化亚锡溶液(未经消解的水样应先加 4mL 硫酸)，摇匀，放置 15min。取 5.0mL 吸收液置干燥的吸收管中，插入导气管，于砷化氢发生瓶中迅速加入 4g 无砷锌粒，并立即将导气管与发生瓶连接(保证连接处不漏气)，在室温下反应 1h，使砷化氢(胂)完全释出，加三氯甲烷将吸收液体积补足到 5.0mL。砷化氢(胂)剧毒，整个反应在通风柜内或通风良好的室内进行。

② 测定：用 10mm 比色皿，以三氯甲烷为参比在 510nm 波长处测定吸收液的吸光度，并做空白校正。

③ 校准曲线：于 8 个砷化氢发生瓶中，分别加入 0.00μg、1.00μg、2.50μg、5.00μg、10.00μg、15.00μg、20.00μg、25.00μg 砷标准溶液，加水至 50mL，分别加入 4mL 浓硫酸，按试样的操作进行显色和测定。

5. 计算公式

$$C_{As} = \frac{m}{V}$$

式中：C_{As} 为样品砷的含量(mg/L)；m 为由校准曲线查得的砷量(μg)；V 为样品体积(mL)。

6. 注意事项

① 硝酸浓度为 0.01mol/L 以上时有负干扰，故不适合作保存剂；若试样中有硝酸，分析前要加硫酸，再加热至冒白烟予以去除。

② 锌粒的规格（粒度）对砷化氢的发生有影响，表面粗糙的锌粒还原效率高，规格以 10~20 目为宜；粒度大或表面光滑者，虽可适当增加用量或延长反应时间，但测定的重现性较差。

③ 吸收液柱高应保持 8~10cm，导气毛细管口直径以 ≤1mm 为宜；因吸收液中的三氯甲烷沸点较低，在吸收胂的过程中可挥发损失，影响胂的吸收；当室温较高时，建议将吸收管降温，并不断补加三氯甲烷于吸收管中，使之尽可能保持一定高度的液层。

④ 夏天高温季节，还原反应激烈，可适当减少浓硫酸的用量，或将砷化氢发生瓶放入冷水浴中，使反应缓和。

⑤ 在加酸消解破坏有机物的过程中，勿使溶液变黑，否则砷可能有损失。

⑥ 除硫化物的乙酸铅棉若稍有变黑，即应更换。

⑦ 吸收液以吡啶为溶剂时，生成物的最大吸收峰为 530nm，但以三氯甲烷为溶剂时，生成物的最大吸收峰则为 510nm。

（三）ICP-AES 法

见本节铝的测定方法（一）。

（四）原子荧光法

见本节硒的测定方法（一）。

氢化物发生—原子吸收法可参考《水和废水监测分析方法（第四版）（增补版）》中砷的测定。

第六节　有机污染物

一、石油类

湿地水体中石油类污染物来自工业废水和生活污水的污染。工业废水中石油类（各种烃类的混合物）污染物主要来自原油的开采、加工、运输以及各种炼制油的使用等行业。石油类碳氢化合物漂浮于水体表面，将影响空气与水体界面氧的交换，分散于水中以及吸附于悬浮微粒上或以乳化状态存在于水中的油，它们被微生物氧化分解，将消耗水中的溶解氧，使水质恶化。石油类中所含的芳烃类虽较烷烃类少，但其毒性要大得多。

石油类污染物是指在规定条件下能被特定溶剂萃取并被测量的所有物质，包括被溶剂从酸化的样品中萃取并在试验过程中不挥发的所有物质。因此，随测定方法不同，矿物油中被测定的组分也不同。重量法是常用的分析方法，它不受油品种限制，但操作繁杂，灵敏度低，只适用于测定10mg/L以上的含油水样，方法的精密度随操作条件和熟练程度的不同差别很大。红外分光光度法适用于0.01mg/L以上的含油水样，该方法不受油品种的影响，能比较准确地反映水中石油类的污染程度。非分散红外法适用于测定0.02mg/L以上的含油水样，当油品的比吸光系数较为接近时，测定结果的可比性较好，但当油品相差较大，测定的误差也较大，尤其当油样中含芳烃时误差要更大些，此时要与红外分光光度法相比较，同时要注意消除其他非烃类有机物的干扰。

油类物质要单独采样，不允许在实验室内再分样。采样时，应连同表层水一并采集，并在样品瓶上做一标记，用以确定样品体积。每次采样时，应装水样至标线。当只测定水中乳化状态和溶解性油类物质时，应避开漂浮在水体表面的油膜层，在水面下20~50cm处取样。当需要报告一段时间内油类物质的平均浓度时，应在规定的时间间隔分别采样而后分别测定。样品如不能在24h内测定，采样后应加盐酸酸化至pH<2，并于2~5℃下冷藏保存。

（一）重量法

1. 方法原理

以盐酸酸化水样，用石油醚萃取矿物油，蒸除石油醚后，称其重量。

重量法测定的是酸化样品中可被石油醚萃取且在试验过程中不挥发的物质总量。溶剂去除时，使得轻质油有明显损失，另外由于石油醚对油有选择性地溶解，石油的较重成分中可能含有不为石油醚萃取的物质。测定废水中石油类时，若含有大量动、植物性油脂，应取内径20mm、长300mm、一端呈漏斗状的硬质玻璃管，填装100mm厚活性层析氧化铝（在150~160℃活化4h，未完全冷却前装好柱），然后用10mL石油醚清洗。将石油醚萃取液通过层析柱，除去动、植物性油脂，收集流出液于恒重的烧杯中。

2. 仪器设备

分析天平、恒温箱、马弗炉、恒温水浴锅、1000mL分液漏斗、干燥器、直径11cm中速定性滤纸。

3. 试剂溶液

① 石油醚：将石油醚（沸程30~60℃）重蒸馏后使用。100mL石油醚的蒸干残渣≤0.2mg。

② 无水硫酸钠：在300℃马弗炉中烘1h，冷却后装瓶备用。

③ 硫酸(1+1)。

④ 氯化钠。

4. 测定步骤

① 在采样瓶上做一容量记号后（以便测量水样体积），将所收集的大约1L已经酸化的水样（pH<2），全部转移至1000mL分液漏斗中，加入氯化钠，其量约为水样量的8%；用25mL石油醚洗涤采样瓶并转入分液漏斗中，充分振摇3min，静置分层并将水层放入原采样瓶内，石油醚层转入100mL锥形瓶中；用石油醚重复萃取水样两次，每次用量25mL，

合并3次萃取液于锥形瓶中。

② 向石油醚萃取液中加入适量无水硫酸钠（加入至不再结块为止），加盖后，放置0.5h以上，以便脱水。

③ 用预先以石油醚洗涤过的定性滤纸过滤，收集滤液于100mL已烘干至恒重的烧杯中，用少量石油醚洗涤锥形瓶、硫酸钠和滤纸，洗涤液并入烧杯中。

④ 将烧杯置于65℃±5℃水浴上，蒸出石油醚。近干后再置于65℃±5℃恒温箱内烘干1h，然后放入干燥器中冷却30min，称量。

5. 计算公式

$$C_{石油} = \frac{(m_1 - m_2) \times 10^6}{V}$$

式中：$C_{石油}$ 为样品中石油类的含量（mg/L）；m_1 为烧杯加石油类总重量（g）；m_2 为烧杯重量（g）；V 为水样体积（mL）。

6. 注意事项

① 分液漏斗的活塞不要涂凡士林。

② 采样瓶应为清洁玻璃瓶，用洗涤剂清洗干净（不要用肥皂）。应定容采样，并将水样全部移入分液漏斗测定，以减少油类附着于容器壁上引起的误差。

（二）红外分光光度法

1. 方法原理

用四氯化碳萃取水中的油类物质，测定总萃取物，然后将萃取液用硅酸镁吸附，去除动、植物油类等极性物质后，测定石油类。总萃取物和石油类的含量均由波数分别为 σ 2930cm^{-1}（CH_2基团中C-H键的伸缩振动）、σ 2960cm^{-1}（CH_3基团中C-H键的伸缩振动）和 σ 3030cm^{-1}（芳香环中C-H键的伸缩振动）谱带处的吸光度 A_{2930}、A_{2960} 和 A_{3030} 进行计算。动、植物油类的含量为总萃取物与石油类含量之差。

红外分光光度法样品取样体积为500mL，使用光程为4cm的比色皿时，检出限为0.06mg/L，测定下限为0.24mg/L。

2. 定义

（1）石油类

在规定的条件下，经四氯化碳萃取而不被硅酸镁吸附，在波数为 σ 2930cm^{-1}、σ 2960cm^{-1} 和 σ 3030cm^{-1} 全部或部分谱带处有特征吸收的物质。当使用其他溶剂（如三氯三氟乙烷等）或吸附剂（如三氧化二铝、5Å分子筛等，1Å=10^{-10}m）时，需进行测定值的校正。

（2）动、植物油类

在规定的条件下，用四氯化碳萃取，并且被硅酸镁吸附的物质。当萃取物中含有非动、植物油类的极性物质时，应在测试报告中加以说明。

3. 仪器设备

① 红外分光光度计，能在 σ 2400~3400cm^{-1} 之间进行扫描操作，并配有1cm和4cm

带盖石英比色皿。

② 分液漏斗：1000mL，活塞上不得使用油性润滑剂(最好为聚四氟乙烯活塞的分液漏斗)。

③ 容量瓶：50mL、100mL 和 1000mL。

④ 玻璃砂芯漏斗：G-1 型 40mL。

⑤ 采样瓶：玻璃瓶。

4. 试剂溶液

① 分析时均使用符合国家标准的分析纯试剂和蒸馏水或同等纯度的水。

② 四氯化碳(CCl_4)：在 σ 2600~3300cm^{-1} 之间扫描，其吸光度应不超过 0.03(1cm 比色皿、空气池作参比)。四氯化碳有毒，操作时要谨慎小心，并在通风柜内进行。

③ 硅酸镁($MgSiO_3$，60~100 目)：取硅酸镁于瓷蒸发皿中，置高温炉内 500℃ 加热 2h，在炉内冷至约 200℃ 后，移入干燥器中冷却至室温，于磨口玻璃瓶内保存；使用时，称取适量的干燥硅酸镁于磨口玻璃瓶中，根据干燥硅酸镁的重量，按 6% 的比例加适量的蒸馏水，密塞并充分振荡数分钟，放置约 12h 后使用。

④ 吸附柱：内径 10mm、长约 200mm 的玻璃层析柱；出口处填塞少量用萃取溶剂浸泡并晾干后的玻璃棉，将已处理好的硅酸镁缓缓倒入玻璃层析柱中，边倒边轻轻敲打，填充高度为 80mm。

⑤ 无水硫酸钠(Na_2SO_4)：在高温炉内 300℃ 加热 2h，冷却后装入磨口玻璃瓶中，于干燥器内保存。

⑥ 氯化钠(NaCl)。

⑦ 盐酸(HCl，1.18g/mL)。

⑧ 盐酸溶液(1+5)。

⑨ 氢氧化钠溶液(NaOH，50g/L)。

⑩ 硫酸铝溶液[$Al_2(SO_4)_3 \cdot 18H_2O$，130g/L]。

⑪ 正十六烷[$CH_3(CH_2)_{14}CH_3$]。

⑫ 姥鲛烷(2,6,10,14-四甲基十五烷)。

⑬ 甲苯($C_6H_5CH_3$)。

5. 测定步骤

(1) 萃取

① 直接萃取：将一定体积的水样全部倒入分液漏斗中，加盐酸酸化至 pH<2，用 20mL 四氯化碳洗涤采样瓶后移入分液漏斗中，加入约 20g 氯化钠，充分振荡 2min，并经常开启活塞排气。静置分层后，将萃取液经 10mm 厚度无水硫酸钠的玻璃砂芯漏斗流入容量瓶内，用 20mL 四氯化碳重复萃取一次。取适量的四氯化碳洗涤玻璃砂芯漏斗，洗涤液一并流入容量瓶，加四氯化碳稀释至标线，定容，并摇匀。将萃取液分成两份：一份直接用于测定总萃取物；另一份经硅酸镁吸附后，用于测定石油类。

②絮凝富集萃取：水样中石油类和动、植物油类的含量较低时，采用絮凝富集萃取法。向一定体积的水样中加25mL硫酸铝溶液并搅匀，然后边搅拌边逐滴加25mL氢氧化钠溶液，待形成絮状沉淀后沉降30min，以虹吸法弃去上层清液，加适量的盐酸溶液溶解沉淀，按直接萃取法进行。

（2）吸附

①吸附柱法：取适量的萃取液通过硅酸镁吸附柱，弃去前约5mL的滤出液，余下部分接入玻璃瓶用于测定石油类。如萃取液需要稀释，应在吸附前进行。

②振荡吸附法：只适合于通过吸附柱后测得的结果基本一致的条件下采用，本方法适合大批量样品的测量。称取3g硅酸镁吸附剂，倒入50mL磨口三角瓶，加约30mL萃取液，密塞，将三角瓶置于康氏振荡器上，以≥200次/min的速度连续振荡20min。萃取液经玻璃砂芯漏斗过滤，滤出液接入玻璃瓶用于测定石油类，如萃取液需要稀释，应在吸附前进行。经硅酸镁吸附剂处理后，由极性分子构成的动、植物油类被吸附，而非极性石油类不被吸附。某些非动、植物油类的极性物质（如含有-C-O、-OH基团的极性化学品等）同时也被吸附，当水样中明显含有此类物质时，可在测试报告中加以说明。

（3）测定

①样品测定：以四氯化碳作参比溶液，使用适当光程的比色皿，在σ 2400~3400cm^{-1}之间分别对萃取液和硅酸镁吸附后滤出液进行扫描，于σ 2600~3300cm^{-1}之间划一直线作基线，在σ 2930cm^{-1}、σ 2960cm^{-1}和σ 3030cm^{-1}处分别测量萃取液和硅酸镁吸附后滤出液的吸光度A_{2930}、A_{2960}和A_{3030}，并分别计算总萃取物和石油类的含量，按总萃取物与石油类含量之差计算动、植物油类的含量。

②校正系数测定：以四氯化碳为溶剂，分别配制100mg/L正十六烷、100mg/L姥鲛烷和400mg/L甲苯溶液。用四氯化碳作参比溶液，使用1cm比色皿，分别测量正十六烷、姥鲛烷和甲苯3种溶液在σ 2930cm^{-1}、σ 2960cm^{-1}、σ 3030cm^{-1}处的吸光度A_{2930}、A_{2960}和A_{3030}。正十六烷、姥鲛烷和甲苯3种溶液在上述波数处的吸光度均由以下计算公式经求解后，可分别得到相应的校正系数X、Y、Z和F。

$$C = X \cdot A_{2930} + Y \cdot A_{2960} + Z \cdot (A_{3030} - A_{2930}/F)$$

式中：C为萃取溶液中化合物的含量（mg/L）；A_{2930}、A_{2960}和A_{3030}为各对应波数下测得的吸光度；X、Y、Z分别为各种C-H键吸光度相对应的系数；F为脂肪烃对芳香烃影响的校正因子，即正十六烷在σ 2930cm^{-1}和σ 3030cm^{-1}处的吸光度之比。

对于正十六烷（H）和姥鲛烷（P），由于其芳香烃含量为零，即：$A_{3030} - \dfrac{A_{2930}}{F} = 0$，则：

$$F = \frac{A_{2930}(\mathrm{H})}{A_{3030}(\mathrm{H})}$$

$$C(\mathrm{H}) = X \cdot A_{2930}(\mathrm{H}) + Y \cdot A_{2960}(\mathrm{H})$$

$$C(\mathrm{P}) = X \cdot A_{2930}(\mathrm{P}) + Y \cdot A_{2960}(\mathrm{P})$$

由上式可得 F 值、X 值和 Y 值，其中 $C(\mathrm{H})$ 和 $C(\mathrm{P})$ 分别为测定条件下正十六烷和姥鲛烷的浓度（mg/L）。

对于甲苯（T），则有

$$C(\mathrm{T}) = X \cdot A_{2930}(\mathrm{T}) + Y \cdot A_{2960}(\mathrm{T}) + Z \cdot \left[A_{3030}(\mathrm{T}) - \frac{A_{2930}(\mathrm{T})}{F} \right]$$

由上式可得 Z 值，其中 $C(\mathrm{T})$ 为测定条件下甲苯的浓度（mg/L）。

可采用异辛烷代替姥鲛烷、苯代替甲苯，以相同方法测定校正系数。两系列物质在同一仪器相同波数下的吸光度不一定完全一致，但测得的校正系数变化不大。

③ 校正系数检验：分别准确量取纯正十六烷、姥鲛烷和甲苯，按5:3:1的比例配成混合烃。使用时根据所需浓度，准确称取适量的混合烃，以四氯化碳为溶剂配成适当浓度范围（如5mg/L、40mg/L、80mg/L等）的混合烃系列溶液。

在 $\sigma\, 2930\mathrm{cm}^{-1}$、$\sigma\, 2960\mathrm{cm}^{-1}$ 和 $\sigma\, 3030\mathrm{cm}^{-1}$ 处分别测量混合烃系列溶液的吸光度 A_{2930}、A_{2960} 和 A_{3030}，计算混合烃系列溶液的浓度，并与配制值进行比较。如混合烃系列溶液浓度测定值和标准值相对误差在（100%±10%）范围内，则校正系数可采用，否则应重新测定校正系数并检验，直至符合条件为止。

采用异辛烷代替姥鲛烷、苯代替甲苯测定校正系数时，用正十六烷、异辛烷和苯按65:25:10的比例配制混合烃，然后按相同方法检验校正系数。

（4）空白试验

以水代替试样，加入与测定时相同体积的试剂，并使用相同光程的比色皿，按步骤中（3）①样品测定的有关步骤进行空白试验。

8. 计算

（1）总萃取物量

水样中总萃取物量计算公式：

$$C_1 = \left[X \cdot A_{1,2930} + Y \cdot A_{1,2960} + Z \cdot \left(A_{1,3030} - \frac{A_{1,2930}}{F} \right) \right] \cdot \frac{V_0 \cdot D \cdot l}{V_\mathrm{w} \cdot L}$$

式中：X、Y、Z、F 为校正系数；C_1 为水样中总萃取物量（mg/L）；$A_{1,2930}$、$A_{1,2960}$、$A_{1,3030}$ 为各对应波数下测得萃取液的吸光度；V_0 为萃取溶剂定容体积（mL）；V_w 为水样体积（mL）；D 为萃取液稀释倍数；l 为测定校正系数时所用比色皿的光程（cm）；L 为测定水样时所用比色皿的光程（cm）。

（2）石油类含量

水样中石油类的含量计算公式：

$$C_2 = \left[X \cdot A_{2,2930} + Y \cdot A_{2,2960} + Z \cdot \left(A_{2,3030} - \frac{A_{2,2930}}{F} \right) \right] \cdot \frac{V_0 \cdot D \cdot l}{V_\mathrm{w} \cdot L}$$

式中：C_2 为水样中石油类的含量(mg/L)；$A_{2,2930}$、$A_{2,2960}$、$A_{2,3030}$ 各对应波数下测得硅酸镁吸附后滤出液的吸光度。

（3）动、植物油类含量

水样中动、植物油类的含量计算公式：

$$C_3 = C_1 - C_2$$

式中：C_3 为水样中动、植物油类的含量(mg/L)。

非分散红外光度法可参考《水和废水监测分析方法(第四版)(增补版)》中石油类的测定。

二、苯系物

苯系物通常包括苯、甲苯、乙苯、邻位二甲苯、间位二甲苯、对位二甲苯、异丙苯、苯乙烯八种化合物。除苯是已知的致癌物以外，其他七种化合物对人体和水生生物均有不同程度的毒性。苯系物的工业污染源主要是石油、化工、炼焦生产的废水。同时，苯系物作为重要溶剂及生产原料有着广泛的应用，在油漆、农药、医药、有机化工等行业的废水中也含有较高含量的苯系物。

根据待测水样中苯系物含量的多少，可用溶剂萃取、顶空和吹脱捕集等预处理方法，用气相色谱法(GC-FID)或气相色谱—质谱法(GC-MS)进行分析测定。

取水样时应使样品充满容器，不留空间，并加盖密封。样品应在冰箱中保存，采用溶剂萃取法应在7天内处理完毕，14天内分析完成，采用顶空和吹脱捕集法应在7天内分析完成。

（一）顶空气相色谱法

1. 方法原理

在恒温的密闭容器中，水样中的苯系物在气、液两相间分配，达到平衡。取液上气相样品进行色谱分析，采用顶空取样、气相色谱法分析苯系物未发现干扰物存在(对复杂样品如有可疑，可采用双柱加以验证)。

顶空气相色谱法最低检出浓度为 0.005mg/L，测定上限为 0.1mg/L。

2. 仪器设备

① 气相色谱仪，具 FID 检测器。

② 带有恒温水槽的振荡器，由康氏电动振荡器、超级恒温水浴等组成或专用恒温装置。

③ 100mL 全玻璃注射器或气密性注射器，并配有耐油胶帽。

④ 5mL 全玻璃注射器。

⑤ 10μL 微量注射器。

3. 试剂溶液

① 有机皂土($Al_2H_2O_{12}Si_4$)，色谱固定液。

② 邻苯二甲酸二壬酯(DNP)，色谱固定液。

③ 101 白色担体(60~80 目)。

④ 苯系物标准物质：苯、甲苯、乙苯、对二甲苯、间二甲苯、邻二甲苯、异丙苯和苯乙烯，均为色谱纯。

⑤ 苯系物标准贮备液：用 10μL 微量注射器抽取色谱纯的苯系物标准物，以配成浓度为 10mg/L 的苯系物混合水溶液作为苯系物的贮备液，该贮备液应于冰箱中保存，一周内有效，也可直接购买商品标准贮备液。

⑥ 氯化钠(优级纯)。

⑦ 高纯氮气(99.999%)。

4. 测定步骤

(1) 顶空样品制备

① 称取 20g 氯化钠，放入 100mL 注射器中，加入 40mL 水样，排出针筒内空气，再吸入 40mL 氮气，然后将注射器用胶帽封好。

② 置于振荡器水槽中固定，约恒温在 30℃下振荡 5min，抽取液上空间的气样 5mL 做色谱分析。当废水中苯系物浓度较高时，可适当减少进样量。

(2) 校准曲线绘制

① 标准溶液配制：用贮备液配成苯、甲苯、乙苯、对二甲苯、间二甲苯、邻二甲苯、异丙苯、苯乙烯浓度各为 5μg/L、20μg/L、40μg/L、60μg/L、80μg/L、100μg/L 的标准系列水溶液，共 8 类 48 个标准系列水溶液。

② 取不同浓度标准系列溶液，按"顶空样品的制备"方法处理，取 5mL 液上气相样品做色谱分析，并绘制浓度—峰高校准曲线。

(3) 色谱条件

色谱柱：长 3 m、内径 4mm 螺旋形不锈钢管柱或玻璃色谱柱。

柱填料：(3%有机皂土-101 白色担体)：(2.5%DNP-101 白色担体)= 35∶65。

温度：柱温 65℃，汽化室温度 200℃，检测器温度 150℃。

气体流量：氮气 40mL/min，氢气 40mL/min，空气 400mL/min，应根据仪器型号选用最合适的气体流速。

检测器：FID。

进样量：5mL。

分析结果，见图 4-12。

5. 计算

由样品色谱图上量得苯系物各组分的峰高值，从各自的校准曲线上直接查得样品的浓度值。

6. 注意事项

① 配制苯系物标准贮备液时，要在通风良好的情况下进行，以免危害健康。

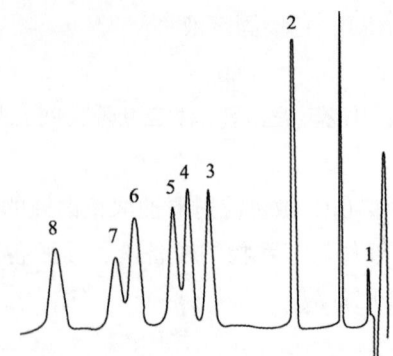

图 4-12 苯系物的标准色谱图

1—苯；2—甲苯；3—乙苯；4—对二甲苯；5—间二甲苯；6—邻二甲苯；7—异丙苯；8—苯乙烯

② 如不需要单个分析二甲苯异构体或异丙苯，可适当提高柱温，以缩短分析时间。如样品中不含异丙苯，在装柱时适当增加有机皂土对 DNP 的比例，以提高对二甲苯与间二甲苯的分离度。

③ 顶空样品制备是准确分析样品的重要步骤之一，如振荡时温度的变化及改变气、液两相的比例等都会使分析误差增大；如需第二次进样时，应重新恒温振荡；当温度等条件变化较大时，需对校准曲线进行校正；进样时所用的注射器应预热到稍高于样品温度。

④ 也可采用自动顶空装置(包括顶空瓶等)，使用前要确定方法的检测限、精密度和准确度能达到测定要求。

⑤ 配制苯系物标准贮备液时，可先将移取的色谱纯苯系物加入到少量甲醇中后，再配制成水溶液。

(二) 二硫化碳萃取气相色谱法

1. 方法原理

用二硫化碳萃取废水中的苯系物，取萃取液 $5\mu L$ 注入色谱仪，用 FID 检测。苯系物的标准色谱图，见图 4-12。

二硫化碳萃取气相色谱法最低检出浓度为 0.05mg/L，检测上限为 1.2mg/L。

2. 仪器设备

① 气相色谱仪，具 FID 检测器。

② 250mL 分液漏斗。

③ $10\mu L$ 微量注射器。

3. 试剂溶液

① 有机皂土，色谱固定液。

② 邻苯二甲酸二壬酯(DNP)，色谱固定液。

③ 101 白色担体(60~80 目)。

④ 苯系物标准物质：苯、甲苯、乙苯、对二甲苯、间二甲苯、邻二甲苯、异丙苯和

苯乙烯，均为色谱纯。

⑤ 苯系物标准贮备液：用10μL微量注射器抽取色谱纯的苯系物标准物，以配成浓度为10mg/L的苯系物混合水溶液作为苯系物的贮备液，该贮备液应于冰箱中保存，一周内有效，也可直接购买商品标准贮备液。

⑥ 二硫化碳，在气相色谱上无苯系物检出。

4. 测定步骤

（1）校准曲线制备

① 标准溶液配制：取苯系物标准物质分别配成如下浓度的混合水溶液：苯、甲苯、乙苯、邻二甲苯、间二甲苯、对二甲苯、异丙苯、苯乙烯均为10mg/L、20mg/L、40mg/L、60mg/L、80mg/L、100mg/L、120mg/L。

② 取不同浓度标准溶液各100mL，分别置入250mL分液漏斗中，加5mL二硫化碳（比重D_4^{15} 1.2700），振摇2min。静置分层后，分离出有机相，在规定的色谱条件下，取5μL萃取液做色谱分析，并绘制浓度—峰高校准曲线。

（2）样品测定

① 取100mL水样放入250mL分液漏斗中，按上述标准样品处理方法进行萃取。

② 如果萃取时发生乳化现象，可在分液漏斗的下部塞一块玻璃棉过滤乳化液，弃去最初几滴，收集余下的二硫化碳溶液，以备测定。

（3）色谱条件

同顶空气相色谱法的色谱条件，进样量为5μL。

5. 计算

由样品色谱图上量得苯系物各组分的峰高值，从各自的校准曲线上直接查得样品的浓度值。

6. 注意事项

① 制备标准样品时，也可以先配成较高浓度的甲醇溶液作为贮备液，由于苯系物及甲醇的毒性较强、易燃，必须在通风柜中进行上述操作。

② 如果二硫化碳溶剂中有苯系物检出，应做硝化提纯处理。提纯方法有两种：

在1000mL吸滤瓶中加200mL二硫化碳，加入50mL浓硫酸，置于电磁搅拌器上。另取盛有50mL浓硝酸的分液漏斗置入吸滤瓶口（用胶塞连接使其不漏气）。打开电磁搅拌器，抽真空升温至45℃±2℃，从分液漏斗向溶液中滴加硝酸（同时剧烈搅拌5min），静置5min，如此交替进行0.5h（直到硝酸加完为止）。将溶液全部转移到500mL分液漏斗中，静置0.5h左右，弃去酸层，水洗，加10%碳酸钾（或钠）溶液中和至pH 6.6~8，用水洗至中性，弃去水相。二硫化碳用无水硫酸钠干燥，重蒸后备用。

取1mL甲醛加入100mL的浓硫酸中，混匀后作为甲醛—浓硫酸萃取液。取市售的二硫化碳250mL于500mL分液漏斗中，加入20mL的甲醛—浓硫酸萃取液，振荡5min后分层(注意及时放气);经多次萃取至二硫化碳呈无色后,加入20%碳酸钠水溶液洗涤(至pH呈微碱性),重蒸馏取46~47℃馏分。

③ 在萃取过程中出现乳化现象时,可用无水硫酸钠破乳或采用离心法破乳。

顶空毛细管柱气相色谱—质谱法和吹脱捕集法可参考《水和废水监测分析方法(第四版)(增补版)》中苯系物的测定。

三、酚类化合物

酚类化合物的毒性以苯酚为最大,通常含酚废水中又以苯酚和甲酚的含量最高。环境监测常以苯酚和甲酚等挥发性酚作为污染指标。环境中的酚污染主要指酚类化合物对水体的污染,含酚废水是当今世界上危害大、污染范围广的工业废水之一,是环境中水污染的重要来源。在许多工业领域诸如煤气、焦化、炼油、冶金、机械制造、玻璃、石油化工、木材纤维、化学有机合成工业、塑料、医药、农药、油漆等工业排出的废水中均含有酚,这些废水若不经过处理,直接排放、灌溉农田则可污染大气、水、土壤和食品。

(一) 五氯酚—气相色谱法

五氯酚(C_6HCl_5O)也称五氯苯酚,其产品多称为五氯苯酚标准溶液。五氯酚及其钠盐属于职业病危害因素,一类致癌物,为白色粉末或结晶,中毒,有特臭,常温下不易挥发,溶于水时生成有腐蚀性的盐酸气,吸入有极高毒性,对眼睛、呼吸道、皮肤有刺激性。五氯酚对水生生物有极高毒性,可能对水体环境产生长期不良影响。五氯酚可作为除草剂、杀虫剂、杀菌剂、防腐剂、杀藻剂、防霉剂、消毒剂和原料的防污涂料,由于高效价廉、广谱杀虫除草,五氯酚曾长期在世界范围内使用。五氯酚已被美国EPA列为内分泌扰乱物质,被疾病控制和预防中心、世界野生动物基金会(加拿大)列为潜在的内分泌修正化学物质。

1. 方法原理

在酸性条件下,将水样中的五氯酚钠转化为五氯酚,用正己烷萃取,再用0.1mol/L的碳酸钠溶液反萃取,使五氯酚转化为五氯酚盐进入碱性水溶液中,使五氯酚钠与水样中的氯代烃类(如六六六、滴滴涕等)及多氯联苯分离,消除干扰。然后在碱性溶液中加入乙酸酐与五氯酚盐进行乙酰化反应。最后用正己烷萃取生成的五氯苯乙酸酯,用具有电子捕获检测器的气相色谱仪进行分析测定。

五氯酚—气相色谱法测定水样体积为50mL时,最小检出浓度为0.04μg/L。

2. 仪器设备

① 气相色谱仪,具电子捕获检测器,放射源^{63}Ni或^{3}H。

② 进样器,10μL微量注射器。

③ 色谱柱,硬质玻璃填充柱,长1.5~2.5m、内径3~4mm;固定液OV-17(含

苯基的聚甲基硅氧烷），最高使用温度300℃；固定液QF-1（聚氟代烃基硅氧烷），最高使用温度250℃；担体Chromosorb W-HP 80~100目；固定液载荷量1.5%OV-17+2%QF-1。

④ 检测器，电子捕获检测器，具有^{63}Ni或^{3}H放射源。

⑤ 记录仪，能与气相色谱仪匹配的记录仪。

3. 试剂和材料

① 载气：高纯氮气（99.999%），用5Å分子筛净化。

② 正己烷（残留农药分析纯）。

③ 二氯甲烷（残留农药分析纯）。

④ 浓硫酸（优级纯）。

⑤ 碳酸钾（优级纯）：使用时配制成0.1mol/L的溶液。

⑥ 氢氧化钾（优级纯）。

⑦ 乙酰酐（分析纯）。

⑧ 五氯酚（色谱纯）。

⑨ 五氯苯乙酸酯（色谱纯）。

⑩ 五氯苯乙酸酯标准贮备液：称取0.1157g五氯苯乙酸酯标准物，用正己烷溶解并稀释至100mL，该溶液浓度相当含五氯酚1mg/mL；使用时根据测定的线性范围，用正己烷稀释，配成系列浓度的标准溶液。

4. 测定步骤

(1) 采样

所采样品为河流、湖泊等湿地水体，待测物五氯酚不稳定，在阳光直接照射下易分解。因此，采样时使用棕色玻璃瓶收集水样，每100mL水样中加入1mL 10%的硫酸溶液和0.5g硫酸铜，放在暗处，4℃保存。如需保存超过24h，可将五氯酚萃取到正己烷中，置于暗处，4℃下保存。

(2) 样品预处理

取均匀水样50mL置于250mL分液漏斗中，加入1mL浓硫酸，分别用50mL正己烷萃取两次，合并正己烷相，弃去水相。再用10mL 0.1mol/L碳酸钾溶液，分为5mL、3mL和2mL提取正己烷相3次，合并水相于50mL分液漏斗中，加入0.5mL乙酰酐，振摇2min后再用2mL正己烷萃取生成的五氯苯乙酸酯，有机相收集于5mL离心管中待分析。

(3) 测定条件

汽化室温度：220℃；色谱柱温度：180℃，≤250℃；检测器温度：220℃或250℃，根据不同放射源决定使用温度。

载气流速：40~60mL/min。

记录仪指速：5mm/min。

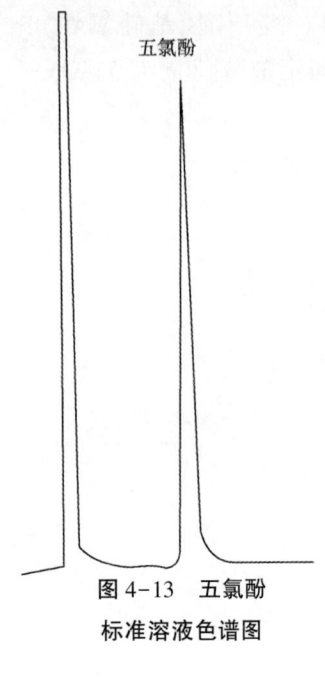

图4-13 五氯酚标准溶液色谱图

（4）标准曲线绘制

用五氯苯乙酸酯标准贮备溶液，按标准曲线的线性范围（10^2），用正己烷配制一系列浓度的标准溶液，用微量注射器进样1μL或2μL，以测得的峰高或峰面积为纵坐标，五氯酚浓度为横坐标，绘制标准曲线。

（5）样品测定

进样：按测定条件，将经过预处理的样品用微量注射器进样。

进样量：1~2μL。

五氯酚标准溶液色谱图，见图4-13。

（6）样品定性与定量

① 定性分析：根据保留时间定性。作为鉴定的辅助方法，用另一根不同的色谱柱进行分析，可以辅助鉴定被测成分。

② 定量分析：用标准曲线或单点校法定量。

5. 计算

$$C_{样} = \frac{1}{K} \cdot C_{标}$$

式中：$C_{样}$为水样中五氯酚浓度（μg/L）；$C_{标}$为由标准曲线查出的五氯酚浓度（μg/L）；K为水样浓缩倍数（所取水样与水样衍生萃取后体积之比，本方法$K=25$）。

（二）二氯酚和五氯酚—气相色谱质谱法（GC-MS）

2,4-二氯酚和五氯酚主要用于化工原料和农药，2,4-二氯酚被世界野生动物基金会（加拿大）列为内分泌扰乱物质。

1. 方法原理

在酸性条件下（pH为2~3）用有机溶剂（二氯甲烷）萃取，经干燥、浓缩、衍生化（三甲基硅烷化）之后，进行GC-MS分析。

二氯酚和五氯酚—气相色谱质谱法适用于湿地水体中二氯酚和五氯酚的分析测定，水样为1L时，2,4-二氯酚和五氯酚的检测限分别为0.7ng/L和1.9ng/L。

2. 仪器设备

① 气相色谱—质谱联用仪。

② 自动进样器。

③ 旋转蒸发器。

④ 1~2L分液漏斗。

⑤ 300mL三角烧瓶。

⑥ 300mL茄形瓶。

3. 试剂溶液

① 二氯甲烷(残留农药分析纯)。

② 正己烷(残留农药分析纯)。

③ 丙酮(残留农药分析纯)。

④ 氯化钠(优级纯)：400℃下加热6h后自然冷却，保存在干净的试剂瓶中。

⑤ 无水硫酸钠(优级纯)：400℃下加热6h后自然冷却，保存在干净的试剂瓶中。

⑥ 浓盐酸(优级纯)。

⑦ 衍生化试剂(BSTFA)：N,O-双(三甲基硅)三氟乙酰胺。

⑧ 2,4-二氯酚和五氯酚标准品(纯度99%)。

⑨ 内标化合物(氘代萘和氘代菲标准品,纯度99%)。

⑩ 标准贮备液(100mg/L)：准确称取10mg各目标物，分别溶于丙酮中并定容至100mL，保存于冰箱中备用。

⑪ 混合标准使用溶液(1μg/mL)：准确移取上述溶液各100μL，用丙酮定容至10mL。

4. 测定步骤

(1) 样品预处理

取1L水样于2L分液漏斗中，用6mol/L HCl调节pH2~3，加入30g NaCl(如为海水，可以不添加)，加入50mL二氯甲烷，振荡萃取10min，静置5min后转移出二氯甲烷相，再加入二氯甲烷50mL，重复上述操作。合并有机相，加入少量正己烷，再加入3g无水硫酸钠静置脱水20min，之后过滤转移至茄形瓶中，在旋转蒸发器上浓缩至约1mL。再用二氯甲烷转移至试管中，用N_2吹脱浓缩至0.5mL，加入100μL的衍生化试剂BSTFA，在室温下静置1h，之后加入10μL的内标溶液(100μg/mL)，用二氯甲烷定容至1mL，转移至自动进样器用样品瓶中，备GC-MS分析。

(2) GC-MS分析

色谱柱：DB-1石英毛细管柱30m×0.32mm(内径)，膜厚0.25μm。

色谱条件：50℃(2min)→20℃/min→100℃→10℃/min→200℃→20℃/min→300℃(5min)；氦气压力：40kPa保持5min，以2kPa/min升至70kPa，保持5min；进样口温度300℃，接口温度270℃；无分流进样，进样时间2min，进样量2μL。

定性分析：全扫描方式，扫描质量范围为35~400amu，amu是原子质量单位(atomic mass unit)。

定量分析：选择离子检测，各化合物检测质量数，见表4-39。

表 4-39 选择离子检测

编号	化合物	分子式	分子量	定量离子	定性离子
1	2,4-二氯酚	$C_6H_4Cl_2O$	163.00	93.0	219.0、234.0
2	五氯酚	C_5HCl_5O	266.34	93.0	322.9、320.9
IS-1*	氘代萘	$C_{10}D_8$	136.22	136.0	
IS-2	氘代菲	$C_{14}D_{10}$	188.29	188.0	

注：*内标。

(3) 校准曲线

分别移取 1μL、5μL、10μL、50μL、100μL、500μL 的混合标准使用液 (1μg/mL) 于各试管中，再加入 100μL 衍生化试剂 BSTFA，在室温下静置 1h，其余同样品预处理。

在 SIM 检测方式下，以标准溶液中目标化合物的峰面积与内标的峰面积比对目标化合物的浓度作图，得到该目标化合物的定量校准曲线。

6. 计算

根据样品溶液中目标物与内标物的峰面积比，由定量校准曲线得到样品溶液中化合物的浓度。水样中该化合物的浓度，计算公式：

$$样品目标化合物浓度(ng/L) = \frac{测定浓度(ng/mL) \times 衍生化后样品溶液体积(mL)}{水样体积(L)}$$

酚类化合物—高效液相色谱法(HPLC)可参考《水和废水监测分析方法(第四版)(增补版)》中酚类化合物的测定。

四、多环芳烃

多环芳烃(polycyclic aromatic hydrocarbon，PAHs)是指具有两个或两个以上苯环的碳氢化合物，具有难降解、高积累、强致癌、致畸、致突变等性质的污染物，广泛存在于土壤、大气、水体及动植物组织等环境介质中，其自然来源主要是自然界的生物合成、森林火灾和火山喷发等；人为源主要是有机物，如煤、石油、农作物秸秆等的不完全燃烧。PAHs 以气相或颗粒物相态存在于大气中，并通过大气传输与沉降作用降到离污染源远近不同的地表和水体中。

由于 PAHs 在水中的溶解度较小，它在水体中浓度较低，但 PAHs 易于从水体中分配到生物体内、沉积物和溶解的有机质中。因而，尽管在有的湿地水体中 PAHs 浓度以 ppt (part per trillion，10^{-12}) 和 ppb(part per billion，10^{-9}) 的数量级来计，但沉积物和生物体中 PAHs 的残余物浓度可达 ppm 级(part per million，10^{-6})。存积于河底淤泥中的 PAHs，一部分可被生活在淤泥中的水生生物如蚌、蛤等所摄食而进入这些动物体内的脂肪层里富集。

(一) 六种特定多环芳烃高效液相色谱法

1. 方法原理

六种特定多环芳烃高效液相色谱法用环己烷萃取水中多环芳烃，萃取液通过佛罗里硅土柱，多环芳烃被吸附在柱上，用丙酮与二氯甲烷的混合溶剂洗脱多环芳烃，之后用具荧光或紫外检测器的高效液相色谱仪测定，对六种多环芳烃通常可检测到 ng/L 水平。

六种特定多环芳烃高效液相色谱法适用于湿地水体及污水中荧蒽、苯并$[b]$荧蒽、苯并$[k]$荧蒽、苯并$[a]$芘、苯并$[ghi]$芘、茚并$[1,2,3-cd]$芘等六种多环芳烃的测定。水样中若存在可被共萃取并能产生荧光信号或熄灭荧光的物质对测定也有干扰。测定使用的佛罗里硅土柱层析净化分离，可降低荧光背景。

2. 仪器设备

（1）高效液相色谱仪（high performance liquid chromatography，HPLC）

具荧光和紫外检测器的高效液相色谱仪。

① 恒流梯度泵系统。

② 反相柱：填料为 Zorbax 5μODS，柱长 250mm、内径 4.6mm。

③ 荧光检测器：荧光分光光度计检测器，激发波长 280nm，发射光波长（即测量波长）>389nm 截止点；荧光光度计检测器应有激发用的色散光系统和可用滤光片或色散光学系统的荧光发射部分。

④ 紫外—可见光检测器：可调波长紫外检测器或固定波长 254nm 的紫外检测器，可单独使用，也可以与荧光检测器联用。

⑤ 记录仪：与检测器匹配。

⑥ 微量注射器：5μL、10μL、50μL、100μL、500μL。

⑦ 恒温水浴（或恒温柱箱）。

（2）采样瓶

1L 具磨口玻璃塞的棕色玻璃细口瓶。

（3）振荡器

调速，配备自动间歇延时控制仪。

（4）玻璃器皿

① 分液漏斗：1000mL，玻璃活塞不要涂润滑油。

② 碘量瓶：200mL。

③ 层析柱：

净化环己烷层析柱：长 500mm、内径 25mm，玻璃活塞不涂润滑油的玻璃柱。

样品预处理层析柱：长 250mm、内径 10mm，玻璃活塞不涂润滑油的玻璃柱。

④ K-D 浓缩瓶：25mL，具刻度，容积必须进行标定，具磨口玻璃塞。

⑤ K-D 蒸发瓶：500mL。

⑥ K-D Snyder 柱：三球，常量。

⑦ K-D Snyder 柱：二球，微量。

⑧ 量筒：500mL。

（5）玻璃棉或玻璃纤维滤纸

在 400℃ 加热 1h，冷却后，保存在具磨口塞的玻璃瓶中。

（6）沸石

在 100℃ 加热 1h，冷却后，保存在具磨口塞的玻璃瓶中。

3. 试剂溶液

① 高效液相色谱(HPLC)流动相为水和甲醇的混合溶液。

甲醇(高效液相色谱分析纯)。

纯水：电渗析水或蒸馏水，加高锰酸钾在碱性条件下重蒸。在测定的化合物检测波长处未观察到干扰。

② 二氯甲烷(优级纯)：用全玻璃蒸馏器重蒸馏，在测定化合物检测波长处不出现色谱干扰为合格。

③ 丙酮(优级纯)。

④ 环己烷(优级纯)。

⑤ 无水硫酸钠(分析纯)：在 400℃ 加热 2h。

⑥ 硫代硫酸钠($Na_2S_2O_3 \cdot 5H_2O$，分析纯)。

⑦ 佛罗里硅土(Florisil，60~100 目，色层分析用)：在 400℃ 加热 2h，冷却后，用纯水调至含水量为 11%。

⑧ 碱性氧化铝(层析用，50~200μm，活度为 Brockmann I 级)：达到 I 级的制备方法，将氧化铝加热至 550℃±20℃ 至少 2h，冷却至 200~250℃，移入放有高氯酸镁的干燥器内，继续冷却，即得活度为 Brockmann I 级的氧化铝。在干燥器内可存放 5 天。

⑨ 硅胶(柱层析用，100 目)：在 300℃ 干燥 4h。

⑩ 浓硫酸(优级纯)。

⑪ 色谱标准物：固体多环芳烃标准物为荧蒽、苯并[k]荧蒽、苯并[b]荧蒽、苯并[a]芘、茚并[1,2,3-cd]芘及苯并[ghi]苝等六种，纯度在 96% 以上。采用固体标准物配制标准贮备液，也可采用经证实为合格的市售多环芳烃标准溶液配置标准贮备液。

⑫ 用固体多环芳烃配制标准贮备液：分别称量各种多环芳烃 20mg±0.1mg，分别溶解于 50~70mL 环己烷中，再以环己烷稀释至 100mL，配成浓度为 200μg/mL 单个化合物的标准贮备液。若用市售溶液配制标准贮备液，可在容量瓶中用环己烷稀释，使标准贮备液的浓度各为 200μg/mL 的单化合物溶液。贮备液保存在 4℃ 冰箱中。

⑬ 混合多环芳烃标准溶液配制：在 10mL 容量瓶中加入各种多环芳烃贮备液 1mL±0.01mL，用甲醇稀释至标线，使标准溶液中各种多环芳烃的浓度为 20μg/mL。标准液保存于 4℃ 冰箱中。

⑭ 标准实验溶液：根据仪器灵敏度及线性范围的要求，取不同量的混合多环芳烃标准溶液，用甲醇稀释，配制成几种不同浓度的标准实验溶液。

4. 测定步骤

（1）水样采集与保存

样品必须采集在玻璃容器中，采样前不能用水样预洗瓶子，以防止样品的沾染或吸附。防止采集表层水，保证所采样品具有代表性。在采样点采样及盖好瓶塞时，样品瓶要完全注满，不留空气。若水中有残余氯存在，要在每升水中加入 80mg 硫代硫酸钠除氯。水样应放在暗处，在 4℃ 冰箱中保存；采样后应尽快在 24h 内进行萃取。萃取后的样品在 40 天内分析完毕。

（2）水样萃取

摇匀水样，用 500mL 量筒量取 500mL 水样（萃取所用水样体积视具体情况而定，可增减），加入 50mL 环己烷，手摇分液漏斗，放气几次后，安装分液漏斗于振荡器架上，振摇 5min 进行萃取。取下分液漏斗，静置 15~30min（静置时间视两相分开情况而定），分出下层水相留待进行第二次萃取，上层环己烷相放入 200mL 碘量瓶中，再用 50mL 环己烷对水样进行第二次萃取，水相弃去，环己烷萃取液并入同一碘量瓶中，加无水硫酸钠至环己烷萃取液清澈，至少放置 30min，脱水干燥。

（3）萃取液净化

饮用水的环己烷萃取液可以不经柱层析净化，浓缩后直接进行 HPLC 分析。湿地水体及污染水体环己烷萃取液净化：

① 层析柱装填：在玻璃层析柱的下端，放入少量玻璃棉或玻璃纤维滤纸以支托填料，加入 3mL 环己烷润湿柱子，称取 4~6g 佛罗里硅土于小烧杯中，用环己烷制成匀浆，以湿式装柱法填入上述柱中。净化地表水的柱内填充 4g 佛罗里硅土，净化污水的柱填充 6g 佛罗里硅土。放出柱中过量的环己烷至填料的界面。

② 萃取液净化：从层析柱的上端加入已脱水的环己烷萃取液，全部溶液以 1~2mL/min 流速通过层析柱，用环己烷洗涤碘量瓶中的无水硫酸钠三次，每次 5~10mL，环己烷洗涤液也加入到层析柱上，回收通过柱的环己烷。被吸附在柱上的 PAHs 用丙酮和二氯甲烷的混合溶液洗脱。地表水用 100mL（88mL 丙酮+12mL 二氯甲烷）洗脱；污水用 75mL（15mL 丙酮+60mL 二氯甲烷）洗脱。洗脱液收集于已联接 K-D 蒸发瓶的 K-D 浓缩瓶中，加入两粒沸石，安装好三球 Snyder 柱待浓缩。

（4）样品浓缩

将 K-D 浓缩装置的下端浸入通风柜中的水浴锅中，在 65~70℃ 的水温下浓缩至约 0.5mL，从水浴锅上移下 K-D 浓缩装置，冷却至室温，取下三球 Snyder 柱，用少量丙酮洗柱及其玻璃接口，洗涤液流入浓缩瓶中，加入一粒新沸石，装上二球 Snyder 柱，在水浴锅中如上述浓缩至 0.3~0.5mL，留待 HPLC 分析。甲醇、环己烷、二氯甲烷及丙酮等易燃有机溶剂，应在通风柜中操作。

(5) HPLC 分析条件

① 柱温：35℃。

② 流动相组成：A 泵：85%水+15%甲醇；B 泵：100%甲醇。

③ 洗脱：视色谱柱的性能可采用恒溶剂洗脱，即以 92%B 泵和 8%A 泵流动相组成，等浓度洗脱。梯度洗脱，即以 60%B 泵+40%A 泵的组成洗脱，保持 20min；以 3%B/min 增量至成为 96%B+4%A 泵的组成，保持至出峰完；以 8%B/min 减量至成为 60%B 泵+40%A 泵的组成，保持 15min，使流动相组成恒定，为下一次进样准备好条件。

④ 流动相流量：30mL/h 恒流或按柱性能选定流量。

⑤ 检测器波长选择：六种多环芳烃在荧光分光光度计特定条件下最佳的激发和发射波长，见表 4-40。

表 4-40 六种多环芳烃最佳的荧光激发和发射波长

化合物	激发波长(λ_{ex}，nm)	发射波长(λ_{em}，nm)
荧蒽	365	462
苯并[b]荧蒽	302	452
苯并[k]荧蒽	302	431
苯并[a]芘	297	450 或 430
苯并[ghi]苝	302	149 或 407
茚并[1,2,3-cd]芘	300	500

水样中含茚并[1,2,3-cd]芘时选 $\lambda_{ex}=340$nm、$\lambda_{em}=450$nm 较好，在此波长下茚并[1,2,3-cd]芘的荧光强度较高；否则选 $\lambda_{ex}=286$nm、$\lambda_{em}=430$nm 对苯并[a]芘灵敏度较高。

⑥ 荧光计检测器：单色光荧光计使用 $\lambda_{ex}=300$nm、$\lambda_{em}=460$nm 为适宜；滤光器荧光计在 $\lambda_{ex}=300$nm、$\lambda_{em}>370$nm 下测定。

⑦ 紫外检测器：在 254nm 下检测 PAHs。

⑧ 进样方式：以注射器人工进样（或采用自动进样器进样），进样量 5~25μL。

⑨ 定性分析：化合物在不同填料的色谱柱上出峰顺序有所不同，图 4-14 和图 4-15 为两种不同检测器串联的 16 种 PAHs 标准色谱图。图 4-14 为紫外检测器在波长 254nm 下的色谱图，图 4-15 为荧光检测器在 $\lambda_{ex}=286$nm、$\lambda_{em}=430$nm 下的色谱图。多环芳烃标样各化合物浓度为 2μg/mL，进样量 10μL。各组分的出峰次序：1. 萘，2. 苊烯，3. 苊+芴，4. 菲，5. 蒽，6. 荧蒽，7. 芘，8. 苯并[a]蒽+䓛，9. 苯并[b]荧蒽，10. 苯并[k]荧蒽，11. 苯并[a]芘，12. 二苯并[a,h]蒽，13. 苯并[ghi]苝，14. 茚并[1,2,3-cd]芘。以试样的保留时间和标样的保留时间相比较来定性。用作定性的保留时间窗口宽度以当天测定标样的实际保留时间变化为基准。用一个化合物保留时间标准偏差的三倍计算设定的窗口宽度。

⑩ 定量分析：用外标法定量，在线性范围内用混合 PAHs 标准溶液配制几种不同浓度的标准溶液，其中最低浓度应稍高于最低检测限。

⑪ HPLC 中使用标准样品条件：标准样品与样品进样体积最好相同，两者的响应值

也要相近；在工作范围内，相对标准偏差<10%；标准样品与试样应尽可能同时进行分析。

⑫ 每个工作日必须测定一种或几种浓度的标准溶液来检验校准曲线或响应因子。如果某一化合物的响应值与标准值间的偏差>10%，则必须用新的标准对该化合物绘制新的校准曲线或求出新的响应因子。

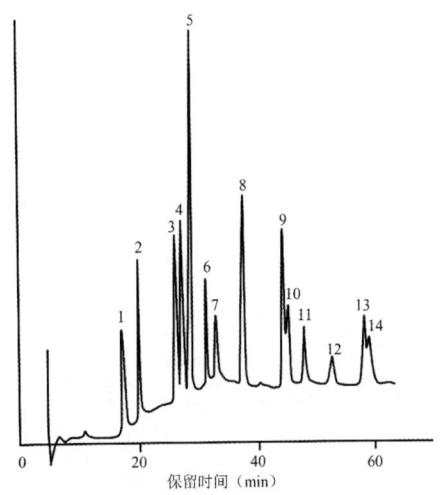

图 4-14　16 种 PAH 标样的 HPLC 紫外谱图　　图 4-15　16 种 PAH 标样的 HPLC 荧光谱图

5. 计算

用外标法计算试样中的浓度，计算公式：

$$X_i = \frac{A_i \cdot B_i \cdot V_t}{V_i \cdot V_s}$$

式中：X_i 为试样中组分 i 的含量（μg/L）；A_i 为标样中组分 i 进样量对其峰高（或峰面积）的比值（ng）；B_i 为样品中组分 i 的峰高（或峰面积）；V_t 为萃取液浓缩后的总体积（μL）；V_i 为注射样品的体积（μL）；V_s 为水样体积（mL）。

6. 注意事项

有些多环芳烃是强致癌物，因此操作时必须极其小心，不允许人体与多环芳烃固体物质、溶剂萃取物、多环芳烃标准品接触。多环芳烃可随溶剂一起挥发而黏附于具塞瓶子的外部，因此处理含多环芳烃的容器及实验操作过程必须使用抗溶剂的手套。被多环芳烃污染的容器可用紫外灯在 360nm 紫外线下检查，并置于重铬酸钾—浓硫酸洗液中浸泡 4h。标准溶液应在有适当设备（如合适的毒气柜、防护衣服、防尘面罩等）的实验室中配制。用固体化合物配多环芳烃标准品，在没有合适的安全设备及尚未正确掌握使用技术之前，不能进行。

（二）多环芳烃—气相色谱质谱法（GC-MS）

1. 方法原理

多环芳烃易溶于环己烷、二氯甲烷、正己烷等有机溶剂，多环芳烃—气相色谱质谱法采用二氯甲烷萃取水样中 16 种多环芳烃,经硅胶或佛罗里硅土小柱净化后,样品浓缩液进行 GC-MS 的选择离子检测。

本方法可测定萘、苊、苊烯、芴、菲、蒽、荧蒽、芘、苯并[a]蒽、䓛、苯并[b]荧蒽、苯并[k]荧蒽、苯并[a]芘、茚并[1,2,3-cd]芘、二苯并[a,h]蒽和苯并[ghi]芷 16 种多环芳烃化合物,检测限由仪器和操作条件而定,检测范围在 $10^{-12} \sim 10^{-9}$ g/L。各化合物检测限为 1.0ng/L。

2. 仪器

① 气相色谱—质谱联用仪,EI 源。
② 自动进样器。
③ 旋转蒸发器。
④ 1~2L 分液漏斗。
⑤ 300mL 三角烧瓶。
⑥ 300mL 茄形瓶。

3. 试剂溶液

① 二氯甲烷(残留农药分析纯)。
② 正己烷(残留农药分析纯)。
③ 氯化钠(优级纯):在 350℃下加热 6h,除去吸附在表面的有机物,冷却后保存于干燥的试剂瓶中。
④ 无水硫酸钠(分析纯):在 350℃下加热 6h,除去水分及吸附于表面的有机物,冷却后保存于干净的试剂瓶中。
⑤ 固相萃取用硅胶小柱:Bond Elut JR SI Silica Gel, Varian 或 Waters Sep-Pak Plus Silica。
⑥ 固相萃取用佛罗里硅土小柱:Waters Sep-Pak Plus Florisil。
⑦ 16 种多环芳烃标准溶液:萘、苊、苊烯、芴、菲、蒽、荧蒽、芘、苯并[a]蒽、䓛、苯并[b]荧蒽、苯并[k]荧蒽、苯并[a]芘、茚并[1,2,3-cd]芘、二苯并[a,h]蒽和苯并[ghi]芷,各化合物浓度为 2000μg/mL。
⑧ 氘代标记多环芳烃:氘代萘、氘代苊烯、氘代䓛、氘代菲、氘代荧蒽,各化合物浓度为 100μg/mL。

4. 测定步骤

(1) 样品采集与保存

同本节多环芳烃高效液相色谱法(一)样品采集与保存。

(2) 样品预处理

将 1000mL 水样放入到 2L 分液漏斗中,加入 30g NaCl,溶解后加入 50mL 二氯甲烷,振荡 10min。静置 5min 后,将二氯甲烷转移至三角烧瓶中,再向分液漏斗中加入 50mL 二氯甲烷,振荡 10min,静置分层后,转移合并二氯甲烷相。向二氯甲烷相中加入 3g 无水硫酸钠，稍稍摇动后放置 20min，之后过滤转移至茄形瓶中，经旋转蒸发器浓缩至约 3mL，转移到试管中，以 N_2 吹脱浓缩至 1mL，再加入 10mL 正己烷，以 N_2 吹脱浓缩至 1mL。

硅胶小柱预先用 10%丙酮—正己烷 10mL、正己烷 10mL 活化后，将上述预处理溶液加入到硅胶柱上，用 10mL 10%的丙酮—正己烷淋洗，淋洗液浓缩至约 1mL，加入 10μL 内标氘代萘、氘代苊烯、氘代菌、氘代菲和氘代荧蒽（各 10μg/mL），定容至 1.0mL 后进行 GC-MS 测定。

(3) GC-MS 分析

色谱柱：DB-5 石英毛细柱 30m×0.32mm，0.25μm。

色谱条件：柱温 80℃（2min）→6℃/min→290℃（5min）。

进样口温度：290℃；接口温度：280℃；不分流进样，进样时间 2min。

定性分析：全扫描方式，扫描范围为 35～400m/z。

定量分析：选择离子检测 SIM，多环芳烃标准溶液的总离子色谱图，见图 4-16，各化合物检测质量数，见表 4-41。

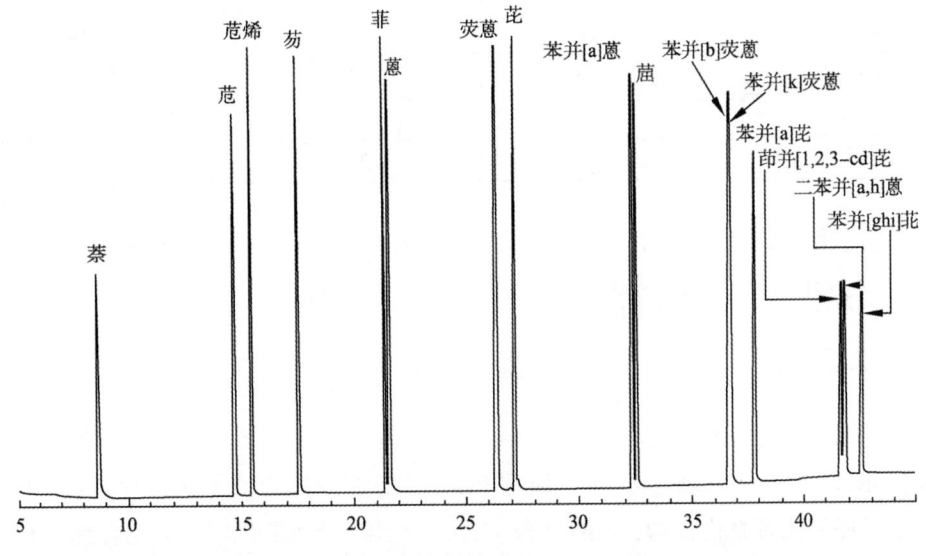

图 4-16　多环芳烃标准溶液全扫描色谱图

6. 计算

定量方法为内标法，如果没有合适的内标化合物，也可以采用外标定量方法。将多环芳烃标准溶液（2000μg/mL）以正己烷稀释至 10μg/mL，之后再稀释至 50ng/mL、100ng/mL、500ng/mL、1000ng/mL。内标溶液（氘代多环芳烃溶液）以正己烷稀释至 1μg/mL。

在 SIM 检测方式下，以标准溶液中目标化合物的峰面积与内标的峰面积比对目标化合物的浓度作图，得到该目标化合物的定量校准曲线。根据样品溶液中目标物与内标物的峰面积比，由定量曲线得到样品溶液中该化合物的浓度。水样品中该化合物的浓度计算公式：

$$样品中多环芳烃浓度(ng/L) = \frac{测定浓度(ng/mL) \times 样品溶液体积(mL)}{水样品体积(L)}$$

表 4-41　选择离子检测

化合物名称	分子量	定量离子质量数	定性离子质量数
萘	128	128	129，127
苊	152	152	151，153
苊烯	154	153	154，152
芴	166	165	166，167
菲	178	178	176，179
蒽	178	178	176，179
荧蒽	202	202	201，203
芘	228	202	201，203
苯并[a]蒽	228	228	226，229
䓛	228	228	226，229
苯并[b]荧蒽	252	252	250
苯并[k]荧蒽	252	252	250
苯并[a]芘	252	252	250
茚并[1,2,3-cd]芘	276	276	277
二苯并[a,h]蒽	278	278	279
苯并[ghi]苝	276	276	274

苯并[a]芘—乙酰化滤纸层析荧光分光光度法可参考《水和废水监测分析方法(第四版)(增补版)》中多环芳烃的测定。

五、二噁英类

多氯代二苯并对二噁英(polychlorinated dibenzo-p-dioxins，简称 PCDDs)和多氯代二苯并呋喃(polychlorinated dibenzofurans，简称 PCDFs)通常被称为二噁英类化合物(dioxins)，它们都是三环氯代芳香化合物，并且侧位(2,3,7,8-位)被氯取代的那些化合物具有很强的毒性，其中 2,3,7,8-四氯代二苯并二噁英(TCDD)是已发现的最毒的有机化合物之一。二噁英类化合物有很强的致癌、致畸、致突变效应和生殖毒性，已被列入干扰内分泌的环境激素类物质。二噁英的来源极为广泛，氯碱工业的电解废渣、垃圾焚烧产生的飞灰、纸浆漂白的废水、有机氯生产及钢铁工业生产过程中都会产生大量的二噁英。

由于二噁英类异构体有 210 种之多，而且需要常规监测的异构体也超过了 15 种，为了达到较好的分离度和测定效果，高分离度气相色谱—高分辨质谱法(HRGC-HRMS)是最为有效的方法。

水环境中的二噁英类除了有水中溶解的部分外，还很容易被水中的悬浮物吸附并沉降，另外受到紫外线照射还会部分分解。因此，采样后要避光保存，并尽快测定，否则须在 4℃左右暗处冷藏，最多不能超过 48h。

1. 气相色谱—质谱法(GC-MS)方法原理

在水样中加入同位素净化内标后，用液—液萃取或硅胶柱、氧化铝柱净化，加入进样内标，使用毛细管色谱(GC)和双聚焦质谱(MS)即GC-MS测定，要求分辨率在10000以上，对内标物分辨率要求在12000以上。为了区别出各种异构体，须将校正质量用的内标物质和测定样品同时导入离子源，用锁定质量方式选择离子检测(SIM)法进行测定，以校正检测选择离子附近质量离子的质量微小变化，用保留时间及离子强度之比定性鉴定二噁英，以内标法定量。

该方法的基本流程，见图4-17。

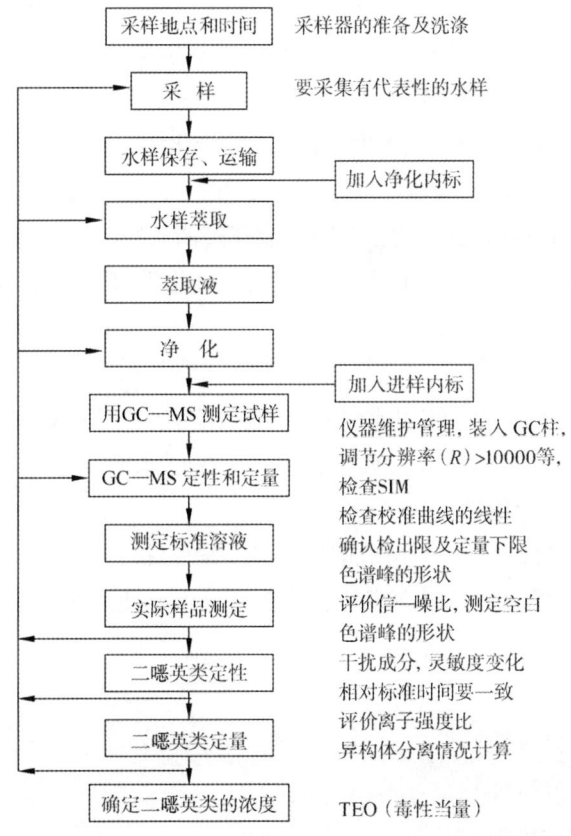

图4-17 水中二噁英类的分析方法流程示意图

气相色谱—质谱法可测定湿地水体及污水水中含4~8个氯原子的多氯二苯并对二噁英和多氯二苯并呋喃(以下简称为二噁英类)。在GC-MS装置中，GC采用毛细管色谱柱，MS采用分辨率在10000以上的双聚焦质谱仪。测定方法中GC-MS的检出下限，根据使用的仪器设备及测量条件的变化有所不同，但必须达到以下检出限指标：四氯和五氯化合物在0.1pg/L以下，六氯和七氯化合物在0.2pg/L以下，八氯化合物在0.5pg/L以下。

2. 材料设备

① 硅胶：将色谱柱用硅胶(63~212μm)放入烧杯中用甲醇洗净，使甲醇挥发后将硅胶

放入烧杯或蒸发皿中，厚度不超过 10mm，于 130℃ 加热 18h，之后于真空干燥器中放置冷却，然后放入密闭磨口瓶中，置于干燥器中保存备用。

② KOH 硅胶(2%)：将 100g 硅胶加入 40mL 50g/L 的 KOH 水溶液中，在 50℃ 下减压脱水，待水分完全除去后升温至 50~80℃ 继续减压脱水 1h 成粉末状，密封后在干燥器中保存备用。

③ 硫酸硅胶(22%)：在 100g 硅胶中加入 28.2g H_2SO_4，充分振荡成粉末状后密封保存于干燥器中。

④ 硫酸硅胶(44%)：在 100g 硅胶中加入 78.6g H_2SO_4，其余同上。

⑤ 硝酸银硅胶(10%)：在 100g 硅胶中加入 28mL 400g/L 的 $AgNO_3$ 水溶液，减压脱水至水分完全除去，放入棕色瓶中密封、遮光，在干燥器中保存。

⑥ 氧化铝：色谱柱用氧化铝(碱性，活度Ⅰ)，最好购买经活化后的产品直接使用；当需活化时，活化步骤是在烧杯中加入厚度≤10mm 的氧化铝，130℃ 加热干燥 8h(或 500℃，8h)，置于干燥器中约 30min，冷却后密封保存，经活化后应尽快使用。

⑦ 玻璃纤维滤膜：0.6μm 粒径的颗粒物不能穿过的滤膜。

⑧ 萃取用固相圆盘(或柱)：具有十八烷基(ODS)化学键合硅胶圆盘或具有同等萃取性能的萃取柱。

⑨ 氮气：高纯氮。

⑩ 玻璃器皿：全玻璃制品，使用前用甲醇(或丙酮)、甲苯(或二氯甲烷)充分洗净。

⑪ 固相萃取装置：由固相萃取圆盘、漏斗、支撑过滤网、垫圈、底管、弹簧夹、橡胶栓、吸管及抽吸泵等部分组成。

⑫ 索氏提取器：连接部分不能使用润滑油(脂)等密封。

⑬ 浓缩器：K-D 浓缩器或旋转蒸发器，连接部分不能使用润滑油(脂)。

⑭ 布氏漏斗。

3. 试剂溶液

① 甲醇(残留农药分析纯)。

② 丙酮(残留农药分析纯)。

③ 甲苯(残留农药分析纯)。

④ 二氯甲烷(残留农药分析纯)。

⑤ 正己烷，壬烷(残留农药分析纯)。

⑥ 无水 Na_2SO_4(优级纯)。

⑦ HCl(优级纯)。

⑧ H_2SO_4(优级纯)。

⑨ KOH(优级纯)。

⑩ $AgNO_3$(优级纯)。

⑪ 正己烷净化水：将纯水用正己烷萃取洗净 3 次。

⑫ 含二氯甲烷的正己烷：二氯甲烷与正己烷按 2∶98 的体积比混合；二氯甲烷与正己烷按 5∶95 的体积混合；二氯甲烷与正己烷按 1∶1 的体积比混合。

4. 标准物质及标准溶液

① 质量校正用的标准物质：PFK(全氟煤油)等质谱分析用的高沸点物质。

② 标准样品：内标法中对二噁英类定性和定量分析用的标准物质，见表4-42。

表4-42　二噁英类标准物质

标准物质	PCDDs	PCDFs
四氯化物	2, 3, 7, 8-TeCDD	2, 3, 7, 8-TeCDF
五氯化物	1, 2, 3, 7, 8-PeCDD	1, 2, 3, 7, 8-PeCDF　2, 3, 4, 7, 8-PeCDF
六氯化物	1, 2, 3, 4, 7, 8-HxCDD 1, 2, 3, 6, 7, 8-HxCDD 1, 2, 3, 7, 8, 9-HxCDD	1, 2, 3, 4, 7, 8-HxCDF　1, 2, 3, 6, 7, 8-HxCDF 1, 2, 3, 7, 8, 9-HxCDF　2, 3, 4, 6, 7, 8-HxCDF
七氯化物	1, 2, 3, 4, 6, 7, 8-HpCDD	1, 2, 3, 4, 6, 7, 8-HpCDF　1, 2, 3, 4, 7, 8, 9-HpCDF
八氯化物	1, 2, 3, 4, 6, 7, 8, 9-OCDD	1, 2, 3, 4, 6, 7, 8-OCDF

③ 内标准物质：净化内标和进样内标常使用 ^{13}C 或 ^{37}Cl 标记的同位素化合物，如 ^{13}C-2, 3, 7, 8-TeCDF/TeCDD，或 ^{37}Cl-2, 3, 7, 8-TeCDD 等。

④ 校准曲线：将标准样品和净化内标及进样内标混合，在 GC-MS 定量范围内以 GC-MS 检测下限的三倍为最低浓度，用壬烷稀释制备5个不同浓度的标准溶液，配制成的标准溶液浓度，见表4-43。

表4-43　校准曲线用的标准溶液配制

标准物质	浓度(μg/L)				
2, 3, 7, 8-TeCDD 1, 2, 3, 7, 8-PeCDD	0.4	2.0	10	40	200
1, 2, 3, 4, 7, 8-HxCDD 1, 2, 3, 6, 7, 8-HxCDD 1, 2, 3, 7, 8, 9-HxCDD 1, 2, 3, 4, 6, 7, 8-HpCDD	1.0	5.0	25	100	500
OCDD	2.0	10	50	200	1000
2, 3, 7, 8-TeCDF 1, 2, 3, 7, 8-PeCDF 2, 3, 4, 7, 8-PeCDF	0.4	2.0	10	40	200

(续)

标准物质	浓度(μg/L)				
1, 2, 3, 4, 7, 8-HxCDF	1.0	5.0	25	100	500
1, 2, 3, 6, 7, 8-HxCDF					
1, 2, 3, 7, 8, 9-HxCDF					
2, 3, 4, 6, 7, 8-HxCDF					
1, 2, 3, 4, 6, 7, 8-HpCDF					
1, 2, 3, 4, 7, 8, 9-HpCDF					
OCDF	2.0	10	50	200	1000
$^{13}C_{12}$-2, 3, 7, 8-TeCDD	100	100	100	100	100
$^{13}C_{12}$-1, 2, 3, 4-TeCDD					
$^{13}C_{12}$-1, 2, 3, 7, 8-PeCDD					
$^{13}C_{12}$-1, 2, 3, 4, 7, 8-HxCDD					
$^{13}C_{12}$-1, 2, 3, 6, 7, 8-HxCDD					
$^{13}C_{12}$-1, 2, 3, 7, 8, 9-HxCDD					
$^{13}C_{12}$-1, 2, 3, 4, 6, 7, 8-HpCDD					
$^{13}C_{12}$-OCDD	200	200	200	200	200
$^{13}C_{12}$-2, 3, 7, 8-TeCDF	100	100	100	100	100
$^{13}C_{12}$-1, 2, 3, 7, 8-PeCDF					
$^{13}C_{12}$-2, 3, 4, 7, 8-PeCDF					
$^{13}C_{12}$-1, 2, 3, 4, 7, 8-HxCDF					
$^{13}C_{12}$-1, 2, 3, 6, 7, 8-HxCDF					
$^{13}C_{12}$-1, 2, 3, 7, 8, 9-HxCDF					
$^{13}C_{12}$-2, 3, 4, 6, 7, 8-HxCDF					
$^{13}C_{12}$-1, 2, 3, 4, 6, 7, 8-HpCDF					
$^{13}C_{12}$-1, 2, 3, 4, 7, 8, 9-HpCDF					
$^{13}C_{12}$-OCDF	200	200	200	200	200

5. 仪器及测量条件

（1）气相色谱仪（GC）

① 进样部分：不分流进样或柱上进样方式，最高使用温度为250~280℃。

② 色谱柱：内径0.25~0.32mm，长25~60m的熔融石英毛细柱。当测定二噁英类时，为了使2,3,7,8-氯取代的各种异构体得到良好的分离，要选用对各种异构体的出峰顺序能够清楚判别的色谱柱，尽可能选择两种以上不同极性的色谱柱并用。分析二噁英类推荐使用 SP-2331、HP-5、DB-17、CP-Sil 88 等色谱柱。

③ 载气：高纯氦，99.999%以上。

④ 柱温：50~350℃，并能通过程序升温达到待测物质的最佳分离温度。

（2）质谱仪（MS）

① 双聚焦型。

② 分辨率：10000 以上，当使用 $^{13}C_{12}$-OCDF 作为内标物时，通过选择毛细柱分辨率要达到约 12000。

③ 离子检测方式：选择离子检测（SIM）。

④ 离子化方式：电子轰击离子化（EI）。

⑤ 离子源温度：250~300℃。

⑥ 离子化电流：0.5~1mA。

⑦ 电子加速电压：30~70V。

⑧ 离子加速电压：5~10 kV。

（3）测定条件

GC-MS 测定条件设定：

GC：在测定二噁英类时，须使 2,3,7,8-氯取代的各异构体的色谱峰与其他异构体的色谱峰得到良好的分离，为了使各种氯代化合物在保留时间的范围内得到稳定的响应，选择色谱柱温度、进样口温度、载气流量等，推荐条件见表 4-44 和表 4-45。

表 4-44 二噁英类的 GG-MS 测定条件

GC	1. 测定目标物质 TeCDDs~HxCDDs、TeCDFs~HxCDFs 的同系物及 2,3,7,8-氯取代异构体 色谱柱：SP-2331，内径 0.25mm，长 60m，膜厚 0.2μm。 色谱柱温度：100℃（1min）→（20℃/min）→200℃→（2℃/min）→260℃ 进样口温度：260℃ 进样方式：不分流进样（60s） 进样量：1μL 2. 测定目标物质 HpCDDs、OCDD、HpCDFs、OCDF 的同系物及 2,3,7,8-氯取代异构体 色谱柱：HP-5，内径 0.20mm，长 30m，膜厚 0.15μm 色谱柱温度：100℃（1min）→（20℃/min）→200℃→（5℃/min）→300℃ 进样口温度：300℃ 进样方式：不分流进样方式（60s） 进样量：1μL
MS	分辨率：10000 以上 电子加速电压：70V 离子化电流：1mA 离子源温度：270℃ 测定方法：离子锁定方式的 SIM 法

表 4-45　二噁英类的 GC-MS 测定条件

GC	1. 测定目标物质 TeCDDs~OCCDDs、TeCDFs~OCDFs 的所有同系物及主要的 2,3,7,8-氯取代异构体 色谱柱：SP-2331，内径 0.25mm，长 60m，膜厚 0.2μm 色谱柱温度：180℃（3min）→（3℃/min）→230℃（3min）→（3℃/min）→260℃（30min） 进样口温度：170~300℃（100℃/min） 进样方式：柱上进样 进样量：1μL 2. 测定目标物质 TeCDDs~OCDDs、TeCDFs~OCDFs 的所有同系物及一部分 2,3,7,8-位的同系物及 2,3,7,8-氯取代异构体 色谱柱：DB-17，内径 0.32mm，长 30m，膜厚 0.25μm 色谱柱温度：150℃（3min）→20℃/min→200℃→3℃/min→280℃ 进样口温度：150~300℃（100℃/min） 进样方式：柱上进样（60s） 进样量：1μL
MS	分辨率：10000 以上 电子加速电压：35~40V 离子化电流：0.5mA 离子源温度：270℃ 测定方法：离子锁定方式的 SIM 法

质谱仪（MS）：质谱仪应满足以下条件：

① 分辨率：分辨率在 10000 以上，以 $^{13}C_{12}$-OCDF 为内标物时，选择 GC 柱条件使分辨率达 12000。

② 测定方式：用质量校正标准物质的锁定质量方式选择离子检测（SIM）法。

③ 测定质量数：样品和内标物质中各种氯化物分别各设定两个以上的选择离子及锁定质量用的质量数。二噁英类的质量数，见表 4-46。

表 4-46　测定二噁英类的质量设定数（即检测离子）

分类	氯置换体	M$^+$	(M+2)$^+$	(M+4)$^+$
待测物质	TCDDs	319.8965	321.8936	
	pentaCDDs	353.8576	355.8546	357.8517*
	hexaCDDs	387.8186	389.8156	391.8127*
	heptaCDDs		423.7767	425.7737
	OCDD		457.7377	459.7348
	TCDFs	303.9016	305.8987	
	pentaCDFs		339.8597	341.8568
	hexaCDFs		373.8207	375.8178
	heptaCDFs		407.7818	409.7788
	OCDF	439.7457	441.7428	443.7398

(续)

分类	氯置换体	M⁺	(M+2)⁺	(M+4)⁺
内标物质	$^{13}C_{12}$-TCDDs	331.9368	333.9339	
	$^{37}Cl_4$-TCDDs	327.8847		
	$^{13}C_{12}$-pentaCDDs	365.8978	367.8949	369.8919
	$^{13}C_{12}$-hexaCDDs	399.8589	401.8559	403.8530
	$^{13}C_{12}$-heptaCDDs	315.9419	435.8169	437.8140
	$^{13}C_{12}$-OCDD		469.7779	471.7750
	$^{13}C_{12}$-TCDFs		317.9389	
	$^{13}C_{12}$-pentaCDFs		351.9000	353.8970
	$^{13}C_{12}$-hexaCDFs	451.7860	385.8610	387.8580
	$^{13}C_{12}$-heptaCDFs		419.8220	421.8191
	$^{13}C_{12}$-OCDF		453.7830	455.7801
质量校正用标准物质（PFK）	330.9792（4,5位氯化物定量） 380.9760（5,6位氯化物定量） 430.9729（7,8位氯化物定量） 442.9729（7,8位氯化物定量）			

注：*二噁英的测定可能受多氯联苯类的干扰。

毛细管色谱柱得到的峰宽为 5~10s，为了确保每个峰具有足够的数据采集量，必须使选择离子检测的采样周期在 1s 以下。一次测定设置的通道数必须兼顾所要求的灵敏度。

考虑到色谱图上各个峰的保留时间，最好以时间分割组合方式测定，这样必须对每组成分及内标物质设定适当测定条件，见表 4-44 和表 4-45。

6. 样品预处理

（1）固相萃取

水样中加入净化内标后，根据水样量、共存有机干扰物的量和种类选取使用固相萃取或液—液萃取。固相萃取步骤：

① 过滤：将已加入净化内标的水样通过 0.45μm 玻璃纤维滤膜过滤，将颗粒物与水相分开。当水样中悬浮物较多时，滤膜容易堵塞，可用不同孔径的滤纸（或膜）多次过滤后，再用 0.45μm 玻璃纤维滤膜过滤。

② 固相萃取圆盘安装：将固相萃取圆盘置于抽滤芯的滤网上，用甲苯浸润后在上方安置漏斗，用夹子夹紧，组装成固相萃取装置，加入约 15mL 甲苯，当甲苯自然滴落时开始抽滤，缓缓抽滤 1min 以上保证除尽甲苯，加入 15mL 丙酮，操作同前。加入 15mL 甲醇浸泡约 1min，抽滤至圆盘表面约剩 1mm 甲醇时停止抽吸。再分别用 50mL 纯水 [用（1+1）正己烷净化水] 洗涤二次，注意不能将圆盘抽干。

③ 萃取：将过滤后的水样注入上述的漏斗中，以约 100mL/min 的流速抽滤（注意防止固相萃取圆盘吸附饱和，一般一个约 90mm 圆盘只能用于 5L 以下水样）。漏斗内水样抽滤完之前，用少量纯水洗涤水样瓶内壁，抽滤至漏斗无水为止，将圆盘取出、风干。干燥之后将固相萃取圆盘与玻璃纤维滤膜一起用甲苯索氏提取 16h。水样容器内壁用甲苯或二氯甲烷洗涤，洗涤液经无水硫酸钠脱水后与索氏提取后的溶液合并，用浓缩器将提取液浓缩后置于 10mL（或 50mL）容量瓶中，用甲苯定容。

（2）液—液萃取

① 过滤：同(1)固相萃取①过滤。

② 萃取：将滤液放入分液漏斗中，以每升滤液加入 100mL 萃取剂甲苯或二氯甲烷的比例加入萃取剂，振荡萃取约 20min。用甲苯萃取 10 次，若用二氯甲烷则需萃取 3 次，用无水硫酸钠脱水后将萃取液合并。玻璃纤维滤膜上的颗粒物经风干后，用甲苯进行索氏提取 16h 以上，将提取液和萃取液合并。水样容器内壁用甲苯或二氯甲烷洗涤，洗涤液经无水硫酸钠脱水后与上述合并溶液合并。

（3）硫酸处理—硅胶净化柱或多层硅胶净化柱

将固相萃取或溶剂萃取后的萃取液经过分离、净化，除去干扰物质。硫酸—硅胶净化柱：如果需除硫化物时，要先经 $AgNO_3$ 处理后再用硫酸处理，即将 $AgNO_3$ 硅胶填于柱中，使萃取液通过该柱。

① 分取适量萃取液用浓缩器浓缩至约 5mL，再通入 N_2 浓缩至 500μL（注意 N_2 不能吸得太快，防止待测成分损失或干涸，以下同）。

② 将此溶液用 50~150mL 甲苯边洗边放入 300mL 的分液漏斗中，加入 5mL 硫酸，缓缓振摇，静置后除去硫酸层，再加入硫酸重复 3~4 次，直至硫酸层颜色很浅为止（当加入硫酸时，硫酸与有机物反应激烈，要注意安全）。

③ 用甲苯洗涤过的纯水反复洗涤甲苯层，直到洗涤水为中性为止。用无水硫酸钠脱水再用浓缩器浓缩至约 2mL。

④ 在净化柱的底部填入玻璃棉，用 10mL 甲苯洗涤柱管，玻璃棉上应留有少许甲苯。取 3g 硅胶与 10mL 甲苯放入烧杯中，用玻璃棒轻轻搅拌混匀，并除去气泡。用湿法将硅胶装入净化柱中，使甲苯流过柱管，待硅胶层填实后，在上面装约 10mm 厚的无水硫酸钠，用数毫升甲苯洗下柱管壁可能黏附的硫酸钠。

⑤ 使硅胶柱中流过 50mL 正己烷，并使液面正好在硫酸钠层的表面，将③中的溶液慢慢移入柱中，并用1mL 正己烷多次洗涤容器后移入柱中，放出柱中溶液使液面降至硫酸钠层以下。将装有 150mL 正己烷的分液漏斗置于净化柱上，以约 2.5mL/min 的流速（约每秒 1 滴）使正己烷流过硅胶柱淋洗。

⑥ 用浓缩器将正己烷淋洗液浓缩至约 5mL，再进行氧化铝柱净化。

（4）多层硅胶净化柱

① 净化柱制备：在净化柱管（内径 15mm）的底部填入玻璃棉后，顺次填入 0.9g 硅胶、

氢氧化钾(2%)硅胶 3g、硅胶 0.9g、硫酸(44%)硅胶 4.5g、硫酸(22%)硅胶 6g、硅胶 0.9g、硝酸银(10%)硅胶 3g 及无水硫酸钠 6g。

② 使 50mL 正己烷流过多层硅胶柱,并使液面保留至刚好在硫酸钠层以上。

③ 分取适量经固相或液—液萃取后的样品,用浓缩器浓缩至约 5mL,吹 N_2 使甲苯挥发后约剩 500μL,将此溶液缓慢倒入净化柱中。

④ 用 1mL 正己烷洗涤萃取液容器,将洗涤液缓缓过柱,此操作反复进行 2~3 次。

⑤ 在净化柱上方安装盛有 120mL 正己烷的分液漏斗,以 2.5mL/min(约每秒 1 滴)流速使正己烷流下。

⑥ 将正己烷流出液浓缩至约 5mL,以此作为下述氧化铝净化柱的操作溶液;若净化柱颜色较深,则须重复上述①~⑤步骤。

(5) 氧化铝柱净化

① 在净化管底部装入玻璃棉,用 10mL 正己烷洗净管内壁,在玻璃棉中要残存有少许正己烷。取 10g 氧化铝放于烧杯中,加入 10mL 正己烷,用玻璃棒搅拌除去气泡后填充入净化管中,使正己烷流过,将氧化铝层压紧。从上方再放入约 10mm 厚的无水硫酸钠,用数毫升正己烷洗脱可能附着于管内壁的硫酸钠,再用 50mL 正己烷流过氧化铝柱,液面保持在刚好到达硫酸钠层的上方。

② 小心加入适量经前述(3)⑥或(4)⑥制备的样品,并用 1mL 正己烷洗涤数次,当正己烷液面降至硫酸钠表面下之后,以 2.5mL/min(约每秒 1 滴)的流速流过含 2%二氯甲烷的正己烷 100mL。这样得到第一组分试样,密闭,冷藏保存。

③ 将 150mL 含 50%二氯甲烷的正己烷以 2.5mL/min(约每秒 1 滴)的流速过氧化铝柱,得到第二组分试样,该试样中含有二噁英类。

④ 将第二组分试样用浓缩器浓缩至约 5mL,并用 N_2 吹脱,使溶剂挥发至约 500μL 后加入进样内标,并使该内标物浓度与校准曲线浓度大致相同,加入 0.5mL 壬烷(也可加入甲苯、癸烷或 2,2,4-三甲基戊烷),再用 N_2 吹至 20~100μL,此为测定二噁英类的试样。

7. 测定

(1) 质谱仪调整

调整完仪器运行状态及必要的测定条件后,导入质量校正用的标准物质,用质量校正程序校正。质量标准和分辨率(10000 以上)等应根据测定目的校正所需要的值,特别是在整个测定质量范围内必须调整分辨率都在 10000 以上。一般在测定之初进行质量校正,校正结果要一直保存。

(2) SIM 测定

① 设定 GC-MS 测定条件。

② 导入质量校正用标准物质并使其检测通道的响应稳定后,再进行测定。

③ 记录所设定的各种氯化合物质量数及其色谱图。

④ 完成测定后在进行数据处理之前，要确定每个试样在质量校正用标准物质的检测通道、有无干扰成分、2,3,7,8-氯取代化合物的异构体分离效果等。

（3）校准曲线绘制

标准溶液测定：每个浓度的标准溶液至少进样 3 次，按（2）的 SIM 操作进行测定，全部标准系列得到 15 个以上的数据。

峰面积之比确认：从各种标准物质对应的两个质量数的离子峰面积之比应与氯原子同位素丰度比大体一致。

计算相对灵敏度：

① 求出各标准物质及内标的峰面积。用各标准物质对应的净化内标的峰面积之比和注入 GC-MS 的标准物质和内标的校准浓度比制作校准曲线，计算出相对灵敏度（RRF_{CS}）。RRF_{CS} 按下式计算，取每种浓度的平均值，但测定数据的相对标准偏差应小于 5%。用最小二乘法进行线性回归，其斜率即为 RRF_{CS}，若线性好时则截距为零。

$$RRF_{CS} = \frac{Q_{cs}}{Q_S} \cdot \frac{A_S}{A_{CS}}$$

式中：RRF_{CS} 为测定目标物与净化内标的相对灵敏度；Q_{CS} 为标准溶液中净化内标的量（pg）；Q_S 为标准溶液中测定目标物的量（pg）；A_S 为标准溶液中测定目标物的峰面积；A_{CS} 为标准溶液中净化内标的峰面积。

② 用净化内标计算的相对灵敏度：

$$RRF_{rS} = \frac{Q_{rS}}{Q_{CS}} \cdot \frac{A_{CS}}{A_{rS}}$$

式中：RRF_{rS} 为净化内标与进样内标的相对灵敏度；Q_{rS} 为标准溶液中进样内标的量（pg）；Q_{CS} 为标准溶液中净化内标质量（pg）；A_{CS} 为标准溶液中净化内标的峰面积；A_{rS} 为标准溶液中进样内标的峰面积。

（4）样品测定

① 校准曲线确认：按 SIM 测定操作，以标准溶液绘制校准曲线，并按与（3）同样的各种异构体及其相应的净化内标计算出相对灵敏度（RRF_{CS}），并且计算出净化内标及其相应的进样内标的相对灵敏度（RRF_{rS}）。相对灵敏度相差在 ±20% 以内才可使用校准曲线，如果超过 ±20% 须找出原因，重新绘制校准曲线。

② 试样测定：用经萃取、净化程序制备的试样进行 SIM 操作，测量各种含氯化合物质量数的色谱峰。

③ 灵敏度变化确认：每天至少一次用校准曲线的中间浓度点计算相对灵敏度（RRF_{CS}），误差必须在 ±20%，否则查出原因重新测定。检查保留时间的变化情况，如果 1 天之内保留时间变化超过 ±5%，与内标物质的相对保留时间之比超过 ±2% 时，必须找出原因，重新测定试样。

(5) 色谱峰检测

① 进样内标确认：测定试样中进样内标的峰面积必须达到标准溶液中进样内标峰面积的70%以上，否则找出误差的原因，重新测定。

② 色谱峰检测：在色谱图上，对于基线噪声宽度(N)三倍以上峰高时的色谱峰（即峰高达 S/N=3 时的色谱峰），进行下述定性和定量操作。

噪声宽度(N)及峰高(S)按下述方法求得：首先测定峰附近（在峰半宽约10倍的范围内）噪声，测量标准偏差的二倍即为噪声宽度(N)。以操作的中间值为基线，到峰的顶部为峰高(S)，若得到的色谱图基线不高于仪器的零点则不能测量噪声，因此测量前应先确认基线，必要时重新启动仪器，重新调整后再进行测量。

③ 峰面积计算：以②中所测的峰计算其面积。

(6) 二噁英类定性测定

① 二噁英类定性：测定两个以上离子的色谱峰面积之比并与相应的标准对照，若误差在±15%以内（检出限三倍以下浓度时放宽误差至25%），该峰即为相应的二噁英类，见表4-47。当定性检测没有标准物质的异构体时只能查阅文献资料。

表4-47 二噁英类的离子丰度比

二噁英类	M	M+2	M+4	M+6	M+8	M+10	M+12	M+14
TeCDDs	77.43	100.00	48.74	10.72	0.94	0.01		
PeCDDs	62.06	100.00	64.69	21.08	3.50	0.25		
HxCDDs	51.79	100.00	80.66	34.85	8.54	1.14	0.07	
HpCDDs	44.43	100.00	96.64	52.03	16.89	3.32	0.37	0.02
OCDD	34.54	88.80	100.00	64.48	26.07	6.78	1.11	0.11
TeCDFs	77.55	100.00	48.61	10.64	0.92			
PeCDFs	62.14	100.00	64.57	21.98	3.46	0.24		
HxCDFs	51.84	100.00	80.54	34.72	8.48	1.12	0.07	
HpCDFs	44.47	100.00	96.52	51.88	16.80	3.29	0.37	0.02
OCDF	34.61	88.89	100.00	64.39	25.98	6.74	1.10	0.11

② 2,3,7,8-氯取代异构体定性检测：定性检测二噁英类中2,3,7,8-氯取代异构体时，色谱峰的保留时间和标准物质大致相同，对应的内标及其保留时间和标准物质一致时，即可定性。

(7) 二噁英类定量测定

① 各异构体定量：萃取液中定性检测后的2,3,7,8-氯取代异构体量(Q_i)，是以对应的净化内标的加入量为基准，使用内标法定量求得，其他异构体也用同样的方法，计算

公式：

$$Q_i = \frac{A_i}{A_{CSi}} \cdot \frac{Q_{CSi}}{RRF_{CS}}$$

式中：Q_i 为全部试样萃取液中各异构体的量（pg）；A_i 为色谱图上异构体的峰面积；A_{CSi} 为对应的净化内标的峰面积；Q_{CSi} 为对应的净化内标的加入量（pg），若分取部分萃取液进行测定时，要校正；RRF_{CS} 为对应净化内标的相对灵敏度（在测定不是 2,3,7,8-氯取代异构体时，使用 2,3,7,8-氯取代异构体相对灵敏度的平均值）。

② 浓度计算：从测得各种异构体的量按下式计算试样中的浓度，有效数字只要求保留两位。

$$C_i = (Q_i - Q_t) \cdot \frac{1}{V}$$

式中：C_i 为水样中各异构体的浓度（pg/L）；Q_i 为萃取液总量中异构体的量（pg）；Q_t 为异构体的空白量（pg）；V 为取样量（L）。

8. 结果表示和报告

在二噁英类的测定结果中，要记录 2,3,7,8-氯取代的各种异构体浓度（根据需要对 1,3,6,8-TeCDD、1,2,7,8-TeCDF 等异构体的浓度也要定量记录）、4～8 氯取代化合物（TeCDDs～OCDD 及 TeCDFs～OCDF）及异构体浓度，并计算其总和。

当各种异构体浓度在试样的定量下限以上时，如实记录；而在检出限以上定量下限以下时，为了表示出与其他值的区别及精密度难以保证时，以括号注明。

① 浓度单位：以 pg/L 表示。

② 毒性当量（TEQ）换算：以测定浓度和毒性等价系数（TEF，2,3,7,8-TeCDD Toxicity Equivalency Factor）相乘，以 pg-TEQ/L 表示。

③ 毒性等价系数（TEF）：表 4-48 所列出两组的 TEF 有所不同，两种都可以使用，但必须注明使用的是哪一种。

表 4-48　二噁英类的毒性等价系数

二噁英类	异构体	TEF(1988)*	TEF(1997)**
PCDDs	2,3,7,8-TeCDD	1	1
	1,2,3,7,8-PeCDD	0.5	1
	1,2,3,4,7,8-HxCDD	0.1	0.1
	1,2,3,6,7,8-HxCDD	0.1	0.1
	1,2,3,7,8,9-HxCDD	0.1	0.1
	1,2,3,4,6,7,8-HpCDD	0.01	0.01
	1,2,3,4,6,7,8,9-OCDD	0.001	0.0001
	其他	0	0

(续)

二噁英类	异构体	TEF(1988)*	TEF(1997)**
PCDFs	2,3,7,8-TeCDF	0.1	0.1
	1,2,3,7,8-PeCDF	0.05	0.05
	2,3,4,7,8-PeCDF	0.5	0.5
	1,2,3,4,7,8-HxCDF	0.1	0.1
	1,2,3,6,7,8-HxCDF	0.1	0.1
	1,2,3,7,8,9-HxCDF	0.1	0.1
	2,3,4,6,7,8-HxCDF	0.1	0.1
	1,2,3,4,6,7,8-HpCDF	0.01	0.01
	1,2,3,4,7,8,9-HpCDF	0.01	0.01
	1,2,3,4,6,7,8,9-OCDF	0.001	0.0001
	其他	0	0

注：* WHO/IPCS 于 1988 年提出，** WHO/IPCS 于 1997 年提出。

④ 毒性当量(TEQ)计算：按下述方法计算各种异构体的毒性当量和总毒性当量，同时必须注明所使用的计算方法。

在没有特殊要求的情况下，直接使用大于定量下限的数据，低于定量下限而高于检出限的数据在计算时以零计，用所有数据之和计算毒性当量。

根据不同要求，还有以下的计算方法：小于定量下限但大于检出限的数据可直接使用，当在定量下限以下时，按试样的检出限计算各异构体的毒性当量，以所有数据之和计算毒性当量；大于和小于定量下限的数据选用检出限以上的数据直接使用，小于检出限的数据用试样检出限的 1/2 计算各异构体的毒性当量，相加计算出毒性当量。

六、苯胺类化合物

苯胺类化合物除广泛应用于化工、印染和制药等工业生产外，还是合成药物、染料、杀虫剂、高分子材料、炸药等的重要原料之一。苯胺及其衍生物可以通过吸入、食入或透过皮肤吸收而导致中毒，能通过形成高铁血红蛋白造成人体血液循环系统损害，可直接作用于肝细胞，引起中毒性损害。这类化合物进入人体后易与含大量类脂质的神经细胞发生作用，引起神经系统损害。另外，苯胺类化合物还具有致癌和致突变的作用。苯胺类化合物一般在环境中有残留，因此分析环境样品中的苯胺类化合物是十分重要的。

苯胺类化合物测定方法：萘乙二胺偶氮分光光度法，只能测定苯胺及其芳香苯胺类化合物的总量，不能对每一个苯胺类化合物进行定性、定量分析；液相色谱法(HPLC)测定可以分别测定各种苯胺类化合物的含量。

采集 1000mL 水样，贮存于棕色玻璃瓶中。水样中的苯胺类化合物易于降解，应尽快分析。采集的水样若不能及时测定,应将样品保存在 4℃ 冰箱中,采样后应在 24h 内进行萃取,萃取后的样品在 40 天内分析完毕。

1. 液相色谱法原理

用二氯甲烷液—液萃取,K-D 浓缩器浓缩,HPLC 定量分析水中的苯胺类化合物。

水体中的酚类化合物对苯胺类化合物的分析检测有干扰,萃取时控制 pH10~11 可消除干扰,其他化合物的干扰可采用硅酸镁(佛罗里硅土)净化消除。

本方法可测定湿地水体和受污染水体中的苯胺类化合物,最低检出限,见表 4-49。

表 4-49 苯胺类化合物的最低检出限

化合物名称	苯胺	对-硝基苯胺	间-硝基苯胺	邻-硝基苯胺	2,4-二硝基苯胺
最低检出限($\mu g/L$)	0.3	1.3	0.4	0.9	0.6

2. 仪器设备

① 高效液相色谱仪,具紫外检测器。

② K-D 浓缩器:具 1mL 刻度的浓缩瓶。

③ 分液漏斗:250mL,带聚四氟乙烯旋塞。

④ 硅酸镁净化柱:柱长 35cm、内径 12mm。称量硅酸镁 3g,滴加 5%(0.15g)的异丙醇并在振荡器上振荡 5min,装填层析柱,先将少量玻璃棉填入玻璃层析柱的下端,用 2~3mL 正己烷润湿柱内壁,在小烧杯中用环己烷将硅酸镁制成匀浆,以湿法装柱,柱顶铺少量无水硫酸钠,放出柱中过量的正己烷至填料的界面以上。

⑤ 恒温水浴锅:温控可调节。

3. 试剂溶液

① 甲醇(色谱纯)。

② 乙酸铵(分析纯)。

③ 乙酸(分析纯)。

④ 无水硫酸钠(分析纯):300℃ 烘 4h 备用。

⑤ 氯化钠(分析纯):300℃ 烘 4h 备用。

⑥ 二氯甲烷(分析纯)。

⑦ 标准贮备溶液:称取苯胺类标准试剂各 100mg,分别置于 100mL 容量瓶中,用甲醇定容,贮备溶液中各化合物的浓度为 1000mg/L,也可以购买商品标准贮备溶液。

⑧ 标准中间溶液:用 10mL 单标线吸管取贮备溶液各 10.0mL,置于 100mL 容量瓶中,用甲醇稀释至刻度,该溶液中各化合物浓度为 100mg/L。

⑨ 标准校准溶液:根据液相色谱紫外检测器的灵敏度及线性要求,用甲醇分别稀释中间溶液,配制成几种不同浓度的标准溶液,在 2~5℃ 避光贮存,现用现配。

4. 测定步骤

(1) 样品预处理

取 100mL 水样(地表水和地下水样取 1000mL)用 1mol/L 的氢氧化钠将水样的 pH 调至 11~12,加入 5g 氯化钠。将水样转入 250mL 的分液漏斗中,加入 10mL 二氯甲烷充分振摇,萃取 2min,用无水硫酸钠过滤脱水,收集有机相于鸡心瓶中,重复萃取两次,合并有机相,用 K-D 浓缩器将萃取液浓缩至 0.5mL 左右,用甲醇定容至 1mL,待色谱分析(若样品中有杂质干扰测定,可将浓缩液经硅酸镁柱净化)。

(2) 萃取液净化

将样品移至装有活化的硅酸镁层析柱床的顶部,以适量正己烷洗净浓缩瓶并淋洗层析柱,再用甲醇淋洗层析柱,用浓缩瓶接取 25mL 淋洗液,在 K-D 浓缩器上浓缩至 1mL,供色谱分析用(或将浓缩液转移至自动进样器专用进样小瓶中,封口后待分析)。

(3) 色谱条件

① 色谱柱:Zorbax ODS 250mm × 4.6mm(内径)不锈钢柱。

② 流动相:0.05mol/L 乙酸铵—乙酸缓冲液、甲醇(65:35)的混合液。流速:0.8mL/min。

③ 紫外检测波长:285nm;进样量 10μL。

(4) HPLC 测定

调试液相色谱仪,使之正常运行并能达到预期的分离效果,预热运行至获得稳定的基线,注入标准样品,记录色谱保留时间和响应值。

(5) 校准曲线绘制

分别取 100mg/L 的苯胺类化合物混合标样 0μL、10μL、50μL、100μL、250μL、500μL、1000μL,用甲醇溶至 1mL,使标样浓度分别为 0mg/L、1mg/L、5mg/L、10mg/L、25mg/L、50mg/L、100mg/L,根据 HPLC 测定结果绘制校准曲线。

(6) 色谱图

苯胺类的色谱图,见图 4-18。

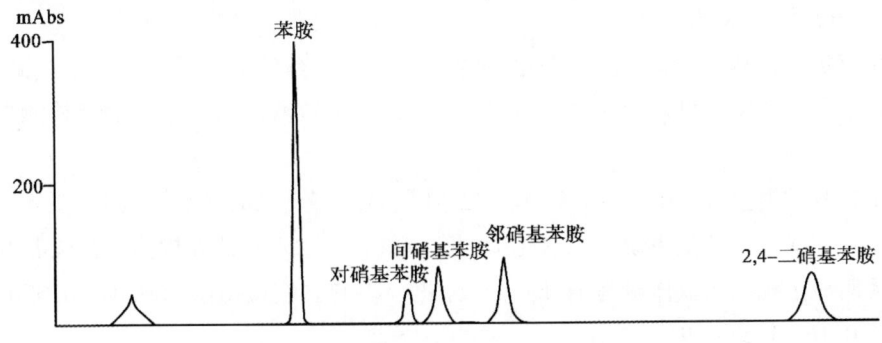

图 4-18 苯胺类化合物的标准色谱图

5. 计算

采用标准实验溶液单点外标峰高或峰面积计算法，水样中各组分的浓度按下式计算：

$$X_i = \frac{E_i \cdot A_i \cdot V_2}{A_E \cdot V_1}$$

式中：X_i 为水样中组分 i 的浓度（mg/L）；E_i 为标样中组分 i 的浓度（mg/L）；A_E 为标样中组分 i 的峰高或峰面积；A_i 为萃取液中组分 i 的峰高或峰面积；V_2 为萃取液体积（mL）；V_1 为水样体积（mL）。

6. 注意事项

① 苯胺为无色透明液体，如色泽变黄应重新蒸馏后使用。

② 萃取水中苯胺类化合物之前，必须严格将 pH 调至 10~11，加入适量的氯化钠有助于提高苯胺类化合物的回收率，避免严重乳化现象的发生。

③ 萃取液在浓缩后的最终容积不要低于 0.5 mL，否则苯胺类化合物的回收率较低。

七、硝基苯类

硝基苯类物质主要包括硝基苯、二硝基苯、二硝基甲苯、三硝基甲苯及二硝基氯苯等，是一种广泛应用的化工原料，应用于印染、国防、塑料、医药与农药工业。硝基苯类化合物可通过废水、废气进入环境，由于硝基苯结构稳定、较难降解、易生物富集，特别是进入水体会以黄绿色油状物沉入水底，并随地下水渗入土壤，长时间保持不变，因此，造成的水体和土壤污染会持续相当长的时间，并对水生生态系统产生一系列的生态影响和环境效应。

硝基苯类物质属高毒性物质，可经呼吸道、消化道和皮肤侵入人体产生毒性作用，引起神经系统症状、贫血，破坏人体的肝脏和呼吸系统，被列入优先监测污染物名单。

1. 气相色谱法原理

采用有机溶剂萃取，萃取液经净化（或浓缩）后，进行色谱分析。对于某些硝基苯类，因其能随水蒸气蒸发，可采用先蒸馏再萃取，然后将萃取液注入具电子捕获检测器的气相色谱仪测定。

在硝基苯的模拟水样中，存在甲苯、二甲苯、氯代苯、邻二氯苯、间二氯苯、对二氯苯、1,2,3-三氯苯、三氯甲烷、四氯化碳和有机氯农药六六六的异构体，在柱温 160℃ 时，对本法无明显干扰。当取样量为 1L 时，目标化合物的方法检出限为 0.04~0.05 μg/L，测定下限为 0.16~0.20 μg/L。

2. 仪器设备

① 气相色谱仪，具电子捕获检测器（ECD，采用 [63]Ni 放射源）。

② 500mL 全玻璃蒸馏器。

③ 吸附富集柱：长 12cm、内径 0.6~0.7cm，下端带活塞的玻璃柱，内填装 0.5~1g GDX-502 大孔树脂，柱两端用硅烷化玻璃棉固定，在本法所用色谱分析条件下，用无干扰峰的苯洗脱。

3. 试剂溶液

① 固定液：PEGA、DEGA、FFAP、OV-225。

② 纯水：蒸馏水用苯洗涤，电炉煮沸 3~5min，冷却装瓶备用。

③ 纯苯：用全玻璃蒸馏器重蒸馏，在色谱分析条件下无干扰峰。

④ 无水硫酸钠：400℃烘 4h，放入干燥器中冷却，装瓶备用。

⑤ GDX-502 大孔树脂：在脂肪抽提器中，依次经乙腈（C_2H_3N）、乙醚和苯各抽提 6h，浸放于甲醇中备用。

⑥ 硝基苯类多种标准化合物：硝基苯，邻硝基甲苯、间硝基甲苯、对硝基甲苯，二硝基甲苯各种异构体等，均为色谱纯试剂。

⑦ 硝基苯类标准溶液：准确称量硝基苯约 100mg，放入 100mL 容量瓶中，加入少许乙醚溶解，加苯至刻度，作为硝基苯标准原液（约 1000mg/L）；用同样方法配制其他硝基苯类化合物的标准溶液，再根据需要配成不同浓度的标准混合液。

4. 测定步骤

（1）样品制备

取样后，用浓盐酸调至 pH 4 左右，最好当天分析。进行色谱分析前，视水样的不同情况，分别进行处理。

① 直接萃取法：适用于含硝基苯类化合物浓度较高（1.0μg/L 以上）所含干扰杂质成分不复杂的工业废水分析。摇匀水样，精确移取一定量待测水样 10.0~250mL，放入 500mL 分液漏斗中，加苯 25.0mL，摇动，放出气体，再振摇萃取 3~5min。静置分层 5~10min，弃去水相，将苯萃取液通过无水硫酸钠柱干燥后，移取出 2~3mL 苯萃取液，放入事先盛有少许无水硫酸钠的具塞离心管中，供色谱分析用。

② 蒸馏—苯萃取法：适用于含杂质较复杂的工业废水和地表水中硝基化合物或 2,6-DNT、2,5-DNT 的分析。用 250mL 量筒量取 250mL 水样，置入 500mL 蒸馏瓶中，加纯水至约 300mL 及数粒玻璃珠，装上蛇形冷凝管，在电炉上加热蒸馏，收集最初馏出液 160mL 于 250mL 容量瓶中，加苯 5.0mL，振摇 3~5min，静置 5min。从瓶口加入纯水至液面距瓶口 1~1.5cm 处，静置分层，然后从瓶口缓缓加入无水硫酸钠 1~2g，待其通过苯层沉入水层后，移出苯萃取液 1~2mL，置入事先盛有少许无水硫酸钠的具塞离心管中，供色谱分析用。

③ 吸附富集柱法：适用于含痕量硝基苯类化合物地表水的监测分析。取水样 500~1000mL 以 20~30mL/min 流速通过 GDX-502 富集柱，然后通入 N_2 吹出水液，加入 3.0mL 苯浸泡树脂 5min，吸出苯液放入 10mL 具塞离心管中，再重复用 2mL 苯，连续浸泡、洗脱

两次，合并苯液，用无水硫酸钠脱水（或转入 K-D 浓缩器中浓缩并定容）后，供色谱分析用。

（2）气相色谱分析

① 色谱柱：玻璃柱长 2m、内径 2~3mm。

② 载体：Chromosorb W-HP 60~80 目。

③ 固定相：（柱 1）3% PEGA/Chromosorb W-HP 60~80 目，（柱 2）3% DEGA/Chromosorb W-HP 60~80 目。

④ 载气：高纯氮，流速 50mL/min。

⑤ 温度：柱老化按 120℃（4h）→180℃（6h）→210℃（8h）三阶段进行。

⑥ 柱温：160℃（一硝基苯类），200℃（二硝基苯类）。

⑦ 汽化室 240℃，检测器 240℃。

⑧ 进样量：5μL。

（3）标准色谱图

七种一硝基苯类化合物气相色谱，见图 4-19；六种二硝基苯化合物气相色谱，见图 4-20。

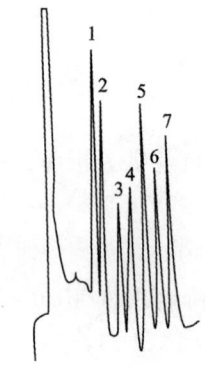
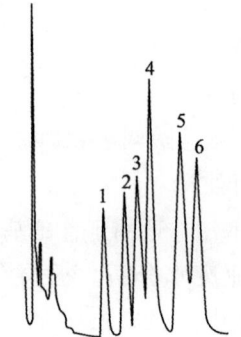

图 4-19　七种一硝基苯类化合物气相色谱

1—硝基苯；2—邻硝基甲苯；3—间硝基甲苯；
4—对硝基甲苯；5—间硝基氯苯；
6—对硝基氯苯；7—邻硝基氯苯

图 4-20　六种二硝基苯化合物气相色谱

1—2,6-DNT；2—2,5-DNT；3—2,4-DNT
4—3,5-DNT；5—2,4-二硝基氯苯
6—3,4-DNT

5. 计算

根据样品溶液的色谱峰高，选择接近该浓度的标准溶液注入色谱仪，以外标法定量，计算公式：

$$C_{硝基苯类化合物} = \frac{h_2 \cdot C_1 \cdot Q_1}{h_1 \cdot Q_2 \cdot K}$$

式中：$C_{硝基苯类化合物}$为硝基苯类化合物含量（μg/L）；C_1为标准溶液浓度（μg/L）；h_1为标样峰高（mm）；h_2为样品峰高（mm）；Q_1为标准溶液进样量（μL）；Q_2为样品苯溶液进样量

(μL)；K 为浓缩系数。

6. 注意事项

① 样品采集、保存和处理：采集的水样，必须收集在玻璃容器中。从采集到萃取前，必须将样品在 4℃ 下冷藏。所有样品必须在 7 天内萃取完，并在萃取后 40 天内分析完成。

② PEGA 柱对多种一硝基苯类和二硝基苯类化合物均有较好的分离效果，固定液最高使用温度为 220℃，国产固定液标明最高使用温度较低些，但"上海试剂"和"北京试剂"产品，经柱老化后，使用效果也较好。DEGA 柱对一硝基苯类化合物的分离效果较好，OV-225 柱对二硝基苯类化合物分离效果较好，FFAP 柱可代替 PEGA 柱使用。

③ 鉴于色谱法技术发展迅速，允许分析人员做某些变更以改善分离效果，但要求分析人员必须进行准确度和精密度实验，取得可接受的准确度和精密度后方可应用。

④ 用保留时间定性时，应以当天测定标样实际相对保留时间值为准，硝基苯类化合物在 PEGA 柱和 DEGA 柱上的保留时间值，见表 4-50。

表 4-50　硝基苯类在色谱柱上的保留时间值

化合物名称	加标量(ng/μL)	柱 1 保留时间(min)				柱 2 保留时间(min)	
		160℃	190℃	200℃	210℃	160℃	200℃
氯苯							
间二氯苯						0.93	
邻二氯苯						1.32	
1,2,4-三氯苯						1.55	
硝基苯	$5×10^3$	1.59	0.92			2.34	1.20
邻硝基甲苯	$5×10^3$	1.80	1.00			3.225	1.31
间硝基甲苯	$5×10^3$	2.22	1.16			3.70	
对硝基甲苯	$5×10^3$	2.48	1.26			1.125	1.50
间硝基氯苯	$2.4×10^3$	2.64	1.30			1.507	1.65
对硝基氯苯	$2.4×10^3$	2.97	1.45			5.075	
邻硝基氯苯	$2.4×10^3$	3.30	1.57			5.537	1.72
2,6-DNT	$6×10^3$		1.85	3.83	3.06		1.87
2,5-DNT	$6×10^3$		5.11	4.38	3.19	6.247	
2,3-DNT	$6×10^{-3}$		7.38	6.08	5.02	6.715	2.07
2,4-DNT	$6×10^{-3}$		7.90		5.77	7.207	
3,5-DNT	$6×10^2$		10.10		8.09		
2,4-二硝基氯苯	$1.8×10^2$		11.58		9.14		
3,4-DNT	$4×10^2$		12.50		10.01		

⑤ 本方法灵敏度高,检出限低于1μg/L,采用简便的"先定容的苯萃取法"或"蒸馏—苯萃取法"预处理,即可满足我国现行地表水中最高允许浓度(50μg/L硝基氯苯)监测分析的要求。

八、有机氯农药(六六六、滴滴涕)

有机氯农药(organochlorine pesticides, OCPs)是有机氯元素与一个或多个苯环相结合、有机氯元素与环戊二烯相结合的氯代化合物。有机氯农药是持久性有机污染物的一类,因其成本低、效率高、杀虫谱广等,在我国及全球农业生产和病虫害防治中得到广泛应用。使用最早、应用最广的杀虫剂有滴滴涕(DDT)、六六六、氯丹、七氯、艾氏剂等;杀螨剂有三氯杀螨砜、三氯杀螨醇等;杀菌剂有五氯硝基苯、百菌清、道丰宁等。农业生产中农药通过地表径流、喷洒残留、渗透或残留在粮食作物上而扩散到环境中,并在环境中长距离迁移。水环境中的有机氯农药主要通过大气传输、干湿沉降、水流搬运、环境介质交换等方式经远距离迁移进入流域水体,通过生物富集和食物链作用,危害生物,对水生态系统构成威胁。

通过食物链进入人体的有机氯农药能在肝、肾、心脏等组织中聚集,对人的急性毒性主要是刺激神经中枢。慢性中毒表现为食欲不振,体重减轻,有时也可产生小脑失调、造血器官障碍等;重度中毒者会肌肉收缩、引起癫痫发作、昏迷,甚至死亡。

(一) 土壤和底泥中有机氯农药—气相色谱法

1. 方法原理

本方法用丙酮和石油醚在索氏提取器上提取底泥中的六六六、DDT,提取液经水洗、净化后用具电子捕获检测器的气相色谱仪测定,用外标法定量。

样品中的有机磷农药、不饱和烃以及邻苯二甲酸酯类等有机化合物均能被丙酮和石油醚提取,且干扰六六六、DDT的测定,这些干扰物质可用浓硫酸洗涤除去。

当所用仪器不同时,方法的检出范围不同,六六六通常检测至4ng/L,DDT可检测至200ng/L。

采集样品要用玻璃采样器或金属器械。样品装入玻璃瓶,并在到达实验室之前使它不变质或免受污染,样品到达实验室之后应尽快进行风干操作。

2. 仪器设备

① 气相色谱仪:具电子捕获检测器,检测器的放射源可采用^{63}Ni。

② 色谱柱:填充柱1~2支(硅质玻璃),长度1.8~2.0m、内径2~3.5mm。

③ 样品瓶:1L玻璃广口瓶。

④ 索氏提取器:100mL。

⑤ K-D浓缩器:50mL梨形瓶下部连接具有1mL刻度管的底瓶,或相当型式的仪器。

⑥ 分液漏斗:250mL。

⑦ 量筒：25mL。

⑧ 微量注射器：5μL、10μL。

⑨ 玻璃棉(过滤用)：在索氏提取器上用丙酮提取4h，晾干后备用。

3. 试剂材料

① 载气：氮气，纯度99.9%，氧的含量<5ppm，用装5Å分子筛净化管净化。

② 石油醚：沸程30~60℃或60~90℃，浓缩50倍后，色谱测定无干扰峰，如有干扰需用全玻璃蒸馏器重新蒸馏。

③ 浓硫酸。

④ 无水硫酸钠(优级纯)。

⑤ 丙酮(分析纯)。

⑥ 20g/L 硫酸钠($Na_2SO_4 \cdot 10H_2O$)溶液：使用前用石油醚提取3次，溶液与石油醚之比为10:1。

⑦ 异辛烷：色谱进样无干扰峰。

⑧ 六六六、DDT 标准物质：α-六六六、γ-六六六、β-六六六、δ-六六六、p,p'-DDE、o,p'-DDT、p,p'-DDD、p,p'-DDT；纯度为95%~99%。

⑨ 贮备溶液：称取每种标准物100mg，精确至1mg，溶于异辛烷(β-六六六先用少量苯溶解)，在容量瓶中定容至100mL，在4℃下可贮存一年；也可购买商品标准贮备液。

⑩ 中间溶液：用移液管量取8种贮备溶液至100mL容量瓶中，用异辛烷稀释至标线。8种贮备液量取的体积比为 $V_{\alpha-六六六}:V_{\gamma-六六六}:V_{\beta-六六六}:V_{\delta-六六六}:V_{p,p'-DDE}:V_{o,p'-DDT}:V_{p,p'-DDD}:V_{p,p'-DDT} = 1:1:3.5:1:3:5:3:8$。

⑪ 标准使用溶液：根据检测器的灵敏度及线性要求，用石油醚稀释中间溶液，配制几种浓度的标准使用溶液，在4℃可贮存两个月。

⑫ 色谱柱担体：Chromosorb W-AW-DMCS 80~100目。

⑬ 色谱柱固定液：(含50%的苯基)甲基硅酮(OV-17)，最高使用温度350℃；氟代烷基硅氧烷聚合物(QF-1)，最高使用温度250℃。

⑭ 硅藻土(celite)。

4. 测定步骤

(1) 样品处理

① 将采集的样品全部倒在玻璃板上，铺成薄层，经常翻动，在阴凉处使其自然风干。风干后的样品，用玻璃棒碾碎后，过2mm筛(铜网筛)除去2mm以上的砂砾和植物残体。

② 将上述样品反复按四分法缩分，最后留下足够分析的样品，再进一步用玻璃研钵予以磨细，全部通过60目金属筛。过筛的样品，充分摇匀，装瓶备分析用。在制备样品时，必须注意样品不要受到污染。

(2) 提取

① 称取60目试样20.00g(同时另称量20.00g以测定试样水分含量)，置于小烧杯中，

加 2mL 水，加 4g 硅藻土，充分混匀后全部移入滤纸筒内。上部盖上一片滤纸(或将试样用滤纸包好)移入索氏提取器中，将 40mL 石油醚和 40mL 丙酮混合后倒入提取器中，使滤纸刚刚浸泡，剩余的混合溶剂倒入底瓶中。

② 将试样浸泡 12h 后，再提取 4h，待冷却后将提取液移入 250mL 分液漏斗中。用 20mL 石油醚分三次冲洗提取器底瓶，将洗涤液并入分液漏斗中，向分液漏斗中加入 150mL 2%硫酸钠水溶液，振摇 1min，静置分层后，弃去下层丙酮水溶液，上层石油醚提取液供净化用。

(3) 净化

在盛有石油醚提取液分液漏斗中，加入 6mL 浓硫酸，开始轻轻振摇，注意放气。然后激烈振摇 5~10s，静置分层后弃去下层硫酸。重复上述操作数次，至硫酸层无色为止。向净化的有机相中加入 5.0mL 硫酸钠水溶液洗涤有机相两次，弃去水相，有机相通过铺有 5~8mm 厚无水硫酸钠的三角漏斗(无水硫酸钠用玻璃棉支托)，使有机相脱水。有机相流入具 1mL 刻度管的 K-D 浓缩器，用 3~5mL 石油醚洗涤分液漏斗和无水硫酸钠层，洗涤液收集至 K-D 浓缩器中。

(4) 样品浓缩

① 将 K-D 浓缩器置于水浴锅内，水浴温度 40~70℃，若使用沸程范围 60~90℃ 石油醚时，控制水浴温度为 70~100℃，当表观体积达到 0.5~1mL 时，取下 K-D 浓缩器。

② 冷却至室温，用石油醚冲洗玻璃接口并定容至一定体积，供色谱分析用。

(5) 色谱条件

① 气化室温度：200℃；柱温：180℃；检测器温度：220℃。

② 载气流速：60mL/min(高纯氮)。

③ 固定液：1.5%OV-17，1.95%QF-1。

④ 纸速：5mm/min。

(6) 定性定量分析

① 定性分析：根据标准谱图各组分的保留时间，确定被测试样中出现的组分数目和组分名称。

② 定量分析：将各种浓度标准溶液注入色谱仪，确定电子捕获检测器线性范围，在线性范围内配制一系列浓度的标准使用溶液。

注入 5μL(或 10μL)样品溶液，并注入相同体积的响应值接近试样响应值的标准溶液，比较样品和标准溶液峰高，计算样品溶液含量。

$$C_2 = \frac{h_2 \cdot C_1 \cdot Q_1 \cdot V}{h_1 \cdot Q_2 \cdot W}$$

式中：C_2 为土样或底泥样品中目标化合物浓度(μg/kg)；h_2 为样品中目标化合物峰高(mm)；Q_2 为样品的进样量(μL)；C_1 为标准溶液中目标化合物浓度(μg/L)；h_1 为标准溶液中目标化合物峰高(mm)；Q_1 为标准溶液进样量(μL)；V 为样品提取液最终体积(mL)；W

为土样或底泥样品重量(g)。

5. 注意事项

① 新装填的色谱柱在通氮气条件下，连续老化至少48h，老化时要注入六六六、DDT的标准使用溶液，待色谱柱对农药的分离及检测响应恒定后方能进行定量分析。

② 检出限确定：当气相色谱仪灵敏度最高时，以噪声的2.5倍作为仪器的检出限，本方法要求仪器的灵敏度不低于10^{-11}g。

③ 样品预处理使用的有机溶剂有毒性且易挥发燃烧，预处理操作需注意通风。

(二) 有机氯农药—填充柱气相色谱法(GC-ECD)

1. 方法原理

本方法用石油醚萃取水中六六六、滴滴涕(DDT)，萃取液用浓硫酸处理，处理后的石油醚萃取液经水洗、静置分层、脱水后用具电子捕获检测器的气相色谱仪测定。

样品中的有机磷农药、不饱和烃以及邻苯二甲酸酯类等有机化合物均能被丙酮和石油醚提取，且干扰六六六、DDT的测定，这些干扰物质可用浓硫酸洗涤除去。

有机氯农药—填充柱气相色谱法检出范围因仪器不同而异。γ-六六六通常可检测至4μg/L，DDT可检测至200μg/L。

采集样品要求在到达实验室之前不使其变质或受到污染，需用玻璃瓶采集样品。在采样前要用待测水洗涤采样瓶2~3次，水样采集后应尽快分析，如不能及时分析，可在4℃冰箱中贮存，但不得超过7天。

2. 仪器设备

① 具检测器的气相色谱仪，检测器的放射源可用^{63}Ni源或耐高温氚氪源。

② 色谱柱：硬质玻璃填充柱，长1.8~2m、内径2~3.5mm。

③ 样品瓶：1000mL玻璃细口瓶。

④ K-D浓缩器，50mL梨形瓶下部连接有1mL刻度管的浓缩瓶。

⑤ 500mL分液漏斗。

⑥ 玻璃棉(过滤用)，在索氏提取器上用石油醚萃取4h，晾干后备用。

⑦ 振荡器，每分钟振荡次数≥200次，备有分液漏斗固定架。

3. 试剂材料

① 载气(氮气)：纯度99.9%，用装有5Å分子筛的净化管净化，氧的含量<5ppm。

② 石油醚：沸程30~60℃或60~90℃，浓缩50倍后，色谱测定无干扰峰，如有干扰，需用全玻璃蒸馏器重新蒸馏。

③ 浓硫酸(1.84g/mL)。

④ 无水硫酸钠：在300℃烘4h，放入干燥器中冷至室温，装入玻璃瓶备用。

⑤ 异辛烷(优级纯)。

⑥ 苯(优级纯)。

⑦ 色谱标准物：α-六六六、γ-六六六、β-六六六、δ-六六六、p,p'-DDE、o,p'-DDT、p,p'-DDD、p,p'-DDT；纯度为95%~99%。

⑧ 贮备溶液：称各种标准物100mg，准确至1mg，溶于异辛烷（β-六六六先用少量苯溶解），在容量瓶中定容至100mL。在4℃可贮存一年。

⑨ 中间溶液：用移液管按下列比例量取8种贮备溶液，移至100mL容量瓶中：α-六六六：γ-六六六：β-六六六：δ-六六六：p,p'-DDE：o,p'-DDT：p,p'-DDD：p,p'-DDT = 1:1:3.5:1:3:5:3:8，加异辛烷至标线。

⑩ 标准使用溶液：根据检测器灵敏度及测定浓度线性范围要求，用石油醚稀释中间溶液，配制各种浓度的标准使用溶液，在4℃冰箱中可贮存两个月。

⑪ 色谱柱担体：Chromosorb W-AW-DMCS 80~100目。

⑫ 固定液：OV-17，QF-1，两种固定液的配比为15%和1.95%。

⑬ 丙酮（分析纯）。

4. 测定步骤

(1) 水样萃取

摇匀水样，用量筒量取250mL，放入500mL分液漏斗中，再加入25mL石油醚，振摇分液漏斗（注意放气），然后将分液漏斗置于振荡器上，振摇5~10min，取下分液漏斗，静置10~30min，分层后弃去水相，上层石油醚供净化用。

(2) 萃取液净化

将2~2.5mL硫酸注入石油醚萃取液中，开始轻轻振摇分液漏斗（注意放气，以防受热不匀引起爆裂），然后激烈振摇5~10s，静置分层后弃去下层硫酸。重复上述操作数次，至硫酸层无色为止。向净化后的有机相中加25mL 2%硫酸钠水溶液，洗涤有机相两次（振摇分液漏斗时注意放气）。弃去水相，有机相通过铺有5~8mm厚无水硫酸钠的漏斗脱水后，放入K-D浓缩器中，再用3~5mL石油醚洗涤分液漏斗和无水硫酸钠层，洗涤液也收集在K-D浓缩器中。

(3) 样品浓缩

将K-D浓缩器置于水浴锅内，水浴温度40~70℃，若使用沸程范围60~90℃的石油醚时，水浴温度为70~100℃，当浓缩样品体积接近0.5~1mL时取下K-D浓缩器，冷却至室温。用石油醚冲洗玻璃接口并定容至1mL，供色谱分析用。

(4) 色谱条件

载气流速：60mL/min；柱温：180℃；汽化室温度：200℃；检测器温度：220℃；记录仪纸速：2.5~5mm/min。

(5) 定性定量分析

定性分析：根据标准谱图中各组分的保留时间，确定被测试样中色谱峰的组分名称。

定量分析：在色谱ECD检测的线性范围内，配制一系列浓度的标准使用溶液。注入5μL或10μL样品溶液，样品组分色谱峰出完后注入相同体积的标准使用溶液，标准使用溶液的响应值要接近样品的响应值。比较样品和标准使用溶液中目标化合物的色谱峰高，计算样品含量。

5. 计算公式

$$C_2 = \frac{h_2 \cdot C_1 \cdot Q_1}{h_1 \cdot Q_2 \cdot K}$$

式中：C_2 为水样中目标化合物的浓度（mg/L）；h_2 为样品溶液中目标化合物峰高（mm）；Q_2 为样品的进样量（μL）；C_1 为标准溶液中目标化合物的浓度（mg/L）；h_1 为标准溶液中目标化合物的峰高（mm）；Q_1 为标准溶液进样量（μL）；K 为样品体积与萃取液体积之比。

毛细柱气相色谱法和毛细柱气相色谱—质谱法可参考《水和废水监测分析方法（第四版）（增补版）》中有机氯农药的测定。

参 考 文 献

[1] 国家环境保护局, 1986. 水质 pH 的测定 玻璃电极法（GB 6920—1986）[S]. 北京：中国标准出版社.

[2] 国家环境保护局, 1987. 水质 铅的测定 双硫腙分光光度法（GB 7470—1987）[S]. 北京：中国标准出版社.

[3] 国家环境保护局, 1987. 水质 铜、锌、铅、镉的测定 原子吸收分光光度法（GB 7475—1987）[S]. 北京：中国标准出版社.

[4] 国家环境保护局, 1987. 水质 锌的测定 双硫腙分光光度法（GB 7472—1987）[M]. 北京：中国标准出版社.

[5] 国家环境保护局, 1987. 水质 总汞的测定 高锰酸钾-过硫酸钾消解法 双硫腙分光光度法（GB 7469—1987）[S]. 北京：中国标准出版社.

[6] 国家环境保护局, 1987. 水质 总砷的测定 二乙基二硫代氨基甲酸银分光光度法（GB 7485—1987）[S]. 北京：中国标准出版社.

[7] 国家环境保护局, 1991. 水质 水温的测定——温度计或颠倒温度计测定法（GB 13195—1991）[M]. 北京：中国标准出版社.

[8] 国家环境保护局, 1991. 水质 浊度的测定（GB 13200—1991）[S]. 北京：中国标准出版社.

[9] 国家环境保护局, 1993. 空气质量 恶臭的测定——三点比较式臭袋法（GB/T 14675—1993）[S]. 北京：中国标准出版社.

[10] 国家环境保护局, 国家技术监督局, 1994. 水质 湖泊和水库采样技术指导（GB/T 14581—1993）[S]. 北京：中国标准出版社.

[11] 国家环境保护局, 国家技术监督局, 1995. 水质 硒的测定 石墨炉原子吸收分光光度法（GB/T 15505—1995）[S]. 北京：中国标准出版社.

[12] 国家环境保护总局《水和废水监测分析方法》编委会, 2002. 水和废水监测分析方法（第四版）（增补版）[M]. 北京：中国环境科学出版社.

[13] 国家技术监督局, 1991. 水质 苯胺类化合物的测定 N-(1-萘基)乙二胺偶氮分光光度法（GB 11889—1989）[S]. 北京：中国标准出版社.

[14] 国家技术监督局, 1991. 水质 苯系物的测定 气相色谱法（GB 11890—1989）[S]. 北京：中国标准出

版社.

[15] 国家技术监督局,1991. 水质 钾和钠的测定 火焰原子吸收分光光度法(GB 11904—1989)[S]. 北京：中国标准出版社.

[16] 国家技术监督局,1991. 水质 铁、锰的测定 火焰原子吸收分光光度法(GB 11911—1989)[S]. 北京：中国标准出版社.

[17] 国家林业局,湖泊湿地生态系统定位观测技术规范(LY/T 2901—2017)[S]. 北京：中国标准出版社.

[18] 国家林业局,湿地生态系统定位观测技术规范(LY/T 2898—2017)[S]. 北京：中国标准出版社.

[19] 环境保护部,2009. 水质 采样技术指导(HJ 494—2009)[S]. 北京：中国环境科学出版社.

[20] 环境保护部,2009. 水质 多环芳烃的测定 液液萃取和固相萃取高效液相色谱法(HJ 478—2009)[S]. 北京：中国环境科学出版社.

[21] 环境保护部,2009. 水质采样 样品的保存和管理技术规定(HJ 493—2009)[S]. 北京：中国环境科学出版社.

[22] 环境保护部,2010. 水质 硝基苯类化合物的测定 气相色谱法(HJ 592—2010)[S]. 北京：中国环境科学出版社.

[23] 环境保护部,2013. 土壤、沉积物 二噁英类的测定 同位素稀释/高分辨气相色谱-低分辨质谱法(HJ 650—2013)[S]. 北京：中国环境出版社.

[24] 环境保护部,2014. 水质 有机氯农药和氯苯类化合物的测定 气相色谱-质谱法(HJ 699—2014)[S]. 北京：中国环境出版社.

[25] 环境保护部,2016. 水质 32种元素的测定 电感耦合等离子体发射光谱法(HJ 776—2015)[S]. 北京：中国环境出版社.

[26] 环境保护部环境监测司,中国环境监测总站,河北省环境监测中心站,2015. 环境监测管理[M]. 北京：中国环境出版社.

[27] 黄祥飞,陈伟民,蔡启铭,2000. 湖泊生态调查观测与分析[M]. 北京：中国标准出版社.

[28] 金相灿,屠清瑛,1990. 湖泊富营养化调查规范(第二版)[M]. 北京：中国环境科学出版社.

[29] 孔繁翔,宋立荣,等,2011. 蓝藻水华形成过程及其环境特征研究[M]. 北京：科学出版社.

[30] 刘大顺,俞俊芳,1988. 水质分析化学[M]. 武汉：华中工学院出版社.

[31] 吕宪国等,2005. 湿地生态系统观测方法[M]. 北京：中国环境科学出版社.

[32] 濮文虹,刘光虹,龚建宇,2018. 水质分析化学(第3版)[M]. 武汉：华中科技大学出版社.

[33] 生态环境部,2019. 水质 苯系物的测定 顶空/气相色谱(HJ 1067—2019)[S]. 北京：中国环境出版集团.

[34] 生态环境部,2019. 水质 石油类和动植物油类的测定 红外分光光度法(HJ 637—2018)[S]. 北京：中国环境出版集团.

[35] 生态环境部,2020. 水质 4种硝基酚类化合物的测定 液相色谱-三重四极杆质谱法(HJ 1049—2019)[S]. 北京：中国环境出版集团.

[36] 生态环境部,2020. 水质 浊度的测定 浊度计法(HJ 1075—2019)[S]. 北京：中国环境出版集团.

[37] 谢贤群,王立军,1998. 水环境要素观测和分析[M]. 北京：中国标准出版社.

[38] 杨志峰,崔保山,孙涛,等,2012. 湿地生态需水机理、模型和配置[M]. 北京：科学出版社.

[39] 张明祥,张建军,2007. 中国国际重要湿地监测的指标与方法[J]. 湿地科学,5(1)：1-6.

[40] 章家恩, 2007. 生态学常用实验研究方法与技术[M]. 北京：化学工业出版社.

[41] 中国生态系统研究网络科学委员会, 2007. 陆地生态系统水环境观测规范[M]. 北京：中国环境科学出版社.

[42] 中华人民共和国国家质量监督检验检疫总局, 中国国家标准化管理委员会, 2006. 化学试剂 色度测定通用方法(GB/T 605—2006)[S]. 北京：中国标准出版社.

[43] 中华人民共和国水利部, 1995. 电导率的测定(电导仪法)(SL 78—1994)[S]. 北京：中国水利水电出版社.

[44] 中华人民共和国水利部, 1995. 碱度(总碱度、重碳酸盐和碳酸盐)的测定(酸滴定法)(SL 83—1994)[S]. 北京：中国水利水电出版社.

[45] 中华人民共和国水利部, 1995. 矿化度的测定(重量法)(SL 79—1994)[S]. 北京：中国水利水电出版社.

[46] 中华人民共和国水利部, 1995. 透明度的测定(透明度计法、圆盘法)(SL 87—1994)[S]. 北京：中国水利水电出版社.

[47] 中华人民共和国水利部, 1995. 氧化还原电位的测定(电位测定法)(SL 94—1994)[S]. 北京：中国水利水电出版社.

[48] 中华人民共和国水利部, 1997. 水质采样技术规程(SL 187—1996)[S]. 北京：中国水利水电出版社.

[49] 中华人民共和国水利部, 2010. 高效液相色谱法测定水中多环芳烃类化合物(SL 465—2009)[S]. 北京：中国水利水电出版社.

[50] 中华人民共和国水利部, 2014. 水环境监测规范(SL 219—2013)[S]. 北京：中国水利水电出版社.

[51] 周东兴, 李淑敏, 张迪, 2009. 生态学研究方法及应用[M]. 哈尔滨：黑龙江人民出版社.

[52] APHA, AWWA, WEF, 2012. Standard Methods for the Examination of Water and Wastewater. 22nd Edition[M]. Washington DC：American Public Health Association.

[53] Davidson T, Carl K K, Hoffinann C, 2000. Guidelines for monitoring of wetland functioning[J]. EcoSys Bd, 8：5-50.

[54] Paul. A. Keddy, 2018. 湿地生态学——原理与保护(第二版)[M]. 兰志春, 黎磊, 沈瑞昌, 译. 北京：高等教育出版社.

第五章 湿地土壤

湿地土壤是在湿地范围内具有一定土壤发育程度的颗粒介质，此区域的土壤中，地下水层经常可达到或接近地表，并且水分处于饱和或经常饱和，其水生或喜水植被常可形成特别的生态相。湿地土壤是湿地生态系统的一个重要的组成部分，是湿地获取化学物质的最初场所及生物地球化学循环的中介，人们常把湿地土壤描述为水成土壤。美国农业自然资源保护联盟将水成土定义为"在生长季节水分饱和或淹水时间足够长的环境下形成的土壤，其上层为厌氧环境"，同时将湿地土壤分为矿质土和有机土两类。依据中华人民共和国国家标准《中国土壤分类与代码》(GB/T 17296—2009)，湿地土壤共划分为60个土类，常见湿地土壤有草甸土、潮土、沼泽土、泥炭土、盐土、滨海盐土、水稻土等。通过对湿地土壤的观测，可对湿地地球化学循环机理有进一步理解，同时观测湿地土壤对其他自然要素具有指示意义。

第一节　湿地土壤样品采集与处理

一、土壤样品采集

土样采集一般根据研究目的和要求决定。为使分析结果能正确反映土壤特性，应选择具有代表性的样点和采样层次。

(一)样方及采样点确定

为获得代表性土样，必须采取多点混合样品，以减少土壤差异。可根据土壤类型、土地面积、地形和土壤肥力情况决定样点的多少，每亩(666.67m²)取5~10个样点。选取样点时，应避免在肥料堆或路边等地方，可采用"S"或"蛇"形布点法。

1. 采样方法

土壤样品取样方法一般可分为传统取样、网格取样和指导取样三种。

(1) 传统取样

传统取样采取样品时可以采用随机、分层随机等取样方法。随机采取样品根据地形和土壤分布情况将采样地段划分成若干样方，在抽取的样方内随机选 3~5 点，并将各点所取土样混合成 1 个土壤样品。分层随机取样是指根据测试指标要求，按不同的土壤深度分别采集土样。湿地区域常用的分层取样是采用土钻法分层采集土样，沿着土壤垂直深度分层取出连续的土样，然后再根据需要取得该层代表性的混合土样。制备混合土壤所需的样本数，首先取决于保证混合样本能最大限度地代表采样地段的土壤性质，还需要考虑采样误差与室内的分析误差相接近。根据这两个要求，一个混合样品的采样点可以根据采样区的变异系数和实验所要求的精密度计算出来，计算公式：

$$n = \frac{C_v}{D}$$

$$C_v = \frac{S}{\overline{X}}$$

式中：n 为混合样本所需的样本数；C_v 为变异系数；D 为以百分数计算的试验允许最大误差(%)；S 为标准差；$\overline{X}$ 为平均值。

(2) 网格取样

网格取样是指把研究区域分成很多大小一致的小格子，在每个格子中单独取样，格子的形状可呈正方形、长方形、菱形、三角形等。有网点取样和格内取样两种取样方式。

(3) 指导取样

指导取样是根据需要把样地分割成许多小单元，然后在每个小单元中取样。首先搜集该区域的地形图、土壤分布图、水文图以及动植物分布图等，将这些图件扫描、矢量化，然后将不同比例尺的图件进行校正、配准后进行叠加，找出观测区域的内部差异，然后根据区域内的不同土壤类型、样点间距离等因素在图上确定采样位置，在野外利用定位仪进行定位采样。

2. 采样数量

土壤样品采集数量应根据实际需要来定。一般来说，有长期保留价值的样品应多采集，仅为 1 次常规土壤物理化学分析并无保留要求的样品可少采集。同时还根据要测试指标量的多少来决定数量，一般为 2kg 左右。如果采集的土样数量太大，可用四分法对其进行分取。

3. 采样深度

由于湿地地下水位一般较高，湿地土壤取样深度大多以地下水位作为底限。取样的层次一般可以按照发生层次进行，但对于发生层次不明显的土壤剖面，为了减少人为判断剖面深度的误差，可以按照规定深度(0~10cm、10~20cm、20~40cm、40~60cm 等)采样，采集样品时由下层至上层分别取样。表层土样的采集一般分为两层(0~10cm 和 10~20cm)，采集时要区分草根层。

4. 样品采集

根据研究目的，土壤样品采集包括：

(1) 原状土壤样品

原状土壤样品采集,主要是为测定土壤密度和孔隙度。一般采用环刀(根据研究目的确定其规格)在各土层中取样,采样时必须注意土壤湿度不宜过干或过湿。

(2) 平均混合样品

通常采取不同深度土壤,并将各层采集土样进行混合。自然土壤剖面规格一般为长1.5~2m、宽0.8~1m,深度以达到母质、母岩或地下水面(下同)。每一点采样数量、深度、上下土体采样多少应大致相等,取表土样时可由上向下取土壤,将各样点所取土样均匀混合,用四分法逐次弃去多余部分,最后将剩余的1kg左右平均混合样品装入布袋,填写标签,带回室内。

(3) 分析样品

为了解土壤发生、发育的化学过程和理化性质,一般按发生层次采样,于观察面由下向上逐层采集,对于每一种土壤类型,至少取3个重复剖面,各重复剖面的同一层次样品不得混。土壤剖面样品采集一般是从每层中间部分采取,若土层过厚,可在该层的上部或下部各取两个样品,样品一般不应少于0.5~1kg。若含较多石块或侵入体时,应采样2kg以上,取样时先从剖面下部层次开始,取出的土样分层分别装入布袋内,填好标签后一起带回实验室。

(4) 比样标本样品

为进一步观察形态特征和对土壤进行比较,应从剖面的下部层次采集,放入盒中的最下一格,依次向上层采集,并逐格盖上盖子,以免上层对下层造成污染,最后注明编号、采集时间、地点、采集人和土壤名称,并在土盒侧面注明各层深度。

(5) 土壤整段标本

在土壤剖面垂直的坑壁上,掘出一个与整段标本木箱大小吻合的长方形土柱(长100cm、宽20cm、厚5cm),土壤整段标本采集示意图见图5-1。然后将箱框套在土柱上,将箱框中凸出部分削平后,把箱盖盖上,用螺丝钉旋紧,再从箱底面切土,使整段标本逐渐脱落下来,将装满木框而过多的土壤用剖面刀从标本箱底面除去,旋上底板,在箱盖上写明编号、时间、地点、采集者和土壤名称,同时在箱侧面也应写明剖面编号。土壤整段标本是为陈列土壤资源而采集的,一般情况下应用不多,应用较多的是土盒标本的采集、土壤混合样品的采集以及土壤剖面样品的采集。

图5-1 土壤整段标本采集示意图

(6) 污染土壤样品

在采集以分析土壤污染为目的的土壤样品时,基本采样方法同样适用,如分层采样或采集混合样品，但要尽量用竹铲、竹刀直接采样，或用铁铲、土钻挖掘后，用竹刀刮去与金属采样器接触的部分，再用竹铲或竹刀采集土样。总之，采样时以采样器具不污染样品为原则。

（7）新鲜土壤样品

在测定土壤铵态氮、土壤硝态氮、土壤微生物、土壤酶等相关指标时，通常需要采集新鲜的土壤样品以保证测定结果与野外实际相符。进行新鲜土壤样品采集时，根据实验目的需要同样可选择平均混合样品采集。在样地中随机选择有代表性的样点，每个样点采集多份土样并均匀混合，用无菌的塑封袋封装。塑封袋封装的样品置于冰盒中（4℃）存放，直至带回实验室，若所采样品需用于微生物组的测序，则建议放于液氮中保存。此外，对于空间变异性高的样地，可以增加采样点，并且将多点取样的土壤样品混合组成一个代表性样品。

5. 常用采样工具

管型土钻、小土刀、铁锹、竹铲、竹刀、锄头、土袋、土盒、标签、卷尺、记录表，有时用到环刀、整段标本盒等。

二、土壤样品处理与保存

1. 样品风干

采回的样品除了某些项目（如自然含水量、硝态氮、铵态氮、亚铁、酶、微生物等）需用新鲜土样测定外，一般项目都用风干样品进行分析。土壤的风干方法可采用室内自然风干法和烘干法。室内自然风干法要求室内温度在25~35℃，湿度保持在20%~60%之间；烘干法要求保持温度的变化幅度不高于40℃±2℃。将土样置于通风柜中或摊开于干净的木盘等容器上，压好标签后进行风干。为防污染，风干时应保持通风良好，无氨气、尘埃、酸蒸汽或其他化学气体。在风干过程中应经常翻动样品以加速干燥，并用手捏碎土块土团，使其直径在1cm以下，否则干后不易研磨。另外，在捏碎土块时应剔除其中的动植物残体，避免日后碾碎混入土样中，而增加有机质等含量。

干燥的时间取决于样品的类型、铺放厚度、初始含水量以及空气湿度等。一般情况下新鲜土壤样品5~10天即可风干，潮湿季节可适当延长。而对于湿地土壤，由于其含水量较高且含有大量新鲜有机质，其风干时间较一般土壤长。

2. 样品制备

因不同分析项目要求不同，加之称量样品很少或样品分解较困难，风干后的样品还需经过磨细，并使其通过一定规格的筛孔。先从样品中移除较大的植物残体、石砾和其他杂物（石砾需称重并记录重量），再用木棒碾碎（也可用土壤磨碎机），使其全部通过内径为2mm筛孔。凡经研磨都不能通过者，记为石砾需遗弃，必要时应称重，计算石砾含量。

$$石砾含量(\%) = \frac{石砾重}{全部风干样品重} \times 100$$

土壤筛可用铜质品,但若用于分析测定金属元素则只能选尼龙筛。过筛后的土壤进一步混匀,用四分法分成两份,分别供化学分析和物理分析用。供化学分析用的样品,因分析项目不同对土粒细度也有不同要求。矿质全量分析、土壤全氮和有机质测定,土粒的细度更高一些,通常是用四分法从通过 2mm 的土样中分出 50g,用玛瑙研钵研磨使其全部通过内径为 0.15mm 的筛孔。当采用仪器分析时,由于所称取样品更少,应将样品通过内径为 0.074mm 的筛孔。对于分析土壤 pH、交换性能、有效养分和盐分等项目时,采用通过 2mm 筛孔的土样已能满足要求。

3. 样品保存

供生产和科研工作分析用的土壤样品,通常要保存半年至一年,以备必要时核查。过筛后的样品放在磨砂广口瓶中或用无毒塑料制造的带螺丝瓶盖的广口塑料瓶中,在避免日光、高温、潮湿和有酸碱气体等影响的环境中贮存。在容器内外各放置一个标签,注明样品编号(可供计算机检索)、土壤名称、采集地点、采样深度、采样日期、采集人和过筛孔径等。标准样本或对照样本则要长期妥善保存。

第二节 湿地土壤物理指标

土壤物理指标包括土壤质地、密度、容重、孔隙度、含水量等,其中以土壤质地、容重和含水量居主导地位,它们的变化常引起土壤其他物理性质和过程的变化。

一、土壤颗粒组成

(一)定义与分级

土壤颗粒组成是指不同粒级土壤颗粒所占百分比,单位为%。

(二)测定方法

土壤颗粒组成机械分析常用的测定方法有吸管法和比重计法。前者操作步骤繁琐,但比较精确,后者操作较简便,但精度较差。

1. 吸管法

吸管法是由筛分及静水沉降结合进行的,通过 2mm 筛孔的土样经化学及物理处理成悬浮液定容后,根据司笃克斯(STOKES)定律和土粒在静水中沉降的规律,大于 0.25mm 的各级颗粒由一定孔径的筛子筛分,小于 0.25mm 的粒级颗粒则用吸管从其中吸取一定量的各级颗粒,烘干称其重量,计算各级颗粒含量的百分数,确定土壤的颗粒组成及土壤质地名称。土壤颗粒分级标准参见《森林土壤颗粒组成(机械组成)的测定》(LY/T 1225—1999),见表 5-1。

表 5-1　土壤颗粒分级标准

颗粒直径(mm)	颗粒分级命名	颗粒直径(mm)	颗粒分级命名
>250	石块	0.25~0.1	细砂
250~2.0	砾	0.1~0.05	极细砂
2.0~1.0	极粗砂	0.05~0.02, 0.02~0.002	粉(砂)粒
1.0~0.5	粗砂	<0.002	粘粒
0.5~0.25	中砂		

(1) 试剂溶液

① 盐酸溶液(0.2mol/L)：量取 17mL 浓盐酸(HCl，1.18g/mL，化学纯)，用蒸馏水定容至 1L。

② 盐酸溶液(0.05mol/L)：量取 250mL 0.2mol/L 盐酸溶液，加蒸馏水 750mL。

③ 氢氧化钠溶液(0.5mol/L)：称取 20g 氢氧化钠(NaOH，化学纯)，加蒸馏水溶解并定容到 1L。

④ 氨水(1:1)。

⑤ 钙红(钙指示剂)：称取 0.5g 钙指示剂[2-羟基-1-(2-羟基-4-磺酸-1-萘偶氮苯)-3-苯甲酸]与 50g 烘干的氯化钠(NaCl)共研至极细，贮于密闭瓶中，用毕塞紧。

⑥ 硝酸溶液(1:9)：量取 10mL 浓硝酸(HNO_3，化学纯)与 90mL 蒸馏水混合而成。

⑦ 硝酸银溶液(50g/L)：称取 5g 硝酸银($AgNO_3$，化学纯)溶于 100mL 蒸馏水中。

⑧ 过氧化氢溶液(1:4)：量取 10mL 浓过氧化氢(H_2O_2，化学纯)与 40mL 蒸馏水混合而成。

⑨ 乙酸溶液(1:9)：量取 10mL 冰乙酸(CH_3COOH，化学纯)与 90mL 蒸馏水混合而成。

⑩ 1/2 草酸钠溶液(0.5mol/L)：称取 33.5g 草酸钠($Na_2C_2O_4$，化学纯)，加蒸馏水溶解，定容到 1L。

⑪ 1/6 六偏磷酸钠溶液(0.5mol/L)：称取 51g 六偏磷酸钠($Na_6O_{18}P_6$，化学纯)，加蒸馏水溶解，定容到 1L。

⑫ 异戊醇[$(CH_3)_2CHCH_2OH$，化学纯]。

(2) 主要仪器

土壤颗粒分析吸管、搅拌棒、沉降筒(1L 平口量筒)、土壤筛(孔径分别为 2mm、1mm、0.5mm)、洗筛(直径 6cm、孔径 0.25mm)、硬质烧杯(50mL)、温度计(±0.1℃)、真空干燥器、电热板、电烘箱、秒表等。

(3) 测定步骤

第一步，称样。称取通过 2mm 筛孔的 10.000g 风干土样(已全部去除粗有机质)三份，其中一份用于土壤水分换算系数的测定，另两份分别放入 50mL 烧杯中。

第二步，土壤水分换算系数测定。把已知重量的铝盒盛土样称量后，放入烘箱内于 105℃烘 8h 后称量，算出土壤水分换算系数(K_2)。

第三步，脱钙及盐酸洗失量测定。含有碳酸盐的土壤，先用 0.2mol/L 盐酸洗涤，无碳酸盐的土壤可直接用 0.05mol/L 盐酸洗。在盛土样的烧杯中缓慢地加入 0.2mol/L 盐酸 10mL，用玻璃棒充分搅拌，静置片刻，让土粒沉降。于漏斗中放一已知质量的快速滤纸，倒烧杯内上部清液入漏斗过滤，再加 10mL 的 0.2mol/L 盐酸于烧杯中，如前搅拌、静置、过滤，如此反复多次，直到土样中无二氧化碳气泡发生，改用 0.05mol/L 盐酸洗土样，直到滤液中无钙离子存在，再用蒸馏水洗 2~3 次，除氯化物及盐酸，直至无氯离子为止。

钙离子检查：于白瓷比色板凹孔中滴 1~2 滴滤液，加 1∶1 氨水 1 滴，轻轻摇动比色板，加钙指示剂少量（似绿豆大），再轻摇比色板，若滤液呈红色则表示还有钙离子，蓝色则表示钙离子已洗净。

氯离子检查：用试管收集少量（约 5mL）滤液，滴加 1∶9 硝酸酸化滤液，然后滴加 50g/L 硝酸银溶液 1~2 滴，若有白色沉淀物（氯化银）即显示尚有氯离子存在，如无白色沉淀物，则显示样品中已无氯离子。

用水将烧杯中测定洗失量的土样全部洗入漏斗中，等漏斗内的土样滤干后连同滤纸一起移入已知重量的铝盒内，放在烘箱中于 105℃ 烘干至恒定（前后两次称量相差<0.003g 为恒定重量），计算盐酸洗失量（样品如还需去除有机质，其洗失量计算可到去尽有机质后一并进行）。

第四步，有机质去除。对于含有较多有机质的样品，则将上述 2 份除尽碳酸盐的样品，从漏斗中分别转移到 250mL 高型烧杯中，加入 10~20mL 1∶4 过氧化氢溶液，并用玻璃棒搅动，促进有机质氧化（当氧化强烈时，将产生大量气泡，为避免样品逸出杯外，可滴加 2~3 滴异戊醇来消泡，也可将烧杯移至冷水盆中降温；有时反应猛烈，可滴加 1∶9 乙酸溶液来起缓冲作用）。样品需用过氧化氢反复多次处理，直至土色变淡，有机质完全被氧化为止。过量的过氧化氢可用加热法排除。

将上述一份样品测定盐酸、过氧化氢洗失量。

第五步，悬液制备。

分散土样：将前期处理好的土样洗入 500mL 锥形瓶中，把滤纸移到蒸发皿内，用橡皮头玻璃棒及水冲洗滤纸入锥形瓶中（水透明为止）加入 10mL 0.5mol/L 氢氧化钠，补水使悬液体积达 250mL，充分摇匀，置于电热板上加热（瓶口放小漏斗），保持微沸 1h，并经常摇动锥形瓶，以防土粒沉积瓶底积成硬块。

0.25~2mm 粒级分离与悬液制备：待悬液冷却后，将其通过 0.25mm 孔径筛洗入沉降筒中，直到滤下的水不再浑浊为止，保证筒内悬液体积不超过 1L，补水至 1L。

把留在筛内的砂粒洗入已知质量的铝盒中，置于电热板上蒸去多余水分，放入烘箱内烘干 6h 后称量，温度设置为 105℃。

对于不需去除碳酸盐及有机质的样品，在测定土壤水分换算系数的同时，可直接称样放入 500mL 锥形瓶中，加 250mL 水，充分浸泡（8h 以上），然后，根据样品的 pH，加入不同的分散剂煮沸分散（中性加 10mL 0.5mol/L 1/2 草酸钠溶液、酸性加 10mL 0.5mol/L

氢氧化钠溶液、石灰性土样加 10mL 0.5mol/L 1/6 六偏磷酸钠溶液)制备悬液。

第六步,测定悬液的温度。将温度计悬挂于液面以下,记录水温(℃)。

第七步,吸取悬液样品。根据悬液温度、土壤密度与颗粒直径,按表 5-2 土壤颗粒分析吸管法吸取各粒级的时间表,吸取各级颗粒。

表 5-2　土壤颗粒分析吸管法吸取各粒级的时间表

土壤密度 (g/cm³)	粒径 (mm)	吸液深度 (cm)	在不同温度下吸取悬液所需时间												
			10℃			12.5℃			15℃			17.5℃			20℃		
			h	min	s	h	min	s	h	min	s	h	min	s	h	min	s
2.40	0.05	25		2	51		2	39		2	29		2	20		2	12
	0.02	25		17	50		16	38		15	33		14	35		13	42
	0.002	8	9	31	15	8	53	7	8	17	42	7	47	1	7	18	27
2.45	0.05	25		2	15		2	34		2	24		2	15		2	7
	0.02	25		17	13		16	4		15	1		14	5		13	24
	0.002	8	9	11	39	8	34	24	8	0	29	7	30	54	7	3	25
2.50	0.05	25		2	39		2	28		2	19		2	11		2	3
	0.02	25		16	39		15	31		14	31		13	37		12	47
	0.002	8	8	53	7	8	17	17	7	44	34	7	15	55	6	40	18
2.55	0.05	25		2	34		2	24		2	15		2	7		1	59
	0.02	25		16	7		15	2		14	2		13	11		12	23
	0.002	8	8	36	2	8	1	16	7	29	34	7	1	52	6	36	6
2.60	0.05	25		2	29		2	19		2	10		2	2		1	55
	0.02	25		15	36		14	33		13	36		12	46		12	0
	0.002	8	8	19	54	7	46	13	7	15	32	6	48	42	6	23	44
2.65	0.05	25		2	25		2	15		2	7		1	59		1	52
	0.02	25		15	8		14	7		13	11		12	23		11	38
	0.002	8	8	4	45	7	32	5	7	2	21	6	36	19	6	12	8
2.70	0.05	25		2	20		1	11		2	3		1	55		1	45
	0.02	25		14	41		13	42		12	48		12	1		11	17
	0.002	8	7	50	31	7	18	48	6	49	56	6	24	40	6	1	11
2.75	0.05	25		2	16		2	7		1	59		1	52		1	49
	0.02	25		14	16		13	19		12	26		11	40		10	59
	0.002	8	7	37	4	7	6	16	6	38	13	6	13	41	5	50	55
2.80	0.05	25		2	13		2	4		1	56		1	49		1	43
	0.02	25		13	53		12	57		12	6		11	21		10	40
	0.002	8	7	24	22	6	54	26	6	27	10	6	3	19	5	46	9

(续)

土壤密度 (g/cm^3)	粒径 (mm)	吸液深度 (cm)	在不同温度下吸取悬液所需时间													
			10℃			12.5℃			15℃			17.5℃			20℃		
			h	min	s	h	min	s	h	min	s	h	min	s	h	min	s
2.40	0.05	25		2	4		1	57		1	51		1	45		1	39
	0.02	25		12	55		12	11		11	32		10	55		10	20
	0.002	8	6	53	3	6	29	38	6	8	19	5	48	46	5	30	51
2.45	0.05	25		2	6		1	53		1	47		1	41		1	36
	0.02	25		12	28		11	46		11	8		10	32		9	59
	0.002	8	6	38	43	6	16	13	5	55	39	5	36	42	5	19	31
2.50	0.05	25		1	56		1	49		1	43		1	38		1	33
	0.02	25		12	3		11	22		10	45		10	11		9	39
	0.002	8	6	25	31	6	3	42	5	43	51	5	25	33	5	8	51
2.55	0.05	25		1	51		1	46		1	40		1	35		1	30
	0.02	25		11	40		11	0		10	25		9	52		9	20
	0.002	8	6	13	5	5	51	59	5	32	47	5	15	4	4	58	57
2.60	0.05	25		1	48		1	43		1	37		1	32		1	27
	0.02	25		11	18		10	40		10	5		9	33		9	3
	0.002	8	6	1	27	5	41	1	5	22	24	5	5	15	4	49	50
2.65	0.05	25		1	45		1	40		1	34		1	29		1	24
	0.02	25		10	57		10	20		9	47		9	16		8	44
	0.002	8	5	50	30	5	30	42	5	12	39	4	56	2	4	40	53
2.70	0.05	25		1	42		1	37		1	31		1	26		1	22
	0.02	25		10	38		10	2		9	30		9	0		8	31
	0.002	8	5	40	13	5	20	59	5	3	29	4	47	21	4	32	40
2.75	0.05	25		1	39		1	34		1	29		1	24		1	19
	0.02	25		10	20		9	45		9	13		8	44		8	17
	0.002	8	5	30	30	5	11	50	4	54	49	4	39	9	4	24	52
2.80	0.05	25		1	37		1	31		1	26		1	22		1	17
	0.02	25		10	3		9	29		8	58		8	30		8	3
	0.002	8	5	21	20	5	3	11	4	46	39	4	31	25	4	17	32

吸悬液装置见图 5-2,将三通活塞(9)放在上下流通位置,4a 及 4b 两瓶内所装的水不超过一个瓶的总体积,用夹子夹住连接管,4a 置于试验台上,4b 置于地面。

用搅拌棒上下搅拌悬液 1min,上下各 30 次(搅拌棒的多孔片不要提出液面),以免产生泡沫(若泡沫多,可加 1~2 滴异戊醇消泡),搅拌完毕即为开始沉降时间,按规定时间静置后吸液,在吸液前 10s 将吸管自悬液中央轻轻插至所需吸取悬液深度,随即打开 4a

与4b连接管上的夹子,这时4a内的水就流向4b,然后把(9)转到吸液的位置,吸取悬液,当悬液上升到25mL刻度处,立刻将(9)转回到上下流通的位置,停止吸液(吸液的时间尽可能控制在20s内),把吸管从量筒中取出,转(9)到放液的位置,放悬液于已知质量的铝盒中,记录吸取悬液的体积。打开(8)塞,用少量水冲洗吸管并放入铝盒中,关(8)塞。按照以上步骤,分别吸取<0.05mm、<0.02mm、<0.002mm各粒级的悬液。

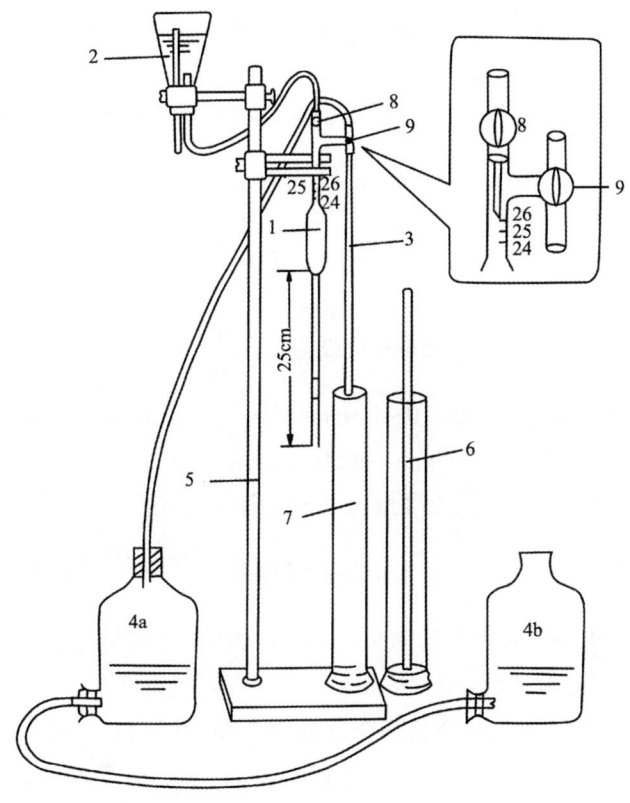

图 5-2 土壤颗粒分析吸管仪示意图

1—颗粒分析吸管;2—盛水锥形瓶(250mL);3—通气橡皮管;4—推气装置,包括两个容量为1L以上的下口瓶(4a及4b);5—支架;6—搅拌棒;7—沉降筒(1L量筒,直径约6cm,高约45cm);8—活塞;9—三通活塞

第八步,称量各粒级质量。把盛有各粒级悬液的铝盒在电热板上烘干,移入烘箱中烘干6h后称量,温度设置105℃。

第九步,各砂粒的分级并称量。把0.25mm以上的砂粒,通过1.0mm及0.5mm的筛孔,并分别称出它们的烘干质量。

(4) 计算公式

① 土壤水分换算系数 K_2 计算公式:

$$K_2 = \frac{m}{m_1}$$

式中：K_2 为土壤水分换算系数；m 为烘干土质量(g)；m_1 为风干土质量(g)。

$$m = m_1 \cdot K_2$$

$$m_L = \frac{m_2'}{m} \times 1000$$

m_2' =洗盐及去除有机质前烘干土质量(g)+铝盒质量(g)+滤纸质量(g)-
(铝盒+滤纸+洗盐及去除有机质后烘干土质量)(g)

式中：m_L 为洗失量(g/kg)；m_2' 为洗失质量(g)。

② 2.0~1.0mm、1.0~0.5mm、0.5~0.25mm 粒级含量(g/kg)，计算公式：

$$2.0 \sim 1.0\text{mm 粒级含量} = \frac{m'}{m} \times 1000$$

$$1.0 \sim 0.5\text{mm 粒级含量} = \frac{m''}{m} \times 1000$$

$$0.5 \sim 0.25\text{mm 粒级含量} = \frac{m'''}{m} \times 1000$$

式中：m 为烘干土质量(g)；m' 为 2.0~1.0mm 粒级烘干土质量(g)；m'' 为 1.0~0.5mm 粒级烘干土质量(g)；m''' 为 0.5~0.25mm 粒级烘干土质量(g)；

0.05mm 粒级以下、小于某粒级含量(g/kg)，计算公式：

$$0.05\text{mm 粒级以下、小于某粒级含量} = \frac{m_2}{m} \times \frac{1000}{V} \times 1000$$

式中：m_2 为吸取悬液中小于某粒级的质量(g)；m 为烘干土质量(g)；V 为吸取小于某粒级的悬液体积(mL)；1000 为悬液总体积(mL)。

③ 分散剂质量校正：加入的分散剂在计算时必须予以校正，各粒级含量(g/kg)是由小于某粒级含量依次相减而得。由于小于某粒级含量中都包含着等量的分散剂，实际上在依次相减时已将分散剂量扣除，分散剂量只需在最后一级黏粒(<0.002mm)含量中减去。

分散剂占烘干土质量：

$$A = \frac{c \times V \times 0.040}{m} \times 1000$$

式中：A 为分散剂占烘干土质量(g/kg)；c 为分散剂浓度(mol/L)；V 为分散剂体积(mL)；m 为烘干土质量(g)；0.040 为氢氧化钠分子的摩尔质量(g/mmol)。

④ 各粒级含量(g/kg)的计算：

粉(砂)粒(0.05~0.02mm)粒级含量=<0.05mm 粒级含量-<0.02mm 粒级含量

粉(砂)粒(0.02~0.002mm)粒级含量=<0.02mm 粒级含量-<0.002mm 粒级含量

黏粒(<0.002mm)粒级含量=<0.002mm 粒级含量-A

细砂+极细砂(0.25~0.05mm)粒级含量=100-(2.0~1.0mm 粒级含量+1.0~0.5mm 粒级含量 0.5~0.25mm 粒级含量+0.05~0.02mm 粒级含量+0.02~0.002mm 粒级含量+<0.002mm 粒级含量+盐酸洗失量)

砂粒(2.0~0.05mm)粒级含量＝2.0~1.0mm 粒级含量+1.0~0.5mm 粒级含量+0.5~0.25mm 粒级含量+0.25~0.05mm 粒级含量+盐酸洗失量

粉(砂)粒(0.05~0.002mm)粒级含量＝0.05~0.02mm 粒级含量+0.02~0.002mm 粒级含量

(5)确定土壤质地名称

① 根据砂粒(2.0~0.05mm)、粉(砂)粒(0.05~0.002mm)及粘粒(<0.002mm)粒级含量，土壤质地名称分类查阅图 5-3。

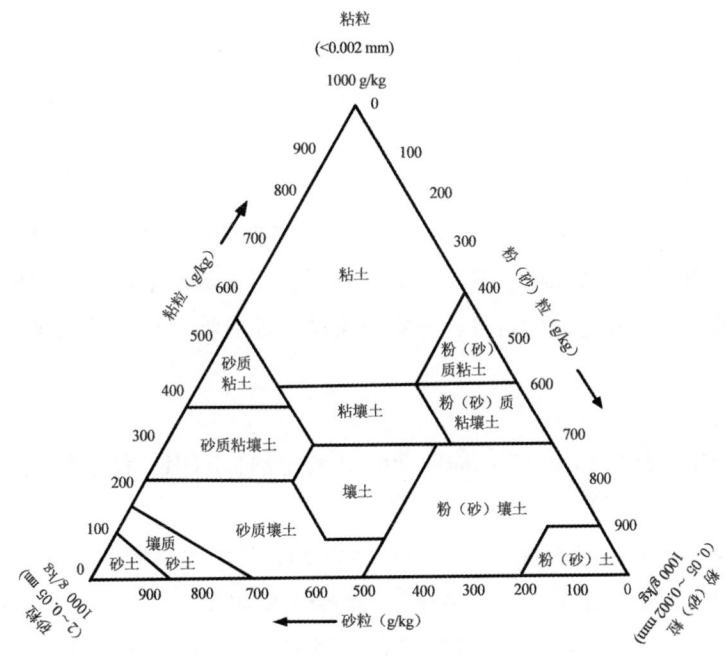

图 5-3　土壤质地分类三角坐标图

如某土壤含粘粒 150g/kg、粉(砂)粒 200g/kg、砂粒 650g/kg，则此土样的质地名称为砂质壤土。

② 根据有些土壤含砾石较多的特点，在土壤质地命名时，应根据砾石含量及大小冠以石或砾字样，按砾石大小及含量的质地分级，这部分砾石含量及大小应在野外土壤剖面调查时加以测定，见表 5-3。

表 5-3　按砾石大小及含量的质地分级

砾石含量(g/kg)	砾石大小（mm）		
	20~75	75~250	>250
50~150	少砾	少砾石	少石
150~300	中砾	中砾石	中石
300~700	多砾	多砾石	多石
>700	全砾	全砾石	全石

注：不与质地分级连用。

如，某砂壤土的砾石含量在 300~500g/kg，其中以>250mm 的为主，则命名为多石砾砂壤土；如以 75~250mm 的砾石为主时，则命名为多砾石砂壤土。

(6) 允许偏差

平行测定结果的允许绝对偏差：粘粒级<10g/kg，粉(砂)粒级<20g/kg。

(7) 注意事项

① 未分解、半分解和已分解的枯枝落叶层不做土壤颗粒组成测定。

② 土壤颗粒分析在处理土样时可不需除去有机质，因为有机质是土壤的重要组成部分，计算各粒级含量(g/kg)以烘干土为基数。土壤矿质颗粒分析在处理样品时要除去有机质，计算各粒级含量，以除去有机质及盐酸洗失量后的烘干矿质土为基数。

2. 简易比重计法

(1) 方法原理

土样经化学及物理处理成悬液定容后，根据司笃克斯(STOKES)定律及土壤比重计浮泡在悬液中所处的平均有效深度，静置不同时间后，用土壤比重计直接读出每升悬液中所含各级颗粒的质量，计算它们的含量，并定出土壤质地名称。比重计法操作简便，但精度不高。

(2) 试剂溶液

① 氢氧化钠溶液(0.5mol/L)：称取 20g 氢氧化钠(NaOH，化学纯)，加蒸馏水溶解后，定容至 1000mL，摇匀。

② 1/6 多聚偏磷酸钠溶液(0.5mol/L)：称取 51g 多聚偏磷酸钠[1/6(NaPO$_3$)$_x$，化学纯]或六偏磷酸钠[1/6(NaPO$_3$)$_6$，化学纯]，加蒸馏水 400mL，加热溶解，定容至 1L。

③ 草酸钠溶液(0.25mol/L)：称取 33.5g 草酸钠(Na$_2$C$_2$O$_4$，化学纯)，加蒸馏水 700mL，水浴加热使溶解，冷却，定容至 1L。

(3) 仪器设备

分析天平、土壤比重计(又称甲种比重计或鲍氏比重计，刻度为 0~60g/L)、沉降筒(1L 平口量筒)、洗筛(0.25mm 筛孔)、土壤筛(孔径分别为 2.0mm、1.0mm、0.5mm)、沉降棒、温度计、50mL 烧杯、10mL 量筒等。

(4) 测定步骤

① 称取过 2mm 孔筛相当于烘干土 20g 的风干土样置于小烧杯中，加入分散剂(约 15mL)湿润土壤样品，使土粒分散成单粒状态以便制备悬液(石灰性土壤加 0.5mol/L 1/6 六偏磷酸钠，酸性土壤加 0.5mol/L 的 NaOH，中性土壤加 0.25mol/L 草酸钠)。

② 静置 30min 后，用橡皮头玻棒研磨土样 15~20min，同时在沉降筒中加入 5mL 分散剂。

③ 把烧杯中的土样用蒸馏水通过放在量筒上 0.1mm 孔径的洗筛洗入其中(过筛的水透明为止)，加水至刻度。筛上残留的土壤，仔细洗入小烧杯中，在电热砂浴上蒸干，再经烘干过 0.5mm 及 0.25mm 孔筛，分别称重，计算>0.5mm、>0.25mm、>0.1mm 的粒组质量。

④ 溶液温度测量，参照表5-4查出不同温度下不同粒径沉降所需时间，用沉降棒上下搅拌1min（下至筒底，上至液面，起落约30次），取出沉降棒，立即计时。在规定时间前20s将比重计轻轻放入沉降筒中心，到达规定时间，立即准确读取比重计数值（比重计与水平面相交处弯月面上缘）。

⑤ 由于分散剂引起悬液比重增加，因此需做空白校正（除不加土样外，均按样品分散处理和制备悬液时使用的分散剂和水质加入沉降筒中，保持在与样本相同的条件下，读取比重计数值）。另外，由于比重计刻度是以20℃为标准的，低于或高于此温度均会引起悬液黏滞度的改变，从而影响土粒的沉降，因此需进行温度校正，其校正值查阅表5-5。

表5-4 小于某粒径颗粒沉降时间表（简易比重计用）

温度(℃)	<0.05mm			<0.01mm			<0.005mm			<0.001mm		
	时	分	秒	时	分	秒	时	分	秒	时	分	秒
6		1	25		40			2	50		48	
7		1	23		38			2	45		48	
8		1	20		37			2	40		48	
9		1	18		36			2	30		48	
10		1	18		35			2	25		48	
11		1	15		34			2	25		48	
12		1	12		33			2	20		48	
13		1	10		32			2	15		48	
14		1	10		31			2	15		48	
15		1	8		30			2	15		48	
16		1	6		29			2	5		48	
17		1	5		28			2	0		48	
18		1	2		27	30		1	55		48	
19		1	0		27			1	55		48	
20			58		26			1	50		48	
21			56		26			1	50		48	
22			55		25			1	50		48	
23			54		24	30		1	45		48	
24			54		24			1	45		48	
25			53		23	30		1	40		48	
26			51		23			1	35		48	

(续)

温度(℃)	<0.05mm			<0.01mm			<0.005mm			<0.001mm		
	时	分	秒	时	分	秒	时	分	秒	时	分	秒
27		50			22		1	30		48		
28		48			21	30	1	30		48		
29		46			21		1	30		48		
30		45			20		1	28		48		
31		45			19	30	1	25		48		
32		45			19		1	25		48		

注：为简便，可直接用甲种比重计在搅拌完毕分别静置 1min、5min、8h 后测定，分别得到粒径为 <0.05mm、<0.02mm、<0.002mm 的土壤比重计读数。

表 5-5　土壤密度计校正表

温度(℃)	校正值(℃)	温度(℃)	校正值(℃)	温度(℃)	校正值(℃)
6.0	-2.2	17.5	-0.7	25.0	+1.7
8.0	-2.1	18.0	-0.5	25.5	+1.9
10.0	-2.0	18.5	-0.4	26.0	+2.1
11.0	-1.9	19.0	-0.3	26.5	+2.3
11.5	-1.8	19.5	-0.1	27.0	+2.5
12.5	-1.7	20.0	0	27.5	+2.7
13.0	-1.6	20.5	+0.2	28.0	+2.9
13.5	-1.5	21.0	+0.3	28.5	+3.1
14.0	-1.4	21.5	+0.5	29.0	+3.3
14.5	-1.3	22.0	+0.6	29.5	+3.5
15.0	-1.2	22.5	+0.8	30.0	+3.7
15.5	-1.1	23.0	+0.9	30.5	+3.8
16.0	-1.0	23.5	+1.1	31.0	+4.0
16.5	-0.9	24.0	+1.3	31.5	+4.2
17.0	-0.8	24.5	+1.5	32.0	+4.6

(4) 计算公式

① 土壤水分换算系数 K_2 与烘干土质量计算，同吸管法。

② 2.0~1.0mm、1.0~0.5mm、0.5~0.25mm 粒级含量(g/kg)，同吸管法。

$$0.05\text{mm 粒级以下、小于某粒级含量}(g/kg) = \frac{m_1}{m} \times 1000$$

式中：m_1 为小于某毫米粒级的土壤比重计校正后读数；m 为烘干土质量(g)。

③ 分散剂占烘干土质量，计算公式：

$$A = \frac{c \times V \times m_A}{m} \times 1000$$

式中：A 为分散剂占烘干土质量(g/kg)；c 为分散剂浓度(mol/L)；V 为分散剂体积(mL)；m_A 为分散剂的摩尔质量(g/mmol)；m 为烘干土质量(g)。

0.5mol/L 氢氧化钠溶液 50mL 质量为 1g(0.5×50×0.04 = 1)；0.25mol/L 草酸钠溶液 50mL 质量为 1.68g(0.25×50×0.134 = 1.68)；0.5mol/L 1/6 偏磷酸钠溶液 60mL 质量为 3.06g(0.051×60=3.06)。

④ 各粒级含量(g/kg)的计算：除不计算盐酸洗失量外，其他全同吸管法。

⑤ 确定土壤质地名称：同吸管法。

二、土粒密度(土壤比重)

(一) 定义

土粒密度是单位体积土壤中干土的重量，单位 g/cm³。

(二) 测定方法

土粒密度测定通常采用比重瓶法。

1. 方法原理

根据排水称量法的原理，可测得同体积水的质量，再测出土壤吸湿水含量，以烘干土质量(105℃)除以体积，即得土壤比重(温度对水的比重有影响，故前后两次称量时必须温度一致)。含可溶性盐或活性胶体较多的土壤，需用非极性液体代替水，试样需预先烘至恒定质量，用真空抽气代替煮沸。

2. 主要仪器

比重瓶(50mL 或 100mL)、分析天平(感量 0.0001g)、温度计(±1℃)、电炉、真空干燥器、真空泵、恒温槽等。

3. 测定步骤

① 将比重瓶加满无二氧化碳的水(可通过自来水煮沸 5min 后，冷却后获得)，静置 10min，加毛细管塞，用滤纸擦干比重瓶外壁，称重(m_1)，并记录水温。

② 准确称取通过 1mm 筛孔的风干土样 10.00g，将比重瓶内的水倒出一半，把土样小心装入比重瓶中，轻轻摇动比重瓶混合，将比重瓶置于盛水铝锅的蒸架上煮沸 1h；冷却后，用滴管加满无二氧化碳水，静置 10min，加毛细管塞，用滤纸擦干比重瓶外壁称重(m_2，两次称量室温保持一致)。

③ 含可溶性盐及活性胶体多的土样，需用非极性液体(苯、甲苯、二甲苯、汽油、煤油)代替水，用真空抽气法排除土中空气，抽气时真空度需接近一个大气压，抽气时间不得少于 0.5h，并经常摇晃比重瓶，直至无气泡逸出为止；停止抽气后仍需在干燥器中静置 15min 以上。其余步骤同上。

4. 计算公式

$$d = \frac{m \cdot \rho_0}{m + m_1 - m_2}$$

$$d = \frac{m \cdot \rho_0'}{m + m_1' - m_2'} \text{（含可溶性盐及活性胶体较多的土壤用此式）}$$

式中：d 为土壤比重（g/cm³）；m 为烘干土壤质量（g）；ρ_0 为无二氧化碳水的密度（g/cm³）；m_1 为加满水的比重瓶质量（g）；m_2 为加有水和土样的比重瓶质量（g）；m_1' 为加满非极性液体的比重瓶质量（g）；m_2' 为加有非极性液体和土样的比重瓶质量（g）；ρ_0' 为非极性液体密度（g/cm³）。

5. 注意事项

在无恒温设备或日温差大的情况下对每个比重瓶需做比重瓶加水（或煤油）的质量与温度变化关系的比重瓶校正曲线。在测定土壤比重时就可根据试验时温度，直接从曲线上查出比重瓶加水（加煤油）的质量。

比重瓶校正步骤如下：

① 洗净比重瓶，置于烘箱中（105℃）烘干，取出放入干燥器中，冷却后称量（精确到 0.001g）。

② 向比重瓶内加入煮沸过并已冷却的水（或煤油），使水面近于刻度。

③ 将盛水的比重瓶全部放入恒温水槽中，控制温度，自5℃逐步升高到35℃。在各种温度下，调整各比重瓶液面到标准刻度（或达到瓶塞口），然后加瓶塞，擦干比重瓶外部，称量（精确到 0.001g）。

④ 用上述称得的各不同温度下相应的瓶加水（或煤油）的质量数值作纵坐标，以温度为横坐标，绘制比重瓶校正曲线。

三、土壤容重（土壤密度）

（一）定义

单位容积土壤（包括粒间孔隙）的质量，单位 g/cm³。

土壤容重的大小取决于土壤质地、结构性、松紧程度、有机质含量及土壤管理等因素。土壤容重小，表明土壤比较疏松，通透性较好，肥力较高；土壤容重大，表明土体紧实，结构性和通透性较差。湿地土壤有机质含量高，结构疏松，容重较低。湿地草根层的容重一般为 0.2~0.8g/cm³，泥炭层的容重为 0.1~0.2g/cm³，随土层加深容重逐渐增加。

（二）测定方法

测定土壤容重通常采用环刀法。

1. 方法原理

用环刀取土壤结构未破坏的原状土壤，使土样充满其中，烘干后称量计算单位容积的烘干土重量。此法适用一般土壤，对坚硬和易碎的土壤不适用。

2. 仪器设备

不锈钢环刀(通常为直径5cm，环高5cm，容积约100cm³)、电子天平(感量为0.1g和0.01g)、烘箱、环刀托、削土刀、小土铲、铝盒、干燥器。

3. 测定步骤

① 样品采集：将空环刀连盖一起编号，并用天平称取质量。选具有代表性的采样点，先铲平土表，将环刀垂直压入土内(必须保持环刀内土壤结构不受破坏)，然后取出带土的环刀，用锋利的土刀削去多余的土，并擦净环刀外面的土，在底盖的内侧垫入滤纸片，立即加盖保存，以免水分蒸发。若测定下层土壤的容重，则需先按要求挖掘土壤剖面，再按发生层次分层采集，通常每土层至少采取3个重复。

② 烘干称重：将带土的环刀去掉顶盖，先在电热板上烘到近似风干状态，然后放入烘箱中，在105℃±2℃下烘干至恒重(对于有机质含量>80g/kg的湿地土壤，烘干时温度保持在80℃左右)。

③ 计算公式：

$$\rho_B = \frac{m_2 - m_1}{V}$$

式中：ρ_B 为土壤容重(g/cm³)；m_1 为环刀质量(g)；m_2 为环刀和烘干土的质量(g)；V 为环刀容积(cm³)。

四、土壤孔隙度

(一) 定义

单位容积土壤中孔隙所占的百分比称为土壤孔隙度，单位%。其中，孔径<0.1mm的称为毛管孔隙，孔径>0.1mm的称为非毛管孔隙。湿地土壤的孔隙度一般较高，沼泽和沼泽化土壤的草根层和泥炭层，孔隙度可达72%~93%。

(二) 测定方法

土壤孔隙度可用环刀法，通过测定一系列土壤水分物理特性后进行换算求得。现普遍推广石英砂—高岭土吸力平板法，可直接测定土壤孔隙度，并具有不易漏气、不易破损、管理方便、测定范围广、精度高等优点。

1. 吸力平板法原理

根据茹林(ЖюреН)公式：

$$d = \frac{3}{F} \times k$$

式中：d 为当量孔隙直径(mm)；F 为水吸力(kPa)；k 为厘米水柱换算为kPa的系数，0.0981。

用当量孔隙直径换算出各级当量孔隙、毛管孔隙度、非毛管孔隙度和总孔隙度。用水柱平衡工作原理的石英砂吸力平板装置可测定 0~10kPa 吸力范围的当量孔隙，采用减压工作原理的高岭土吸力平板装置可测定 10~90kPa 吸力范围的当量孔隙。

2. 测定步骤

（1）采样

用已知质量（m_1）的空环刀采取原状土样，一般 3~5 个重复。在环刀底部内垫一层滤纸后放入水槽里的透水石上（若环刀中装入的是扰动土，底部除垫滤纸外还要用纱布包扎好）。

（2）浸泡

向水槽内注水，水面超过透水石约 1cm，放置 2h 后，再加水至离环刀上缘 0.5cm 处，浸泡 24h 以达到饱和。特别紧实、粘重的土样泡水时间应适当延长。

（3）排水称重

排去水槽中的水，使槽中水面与透水石上缘相平，此时土样承受的吸力为 0.25kPa（即环刀高度的一半）。放置 24h 后，轻轻擦去环刀外面的水分，称重（m_3）。称重后的土样放在石英砂平板仪上，调节水位瓶中水位的高度，使土壤承受的吸力依次为 1.5kPa、3kPa、6kPa，各级均平衡 24h 后称其相应质量 m_4、m_5、m_6、…，土样再移入高岭土吸力平板仪上，分别做 30kPa、60kPa、90kPa 吸力的当量孔径，平衡时间分别为 3 天、7 天、15 天，而后称重。

（4）烘干称重

将土样在电热板上烘至近风干状态，再移入烘箱，在 105℃ 下烘至恒重，对于有机质含量>80g/kg 的湿地土壤，烘干时温度保持在 80℃ 左右，称重（m_2）。同时测量烘干后土柱的高度和直径，以计算试样的收缩体积。

（5）记录数据：填表 5-6。

表 5-6 数据记录表

土样号	环刀质量(g)	环刀+烘土质量(g)	不同吸力时环刀+土样的质量(g)						
			0.25kPa	1.5kPa	3kPa	6kPa	30kPa	60kPa	90kPa
××	m_1	m_2	m_3	m_4	m_5	m_6	m_7	m_8	m

3. 计算公式

土壤毛管孔隙度、非毛管孔隙度和总孔隙度计算公式：

$$P_t = 1 - \frac{\rho_B}{\rho_S} \times 100$$

式中：P_t 为土壤总孔隙度(%)；ρ_B 为土壤容重(g/cm³)；ρ_S 为土粒密度，一般土粒密度约为 2.65g/cm³。

$$P_{c1} = \frac{m_5 - m_2}{V \times \rho} \times 100$$

式中：P_{c1}为毛管孔隙度(%)；V为环刀容积($100cm^3$)；ρ为水的密度($1g/cm^3$)。

$$P_{c2} = P_t - P_{c1}$$

式中：P_{c2}为非毛管孔隙度(%)；P_t为土壤总孔隙度(%)；P_{c1}为毛管孔隙度(%)。

各级当量孔隙度计算：

$$> 1.2mm\ 当量孔径的土壤孔隙度(P_{e1}) = P_t - \frac{m_3 - m_2}{V \times \rho} \times 100$$

$$0.2 \sim 1.2mm\ 当量孔径的土壤孔隙度(P_{e2}) = \frac{m_3 - m_4}{V \times \rho} \times 100$$

$$0.1 \sim 0.2mm\ 当量孔径的土壤孔隙度(P_{e3}) = \frac{m_4 - m_5}{V \times \rho} \times 100$$

……

$$0.003 \sim 0.005mm\ 当量孔径的土壤孔隙度(P_{e7}) = \frac{m_8 - m_9}{V \times \rho} \times 100$$

$$< 0.003mm\ 当量孔径的土壤孔隙度(P_{e8}) = \frac{m_9 - m_2}{V \times \rho} \times 100$$

式中：P_{e1}为>1.2mm当量孔径的土壤孔隙度(%)；P_{e2}为0.2~1.2mm当量孔径的土壤孔隙度(%)；P_{e3}为0.1~0.2mm当量孔径的土壤孔隙度(%)；P_{e7}为0.003~0.005mm当量孔径的土壤孔隙度(%)；P_{e8}为<0.003mm当量孔径的土壤孔隙度(%)；V为环刀容积($100cm^3$)；ρ为水的密度($1g/cm^3$)。

4. 注意事项

① 根据测定结果换算多个物理参数，如：在一定吸力下土壤的充气孔隙和持水孔隙，0~90kPa范围内的水分特征曲线，土壤固、液、气三相比，土壤容重及土体收缩量。

② 吸力平板仪在任一吸力下，只允许水通过，绝不允许气体通过，因此各个联结部位都要密封，并要注意平板的保养(保持湿润)。

五、土壤含水量

(一) 定义

土壤含水量，以单位质量干土中水的质量或单位土壤容积中水的容积表示，单位%。土壤自然含水率是新鲜土壤样品的实际含水量，即对野外采集的土壤样品含水率进行的及时测定，它包括土壤孔隙中全部自由水和吸湿水。

湿地土壤由于有机质含量高，土壤孔隙度大，其含水量明显大于其他类型土壤，尤其是草根层和泥炭层。如中国三江平原湿地，泥炭层饱和持水量可达830%~1030%，最大持水量可达400%~600%；草根层持水量稍低，一般在300%~800%，低者达250%。

（二）测定方法

主要有烘干法、中子法和时域反射仪法。烘干法一般为土壤含水量测定的标准方法。中子法是采用中子水分计在自然条件下直接测量土壤的绝对湿度，它具有省时、省工，不受土壤中水分形态的限制等特点，既可以连续观测，还可以在短时间内测量含水量的急速变化。国际上广泛采用中子法测量土壤水分动态变化。

1. 烘干法

土壤样品在105℃±2℃烘至恒重时所损失的重量，即为土壤样品所含水分的质量，该质量与对应土壤样品的质量之比，即为土壤样品所含水分的质量百分数。

（1）仪器设备

土钻、土壤筛(孔径1mm)、铝盒、分析天平(感量为0.0001g和0.01g)、电热恒温烘箱、干燥器(内盛变色硅胶或无水氯化钙)。

（2）取样

对于风干土样，选取有代表性的风干土壤样品，压碎，通过1mm筛，混合均匀后备用；对于新鲜土样，在野外用土钻取样地内的新鲜土样，装入铝盒，带回室内，称重。

（3）测定

① 风干土吸湿水的测定：将称量盒(或铝盒)编号并洗净，连盖(揭盖)置于105~110℃烘箱内烘干0.5h，(合盖)取出置于干燥器内冷却至室温(约0.5h)，连盖在分析天平(精确到0.0001g)上准确称重，得 W_1。将预先粗称的5~10g过1mm孔筛土样平铺于称量盒中，再精确称重得 W_2，(揭盖)移入预先加热至105~110℃的烘箱内，烘干8h(此时，应把盖子斜放在称量盒侧)，(合盖)取出置于干燥器中，冷却至室温(约0.5h)，立即精确称重得 W_3，再揭盖放入烘箱中烘干3h(此过程可重复多次)后取出冷却称重得 W_4，当 W_3 与 W_4 两次称量值之差<3mg时即视为达到恒重。

以烘干土壤为基础的土壤吸湿水含量(%)，计算公式：

$$\omega_{烘} = \frac{W_2 - W_3}{W_3 - W_1} \times 100$$

以风干或自然湿土为基础的土壤吸湿水含量(%)，计算公式：

$$\omega_{风} = \frac{W_2 - W_3}{W_2 - W_1} \times 100$$

风干土与烘干土的换算系数 K，计算公式：

$$K = \frac{1}{1 + \omega_{烘}} = 1 - \omega_{风}$$

风干土质量与烘干土质量的换算：

$$烘干土 = 风干土 \times K$$

② 自然含水量测定：将新鲜土样称重，精确到0.01g，揭盖后在105℃±2℃(或80℃左右)的烘箱中烘干12h。对于有机质含量>80g/kg的湿地土壤，烘干时温度保持在80℃

左右。烘干称量至恒重,取出在干燥器中冷却至室温,立即称重。新鲜土样水分的测定应做三份平行测定,计算公式:

$$\omega(分析基) = \frac{m_1 - m_2}{m_1 - m_0} \times 100$$

$$\omega(干基) = \frac{m_1 - m_2}{m_2 - m_0} \times 100$$

式中:m_0 为烘干空铝盒质量(g);m_1 为烘干前铝盒及土样质量(g);m_2 为烘干后铝盒及土样质量(g)。

平行测定的结果用算术平均值表示,保留一位小数。

平行测定结果的相差:水分<5%的风干土样不得超过0.2%,水分为5%~25%的潮湿土样不得超过0.3%,水分>15%的大粒(粒径约为10mm)粘重潮湿土样不得超过0.7%(相对误差≤5%)。

2. 快中子散射法

快中子散射法是通过中子仪的探头放射出快中子与土壤中的氢原子相碰产生慢中子云,慢中子云与土壤水分密切相关,在测量过程中,观测中子仪自检器的读数,再利用标定曲线,即可将读数转化成土壤含水量(容积含水量)。如果需要,可将该容积含水量除以土壤容重,便得到以质量分数表示的土壤含水量。

(1)仪器设备

中子探测仪—中子测管、大桶、铁桶、铁锹、环刀、土壤刀、天平等。

(2)操作步骤

① 测管材料:中子测管材料对快中子和慢中子都有很低的中子吸收截面,同时,材料本身还应具有较强的机械强度和抗腐蚀性能。在所有观测区内,应选择同一批产品,每一根测管的底部必须密封不透水。

② 安装测管:用直径与测管外径相同的土钻垂直打孔,然后将测管插入。为了便于中子仪观测,测管应高于地面20cm,每根测管的高度应保持完全一致。

③ 取读数:按中子仪操作手册,设定读数时间(16s、32s、64s、128s或更长),同时按设定的读数深度由浅层往下读取中子仪计数,每次计数均应贮存在微采集器。

④ 水中读数程序:标准读数 $R\omega$ 是在水中的测管中读出的,水桶的直径最小为45cm,最小深度要达到要求测量的深度,探头感应中心应处在水面至桶底的中间部位,即在水面下 20~30cm,故定为水下30cm处。水位要保持固定,水质要清洁,选用当地水。水中读数要连续10~20次,取其平均值。

⑤ 测量:为保证连续定点测定土壤水分而不破坏土壤剖面,土壤水分观测可选择中子水分仪,对样地内一定土壤剖面深度,如20cm、30cm、45cm、60cm、90cm、120cm、150cm、180cm、200cm、250cm、300cm的土壤含水率进行逐日(一般应在9:00之前完成)连续测定。

⑥ 标定：中子仪测定土壤含水量受容重和土壤质地的影响。因此，不同质地的土壤和不同的容重，应有其自己的标定曲线。野外标定方法是在中子水分仪读数的相同深度用环刀法测定土壤体积含水率的方法对中子仪读数标定，标定时中子水分仪记数时间定为128s或256s，一般测定时记数时间设为64s。

3. 时域反射仪法

利用 TDR 原理(time domain reflectometry，TDR)，根据探测器发出的电磁波在不同介电常数物质中的传输时间的不同，计算被测物含水量。

土壤是由空气、矿质或有机质颗粒和水分组成的，由于水分的介电常数 K 为 80，远远大于空气(K=1)和矿物颗粒(K=2~4)的介电常数，一定能量的微波脉冲在土壤中传播的速度完全决定于土壤水分含量的大小。因此，可以根据标定的介电常数与已知土壤含水率的关系式来计算土壤水分。

水—土—气多相体的表面介电常数(K_a)，计算公式：

$$K_a = \left(\frac{c \times t}{2 \times L}\right)^2$$

式中：K_a 为表面介电常数；L 为脉冲波通过距离(m)；t 为脉冲波往返传播时间(s)；c 为光速(m/s)。

六、土壤田间含水量

(一) 定义

土壤田间含水量是指当水饱和土体中的重力水完全被排除后，毛管中所保持的水量，单位%。

(二) 测定方法

田间持水量受土壤质地、结构和地下水位的影响，是适于植物生长的水分范围上限。测定田间持水量有田间围框法和室内压力膜(板)法两种。

1. 田间围框法

在田间围框灌水使土壤饱和，待排除重力水后，在没有蒸发的条件下，测定土壤水分达到平衡时的含水量。渗透性很差的土壤和水源不足的地方，不宜采用此法。

(1) 设备

正方形木框：框内面积为 $1m^2$，框高 20~25cm，下端削成楔形，并用白铁皮包成刀刃状；塑料布(正方形，面积为 $5m^2$)；土钻。

(2) 测定步骤

① 测试区：选 $4m^2$ 地面，将其平整，地块中央插入木框(深度约为 10cm)，框内为测试区。在其周围筑一正方形的坚实土埂，埂高 40cm、埂顶宽 30cm，埂与田埂间为保护区。

② 测定灌水量：在测试区附近挖土壤剖面，观察土壤特征，按发生层次在剖面上分

层采样测定自然含水量、容重和土粒密度,计算出土壤总孔隙度,作为土壤饱和含水量。测试区和保护区待测土层的全部孔隙为水充满所需补充灌入的水量,计算公式:

$$Q = \frac{H \cdot (\omega_a - \omega) \cdot \rho_B \cdot S \cdot h}{\rho}$$

式中:Q 为灌入的水量(m^3);ω_a 为土壤饱和含水量(%);ω 为土壤自然含水量(%);ρ_B 为土壤容重(g/cm^3);S 为测试区面积(m^2);h 为土层需要灌水的深度(m);H 为使土壤达到饱和含水量的保证系数值(1.5~3);ρ 为水的密度(g/cm^3)。

土层所需灌水的深度(h)视试验目的而定,作为确定土壤水分物理常数而言,一般将 h 定为 1m 左右即可满足试验要求。

③ 灌水:灌水前,在测试区和保护区各插一根厘米尺。在灌水处铺垫草或席子,先在保护区灌水到一定程度后,再向测试地块灌水,使内外均保持 5cm 厚的水层,直到将水灌完为止。灌水渗完后,在土面覆盖青草或麦秆,上面再盖一块塑料布,以防止水分蒸发及雨水淋入。

④ 采样测定:轻质土壤在灌水后 24h 即可采样测定,而粘质土壤必须经过 48h 或更长时间。采样时在测试区上搁一木板,人站在木板上,按木框对角线位置掀开土表覆盖物,用土钻打三个钻孔,每个钻孔自上而下按土壤发生层分别采土 15~20g 放入铝盒,立即带回室内用烘干法测定含水量。在保护区中取些湿土将钻孔填满,盖好覆盖物。以后每天测定一次,直到前后两天的含水量无明显差异,水分运动基本平衡时为止。一般砂土需 1~2 天、壤土 3~5 天、粘土 5~10 天才基本达到平衡。

(3) 计算公式

某土层田间持水量的计算:取在该层逐次测得的土壤含水量(%)中结果相近的平均值为该层土壤的田间持水量,计算公式:

$$\omega(H_2O) = \frac{\omega_1 \cdot \rho_{B1} \cdot h_1 + \omega_2 \cdot \rho_{B2} \cdot h_2 + \cdots + \omega_n \cdot \rho_{Bn} \cdot h_n}{\rho_{B1} \cdot h_1 + \rho_{B2} \cdot h_2 + \cdots + \rho_{Bn} \cdot h_n}$$

式中:$\omega(H_2O)$ 为田间持水量(%);$\omega_1, \omega_2, \cdots, \omega_n$ 为各土层含水量(%);$\rho_{B1}, \rho_{B2}, \cdots, \rho_{Bn}$ 为各土层容重(g/cm^3);$h_1, h_2, \cdots, h_n$ 为各土层厚度(cm)。

地下水位较浅时会影响测定结果,故在结果中必须注明地下水的深度。

2. 压力膜(板)法

压力膜法和压力板法的测量原理与仪器装置均相同,只是仪器所用的透膜不同,前者为孔隙较细的玻璃纸,后者为素烧陶土板(其孔隙与张力计的陶土管相同),二者均系多孔材料。当它们被浸润后,孔隙中便形成具有一定张力的凹月面水膜,水膜张力的大小与孔隙大小成反比,其作用是阻止空气及土壤(基质)通过,而只让水(溶质)通过。当置于膜上的水饱和土样被密封于腔室中,并受一定的压力之后,其水势便逐渐与膜外水的水势达到平衡,平衡后土样的吸力由腔室的压力来确定。当所加的压力超过水膜的张力时,水膜破裂,腔室漏气,仪器便不能进行测定。测定 100kPa 以内的吸水力,只需用陶土板,其漏气值要求在100kPa以上;测定1.5MPa以内的高吸力,则需加用玻璃纸,其漏气值要求在1.5MPa以上。

此方法可用于土壤水吸力、土壤田间持水量、土壤萎蔫含水量等的测定。

(1) 仪器设备

压力膜(板)仪:由压缩气源、压力控调器及腔室构成。

(2) 测定步骤

① 仪器检查:在测定前,需先检查整个系统(管道、接头、阀门、腔室、膜等)的密封性,在保证各部分不漏气时,方可进行土壤水吸力的测定。

② 采样:此法可用环刀采原状土进行测定,或用通过孔径2mm筛的风干土样装入盛土环刀,制备成一定容重的扰动土进行测定。一般原状土需做不少于3个重复样品测定,扰动土需做2~3次重复测定。

③ 测定:将试样和环刀置于腔室底部的薄膜上,加水湿润12~24h,使样品饱和,夹紧螺丝封闭腔室。启开压缩气源,调节至所需压力,通入腔室。土壤受压后,即有水自引水管流出,待不再流水时,即达平衡。一般用压力板测定低吸力时,加压8~12h即可,而用玻璃纸薄膜测定高吸力时,需加压数天,直至排水口中不再排水,才达平衡。平衡后,先用滤纸吸干引水管中的水,以免减压时这些水又复倒吸入土样中;再关闭气源、排除腔室内的压力,然后拆卸腔室,取出土样迅速称重。在105℃下烘干,求得土样+环刀的干重,便可计算出该级吸力下的土壤含水量。

(3) 计算公式

土壤含水量计算公式:

$$\omega(H_2O) = \frac{m_2 - m_3}{m_3 - m_1} \times 100$$

式中:$\omega(H_2O)$为某级吸力下的土壤含水量(%);m_1为环刀的质量(g);m_2为平衡后土样和环刀的质量(g);m_3为烘干后土样和环刀的质量(g)。

七、土壤凋萎含水量

(一) 定义

土壤凋萎含水量是指植物萎蔫而不能复苏时的土壤含水量,又称稳定萎蔫含水量,单位%。

(二) 测定方法

测定萎蔫含水量通常采用生物法和压力膜(板)法,后者以土壤承受1.5MPa压力下的含水量为土壤萎蔫含水量,此法重现性好,精度较高,萎蔫点也可用土壤最大吸湿量乘以系数1.3~2.5表示。

1. 生物法

在室内栽培植物,至植物因缺水而开始永久萎蔫(即放在空气湿度饱和的木箱中仍不能复活)时,测定土壤含水量,作为萎蔫含水量。

(1) 仪器设备

木箱:内放湿锯木屑,使箱内水汽饱和。

(2) 测定步骤

① 装土:将干土磨碎,过10号筛,然后装入高型烧杯中直至装满,每一土样重复4次。在装土时烧杯中预先插入一根直径0.5cm左右的玻璃管(比烧杯稍高些),用于排出空气。

② 浇水或浇液:用塞有棉花的漏斗滴水入杯中(灌水量为干土质量的30%~40%)。灌水时要经常转动烧杯,使水均匀浸湿土样,空气则由杯底经玻璃管逸出。若表土肥力较差或做底土试验时,可根据土壤肥力灌入一定量营养液。

③ 幼苗准备:在装土前几天选好需要的种子,放到事先用纱布或滤纸垫好的瓷盘内,然后用水浸湿(水量以充足为度)。在15~20℃的室温条件下发芽,发芽3~4天后即可使用。

④ 种植:在湿润的土壤表面下2cm处种入已发芽的种子(最后每杯留下3株进行试验)。盖土后,称重记载。杯上用塑料膜遮盖,以免土表水分蒸发。玻璃杯外壁用黑纸包蔽,防止阳光直射。

⑤ 培育:将玻璃杯放到光线充足的地方(但要避免烈日直射),最好室温保持在早晨12℃,中午、晚上20℃。

⑥ 观察和管理:在生长过程中,每天早、中、晚记录室温和生长情况。隔5~6天称重1次,并检查幼苗生长情况,如杯中水分蒸发过多,可进行第二次灌水。当第二片子叶比第一片子叶长得较长时,证明幼根已分布于杯内的整个土体。此时可进行试验(也可最后一次灌水),用棉花塞住玻璃管,然后将杯子放到没有阳光直射的地方,一直放到植株第一次萎蔫(叶子下垂)。当植株萎蔫后,将烧杯移入保持较高湿度的木箱中(箱底上可放非常湿的锯末)。经一昼夜后观察,如萎蔫现象消失,则把烧杯放回原处,待萎蔫现象再次出现后,再将烧杯置于木箱中。如此反复观察,直到植物不能复苏,即可认为已达永久萎蔫。

⑦ 取土测定土壤含水量:去掉塑料膜封面,除去植物以及土壤表面2cm的土层,用烘干法测定杯中余下土壤的含水量,即为萎蔫含水量。

2. 压力膜(板)法

同土壤田间含水量测定的压力膜(板)法。一般取1.5MPa吸力值下的土壤含水量作为土壤凋萎含水量。

八、土壤水吸力及土壤水分特性曲线

(一) 定义

土壤水吸力是指土壤水在承受一定吸力的情况下所处的能态,简称吸力,但并不是指土壤对水的吸力。

(二) 单位

最常用的是单位容积和单位重量。单位容积土壤水的势能用压力单位，标准单位帕（Pa）；单位重量的土壤水的势能值用相当于一定压力的水柱高厘米数来表示，它们之间的关系：

$$1Pa = 0.0102cm 水柱$$

土壤水吸力是反映土壤水能量状态和植物吸收水关系特征的一个指标。土壤处在饱和状态时，土壤水的吸力为零，若对土壤施加较小的吸力，土壤中并无水流出，当吸力增加超过某一临界值时，土壤中大孔隙开始排水，含水量开始减少，随着吸力的进一步提高，含水量进一步减少。在这个过程中，土壤含水量是随吸力的提高而减少的，土壤吸力（基模势）和含水量之间的关系就是水分特征曲线，它反映了土壤持水的基本特性，对分析水的保持和运动有着重要的作用，尤其在湿地均化洪水的功能研究上，具有一定的指示意义。

(三) 测定方法

野外测定土壤水吸力的最简便方法是张力计法，但张力计测量的量程较窄，仅能测定小于80kPa的土壤水吸力。对于0~1.5MPa范围内的土壤水吸力（即土壤饱和含水量至土壤萎蔫含水量范围），宜采用室内压力膜法测定，可得出完整的水文特性曲线，此方法量程宽、精度高，是国际上通用的方法。

压力膜（板）法同土壤田间含水量测定的压力膜（板）法。

(四) 土壤水分特征曲线绘制

① 将各级土壤水吸力值与相应的土壤含水量对应作图，即可得到土壤水分特征曲线。

② 土壤萎蔫含水量：取1.5MPa吸力值下的土壤含水量作为土壤萎蔫含水量。

③ 土壤田间持水量：一般土壤取30kPa吸力值下的土壤含水量作为土壤田间持水量；砂性土壤常取10kPa；粘重的土壤宜取50kPa。田间持水量这一水分常数因受土壤结构及大气因素的影响，在水分特征曲线上只代表一定数值的范围。在压力板仪上测定田间持水量时，应取原状土才能接近田间状况。

④ 有效水量：田间持水量与萎蔫含水量之差为植物可利用的有效水量。

⑤ 释出水量：在土壤水分特征曲线范围内，可得出任何吸力差下土壤释出（或吸入）的水量，即表示在该吸力范围内释出的水量。

第三节 湿地土壤主要养分元素

土壤养分是土壤中能直接或经转化后被植物根系吸收的矿质营养成分，包括氮、磷、钾、钙、镁、硫、铁、硼、钼、锌、锰、铜和氯等元素。

土壤养分元素可分为大量元素、中量元素和微量元素。根据植物对营养元素吸收利用的难易程度，分为速效态养分和迟效态养分。一般来说，速效养分仅占很少部分，不足全量的1%，应该注意的是速效养分和迟效养分的划分是相对的，二者总处于动态平衡之中。

一、土壤有机质

（一）概述

土壤有机质是存在于土壤中所有含碳有机物质，它包括土壤中的各种动植物残体、微生物体及其分解和合成的各种有机物质，单位g/kg。

有机质是土壤的重要组成部分，一方面，它是植物营养的主要来源；另一方面，在全球碳平衡中起着重要的作用。湿地土壤在碳循环中起着碳汇的作用，但当湿地被人类开垦利用后，大量的碳被释放到大气中，改变了大气中的碳含量，进而改变了全球碳循环。因此，湿地土壤有机碳是湿地研究的重要指标之一。

湿地土壤的有机质含量高于其他土壤，并随着沼泽土壤的土类或亚类不同而异，变化幅度较大。一般来说，泥炭沼泽土和泥炭土中的泥炭层有机质含量最多，为500~700g/kg，个别可达到800g/kg，腐殖质沼泽土和草甸沼泽土表层的有机质含量次之，为100~300g/kg，淤泥沼泽土和盐碱化沼泽土的土壤有机质含量最低，一般在100g/kg以下。

（二）测定方法

测定有机碳的方法有化学方法和物理方法。

1. 化学方法

化学方法中普遍使用的是重铬酸钾氧化—外源加热法，此法准确性较高，不需特殊的设备，操作也简便，且不受土壤中碳酸盐的影响，只有土壤中含有氯化物或低价铁、锰时会影响测定结果。更简便快捷的方法是重铬酸钾氧化—稀释法，通常称这种稀释热法测定的有机质为活性有机质，尤其适宜于大批量样品分析。

(1) 重铬酸钾氧化—稀释热法方法原理

利用浓硫酸和重铬酸钾水溶液混合时产生的稀释热，促使有机质中的碳氧化为二氧化碳，而重铬酸钾中的Cr^{6+}被还原成Cr^{3+}，剩余的重铬酸钾再用硫酸亚铁标准溶液滴定。根据有机碳被氧化前后$Cr_2O_7^{2-}$数量的变化，可算出活性有机质的含量。此法应在室温20℃以上的条件下进行，如气温较低，应采取适当的保温措施。

(2) 仪器设备

分析天平（精确到0.0001g）、硬质试管、秒表、酸式滴定管、洗瓶、三角瓶（250mL）、小漏斗等。

(3) 试剂溶液

① 重铬酸钾溶液（1/6 $K_2Cr_2O_7$，1mol/L）：称取49.09g重铬酸钾（$K_2Cr_2O_7$，化学纯）

溶于水，稀释至1L。

② 浓硫酸(1.84g/L，化学纯)。土壤中若有氯离子存在，每升浓硫酸中加15g硫酸银(Ag_2SO_4)。

③ 邻菲啰啉指示剂：称取邻菲啰啉($C_{12}H_8N_2$，分析纯)1.49g，溶于100mL含有0.70g的$FeSO_4 \cdot 7H_2O$或1.0g$(NH_4)_2SO_4 \cdot FeSO_4 \cdot 6H_2O$的水溶液中。此试剂易变质，应保存在棕色瓶中。

④ 硫酸亚铁标准溶液(0.5mol/L)：称取140g硫酸亚铁($FeSO_4 \cdot 7H_2O$，化学纯)溶于水，加入15mL浓硫酸，冷却，稀释至1L。此时极易被空气氧化而致浓度下降，故需使用前标定。

标定方法：吸取50mL重铬酸钾标准液(1mol/L)置于100mL三角瓶中，加3~5mL浓硫酸和2~3滴邻菲啰啉指示剂，用硫酸亚铁标准液滴定，根据硫酸亚铁溶液的消耗量准确计算出浓度。

(4) 测定步骤

① 氧化：称取通过35号筛已挑去肉眼能见的植物残体的土样1.0~2.0g(精确至0.0001g)，放入500mL三角瓶中，准确加入10mL重铬酸钾水溶液，轻轻摇动，使土粒分散。用量筒迅速地将20mL浓硫酸直接注入土壤悬浊液，立即小心地摇动三角瓶，使土壤与试剂充分混匀，再较剧烈地转动，前后共计摇1min。

② 滴定：把三角瓶静放在石棉板上30min(室温应在20℃以上)。然后注入约200mL水，加3~4滴指示剂，用硫酸亚铁标准溶液滴定过量的重铬酸钾，溶液的变色过程中由橙黄→蓝绿→砖红色即为终点。记录$FeSO_4$滴定毫升数(V)。每批样品测定时要做2~3个空白对照，即取少许二氧化硅代替土样，其他操作与试样测定相同。记录$FeSO_4$滴定毫升数(V_0)，取其平均值。

(5) 计算公式

土壤活性有机碳和活性有机质的质量分数，计算公式：

$$\omega_1 = \frac{c \cdot (V_0 - V) \cdot M}{m \cdot K}$$

$$\omega_2 = \frac{c \times (V_0 - V) \times M \times 1.724}{m \times K}$$

式中：ω_1为土壤活性有机碳的质量分数(g/kg)；ω_2为土壤活性有机质的质量分数(g/kg)；c为硫酸亚铁标准溶液的浓度(mol/L)；V_0为空白滴定硫酸亚铁标准溶液体积(mL)；V为样品滴定硫酸亚铁标准溶液体积(mL)；M为碳素(1/4C)的摩尔质量，0.003kg/mol；1.724为由有机碳换算为有机质的系数；m为风干土重(g)；K为吸湿系数。

(6) 注意事项

① 土壤的称取量视有机质含量而定：含活性有机质50g/kg左右的土壤约取0.5g，

30~40g/kg 的取 0.5~1g，10~30g/kg 的取 1~2.5g，10g/kg 以下的取 2.5g 以上。如果样品滴定数小于空白的 1/3，必须减少样品称量。有机质含量过低的土样，称量最多也不要超过 10g。

② 浓硫酸有吸水特性，长时间暴露空气中会使浓度降低，应即开即用。

2. 物理方法

物理方法主要是反映原状有机质结构与功能，尤其反映有机质周转特征，所以这种方法在土壤有机碳的研究中受到更多的重视。物理分组方法包括对土壤有机碳密度分组(density separates)和大小分组(size separates)。

密度分组用来分开与矿质部分结合相对松散的部分(典型密度在 1.8~2.0g/cm³)，其中轻组有机质(light-fraction organic matter)，土粒密度小于 1.8g/cm³ 组分中的土壤有机质组分，包括游离腐殖酸和植物残体及其腐解产物等，周转期 1~15 年，是植物残体分解后形成的一种过渡有机质，它代表了中等分解速度的有机碳，其有机碳分配比例在 0.4 左右；重组有机质(heavy-fraction organic matter)，土粒密度大于 2.0g/cm³ 的土壤有机质组分，主要由与粘土矿物牢固复合的腐殖物质组成，是一种有机矿质复合体，属于分解速度极慢的有机碳库。

用大小分组方法分出的颗粒有机质(particulate organic matter)，周转期 5~20 年，是与沙粒结合(53~2000μm)的有机碳部分，主要来源于分解速度中等的植物残体分解产物。总之，利用土壤有机质物理分组方法，有利于研究湿地中土地利用变化对湿地土壤碳库中不同定性组分的影响及土地利用变化过程中土壤碳稳定机制和影响因素。根据研究表明，土地利用变化主要影响的是土壤有机碳组分中分解相对快的部分，即轻组有机碳和颗粒有机碳。因此，利用物理方法分离土壤有机质不同组分，对于准确评价土地利用变化影响湿地土壤碳过程具有重要意义。

(1) 颗粒有机碳测定

土壤中颗粒有机碳组分是指土壤中与沙粒结合的有机质，并进一步可能结合在土壤大团聚体与微团聚体中，这类有机质组分主要由与沙粒结合的植物残体半分解产物组成，相对与土壤粘粒和粉粒结合的土壤有机质被认为是有机碳中的非保护性部分。

测定方法：称取过 2mm 孔径土壤筛土样 20.00g，置于 100mL($NaPO_3$)$_6$(5g/L)的水溶液中，先手摇 15min，再用振荡器振荡 18h，转速 90r/min。让土壤悬液过 53μm 筛，并反复用蒸馏水冲洗，未通过筛孔的物质在 60℃ 下烘干过夜称重，计算其占土壤样品质量的比例。通过分析烘干样品中有机碳含量，计算颗粒有机质中的有机碳含量，再换算为单位质量土壤样品的对应组分有机碳含量。以颗粒有机质中有机碳含量值除以土壤有机碳总含量得到颗粒有机碳的分配比例。

(2) 轻组有机碳测定

轻组有机质起源于植物残体，可利用一定密度(1.8~2.0g/cm³)的重液从土壤有机质中分离。选用重液的密度和种类不同，分离的效果会有一定差异。但是，采用相同(密度)的重液，则对不同土地利用方式的评价比较合理。

分离方法：称取过 2mm 筛孔风干土样 5.00g，倒入 25mL $CaCl_2$（1.80g/cm³）重液中，振荡 18h，然后用真空管吸取悬浮部分，并用 3 号砂芯漏斗过滤，用重液反复（3 次）冲洗瓶底的样品，用同样方法吸取悬液部分并过滤。把在漏斗上的部分在 60℃下烘干 16h，称取烘干后质量，计算这些烘干样品质量占总土壤样品质量的比例后，再取出部分样品用于分析有机碳含量。根据计算的比例和有机碳含量，计算轻组有机碳在整个样品中的含量。以轻组有机碳含量值除以土壤有机碳总含量得到轻组有机碳的分配比例。

二、土壤腐殖质组成

（一）定义

土壤腐殖质指除未分解和半分解动、植物残体及微生物体以外的有机物质的总量，主要由胡敏酸、富里酸和存在于土壤残渣中的胡敏素组成，单位 g/kg。

由于腐殖酸含量与有机质含量呈正比，而湿地中的有机质含量高。因此，湿地中的腐殖酸含量较高，一般为 20%～30%，其中，泥炭沼泽土的腐殖酸更高，最高可达 60.1%。

（二）测定方法

焦磷酸钠浸提—重铬酸钾氧化法：采用 0.1mol/L 焦磷酸钠和 0.1mol/L 氢氧化钠浸提剂提取腐殖质，浸出液的一部分测定其含碳量，作为胡敏酸与富里酸的总量。吸取另外一部分浸出液，经酸化后，使胡敏酸沉淀，分离富里酸，并把沉淀溶解于氢氧化钠中，再测定其含碳量，作为胡敏酸的含量。富里酸则可按差数算出，胡敏素则由腐殖质测定中的全碳量减去胡敏酸与富里酸的含碳量算出。测定碳素用重铬酸钾氧化—外加热法。

(1) 试剂溶液

① 浸提液（0.1mol/L 焦磷酸钠与 0.1mol/L 氢氧化钠混合液）：称取 44.6g 焦磷酸钠（$Na_4P_2O_7 \cdot 10H_2O$，分析纯）与 4.0g 氢氧化钠（分析纯）溶于水并定容到 1L，此液的 pH 为 13 左右。

② 氢氧化钠溶液（0.05mol/L）：称取 2g 氢氧化钠（NaOH，分析纯）溶于水，定容至 1L。

③ 硫酸溶液（0.5mol/L）：吸取 28mL 浓硫酸缓缓注入水中，冷却定容至 1L。

④ 硫酸溶液（0.025mol/L）：吸取 50mL 0.5mol/L 硫酸溶液用水稀释至 1L。

⑤ 其余试剂同土壤有机质测定的重铬酸钾氧化—稀释热法。

(2) 主要仪器

油浴锅、水浴、锥形瓶（250mL）、温度计等。

(3) 测定步骤

① 土样制备：取 10g 未磨过的均匀风干土样，挑去石砾及植物残体，研磨，并通过 0.149mm 筛孔，装于小广口瓶中备用。

② 腐殖质中全碳量的测定同土壤有机质测定的重铬酸钾氧化—稀释热法。

③ 待测液制备：称取 5.0g(精确到 0.0001g)上述土样于 250mL 锥形瓶中，加 100mL 浸提剂，加塞，振荡 5min，放在沸水中煮 1h 摇匀，用细孔滤纸过滤。如有浑浊，倒回重新过滤。如过滤太慢可用离心机离心澄清，清液收集于锥形瓶中，加塞，待测。弃去残渣。

④ 胡敏酸和富里酸中总碳量测定：吸取 5~15mL 浸出液(视溶液颜色深浅而定)移入盛有少量(黄豆大小)石英砂的锥形瓶中，逐滴加入 0.5mol/L 硫酸，中和到 pH 为 7(用 pH 试纸试验)，使溶液出现浑浊为止。将锥形瓶放在水浴上蒸发至近干。然后按重铬酸钾氧化—外加热法测定胡敏酸和富里酸总碳量。

⑤ 胡敏酸中碳量测定：

胡敏酸和富里酸分离：吸取待测液 20~50mL(视颜色深浅而定)移入 250mL 锥形瓶中，加热近沸，逐滴加入 0.5mol/L 硫酸，使溶液的 pH 调到 2~3(用 pH 试纸试验)，此时应出现胡敏酸絮状沉淀。在水浴上 80℃保温半小时，静置过夜，使胡敏酸充分分离。取细孔滤纸，先用 0.025mol/L 硫酸湿润，将上面清液倒入过滤，用 0.05mol/L 硫酸洗涤沉淀多次，直到滤液无色为止，沉淀即为胡敏酸，弃去滤液。

溶解胡敏酸：沉淀用热的 0.05mol/L 氢氧化钠少量多次地洗涤溶解，并经细孔滤纸滤入 100mL 容量瓶中，一直到滤液无色为止，用水定容到标度，摇匀，待测。

⑥ 测定胡敏酸：吸取 10~25mL 上述溶液(视颜色深浅而定)移入盛有少量石英砂的大试管中，用 0.5mol/L 硫酸调到 pH 为 7(用 pH 试纸试验)，使溶液出现浑浊为止。放在水浴上蒸至近干，然后按重铬酸钾氧化—外加热法测定胡敏酸碳量。

(4) 计算公式

$$\omega_{腐殖质} = \frac{\frac{0.8000 \times 5.0}{V_0} \times (V_0 - V_1) \times 0.003 \times 1.1}{m_1 \times K} \times 1000$$

$$\omega_{总} = \frac{\frac{0.8000 \times 5.0}{V_0} \times (V_0 - V_2) \times t_s \times 0.003 \times 1.1}{m_1 \times K} \times 1000$$

$$\omega_{胡敏酸} = \frac{\frac{0.8000 \times 5.0}{V_0} \times (V_0 - V_3) \times t_s \times 0.003 \times 1.1}{m_1 \times K} \times 1000$$

$$\omega_{富里酸} = \omega_{总} - \omega_{胡敏酸}$$

$$\omega_{胡敏素} = \omega_{腐殖质} - \omega_{总}$$

式中：$\omega_{腐殖质}$ 为腐殖质全碳量(g/kg)；$\omega_{总}$ 为胡敏酸和富里酸总碳量(g/kg)；$\omega_{胡敏酸}$ 为胡敏酸碳量(g/kg)；$\omega_{富里酸}$ 为富里酸碳量(g/kg)；$\omega_{胡敏素}$ 为胡敏素碳量(g/kg)；0.8000 为重铬酸钾标准溶液的浓度(mol/L)；5.0 为重铬酸钾标准溶液的体积(mL)；V_0 为测空白标定用去硫酸亚铁标准溶液的体积(mL)；V_1 为测腐殖质全碳用去硫酸亚铁标准溶液的体积(mL)；V_2 为测胡敏酸和富里酸总碳用去硫酸亚铁标准溶液的体积(mL)；V_3 为测胡敏酸碳量用去硫

酸亚铁标准溶液体积(mL);0.003 为 1/4 碳原子的摩尔质量(g/mmol);1.1 为氧化校正系数;m_1 为风干土样质量(g);K 为将风干土换算成烘干土的水分换算系数;t_s 为分取倍数。

三、土壤全盐量

(一) 定义

土壤全盐量是土壤中的水溶性盐分总量,单位%。

土壤盐度对植物生长和分布有重要意义,特别在滨海湿地、盐湖湿地中,盐度是了解红树林生长的一个指示性指标。

(二) 测定方法

测定全盐量有质量法和电导法,最简便的方法是质量法,电导法是根据浸出液中盐分离子的导电性,测出电导值,然后换算成全盐量。两种方法均需制备土壤浸出液。

1. 浸出液制备

(1) 方法概述

土壤水溶性盐通常采用 1:5 土水比例,平衡浸出后测定浸出液中的全盐量以及 CO_3^{2-}、HCO_3^-、Cl^-、SO_4^{2-}、Ca^{2+}、Mg^{2+}、Na^+、K^+ 等 8 种主要离子的含量(可计算出离子总量),测定结果均以 mmol/kg 或%表示。

(2) 仪器设备

天平(感量 0.1g)、真空泵、往复式电动振荡机、离心机(4000r/min)、锥形瓶、布氏漏斗或素瓷滤烛、抽滤瓶。

(3) 测定步骤

第一步,用天平准确称取通过 2mm 筛孔的风干土样 50.0g,放入干燥的 500mL 锥形瓶中。用量筒准确加入无二氧化碳纯水 250mL,加塞,振荡 3min。

第二步,按土壤悬浊液是否易滤清的情况,选用下列方法之一过滤,滤液用干燥锥形瓶承接。将收集完全的滤液充分摇匀,塞好,供测定用。

① 容易滤清的土壤悬浊液:用滤纸在 7cm 直径漏斗上过滤,或用布氏漏斗抽滤,滤斗上用表面皿盖好,以减少蒸发。最初的滤液常呈浑浊状,必须重复过滤至清亮为止。

② 较难滤清的土壤悬浊液:用皱褶的双层滤纸在 10cm 直径漏斗上反复过滤。碱化的土壤和全盐量很低的粘重土壤悬浊液,可用素瓷滤烛抽滤。如不用抽滤,也可用离心分离,分离出的溶液也必须清晰透明。

(4) 注意事项

① 浸出液的土水比例和浸提时间:用水浸提土壤中易溶盐时,应力求将易溶盐完全溶解出来,同时又需尽可能使难溶盐和中溶盐(碳酸钙、硫酸钙等)不溶解或少溶解,并避免溶出的离子与土壤胶粒吸附的离子发生交换反应。因此应选择适当的土水比例和振荡

时间。

各种盐类的溶解度不同,有的相差悬殊,因而有可能利用控制水土比例的方法将易溶盐与中溶盐及难溶盐分离开。采用加水量小的土水比例,较接近于田间实际情况,同时难溶盐和中溶盐被浸出的量也较少。因此,可采用1:2.5或1:1的土水比例,或采用饱和泥浆浸出液。加水量小的土水比例,给操作带来的困难很大,特别难适用于粘重土壤,可采用加水量大的土水比例,如1:5、1:10或1:20等,这样又导致易溶盐总量偏高的结果(特别是含硫酸钙和碳酸钙较多的土壤更为显著)。

在同一土水比例下,浸提的时间愈长,中溶盐和难溶盐被浸出的可能性愈大,土粒与水溶液之间的离子交换反应亦愈完全,由此产生的误差也愈大。研究证明,对于土壤中易溶盐的浸提,一般用2~3min即可。因此,制备土壤水浸出液时的土水比例和浸提时间必须统一规定,才能使分析结果可以相互比较。国内较通用的是1:5土水比例和振荡3min。

② 盐分分析的土样,可以用湿土样(同时测定土壤水分换算系数 K_1),也可以用通过2mm筛孔的风干土样(同时测定 K_2)。

③ 制备浸出液所用的蒸馏水或去离子水,放久后会吸收空气中二氧化碳。用这种水浸提土壤时,将会增加碳酸钙的溶解度,故需重新加热煮沸,除去二氧化碳,冷却后立即使用。此外,蒸馏水或去离子水尚需检查pH和有无氯离子、钙离子、镁离子。

④ 新的抽滤管在使用前应先用0.02mol/L盐酸浸泡2~4h,用自来水冲洗后,再用水抽洗至无氯离子。

⑤ 减压过滤的负压,以0.8~1atm(atm为标准大气压,$1atm = 1.01325 \times 10^5 Pa$)为宜。抽气过程中,管壁上黏附的土粒过多时,将影响抽滤速度。遇此情况,可取下滤管,用打气球向管内打气加压,使吸附在管壁的粘土呈壳状脱落下来,然后继续抽滤,可加快过滤速度。

2. 质量法

(1) 方法

吸取一定量的土壤水浸出液,蒸干除去有机质后,在105~110℃烘箱中烘干、称量,求出全盐量(%)。

(2) 试剂

H_2O_2(10%~15%)。

(3) 仪器设备

分析天平(感量0.0001g)、水浴、烘箱、玻璃蒸发皿、干燥器、坩埚钳。

(4) 测定步骤

第一步,吸取清亮的土壤浸出液50mL(如用100mL则分两次加,每次加50mL),放入已知质量(m_1)的玻璃蒸发皿中,在水浴上蒸干;

第二步,小心地用皮头滴管加入少量10%~15% H_2O_2,转动蒸发皿,使之与残渣充分接触，继续蒸干。如此重复用 H_2O_2 处理，至有机质氧化殆尽，残渣呈白色为止；

第三步，将蒸干残渣在105~110℃恒温箱中烘2h，在干燥器中冷却约30min后称量，重复数次，直至达到恒定质量(m_2)。

(5) 计算公式

$$M = \frac{m_2 - m_1}{m} \times 100$$

式中：M 为土壤全盐量(%)；m 为相当于50mL浸出液(或100mL)的干土质量(g)；m_1 为蒸发皿质量(g)；m_2 为全盐量加蒸发皿质量(g)。

(6) 允许偏差

全盐量<0.05%，允许相对偏差15%~20%；全盐量0.05%~0.2%时，允许相对偏差10%~15%；全盐量0.2%~0.5%，允许相对偏差5%~10%；全盐量>0.5%，允许相对偏差<5%。

(7) 注意事项

① 质量法测定时，所取浸出液的量应视土壤盐分含量而定，土壤含盐量<0.5%时，需吸取浸出液50~100mL。

② 质量法中加过氧化氢去除有机质时，每次加入量只要使残渣湿润即可，以免过氧化氢分解时泡沫过多而使盐分溅失。

③ 质量法测定全盐量的误差来源还有以下几方面：烘干残渣中通常含有少量硅酸盐胶体和未除尽的有机质，造成正误差。HCO_3^- 在加热(蒸发或烘干)时将转化为 CO_3^{2-}，其质量约减轻一半，必要时应在测得的全盐量上加 $1/2HCO_3^-$，予以校正。当浸出液中含有大量 Ca^{2+}、Mg^{2+} 和 Cl^- 时，蒸干后形成吸湿性强的 $CaCl_2$ 和 $MgCl_2$，难以烘至恒定质量；同时，$MgCl_2$ 在加热时易水解成碱式盐而失去质量，造成负误差：

$$2MgCl_2 + H_2O \longrightarrow MgO \cdot MgCl_2 + 2HCl$$
$$190.4 \qquad\qquad\qquad 135.5$$

遇此情况，可在浸出液中预先加入1%碳酸钠溶液25.00mL，然后在180℃下烘干，使钙和镁的氯化物(硫酸根含量高时，还有钙、镁的硫酸盐)转化为碳酸盐；在计算全盐量时，从烘干物质量中减去相当于所加入碳酸钠溶液的烘干质量。浸出液中如含有大量 SO_4^{2-}，在105~110℃烘干时所形成的钙、镁硫酸盐含有一定量的结晶水，因此造成正误差，遇此情况应改用180℃烘干至恒定质量。

④ 相对偏差：

$$相对偏差(\%) = \frac{测定值 - 平均值}{平均值} \times 100$$

3. 电导法

在一定的浓度范围内，溶液的含盐量与电导率呈正相关，含盐量愈高，溶液的渗透压愈大，电导率也愈大。土壤浸出液的电导率可用电导仪测定，并直接用电导率的数值来表示土壤含盐量的高低。

(1) 试剂溶液

氯化钾标准溶液(0.02mol/L)：称取 1.491g 氯化钾(KCl，分析纯)，105℃烘 4~6h，溶于无二氧化碳的水中，定容至 1L。

(2) 主要仪器

电导仪；电导电极(或铂电极)。

(3) 测定步骤

第一步，浸出液制备(1:5 土壤水浸出液)；

第二步，将电导电极引线接到仪器相应的接线柱上。接上电源，打开电源开关。电导电极用待测液冲洗几次后插入待测液中，按仪器操作法读取电导数值；

第三步，取出电极，用水冲洗干净，用滤纸吸干，同时测量待测液的温度。

(4) 计算公式

25℃时，1:5 土壤水浸出液的电导率计算公式：

$$L = C \cdot f_t \cdot K_1$$

式中：L 为25℃时，1:5 土壤水浸出液的电导率；C 为测得的电导度；f_t 为温度校正系数；K_1 为电极常数。

四、土壤氮、磷、钾

湿地土壤中氮(N)、磷(P)、钾(K)的含量差异较大。氮含量较丰富；磷含量较低，表层全磷含量多在 2~3g/kg 之间，下层在 1g/kg 以下；全钾含量不足 15~20g/kg，泥炭层中的钾含量偏低，仅为 8g/kg 以下，相当于一般土壤含钾量的 1/2~1/3；氮、磷、钾的有效性均较低，当土壤水分未达到饱和时，氮素则迅速分解，变为水解氮，从而使土壤中的有效性氮含量大大提高。

(一) 土壤全氮测定

测定土壤全氮量的方法主要可分为干烧法和湿烧法。其中，干烧法是杜马斯(Dumas)1831 年创设，又称杜氏法，其基本过程是把样品放在燃烧管中，通以纯净的 O_2，在 600℃以上的高温与氧化铜(CuO)一起燃烧，使待测样品发生氧化还原反应，燃烧过程中产生的氮氧化物(如 N_2O)气体通过灼热的铜还原为氮气(N_2)，产生的 CO 通过氧化铜转化为 CO_2，使 N_2 和 CO_2 的混合气体通过浓的氢氧化钾溶液，以除去 CO_2，然后在氮素计中测定氮气体积。杜氏法操作复杂，需要专门的仪器，但与湿烧法比较其测定的氮较为完全。

湿烧法即开氏定氮法，简称开氏法或凯氏法，由开道尔(Kjeldahl)1883 年创立，主要包括重铬酸钾—硫酸消化法、高氯酸—硫酸消化法、硒粉—硫酸铜—硫酸消化法(半微量开氏法)和扩散吸收法等。硒粉—硫酸铜—硫酸消化法如下：

(1) 方法原理

土壤中的含氮有机化合物在加速剂的参与下，用浓硫酸消煮分解，将氮转化为氨，与硫酸结合生成硫酸铵，然后加碱蒸馏，使氨吸收在硼酸溶液中，并用标准酸滴定。

(2) 仪器设备

微量蒸馏装置、消化炉、消化管、弯颈小漏斗、锥形瓶、分析天平（感量0.0001g）、半微量滴定管等。

(3) 试剂溶液

① 混合加速剂：硫酸钾（K_2SO_4，化学纯）、硫酸铜（$CuSO_4 \cdot 5H_2O$，化学纯）与硒粉按100∶10∶1混合，研细，过0.25mm筛孔备用。

② 浓硫酸（1.84g/mL，化学纯）。

③ 氢氧化钠溶液（400g/L）：称取氢氧化钠（NaOH，化学纯）400g溶于水中，稀释定容至1L。

④ 甲基红—溴甲酚绿混合指示剂：称取0.099g（或0.5g）溴甲酚绿及0.066g（或0.1g）甲基红于玛瑙研钵中研细，溶解于100mL乙醇中，其变色范围pH 4.4（红）~5.4（蓝），该指示剂贮存期不超过2个月。

⑤ 硼酸溶液（20g/L）：称取20g硼酸（H_3BO_3，分析纯），溶于1L水中。使用前每100mL硼酸溶液中加2mL甲基红—溴甲酚绿混合指示剂，以稀氢氧化钠或稀盐酸调节溶液至紫红色，此时该溶液的pH为4.5，即为硼酸—指示剂混合液。

⑥ 硼砂标准溶液（$1/2Na_2B_4O_7$，0.0100mol/L）：称取1.9068g硼砂（$Na_2B_4O_7 \cdot 10H_2O$，分析纯）溶解于水，移入500mL容量瓶中，用水稀释至刻度。

⑦ 盐酸溶液（1mol/L）：量取84mL浓盐酸，用水定容到1L。

⑧ 盐酸标准溶液（0.02mol/L）：先配制0.1mol/L盐酸溶液，标定后用煮沸并冷却的、纯度能满足分析要求的水准确稀释5倍，计算稀溶液浓度；0.1mol/L盐酸溶液用硼砂标准溶液（0.0100mol/L）标定。

⑨ 吸取20mL 0.1000mol/L硼砂标准溶液于100mL锥形瓶中，加1滴甲基红二溴甲酚绿混合指示剂，用待标定的盐酸滴定，溶液由蓝变紫红为终点，重复做3次，盐酸的标准浓度，计算公式：

$$c = \frac{0.1000 \times V_1}{V_2 - V_0}$$

式中：c为盐酸标准溶液浓度（mol/L）；0.1000为硼砂标准溶液浓度（mol/L）；V_1为硼砂标准溶液体积（mL）；V_2为滴定硼砂用去盐酸标准溶液体积（mL）；V_0为滴定水用去盐酸标准溶液体积（mL）。

(4) 测定步骤

消煮：用减量法称取通过0.149mm筛孔的风干土1.0g（精确到0.0001g），同时应测定土壤水分换算系数（K_2）。将土样小心送入消化管底部，加2g混合加速剂，摇匀，加数滴水湿润样品,然后加入5mL浓硫酸,管口放一小漏斗,在通风柜中用消煮炉加热消煮,最初宜用小火,待无泡沫发生后(需10~15min),提高温度,控制管内硫酸蒸气回流的高度约在消煮管上部的1/3处,直至消煮液和土粒全部变为灰白稍带绿色后,再继续消煮1h,全部消煮时间85~90min,消煮完毕后,取下消煮管,冷却,以待蒸馏。同时做2试剂空白试验。

蒸馏:准确吸取5mL 20g/L硼酸—指示剂混合液于150mL锥形瓶中,置于冷凝管下端,管口置于硼酸液面以上3~4cm处。把消煮液全部转入蒸馏器的内室,并用水洗涤消煮管4~5次,总用量不超过40mL,打开冷凝水,经三通管加入20mL 400g/L氢氧化钠溶液,立即关闭蒸馏室,打开蒸气夹,蒸气蒸馏,当锥形瓶内馏出液达50~55mL时(需8~10min),用广范试纸在冷凝管口试蒸馏液,如已无碱性反应,表示氨已蒸馏完毕,否则继续蒸馏。

滴定:吸收在硼酸溶液中的氨,用0.02mol/L盐酸标准溶液滴定,由蓝绿色突变到紫红色为终点,记所消耗盐酸标准溶液毫升数。与此同时,进行试剂空白试验的蒸馏与滴定。

(5) 计算公式

$$W_N = \frac{(V - V_0) \times c \times 0.014}{m_1 \times K} \times 1000$$

式中:W_N为全氮含量(g/kg);V为滴定样品所用盐酸标准溶液体积(mL);V_0为滴定试剂空白试验所用盐酸标准溶液体积(mL);c为盐酸标准溶液浓度(mol/L);0.014为氮原子的摩尔质量(g/mmol);m_1为风干土样质量(g);K为将风干土重换算成烘干土重的水分换算系数。

(6) 允许偏差

当测定值>5g/kg时,绝对偏差在0.30~0.15g/kg;当测定值在5~1g/kg时,绝对偏差为0.15~0.05g/kg;当测定值在1~0.5g/kg时,绝对偏差为0.05~0.03g/kg;当测定值<0.5g/kg时,绝对偏差为0.03g/kg。

(7) 注意事项

① 硼酸指示剂混合液最好在使用时与硼酸溶液混合,如混合过久则可能有终点不灵敏的现象发生。

② 此方法测得的氮不包括硝态氮、亚硝态氮,一般土壤中硝态氮含量不超过全氮量的1%,故可以忽略未计。

(二) 土壤全磷测定

土壤全磷量是指土壤中各种形态磷素的总和。土壤中磷可以分为无机磷和有机磷,矿质土壤以无机磷为主,有机磷占全磷的20%~50%。

土壤全磷测定中,土样前处理有NaOH碱熔、$HClO_4$—H_2SO_4酸溶法、HF—$HClO_4$消煮法、Na_2CO_3熔融法等,溶液中全磷的测定采用钼锑抗比色法。

1. NaOH 碱熔—钼锑抗比色法

(1) 方法原理

土壤样品经强碱熔融分解后,其中的不溶性磷酸盐转变成可溶性磷酸盐,待测液可供测定全磷和全钾用。待测液在一定酸度和三价锑离子存在下,其中的磷酸与钼酸铵形成锑磷钼混合杂多酸,被抗坏血酸还原为磷钼蓝,其呈现颜色深浅,在一定条件下与磷的含量成比例关系,故可采用光度法对土壤中的磷进行测定。

(2) 仪器设备

分析天平(精确到0.0001g)、小漏斗、电炉、三角瓶、移液管、比色杯、容量瓶、分光光度计、银坩埚或镍坩埚(50mL)。

(3) 试剂溶液

① 氢氧化钠(NaOH,分析纯)。

② 2,4-二硝基酚(或2,6-二硝基酚)指示剂(2g/L):称取0.25g 二硝基酚(化学纯)溶解于100mL水中,此指示剂的变色点约为pH 3,酸性时无色,碱性时呈黄色。

③ 硫酸溶液(4.5mol/L):量取250mL浓硫酸,缓缓加入750mL水中,用水定容至1L。

④ 氢氧化钠溶液(2mol/L):称取80.0g 氢氧化钠(NaOH,分析纯)溶于水,用水定容到1L。

⑤ 硫酸溶液(0.5mol/L):量取28.0mL 浓硫酸,缓缓注入于水中,并用水定容至1L。

⑥ 钼锑贮存液:量取153mL 浓硫酸(1.84g/mL,分析纯),缓慢地倒入约400mL水中,搅拌,冷却。另取10g 钼酸铵[$(NH_4)_6Mo_7O_{24} \cdot 4H_2O$,分析纯],溶解于约60℃的300mL水中,冷却。然后将硫酸溶液缓缓倒入钼酸铵溶液中,再加入100mL 5g/L 酒石酸锑钾[$K(SbO)C_4H_4O_6 \cdot 1/2H_2O$,分析纯]溶液,最后用水稀释至1L,避光贮存,此贮存液含10g/L 钼酸铵。

⑦ 钼锑抗显色剂:1.50g 抗坏血酸($C_6H_8O_6$,左旋,旋光度+21°~22°,分析纯)溶于100mL 钼锑贮存液中。此液需随配随用。

⑧ 磷标准溶液(5.0μg/mL):称取0.4394g 在50℃烘干的磷酸二氢钾(KH_2PO_4,分析纯),加100mL水,加5mL 浓硫酸(防腐),用水定容到1L,浓度为100μg/mL 磷,此溶液可以长期保存。吸取上述溶液10mL于200mL容量瓶中,加水至刻度,此为浓度5μg/mL 磷标准溶液,此溶液不宜久存。

(4) 测定步骤

① 待测液制备:称取通过0.149mm 筛孔风干或烘干土样0.2g(精确到0.0001g)于银坩埚底部(切勿粘在壁上),用几滴无水酒精湿润样品,然后加2g 固体氢氧化钠,平铺于样品表面,暂时置于干燥器中以防吸水潮解。将坩埚放在高温电炉内,由室温升到300℃,保温30min,再上升到750℃,保温15min,取出冷却。加10mL水,在电炉上加热至80℃

左右,待熔块溶解后再微沸 5min,将坩埚内的溶液仔细转入 50mL 容量瓶中,用热水和 2mL 4.5mol/L 硫酸多次洗涤坩埚并倒入容量瓶内,使总体积至 40mL 左右,最后加入 5 滴 1∶1 盐酸溶液和 5mL 4.5mol/L 硫酸溶液,摇动后冷却至室温,用水定容,摇匀后静置澄清或用无磷滤纸过滤。此待测液可供全磷和全钾测定用。

② 测定:吸取 2~10mL 待测液(含磷 5~25μg/mL)于 50mL 容量瓶中,加水至 15~20mL,加 1 滴 2,4-二硝基酚指示剂,用稀碱和稀酸溶液调节 pH 至溶液呈微黄色,用吸管加 5mL 钼锑抗显色剂,用水定容至刻度,摇匀,显色 30min。在分光光度计上用 2cm 比色皿(如含磷量较高,应用 1cm 比色皿),波长 700nm,以空白试验为调零参比液,测定吸光度。在标准曲线上查出显色液的磷浓度。

③ 标准曲线绘制:准确吸取 5mg/L 磷标准溶液 0mL、1mL、2mL、4mL、6mL、8mL、10mL,分别放入 50mL 容量瓶中,加水至约 30mL,再加空白试验定容后的消煮液 5mL,调节溶液 pH 至 3,然后加钼锑抗试剂 5mL,用水定容至 50mL,30min 后进行比色。各瓶比色液磷的浓度分别为 0.0mg/L、0.1mg/L、0.2mg/L、0.4mg/L、0.6mg/L、0.8mg/L、1.0mg/L。通过比色测定每一个标准磷浓度就对应一个吸光值 A,以 X 轴为磷的浓度,Y 轴为吸光值 A,标准磷浓度与吸光值 A 对应形成 1 个点,将所有点用平滑曲线连接,绘制标准曲线。

(5) 计算公式

$$W_p = \frac{V \times c \times t_s}{m \times 10^6} \times 1000$$

式中:W_p 为全磷含量(g/kg);c 为从标准曲线上查得显色液的磷浓度(μg/mL);V 为显色液体积(50mL);t_s 为分取倍数;m 为烘干土样质量(g)。

(6) 允许偏差

当测定值>2g/kg 时,绝对偏差为 0.12~0.06 g/kg;当测定值在 2~1g/kg 时,绝对偏差为 0.06~0.03g/kg;当测定值<1g/kg 时,绝对偏差为 0.03g/kg。

(7) 注意事项

① 银坩埚熔点较低,960℃就会熔化,当高温电炉的温度与温度自动控制的指示温度不符时,可用纯氯化钠在 800℃时的标准熔点来校正炉温。

② 样品熔块先用水提取,后用 4.5mol/L 硫酸处理溶液和残渣(不能用其他酸处理),目的是把磷全部提取出来,同时使大部分硅酸脱水及钙元素形成沉淀,停留在溶液中的含量降低到无干扰的程度。

③ 氢氧化钠结块不能用沸水提取,否则会造成激烈的沸腾,使溶液溅失,只有在 80℃左右待其溶解后再煮沸几分钟,这样提取更加完全。

④ 要求吸取待测液中含磷 5~25μg/mL,事先可以吸取一定量的待测液,显色后用目测法观察颜色深度,然后估算出应该吸取待测液的毫升数。

⑤ 钼锑抗法要求显色液中硫酸浓度为 0.23~0.33mol/L。如果酸度<0.23mol/L,虽然显

色加快,但稳定时间较短;如果酸度>0.33mol/L,则显色变慢。钼锑抗法要求显色温度为15℃以上,如果室温低于15℃,可放置在30~40℃的恒温箱中保持30min,取出冷却后比色。

2. $HClO_4$-H_2SO_4酸溶—钼锑抗比色法

(1)方法原理

利用高氯酸的强酸性、强氧化性与络合能力,氧化有机质,分解矿物质,并与Fe^{3+}络合,抑制硅和铁的干扰,借助硫酸提高消化液的温度,同时防止消化过程中溶液蒸干,以利消化作用的顺利进行,溶液中磷的测定采用钼锑抗比色法。

(2)仪器设备

分光光度计、消化管、容量瓶(50mL)。

(3)试剂溶液

① 浓高氯酸($HClO_4$,60%~70%,分析纯)。

② 浓硫酸(H_2SO_4,1.84g/mL,分析纯)。

③ 氢氧化钠溶液(4mol/L):称取NaOH(化学纯)16g溶解于100mL水中。

④ 其余试剂见碱熔—钼锑抗比色法。

(4)测定步骤

① 待测液制备:称取0.25g(精确到0.0001g)通过0.149mm筛孔的风干或烘干土样于消化管中,加数滴水使样品湿润,加3mL浓硫酸和10滴高氯酸,摇匀。在管口放一小漏斗,在调温消煮炉上加热消煮,至管内溶液颜色转白并显透明,再继续煮沸20min,冷却后的消煮液用水小心地从管中洗入100mL容量瓶中;反复冲洗消煮管,然后用水稀释至刻度,摇匀,静置澄清,小心地吸取上部清液进行磷的测定。同时做试剂空白试验。

② 测定:吸取上述待测液5~10mL(视含磷量而定)于50mL容量瓶中,加水到15~20mL,加1滴2,4-二硝基酚指示剂,用4mol/L氢氧化钠溶液调溶液至黄色。然后用0.5mol/L硫酸溶液调pH至溶液呈淡黄色,加5mL钼锑抗显色剂,用水定容至刻度摇匀,显色30min。在分光光度计上,用2cm比色皿,选700nm波长比色,以空白试验为调零参比液,测定吸光度。在标准曲线上查出显色液的磷浓度。

③ 标准曲线绘制:同碱熔—钼锑抗比色法。

(5)计算公式

同碱熔—钼锑抗比色法。

(6)允许偏差

同碱熔—钼锑抗比色法。

(三)土壤全钾测定

土壤全钾中结构钾(矿物晶格中深受结构束缚的钾)占90%~98%,速效钾占0.1%~2%,缓效钾占2%~8%。

碱熔钾(碳酸钠或氢氧化钠熔融)是分解土样最完全的方法,但它需要使用铂、银或镍坩埚。对溶液中钾的定量,通常用氢氧化钠碱熔—火焰光度法。

(1) 氢氧化钠碱熔—火焰光度法原理

样品在银或镍坩埚中用氢氧化钠高温熔融，用水溶解熔融物。待测液在火焰高温激发下，辐射出钾元素的特征光谱，通过滤光片，经光电池或光电倍增管，把光能转换为电能，放大后由检流计指示其强度。通过钾标准溶液浓度和检流计读数所绘制的标准曲线，即可得出待测液中钾的浓度。

(2) 仪器设备

火焰光度计、镍坩锅(30mL)、高温电炉(马弗炉)、容量瓶等。

(3) 试剂溶液

① 氢氧化钠(NaOH，分析纯)。

② 无水乙醇(C_2H_5OH，分析纯)。

③ 盐酸(1:1，化学纯)。

④ 硫酸溶液(4.5mol/L)：取浓硫酸1体积缓缓注入3体积水中混合。

⑤ 钾标准溶液：称取0.1907g氯化钾(KCl，分析纯，在105℃烘2h)溶于水中，定容至1L，即为100μg/mL钾标准溶液，存于塑料瓶中。

(4) 测定步骤

① 待测液制备：见碱熔—钼锑抗比色法测全磷待测液制备。

② 测定：吸取待测液5~10mL于50mL容量瓶中(含钾10~50μg/mL)用水定容，直接在火焰光度计上测定，记录检流计的读数。

③ 标准曲线绘制：吸取100μg/mL钾标准溶液0mL、2.5mL、5mL、10mL、20mL、30mL，分别放入50mL容量瓶中，加入待测液中等量的其他离子成分，使标准溶液中的离子成分和待测液相近(例如土样经氢氧化钠熔融后定容至50mL，吸取5mL测读时，则在配制标准系列溶液时应各加0.4g氢氧化钠和1mL 4.5mol/L硫酸溶液)，用水定容至50mL，此系列溶液分别为0μg/mL、5μg/mL、10μg/mL、20μg/mL、40μg/mL、60μg/mL钾标准溶液。

(5) 计算公式

$$W_k = \frac{V \times c \times t_s}{m \times 10^6} \times 1000$$

式中：W_k为全钾含量(g/kg)；c为从标准曲线查得溶液中钾的浓度(μg/mL)；V为待测液定容体积(为50mL)；t_s为分取倍数，待测液总体积/吸取待测液体积；m为烘干土样质量(g)。

(6) 允许偏差

测定值>20g/kg时，绝对偏差为1.6~0.8g/kg；测定值为20~10g/kg时，绝对偏差为0.8~0.4g/kg；测定值<10g/kg时，绝对偏差为0.4g/kg。

(四) 土壤水解性氮测定

土壤中的水解性氮又称有效性氮，包括无机态氮(铵态氮、硝态氮)和一部分易分解的有机态氮(氨基酸、酰胺态 N)，约占全氮量的 1%，它与有机质含量及熟化程度有着密切的关系。土壤中水解性氮测定常用的方法有碱解蒸馏法和扩散吸收法。

1. 碱解蒸馏法

碱解蒸馏法具有较多的优点，方法适用于各种土壤，结果有较好的再现性，且同植物氮素的相关性较好。

(1) 方法原理

土壤样品于半微量定氮蒸馏装置中，用 1mol/L 氢氧化钠和锌—硫酸亚铁还原剂进行水解、蒸馏，将硝态氮在碱性条件下还原为氨而逸出，用 2% 的硼酸溶液吸收蒸馏出的氨，然后用标准酸进行滴定。

(2) 仪器设备

定氮蒸馏仪、量筒、锥形瓶、分析天平(精度：0.001g)、半微量滴定管等。

(3) 试剂溶液

① NaOH 溶液(4mol/L)：称取氢氧化钠(NaOH，化学纯)160g 溶于水中，定容至 1L。

② 硼酸溶液(2%)：称取 20g 硼酸(化学纯)溶于 60℃的蒸馏水中，冷却后稀释至 1L，加入定氮混合指示剂 5mL，并用稀 HCl 或稀 NaOH 调节 pH 至 4.5(颜色呈微红色)。

③ 定氮混合指示剂：分别称取 0.1g 甲基红和 0.5g 溴甲酚绿，溶于 100mL 95% 的酒精中，研磨后调节 pH 至 4.5。

④ 盐酸溶液(0.01mol/L)：吸取浓 HCl 8.3mL 于盛有 80mL 蒸馏水的烧杯中，冷却后定容至 100mL，然后吸取 10mL 该溶液定容至 1L，此溶液需用 0.1mol/L 硼砂标准溶液标定。

⑤ 硼砂标准溶液(0.1mol/L)：准确称取在干燥器内过 1 周的硼砂(分析纯)19.068g，溶于水中，定容至 1L。

⑥ 锌铁粉：称取 10g 锌粉和 50g 硫酸亚铁($FeSO_4 \cdot 7H_2O$，分析纯)共同磨细，通过 0.25mm 筛，贮于棕色瓶中备用(易氧化，只能保存 1 周)。

⑦ 液体石蜡油。

(4) 测定步骤

① 称取过 2mm 筛孔的风干土样 1~5g(有机质含量高的样品称 0.5~1g，精确至 0.001g)，加还原剂锌铁粉 1.2g，置于小烧杯中，混匀后倒入定氮蒸馏室，并用少量蒸馏水冲洗附着在壁上面的样品，加 4mol/L NaOH 溶液 12mL，液体石蜡油 1mL(防止发泡)，使蒸馏室内总体积达 50mL 左右。

② 吸取 10mL 2%的硼酸溶液，放入 250mL 三角瓶中，置于承接管下，将管口浸入硼酸溶液中(以防氨损失)。

③ 通气蒸馏，待三角瓶中溶液颜色由红变蓝时记时，继续蒸馏 10min，并调节蒸气大小，使三角瓶中溶液体积在 50mL 左右用少量蒸馏水冲洗浸入硼酸溶液中的承接管下端。

④ 取出后用 0.01mol/L 的盐酸滴定，颜色由蓝变至微红色即为终点。

⑤ 测定时需要做空白实验,即除不加土样外,其他均与样品操作方法相同。

(5) 计算公式

$$W_{水解性氮} = \frac{(V - V_0) \times c \times 14}{m \times K} \times 1000$$

式中:$W_{水解性氮}$为水解性氮含量(mg/kg);V为滴定样品消耗盐酸体积(mL);V_0为滴定空白消耗盐酸体积(mL);c为盐酸的摩尔浓度(mol/L);m为风干土样重(g);K为吸湿水系数,即将风干土转换为烘干土系数;14为氮原子的摩尔质量(g/mol)。

2. 扩散吸收法

扩散吸收法所需设备简单,在扩散皿中水解、扩散、吸收、滴定,省去蒸馏手续,比较方便。

(1) 方法原理

用1.2mol/L氢氧化钠水解土壤样品,使有效态氮碱解转化为氨气状态,并不断地扩散逸出,由硼酸吸收,再用标准酸滴定,计算出水解性氮的含量。因旱地土壤中硝态氮较高,需加硫酸亚铁还原成铵态氮,由于硫酸亚铁本身会中和部分氢氧化钠,故需提高碱的加入浓度,使碱度保持1.2mol/L;因水稻土中硝态氮极微,可省去加入硫酸亚铁,直接用1.8mol/L氢氧化钠水解。

(2) 仪器设备

半微量滴定管(5mL)、扩散皿(外室内径61mm,内室内径35mm)、烘箱等。

(3) 试剂溶液

① 氢氧化钠溶液(1.8mol/L):称取氢氧化钠(NaOH,化学纯)72g,用水溶解后冷却定容至1L(适用于旱地土壤)。

② 氢氧化钠溶液(1.2mol/L):称取氢氧化钠(NaOH,化学纯)48g,用水溶解后冷却定容至1L(适用于水稻土)。

③ 硼酸溶液(2%):称取20g硼酸(化学纯)溶于60℃的蒸馏水中,冷却后稀释至1L,加入定氮混合指示剂5mL,并用稀HCl或稀NaOH调节pH至4.5(颜色呈微红色)。

④ 定氮混合指示剂:分别称取0.1g甲基红和0.5g溴甲酚绿,溶于100mL 95%的酒精中,研磨后调节pH至4.5。

⑤ 盐酸溶液(0.01mol/L):吸取浓HCl 8.3mL于盛有80mL蒸馏水的烧杯中,冷却后定容至100mL,然后吸取10mL该溶液定容至1L,此溶液需用0.1mol/L硼砂标准溶液标定。

⑥ 硼砂标准溶液(0.1mol/L):准确称取在干燥器内过1周的硼砂(分析纯)19.068g,溶于水中,定容至1L。

⑦ 特制胶水:阿拉伯胶(称取10g粉状阿拉伯胶,溶于15mL蒸馏水中)10份、甘油10份、饱和碳酸钾5份混合即成(最好放置在盛有浓硫酸的干燥器中以除去氨)。

⑧ 硫酸亚铁(粉状):将硫酸亚铁($FeSO_4 \cdot 7H_2O$,分析纯)磨细,保存于阴凉干燥处。

(4) 测定步骤

① 称取通过 1mm 筛的风干土样 2g(精确到 0.01g) 和 1g 硫酸亚铁粉剂，均匀铺在扩散皿外室内，水平地轻轻旋转扩散皿，使样品铺平(水稻土样品则不必加入硫酸亚铁)。

② 在扩散皿内室中加入 2mL 2%硼酸溶液，然后在皿的外室边缘涂上特制胶水，盖上毛玻璃，并旋转数次，以使毛玻璃与皿边完全黏合，再慢慢转开毛玻璃的一边，使扩散皿露出一条狭缝，迅速加入 10mL 1.8mol/L 氢氧化钠溶液(水稻土样则加入 10mL 1.2mol/L 氢氧化钠)于皿的外室中，立即用毛玻璃盖严。

③ 水平地轻轻旋转扩散皿，使溶液与土壤充分混匀，用橡皮筋固定，随后放入 40℃ 的烘箱中，24h 后取出，再以 0.01mol/L 盐酸标准溶液用半微量滴定管滴定内室硼酸中所吸收的氨量(由蓝色滴到微红色)。

(5) 计算公式

$$W_{水解性氮} = \frac{(V - V_0) \times c \times 14}{m \times K} \times 1000$$

式中：$W_{水解性氮}$ 为水解性氮含量(mg/kg)；V 为滴定样品消耗盐酸体积(mL)；V_0 为滴定空白消耗盐酸体积(mL)；c 为盐酸的摩尔浓度(mol/L)；14 为氮原子的摩尔质量(g/mol)；m 为风干土样重(g)；K 为吸湿水系数，即将风干土转换为烘干土系数。

(五) 土壤铵态氮测定

土壤中的铵态氮包括水溶态和交换态两种形态。土壤中 NH_4^+-N 的测定主要有直接蒸馏法和浸提法两种。直接蒸馏法可能导致测定结果偏高，故较多的采用中性盐浸提法(K_2SO_4、KCl、NaCl 等)，并选用蒸馏法、氨气敏电极法、比色法以及流动分析仪注射分析法测定浸提液中的氮。

1. 氧化镁浸提—扩散法

(1) 试剂溶液

① 氧化镁溶液(170g/L)：称取 17.0g 氧化镁(MgO，分析纯)于 500~600℃ 灼烧，加 100mL 水，用时摇匀。

② 其余试剂见全氮测定。

(2) 仪器设备

扩散皿(外室 10cm)、滴管(5mL)等。

(3) 测定步骤

① 称取通过 2mm 筛孔的风干土样 1.00~2.00g，平铺于扩散皿的外室，吸取 3mL 20g/L 硼酸指示剂于扩散皿内室。同时做三个试剂空白试验。

② 在扩散皿外室边缘上涂一层碱性胶液，将扩散皿盖严，然后推动毛玻璃，使扩散皿外室一边露出一条狭缝，由此狭缝向外室注入 10.0mL 170g/L 氧化镁悬浊液，随即盖严，并用橡皮筋扎好，于桌上水平地轻轻转动扩散皿。

③ 把扩散皿放在恒温箱中于40℃保温5~6h,每隔1~2h水平地摇动1次(如无恒温箱可在室温下放置12h以上)。扩散结束后内室的指示剂应变为蓝色,用0.01mol/L盐酸标准溶液滴定内室硼酸中的氨,使溶液颜色由蓝变紫红色为终点,记下盐酸标准溶液的用量。

(4) 计算公式

$$W_N = \frac{(V - V_0) \times c \times 14}{m_1 \times K} \times 1000$$

式中:W_N为铵态氮含量(mg/kg);V为滴定试样用去盐酸标准溶液体积(mL);V_0为滴定试剂空白试验用去盐酸标准溶液体积(mL);c为盐酸标准溶液的浓度(mol/L);14为氮原子的摩尔质量(g/mol);m_1为风干土样质量(g);K为将风干土样换算成土样换算成烘干土样的水分换算系数。

(六) 土壤硝态氮测定

硝态氮属于植物能直接吸收利用的速效性氮素,在土壤中(干旱地区除外)一般含量较少,且其含量随时间和植物不同发育阶段而有显著的差异。

硝态氮不易被土壤吸附,存在于土壤溶液中,可采用水或中性盐溶液提取。浸提液中的$NO_3^- - N$可采用还原蒸馏法、电极法、比色法、紫外分光光度法和流动注射仪法等测定。

1. 酚二磺酸比色法

(1) 方法原理

将土样用饱和硫酸钙溶液浸提后,取一份浸出液在微碱性条件下蒸发至干,残渣用酚二磺酸处理,此时硝酸即与试剂生成硝基酚二磺酸,此反应必须在无水条件下才能迅速完成。反应产物在酸性介质中无色,碱化后则为稳定的黄色盐溶液,可在400~425nm处比色测定,此法测定溶液中硝态氮浓度范围为0.1~2μg/mL。

(2) 仪器设备

分光光度计、水浴锅、瓷蒸发皿。

(3) 试剂溶液

① 酚二磺酸试剂:称取25.0g白色苯酚(C_6H_5OH,分析纯)于500mL锥形瓶中,加入225mL浓硫酸(1.84g/mL,分析纯),混匀,瓶口轻轻地加塞,置于沸水浴中加热6h(试剂冷却后可能析出结晶,有时需重新加热溶解,但不可加水),试剂必须贮于密闭的玻塞棕色瓶中,严防吸湿。

② 硝态氮标准溶液(10μg/mL):称取0.722g干燥的硝酸钾(KNO_3,分析纯)溶于水,定容至1L,此为100μg/mL硝态氮溶液;将此溶液准确稀释10倍,即为10μg/mL硝态氮标准溶液。

③ 硫酸钙($CaSO_4 \cdot 2H_2O$,分析纯,粉状)。

④ 碳酸钙($CaCO_3$,分析纯,粉状)。

⑤ 氢氧化钙[$Ca(OH)_2$,分析纯,粉状]。
⑥ 碳酸镁($MgCO_3$,分析纯,粉状)。
⑦ 硫酸银(Ag_2SO_4,分析纯,粉状)。
⑧ 氨水(1:1)。

(4) 测定步骤

① 准确称取 50.0g 新鲜土样于 500mL 锥形瓶中,加 0.5g 硫酸钙和 250mL 水,加塞,用振荡机振荡 10min 后,将悬液的上部清液用干滤纸过滤,澄清的滤液用干燥洁净的锥形瓶收集。

② 吸取清液 25~50mL(含硝态氮 20~150μg/mL)于蒸发皿中,加约 0.05g 碳酸钙,在水浴上蒸干(如有腐殖质颜色,可用水湿润后加 100g/L 过氧化氢氧化消除),达到干燥时不应继续加热;冷却,迅速加入 2mL 酚二磺酸试剂,将皿旋转,使试剂接触到所有的蒸干物;静止 10min,加 20mL 水,用玻璃棒搅拌直到蒸干物全部溶解;冷却后缓缓加入 1:1 氨水,并不断搅拌,至溶液呈微碱性(溶液显黄色),多加 2mL,以保证氨水试剂过量;然后将溶液定量移入容量瓶中,加水定容;在分光光度计上用直径 1cm 比色皿,在波长 420nm 处进行比色;以空白试验溶液为参比液,调节仪器零点。

③ 标准曲线绘制:分别取 10μg/mL 硝态氮标准溶液 0mL、1mL、2mL、5mL、10mL、15mL、20mL 于蒸发皿中,在水浴上蒸干,与待测液相同操作,进行显色和比色,绘制成标准曲线。

(5) 计算公式

$$W_{N'} = \frac{V \times c \times t_s}{m \times (1 - \omega)}$$

式中:$W_{N'}$ 为硝态氮含量(mg/kg);V 为显色液体积(为 100mL);c 为从标准曲线上查得显色液的硝态氮浓度(μg/mL);t_s 为分取倍数,浸提液总体积/吸取浸出液体积;m 为新鲜土样质量(g);ω 为以烘干土为基础的新鲜土壤含水率。

(6) 注意事项

① 样品经风干或烘干易引起硝态氮变化,故只能用新鲜土壤测定。

② 碱化时应用氨水而不用氢氧化钠或氢氧化钾,因为 NH_3 能与 Ag^+ 络合成水溶性的 $[Ag(NH_3)_2]^+$,生成黑色沉淀氧化银(Ag_2O)而影响比色。

(七) 土壤速效磷测定

土壤速效磷是指用浸提剂提取的与生物生长有良好相关的各种形态的磷,其含量视浸提方法而异,湿地中的速效磷一般在 20~200mg/kg。测定速效磷应根据土壤性质选用适宜的浸提剂。使用最广泛的浸提剂是 0.5mol/L $NaHCO_3$ 溶液(Olsen 法),适用于石灰性土壤、中性土壤及酸性水稻土;此外,也可使用盐酸—氟化铵溶液(Bray I 法)为浸提剂,适用于酸性土壤和中性土壤。

测定方法主要有盐酸—氟化铵浸提—钼锑抗比色法、盐酸—硫酸浸提—钼锑抗比色法

等。盐酸—氟化铵浸提—钼锑抗比色法如下:

(1) 方法原理

酸性土壤中的速效磷,多以磷酸铁和磷酸铝的形态存在,可用酸性氟化铵提取,形成氟铝化铵和氟铁化铵络合物,少量的钙则生成氟化钙沉淀,磷酸根则被浸提到溶液中。在一定酸度下,钼酸铵与磷络合成黄色的磷钼杂多酸络合物,用$SnCl_2$还原可生成蓝色的磷钼蓝$[(MoO_2 \cdot 4MoO_3)_2 H_3PO_4 \cdot 4H_2O]$,磷的含量与蓝色的深度成正比,采用比色法对溶液中的磷进行测定。

(2) 仪器设备

往复振荡机、分析天平(精确到0.0001g)、分光光度计、漏斗、三角烧瓶、移液管、容量瓶等。

(3) 试剂溶液

① 氟化铵溶液(1mol/L):称取37g氟化铵(NH_4F,分析纯)溶解于水中,稀释至1L,贮于塑料瓶中。

② 盐酸溶液(0.5mol/L):取20.2mL浓盐酸(分析纯),用蒸馏水稀释至500mL。

③ NH_4F(0.03mol/L)-HCl(0.025mol/L)浸提液:分别吸取1.0mol/L氟化铵溶液15mL和0.5mol/L盐酸溶液25mL,加入到460mL蒸馏水中,贮于塑料瓶中备用。

④ 钼酸铵—盐酸溶液(1.5%):准确称取15.0g钼酸铵$[(NH_4)_6Mo_7O_{24} \cdot 4H_2O$,分析纯]溶于300mL水中(如有沉淀,将溶液过滤),冷却后,慢慢加入350mL 10mol/L HCl,并迅速搅拌,冷却后,定容至1L,贮于棕色瓶中备用(此溶液可保存2个月)。

⑤ 氯化亚锡溶液(2.5%):称取氯化亚锡($SnCl_2 \cdot 2H_2O$,分析纯)2.5g溶于10mL浓HCl中,待溶解后加入90mL蒸馏水,混合均匀后贮于棕色瓶中(应现配现用)。

⑥ 2,6-二硝基酚指示剂:称取2,6-二硝基酚(分析纯)0.2g溶于100mL水中即可。

⑦ 磷标液(5mg/L):称取105℃烘干2h的磷酸二氢钾(KH_2PO_4,分析纯)0.4394g溶于200mL水中,加入5mL浓H_2SO_4(分析纯)转入1L容量瓶中,用水定容,此为磷标准贮备液(100mg/L),该贮备液可长期保存。将一定量磷标准贮备液准确稀释20倍,即为5mg/L磷标液,该标准实验溶液不宜久存,需现配现用。

(4) 测定步骤

① 称取过1mm孔筛的风干土样2.00g(精确到0.01g),放入150mL三角瓶中,加入NH_4F(0.03mol/L)-HCl(0.025mol/L)浸提剂20mL,加塞后,振荡30min,振荡频率(180±20r/min)。

② 用无磷干滤纸过滤,滤液承接于盛有0.1g硼酸的三角瓶中,摇匀使其溶解。

③ 吸取滤液5mL(视含磷量而定)于25mL容量瓶中,加少量蒸馏水,加入2,6-二硝基酚指示剂一滴,用4mol/L的氨水和4mol/L的盐酸调至微黄色,准确加入1.5%钼酸铵—盐酸试剂5mL,加蒸馏水至刻度。

④ 加入2.5%氯化亚锡2滴,充分摇匀,5~15min(20℃以下室温15min,20~30℃

7min，30℃以上5min）后在分光光度计上比色。在880nm或700nm波长进行比色，以空白液的吸光度为0，读出测定液的吸光度。从读得的消光系数对照标准曲线查出磷的含量。

⑤ 标准曲线绘制：分别吸取5mg/L磷标准溶液0.0mL、0.5mL、1.0mL、1.5mL、2mL、2.5mL于25mL容量瓶中即为0.0mg/L、0.1mg/L、0.2mg/L、0.3mg/L、0.4mg/L、0.5mg/L的磷，加入5mL浸提液[$NH_4F(0.03mol/L)$-$HCl(0.025mol/L)$]，使其组成与土壤浸出液相同，再加入0.1g硼酸，加2,6-二硝基酸指示剂一滴，然后同待测定溶液一样调节pH，加1.5%钼酸铵—盐酸试剂5mL，定容，加2.5%$SnCl_2$ 2滴，显色、比色。标准曲线绘制同全磷。

（5）计算公式

$$W_{速效磷} = \frac{\rho \times V \times t_s}{m \times K \times 10^3} \times 1000$$

式中：$W_{速效磷}$为土壤速效磷含量(mg/kg)；ρ为从标准曲线上查得磷的质量浓度($\mu g/mL$)；V为显色时定容体积(mL)；t_s为分取倍数，所加浸提剂的体积/吸取滤液的体积；m为风干土质量(g)；K为将风干土样换算成烘干土的系数；10^3为将μg换算成mg；1000为换算成每千克含磷量。

（6）允许偏差

当测定值>25mg/kg时，绝对偏差<2.5mg/kg；当测定值为10~25mg/kg时，绝对偏差1.0~2.5mg/kg；当测定值为2.5~10mg/kg时，绝对偏差0.5~1.0mg/kg；当测定值<2.5mg/kg时，绝对偏差<0.5mg/kg。

（7）注意事项

土样经风干和贮存后，测定的有效磷可能稍有改变，但对一般常规分析并无影响。浸出液中含有的磷，保存时间不得超过24h。

（八）土壤速效钾测定

土壤中速效钾主要是水溶性钾和交换性钾，湿地土壤速效钾为30~300mg/kg，最高可达2000mg/kg。浸提速效钾常用中性乙酸铵溶液，浸出液中的钾可用火焰光度计或原子吸收测定。

（1）方法原理

以中性1mol/L乙酸铵溶液为浸提剂，铵离子与土壤胶体表面的钾离子进行交换，连同水溶性钾离子一起进入溶液。浸出液中的钾直接用火焰光度测定。

（2）仪器设备

往复振荡机、火焰光度计、容量瓶(50mL)、三角瓶(250mL)等。

（3）试剂溶液

① 中性乙酸铵溶液(1mol/L)：称取乙酸铵(NH_4OAc，分析纯)77.08g加水溶解，用稀乙酸(CH_3COOH)或氨水($NH_3 \cdot H_2O$，1+1)调至pH为7.0，然后定容至1L。

② 钾标准溶液：称取 0.1907g 氯化钾（KCl，分析纯，110℃烘干 2h）溶于 1mol/L 乙酸铵溶液中，并用它定容至 1L，即为含钾的乙酸铵溶液。

③ 标准曲线绘制：分别吸取钾标准溶液 1mL、2.5mL、5mL、10mL、20mL 于 50mL 容量瓶中，用 1mol/L 乙酸铵定容，得 2μg/mL、5μg/mL、10μg/mL、20μg/mL、40μg/mL 钾标准系列溶液，绘制标准曲线。

（4）测定步骤

称取 5.0g（精确到 0.01g）通过 2mm 筛孔的风干土样于三角瓶中，加 50mL 1mol/L 乙酸铵溶液，加塞，振荡 30min，用干滤纸过滤，澄清滤液用火焰光度计测定钾含量，记录检流计读数，从标准曲线上得到待测液的钾浓度。

（5）计算公式

$$W_{速效钾} = \frac{V \times c}{m_1 \times K \times 10^3} \times 1000$$

式中：$W_{速效钾}$ 为土壤速效钾含量（mg/kg）；V 为浸提剂体积（为 50mL）；c 为从标准曲线上查得待测液钾的浓度（μg/mL）；m_1 为风干土样质量（g）；K 为将风干土样换算成烘干土样的水分换算系数。

五、土壤硫化物

湿地土壤中的硫化物可以分为无机态硫和有机态硫，硫一般来自于母质、灌溉、大气干湿沉降以及农业施肥等，输出主要通过以硫酸根的形态被植物根部吸收或被淋失，同时土壤在还原条件下还会形成硫化氢而挥发损失。而对于湿地土壤来说，土壤常常处于还原条件，因此产生大量的硫化氢而挥发损失。土壤中硫的输入与输出影响着全球硫循环，同时硫化氢作为温室气体，它的释放会影响全球气候的变化，因此加强对湿地土壤中硫的监测，具有十分重要的意义。硫的测定主要包括土壤全硫和有效硫测定。

1. 全硫测定

土壤全硫测定常用燃烧碘量法，该法操作简单、快速，适用于大批样品的分析，但需要备有 1250℃ 管式高温电炉装置。

（1）方法原理

土样在 1250℃ 的管式高温电炉通入空气进行燃烧，使样品中的有机硫或硫酸盐中的硫最终形成二氧化硫逸出，再以稀盐酸溶液吸收生成亚硫酸，用标准碘酸钾溶液滴定，终点的判定是生成的碘分子与淀粉指示剂生成蓝色吸附物质，从而计算得全硫含量。此法适用于 0.05~50g/kg 的全硫含量测定。

（2）主要仪器

燃烧法测定硫装置，见图 5-4。

湿地研究法

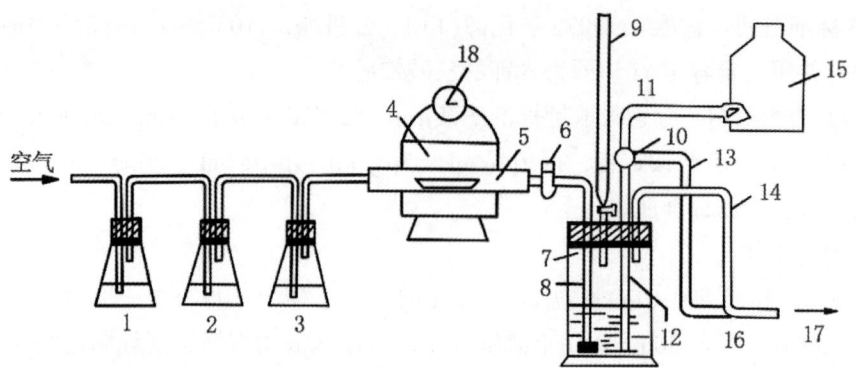

图 5-4　燃烧法测定硫的装置图

1—盛有硫酸铜溶液的洗气瓶；2—盛有高锰酸钾溶液的洗气瓶；3—盛有浓硫酸的洗气瓶；4—管式电炉；5—燃烧管和燃烧舟；6—二通活塞；7—吸收瓶；8—圆形玻璃漏斗；9—滴定管；10—三通活塞；11、13、14—橡皮管；12—玻璃管；15—盛吸收液的下口瓶；16、17—玻璃抽气管（或真空泵）和废液排出口；18—铂铑温度计

吸收系统使用说明：当仪器完全装好且经检查不漏气后，关闭活塞6，用玻璃抽气管或真空泵进行抽气，转动活塞10，使玻璃管12与橡皮管11连通，此时盛于瓶15中的吸收液流入吸收瓶7中，约50mL体积后，关闭活塞10，开活塞6，调节抽气管抽气速度，直至有均匀小气泡缓缓不断从包有尼龙布的玻璃漏斗口冒出为止，此时即可燃烧样品和进行滴定。当需要排出滴定废液时，打开活塞10，使玻璃管12和橡皮管13连通，捏紧橡皮管14，废液即由玻璃管12经橡皮管13排出。

(3) 试剂溶液

① 盐酸—淀粉吸收液：于500mL正在沸腾的0.05mol/L盐酸中，加200mL 10g淀粉溶液，搅匀（淀粉指示剂比普通淀粉指示剂终点明显，特别适用于低硫的测定）。该吸收液使用不宜超过半个月，应现配现用。

② $1/6K_2Cr_2O_7$标准溶液（0.05mol/L）：准确称取2.4516g在130℃烘过3h的重铬酸钾于烧杯中，加少量水溶解后，定容至1L，摇匀。

③ 硫代硫酸钠标准溶液（0.05mol/L）：称取14.21g硫代硫酸钠（$Na_2S_2O_3 \cdot 7H_2O$，分析纯）溶于200mL水中，加入0.2g无水碳酸钠，再以水定容至1L。放置数天后，以重铬酸钾标准溶液标定，标定方法：

取25mL 0.05mol/L $1/6K_2Cr_2O_7$标准溶液于150mL锥形瓶中，加1g碘化钾，溶解后加入5mL 1:1盐酸，放置暗处5min，取出以等体积水稀释。用待标定的硫代硫酸钠溶液滴定至溶液由棕红色褪到淡黄色，即加入2mL 10g/L淀粉指示剂，继续滴定至蓝色褪去，溶液呈无色即为终点，记下硫代硫酸钠用量，计算其浓度。

④ 碘酸钾标准溶液（0.01mol/L）：称取2.14g碘酸钾（KIO_3，分析纯）溶解于含有4g碘化钾（KI，分析纯）和1g氢氧化钾（KOH，分析纯）的热溶液中，冷却后定容至1L，摇匀。此溶液如需稀释至低浓度时，同样也用4g/L碘化钾和1g/L氢氧化钾溶液稀释。测定低硫样品时，可将碘酸钾标准溶液稀释10倍后使用。标定方法：

吸取 25mL 待标定的碘酸钾溶液于 150mL 锥形瓶中，加 5mL 1:1 盐酸，立即以刚标定过的相当浓度的硫代硫酸钠标准溶液滴定至溶液由棕红色变为淡黄色，再加入 2mL 10g/L 淀粉指示剂，继续滴定至蓝色减褪，溶液呈淡蓝色即为终点。滴定近终点时，因蓝色褪去较慢，硫代硫酸钠溶液需要慢慢滴入，每加 1 滴，就摇动 10~20s，以免过量。滴定度计算公式：

$$T = \frac{c \times V_1 \times 32.06}{25}$$

式中：T 为碘酸钾标准溶液对硫的滴定度（mg/mL）；c 为硫代硫酸钠标准溶液的浓度（mol/L）；V_1 为消耗硫代硫酸钠标准溶液的体积（mL）；32.06 为硫原子的摩尔质量（mg/mmol）；25 为待标定的碘酸钾溶液体积（mL）。

⑤ 高锰酸钾溶液（50g/L）：称取 5g 高锰酸钾（$KMnO_4$，分析纯）溶于 100mL 50g/L 碳酸氢钠溶液中。

⑥ 硫酸铜溶液（50g/L）：称取 5g 硫酸铜（$CuSO_4 \cdot 5H_2O$，分析纯）溶于 100mL 水中。

(4) 测定步骤

① 将有硅碳棒的高温管式电炉预先升温至 1250℃ 左右，在吸收瓶中加入 80mL 盐酸—淀粉吸收液，调节气流速度（可用抽气管或真空泵抽气），使空气顺序通过盛有 50g/L 硫酸铜溶液（用于除去空气中可能存在的硫化氢）、50g/L 高锰酸钾溶液（用于除去还原性气体）以及浓硫酸的三个洗气瓶，然后进入燃烧管，再进入盐酸—淀粉吸收液的底部，最后进入抽气真空泵。用碘酸钾标准溶液滴定吸收液，使之从无色变为浅蓝色并保持 2~3min 不褪色。

② 打开燃烧管的进气端，将盛有 0.5~1.5g（精确至 0.0001g）通过 0.149mm 筛孔的土壤样品（样品量视土壤含硫量而定）的燃烧舟，用耐高温的不锈钢钩送入燃烧管的最热处，迅速把燃烧管与其进气端重新接紧，此时，样品中的含硫化合物经燃烧而释放出二氧化硫气体，随流动的空气进入吸收液，立即不断地用碘酸钾标准溶液滴定，使吸收液始终保持浅蓝色，在 2~3min 不褪色即达终点，记下碘酸钾标准液的用量。

(5) 计算公式

$$W_S = \frac{G \times V \times T}{m \times 1000} \times 1000 = \frac{1.05 \times V \times T}{m}$$

$$W_{SO_3} = W_S \times 2.497$$

式中：W_S 为全硫含量（g/kg）；W_{SO_3} 为 SO_3 含量（g/kg）；G 为经验校正常数（为 1.05）；V 为滴定时用去碘酸钾标准溶液体积（mL）；T 为碘酸钾标准溶液对硫的测定度（mg/mL）；m 为烘干土样品质量（g）；2.497 为由硫换算成三氧化硫的系数。

(6) 注意事项

① 要随时检查整个仪器装置有无漏气现象，通空气时，气流不能太快，否则二氧化硫吸收不完全。

② 测定过程中必须控制温度为 1250℃±50℃。低于此值时，则燃烧分解不完全，影响测定结果。需特别注意，超过此值时，则硅碳棒易烧坏，燃烧不宜连续使用 6h 以上，否则易损坏。

③ 燃烧管要经常保持清洁，同时燃烧管的位置要固定不变；不能随意转动仪器装置中所用的橡皮管和橡皮塞，均需预先在 250g/L 氢氧化钠溶液中煮过，借以除去可能混入的硫。

④ 通空气流的目的是帮助高温氧化燃烧，以有利于分解样品中的硫酸盐类，若通氧气则效果更佳。

⑤ 为了促使样品中全硫更好地分解，可加入助熔剂，助熔剂以无水钒酸为好，用量 0.1g，也可用 0.25g 锡粉。

⑥ 吸收装置中的圆形玻璃漏斗口上应包有耐酸的尼龙布，以便使冒出的气泡细小均匀，使二氧化硫完全吸收。

⑦ 此法所得全硫结果只相当于实际含量的 95% 左右，其原因是某些硫酸盐（如硫酸钡）在短时间内不能分解完全，故必须乘以经验校正常数。

2. 有效硫测定

（1）方法原理

用 $Ca(H_2PO_4)_2$-2mol/L HOAc（乙酸）作为浸提剂，浸提酸性土壤中的有效硫，此法除可以浸出酸溶性硫酸盐类以外，$H_2PO_4^-$ 还能置换出吸附性 SO_4^{2-}、Ca^{2+}，并能抑制土壤有机质的浸出，取得清亮的浸出液。浸出液中的少量有机质可用 H_2O_2 氧化除尽，然后用 $BaSO_4$ 比浊法测定 SO_4^{2-}。

（2）仪器设备

振荡机、电热板或砂浴、分光光度计、电磁搅拌器、分析天平。

（3）试剂溶液

① 过氧化氢（H_2O_2，分析纯）。

② 盐酸（HCl，分析纯，1:4）。

③ 阿拉伯胶水溶液（2.5g/L）。

④ 浸提剂：称取 2.04g $Ca(H_2PO_4)_2 \cdot H_2O$ 溶于 1L 2mol/L HOAc 中。

⑤ $BaCl_2 \cdot 2H_2O$ 晶粒：将 $BaCl_2$（分析纯）晶块研细，筛取 0.25~0.5mm 部分。

⑥ 硫标准溶液（100μg/mL）：称取 0.5436g K_2SO_4 溶于水，定容至 1L。

（4）测定步骤

① 称取通过 2mm 筛的风干土样 10.00g，加 50mL 浸提剂，在 20~25℃ 振荡 1h，过滤。

② 吸取滤液 25mL 于 100mL 三角瓶中，在电热板或砂浴上加热，用浓 H_2O_2 3~5 滴氧化有机物；待有机物分解完全后，继续煮沸，除尽过剩的 H_2O_2，加入 1mL 1:4 HCl，得到清亮的溶液。

③ 将全部溶液转入 25mL 容量瓶中，三角瓶用水洗涤数次，加入 2mL 2.5g/L 阿拉伯

胶，用水定容，转入 150mL 烧杯，加 1.0g $BaCl_2 \cdot 2H_2O$，于电磁搅拌器上搅拌 1min，在 5~30min 以内，取一份装入 3cm 比色槽中，用分光光度计在波长 440nm 处比浊；在测定样品的同时，应做试剂空白试验。

④ 标准曲线绘制：将 100μg/mL 硫标准液用水稀释至 10μg/mL，吸取 0mL、1mL、3mL、5mL、8mL、10mL、12mL 分别放入 25mL 容量瓶，加入 1mL 1:4 HCl 和 2mL 2.5g/L 阿拉伯胶，用水定容，得到 0.0μg/mL、0.4μg/mL、1.2μg/mL、2.0μg/mL、3.2μg/mL、4.0μg/mL、4.8μg/mL 硫的标准系列，用分光光度计在波长 440nm 处比浊，然后绘制标准曲线。

（5）计算公式

$$W_{s'} = \frac{c \cdot V \cdot t_s}{m \cdot K}$$

式中：W_s 为有效硫含量(mg/kg)；c 为从标准曲线上查得硫的浓度(μg/mL)；V 为比浊体积(25mL)；t_s 为分取倍数($t_s=2$)；m 为土壤样品质量(g)；K 为将风干土换算成烘干土的水分转换系数。

（6）注意事项

① 标准曲线在浓度低的一端不成直线，为了提高测定的可靠性，可在样品溶液和标准系列中都添加等量的 SO_4^{2-}-S，使浓度提高 1μg/mL S（加入 10μg/mL S 标准液 2.5mL）。

② 测定土壤有效硫通常采用磷酸盐—HOAc 溶液或 $NaHCO_3$ 溶液浸提，浸出的硫包括易溶硫、吸附性硫以及部分有机硫。磷酸盐—HOAc 浸提剂适用于酸性土壤；中性和石灰性土壤的有效硫则可用 0.5mol/L $NaHCO_3$(pH 8.5) 为浸提剂。

六、土壤微量元素

湿地中的微量元素主要包括铁、锰、锌、铜、铬、汞、铅、镍等。湿地具有对污染物的吸收、转化和沉积功能，而这些污染物中就包含了诸如铬、汞、铅、锌等重金属，因此对土壤重金属定期测定，可以更好地了解湿地所受的污染状况以及对污染物的净化功能。

湿地土壤中的铁、锰等微量元素的迁移和转化过程对湿地环境具有重要的指示意义。当湿地土壤处于还原状态时，高价的铁、锰(Fe^{3+}、Mn^{3+})被还原成低价的铁、锰(Fe^{2+}、Mn^{2+})，从而具有了迁移能力；而当处于氧化状态时低价的铁、锰(Fe^{2+}、Mn^{2+})被氧化成高价的铁、锰(Fe^{3+}、Mn^{3+})在土层中淀积，形成铁锰结核。湿地土壤中微量元素的这种迁移转化过程体现了土壤环境的氧化还原条件的变化，对湿地地下水位具有重要的指示意义。同时，湿地水体中的铜、铅、汞等微量元素的迁移转化还关系着湿地水体的污染状况。

（一）土壤铁

采用邻菲啰啉比色法和原子吸收分光光度法测定。

1. 邻菲啰啉比色法

（1）方法原理

微量铁的化学测定最常用的是比色法，常用的显色试剂有邻菲啰啉（即二氮菲）和 α,α'-联吡啶等。邻菲啰啉在微酸性条件下与二价铁生成深红色的螯合物（在碱性溶液中，一些共存的金属离子会发生沉淀，干扰铁的比色测定），其颜色深浅与铁的含量成正比关系，以此来测定有效铁的含量。

（2）仪器设备

往复振荡器、高温电炉、分光光度计、分析天平。

（3）试剂溶液

① 盐酸羟胺溶液（100g/L）：称取 10g 盐酸羟胺（$HONH_2 \cdot HCl$，分析纯）溶解于水，稀释至 100mL，临用前现配。

② 邻菲啰啉溶液（1g/L）：称取 0.1g 邻菲啰啉（$C_{12}H_8N_2 \cdot H_2O$，分析纯）溶于 100mL 水中，稍加热促使溶解，置于棕色瓶中。

③ 乙酸钠溶液（100g/L）：称取 10g 乙酸钠（$CH_3COONa \cdot 3H_2O$，分析纯）溶于水中，定容至 100mL。

④ 铁标准溶液（10μg/mL）：称取 0.1000g 光谱纯铁丝或 0.7023g 硫酸亚铁铵 $[Fe(NH_4)_2(SO_4)_2 \cdot 6H_2O$，分析纯$]$ 溶于 20mL 0.6mol/L 盐酸中，必要时加热使之溶解，移入 1L 容量瓶中，用水定容，计算其准确浓度，此为贮备标准溶液。使用时用水准确稀释成 10μg/mL 铁标准溶液。

⑤ DTPA（二乙基胺五乙酸）浸提剂（pH 7.30）：其成分为 DTPA（0.005mol/L）-$CaCl_2$（0.01mol/L）-TEA（0.1mol/L）。称取 1.967g DTPA 溶于 14.92g（或 13.3mL）TEA（三乙醇胺）和少量水中；再将 1.47g $CaCl_2 \cdot 2H_2O$ 溶于水中，一并转入 1L 容量瓶中，加水至约 950mL，在 pH 计上用 6mol/L 盐酸调节 pH 至 7.30，最后用水定容，贮于塑料瓶中，几个月内不会变质。

（4）测定步骤

① 待测液制备及测定：称取 25.0g 通过 2mm 尼龙筛的风干土放入 200mL 塑料瓶中，加入 50.0mL DTPA 浸提剂，在 25℃时振荡 2h，过滤得清液。吸取 5~10mL 清液（含铁不超过 100μg）移入 50mL 玻璃烧杯中，于电炉上低温蒸干，移入高湿电炉中灰化，温度控制在 450℃。用 2mL 6mol/L 盐酸溶解残渣，转入 50mL 容量瓶中，加入 1mL 100g/L 盐酸羟胺溶液，摇匀后加 8mL 100g/L 乙酸钠溶液，使溶液的 pH 为 5，再加 10mL 1g/L 邻菲啰啉溶液，进行显色，定容摇匀，半小时后在分光光度计上比色，波长选用 530nm，读取吸收值。

② 标准曲线绘制：吸取 10μg/mL 铁标准溶液 0.0mL、2.0mL、4.0mL、6.0mL、8.0mL、10.0mL，分别放入系列 50mL 容量瓶中，加水至约 20mL，按上述步骤进行比色绘制标准曲线。

（5）计算公式

$$W_{Fe} = \frac{c \cdot V \cdot t_s}{m \cdot K}$$

式中：W_{Fe} 为有效铁含量（mg/kg）；c 为由标准曲线查得铁的浓度（μg/mL）；V 为显色液体积（为 50mL）；t_s 为分取倍数；m 为土壤样品质量（g）；K 为风干土换算为烘干土的水分转换系数。

2. 原子吸收分光光度法

（1）方法原理

用乙炔—空气火焰的原子吸收分光光度法直接测定土壤浸出液中的铁，无干扰，测定范围 2~20μg/mL。

（2）仪器设备

往复振荡机、原子吸收分光光度计。

（3）试剂溶液

DTPA 浸提剂、铁标准溶液：同邻菲啰啉比色法配置方法。

（4）操作步骤

① 土壤有效铁的浸提用 DTPA 浸提剂浸提，滤液直接在原子吸收分光光度计上测定，选用波长 248.3nm。

② 标准曲线绘制：用 DTPA 浸提剂稀释配制 0μg/mL、2μg/mL、4μg/mL、6μg/mL、8μg/mL、10μg/mL 铁的标准系列溶液，直接在原子吸收分光光度计上测定吸收值后绘制标准曲线。测定条件应与土样测定时完全相同。

（5）计算公式

$$W_{Fe} = c \cdot r$$

式中：W_{Fe} 为有效铁含量（mg/kg）；c 为由标准曲线查得铁的浓度（μg/mL）；r 为液土比（r=浸提时浸提剂毫升数/烘干土壤克数）。

（二）土壤锰

1. 土壤交换性锰测定—高锰酸钾比色法

（1）方法原理

此方法选用适当的强氧化剂将 Mn^{2+} 氧化成紫红色的 MnO_4^- 离子，然后直接进行比色。常用的氧化剂是高碘酸钾或过硫酸铵。强氧化剂高碘酸钾与 Mn^{2+} 的反应如下：

$$2Mn^{2+} + 5IO_4^- + 3H_2O \rightarrow 2MnO_4^- + 5IO_3^- + 6H^+$$

其中还原性物质及氯离子干扰显色，必须事先除去；Fe^{3+} 能使溶液呈黄色，可用 H_3PO_4 掩蔽。高锰酸钾离子的吸收峰在波长 525~545nm 处，浓度在 0.6~25μg/mL 锰范围内符合比尔定律。

（2）仪器设备

往复振荡机、分光光度计、分析天平等。

(3) 试剂溶液

① 浓硝酸(分析纯)。

② 浓过氧化氢(分析纯)。

③ 浓磷酸(分析纯)。

④ 碘酸钾(分析纯)。

⑤ 中性乙酸铵溶液(1mol/L)：称取 77.1g 乙酸铵(NH_4OAc，分析纯)溶于大约 900mL 水中，用 3mol/L 乙酸或 3mol/L 氨水在 pH 计上调节 pH 至 7.00±0.05，用水稀释至 1L。

⑥ 锰标准溶液(10μg/mL)：称取 0.2479g 无水硫酸锰($MnSO_4$，分析纯)溶于水中，加 1mL 浓硫酸，用水定容至 1L，此为 100μg/mL 锰标准溶液，将此溶液用水稀释 10 倍，成为 10μg/mL 锰标准溶液。无水硫酸锰按下法制得：将硫酸锰($MnSO_4 \cdot 7H_2O$，分析纯)于 150℃烘干，移入高温电炉中，于 400℃灼烧 2h。

(4) 测定步骤

① 待测液制备：称取 10.0g 新鲜土壤(土壤样品应事先用玻璃棒捣碎，并尽可能混匀，同时称取一份新鲜土壤测定水分，以便计算相当于 10g 新鲜土的干土质量)，盛入 250mL 锥形瓶中，加 100mL 1mol/L 中性乙酸铵溶液，加塞，振荡 30min，放置 6h，并不时轻轻摇动，离心分离或过滤。

② 测定：吸取 50.0mL 滤液(含 10~300mg 锰)放入 100mL 烧杯中，加 5mL 浓硝酸和 2mL 浓过氧化氢，盖上表面皿，蒸发至干。必要时再加硝酸和过氧化氢反复处理，直到有机质完全破坏。蒸发至干以除去过氧化氧。加 5mL 浓磷酸，用表面皿加盖后煮沸。冷却到 50℃左右，加水 10mL，旋转烧杯使之混合均匀。加 0.2~0.3g 碘酸钾，盖上表面皿后继续加热到显色为止。加水使体积接近 50mL，继续加热近沸，并且保持半小时左右。定量地移入 50mL 容量瓶中，用水定容，在 540nm 波长处比色测定吸收值。

③ 标准曲线绘制：吸取 10μg/mL 锰的标准溶液 0mL、5mL、10mL、15mL、20mL、25mL、30mL，分别放入一系列 100mL 烧杯中，按上述步骤显色，定容成 50mL 后测定吸收值，绘制标准曲线。

(5) 计算公式

$$W_{Mn^{2+}} = \frac{c \cdot V \cdot t_s}{m}$$

式中：$W_{Mn^{2+}}$ 为交换性锰含量(mg/kg)；c 为由标准曲线查得锰的浓度(μg/mL)；V 为显色液体积(为 50mL)；t_s 为分取倍数；m 为烘干土壤样品质量(g)。

(6) 注意事项

① 氯离子会干扰显色，因为 Cl^- 能使 MnO_4^- 还原成 Mn^{2+}，因而消耗多量的碘酸钾：

$$10Cl^- + 2MnO_4^- + 16H^+ \longrightarrow 5Cl_2 + 2Mn^{2+} + 8H_2O$$

除了盐土以外，一般土壤中少量氯离子不会造成严重的干扰。只要使碘酸钾保持过量,可以允许少量氯离子存在,当土壤中氯离子过多时,应加入硫酸后煮沸除去氯离子,或加入硫酸和硝酸煮沸除去氯离子。在本比色法的整个分析过程中不可加入盐酸或氯化物。

② 稀释与定容所用的水事先用氧化剂作如下处理:将1L水盛在容积为2L的烧瓶中,加100mL浓磷酸和1g碘酸钾,加热煮沸1h,严密加盖备用。

2. 土壤交换性锰测定——原子吸收分光光度法

用原子吸收分光光度法测定土壤中的交换性锰和易还原锰,一般没有杂质干扰,可用浸出液直接测定,选用波长279.5nm。

(1) 仪器设备

往复振荡机、原子吸收分光光度计。

(2) 试剂溶液

中性乙酸铵溶液(1mol/L)和锰标准溶液(10μg/mL):同高锰酸钾比色法中配制,但锰标准溶液需用1mol/L乙酸铵配制。

(3) 测定步骤

土壤交换性锰的浸提与比色法相同,浸出液可直接在原子吸收分光光度计上于279.5nm处测定吸收值。

标准曲线绘制:用1mol/L乙酸铵配制的锰标准溶液系列,浓度为0.0μg/mL、0.5μg/mL、1μg/mL、1.5μg/mL、2.0μg/mL、3.0μg/mL、4.0μg/mL、5.0μg/mL,直接在原子吸收分光光度计上测定吸收值后,绘制标准曲线。

(4) 计算公式

$$W_{Mn^{2+}} = c \cdot r$$

式中:$W_{Mn^{2+}}$为交换性锰含量(mg/kg);c为由标准曲线查得锰的浓度(μg/mL);r为液土比(r=浸提时浸提剂毫升数/烘干土质量数=100/m,mL/g)。

3. 土壤易还原锰测定——高锰酸钾比色法

(1) 方法原理

此方法易还原锰是指部分高价锰的氧化物(主要是三价锰),可用含有还原剂的1mol/L中性乙酸铵溶液浸提。常用还原剂有对苯二酚、连二亚硫酸钠或亚硫酸钠等,其中以对苯二酚最为常用。对苯二酚与高价锰氧化物的反应如下:

$$MnO_2 + C_6H_4(OH)_2 + 2H^+ \longrightarrow Mn^{2+} + C_6H_4O_2 + 2H_2O$$

$$Mn_2O_3 + C_6H_4(OH)_2 + 4H^+ \longrightarrow 2Mn^{2+} + C_6H_4O_2 + 3H_2O$$

待测液中的Mn^{2+}也可用原子吸收分光光度计法或比色法测定,测定过程与交换性锰相似。但用比色法测定时,在测定前必须破坏溶液中剩余的对苯二酚和还原产物。用原子吸收分光光度计法测定时,则可用土壤浸出液直接测定,并无干扰。

测定过交换性锰的残余土样,再用对苯二酚(0.2%)—乙酸铵(1mol/L)为浸提剂,浸出易还原态锰用高锰酸钾比色法测定。

(2) 试剂溶液

除需用对苯二酚[$C_6H_4(OH)_2$，分析纯]外，其余均同交换性锰—高锰酸钾比色法所用试剂。

(3) 仪器设备

往复振荡机、分光光度计、分析天平等。

(4) 测定步骤

① 待测液制备：将测定过交换性锰的土壤样品移回原用的 250mL 锥形瓶中，或另称取 10g 新鲜土壤样品放在锥形瓶中，加 100mL 1mol/L 中性乙酸铵溶液和 0.2g 对苯二酚，振荡 30min，放置 6h，并时加摇动，离心分离或过滤。

② 测定：吸取 50mL 滤液（含 100~300μg 锰）于 100mL 烧杯中，加 5mL 浓硝酸和 2mL 浓过氧化氢，盖上表面皿，蒸发至干。必要时再加硝酸和过氧化氢反复处理，直到乙酸铵、对苯二酚有机质完全破坏，蒸发至干以除去过氧化氢。加 5mL 浓磷酸，用表面皿加盖后煮沸。冷却到 50℃ 左右，加水 10mL，旋转烧杯使之混合均匀，用碘酸钾氧化显色，比色测定锰。

③ 标准曲线绘制：吸取 10μg/mL 锰的标准溶液 0mL、1mL、2mL、4mL、6mL、8mL、10mL，分别放入一系列 100mL 烧杯中，按上述步骤显色，定容成 50mL 后测定吸收值，绘制标准曲线。

(5) 计算公式

$$W_{Mn} = \frac{c \cdot V \cdot t_s}{m}$$

式中：W_{Mn} 为易还原态锰含量(mg/kg)；c 为由标准曲线查得锰的浓度(μg/mL)；V 为显色液体积(为 50mL)；t_s 为分取倍数；m 为烘干土质量(g)。

4. 土壤易还原锰测定—原子吸收分光光度法

除标准曲线的绘制略有差异，其余均同交换性锰原子吸收分光光度法。

标准曲线绘制：用 1mol/L 乙酸铵配制的锰标准溶液系列，浓度为 0.0μg/mL、0.5μg/mL、1.0μg/mL、2.0μg/mL、3.0μg/mL、4.0μg/mL、5.0μg/mL，每 100mL 溶液加入 0.2g 的对苯二酚，放置 6h 后与土壤浸出液同时在原子吸收分光光度计上测定吸收值，绘制标准曲线。

(三) 湿地土壤铬、汞、铜、锌、镍测定

(1) 方法原理

将土壤的金属元素浸提出来，然后将含有金属元素的试液喷成细雾，与燃气在雾化器中混合送至燃烧器，被测元素在火焰中转化为原子蒸气。气态的基态原子吸收光源(空心阴极灯)发射出的与被测元素吸收波长相同的特征谱线，使该谱线减弱，再经单色器分光后，由光电倍增管接收，并经放大器放大，从读出装置中显示出吸光值或光谱图。

（2）仪器设备

原子吸收分光光度计、测汞仪、分析天平等。

（3）样品待测液制备

① 铬待测液制备：称取过100目尼龙筛的土壤样品0.2000~0.5000g于聚四氟乙烯坩埚中。用少量水润湿，用$H_2SO_4-HNO_3-HF$分解法处理，溶液定容于25mL容量瓶中。

② 汞待测液制备：称取过100目尼龙筛的样品0.1000~2.000g于150mL锥形瓶中。用$H_2SO_4-HNO_3-KMnO_4$分解法处理；或称取样品1.000~3.000g于150mL锥形瓶中，用$H_2SO_4-HNO_3-V_2O_5$分解法处理，溶液定容于100mL容量瓶中。

③ 铜、锌、镍待测液制备：称取过100目尼龙筛的样品0.1000~1.000g于150mL锥形瓶中。用$HNO_3-HF-HClO_4$或王水$-HF-HClO_4$分解法处理，制成1% HCl试液，定容50mL。

（4）测定步骤

① 铬：用火焰（空气—乙炔）原子吸收光度法测定。富燃黄色火焰，测量波长357.9nm，光谱通带0.7nm，提升量5mL/min。以0.1%硝酸溶液作为参比溶液，依次测定试剂空白溶液、标准系列溶液及样品溶液。

② 汞：用冷原子吸收法测定。试样中各种形式的汞经强化学氧化分解而转化为可溶态的离子汞，用氯化亚锡还原，再用载气将汞原子蒸气载入测汞仪的吸收池进行测定。

③ 铜、锌、镍：用火焰（空气—乙炔）原子吸收光度法测定，实验参数见表5-7。

表5-7 火焰（空气—乙炔）原子吸收光度法实验参数

项　目	Cu	Zn	Ni
测量波长(nm)	324.7	213.0	232.0
光谱通带(nm)	0.5	1.0	0.2

贫燃性火焰，提升量5mL/min。以0.1%硝酸溶液为参比溶液，在各元素测定条件下，分别依次测定试剂空白溶液、标准系列溶液及样品溶液。

（5）计算公式

绘制标准曲线，进行线性回归计算。根据样品溶液的吸光度，从标准曲线上计算出被测元素的含量。土壤中被测成分含量计算公式：

$$W_x = \frac{W_1}{W}$$

式中：W_x为被测成分含量(mg/kg)；W_1为测得金属量(μg)；W为称样量(烘干重，g)。

（6）注意事项

① 每次使用火焰原子化器分析工作结束时，应让火焰继续点燃，吸入纯水（或有机溶

剂)大约10min以清除原子化器中的微量样品,防止仪器腐蚀。若喷过高浓度样品,清洗时间更应加长。擦去样品盘内及仪器其他面上所沾染土的样品溶液,并定期检查废液收集容器的液面,及时倒出过剩的废液,且要保证足够的水封。

② 当发现火焰不整齐,中间出现锯齿状分裂时就说明燃烧头狭缝内面已有杂质堵塞,应仔细进行清理。待仪器关机,等燃烧头冷却以后,取下燃烧头,用洗衣粉溶液冲洗狭缝,并用0.2~0.4mm宽的不锈钢板(不要使用Cu、Al板)在狭缝内捅、擦,然后再用水冲,以清除杂质。若还不能清洗好,则可将紧固狭缝板用的六个螺钉拧开,取下缝板,甚至可将拼接两个缝板用的两个螺钉拧下,仔细修光工作表面,然后复原。一定要保证两个狭缝板紧密地靠到燃烧头座体上,并拧紧有关螺钉。

③ 在单色器后有硅胶盒,应根据情况,注意更换。打开仪器后面板,拧下紧固螺钉,即可取出硅胶盒以更换之。

④ 定期检查气路系统的密封性,注意安全。

第四节 湿地土壤有机污染物

由土壤中有机物含量过高而引起的土壤污染称为土壤有机污染。土壤中有机污染物按溶解性难易可分成为两类:易分解类,如有机磷农药、三氯乙醛;难分解类,如有机氯等。

一、土壤有机磷污染物

土壤有机磷农药测定采用气相色谱法。

1. 方法原理

土壤样品中有机磷农药残留量采用有机溶剂提取,再经液—液分配和凝结净化除去干扰物,用气相色谱氮磷检测器(NPD)或火焰光度检测器(FPD)检测,根据色谱峰的保留时间定性,外标法定量。

2. 仪器设备

分析天平、振荡器、旋转蒸发器、真空泵、水浴锅、微量进样器、气相色谱仪(带氮磷检测器或火焰光度检测器,备有填充柱或毛细管柱)等。

3. 试剂材料

(1) 载气和辅气体

① 载气:氮气,纯度≥99.99%。

② 燃气:氢气。

③ 助燃气:空气。

(2) 配制标准样品

① 农药标准品:速灭磷等有机磷农药,纯度为95.0%~99.0%。

② 农药标准溶液制备：准确称取一定量的农药标准样品（准确到±0.0001g），用丙酮为溶剂，分别配制浓度为 0.5mg/mL 的速灭磷（$C_7H_{13}O_6P$）、甲拌磷（$C_7H_{17}O_2PS_3$）、二嗪磷（$C_{12}H_{21}N_2O_3PS$）、水胺硫磷（$C_{11}H_{16}NO_4PS$）、甲基对硫磷（$C_8H_{10}NO_5PS$）、稻丰散（$C_{12}H_{17}O_4PS_2$）；浓度为 0.7mg/mL 杀螟硫磷（$C_9H_{12}NO_6P$）、异稻瘟净（$C_{13}H_{21}O_3PS$）、溴硫磷（$C_8H_8BrCl_2O_3PS$）、杀扑磷（$C_6H_{11}N_2O_4PS_3$）储备液，在冰箱中存放。

③ 农药标准中间溶液配制：准确量取一定量的上述 10 种储备液于 50mL 容量瓶中，并用丙酮定容至刻度，则配制成浓度为 50μg/mL 的速灭磷、甲拌磷、二嗪磷、水胺硫磷、甲基对硫磷、稻丰散和 100μg/mL 的杀螟硫磷、异稻瘟净、溴硫磷、杀扑磷的标准中间溶液，在冰箱中存放。

④ 农药标准实验溶液配制：分别准确吸取上述中间溶液每种 10mL 于 100mL 容量瓶中，用丙酮定容至刻度，得混合标准实验溶液。标准实验溶液在冰箱中存放。

(3) 其他试剂

丙酮（CH_3COCH_3，分析纯）、石油醚 60~90℃沸腾、二氯甲烷（CH_2Cl_2，分析纯）、乙酸乙酯（$CH_3COOC_2H_5$，分析纯）、氯化钠（NaCl，分析纯）、无水硫酸钠（Na_2SO_4，分析纯，300℃烘 4h）、助滤剂 Celite 545、磷酸（H_3PO_4，85%）、氯化铵（NH_4Cl，分析纯）、凝结液（20g 氯化铵和 85%磷酸 40mL，溶于 400mL 蒸馏水中，用蒸馏水定容至 2000mL）。

4. 采样及保存

土样充分混匀取 500g 备用，装入样品瓶中，另取 20g 测定含水量。样品保存在 -18℃ 冷冻箱中，备用。

5. 分析步骤

(1) 提取及净化

准确称取新鲜土样 20.0g，置于 300mL 具塞锥形瓶中，加水（使加入的水量与 20.0g 样品中水分含量之和为 20mL），摇匀后静置 10min，加 100mL 丙酮水的混合液（丙酮∶水 = 1∶5），浸泡 6~8h 后振荡 1h，将提取液倒入铺有两层滤纸及一层助滤剂的布氏漏斗内减压抽滤，取 80mL 滤液（相当于 2/3 样品），移入另一 500mL 分液漏斗中，加入 10~15mL 凝结液（用 0.5mol/L 的氢氧化钾溶液调 pH 为 4.5~5.0）和 1g 助滤剂，振摇 20 次，静置 3min，凝结 2~3 次，过滤入另一 500mL 分液漏斗中，加 3g 氯化钠，用 50mL、50mL、30mL 二氯甲烷萃取三次，合并有机相，经一装有 1g 无水硫酸钠和 1g 助滤剂的筒形漏斗过滤，收集于 250mL 平底烧瓶中，加入 0.5mL 乙酸乙酯，先用旋转蒸发器浓缩至 3mL，在室温下用氮气或空气吹浓缩至近干，用丙酮定容 5mL，供气相色谱测定。

(2) 气相色谱测定

① 测定条件 A：

玻璃柱 1：1.0m×2mm(i, d)，填充涂有 5% OV-17 的 Chrom Q，80~100 目的担体；

玻璃柱 2：1.0m×2mm(i, d)，填充涂有 5% OV-101 的 Chromsorb W-HP，100~120 目的担体；

温度：柱箱 200℃、汽化室 230℃、检测器 250℃；

气体流速：氮气 36~40mL/min，氢气 4.5~6mL/min，空气 60~80mL/min；

检测器：氮磷检测器（NPD）。

② 测定条件 B：

柱：石英弹性毛细管柱 HP-5，30m×0.32mm（i，d）；

温度：柱温采用程序升温方式。

130℃ $\xrightarrow{\text{恒温 3min；5℃/min}}$ 140℃ $\xrightarrow{\text{恒温 65min}}$ 140℃，进样口 220℃，检定器（NPD）300℃；

气体流速：氮气 3.5mL/min，氢气 3mL/min，空气 60mL/min，尾吹（氮气）10mL/min。

③ 测定条件 C：

柱：石英弹性毛细管柱 DB-17，30m×0.53mm（i，d）；

温度：150℃ $\xrightarrow{\text{恒温 3min；8℃/min}}$ 250℃ $\xrightarrow{\text{恒温 10min}}$ 250℃，进样口 220℃，检定器（FPD）300℃；

气体流速：氮气 9.8mL/min，氢气 75mL/min，空气 100mL/min，尾吹（氮气）10mL/min。

④ 气相色谱中使用标准样品条件：标准样品的进样体积与试样进样体积相同，标准样品的响应值接近试样的响应值。当一个标准样品连续注射两次，其峰高或峰面积相对偏差≤7%，即认为仪器处于稳定状态。在实际测定时标准样品与试样应交叉进样分析。

⑤ 进样：

进样方式：注射器进样；

进样量：1~4μL。

⑥ 色谱图：采用填充柱 a 和 NPD 检测器测定 10 种有机磷气相色谱图，见图 5-5；

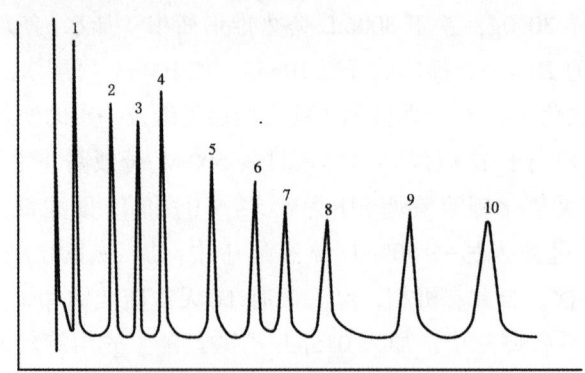

图 5-5　采用填充柱 a 和 NPD 检测器测定 10 种有机磷气相色谱图

1—速灭磷；2—甲拌磷；3—二嗪磷；4—异稻瘟净；5—甲基对硫磷；6—杀螟硫磷；
7—水胺硫磷；8—溴硫磷；9—稻丰散；10—杀扑磷

采用毛细管柱和 NPD 检测器测定 10 种有机磷气相色谱图，见图 5-6；

采用毛细管柱和 FPD 检测器测定 10 种有机磷气相色谱图，见图 5-7。

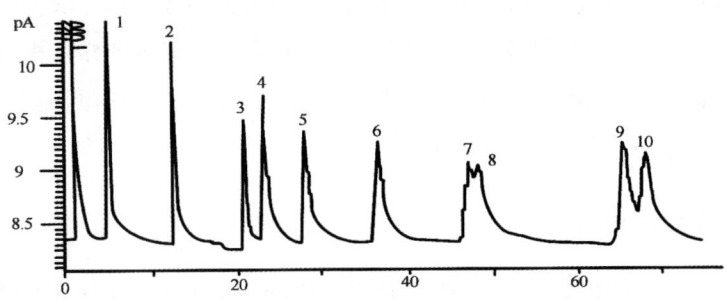

图 5-6 采用毛细管柱和 NPD 检测器测定 10 种有机磷气相色谱图
1—速灭磷；2—甲拌磷；3—二嗪磷；4—异稻瘟净；5—甲基对硫磷；6—杀螟硫磷；
7—水胺硫磷；8—溴硫磷；9—稻丰散；10—杀扑磷

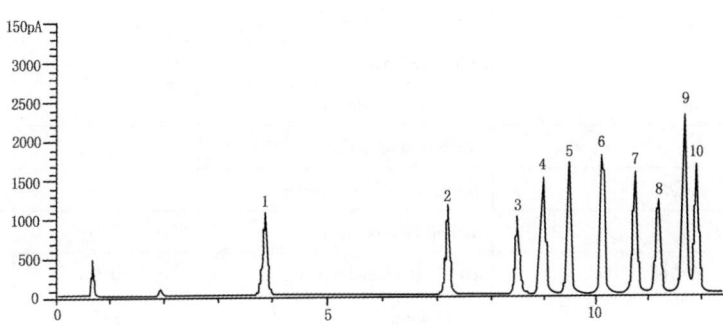

图 5-7 采用毛细管柱和 FPD 检测器测定 10 种有机磷气相色谱图
1—速灭磷；2—甲拌磷；3—二嗪磷；4—异稻瘟净；5—甲基对硫磷；
6—杀螟硫磷；7—水胺硫磷；8—溴硫磷；9—稻丰散；10—杀扑磷

6. 定性、定量分析

(1) 检验可能存在的干扰

用 5% OV-17 的 Chrom Q，80~100 目色谱柱测定后，再用 5% OV-101 的 Chromsorb W-HP，100~120 目色谱柱在相同条件下进行验证色谱分析，可确定各有机磷农药的组分及杂质干扰状况。

(2) 气相色谱测定

吸取 1μL 混合标准溶液注入气相色谱仪，记录色谱峰的保留时间和峰高(或峰面积)。再吸取 1μL 试样，注入气相色谱仪，记录色谱峰的保留时间和峰高(或峰面积)，根据色谱峰的保留时间和峰高(或峰面积)采用外标法定性和定量。

7. 计算公式

$$W_{\text{有机磷}} = \frac{c_{is} \cdot V_{is} \cdot H_i(S_i) \cdot V}{V_i \cdot H_{is}(S_{is}) \cdot m \cdot (1-\omega)}$$

式中：$W_{\text{有机磷}}$ 为样本中农药残留量(mg/kg 或 mg/L)；c_{is} 为标准溶液中 i 组分农药浓度

($\mu g/mL$);V_{is} 为标准溶液进样体积(μL);$H_i(S_i)$ 为样本溶液中 i 组分农药的峰高(mm)或峰面积(mm^2);V 为样本溶液最终定容体积(mL);V_i 为样本溶液进样体积(μL);$H_{is}(S_{is})$ 为标准溶液中 i 组分农药的峰高(mm)或峰面积(mm^2);m 为称样质量(这里只用提取液的 2/3,应乘 2/3,g);ω 为样品含水率(%)。

二、土壤挥发性有机物

土壤挥发性有机物测定采用顶空/气相色谱—质谱法,该法适用于土壤中 36 种挥发性有机物的测定。当土壤样品为 2g 时,36 种挥发性有机物的方法检出限为 $0.8\sim 4\mu g/kg$,测定下限为 $3.2\sim 14\mu g/kg$,见表 5-8。

表 5-8　36 种挥发性有机物检出限和测定下限

序号	化合物名称	英文名	检出限($\mu g/kg$)	测定下限($\mu g/kg$)
1	氯乙烯	Vinyl chloride	1.5	6.0
2	1,1-二氯乙烯	1,1-dichloroethene	0.8	3.2
3	二氯甲烷	Methylene chloride	2.6	10.4
4	反-1,2-二氯乙烯	*trans*-1,2-dichloroethene	0.9	3.6
5	1,1-二氯乙烷	1,1-dichloroethane	1.6	6.4
6	顺-1,2-二氯乙烯	*cis*-1,2-dichloroethene	0.9	3.6
7	氯仿	Chloroform	1.5	6.0
8	1,1,1-三氯乙烷	1,1,1-trichloroethane	1.1	4.4
9	四氯化碳	Carbon tetrachloride	2.1	8.4
10	1,2-二氯乙烷	1,2-dichloroethane	1.3	5.2
11	苯	Benzene	1.6	6.4
12	三氯乙烯	Trichloroethene	0.9	3.6
13	1,2-二氯丙烷	1,2-dichloropropane	1.9	7.6
14	一溴二氯甲烷	Bromodichloromethane	1.1	4.4
15	甲苯	Toluene	2.0	7.9
16	1,1,2-三氯乙烷	1,1,2-trichloroethane	1.4	5.6
17	四氯乙烯	Tetrachloroethylene	0.8	3.2
18	二溴氯甲烷	Dibromochloromethane	0.9	3.6
19	1,2-二溴乙烷	1,2-dibromoethane	1.5	6.0
20	氯苯	Chlorobenzene	1.1	4.4
21	1,1,1,2-四氯乙烷	1,1,1,2-tetrachloroethane	1.0	4.0
22	乙苯	Ethylbenzene	1.2	4.8
23,24	间,对-二甲苯	*m*,*p*-xylene	3.6	14.4
25	邻-二甲苯	*o*-xylene	1.3	5.2
26	苯乙烯	Styrene	1.6	6.4

(续)

序号	化合物名称	英文名	检出限(μg/kg)	测定下限(μg/kg)
27	溴仿	Bromoform	1.7	6.8
28	1,1,2,2-四氯乙烷	1,1,2,2-tetrachloroethane	1.0	4.0
29	1,2,3-三氯丙烷	1,2,3-trichloropropane	1.0	4.0
30	1,3,5-三甲基苯	1,3,5-trimethylbenzene	1.5	6.0
31	1,2,4-三甲基苯	1,2,4-trimethylbenzene	1.5	6.0
32	1,3-二氯苯	1,3-dichlorobenzene	1.1	4.4
33	1,4-二氯苯	1,4-dichlorobenzene	1.2	4.8
34	1,2-二氯苯	1,2-dichlorobenzene	1.0	4.0
35	1,2,4-三氯苯	1,2,4-trichlorobenzene	0.8	3.2
36	六氯丁二烯	Hexachlorobutadiene	1.0	4.0

1. 方法原理

在一定温度条件下，顶空瓶内样品中挥发性组分向液上空间挥发，产生蒸气压，在气—液—固三相达到热力学动态平衡。气相中的挥发性有机物进入气相色谱分离后，用质谱仪进行检测。通过与标准物质保留时间和质谱图相比较进行定性，内标法定量。

2. 仪器设备

① 气相色谱仪：具有毛细管分流/不分流进样口，可程序升温，具氢火焰离子化检测器(FID)。

② 质谱仪：具70eV的电子轰击(EI)电离源，NIST质谱图库、手动/自动调谐、数据采集、定量分析及谱库检索等功能。

③ 色谱柱：石英毛细管柱。

柱1：60m×0.25mm，膜厚1.4μm(6%腈丙苯基、94%二甲基聚硅氧烷固定液)，也可使用其他等效毛细柱。

柱2：30m×0.32mm，膜厚0.25μm(聚乙二醇-20M)，也可使用其他等效毛细柱。

④ 自动顶空进样器：顶空瓶(22mL)、密封垫(聚四氟乙烯/硅氧烷材料)、瓶盖(螺旋盖或一次使用的压盖)。

⑤ 往复式振荡器：振荡频率150次/min，可固定顶空瓶。

⑥ 微量注射器：5μL、10μL、25μL、100μL、500μL。

⑦ 棕色密实瓶：2mL，具聚四氟乙烯衬垫和实芯螺旋盖。

⑧ 采样瓶：具聚四氟乙烯—硅胶衬垫螺旋盖的60mL或200mL的螺纹棕色广口玻璃瓶。

⑨ 一次性巴斯德玻璃吸液管。

⑩ 马弗炉。

⑪ 分析天平：精度为0.01g。

3. 试剂溶液

① 实验用水：二次蒸馏水或通过纯水设备制备的水，使用前需经过空白试验，确认在目标化合物的保留时间区间内无干扰色谱峰出现或者其中的目标化合物浓度低于方法检出限。

② 甲醇（CH_3OH，色谱纯）：使用前，需通过检验，确认无目标化合物或目标化合物浓度低于方法检出限。

③ 氯化钠（NaCl，优级纯）：在马弗炉中400℃下烘干4h，置于干燥器中冷却至室温，转移至磨口玻璃瓶中保存。

④ 磷酸（H_3PO_4，优级纯）。

⑤ 基体改性剂：取500mL实验用水，滴加几滴磷酸调节pH≤2，加入180g氯化钠，溶解并混匀。于4℃下保存，可保存6个月。

⑥ 标准贮备液（1000~5000mg/L）：可直接购买有证标准溶液，也可用标准物质配制。

⑦ 标准使用液（10~100mg/L）：易挥发的目标物如二氯甲烷、反-1,2-二氯乙烯、1,2-二氯乙烷、顺-1,2-二氯乙烯和氯乙烯等标准中间使用液需单独配制，保存期通常为1周，其他目标物的标准使用液保存于密实瓶中保存期为1个月，或参照制造商说明配制。

⑧ 内标标准溶液（250mg/L）：选用氟苯、氯苯-d_5和1,4-二氯苯-d_4作为内标。可直接购买有证标准溶液。

⑨ 替代物标准溶液（250mg/L）：选用甲苯-d_8和4-溴氟苯作为替代物。可直接购买有证标准溶液。

⑩ 4-溴氟苯（C_2H_2BrF，BFB）溶液（25mg/L）：可直接购买有证标准溶液，也可用高浓度标准溶液配制。

⑪ 石英砂（SiO_2，分析纯，20~50目）：使用前需通过检验，确认无目标化合物或目标化合物浓度低于方法检出限。

⑫ 载气：高纯氮气（≥99.999%），经脱氧剂脱氧、分子筛脱水。

⑬ 燃气：高纯氢气（≥99.999%），经分子筛脱水。

⑭ 助燃气：空气，经硅胶脱水、活性炭脱有机物。

4. 操作步骤

（1）样品采集和保存

22mL顶空瓶中加入10.0mL饱和氯化钠溶液，称重（精确至0.01g），带到现场。采集样品的工具应用金属制品，用前应经过净化处理。可在采样现场使用用于挥发性有机物测定的便携式仪器对样品进行浓度高低的初筛。用采样器采集约2g土壤样品于顶空瓶中，立即密封，置于冷藏箱内，带回实验室，所有样品均应至少采集3份代表性样品。

样品运回实验室后应尽快分析，若不能立即分析，应在4℃以下密封保存，保存期限不超过7天。样品存放区域应无挥发性有机物干扰。

（2）试样制备

① 低含量试样：在实验室内取出装有样品的顶空瓶，待恢复至室温后，称重，精确

至 0.01g，在振荡器上以 150 次/min 的频率振荡 10min，待测。

② 高含量试样：如果现场初步筛选挥发性有机物为高含量或低含量样品，测定结果 >1000μg/kg 时应视为高含量试样。取出装有高含量样品的样品瓶，待其恢复至室温，称取 2g（精确至 0.01g）样品置于顶空瓶中，迅速加入 10mL 甲醇，密封，在振荡器上以 150 次/min 的频率振荡 10min。静置沉降后，用一次性巴斯德玻璃吸管移取约 1mL 甲醇提取液至 2mL 棕色密实瓶中，该提取液可冷冻密封避光保存，保存期为 14 天。若甲醇提取液中目标化合物浓度较高，可通过加入甲醇进行适当稀释。然后，向空的顶空瓶中依次加入 2g 石英砂、10mL 饱和氯化钠溶液和 10~100μL 上述甲醇提取液，立即密封，在振荡器上以 150 次/min 的频率振荡 10min，待测。

（3）空白试样制备

① 运输空白试样：采样前在实验室将 10.0mL 饱和氯化钠溶液和 2g 石英砂放入顶空瓶中密封，将其带到采样现场。采样时不开封，之后随样品运回实验室。在振荡器上以 150 次/min 的频率振荡 10min，待测。用于检查样品运输过程中是否受到污染。

② 低含量空白试样：称取 2g 石英砂代替样品，置于顶空瓶内，加入 10mL 饱和氯化钠溶液，立即密封，在振荡器上以 150 次/min 的频率振荡 10min，待测。

③ 高含量空白试样：称取 2g 石英砂代替高含量样品，按照高含量试样准备步骤进行制备。

（4）仪器参考条件

不同型号顶空进样器和气相色谱仪的最佳工作条件不同，应按照仪器使用说明书进行操作。

① 顶空自动进样器参考条件：加热平衡温度 60~85℃；加热平衡时间 50min；取样针温度 100℃；传输线温度 110℃；传输线为经过去活处理，内径 0.32mm 的石英毛细管柱；压力化平衡时间 1min；进样时间 0.2min；拔针时间 0.4min；顶空瓶压力 23psi（$1psi=1lb/in^2=6.894757kPa$）。

② 气相色谱仪参考条件：

升温程序：40℃（保持 2min）$\xrightarrow{8℃/min}$ 90℃（保持 4min）$\xrightarrow{6℃/min}$ 200℃（保持 15min）；进样口温度：250℃；接口温度：230℃；载气：氦气；进样口压力：18psi；进样方式：分流进样；分流比：5:1。

③ 质谱仪参考条件：

扫描范围：35~300u（u 为原子质量单位）；扫描速度：1s/scan；离子化能量：70eV；离子源温度：230℃；四级杆温度：150℃；扫描方式：全扫描（SCAN）或选择离子（SIM）扫描。

（5）校准曲线绘制

向 5 支顶空瓶中依次加入 2.00g 石英砂、10mL 基体改性剂和一定量的标准使用液，配制目标化合物分别为 5μg/L、10μg/L、20μg/L、50μg/L 和 100μg/L；再向每个顶空瓶分别加入一定量的替代物，并各加入 2.0μL 内标使用液，立即密封。校准系列浓度，见表 5-9。

表 5-9 校准系列浓度

校准系列质量浓度(μg/L)	替代物质量浓度(μg/L)	内标物质量浓度(μg/L)
5	5	50
10	10	50
20	20	50
50	50	50
100	100	50

将配置好的标准系列样品在振荡器上以 150 次/min 的频率振荡 10min，由低浓度到高浓度依次进样分析，绘制校准曲线。在顶空/气相色谱—质谱法测定条件下，分析测定 36 种挥发性有机物的标准总离子流图，见图 5-8。

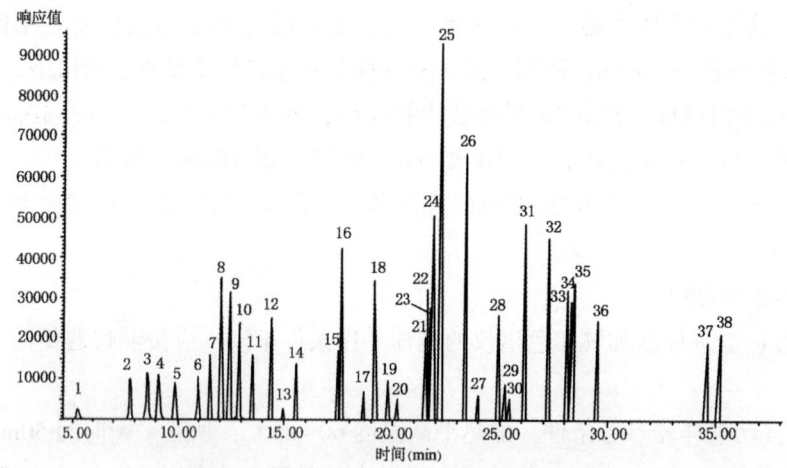

图 5-8　36 种挥发性有机物标准总离子流图

1—氯乙烯；2—1,1-二氯乙烯；3—二氯甲烷；4—反-1,2-二氯乙烯；5—1,2-二氯乙烷；6—顺-1,2-二氯乙烯；7—氯仿；8—1,1,1-三氯乙烷；9—四氯化碳；10—1,2-二氯乙烷+苯；11—氟苯(内标 1)；12—三氯乙烯；13—1,2-二氯丙烷；14—溴二氯甲烷；15—甲苯-d_8(替代物 1)；16—甲苯；17—1,1,2-三氯乙烷；18—四氯乙烯；19—二溴一氯甲烷；20—1,2-二溴乙烷；21—氯苯-d_5(内标 2)；22—氯苯；23—1,1,1,2-四氯乙烷；24—乙苯；25—间-二甲苯+对-二甲苯；26—邻-二甲苯+苯乙烯；27—溴仿；28—4-溴氟苯(替代物 2)；29—1,1,2,2-四氯乙烷；30—1,2,3-三氯丙烷；31—1,3,5-三甲基苯；32—1,2,4-三甲基苯；33—1,3-二氯苯；34—1,4-二氯苯-d_4(内标 3)；35—1,4-二氯苯；36—1,2-二氯苯；37—1,2,4-三氯苯；38—六氯丁二烯

① 用平均相对响应因子建立校准曲线：标准系列第 i 点中目标物(或替代物)的相对响应因子(RRF_i)，计算公式：

$$RRF_i = \frac{A_i}{A_{ISi}} \cdot \frac{\rho_{ISi}}{\rho_i}$$

式中：RRF_i 为标准系列中第 i 点目标物(或替代物)的相对响应因子；A_i 为标准系列中第 i

点目标物(或替代物)定量离子的响应值;A_{ISi} 为标准系列中第 i 点与目标物(或替代物)相对应内标定量离子的响应值;ρ_{ISi} 为标准系列中内标物的质量浓度(为 50μg/L);ρ_i 为标准系列中第 i 点目标物(或替代物)的质量浓度(μg/L)。

目标物(或替代物)的平均相对响应因子 $\overline{RRF}$,计算公式:

$$\overline{RRF} = \frac{\sum_{i=1}^{n} RRF_i}{n}$$

式中:$\overline{RRF}$ 为目标物(或替代物)的平均相对响应因子;RRF_i 为标准系列中第 i 点目标物(或替代物)定量离子的响应值;n 为标准系列点数。

RRF 的标准偏差 SD,计算公式:

$$SD = \sqrt{\frac{\sum_{i=1}^{n}(RRF_i - \overline{RRF})^2}{n-1}}$$

RRF 的相对标准偏差 RSD,计算公式:

$$RSD = \frac{SD}{\overline{RRF}} \times 100\%$$

标准系列目标物(或替代物)相对响应因子(RRF)的相对标准偏差(RSD)应小于等于 20%。

② 用最小二乘法绘制校准曲线:以目标化合物和相对应内标的响应值比为纵坐标,浓度比为横坐标,用最小二乘法建立校准曲线。若建立的线性校准曲线的相关系数<0.990 时,也可以采用非线性拟合曲线进行校准,曲线相关系数需≥0.990。采用非线性校准曲线时,应至少采用 6 个浓度点进行校准。

(6) 测定

将制备好的试样和空白试样置于顶空进样器上,按照仪器参考条件进行测定。

5. 目标化合物定性分析

目标物以相对保留时间(或保留时间)与标准物质质谱图比较进行定性。

① 当使用相对保留时间定性时,样品中目标物 RRF 与校准曲线中该目标物 RRF 的差值应在 0.06 以内。

② 对于全扫描方式,目标化合物在标准质谱图中的丰度高于 30% 的所有离子应在样品质谱图中存在,而且样品质谱图中的相对丰度与标准质谱图中的相对丰度的绝对值偏差应小于 20%。例如,当一个离子在标准质谱图中的相对丰度为 30%,则该离子在样品质谱图种的丰度应在 10% ~50% 之间。对于某些化合物,一些特殊的离子如分子离子峰,如果其相对丰度<30%,也应该作为判别化合物的依据。如果实际样品存在明显的背景干扰,则在比较时应扣除背景影响。

③ 对于 SIM 方式,目标化合物的确认离子应在样品中存在。对于落在保留时间窗口

中的每一个化合物,样品中确认离子相对于定量离子的相对丰度与通过最近校准标准获得的相对丰度的绝对值偏差应小于20%。

6. 目标化合物定量分析

根据目标物和内标第一特征离子的响应值进行计算。当样品中目标物的第一特征离子有干扰时,可以使用第二特征离子定量,目标化合物的测定参考参数见表5-10。

表5-10 目标化合物的测定参考参数

序号	化合物名称	英文名	CAS号	定量内标	定量离子	辅助离子	保留时间(min)
1	氯乙烯	Vinyl chloride	75-01-4	1	62	64	5.20
2	1,1-二氯乙烯	1,1-dichloroethene	75-35-4	1	96	61,63	7.75
3	二氯甲烷	Methylene chloride	75-09-2	1	84	86,49	8.56
4	反-1,2-二氯乙烯	*trans*-1,2-dichloroethene	156-60-5	1	96	61,98	9.08
5	1,1-二氯乙烷	1,1-dichloroethane	75-34-3	1	63	65,83	9.84
6	顺-1,2-二氯乙烯	*cis*-1,2-dichloroethene	156-59-2	1	96	61,98	10.94
7	氯仿	Chloroform	67-66-3	1	83	85	11.54
8	1,1,1-三氯乙烷	1,1,1-trichloroethane	71-55-6	1	97	99,61	12.06
9	四氯化碳	Carbon tetrachloride	56-23-5	1	117	119	12.46
10	1,2-二氯乙烷	1,2-dichloroethane	107-06-2	1	62	98	12.88
11	苯	Benzene	71-43-2	1	78	—	12.91
12	氟苯	Fluorobenzene	—	内标1	96		13.49
13	三氯乙烯	Trichloroethene	79-01-6	2	95	97,130,132	14.36
14	1,2-二氯丙烷	1,2-dichloropropane	78-87-5	2	63	112	14.93
15	一溴二氯甲烷	Bromodichloromethane	75-27-4	2	83	85,127	15.54
16	甲苯-d_8	Toluene-d_8	—	替代物1	98	—	17.46
17	甲苯	Toluene	108-88-3	2	92	91	17.65
18	1,1,2-三氯乙烷	1,1,2-trichloroethane	79-00-5	2	83	97,85	18.66
19	四氯乙烯	Tetrachloroethylene	127-18-4	2	164	129,131,166	19.17
20	二溴氯甲烷	Dibromochloromethane	124-48-1	2	129	127	19.81
21	1,2-二溴乙烷	1,2-dibromoethane	106-93-4	2	107	109,188	20.21
22	氯苯-d_5	Chlorobenzene-d_5	—	内标2	117	—	21.50
23	氯苯	Chlorobenzene	108-90-7	2	112	77,114	21.59
24	1,1,1,2-四氯乙烷	1,1,1,2-tetrachloroethane	630-20-6	3	131	133,119	21.78
25	乙苯	Ethylbenzene	100-41-4	3	91	106	21.86
26	间,对-二甲苯	*m*,*p*-xylene	108-38-3/106-42-3	3	106	91	22.18
27	邻-二甲苯	*o*-xylene	95-47-6	3	106	91	23.37

(续)

序号	化合物名称	英文名	CAS 号	定量内标	定量离子	辅助离子	保留时间(min)
28	苯乙烯	Styrene	100-42-5	3	104	78	23.38
29	溴仿	Bromoform	75-25-2	3	173	175, 254	23.96
30	4-溴氟苯	4-bromofluorobenzene	—	替代物 2	95	174, 176	24.90
31	1,1,2,2-四氯乙烷	1,1,2,2-tetrachloroethane	79-34-5	3	83	131, 85	25.22
32	1,2,3-三氯丙烷	1,2,3-trichloropropane	96-18-4	3	75	77	25.40
33	1,3,5-三甲基苯	1,3,5-trimethylbenzene	108-67-8	3	105	120	26.13
34	1,2,4-三甲基苯	1,2,4-trimethylbenzene	95-63-6	3	105	120	27.25
35	1,3-二氯苯	1,3-dichlorobenzene	541-73-1	3	146	111, 148	28.14
36	1,4-二氯苯-d_4	1,4-dichlorobenzene-d_4	—	内标 3	152	115, 150	28.32
37	1,4-二氯苯	1,4-dichlorobenzene	106-46-7	3	146	111, 148	28.39
38	1,2-二氯苯	1,2-dichlorobenzene	95-50-1	3	146	111, 148	29.51
39	1,2,4-三氯苯	1,2,4-trichlorobenzene	120-82-1	3	180	182, 145	34.57
40	六氯丁二烯	Hexachlorobutadiene	87-68-3	3	225	223, 227	35.14

(1) 试料中目标物(或替代物)质量浓度 ρ_{ex} 计算

① 用平均相对响应因子计算：当目标物(或替代物)采用平均相对响应因子进行校准时，试料中目标物的质量浓度 ρ_{ex} 计算公式：

$$\rho_{ex} = \frac{A_x \cdot \rho_{IS}}{A_{IS} \cdot \overline{RRF}}$$

式中：ρ_{ex} 为试料中目标物(或替代物)的质量浓度(μg/L)；A_x 为目标物(或替代物)定量离子的响应值；ρ_{IS} 为内标物的质量浓度(μg/L)；A_{IS} 为与目标物(或替代物)相对应内标定量离子的响应值；$\overline{RRF}$ 为目标物(或替代物)的平均相对响应因子。

② 用线性或非线性校准曲线计算：当目标物采用线性或非线性校准曲线进行校准时，试料中目标物质量浓度 ρ_{ex} 通过相应的校准曲线计算。

(2) 低含量样品中挥发性有机物的含量，计算公式：

$$W_{挥发性有机物} = \frac{\rho_{ex} \times 10 \times 100}{m \times (100 - w)}$$

式中：$W_{挥发性有机物}$ 为样品中目标化合物的含量(μg/kg)；ρ_{ex} 为根据响应因子或校准曲线计算出目标化合物(或替代物)的质量浓度(μg/L)；10 为基体改性剂体积(mL)；m 为样品量(湿重, g)；w 为样品含水率(%)。

(3) 高含量样品中挥发性有机物的含量，计算公式：

$$W_{挥发性有机物} = \frac{10 \times \rho_{ex} \times V_c \times K \times 100}{m \times (100 - w) \times V_s}$$

式中：$W_{挥发性有机物}$ 为样品中目标化合物的含量(μg/kg)；10 为基体改性剂体积(mL)；ρ_{ex} 为

根据响应因子或校准曲线计算出目标化合物(或替代物)的质量浓度($\mu g/L$);V_e为提取液体积(mL);K为萃取液稀释比;m为样品量(湿重,g);w为样品含水率(%);V_s为用于顶空测定的甲醇提取液体积(mL)。

若样品含水率>10%时,提取液体积V_e应为甲醇与样品中水的体积之和;若样品含水率≤10%,V_e为10mL。

7. 注意事项

① 为了防止通过采样工具污染,采样工具在使用前要用甲醇、纯净水充分洗净。在采集其他样品时,要注意更换采样工具和清洗采样工具,以防止交叉污染。

② 在样品的保存和运输过程中,要避免沾污,样品应放在密闭、避光的冷藏箱中冷藏贮存。

③ 在分析过程中必要的器具、材料、药品等事先分析确认其是否含有对分析测定有干扰目标物测定的物质。器具、材料可采用甲醇清洗,尽可能除去干扰物质。

三、土壤多氯联苯

土壤多氯联苯测定采用气相色谱法,该法适用于湿地土壤中7种指示性多氯联苯和12种共平面多氯联苯的测定。当土壤样品为10.0g时,多氯联苯的方法检出限为0.03~0.07$\mu g/kg$,测定下限为0.12~0.28$\mu g/kg$,见表5-11。

表5-11 多氯联苯检出限和测定下限

序号	化合物名称	简称	CAS号	检出限($\mu g/kg$)	测定下限($\mu g/kg$)
1	2,4,4'-三氯联苯	PCB28	7012-37-5	0.04	0.16
2	2,2',5,5'-四氯联苯	PCB52	35693-99-3	0.05	0.20
3	2,2',4,5,5'-五氯联苯	PCB101	37680-73-2	0.04	0.16
4	3,4,4',5-四氯联苯	PCB81	70362-50-4	0.05	0.20
5	3,3',4,4'-四氯联苯	PCB77	32598-13-3	0.05	0.20
6	2',3,4,4',5-五氯联苯	PCB123	65510-44-3	0.04	0.16
7	2,3',4,4',5-五氯联苯	PCB118	31508-00-6	0.04	0.16
8	2,3,4,4',5-五氯联苯	PCB114	74472-37-0	0.06	0.24
9	2,2',4,4',5,5'-六氯联苯	PCB153	36065-27-1	0.07	0.28
10	2,3,3',4,4'-五氯联苯	PCB105	32598-14-4	0.04	0.16
11	2,2',3,4,4',5'-六氯联苯	PCB138	35065-28-2	0.04	0.16
12	3,3',4,4',5-五氯联苯	PCB126	57465-28-8	0.04	0.16
13	2,3',4,4',5,5'-六氯联苯	PCB167	52663-72-6	0.04	0.16
14	2,3,3',4,4',5-六氯联苯	PCB156	38380-08-4	0.04	0.16
15	2,3,3',4,4',5'-六氯联苯	PCB157	69782-90-7	0.04	0.16
16	2,2',3,4,4',5,5'-七氯联苯	PCB180	35065-29-3	0.04	0.16
17	3,3',4,4',5,5'-六氯联苯	PCB169	32774-16-6	0.04	0.16
18	2,3,3',4,4',5,5'-七氯联苯	PCB189	39635-31-9	0.03	0.12

1. 方法原理

土壤或沉积物中的多氯联苯(PCBs)经提取、净化、浓缩、定容后,用具电子捕获检测器的气相色谱检测。根据保留时间定性,外标法定量。

2. 试剂材料

① 甲苯(C_7H_8,色谱纯)。

② 正己烷(C_6H_{14},色谱纯)。

③ 丙酮(CH_3COCH_3,色谱纯)。

④ 无水硫酸钠(Na_2SO_4,优级纯):在马弗炉中450℃烘干4h后冷却。

⑤ 碳酸钾(K_2CO_3,优级纯)。

⑥ 硝酸溶液(1:9)。

⑦ 硫酸(1.84g/mL,分析纯)。

⑧ 正己烷—丙酮混合溶剂Ⅰ(用正己烷和丙酮按1:1的体积比混合);正己烷—丙酮混合溶剂Ⅱ(用正己烷和丙酮按9:1的体积比混合)。

⑨ 碳酸钾溶液(0.1g/mL)。

⑩ 铜粉(Cu,99.5%):使用前用硝酸溶液去除铜粉表面的氧化物,用蒸馏水洗去残留酸,再用丙酮清洗,并在氮气流下干燥铜粉,使铜粉具光亮的表面,临用前处理。

⑪ 多氯联苯标准贮备液(10~100mg/L):用正己烷稀释纯标准物质制备,该标准溶液在4℃下避光密闭冷藏,可保存半年,也可直接购买有证标准溶液(多氯联苯混合标准溶液或单个组分多氯联苯标准溶液),保存时间参见标准溶液证书的相关说明。

⑫ 多氯联苯标准使用液(1.0mg/L):用正己烷稀释多氯联苯标准贮备液。

⑬ 内标贮备液(1000~5000mg/L):选择2,2',4,4',5,5'-六溴联苯或邻硝基溴苯作为内标;当十氯联苯为非待测化合物时,可选用十氯联苯作为内标;也可直接购买有证标准溶液。

⑭ 内标使用液(10mg/L):用正己烷稀释内标贮备液。

⑮ 替代物贮备液(1000~5000mg/L):选择2,2',4,4',5,5'-六溴联苯或四氯间二甲苯作为替代物,当十氯联苯为非待测化合物时,可选用十氯联苯作为替代物;也可直接购买有证标准溶液。

⑯ 替代物使用液(5.0mg/L):用丙酮稀释替代物贮备液。

⑰ 十氟三苯基膦(DFTPP)溶液(1000mg/L):溶剂为甲醇。

⑱ 十氟三苯基膦使用液(50.0mg/L):移取5000μL十氟三苯基膦溶液至10mL容量瓶中,用正己烷定容至标线,混匀。

3. 仪器设备

① 气相色谱—质谱仪:具毛细管分流/不分流进样口,恒流或恒压功能,柱温箱可程序升温,具EI源。

② 色谱柱1：柱长30m，内径0.32mm，膜厚0.25μm，固定相为5%聚二苯基硅氧烷和95%聚二甲基硅氧烷，或其他等效的色谱柱；色谱柱2：柱长30m，内径0.32mm，膜厚0.25μm，固定相为14%聚苯基氰丙基硅氧烷和86%聚二甲基硅氧烷，或其他等效的色谱柱。

③ 提取装置：微波萃取装置、索氏提取装置、探头式超声提取装置或具有相当功能的设备，所有接口处严禁使用油脂润滑剂。

④ 浓缩装置：氮吹浓缩仪、旋转蒸发仪、K-D浓缩仪或具有相当功能的设备。

⑤ 采样瓶：广口棕色玻璃瓶或聚四氟乙烯衬垫螺口玻璃瓶。

⑥ 佛罗里硅土柱：1000mg，6mL。

⑦ 硅胶柱：1000mg，6mL。

⑧ 石墨碳柱：1000mg，6mL。

⑨ 石英砂：20~50目，在马弗炉中450℃烘干4h后冷却，置于具磨口塞玻璃瓶中，并放在干燥器内保存。

⑩ 硅藻土：100~400目，在马弗炉中450℃烘干4h后冷却，置于具磨口塞玻璃瓶中，并放在干燥器内保存。

4. 操作步骤

（1）样品采集与保存

土壤样品保存在事先清洗洁净的广口棕色玻璃瓶或聚四氟乙烯衬垫螺口瓶中，运输过程中应密封避光，尽快运回实验室分析。如暂不能分析，应在4℃以下冷藏保存，保存时间为14天，样品提取溶液4℃以下避光冷藏保存时间为40天。

（2）试样制备

去除样品中的异物（石子、植物叶片等），称取约10g（精确到0.01g）样品双份，土壤样品一份测定干物质含量，另一份加入适量无水硫酸钠，研磨均化成流砂状脱水；如使用加压流体萃取，则用硅藻土脱水。

（3）提取

采用微波萃取或超声萃取，也可采用索氏提取、加压流体萃取。如需用替代物指示试样全程回收效率，则可在称取好待萃取的试样中加入一定量的替代物使用液，使替代物浓度在标准曲线中间浓度点附近。

① 微波萃取：称取试样10.0g（可根据试样中待测化合物浓度适当增加或减少取样量）于萃取罐中，加入30mL正己烷—丙酮混合溶剂Ⅰ。萃取温度为110℃，微波萃取时间10min，收集提取溶液。

② 索氏提取：用纸质套筒称取制备好的试样约10.0g（可根据试样中待测化合物浓度适当增加或减少取样量），加入100mL正己烷—丙酮混合溶剂Ⅰ，提取16~18h，回流速度3~4次/h，收集提取溶液。

③ 加压流体萃取：称取5.0~15.0g试样（可根据试样中待测化合物浓度适当增加或减

少取样量），根据试样量选择体积合适的萃取池，装入试样，以正己烷—丙酮混合溶剂为提取溶液，按以下参考条件进行萃取：萃取温度100℃，萃取压力1500psi，静态萃取时间5min，淋洗为60%池体积，氮气吹扫时间60s，萃取循环次数2次，收集提取溶液。

（5）过滤和脱水

如萃取液未能完全和固体样品分离，可采取离心后倾出上清液或过滤等方式分离。

如萃取液存在明显水分，需进行脱水。在玻璃漏斗上垫一层玻璃棉或玻璃纤维滤膜，铺加约5g无水硫酸钠，将萃取液经上述漏斗直接过滤到浓缩器皿中，用5~10mL正己烷—丙酮混合溶剂充分洗涤萃取容器，将洗涤液经漏斗过滤到浓缩器皿中。

（6）浓缩和更换溶剂

采用氮吹浓缩法，也可采用旋转蒸发浓缩、K-D浓缩等其他浓缩方法。

氮吹浓缩仪设置温度30℃，小流量氮气将提取液浓缩到所需体积。如需更换溶剂体系，则将提取液浓缩至1.5~2.0mL，用5~10mL溶剂洗涤浓缩器管壁，再用小流量氮气浓缩至所需体积。

（7）净化

如提取液颜色较深，可首先采用浓硫酸净化，去除大部分有机化合物包括部分有机氯农药。样品提取液中存在杀虫剂及多氯碳氢化合物干扰时，可采用氟罗里硅土柱或硅胶柱净化；存在明显色素干扰时，可用石墨碳柱净化；样品含有大量元素硫的干扰时，可采用活化铜粉去除。

① 浓硫酸净化：浓硫酸净化前，需将萃取液的溶剂更换为正己烷，并浓缩至10~50mL。将上述溶液置于150mL分液漏斗中，加入约1/10萃取液体积的硫酸，振摇1min，静置分层，弃去硫酸层。按上述步骤重复数次，至两相层界面清晰并均呈无色透明为止。在上述正己烷萃取液中加入相当于其一半体积的碳酸钾溶液，振摇后，静置分层，弃去水相。可重复上述步骤2~4次，直至水相呈中性，再按上述脱水步骤对正己烷萃取液进行脱水。

② 脱硫净化：将萃取液体积预浓缩至10~50mL。若浓缩时产生硫结晶，可用离心方式使晶体沉降在玻璃容器底部，再用滴管小心转移出全部溶液。在上述萃取浓缩液中加入大约2g活化后的铜粉，振荡混合1~2min，将溶液吸出使其与铜粉分离，转移至干净的玻璃容器内，待进一步净化或浓缩。

③ 佛罗里柱净化：佛罗里柱用约8mL正己烷洗涤，保持柱吸附剂表面浸润。萃取液预浓缩至1.5~2mL，用吸管将其转移到佛罗里柱上停留1min后，让溶液流出小柱并弃去，保持柱吸附剂表面浸润，加入约2mL正己烷—丙酮混合溶剂并停留1min，用10mL小型浓缩管接收洗脱液，继续用正己烷—丙酮溶液洗涤小柱，至接收的洗脱液体积到10mL为止。

④ 硅胶柱净化：样品提取液中存在杀虫剂及多氯碳氢化合物时，可采用硅胶柱净化。用约10mL正己烷洗涤硅胶柱，保持硅胶柱内吸附剂表面浸润。利用浓缩装置将脱水后的样品提取液浓缩至1.5~2mL，溶剂置换为正己烷。用吸管将上述浓缩液转移到硅胶柱上，停留1min后，让溶液流出小柱。加入约2mL丙酮—正己烷混合溶剂Ⅱ（1+9）并停留1min，

用 10mL 小型浓缩管接收洗脱液，继续用丙酮—正己烷混合溶剂 II（1+9）洗涤小柱，至接收的洗脱液体积到 10mL 为止，待浓缩定容。

⑤ 石墨碳柱净化：用约 10mL 正己烷洗涤石墨碳柱，保持柱内吸附剂表面浸润。利用浓缩装置将脱水后的样品提取液浓缩至 1.5～2mL，溶剂置换为正己烷。用吸管将上述浓缩液转移到石墨碳柱上，停留 1min 后，让溶液流出小柱并弃去。采用甲苯为洗脱溶剂，加入约 2mL 甲苯并停留 1min，用小型浓缩管接收洗脱液，继续用甲苯洗涤小柱，至接收的洗脱液体积到 12mL 为止，待浓缩定容。

（8）浓缩定容和加内标

净化后的洗脱液浓缩并定容至 1.0mL。取 20μL 内标使用液，加入浓缩定容后的试样中，混匀后转移至 2mL 样品瓶中，待分析。

（9）空白试样制备

用石英砂代替实际样品，按与试样的（3）～（8）相同步骤制备空白试样。

（10）仪器参考条件

气相色谱条件：进样口温度：250℃，不分流进样；柱流量：1.0mL/min；柱箱温度：初始温度100℃，以15℃/min升温至220℃，保持5min，以15℃/min升温至260℃，保持20min；进样量：1.0μL。

质谱分析条件：四极杆温度：150℃；离子源温度：230℃；传输线温度：280℃；扫描模式：选择离子扫描（SIM）；溶剂延迟时间：5min。

（11）校准

① 仪器性能检查：样品分析前，用 1μL 十氟三苯基膦溶液对气相色谱—质谱系统进行仪器性能检查，所得质量离子的丰度应满足表 5-12。

表 5-12 DFTPP 关键离子及离子丰度评价表

质量离子（m/z）	丰度评价	质量离子（m/z）	丰度评价
51	强度为 198 碎片的 30%～60%	199	强度为 198 碎片的 5%～9%
68	强度<69 碎片的 2%	275	强度为 198 碎片的 10%～30%
70	强度<69 碎片的 2%	365	强度>198 碎片的 1%
127	强度为 198 碎片的 40%～60%	441	存在但不超过 443 碎片的强度
197	强度<198 碎片的 1%	442	强度>198 碎片的 40%
198	基峰，相对强度 100%	443	强度为 442 碎片的 17%～23%

② 标准曲线绘制：分别量取适量的多氯联苯标准使用液，用正己烷稀释，配制标准系列，多氯联苯的质量浓度分别为 5.0μg/L、10.0μg/L、20.0μg/L、50.0μg/L、100μg/L、200μg/L 和500μg/L（此为参考浓度）。

按仪器条件由低浓度到高浓度依次对标准系列溶液进行进样、检测，记录目标物的保留时间、峰高或峰面积。以标准系列溶液中目标物浓度为横坐标，以其对应的峰高或峰面积为纵坐标，建立标准曲线。

在推荐的仪器参考条件下，目标物在色谱柱1（100μg/L）和色谱柱2（100μg/L）的色谱图分别见图 5-9 和图 5-10。

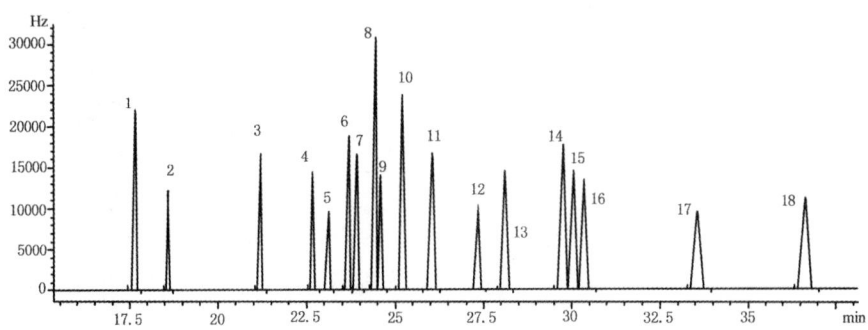

图 5-9　18 种多氯联苯标准样品参考气相色谱图（色谱柱 1）

1—PCB28；2—PCB52；3—PCB101；4—PCB81；5—PCB77；6—PCB123；7—PCB118；8—PCB114；9—PCB153；
10—PCB105；11—PCB138；12—PCB26；13—PCB167；14—PCB156；15—PCB157；
16—PCB180；17—PCB169；18—PCB189

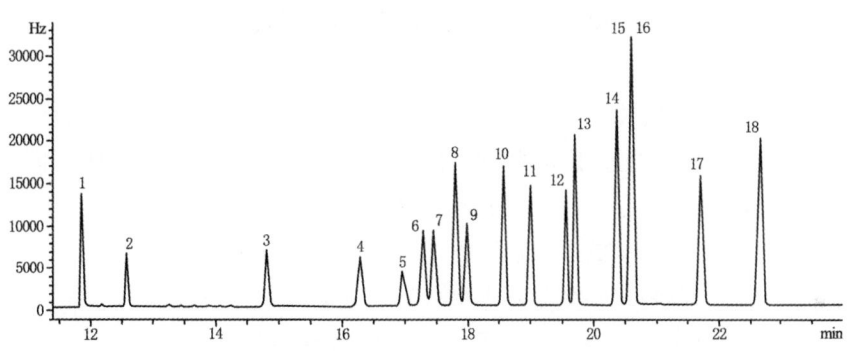

图 5-10　18 种多氯联苯标准样品参考气相色谱图（色谱柱 2）

1—PCB28；2—PCB52；3—PCB101；4—PCB81；5—PCB77；6—PCB123；7—PCB118；8—PCB114；9—PCB153；
10—PCB105；11—PCB138；12—PCB26；13—PCB167；14—PCB156；15—PCB157；
16—PCB180；17—PCB169；18—PCB189

（12）测定

待测试样、空白试样均按照上述绘制标准曲线相同分析步骤进行测定。

5. 计算公式

（1）定性分析

根据目标物的保留时间定性。样品分析前，应建立保留时间窗口 $t±3S$，t 为标准溶液系列溶液中某目标物在 72h 之内保留时间的平均值，S 为标准系列溶液中某目标物保留时间平均值的标准偏差。当分析样品时，目标物保留时间应在保留时间窗口内。

当分析色谱柱上有目标物检出时，需用另一根极性不同的色谱柱辅助定性。目标物在双柱上均检出时，视为检出，否则视为未检出。

（2）定量分析

根据建立的标准曲线，按照目标物的峰面积或峰高，采用外标法定量。

（3）土壤中的目标化合物含量

计算公式：

$$W_{多氯联苯} = \frac{\rho \cdot V}{m \cdot W_{dm}}$$

式中：$W_{多氯联苯}$ 为样品中的目标物含量（μg/kg）；ρ 为由标准曲线计算所得试样中目标物的质量浓度（μg/L）；V 为样品定容体积（mL）；m 为称取样品的质量（g）；W_{dm} 为样品的干物质含量（%）。

（4）结果表示

测定结果<1.00μg/kg 时，结果保留小数点后两位；测定结果≥1.00μg/kg 时，结果保留三位有效数字。

第五节 湿地土壤呼吸

土壤呼吸是土壤向大气排放 CO_2 的过程，是生态系统碳素循环的重要过程之一。土壤呼吸主要包括三个生物学过程（土壤微生物呼吸、根系呼吸、土壤动物呼吸）和一个非生物学过程（含碳矿物质的化学氧化作用）。湿地的碳素循环是全球碳循环的重要组成部分，因此研究湿地土壤呼吸对湿地碳的源汇过程理解具有重要的意义。

土壤呼吸测定方法较多，归结起来主要有静态气室法、动态气室法、微气象法等。其中，静态气室法曾广泛应用，但由于不能在短时间内连续测定，从而限制了它的应用；动态气室法可以进行连续观测，但它常常受到气室内外气压差的影响；微气象法是大气物理学家设计的一种新的土壤碳流量测定方法，也被称为涡流联测系统法。

一、静态气室法

（1）方法原理

从土壤表层扩散出来一定体积的二氧化碳气体，用定量的氢氧化钡标准溶液吸收，剩余的氢氧化钡溶液用盐酸标准溶液滴定，从所消耗的氢氧化钡溶液的量中，可以计算出二氧化碳的含量。

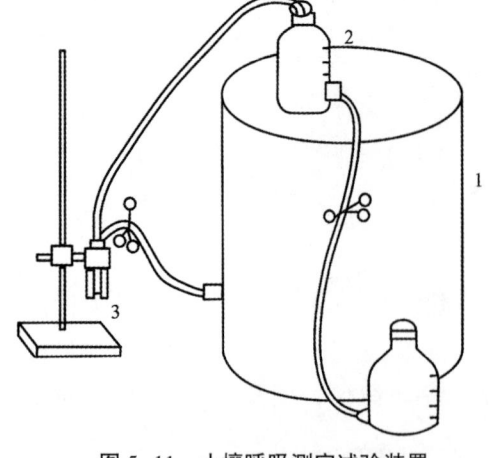

图 5-11　土壤呼吸测定试验装置

1—密闭箱；2—压力瓶；3—二氧化碳吸收器

（2）主要仪器

土壤呼吸强度测定装置，见图 5-11。

（3）试剂溶液

① 氢氧化钡溶液（0.05mol/L）：称取 7.88g

氢氧化钡[$Ba(OH)_2 \cdot 8H_2O$,分析纯]加水溶解并定容至1L,用干燥细孔滤纸过滤。

② 甲基红指示剂(2g/L):0.2g 甲基红溶解于100mL无水乙醇中。

③ 盐酸标准溶液(0.05mol/L):用移液管吸取浓盐酸(HCl,1.19g/L)4.1mL,加水稀释至1L,混匀后用硼砂标准溶液标定其准确浓度。

④ 标定:标定剂($Na_2B_4O_7 \cdot 10H_2O$,分析纯)必须保存于60%~70%的相对湿度中[在干燥器的底部放置氯化钠和蔗糖的饱和溶液(并有二者的固体存在),相对湿度为60%~70%]。用称量瓶称取0.2383g硼砂三份,分别置于三个100mL锥形瓶中,溶于约30mL水中,加1~2滴甲基红指示剂(或溴甲酚绿—甲基红指示剂),用配好的0.05mol/L盐酸溶液滴定至溶液由黄色突变为微红色为终点(溴甲酚绿—甲基红的终点为酒红色)。同时做空白试验。计算盐酸溶液的浓度,取三次标定结果的平均值。

$$c = \frac{m}{0.1907 \times (V - V_0)}$$

式中:c 为盐酸标准溶液的浓度(mol/L);m 为每份滴定所用硼砂的质量(g);0.1907 为 $Na_2B_4O_7$ 的摩尔质量(g/mmol);V 和 V_0 为标定和空白试验所用盐酸标准溶液的体积(mL)。

⑤ 酚酞指示剂(1g/L):0.1g 酚酞溶于100mL无水乙醇中。

(4) 测定步骤

① 选择具有代表性的样点,把密闭箱放置在测定点上,口朝下,埋入土中约5cm,密闭箱口周围的土用脚踏实,以免漏气,然后关闭密闭箱上通气橡皮管的夹子,记录时间,经稳定30min,用压力抽气瓶流水减压抽气,从密闭箱中抽出4L二氧化碳气体,经过吸收瓶被氢氧化钡标准溶液吸收。在等待密闭稳定30min的时间内,先测定近地面层4L空气中的二氧化碳含量(空白),其测定方法如前所述。

② 测定时,先在吸收瓶中加入20mL的0.05mol/L的$Ba(OH)_2$标准溶液,将其连接在密闭箱与压力抽气瓶之间,当打开开关时,使从密闭箱中抽出的二氧化碳气体通入塑料吸收瓶中的氢氧化钡标准溶液中,当压力抽气瓶放出4L水后,立即关闭开关停止抽气,然后将二氧化碳吸收瓶取下,用少量水冲洗插入氢氧化钡标准溶液中导管的尖端,一并收入吸收瓶中,用橡皮塞塞紧吸收瓶并编号。滴定时,将从近地面层空气中和从密闭箱中吸收二氧化碳气体的二氧化碳吸收瓶中各加入2滴酚酞指示剂,溶液即呈玫瑰红色,用0.05mol/L盐酸标准溶液滴定至无色,记录盐酸标准溶液滴定的毫升数(V_a、V_b),在野外测定的同时要记录地表及土层5cm深处的温度(℃)。

(5) 计算公式

$$W = \frac{c \times (V_a - V_b)}{10^3} \times \frac{\frac{44}{2}}{10^3} \times \frac{10^4}{S} \times \frac{V}{4} \times \frac{1}{0.5}$$

$$= \frac{c \times (V_a - V_b) \times 0.022 \times 10^4 \times V}{10^3 \times S \times 4 \times 0.5}$$

$$= c \times (V_a - V_b) \times \frac{V}{S} \times 0.11$$

式中：W 为二氧化碳含量[kg/(hm²·h)]；c 为滴定用盐酸标准溶液的浓度(mol/L)；V_a 为滴定吸收近地面层 4L 空气中二氧化碳气体的氢氧化钡溶液时所消耗盐酸的体积(mL)；V_b 为滴定吸收 4L 密闭箱中二氧化碳气体的氢氧化钡溶液时所消耗盐酸的体积(mL)；S 为密闭箱覆盖土壤的面积(m²)；V 为密闭箱的容积(L)；0.022 为 1/2 二氧化碳分子的摩尔质量(g/mmol)；10^4 为换算为 1hm² 的倍数；0.5 为密闭箱放置稳定所用的时间(h)；4 为通过氢氧化钡吸收剂的土壤空气的体积(L)；44 为二氧化碳分子量。

二氧化碳含量[g/(m²·d)] = 二氧化碳含量[kg/(hm²·h)]/2.4

二氧化碳含量[kg/(m²·a)] = 二氧化碳含量[g/(m²·d)]/0.365

式中：2.4 为由二氧化碳含量[kg/(hm²·h)]换算成二氧化碳含量[g/(m²·d)]的系数；0.365 为由二氧化碳含量[g/(m²·d)]换算成二氧化碳含量[kg/(m²·a)]的系数。

二、动态气室法

(1) 方法原理

动态气室法是通过一个密闭的或气流交换式的采样系统连接红外线气体分析仪(IRGA)对气室中产生的 CO_2 进行连续测定。

(2) 观测步骤

在观测样地内，除去表层的植物，露出表土，扣上集气室。气室为带有进气孔和出气孔的玻璃罩，用红外线 CO_2 测定仪测定进出气口 CO_2 的浓度，每次可以连续观测 24h，间隔 2~3h。

同时，为了防止集气室内 CO_2 积累浓度过高和温度过高而影响土壤表层 CO_2 的正常释放，一般在每次测定时，扣上集气室，测定后将气室打开，以使测定结果更接近实际，一般每次扣罩的时间为 5min。

(3) 计算公式

$$W = \frac{(C_2 - C_1) \times 10^{-6} \times F \times K \times P \times 0.06}{A}$$

$$K = \frac{44000}{22.4} \times \frac{273}{273 + t}$$

$$P = \frac{P_1}{P_0}$$

式中：W 为 CO_2 的释放量(g/m²·d)；C_2 为出气口 CO_2 的体积分数($\times 10^6$)；C_1 为进气口 CO_2 的体积分数($\times 10^6$)；F 为气体流量(L/min)；K 为温度矫正后气体的重量(g/L)；A 为集气室所占面积(m²)；t 为集气室内 5cm 深的土壤温度；P 为大气压订正值；P_1 为实测大气压数值；P_0 为标准大气压数值。

在具体观测中，实际观测的大气压与标准大气压差异不大，常常用 P_1 来计算。

三、土壤呼吸测量仪

1. Soilbox-343 便携式土壤呼吸测量系统

Soilbox-343 便携式土壤呼吸测量系统由主机和手持式双通道数据采集显示器组成,有单通道、双通道、开放式和封闭式等几种配置供选择,用于野外土壤呼吸、CO_2 通量测量,见图 5-12。

(1) 系统功能特点

① 呼吸室内置扩散式 CO_2 传感器和温湿度、太阳辐射(或 PAR)传感器、野外测量轻便快捷。

② 高精度、高稳定性、低耗能 CO_2 传感器、扩散式测量分析、无需采样泵。

图 5-12 Soilbox-343 便携式土壤呼吸测量系统

③ 手持式 TRIME-PICO 土壤湿度、土壤温度和电导率测量仪,可选配 GPS 定位土壤温湿度和电导率测量仪。

④ 封闭式非透明呼吸室为银色铝合金材质,辐射热吸收低、散热快。

⑤ 基本配置为单通道非透明封闭式测量(C-B 配置),内置 CO_2 和温湿度传感器。

⑥ 双通道封闭式测量可同时测量两个呼吸室的土壤呼吸,具体有 B/B 和 B/W 两种配置。

B/B 配置:由两个非透明 Soilbox 呼吸室(包括内置 CO_2 传感器、温湿度传感器)和一个手持式双通道数据采集显示器组成,便于野外快速抽样测量。

B/W 配置:由一个透明呼吸室(内置 CO_2 传感器、温湿度和 PAR 传感器)和一个非透明呼吸室(内置 CO_2 传感器、温湿度和太阳辐射或 PAR 传感器)及一个手持式双通道数据采集显示器组成,用于测量土壤呼吸、植物光合作用及其相互关系。

⑦ 开放式观测系统,可用于长时间(如几个小时或 1 天)碳通量观测,有透明和非透明两种配置。

O-B 开放式非透明观测配置:包括呼吸室(内置 CO_2 传感器、温湿度和太阳辐射传感器)、泵吸式 CO_2 测量单元(内置泵吸式 CO_2 分析仪、精密采样泵及流量控制阀和气体流量计)及双通道数据采集显示器组成。

O-W 开放式透明观测配置:包括透明呼吸室(内置 CO_2 传感器、温湿度和 PAR 传感器)、泵吸式 CO_2 测量单元及双通道数据采集显示器组成。

(2) 技术性能指标

① CO_2 传感器:单光束双波长红外技术,测量范围 0~1000ppm(可选配其他测量范围),精确度高于 1.5%,自动温度补偿,自定义压力及相对湿度补偿,分辨率 3ppm,最

大耗能 1W。

② 空气温湿度及太阳辐射(或 PAR)传感器，温度测量范围-30~60℃，精确度 0.2℃；湿度测量范围 0%~100%，精确度 2%；太阳辐射精确度 5%；内置微型时钟。

③ 土壤温度、湿度、电导率测量：土壤水分测量范围 0%~70%，精确度 2%；土壤温度测量范围-20~50℃，精确度 0.5℃；土壤电导率精确度 10%。

④ 泵吸式 CO_2 测量单元：隔膜泵、滚轴马达，最大流速 2~4L/min；热桥式气流计 0~2000mL/min，分辨率 1mL/min，精确度 2%。

⑤ 双通道数据采集显示器：LCD 背光显示屏，可存储 2700 数据点，采样频率 1~12h 可调，充电后可连续使用 8h 以上。

2. SoilBox-FMS 便携式土壤呼吸测量系统

SoilBox-FMS 由气体抽样模块、气体分析模块(包括水汽分析仪、CO_2 分析仪和 O_2 分析仪)、数据采集器及 Baseline 模块(双通道气路转换器)等集成于便携式箱内，用于测量分析土壤呼吸、土壤根系呼吸、湿地气体通量测量、垃圾填埋场气体通量测量、地质碳排放、土壤异氧微生物呼吸、土壤动物呼吸、动物洞穴呼吸及生态系统净光合与净呼吸等，见图 5-13。

图 5-13 SoilBox-FMS 便携式土壤呼吸测量系统

(1) 技术特点

① 气体抽样模块具 Baseline 装置，可手动或自动定时切换测量大气 CO_2 含量(Baseline)和呼吸室内 CO_2 含量，从而更加精确地测量监测 CO_2 等气体通量；气体抽样模块包括隔膜泵、流量控制阀及气流计，精确调控气流速度，从而通过封闭式或开放式精确测量气体通量。

② 气体分析模块包括水汽分析模块、CO_2 和 O_2 分析模块，内置温度和大气压传感器，温度压力自动补偿，高稳定性、高精确度，可实现高达 0.1ppm 的分辨率；可备选外置的甲烷分析仪。

③ 快速响应，CO_2 分析响应时间低于 1s，从而可以即时反映呼吸的瞬间变化。

④ 双 LCD 显示屏(带背光)，通过 Mode、Adjust、Enter 控制键，可在线设置控制和显示空气湿度 RH、露点温度、CO_2 含量、O_2 含量、流速等。

⑤ 14 通道数据采集器，可接 6 个温度传感器、8 个土壤水分传感器，具备数据在线存储功能。

⑥ 可通过选配 8 通道气路转换器，从而实现多通道测量实验研究(连接多个呼吸室)，可在野外小范围内(如 10m²)实现多点测量或土壤剖面不同深度抽样测量。

⑦ SoilBox-FMS 实际上为双通道测量(有一个 Basline 通道)，通过选配透明呼吸室和

非透明呼吸室，可测量监测生态系统净光合、净呼吸等。

⑧ 可测量呼吸熵(respiratory quotient，RQ)和Q10(土壤呼吸温度敏感性系数)：土壤微生物呼吸熵是反映环境因素、管理措施变化和重金属污染对微生物活性影响的一个敏感指标；Q10，即温度每变化10℃，呼吸速率的相对变化，是模拟全球变暖与生态系统碳释放之间反馈强度的重要参数。

⑨ 土壤动物呼吸测量：土壤动物参与土壤有机质分解、植物营养矿化及养分循环等作用，随着工农业的发展，土壤污染越来越严重，从而土壤动物也随之受到影响，土壤动物的呼吸强度可以作为环境胁迫、土壤污染(比如农药污染)的一个重要生物指标，故深入开展这方面的研究工作对于农业环境保护和土壤污染监测具有重要的参考价值。

(2) 测量原理

封闭式或开放式测量，土壤呼吸室中的气体通过气体抽样模块以预设的气流速度(可调控)依次进入水汽分析仪(薄膜电容性传感器技术)、CO_2分析仪(双波长非色散红外技术)和O_2分析仪(燃料电池技术)，然后进入呼吸室(封闭式测量)或直接排出(开放式测量)。测量数据通过计算机和分析软件(或Excel)进行分析处理。

(3) 技术指标

① 氧气测量分析：燃料电池O_2分析仪，不受水汽、CO_2及其他气体的影响，测量范围1%~100%，分辨率0.001%，具有低噪音、高稳定性，精确度0.1%，恒温下漂移<0.02%/h。

② 二氧化碳测量分析：双波段非色散红外技术，测量范围0%~5%，分辨率0.0001%(最高可达0.1ppm)，精确度1%，恒温恒氧下漂移<0.001%/h，响应时间<1s。

③ 水汽测量分析：薄膜电容性传感器(thin-film capacitive sensor)，测量单位为相对湿度或露点温度或水汽分压，测量范围0%~100%RH，分辨率0.001% RH、0.01摄氏露点温度，精确度1%，恒温下漂移低于0.01%/h。

④ CH_4分析器(外置备选)：双波段非色散红外技术，量程0%~10%，精度优于1%，分辨率1ppm(0.0001%)，恒温下漂移低于0.002%，具LCD显示屏和操作键。

⑤ 气流泵：阳极电镀铝，滚珠电动机(噪音低、稳定)，气流10~2000mL/min。

⑥ 气流控制：微电子热反馈系统，气流控制通过精密反馈环系统实际连接气流泵和流量计(微电脑控制)，同时提供高精度针阀。

⑦ 气流精度2%，分辨率0.1mL/min。

⑧ 数据采集系统：14个模拟通道，数据采集记录间隔0.1~1h，共可记录储存8000个数据点，用电脑可于数秒内完成数据下载。

⑨ 热敏电阻探头用于测量土壤温度值(备选)和空气温度：测量范围-5~60℃，分辨率0.001℃，绝对精确度0.2℃，BNC连接，探头直径2.5mm。

⑩ 供电：12~15VDC，可选便携式充电电池、交流电，40Ah蓄电池野外可连续工作5h以上；可选配军工级防水防尘抗振荡野外笔记本电脑(带定位系统)，用于野外系统设置、数据浏览下载和分析等，软件可在线显示和分析数据。

3. ACE 自动土壤呼吸测量仪

ACE 土壤呼吸监测技术由英国 ADC 公司根据呼吸室法研制，ACE 土壤呼吸监测仪（简称 ACE）由可自动开/闭呼吸室、内置 CO_2 分析仪的旋转臂及控制单元组成一个完整紧凑的野外监测仪器，有封闭式测量仪和开放式测量仪两种，包括封闭透明式、封闭非透明式、开放透明式、开放非透明式等所有呼吸室测量方法技术，可定点全自动连续监测土壤呼吸及土壤温度、土壤水分和光合有效辐射（PAR），整机防水防尘，数据自动存储到存储卡中，12V40Ah 蓄电池可在野外连续监测近 1 个月时间。ACE 是可长期放置在野外进行土壤呼吸监测的高度集成仪器，见图 5-14、图 5-15。

 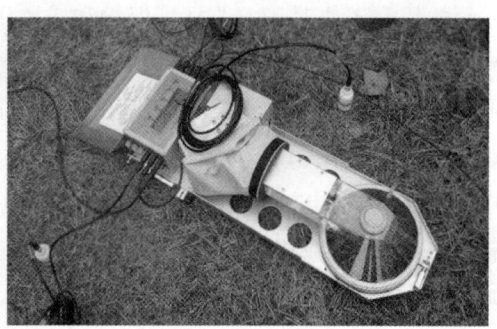

图 5-14 ACE 自动土壤呼吸测量仪

（1）工作原理

ACE 采用两种测量模式：封闭式和开放式，两种模式采用不同的工作原理。

① 封闭式测量原理：开始测定前呼吸罩自动关闭，形成密闭的呼吸室。紧邻呼吸室的机械臂内，具有一个高精度的 CO_2 红外气体分析器（IRGA）。每隔 10s 对呼吸室的气体进行分析，在测量结束后通过分析数据自动计算土壤表面通量（土壤呼吸值）。

② 开放式测量原理：开始测量前呼吸罩自动关闭，测量过程中，呼吸室与环境气体相连，顶部设有压力释放装置，保持内外气压稳定。在一定流速下达到稳态后测量泵入和泵出气体的 CO_2 浓度差，自动计算出通量值。

图 5-15 ACE 自动土壤呼吸测量仪的呼吸室（左为封闭式，右为开放式）

封闭式测量在测定时呼吸器完全闭合。测定简单,速度快(5~10min),应用最为普遍,但精度度较低;开放式测量时呼吸室与外界大气联通,精确度更高,但时间更长,受环境变化影响明显。

(2) 功能特点

① 高度集成、全自动化、一体式土壤呼吸监测系统,自动开/闭呼吸室,CO_2分析仪、数据采集器及操作系统集成在一起,便于携带移动,无需额外配置计算机等外部设备,无需管路连接等复杂耗时的安装过程。

② 内置微机五键式操作系统,大型240×64点阵LCD屏用于设置操作、数据浏览及诊断。

③ 有封闭式和开放式供选配,在干旱区等土壤呼吸微弱的情况下,建议选配封闭式测量。

④ 呼吸室面积达415cm^2,有透明呼吸室和非透明呼吸室供选择,前者适合用于测量低矮草本或禾苗群落碳通量,或用于测量有大量光合海藻类(如蓝藻)、苔藓地衣类植物的土壤碳通量(既有光合作用又有呼吸作用),见图5-16。

图5-16 ACE自动土壤呼吸测量仪的呼吸室(左为非透明,右为透明)

⑤ 高精度、高灵敏度CO_2分析仪,分辨率为1ppm。

⑥ 可连接6个土壤温度传感器,4个土壤水分传感器,以监测不同剖面土壤水分与温度。

⑦ 供电方式可从太阳能、蓄电池、220V交流电中三选一。

⑧ 可配置多个ACE进行多点监测,可选配多个透明呼吸室和多个非透明呼吸室用于监测分析土壤及地上光合生物(如生物结皮、苔藓、低矮植被等)总光合、净光合、总呼吸、净呼吸及其相互关系和昼夜动态变化格局等。

(3) 技术指标

① 红外气体分析仪:内置于土壤呼吸室,气路很短,响应时间快。

② CO_2测量范围:标准范围0~896ppm(可定制大量程和范围),分辨率1ppm。

③ 光合有效辐射[photosynthetically active radiation,PAR,用光量子通量密度μmol/

($m^2 \cdot s$)来度量]: $0\sim3000\mu mol/(m^2 s)$ 硅光电池。

④ 土壤温度热电阻探头: 测量范围$-20\sim50℃$, 可接 6 个土壤温度探头。

⑤ 土壤水分探头 SM300: 测定范围 $0\sim100\%$vol, 精度 3%(针对土壤进行标定后), 测量土体范围 55mm×70mm, 可接 4 个土壤水分探头。

⑥ 土壤水分探头 Theta: 测量范围 $0\sim100\%$vol, 精度 1%(特殊标定后); 探头尺寸为探针 60mm 长, 探头总长 207mm, 可接 4 个土壤水分探头。

⑦ 呼吸室流量控制: $200\sim5000$mL/min($137\sim3425\mu mol/s$), 精度为流速的±3%。

⑧ 仪器配置: 独立主机, 不需要 PC/PDA; 数据纪录 2G 移动存储卡(SD), 可存储 800 万组以上数据; 电源供应为外部电池、太阳能板或风力供应, 12V、40Ah 蓄电池最长可持续供电 28 天, 仅网络式有内部电池 1.0Ah; 数据下载可读取 SD 卡或使用 USB 连接; 电子部分连接为坚固、防水的 3pin 插口(头); 程序界面友好, 通过 5 键控制; 气体连接 3mm 气路接头。

参 考 文 献

[1] 鲍士旦, 2000. 土壤农化分析(第三版)[M]. 北京: 中国农业出版社.

[2] 龚子同, 1984. 中国的湿地土壤[J]. 土壤, 16(6): 3-10.

[3] 国家林业局, 1999. 森林土壤分析方法(LY/T 1210 1275—1999)[S]. 北京: 中国标准出版社.

[4] 国家林业局, 1999. 森林土壤颗粒组成(机械组成)的测定(LY/T 1225—1999)[S]. 北京: 中国标准出版社.

[5] 国家林业局, 2014. 森林土壤调查技术规程(LY/T 2250—2014)[S]. 北京: 中国标准出版社.

[6] 国家林业局野生动植物保护司, 2001. 湿地管理与研究方法[M]. 北京: 中国林业出版社.

[7] 环境保护部, 2013. 土壤和沉积物挥发性有机物的测定 顶空/气相色谱-质谱法(HJ 642—2013)[S]. 北京: 中国环境出版社.

[8] 环境保护部, 2018. 土壤和沉积物 多氯联苯的测定 气相色谱法(HJ 922—2017)[S]. 北京: 中国环境出版社集团.

[9] 环境保护部环境监测司, 中国环境监测总站, 河北省环境监测中心站, 2015. 环境监测管理[M]. 北京: 中国环境出版社.

[10] 李荣冠, 王建军, 林和山, 2015. 中国典型滨海湿地[M]. 北京: 科学出版社.

[11] 刘光崧, 1996. 土壤理化分析与剖面描述[M]. 北京: 中国标准出版社.

[12] 刘兴土, 等, 2005. 东北湿地[M]. 北京: 科学出版社.

[13] 鲁如坤, 2000. 土壤农业化学分析方法[M]. 北京: 中国农业科技出版社.

[14] 骆世明, 2001. 农业生态学[M]. 北京: 中国农业出版社.

[15] 吕宪国, 等, 2005. 湿地生态系统观测方法[M]. 北京: 中国环境科学出版社.

[16] 生态环境部,《土壤环境监测分析方法》编委会, 2019. 土壤环境监测分析方法[M]. 北京: 中国环境出版集团.

[17] 杨持, 2017. 生态学实验与实习(第 3 版)[M]. 北京: 高等教育出版社.

[18] 章家恩, 2007. 生态学常用实验研究方法与技术[M]. 北京: 化学工业出版社.

［19］中国环境监测总站，2018. 土壤环境监测前沿分析测试方法研究［M］. 北京：中国环境出版集团.

［20］中国科学院南京土壤研究所，1978. 土壤理化分析［M］. 上海：上海科技出版社.

［21］中国土壤学会农业化学专业委员会，1983. 土壤农业化学常规分析方法［M］. 北京：科学出版社.

［22］中华人民共和国国家质量监督检验检疫总局，2004. 水、土中有机磷农药测定的气相色谱法（GB/T 14552—2003）［S］. 北京：中国标准出版社.

［23］中华人民共和国农业部，2006. 土壤检测 第3部分：土壤机械组成的测定（NY/T 1121.3—2006）［S］. 北京：中国农业出版社.

［24］周东兴，李淑敏，张迪，2009. 生态学研究方法及应用［M］. 哈尔滨：黑龙江人民出版社.

［25］Paul. A. Keddy，2018. 湿地生态学——原理与保护（第二版）［M］. 兰志春，黎磊，沈瑞昌，译. 北京：高等教育出版社.

［26］Webster R，Oliver M A，1990. Statistical Methods in Soil and Land Resources Survey［M］. Oxford：Oxford University Press.

第六章 湿地沉积物

沉积物是处于水圈、岩石圈和生物圈交互作用最活跃圈层，是生态系统最重要的组成部分之一。湿地沉积物主要是由湿地周围供给的陆源物质及其与在湖泊、沼泽、河流、滨海湿地等水体中合成的物质共同组成，其所在区域及流域的气候、水文、生物等环境变化过程直接决定了湿地沉积物各种指标的性质，包括物理指标、化学指标和生物指标等。沉积物作为湿地底部的固相介质，具有容纳流域内一切流向湿地方向物质的功能，这些物质可以是单质、离子、化合物，也可以是颗粒物、气体甚至生物体。因此，通过沉积物在自然界存在的广延程度和其内含物组成及含量等，可了解湿地沉积物的基本信息。根据沉积物的外观颗粒性质、化学物质含量和水底着生生物等，还能了解湿地所受的水动力、氧化还原环境、沉积物污染程度和生物生态等状况。

沉积物处于地球圈层中自然和人类活动交互作用的敏感层位，这就使得沉积物的调查研究与湖沼学、环境地学、水环境化学、水体生物学、水文水力学、化学物理学、生态学及水利学等学科形成不可分割的关系。同时，各学科互相影响、渗透和交叉，需综合湿地中与沉积物有关的各类作用因子，按不同层次、不同集合有序地进行调查和研究，以获得沉积物的宏观和微观存在、沉积物中的物质组成和性质等方面的信息，达到查明沉积物的状况、特征，揭示沉积物内部物质含量等强度性质和变化规律。湿地在地球陆地表面分布较广，由于其沉积具有连续性好、沉积速率大、分辨率较高的特点，成为流域内环境变化乃至全球环境记录载体。对沉积物岩芯进行化学分析，不仅可以为湖泊的演化及其环境变化提供若干基础而关键的资料，同时湿地沉积记录的信息包括自然变化和人类活动，以及这二者之间的相互作用，评估和预测湿地环境可为湿地保护和管理提供一定的技术支撑。

第一节 采样与处理

由于湖泊沉积物主要是由湖泊周围供给的陆源物质及其与在湖水中合成的物质共同组成，因此，一个特定湖泊中沉积物的化学组分与汇水区和湖泊内的物质成分密切相关。当使用正确的取样方法并与沉积物的化学分析恰当地配合起来，即可获得有关湖泊及其周围地区环境变化的大量有用信息。

湿地沉积物研究要根据具体科学问题来设计研究目标、研究区域和研究时段，确定合适的研究点，包括选择具体采样位置。湿地的选择主要考虑其在研究区域内是否具有代表性、沉积物的特征、沉积物中是否具有丰富的生物化石信息量等。具体的采样点位置则需要根据详细的野外调查分析来确定，如通过湿地的水深测量，可以了解湿地底部地形；通过常规水化学和物理指标的测试，可以了解湿地生物生长发育的水环境状况；通过系列断面钻孔沉积物理化指标的初步分析和比较，可以获得整个湿地沉积物的分布和沉积速率分布的特点；利用浅层剖面仪进行断面沉积层序调查等工作，可以对湿地沉积物的连续性、代表性和是否存在沉积物扰动进行初步分析。针对不同研究时段，借助各种采样设备，可以提取相应的沉积物样芯。

一、沉积物采样器

（一）表层采样器

1. 类型

表层底泥采样器有多种类型，但因多有"开启—入泥—闭合—上提"如同"抓取"的动作，统称为抓斗式采泥器，此类采样器都只能用于采集软性、颗粒相对细的沉积物，而且需要软性沉积物有足够的厚度（一般>15cm），实际采集到的是采样器下口入泥深度处至最上层间的沉积物。由于所采沉积物的实际深度和完整性难以控制，而且所采沉积物层理普遍受到扰动或上下层被混合，因此此类采样器多用于沉积物的勘察、预调查、污染定性或半定量分析，以及需要大批量泥源的实验等。另外，此类采样器具有较大和规整的开口尺寸（矩形），0~10cm 以内深度的沉积物大部分可被采集，因此也常作为底栖生物样品的定量采集工具。

抓斗式采泥器大多由颚瓣形抓斗来获取沉积物样品，当张开的颚瓣接触沉积物表层时，其边沿就会因重力和俯冲力而嵌入沉积物中同时触发卡杆或挂钩等机关，从而释放链绳等允许颚瓣自由活动。上提中经过旋转和闭合，将表层沉积物收集到抓斗或箱体中，提出水面完成一次取样。为减少冲击震动扰动沉积物，有些采样器在抓斗外壁或是取样箱后开个口。常见抓斗式采泥器见图6-1。

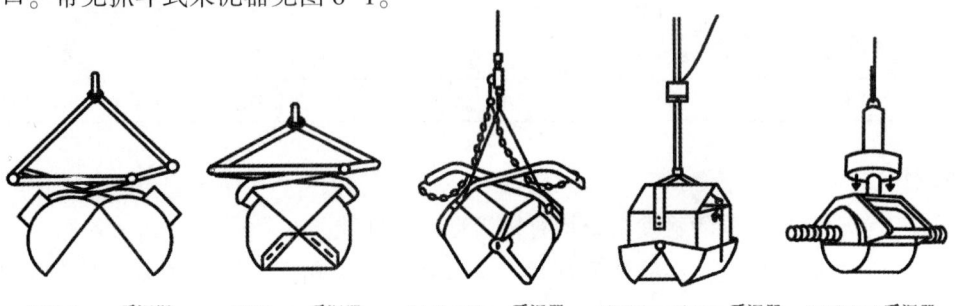

图6-1 常见表层沉积物采样器图示

在风力小、相对静止的港湾或者湖泊水体，所有抓斗式取样器都可以获得较好的采样效果，但在风浪大、水流较快的环境或区域采集沉积物时，Shipek型和Ponar型就不太适用。Birge-Ekman采泥器虽具有体积小、易携带的优点，但在恶劣天气或在强烈晃动的船上采样时，其稳定性差、抗干扰能力弱的缺点就会表现出来。抓斗或箱体边沿接触沉积物处于不稳定甚至扰动状态，以及发生偏向一边而使嵌入泥层不完全，可能导致有细密纹理的表层2~3cm沉积物被流水冲刷而丢失。抓斗式采样器与柱状采样器在采样质量上的差异在于对表层2~3cm沉积物能否获取或完整获取，如果对表层沉积物样品采集的质量有一定要求，将考虑采用其他合适采样器具（如更重的Van Veen型或Ponar型采泥器）。

在采集湖底沉积物时，应先了解清楚湖底沉积物的种类。当有多个可选择的表层沉积物取样器时，沉积物的采样量也是要考虑的。一般认为Petersen采泥器收集的泥样量相对较大，因此比较适合于那些需要大量泥样的实验性研究。

规格尺寸和重物负荷的不同，实际上也会影响采样者获得不同的最大采样量和采样质量（如泥样受扰动情况），其中最能反映这种差别的是可采集的泥深、采泥器口径和最大采泥体积，见表6-1。

表6-1 常见表层沉积物采泥器比较

采泥器种类	采泥器重量（kg）	适用水深（m）	取泥厚度（cm）	取样口尺寸（cm）	泥样受扰动情况	采集要求	备注
Petersen	6(蚌式)	<50	10	25×25	基本受扰动	人力	风浪时不适宜
	约35	<200	25	30×30	中心区未扰动	绞车	—
Ponar	10	<20	10	15×15	基本受扰动	人力	—
	约26	<100	15	23×23	中心区未扰动	绞车	—
Van Veen	18	<50	10	30×15	基本受扰动	人力	适合砂质、硬底和水流急
	30	<200	20	70×35	基本受扰动	绞车	
	65	<1000	30	100×50	基本受扰动	绞车	
Birge-Ekman	5.6	<10	10	15×15	中心区未扰动	人力	水流急不适用，缆绳保护
	18	<50	18	20×20	中心区未扰动	人力	
Shipek	5	<10	10	15×10	中心区未扰动	人力	可采稀泥
	50	<500	18	20×20	大部分未扰动	绞车	
Smith-McIntyre	90	<2000	30	31×31	大部分未扰动	绞车船吊	可加负荷
Day	86	<2000	30	33×33	大部分未扰动	绞车船吊	可加负荷

2. 性能比较

总体而言，各采样器的触发系统均有较为良好的性能。在设计部分Peterson采泥器有明显不足，其他各有优点；在防泄漏保护方面，效果各不相同，大多防泄漏是有条件的；在稳定性方面，下沉中和在泥面上时开口状的稳定性高；水流大时会影响稳定性，采样器质量大或有框架结构的，稳定性相对好些。不同抓斗式沉积物采样器性能，见表6-2。

表6-2 不同抓斗式沉积物采样器性能比较

类型	触发系统	设计部分	防泄漏保护	稳定性
Birge-Ekman	良好。具有一致性；会受到软性底质的影响	很好。颚部以弧形切泥，无泄漏	除了有粗砂和有贝壳时都很好	开口落放很稳，但重量轻不好操作，沉积物会不完整或渗漏
Ponar	良好。但对砾石类底部过分敏感	很好。颚部以弧形切泥，无泄漏	除了重叠领，侧面安了金属板更加减少泄漏	开口时很稳，在低水流下能保持垂直放至底部
Shipek	良好。软性底质采样问题得到改善	好。在软性和砂性泥中切泥动作利索	非常好。分离面能水平对齐，可彻底避免泄漏	可在大水流下保持采样器稳定地垂直下放底部
Peterson	良好。对坚硬砾石底部十分敏感	差。颚为半柱面形，大采样量时样品会发生位移	除了有粗砂和有贝壳时都很好	低水流可保持垂直下降，但采样后易发生歪倒
Van Veen	良好。在释放结构改进后可用于复杂水域	重颚部设计，恶劣环境下仍可大面积理想采集	有7%~20%的泥量变化，筛篮上加橡皮瓣可改善	因重力和开窗即使大流速下也可垂直稳定沉底
Smith-McIntyre	良好。安全拉销提供防止过早和意外关闭	安装的外侧板和底板避免了人对颚开闭的影响	橡胶盖扣紧铜网上，可避免泄漏	正方重框可自由着底，可在沉积物上稳定采样

（二）柱状采样器

1. 类型

由于具有时间依赖及受来源和环境的影响，沉积物中的信息普遍具有垂向分布规律，这对于以勘察、分析和研究沉积物垂向分布性质的工作而言，表层沉积物样品已不能满足要求，必须应用柱状沉积物采集方法来获取沉积物芯状样品。因此，对垂向沉积物样品的采集是湖泊地理学、地质学、环境科学和湿地生态学等研究经常涉及的工作，而柱状采样器是进行此类学科调查及研究的基本工具。

柱状采样器可按多种方法分类：一是以取样时对人力和机械的依赖程度，可将采样器分为便携、绞吊式和钻探式；二是以采样器械进入沉积物的入泥方式，可分为静压式、冲击式、旋转式和振动式；三是依据样品采集中采样箱底是否封闭，可分为封底式和非封底式；四是依据采样管数的多少，分为单管式和多管式。随着对采样器的不断改进和性能的完善，柱状采样器之间都有相互借鉴优势的趋向，如重力式与活塞式原理可体现在同一款采样器中，以获取两种采样器都具有的优势。

2. 使用比较

沉积物柱状样采集也称沉积物芯样采集，其方法主要依据所选柱状采样器类型来确定，而采样器类型又是根据所采样品的要求及采样器的优缺点来确定，如适用最大水深、可采沉积物柱长度（或厚度）、采样器的便携性、沉积物的适用性、所采样品的受扰情况、采样时的人力、物力要求及环境条件的适应性等。沉积物柱状采样工具和采样方法，见表6-3。

表6-3 柱状沉积物采样器类型及优缺点

采样器类型		适用最大水深(m)	可采沉积物柱长度(m)	优点	缺点
手动型	手持式	5	0.3	便携、轻便、操作方便、重复性好	易脱管，易掉泥，采样成功率低，费人力
	T型推杆式	5	0.3	便携、轻便、操作方便、重复性好，可在浅水使用	入泥易偏斜，需用锁绳保护，费人力
	定深式	10	0.3	便携，可采指定深度样品，尤其适用于沼泽和泥炭水体	完整性受损（分段），不适宜采表层样，费人力
	Haps式	4	0.3	较便携，泥样不易脱管	采样略复杂，不适宜大批量采集
重力型	Kajak式	50	0.3	采样效率高，适合大批量，也可改成手动杆操作和带衬管的取样管	不适用于硬性或砂性沉积物采集，泥样易脱管
	卡式	50	0.3	便携（无铅块时），采样效率高，适合大批量，可改成手动杆操作	不适用于硬性或砂性沉积物采集，泥样易脱管
	硬底式	可>200	25	适宜硬底沉积物采集，不易掉样，可根据水深和柱样要求增加铅块	不易获得原状样，需较多人力，需绞车或吊车
	砂质式	可>200	12	适宜砂质硬底沉积物采集，也可当作活塞取样管使用，可加配重铅块	不易获得原状样，需较多人力，需绞车或吊车
	Rigo式	200	0.4	采样效率较高，不脱管，样品完整性和原状性好，压缩率小(4%~5%)	不适用于硬底采集，需3人或绞车操作
	多管式	200	0.3	可同时采集平行样，采样效率高，适合大批量	不适用硬底，要求底部平坦，需绞车
活塞型	便携式	5	0.6	较便携，适用于软性或沼泽泥炭采集，重复性好	采样准备和要求复杂，不适合大批量采集
	UWITEC式	140	20	换用捕芯器可采集软质和硬质沉积物，采样成功率较高	配用带绞车平台系统，需3人以上操作

(续)

采样器类型		适用最大水深(m)	可采沉积物柱长度(m)	优点	缺点
箱型	Reinecke 改进式	可>200	0.5	样品受扰动较小，采样面积大且规整，可满足特殊生物学调查，二次采样平行性好	需进行二次采样，需要大型船吊和较多人力资源
振动型	Dokken 式	50	5	经济性好，便携带，只需4人操作	样品层理会受明显扰动，样品易受污染
振动型	McMaster 式	可>200	13(粘土或砂质约5)	经济性好，易于运输，深水适应性好(可适用所有水深采样)	需用蛙人作业，样品层理会受明显扰动和污染

（三）钻探式采样器

1. 类型

钻探式采样又称钻机式或钻架式采样，它是来源于岩土勘察和地质勘探工程中对地下岩土样品获取的常见方法和手段。对于较薄且无砂石的沉积物底质采样，用一般的柱状采样器即可，但当调查者对采集湖区沉积物厚薄和底质类型情况未知时，特别是欲获取完整的软性沉积物甚至是包括粘土层、砂石等沉积物时，仅仅采用普通的柱状采样器就很难完成沉积物的采集。因此，除准备好一般柱状采样器用于浅层或相对软性底泥采集外，对于湖相沉积层勘察，还需要涉及水上钻探式沉积物采集。钻探式采样器主要有贯入式、锤击式、振动式和回转式四种，常用的钻探式采样器及优缺点，见表6-4。

表6-4　钻探式柱状采样器类型及优缺点

采样器类型	适用水深(m)	可采泥样深度(m)	优点	缺点
贯入式	<100	<3	采样质量好，无扰动	可采泥样深度较浅
锤击式	<100	>1	可对所取芯样直观鉴别，采样速度较快	需取样平台和卷扬装备，成本高，表层易受损，压缩率大
振动式	<100	>1	钻进速度快，特别适用于颗粒细小底质取样	需取样平台和振动装备，芯样外壁和表层易破损和损失
回转式	<100	>1	扰动性相对小，取样质量好，所取样品的用途广	需船载平台钻机，成本高，芯样表层易受损

2. 钻探采样类型与要求

（1）底质钻探类型

钻探是指用一定的设备、工具来破碎土层或地壳，从而在地壳中形成一个直径较小、深度较大钻孔的过程。当将钻机用于湖面，在湖底形成一个较小直径的钻孔时，只破坏孔底环状部分泥土，保留中间沉积物泥芯，则称为"取芯钻进"，主要是获取沉积物或泥层岩芯，以进行沉积层和底泥的分析。适用于湖泊的钻进类型主要有以下三种。

① 冲击钻进：该法利用钻具重力和下落过程中的冲击力使钻头冲击孔底岩土破碎进行钻进。锤击钻探和冲击钻探都属于冲击钻进。冲击钻进又分为钻杆冲击和钢绳冲击两种。对于一般湖泊沉积物底质，采用圆筒形钻头的刃口，借助钻具的冲击力来切削底质层。

② 回转钻进：该法采用底部焊有硬质合金、钢粒或金刚石的圆环状钻头进行钻进，钻进时一般要施以一定压力，使钻头在旋转中切入泥层或岩层。回转钻进分岩芯钻探、无岩芯钻探和螺旋钻探三种，其中岩芯钻探采取孔底环状钻进，螺旋钻进为孔底全面钻进。

③ 振动钻进：该法采用机械动力产生的振动力，通过连接杆和钻具传到钻头，由于振动力的作用使钻头能更快地破碎岩土层，增加钻进速度。该法在土层，特别是颗粒组成相对细小的土层中采用。

根据地层性质和调查要求不同，钻探式采样方法的适用范围，见表6-5。

表6-5 钻探式采样方法适用范围

钻探方法		钻进地层					直观鉴别勘察要求	
		粘性土	粉土	砂土	碎石土	岩石	采取不扰动土样	采取扰动土样
回转	岩芯钻探	++	++	++	+	++	++	++
	无岩芯钻探	++	++	++	+	++	—	—
	螺旋钻探	++	+	+	—	—	++	++
冲击	冲击钻探	—	+	++	++	—	—	++
	锤击钻探	++	++	++	—	—	++	++
振动	振动钻探	++	++	++	+	—	+	++

注：++：适用；+：部分适用；—：不适用。

（2）钻孔质量与取土器

① 扰动质量要求：参照岩土工程勘察规范，依据土样受扰动程度划分，所取土样的质量分为4个等级（Ⅰ～Ⅳ），分别对应于未扰动、轻微扰动、显著扰动和完全扰动。沉积物层鉴别的芯样采集，需达到未扰动质量（Ⅰ类等级），即要求为原状土，保证原有的天然结构未受破坏，可对土样进行土质类型、含水率、密度、强度试验和固结试验；只有在进行不考虑沉积物层的强度和固结性质试验时，才可接受轻微扰动质量（Ⅱ类等级）的芯土。扰动程度是根据现场观察及土样回收率确定的，现场观察包括土样外观是否完整，有无缺失，取样管或衬管是否挤扁、弯曲、卷折等。

② 钻孔取土器：芯样样品需要从钻孔中采取，借鉴原状土芯样取样方法与取样工具，湿地沉积物的取样方法与取样工具，见表6-6。

表 6-6 不同沉积物芯样取样方法与取样工具

质量等级	取土工具和方法		适用土类									
			粘性土				粉土	砂土				砾砂碎石软岩
	取土器	取样方式	流塑	软塑	可塑	硬塑	坚硬		粉砂	细砂	中砂	粗砂	
I	薄壁	固定活塞	++++	++++	+	—	—	+	+	—	—	—	—
		水压固定活塞	++++	++++	+	—	—	+	+	—	—	—	—
		自由活塞	—	+	++	+	—	+	+	—	—	—	—
		敞口	+	+	+	—	—	+	+	—	—	—	—
		束节	+	+	+	—	—	+	+	—	—	—	—
	回转	单动三重管	—	+	++	++	+	++	++	++	—	—	—
		双动三重管	—	—	—	+	++	—	—	—	++	++	+
II	厚壁	敞口	+	++	++	++	++	+	+	+	+	+	—

注：++++：很适用；++：适用；+：部分适用；—：不适用。

根据取样质量要求不同，薄壁式取土器还可细分为 I-a 和 I-b 两类，其中自由活塞和敞口法的薄壁式取土器（以及束节式取土器）为 I-b 类取土器。对于 II 类取土等级，则仅有厚壁取土器。各种可用于湿地沉积物采样的取土器，见图 6-2。

敞口薄壁取土器常采用谢尔贝管，固定活塞取土器主要有 Hvorslev 型和 NGI 型，水压固定活塞取土器有奥斯特博格取土器，单动二（三）重管取土器则主要有 Denison 和 Pitcher 两种类型，这种单独式取样器内管不可旋转，适用于中等至坚硬泥土层，内管旋转式的为双动二（三）重管取土器，可切入较坚硬的地层，适用于坚硬粘性土、密实砂土和软岩等。由于无粘性底质取样对取样器的要求比粘性土要高，虽然双动重管取土器对流塑、软塑、可塑和粉土至细砂的芯状采样效果不佳，但对无粘性的硬性底质，如硬塑和坚硬粘性土，以及中砂和粗砂甚至砾砂和碎石等底质有较好的取样质量。

采用液压活塞取样不但能获取纹层层序无明显扰动的柱样，而且得到的样品柱更长。与常规旋转钻探相比，液压活塞取样器具有在不发生任何转动的情况下被迅速打入沉积物的优点，这种活塞取样器用吊在钻探船上的钻杆柱投放和回收。因此，通过在同一孔位反复作业，即可在尚未成岩的柱段以数米的增加量采集高质量的岩芯。取样管的快速打入，是通过增大特别管室内的液压来完成的，此压力超过了剪力销的强度，穿透过程仅为 1~2s，用这种方法甚至可取到 200m 以上具有层序的岩芯，因此与长度极为有限的活塞岩芯相比，液压活塞岩芯可为地质年代长得多的高分辨率地层和沉积学研究提供技术保障。

在沉积物取样时并非所有的沉积物底质取样都需要高质量和大的长度，对于质量等级要求较低的取样（如仅需了解土层类型等），可利用钻探的岩芯钻头，或螺纹钻头以及标贯试验的贯入器进行取样，而不必采用要求高的专用取土器。

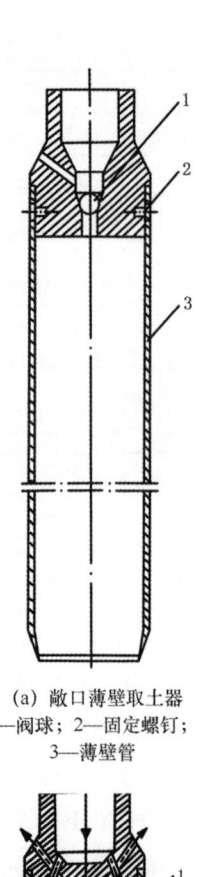
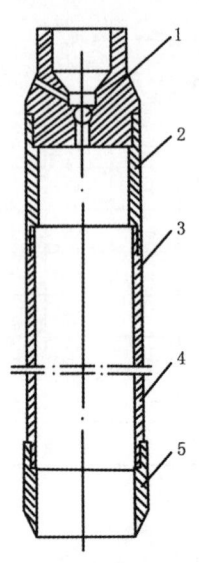
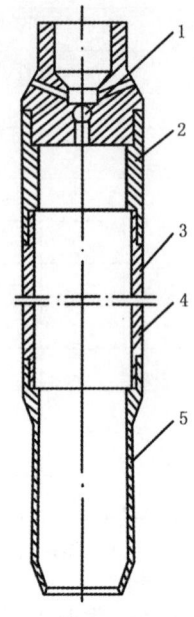
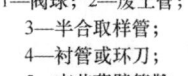
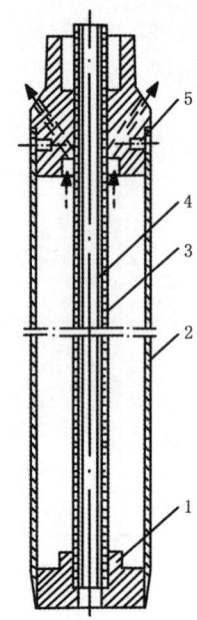

(a) 敞口薄壁取土器
1—阀球；2—固定螺钉；
3—薄壁管

(b) 敞口厚壁取土器
1—阀球；2—废土管；
3—半合取样管；4—衬管；
5—加厚管靴

(c) 束节式敞口取土器
1—阀球；2—废土管；
3—半合取样管；
4—衬管或环刀；
5—束节薄壁管靴

(d) 固定活塞取土器
1—固定活塞；2—薄壁取样管；
3—活塞杆；4—真空消除杆；
5—固定螺钉

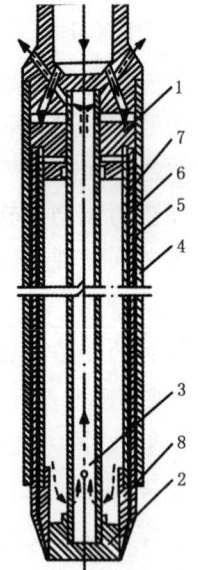
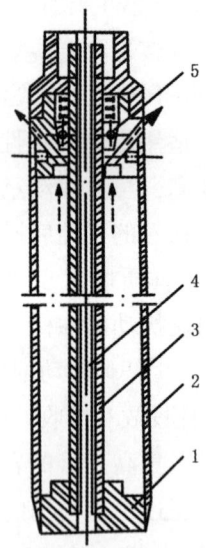
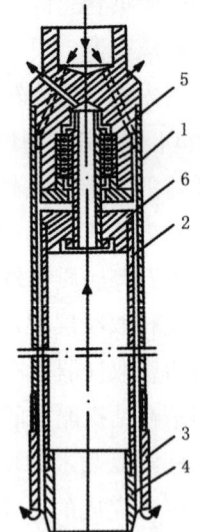
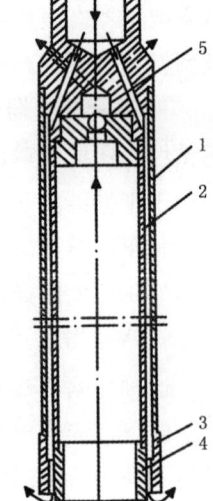

(e) 水压固定活塞取土器
1—可动活塞；2—固定活塞；
3—活塞杆；4—活塞缸；
5—竖向导杆；6—取样管；
7—衬管（采用薄壁管时
无衬管）；8—取样管刃靴

(f) 自由活塞取土器
1—活塞；2—薄壁取样管；
3—活塞杆；4—真空消除杆；
5—弹簧锥卡

(g) 单动二（三）重管取土器
1—外管；2—内管（取样管及
衬管）；3—外管钻头；
4—内管管靴；5—轴承；
6—内管头（内装逆止阀）

(h) 双动二（三）重管取土器
1—外管；2—内管；
3—外管钻头；4—内管钻头；
5—轴承；6—逆止阀

图 6-2 各种可用于湿地沉积物采样的取土器

（3）原状土钻进取样注意事项

① 在取原状土的钻孔中，不宜采用振动或冲击方式钻进，宜采用回转方式；采取原状土的钻孔，其孔径必须要比取土器外径大一个等级；湖底钻进时应采用通气通水的螺旋钻头、提土器或岩芯钻头。

② 在硬塑以上的粘性土、密实砾砂、碎石土和软岩层中钻进取土，可采用二(三)重管回转取土器，将取土和钻进合并进行；对于非胶结的砂、卵石层，取样时可在底靴上加置逆爪。

③ 在湖底钻进是在饱和粘性土、粉土、砂土中钻进，宜采用泥浆护壁。采用套管时，应先钻进再跟进套管，套管下设深度与取样位置之间应保留3倍管径以上的距离，不得向未钻过孔的土层中强行击入套管。

④ 取土器下放之前应清孔。采用敞口式取样器时，残留浮泥厚度不得超过5cm。

⑤ 对于采用贯入方式取样，应注意取土器平稳下放，不得冲击孔底。取土器下放后，应核对孔深和钻具长度，发现残留浮泥厚度超过要求时，应提取取土器重新清孔。

⑥ 贯入方式采集Ⅰ级原状土试样，应采用快速、连续的静压方式贯入取土器，贯入速度≥0.1m/s。当利用钻机的给进系统施压时，应保证具有连续贯入的足够行程。采集Ⅱ级原状土试样可使用间断静压方式或重锤少击方式。贯入取样管的深度宜控制在总长的90%左右。

⑦ 在压入固定活塞取土器时，应将活塞杆与钻架连接牢固，避免活塞向下移动。贯入过程中监视和记录活塞杆的位移，测记其高差，活塞杆的位移量不得超过总贯入深度的1%。

⑧ 提升取土器之前，为切断土样与孔底土的联系，可以回转2~3圈，或者稍加静置之后再平稳提升。

⑨ 当采用单动、双动二(三)重管采取原状土试样，钻杆应事先校直，保证平稳回转钻进和避免钻具抖动造成土层扰动。取样开始时，应将泵压、泵量减至可维持钻进的最低限度，然后随着进尺的增加，逐渐增加至正常值。

⑩ 连续压入法采取原状土，一般应用在浅层软土的采样中，人力钻或机动钻都可以使用。由于连续压入法在浅层软土中能很好地保持土层的原状性，使其几乎无扰动，因此软土层尽量采用此法取样。

3. 钻探芯样处理与描述

鉴别湖底含水的地层，需要根据《供水水文地质勘察规范》(GB 50027—2001)，每2~3m取一个，变层时加取一个；沉积物底质芯样从管中取出，水平保存。对于一般采样器采集的短柱样品，可将底泥上层充满水垂直放置保存。样品保存量按照土样0.5kg、砂1kg、圆砾(角砾)3kg、卵石(碎石)5kg的标准。

此外，现场记录也非常重要。采样人员首先应将观测断面和钻孔点位、取样编号等在调查底图上标注出来，对采集到的且有效的底质柱样，进行详细记录。如果可对样品进行肉眼直接观察，应记录分层界限位置，准确测量出各层距表层的距离。野外临时确定土的名称时，可采用一般常用的经验方法，按芯样的上下层关系，对各层进行图例符号标注，以图例和文字方式初步进行描述。

柱芯取样测量方法虽然能直接看到沉积物底质的质地和分界层，但对于一些测点，不一定能取到完整或足够长度的芯样，有时会出现误差。因此对于该测点，需要与其他方法（如浅地层剖面仪数据）进行对照，一般只在研究区域采集代表性的若干个芯样，作为对照。

二、沉积物采样

（一）采样方法

沉积物采样多是在平台上进行的，这些采样平台绝大多数在船只的甲板上或呈开放状的前后舱。在高纬度或寒冷季节，当有足够厚冰覆盖时，可考虑在湖泊冰面上打孔采样。由于采样条件和环境可能不同，采样时考虑的问题也将有很大差异。

1. 船只上采样

进行船只采样，首先需要确定的是所选采样船只是否合适，这主要取决于两个因素：船只的大小和采样点水深。

所选船只应能提供足够的工作空间和稳定性，特别是需要对柱状样进行现场分割，以及需马上进行测量工作的样品采集。体积较大和重力型的采样设备船只还需有足够的甲板空间和载重能力。从采样器大小和装备的适宜性分析，小型抓斗式采样器和手动式柱状采样器类在小船上即可操作使用。当需要在水深>10m的水域并采集大批量样品时，可在船只上安置轻便型的手动绞车。较大型的采样装备毛重通常在50~400kg，采满沉积物时可达125~500kg，需要在船上装载一个可起吊的绞车来吊放采样器，其起吊力还需要考虑底泥对采样器的巨大吸着力（特别是箱式采样器），绞车或吊机需要选择具有拉力或抗拉力达2~4t能力。重型采样器需要的工作空间除了宽度外，还需要有高出船舷3~5m的高度，并能与绞车或吊机在扇形摆动区内配合。

对于浅水湖采样仅需要准备测深杆和缆绳，对于深水湖可能还需准备测深仪，缆绳的承载力要保证能承受采样器设备与湿沉积物的总重量。装载和拆卸采样器设备、样品放置和处理等均需要较大的甲板空间，并且需要预先划分好区域，如蒸馏水、气体钢瓶和厌氧手套箱等的放置处，以及提前划分好采样的清洁无污染工作区和样品处理区等。采样船上常用的一些会对样品污染的物品，如润滑剂、汽油、油漆、金属等，应远离处理样品的工作区。

所选船只的样品储备能力对于大批量样品采集也是非常重要的。沉积物样品的多少、体积大小及船上储藏设备等都需考虑。对于小型船只，因空间小不可能对所采样品进行冷藏，这就需要尽快（一般在6h内）返回岸边进入实验室保存，所采样品的数量也不可能太多；如果船上有放置冰柜的空间和供电设备，就可预先考虑好可采集样品的数量，并使其采集后立即储放在 0℃ 或 4℃ 环境的温度下保存。如果不能保证在短时间内返回实验室，冰柜空间和供电等装备将成为采样船选择的要求。

2. 冰上采样

在冰上采集样品的好处是有一个稳定的采样平台，并且装备采样设备和处理样品的空间也比较大，但严寒环境会影响工作效率。冰上采样时需要考虑冰厚与人身安全，低温条件下设备能否正常工作、采样设备如何运输等。冰上采样一般都需要在冰上打孔和安置采样器吊放架及其装备、建设安全保护场所和措施，采样设备（采样器、绳索、起吊葫芦、供电设备等）及处理样品的设备应提前进行配备和准备。

确定好采样点位后，需要进行冰上开孔。开孔一般采用旋钻或手锯的方法，钻孔的大小取决于所选用的采样设备。无固定尾翼的小型采样器或抓斗式采样器，钻孔直径或边长在 25~35cm，而较大的抓斗式采样器及其他采样器则需要 80~100cm 的开孔大小。有些采样器由于触发器突出外部，或容易被冰触碰到，尽可能不要选用。在浅水区，可以直接用手将采样器穿过冰孔放到水中，这种情况采样器一般选用轻便型。当在深水区采样时，由于采样器较重，需要安装一个具有三角稳固状的采样支架，并配备手动或电动葫芦等装备。如果需要在同一地点采集多个没有受扰动的沉积物样品，采样冰孔可能需要开得更大，或是开若干个钻孔，以保证所采样品具有代表性。为保证安全和高效，冰上采样最好由 2~4 人操作。如果需要用电，可购置便携式柴油或汽油发电机等电动设备。

如果计划在采样地点进行较长时间的工作，则须考虑营造一个有供暖设施或防风防冻的人员休息场所，该场所应为可移动的保暖帐篷或汽车驾驶室或带蓬封闭车厢等。若只需采集少量样品，采样工作区可建一个保暖帐篷。冰上采样需要有一定的经验，须特别关注人员的健康和安全。由于冰上采样多在偏僻或无人区工作，急救设备、通信设备、救生设备、食品、燃油等须准备充足。

（二）采样前基本信息准备

1. 采样区沉积物厚度

沉积物近表层（约<30cm）和沉积层对于沉积物环境（或污染）研究来说是具有重要意义的两个沉积物层。近表层沉积物样可提供最近沉积物质在水平面上的分布信息，如沉积物粒度的水平分布、沉积物地球化学组成的水平分布等。而包含表层及其以下层位的沉积柱状岩芯，则可以获得沉积物一些成岩参数在过去时间里的变化，划分出不同的污染阶段。典型的地球化学指标变化曲线一般呈现出指数递减变化规律，直到沉积物的污染水平降低到原始的本底水平。一般认为，湖泊受污染沉积物的厚度多在 30cm 以内，只需采集沉积物表层 30cm 厚度的样品即可。

2. 沉积物采样位置

在有经纬度坐标图上标注清楚采样点位置是工作前必须预先完成的内容。需要湖泊的平面图甚至是剖面图，采样点应预先标注在图上，即使现场情况可能会造成实际点位的偏差，也应该预先给出。这些信息一般包括采样点数量和经纬度坐标。对于有条件的，为节省时间，可将采样点点位预先输入导航设备中。

在采样现场，采样点的精确定位对于任何研究项目来说都是十分重要的，采样在后续工作中需重复实施时更是如此。定位的精度取决于研究的性质，5%~10%的误差对于在较大区域范围（>10km^2）作背景调查是可以被接受的。由于沉积物的空间异质性要远大于水体，因此在分析监测沉积物中污染物在时间和空间上的变化时，定位精度应控制在几米以内。

除高精度卫星定位外，实际上有些简单方法也可确定精确的位置。例如，湖面参照物（灯塔）等独立固定设施，如果样点靠近岸边，可以依托陆地上的参照物（如树、桩、房屋、闸门等）及其方位，这种情况一般在范围较小的采样水域（如小湖、湖湾、河口等）采用。无论是湖面还是陆地，都需要记录下参照物的距离和方位，以使得位置更加精确。

3. 采样记录

沉积物样品的命名应能反映出沉积物的采样编号、采样日期和样品用途等信息，合理的沉积物命名系统可为采集、记录、运输、保存及后续的分析带来了极大的便利。其中，样品的编号至少应精确反映沉积物的采样地点和采样序号两项信息，具有唯一性。而每个沉积物样品的标签除标出样品编号外，还需加入采样时间（日期）。

考虑刚采集或分层沉积物样品含水量较大，建议采用市售的聚乙烯塑料袋封装，用记号笔预先将样品名称等信息直接写好在塑料袋外侧，再将沉积物样品装入。当采样量较多时，为便于寻找也可用粘附力好的防潮标签纸，用铅笔或记录笔将信息写在标签纸上，并在装样前预先粘贴好。

沉积物采样必须有详细的现场采样记录，供样品核对和实验室分析时参考，同时也方便以后对沉积物分析结果进行解释和描述。不完整或有瑕疵的野外记录，将无法正确地获得分析结果。沉积物采样现场记录，见表6-7。

表6-7 沉积物采样现场记录表

采样日期： 年 月 日		采样器型号：				采样人：				
序号	样品编号	经纬度	样品类型	样品用途	外观描述	现场理化测定			备注
						pH	Eh	DO	

① 采样日期：对于面积较小或是采样点不多的湿地，一般在一天内可完成沉积物采样。若多于一天的采样则需每天用一张记录表，注明日期。

② 采样器型号：通常每次现场采样采用的是同一个采样器，如柱状采样器或抓斗采泥器等；若采用不同采样器或是不同类型采样器，则应标注其型号。

③ 采样人：为防止样品标识发生错误或是一段时间后追溯、询问其现场信息等，需

要记录采样人姓名。

④ 序号和编号：序号是采样时的流水号，只方便采样数量统计用，一般不在实验分析中使用；样品编号是采样中最为重要的信息，样品的编号要与所命名样品标签中的编号完全一致，是最主要的核对信息。因此，记录人在记录该信息时，必须认真核对确认。

⑤ 经纬度：精确的采样点坐标位置信息是湿地沉积物分析和研究所必需的，一般用地理坐标系格式记录采样点坐标位置，以省去后期作图坐标换算，如有海拔信息也应予以记录。

⑥ 样品类型：主要记录所采样品是单一样品、混合样品还是平行样品，以及是否是现场的分层样品等信息。

⑦ 样品用途：指样品的分析用途和目的，用文字或符号表示，如释放实验(R)、物理分析(P)、(底栖)生物分析(B)、重金属分析(H)和有机物分析(O)等。

⑧ 外观描述：包括沉积物的颜色、气味、流态、层理、连续性，以及所采集的沉积物岩芯的长度和外表特征等。

⑨ 现场测定结果：如果现场对沉积物样品进行了理化参数的测定，应及时记录，如沉积物样品的pH、氧化还原电位(Eh)、温度(T)及溶解氧(DO)等。

⑩ 备注：一般可记录采样其他信息和周边环境情况，特别是天气条件(风速和风向、气温和水温、冰雪等)，此外还有采样的准确时刻、水深、水流、水草等，以及采样中出现的意外情况等。对于长柱芯样的采样还需要标注出采样地层等信息。

三、沉积物样品分样

对柱状沉积物取分层样的方法主要有均匀分样和结构分样。均匀分样是指对柱状芯样，按照确定的间隔进行分层取样。间隔的大小通常在分样前就确定好，一般选择每隔1cm(0~1cm，1~2cm，2~3cm，…)、2cm和5cm等间距。对于一些特殊要求的样品，有时也选择0.5cm甚至更小的间隔(分样间隔精度对年代测定是非常重要的)；对于有些要求相对较低或与工程有关的分析，也有按5cm甚至更大间隔分层。由于忽略了沉积的结构特性，均匀分样特别是以大间隔分样的分析结果，往往会失去重要信息。不过，均匀分样常用于大规模调查及宏观管理等，其信息易丢失的缺陷一般通过减小分层间隔来做出一定程度的弥补。结构分样是根据观察到的沉积物结构、纹理和层理等对柱状芯样进行切割。对于结构差异厚度>1cm的沉积物柱芯，无需采用特殊的技术和仪器，可直接进行分层取样；但对于层厚<1cm，尤其是松散的薄层沉积物样品分层，分样的精确度主要取决于采样技术，如冷冻采样，需要用到专业工具，如切割刀、电渗刀和密距分层器等。

1. 沉积物分样前准备

(1) 设备和工具准备

涉及沉积物柱状样分样的物品和材料：① 接样盘或接样板。一般为聚乙烯板、硬木或不锈钢薄板。对于分析与有机物(重金属)有关的分样，避免使用聚乙烯板(不锈钢板)；

② 盛样品的瓶或袋。较多采用的是聚乙烯自封袋，大小视分装量的多少选择，装样前务必写好编号。若分析与有机物有关，建议采用带塞玻璃瓶；③ 塑料刀；④ 记号笔；⑤ 橡皮筋；⑥ 记录表；⑦ 卷尺等。

(2) 柱样记录

在柱状沉积物样分样前，应对柱样的外表及肉眼可见的表层和内部明显特征进行记录，如柱样长度、沉积物颜色、纹理结构、底栖动物等。对于非透明材质（金属）的采样管，则除对表层进行记录外，还需对分样中可见的沉积物特征进行记录。虽然对需要二次取样的柱状沉积物进行冷冻是不适合的保存方式（如1cm冷冻后解冻的沉积物层厚并不等于1cm新鲜的沉积物），但如果碰到这一情况，就要考虑冷冻后解冻体积的变化对沉积物厚度的影响，即沉积物中水的含量会影响沉积物体积在解冻前后的变化。

(3) 分样数量估算

沉积柱样取出后，先根据样品外观确定本次采样是否有效。确定后，用尺子测量沉积物柱样的有效长度，根据预先设计的分样间隔或纹理层理结构，估算或数出该采样柱可分层获得的样品数；再根据所需要的有效柱样个数及分样数量，确定是否继续采样，直至满足室内分析要求的分层样种类和数量。对于长柱沉积物芯样，为了防止分析量过大，在满足代表性要求的条件下，推荐采用间隔法取样，把剩下没分析到的样品储存起来备用。

(4) 时效性要求及分样前保存

如果要分析的沉积物样品仅仅是为了确定沉积物中污染物的类型，且仅涉及化学分析，可在运输到实验室后实施分样；若涉及生物分析，则应在样品采集后现场立即进行分样。另外，那些对氧氛围和生物环境要求不苛刻的分样操作，也应该放在现场进行。对于需运输到室内进行分样的沉积物柱样，应保持直立状态，并防止沉积物最上层松散部分的物质混合。在采样管中装满原位采集的湿地水体，两端密封，运输中较好地防止表层沉积物混合。对于长的柱芯，可以按适当的长度分成多段储存。

(5) 除去水分

分样之前，去除上端皮塞后，先用虹吸作用的方式把沉积物表层的水分去掉，使得表层沉积物处于一定程度的低含水量程度，以便分样时最初1~2层样品不至于处于流体状态，影响分样。

2. 柱状沉积物分样

采集到的沉积物依据所采集到的沉积物长度（或深度、厚度），可分为短柱（≤0.5m）、中柱（0.5~2m）和长柱（>2m）。

(1) 短柱沉积物分样

短柱沉积物分样一般有三个操作步骤，即沉积物的顶托、层切和分装：

① 对沉积物柱的顶托操作是先抽取沉积物柱上层水分，保持垂直方式下将下面的皮塞摘去，将沉积物柱放在顶杆上，用沉积物柱的自重或在采样管侧稍加压力，使得沉积物柱芯由采样管上端突出出来。

② 沉积物的层切是间断式操作的，即先按欲切层的厚度，用与采样管同样的外径和内径，特别是高度与切层厚度等同的环作为量测器，用一边缘锋利且有一定韧性和强度的聚乙烯薄板（或不锈钢薄板），将突出的沉积物逐一切割成所需的层。但为了防止污染，所使用的如抹刀、铲子等分样时用到的工具，要考虑其材料来源。在涉及分析沉积物金属含量时，可采用塑料制品类；而当涉及有机污染物成分分析时，可采用不锈钢或玻璃制品工具。若为兼顾这两类物质含量分析，则推荐采用特氟纶工具制品。分样沉积物样品不可采用冷冻方式，冷冻方式将会改变由沉积物中水的含量所决定的沉积物的体积，因为1cm冷冻（或冷冻后再解冻）的沉积物段并不等于1cm新鲜的沉积物，这必然带来分样厚度的误差。

③ 将切割下来的每一沉积物层样，分别对应装入已编写好样品名称的聚乙烯塑料袋或采样瓶中，这就完成了沉积物柱样的分层。对于数据准确程度较高的分析或研究，考虑到沉积物柱受采样管壁的（污染）影响，可将沉积物最外层和塑料或玻璃容器接触的 1~2mm 部分弃掉。

（2）中柱（0.5~2m）和长柱（>2m）的沉积物分样

对于中柱（0.5~2m）和长柱（>2m）的沉积物柱分层，多采用的是分段分样，分段后的操作方式与上述方法基本相同。

（3）注意事项

对用于年代测定（测年）或沉积速率测定的沉积物样品进行分层时，除其要求与一般短柱沉积物分样有很多不同外，需要注意：① 选择上层受扰动最小样品：由于浅水区的扰动作用和沉积物采集对表层产生扰动或震动，表层沉积物层的移动或表面颗粒物的丢失是可能发生的，因此在分样前甚至在现场采样时，应考虑测年需要，选取最上层沉积物样扰动小的样品保留下来专用于测年分析；② 样品分层前表层处理：常见的是1cm 厚度分样，但样品的最上部（通常3cm）常由含水量高（约90%）的非固态、易悬浮物组成。因此，在分层前，需用大注射器或吸液管将其中大部分水分吸除；③ 分层后的长度换算：沉积物中最深段的水分重量和该分层沉积物干重的比率对其他部分比率的测定有很典型的参考价值，因此，每段沉积物的干重和湿重都要记录以确定水分含量；另外，用标准化程序将未压缩沉积物长度转换为理论上压缩了的沉积物长度等，如采用质量深度（如某一深度以上单位面积的沉积物质量，单位 g/cm^2），可以校正孔隙度或水分含量变化影响，以提高精确性。

四、沉积物处理

沉积物处理是指采集沉积物样品后，为保证样品分析之前仍具有代表性，在不改变目标物质性质的前提下，对沉积物的物理、化学和生物状态的干湿程度、均匀程度的物理性处理，以及采用合适的分解和溶解方法，使得沉积物样品性质不发生明显变化、样品状态更适宜测定的提纯浓缩、被测组分变成可测定形式或不受干扰等的化学处理。另外，除现场测定外，几乎所有的沉积物在分析前和分析后都需要对样品进行临时或长期保存，需要选择适当的保存方法来减少和避免环境对样品的影响。

（一）现场处理与测定

野外采集的沉积物样品通常具有均匀细密的纹理，且具有较为集中的粒径分布（一般粒径 $d<63\mu m$）。很多样品中还可能含有一些比较大的颗粒物，而这些大颗粒物因含目标物量较低所造成的影响可能较大，所以在对沉积物样进行分析时通常要考虑是否先处理掉这些大的颗粒物。一种方法是把大颗粒物筛出来丢弃，另一种方法是把大的颗粒物磨细全部过筛后分析。但这两种方法各有利弊，究竟采取哪种处理方法更代表沉积物的性质，要根据研究目的来做出选择，并在报告分析结果时记录所使用的处理方法，要求较高的报告要给出两种处理方法对分析结果的影响。

表层沉积物（尤其是表层10cm）通常含有大量的水分，为使研究数据具有可比性，一般会把沉积物干燥后分析，以单位干沉积物含量表示分析结果，或者直接对湿沉积物进行分析，同时对其含水率进行测定，然后换算成干沉积物来表达。两种情况下，对沉积物性质的分析都是基于单位干沉积物的。另外，有些分析方法（如 X 射线荧光光谱分析）则要求干沉积物磨碎筛分到一定粒径范围才能进行。这样，分析项目的不同对沉积物就有不同的处理要求。在野外经常用到的沉积物处理方法大致分为三类：野外现场处理法、湿沉积物处理法、干沉积物处理法，这三种方法的处理应基于研究目的来适当选择。由于湿地研究工作的需要，往往采集出的沉积物并非马上就送至实验室，而需要在现场做一些处理（如分样），沉积物的一些性质甚至还须在现场立刻进行分析。

1. 现场测定

野外现场测定的湿（或鲜）沉积物样 pH、Eh 及 DO 等指标，对于了解沉积物在实际湿地中的理化环境状况，以及解释分析结果乃至预测污染物在沉积物中的行为都有重要价值。

（1）便携式 pH 和 Eh 测定仪

便携式 pH 和 Eh 测定仪是最常用的测定仪器，所采用的电极结合玻璃、铂电极用来测定表层和柱状沉积物中的 pH 和 Eh。表层沉积物样采集后，把装有沉积物的采样桶放在一个特制的支架上以保持沉积物表面水平。用 Zobell 溶液校准 Eh 电极，然后在垂向上以0.5cm 的间隔进行测定和记录，可以把电极插入沉积物所需要的深度。将 pH 电极进行类似测定和标记，并使用两种已知 pH（4.0 和 7.0）的缓冲溶液进行校准。当对沉积柱样进行pH 和 Eh 测定时，把柱状沉积物样放置在顶杆装置上，将顶层的上覆水用虹吸法抽走后，把电极插入沉积物中测定。当测定沉积物表层 1cm 的 pH 和 Eh 时，电极浸入沉积物 0.5cm位置，在电极插入沉积物 1min 后记录 pH 读数，但是 Eh 测定需要的时间较长，大概需要10min，等 Eh 计显示数值稳定后方可读数和记录。在测定完第一层沉积物样后，取出电极，用蒸馏水洗净，干燥。把测定过的沉积物层次进行取样，样品放入准备好的容器中，然后测定沉积物下一层次 pH 和 Eh 值，每完成 5 次测定，每个电极要按前面操作步骤进行重新校正。

(2) 电极插入装置

对于深水湖或水体底部缺氧或厌氧程度较高的湿地，采集的沉积物极易受空气中 O_2 等气体影响，可采用特别设计的电极插入装置来测定。该设备的优势是对沉积物进行电极测量时，可使样品尽量避免空气污染，并实现对沉积物样品的较小扰动，能够满足沉积物分层取样的要求。测定工作可以采用两套不同的电极：一套是由底部熔合了铂丝的玻璃管和 Ag/AgCl 参比电极组成；另一套是一种复合电极，能同时获得沉积物中 Eh、pH 和硫化物(如 H_2S)等多种信息，对于处于高度还原状态性的沉积物样品，这种复合电极往往能够取得重现性较好的结果。

沉积物样品一些参数(如 Eh)的准确测定往往很难，一方面受仪器性能的影响，另一方面受测定者的操作技能和对注意事项遵守的影响。测量过程中需要注意：① 所测试沉积物务必是刚采集的无扰动样，这样可以使沉积物理化性质受所测环境的影响最小；② 在读数时，数值要在稳定的时候记录，如 Eh 值的浮动不超过 1mV/min；③ 为控制本底数值的漂移程度，依次在测定下一沉积物样前，应再次检查上次记录值，如两次 Eh 的测定结果差异>30mV，需再平衡 5min 进行测定和记录；④ 每次测量时长控制在 10min 以内；⑤ 在测量过程及结束时，应做好温度记录，对受温度影响较大的数值进行校正。

测量后的电极保护同样重要。由于电极表面特性的变化和铂电极表面污染等，测出 Eh 值一般会有 30mV 左右的变异。因此在测定完 Eh 等指标后，要对所用电极采取适当方法进行清洗，尽量恢复到测定前状态。在存放电极期间，要定时把甘汞电极放入 Zobell 溶液(0.003mol/L 铁氰化钾、0.003mol/L 亚铁氰化钾、0.1mol/L 氯化钾)中检查电极的性能。

(3) 微电极系统

随着科学技术的快速发展，利用微电极技术测定表层沉积物 pH、Eh 及 DO 等指标大大提高了分析精度，可以得到沉积物—水界面 pH、Eh 及 DO 等指标完整的垂直剖面图，垂向测定精度达到毫米(mm)甚至微米(μm)级别。另外，微电极技术的分析过程对样的扰动较小，对后续样的分析工作几乎不产生影响。由于微电极针头非常精细，要尽量避免触碰到硬质物体，特别是沉积物中的石质杂物。可先用废旧微电极模拟测试，待操作娴熟后再进行实际样品分析测试。

为接近真实状态下获取沉积物 pH、Eh 及 DO 的垂向剖面值，微电极测定工作应在野外进行。如果沉积物采样船上能够提供电源为微电极设备使用，可直接进行测定；如果船只上不能提供电源，就应将沉积物样转移到能提供电源的最近的地方或实验室，并立即开展测定工作。微电极设备主要有两种：德国生产的 Presens 微电极系统，可配 DO、pH 及 CO_2 等测定指标的微电极；丹麦生产的 Unisense 微电极系统，可配 pH、Eh、DO、H_2S 及 N_2O 等多种指标微电极。微电极技术的发展对沉积物科学尤其是沉积物—水界面微环境的研究工作起到了非常大的推动作用。

2. 现场处理及要求

分样是沉积物工作者经常会在采样现场或在实验室中开展的工作，主要是对一次采集的完整样按照特定的次序要求，分割成若干部分，以形成在性质上既有联系又各自独立的样品。

一般在分样前先进行样品的描述性记录，如沉积物质地、颜色、气味、生物存在情况、油类和外部杂质等，有些沉积物的上述性质变化较快，因此，分样前须快速进行，必要时借助刀、匙和铲将沉积物切开和分离，以便于视觉和嗅觉性描述。

大多数现场沉积物的分样可不考虑环境影响问题（如用于阳离子交换分析的湿样品的分样），但分析沉积物及间隙水中的微量元素特别是敏感性物质，则必须在无氧条件下进行。一些微量元素的化学形态或与不同成分的结合形态在沉积物中是呈活性的，一旦与外界空气接触，其有效性就会快速发生变化。间隙水中物质的分析结果也会受到样品的采集环境和分析期间样品保存方式的影响。近表层沉积物一般仅 0.5cm 以下就已经处于厌氧环境，对于分析沉积物中敏感元素的分样，在操作过程中应避免沉积物组分受空气影响。另外，有些生物需要缺氧甚至厌氧环境才能生存，因此为不让其生物活性受到影响，对于这样的沉积物分样，保障无氧环境操作也是必须具备的。此外，有些操作也须在无氧条件下进行，如实时测定沉积物中微量元素的化学形态、采集间隙水或测定深层沉积物理化性质（pH 和 Eh）等，也可能会涉及无氧环境的分样。

（二）沉积物湿处理

1. 无氧处理

沉积物在被采集出湿地水体底部之前，大多处于氧饱和度较低，甚至缺氧和厌氧的环境，而许多物质尤其是价态易变的敏感性物质，离开水体后会发生性质和含量的明显变化，因此如何将采集的沉积物营造低氧环境是科学研究中经常遇到的问题。针对无氧环境要求，采用方法：

① 抓斗采样器采集的沉积物，采集后应立即转移到存储容器中，并通过将样品填满容器至顶部（即不留空隙）来避免顶空气体的存在而产生的有氧影响。

② 处理沉积物柱状样分样和测量参数等一些需要无氧环境的操作，则需要营造无氧环境，常用的设备就是密闭手套箱。密闭手套箱系统的工作原理就是将高纯惰性气体（通常为氮气）充入密闭的箱体内，并通过净化系统循环过滤掉其中的活性气体（O_2）和水，或控制其在极低的含量范围，使箱内处于所需缺氧环境。手套箱系统主要由箱体、机架、过渡舱、气体净化系统、压力表、氮气瓶、橡胶手套等组成。在厌氧手套箱中可以预先将待处理的沉积物样和分样工具放入，按照操作程序，用惰性气体替换掉手套箱中的空气，然后穿戴上橡皮手套，在箱内对沉积物样品进行处理。沉积物分样等无氧操作完成后，将样品转移到所需的容器内，密封好后再按气体操作程序取出样品。

在厌氧手套箱中用电极测定沉积物的 pH 和 Eh 时，应在样品被切割分样前把电极插入沉积物中进行测定。对于间隙水的采集，沉积物要在厌氧手套箱中转移到离心管中，离心后再放到厌氧手套箱中采集间隙水并进行下一步的样品处理。如果采用连续提取法测定微量元素化学形态，所有的操作步骤，包括对沉积物样品排气、回收和添加提取溶液、密封提取物等都要在厌氧手套箱中进行。对于必须在野外就要进行与沉积物有关的无氧环境操作，可采用简易的空气隔绝袋（如 atmos bag）来达到。空气隔绝袋是通过隔绝袋中惰性气体笼罩在鼓起体顶部空间形成对操作物体的无氧覆盖，来达到对操作空间营造缺氧环境的目的。

2. 混合和匀化

用于分析或实验的沉积物样品须具有代表性，这一要求贯穿于沉积物采集后保留样品至分析前取样的整个处理过程。无论对湿的或经处理后的干沉积物，混合使其均质化使样品具有代表性，只有在各操作步骤中使样的均质最大化，才能使样品的分析结果准确。

根据实验室条件的不同，以及样品量（体积）的大小，可采用人工方法或是机械方法对采集的湿沉积物进行混合。在实验室对沉积物样混匀，每个样一般在 200~1000g，可使用人工方法在实验室的 2000mL 体积以内的烧杯中，用搅棒实现样的混匀。但对于样品量较大，而且实验室硬件条件不足的情况，用人工方法对样的混合就相对较为费时和费力，其方法：将湿沉积物样盛放于干净的桶、盆、烧杯或研钵等器物中，用抹刀、棍和搅棒等对其进行人工上下翻转和搅混，直至从颜色和颗粒上看已没有差异的混匀状态为止。对于一次性需要大量沉积物样的试验，如不能做一批混合，此时可采取分几部分（如1/4）先各自混合，然后各取这几部分的 1/4 或 1/3 放在一起再混合，如此重复多次即可。

3. 冷冻与分离

根据研究目的和目标，有些分析过程需要基于湿沉积物来进行。有的分析过程如沉积物粒度分布等要求必须用湿的或是刚采集的沉积物样品来分析，而有的分析过程如重金属、挥发性有机污染物及生物性质等则要求用其他前处理方法。基于湿沉积物分析和测试样品的一般处理，见图 6-3。

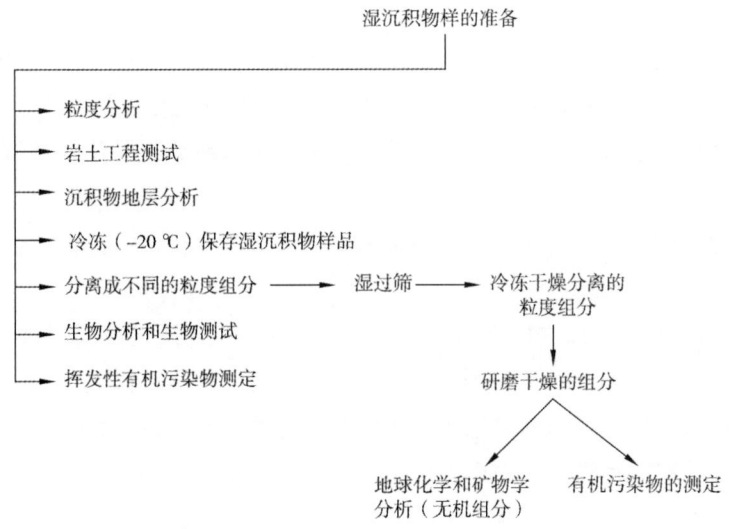

图 6-3 基于湿沉积物分析和测试样品的一般处理

(1) 湿沉积物样冷冻冷藏处理

由于受人员、仪器和实验室空间的限制及分析方案进一步优化所需时间的影响等，刚采集的湿沉积物样绝大多数情况下都不是在短时内全拿去测试和分析，大部分需存放一段时间再用，因此，第一步处理就是临时冷冻和冷藏处理。冷冻被认为是鲜沉积物保存的最主要方法，是沉积物大多数有机和无机组分分析前必须的操作步骤，速冻和深度冷冻（通常采用-20℃）处理应用最多。深度冷冻可以很好地保持沉积物样品的完整性及污染性质的原状性。保存的温度越低越好，实践中发现，在-80℃左右的低温下，一年后沉积物中生物组织与新鲜样品相比几乎没有变化。由于温度波动能引起水分在沉积物样与冷冻设备的存储容器间迁移，因此要选择温控效果好的冷冻设备。

用于测定一些特定指标的沉积物样品需冷藏保存，可储存在具有控温控湿功能的专业冷藏室内进行保存，室内温度最好能够控制在4℃，在这种条件下存放几个月的沉积物样也不会发生大的变化。长的沉积物柱样，可以分割成方便存储的长度，在纵向上进行剖分、描述、贴标签，避光以保持沉积物原有的特性，处理好后，横向放置在冷藏室存储架上冷藏保存。

(2) 粒度测定样处理

用于沉积物粒度测定的样品要用湿的沉积物，应密封保存在塑料袋、玻璃瓶等容器中，在4℃下冷藏（但不要冷冻），这是因为干燥、冷冻和解冻过程会引起沉积物颗粒物的聚合，从而影响测定结果。沉积物粒度分析应在样品收集好后尽快进行，含铁高的沉积物样品应储存在气密性好的容器中，以防止沉积物表面的铁氧化。对于泥沙型的细粒沉积物，应先去除有机质、碳酸盐和铁氧化层，并采用超声波等方法完全分散后再进行粒度测定。

(3) 按粒度分离样处理

沉积物由不同粒级的颗粒组成，粒级不同，物质（如重金属）的含量和形态差异也会很大。细颗粒沉积物通常含金属浓度较高，很多金属主要与粉粒和粘粒（颗粒大小<63μm）组分结合，因此，测定不同粒度颗粒上重金属的含量，可研究粒度对沉积物金属浓度的影响，特别是对沉积物中金属含量的影响最小化。实际很多研究就是用这种沉积物粒度组分区分的方法开展，这些研究结果之间也可相互比较，特别是对<63μm的粒度区还可进一步进行有意义的分离，这种沉积物粉粒/粘粒组分最接近于悬浮颗粒物，因此，也可以与悬浮颗粒物的研究进行比较。

① 湿筛分离：湿筛分离常用来将沉积物按照颗粒大小进行分离，目的是达到对沉积物中组分的分离，这对主要涉及细颗粒理化性质研究的沉积物分离更为重要。需要指出的是湿筛分会不可避免发生沉积物再悬浮，所以有可能改变它们原始粒度的分布。湿筛分离应尽量避免在实验室的蒸馏水或去离子水中进行，因为这些水不可能具有原位上覆水的离子组成，再悬浮作用甚至会使原状聚集的颗粒物分散开。因此，为尽量减少这种效应，应预先在沉积物采样点采集好原水样，将其作为沉积物湿筛分离使用。

对少量沉积物或不依赖装置的一般湿筛分离,可以手动操作,通常需要用一个或多个不同孔径的筛子及至少两种阔口容器(如桶、盘、烧杯等)。筛分时取一部分样品(或称重)放在所需孔径(如 0.5mm)的标准筛网上,把筛网放在装满水的盘子上,轻轻旋动筛网使小于筛网孔径的颗粒穿过筛孔进入盘子。为了使颗粒物更容易通过筛网,可以用尼龙刷帮助样品通过筛网,从滤网冲洗下的沉积物(细组分)再次干燥并称重。如果留在筛网上的颗粒(粗的组分)对研究有用,可保留下这些粗颗粒并再次干燥。当需要对一个干沉积物进行湿筛分离时,则需先把样品放在容器中,加清水覆盖样品浸泡 2h 以上,再按如上操作。

对于需要装置(如离心机)的湿筛分离,先用 3 个 1L 体积的水通过一个连续流离心机以除去悬浮物,然后把沉积物按由粗到细依次通过 6 个不锈钢筛网(2000μm、1000μm、420μm、250μm、125μm 和 63μm),剩下的含有粒度<63μm 的 3L 悬浮物,采用沉降及离心机进行离心分离。为了保持颗粒物的自然聚集状态,在进行分离前粉粒和粘粒悬浮液未作处理。

② 超声分离:利用具有辐射作用的超声波,使水体中的微气泡保持振动,使沉积物颗粒发生相互间脱离,从而使沉积物样品分离前处于适合筛分的状态。把沉积物样品分成 3 个组分(<20μm、20~60μm、60~200μm)同时筛分分离,每个样品需要的时间为 15~20min。

③ 淘选分离:沉积物淘选是依靠流动液体产生的压力,把湿的沉积物样品分离成所需粒度组分的方法。基于这种原理的设备有圆筒形筛分器等,该设备根据要筛分颗粒物的相对大小和密度,通过一系列的水力旋流器离心力产生的淘选作用,来实现对颗粒物的分离。利用沉积物不同粒径圆筒形淘洗器可以把粉粒等级的微粒分离成不同组分,6 个一组,分成的粒度分别为>44μm、33~44μm、23~33μm、15~23μm、11~15μm 及<11μm。这些粒度范围的分离效果主要取决于水流速度、水温、颗粒密度及分离时间等条件,在分离过程中如果分离的条件改变,产生的粒度组分也会发生相应的改变。

利用淘选设备还可研究河流中有机污染物质在沉积物和悬浮物中的分配特性,如使沉积物放在分散介质为 0.01mol/L 磷酸钠的淘选器中,分散剂向上流动使其悬浮,沉降速度比上流介质速度快的颗粒物留在分离室中,而沉降速度慢的颗粒物则被带到下一个分离室。根据斯笃克斯(Stokes)流体力学定律,来计算所要分离的颗粒组分的沉降速度,也可以用来校正介质向上的流速,从而实现对所需要颗粒物组分的分离。

但含有一些特殊物质(如汞)沉积物分级分析的前处理,则需要先室温干燥分级,再进行湿法淘选筛分。预先在 40℃下对沉积物样品干燥,干燥后的沉积物用玛瑙研钵和研杵磨碎,水中浸泡 3h 后进行淘选和湿筛分,再用系列筛网(孔径>1000μm、500~1000μm、250~500μm、125~250μm、63~125μm 和<63μm)筛分得到所需粒径组分。然后把<63μm 的颗粒物组分进一步筛分为 16~63μm 和<16μm 的两个组分,较细的组分(<16μm)是从分离装置中倾倒出的悬浮物离心收集获得的,粒度在 16~63μm 的颗粒物组分则是在分离装置的底部收集的。

④ 用于生物分析样品处理：用于底栖生物调查的沉积物样品，采集后在野外用不同孔径(一般 60 目)的筛，对样品进行湿筛分和淘选，现场分拣出底栖生物。对于测试毒性的沉积物样品，应在测定前充分混合后再进行筛分，通常保留样品粒径<500μm 的沉积物组分。对于有多个指标需要分析的沉积物，为了方便混匀样品，一般在野外要先检出大的碎屑和石块，然后对沉积物进行混匀和二次分样，最后分别将样品用于各项生物和化学指标分析。如果样品不能在野外进行现场处理，应储存在 4℃ 冰箱或冷藏室，最好于 48h 内处理，生物测试项目则应该在 2~7 天内完成。

（三）沉积物干处理

沉积物研究中许多分析过程都是基于干性样品分析和测试的，但由于分析项目的不同，尤其是目标分析物性质的不同，沉积物样的干燥及干燥后的处理方法也就会有差别。干沉积物样品分析前的处理操作步骤，主要包括干燥、研磨、过筛、混匀、分装等过程，见图 6-4。

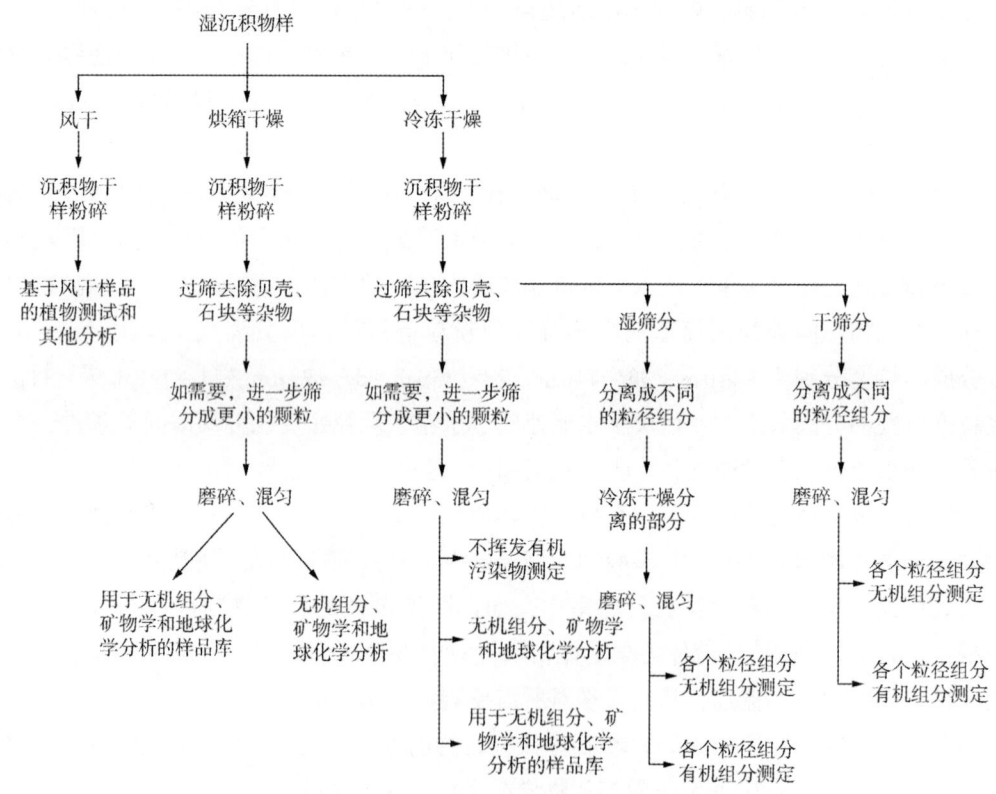

图 6-4　干沉积物测试分析的样品处理

1. 样品干燥

使用较多的干燥方法有空气干燥、烘箱干燥和冷冻干燥等。

（1）空气干燥

空气干燥(又称室内或自然干燥)是较常见的干燥方法。空气干燥较其他干燥法耗时较长，在分析污染性沉积物样品的前处理上，较少采用，主要原因是空气干燥可能使沉积物的一些性质发生变化,如沉积物样品可能与空气(或过长时间)的接触,导致金属有效性和赋存形态的改变。在自然环境下将沉积物风干到恒重状态是很困难的,如果样品中含有吸湿性较强的盐类或有机物质,那么样品的空气干燥过程会更缓慢,含有较多木质类有机物的沉积物样品也更难风干。

空气干燥方法需要注意:① 由于接近于自然状态下的空气和温度环境,干燥中可避免沉积物样品中某些污染组分的损失;② 用于植物生物质测定的沉积物样品风干过程,最好能在温度 20~40℃ 及相对湿度为 20%~60% 的空气中进行;③ 干燥场所应随样品的数量多少来选择,如果样品数量较少,风干过程可以在通风柜中进行,如果样品较多,可以考虑在控温的空气循环柜里进行,而当样品数量大时,风干过程最好在人员走动较小、干净、通风的房间内进行;④ 由于沉积物的风干过程有可能遭受空气中灰尘的污染,所以对于要测定沉积物中微量元素和有机物样品的风干,必须避免受灰尘影响;⑤ 风干过程中微生物代谢活动会改变样品的生物学性质,所以对于要进行生物测试的沉积物样品建议不要采用风干方法干燥。如果要对沉积物样品进行化学分析,需要在样品干燥过程中要对样品性质加以保护,而风干过程中无法避免微生物降解、氧化等作用,那些对沉积物化学性质变化要求较高的化学分析,也不能采用自然风干方法。

(2) 烘箱干燥

用烘箱设备进行干燥是常见的干燥方法,多用于沉积物样品中无机组分(如常量和微量元素)测定的干燥处理。但是,烘箱干燥过程不适合样品的粒度测定,这是因为湿的细颗粒沉积物会变成难破碎的聚合体。烘箱干燥还会导致含有挥发性与易氧化的有机物或无机物,甚至不挥发性有机物性质的改变,对于要测定这些物质的沉积物样品,烘箱干燥也不适宜采用。

用于地质学研究的沉积物样品,在 100~110℃ 烘箱中加热后,会释放出绝大多数由表面张力(如吸附作用和毛细管作用)保持的吸湿水,吸湿水的量与沉积物的物理性质和矿物成分有关,同时在干燥过程中沉积物的间隙水也会被蒸干,沉积物中的大多数易挥发物质也将随水分的蒸发而流失。如果采用烘箱来干燥那些用于分析挥发性痕量元素(如汞)沉积物样品,推荐的干燥温度为 <60℃ 的低温,当然也可选择冷冻干燥处理。

在干燥过程中,干燥容器的材料应具备抗腐蚀性,盛装待烘干沉积物样品的容器材质,最好选用铝、镍、玻璃或陶瓷制作的坩埚、碟和盘等。用于沉积物干燥的烘箱要具有空气循环和精确控制温度的功能,烘箱温度的控制范围要能满足 40~250℃ 范围的要求。

(3) 冷冻干燥

冷冻干燥(也称冻干法)具有很多优点,是沉积物分析工作者优先选择的样品干燥方法,它可用于分析沉积物中大多数有机污染物及无机物成分的样品干燥。冷冻干燥的原理就是把含有水分的样品,预先进行降温冻结成固体,然后在抽真空条件下使水蒸气直接升华出来,而只留下无水的物质在原处,从而使原物质干燥。冷冻干燥沉积物的主要优点:

① 低温避免不稳定成分的化学变化；② 可以将挥发性成分(包括一些有机化合物)损失最小；③ 干燥后的沉积物颗粒物仍然是分散的；④ 使颗粒物聚合作用最小；⑤ 仍维持了无菌状态；⑥ 最大限度地避免了矿物质和有机化合物氧化作用的发生。

对于某些比较敏感或易挥发的特定有机物成分，冷冻干燥过程可能会对沉积物样品中轻分子量的有机污染物含量有影响。另外，一些如汞和碘的无机组分在冷冻干燥过程中也会有损失。不过冷冻干燥生物组织样品时发现能保留95%～100%的甲基汞或无机汞，因此对于这些汞物质分析的生物样品及沉积物样品，冷冻干燥方法仍可使用。

冷冻干燥样品前常要对样品进行预冻，特别是那些含水量较大的新鲜样品，主要是避免在对冷冻干燥室抽真空时样品的爆沸和飞溅，同时有助于样品的保存。具有预冷冻功能的冷冻干燥机更适合沉积物的干燥，可以将湿沉积物装在合适的容器中直接放进冷冻干燥机。

2. 样品研磨

干燥后的样品往往处于结块状态，即使有碎屑状部分，但由于缺乏代表性和均匀性，一般不能直接提交分析，需要进行适当方法的研磨。对开展一般分析的干沉积物样品，要经过简单粉碎和细研磨两个操作步骤，最后使沉积物样品粒度在149μm(100目)左右。研磨设备的选择一般取决于要研磨沉积物的量、处理的速度、样品的硬度等。此外，研磨是样品受人为接触程度最大的操作，控制人为污染以及研磨中的其他注意事项，也是需要考虑的。

(1) 人工研磨

在样品量较小、时间要求不高的情况下，人工研磨是实验室最常用的方法。人工研磨所需要的最主要设备是研钵和杵。考虑研磨的对象是干沉积物，一般选择直径比较大的研钵和杵，稳定性也较好。另外，考虑研磨过程不可避免地会因研磨设备的磨损对样品可能造成的污染，因此在进行微量金属元素分析时，务必要使研磨设备的磨损尽可能小。市销的研钵和杵，一般用玛瑙、氧化铝、金刚石、瓷和玻璃等材料制成。玛瑙是一种光滑的隐晶质的石英，污染小、抗磨性差、价格昂贵；氧化铝比玛瑙的抗磨性高；金刚石研钵是蓝色金刚砂(蓝宝石粉末)煅烧而成，在组成上接近含少量铁和钛的氧化铝；瓷和玻璃价格相对便宜。市场销售的研钵直径35～200mm不等。因此，分析者可根据样品的分析指标及要求，选择合适的研磨设备质地。考虑研磨对象是风干或烘干的沉积物，一般采用经济性和稳定性较好的瓷研钵和杵，尺寸可选直径120mm及其以上。如果对样品受微量污染的问题特别关注，研钵和杵的质地将根据其耐磨性和目标物含量做更精细的选择。

相对于机械研磨而言，手工研磨比较耗时。但一般认为，手工研磨比机械研磨对研钵和杵磨损要小，因此在研磨量不是很大的情况下，手工研磨仍是可选方法。另外，研磨和后面过筛有时可在顺序上反复交替进行，如未达到完全分散和均质化效果，可交替对样品进行研磨和过筛。

（2）机械研磨

采用研磨机对沉积物样品进行的研磨，常见于专业实验室或大量样品的处理及样品具有地质矿物学特征的情况。较大的空间尺度调查所采集的沉积物样品通常数量较多。在制作成供分析用的代表性样品前，往往需要大量的研磨工作量，用人工方法磨碎样品将非常耗时费力，此时用专用的研磨装置对干燥样品（通常是风干）进行研磨是必要的。

一般研磨只要将样品研磨到100目（149μm）左右即可，但市场上销售的研磨机可把样品研磨到100μm甚至更小颗粒规格。球形和盘形研磨机是常见的机械类研磨设备，对沉积物分散混合很有效，但对颗粒大小的控制效果相对较差。实验室用的球形研磨机是机械旋转的钢或陶瓷容器，容器中填充陶瓷球和1/3体积沉积物样品，粉碎后的颗粒物大小为0.045~3.5mm，可呈充分混合状态。盘磨机属高速粉碎装备，能粉碎不同的矿物成分并形成粒径大致在75~212μm的颗粒混合物。另外，还有一种是锤型研磨机，设计的样品研磨能力为每小时2到几千克，但小的锤磨机仅适用于含有少量<6mm颗粒样品的粉碎。

机械研磨并非只对干沉积物样品进行研磨，如果所用研磨环境不怕水或湿的影响，那么湿法研磨可能就具有优势。在干燥样品的粉末化操作步骤中，表面力会导致细颗粒粉末聚成一团，影响后面的筛分结果。湿法研磨环境则去除了细颗粒的表面力影响，在相同条件下硬质矿物材料（如石英、石榴石、角闪石等）的粉碎程度要小于软质矿物和岩石（如滑石、粘土、石灰石等），任何样品研磨都会得到大小不同的微粒。通过去除细颗粒和筛分掉粗物质部分，可得到粒径150~425μm的级分。在样品研磨过程中应交替进行研磨和过筛，这样才能使样品得到充分混合达到均匀。如果沉积物样品的分析过程（如X射线荧光分析）要求颗粒物尽可能小，在分析前就要把沉积物样品研磨至更细的水平。

3. 样品筛分

筛分是用带孔的筛面把粒度大小不同的混合物料分成各种粒度级别的过程，对于沉积物而言，筛分就是将沉积物样品用筛具分离成不同粒度大小的组分，使每种组分所包含的颗粒物大小相对均一。筛分分湿筛分和干筛分，干筛分主要介绍如下：

（1）筛分要求

常规的沉积物样品分析，通常收集通过100目（0.149mm）孔径筛的沉积物作为分析样品。但以与沉积物颗粒有关的理化特征和作用等为目的的样品收集，很少只以一个孔径的筛孔对沉积物样品进行过筛，往往要用2个甚至10多个系列孔径的筛具对样品进行筛分，因此需要不同网孔孔径的筛具。用于实验室筛分的筛子可有数十个规格，以单位面积（in^2或6.4516cm^2）上有多少孔数（目数）来表示。

常见筛孔目数与筛孔直径对照，见表6-8。理论上表中所列的2.5目（8.00mm）~3000目（0.005mm）甚至更细，即从粗砂到粗粘土范围，都可用筛具将颗粒物分离。有些类型沉积物的极细颗粒部分，不一定适合采用筛具进行筛分，可能需采用其在水或空气介质中的沉降速度来分级。用于分析的沉积物筛分，若不做特别说明，常用的是100目（0.149mm）和200目（0.074mm）筛孔，以及可将中砂（2~0.063mm）和粉砂（0.063~

0.004mm)区分的 230 目(0.063mm)筛孔的筛具。

表 6-8　筛孔目数与筛孔直径对照表

目数	筛孔直径(mm)	目数	筛孔直径(mm)	目数	筛孔直径(mm)
2.5	8.00	60	0.25	400	0.038
5	4.00	70	0.21	460	0.030
10	2.00	80	0.177	540	0.026
18	1.00	100	0.149	650	0.021
20	0.84	120	0.125	800	0.019
25	0.71	140	0.105	900	0.015
30	0.59	200	0.074	1100	0.013
35	0.50	230	0.063	1600	0.010
40	0.42	300	0.050	2000	0.0065
50	0.30	325	0.044	3000	0.005

根据过筛后的样品所需分析项目或实验目的不同，对沉积物样品的筛分大致有三种处理方式：① 把整个沉积物样品全部磨碎过筛，或边研磨边过筛，然后均匀混合后形成待分析样品；② 把整个沉积物样品预先通过一个所需尺寸(如 2mm 或 63μm)的筛网，大于筛网孔径的部分被丢弃，保留通过筛子的那部分混匀后作为分析样品；③ 整个沉积物样品经干(湿)筛分被分成特定大小的组分，然后把收集的各个组分样作为待分析的样品，或把它们进一步研磨成所需的粒径后再分析。

干筛分是最常见的沉积物样品筛分方法，但很多细颗粒(特别是粘粒)，易对筛网形成堵塞影响正常筛分，当遇到对这类沉积物样品的筛分时，则应考虑采用湿筛分方法。此外，有些特殊情况，有时还需要干、湿筛分结合使用。

(2) 人工筛分

实验室沉积物样品的筛分通常是通过人工进行的。过筛前按目数由大到小自下而上将相对应的筛网叠置一起(最下部为接收盘)，放在承接下部样品的搪瓷盘中；把适量沉积物放在最上部的筛网上，盖好网盖，以适当的力度旋转筛网，并辅以间断轻拍筛壁，直到分离完成。每完成一个样品或全部完毕后，所有的筛网都要用软刷或水流清洁筛体内外并干燥。

筛网通常是圆形框架结构，框架采用不锈钢或黄铜材料制作，标准筛一般为直径 20cm，高 2.5cm 或 5cm，用不锈钢或黄铜材料制作的筛网盖和接收盘也是必需的筛分工具。为防止筛网材料污染影响金属测定，则要选用尼龙材料编织的筛网。

(3) 机械筛分

机械筛分是借助筛分仪进行的，它们是利用电磁作用驱动包括筛网在内的设备产生抛掷、往复和旋转，以及声波、气波等使筛网产生振荡等，使颗粒样品达到自动筛分目的的一类仪器。根据筛分仪类型，一次可筛分 2~9 级，可调节筛分时间、配电子天平称量，配微机通信接口及分析软件进行筛分数据的分析和打印。先进的筛分仪还与颗粒分析系统配套使用，借用显微镜、图像采集卡和计算机系统及识别软件，自动将颗粒进行形状分类。此外，还有将颗粒筛分与研磨组合起来的仪器，使工作效率大大提高。常见的样品筛有振动筛、旋振筛和全自动声波粒度仪。

4. 样品缩分

实验室得到的干沉积物样品，初始的获得量往往多于实际的需要量，这就需要在保证样品的代表性前提下，又将沉积物样品的初始量减少到特定的量，这一操作步骤称为缩分。沉积物的缩分一般采用土壤样品处理中的四分法。首先将经干燥混合均匀的所有同一样品的干沉积物放在一干净的纸片中心倾倒成一圆锥堆，然后摊开样品做成圆饼状，等分成四份，按去除掉两个相对的1/4圆部分完成第一次缩分；重复均匀混合，成圆锥堆，四等分，去掉相对1/4缩分各操作步骤，直至缩分后所余样品量达到需要的重量或体积。最后将样品转移到贴有标签的塑料或玻璃瓶中，盖紧密封，储存备用。

五、沉积物样品保存

（一）保存要求与容器

1. 样品保存要求

沉积物的存储条件要根据研究目的和所测定的组分来选择最合适的保护方法。当样品需要分析多个参数时就必须取平行样品或分出一部分子样品，要用不同的保存方法对样品进行保存。取平行样和从样品中分出子样来保存会增加处理过程和时间，应尽量把这两个方面降低到最小影响限度。

保存温度和保存时间是样品保存中两个非常重要的条件。不仅沉积物采集、处理和分析过程要考虑温度的影响，还应对保存温度及其时间做出不同要求。例如，用金属罐、玻璃瓶及塑料袋等容器来保存干沉积物样品，在室温条件下存储即可；但用于测定有机污染物和汞的沉积物样品则应该存储在4℃的冷藏箱中。样品的保存温度越高，挥发性化合物损失或转化的风险也就越大。沉积物样品的保存时间也是有要求和限制的：① 从野外采样到进行分析之前这段时间也必须做相应的保存；② 沉积物样品分析完毕，至少需要保存3个月到半年左右，以防需要重新分析验证；③ 有些特殊的沉积物样品在分析研究中已被作为实验室或同行的对照参考，对于这样的样品一般需要保存数年以上；④ 根据研究需要，一些长期观测的沉积物样品，作为历史资料或可能作为标本的，则需要长期保存；⑤ 一些重要的如经过长周期培养或恶劣环境试验的沉积物样品，也需要做较长时间保存。

2. 样品保存容器

有些容器和工具的材质可能是保存和处理沉积物过程中潜在的污染源，为保护样品不受到污染，需对保存的容器及其材质提出相应要求：① 对重金属分析，可考虑选用聚乙烯密封袋、盒和瓶保存；② 塑料制品的容器和器具往往含有塑化剂成分，对于测定有机污染物含量的沉积物样品，应避免采用塑料材质的容器，可采用不锈钢盒盛放样品；

③ 对于用来分析无机组分的样品,可采用聚乙烯、特氟龙或玻璃器具作为保存容器;④ 用作生物分析的沉积物样品可以用塑料或玻璃容器收集、运输和保存。当不能确定所要保存的沉积物样品以后还将做哪些项目的分析时,建议采用玻璃瓶作为保存样品的容器。此外,聚乙烯、聚丙烯或其他塑料材质制造的不同规格的塑料袋,还可以用来保存湿或干的沉积物样品。

无论是进行常量分析还是痕量分析,为了实现对环境样品所有的成分进行准确分析,研究者在器皿和器物使用时,应该注意:① 尽量减少样品与容器具及外部环境的接触机会;② 检查所有接触样品材料的性质和确认对样品没有潜在的污染性;③ 小心处理样品容器,用合适的清洗剂清洗样品容器和工具;④ 在样品分析中适当进行空白对照测试。

保存沉积物样品的一些常用容器有具螺纹盖的聚乙烯塑料瓶,以及透明或棕色玻璃瓶,为方便装取一般都为广口型。根据需要保存的样品量大小选择合适规格的瓶子。由于玻璃容器最大的缺陷是易破碎,不适宜作低温保存,更不可用于冷冻。因此,如果实验室塑料瓶不存在对样品的污染问题,推荐在样品保存中,尽可能采用塑料广口型容器。当要装填的样品用于无机组分分析时,预洗后的容器应再用稀硝酸溶液洗涤和用纯水冲洗。对于要进行有机组分分析的样品,预洗后的容器则要接着用有机溶剂(如甲醇和二氯甲烷)冲洗后晾干处理。如果是硅酸盐玻璃器皿,其干燥通常是在550℃高温下灼烧。

(二) 临时保存

实际工作中,基于操作上的方便,野外开展的样品临时保存不可能与样品最终的存储方式一致。另外,样品采集后并非立即进行分析,往往先经过一段甚至几段时间的保存,如从沉积物采集后到分样前、分样后到干燥前,以及筛分后到分析前等,根据以上特点及研究上的方便,样品的临时或暂时保存就成了必须选择的方法。临时保存的原则是尽量小地损坏沉积物样品,并力争尽快实现最好的存储条件。

冷藏和冷冻是最常见的临时保存措施。对于要进行化学分析的沉积物样品,冷冻处理是非常合适的处理方法,但冷冻处理不提倡用于进行沉积物生物毒理测试的样品,因为冷冻过程会对沉积物的生物产生影响,推荐采用的是冷藏保存方式。对于采集后的样品临时保存,一般是用聚乙烯塑料袋装好,放入盛有冰块或冰袋的冷藏箱中,常用的冷藏箱体积在 5~60L。如果采集的沉积物样品体积不大,可采用便携式冷藏箱,内部放置若干块已冷冻好的冰袋,以维持箱内处于更长的低温。当在寒冷地区或季节进行样品采集时,为避免沉积物样品结冰,也可用冷藏箱方式实现样品与外界的隔离,从而防止样品在野外结冰。沉积物样品采集后应立即送回实验室,根据采样点的地理位置和每个项目分析前最长的保存时间,选用适当的运输方式。

如果样品必须采用冷冻状态处理,可使用干冰来冷冻样品。当样品送达,而实验室并不具备(或未准备好)马上处理样品的条件时,须把样品立即存储在冰箱或冷冻柜中。但这种保存仅限于临时保存,不能无限期随意放置。根据样品情况,如果超过样品保质期限,则必须弃去重新采样。用于生物测试的样品应该尽快进行分析,原则上应该在 2~7 天内分析完毕。用于进行生物测试的沉积物如果需要长时间存储，在保存期间就应该进行周期性的生物学测试，以确定沉积物生物性质有无发生变化。

在一些研究中，常用灭菌方式来抑制沉积物样品中的微生物活动，以保障样品不受生物性质的影响。灭菌处理可以通过高温灭菌、添加抗生素或添加化学抑制剂（如福尔马林和三氮化钠）来实现。在研究实践中，要根据自己的研究需要和实验室的条件来选择合适的灭菌方法。

由于处于冷藏或冷冻状态的湿沉积物样品较容易污染冷藏容器及样品间，因此在沉积物分析或测试完成后，应立即对冷藏设备及其他储存空间进行清理。

（三）归档保存

完成样品所有分析任务且获得准确满意的数据后，无论对于干性或湿性沉积物，在确认没有保存价值后，均应立即丢弃，释放出更多空间，并减少样品间的交叉污染机会。但是，如果沉积物样品（通常是干性样品）还需要在后续工作或是其他项目继续作为样品使用，那么对于这样的沉积物样品，就要进行归档保存，便于本人或其他研究人员需要时，从沉积物档案库中调出来重新利用。沉积物样品归档保存所需要的信息较之样品编号更为详细，标签内容至少应包含：沉积物的采样地点（湿地名称及经纬度坐标等）、样点编号、采样日期、保存日期、颗粒分级、保存方法、经手人等。干燥沉积物归档保存可以借鉴一些土壤样品的保存方法，较为理想的保存容器是带有螺纹盖的玻璃瓶。沉积物样品的摆放和造册最好按年代和沉积物类型排列，此外，在瓶内必须另附一张有编号的标签，以防瓶上的标签丢失或无法辨认。

为保持沉积物样品原有状态，特别是保护不受微生物活动、氧化还原条件的影响，防止样品中挥发性物质变化和样品性质的显著改变，沉积物样品的保存必须采取低温甚至超低温处理，如−20℃或在液氮中保存。

第二节　湿地沉积物物理指标

一、沉积物基本物理参数

沉积物基本物理参数主要包括pH、Eh、含水率、容重、密度、孔隙度等。其中，pH和Eh与沉积物中相关化学物质和生物状态及活性等相联系；含水率、容重、密度等参数还涉及沉积物干湿状态的差异，或与密实性有关。与土壤不同，自然沉积物是处于为水充满、完全饱和的状态，这使得有些物理参数可以通过其他指标来转换得到。例如，沉积物孔隙度（Φ）可以通过测定的含水率（ω，烘干法）、水的密度（ρ_w）和沉积物密度（ρ_s）计算得到；沉积物干容重、湿容重及含水率之间也存在可计算的互换关系。

（一）pH

沉积物酸碱程度是沉积物主要基本性质之一，是沉积物早期成岩过程中的一个重要指标。沉积物酸碱程度对沉积物中的主要营养物(氮、磷)、重金属的活性和有效态有重要环境意义；当作为着生底质时，沉积物的酸碱性对微生物、根生植物和底栖生物的生长发育也有很大影响。沉积物的酸碱程度一般以 pH 表示。

1. 方法原理

沉积物测量液(悬浊液)的氢离子活性会使玻璃电极的薄膜玻璃两侧之间产生电位差，其内侧电位经内部缓冲液通过内电极导出；外侧电位经待测液体—参比电极液—内部液体，通过参比电极的内部电极导出，将待测液体氢离子活性作为两根电极之间产生的电位差，通过变送器得到传输信号。由于参比电极的电位是固定的，因此该电位差的大小决定了测量液中的氢离子活度，氢离子活度的负对数即为 pH，由传输信号在 pH 计上直接读取。常用指示电极为玻璃电极，参比电极为甘汞电极。

2. 仪器设备

pH 计、玻璃电极、饱和甘汞电极、磁力搅拌器、烧杯、试剂瓶等容器。

3. 试剂溶液

① 标准缓冲溶液(pH 4.01)：称取 10.21g 在 105℃烘过的苯二甲酸氢钾($KHC_8H_4O_4$，分析纯)，用蒸馏水溶解后，定容至 1L。

② 标准缓冲溶液(pH 6.87)：称取 3.39g 在 50℃烘过的磷酸二氢钾(KH_2PO_4，分析纯)和 3.53g 无水磷酸氢二钠(Na_2HPO_4，分析纯)，溶于蒸馏水后，定容至 1L。

③ 标准缓冲溶液(pH 9.18)：称取 3.80g 硼砂($Na_2B_4O_7 \cdot 10H_2O$，分析纯)溶于无二氧化碳的冷蒸馏水中，定容至 1L。

④ 氯化钙溶液(0.01mol/L)：称取 147.02g 氯化钙($CaCl \cdot 2H_2O$，化学纯)溶于 200mL 水中，定容至 1L，吸取 10mL 于 500mL 烧杯中，加 400mL 水，用少量氢氧化钙或盐酸调节 pH 为 6 左右，然后定容至 1L。

4. 测定步骤

① 待测液制备：称取通过 2mm 筛孔的风干沉积物样 10.00g 于 50mL 高型烧杯中，加入 25mL 无二氧化碳的水或氯化钙溶液，用磁力搅拌器(或玻棒)剧烈搅动 1~2min 形成悬浊液，静置 30min 待测。

② 仪器校正：把电极插入与沉积物待测液 pH 接近的缓冲溶液中，使标准溶液的 pH 与仪器标度上的 pH 相一致，然后移出电极，用水冲洗、滤纸吸干后插入另一标准缓冲溶液中，检查仪器的读数，最后移出电极、用水冲洗、滤纸吸干后待用。

③ 测定：把玻璃电极的球泡浸入待测沉积物样的下部悬浊液中，并轻微摇动，然后将饱和甘汞电极插在上部清液中，待读数稳定后，记录待测液 pH。每个样品测完后，立即用水冲洗电极，并用干滤纸将水吸干再测定下一个样品。

5. 允许偏差

两次称样平行测定结果的允许差为 0.1pH；室内严格掌握测定条件和方法时，精密 pH 计的允许差可降至 0.02pH。

6. 注意事项

① 干放的电极使用前应在 0.1mol/L 盐酸溶液或水中浸泡 12h 以上，使之活化。电极不用时可保存在水中，如长期不用可干放在纸盒内。

② 使用玻璃电极时，应先轻轻晃动电极，使其内溶液流入球泡部分，防止气泡的存在。

③ 使用饱和甘汞电极时，注意补充充足饱和氯化钾的内溶液和氯化钾固体，不用时前端用橡皮套套紧干放；使用时要将电极测口的小橡皮塞拔下，让氯化钾溶液维持一定的流速。

④ 在较为精确的测定中，每测定 5~6 个样品后，需要将饱和甘汞电极的顶端在饱和氯化钾溶液中浸泡一下，以保持顶端部分为氯化钾溶液所饱和，然后用 pH 标准缓冲溶液重新校正仪器。

⑤ 在将沉积物制成悬浊液和静置待测过程中，应避免空气中氨或挥发性酸性气体等对待测液的影响。

⑥ 采用复合电极测定沉积物 pH 已越来越普遍，特别是该法直接用于野外沉积物测定时显得更加方便。具体做法：先用去离子水充分冲洗电极，将其直接插入刚取出的沉积物样品中，平衡 1~2min，读取 pH 值，反复读取 3 次左右，取其平均值。

⑦ 选择一个合适的水土比例是非常重要的，国际土壤学规定水土比为 2.5:1。由于沉积物出水后，pH 受环境的影响较大，较高的水沉积物比，如 1:1 甚至饱和沉积物较好，越是接近原状沉积物结果越准确。对原状沉积物的 pH 测定，表层因含水率高孔隙率大，比较容易直接测定，但下层就相对难甚至不可能。随着坚固的玻璃电极的出现，对于一般水分含量的沉积物也有可能进行原位的测定。

(二) 氧化还原电位

氧化还原电位 Eh 也称为 ORP(oxidation-reduction potential)，是沉积物环境条件的一个综合性指标，它表征介质氧化性和还原性的相对程度，对沉积物的化学和生物学过程有重要的影响，是理解沉积物性质和过程的重要参数。控制沉积物 Eh 的元素主要为价态易变且含量较大的 Fe、Mn、C、S 等元素，其在电极上的电对反应接近沉积物内氧化还原反应的准平衡态。氧化还原电位的数值越大，说明沉积物中氧化剂所占的比例越大，氧化能力越强。一般认为 Eh 在 -200~200mV 的沉积物具有还原性，>200mV 具有弱或强氧化性。

1. 方法原理

氧化还原电位(Eh)值与沉积物中氧化剂和还原剂相对含量之间的关系密切，沉积物中氧化剂与还原剂之间的比值是 Eh 值的主要决定因素。采用氧化还原电极电位标准溶液(醌氢醌饱和缓冲液，25℃ Eh 为 221mV)为校正液，铂电极为指示电极，饱和甘汞电极为参比电极，现场对沉积物内部进行测定，将获得沉积物氧化还原电位。

2. 仪器设备

电位仪(毫伏计)、铂丝电极、饱和甘汞电极、烧杯(100mL、250mL)、容量瓶

(100mL)。

3. 试剂溶液

① 醌氢醌($C_{12}H_{10}O_4$，分析纯)。

② 邻苯二甲酸氢钾($C_8H_5KO_4$，分析纯)。

③ 缓冲溶液：在115℃±5℃对邻苯二甲酸氢钾烘干2~3h，于干燥器中冷却至室温。称取烘干的邻苯二甲酸氢钾1.012g，置于100mL烧杯中，加水溶解，全量转入100mL容量瓶中，加水至刻度。加入少量醌氢醌使其饱和，储存于聚乙烯瓶中，此溶液pH为4.01。

④ 硝酸溶液(1+1)：1体积硝酸(1.42g/mL)与1体积水均匀混合。

4. 测定步骤

① 电极检查及校正：以铂电极为指示电极，连接仪器的(+)极；以饱和甘汞电极为参比电极，连接仪器的(-)极。接好线路，将两极浸入pH为4.01用醌氢醌饱和的缓冲溶液中，开启电源，测定E值，看是否与理论值(25℃时为221mV)相符。当测定值与理论值之差超过5mV时，应酸化处理或更换铂电极。

② 酸化处理：如测定值与理论值之差超过5mV，将电极置于1+1硝酸溶液中，缓慢加热至近沸，并保持5min，冷却后将电极去除，用去离子水洗净。

③ 样品准备：取刚采集的沉积物样品，迅速装入100mL烧杯中(约半杯)，样品力求保持原状，避免空气进入。

④ 测定：将已固定好的铂电极和饱和甘汞电极插入沉积物样品，深度约为3cm，电极间距3~5cm；开启电源，按下读数开关，待电位平衡后读数(一般约3min)，改变电极位置，重复测定3次，取平均值。

5. 结果计算

由于仪器上测得的电位值是E值与饱和甘汞电极的电位差，需按以下公式进行计算沉积物的氧化还原电位：

$$E = E_0 + E_b$$

式中：E为沉积物的氧化还原电位(mV)；E_0为饱和甘汞电极的电位(mV)；E_b为仪器上测得的电位(mV)。

25℃时，E_0=243mV，温度每增加10℃，E_0降低6~7mV。由于E的最小读数误差为5mV，所以温度变化不显著时，可不作校正。

6. 注意事项

① 所用的试剂为分析纯，水为蒸馏水或等效纯水。

② 沉积物的E值受空气及微生物活动影响而极不稳定，采样后应立即测定。

③ 如果现场条件允许，也可在采泥器中直接测定。对于抓斗式采样器，打开采泥器耳盖，将电极插入代表性位置和深度；对于柱状采样器，在沉积物柱芯保持垂直状态下，用接管法将沉积物芯样顶入(或移入)近管口处，立即测定。

④ 铂丝电极处理步骤：先将铂丝洗净，然后浸入三氯甲烷或乙醚中搅动约 1min，用水洗净后，再浸入 50mg/mL 重铬酸钾或 5%~10% 过氧化氢溶液中搅动约 1min，用水洗净后备用。

⑤ 当温度不是 25℃ 时，可通过温度校正来计算缓冲液 pH。

（三）含水率

水在沉积物中的存在状态分为三类，即自由水、结合水和化合水，如不特别指明，含水率是指试样在 105~110℃ 温度下烘干恒重时所失去的水分质量与达恒重后干试样质量的比值，以百分数表示，它是指自由水和吸附水在试样中的总含水质量分数(%)。

自由水(free water)也称游离水，在沉积物孔隙中具有流动性，是沉积物孔隙中不受沉积物颗粒吸附并可移动的水分，主要存在于沉积物颗粒或团块间的间隙中，因此也称为间隙水(interstitial water)或孔隙水(pore water)。在湖底，沉积物处于长期淹水或为水体充分饱和，沉积物颗粒间的孔隙被自由水所填充，因此对沉积物采用吸湿、自然风干等简单处理就可排出绝大多数自由水。结合水(bound water)也称吸附水(adsorbed water)，是吸附和结合沉积物上或是渗入沉积颗粒表层或沉积物集合体中的普通水，呈水分子(H_2O)或H_2O^-状态，含量不固定。常压下，当温度达到 100~110℃ 或更高一点时，吸附水可全部从沉积物中逸出。化合水(combined water)是参加矿物晶格构造的水，呈受束缚状态，其中一类叫结晶水(crystal water)，以 H_2O 分子状态存在于矿物晶格中，在不超过 300℃ 环境下通过灼烧即可排出；另一类叫结构水(constitutional water)，是按一定比例和其他物质组成矿物晶格，以 H_3O^+、H_2O^+、OH^- 甚至 H^+ 等形式存在于矿物晶格中，需要 >300℃ 温度(300~1300℃)环境才能分解放出。另外，还有一类是介于结晶水和吸附水之间的过渡性质的水，它位于矿物的层状格架中，叫层间水(interstratified water)，水分可以进入层间，使层状格架间距加大，又可排出水分，使层状格架间距缩小。

沉积物的三类水中，自由水因可作为沉积物中物质的溶剂(溶媒)，也是微生物繁殖和植物根可利用吸收的水，特别是其在沉积物中的移动与污染物的迁移、释放、转化有密切关系，所以在水环境中，对自由水的测定和研究具有重要意义。沉积物中水分的分析有多种方法，自由水和吸附水一般采用重量法；化合水则有灼烧法、吸收重量法、气相色谱法、库仑法等。

1. 重量法

(1) 方法原理

重量法又称烘干法，是将已知重量的沉积物湿样(或风干样)，置于 105~110℃ 下烘干至恒重，前后的质量差与烘干前的质量之比，以百分数(%)表示。由于在此温度下，包括吸附水均可逸出，所以此质量比值即为沉积物的含水率。重量法用于不同状态下的沉积物试样，所获得的水分有所不同。对于去除自由水后的风干试样，所获得的含水率是沉积物中吸附水的部分，如果湿沉积物直接采用此法，则所获得的含水率是沉积物中自由水和吸附水的合计部分。因此，在不特定指明下，后者的质量分数(%)一般指沉积物含水率。

(2) 仪器设备

① 分析天平：感量 0.1mg。

② 称量瓶：玻璃质，或带盖聚四氟乙烯盒。

③ 分样刀：有机玻璃。

④ 烘箱：温度误差<±2℃，有排气功能。

(3) 操作步骤

① 称量瓶烘干：将洗干净的空称量瓶半开盖置于110℃的烘箱中，干燥1h，打开烘箱门，盖好瓶盖，取出称量瓶，放入干燥器内。

② 称量瓶恒重：将干燥器内的称量瓶冷却40min，称重；然后进行同样操作，即将称量瓶置于110℃的烘箱中，再烘干30min，取出放入干燥器内，冷却40min，直至恒重。

③ 试样称量：称取约1g自然风干沉积物试样，精确到0.1mg。

④ 试样烘干：将试样小心置于已恒重的称量瓶中，轻轻晃动使试样均匀地平铺于底部，半开瓶盖，置于110℃的烘箱中，干燥5h，打开烘箱门，盖好瓶盖，取出称量瓶，放入干燥器内。

⑤ 试样恒重：将干燥器内的称量瓶冷却40min称重；然后进行同样操作，即将称量瓶置于110℃的烘箱中，再烘干1h，取出放入干燥器内，冷却40min，称量，直至恒重。

(4) 结果计算

计算结果以质量分数计，数值以%表示，计算公式：

$$\omega = \frac{m_1 - m_2}{m} \times 100$$

式中：ω 为沉积物含水率(%)；m_1 为干燥前试样与称量瓶质量(g)；m_2 为干燥后试样与称量瓶质量(g)；m 为试样质量(g)。

(5) 允许偏差

每个样品做两次测定，含水率的差值≤10%。对于平行测定结果，水分<5%的风干试样误差不得超过0.2%；水分为5%~25%的潮湿试样，误差不得超过0.3%；水分>15%的粘重潮湿试样误差不得超过0.7%，相对误差≤5%。

(6) 注意事项

① 干燥器内要盛放干燥硅胶。

② 质量计算保留到小数点后两位。

③ 如果沉积物样品中含有较多量的有机质或易氧化物质(如硫)，采用烘干法将带来很大的误差，应考虑采用在真空干燥箱60~80℃下烘干的方法测定。

2. 双球管灼烧重量法(平菲尔特法)

沉积物化学成分中 SiO_2、Al_2O_3 含量较高，属硅铝酸盐物质，由其生长环境及成因所致含化合水(H_2O^+)。化合水在结构中占有一定的位置，须加热至相当高的温度才能使水脱失，并伴随有因结构变化发生的放热效应。在测定深水沉积物特别是咸水湖和盐水湖沉积物样品时,因样品中含氯较高,会出现以重量法获得的化合水中结果偏高的情况。对于此类试样或水环境情况,需要对 Cl^- 的干扰进行消除或校正。

(1) 方法原理

试样置于平菲尔管(双球管)末端的圆球内,高温灼烧,逸出的水分凝聚于中部的圆球中形成冷凝水。冷凝水经莫尔法(Mohr Method)对 Cl^- 含量校正后,即为化合水量。莫尔法即在中性或弱碱性溶液中,硝酸银标准液直接与氯离子反应生成白色沉淀,反应式:

$$NaCl+AgNO_3 \longrightarrow AgCl\downarrow +NaNO_3$$

当水样中氯离子全部与硝酸银反应后,由于 AgCl 的溶解度 $[K_{sp}=1.77\times10^{-10}, s=(K_{sp})^{1/2}=1.33\times10^{-5}]$ 比 $Ag_2CrO_4[K_{sp}=2.0\times10^{-12}, s=(K_{sp}/4)^{1/3}=7.94\times10^{-5}]$ 小,过量一滴 $AgNO_3$ 溶液即与 K_2CrO_4 反应,生成砖红色 $Ag_2CrO_4\downarrow$ 沉淀,表示到达终点,反应式:

$$2AgNO_3+K_2CrO_4 \longrightarrow Ag_2CrO_4\downarrow +2KNO_3$$

(2) 仪器设备

① 平菲尔特管:长 150~200mm,内径 6~8mm,见图 6-5。

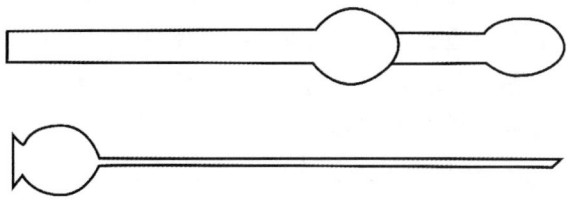

图 6-5 平菲尔特管(上)和长颈漏斗(下)示意图

② 长颈漏斗:细管。

③ 橡皮塞:带有毛细玻璃管。

④ 滴定管。

⑤ 锥形瓶:250mL。

⑥ 天平:感量 0.1mg。

⑦ 喷灯。

(3) 试剂试液

① 硝酸溶液(0.1mol/L):取浓硝酸(16mol/L)6.25mL,加入已预装约 100mL 蒸馏水的 1000mL 容量瓶中,用蒸馏水稀释至刻度。

② 乙醇(95%,分析纯)。

③ 氢氧化钠溶液(0.1mol/L):称取 4.001g 固体氢氧化钠(分析纯),溶解于 1000mL 蒸馏水中。

④ 氯标准溶液(0.5mg/mL):称取 0.8242g 基准氯化钠(NaCl,500℃±10℃ 灼烧 6h,并于干燥器中冷却至室温),置于 250mL 烧杯中,用水溶解,移入 1000mL 容量瓶中,稀释至刻度,摇匀。

⑤ 硝酸银标准滴定液:称取 2.40g 硝酸银($AgNO_3$,优级纯),置于 250mL 烧杯中,

用水溶解，移入1000mL棕色容量瓶中，稀释至刻度，摇匀，待标定。

⑥铬酸钾溶液(50g/L)：称取5g铬酸钾(分析纯)溶于80mL水中，滴加硝酸银标准滴定溶液至出现橘黄色的铬酸银沉淀，放置过夜，慢速滤纸过滤后，用水稀释至100mL，摇匀。

⑦酚酞溶液(5g/L)：称取0.5g酚酞溶于50mL 95%乙醇中，并用其稀释至100mL。

(4) 操作步骤

①试样粗称：称取已在110℃干燥5h，并置于干燥器中冷却至室温的沉积物0.5~0.7g，精确到0.1mg。

②平菲尔特管称量：将平菲尔特管和长颈漏斗洗净并烘干，称取管质量(m_1)。

③装样称量：通过长颈漏斗，将试样倒入平菲尔特管末端的玻璃球中，再称盛有试样的平菲尔特管质量(m_2)，第二次质量与第一次质量之差，为所取试样的质量。

④装置准备：在平菲尔特管开口的一端，塞上带有毛细管的橡皮塞，用浸过冷水的湿布缠住中间的空球，将管子置于水平位置上，然后使开口一端稍微向下倾斜。

⑤灼烧与凝聚：用喷灯从低温到高温灼烧装有试样的玻璃球，不时转动管子，使之受热均匀，以免玻璃球软化下垂，并不时向湿布处滴加冷水，使试样中逸出的水分充分冷凝。强热灼烧10~15min后，冷却至室温(水分应凝聚管壁)，将湿布及带毛细管的橡皮塞取下，用干布擦干平菲尔特管外壁，称其质量(m_3)。

⑥玻璃管烘干与称重：将玻璃管中的冷凝水小心移至250mL锥形瓶中，作为氯的待测液A；然后将玻璃管放入烘箱，在105~110℃干燥2~3h，取出，冷却至室温，称其质量(m_4)。

⑦硝酸银标准滴定液标定：移取25.00mL氯标准溶液(0.5mg/mL)于250mL锥形瓶中，加25mL水、1mL铬酸钾溶液(50g/L)，用硝酸银标准滴定液滴定至出现稳定的橘黄色或砖红色为终点。同时，取50mL水做空白滴定对照。

⑧氯量测定：用水将上述氯的待测液A体积调整为50mL，加2滴酚酞溶液，用氢氧化钠溶液调至红色出现，再用0.1mol/L硝酸调至红色恰好褪去。加1mL铬酸钾溶液，用硝酸银标准滴定液，滴定至出现稳定的橘黄色为终点。同时，取50mL水做空白滴定。

(5) 结果计算

①硝酸银标准滴定液对氯的滴定度(T)计算：

$$T = \frac{c \cdot V_1}{V - V_0}$$

式中：T为硝酸银标准滴定液对氯的滴定度(mg/mL)；c为氯标准溶液浓度(mg/mL)；V_1为移取氯标准溶液的体积(mL)；V为消耗硝酸银标准溶液的体积(mL)；V_0为空白消耗硝酸银标准滴定液体积(mL)。

②氯量计算：

$$\omega(\mathrm{Cl}) = \frac{T \times (V - V_0) \times 10^{-3}}{m_2 - m_1} \times 100$$

式中：$\omega(Cl)$ 为氯的质量分数(%)；T 为硝酸银标准滴定液对氯的滴定度(mg/mL)；V 为滴定溶液 A 所消耗硝酸银标准滴定液体积(mL)；V_0 为滴定空白所消耗的硝酸银标准滴定液体积(mL)；m_1 为平菲尔特管质量(g)；m_2 为试样与平菲尔特管合计质量(g)。

③ 化合水含量计算：

$$\omega(H_2O^+) = \frac{m_3 - m_4}{m_2 - m_1} \times 100 - \omega(Cl)$$

式中：$\omega(H_2O^+)$ 为沉积物中化合水质量分数(%)；m_1 为平菲尔管质量(g)；m_2 为试样与平菲尔管合计质量(g)；$m_3 - m_4$ 为冷凝水(化合水与氯合计)质量(g)。

(6) 允许偏差

莫尔法测定水中氯的两个平行结果之差≤0.5mg/L。该法测定化合水的精度：当化合水含量(ω)在 5.14%～6.00%时，重复性 $r = -0.81 + 0.19\omega$，再现性 $R = -0.31 + 0.12\omega$。

(7) 注意事项

① 在强热灼烧使试样分解后，应将末端玻璃球烧熔拉掉，不可让试样流入玻璃管中。

② 该法对化合水量的测定范围为 0.5%～10%(质量分数)。

③ 沉积物化合水含量一般都很小，称量应尽可能采用精密天平，滴定和计算中要保留更多的有效数字。

④ 滴定终点比较难判断，锥形瓶下最好放一张白纸；另外铬酸钾指示剂不可加多也不可加少，否则会影响结果准确性。

(四) 容重

容重是反映沉积物紧密程度的一个重要指标，单位 g/cm^3。自然沉积物占据的空间包括了孔隙所占的体积，因此沉积物容重总是小于沉积物颗粒的比重。沉积物容重数值即使在同一个区域甚至同一个测点的垂直方向上，都可能变幅很大，这种变动是受沉积物的质地、结构、松紧度和有机质含量等影响。例如，砂质沉积物虽然孔隙粗，但总孔隙量少，所以容重较大，而粘土则会相反。另外，具有团粒结构的沉积物比板结的沉积物容重小。表层沉积物较疏松且多含有机质，容重小，中下层则相反，容重比表层大。容重是反映沉积物底质性质的一个基础数据，可间接地衡量底质中有机质含量的大小和是否适宜水体根生植物和底栖生物在沉积物上的生长和着生。

容重有湿容重和干容重两种表达形式，湿容重与沉积物的含水率和固体颗粒数量有关，干容重则由沉积物孔隙和固体数量决定。沉积物的容重分析方法主要借用土壤分析中的环刀法，但对于可塑性较差(如半流体状的表层沉积物)，则可用金属容器代替环刀。

1. 环刀法

环刀法测定沉积物容重与环刀法测定湿地土壤容重方法类似。

(1) 方法原理

用一定容积的环刀，切割自然状态下的沉积物，使沉积物恰好充满环刀容积，称量后计算单位体积沉积物湿容重(γ_w)；若再将装有湿沉积物样品的环刀开盖后放入烘箱(105～

110℃)烘干,称重计算也可得沉积物干容重(γ_d)。

(2)仪器设备

① 不锈钢环刀：用无缝钢管制成,一端有刀口,容积100cm³(高5cm,半径2.52cm)。

② 环刀托：上有两个孔,在环刀采样时,空气由此排出。

③ 切泥刀：可选用不锈钢材质,刀口要平直。

④ 小铁铲。

⑤ 木锤。

⑥ 天平：感量0.01g。

⑦ 电热恒温干燥箱。

⑧ 干燥器。

(3)试剂

凡士林。

(4)测定步骤

① 环刀称重：逐个称取环刀质量(m_1),精确至0.01g,对于采集含水率较低的下层样品,采样前先在环刀内壁均匀地涂上一层薄薄的凡士林。

② 样品位置选择：沉积物上下层容重一般差异较大,根据分析需要(如色泽、层理、等距等)选择好柱状沉积物采样层或段,采样位置在每层或段的中部。

③ 环刀取样：自上而下用环刀对底泥进行取样。对于中下层采样,先用切泥刀削平采样层泥面,将环刀托套在环刀无刃的一端,环刀刃朝下,均衡用力地对环刀托把施压,将环刀垂直压入土中。用小铁铲将环刀周围的沉积物剥去,在环刀下方切断,并使其下方留有一些多余的沉积物。

④ 样品修整：取出环刀,将其翻转,刃口朝上,用切泥刀迅速刮去粘附在环刀外壁上的沉积物,然后从边缘向中部用切泥刀削平泥面,使之与刃口齐平。盖上环刀顶盖,再次翻转环刀,使已盖上顶盖的刃口一端朝下,取下环刀托,同样削平无刃口端的泥面并盖好底盖。

⑤ 样品称重：将装有沉积物样的环刀迅速带回室内,在天平上称取环刀及湿样质量(m_2)。

⑥ 烘干：打开环刀盖,将装有样品的环刀盒及盖子放入烘箱,于105~110℃烘干6~8h,然后在干燥器中冷却至室温(约30min),称重;再烘2h,冷却再称,如此反复至恒重(前后两次称量之差≤0.02g),记为m_3。

(5)结果计算

① 湿容重：

$$\gamma_w = \frac{m_2 - m_1}{V}$$

式中：γ_w为沉积物湿容重(g/cm³);m_2为环刀及湿沉积物质量(g);m_1为环刀质量(g);

V 为环刀容积(cm^3)。

② 干容重：

$$\gamma_d = \frac{m_3 - m_1}{V}$$

式中：γ_d 为沉积物干容重(g/cm^3)；m_3 为环刀及干沉积物质量(g)；m_1 为环刀质量(g)；V 为环刀容积(cm^3)。

(6) 允许偏差

平行测定结果允许的绝对差≤0.02g/cm^3。

(7) 注意事项

① 如果沉积物较密实，环刀不易插入时，可用木锤轻轻敲打环刀把，待整个环刀全部压入沉积物中，且沉积物面即将触及环刀托的顶部(可由环刀托盖上的小孔窥视)时，停止敲击。

② 湿容重的测定也可将装满沉积物样的环刀，直接于105℃±2℃恒温干燥箱中烘至恒重，在百分之一精度天平上称重，得到烘干沉积物样的干重(W_d)，结合环刀容积(V)计算沉积物容重为 $\gamma_w = W_d/V$。

③ 对于垂向采样密度要求高(如1cm 和0.5cm 间隔)的沉积物容重分析，且平行要求高、样品量较少时，可考虑适当减小环刀尺寸(体积 V)的方式来达到，允许的绝对差将会有所增加。

2. 金属盒法

(1) 方法原理

将沉积物装满已知容积的带盖金属盒，称量后计算单位体积沉积物湿容重(γ_w)；再将装有湿沉积物样品的金属容器开盖后放入烘箱(105~110℃)烘干，称重计算，即可得沉积物干容重(γ_d)。

(2) 仪器设备

① 金属盒：容积100cm^3，一般采用圆形铝盒。

② 天平：感量0.01g。

③ 电热恒温干燥箱。

④ 干燥器：内盛无水 $CaCl_2$ 或变色硅胶等吸湿剂。

⑤ 刮刀：金属。

⑥ 玻璃棒。

(3) 测定步骤

① 空盒称重：将已知容积的带盖金属盒放于105~110℃恒温干燥箱中，烘干1h，在干燥器中冷却30min 后称量，反复以上操作直至恒重(m_1)。

② 装样：将沉积物试样中的杂物去除，然后混合均匀，用玻璃棒将沉积物填入金属盒，充满不留空隙，使试样略高出金属盒沿口，用刮刀将多出部分切去，抹平，盖上盖。

③ 称样：立即在天平上称取金属盒及湿样质量(m_2)，精确至 0.01g。

④ 烘干：打开盒盖，将装有样品的金属盒及盖子放入烘箱，于 105~110℃烘干 6~8h，然后在干燥器中冷却至室温（约 30min），称重；再烘 2h，冷却再称，如此反复至恒重（前后两次称量之差≤0.02g），记为 m_3。

(4) 结果计算

湿容重(γ_w)和干容重(γ_d)的计算，参见方法 1：环刀法。

(5) 允许偏差

平行测定结果允许绝对差≤0.02g/cm³。

(6) 注意事项

① 对于半流体等可塑性差的沉积物（如表层沉积物），采用环刀法难以达到取样要求，可考虑采用金属盒盛装的方法测定容重。

② 本方法是环刀法的替代方法，一般只应用于实验室内（特别是沉积物试样的取样部分），适用于表层沉积物测定。

③ 该法的误差很大部分来自于试样在金属盒中的填满程度，因此装样时务必做到不留空隙。

（五）烧失量

烧失量(loss on ignition，LOI)是指沉积物在一定的高温条件下样品损失的量，单位%。沉积物具有多种组成成分，由于其中的某些成分在一定温度条件下会发生挥发、燃烧以及分解等物理、化学过程，因此烧失量能够表示沉积物中某些组成成分的含量。有机碳含量与烧失量之间一般有很好的相关性，在一定条件下可以用烧失量估算沉积物中有机碳的含量。因此，烧失量经常被用作湿地沉积物中有机质含量的量度。

(1) 仪器设备

① 高温电炉。

② 分析天平。

③ 干燥器。

④ 瓷坩埚或铂坩埚。

⑤ 坩埚钳。

(2) 测定步骤

① 先将空坩埚置于高温电炉中，经 550℃高温电炉灼烧 30min，取出后在干燥器中冷却 20~30min，称取质量。然后再在同样温度下灼烧 30min，同样冷却称量，直至两次质量相差不超过 0.5mg（即恒定质量），此为灼烧的空坩埚质量。

② 称取 1.0000~2.0000g 预先烘干处理的沉积物样品于已知质量的坩埚中。把坩埚置于高温电炉中，从低温开始灼烧，至 550℃灼烧 5h，取出稍冷，放于干燥器 20~30min 后称量，然后再放入高温电炉中 550℃灼烧 30min，冷却后称量，直至前后二次质量相差不超过 0.5mg，即达恒定质量。

(3) 结果计算

烧失量计算公式：

$$LOI = \frac{W_s - W_r}{W_s} \times 100$$

式中：LOI 为烧失量(%)；W_s 为干沉积物质量(g)；W_r 为无机残渣质量(g)。

(4) 注意事项

① 有机质含量高的沉积物样品，可预先放在四孔小电炉上碳化后，再放入高温电炉中灼烧。

② 坩埚放入干燥器中平衡时间要尽量一致，称量时应越快越好，以免样品吸湿。称量时切不能用手直接拿取坩埚，可戴上隔热手套拿取，也可用坩埚钳夹取。

(六) 磁化率

磁化率是物质被磁化难易程度的一种量度，是一个无量纲的纯数。沉积物的磁化率分析广泛用在第四纪古气候研究中，不同类型沉积物磁化率的解释可能存在明显的差异。由于河流沉积的粒度组合与水动力关系密切，因此河流堆积的磁化率主要反映水动力状况，而与气候之间不存在直接联系；湖泊沉积的磁化率与粒度、孢粉组合变化、磁性矿物含量等具有相关关系，因而湖泊沉积的磁化率有一定的古气候意义，但也与湖水动力状况有关；风沙沉积物的磁化率特征与粒度关系密切，由于风积物的粒度与风力大小有直接关系，因此风沙沉积的磁化率可以反映风力的变化，也可以作为古气候的代用指标。通过对文化层的磁化率测试，还发现受人类活动影响的地层磁化率值偏大，所以磁化率也可以用来反映人类活动的强弱。

称取约 2g 的干燥未研磨沉积物样品，于磁化率仪 (MS2，Bartington) 中测定磁化率 3 次，取其平均值为样品磁化率。

二、沉积物颗粒物理性质

沉积物是由无数个颗粒物堆积而成，个体颗粒物就是沉积物的基本单元。不同尺寸的颗粒物具有不同的比表面，较细的沉积物颗粒(如粘土)一般较粗颗粒(如粉砂)具有更强的吸附能力和再悬浮能力。另外，即使尺寸相同，颗粒形态和表面物性的不同也会使颗粒物的吸附分形特征迥异。沉积物(泥沙)颗粒与污染物之间最具有环境意义的相互作用主要是在颗粒物表面，其表面性质直接影响表面反应，而沉积物(泥沙)表面性质是沉积物最基本理化参数。所以，了解个体颗粒物的主要物理性质(如粒度、比重、比表面等)对于研究沉积物的基本物理性质的形成、水体颗粒物沉降、再悬浮及对物质的吸附等都非常重要。

(一) 粒度

粒度(grain size)是表征颗粒大小的量度，有体积值和线性值之分。体积值一般以标准直径 d_n 表示(也有较多采用 φ 粒度值的方法，即 $\varphi = -\log_2 d_n$)。线性值是针对形态不规整的颗粒，多以最长直径 d_L、最短直径 d_J 和中间直径 d_I 表示。沉积物中的颗粒数量巨大，粒度值几乎各不相同，实际采用的表达方式是给出两个标准直径之间的分级所占总量的百分比。传统方法是以95%的样品所通过的筛孔尺寸(mm或网目)表示，随着分析技术的改进，此类分析技术和表示方法也有了一定变化。沉积物粒度的测定大致可以分为五类，即沉降法、筛分法、激光法、显微图像法和电阻法。其中，沉降法还分为粒径计法、比重计法和光透法，虽然准确性各有差异，但不同的方法往往适用于不同的粒径范围。例如，筛分法适用于>0.074mm的颗粒部分；比重计(或密度计)法和移液管法适用于粒径<0.074mm的土；激光衍射法则适用于粒径相对较小(0.1~3mm)的颗粒等。若试样中粗细兼有，则可考虑联合使用筛分法、密度计法、移液管法。沉降法、筛分法是两种无需精密仪器的实验室常用方法。

1. 沉降法

(1) 方法原理

沉降法是利用颗粒在介质中的沉降速度来测定颗粒尺寸及其粒度分布的方法。试样经处理制成悬浮液，然后自然沉降，用根据司笃克斯(STOKES)特制的土壤比重计，于不同时间测定悬液密度的变化，并根据沉降时间、沉降深度下的比重计读数，计算出土粒粒径大小及其含量百分数。

(2) 仪器设备

① 土壤比重计：甲种，刻度为0~60g/L。

② 沉降筒：1L。

③ 洗筛：直径6cm，孔径0.2mm。

④ 搅拌棒：带橡皮垫(有孔)搅拌棒。

⑤ 恒温干燥箱。

⑥ 电热板。

⑦ 秒表。

⑧ 三角瓶：500mL。

⑨ 小漏斗。

(3) 试剂试液

① 1/6 六偏磷酸钠溶液(0.5mol/L)：称取51.00g 六偏磷酸钠(化学纯)，加水400mL，加热溶解，冷却后用水稀释至1L。

② 1/2 草酸钠溶液(0.5mol/L)：称取33.50g 草酸钠(化学纯)，加水700mL，加热溶解，冷却后用水稀释至1L。

③ 氢氧化钠溶液(0.5mol/L)：称取20.00g 氢氧化钠(化学纯)，加水溶解并稀释至1L。

(4) 测定步骤

① 试样自然含水率测定：参见本节含水率测定方法(重量法)。

② 称样：称取经风干过 2mm 孔径筛的试样 50.00g 于 500mL 三角瓶中，加水润湿。

③ 加分散剂：根据试样的 pH 加入不同的分散剂(石灰性试样加 60mL 0.5mol/L 1/6 六偏磷酸钠溶液；中性试样加 20mL 0.5mol/L 1/2 草酸钠溶液；酸性试样加 40mL 0.5mol/L 氢氧化钠溶液)，再加水于三角瓶中，使固液体积约为 250mL。

④ 加热：在瓶口放一小漏斗，摇匀后静置 2h，然后放在电热板上加热，微沸 1h，煮沸过程中要经常摇动三角瓶，以防样品颗粒沉积于瓶底结成硬块。

⑤ 过筛：将孔径为 0.2mm 的洗筛放在漏斗上，再将漏斗放在沉降筒上，待悬液冷却后，通过洗筛将悬液全部进入沉降筒，直至筛下流出的水清澈为止；但洗水量不能超过 1L，然后加水至 1L 刻度。

⑥ 砂粒称重：将留在洗筛上的砂粒用水洗入已知质量的铝盒内，在电热板上蒸干后移入烘箱，105℃±2℃下烘干 6h，冷却后称重(精确至 0.01g)，并计算砂粒含量百分数。

⑦ 悬液温度测量：将温度计插入有水的沉降筒中，并将其与装待测悬液的沉降筒放在一起，记录水温，即代表悬液的温度。

⑧ 悬液密度测定：将盛有悬液的沉降筒放在温度变化小的平台上，用搅拌棒上下搅动 1min(上下各 30 次，搅拌棒的多孔片不要提出液面)。搅拌时，悬液若产生气泡影响比重计刻度观察，可加数滴 95% 乙醇除去气泡，搅拌完毕后立即开始计时，于读数前 10~15s 轻轻将比重计垂直地放入悬液，并用手略微挟住比重计的玻杆，使之不上下左右晃动，测定开始沉降后 30s、1min、2min 时的比重计读数(每次皆以弯月面上缘为准)，并记录，取出比重计，放入清水中洗净备用。

按规定的沉降时间，继续测定 4min、8min、15min、30min 及 1h、2h、4h、8h、24h 等时间的比重计读数。每次读数前 15s 将比重计放入悬液，读数后立即取出比重计，放入清水中洗净备用。

(5) 结果计算

① 试样自然含水率(ω)利用重量法测定。

② 烘干试样质量的计算：

$$m_d = \frac{m_w}{\omega + 1000} \times 1000$$

式中：m_d 为烘干试样质量(g)；m_w 为风干试样质量(g)；ω 为试样自然含水率(g/kg)。

③ 粗砂粒(2.0mm≥D>0.2mm)含量的计算：

$$C_{2.0\sim 0.2} = \frac{C_{0.2}}{m_d} \times 100$$

式中：$C_{2.0\sim 0.2}$ 为 2.0~0.2mm 粗砂粒含量(%)；$C_{0.2}$ 为留在 0.2mm 孔径上的烘干砂粒质量(g)。

④ 0.2mm 粗粒以下，小于某粒径颗粒的累积含量的计算：

$$C_{<D} = \frac{n + n_c + n_T - s}{m_d}$$

式中：$C_{<D}$ 为小于某粒径(D)颗粒含量(%)；n 为比重计读数；n_c 为比重计刻度弯月面校正值；n_T 为温度校正值；s 为分散剂量(g)。

⑤ 对于粒径的计算，0.2mm 粒径以下，小于某粒径的有效直径(D)，可按司笃克斯公式计算：

$$D = \sqrt{\frac{1800 \times \eta}{980 \times (\rho_s - \rho_w)} \times \frac{L}{T}}$$

式中：D 为颗粒直径(mm)；ρ_s 为颗粒密度(g/cm^3)；ρ_w 为水的密度(g/cm^3)；L 为颗粒有效沉降深度(cm)，可由比重计读数与颗粒有效沉降深度关系图查得；η 为水的粘滞系数[g/(cm·s)]，见表 6-9；980 为重力加速度(cm/s^2，纬度北京)。

表 6-9 水的粘滞系数

温度(℃)	η[g/(cm·s)]	温度(℃)	η[g/(cm·s)]	温度(℃)	η[g/(cm·s)]
4	0.01567	15	0.01140	26	0.008737
5	0.01519	16	0.01111	27	0.008545
6	0.01473	17	0.01083	28	0.008360
7	0.01428	18	0.01056	29	0.008180
8	0.01386	19	0.01030	30	0.008007
9	0.01346	20	0.01005	31	0.007840
10	0.01308	21	0.009810	32	0.007679
11	0.01271	22	0.009579	33	0.007535
12	0.01236	23	0.009358	34	0.007371
13	0.01203	24	0.009142	35	0.007225
14	0.01171	25	0.008937		

⑥ 颗粒大小分配曲线绘制：根据筛分和比重计读数计算出的各粒级径数值，以及相应颗粒累积百分数，以颗粒累积百分数为纵坐标，颗粒粒径数值为横坐标，在半对数纸上绘出颗粒大小分配曲线。

⑦ 计算各粒级百分数，确定沉积物质地：从颗粒大小分配曲线图上查出<2.0mm、<0.2mm、<0.02mm 及<0.002mm 各粒径累积百分数，上下两级相减即得到 2.0mm≥D>0.2mm、0.2mm≥D>0.02mm、0.02mm≥D>0.002mm、D≤0.002mm 各粒级的百分含量。

⑧ 粒径>2mm 粒级分析：为了分析全部颗粒尺寸的沉积物比例，对留存于 2.0mm 筛的部分，使用系列筛继续筛分，或者根据样品需要和规范要求，将 2.00mm 筛上的留存部分分离成一系列小部分，用天平测定每部分的质量；称量后，所有筛上留存样品质量总和

应约等于过筛的样品原质量,以百分比表示。

(6) 允许偏差

平行测定结果允许绝对相对差粘粒级≤3%,粉(砂)粒级≤4%。

(7) 注意事项

① 比重计读数还可表示颗粒的沉降深度,即用由悬液表面至比重计浮泡体积中心距离(L')来表示。但在实验测定中,比重计浸入悬液后,使液面升高,L'并非颗粒沉降的实际深度(即颗粒有效沉降深度 L)。而且,不同比重计的同样读数所代表的 L'值会因比重计的形式及读数而有不同。因此,在使用比重计前,必须进行颗粒有效沉降深度的校正,校正方法可参考《土壤检测第 3 部分:土壤机械组成的测定》(NY/T 1121.3—2006)。

② 粒度分析结果的表述方法有多种,其中因图形方式最为直观而较多采用,可参照《粒度分析结果的表述第 1 部分:图形表征》(GB/T 15445.1—2008)绘制。

2. 筛分法

筛分法除了常用的手工筛分、机械筛分、湿法筛分外,还用空气喷射筛分、声筛法、淘筛法和自组筛等,其筛分结果往往采用频率分布和累积分布来表示颗粒的粒度分布。频率分布表示各个粒径相对应的颗粒百分含量(微分型);累积分布表示小于(或大于)某粒径的颗粒占全部颗粒的百分含量与该粒径的关系(积分型)。用表格或图形来直观表示颗粒粒径的频率分布和累积分布。

(1) 方法原理

筛分法借助于机械振动或手工拍打使试样通过筛网,直至筛分完全。筛网采用不同筛孔的标准筛,将通过标准筛的试样分离成若干个粒级并称重,求得以质量百分数表示的粒度分布。

(2) 仪器设备

① 试验筛:圆孔粗筛的孔径为 60mm、40mm、20mm、10mm、5mm、2mm,细筛孔径为 2.0mm、1.0mm、0.5mm、0.25mm、0.10mm、0.075mm。

② 振筛机。

③ 烘箱。

④ 天平:感量为 10mg 和 1mg 各 1 台。

⑤ 其他:研钵、瓷盘、木碾、毛刷、平口铲等。

(3) 测定步骤

① 代表性取样:从风干、松散的沉积物样中,用四分法按下列规定取出代表性试样。最大粒径<2mm 颗粒的试样取 100~300g,最大粒径<10mm 的试样取 300~1000g,最大粒径<20mm 的试样取 1000~2000g,最大粒径<40mm 试样取 2000~4000g,最大粒径<60mm 的试样取 4000g 以上,称量精确至 0.1g。

② 过 2mm 筛:将试样过 2mm 细筛,分别称出筛下和筛上试样的质量。

③ 筛分:取 2mm 筛上试样倒入依次叠放好粗筛的最上层筛中;再取 2mm 筛下试样倒

入依次叠放好细筛的最上层筛中,进行筛分。对于细筛宜放在振筛机上震摇,震摇时间为 10~15min。

④ 分级收样:由最大孔径开始,顺序将各筛取下,在干净白纸上用手轻叩摇晃。如仍有土粒漏下,应继续轻叩摇晃,直至无土粒漏下为止。漏下的土粒应全部收集放入下级筛内,并将留在各筛上的试样分别称量,精确至 0.1g。

(4) 结果计算

小于某粒径的试样质量占试样总质量的百分数,计算公式:

$$\chi = \frac{m_A}{m_B} \cdot d_\chi$$

式中:χ 为小于某粒径的试样质量占试样总质量的百分数(%);m_A 为小于某粒径的试样质量(g);m_B 为细筛分析时或用比重计法分析时所取试样质量(粗筛分析时则为试样总质量)(g);d_χ 为粒径<2mm 或粒径<0.075mm 的试样质量占总重量的百分数,如试样无大于 2mm 粒径或无大于 0.075mm 的粒径,在计算粗筛分析时,则 $d_\chi = 100\%$。

(5) 允许偏差

各细筛上及底盘内沉积物的质量之和与筛前所取 2mm 筛下的质量之差≤1%;各粗筛及 2mm 筛下的沉积物质量总和与试样的质量之差≤1%。

(6) 注意事项

① 若 2mm 筛下的沉积物小于试样总质量的 10%,则可省略细筛筛分;若 2mm 筛上的沉积物小于试样总质量的 10%,则可省略粗筛筛分。

② 筛分法有干法与湿法两种,测定粒度分布时,一般用干法筛分;若试样含水较多,颗粒凝聚性较强时则应当用湿法筛分(精度比干法筛分高),特别是颗粒较细的物料,若允许与水混合时,最好使用湿法,可以避免很细的颗粒附着在筛孔上面堵塞筛孔。湿筛法是置于筛中一定重量的试样,经适宜的分散水流(可带有一定的水压)冲洗一定时间后,筛分完全,根据筛余物重量和试样重量求出粉料试样的筛余量。

③ 筛分法使用的设备简单,操作方便,适用于 20~100μm 的粒度分布测量。但筛分结果受颗粒形状的影响较大。粒度分布的粒级较粗,测试下限超过 38μm 时,筛分时间长,也容易堵塞。

3. 激光粒度仪测定法

样品处理步骤:称取 1g 左右部分干样,放入烧杯,加入两滴 10% H_2O_2 后搅拌,浸泡 24h,除样品中有机质;用电炉加热煮 5min,除掉剩余的 H_2O_2;待冷却后加浓度 10%的 HCl 至浊液呈酸性,静置 24h,加入蒸馏水,再静置 24h,用吸管吸出烧杯中上部液体;再加入蒸馏水,静置 24h 使溶液接近中性后上机测试。

测试仪器为英国 Malvern 公司生产的 Mastersizer 2000 激光粒度仪,该型号激光粒度仪的测试范围 0.02~2000μm,重复测量误差<2%。

(二) 密度(比重)

沉积物的密度(比重)是沉积物颗粒在完全密实状态下的密度,与在标准大气压 3.98℃时纯 H_2O 密度($999.972kg/m^3$)的比值,单位 g/cm^3。

1. 方法原理

把试样放入已知体积的容器(比重瓶)中,加入测定介质,试样的体积可由容器体积减去测定介质的体积求得,则试样的比重(相对密度)为试样质量与其体积之比。

2. 仪器设备

① 比重瓶:$25cm^3$ 或 $50cm^3$。

② 分析天平:感量 0.0001g。

③ 恒温水浴锅:温度控制在 23℃±0.5℃。

④ 温度计:分度值 0.5℃。

⑤ 电热板。

3. 试剂溶液

测定介质:蒸馏水(无二氧化碳)。

4. 测定步骤

① 称样:在天平上称取通过 2mm 筛孔的风干沉积物 10g 加入比重瓶中,再加入蒸馏水至一半体积。

② 加热赶气:将沉积物和蒸馏水混合后,置于电热板砂盘上加热,保持沸腾 1h,经常摇动以逐出空气,温度不可过高,防止沉积物悬液溅出。

③ 称重:从砂盘上取下比重瓶,冷却后加满无二氧化碳水,塞好瓶塞,滤纸擦干外壁后称重(精确至 0.001g),同时用温度计测水温 t_1(精确至 0.1℃),记下该温度下质量 m_1。

④ 介质称重:将比重瓶中沉积物液倒出,注满无二氧化碳水,塞上瓶塞,称取比重瓶加水的质量(m_2)。

⑤ 烘干测定:称取风干沉积物样 10g(精确至 0.001g)于恒重的称量瓶中,在 105~110℃烘箱内烘干 4~8h,在干燥器内冷却后,称至恒重,由此计算烘干沉积物样的质量(m_s)。

5. 结果计算

$$\rho_s = \frac{m_s \cdot \rho_w}{m_s - (m_1 - m_2)}$$

式中:ρ_s 为沉积物的密度(g/cm^3);ρ_w 为无二氧化碳水的密度(g/cm^3);m_s 为烘干沉积物样的质量(g);m_1 为比重瓶、沉积物试样和充满水的总质量(g);m_2 为比重瓶加水的质量(g)。

6. 允许偏差

每个样品做两次测定,允许的结果差值≤1%。

7. 注意事项

① 取样时,应注意样品的代表性,生物残骸及砾石等杂质不能混入。

② 试样在试验前，应在规定室温下放置不少于 2h，以达到温度均衡；考虑环境湿度对样品的影响，应对样品加盖等保护。

（三）比表面

比表面（specific surface）是指单位质量沉积物的总表面积，通常用 m^2/kg 表示。作为水体中的泥沙颗粒，沉积物的很多物理化学性质都与其颗粒的比表面有关，许多反应主要发生在沉积物表面，如一些营养元素在沉积物颗粒上吸附、迁移、转化过程等，这些过程的反应速度也在很大程度上取决于沉积物颗粒表面的大小，颗粒越小，比表面越大。直径为 $0.001\sim2\mu m$ 沉积物颗粒可以是矿质的，即矿质胶体（无机胶体），主要是次生的粘粒矿物；也可以是有机的，即沉积物有机胶体，主要是多糖、蛋白质和腐殖质。多数情况下是有机矿质复合体，即核心部分是粘粒矿物，外面是有机胶膜，被吸附在矿质胶体表面，具有相当大的反应活性和吸附性。另外，还具有很强的离子交换性。因此，粘粒被认为是最活泼的颗粒，与其有巨大的比表面和表面活性密切相关。与土壤一样，沉积物的总表面积可分为内表面积和外表面积，内表面积是指蒙脱石、蛭石等膨胀性粘土矿物层间和腐殖质分子内的表面面积，其表面反应为缓慢渗入过程；外表面积是指粘土矿物、腐殖质、游离铁铝氧化物等外包被的表面面积，表面反应迅速。沉积物颗粒与污染物之间的相互作用主要发生在颗粒表面，但颗粒物的表面性质会直接影响其表面反应。泥沙颗粒物的比表面是颗粒物粒径组成、矿物组成和化学组成的函数。

沉积物比表面的常用测定方法主要有仪器法和吸附法两大类，前者是依赖于电子显微镜和 X-射线衍射的物理方法，通过测定沉积物颗粒的形状和大小，直接计算出颗粒的比表面。对于单个或尺寸差异小的群体沉积物颗粒，物理法计算比表面方法简单，然而实际颗粒的大小和形状，差异甚大，数量众多，按这些物理方法测定就非常困难，因此限制了物理方法的实际应用。吸附法是测定沉积物比表面最为普遍的方法，该法有气相吸附法和液相吸附法之分。气相吸附法，较早采用的是氮气吸附法，但因相对较大的氮气分子不能进入较小的晶层之间，该法多用于膨胀性粘土矿物外表面积的测定，加上设备要求较高，测定技术复杂，应用不够普遍。由于气相吸附法无法解决膨胀性粘土矿物内表面的测定问题，因而提出了使用甘油、乙二醇乙醚等极性溶剂吸附法测定包括内表面和外表面的总表面。

所有极性溶剂吸附法都是使极性溶剂分子在沉积物胶体表面呈单分子层或双分子层吸附状态，并按吸附的重量和分子大小计算出沉积物的总表面。在 110℃ 条件下，蒙脱石等膨胀性粘土矿物在接近饱和甘油蒸汽条件下，形成的单层甘油复合体较稳定；还可将试样经 600℃ 灼烧破坏膨胀性粘土矿物晶格，或者用三乙胺阳离子（TEA）进行饱和处理以阻塞膨胀性粘土矿物的层间空间，使之能测到试样的外表面面积，从而可计算出内表面和总表面。甘油测定法需要较长的平衡时间，而且在 110℃ 加热条件下，也不适于测定有机无机复合试样的比表面。乙二醇乙醚吸附法（简称 EGME 法）测定硅酸盐矿物的比表面，经修正后该法同样适用于沉积物或沉积物胶体比表面的测定，而且该法还具有快速简便的特点，因而得到较广泛的采用。

吸附法多以 BET 的多分子层吸附理论为基础，该理论认为，除固体表面第一层吸附的分子外，其他各层分子的吸附热等于液化热，且当吸附达到平衡时，所有各层中分子的吸附速率等于逸出速率。根据 BET 吸附方程，采用直线作图法计算出在单位重量沉积物上形成一个分子层所需要的气体的量，再由气体分子的大小计算出沉积物的比表面。尽管现有比表面的测定方法很多，但测定方法不同可以导致比表面测定值有较大差异：一是由于在沉积物胶体准备的过程中，其表面性质会发生某些改变；二是凡涉及表面反应的比表面测定，因一部分表面功能基团受电荷分布和空间结构影响而无法与表面吸附剂分子结合，测定结果尚不能反映沉积物的全部表面积。

1. 甘油吸附法

(1) 方法原理

在接近饱和甘油蒸气的 110℃ 条件下，沉积物颗粒（多为有机矿质复合体）的外表面可以形成稳定的单分子甘油层，层间的单层甘油分子也稳定地夹于上下两层之间，此时没有甘油逸出。经 600℃ 灼烧或用三乙胺阳离子(TEA)饱和后的沉积物，在相同条件下甘油只吸附在其外表面。按灼烧或 TEA 饱和后的沉积物胶体吸附甘油的重量及分子大小计算沉积物胶体的外表面，再根据换算因素计算沉积物胶体的内表面，内表面与外表面之和等于总表面。

(2) 仪器设备

① 离心机：转速 4000r/min。

② 离心管：100mL。

③ 红外灯。

④ 高型烧杯：250mL。

⑤ 天平：感量 0.01g、0.0001g。

⑥ 称量瓶。

⑦ 铝盒：直径 6~7cm、高度 ≤2cm。

⑧ 干燥器：瓷板直径 13~15cm。

⑨ 保温箱或恒温室：温度波动 ±2℃ 以内。

(3) 试剂溶液

① 过氧化氢溶液(30%)：双氧水(分析纯)。

② 氯化钙溶液(0.5mol/L)：称取 55.5g 氯化钙($CaCl_2$，分析纯)溶于蒸馏水中，稀释至 1L。

③ 硝酸银溶液(0.1mol/L)：称取 1.7g 硝酸银(分析纯)溶于 100mL 蒸馏水中，保存于棕色瓶中。

④ 甘油溶液(2%)：量取 2.0mL 甘油(分析纯)，加蒸馏水至 100mL。

⑤ 丙酮(分析纯)。

⑥ 三乙胺盐酸盐溶液(1mol/L)：称取101g三乙胺[$(CH_3CH_2)_3N$，分析纯]，用盐酸中和至中性，用蒸馏水稀释至1L。

⑦ 乙醇(95%，分析纯)。

(4) 测定步骤

① 钙饱和样品制备：主要由有机质去除、钙饱和、洗涤和干燥四个操作部分组成。

有机质去除：称取过0.25mm孔筛的一定量沉积物胶体，置于250mL高型烧杯中，加少量蒸馏水湿润样品，滴加30%的双氧水，其用量视有机质多少而定，并经常用玻璃棒搅动样品，直至沉积物颜色明显变浅。当继续加双氧水时，不再产生气泡为止，多余的双氧水用加热法去除；

钙饱和：将样品移入100mL离心管中，以离心机转速3000r/min离心5min，弃去上清液后，向离心管加入0.5mol/L氯化钙溶液30~50mL，为了使样品与溶液充分混合，用带橡皮头的玻璃棒搅拌样品；

洗涤：将离心管置于转速为3000r/min的离心机离心5min，离心后将上清液弃去。如此连续反复用氯化钙溶液处理3~4次，再用去离子水洗去多余的盐类，直至用0.1mol/L硝酸银溶液检验无氯离子反应为止。如水洗过程中，出现浑浊现象，可改用95%酒精洗，最后用丙酮洗一次；

干燥：将样品置于低于40℃的红外灯下或干燥箱中烘干，磨细过0.25mm孔筛，装瓶备用。

② 总表面积测定：称取上述钙饱和的沉积物样品0.20~0.30g，置于已知重量的铝盒中，将样品摊平，放入烘箱，在110℃温度下烘至恒重(约6h)，取出后放入干燥器内冷却，称重；用移液管吸取2%甘油水溶液10mL加入有样品的铝盒中，轻轻摇动铝盒，使样品完全湿润，然后将铝盒放入烘箱中，同时在烘箱中放置几个盛有甘油的铝盒，并关闭烘箱顶部的气孔，一起加热使烘箱内保持近饱和的甘油蒸气，在110℃温度下反复烘干至恒重，取出后置于小型干燥器内冷却，迅速称重。一般情况下每天称1~2次。

③ 外表面积测定：可选用600℃灼烧法或三乙胺阳离子(TEA)饱和法。

灼烧法：称取钙饱和沉积物0.20~0.30g，置于马弗炉中，在600℃条件下灼烧6h，待冷却后称重。以后完全按照上述步骤，测定灼烧样品吸附甘油的量，所得结果为沉积物的外表面积。

三乙胺阳离子(TEA)饱和法：称取2~5g钙饱和的沉积物，置于50mL离心管中，加入一定量的1mol/L三乙胺盐酸盐溶液，用玻璃棒搅拌使样品与溶液充分混合。然后，将离心管于转速为3000r/min的离心机离心5min，离心后倾去上清液，如此反复处理3次。用去离子水洗1次，丙酮洗3次，样品经风干(或低于40℃的红外灯、干燥箱烘干)后，磨细过0.25mm孔筛。最后，按上述总表面测定步骤，测定三乙胺盐酸盐处理样品吸附乙二醇乙醚的量，所得结果为沉积物的外表面积。

(5) 结果计算

$$S_{外} = \frac{m_4 - m_3}{m_3 - m_{02}} \times 17.65 \times 1000$$

$$S_{内} = \left(\frac{m_2 - m_1}{m_1 - m_{01}} - \frac{m_4 - m_3}{m_3 - m_{02}}\right) \times 35.3 \times 1000$$

$$S_{总} = S_{外} + S_{内}$$

式中：$S_{外}$ 为沉积物颗粒外表面积（m^2/kg）；$S_{内}$ 为沉积物颗粒内表面积（m^2/kg）；$S_{总}$ 为沉积物颗粒的总比表面积（m^2/kg）；m_{01} 为未处理前铝盒质量（g）；m_{02} 为处理后的铝盒质量（g）；m_1 为未处理时干样和铝盒（m_{01}）质量之和（g）；m_2 为 m_1 与未处理时吸附的甘油质量之和（g）；m_3 为处理后样品与铝盒（m_{02}）质量之和（g）；m_4 为 m_3 与处理时吸附的甘油质量之和（g）；17.65 为每克甘油单层分子覆盖外表面面积（m^2/g）；35.3 为每克甘油单层分子覆盖内表面面积（m^2/g）。

(6) 允许偏差

平行两次的相对误差控制在 2% 以内。

(7) 注意事项

① 温度应严格控制，温度过高会使吸附量偏低，温度过低则吸附量偏高。

② 试样颗粒大小对比表面的影响甚大，一般采用 0.25mm 孔筛的样品。

③ 20℃时甘油的密度为 $1.26g/cm^3$，即每克甘油体积为 $0.794cm^3$，单层甘油分子的厚度为 0.45nm，则 1g 甘油单分子层覆盖所占的面积 = 体积/厚度 = $0.794cm^3/(0.45 \times 10^{-7}cm)$ = $17.65m^2$；所以，样品吸附 1% 甘油相当于 $17.65m^2$；由于层间的单层甘油分子夹于上下两层之间，甘油覆盖的内表面积等于 2 倍于甘油本身覆盖的面积，即为 $35.3m^2$。

2. 乙二醇乙醚吸附法

(1) 方法原理

根据单分子层吸附理论，在一定乙二醇乙醚蒸汽压下，乙二醇乙醚分子形成单分子层吸附在沉积物胶体表面，可以吸附在沉积物胶体的外表面，也可以吸附在蒙脱石、伊利石等膨胀型沉积矿物的内表面，按吸附的重量和分子大小计算出沉积物胶体的总表面积。

(2) 仪器设备

① 离心机：转速 3000~4000r/min。

② 天平：感量为 0.01g 和 0.001g。

③ 铝盒：直径 6~7cm，高度 ≤2cm。

④ 真空干燥器（五氧化二磷）：真空干燥器内磁板直径为 20~22cm，在磁板下面放入 250g 左右的五氧化二磷干燥剂。

⑤ 真空干燥器（无水氯化钙）：真空干燥器内磁板直径为 20~22cm，在磁板下面放入约 250g 过 2mm 筛孔的无水氯化钙。

⑥ 真空泵：抽气减压至 0.25mm 汞柱。

⑦真空表。

⑧缓冲瓶。

⑨离心管：100mL。

⑩干燥塔。

（3）试剂溶液

①过氧化氢(30%)：浓双氧水，分析纯。

②氯化钙溶液(0.5mol/L)：称取55.5g氯化钙($CaCl_2$，分析纯)溶于蒸馏水中，稀释至1L。

③硝酸银溶液(0.1mol/L)：称取1.7g硝酸银溶于100mL蒸馏水中，保存于棕色瓶中。

④乙醇(95%，分析纯)。

⑤五氧化二磷(P_2O_5，分析纯)。

⑥无水氯化钙($CaCl_2$，分析纯)。

⑦乙二醇乙醚($C_2H_5O \cdot CH_2 \cdot CH_2OH_2$，分析纯)。

（4）测定步骤

①真空仪器装置连接：真空仪器主要由真空泵、真空表、真空干燥器、氯化钙干燥塔和缓冲瓶等部件构成，见图6-6。用真空胶管将各部件连接起来，各部件的连接处应密封以免漏气，确保真空干燥器内的真空度。

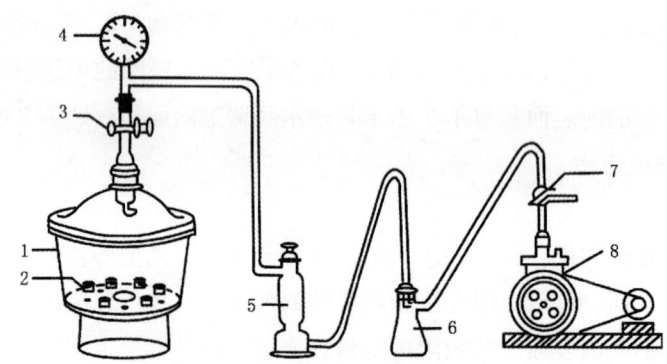

图6-6 真空仪器装置示意图

1—真空干燥器；2—铝盒；3—二路活塞；4—真空表；5—氯化钙干燥塔；6—缓冲瓶；7—三路活塞；8—真空泵

②钙饱和样品制备：与上述的甘油吸附法步骤相同，可参考其钙饱和样品制备方法。

③样品干重测定：称取钙饱和沉积物胶体0.50g，置于已恒重的铝盒中，将样品平铺于盒底，然后放入五氧化二磷真空干燥器中；用真空泵抽气45~60min，使干燥器内的真空度达到0.250mm水银柱，然后关闭干燥器活塞，放置5~6h后，通过装有无水氯化钙的干燥管向真空干燥器缓慢充气，取出铝盒，称重，如此反复操作至恒重为止。用差减法计算出样品干重。

④总表面积测定：用小滴管将3mL乙二醇乙醚液体均匀地滴加到干燥恒重的样品上，

样品湿润后应平铺盒底，平衡过夜，让样品全部湿润；次日将已用乙二醇乙醚液润湿样品的铝盒放置在一个无水氯化钙真空干燥器内，并在干燥器的磁板上放置一个有乙二醇乙醚液体的小玻璃皿，保持干燥器内乙二醇乙醚一定的蒸汽压，使沉积物颗粒表面形成完整的乙二醇乙醚单分子层；同样，用真空泵抽气 45~60min，当干燥器内的真空度达到 0.250mm 水银柱时，关闭干燥器活塞，放置在 25℃±1℃ 的恒定温度下，以使多余的乙二醇乙醚蒸发；4h 以后，再用真空泵抽气约 30min，放置 6h 后，通过装有无水氯化钙的干燥管向真空干燥器缓慢充气，取出铝盒，称重；如此反复操作直至恒重，要求前后两次称重不超过 0.0005g，计算出样品吸附乙二醇乙醚的量。

(5) 结果计算

$$S_{总} = \frac{m_2 - m_1}{0.000286 \times (m_1 - m_0)} \times 1000$$

式中：$S_{总}$ 为沉积物颗粒的总比表面积（m^2/kg）；m_0 为铝盒质量（g）；$m_1 - m_0$ 为未处理时干沉积物样质量之和（g）；$m_2 - m_1$ 为处理时吸附的乙二醇乙醚质量之和（g）；0.000286 为 $1m^2$ 表面吸附 0.000286g 乙二醇乙醚。

(6) 允许偏差

平行两次前后称重相差不超过 0.0005g。

(7) 注意事项

① 温度应严格控制，温度过高会使吸附量偏低，温度过低则吸附量偏高。

② 乙二醇乙醚的蒸发速度与铝盒直径成正比，与铝盒的高度成反比。铝盒直径≥5cm、高度≤2cm 为宜。

③ 在真空泵和盛有乙二醇乙醚样品的干燥器之间，应接一个无水氯化钙塔，以免乙二醇乙醚进入真空泵。

④ 胶体颗粒大小对比表面的影响甚大，一般采用 0.25mm 孔筛的样品。

⑤ 五氧化二磷为强吸水剂，操作应迅速，特别注意操作时勿沾手，以免灼伤。

⑥ 吸湿水会降低乙二醇乙醚的吸附量，因此样品应尽可能干燥。

⑦ 整个测定过程需在恒温条件下进行，没有恒温室的可用温度波动小的恒温箱代替。

⑧ 虽然乙二醇乙醚吸附法具有快速简便的特点，对有机无机复合胶体比表面的测定较为合适，但对于含蛭石粘土矿物的试样，由于其晶层间只能吸附一层乙二醇乙醚分子，所以该法不如甘油吸附法理想。

三、沉积物基本土力学性质

沉积物的土力学参数不一定是沉积物本身固有的物理属性，有很多获取条件需要人为设置，因此带有经验和行业惯例因素，而依据这些经验和行业惯例所获得的土力学性质数值至描述，就可确定沉积物所属种类。沉积物的物理力学性质很多方面与软粘土相似，

塑性指数 I_P 一般>17，含水量较高，一般>50%，孔隙比一般>1.5。由于其高含水量、大孔隙比，因而其力学性质也就有低强度、高压缩性、低渗透性等特点。从液性指数(I_L)来对粘性土分级，当 I_L 值≤0，坚硬；0~0.25，硬型；0.25~0.75，可塑；0.75~1，软塑；>1，流塑。考虑到沉积物的物理力学具有与湿状土相似性的特点，需选择相对有意义的土力学性质或参数分析。

（一）界限含水率

界限含水率是指粘性土从一种状态过渡到另一种状态，可用某一界限的含水率区分，该含水率就称界限含水率，主要有液限、塑限和缩限。

① 液限(ω_L)是指从流动状态转变为可塑状态的界限含水率，也就是细粒土呈可塑状态的上限含水率。

② 塑限(ω_P)是指从可塑状态转变为半固体状态的界限含水率，也就是细粒土呈可塑状态的下限含水率。

③ 缩限(ω_S)是指从半固体状态转变为固体状态的界限含水率，即粘性土随着含水率的减小而体积开始不变时的含水率。

土的塑性指数(plasticity index，PI)是指液限 ω_L 与塑限 ω_P 的差值(省去%)，即土处在可塑状态的含水量变化范围，用符号 I_P 表示，即 $I_P = \omega_L - \omega_P$。土的塑性指数越大，土处于可塑状态的含水量范围也越大。一般按塑性指数对粘性土进行分类，如在《岩土工程勘察规范》(GB 50021—2001)中将塑性指数 $I_P > 10$ 的土称为粘性土；将粒径>0.075mm 的颗粒质量不超过总质量50%，且塑性指数 $I_P \leq 10$ 的土称为粉土。

界限含水率的测定有多种方法，如滚搓法、收缩皿法、液塑限联合测定法和蝶式仪法等。液塑限联合测定法和碟式液限仪法如下。

1. 液塑限联合测定法

(1) 方法原理

用圆锥角为30°、质量为76g 的不锈钢圆锥，在重力作用下，深度为17mm 时对应的试样含水率为液限含水率。

(2) 仪器设备

① 液塑限联合测定仪：见图6-7。

② 天平：称量200g，分度值0.01g。

③ 试样杯：直径40~50mm、高40~50mm。

④ 调土刀。

(3) 试剂

凡士林。

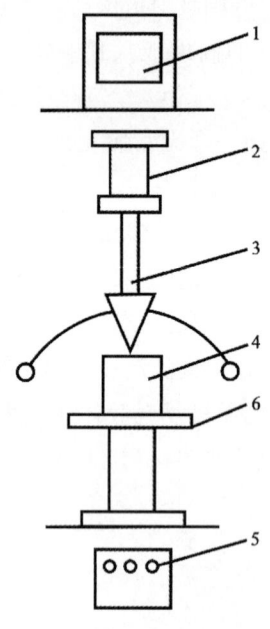

图6-7 液塑限联合测定仪

1—显示屏；2—电磁铁；3—带标尺的圆锥仪；
4—试样杯；5—控制开关；6—升降座

(4) 测定步骤

① 试验样品制备：称取均匀性好代表性沉积物试样 600g，剔除大于 0.5mm 颗粒，拌和均匀后，分成 3 份，制成不同含水率的土膏（最好能接近液限二者中间状态），使它们的圆锥入土深度分别在 3~4mm、7~9mm 和 15~17mm，静置一段时间即可。若是风干沉积物样，过 0.5mm 筛，取筛下试样约 400g，分成 3 份，分别加水制成 3 种不同含水率的试样，3 种土膏的圆锥入土深度与上述要求相同，拌和均匀后，密封于保湿缸中静置 24h。

② 试样充填：试样用调土刀充分调匀，密实地填入试样杯中，不含封闭气泡。将高出试样杯的余土用调土刀刮平。

③ 仪器准备：将试样杯放在联合测定仪的升降座上，在圆锥上抹上一薄层凡士林，接通电源，使电磁铁吸住圆锥，调整好零点。

④ 测试：调节升降座，使圆锥尖接触试样表面，指示灯亮时圆锥在自重下沉入试样，经 5s 后测读圆锥下沉深度（h_1，显示在屏幕上）。

⑤ 取样：取出试样杯，挖去锥尖入泥处含凡士林的沉积物，再取锥体附近不少于 10g 的沉积物样两份，放入称样盒内，测定含水率 ω_{1-1}、ω_{1-2}，计算公式 $\omega_1 = (\omega_{1-1}+\omega_{1-2})/2$。通过相同步骤，测定另两个不同含水率的土膏，得 h_2、h_3 时沉积物的含水量，ω_2 和 ω_3。

⑥ 以土壤含水率为横坐标，圆锥入泥深度为纵坐标，在对数坐标纸上绘制关系曲线，三点应在一直线上（图 6-8 中 A 线）。当三点不在一直线上时，通过高含水率的点和其余两点连成两条直线，在下沉（入泥）为 2mm 处查得相应的两个含水率，当两个含水率的差值<2%时，应以两点含水率的平均值与高含水率的点连一直线（图 6-8 中 B 线）；当两个含水率的差值≥2%时，应重做实验。

⑦ 在圆锥（入泥）深度与含水率关系图（图 6-8）上，查得（入泥）深度为 17mm 所对应的含水率为液限 ω_L；（入泥）深度为 10mm 所对应的含水率为 10mm 液限；（入泥）深度为 2mm 所对应的含水率为塑限 ω_P，取值以百分数表示，准确至 1%。

(5) 结果计算

① 塑性指数计算：

$$I_P = \omega_L - \omega_P$$

式中：I_P 为塑性指数，精确至 0.1；ω_L 为液限（%）；ω_P 为塑限（%）。

② 液性指数计算：

$$I_L = \frac{\omega_0 - \omega_P}{I_P}$$

式中：I_L 为液性指数，精确至 0.01；ω_0 为试样自然含水率（%）。

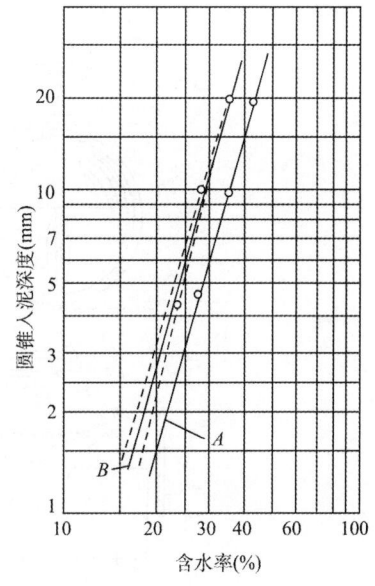

图 6-8 圆锥入泥深度与含水率关系

（6）允许偏差

在下沉为 2mm 处查得相应的两个含水率，差值≤2%。

（7）注意事项

① 本测定方法适用于粒径<0.5mm 及有机质含量小于等于试样总质量 5% 的沉积物，测定前须将制备的试样充分调拌均匀。

② 本测定既可采用天然含水率试样，也可采用风干后试样，但推荐采用天然含水率试样；当试样不均匀时，宜采用风干试样；当试样中含有粒径>0.5mm 的土粒和杂物时，应过 0.5mm 筛。

③ 本测定中的含水率(ω)均采用重置法。

④ 读数显示宜采用光电式、游标式和百分表式。

⑤ 对各组数据处理时，也可采用最小乘法求得直线 $\lg h = A \times \lg \omega + B$。式中 h 为经 5s 后测读圆锥下沉深度(mm)；ω 为含水率(%)；A，B 为常数。

2. 碟式液限仪法

（1）方法原理

不同含水率的土质类试样在振动作用下的性状有差异，按照一定的标准设备和标准试验方法测定的液限，反映了试样在一定振动条件下的强度值对应的含水率。试验从碟底开始将土膏分为两半，两半间的缝宽为 1/2in(12.7mm，1in = 2.54cm)，盛土膏的碟从 1cm 高度下落 25 次/2s，土膏的两半流合在一起时的含水率即为液限。

（2）仪器设备

① 碟式液限仪：主要由底座、铜碟、连接块、支架、滑动板、转轴、蜗形凸轮、计数器、转轴驱动结构等组成，见图 6-9。

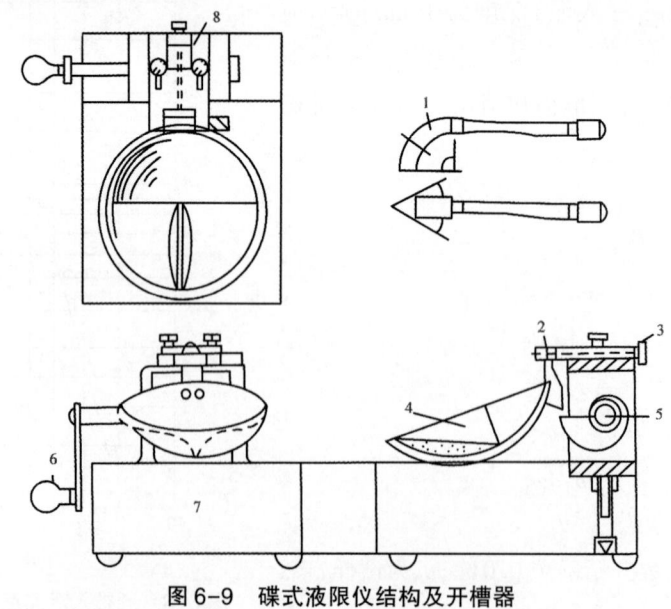

图 6-9 碟式液限仪结构及开槽器

1—开槽器；2—销子；3—支架；4—土碟；5—蜗形凸轮；6—摇柄；7—底座；8—调整板

② 开槽器：又称划槽刀，带量规，具有一定形状和尺寸。
③ 调土刀：长 3in(76.2mm)，宽 3/4in(19mm) 的调土刀或刀片。
④ 天平：感量为 0.01g。
⑤ 称量盒：适当的称量器皿，如带盖的玻璃器皿。

(3) 试剂溶液

蒸馏水。

(4) 测定步骤

① 碟式仪校准：检验液限仪各部件是否处于良好状态；调整土碟高度使碟底与底板的接触点正好处在底板以上 1cm；检验转动摇柄圈以检验调整是否正确。如调整正确，当蜗形凸轮打击凸轮从动器时会听到轻微铃样声音。

② 试样水分调和：将土试样放在蒸发皿中，加 15~20mL 蒸馏水，用调土刀反复搅拌、搓捏，直至彻底混合；再每次加 1~3mL 水，用调土刀充分拌匀，使达到相当于需要下落 30~35 次后土膏试样的稠度。

③ 试样平铺划槽：将一部分土膏放在铜碟前半部，用调土刀将前沿土膏刮铺成水平，使试样中心为 1mm 厚，多余土料放回至蒸发皿。以蜗形凸轮为中心，用开槽器沿土碟中央将试样划开，形成一轮廓明显的具有规定尺寸的"V"形槽缝。

④ 测试：以 2r/s 的速度转动摇柄，使铜碟反复起落，坠击底座，直至土膏两半在槽底接触的长度约为 13mm，记录槽底接触的长度为 1/2in 时所需的击数。从槽的两边取不少于 10g 的试样放入称量盒内，用重量法测定含水率。

⑤ 加不同水量的试样，重复上述②~④的步骤，测定槽底两边土膏试样合拢长度为 13mm 所需的击数及相应的含水率。试样宜为 4~5 个，槽底试样合拢所需的击数控制在 25 次左右。

(5) 结果计算

① 试样的含水率用重量法计算，以百分比(%)表示。然后以击次为横坐标，含水率为纵坐标，在半对数坐标纸上绘制击次与含水率的塑流关系曲线，取曲线上击次为 25 所对应的整数含水率为试样的液限。

② 碟式仪法液限计算公式：

$$\omega_L = \omega_N \times \frac{N}{25} \times 0.12$$

式中：ω_L 为液限(%)；ω_N 为含水率(%)；N 为在含水率为 ω_N 时，土膏试样缝闭合所需的下落次数。

(6) 允许误差

若以电动马达驱动，碟下落频率 120 击/min，其允许误差为 15%。

(7) 注意事项

① 注意尽量少压几次，防土膏中混进水泡。

② 为了避免槽边扯裂或土膏在碟中滑动，至少允许从前至后，从后至前划六次以代替一次划槽，各次划动逐步加深直至最后一次，从后至前的划动能明显地接触碟底，应以尽可能少的次数划槽。

③ 击打测试后，将碟内剩余的土料移至洗净干燥的器皿，加水增加土膏的流动性后，按相同方法至少再做两次试验，其目的是取得不同稠度的土料样，试验中土样总是由较干状态进行至较湿状态。

（二）无侧限抗压强度

无侧限抗压强度（unconfined compressive strength）是试样在无侧向压力条件下，抵抗轴向压力的极限强度。三轴试验中，在不加任何侧向压力的情况下，对沉积物圆柱体试样施加轴向压力，直至试样剪切破坏为止。试样破坏时的轴向压力以 q_u 表示，即为无侧限抗压强度，该强度可通过无侧限抗压强度试验进行测量。

1. 方法原理

试样的无侧限抗压强度分析是通过对沉积物形成的饱和软粘土的无侧限抗压强度试验，而获取沉积物的无侧限抗压强度值的力学分析方法。试验时，将圆柱形试样放在无侧限压力仪中，在不加任何侧向压力的情况下施加垂直压力，直到使试样剪切破坏为止，记录剪切破坏时试样所能承受的最大轴向压力。将同一种土的原状和重塑试样分别进行无侧限抗压强度试验，所获试样的抗压强度之比为试样的灵敏度（S_t）。

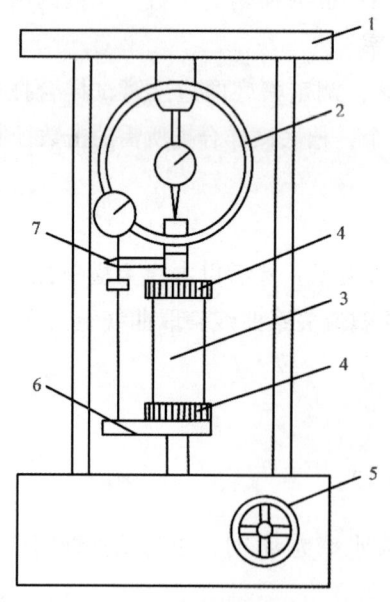

图6-10 应变控制式无侧限压缩仪示意图

1—轴向加压架；2—轴向测力计；3—试样；4—上、下传压板；5—手轮或电动转轮；6—升降板；7—轴向位移计

2. 仪器设备

① 应变控制式无侧限压缩仪：包括测力计、加压框架及升降螺杆等，见图6-10。

② 轴向位移计：量程10mm，分度值0.01mm的百分表或准确度为全量程0.2%的位移传感器。

③ 切土盘。

④ 重塑筒：筒身可以拆成两半，内径3.5~4.0cm，高80mm。

⑤ 天平：可称1000g，感量0.1g。

⑥ 秒表。

⑦ 铜垫板：厚0.8cm。

⑧ 尺子：卡尺和直尺。

⑨ 削土刀。

⑩ 钢丝锯。

⑪ 塑料薄膜或布。

3. 试剂

凡士林。

4. 操作步骤

① 试样制作：先用削土刀切取一稍大于规定尺寸的沉积物柱(若沉积物柱太坚硬，需采用钢丝锯)，放在切土盘的上、下圆盘之间，再用削土刀或钢丝锯紧靠侧板，由上往下小心切削，边切削边转动圆盘，直至沉积物样的直径被削成规定的直径(直径为35~101mm)为止。然后，按试样的高度要求，削平上下两端，试样高度与直径之比应按土的软硬情况采用2~2.5∶1。

② 水分防失：将试样两端抹一薄层凡士林(如气候干燥，试样侧面也需涂抹薄层凡士林，防止水分蒸发)。

③ 试样放置：将试样放在底座上，转动手轮，使底座缓缓上升，试样与加压板刚好接触，将测力计读数调整为零。根据试样的软硬程度选用不同量程的测力计。

④ 测试：以每分钟轴向应变为1%~3%的速度转动手轮，使升降设备上升进行试验。轴向应变<3%时，每隔0.5%应变(或0.4mm)读数1次；轴向应变≥3%时，每隔1%(或0.8mm)读数1次，记录轴向位移计和轴向测力计读数1次，试验需在8~10min内完成。当测力计的读数达到峰值或读数达到稳定，应再进行3%~5%后停止试验；如读数无峰值则试验应进行到轴向应变至20%为止。

⑤ 描述测量：试验结束后，迅速反转手轮，取下试样，描述破坏后形状，测量破坏面倾角。

⑥ 灵敏度测定：若需要测定灵敏度，则将破坏后的试样除去涂有凡士林的表面，加入少量切削余土，包以塑料薄膜内用手搓捏，破坏其结构，再搓成圆柱形，放入重塑筒内，用金属垫板，挤成与原状样密度、体积相等的试样，然后按上述③~⑤步骤进行试验。

5. 结果计算

① 轴向应变计算公式：

$$\varepsilon_1 = \frac{\Delta h}{h_0}$$

式中：ε_1 为轴向应变(%)；h_0 为试样初始高度(cm)；Δh 为轴向变形(cm)。

② 试样面积校正计算公式：

$$A_a = \frac{A_0}{1-\varepsilon_1}$$

式中：A_a 为校正后试样面积(cm²)；A_0 为校正前试样面积(cm²)。

③ 试样所受的轴向压力计算公式：

$$\sigma = \frac{C \times R}{A_a} \times 10$$

式中：σ 为轴向应力(kPa)；C 为测力计率定系数(N/0.01mm)；R 为测力计读数

(0.01mm); 10为单位换算系数。

④ 无侧限抗压强度(q_u)获得:

以轴向应力为纵坐标,轴向应变为横坐标,轴向应力与轴向应变关系曲线见图6-11,取曲线上最大轴向应力作为无侧限抗压强度(q_u),当曲线上峰值不明显时,取轴向应变力15%所对应的轴向应力作为无侧限抗压强度。

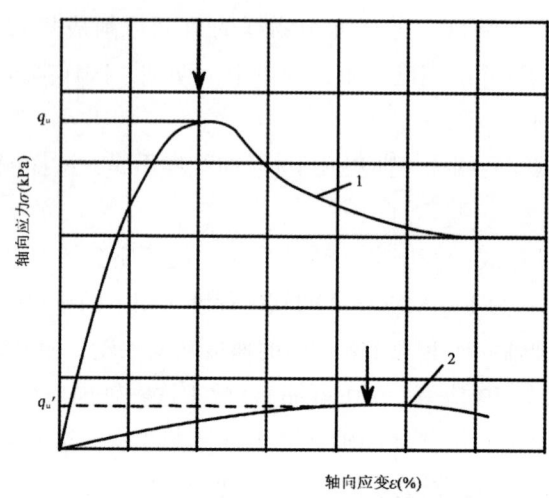

图6-11 轴向应力与轴向应变关系曲线

1—原状试样; 2—重塑试样

⑤ 灵敏度计算公式:

$$S_t = \frac{q_u}{q_u'}$$

式中: S_t为灵敏度; q_u为原状试样的无侧限抗压强度(kPa); q_u'为重塑试样的无侧限抗压强度(kPa)。

6. 允许偏差

无论稳定细粒土、中粒土或粗粒土,当多次试验时,6个试样,允许偏差系数$C_v \leq 10\%$; 9个试样,$C_v \leq 15\%$; 10个以上试样,$C_v \leq 20\%$。

7. 注意事项

① 应根据土的软硬程度选用不同量程的测力计。

② 力学性质软的粘土强度极低,不排水强度通常仅为5~30kPa,表现为承载力基本值很低,一般不超过70kPa,有的甚至只有20kPa。软粘土尤其是淤泥灵敏度较高,这也是区别于一般粘土的重要指标。

(三) 抗剪强度

物体由于外因(如载荷)而变形时,在它内部任一截面(剪切面)的两方会出现相互作用力,相切于截面(剪切面)的分量称为剪切应力。在这样的外力作用下,构件变形是以两力之间的横截面为分界线的,构件的两部分沿该面发生相对错动,截面的单位面积上剪力的大小,称为剪应力(shear stress)。沉积物在水底往往会受到机械载荷和动力等作用,如沉积物采样、根生植物(如繁殖体)的扦插和水动力的剪切等,对沉积物剪应力的土力学性质的测试和参数的比较,将有助于对沉积物环境意义的深入了解和扩大对沉积物作用的评价。测试抗剪强度的方法有多种,无侧限抗压试验、三轴剪切试验和直接剪切试验都可以了解不同物质在各种应力下的剪切抵抗能力,较常用的是直接剪切试验。

1. 方法原理

直接剪切试验(direct shear test)的原理是根据库仑定律,土的内摩擦力与剪切面上的法向压力成正比,将同一种土制备成几个土样,分别在不同的法向压力下,沿固定的剪切面直接施加水平剪力,得其剪损时的剪应力,即为抗剪强度 τ_p。还可根据库仑定律确定沉积物的抗剪切强度指标内摩擦力 φ 和凝聚力 c。

根据剪切时排水条件,直接剪切试验方法可分为快剪(不排水剪)、慢剪(排水剪)及固结快剪(固结不排水剪)等。按施加剪力的方式不同,直接剪切仪分应变控制式和应力控制式两种。前者是通过弹性钢环变形控制剪切位移的速率;后者是通过杠杆用砝码控制施加剪应力的速率,测量相应的剪切位移。多用应变控制式,应力控制式只适用于作慢剪及长期强度试验。慢剪(排水剪)适用于细粒土,以 <0.02mm/min 的剪切速度在充分排水条件下进行剪切;快剪(不排水剪)和固结快剪(固结不排水剪)均适用于渗透系数 $<10^{-6}$cm/s 的细粒土。慢剪法适用于细颗粒的原状和扰动沉积底质。

2. 仪器设备

① 应变控制式直剪仪:由剪切盒、垂直加压设备、剪切传动装置、测力计、位移量测系统组成,见图6-12。

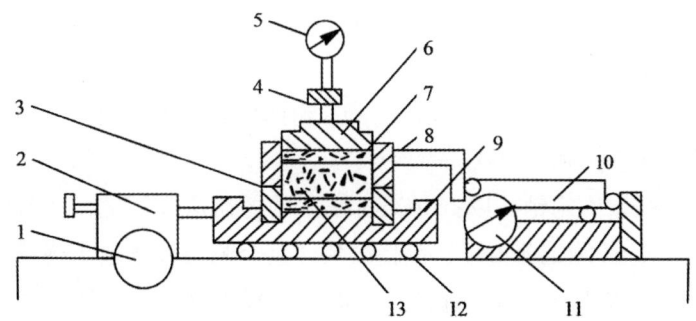

图6-12 应变控制式直剪仪

1—剪切传动装置;2—推动器;3—下盒;4—垂直加压框架;5—垂直位移计;6—传压板;7—透水板;
8—上盒;9—储水盒;10—测力计;11—水平位移计;12—滚珠;13—试样

② 位移量测系统:量程为10mm,分度值为0.01mm的百分表,或准确度为全程0.2%的传感器。

③ 细筛:孔径0.5mm、2mm。

④ 洗筛：孔径 0.075mm。

⑤ 天平：台式称量 10kg，感量 5g；称量 5000g，感量 1g；称量 1000g，感量 0.1g；称量 200g，感量 0.01g。

⑥ 试样盒：分上、下两部分，上盒固定，下盒放在钢珠上，可以在水平方向滑动。

⑦ 环刀：不锈钢材料，内径 61.8mm 或 79.8mm，高 20mm；内径 61.8mm，高 40mm。

⑧ 抽气设备：应附真空表和真空泵。

⑨ 切土刀和钢丝锯。

⑩ 其他：包括碎土工具、烘箱、滤纸（蜡纸）、保湿缸、秒表、喷水设备等。

3. 试剂

凡士林。

4. 测定步骤

① 原状沉积物试样制备：操作均参考《土工试验方法标准》（GB/T 50123—2019）中试样制备和饱的要求步骤进行。涉及原状沉积物和扰动沉积物按照原状土和扰动土试样制备标准制备，当试样需要饱和时，应按照抽气饱和法制备，每组试样不得少于 4 个，步骤从略。

② 试样放置：对准剪切容器上下盒，插入固定销，在下盒内放置透水板和滤纸，将带有试样的环刀刃口向上，对准剪切盒口，在试样上放置透水板和滤纸，将试样小心地推进剪切盒内。

③ 起始位置准备：移动传动装置，使上盒前端钢珠刚好与测力计接触，依次放上传压板、加压框架，安装垂直位移和水平位移量测装置，调至零位并记录初始读数。

④ 剪切施压确定：根据沉积物的软硬程度施加各级垂直压力，对松软试样垂直压力应分级施加，以防试样挤出。施加压力后，向盒内注水，当试样为非饱和试样时，应在加压板周围包以湿棉纱。

⑤ 形态稳定确定：施加垂直压力后，每 1h 测读垂直变形一次，直至试样固结变形稳定，变形稳定标准为每小时≤0.005mm。

⑥ 试样剪切：拔取固定销，以<0.02mm/min 的剪切速度对试样进行剪切，试样每产生剪切位移 0.2~0.4mm 测记测力计和位移读数，直至测力计读数出现峰值，应继续剪切至剪切位移为 4mm 时停机，记录破坏值；当剪切过程中测力计读数无峰值时，应剪切至剪切位移为 6mm 时停机。

⑦ 后处理：剪切结束，吸取盒内积水，退去剪切力和垂直压力，移动加压框架，取出试样，测定试样含水率。

5. 结果计算

① 剪切应力计算公式：

$$\tau = \frac{C \times R}{A_0} \times 10$$

$$\gamma = \Delta l \cdot n - R$$

式中：τ 为试样所受的剪切应力（kPa）；C 为测力计率定系数（N/0.01mm）；R 为测力计百分表读数（0.01mm）；A_0 为试样初始面积（cm²）；10 为单位换算系数；γ 为剪位移（0.01mm）；Δl 为手轮转一圈的位移量（0.01mm）；n 为手轮转数。

② 抗剪强度确定：以剪切应力为纵坐标，剪切位移为横坐标，绘制剪切应力与剪切位移关系曲线，见图6-13。取曲线上剪切应力的峰值为抗剪强度，无峰值时，取剪切位移4mm所对应的剪切应力为抗剪强度。

③ 摩擦角和粘聚力确定：以抗剪强度（τ）为纵坐标，垂直压力（σ）为横坐标，绘制抗剪强度与垂直压力关系曲线，见图6-14。直线的斜角为摩擦角（Φ），直线在纵坐标上的截距为粘聚力（c）。

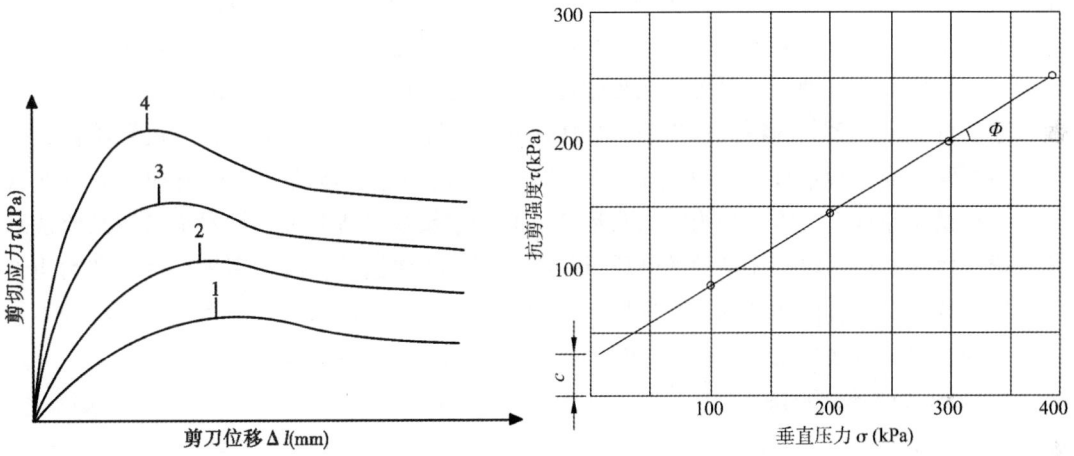

图6-13 剪切应力与剪切位移关系曲线　　图6-14 抗剪强度与垂直压力关系曲线

6. 允许偏差

对于圆形试样，位移≤7.7%，相对误差不超过10%。

7. 注意事项

① 透水板和滤纸的湿度接近试样的湿度。

② 快剪试验大多数步骤与慢剪试验相同，可参考《土工试验方法标准》（GB/T 50123—2019），差异主要在：试样制备安装时，以硬塑料薄膜代替滤纸，不需要安装垂直位移量测装置；剪切速度快，以0.8mm/min的剪切速度对试样进行剪切，使试样在3~5min内剪损。对于固结快剪试验也同样是采用0.8mm/min的剪切速度对试样进行剪切，使试样在3~5min内剪损。

③ 同一组的几个试样应是同一层沉积底质，密度值不应超过允许误差。

④ 制作 τ-σ 曲线时，纵横坐标分度值要统一，如1cm都代表100kPa。

(四)渗透系数

渗透系数(permeability coefficient),又叫水力传导系数,是指在各向同性介质中,单位水力梯度下的单位流量,它表示流体通过孔隙骨架的难易程度。渗透系数与流体的性质(如流体的密度和粘滞性等)及土体介质的渗透率有关,其表达式为 $k=(\kappa \cdot \rho \cdot g)/\eta$,式中,$k$ 为渗透系数;κ 为孔隙介质的渗透率(permeability);ρ 为流体密度;g 为重力加速度;η 为动力粘滞性系数。其中,渗透率是指压力梯度为1时,动力粘滞系数为1的液体在介质中的渗透速度。由于渗透率是表征沉积物等土体本身传导液体能力的参数,其大小与孔隙度、液体渗透方向上孔隙的几何形状、颗粒大小及排列方向等因素有关,与在介质中运动的液体性质无关,因此渗透率属于孔隙介质类物体的固有物理属性。渗透实验一般采用的流体为水,适合于对沉积物的测定,且可通过渗透系数 k 换算为渗透率 κ。渗透性是沉积物的一个重要性质,与土壤相似变化范围很大($10^{-1} \sim 10^{-7}$ cm/s),渗透性小则固结速率就会很慢,有效应力增长缓慢,从而在水中沉降稳定、慢。另外,在沉积物分布较厚的湖盆或集中分布的湖区,对沉积物渗透性的了解还有助于确定地下水的流速。

建立计算渗透系数的精确理论公式比较困难,通常可通过试验方法,对沉积物而言以实验室测定法或经验估算法来确定 k 值。实验室测定渗透系数的仪器种类和试验方法很多,但从试验原理上大体可分为常水头渗透法和变水头渗透法两种。常水头渗透试验法适用于透水性大的粗颗粒、无粘性的砂质沉积物,变水头渗透试验法适用于粘性土和粉土性沉积物的测定,后者因颗粒细、渗透性低、渗透系数小,渗透水量少,用常水头试验不易测准,两种测定方法参见《土工试验方法标准》(GB/T 50123—2019)。

1. 常水头渗透试验法

(1) 方法原理

常水头渗透试验法就是在整个试验过程中保持水头为一常数,从而水头差也为常数。试验时,在透明塑料筒中装填截面为 A、长度为 L 的饱和试样,打开水阀,使水自上而下流经试样,并自出水口处排出。待水头差 Δh 和渗出流量 Q 稳定后,量测经过一定时间 t 内流经试样的水量 V,根据达西定律从而得出渗透系数 k。

(2) 仪器设备

① 常水头渗透仪装置:由金属封底圆筒、金属孔板、滤网、测压管、供水瓶和一些管夹等组成,见图 6-15;金属圆筒内径 10cm,高 40cm,当使用其他尺寸的圆筒时,圆筒内径应大于试样最大粒径的 10 倍。

② 天平。

③ 量尺:一般垂向放置于侧孔管的固定位置,常水头渗透装置主件见图 6-16。

④ 滤网。

⑤ 木锤。

⑥ 秒表。

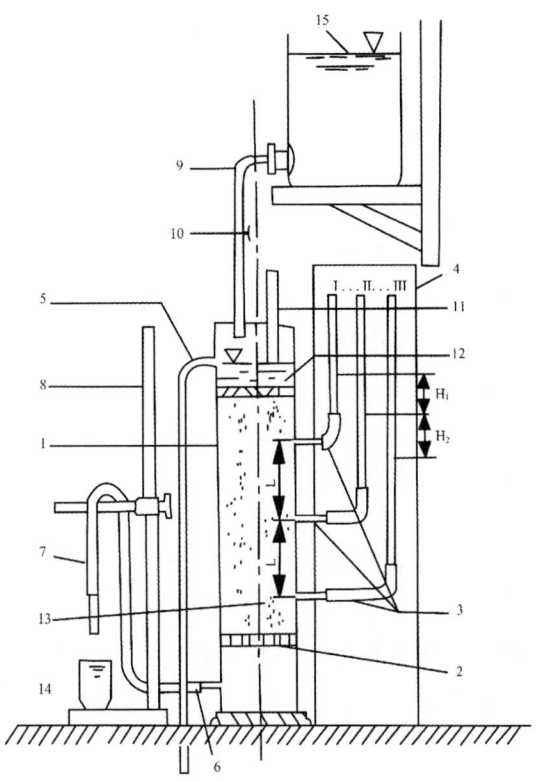

图 6-15 常水头渗透装置示意图

1—金属圆筒；2—金属孔板；3—测压孔；4—测压管；5—溢水孔；6—渗水孔；7—调节管；
8—滑动架；9—供水管；10—止水夹；11—温度计；12—砾石层；13—试样；14—量杯；15—供水瓶

图 6-16 常水头渗透装置主件

1—金属圆筒；2—量尺；3—木锤；4—金属孔板

（3）试剂溶液

① 水：纯水，应在试验前用抽气法或煮沸法脱气，试验水温应高于室温3~4℃。

② 凡士林。

③ 滑石粉：抹于密封圈以利于装置用完后保存。

（4）测定步骤

① 装置准备：按照图6-16装好仪器，量测滤网至筒顶的高度，将调节管和供水管相连，从渗水孔向圆孔充水至高出滤网顶面。

② 装样：取具有代表性的风干沉积物样3~4kg，测定其风干含水率。将风干沉积物样分层装入圆筒内，每层2~3cm，根据要求的孔隙比，控制试样厚度；当试样中含粘粒时，应在滤网上铺2cm厚的粗砂作为过滤层，防止细粒流失。

③ 充水：每层试样装完后，从充水孔向圆筒充水至试样顶面，最后一层试样应高出测压管3~4cm，并在试样顶面铺2cm砾石作为缓冲层；当水面高出试样顶面时，应继续充水至溢水孔有水溢出。

④ 称量：量测试样顶面至筒顶高度，计算试样高度，称剩余沉积物样的质量，计算试样的重量。

⑤ 管孔水压调整：检查测压管水位，当测压管与溢水孔水位不平时，用吸球调整测压管水位，直至两者水位齐平。

⑥ 常水头调节：将调节管提高至溢水孔以上，将供水管放入圆筒内，打开止水夹，使水由顶部进入圆筒，降低调节管至试样上部1/3高度处，形成水位差使水渗入试样，经过调节管流出；调节供水管止水夹，使进入圆筒的水量多于溢出的水量，溢水孔始终有水溢出，保持圆筒内水位不变，试样处于常水头下渗透。

⑦ 测量：当测压管水位稳定后，测记水位，并计算各测压管之间的水位差；按规定时间记录渗出水量，测量进水和出水处的水温，取平均值。

⑧ 测定：降低调节管至试样的中部和下部1/3处，按以上步骤⑥~⑦步骤重复，测定渗出水量和水温，当不同水力坡降下测定的数据接近时，结束试验。

（5）结果计算

① 常水头渗透系数计算公式：

$$k_T = \frac{Q \cdot L}{A \cdot H \cdot t}$$

式中：k_T 为水温 T℃时试样的渗透系数(cm/s)；Q 为时间 t 秒内渗出水量(cm^3)；L 为两测压管中心间的距离(cm)；A 为试样的横断面积(cm^2)；H 为平均水压差(cm)；t 为时间(s)。

② 标准温度下的渗透系数计算公式：

$$k_{20} = k_T \cdot \frac{\eta_T}{\eta_{20}}$$

式中：k_{20} 为水温20℃标准温度下试样的渗透系数(cm/s)；η_T 为 T℃时水的动力粘滞系数(kPa·s)；η_{20} 为20℃时水的动力粘滞系数(kPa·s)，粘滞系数比 η_T/η_{20}，见表6-10。

表 6-10　不同温度下水的动力粘滞系数

温度 T (℃)	动力粘滞系数 η (kPa·s·10^{-6})	温度校正系数 T_p	温度 T (℃)	动力粘滞系数 η (kPa·s·10^{-6})	温度校正系数 T_p
5.0	1.516	1.17	17.5	1.074	1.66
5.5	1.498	1.19	18.0	1.061	1.68
6.0	1.470	1.21	18.5	1.048	1.70
6.5	1.449	1.23	19.0	1.035	1.72
7.0	1.428	1.25	19.5	1.022	1.74
7.5	1.407	1.27	20.0	1.010	1.76
8.0	1.387	1.28	20.5	0.998	1.78
8.5	1.367	1.30	21.0	0.986	1.80
9.0	1.347	1.32	21.5	0.974	1.83
9.5	1.328	1.34	22.0	0.968	1.85
10.0	1.310	1.36	22.5	0.952	1.87
10.5	1.292	1.38	23.0	0.941	1.89
11.0	1.274	1.40	24.0	0.919	1.94
11.5	1.256	1.42	25.0	0.899	1.98
12.0	1.239	1.44	26.0	0.879	2.03
12.5	1.223	1.46	27.0	0.859	2.07
13.0	1.206	1.48	28.0	0.841	2.12
13.5	1.188	1.50	29.0	0.823	2.16
14.0	1.175	1.52	30.0	0.806	2.21
14.5	1.160	1.54	31.0	0.789	2.25
15.0	1.144	1.56	32.0	0.773	2.30
15.5	1.130	1.58	33.0	0.757	2.34
16.0	1.115	1.60	34.0	0.742	2.39
16.5	1.101	1.62	35.0	0.727	2.43
17.0	1.088	1.64			

（6）允许偏差

根据计算的渗透系数，应取 3~4 个在允许差值范围内数据的平均值，以 $k=B_i\times10^{-n}$ 表达式，B_i 保留一位非零整数位，允许差值 $\leq2\times10^{-n}$。对于不太均匀的原状沉积物，允许差值限制可适当放宽。

（7）注意事项

① 接取渗出水量时，调节管口不得浸入水中。

② 沉积物的渗透性是水流通过孔隙的能力，试样孔隙的大小，决定着渗透系数的大小，因此测定渗透系数时，必须说明与渗透系数相适应的试样的密实状态。

③ 水的动力粘滞系数随温度而变化，土质沉积物的渗透系数与水的动力粘滞系数成反比，因此任一温度下测定的渗透系数应换算到标准温度下的渗透系数 k_{20}。

④ 从所获渗透系数范围也可初步判断沉积物岩性（土质类别），不同土质类别渗透系

数 k 经验参考值，见表 6-11。

表 6-11　不同土质类别渗透系数 k 经验参考值

土质名称	渗透系数 k (m/d)	渗透系数 k (cm/s)	岩土名称	渗透系数 k (m/d)	渗透系数 k (cm/s)
粘土	<0.001	<1.2×10^{-6}	细砂	1.000~5.000	1.2×10^{-3}~6.0×10^{-3}
粉质粘土	0.001~0.100	1.2×10^{-6}~1.2×10^{-4}	中砂	5.000~20.00	6.0×10^{-3}~2.4×10^{-2}
粉土	0.100~0.500	1.2×10^{-4}~6.0×10^{-4}	均质中砂	35.00~50.00	4.0×10^{-2}~6.0×10^{-2}
黄土	0.250~0.500	3.0×10^{-4}~6.0×10^{-4}	粗砂	20.00~50.00	2.4×10^{-2}~6.0×10^{-2}
粉砂	0.500~1.000	6.0×10^{-4}~1.2×10^{-3}	均质粗砂	60.00~75.00	7.0×10^{-2}~8.6×10^{-2}

2. 变水头渗透试验法

(1) 方法原理

变水头渗透试验法就是水从一根直立的带有刻度的玻璃管和"U"形管自下而上流经土样，试验过程中水头差一直随时间而变化，其装置见图 6-17。试验时，将玻璃管充水至需要高度后，开动秒表，测记起始水头差，经时间 t 后，再测记终了水头差，通过建立瞬时达西定律，推出渗透系数 k 的表达式。变水头渗透试验法的试验过程中水头差一直随时间而变化，因此可以记录多个水头差下的渗透变化结果。

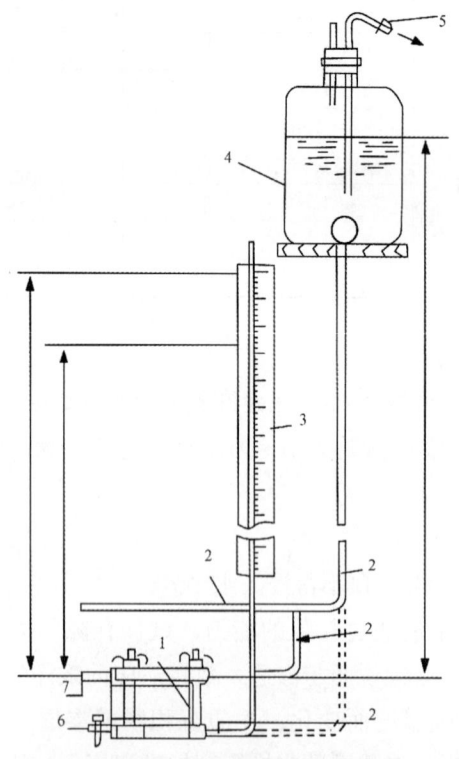

图 6-17　变水头渗透装置示意图

1—渗透容器；2—进水管；3—变水头管；4—供水瓶；5—接水源管；6—排气水管；7—出水管

(2) 仪器设备

① 变水头渗透仪装置：由渗透容器、变水头管、供水瓶、进水管等组成，其中变水头管的内径应均匀，管径≤1cm，管外壁应有最小分度1.0mm的刻度，长度宜为2m左右。

② 容器：由环刀、透水石、套环、上盖和下盖组成。环刀内径61.8mm、高40mm。透水石的透水系数应>10^{-3}cm/s。

(3) 试剂溶液

① 水：纯水，应在试验前用抽气法或煮沸法脱气，试验水温度应高于室温3~4℃。

② 凡士林。

③ 滑石粉：抹于密封圈以利于装置用完后保存。

(3) 测定步骤

① 试样制备：变水头渗透试验的试样分原状试样和扰动试样两种。对于原状试样，根据要测定渗透系数的方向，用环刀在垂直或平行土层方向切取原状试样，试样两端削平即可，禁止用修土刀反复涂抹。放入饱和器内抽气饱和(或其他方式饱和)。对于扰动试样，用饱和度较低(Sr≤80%)的沉积物压实或击实办法制样，然后饱和。

② 装样：将装有试样的环刀装入渗透容器，用螺母旋紧，要求密封至不漏水、不漏气。对不易透水的试样，按规定进行抽气饱和；对饱和试样和较易透水的试样，直接用变水头装置的水头进行试样饱和。

③ 排气：将渗透容器的进水口与变水头管连接，利用供水瓶中的纯水向进水管注满水，并渗入渗透容器，开排气阀，排除渗透容器底部的空气，直至溢出水中无气泡，关排水阀，放平渗透容器，关进水管夹。

④ 水头调整：向变水头管注纯水，使水升至预定高度，水头高度根据试样结构的疏松程度，确定一般≤2m，待水位稳定后切断水源。

⑤ 渗透试验：开进水管夹，使水通过试样，当出水口有水溢出时开始测记变水头管中起始水头高度和起始时间，按预定时间间隔测记水头和时间的变化，并测记出水口的水温。

⑥ 重复性试验：将变水头管中的水位变换高度，待水位稳定再进行测记水头和时间变化，重复试验5~6次。当不同开始水头下测定的渗透系数在允许差值范围内时，结束试验。

(4) 结果计算

变水头渗透系数计算公式：

$$k_T = 2.3 \times \frac{a \times L}{A \times (t_2 - t_1)} \times \log \frac{H_1}{H_2}$$

式中：k_T为水温T℃时试样的渗透系数(cm/s)；a为变水头管的横断面积(cm^2)；A为试样的横断面积(cm^2)；L为渗径，即试样高度(cm)；t_1和t_2分别为测试水头的起始和终止时间(s)；H_1和H_2为起始和终止水头(cm)；2.3为ln和log的变换系数。

(5) 允许误差

同常水头渗透试验要求相同。

(6) 注意事项

① 试验过程中，若发现水流过快或出水口有浑浊现象，应立即检查容器有无发生漏水或试样集中渗流，若有应重新制样试验。

② 上盖出水管处橡胶管不易套至根部，须留出 6mm 以上，以防与套筒受压。

③ 每次用完应擦净晾干，密封圈宜抹以滑石粉保存。

第三节 沉积物年代测定

年代测定（age determination），又称测年和定年（dating）。湿地沉积物具有沉积连续性好、沉积速率大、时间分辨率高、信息量丰富与地域覆盖面广等特点，能够真实记录流域内较长的历史时期各种气候和其他环境变化信息，对气候的波动变化极为敏感。因此，以可靠的年代学为基础，对湿地沉积物进行沉积速率、累积通量等测定和研究，来追溯湿地环境变化过程，探讨湿地环境演变机理，反演全球或区域环境和气候变化及其与人类活动的相互作用。利用沉积物所记录的环境信息还可以进行区域环境变化的联系和对比，获得区域和全球环境变化的内在联系，为湿地环境生态修复和管理提供科学依据。

用于湖泊沉积年代测定的方法很多，较为常用的湿地沉积物年代学研究方法主要有事件定年（包括纹层定年）、^{14}C 测年、^{210}Pb 和 ^{137}Cs 测年、光释光测年、热释光测年、裂变径迹测年、古地磁测年等，它们有各自的原理、测定范围和优缺点，不同的测年方法适用于不同的时间尺度，常用较短时间尺度湿地沉积物定年方法，见表 6-12。较短时间尺度的测年方法近年来多用于湿地近代环境研究，常见的沉积物测年方法有纹层定年（varve dating）、^{14}C 测年（^{14}C dating）、^{210}Pb 和 ^{137}Cs 测年（^{210}Pb 和 ^{137}Cs dating）、光释光测年（optically stimulated luminescence，OSL）。

表 6-12 常用较短时间尺度湿地沉积物定年方法

定年方法	原理	优点	缺点
事件定年	根据具有明确年代的沉积事件确定沉积年代，如碳球粒分布、洪水层、矿物组成特征等	特征层年代较为明确，能精确到年，甚至季节	需借助于其他证据，如文献记载或其他定年手段确定标志层
纹层定年	在地质学记录中，有韵律的沉积物沉积所形成的细沙有机碎屑或粘土纹层带常以层偶形式存在，糙纹层与细致纹的层带呈规律性交替变化，被称为纹层。纹层作为一种定年手段，可以数出年代间隔，建立一个浮动的年代序列	定率精度高，对冰川的季节变化记录详尽，也可反映湿地沉积和生物量的季节变化	受沉积环境与水动力因素扰动，可以导致不准确的年龄估计，纹层沉积稳定性与连续性受到干扰

(续)

定年方法	原理	优点	缺点
^{14}C 定年	^{14}C 是 C 的放射性同位素, 半衰期为 5730 年。活体生物可吸收一定量的 ^{14}C, 当生物死亡后, 吸收碳的过程中止, 但有机组织中 ^{14}C 的衰变仍在继续, 这就是放射性碳的"计时功能"	分辨率高, 在距今 5.5ka 尺度上仅有 ±50 年的标准偏差	"老碳"或"年轻碳"混入, 碳库效应及硬水效应等, 严重影响取样层位年代结果的精确性和可靠性
^{210}Pb 和 ^{137}Cs 定年	^{210}Pb 定年技术以该核素(自然产生)随沉积物深度增加而逐渐衰变作为依据。^{137}Cs 是人工核试验的产物, 主要的来源是 20 世纪 50 年代初开始的大气层核试验, 1963 年左右是核武器试验的高峰; 1986 年切尔诺贝利核电站核泄漏事件, 所释放出来的大量放射性微粒和气态残骸, 迄今仍能在北半球的海洋、湿地底泥中检测出来	^{210}Pb 和 ^{137}Cs 两种方法相互补充, 有可能较好地重建近 200 年来湿地沉积物的年代序列	风浪、生物、人为清淤等干扰, 使得建立沉积物年代序列非常困难和复杂
释光测年	释光测年是利用矿物中晶体的释光现象来测定矿物自上次热事件或曝光事件后埋藏至今所经历的时间。石英和长石等矿物在埋藏前被加热或者暴露在阳光下时, 其光释光信号就会被排空或者降低到一个可以忽略的水平; 当沉积物被埋藏后, 其矿物晶体便开始接受周围环境中放射性核素提供的 α、β 粒子和 γ 射线, 以及宇宙射线的辐照而累积释光信号。释光年龄就是样品埋藏过程中总累积释光信号与累积速率的比值	测年材料是沉积物中的石英或长石矿物, 这些矿物广泛分布于湿地沉积物中且易提取; 石英光释光测年范围约几十年到十万年, 随着长石光释光测年技术的发展, 测年上限可以延伸至 20 万~30 万年	影响释光测年的因素较多, 测年误差较大, 其相对误差约为 10%。另外, 湿地沉积物中可能由于铀系不平衡等导致剂量率不稳定, 剂量率会随沉积时间发生变化, 从而降低测年准度和精度

一、纹层定年法

沉积物的纹层定年是依据沉积物在一个年度的周期中经历有规律的沉积环境改变, 形成"纹泥"结构。沉积的纹层是逐年逐渐累积形成的, 人为可数出年代的间隔, 并建立一个浮动的年代序列, 所以纹层可以作为一种定年的手段。湿地沉积物纹层类型的划分一般是根据纹层的结构和组成来进行的, 大致可分为三类: ① 碎屑纹层; ② 生物成因纹层, 如硅藻纹层; ③ 化学成因纹层, 如方解石、黄铁矿和蒸发盐纹层。

对于纹层界限清楚且厚度较大的碎屑纹层来说, 一般根据沉积物新鲜表面进行目测就可以较快速而有效地登记和计数。然而, 对于厚度较薄的纹层来说, 则必须借助于高倍光学显微镜、X-射线照相技术、扫描电子显微镜和切片进行分析。在进行分析前需要进行岩相学大薄片制作。纹层定年法主要采用扫描电子显微镜方法。

1. 方法原理

应用高能电子束与目标(沉积物样品抛光大薄片)中的原子发生弹性碰撞产生背散射电子,根据产生的背散射电子数量与目标中的平均原子序数相关性和在照片上的背散射电子图像(back scattered electron image,BSEI)亮度(相当于原子序数)的差异,来观察纹层内组成信息(如微化石种属)和结构(孔隙度和生物扰动)信息。高能电子束与目标中的原子受形态影响,发生非弹性碰撞释放出的二次电子及其图像(secondary electron image,SEI),反映样品的形态信息。

2. 仪器设备

冷冻干燥仪、液氮罐、扫描电子显微镜、培盒(10cm×2cm×1cm)、聚苯乙烯泡沫板、磨片机。

3. 试剂溶液

环氧树脂、丙酮(分析纯)。

4. 测定步骤

① 沉积物芯样采集:选择在纹层发育较好的湿地区域(通常为湿地最深处),无扰动、连续采取沉积物。使用沉积物采集器以无扰动连续方式钻取适当长度的沉积物柱状样,冷库低温保存(4℃)。

② 剖样:将沉积物柱状样在实验室内纵向剖开,立即记录未受扰动的沉积物原始结构信息,所采用的方法主要包括样芯记录、照相。在实验过程中要尽量减少扰动和污染。

③ 大薄片层样获取:用折叠式铝盒(10cm×2cm×1cm)沿沉积物样芯纵剖面,从顶端至底端,依次压入新鲜沉积物中(前后相邻的两个铝盒之间至少有1cm叠加)。从沉积物中取出铝盒,记录铝盒编号和对应的沉积物层位,放在尺寸合适、切有凹槽的聚苯乙烯泡沫板中。

④ 冷冻:将装载沉积物铝盒的聚苯乙烯泡沫板放入盛液氮的容器中约5min,使沉积物急速冷冻。

⑤ 干燥:将急速冷冻好的沉积物放入冷冻干燥仪中,移走沉积物孔隙中的水分。

⑥ 树脂固定:用环氧树脂渗入干燥好的沉积物样品孔隙中,不留气泡,固定沉积物(渗胶过程可以在真空或者高压条件下进行)。

⑦ 切片:将树脂固定后的沉积物切出新鲜面,粘贴在玻璃片上,利用磨片机磨制成一定厚度的大薄片。

⑧ 分段照相:将每个玻璃片依次以相同的放大倍数(×100)分段照相。将玻璃片上颗粒大小、数量和分布等情况相似的区域作为同一段,每段上分别拍摄2~3张照片。

⑨ 颗粒观察:将扫描电子显微镜调整在高倍(通常×1000),按顺序对玻璃片样品中单个颗粒的相貌进行观察和分析。

5. 计算

逐个计算每个玻璃片内的纹层数,然后加和每个玻璃片上的纹层数,扣除室内采用铝盒分段取样时的重叠部分，即为整个柱状沉积物的沉积年数。每个玻璃片的纹层数按玻璃片范围内多段区域的多张照片纹层数的平均值计。

6. 注意事项

① 为获得完整的纹层序列，特别是沉积物—水界面未固结的沉积物，通常需要多种钻探方法相结合。冷冻取样技术对于无扰动地获得湿地水体底部水—沉积物界面附近未固结的表层沉积物来说是一种重要方法。将冷冻钻机和活塞钻机联合，可以获得连续而完整的沉积序列。钻取的沉积物柱状样分样之前保存在4℃的冷库中。

② 利用表面照相技术进行纹层研究，须在沉积物柱状样剖开后尽快进行照相，因为沉积物的颜色通常变化非常迅速。但对于一些含铁质纹层来说，其纹层则需要在氧化一段时间之后才能显现出来。

③ 虽然该法对含水量达85%的沉积物仍然可用，但实际操作过程中不少样品会出现不同程度的膨胀或收缩，如将铝盒压入、切断和提出沉积物，以及速冻、冷冻干燥和树脂渗胶凝固等过程都会对沉积物原始结构造成破坏。对长序列沉积物剖面进行纹层厚度测量、沉积物速率计算和时间序列分析时，应考虑消除这些影响。

④ 除快速冷冻干燥方法可去除沉积物孔隙中的水分外，水—丙酮—环氧树脂交换方法(water-acetone-epoxy resin)也是常用方法之一。沉积物样品中的孔隙水通过与丙酮反复交换被完全去除，再将样品中的丙酮用低粘性的环氧树脂去除，然后在约50℃下烘干(48h)，使芯样愈合、凝固。整个过程需要6~8天，每天需要更换2~3次丙酮或者环氧树脂，该方法的缺点是需要注意实验中丙酮挥发时对人体健康的影响。

⑤ 在高倍观察分析仍不能辨别纹层数时，建议结合能谱仪(energy dispersive spectrometer, EDS)对颗粒成分进行分析，通过确定颗粒的性质来提高纹层辨别精度。

二、14C 测年法

^{14}C 测年是由诺贝尔化学奖获得者威拉德·弗兰克·利比(Willard F. Libby)在1949年首先发现的。^{14}C 是大气圈中通过宇宙射线中的次生中子与 ^{14}N 核相互作用形成的元素，平均寿命有8270年，在古老的含碳岩石中不能保留自然形成的 ^{14}C。但在大气中 ^{14}C 不能迅速消失，而会氧化成 CO_2，然后进入水圈和生物圈，在光合作用过程中 ^{14}C 进入植物体，通过食物链进入动物体。在生物的生命过程中，其所吸收的碳会与生活环境(大气、海水或者淡水)达到同位素平衡。当生物死亡后，吸收碳的过程终止，但有机组织中的 ^{14}C 衰变仍在继续，放射性碳的"计时"功能便开始。

^{14}C 年代学基于以下三个假设：① 几万年以来，宇宙射线的强度不变，^{14}C 的生成和衰变达到动态平衡，各交换储存库中的 ^{14}C 浓度不变；② ^{14}C 在各个储存库中的分布均匀，它们之间的交换也达到动态平衡，^{14}C 初始放射性比度不随时间、地点和物质而改变；③ 含碳样品脱离交换储存库以后，^{14}C 的浓度(放射性比度)随时间自然衰变。因此，借助于 ^{14}C 的半衰期，对比样品剩余的放射性碳与现存的同类样品(现代参照标准)，获得样品

中 ^{14}C 的减少量，就可以计算出样品的绝对年龄。

用于 ^{14}C 测年的含碳材料包括无机和有机两大类，大致分为四种材料：① 碳酸盐物质：湿地中生活着有壳动物，如瓣鳃类、腹足类、介形类等，它们的壳体多由 $CaCO_3$ 组成，它们死亡并埋藏在沉积物后一般不再和水体发生碳交换。另外，一些湿地还能形成自生的碳酸盐矿物沉积，如方解石、文石、白云石等，以上均可用来进行 ^{14}C 年代测定；② 总有机质：湖泊沉积物中有机质的组成十分复杂，一般可分为腐殖质和非腐殖质两类，其中非腐殖质占 20%~30%，是一些比较简单、易被微生物分解的物质，如糖类、有机酸和一些含氮的氨基酸、氨基糖等。腐殖质占 60%~80%，是湖泊沉积有机碳的主要成分。腐殖质是一类组成和结构极为复杂的高分子聚合物，包括胡敏素、胡敏酸、富里酸等。湖泊沉积研究表明，具有生物惰性的有机质，其 ^{14}C 年龄可能与土壤真实年龄接近；胡敏素的惰性组分最为稳定，在沉积物 ^{14}C 年代测定中比较可靠；胡敏酸、富里酸等易迁移和易污染，仅具参考价值；③ 大化石：沉积物中大化石主要为植物碎片、动物碎片、碳屑等，包括外源的和湖泊自生的物质，这些可作为 ^{14}C 年代测定物质。但大化石保存到湿地沉积物之前，一般经历了改造和再搬运，会给沉积物定年带来一定误差。利用湿地内溶解无机碳（dissolved inorganic carbon，DIC）作为光合作用碳来源的水生植物的化石，以及湿地内生的动物化石，极有可能受到湿地"碳库效应"和"老碳效应"等因素的影响，所获后的年代会老于沉积层位的实际年代；④ 孢粉：与大化石不同，孢粉几乎存在于所有湿地的沉积物中，且可分辨是来自湿地外源还是内源（孢粉绝大部分为陆源），避免了湿地"碳库效应"等的影响，同时可用来进行区域的孢粉地层对比。因此，利用孢粉进行 ^{14}C 年代测定得到越来越广泛的应用。

1. 方法原理

利用粒子加速轰击样品，使样品中的含 C 混合物或单体形成离子"$M \rightarrow M^+$"，然后使形成的离子按荷质比（M/Z）进行分离。

2. 仪器设备

质谱仪（AMS）、离心机、烘箱、超声波清洗器、冷冻干燥器、标准筛（88μm、44μm 和 20μm 孔径）。

3. 试剂溶液

① NaOH 溶液（2%）：称取 2g NaOH（分析纯）溶于 1000mL 去离子水中。

② HCl 溶液（1mol/L）：量取 8.3mL 浓盐酸（分析纯，约 12mol/L）溶于 100mL 去离子水中。

③ 磷酸（H_3PO_4，分析纯）。

4. 测定步骤

（1）样品的干燥

用于总有机质、腐殖质和孢粉 ^{14}C 分析的沉积物，取适量代表性样，放入冷冻干燥器中干燥处理后待用。

(2) 分离或提取

用于 ^{14}C 测年的沉积物，分析前均需进行分离和提取。测年材料不同，处理操作步骤也不同：① 碳酸盐物质：将动物壳体从湿沉积物中直接分拣出来，然后放于蒸馏水中，超声波振荡清洗，去除附着于壳体表面的杂质；② 腐殖质：样品去无机碳后，加入2%的 NaOH 溶液，浸泡24h，以3000r/min 离心5min，萃取出碱溶液和碱不溶物。碱不溶物加入 1mol/L 的 HCl 至 pH 2 左右，用蒸馏水洗至中性，获得胡敏素组分。碱溶液加入 1mol/L 的 HCl，出现絮状沉淀物，分离出沉淀物为胡敏酸组分；③ 大化石：沉积物通过筛孔<0.5mm 的分析筛，用流水冲洗以获得大化石，所挑拣出的化石应当足够大，以便区分外源还是湿地自生；④ 孢粉：选取 88~44μm 和 44~20μm 两个粒级。送测样品前还须在显微镜下仔细挑选。

(3) 分离样品处理

分离或提取后的待测样品于40℃烘箱中烘干24h，将烘干的样品研磨，并过400目筛。

(4) 碳转化和收集

将研磨过筛的测试样品与100%磷酸于75℃水浴中反应 2.5h，将反应产生的 CO_2 进行纯化收集。或用过量氧燃烧法，将样品(如有机质)中的碳转化为 CO_2 气体。

(5) 测定

在同位素质谱仪(AMS)上对收集的 CO_2 进行 ^{14}C 同位素分析。

5. 结果计算

用 ^{14}C 分析得到年代，计算公式：

$$T=\frac{\tau \cdot \ln A_0}{A}$$

$$\tau=\frac{T_{1/2}}{\ln 2}$$

式中：T 为样品测定年代(a)；A_0 为样品处于交换平衡状态的 ^{14}C 放射性活度(Bq)；A 为样品残留的 ^{14}C 放射性活度(Bq)；τ 为 ^{14}C 的平均寿命(a)；$T_{1/2}$ 为 ^{14}C 半衰期(a)。

6. 允许偏差

^{14}C 半衰期经 Libby(1952)测定为(5568±30)年，后经 Polach 和 Golson(1968)校正为(5730±40)年。

7. 注意事项

① ^{14}C 测年是湿地沉积物定年最常用的方法之一，具有凡是含碳材料均适合测定等优点，但也有测量范围有限(一般不超过4万年)、难以采集到不受"老碳效应"影响的合适测年材料、测量时间较长、测试费较高等缺点。另外，^{14}C 技术还很难运用于近几百年的沉积物年代测定。

② 碳酸盐物质定年可能会受到湿地"碳库效应"和"老碳效应"等多种因素的影响，测量的误差、大气^{14}C浓度的变化、化石燃料的利用（产生"老"CO_2）及核武器试验（增加^{14}C的产生）等不确定性因素，会造成测试误差。同时碳酸盐矿物沉积后，仍可能与沉积物孔隙水发生碳交换，从而影响测年的可靠性。

③ 利用总有机质进行^{14}C年代测定过程比较简单，但往往难以满足精确定年的需要，难以提高时间分辨率。因此，在条件许可的情况下，通常的做法是分离提取特殊组分（如孢粉、炭屑、陆生植物残体等），进行年代学分析。

④ 制备过程中要尽量消除H_2O的影响，否则H_2O与CO_2之间的同位素交换会影响质谱分析结果。

三、^{210}Pb 和 ^{137}Cs 测年法

^{210}Pb 和 ^{137}Cs 测年均属于核沉降法（nuclear settlement method）测年，核沉降法用到的放射性核素主要有^{210}Pb、^{137}Cs、^{226}Ra 和 ^{241}Am 等。

放射性同位素^{210}Pb 是一种自然核素，它是^{238}U 衰变链中的一个中间体，或称放射性子体同位素，其半衰期为22.26年，它的母体包括^{226}Ra、^{222}Rn 等放射性核素。^{226}Ra 衰变时生成^{222}Rn 原子，后者是一种惰性气体，主要源于地球表面的土壤、岩石和海洋中铀（U）的衰变，而源源不断从土壤、岩石和水体的表面逸出进入大气。由于海水的迟滞作用，来自土壤、岩石的^{222}Rn 的散逸通量远高于海洋（约是其100倍），因此^{210}Pb 主要产生于内陆地区的对流层。陆地表面每分钟每平方厘米平均能排出42个^{222}Rn 原子。^{222}Rn 扩散到大气圈后，以它固有的半衰期变成一系列寿命非常短的子体（^{218}Po、^{214}Pb、^{214}Bi、^{214}Po 等），很快形成^{210}Pb。^{210}Pb 一旦形成后，被大气中的亚微米级气溶胶吸附，并通过干、湿沉降进入地表，然后随地表径流最终进入湖泊、河流等水体的沉积物中。聚集在沉积物中的^{210}Pb 因不与其母体共存和平衡，称为过剩^{210}Pb（$^{210}Pb_{exc}$）。基于沉积物系统的封闭和稳定性，沉积埋藏的^{210}Pb 不发生迁移，以及非过剩^{210}Pb（$^{210}Pb_{exc}$）与其母体^{222}Rn 保持平衡关系等假设，测定沉积物中的^{210}Pb 放射性剂量，就可计算出沉积物的年代。基于本底核素量及半衰期特征，^{210}Pb 被认为是百年尺度内沉积物定年一个极好的核素。

^{137}Cs 是一种人工放射性核素，其半衰期为30.2年，它是自1945年人类第一次实施核爆炸后开始在地球表层出现的，但^{137}Cs 在沉积物中的显著累积直到1954年才开始出现。随着人类核试验的不断开展，1962—1963年核武器试验的高峰期，沉积物中的^{137}Cs 开始出现累积峰值；1986年苏联切尔诺贝利核泄漏事故后，北半球高纬度地区水体沉积物中出现了^{137}Cs 的蓄积峰。由于沉积物中^{137}Cs 累积峰值都与人类核试验导致的大气^{137}Cs 活度与沉降相对应，因此^{137}Cs 的放射性活度在沉积物中具有垂向分布特征，特别是其峰值可作为精确的时标进行沉积物定年。作为核试验后大气扩散而沉降到地表环境中的放射性核素，^{137}Cs 是研究湖泊沉积和流域侵蚀的一个独特而有效的示踪剂。考虑^{137}Cs 在湖泊沉积物中分子的扩散不足以改变其蓄积峰位置，对沉积环境相对稳定的湖泊而言，^{137}Cs 活度在沉

积物柱芯中垂直剖面的峰作为时间标志,可以成功获得沉积物平均堆积速率及年龄。

1. 方法原理

^{210}Pb 和 ^{137}Cs 均是放射性核素,放射性核素能发生 α 衰变和 β 衰变,形成的原子核往往处于不稳定的激发态;当它们的原子核由激发态跃迁到较低能态时,常常会放射出不同能量级的 γ 射线。利用射线的放射作用,并对其放射程度进行计量,通过一定的计算,即可获得样品沉积物的年龄。α、β 和 γ 射线的放射性强度是 α 最小、γ 最大,因此对沉积物的测年方法有三种。由于采用 γ 射线所需的测量时间也相对较短,因此应用 γ 射线法对沉积物 ^{210}Pb 和 ^{137}Cs 活度进行测定的相对较多,其测定可参照《土壤中放射性核素的 γ 能谱分析方法》(GB/T 11743—2013)。

^{210}Pb 和 ^{137}Cs 计年的前提是它们进入沉积物后,不再受外界扰动,严格按自身的衰变规律随时发生放射性衰变,而不发生其他形式的迁移。应用 ^{210}Pb$_{exe}$ 活度数据及 ^{210}Pb 的半衰期来计算沉积不同层位的年龄,将涉及与沉降、堆积和变率等有关的经验模式的选择。现有的沉积年代计算模式有恒定初始浓度模式(constant initial concentration,CIC)、恒定补偿速率模式(constant rate of supply,CRS)、稳定输入通量—稳定堆积模式(constant flux of supply,CFS)、阶段恒定通量模式(periodic flux,PF)和沉积物断面同位素法(stable isotope technique,SIT)等,但较为常用的是 CIC 模式和 CRS 模式。

① 恒定初始浓度模式(也称恒定比活度模式,constant activity,CA):需要假设 ^{210}Pb 的输入通量和沉积物堆积速率恒定,表层沉积物中 ^{210}Pb$_{exc}$ 的初始活度为一定值 A_0,不同层段中 ^{210}Pb$_{exc}$ 的比活度 C 将随该层段的质量深度 x 呈指数衰减关系:

$$A_x = A_0 \cdot e^{-\lambda \cdot t}$$

式中:A_x 为沉积物某一深度 x 处的 ^{210}Pb$_{exc}$ 的活度(Bq);A_0 为沉积物表层 ^{210}Pb$_{exc}$ 的活度(Bq);λ 为 ^{210}Pb 半衰期常数;t 为某一深度 x 的年龄(a)。

对于一个较长的沉积序列(^{210}Pb 近 10 个半衰期),应用该模式可大致估算出近 200 年来的平均沉积速率。对于有物理扰动和生物扰动(如底栖生物和鱼类)等混合影响的湿地,特别是生产力较高的浅水湖,沉积物顶部几厘米至十几厘米内的 ^{210}Pb$_{exc}$ 放射性强度,往往不总是随着深度变化呈现明显的指数衰减。因此,该简单模式只能给出一段时间内平均的沉积通量,不能可靠地反映沉积通量随时间的变化。

② 恒定放射性通量模式(CF 模式或 CRS 模式):该模式假定在沉积系统中 ^{210}Pb$_{exc}$ 的输入通量 F 恒定,而沉积物堆积速率 S 随时间可能发生改变。一般在同一个地区不同时间段 ^{210}Pb 放射性核素大气沉降通量变化较小,沉积厚度为 t 的一层沉积物所需的时间为:

$$T = -\lambda^{-1} \cdot \ln(1-\zeta)$$

$$\zeta = \frac{\int_0^t {}^{210}\text{Pb}_{ex}(t)\,\mathrm{d}t}{\int_0^\infty {}^{210}\text{Pb}_{ex}(t)\,\mathrm{d}t}$$

式中：$\int_0^t {}^{210}Pb_{ex}(t)dt$ 为深度 t 以上 ${}^{210}Pb_{exc}$ 的累计值；$\int_0^\infty {}^{210}Pb_{ex}(t)dt$ 为整个样柱 ${}^{210}Pb_{exc}$ 的累计值。

通过对沉积物柱样的 ${}^{210}Pb_{exc}$ 比活度进行积分得到年龄—深度的关系，该方法的优点是当混合层的厚度不超过整个 ${}^{210}Pb$ 数据深度的 15% 时，沉积物的混合对该模式的结果影响不大。

CIC 模式给出平均沉积速率，难以反映沉积通量的变化，采样深度不够或通量变化不大的湖泊沉积物定年可以采用。CRS 模式可以获得不同深度的沉积年代，沉积通量的计算更为可靠、有效，但沉积物采集深度要达到补偿 ${}^{210}Pb$ 和非补偿 ${}^{210}Pb$ 的平衡，以获得整个柱样的 ${}^{210}Pb_{exc}$ 累积量。

2. 仪器设备

① γ 谱仪：可用规格大于等于 7.5cm×7.5cm 的圆柱形的碘化钠探测器[NaI(Tl)]，整个晶体密封于有透光窗的密封容器中，晶体与光电倍增管形成光耦合。探测器对 ${}^{137}Cs$ 的 661.6keV 光峰的分辨率应<9%。也可根据 γ 射线能量范围采用不同材料和不同类型的半导体探测器，最好采用单端同轴锗锂或高纯锗探测器，其对 ${}^{60}Co$ 的 1332.5keV γ 射线的能量分辨率应<3keV，相对探测效率不低于 15%。

② 测量容器：根据样品的多少及探测器的形状、大小选用不同尺寸及形状的样品盒。容器应选用天然放射性核素含量低的塑料，如 ABS(丙烯腈—苯乙烯—丁二烯共聚物)或聚乙烯。

3. 试剂溶液

① 氧化铝(分析纯，粉剂，要求放射性本底低)。

② 二氧化硅(分析纯，粉剂，要求放射性本底低)。

③ 环境放射性标准物质(标准源核素的活度不确定度由证书给出)。

4. 测定步骤

① 体标准源制备：根据受试沉积物样品的密度(一般在 1.2g/cm³ 左右)，将低放射性本底的氧化铝和二氧化硅按一定比例均匀混合，使得其填充密度与待测沉积物样品的密度相近，作为模拟基质。再根据体标准源的活度一般为被测样品的 10~30 倍要求，将制备好的铀、镭体标准源放入样品盒中密封 3~4 周，使铀、镭和它们的短寿命子体达到平衡，从而制成体标准源。体标准源的总不确定度应控制在±5% 以内。体标准样品也可由专业单位提供。

② 样品前处理：将剔除草、壳、碎石等异物的沉积物样品，用烘箱加热(100℃)烘干至恒重，压碎过筛(40~60 目)。

③ 称重：将样品在千分之一天平上称量，然后装入与刻度谱仪的体标准源相同形状和体积的样品盒中，或者将样品加入样品盒后一并称重。密封样品盒，放置 2 周后测量。

④ 测量：先将模拟基质和空样品盒放入 γ 谱仪系统中探测器的指定位置，测定本底

谱，然后将密封好的沉积物样品盒放入同上的指定位置，考虑计算数值(如样品核素强弱)和计数误差比等因素，确定测量时间。体标准源的测量不确定度应<5%，^{137}Cs<15%。一般沉积物测量时间为80000s左右(约1天)，1个样品至少测量半天，多至2天。记录沉积物样品的峰面积(S)、测量时间(T)和样品重量(W)。

5. 结果计算

① 数据处理：在求算体标准源全能峰净面积时，应将体标准源全能峰计数减去相应模拟基质本底计数，对于沉积物样品的全能峰计数，则应扣除相应空样品盒本底计数。

② 计算模式的选择：虽然有多种经验模式可供选择，但在没有特殊背景信息的情况下，建议采用CIC模式(CA模式)和CF模式(CRS模式)。

③ 比活度计算：运用相对比较法求解样品中放射性核素比活度。用总峰面积和净峰面积法、函数拟合法、逐差法和最小二乘拟合法，计算出标准源和样品谱中各特征峰的全能峰面积，各个标准源的刻度系数C_{ji}计算公式：

$$C_{ji} = \frac{第j种核素体标准源的活度}{第j种核素体标准源的第i个特征峰的全能峰面积}$$

被测样品的第j种核素的比活度，计算公式：

$$Q_j = \frac{C_{ji} \cdot (A_{ji} - A_{jib})}{W \cdot D_j}$$

式中：Q_j为被测样品的第j种核素的比活度(Bq/kg)；A_{ji}为被测样品第j种核素的第i个特征峰的全能峰面积(计数/s)；A_{jib}为与A_{ji}相对应的特征峰本底计数率(计数/s)；W为被测样品的净质量(kg)；D_j为第j种核素校正到采样时间的衰变校正系数。

6. 允许偏差

样品中^{210}Pb要求计数误差<±15%，样品中^{137}Cs要求计数误差<±15%，标准源的测量计数误差<±2%。

7. 注意事项

① ^{222}Rn的产生与地理和气候条件密切相关，如大气压力变化、温度、天气状况、土壤湿度、植被、地面的冰雪覆盖情况等均影响其从地球表面的释放。沙漠和干燥地区的逃逸速率比潮湿地区快得多，从而影响大气中^{222}Rn的含量，使得大气沉降通量存在纬度效应。

② 沉积物中的^{210}Pb还来自沉积物本身所含的微量^{226}Ra，继而也会通过^{222}Rn产生^{210}Pb。由沉积物补偿来的^{210}Pb会增加测定的数值。由于^{226}Ra的半衰期很长(1530年)，产生的补偿^{210}Pb并不随深度增加而骤减，因此该值须从本底值中扣除。

③ 表层沉积物的生物、风浪等物理扰动，地质运动、人类活动等都会影响沉积的稳定性。为了降低^{137}Cs和^{210}Pb计年时扰动和选择计年时标主观性引起的误差，将$^{239+240}$Pu作为湖泊沉积物的计年时标。

四、释光测年法

释光是指矿物晶体接受核辐射作用积蓄起来的能量在受到热或光激发时,以光的形式释放出来的一种物理现象。结晶固体在它的形成和存在过程中,因晶体结构的缺陷或杂质的存在,来自自身和环境中的电离辐射对晶体带来辐射损伤,使晶体中的电荷平衡遭到破坏,游离电子就在晶体中生成。一部分电离辐射能以晶体发热的形式消耗掉,另一部分电离辐射能则储藏在晶体中。一旦晶体被加热或被光照,存储在晶体中的能量便以光的形式释放出来,受热激发产生的释光现象叫热释光(thermo luminescence,TL),以光激发产生的释光现象称为光释光(optically stimulated luminescence,OSL)。

释光测年(luminescence dating)就是利用矿物中晶体的释光现象来测定矿物自上次热事件或曝光事件后埋藏至今所经历的时间。沉积物沉积前暴露在阳光下时,其光释光信号就会被排空或者降低到一个可以忽略的水平(释光信号归零);沉积物被埋藏后,其中的矿物晶体便开始接受周围环境中放射性核素(U、Th 和 K)提供的 α、β 粒子和 γ 射线及宇宙射线的辐照而累积释光信号(OSL)。结晶矿物的释光信号强度与该矿物沉积埋藏后所接受的辐射剂量成正比。在一定条件下矿物接受辐射的时间越长,其释光信号的累积量就越大,即辐射剂量与累积时间成正比。所以,用已知剂量的人工辐照产生的释光信号与自然释光信号对比,可以得到晶体自最后一次曝光以来所累积的总辐射剂量,即等效剂量(equivalent dose, D_e)。在百万年以来的地质历史上,相对于 U、Th 和 K 的半衰期而言,可以认为晶体所接受周围环境的辐射为一恒定值,即剂量率(dose rate)恒定。湿地沉积物中由于含石英、长石等矿物,因此是光释光测年的理想材料。光释光测定原理见图 6-18。

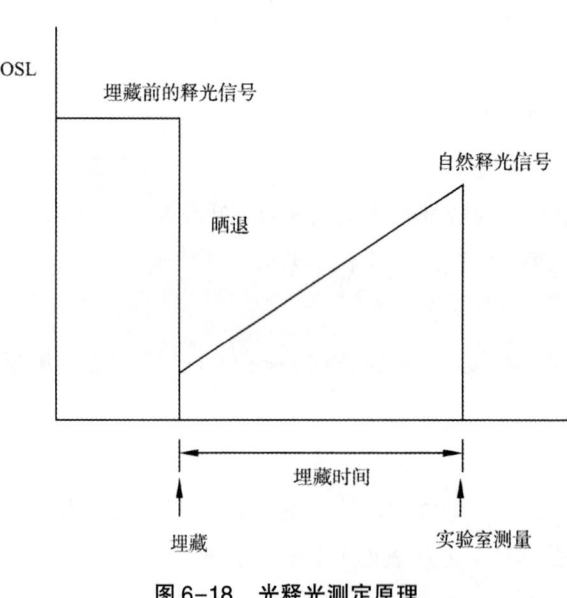

图 6-18 光释光测定原理

1. 方法原理

释光测年最主要的方法就是围绕等效剂量的测量,主要采用单片再生法(single aliquot regenerative-dose,SAR),又称 SAR 法,该法可实现在一个独立测片上完成等效剂量的测量,其核心是采用实验剂量的光释光响应来校正实验室多次预热、激发和辐照所带来的感量变化。实验中,再生剂量包括一个零剂量和一个重复剂量,零剂量用来观察样品在测量过程中电子转移的情况,重复剂量用来检验样品的灵敏度变化。经灵敏度校正后的再生光释光信号与再生剂量作图,可得到测量单片的生长曲线,将校正后的自然光释光信号强度投影到生长曲线上，用内插法就可以得到测片的等效剂量。年剂量的贡献主要来自沉积物周围的微量放射性元素 U、Th 和 K 的辐照和宇宙射线两方面，其中宇宙射线产生的年剂量贡献按照根据样品埋深、海拔、地理纬度而获得。

从湖泊沉积物中提取石英和长石等用于等效剂量 D_e 测定的矿物材料，需要经过相对复杂的前处理，主要有对细颗粒混合矿物及粗颗粒中石英和长石矿物的提取过程，涉及筛分、去有机质和碳酸盐及残留氟化物、重液分离、氟化氢刻蚀等物理和化学处理。

2. 仪器设备

① 释光仪：石英或长石的等效剂量测试，早期为美国 Daybreak 释光仪，现多采用丹麦 Risø TL/OSL 释光测量系统和德国 Lexsyg TL/OSL 释光仪。

② 原子吸收分光光度仪（AAS 仪）：用于测定沉积物中的钾（K）含量。元素 K 分析可选用很多替代方法，如火焰光度法（flame photometry）和 X-射线荧光光谱法（X-ray fluorescence）等，实验室只需具有其中一种仪器即可，采用以上仪器测试，测量误差可控制在 $<\pm 5\%$。

③ 电感耦合等离子体质谱仪（ICP-MS）：用于测定沉积物中的铀（U）和钍（Th）的含量，也可选用中子活化分析方法（neutron activation analysis，NAA）。

④ 厚源 α 计数器（TSAC）：用于 α 粒子计数。

⑤ 伽马能谱仪（gamma spectrometry）：用于 β 和 γ 辐射计数（emission counting）。

⑥ 磁力搅拌器：多点位式。

⑦ 干燥箱。

⑧ 沉降管：根据 Stokes 沉降原理用来分离 $4\sim11\mu m$ 样品混合组分。

⑨ 钢片：承载上机石英样品。

3. 试剂溶液

① 盐酸溶液（10%）：取 10mL HCl（分析纯）与 90mL 蒸馏水混合，用于去除沉积物中的碳酸盐，以及除去氢氟酸和氟硅酸刻蚀后产生的氟化物。

② 双氧水溶液（3%）：取 3mL H_2O_2（分析纯）倒入 97mL 蒸馏水中，混匀。

③ 氟硅酸溶液（40%）：取 40mL H_2SiF_6（分析纯）与 60mL 蒸馏水混合。

④ 重液：多钨酸锂（Lithium-heteropolytungstate）或多钨酸钠（分析纯），用于分离粗颗粒组分（如 $90\sim150\mu m$、$150\sim200\mu m$、$200\sim250\mu m$ 等粒径范围）中石英、长石和重矿物等。

⑤ 氢氟酸（HF，分析纯）：用于去除粗颗粒组分中的长石矿物，并刻蚀石英矿物 α 影响的表层部分。

4. 测定步骤

（1）筛分

用 400 目（孔径 $38\mu m$）筛对干燥和经粗研磨的沉积物进行筛分，取粒径 $<38\mu m$ 的组分。

(2) 去有机质

用30%的双氧水处理<38μm的组分以除去有机质。由于细颗粒沉积物中有机质和H_2O_2反应比较缓慢,使用多点位磁力自动搅拌仪不间断搅拌,加速样品中有机质和双氧水的反应,并且添加双氧水3~4次,直到没有气泡产生,样品中有机质被完全清除。采用离心机离心的方法分离固液,清洗固体样品4次。

(3) 去碳酸盐

对离心后的固体用10%的稀盐酸浸泡,人工搅拌。为避免HCl过量造成细颗粒物质胶结,反应过程中用酸度计严格控制溶液的pH。使用离心机分离固液,清洗样品4次。

(4) 粒径离心分离

对除去碳酸盐和有机质的固体样品,用离心机粗分离出<4μm和4~38μm两个组分。

(5) 沉降管分离

由于离心机分离不够彻底,根据Stokes沉降原理使用沉降管继续分离,得到4~11μm混合组分,该组分可用于细颗粒长石测年。

(6) 长石去除

用40%氟硅酸溶蚀4~11μm组分约1周以去除长石,每隔3h用磁力搅拌一次,每次约为5min,然后用10%稀盐酸洗去除残留的氟化物,清洗并烘干样品。

(7) 制混合液

将一定量的细颗粒石英样品与纯水混合制成溶液(石英样品与水的比例分配为20个片子需40mg石英样品和5mL水混合)。

(8) 制上机石英样

用移液管滴在钢片上(每个钢片上的液体体积约为200μL),放入烘箱在50℃烘干,即可得待测石英样品。

(9) 重液重矿物分离

采用密度为2.62g/cm³和2.70g/cm³的重液分离重矿物(>2.70g/cm³)、石英(介于2.62~2.70g/cm³)和长石(<2.62g/cm³)。

(10) HF刻蚀

将重液分离的石英采用HF刻蚀60min左右,以除去石英中残留的长石矿物和石英表面α影响部分。

(11) HCl去氟

对经HF刻蚀洗净后的样品,加HCl除去HF刻蚀时生成的氟化物。

(12) 重液钾长石分离

用重液分离出<2.58g/cm³的部分,并用HF刻蚀,最后加HCl得到粗颗粒钾长石矿物,待测。

(13) 等效剂量测试

石英样品、细颗粒混合矿物或粗颗粒钾长石的等效剂量的测试一般采用不同的程序,记录的信息也不同。

① 石英样品等效剂量测试主要采用单片再生法(SAR)，测试流程见表6-13。

表6-13 石英样品等效剂量测试流程

操作步骤	程序	数据记录
1	再生剂量[a]，D_i	—
2	预热[b](160~300℃，10s)	—
3	在125℃蓝光激发40s	信号积分 L_i[c]
4	实验剂量(D_t)	—
5	预热[b]到160℃(预热小于操作步骤2)	—
6	在125℃蓝光激发40s	信号积分 T_i[c]
7	重复操作步骤1~6的测试	—

注：a：测量自然样品时候，其等效剂量对应于$D_0(i=0)$。b：预热后，样品将冷却到60℃以下。通常操作步骤5的预热采用TL的形式加热，可以观察TL的信号变化情况，但不用于样品等效剂量的计算。c：L_i和T_i通常用OSL信号衰减曲线最开始几个通道的积分减去最后几个通道的积分(晚背景)，有些样品可以通过减去早背景的方法，避免石英慢组分的污染。

② 细颗粒混合矿物或粗颗粒钾长石的等效剂量测试，主要采用两步红外激发 Post-IR IRSL(pIRIR)程序进行测试，流程见表6-14。

表6-14 细颗粒混合矿物或粗颗粒钾长石等效测试流程

操作步骤	程序	数据记录
1	再生剂量[a]，D_i	—
2	预热[b](180℃，250℃或320℃)60s	—
3	在50℃温度下 IRSL 测试(100s)	$L_i(50)$
4	高温 t 条件下 IRSL 测试(100s)	$L_i(高温)$
5	实验剂量(D_t)	—
6	预热[b](180℃，250℃或320℃)60s	—
7	50℃温度下 IRSL 测试(100s)	$T_i(50)$
8	高温[c]条件下 IRSL 测试(100s)	$T_i(高温)$
9	重复操作步骤1~8的测试	—

注：a：测量自然样品时候，其等效剂量对应于$D_0(i=0)$。b：通常针对不同的样品，有三种程序，即 pIRIR(50,150)、pIRIR(50,225)和pIRIR(50,290)，分别使用的预热温度为180℃、250℃和320℃；c：三种程序所对应的激发温度分别是150℃、225℃和290℃。

5. 结果计算

沉积物释光剂量率的贡献是指α、β粒子和γ射线及宇宙射线的贡献(分别为D_α、D_β、D_γ和D_c)。根据U、Th和K的含量及含水量对剂量率的影响可分别计算D_α、D_β和D_γ，根据海拔、样品深度和地理纬度可计算D_c。细颗粒剂量率的计算必须考虑α粒子贡献系数，石英一般取 0.04±0.02，长石取 0.11±0.02，粗颗粒往往采用氢氟酸刻蚀表面 α 影响部分，所以不考虑 D_α 的贡献。

光释光年龄等于等效剂量除以剂量率，即用样品自最后一次光照以来所累积的总辐射剂量除以样品每年累积的辐射剂量。样品最后一次光照后所经历的时间，用以下公式表示：

$$A = \frac{D_e}{Dose\ rate}$$

式中：A 为样品的年龄[ka(千年)]；D_e 为样品的等效剂量(Gy)；$Dose\ rate$ 为剂量率(Gy/ka)。

6. 允许误差

光释光测年误差一般约为 10%。

7. 注意事项

① 为了获得准确的等效剂量，首先要确定沉积物在沉积前是否完全晒退。粗颗粒石英的等效剂量通常可以通过小片技术(或单颗粒技术)分析等效剂量的分布情况来判断(尽管样品的晒退情况不是影响等效剂量分布的唯一因素)。然而，细颗粒样片无法通过上述方法判别，因为单片上包含太多的细颗粒(导致均一效应)，会使即使晒退不完全的样品各测片之间的等效剂量差别很小。细颗粒的样品晒退情况，可以通过光晒退速率不同的光释光信号(如石英 OSL 信号和混合矿物的 pIRIR 信号)计算所得年代的比较来判别。另外，当测定较老样品(>100ka)的时候，应用石英信号所获得光释光年代很可能会低估样品实际的沉积年龄。随着长石技术的发展，特别是两步红外 pIRIR 技术和多步红外技术 MET-pIRIR 的等效剂量测试流程的应用，可以大大延伸光释光测年(OSL)范围。

② 与等效剂量的测试相比，剂量率的计算对光释光测年同等重要。湿地沉积物中最突出的问题是 U 系不平衡导致年剂量率随着沉积时间发生变化，而且很难估计其变化规律。另外，湿地沉积物中含水量变化也会对剂量率产生影响。因此，湿地沉积物光释光测年必须要对沉积体的 U 系平衡与否和含水量的变化进行评估。

第四节　沉积物稳定同位素测定

核素(nuclide)是指具有一定数目质子和一定数目中子的一种原子，而具有相同质子数，不同中子数(或不同质量数)同一元素的不同核素互为同位素(isotope)。同位素分放射性同位素(radioactive isotope)和稳定同位素(stable isotope)两大类。稳定同位素是指某元素中不发生或极不易发生放射性衰变的同位素。含有稳定性同位素的分子，与其他分子相比，拥有相同的化学性质，但由于质量稍大，物理性质有着一定的差异，所以在一些过程中，同位素的含量会发生同位素分馏(isotope fractionation)变化。正因为这一特性，稳定性同位素在地质历史中的变化为研究成岩作用、流域干湿沉降等物质来源提供了珍贵的地球化学信息，对了解环境演化具有重大意义，这也使得同位素技术成为一种广泛应用于湿地沉积研究的元素分析方法。在湿地生态系统研究中，常用的稳定同位素有碳(C)、氧(O)、氮(N)、硫(S)、锶(Sr)等。

自然界中多数元素具有两种以上的稳定同位素，其中一种是主要的，其余的同位素含量甚微。同位素含量用同位素丰度(isotope abundance)来表示，包括绝对丰度和相对丰度。绝对丰度是指某一同位素在所有稳定同位素总量中的相对份额，常以该同位素与^{1}H(取^{1}H=10^{12})或^{28}Si(^{28}Si=10^6)的比值表示，这种丰度一般是由太阳光谱和陨石的实测结果给出元素组成，结合各元素的同位素组成计算的。相对丰度是一定元素的某一同位素在诸同位素总原子数中的相对含量，例如，^{12}C=98.892%，^{13}C=1.108%。

由于重同位素的自然丰度很低，所以一般不去测定重、轻同位素各自的绝对丰度，而是测定它们的相对丰度或同位素比率(isotope ratio，R)。同位素比率R为某一元素的重同位素原子丰度与轻同位素原子丰度之比，即R=重同位素丰度/轻同位素丰度，如D/H、^{13}C/^{12}C、^{34}S/^{32}S等。自然界中轻同位素的相对丰度很高，而重同位素的相对丰度都很低。而往往研究的是物质同位素组成的微小变化，而不是绝对值的大小，所以通常采用样品的同位素比值(δ)来表示样品的同位素成分，其定义为：

$$\delta = \left(\frac{R_{样品}}{R_{标准}} - 1 \right) \times 1000$$

即样品的同位素比率相对于标准物质同位素比率的千分率，单位‰。当$\delta>0$时，表示样品的重同位素比标准物富集；当$\delta<0$时，表示样品的重同位素比标准物亏损。因此，δ值更能清晰地反映同位素组成的变化。国际上不同元素的同位素标准物是由国际原子能机构(International Atomic Energy Agency，IAEA)和美国国家标准和技术研究所(National Institute of Standards and Technology，NIST)颁布的。沉积物中同位素分析主要采用的是质谱仪分析方法。

同位素比质谱仪(isotope ratio mass spectrometer，IRMS)简称同位素质谱仪，是利用离子光学和电磁原理，按照质荷比(m/e)进行分离，从而测定样品的同位素质量及相对含量的科学实验仪器。在同位素质谱分析时，首先要将样品中目标元素转化成气体(如CO_2、N_2、SO_2或H_2)。送入质谱仪的气体分子在离子源中被离子化(从每个分子中剥离一个电子，导致每个分子带有一个正电荷)，气体离子化之后被打入飞行管中。飞行管是弯曲的，磁铁置于其上方，带电分子由于质量不同而分离，含有重同位素的分子弯曲程度小于含轻同位素的分子。在飞行管的末端有一个法拉第收集器，用以测量经过磁体分离之后，具有特定质量的离子束强度。不同质量离子同时收集，从而可以精确测定不同质量离子之间的比率。同位素比质谱仪的结构主要分为进样系统、离子源、质量分析器和检测器四部分，见图6-19，此外还有电气系统和真空系统支持。

稳定同位素分析主要包含样品制备和质谱测定两个步骤。同位素样品制备一般是将待测样品用化学或物理手段转化为适用于质谱测定的形态，一般为纯的气体。制备的转化物要求与待测样品具有相同的同位素组成，因此在制备过程中需要保证不发生同位素的分

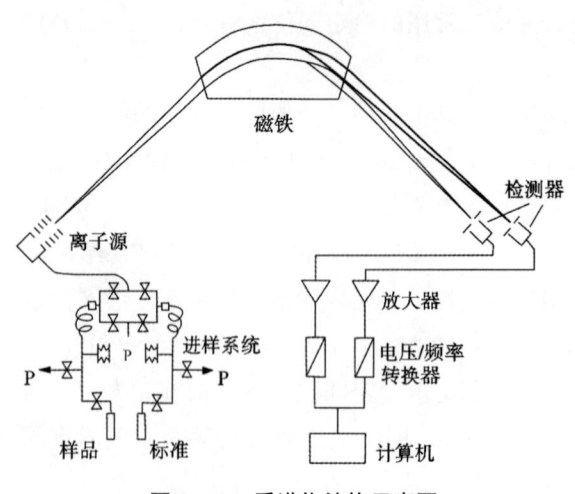

图 6-19　质谱仪结构示意图

馏，并杜绝外来物质的掺入。同位素质谱分析仪的测量过程通常需要通过以下程序完成：① 将被分析的样品以气体形式送入离子源；② 把被分析的元素转变为电荷为 e 的阳离子，应用纵电场将离子束准直成为一定能量的平行离子束；③ 利用电、磁分析器将离子束分解为不同 m/e 比值的组分；④ 记录并测定离子束每一组分的强度；⑤ 应用计算机程序将离子束强度转化为同位素丰度；⑥ 最后将待测样品与工作标准相比较，得到相对于国际标准的同位素比值。

利用气体同位素比质谱仪方法进行沉积物中同位素测定主要涉及碳、氧、氮、硫等元素。锶同位素的测定方法主要有热电离质谱、火花源质谱、二次电离质谱等，其中碳同位素的分析主要包括无机碳酸盐矿物和有机质碳的同位素分析测定。

一、无机碳同位素

沉积物中无机碳同位素测定对象主要是测定沉积物内碳酸盐矿物中的碳，测定方法可参考《有机物和碳酸盐岩碳、氧同位素分析方法》(SY/T 5238—2019)。

1. 方法原理

含有碳酸盐矿物的沉积物与 100% 磷酸（H_3PO_4）在特定温度下反应，释放出二氧化碳，通过测定与之平衡的二氧化碳的碳同位素，确定沉积物中碳酸盐的碳同位素组成，反应方程：

$$3MCO_3 + 2H_3PO_4 =\!= 3CO_2 + 3H_2O + M_3(PO_4)_2$$

2. 仪器设备

① 同位素比质谱仪。

② 二氧化碳制样装置：自制或购置，磷酸盐法碳氧同位素制样装置示意图，见图 6-20。

③ 超级恒温器：控温精密度 ±0.1℃。

④ 真空泵。

⑤ 真空计：测量范围 0.0001~100Pa，相对误差 ±20%。

⑥ 低温温度计：-100~30℃，精度 1℃。

⑦ 水银温度计：0~200℃，精度 1℃。

⑧ 密度计：1.00~2.00g/cm³，精度 0.05g/cm³。

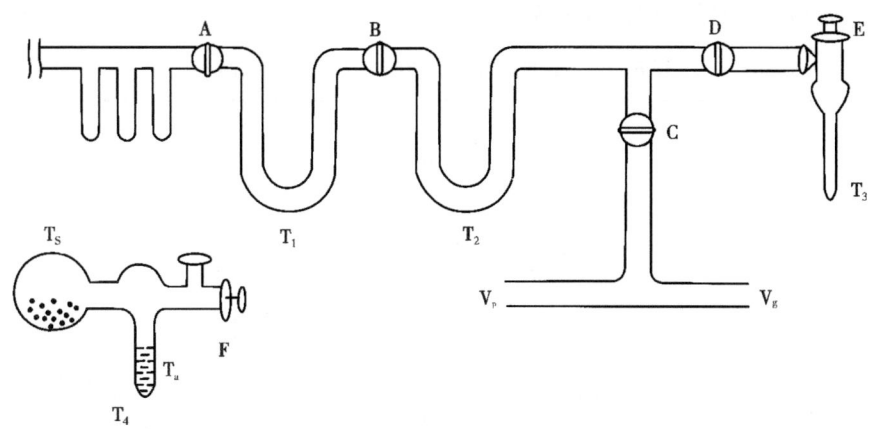

图 6-20 磷酸盐法碳氧同位素制样装置示意图

A、B、C、D—真空活塞；E—样品管活塞；T_1、T_2—冷阱；T_3—样品管；
T_4—反应管；T_s—主反应管；T_a—支管；F—反应管活塞；V_p—接真空泵；V_g—接真空表

3. 试剂溶液

① 磷酸(分析纯)。

② 五氧化二磷(分析纯)。

③ 正磷酸(100%)：将盛有1000mL磷酸的磨口锥形瓶置于冷水中，在搅动中缓慢加入680g五氧化二磷，待反应缓慢后，盖上瓶盖，移入100℃的水中反应1h，取出降至室温；用密度计检测，待密度达到$1.87\pm0.02g/cm^3$后，放于干燥器中备用。

④ 无水乙醇(化学纯)。

⑤ 液氮。

⑥ 真空硅脂或真空脂：选择7501真空硅脂或4号真空脂。

⑦ 同位素标准物：选择国家一级标准物GBW04405及GBW04406碳酸钙中碳氧同位素。

4. 测定步骤

① 样品处理：将干燥的沉积物样品用玛瑙研钵研磨至170目(0.090mm)以下，在110℃下烘烤2h，放入干燥器中备用。

② 装样：取研磨好的干燥沉积物样品5~20mg，放入反应瓶主反应管T_s底部，将4~5mL的100%正磷酸加入反应瓶的支管T_a，立刻插上涂有7501真空硅脂或4号真空脂的反应管活塞F，见图6-20。

③ 水分抽除：将装有干燥的沉积物样品和磷酸的反应管T_4接到制样系统上抽真空。用电热吹风机对T_a中的磷酸加热2h，以去除磷酸中的微量水分。加热温度不要过高，防止磷酸溅入主反应管T_s。保持系统真空度高于2Pa，关闭反应瓶活塞。

④ 恒温反应：取下反应管T_4，放入超级恒温器中恒温10min。将磷酸从支管T_a中倾入主反应管T_s底部使之与碳酸盐样品混合，立即将反应瓶置于超级恒温器中。不同碳酸盐矿

物的反应温度和反应时间，见表6-15。

表6-15 不同碳酸盐矿物的反应温度及时间

样品名称	反应温度(℃)	反应时间
方解石	25.0±0.1	4小时
灰 岩	25.0±0.1	1天
白云岩	25.0±0.1	3天
	50.0±0.1	1天
	75.0±0.2	16小时
菱铁矿	25.0±0.1	45天
	50.0±0.1	4天
	75.0±0.2	1天

⑤ 二氧化碳收集：把反应瓶从超级恒温器中取出，接到制样系统上，同时接上样品管抽真空，待真空度达到2Pa以上，关活塞B，将冷阱T_1放入盛有-80～-70℃无水乙醇—液氮混合冷冻液(在无水乙醇中加入液氮调节而成)的杜瓦瓶中，打开反应瓶活塞F。此时系统真空度高于2Pa，关活塞C，冷阱T_2放入盛有液氮的杜瓦瓶，冷阱浸入液氮3cm以上，打开活塞B，5min后关活塞B，将冷阱T_2的液氮面升高1cm以上。1min后，打开活塞C抽去杂气。待真空度高于2Pa后，关上活塞C，取下冷阱T_2的液氮，套上盛有-80～-70℃无水乙醇冷液的杜瓦瓶，样品管套上盛有液氮的杜瓦瓶，5min后，关活塞D和E，取下已经收集好二氧化碳的样品管待测。

⑥ 标准物二氧化碳收集：碳酸盐矿物标准物质的二氧化碳制备过程同上。

⑦ 测定：将仪器调整到正常工作状态，并把制备好的样品二氧化碳气和工作标准二氧化碳气，分别接到双路进样器的两个进样口进行同位素比值的测定。

5. 结果计算

碳同位素组成测定采用样品与标准物质比较的测量方法，其$\delta^{13}C$的值计算公式：

$$\delta^{13}C = \left(\frac{R_{样品}}{R_{标准}} - 1\right) \times 1000$$

式中：$\delta^{13}C$为样品碳同位素组成(‰)；$R_{样品}$为样品^{13}C和^{12}C同位素的比值；$R_{标准}$为标准物质^{13}C和^{12}C同位素的比值。

6. 允许偏差

样品重复测定的碳同位素值偏差≤0.2‰。

7. 注意事项

① 样品制备中所用磷酸、五氧化二磷具有腐蚀性，所用无水乙醇为易燃品，实验过程中要特别注意安全。

② 为保证转化物的同位素组成保持不变，要求转化率趋近于100‰。因此，除了待测

样品向待测气体转化的反应过程之外，要求不出现消耗元素碳的其他次级反应。

③ 制备过程中所用到的器皿、试剂均不能含有可能与待测物质进行同位素交换的成分。

④ 在测定前最好能知道沉积物中所含碳酸盐的矿物类型，以确定反应温度及时间。

二、有机碳同位素

有机碳同位素的测定方法主要参考《地质样品有机地球化学分析方法第 2 部分：有机质稳定碳同位素测定同位素质谱法》（GB/T 18340.2—2010）和《有机物和碳酸盐岩碳、氧同位素分析方法》（SY/T 5238—2019）。

1. 方法原理

将有机质样品在氧化炉中氧化生成二氧化碳和水，分离其中的二氧化碳测定碳同位素组成。

2. 仪器设备

① 同位素比质谱仪。

② 二氧化碳制样装置。

③ 真空泵。

④ 真空计：测量范围 0.0001~100Pa，相对误差±20%。

⑤ 低温温度计：-100~30℃，精度 1℃。

⑥ 流量计：量程 0~100mL，精度 1mL。

3. 试剂溶液

① 高纯氦气（99.999%）。

② 高纯氧气（99.998%）。

③ 无水乙醇（化学纯）。

④ 液氮。

⑤ 同位素标准物：选择国家一级标准物 GBW04407 及 GBW04408 炭黑。

4. 测定步骤

① 制样系统准备：将制样系统抽真空至 2.5Pa 以上，调节氧气流量为 30mL/min；制样系统通入氦气，调节氦气流量为 30mL/min；氧化炉前炉温度升至 970℃±10℃，后炉温度升至 830℃±10℃，装银丝管段温度为 400~450℃。

② 捕集系统准备：连接上二氧化碳样品收集管，将捕集水的冷阱浸入无水乙醇冷液（-80~-70℃）内约 40mm，将捕集二氧化碳的冷阱浸入液氮内约 40mm。

③ 样品高温氧化：将含有机物的干沉积物样品放入样品舟，送入制样装置前炉的高温区，气化后由载气（氦气）带入氧化炉燃烧反应 10min。

④ 捕集：样品完全燃烧反应后生成的二氧化碳和水被载气（氦气）带入捕集水的冷阱

捕集水，而后进入捕集二氧化碳的冷阱捕集二氧化碳。

⑤ 转移：将捕集二氧化碳的冷阱抽真空至 2.5Pa 以上，然后将二氧化碳转移到样品管，转移时间 5min。取下已经收集好二氧化碳的样品管待测。

⑥ 测量：将仪器调整到正常工作状态，并把制备好的样品二氧化碳气和工作标准二氧化碳气分别接到双路进样器的两个进样口进行同位素比值的测定。

5. 结果计算

碳同位素组成测定采用样品与标准物质比较的测量方法，其 $\delta^{13}C$ 值的计算公式：

$$\delta^{13}C = \left(\frac{R_{样品}}{R_{标准}} - 1\right) \times 1000$$

式中：$\delta^{13}C$ 为样品碳同位素组成(‰)；$R_{样品}$ 为样品 ^{13}C 和 ^{12}C 同位素的比值；$R_{标准}$ 为标准物质 ^{13}C 和 ^{12}C 同位素的比值。

6. 允许偏差

样品重复测定的碳同位素值偏差≤0.2‰。

7. 注意事项

若沉积物样品中含有碳酸盐矿物，则需除去碳酸盐矿物后再进行测定。

三、氧同位素

1. 方法原理

氧具有三种稳定同位素 ^{16}O、^{17}O 和 ^{18}O，三种同位素的相对丰度：^{16}O 占 99.757%、^{17}O 占 0.038%、^{18}O 占 0.205%。氧同位素质谱分析对象通常为 CO_2 气体，可参考《有机物和碳酸盐岩碳、氧同位素分析方法》(SY/T 5238—2019)。

碳酸盐矿物与 100%磷酸(H_3PO_4)在特定温度下反应，释放出二氧化碳，通过测定与之平衡的二氧化碳的氧同位素，确定沉积物中碳酸盐的氧同位素组成，反应方程：

$$3MCO_3 + 2H_3PO_4 = 3CO_2 + 3H_2O + M_3(PO_4)_2$$

2. 仪器设备

① 同位素比质谱仪。

② 离心机。

③ 烘箱。

④ 二氧化碳制样装置：见图 6-20。

⑤ 超级恒温器：控温精密度达±0.1℃。

⑥ 真空泵。

⑦ 真空计：测量范围 0.0001~100Pa，相对误差±20%。

⑧ 低温温度计：-100~30℃；精度 1℃。

⑨ 水银温度计：0~200℃，精度 1℃。
⑩ 密度计：1.00~2.00g/cm³，精度 0.05g/cm³。

3. 试剂溶液
同无机碳同位素测定。

4. 测定步骤
① 去盐处理：取沉积物样品 10g，用去离子水浸泡，将其中的植物挑出，而后离心；倒掉上清液，再加入去离子水，浸洗离心，以去除其中的可溶性盐类成分。
② 物理处理：将离心后沉积物样品于 40℃烘箱中烘干 24h，将烘干沉积物样品研磨，并过 170 目（0.090mm）筛。
③ 二氧化碳收集：将研磨过筛的沉积物样品通过制样装置进行 CO_2 的纯化收集，具体流程见无机物同位素碳酸盐矿物的提取步骤。
④ 测定：采用 GBW04405 和 GBW04406 为标准物质，用质谱仪测定收集好的样品二氧化碳。

5. 结果计算
所获得的氧同位素比值计算公式：

$$\delta^{18}O = \left(\frac{R_{样品}}{R_{标准}} - 1\right) \times 1000$$

式中：$\delta^{18}O$ 为样品氧同位素组成（‰）；$R_{样品}$ 为样品 ^{18}O 和 ^{16}O 同位素的比值；$R_{标准}$ 为标准物质 ^{18}O 和 ^{16}O 同位素的比值。

大部分氧同位素分析结果均以平均海洋水（standard mean ocean water），即 SMOW 标准报道，它是根据美国国家标准局（National Bureau of Standards U. S. A.，NBS）的一个标准物水样 NBS-1 定义的。而在碳酸盐样品氧同位素分析中则经常采用 PDB 标准，它与 SMOW 标准之间存在如下的转换关系：

$$\delta^{18}O_{SMOW} = 1.03086 \times \delta^{18}O_{PDB} + 30.86$$

式中：根据定义，其 $\delta^{13}C = 0$，相对 SMOW，其 $\delta^{18}O = 30.86‰$。

6. 允许误差
氧同位素分析精密度在 0.3‰以内。

7. 注意事项
制备过程中要尽量消除 H_2O 的影响，否则 H_2O 与 CO_2 之间的同位素交换会影响质谱分析结果。

四、氮同位素

湿地生态系统中，氮是植物生长必需的生源要素之一。水生植物对氮的利用与湿地条件、沉积环境和气候密切相关。基于氮的同位素地球化学原理，湿地环境变化引起的氮同位素差异都在沉积的有机质中保存下来。氮同位素分析可以提供氮和有机质的来源、营养盐输入的历史变化、流域气候和水化学条件的变化等信息。影响湿地沉积物有机质氮同位素的因素主要包括早期成岩作用、有机氮来源及无机氮输入等。因此，湿地沉积物有机氮同位素组成的研究已成为研究湿地环境演化的重要方法之一。

氮有两种稳定同位素 ^{14}N 和 ^{15}N，^{14}N 约占 99.63%，^{15}N 约占 0.37%。通常利用 N_2 来测量 $^{15}N/^{14}N$，其标准物质为大气 N_2。不同的氮化合物有不同的制备过程。在氮同位素研究的早期阶段，化学处理主要采取萃取和燃烧技术，但是均可导致氮同位素的分馏。通过简化燃烧技术，$\delta^{15}N$ 的测定精度可达 0.01‰~0.02‰。

1. 方法原理

有机氮化合物经燃烧生成 CO_2、H_2O 和 N_2，产生的气体在低温下分离，纯 N_2 被分子筛捕获后用质谱仪进行分析。但具体试验中，沉积物样品先分别通过稀盐酸和稀盐溶液去除无机碳和无机氮，然后采用高温熔封石英管燃烧法生成 N_2，纯化后进入同位素比质谱仪进行测定。

2. 仪器设备

① 同位素比质谱仪。
② 烘箱。
③ 冷冻干燥机。
④ 恒温振荡机。
⑤ 离心机。
⑥ 马弗炉。
⑦ 杜瓦瓶。
⑧ 石英管。

3. 试剂溶液

① 盐酸(10%)：取 235mL 浓度为 36% 的盐酸(分析纯)于 1L 大烧杯中，再加入 765mL 的去离子水稀释。
② KCl 溶液(2mol/L)：称取 149.1g 的 KCl 粉末溶于 1L 水中。
③ 氧化铜(试剂纯)。
④ 纯铜(试剂纯，铜粉)。
⑤ 液氮。

4. 测定步骤

① 样品预处理：将沉积物样品在 <60℃ 条件下烘干或冷冻干燥，利用玛瑙研钵研磨，过 100 目(0.150mm)筛后保存备用。

② 无机碳去除：称取上述处理后的沉积物样品约 1.000g，置于 50mL 离心管中，加入 10% 的盐酸溶液 20mL 浸提以去除无机碳，浸泡 24h，期间每 8h 摇动一次，弃去上清液，加入超纯水；重复上面的过程直至上清液呈中性，置于烘箱内烘干或进行冷冻干燥。

③ 无机氮去除：将上述过程处理过的样品中加入 2mol/L 的 KCl 溶液，浸提并去除无

机氮，用超纯水清洗直至无 KCl 残留，置于烘箱内烘干或进行冷冻干燥。

④ 高温燃烧：称取预处理后的沉积物样 0.5g 放入石英管中，加入 2g 氧化铜(850℃灼烧 1h)和 1.5g 铜(真空纯化)在真空线上封管后，置于 850℃ 马弗炉中加热 5h，缓慢冷却至室温后取出。

⑤ 分离纯化：用液氮将石英管中的气体分离为氮气和其他杂气。

⑥ 测定：分离后的氮气进入质谱仪中进行氮同位素比值的测定。

5. 结果计算

所获得的氮同位素比值计算公式：

$$\delta^{15}N = \left(\frac{R_{样品}}{R_{标准}} - 1\right) \times 1000$$

式中：$\delta^{15}N$ 为样品氮同位素组成(‰)；$R_{样品}$ 为样品 ^{15}N 和 ^{14}N 同位素的比值；$R_{标准}$ 为标准物质 ^{15}N 和 ^{14}N 同位素的比值。

6. 允许偏差

氮同位素分析精密度在 0.2‰ 以内。

7. 注意事项

① 测定沉积物样品中稳定氮同位素时，应尽量避免酸处理容器对样品造成污染。

② 洗酸次数过多会导致 $\delta^{15}N$ 偏正，因此样品酸化处理后，应尽量控制洗酸次数，洗至中性即可。

五、硫同位素

沉积物中的硫多以硫化物和硫酸盐的形式存在。硫具有四种稳定同位素，其平均相对丰度：^{32}S 占 95.02%、^{33}S 占 0.75%、^{34}S 占 4.21%、^{36}S 占 0.02%，硫同位素的测定通常重点分析的是 ^{34}S，同位素质谱分析对象为 SO_2 或 SF_6 气体。硫化物和硫酸盐样品可采用直接氧化法、分解法等制备 SO_2。氧化剂可选用氧气(O_2)、氧化铜(CuO)、氧化亚铜(Cu_2O)或五氧化二钒(V_2O_5)。

1. 方法原理

沉积物中硫同位素分析需要经过提取、氧化和测定三个主要步骤。首先应用 Cr(Ⅱ) 具有的还原性将沉积物黄铁矿(FeS_2)中的 -1 价硫还原，反应式：

$$4H^+ + 2Cr^{2+} + FeS_2 \longrightarrow 2H_2S + 2Cr^{3+} + Fe^{2+}$$

产生的 H_2S 与碱性吸收液反应，转化为金属硫化物沉淀(如 Ag_2S、ZnS)，剩余残样再用艾氏卡(Eschka)试剂($MgO:Na_2CO_3=2:1$)高温焙烧，将有机硫全部转化为硫酸根，以其固态盐类(如 $BaSO_4$)提取。提取的各种硫化物单矿物与氧化亚铜在真空状态下加热，进行氧化反应，矿物中的硫全部生成气态二氧化硫(SO_2)待测样；提取的 $BaSO_4$ 通过热解法制备气态二氧化硫(SO_2)待测样。通过气体同位素质谱仪分析待测样中硫的同位素组成，步骤参考《硫化物中硫同位素组成的测定》(DZ/T 0184.14—1997)。

2. 仪器设备

① 制样装置系统：包括反应炉、热偶真空计(2个)、电离真空计、真空机械泵、真空活塞(若干)、扩散泵、电炉(800W)、石英杆、瓷舟等，硫同位素制样装置示意图如图6-21。

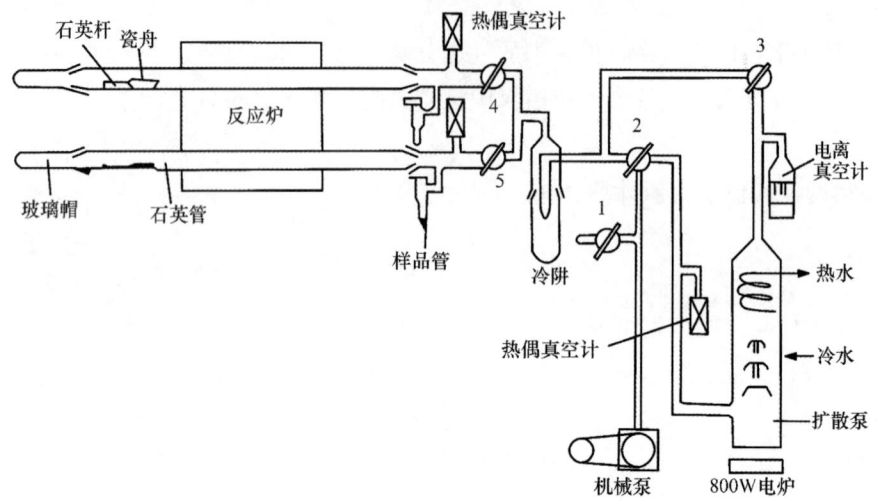

图6-21　硫同位素制样装置示意图(数字1~5为玻璃真空活塞)

② 同位素比质谱仪。

③ 玛瑙研钵。

④ 干燥器。

⑤ 分析天平。

⑥ 温度控制器。

⑦ 马弗炉。

⑧ 杜瓦瓶。

3. 试剂溶液

① 浓盐酸(分析纯)。

② 丙酮(分析纯)。

③ 盐酸(6mol/L)：取37.5%浓盐酸(HCl，1.179g/cm^3)481.8mL于1000mL容量瓶中，用去离子水稀释至刻度。

④ 盐酸(3mol/L)：取37.5%浓盐酸(HCl，1.179g/cm^3)240.9mL于1000mL容量瓶中，用去离子水稀释至刻度。

⑤ 三氯化铬(又称氯化铬，$CrCl_3 \cdot 6H_2O$，分析纯)。

⑥ 氮气(纯度>99.5%)。

⑦ $CrCl_2$溶液(1mol/L)：称取266.44g的$CrCl_3 \cdot 6H_2O$(分析纯)溶入0.5L的1mol/L HCl中，稀释至1L制成1mol/L的$CrCl_3$溶液。然后，将溶液通过Jones还原柱(Jones还原柱构造示意图见图6-22)，将Cr(Ⅲ)还原为Cr(Ⅱ)，用密封塑料针筒收集滤出液，可稳定数日，最好随用随制取。

⑧ 抗坏血酸溶液(0.1mol/L)：称取 8.81g 抗坏血酸(分析纯)溶于 500mL 去离子水，将溶液转入棕色细口瓶中，冷藏，随用随配。

⑨ 碱性 ZnAc 溶液(20% ZnAc + 2mol/L NaOH)：称取 80g NaOH 溶于 1000mL 去离子水中，再称取 200g 固体乙酸锌(分析纯)溶解于上述配制好的 2mol/L NaOH 溶液中。

⑩ $AgNO_3$ 溶液(0.1mol/L)：称取 8.50g 硝酸银(分析纯)溶于 500mL 不含 Cl^- 的水中，将溶液转入棕色细口瓶中，置暗处保存。

⑪ 艾氏卡试剂(质量比 $MgO:Na_2CO_3 = 2:1$)：以 2 份质量的轻质氧化镁(分析纯)与 1 份质量的无水碳酸钠(分析纯)混匀，并研细至粒度<0.2mm，保存于密闭容器中，即为艾氏卡试剂。

⑫ 氧化亚铜(Cu_2O，分析纯)。

⑬ $BaCl_2$(10%)：称取 10.41g 的氯化钡(分析纯)，溶解于 500mL 水中。

⑭ 液氮。

⑮ 氨水溶液(1mol/L)：量取 74.97mL 的 25%氨水溶于水，稀释至 1L。

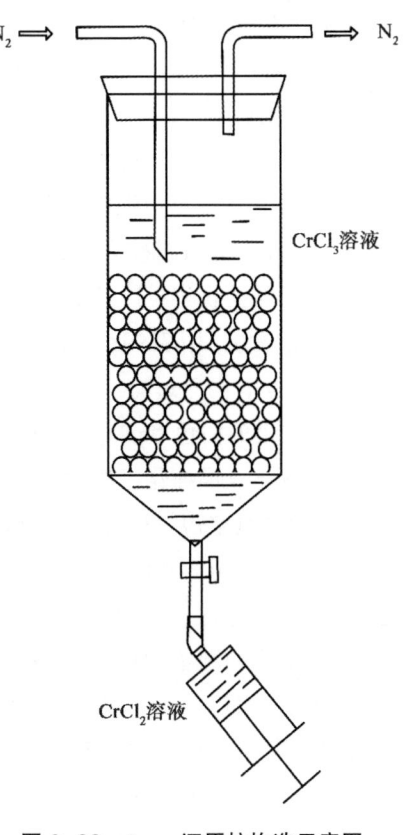

图 6-22 Jones 还原柱构造示意图

⑯ 五氧化二钒(V_2O_5，分析纯)：使用前 500℃灼烧 1h。

⑰ 石英砂：于 6mol/L HCl 中煮沸数分钟，经自来水和去离子水洗净，105℃烘干。

⑱ 铜丝(Cu，纯度为 99.99%，直径为 0.4mm)：剪成 1cm 左右长度。

⑲ 真空油脂。

⑳ 硫同位素工作标准：国家一级物质标准 GBW-04414 和 GBW-04415。

4. 测定步骤

① AVS 去除：吸取 15mL 6mol/L 盐酸于约 5g 沉积物试样，浸提，去除酸挥发性硫化物(AVS，主要为 Fe^{2+} 硫化物)。

② 元素硫去除：向残余样品中加入 10mL 丙酮，混匀，浸提去除元素硫(元素态 S^0)。

③ 黄铁矿还原：在剩余沉积物中加入 20mL 3mol/L 盐酸，在 N_2 氛围下加入 50mL 1mol/L 的 $CrCl_2$、1mL 0.1mol/L 的抗坏血酸，使 $CrCl_2$ 黄铁矿还原成 H_2S。

④ 硫化氢吸收：吸取 15mL 碱性 ZnAc 溶液(20%ZnAc+2mol/L NaOH)吸收释放的 H_2S，将其沉淀为 ZnS 沉淀。

⑤ 硫化物分离：对 ZnS 沉淀冲洗后，加入 10mL 0.1mol/L 的 $AgNO_3$ 溶液，将 ZnS 转化为 Ag_2S。加入 10mL 1mol/L 的氨水溶解杂质(Ag_2O)，将沉淀的 Ag_2S 离心分离出来，并用

蒸馏水冲洗、烘干、收集,硫同位素测定待用。

⑥ 样品干处理:将上述黄铁矿提取后的剩余样品,冷冻干燥,玛瑙研钵研磨后过100目筛,形成粉末。

⑦ 有机硫转化:将粉末样品与3倍于其质量的艾氏卡试剂(质量比 $MgO:Na_2CO_3=2:1$)混合,置于瓷坩埚中,并在混合物上覆盖一层艾氏卡试剂,置于马弗炉于800℃焙烧2h,使样品中的有机硫全部转化为硫酸盐。

⑧ 硫酸盐收集:冷却后,用300mL蒸馏水溶解混合物,然后用0.2μm滤膜过滤,弃除固体残留物,用3mol/L盐酸调节滤液pH<2.0,滤液中加10mL 10%的$BaCl_2$,60℃条件下反应12h后慢速过滤,将滤纸及上面的沉淀物一起转移至瓷坩埚,置马弗炉于800℃焙烧2h,收集的白色$BaSO_4$粉末用于有机硫同位素测定。

⑨ 氧化亚铜纯化:将粉末状分析纯氧化亚铜装入瓷舟,把瓷舟推至制样系统反应炉中央,边抽真空边缓慢升温至800℃。真空度到达1.5Pa左右时关闭反应炉,边抽真空边降温,炉温降至300℃,关闭真空泵,降至室温后取出,用玛瑙研钵研细,置于干燥器中备用。

⑩ 硫化物制备SO_2:准确称取转化好的硫化物(Ag_2S)5~20mg,与氧化亚铜按比例混合并均匀研磨后,放入瓷舟内,将瓷舟放入试样制备系统的石英管中;启动制样系统的真空系统,开启反应炉进行升温,当炉温达到指定温度,真空度达$2.0×10^{-2}$Pa后,关闭活塞4、5,用磁铁把装有样品的瓷舟推入反应炉中央;样品管套液氮,捕集生成的SO_2,反应进行约20min,热偶真空计指针不再上升则反应进行完毕;将样品管外的液氮升高,打开活塞4(或5),反应生成的SO_2被冷冻入样品管,用扩散泵抽走剩余的氧气及其他杂质气体以纯化SO_2;经纯化后的SO_2收集到样品瓶中,用质谱计进行硫同位素组成分析。

⑪ $BaSO_4$制备SO_2:按比例称取$BaSO_4$、V_2O_5和SiO_2,混合均匀后放入瓷舟,表面覆盖铜丝,将瓷舟和带铁螺母的石英杆依次装入制样系统的石英管,用玻璃磨口帽密封。当系统真空度达$2.0×10^{-2}$Pa,炉温达980℃时,用磁铁将瓷舟推至反应炉中央,用液氮捕集生成的SO_2,反应20min后,抽真空使SO_2纯化,关闭样品管活塞。纯化后的SO_2收集到样品瓶中,用同位素比质谱仪进行硫同位素组成分析。

5. 结果计算

以国际标准样品迪亚布洛峡谷陨石中陨硫铁(CDT)为标准,硫同位素组成表示为$δ^{34}S_{样品-CDT}$,计算公式:

$$δ^{34}S_{样品-CDT} = \left(\frac{δ^{34}S_{ST1-CDT} - δ^{34}S_{ST2-CDT}}{δ^{34}S_{ST1-RE} - δ^{34}S_{ST2-RE}}\right) × 10^3$$

式中:$δ^{34}S_{样品-CDT}$为硫同位素组成(‰);$ST1$为标准样品GBW 04415;$ST2$为标准样品GBW 04414;RE为质谱测量参考气;CDT为国际标准样品。

6. 允许偏差

本方法的允许偏差一般为±0.2‰。

7. 注意事项

① 制备过程中要尽量消除 SO_3 的影响，否则 SO_3 与 SO_2 或 SF_6 之间的同位素交换会影响质谱分析结果。

② 为防止 Ag_2O 的影响，加入稀氨水，将生成的 Ag_2O 溶解掉。

③ 瓷舟使用前要进行充分的浸泡、清洗以除去杂质，并通过酸洗、高温等方式进行预处理。

④ 不同硫化物制样时，使用氧化亚铜的量、反应温度会有不同，可参考《硫化物中硫同位素组成的测定》(DZ/T 0184.14—1997)。

六、锶同位素

自然界中的锶存在于各种含钙矿物中，以 ^{84}Sr、^{86}Sr、^{87}Sr、^{88}Sr 四种同位素的形式存在，相对丰度分别为 0.56%、9.86%、7.02%、82.56%。^{87}Sr 是由 ^{87}Rb 衰变而来的，随着时间的演化 ^{87}Sr 单方向增长，导致锶的同位素组成连续不断变化。但在湿地水体沉淀的化合物中，其 $^{87}Sr/^{86}Sr$ 都与其水体的 $^{87}Sr/^{86}Sr$ 相一致。因此，可通过测量湿地沉积物中岩石和矿物的 $^{87}Sr/^{86}Sr$ 来追踪水体的锶同位素变化，从而研究地质历史进展过程。

锶同位素比值测定的传统方法有热电离质谱(thermal ionixation mass spectrometer, TIMS)、火花源质谱及二次电离质谱。热电离质谱测量精密度可达 0.001%，在地质、核技术、生物和环境科学等领域已得到广泛应用。用热电离质谱测定同位素比值的基本步骤包括：样品消解、待测元素的分离、元素离子化、质谱测量同位素比值。锶同位素测量可参考《岩石中铅、锶、钕同位素测定方法》(GB/T 17672—1999)、《岩石、矿物铷锶同位素地质年龄及锶同位素比值测定》(DZ/T 0184.4—1997)。

1. 方法原理

沉积物样品经酸分解后转化成盐酸体系，用阴离子交换树脂(0.084~0.042mm)分离杂质离子，用阳离子交换树脂(0.168~0.084mm)分离和纯化锶，纯化后的锶溶液在热表面电离质谱仪上测定试液中的锶及锶的同位素比值。

2. 仪器设备

① 热表面电离质谱仪。

② 分析天平：感量 0.1mg。

③ 离心机：转速 4000r/min。

④ 超声波振荡器。

⑤ 石英亚沸蒸馏器。

⑥ 聚四氟乙烯管形瓶：15mL。

⑦ 塑料离心管：1.5mL。

⑧ 石英系列容器：试剂瓶(500mL)、容量瓶(100mL)、石英烧杯、石英玻璃加样管。

⑨ 石英交换柱：内径 5mm、长 140mm。

⑩ 微量注射器：10μL。

3. 试剂溶液

① 盐酸(分析纯)。

② 高纯水：将去离子水经亚沸蒸馏后的分析用水。

③ 氢氟酸(双瓶蒸馏，1+1)：先将市售氢氟酸进行双瓶蒸馏，量取等体积蒸馏后的氢氟酸和高纯水 1:1 混合。

④ 高氯酸(亚沸蒸馏，1+1)：先将市售高氯酸进行亚沸蒸馏，量取等体积亚沸蒸馏后的高氯酸和高纯水 1:1 混合。

⑤ 盐酸(亚沸蒸馏，1+1)：先将市售盐酸进行双瓶蒸馏，量取等体积亚沸蒸馏后的盐酸和高纯水 1:1 混合。

⑥ 盐酸(亚沸蒸馏，1+6)：分别量取 1 体积亚沸蒸馏后的盐酸和 6 体积的高纯水混合。

⑦ 强碱性阴离子交换树脂(0.084~0.042mm)。

⑧ 强酸性阳离子交换树脂(0.168~0.084mm)。

⑨ 铼带：18mm×0.03mm×0.8mm。

4. 测定步骤

① 样品准备：待测样品首先过 120 目筛，以挑除瓣鳃类和其他化石的影响，然后研磨至 200 目以下。

② 样品分解：取 0.1~0.5g 样品于聚四氟乙烯管型瓶中，用少量高纯水润湿，加入 5mL 氢氟酸、2mL 高氯酸摇匀，加盖后在控温电热板上低温加热 24~48h 至样品全部溶解；开盖蒸干试样，升温至 180℃至白烟冒尽；用 2mL 盐酸(亚沸蒸馏)(1+1)冲洗管形瓶内壁并蒸干，样品转化为氯化物。

③ 残渣去除：将 1.5mL 盐酸加入上一步骤中的聚四氟乙烯管型瓶中，溶解样品并转移到塑料离心管，在离心机上离心 5min，弃去残渣，上清液备用。

④ 样品净化：将阴离子交换树脂装入石英交换柱，树脂高 9cm，流速为 0.2mL/min，用盐酸(亚沸蒸馏，1+1)、高纯水依次淋洗，用盐酸(亚沸蒸馏，1+6)平衡交换柱，将上一步骤中的上清液加入交换柱，用 5mL 盐酸(亚沸蒸馏，1+6)淋洗，并接收流出液。

⑤ 锶分离：在另一已装入阳离子交换树脂(10cm)的石英柱，用盐酸(亚沸蒸馏，1+1)、高纯水依次淋洗交换柱至中性；将上一步骤中的流出液加入交换柱，用 40mL 盐酸(亚沸蒸馏，1+6)淋洗，弃去流出液，用约 5mL 盐酸(亚沸蒸馏，1+2)淋洗出锶，用石英杯接收并蒸干，用于质谱测定。

⑥ 样品带预处理：将铼带放入盐酸(亚沸蒸馏，1+2)浸洗，再用高纯水冲洗至中性并烘干；将铼带点焊在插件上，置于高真空设备中，在 1800℃除气 0.5h。

⑦ 涂样：用高纯水溶解制备的锶试样，用微量注射器分 3~4 次，每次 2~3μL 将溶解液分别滴加到已预烧过的金属铼带的中央；向铼带通 1~1.3A 电流缓慢加热，将试样溶液

蒸干,然后逐步加大电流,待白烟冒完,继续升温使铼带显暗红色为止;将涂有试样的铼带和空烧好的空带,配对分别装在离子源的"蒸发"和"电离"带位置上,套上屏蔽罩,并将离子源装入质谱计中。

⑧ 测定:等质谱计运行正常,真空度达 $3×10^{-6}$ Pa,带温控制在 1250℃±50℃,当丰度最高的同位素的离子流强度达到 $1×10^{-11}$ A 时,测量锶同位素比值。

5. 结果计算

用 $(^{88}Sr/^{86}Sr)_{标}$ = 8.37521 做内标正规化 $^{87}Sr/^{86}Sr$ 的比值,计算公式:

$$(^{88}Sr/^{86}Sr)_{标} = (^{88}Sr/^{86}Sr)_{测} × (1+2×f)$$

$$f = \left[\frac{(^{88}Sr/^{86}Sr)_{标}}{(^{88}Sr/^{86}Sr)_{测}} - 1\right] ÷ 2$$

$$(^{87}Sr/^{86}Sr)_{正规化} = (^{87}Sr/^{86}Sr)_{测} × (1+f)$$

式中:$(^{87}Sr/^{86}Sr)_{正规化}$ 为样品锶同位素的正规化值;$(^{87}Sr/^{86}Sr)_{测}$ 为样品锶同位素的测量值。

6. 注意事项

所用器皿均需用浓盐酸、高纯水清洗,全部操作均在净化间内进行。

参 考 文 献

[1] 常凤琴,张虎才,雷国良,等,2010. 湖泊沉积物锶同位素和相关元素的地球化学行为及其在古气候重建中的应用——以柴达木盆地贝壳堤剖面为例[J]. 第四纪研究,30(5):962-971.

[2] 陈骏,王鹤年,2004. 地球化学[M]. 北京:科学出版社.

[3] 陈立雷,张媛媛,贺行良,等,2014. 海洋沉积物有机碳和稳定氮同位素分析的前处理影响[J]. 沉积学报,32(6):1046-1051.

[4] 范成新,2018. 湖泊沉积物调查规范[M]. 北京:科学出版社.

[5] 范成新,2019. 湖泊沉积物-水界面研究进展与展望[J]. 湖泊科学,5:1191-1218.

[6] 方红卫,陈明洪,陈志和,2009. 环境泥沙的表面特性与模型[M]. 北京:科学出版社.

[7] 顾慰祖,2011. 同位素水文学[M]. 北京:科学出版社.

[8] 国家海洋局 908 专项办公室,2006. 海洋底质调查技术规程[M]. 北京:海洋出版社.

[9] 国家环境保护局,国家技术监督局,1994. 水质 湖泊和水库采样技术指导(GB/T 14581—1993)[S]. 北京:中国标准出版社.

[10] 国家能源局,2020. 有机物和碳酸盐岩碳、氧同位素分析方法(SY/T 5238—2019)[S]. 北京:石油工业出版社.

[11] 国家质量技术监督局,1999. 岩石中铅、锶、钕同位素测定方法(GB/T 17672—1999)[S]. 北京:中国标准出版社.

[12] 黄祥飞,陈伟民,蔡启铭,2000. 湖泊生态调查观测与分析[M]. 北京:中国标准出版社.

[13] 霍坎松(Hakanson L),杨松(Jansson M),1992. 湖泊沉积学原理[M]. 郑光膺,译. 北京:科学出版社.

[14] 姜霞,王书航,2012. 沉积物质量调查评估手册[M]. 北京:科学出版社.

[15] 金章东,2011. 湖泊沉积物的矿物组成、成因、环境指示及研究进展[J]. 地球科学与环境学报,33

(1): 34-44.

[16] 李永良, 翟秋敏, 李容全, 2001. 安古里淖沉积纹层的扫描电镜研究[J]. 电子显微学报, 20(4): 387-388.

[17] 林光辉, 2013. 稳定同位素生态学[M]. 北京: 高等教育出版社.

[18] 刘强, 游海涛, 刘嘉麒, 2004. 湖泊沉积物年纹层的研究方法及其意义[J]. 第四纪研究, 24(6): 683-694.

[19] 刘兴土, 等, 2005. 东北湿地[M]. 北京: 科学出版社.

[20] 鲁如坤, 2000. 土壤农业化学分析方法[M]. 北京: 中国农业科技出版社.

[21] 吕宪国, 等, 2005. 湿地生态系统观测方法[M]. 北京: 中国环境科学出版社.

[22] 马振兴, 黄俊华, 魏源, 等, 2004. 鄱阳湖沉积物近8 ka来有机质碳同位素记录及其古气候变化特征[J]. 地球化学, 33(3): 279-285.

[23] 沈吉, 薛滨, 吴敬禄, 等, 2010. 湖泊沉积与环境演化[M]. 北京: 科学出版社.

[24] 生态环境部,《土壤环境监测分析方法》编委会, 2019. 土壤环境监测分析方法[M]. 北京: 中国环境出版集团.

[25] 万国江, 吴丰昌, Zheng J, 等, 2011. 作为湖泊沉积物计年时标: 以云南程海为例[J]. 环境科学学报, 3(5): 979-985.

[26] 王苏民, 窦鸿身, 1998. 中国湖泊志[M]. 北京: 科学出版社.

[27] 王毅力, 芦家娟, 周岩梅, 等, 2005. 沉积物颗粒表面分形特征的研究[J]. 环境科学, 25(4): 457-463.

[28] 吴艳宏, 刘恩峰, 邴海健, 等, 2010. 人类活动影响下的长江中游龙感湖近代湖泊沉积年代序列[J]. 中国科学(地球科学), 40(6): 751-757.

[29] 肖化云, 刘丛强, 2006. 贵州红枫湖现代沉积物氮同位素组成反映的废水输入状况[J]. 科学通报, 51(9): 1091-1096.

[30] 杨持, 2017. 生态学实验与实习(第3版)[M]. 北京: 高等教育出版社.

[31] 杨粉荣, 文洪杰, 钟勤, 2005. 几种粒度测定方法的比较[J]. 物理测试, 23(5): 36-39.

[32] 赵魁义, 1999. 中国沼泽志[M]. 北京: 科学出版社.

[33] 郑永飞, 陈江峰, 2000. 稳定同位素地球化学[M]. 北京: 科学出版社.

[34] 中国环境监测总站, 2018. 土壤环境监测前沿分析测试方法研究[M]. 北京: 中国环境出版集团.

[35] 中国科学院南京地理与湖泊研究所, 2015. 湖泊调查技术规程[M]. 北京: 科学出版社.

[36] 中国生态系统研究网络科学委员会, 2007. 陆地生态系统水环境观测规范[M]. 北京: 中国环境科学出版社.

[37] 中华人民共和国地质矿产部, 1997. 岩石、矿物铷锶同位素地质年龄及锶同位素比值测定(DZ/T 0184.4—1997)[S]. 北京: 中国标准出版社.

[38] 中华人民共和国地质矿产部, 1998. 硫化物中硫同位素组成的测定(DZ/T 0184.14—1997)[S]. 北京: 中国标准出版社.

[39] 中华人民共和国国家质量监督检验检疫总局, 中国国家标准化管理委员会, 2006. 海底沉积物化学分析方法(GB/T 20260—2006)[S]. 北京: 中国标准出版社.

[40] 中华人民共和国国家质量监督检验检疫总局, 中国国家标准化管理委员会, 2008. 海洋监测规范 第5部分: 沉积物分析(GB 17378.5—2007)[S]. 北京: 中国标准出版社.

[41] 中华人民共和国国家质量监督检验检疫总局, 中国国家标准化管理委员会, 2008. 土工试验仪器 液限仪 第1部分: 碟式液限仪(GB/T 21997.1—2008)[S]. 北京: 中国标准出版社.

[42] 中华人民共和国国家质量监督检验检疫总局, 中国国家标准化管理委员会, 2008. 粒度分析结果的

表述 第1部分：图形表征(GB/T 15445.1—2008)[S]. 北京：中国标准出版社.

[43] 中华人民共和国国家质量监督检验检疫总局，中国国家标准化管理委员会，2010. 地质样品有机地球化学分析方法 第2部分：有机质稳定碳同位素测定 同位素质谱法(GB/T 18340.2—2010)[S]. 北京：中国标准出版社.

[44] 中华人民共和国国家质量监督检验检疫总局，中国国家标准化管理委员会，2012. 化学品土壤粒度分析试验方法(GB/T 27845—2011)[S]. 北京：中国标准出版社.

[45] 中华人民共和国国家质量监督检验检疫总局，中国国家标准化管理委员会，2014. 土壤中放射性核素的γ能谱分析方法(GB/T 11743—2013)[S]. 北京：中国标准出版社.

[46] 中华人民共和国国家质量监督检验检疫总局，中华人民共和国建设部，2001. 供水水文地质勘察规范(GB 50027—2001)[S]. 北京：中国计划出版社.

[47] 中华人民共和国海洋局，2014. 海洋沉积物标准物质研制及保存技术规范(HY/T 172—2014)[S]. 北京：中国标准出版社.

[48] 中华人民共和国建设部，2009. 岩土工程勘察规范(2009年版)(GB 50021—2001)[S]. 北京：中国建筑工业出版社.

[49] 中华人民共和国农业部，2006. 土壤检测 第3部分：土壤机械组成的测定(NY/T 1121.3—2006)[S]. 北京：中国农业出版社.

[50] 中华人民共和国住房和城乡建设部，2012. 建筑工程地质勘探与取样技术规程(JGJ/T 87—2012)[S]. 北京：中国建筑工业出版社.

[51] 中华人民共和国住房和城乡建设部，国家市场监督管理总局，2019. 土工试验方法标准(GB/T 50123—2019)[S]. 北京：中国计划出版社.

[52] Ackermann F, 1980. A procedure for correcting the grain size effects in heavy metal analyses of estuarine and coastal sediments[J]. Envrion Technol Lett, 1: 518.

[53] Appleby P G, Birks H H, Flower R J, et al, 2001. Radiometrically determined dates and sedimentation rates for recent sediments in nine North African wetland lakes(the CASSARINA Project)[J]. Aquatic Ecology, 35(3): 347-367.

[54] Appleby P G, Oldfield F, 1992. Application of ^{210}Pb to sedimentation studies. In: Vanovich I M, Harmon R S. Uranium-Series Disequilibruim: application to Earth. Marine and Environmental Sciences[M]. Oxford: Oxford University Press.

[55] Backlund K, Boman A, Frojdo S, et al, 2005. An analytical procedure for determination of sulphur species and isotopes in boreal acid sulphate soils and sediments[J]. Agricultural and Food Science, 14: 70-82.

[56] Bagander L E, Niemisto L, 1976. An evaluation of the use of redox measurements for characterizing recent sediments[J]. Estuarine Coastal Mar Sci, 6: 127.

[57] Bernhardt C, 1994. Particle size analysis: classification and sedimentation methods[M]. London: Chapman & Hall.

[58] Brown TAG, Nelson D E, Mathews R W, et al, 1989. Radiocarbon dating of pollen by accelerator mass spectrometry[J]. Quaternary Research, 32: 205-212.

[59] Carignan R, Rapin F, Tessier A, 1985. Sediment porewater sampling for metal analysis: a comparison of techniques[J]. Geochim Cosmochim Acta, 49: 2493.

[60] Carter D L, Heilman M D, Gonzalez C L, 1965. Ethylene glycol monoethylether for determining surface area of silicateminerals[J]. Soil Sci, 100: 356-360.

[61] De Groot A J, Zschuppe K H, Salomons W, 1982. Standardization of methods for analysis of heavy metals in sediments[J]. Hydrobiologia, 92: 689.

[62] De Lange H G, Van Griethuysen C V, Koelraans A A, 2008. Sampling method, storage and pretreatment of sediment affect AVS concentrations with consequences for bioassay responses[M]. Environmental Pollution, 151: 243-251.

[63] Håkanson L, Jansson M, 1983. Principles of Lake Sedimentology[M]. Berlin: Springer.

[64] Kreutzer S, Schmidt C, DeWitt R, et al, 2014. The a-value of polymineral fine grain samples measured with the post-IR IRSL protocol[J]. Radiation Measurements, 69: 18-29.

[65] Krishnaswamy S, Lai D, Martin J M, et al, 1971. Geochronology of lake sediments[J]. Earth Planet Sci Lett, 11: 407-414.

[66] La Fleur P D, 1973. Retention of mercury when freeze-drying biological materials[J]. Anal Chem, 45(8): 1534-1536.

[67] Li C Y, Huang Y L, Guo H H, et al, 2018. Draining Effects on Recent Accumulation Rates of C and N in Zoige Alpine Peatland in the Tibetan Plateau[J]. Water, 10(5): 576.

[68] Libby W F, 1952. Radiocarbon Dating[M]. Chicago: University of Chicago Press.

[69] Long H, Shen J, Tsukamoto S, et al, 2014. Dry early Holocene revealed by sand dune accumulation chronology in Bayanbulak Basin (Xinjiang, NW China) [J]. The Holocene, 24: 614-626.

[70] Mauz B, Packman S, Lang A, 2006. The alpha efficiency of silt-sized quartz: New data obtained by single and multiple aliquot protocols [J]. Ancient TL, 24: 47-52.

[71] Mudroch A, MacKnight S D, 1994. Handbook of Techniques for Aquatic Sediments Sampling: 2nd Edition [M]. Boca Raton, FL. Lewis Publishers (CRC Press, Inc.).

[72] Murray A S, Wintle A G, 2000. Luminescence dating of quartz using an improved single-aliquot regenerative-dose protocol[J]. Radiation Measurements, 32: 57-73.

[73] Murray A S, Wintle A G, 2003. The single aliquot regenerative dose protocol: potential for improvements in reliability [J]. Radiation Measurements, 37: 377-381.

[74] Ojala A E K, Saamisto M, Snowball F, 2003. Climate and environmental reconstructions from Scandinavian varved lake sediments[J]. Pages News, 11 (2-3): 10-12.

[75] Paul. A. Keddy, 2018. 湿地生态学——原理与保护(第二版)[M]. 兰志春, 黎磊, 沈瑞昌, 译. 北京: 高等教育出版社.

[76] Pennington W, Cambray R S, Eakins J D, et al, 1976. Radio nuclide dating of the recent sediments of Blelham Tam[J]. Freshwater Biology, 6: 317-333.

[77] Polach H A, Golson J, Lovering J F, et al, 1968. Carbon-14 ages, geologic and archaeologic samples, vegetation history, Australian and other localities[J]. Cretaceous Research, 28(1): 5-17.

[78] Prescott J R, Hutton J T, 1994. Cosmic ray contribution to dose rates for luminescence and ESR dating: large depths and long-term time variations[J]. Radiation Measurements, 23: 497-500.

[79] Zhu M, Shi X, Yang G, et al, 2013. Formation and burial of pyrite and organic sulfur in mud sediments of the East China Sea inner shelf: Constraints from solid-phase sulfur speciation and stable sulfur isotope [J]. Continental Shelf Research, 54: 24-36.

[80] Zobell C E, 1946. Studies on the redox potential of marine sediments[J]. Bull Am Assoc Petrol Geol, 30 (4): 477-513.

第七章 湿地微生物与酶

土壤微生物是土壤中一切肉眼看不见或看不清楚的微小生物的总称,严格意义上应包括细菌、古菌(archaebacteria)、真菌、病毒、原生动物和显微藻类。土壤微生物个体微小,一般以微米或毫微米来计量,通常1g土壤中有几亿到几百亿个,其种类和数量随成土环境及其土层深度的不同而变化,它们在土壤中进行氧化、硝化、氨化、固氮、硫化等过程,促进土壤有机质的分解和养分的转化。土壤微生物研究方法经历了微生物纯培养、土壤酶活性(BIOLOG微平板分析)、微生物库(如微生物生物量)和流(C和N循环)、微生物生物标记物(FAMEs)、微生物分子生物学技术(从土壤中提取总DNA,进行PCR-DGGE、PCR-SSCP、RLFP、高通量测序分析等)等历程,揭示了土壤微生物群落丰富的多样性和生态功能,现代生物技术和传统微生物研究方法的融合将为湿地土壤微生物研究提供较好的前景。

土壤酶是指土壤中具有生物催化能力的一些特殊蛋白质类化合物的总称,是土壤中植物、动物和微生物活动的产物,也是数量极微而作用极大的土壤组成部分,以游离态和吸附态存在,可作为判断土壤生物化学过程强度及评价土壤肥力指标之一。土壤酶参与湿地土壤中各种生物化学过程,如腐殖质的分解与合成、动植物残体和微生物残体的分解、合成有机化合物的水解与转化和某些无机化合物的氧化、还原反应。

第一节 微生物纯培养方法与技术

微生物纯培养是指在同一培养物或一管菌种中,所有的细胞或孢子都是生物分类中的同一个种。自然界的微生物均混杂存在,为获得某种微生物,需采取一系列措施将其从混杂菌群中分离,即纯培养。由于周围环境、空气、用具、操作者体表均有大量微生物存在,为获得和保持纯培养,在分离、培养过程中,必须严格操作,以防止杂菌污染。微生物纯培养技术包括灭菌、消毒技术和分离接种过程等。

一、灭菌和消毒

培养基、器皿、接种工具的彻底灭菌，环境及供试材料的消毒，是防止杂菌污染，保证纯培养的关键步骤。常用灭菌方法有干热灭菌和湿热灭菌。

1. 干热灭菌

通过加热使蛋白质变性或凝固，或直接烧死菌体。一般包括：

① 烧灼灭菌：即直接用火焰灼烧用具上的杂菌，如接种时在火焰上灼烧接种工具、试管口、瓶口等，或焚烧废弃的带菌物品。

② 烘箱灭菌：即将玻璃器皿、接种用具包装后，放入电热干燥箱中，升温至160~170℃，保持1~2h，可彻底杀灭杂菌。灭菌后的物品保持干燥，带包装存放备用，不易污染。但应注意温度及时间均不可超过上述规定，否则包装纸被烤焦，不宜使用。

2. 湿热灭菌

直接煮沸或用饱和水蒸气的高温进行灭菌或消毒。常用的方法有高压蒸汽灭菌、间歇灭菌、巴斯德灭菌、煮沸消毒等。

(1) 高压蒸汽灭菌

高压蒸汽灭菌亦称饱和蒸汽灭菌，是医疗保健、发酵工业及微生物实验、科研中常用的灭菌方法。常用的灭菌装置为高压灭菌锅加热后锅底的水不断产生蒸汽，待冷空气排除后，使完全密闭，温度即可随蒸汽压力而上升。常用于培养基、无菌水等的灭菌。使用高压锅在升压前必须充分排除冷空气，才能保证压力上升与温度上升相一致；到达所需压力(温度)后必须保持恒温一定时间，然后切断电源，待压力缓缓下降至零点，方可排汽、开盖。

(2) 间歇灭菌

没有高压灭菌锅时，可采用常压间歇蒸煮法灭菌。即将待灭菌物品放在蒸锅内，经100℃热蒸汽蒸3次，每次30~60min。前两次蒸后放置于25~30℃恒温过夜，以使未杀死的芽孢萌发，待第三次蒸后，即可达到灭菌目的。但此法较麻烦，且会使培养基营养成分被破坏，在设备允许的情况下，不宜采用。

(3) 巴斯德灭菌

该灭菌方法由巴斯德(Louis Pasteur)首创，即在60℃条件下保持30min，可杀死致病微生物而保持营养成分不被破坏。因仅杀死致病微生物，故又称巴氏消毒法，常用于牛乳、啤酒等食品的消毒。

(4) 煮沸消毒

把物品直接放在清水中煮沸5min以上，可杀死全部营养细胞，15~20min或在水中加入1%碳酸钠，效果更佳。一般用于带菌物品、器皿的初步清洗。

3. 接种室、接种箱灭菌和消毒

(1) 紫外光照射

一般实验室使用如30W紫外光灯，距桌面约1m，工作前清洗桌面，照射20~30min

即可保持无菌状态。使用紫外灯灭菌,一定要在工作开始前关闭,以免损伤皮肤及黏膜。

(2) 化学药剂消毒

接种室及接种箱使用前后均需用2%~3%的来苏水(C_7H_8O,甲酚皂)或石炭酸(C_6H_5OH,苯酚)擦洗及喷洒,以增强紫外线的杀菌效果。

(3) 硫磺或甲醛熏蒸

较大的接种空间,可用硫磺熏蒸,用量为$3~4g/m^2$,熏蒸前先将地面及墙面喷洒少量水,将硫磺放入金属器皿中再加热。甲醛熏蒸需用高锰酸钾作氧化剂,通常每立方米空间用6~8mL的40%甲醛(市售福尔马林)、4~5g高锰酸钾。室内打扫擦净后,将高锰酸钾放在容器中(玻璃、陶瓷器皿),然后倒入甲醛溶液(不必加热)。以上熏蒸均刺激呼吸道、眼睛等器官,操作者应迅速离开,过夜后方能入室工作。

二、培养基制作

在实验室中配制的适合微生物生长繁殖或累积代谢产物的任何营养基质,都叫做培养基。根据对培养基组成物质的化学成分是否完全了解来区分,可以将培养基分为天然培养基、合成培养基和半合成培养基。根据培养基的物理状态来区分,可以分为固体培养基、液体培养基和半固体培养基。根据培养基的用途来区分,可分为选择培养基、增殖培养基和鉴别培养基等。根据培养基的营养成分是否完全,可以分为基本培养基、完全培养基和补充培养基。根据培养基用于生产的目的来区分,可以分为种子培养基和发酵培养基。另外,还有专门用于培养病毒等寄生微生物的活组织培养基,如鸡胚等,还有专门用于培养自养微生物的无机盐培养基等。

1. 培养基制备基本步骤

(1) 配方选定

同一种培养基的配方在不同研究中通常会有某些差别。因此,除应严格按其规定进行配制外,一般应尽量收集有关资料,加以比较核对,再依据自己的使用目的,加以选用,并记录其来源。

(2) 制备记录

每次制备培养基均应有记录,包括培养基名称、配方及其来源,以及各种成分的批号、最终pH、消毒的温度和时间、制备的日期和制备者等。

(3) 称量

培养基的各种成分必须精确称取,最好一次完成,不要中断。完全称取完毕后,还应进行一次检查。

(4) 混合和熔化

培养基所用化学药品均应为化学纯。不得使用铜锅或铁锅(以防有微量铜或铁混入培养基中,抑制细菌生长),最好使用搪瓷器皿加热熔化。熔化时,可先用温水加热并随时搅动,以防焦化(如有焦化,应重新制备),完全熔化后煮沸。琼脂熔化时,用另一部分水溶解其他成分，然后将两溶液充分混合，并加水补足在加热熔化过程中丢失的水分。

（5）pH 初步调整

因培养基在加热消毒过程中，pH 会有所变化，培养基各成分完全溶解后，应进行 pH 的初步调整。pH 调整后，还应将培养基煮沸数分钟，以利于培养基沉淀物的析出。

（6）过滤澄清

液体培养基必须绝对澄清，琼脂培养基也应透明无显著沉淀，因此，需要采用过滤或其他澄清方法以达到此项要求，一般液体培养基可用滤纸过滤。

（7）分装

培养基的分装，应按使用目的和要求，分装于试管、烧瓶等适当容器内。分装量不得超过容器容量的 2/3。容器口可用垫有防湿纸的棉塞封堵，其外还须用防水纸包扎。分装时最好能使用半自动或电动的定量分装器。分装琼脂斜面培养基时，分装量应以能形成 2/3 底层和 1/3 斜面的量为适当。分装容器应预先清洗干净并经干烤杀菌，以利于培养基的彻底灭菌。每批培养基应另外分装 20mL 培养基于一小玻璃瓶中，随该批培养基同时灭菌，以备测定该批培养基最终 pH 之用。

（8）灭菌

一般培养基可采用高压蒸汽灭菌 15min 的方法。某些畏热成分，如糖类，应另行配成 20% 或更高浓度的溶液，以过滤或间歇灭菌法消毒，再用无菌操作技术，定量加于培养基中。明胶培养基也应用较低温度灭菌。血液、体液和抗生素等则应以无菌操作技术抽取和加入经冷却至约 50℃ 的培养基中。琼脂斜面培养基应在灭菌后立即取出，冷至 55~60℃ 时，摆置成适当斜面，待其自然凝固。

（9）质量测试

每批培养基制备好以后，应仔细检查（如发现破裂、水分浸入、色泽异常、棉塞被培养基沾染等，均应挑出弃去），同时需测定最终 pH。将全部培养基放入 36℃±1℃ 恒温箱中培养过夜，如发现有菌生长，即弃去。用有关的标准菌株接种 1~2 管或瓶培养基，培养 24~48h，如无菌生长或生长不好，应追查原因并重复接种一次，如结果仍同前，则该批培养基即应弃去，不能使用。

（10）保存

培养基应存放于冷暗处，最好能放于普通冰箱内。放置时间不宜超过一周，倾注的平板培养基不宜超过 3 天。每批培养基均必须附有该批培养基制备记录副页或明显标签。

2. 常用培养基制作方法

（1）细菌培养基配制

细菌培养一般采用牛肉膏、蛋白胨培养基。在感量 0.01g 的天平上用灭菌纸或表面皿称取牛肉膏 3.00g、蛋白胨 5.00g、琼脂 15.00g。将称好的牛肉膏和蛋白胨放入盛有 1000mL 蒸馏水的烧杯中加热，水微沸时放入琼脂，待琼脂全部融化后，调 pH 在 7.0~

7.2，将配制好的培养基分别装入 500mL 的三角瓶中（每瓶不得超过 350mL），塞好棉塞，放入高压蒸汽灭菌锅内灭菌，通常在 103kPa 压力下灭菌 20min。

（2）真菌培养基配制

真菌培养一般采用马丁氏培养基和 PDA 培养基。用感量 0.01g 的天平称取 1.00g KH_2PO_4、0.50g $MgSO_4 \cdot 7H_2O$、10.00g 葡萄糖、15.00g 琼脂、5.00g 蛋白胨，将上列试剂溶解于 1000mL 蒸馏水中，加入 1% 孟加拉红水溶液 3.3mL，不调 pH，将配制好的培养基分别装入 500mL 的三角瓶中（每瓶不得超过 350mL），塞好棉塞，放入高压蒸汽灭菌锅内，在 68.9kPa 压力下灭菌 20min。

（3）放线菌培养基配制

放线菌多采用改良高氏一号培养基（用来培养和观察放线菌形态特征的合成培养基）。用感量 0.01g 的天平准确称量 1.00g KNO_3、0.01g $FeSO_4 \cdot 7H_2O$、0.50g K_2HPO_4、0.50g $MgSO_4 \cdot 7H_2O$、0.50g NaCl、15.00g 琼脂，然后加 20.0g 淀粉和 1000mL 蒸馏水。淀粉称好后加少量水，调成糊状，待琼脂融化后倒入培养基中搅匀。此培养基正常情况下配制后一般为中性偏碱，可不再调整 pH，但每次使用前均应进行测试。培养基配好后按 300mL 1 份的量分别加入 500mL 的三角瓶中，塞好棉塞，置于高压蒸汽灭菌锅中在 103kPa 压力下灭菌 20min。

三、接种、分离纯化和培养

1. 接种

将微生物接到适于它生长繁殖的人工培养基中或活生物体内的过程叫做接种。

（1）接种工具和方法

在实验室或工厂生产实践中，用得最多的接种工具是接种环和接种针。由于接种要求或方法不同，接种针的针尖常做成不同的形状，有时滴管、吸管和自动取液器也可作为接种工具进行液体接种，见图 7-1。在固体培养基表面要将菌液均匀涂布时，需要用到涂布棒。

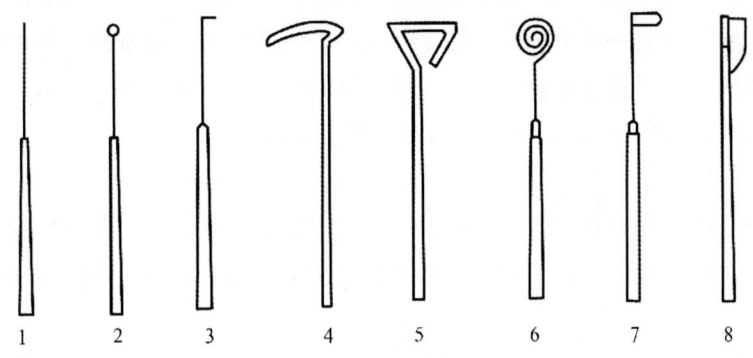

图 7-1　接种和分离工具

1—接种针；2—接种环；3—接种钩；4，5—玻璃涂棒；6—接种圈；7—接种锄；8—小解剖刀

常用接种方法：

① 划线接种：这是最常用的接种方法，即在固体培养基表面作来回直线移动，就可起到接种的作用。常用的接种工具有接种环、接种针等，在斜面接种和平板划线中常用此法。

② 三点接种：在研究霉菌形态时常用此法，即把少量的微生物接种在平板表面上，呈等边三角形的三点，让其各自独立形成菌落后，进一步观察研究形态，除三点外，也可进行一点或多点接种。

③ 穿刺接种：在保藏厌氧菌种或研究微生物的动力时常采用此法。用接种针蘸取少量的菌种，沿半固体培养基中心向管底作直线穿刺，如某细菌具有鞭毛而能运动，则在穿刺线周围能够生长。

④ 浇混接种：将待接种的微生物先放入培养基中，然后再倒入冷却至45℃左右的固体培养基，迅速轻轻摇匀，这样菌液就达到了稀释的目的。待平板凝固之后，置于合适温度下培养，可长出单个微生物菌落。

⑤ 涂布接种：与浇混接种略有不同，先倒好平板，让其凝固，然后再将菌液倒入平板上面，迅速用涂布棒在表面作来回左右的涂布，让菌液均匀分布，可长出单个的微生物的菌落。

⑥ 液体接种：从液体培养物中，用移液管将菌液接至液体培养基中，或从液体培养物中将菌液移至固体培养基中，都可称为液体接种。

⑦ 注射接种：用注射的方法将待接种的微生物转接至活的生物体内。

⑧ 活体接种：专门用于培养病毒或其他病原微生物的一种方法，因为病毒必须接种于活的生物体内才能生长繁殖，所用的活体可以是整个动物，也可以是某个离体活组织，接种的方式可注射也可拌料喂养。

(2) 无菌操作

在实验室检验中的各种接种必须是无菌操作，实验台面不论是什么材料，一律要求光滑、水平。在实验台上方，空气流动应缓慢，杂菌应尽量减少。因此，必须清扫室内，关闭实验室门窗，并用消毒剂进行定期空气消毒处理，尽可能地减少杂菌的数量。

用于接种的器具必须经干热或火焰等灭菌。平板接种时，通常把平板的面倾斜，将培养皿的盖打开一个小缝隙进行接种。在向培养皿内倒培养基或接种时，试管口或瓶壁外面不要接触底皿边，试管或瓶口应倾斜一下在火焰上通过。

2. 分离纯化

如果在一个菌落中所有细胞均来自于一个亲代细胞，那么这个菌落称为纯培养。在进行菌种鉴定时，所用的微生物一般均要求为纯培养物，进行纯培养的过程称为分离纯化，方法有许多种。

(1) 倾注平板法

首先把微生物悬液通过一系列稀释，取一定量的稀释液与熔化好的保持在40~50℃左右的琼脂培养基充分混合，然后把这混合液倾注到无菌的培养皿中，待凝固之后，倒置于恒温箱中培养。单一细胞经过多次增殖后形成一个菌落，取单个菌落制成悬液，重复上述步骤数次，便可得到纯培养物，见图7-2。

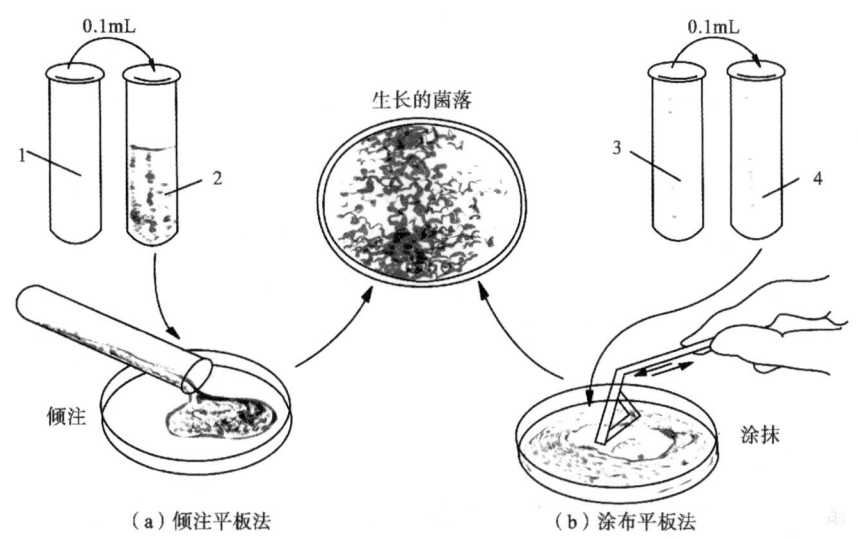

图7-2 平板法示意图

1—菌悬液；2—熔化的培养基；3—培养物；4—无菌水

（2）涂布平板法

首先把微生物悬液通过适当的稀释，取一定量的稀释液放在无菌的已经凝固的营养琼脂平板上，然后用无菌的玻璃刮刀把稀释液均匀地涂布在培养基表面，倒置于恒温箱中培养可以得到单个菌落，见图7-2。

（3）平板划线法

用无菌的接种环取培养物少许在营养琼脂平板上进行划线。划线的方法很多，常见的比较容易出现单个菌落的划线方法有斜线法、曲线法、方格法、放射法、四格法，见图7-3。当接种环在培养基表面上往后移动时，接种环上的菌液逐渐稀释，最后在所划的线上分散着单个细胞，经培养，每一个细胞长成一个菌落。

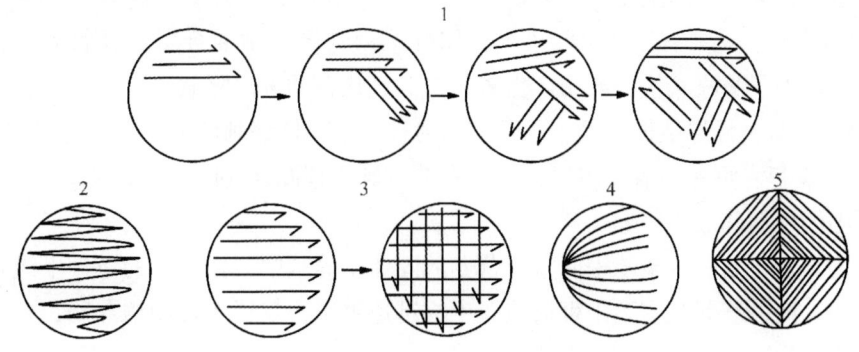

图7-3 平板划线分离法

1—斜线法；2—曲线法；3—方格法；4—放射法；5-四格法

(4) 富集培养法

创造特定条件(最适的碳源、能源、温度、光、pH、渗透压和氢受体等)只让目的微生物生长,在相同的培养基和培养条件下,经过多次重复移种,最后富集的菌株很容易在固体培养基上长出单菌落。如果要分离一些专性寄生菌,就必须把样品接种到相应敏感的宿主细胞群体中,使其大量生长,通过多次重复移种便可以得到纯的寄生菌。

(5) 厌氧法

在实验室中,为了分离某些厌氧菌,可以利用装有原培养基的试管作为培养容器,把这支试管放在沸水浴中加热数分钟,以便逐出培养基中的溶解氧,然后快速冷却,并进行接种。接种后加入无菌的石蜡于培养基表面,使培养基与空气隔绝。另一种方法是,在接种后,利用 N_2 或 CO_2 取代培养基中的气体,然后在火焰上把试管口密封。有时为了更有效地分离某些厌氧菌,可以把所分离的样品接种于培养基上,然后再把培养皿放在完全密封的厌氧培养装置中。

3. 培养方法

微生物的生长,除了受本身的遗传特性决定外,还受到许多外界因素的影响,如营养物浓度、温度、水分、氧气、pH 等。微生物的种类不同,培养的方式和条件也不尽相同。

(1) 好氧培养和厌氧培养

好氧培养也称好气培养。在培养时,需要有氧气加入,否则就不能生长良好。在实验室中,斜面培养是通过棉花塞从外界获得无菌的空气,三角烧瓶液体培养多数是通过摇床振荡,使外界的空气源源不断地进入瓶中。

厌氧培养也称厌气培养。这类微生物在培养时,不需要氧气参加。在厌氧微生物的培养过程中,最重要的一点就是要除去培养基中的氧气,一般可采用下列几种方法。

① 降低培养基中的氧化还原电位:常将还原剂如谷胱甘肽(glutathione, r-glutamyl cysteingl +glycine, GSH, 一种含 γ-酰胺键和巯基的三肽,由谷氨酸、半胱氨酸及甘氨酸组成,存在于几乎身体的每一个细胞)、巯基醋酸盐(如巯基乙酸钠,$C_2H_3NaO_2S$)等,加入到培养基中,便可达到目的。有的将一些动物的死的或活的组织如牛心、羊脑加入到培养基中,也适合厌氧菌的生长。

② 化合去氧:主要有用磷吸收氧气,用好氧菌与厌氧菌混合培养吸收氧气;用植物组织如发芽的种子吸收氧气,或用产生氢气与氧气化合的方法除氧。

③ 隔绝阻氧:深层液体培养,用石蜡油封存,半固体穿刺培养。

④ 替代驱氧:可用二氧化碳、氮气、真空、氢气和混合气体取代氧气。

(2) 固体培养和液体培养

固体培养是将菌种接至疏松而富有营养的固体培养基中,在合适的条件下进行微生物培养的方法。液体培养在实验中可以使微生物迅速繁殖,获得大量的培养物,在一定条件下,还是微生物选择增菌的有效方法。

四、微生物菌落观察与计数方法

菌落是指细菌在固体培养基上生长繁殖而形成的能被肉眼识别的生长物,它是由数以万计相同的细菌集合而成。当样品被稀释到一定程度,与培养基混合,在一定培养条件下,每个能够生长繁殖的细菌细胞都可以在平板上形成一个可见的菌落。菌落形态是指某种微生物在一定的培养基上由单个菌体形成的群体形态(包括大小、颜色、透明度、厚薄、致密度、表面和边缘等)。每一类微生物在一定培养条件下形成的菌落都具有某些相应的特征,通过观察这些特征,来区分各大类微生物及初步识别、鉴定微生物,方法简便快速,在科研和生产实践中常被采用。

培养时间到后,计数每个平板上的菌落数,可用肉眼观察,必要时采用放大镜检查,以防遗漏。记下各平板的菌落总数,求出同稀释度各平板平均菌落数,从而计算出原始样品中(每克或每毫升)的菌落数。

微生物计数的基本要求:

① 达到规定培养时间,应立即计数。如不能立即计数,应将平板放置于 0~4℃ 无菌环境中,但不得超过 24h。

② 计数时应选取菌落数在 30~300 个之间的平板(SN 标准要求为 25~250 个菌落),若有两个稀释度均在 30~300 之间时,按国家标准方法要求应以二者比值决定,比值≤2 的取平均数,比值>2 的则取较小数字(有的规定不考虑其比值大小,均以平均数报告)。

③ 若所有稀释度均不在计数区间内,如平均值>300,则取最高稀释度的平均菌落数乘以稀释倍数计数。如平均值<30,则以最低稀释度的平均菌落数乘稀释倍数计数。如菌落数有的平均值>300,有的平均值又<30,但均不在 30~300 之间,则应以最接近 300 或 30 的平均菌落数乘以稀释倍数计数。如所有稀释度均无菌落生长,则应按<1 乘以最低稀释倍数计数。不同稀释度的菌落数应与稀释倍数成反比(同一稀释度的两个平板的菌落数应基本接近),即稀释倍数愈高菌落数愈少,稀释倍数愈低菌落数愈多。如出现相反现象,则应视为检验中的差错,不应作为检样计数报告的依据。

④ 当平板上有链状菌落生长时,如呈链状生长的菌落之间无任何明显界限,则应作为一个菌落计,如存在有几条不同来源的链,则每条链均应按一个菌落计算,不要把链上生长的每一个菌落分开计数。如有片状菌落生长,则该平板一般不宜采用,如片状菌落不到平板的一半,而另一半又分布均匀,以半个平板的菌落数乘 2 代表全平板的菌落数。

⑤ 当计数平板内的菌落数过多(即所有稀释度均>300 时),但分布很均匀时,可取平板的一半或 1/4 计数,再乘以相应稀释倍数作为该平板的菌落数。

⑥ 菌落数的计数,按国家标准方法规定菌落数在 1~100 时,按实际数字计数,如>100 时,计数取前面两位有效数字,第三位数按四舍五入计算。固体检样以克(g)为单位计数,液体检样以毫升(mL)为单位计数,表面涂擦则以平方厘米(cm^2)为单位计数。这为我国出口食品检测菌落计数的行业标准,也可供其他环境样品的微生物检测计数时参考,在湿地

微生物研究中也可参考。

五、微生物稀释平板培养

由于土壤中存在大量微生物,通常采用稀释法来分离培养其中的细菌、放线菌和真菌。具体操作步骤:

1. 采集土壤

采集土壤样品,放入已灭菌的袋中备用,或放在4℃冰箱中暂存(存放时间不宜过长,不超过1周)。

2. 制备稀释土壤悬液

(1) 制备土壤悬液

称取土样0.5g,迅速倒入带玻璃珠的49.5mL无菌水瓶中(玻璃珠以充满瓶底为宜),振荡5~10min,使土壤充分分离,并用无菌水定容到50mL,即为0.01悬液。

(2) 稀释

用无菌移液管吸0.01土壤悬液0.5mL,放入4.5mL无菌水中即为0.001稀释液,如此重复,可依次制成$10^{-3} \sim 10^{-8}$的稀释液。需要注意的是,每个稀释度换用一支移液管,每次吸入土液后,要将移液管插入液面,吹吸3次,每次吸上的液面要高于前一次,以减少稀释中的误差。

3. 接种

(1) 细菌

取10^{-7}、10^{-6}两管稀释液各1mL,分别接入相应标号的平皿中,每个稀释度接3个平皿。每次检验时需另用1个平皿只倾注营养琼脂培养基作为空白对照,然后取冷却至50℃的牛肉膏琼脂培养基,分别倒入以上培养皿中(装置以铺满皿底的2/3为宜),迅速轻轻摇动平皿,使菌液与培养基充分混匀,但不粘湿皿的边缘,待琼脂凝固即成细菌平板。

(2) 放线菌

取10^{-5}、10^{-4}两管稀释液,在每管中加入10%酚液5~6滴,摇匀,静置片刻,然后分别从两管中吸出1mL加入相应标号的平皿中,每个稀释度接3个平皿。选用高氏1号培养基,用与细菌相同的方法倒入平皿中,便可制成放线菌平板。

(3) 霉菌

取10^{-3}、10^{-2}两管稀释液各1mL,分别接入相应标号的平皿中,每个稀释度接3个平皿。在熔化好的土豆蔗糖培养基中,每100mL加入灭菌的乳酸1mL,轻轻摇匀,然后用与细菌相同的方法倒入平皿中,便可制成霉菌的平板。

4. 培养

将接种好细菌、放线菌、霉菌的平板倒置(皿盖朝下放置),于28~30℃中恒温培养,细菌培养1~3天,放线菌培养7~10天,霉菌培养3~5天,可用于观察菌落,也可用于进一步纯化分离或直接转接斜面。

5. 菌落计数

根据现有微生物数量测定方法取得的数据统计分析，稀释平板的适宜范围是，真菌为每平皿 20~80 个菌落，细菌和放线菌为每平皿 50~200 个菌落。

6. 计算公式

$$N_0 = \frac{C_0 \times t_d}{m \times (1-\omega)}$$

式中：N_0 为每克干土的菌数（个/g）；C_0 为菌落平均数（个）；t_d 为稀释倍数；m 为土样样品质量（g）；ω 为土壤含水量。

7. 注意事项

① 一般土壤中，细菌最多，放线菌及霉菌次之，而酵母菌主要见于果园及菜园土壤中，故从土壤中分离细菌时，要取较高的稀释度，否则菌落连成一片不能计数。

② 在土壤稀释分离操作中，每稀释 10 倍，最好更换一次移液管，使记数准确。

③ 放线菌的培养时间较长，故制平板培养基时的用量可适当增多。

第二节　微生物分析方法

一、微生物生物量测定

微生物生物量是指单位体积内微生物活体物质的总量，是反映土壤肥力和质量水平的一个重要指标。微生物生物量的测定包括以下几种方法：

① 直接计数法（或平板法），即微生物生物量＝细胞个数×体积×密度。

② 生理学方法，根据微生物的代谢活性来测定生物量，常用方法有氯仿熏蒸法和微生物呼吸率测定法。

③ 生物化学方法，主要包括三磷酸腺苷（ATP）含量测定法和磷脂脂肪酸含量测定法。

（一）湿地土壤微生物生物量碳测定

土壤微生物生物量碳（soil microbial biomass C）是指土壤中所有活微生物体中碳的总量，通常占微生物干物质的 40%~45%，是反映土壤微生物生物量大小的重要指标。自应用氯仿熏蒸技术测定土壤微生物生物量以来，先后建立了熏蒸培养法（fumigation-incubation method，FI）和熏蒸提取法（fumigation-extraction method，FE）。

1. 氯仿熏蒸培养法

（1）方法原理

将新鲜土壤经氯仿蒸汽熏蒸后再培养，被杀死的土壤微生物生物量中的碳，将按一定的比例矿化为 CO_2-C，根据熏蒸土壤与未熏蒸土壤在一定培养期内释放的 CO_2-C 差值或增量，以及矿化比率（K_c），估算土壤微生物生物量碳。

(2) 主要仪器设备

土壤筛(孔径 2mm)、真空干燥器(直径 22cm)、水泵抽真空装置或无油真空泵、pH-自动滴定仪、塑料桶(带螺旋盖可密封, 体积 50L)、可密封螺纹广口塑料瓶(容积 1.1L)、高温真空绝缘脂(MIST-3)、烧杯(25mL、50mL、100mL)、容量瓶(50mL)、三角瓶(150mL)。

(3) 试剂溶液

① 去乙醇氯仿制备：普通氯仿试剂一般含有少量乙醇作为稳定剂, 使用前需除去。将氯仿试剂按 1:2(体积比)的比例与去离子水或蒸馏水一起放入分液漏斗中, 充分摇动 1min, 慢慢放出底层氯仿于烧杯中, 如此洗涤 3 次, 得到的无乙醇氯仿加入无水氯化钙, 以除去氯仿中的水分。纯化后的氯仿置于暗色试剂瓶中, 在低温(4℃)、黑暗状态下保存。注意氯仿具有致癌作用, 必须在通风柜中进行操作。

② 氢氧化钠溶液(1mol/L)：固体氢氧化钠(分析纯)一般含有碳酸钠, 影响滴定终点的判断和测定的准确度, 应将其除去。先将氢氧化钠配成 50%(质量浓度)的浓溶液, 密闭放置 3~4 天, 待碳酸钠沉降后, 取 56mL 50%氢氧化钠上清液(约 19mol/L), 用新煮沸冷却的无二氧化碳去离子水稀释到 1L, 即为浓度 1mol/L 的 NaOH 溶液, 用橡皮塞密闭塑料瓶保存。

③ 碳酸酐酶溶液(1:1, 质量比)：称取 10.0mg 碳酸酐酶溶于 10mL 去离子水中, 在 4℃下保存, 有效期不超过 7 天。

④ 盐酸溶液(1mol/L)：量取 90mL 浓盐酸(HCl, 1.19g/mL, 分析纯), 用去离子水稀释到 1L。

⑤ 标准硼砂溶液(0.1mol/L)：先将硼砂($Na_2B_4O_7 \cdot 10H_2O$, 分析纯)在 55℃的去离子水中重结晶, 过滤后放入装有食用糖和氯化钠饱和溶液烧杯的干燥器中(相对湿度 70%)。准确称取 38.1367g 硼砂结晶溶解于去离子水中, 定容至 1L。

⑥ 标准盐酸溶液(0.05mol/L)：量取 4.5mL 浓盐酸(HCl, 1.19g/mL, 分析纯), 用去离子水稀释到 1L, 再用 0.1mol/L 标准硼砂溶液标定其准确浓度。

(4) 操作步骤

① 土壤前处理：新鲜土壤应立即进行前处理或保存于4℃冰箱中。测定前先仔细除去土壤中可见的植物残体(如根、茎和叶)及土壤动物(如蚯蚓等), 过筛(<2mm)混匀(如土壤过湿, 应在室内适当风干后再过筛, 风干过程中应经常翻动, 以避免局部干燥)用去离子水调节土壤湿度至 40%的田间持水量, 此时土壤手感湿润疏松但不结块。将土壤置于密封的塑料桶内, 在 25℃下预培养 7~15 天, 桶内放置适量水以保持相对湿度为 100%, 并放一小杯 1mol/L NaOH 溶液以吸收释放的 CO_2。

② 熏蒸：称取经前处理相当于 50.00 g 烘干基的新鲜土壤 3 份, 置于 100mL 烧杯中。将烧杯放入真空干燥器中, 并放置盛有去乙醇氯仿(约 2/3 烧杯)的烧杯 2~3 只, 烧杯内放入少量经浓盐酸溶液浸泡过夜后洗涤烘干的瓷片(0.5mm 大小, 防暴沸), 或放入抗暴

沸的颗粒，同时放入一小烧杯稀 NaOH 溶液以吸收熏蒸期间释放出来的 CO_2，干燥器底部还应加入少量水以保持湿度。按图 7-4 土壤熏蒸抽真空装置示意图抽真空，也可采用无油真空泵，真空度控制在 0.07MPa 以下，使氯仿剧烈沸腾 3～5min。关闭真空干燥器阀门，在 25℃暗室放置 24h。熏蒸结束打开干燥器阀门时应听到空气进入的声音，否则为熏蒸不彻底，应重做。

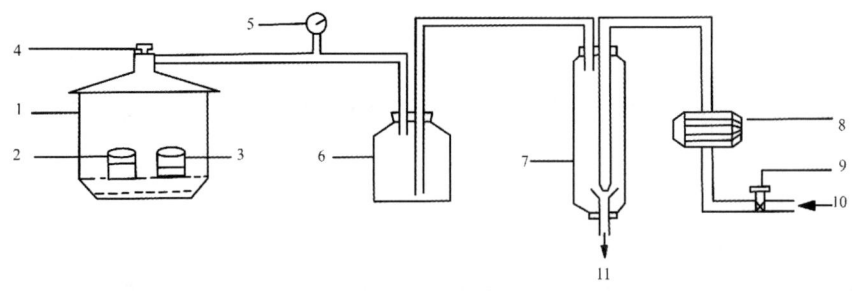

图 7-4　土壤熏蒸抽真空装置示意图

1—真空干燥器；2—装土壤烧杯；3—装氯仿烧杯；4—活塞；5—真空表；
6—缓冲瓶；7—抽真空管；8—增压泵；9—控制开关；10—进水口；11—出水口

取出氯仿(氯仿倒回储存瓶，可再使用)和稀 NaOH 溶液的烧杯。清洁干燥器，反复抽真空(0.07MPa，5~6 次，每次 3min)，直到土壤无氯仿味为止。每次抽真空后，最好完全打开干燥器，以加快去除氯仿的速度。熏蒸的同时，另称取等量的土壤 3 份，置于另一干燥器中但不熏蒸，作为对照土壤。

③ 培养：另称取 0.20g 新鲜土壤于熏蒸好的土壤中，用小刮铲混匀后放入 1.1L 螺纹广口塑料瓶中(一瓶一个)，并在塑料瓶内放入一盛有 20mL 1mol/L NaOH 溶液的烧杯，塑料瓶底部加入 10mL 去离子水，以保持瓶内湿度，密封后置于 25℃±1℃的黑暗条件下培养 10 天。对照土壤同时培养，并设置 3 个空白(无土壤)，以校正 NaOH 溶液吸收空气中的 CO_2。操作过程中必须避免人呼出的 CO_2 被碱液吸收。

④ CO_2 滴定：培养结束后，取出装有 NaOH 溶液的烧杯，密封或迅速转入盛有约 10mL 去离子水的 150mL 三角瓶中，加入 4 滴碳酸酐酶液，于磁力搅拌器上慢慢加入 1mol/L 盐酸溶液，使其 pH 大约降至 10。用 0.05mol/L 标准盐酸溶液滴定至 pH 为 8.3 后再滴定至 pH 为 3.7。NaOH 溶液吸收的 CO_2 摩尔数与 pH 为 8.3 滴定至 pH 为 3.7 消耗的标准盐酸溶液的摩尔数相等。

(5) 土壤微生物生物量碳

计算公式：

$$B_c = \frac{F_c}{K_c}$$

式中：B_c 为微生物生物量碳(mgC/kg)；F_c 为熏蒸土壤与未熏蒸土壤(对照)在培养 10 天内释放的 CO_2-C 差值；K_c 为转换系数，代表被氯仿熏蒸杀死的土壤微生物生物量碳在培养期间矿化为 CO_2-C 的比例，一般取值为 0.45。

2. 氯仿熏蒸—K_2SO_4 浸提法

（1）方法原理

新鲜土样经氯仿熏蒸 24h 后，土壤微生物死亡细胞发生裂解，释放出微生物生物量碳，用一定体积的 0.5mol/L 的 K_2SO_4 溶液提取土壤，用有机碳自动分析仪测定微生物生物量碳含量。根据熏蒸土壤与未熏蒸土壤测定有机碳的差值及转换系数（K_c），从而计算土壤微生物生物量碳。

（2）仪器设备

自动总有机碳（TOC）分析仪、真空干燥器、烧杯、三角瓶、聚乙烯塑料管、离心管、滤纸、漏斗等。

（3）试剂溶液

① 无乙醇氯仿（$CHCl_3$）。

② 硫酸钾溶液（0.5mol/L）：称取 87g 的硫酸钾（K_2SO_4，分析纯）溶于 1L 蒸馏水中。

③ 标准曲线配制：用 0.5mol/L 硫酸钾溶液配制 10μgC/L、30μgC/L、50μgC/L、70μgC/L、100μgC/L 系列标准碳溶液。

（4）操作步骤

① 土壤前处理：过筛和水分调节与氯仿熏蒸培养法相同。

② 熏蒸：称取新鲜土壤（相当于干土 10.0g）3 份分别放入 25mL 小烧杯中。将烧杯放入真空干燥器中，并放置盛有无乙醇氯仿（约 2/3）的 15mL 烧杯 2 或 3 只，烧杯内放入少量防暴沸玻璃珠，同时放入一盛有 NaOH 溶液的小烧杯，以吸收熏蒸过程中释放出来的 CO_2，干燥器底部加入少量水以保持容器湿度。盖上真空干燥器盖子，用真空泵抽真空，使氯仿沸腾 5min。关闭真空干燥器阀门，于 25℃黑暗条件下培养 24h。

③ 抽真空处理：熏蒸结束后，打开真空干燥器阀门（应听到空气进入的声音，否则熏蒸不完全，重做），取出盛有氯仿（可重复利用）和稀 NaOH 溶液的小烧杯，清洁干燥器，反复抽真空（5 或 6 次，每次 3min，每次抽真空后最好完全打开干燥器盖子），直到土壤无氯仿味道为止。同时，另称等量的 3 份土壤，置于另一干燥器中为不熏蒸对照处理。熏蒸后不可久放，应该快速浸提。

④ 浸提过滤：从干燥器中取出熏蒸和未熏蒸土样，将土样完全转移到 80mL 聚乙烯离心管中，加入 40mL 的 0.5mol/L 硫酸钾溶液（土水比为 1∶4，考虑到土样的原因，此部分熏蒸和不熏蒸土均为 4g，即 4g 土∶16mL 的硫酸钾溶液，加入量要根据 TOC 仪器的进入量决定）300r/min 振荡 30min，用中速定量滤纸过滤。同时作 3 个无土壤基质空白。土壤提取液最好立即分析，或-20℃冷冻保存（但使用前需解冻摇匀）。

⑤ TOC 仪器测定：吸取上述土壤提取液 10μL（根据仪器的性能决定，但是一般情况下，在测定土壤滤液时候，要对其进行稀释，如果不稀释，一方面超过原来仪器的标准曲线范围，另一方面可能堵塞仪器），注入自动总有机碳分析仪中，测定提取液有机碳含量。

(5) 土壤微生物生物量碳

计算公式：

$$B_c = \frac{F_c}{K_c}$$

式中：B_c 为微生物生物量碳（mgC/kg）；F_c 为熏蒸土壤与未熏蒸土壤（对照）释放的 CO_2-C 差值；K_c 为转换系数，一般取值为 0.45。

（二）土壤微生物生物量氮测定

土壤微生物生物量氮（soil microbial biomass N）是指土壤中所有活微生物体内所含氮的总量，尽管仅占土壤有机氮总量的 1%~5%，但却是土壤中最活跃的有机氮组分，其周转速率快，对于土壤氮素循环及植物氮素营养起着重要的作用。自熏蒸法建立后，相继出现了测定土壤微生物生物量氮的熏蒸法，包括熏蒸培养法、熏蒸提取—全氮测定法和熏蒸提取—茚三酮比色法。熏蒸培养法如下：

(1) 方法原理

新鲜土壤经氯仿蒸气熏蒸后再培养，被杀死的土壤微生物生物量中的氮按一定比例矿化为矿质态氮，根据熏蒸土壤与未熏蒸土壤矿质态氮的差值和矿化比率（或转换系数 K_N），估算土壤微生物生物量氮。

(2) 仪器设备

硬质消化管（250mL）、定氮仪、pH—自动滴定仪、振荡器、酸式滴定管（50mL）、可调加液器（50mL）、可调移液器（50mL）、其他仪器设备参见微生物生物量碳测定方法。

(3) 试剂溶液

① 去乙醇氯仿：同微生物生物量碳测定方法。

② 硫酸钾提取剂（0.5mol/L）：准确称取 43.57g 硫酸钾（K_2SO_4，分析纯），溶于 1L 去离子水中。

③ 硫酸铬钾还原剂（5g/100mL）：准确称取 50.0g 硫酸铬钾 [$KCr(SO_4)_2 \cdot 12H_2O$，分析纯] 溶于 200mL 浓硫酸（H_2SO_4，1.84g/mL，分析纯），并用去离子水稀释至 1L。

④ 氢氧化钠溶液（10mol/L）：准确称取 400g 氢氧化钠（NaOH，分析纯）溶于去离子水中，稀释至 1L。

⑤ 硼酸溶液（2g/100mL）：准确称取 20.0g 硼酸（H_3BO_3，分析纯）溶于去离子水中，稀释至 1L。

⑥ 标准硼砂溶液（0.1mol/L）：同微生物生物量碳测定方法。

⑦ 硫酸溶液（0.05mol/L）：量取 28.8mL 浓硫酸（H_2SO_4，1.84g/mL，分析纯）用去离子水稀释定容至 1L，此溶液硫酸浓度为 0.5mol/L 稀释 10 倍即得到 0.05mol/L 硫酸溶液，再用 0.1mol/L 标准硼砂溶液标定其准确浓度。

(4) 操作步骤

① 土壤前处理、熏蒸：同微生物生物量碳测定方法。

② 提取：培养结束时，称取相当于烘干基12.50g的土壤，加入50mL 0.5mol/L的K_2SO_4溶液（土水比1:4，质量浓度），充分振荡30min（300r/min），用慢速定量滤纸过滤。

③ 测定：量取15.00mL上述提取液于250mL消化管中，加入10mL硫酸铬钾还原剂和300mg锌粉，至少放置2h后再消化。消化液冷却后加入20mL去离子水，待再冷却后慢慢加入25mL 10mol/L的NaOH溶液，边加边混合，以免因局部碱浓度过高而引起的氨挥发损失。将消化管连接到定氮蒸馏装置上，再加入25mL的10mol/L NaOH溶液，打开蒸汽进行蒸馏，馏出液用5mL 2%硼酸溶液吸收，至溶液体积约为40mL。用0.05mol/L的H_2SO_4溶液滴定至终点，亦可采用pH—自动滴定仪滴定溶液pH至4.7。

（5）土壤微生物生物量氮

计算公式：

$$B_N = \frac{F_N}{K_N}$$

式中：B_N为微生物生物量氮（mgN/kg）；F_N为熏蒸与未熏蒸土壤矿质态氮的差值；K_N为转换系数，表示被氯仿熏蒸杀死的土壤微生物生物量氮在培养期间矿化为矿质态氮的比例，一般取值0.57。

二、微生物总数分析

最大或然数（most probable number，MPN）计数又称稀释培养计数，适用于测定在一个混杂的微生物群落中不占优势，却具有特殊生理功能的类群，它利用待测微生物的特殊生理功能的选择性来消除其他微生物类群的干扰，并通过该生理功能的特征，判断类群微生物的存在和丰度。

MPN计数法最先应用于土壤微生物的测定，适合于测定土壤微生物中的特定生理群（如氨化、硝化、纤维素分解、固氮、硫化和反硫化细菌等）的数量。

1. 方法原理

最大或然数计数是将待测样品做一系列稀释，一直稀释到将少量（如1mL）的稀释液接种到新鲜培养基中没有或极少出现生长繁殖。根据没有生长的最低稀释度与出现生长的最高稀释度，采用最大或然数理论，可以计算出样品单位体积中细菌数的近似值。具体来说，菌液经多次（10倍以上）稀释后，一定量菌液中细菌可以极少或无菌，然后每个稀释度取3~5次，重复接种于适宜的液体培养基中。培养后，将有菌液生长的最后3个稀释度（即临界级数）中出现细菌生长的管数作为数量指标，在最大或然数表上查出近似值，再乘以数量指标第一位数的稀释倍数，即为原菌液中的含菌数。

2. 仪器设备

分析天平（精度0.0001g）、高压蒸汽灭菌锅、酒精灯、超净工作台、恒温振荡器、pH计（精度为0.1pH单位）、电热板、烘箱、恒温培养箱、移液器（50~200μL、100~1000μL）。

3. 试剂溶液

牛肉膏、蛋白胨、琼脂和虎红琼脂、可溶性淀粉、氯化钠（NaCl，分析纯）、硝酸钾（KNO_3，分析纯）、磷酸氢二钾（K_2HPO_4，分析纯）、硫酸镁（$MgSO_4$，分析纯）、硫酸亚铁（$FeSO_4$，分析纯）。

盐酸溶液（10%）：量取 27mL 37% 的盐酸（分析纯）于 250mL 烧杯中，加入 73mL 的蒸馏水，混匀。

氢氧化钠溶液（10%）：称取 10g 氢氧化钠（NaOH，分析纯）溶于 100mL 蒸馏水中。

4. 操作步骤

（1）培养基配制

① 细菌牛肉膏蛋白胨培养基：分别称取牛肉膏 0.9g、蛋白胨 3g、氯化钠 1.5g、琼脂 4.5g 放入 500mL 三角瓶中，用量筒准确加入 300mL 水；摇匀后，用 10% 盐酸或 10% 的氢氧化钠调整 pH 到 7.2~7.6，封口膜封紧口，用高压灭菌锅在 121℃ 下灭菌 15min；取出后加热，待烧杯内各组分溶解后，将其倒入培养皿中，300mL 倒 20 个培养基，15mL 左右 1 个，冷却备用。

② 放线菌淀粉琼脂培养基（高氏培养基）：称取可溶性淀粉 6g、硝酸钾 0.3g、磷酸氢二钾 0.15g、氯化钠 0.15g、硫酸镁 0.15g、硫酸亚铁 0.003g 和琼脂 6g，分别将以上试剂加于 500mL 三角瓶中，用量筒准确加入 300mL 水；摇匀后，用 10% 盐酸或 10% 的氢氧化钠调整 pH 到 7.2~7.4 后，用封口膜封紧口，用高压灭菌锅在 121℃ 下灭菌 15min；取出后加热，待烧杯内各组分溶解后，将其倒入培养皿中，300mL 倒 20 个培养基，15mL 左右 1 个，冷却备用。

③ 真菌孟加拉红培养基：准确称取虎红琼脂 10.5g 于 500mL 三角瓶中，用量筒准确加入 300mL 水，摇匀后，用封口膜封紧口，用高压灭菌锅在 121℃ 下灭菌 15min，取出后加热，待烧杯内各组分溶解后，将其倒入培养皿中，300mL 倒 20 个培养基，15mL 左右一个，冷却备用。

（2）灭菌

将要用的培养皿用大片的纸（如报纸）包起来，在灭菌锅中于 121℃ 下灭菌 10min，取出后在烘箱中烘干；将 0.1mL、1mL 枪头分别装在对应的枪头盒子里，再用纸包起来在同上条件下灭菌、烘干；取数支小试管，分别各取 9mL 超纯水加入小试管，棉塞封口，灭菌 10min，取出后冷却备用。

（3）接种

称取 10g 土壤样品，放入 90mL 无菌水中，振荡 20min。

（4）稀释

按 10 倍稀释将供试土样制成 10^{-1}~10^{-6} 的稀释液。

（5）培养

取 3 个稀释倍数稀释液（根据微生物在水中的数量多少选择），吸取 0.1mL 分别放入已注入培养基的培养皿中（每变换 1 次稀释液，应更换 1 次吸管），并立即用灭菌玻璃刮刀将稀释液均匀涂抹于琼脂表面。每个稀释倍数至少应有 3 个重复，然后将培养皿倒置用保鲜膜包裹，密封于 28℃培养箱中培养一定时间(一般细菌 3 天、真菌 5 天、放线菌 7 天)。

（6）菌落计数

选取菌落数在 30~150 的平板，分别计数平板上出现的典型和可疑菌落，利用 MPN 表统计菌落数。

5. 计算公式

通常将有微生物的最后 3 个稀释度中出现微生物菌落的平板数作为微生物生长指标，从最大或然数表中查出最大或然数近似值，见表 7-1，计算公式：

$$N=\frac{M \cdot D}{m}$$

式中：N 为微生物数量(CFU/g)；M 为最大或然数近似值；D 为全部出现菌落的最高稀释倍数；m 为土壤干重(g)。

表 7-1 最大或然数法测数统计表

三次重复测数统计表					
数量指标	细菌近似值	数量指标	细菌近似值	数量指标	细菌近似值
000	0.0	201	1.4	302	6.5
001	0.3	202	2.0	310	4.5
010	0.3	210	1.5	311	7.5
011	0.6	211	2.0	312	11.5
020	0.6	212	3.0	313	16.0
100	0.4	220	2.0	320	9.5
101	0.7	221	3.0	321	15.0
102	1.1	222	3.5	322	20.0
110	0.7	223	4.0	323	30.0
111	1.1	230	3.0	330	25.0
120	1.1	231	3.5	331	45.0
121	1.5	232	4.0	332	110.0
130	1.6	300	2.5	333	140.0
200	0.9	301	4.0		
四次重复测数统计表					
数量指标	细菌近似值	数量指标	细菌近似值	数量指标	细菌近似值
000	0.0	140	1.4	332	4.0
001	0.2	141	1.7	333	5.0
002	0.5	200	0.6	340	3.5
003	0.7	201	0.9	341	4.5
010	0.2	202	1.2	400	2.5

(续)

四次重复测数统计表

数量指标	细菌近似值	数量指标	细菌近似值	数量指标	细菌近似值
011	0.5	203	1.6	401	3.5
012	0.7	210	0.9	402	5.0
013	0.9	211	1.3	403	7.0
020	0.5	212	1.6	410	3.5
021	0.7	213	2.0	411	5.5
022	0.9	220	1.3	412	8.0
030	0.7	221	1.6	413	11.0
031	0.9	222	2.0	414	14.0
040	0.9	230	1.7	420	6.0
041	1.2	231	2.0	421	9.5
100	0.3	240	2.0	422	13.0
101	0.5	241	3.0	423	17.0
102	0.8	300	1.1	424	20.0
103	1.0	301	1.6	430	11.5
110	0.5	302	2.0	431	16.5
111	0.8	303	2.5	432	20.0
112	1.0	310	1.6	433	30.0
113	1.3	311	2.0	434	35.0
120	0.8	312	3.0	440	25.0
121	1.1	313	3.5	441	40.0
122	1.3	320	2.0	442	70.0
123	1.6	321	3.0	443	140.0
130	1.1	322	3.5	444	160.0
131	1.4	330	3.0		
132	1.6	331	3.5		

五次重复测数统计表

数量指标	细菌近似值	数量指标	细菌近似值	数量指标	细菌近似值
000	0.0	240	1.4	501	3.0
001	0.2	300	0.8	502	4.0
002	0.4	301	1.1	503	6.0
010	0.2	302	1.4	504	7.5
011	0.4	310	1.1	510	3.5
012	0.6	311	1.4	511	4.5
020	0.4	312	1.7	512	6.0

(续)

五次重复测数统计表

数量指标	细菌近似值	数量指标	细菌近似值	数量指标	细菌近似值
021	0.6	313	2.0	513	8.5
030	0.6	320	1.4	520	5.0
100	0.2	321	1.7	521	7.0
101	0.4	322	2.0	522	9.5
102	0.6	330	1.7	523	12.0
103	0.8	331	2.0	524	15.0
110	0.4	340	2.0	525	17.5
111	0.6	341	2.5	530	8.0
112	0.8	350	2.5	531	11.0
120	0.6	400	1.3	532	14.0
121	0.8	401	1.7	533	17.5
122	1.0	402	2.0	534	20.0
130	0.8	403	2.5	535	25.0
131	1.0	410	1.7	540	13.0
140	1.1	411	2.0	541	17.0
200	0.5	412	2.5	542	25.0
201	0.7	420	2.0	543	30.0
202	0.9	421	2.5	544	35.0
203	1.2	422	3.0	545	45.0
210	0.7	430	2.5	550	25.0
211	0.9	431	3.0	551	35.0
212	1.2	432	4.0	552	60.0
220	0.9	440	3.5	553	90.0
221	1.2	441	4.9	554	160.0
222	1.4	450	4.0	555	180.0
230	1.2	451	5.0		
231	1.4	500	2.5		

例如，某稀释系列 1mL 接种到 5 个平板上，经培养后，10^{-5} 的稀释液全部出现菌种，接种 10^{-6} 稀释液的 5 个平板只有 4 个出现菌落，接种 10^{-7} 稀释液的只有 1 个出现菌落，接种 10^{-8} 稀释液的全部没有菌落。由此得到，土壤微生物生长指标为 541，查最大或然数表得到其最大或然数近似值为 17，乘以第一位数的稀释倍数 10^5，再除以土壤干重即可得到土壤微生物数量。

微生物生长的数量指标都应当是三位数。但是，不管重复数多少，第一位数字如重复数相等,即代表全部重复都出现菌落的最高稀释倍数的数值。后两位数字依次是以下两个稀释度出现菌落的平板数量。如果以下稀释液还出现了微生物菌落,则将其出现微生物菌落的重复数加到第三位数上,例如,$10^{-3} \sim 10^{-8}$ 系列稀释液(4个重复)出现菌落的平板数分别为4、4、3、2、1和0。这里,10^{-7}稀释液出现菌落的平板数为1,将其加到前一稀释液(10^{-6})的平板数上,即得到该土壤的微生物生长指标为433,查表得到最大或然数近似值为30,计算得到微生物数量为30×10^4。

6. 注意事项

① MPN值来自于概率统计,并不能表示实际微生物数量,这是MPN计数法的局限所在。实际微生物数量有95%的可能是这个置信区间中的一个值,MPN值是置信区间中可能性最大的一个。因此,该法用于微生物计数时精确度较低,定量要求较高时,建议不采用该法。

② 尽管使用了不同的培养基,但细菌、放线菌和真菌都可能在同一个培养基上生长,所以必须做进一步的观察。明显有菌死亡的是真菌,真菌菌丝为丝状分枝,比较粗大;而放线菌菌丝呈放射状,比较细,细菌有球状和杆状,有些细菌也有细小的菌丝。另外,MPN法不适宜于霉菌计数。

③ 菌液稀释度选择要合适,其原则是最低稀释度所有重复都应有菌生长,而最高稀释度所有重复无菌生长。

④ 每个接种稀释度必须有重复,重复次数可根据需要和条件而定,一般2~5个重复,个别也有采用2个重复的,但重复次数越多,误差就会越小,相对地说,结果就会越准确。

⑤ 如果出现微生物生长的稀释度比没有出现微生物生长的稀释倍数低,则说明微生物在稀释液中不是均匀分布,这种情况下需要重新调整试验方案。

三、微生物总体活性测定

微生物活性又称为微生物代谢活性,是指某一时段内所有生命活动的总和,或在环境介质中微生物介导的所有过程的总和。从这一定义来看,直接测定微生物活性是很难的,因此绝大多数是用特定代谢过程的速率来反映微生物的特定活性,如氮转化相关的固氮活性、硝化及反硝化活性,与碳转化相关的纤维素分解活性等,另一些则是找相关指标来间接反映微生物活性。测定微生物活性的方法有许多,过去多采用平板计数或测量微生物生物量等方法测定微生物的生长速率,但这些方法效率较低,已被微生物呼吸测定法、放射性同位素标记方法、荧光素二乙酸酯(FDA)法、RNA直接表征法等方法取代。

1. 微生物呼吸测定法

微生物呼吸是指微生物通过分解有机物质产生能量的过程,是微生物几乎所有生命活动的能量来源。因此,呼吸作用的强弱在很大程度上可以反映微生物的总活性,而基于呼吸速率的微生物活性测定已成为土壤微生物研究最常用的方法之一。

土壤微生物呼吸速率常用的测定方式有 3 种：CO_2 释放速率、O_2 消耗速率和呼吸引起的温度变化，其中以前两种方法最为常用。为排除动、植物的影响，土壤微生物呼吸速率多在非原位状态下测定：即采集土壤样品，去除其中的植物根系后，置于一定的温度、水分等条件下培养。在此过程中 CO_2 或 O_2 浓度的变化一般采用气相色谱仪、红外气体分析仪（IRGA）、氧电极或专门的呼吸仪等仪器测定，温度变化的测定则需要高精度测温装置。

呼吸作用是碳循环的重要环节，CO_2 是呼吸作用的主要产物，又是最主要的温室气体之一，随着全球变暖问题日益凸显，微生物在碳素转化中的作用广受关注。微生物呼吸测定能较为准确地反映微生物总活性，且技术要求低，因此最早得到广泛的应用。测定微生物呼吸既能反映土壤微生物总活性，又能表征其在碳素转化中的生态功能，因此该方法至今仍是测定土壤微生物活性最常用的方法之一。在测定土壤微生物呼吸速率的同时，结合多种土壤酶活性的分析，可以更准确地反映和理解土壤微生物总活性。

该方法适用于土壤动、植物干扰较少，又不需要了解土壤活性微生物种类的研究。

2. 放射性同位素标记法

通常生长速率快的微生物也具有更高的代谢活性，因此生长速率也是表征微生物总活性的常用指标之一。微生物大分子的合成速率与微生物的生长速率有很好的相关性，由于放射性同位素检测的灵敏度很高，在环境中只需添加痕量的放射性同位素标记的大分子前体物质，经短时间孵育后，通过测定微生物体内相应大分子物质的放射性活度，就可以反映微生物的生长速率。该类方法由于只添加痕量的前体物质，在孵育阶段对微生物的生长、代谢影响较小，因此成为测定微生物生长速率的常用方法。经过大量尝试和筛选，应用最多的前体物质为胸腺嘧啶核苷（TdR）、亮氨酸（Leu）以及醋酸盐。在土壤微生物研究中，放射性胸腺嘧啶核苷标记法、放射性亮氨酸标记法常用于测定土壤细菌的生长速率，放射性醋酸盐标记法常用于测定真菌的生长速率。

应用放射性同位素标记法测定土壤微生物总活性不需要分离提取土壤微生物，而是直接向用蒸馏水制备的土壤悬浊液中施入放射性标记的前体物质。此后 E. Bååth 改进了这一方法，先将土壤中的微生物使用"混匀—离心"的方法提取，之后再进行放射性同位素标记。流程改进后可以有效地排除同位素标记物质被土壤颗粒吸附引起的干扰。胸腺嘧啶核苷和亮氨酸标记法一般采用 E. Bååth 改进的流程，但由于从土壤中提取真菌的效率较低，采用醋酸盐标记法研究土壤真菌总活性时一般采用不提取真菌的传统流程。不管采用传统方法还是 E. Bååth 改进的方法，在放射性同位素标记的前体加入之前都要将待测体系置于测试温度下稳定 10min 左右；在施入放射性同位素标记的前体物质后，根据实验需要选择合适的孵育时间（一般 Leu 和 TdR 标记法为 1~2h，醋酸盐标记法为 4h 左右），孵育结束后向体系中加入适量 5% 的福尔马林，杀死微生物并终止反应，之后选用合适的方法提取相应的大分子物质[Leu 标记法需提取蛋白质，TdR 标记法需提取 DNA，醋酸盐标记法则需要提取麦角固醇（$C_{28}H_{44}O$）]，并溶于 NaOH 溶液；最后用液体闪烁仪测定相应大分子物质的放射性活度，并结合孵育时间计算微生物的生长速率。

3. 荧光素二乙酸酯法

荧光素二乙酸酯(FDA)法测定微生物总体活性。1963 年 Kramer 和 Guilbault 首次报道了利用荧光素酯类来测定微生物酶活性的方法，并从 20 世纪 80 年代起荧光素酯类开始用作测定环境样品的微生物活性。1980 年 Swisher 和 Carroll 发现由荧光素二乙酸酯(FDA)水解产生的荧光素的量与环境样品中微生物的种群成一定比例，并由此建立了标准分析方法(FDA 法)，该法后来被用来评价土壤和沉积物中总的微生物活性，并广泛应用于土壤微生物活性的分析。

(1) 方法原理

荧光素二乙酸酯(fluorescein diacetate, FDA)是一种无色的化合物，连有两个共轭的醋酸自由基，它能被细菌和真菌中的非专一性酶(酯酶、蛋白酶、脂肪酶等)催化水解，并释放出有色的终产物荧光素，这种有色的终产物对可见光(490nm)有较强的吸收，可用分光光度计量化，从而定量地监测 FDA 的水解，进而用于酶活性或微生物活性的测定。

荧光素二乙酸酯(FDA) $+H_2O \longrightarrow$ 荧光素 $+2(CH_3COOH)$

(2) 仪器设备

天平、恒温摇床、高速离心机、分光光度计、针筒过滤器。

(3) 试剂溶液

① 磷酸盐缓冲溶液(pH 7.6, 60mmol/L)：称取磷酸二氢钾(KH_2PO_4，分析纯) 32.66g，加水使溶解，定容至 1L，此为 240mmol/L 磷酸盐储备液；取该储备液 50mL，加 0.2mol/L 氢氧化钠溶液 50.9mL，再加水稀释至 200mL，即得。

② 氯仿—甲醇混合溶液(2∶1)：根据分析试样数所需量，分别量取 2 体积氯仿($CHCl_3$，分析纯)和 1 体积甲醇(CH_3OH，分析纯)，在通风柜中，混合制得氯仿—甲醇混合液，用具塞玻璃瓶盛装。

③ 荧光素钠盐储备液(2000μg/mL)：准确称取 0.2000g 荧光素钠(NaFL，分析纯)，用 pH 7.6 的磷酸盐缓冲液溶解后定容于 100mL 棕色容量瓶中，放入冰箱(4℃)备用。

④ 荧光素二乙酸酯(FDA)储备液(1000μg/mL)：准确称取 0.1000g 荧光素二乙酸酯(分析纯)于小烧杯中，加少量丙酮溶解，转移至 100mL 棕色容量瓶中，用丙酮定容至刻度，转移至棕色塑料瓶中，放入冰箱(-20℃)备用。

(4) 测定步骤

① 称样：称取 1g 过 2mm 筛的新鲜土壤样品于 50mL 锥形瓶中，加入 15mL 磷酸盐缓冲溶液。

② 振荡培养：向锥形瓶中加入 0.2mL FDA 储备液(1000μg/mL)，盖上锥形瓶塞并用

手摇动使锥形瓶中的样品分散,于30℃摇床中振荡培养20min(100r/min)。

③ 终止反应:当到达培养时间后,立即把锥形瓶从摇床中取出,在通风柜中加入15mL氯仿—甲醇溶液,然后用手剧烈摇动加盖的锥形瓶。

④ 样品离心过滤:把锥形瓶中的溶液全部转移到50mL的离心管中,把离心管放入离心机中在2000r/min的转速下离心3min,将离心后的上清液用0.45μm的滤膜过滤。

⑤ 测定:取过滤后液体的样品于490nm波长处测定溶液吸光度。

⑥ 标准曲线绘制:用荧光素钠盐标准使用液配制含有0~5μg/mL荧光素钠盐的不同浓度梯度的溶液,并用分光光度计测定(OD_{490})得到标准曲线。

⑦ 空白试验:在样品的分析过程中加入空白样品,在培养的过程中不加入FDA溶液来检验空白的吸光度值。

(5) 计算公式

用分光光度计测定每个样品的吸光度,根据标准曲线来计算样品的荧光素浓度,计算公式:

$$U = \frac{C \times V}{t \times m} \times 10^{-3}$$

式中:U为总体微生物活性[μmolFDA/(h·g)];C为根据标准曲线测定的FDA浓度(μmol/L);V为溶液体积(mL);m为土壤干重(g);t为培养时间(h);10^{-3}为体积换算系数。

(6) 注意事项

① 分析过程中应严格控制培养时间,因为培养时间越长释放出来的荧光素就会越多,可能会高估微生物水解活性。

② 微生物在30℃具有最大的FDA水解活性,分析过程中应该保持培养温度控制在30℃。

③ 注意观察培养结束后培养液的颜色,如果颜色非常深,可能吸光度值会超过标准曲线最大值,需要对溶液进行稀释后测定。

4. RNA直接表征法

蛋白质是绝大多数生命活动的直接承担者,在翻译过程中,信使RNA(mRNA)是模板,转运RNA(tRNA)是搬运氨基酸的工具,核糖体RNA(rRNA)是构成翻译工厂的核心组件,它们与蛋白质合成关系极为密切,因此通过RNA来反映微生物活性已成为一种重要的研究手段。在微生物活性的研究中mRNA常用于表征某一特定代谢过程的活跃程度,而rRNA可用于表征微生物总活性。用RNA测定土壤微生物总活性有其独有的优势,能同时获得微生物的代谢活性信息和活性微生物群落结构信息,不需要孵育过程,原位测定简单易行。

早期的研究多测定rRNA的总量来表征微生物总活性,而现在多趋向于直接分析SSU rRNA的拷贝数来表征微生物总代谢活性。这是因为微生物体内SSU rRNA(核糖体小亚基

rRNA)与 rRNA 总量有良好的线性相关关系,而且 SSU rRNA 基因是微生物研究中应用最广泛的分子标记,通常 16SrRNA 用于表征土壤细菌和古菌总活性,18SrRNA 则用于表征土壤真菌总活性。

SSU rRNA 表征法测定微生物总活性操作流程:

① 土壤样品采集与保存:用于 RNA 研究的土壤样品的保存要求更为严格。通常要求样品在采集后即刻进行液氮速冻,在运输过程中无法实现液氮保存时,可用干冰冻存作为短期的替代选择,实验室内则要求-80℃冻存。此外,有很多试剂公司已推出 RNA 保护液类产品,可抑制 RNA 的合成和降解,实现常温下样品的短期保存。

② 土壤总 RNA 和总 DNA 提取:土壤 RNA 有多种提取方法,包括 Trizol 法、SDS-Phenol 法和试剂盒法等。对于有机质含量较高的土壤,建议优先选择试剂盒法,若采用常规方法则需用核酸纯化柱去除杂质。所提取 RNA 的质量多用 1% 的琼脂糖凝胶电泳检测,理论上会出现 3 条较亮的电泳条带,自上到下分别对应 LSU rRNA(核糖体大亚基 rRNA)、SU rRNA 和 5/5.8SrRNA,mRNA 等则呈弥散状分布于 LSU rRNA 条带下方,但实际上 5/5.8SrRNA 条带一般不可见,故电泳图谱出现两条清晰条带即可证明 RNA 提取是成功的。由于在细胞内 LSU rRNA 和 SSU rRNA 的拷贝数之比为 1,所以条带的亮度主要由片段的长度决定。因为 28SrRNA 长度为 18SrRNA 的 2.4 倍左右,所以真核生物中判别 RNA 提取质量的另一方法是根据两个条带的亮度,第一条亮带的亮度达到第二条亮带的两倍即为成功,但 23SrRNA 与 16SrRNA 长度比一般在 1.8 左右,所以原核生物 RNA 两个条带的亮度差异不是特别明显。此外,若在 SSU rRNA 条带上方仍有条带出现,则证明所提取的 RNA 中混有残留的基因组 DNA,需用 DNA 酶消化去除。

③ 土壤总 RNA 反转录。

④ 实时荧光定量 PCR 测定 SSU rRNA 基因和 SSU rRNA 的拷贝数:推荐使用单位质量(一般为每克)干土中 SSU rRNA 的拷贝数表征土壤微生物总活性,用 SSU rRNA 与 SSU rRNA 基因拷贝数的比值表征微生物的平均活性。

⑤ 通过克隆文库、末端限制性片段长度多态性(T-RFLP)、高通量测序(high-throughput sequencing)等技术确定土壤活性微生物的群落组成。

四、微生物群落功能多样性测定

微生物群落功能多样性分析测定多采用 Biolog 微平板法。Biolog 法最初仅被用于菌种鉴定,后根据细菌代谢的氧化还原过程推出了可方便、快捷的自动鉴定系统而受到关注。Biolog 微平板技术能够较广泛用于微生物生态方面研究的主要原因是能够快速地识别微生物群落的变化,另外强调的是微生物群落的功能特征。根据微生物群落对 Biolog 微平板上各反应孔单一碳源利用模式的差异,通过孔中的颜色反应来识别孔中是否有微生物生长,并用专门的读盘仪器来量化,获得结果,这种技术被称为是群落底物利用指纹(CLSU),或群落生理代谢剖面(community level physiological profile,CLPP)。常用的 Biolog GN 微平板含有96个孔,其中1个孔是对照孔,其余95个孔分别含有一种单一的碳源底物,把全部微生物群落接种到微孔中,孔中的颜色变化可以用读盘仪器识别和计量。Biolog GN 微平板中底物被酶催化成为有色产物(酶联免疫吸附测定法,enzyme-linked immunosorbent assay,ELISA),采用每孔平均吸光值来描述。

1. 方法原理

微生物在利用碳源过程中产生自由电子,与四唑类染料发生还原反应,颜色的深浅可以反映微生物对碳源的利用程度。由于微生物对碳源的利用能力很大程度上取决于微生物的种类和固有性质,因此在一块微平板上同时测定微生物对不同单一碳源的利用能力,就可以鉴定纯种微生物或比较分析不同的微生物群落,从而得出其微生物群落水平多样性(CLPP)。

2. 仪器设备

生化培养箱、高压灭菌锅、多通道移液器、Biolog GN 微平板(96孔,除对照孔外各个孔内都含有一种不同的有机碳源和相同含量的四氮叠茂)、Biolog 读数仪器。

3. 试剂

去离子无菌水。

4. 测定步骤

① 土壤活化:在试验之前,将供试的新鲜土壤置于25℃条件下的生化培养箱中活化7天。

② 微平板预热:将Biolog GN 微平板从冰箱内取出,25℃条件下预热。

③ 土壤样品稀释:称取一定量经活化的湿土壤样品于50mL锥形瓶中,用无菌水稀释到合适的倍数(根据土壤中微生物数量的多少来进行稀释,一般稀释1×10^3倍或1×10^4倍)。

④ 样品培养:用200μL自动多头移液器取符合Biolog GN 系统要求浓度的土壤提取液(10^{-3})加到Biolog GN 微平板孔中,每孔加150μL,25℃培养7天,每个样品重复3组。

⑤ 微平板读数:在培养过程中每隔12h用Biolog自动读数仪在590nm下测定其吸光值。

5. 计算公式

① 平均吸光度,计算公式:

$$AWCD = \frac{\sum_{i=1}^{95}(C_i - R)}{95}$$

式中:$AWCD$ 为平均吸光度值;C_i 为微平板每个反应孔测得的吸光值;R 为对照孔的吸光值。

② 香农—威纳多样性指数(Shannon-Wiener index,H'),计算公式:

$$H' = -\sum_{i=1}^{s}(P_i \cdot \ln P_i)$$

式中：H' 为土壤微生物群落功能多样性指数，即 Shannon-Wiener 指数；P_i 为第 i 孔相对吸光值（C-R）与整个平板相对吸光值总和的比率。

6. 注意事项

① 通过预备试验确定测试土壤微生物数量，在添加到 Biolog 微平板时确定合理的稀释倍数。

② 试验前注意对保存的新鲜土壤样品进行预培养活化，同时对 Biolog 微平板进行预热。

③ 根据样品与分析目标来选择不同类型的 Biolog 微平板。Biolog 生态平板（ECO 板）对于 GN 板利用了更多生态有关的化合物，被认为更适用于土壤微生物群落功能多样性的分析。

五、微生物样品总 DNA 提取

对湿地土壤微生物进行非培养手段测定时，首先需要有效提取土壤样品的总 DNA，而且所提取的土壤样品总 DNA 的质量关系到后续分子生物学方法的成败，如指纹图谱法、高通量测序法及环境基因组学法等。因此，现代微生物分析中最主要的预处理就是 DNA 的提取，一般提取方法是酚—氯仿抽提法。

1. 方法原理

通常用机械研磨方法破碎土壤中微生物组织和细胞，应用极性有机分子溶解细胞膜和核膜蛋白，使核蛋白聚集，从而使 DNA 得以游离出来。

真核生物的一切有核细胞（包括培养细胞）都能用来制备基因组 DNA。真核生物的 DNA 是以染色体的形式存在于细胞核内，因此，制备 DNA 的原则是既要将 DNA 与蛋白质、脂类和糖类等分离，又要保持 DNA 分子的完整。提取 DNA 的一般过程是将分散好的组织细胞在含长链烷基硫酸钠和蛋白酶 K 的溶液中消化分解蛋白质，再用酚和氯仿—异戊醇抽提分离蛋白质，得到的 DNA 溶液经乙醇沉淀使 DNA 从溶液中析出。在匀浆后提取 DNA 的反应体系中，十二烷基硫酸钠（SDS）可破坏细胞膜、核膜，并使组织蛋白与 DNA 分离，蛋白酶 K 可将蛋白质降解成小肽或氨基酸，使 DNA 分子完整地分离出来。

2. 仪器设备

恒温水浴锅、台式离心机、紫外分光光度计、移液器、玻璃匀浆器。

3. 试剂溶液

① Tris-HCl 缓冲溶液（pH 8.0，1mol/L）：称取 Tris 碱 6.06g，加超纯水 40mL 溶解，滴加浓 HCl 约 2.1mL 调 pH 至 8.0，定容至 50mL。

② 细胞裂解缓冲液（TE 缓冲液，Tris-EDTA buffer solution）：取 Tris-HCl 缓冲液 10 倍母液 100mL，加入 9.306g 乙二胺四乙酸二钠（EDTA-Na_2 · $2H_2O$，优级纯）、0.117g 氯化

钠（NaCl，优级纯）、10g 十二烷基硫酸钠（SDS，优级纯）粉末、20mg 胰核糖核酸酶（优级纯），定容至 1L，使得乙二胺四乙酸（EDTA）终浓度为 0.5mol/L、氯化钠终浓度为 20mmol/L、十二烷基硫酸钠终浓度为 10%、胰 RNA 酶终浓度为 20μg/mL。SDS 溶解较慢，可 37℃ 水浴助溶，不可振荡得太剧烈，容易产生泡沫。

③ 蛋白酶 K 溶液（20mg/mL）：称取 20mg 蛋白酶 K（优级纯）溶于 1mL 灭菌的双蒸水中，保存在 -20℃ 环境下备用。

④ 酚—氯仿—异戊醇混合溶液（体积比 25:24:1）：在通风柜中，取 4℃ 冷藏的 Tris 饱和酚 50mL 于 250mL 棕色容量瓶（或棕色磨口瓶）中，分别加入 48mL 氯仿（分析纯）和 2mL 异戊醇（优级纯），颠倒混匀（若是棕色磨口瓶，混时一定要用手堵死瓶口）后，4℃ 下静置一夜，让液体分层（使用时注意吸取下层溶液，不要吸到上层）。配时戴上口罩和手套。

⑤ 氯仿—异戊醇混合溶液（1:1）：在通风柜中，根据所需量，分别量取 1 体积氯仿（分析纯）和 1 体积异戊醇（优级纯）于试剂瓶中，混合。

⑥ 无水乙醇（优级纯）：使用前放置于 4℃ 下冷藏。

⑦ 乙醇溶液（70%）：取 70mL 无水乙醇（分析纯）与 30mL 双蒸馏水混合。

⑧ 乙酸铵溶液（7.5mol/L）：称取 57.81g 乙酸铵（CH_3COONH_4，优级纯）溶于 100mL 双蒸馏水中。

4. 测定步骤

① 样品采集和保存：双手穿戴好一次性无菌手套，对采集的柱状沉积物样，于现场以 1cm 间隔分样。将分切好的沉积物样品放置于预先灭菌过的样品瓶中，低温（4℃）保存，12h 内回实验室立即将样品冷冻（-20℃）。

② 匀浆离心：取经解冻的土壤样品约 0.5g 置于玻璃匀浆器中，加入 1mL 的细胞裂解缓冲液匀浆至完全泥化，转入 1.5mL 离心管中，加入蛋白酶 K（500μg/mL）20μL，混匀。在 65℃ 恒温水浴锅中水浴 30min，也可转入 37℃ 水浴 12~24h，间歇振荡离心管数次，于台式离心机以 12000r/min 离心 5min，取上清液入另一离心管中。

③ 有机相物质抽取与重溶：加 2 倍体积异丙醇，倒转混匀后，可以看见丝状物，用 100μL 吸头挑出，晾干，用 200μL TE 重新溶解（可进行 PCR 反应等，需要进一步纯化的按下列步骤进行）。

④ 变性分相：加等量的酚—氯仿—异戊醇混合溶液振荡混匀，离心 12000r/min，5min。取上层溶液至另一管，加入等体积的氯仿—异戊醇，振荡混匀，离心 12000r/min，5min。

⑤ 无水乙醇沉淀离心：取上层溶液至另一管，加入 1/2 体积的 7.5mol/L 乙酸铵，加入 2 倍体积无水乙醇，混匀后室温沉淀 2min，离心 12000r/min，10min。

⑥ 70% 乙醇沉淀离心：小心倒掉上清液，将离心管倒置于吸水纸上，把附于管壁的残余液滴除掉。用 1mL 70%乙醇洗涤沉淀物 1 次，离心 12000r/min，5min。

⑦ TE 重溶：再小心倒掉上清液，将离心管倒置于吸水纸上，把附于管壁的残余液滴

除掉，室温干燥，加 200μL TE 缓冲液（pH 8.0），DNA 提取完毕，然后置于 4℃ 或 -20℃ 保存备用。

5. 注意事项

① 选择的实验材料要新鲜，处理时间不宜过长。

② 在加入细胞裂解缓冲液前，细胞必须均匀分散，以减少 DNA 团块形成。

③ 提取的 DNA 不易溶解的原因：一是不纯，含杂质较多；二是加溶解液太少使浓度过大。另外，沉淀物太干燥，也将使溶解变得很困难。

④ 电泳检测时 DNA 呈涂布状，操作不慎，会污染核酸酶等。

⑤ 分光光度分析 DNA 的 A280/A260<1.8，则表明含有蛋白质等杂质，在这种情况下，应加入 SDS 至终浓度为 0.5%，并重复测定步骤③~⑦。

⑥ 酚—氯仿—异戊醇抽提后，其上清液太黏不易吸取，含高浓度的 DNA，可加大抽提前缓冲液的量或减少所取组织的量。

⑦ 加入苯酚和氯仿等有机溶剂，能使蛋白质变性，并使抽提液分相，因核酸（DNA、RNA）水溶性很强，经离心后即可从抽提液中除去细胞碎片和大部分蛋白质。

⑧ 上清液中加入无水乙醇的目的是使 DNA 沉淀，沉淀 DNA 溶于 TE 溶液中，即得总 DNA 溶液。

六、微生物群落结构及多样性分析

湿地土壤微生物群落结构和多样性的时空分布格局，是湿地生态学研究的重要内容，也是理解微生物在湿地土壤中生态功能的重要方面，相应的研究方法可归纳为传统的微生物平板纯培养方法、微平板分析法、磷脂脂肪酸法及分子生物学方法等。对分子生物学方法而言，其包括分子指纹图谱技术、基因芯片技术、克隆文库测序法、高通量测序法及环境基因组学法。微生物群落结构和多样性研究的方法，随着研究手段的不断革新而被推动着向前发展。新的实验技术和分析方法，灵敏地探测出土壤微生物群落结构随外界环境的改变而发生的极其微弱的变化，对研究微生物与环境的关系、环境治理和微生物资源的利用等有着重要的理论和现实意义。

1. 变性梯度凝胶电泳技术

1998 年 Muyzer 和 Smalla 首次将变性梯度凝胶电泳技术（denatured gradient gel electrophoresis, DGGE）应用于微生物群落结构研究，该技术后被广泛用于微生物分子生态学研究的各个领域，是研究微生物群落结构的分子生物学方法之一。

作为一种微生物种群常用检测技术，DGGE 具有 DNA 片段差异性检出率高（99% 以上）、可检测片段长度较长（达 1kB，尤其适用于 100~500bp）、检测中对人体无伤害（无需同位素掺入）、操作简便、快速（一般在 24h 内完成）、较高的重复性，以及可直接获得目的基因和系统生态功能相关的微生物种群信息。由于不同细菌的基因组大小和核糖体 RNA 拷贝数不同等，变性梯度凝胶电泳方法在细胞的裂解、DNA 提取和纯化、PCR 扩增等方面存在缺陷,可能会使得分析微生物群落结构组成和多样性时,出现一定偏差,特别是DGGE图谱中一般有10~20个条带(通常为优势菌群),系统中的弱势菌群(小于总菌群1%)则不能被检测到。

(1) 方法原理

DGGE技术是利用DNA片段在极性高分子凝胶体系中电泳行为的差异,来实现将同样长度但不同DNA片段分离。不同长度的DNA片段在一般聚丙烯酰胺凝胶电泳时,因迁移行为受其分子大小和电荷的影响能被区分;但同样长度的DNA片段在胶中的迁移行为相同不能被区分。DGGE技术在一般聚丙烯酰胺凝胶基础上,加入了变性剂(尿素和甲酰胺)梯度,从而能够把同样长度但序列不同的DNA片段加以区分。

(2) 仪器设备

聚合酶链式反应仪、PCR仪、凝胶电泳仪、DGGE系统、制胶架、注射器、醋酸纤维素滤膜(0.45μm)。

(3) 试剂溶液

① 双丙烯酰胺(又称从 N,N'-亚甲基双丙烯酰胺,$C_7H_{10}N_2O_2$,优级纯)。

② 尿素(2,6,8-三羟基嘌呤,$C_5H_4N_4O_3$,优级纯)。

③ EDTA(乙二胺四乙酸,$C_{10}H_{16}N_2O_8$,优级纯)。

④ 甲酰胺(去离子甲酰胺,优级纯)。

⑤ TEMED[四甲基乙二胺,$(CH_3)_2NCH_2CH_2N(CH_3)_2$,液体,优级纯]。

⑥ Triton溶液(1%):聚乙二醇辛基苯基醚(Triton,试剂纯),俗称屈立通,常见为Triton X-100;称取1g Triton X-100溶于100mL双蒸馏水中,混合。

⑦ 固定液:分别量取100mL无水乙醇(优级纯)和5mL浓冰醋酸(优级纯)于装有800mL双蒸馏水的烧杯中,然后稀释至1L。

⑧ 硝酸银溶液(0.2%):称取硝酸银($AgNO_3$,优级纯)0.2g溶于100mL双蒸馏水中。

⑨ 显色液:称取1.5g氢氧化钠(NaOH,优级纯)和量取0.5mL甲醛(CH_2O,优级纯)溶于900mL双蒸馏水中,然后稀释到1L。

⑩ PCR产物:与普通PCR不同之处是Primer上要加一个GC夹(GC Clamp),GC夹的序列可为:CGCCC GCCGC GCGCG GCGGG CGGGG CGGGG GC,如常用的细菌16S通用引物341fGC/518r的序列可为341fGC:5'-CGCCC GCCGC GCGCG GCGGG CGGGG CGGGG GC ACGGG GGGCC TACGG GAGGC AGCAG-3',518r:5'-ATTAC CGCGG CTGCT GG-3'。古菌或其他功能菌群的引物设计原理与上述细菌的类同,需要加上GC夹。

⑪ 丙烯酰胺储备液(40%):称取38.93g丙烯酰胺(分析纯)和1.07g N,N'-亚甲基双丙烯酰胺(分析纯),加去离子水100mL溶解。

⑫ TAE缓冲液(50%):称取242g Tris(三羟甲基氨基甲烷,分析纯)和37.2g的$Na_2EDTA \cdot 2H_2O$(分析纯)于1L烧杯中,加入800mL去离子水,充分搅拌溶解,再加入

57.1mL醋酸,混匀。加去离子水定容至1L,灭菌备用,室温保存。

⑬ 过硫酸铵溶液(10%):称取0.1g过硫酸铵(简称APS,分析纯),溶解于1mL去离子水中。

⑭ 变性剂:配制0%和100%的变性剂,总体积均为100mL,变性剂配制方法见表7-2和表7-3。配制好的变性剂需放置10~15min,0.45μm醋酸纤维滤膜过滤后,用棕色瓶4℃可保存1个月。

表7-2 0%变性剂配制方法

试剂	6%胶	8%胶	10%胶	12%胶
40%丙烯酰胺储备液(mL)	15	20	25	30
50%TAE(mL)	2	2	2	2
去离子水(mL)	83	78	73	68
总体积(mL)	100	100	100	100

表7-3 100%变性剂配制方法

试剂	6%胶	8%胶	10%胶	12%胶
40%丙烯酰胺储备液(mL)	15	20	25	30
50%TAE(mL)	2	2	2	2
去离子甲酰胺(mL)	40	40	40	40
尿素(g)	42	42	42	42
总体积(mL)	定容100	定容100	定容100	定容100

对于低于100%变性剂的配制,改变尿素及去离子甲酰胺浓度,其余配制方法同上述100%变性剂的配制,见表7-4。

表7-4 低于100%变性剂配制方法

试剂	10%	20%	30%	40%	50%	60%	70%	80%	90%
去离子甲酰胺(mL)	4	8	12	16	20	24	28	32	36
尿素(g)	4.2	8.4	12.6	16.8	21.0	25.2	29.4	33.6	27.8

(4)测定步骤

① 制胶板固定:将海绵垫固定在制胶架上,把类似"三明治"结构的制胶板系统垂直放在海绵上方,用分布在制胶架两侧的偏心轮固定好制胶板系统,注意一定是短玻璃的一面正对着自己。

② 注射器连接与装配:共有三根聚乙烯细管,其中两根较长的为15.5cm,短管长9cm。将短管与"Y"形管相连,长管则与小套管相连,并连在30mL的注射器上。在两个注射器上分别标记"高浓度"与"低浓度",并安装上相关的配件,调整梯度传送系统的刻度到适当的位置。

③ 传送体积设置：逆时针方向旋转凸轮到起始位置。为设置理想的传送体积，旋松体积调整旋钮，将体积设置显示装置固定在注射器上并调整到目标体积设置，旋紧体积调整旋钮。例如，16cm×16cm 胶（1mm 厚），设体积调整装置到 14.5。

④ 配制：将两种变性浓度的丙烯酰胺溶液加到两个离心管中，每管再加入 18μL TEMED，80μL 10% APS（过硫酸铵），迅速盖上并旋紧帽后上下颠倒数次混匀。用连有聚丙烯管标有"高浓度"的注射器吸取所有高浓度的胶，对于低浓度的胶操作同上。

⑤ 推液：通过推动注射器推动杆小心赶走气泡并轻柔地晃动注射器，推动溶液到聚丙烯管的末端。注意不要将胶液推出管外，因为这样会造成溶液的损失，导致最后凝胶体积不够。

⑥ 固定连接：分别将高浓度、低浓度注射器放在梯度传送系统的正确一侧固定好（注意这里一定要把位置放正确），再将注射器的聚丙烯管同"Y"形管相连。

⑦ 传送聚合：轻柔并稳定地旋转凸轮来传送溶液，这个步骤中最关键的是要保持匀速且缓慢地推动凸轮，以使溶液恒速地被灌入三明治式的凝胶板中。小心插入梳子，让凝胶聚合大约 1h，并把电泳控制装置打开，预热电泳缓冲液到 60℃。

⑧ 点样电泳：聚合完毕后拔走梳子，将胶放入电泳槽内，清洗点样孔，盖上温度控制装置使温度上升到 60℃。用注射针点样（预先准备好的沉积物细菌 PCR 扩增产物，变性聚丙烯酰胺凝胶电泳纯化），电泳条件为 200V，5h。

⑨ 固定：电泳完毕后，先拨开一块玻璃板，然后将胶放入盘中，用去离子水冲洗，使胶和玻璃板脱离，倒掉去离子水，加入 250mL 固定液（10%乙醇，0.5%冰醋酸）中，放置 15min。

⑩ 染色与显影：倒掉固定液，用去离子水冲洗两次，加入 250mL 银染液（0.2% $AgNO_3$，用之前加入 200μL 甲醛）中，放置在摇床上摇荡，染色 15min，倒掉银染液，用去离子水冲洗两次，加入 250mL 显色液（1.5%NaOH，0.5%甲醛）显色。待条带出现后拍照。图形采用软件 Image J 分析。

（5）注意事项

① 配置试剂时一定要用去离子水，制胶洗膜时用的各个容器也要用去离子水洗涤干净，以防氯离子污染。

② 制胶是实验的关键，在往玻璃板中灌胶时，要匀速地转动滑轮，将凝胶液匀速地灌入玻璃板。

③ 灌完胶后，立刻清洗注射器，以防丙烯酰胺凝固，堵塞管子。

④ DGGE 的电泳缓冲液要超过"RUN"刻度线，不要超过"Maximum"刻度线。

⑤ 点样时，要用小型注射器，伸入点样孔底部点样。

⑥ 银染的整个过程中，一定要戴手套，以避免手接触胶而带来的污染。

⑦ 每次用完仪器后要及时清理，清洗玻璃板培养皿等玻璃仪器。

2. 末端限制性片段长度多态性分析

末端限制性酶切片段长度多态性分析（terminal restriction fragment length polymorphism，

T-RFLP）自 1997 年 Liu 等首次成功描述环境微生物群落之后，现已被广泛应用于菌种鉴定、微生物群落及多样性等分析，该方法是基于限制性酶切片段长度多态性分析（RFLP）而发展出来的技术。

（1）方法原理

将待测的靶 DNA 片段使用具荧光标记的引物进行复制扩增，然后应用 DNA 限制性内切酶对扩增产物进行酶切，最后经毛细管电泳分析靶 DNA 片段是否被切割而分型。对于整体微生物群落描述过程，常根据 16SrRNA 基因的保守区设计通用引物，其中一个或两个引物的 5′端用荧光物质标记（常用的荧光物质有 HEX、TET、6-FAM 等）。以土壤样品的总 DNA 为模板进行 PCR 扩增，所得到的 PCR 产物一端带有荧光标记。然后，对 PCR 产物采用一种或多种限制性内切酶进行酶切。由于不同细菌物种的扩增片段内存在核苷酸序列的差异，酶切位点有所不同，因此，酶切后可产生许多不同长短的限制性片段，见图 7-5。

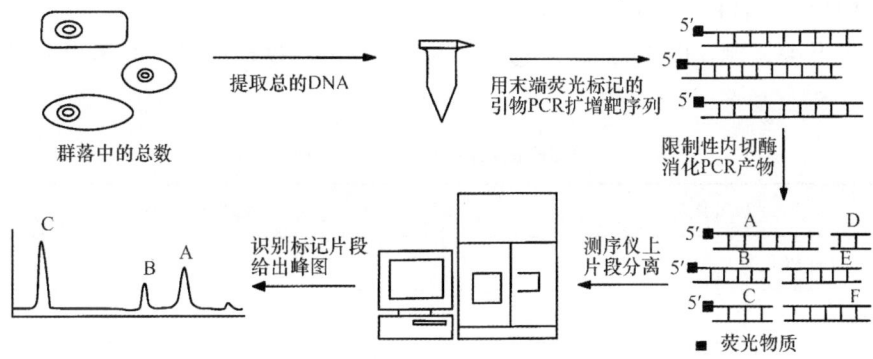

图 7-5　末端限制性酶切片段长度多态性分析步骤

酶切产物中的具末端荧光标记的 DNA 片段采用自动测序仪进行毛细管电泳检测，荧光标记片段在电泳过程中的移动谱系可反映所测微生物群落组成。此外，该方法还可以进行一定程度的定量分析，在基因电泳图谱上，每个峰面积占总峰面积的百分数代表这个末端限制性片段的相对数量，即峰面积越大所对应的末端限制性片段的数量也越多。

（2）仪器设备

PCR 设备、凝胶电泳装置、凝胶成像系统、高速离心机、恒温水浴锅、遗传分析仪（如 ABI Prism 310 或 377 等）、96 孔板（ABI 适用）。

（3）试剂溶液

① 土壤基因组 DNA。

② PCR 纯化试剂盒。

③ 限制性内切酶（如 HaeⅢ、MspⅠ）。

④ 内标（GeneScane-500Rox DNA）。

⑤ 微生物特异性引物（如 5′端具荧光标记）。

⑥ 琼脂糖溶液（1%）：取 10 g 琼脂糖（优级纯）溶解于 1000 mL 去离子水中。

⑦ 去离子甲酰胺（ABI，纯度 99%）。

⑧ 冰乙醇溶液(70%)：取低温(4℃)的无水乙醇(含量95%，分析纯)350 mL，用去离子水稀释到500 mL。

⑨ 低温乙醇(95%)：取100 mL乙醇(含量95%，分析纯)，保存于-20℃备用。

⑩ 乙酸钠溶液(3 mol/L)：称取乙酸钠($CH_3COONa \cdot 3H_2O$，分析纯)408.2 g(或无水乙酸钠246.1 g)，溶解在1 L去离子水中。

⑪ 糖原溶液(20 mg/mL)：称取糖原($C_{24}H_{42}O_{21}$，分析纯)2 g，溶于100 mL去离子水中。

(4) 测定步骤

① 按照湿地土壤样品总DNA提取步骤，对土壤中总DNA进行提取。

② PCR扩增设计：如根据16SrRNA基因设计细菌的1-2对通用引物27F-Hex［5′-AGAGT TTGAT CCTGG CTCA-3′，具Hex荧光标记(5-hexachloro-fluorescein)］和1392(5′-TACGG YTACC TTGTT ACGAC T-3′)。

③ PCR体系配制：以Takara Ex Taq为例，取以下各试剂或样品的体积配制PCR体系，见表7-5。

表7-5　PCR使用体积(Takara Ex Taq为例)

PCR组分	使用体积(μL/样)
10×Takara Ex Taq PCR缓冲液	5
F引物(3μmol/L)	5
R引物(3μmol/L)	5
BSA (5mg/mL)	5
dNTP mix Takara (2.5mmo/L)	4
Takara Ex Taq DNA聚合酶(5U/μL)	0.2
无菌去离子水	25.3
沉积物总DNA提取物	0.5
总体积	50

④ PCR扩增：选取的PCR条件，95℃ 3min变性；95℃ 30s；53℃ 30s；72℃ 1min (35循环)；72℃ 7min延伸；4℃恒温。

⑤ PCR产物确认：取5μL PCR产物上样，1%琼脂糖电泳，采用PCR产物试剂盒进行纯化，PCR产物终体积为45μL。

⑥ 限制性酶切：纯化后的PCR产物，0.5mL EP管，37℃过夜酶切。以NEB的酶为例，酶切反应体系见表7-6。

表 7-6　酶切反应体系（NEB 的酶为例）

组分	Alu I 酶切	MsP I 酶切	Hha I 酶切
PCR 产物	~400ng	~400ng	~400ng
10×缓冲液	5µL	5µL	5µL
BSA(10mg/mL)	—	—	0.5µL
酶(2U)	0.2µL	0.1µL	0.1µL
无菌去离子水	加至 50µL	加至 50µL	加至 50µL
总体积	50µL	50µL	50µL

⑦ 去盐（去离子甲酰胺）：先在酶切产物中加入 0.25µL 糖原（20mg/mL），1/10 体积的 3mol/L 乙酸钠（pH 5.2），轻轻混合后加入 2.5 体积冰乙醇（95%），再次轻轻混合。在 4℃下，16000×g 条件下离心 15min。小心去除上清液，注意别倾倒掉离心管底部的 DNA，再小心用 200µL 70%冰乙醇清洗两次，每次洗后，在 4℃，16000×g 条件下离心 2min，真空冷冻干燥 DNA 或者常温干燥。

⑧ 重悬处理：加入 10µL 新鲜的去离子甲酰胺重悬 DNA，然后置于-20℃保存待用。假如要超过 8 周后才分析，则存于-80℃。

⑨ 上样母液制作：首先取 10µL 去离子甲酰胺和 0.25µL DNA 内标（GeneScane Rox-500）制作成混合上样母液，将上样母液移至 96 孔板上，并在每个孔中加入 1µL 酶切产物，然后用 Microplate 膜封住 96 孔板，确保所有孔都被封住。正式上样至测序仪前，放 96 孔板于 95℃下 5min，对双链 DNA 进行变性，随后立即放在冰上。

⑩ T-RFLP 毛细管电泳：移去 Microplate 膜，换上测序仪橡胶垫片，确保每个孔都被封住，然后上遗传分析仪（如 ABI Prism 310 或 377 等）直接分析。

（5）计算公式

按照 T-RFLP 操作流程得到数据后，需要对数据进行去噪、图谱相似性比较等分析。T-RFLP 的数据处理已有很多开发的商业软件，如 GeneMaker 等。

（6）注意事项

① 去盐处理是必须的，这样可以保证自动测序仪使用同一电流来获得足够的 DNA 酶切片段的上样量。

② 引物 5′端的荧光标记较 3′端具较高的分辨率，这是由于 5′端的 16SrRNA 基因具有较高变异性的 V1、V2 和 V3 区。有时，引物两端可以标记两种不同的荧光，并同时用于 PCR，这种方法可以在一个电泳过程中同时获得分别基于 5′和 3′端的 t-RFLP 数据。常用的荧光标记物有 Fluorescein derivatives carboxy-fluorescein(5′6-FAM)、5-hexachloro-fluorescein(HEX)、6-carboxy-4′，5′-dichloro-2′，7′-dimethoxy-fluorescein(5′6-JOE)和 5-tetrachloro-fluorescein(TET)。双荧光标记的组合有 FAM/HEX、FAM/JOE 或 HEX/TET。

③ 与其他指纹图谱法（如 DGGE）不同的是，还无法准确地确定各个 T-RFs 的系统进

化信息，但是，T-RFLP 可以较好地定量各个 T-RFs 的大小及相对丰度。鉴于 T-RFLP 的易于操作性及高度可重复性，故较其他指纹图谱法更能精准客观地描述群落结构。RDP（Ribosomal database project）提供基于网页的分析工具（TAP T-RFLP），由于有时一些 T-RFs 能够与一些微生物在许多系统进化上存在一定的对应关系，因此，建议在有条件的基础上，建立一些样品的克隆文库，这样结合 T-RFLP 和克隆文库进一步分析可以获得一些 T-RFs 的分类信息。

④ T-RFs 会存在一个序列形成多个峰的现象，从而造成单个序列的"Pseudo T-RFs"，这对随后的 T-RFLP 分析造成一些困难，如过高地估计多样性，这种"Pseudo T-RFs"可能是 PCR 产物的酶切不充分造成的。

⑤ 与其他基于 PCR 的分子生物学方法一样，该方法在分析微生物群落结构和多样性时也具有一定的缺陷和偏差。不同细菌的基因组大小和核糖体 RNA 拷贝数不同，提取基因组总 DNA 时细胞的裂解效率不同，DNA 提取和纯化时有偏差，PCR 扩增过程中有偏差。除了这些，在应用 T-RFLP 技术分析微生物群落结构组成时还有很多其他的缺陷，例如，在研究复杂环境湿地土壤和沉积物时，由于微生物种类很多，而 T-RFLP 只能检测出超过 1% 的优势种群。此外，不同类型的限制性内切酶的选择，也会显著影响所获得的微生物群落多样性。

3. 克隆文库及 DNA 测序技术

环境基因组总 DNA 是环境中各种微生物基因组的混合物，虽然它包括了环境中微生物组成的信息，但是由于基因组 DNA 过于复杂，不方便直接进行研究，因此通常是通过分析基因组中的"Biomarker"来研究环境中微生物的多样性的。

16SrDNA 是微生物生态学研究中已经广泛使用的生物标志物，这是因为：① 核糖体 RNA 是蛋白质合成必需的，所以它们广泛存在于所有的原核生物中，并且结构和功能都是保守的；② 16SrDNA 的序列中包括可变区和高变区，因此既可以利用保守区域来设计引物，又可以利用高变区来进行序列间的比对；③ 它们的序列变化比较缓慢而且在原核生物中不发生水平转移，因此，16SrDNA 之间序列的差异可以反映不同生物之间的进化关系；④ 在 GenBank 和 RDPⅡ（Ribosomal Database Project Ⅱ）数据库中已经登录了大量不同生物的 16SrDNA 序列，知道 16SrDNA 的序列信息以后，就可以在上述数据库中进行序列比对，找到这些序列相应微生物的系统发育地位。同样，用 PCR 的方法把环境中所有的 16SrDNA 收集到一起，然后用克隆建库的方法，把每一个 16SrDNA 分子放到文库中的每一个克隆里，再通过测序比对，即可知道每一个克隆中带有 16SrDNA 分子属于哪一种微生物，整个文库测序比对得到的结果反映环境中微生物的组成。

构建 16SrDNA 克隆文库是微生物分子生态学中，用来调查环境中原核微生物组成的常用方法之一，它突破了用传统的微生物分离纯化的方法调查环境（如土壤）中微生物多样性时微生物无法得到纯培养的限制。

构建 16SrDNA 克隆文库一般步骤：首先用环境基因组总 DNA 进行 16SrDNA PCR 扩增

得到样品中不同微生物的 16SrDNA 的混合物，然后将纯化后的 PCR 产物与载体连接，最后转化大肠杆菌，在鉴定了阳性克隆以后，就得到 16SrDNA 克隆文库。

DNA 测序(DNA sequencing)作为一种重要的实验技术，在包括微生物学的生物学研究中有着广泛的应用。早在 DNA 双螺旋结构被发现后不久就有报道 DNA 测序技术，当时的操作流程复杂，没能形成规模。1977 年 Frederick Sanger 发明了具有里程碑意义的末端终止测序法，原理是利用一种 DNA 聚合酶来延伸结合在待定序列模板上的引物，直到掺入一种带有荧光标记的终止核苷酸为止，通过捕获荧光进行分析，最后得到一系列的峰图，获知其序列。与 Sanger 测序出现的同年，Maxam 和 Gilbert 发明了化学降解法，不过由于 Sanger 测序法因既简便又快速，并经过后续不断改良，成为之后很长一段时间 DNA 测序的主流。第一代测序技术是以 ABI 公司为代表的 Sanger 测序，所采用的测序仪为 3730。

随着科学技术的发展，传统的 Sanger 测序已经不能完全满足研究的需要，对模式生物进行基因组重测序及对一些非模式生物的基因组测序，都需要费用更低、通量更高、速度更快的测序技术，第二代测序技术(next-generation sequencing)应运而生。第二代测序技术在 Sanger 等测序方法的基础上采用边合成边测序(sequencing by synthesis)技术，主要采用 Roche/454 FLX、Illumina/Solexa Genome Analyzer 和 Applied Biosystems SOLiD system 三个技术平台，用不同颜色的荧光标记四种不同的脱氧核糖核苷三磷酸(deoxy-ribonucleoside triphosphate, dNTP)，当 DNA 聚合酶合成互补链时，每添加一种 dNTP 就会释放出不同的荧光，通过捕捉新合成的末端的标记来确定 DNA 的序列。这三个技术平台优点：454 FLX 的测序片段比较长，高质量的读长(Read)能达到 400 bp，Solexa 测序性价比最高，在数据量相同的情况下，成本只有 454 测序的 1/10，SOLiD 测序的准确度最高，原始碱基数据的准确度>99.94%。

第三代测序技术是指单分子测序技术，其技术原理主要分为两类：一是单分子荧光测序，依据是当荧光标记的脱氧核苷酸被掺入 DNA 链的时候，它的荧光就同时能在 DNA 链上探测到，当它与 DNA 链形成化学键的时候，它的荧光基团就被 DNA 聚合酶切除，荧光消失，在荧光被切除之后，合成的 DNA 链和天然的 DNA 链完全一样。二是纳米孔测序，它是借助电泳驱动单个分子逐一通过纳米孔来实现测序的。由于纳米孔的直径非常细小，仅允许单个核酸聚合物通过，而 ATCG 单个碱基的带电性质不一样，通过电信号的差异就能检测出通过的碱基类别，从而实现测序。纳米孔测序有时也被称为第四代测序技术，该技术的测序长度可以达到 150KB。

虽然第三代和第四代测序技术也在近年来迅速发展，但第二代短读长测序技术在全球测序市场上仍占具优势，这些技术与第一代 Sanger 测序方法不同的是，人们不再需要使用克隆文库获得单个 16S 序列，而可以通过全新的标记技术(如荧光标记等)，实时检测碱基延伸信号，从而直接获得所添加的碱基达到测定 DNA 序列的目的，如第二代测序中应用较多的 454 测序技术等。测序技术变革都会对微生物在内的基因组等研究领域产生巨大的推动作用。

第三节　土壤酶活性测定

酶是对特定生物化学反应起催化作用的蛋白质分子，广泛分布于包括湿地土壤和沉积物在内的自然环境中。一般而言，湿地土壤和沉积物中所有的生物化学过程都是在酶的参与下进行的。如果没有酶的参与，湿地土壤和沉积物表层甚至深处的有机物质代谢、降解和早期成岩等途径都将无法独立进行。酶活性是酶在环境中的最主要量化参数，受多种环境因素的调节控制，其活性与土壤的质量有关。生物体通过改变酶的活性使之能适应外界环境条件的变化，维持生命活动。在湿地中酶的活性除了与生物体本身有关外，还与土壤、沉积物的理化特性（如 pH、温度、重金属等）及有机物质的组成等密切相关。

土壤酶是指由土壤微生物、植物根系分泌物和动植物残体分解过程中释放的酶，是生态系统中最为活跃的生物活性物质。根据酶催化反应的类型和功能，土壤酶可分为氧化还原酶类、水解酶类、转移酶类和裂解酶类。土壤中微生物所引起的生物化学过程，即有机残余物质的分解、腐殖质的合成和某些无机化合物的转化，全是借助于它们所产生的酶来实现的。因此，土壤中酶的活性，可作为判断土壤生物化学过程强度、鉴别土壤类型、评价土壤肥力水平等的依据。

要全面了解土壤酶的来源、存在形式、基本性质，以及在土壤中的作用与功能，特别是在代谢中的作用，仅仅利用不脱离土壤的酶来进行研究是有局限性的，必须将酶从土壤中分离和提取出来进行研究，才能更好地说明问题的实质。因而，土壤酶的分段与提纯是土壤酶学研究中重要的一环。一般采用测定沉积物酶活性的方法通过向系统中添加特异性的试剂（酶作用底物），依据酶在催化特异反应中释放的产物或消耗的底物质量，来确定系统中酶的存在及活性的高低，并常以酶活性单位（一定时间内将一定量的底物转化为产物的酶量）加以表征。由于酶的存在量是通过测定其催化分解底物的反应速度来确定的，而且要求样品新鲜采集，因此，采用不同的方法采集、保存土壤和沉积物及选择不同的测定条件，往往会使所测定的试样中酶的活性产生很大的变化。在进行沉积物中酶活性测定时，除特殊注意事项外，一般应遵循以下原则：①尽量避免试样中的生物细胞在样品采集及保存过程中增殖，尤其避免所需测定的酶在上述过程中的合成；②依据所测定酶的特性，选择最适宜的底物及底物浓度；③采用最适宜的酶反应条件（最适温度、最适 pH、适宜的辅酶因子和激活剂等）；④尽量避免体系中所需测定的酶，在样品采集、保存及测定过程中失活或活性受到抑制（如高温、酶的抑制剂等）；⑤在测定过程中，尽量避免体系中所形成的酶反应产物的分解。

一、氧化还原酶

氧化还原酶（oxidoreductase）是一类能够催化分子间发生氧化还原反应的酶类总称，它们参与土壤许多重要的生物化学反应，与土壤有机物质的转化、腐殖质的形成等过程密切相关。氧化还原酶是物质循环和能量转移过程中必不可少的关键酶类，其活性不仅反映了生物体的状态，还能指示生物体降解有机质能力的强弱，在生物的能量传递和物质代谢方面具有重要作用，主要包括过氧化氢酶(catalase，CAT)、脱氢酶(dehydrogenase)、多酚氧化酶(polyphenoloxidase)、过氧化物酶(peroxidase)、硝酸还原酶(nitrate reductase)等。

（一）过氧化氢酶

土壤中过氧化氢酶活性的分析，主要通过测定样品中过氧化氢的分解速度(消耗量)或氧气的生成速度来实现。测定过氧化氢酶的方法包括高锰酸钾滴定法、紫外比色法等，常用高锰酸钾滴定法。

1. 方法原理

在反应系统中加入过量的 H_2O_2 溶液，经酶促水解反应后，在酸性条件下，用高锰酸钾溶液来滴定系统中反应剩余的 H_2O_2，计算出消耗的 H_2O_2 量，间接获得过氧化氢酶的活性。

2. 仪器设备

分析天平、生化培养箱、恒温水浴、酸式滴定管、1000mL 容量瓶、100mL 三角瓶、50mL 三角瓶、玻璃棒、冰箱。

3. 试剂溶液

① H_2SO_4 溶液(2mol/L)：量取 5.43mL 的浓硫酸(H_2SO_4，1.84g/mL，分析纯)用去离子水稀释至 500mL 置于 4℃冰箱储存。

② 高锰酸钾溶液(0.02mol/L)：称取 1.58g 高锰酸钾($KMnO_4$，分析纯)，加入 400mL 去离子水中，缓缓煮沸 15min。冷却后，定容至 500mL，放入棕色瓶中，避光保存。使用时，用 0.1mol/L 草酸溶液标定。

③ 草酸溶液(0.1mol/L)：准确称取已烘干至恒重的 6.304g 草酸($H_2C_2O_4 \cdot 2H_2O$，优级纯)，用去离子水溶解后，定容至 500mL。

④ H_2O_2 水溶液(3%)：量取 30% H_2O_2 溶液 50mL，用去离子水定容至 500mL，置于 4℃冰箱储存。使用时用 0.1mol/L $KMnO_4$ 溶液标定。

⑤ 甲苯(C_7H_8，分析纯)。

4. 测定步骤

① 样品保存：将 5~10g 新鲜土壤样品放入事先经酸洗、蒸馏水冲洗及高压灭菌的玻璃采样瓶或无菌的塑料样品采集袋中，置于 4℃的冷藏箱中，尽快运回实验室进行分析。

② 含水率测定：准确称取 5~10g 新鲜土壤样品，测定样品含水率。

③ 样品分散：准确称取一定量新鲜土壤样品(1g 左右)，放入事先经高压灭菌的 50mL 三角瓶中，加入 10mL 的无菌水，室温充分振荡、摇匀后，静置 10min 左右。

④ 加样：在事先已经高压灭菌的具塞三角瓶中加入适量的经分散、静置后的土壤样品上清液(通常为 1mL)，然后加入 0.1mL 的甲苯，振荡、混合均匀。

⑤ 酶促分解：将上述溶液，在生化培养箱（4℃）中放置 30min，取出后，立即加入 25mL 3% 的 H_2O_2 水溶液（4℃），充分混匀后，置于生化培养箱（4℃）放置 2~4h（准确计时），取出，加入 2mol/L H_2SO_4 溶液（4℃）25mL，摇匀，过滤。

⑥ 测定：取 1mL 滤液于三角瓶，加入 5mL 去离子水和 5mL 2mol/L 的 H_2SO_4 溶液，用 0.02mol/L 高锰酸钾溶液滴定，记录所消耗的 $KMnO_4$ 溶液的体积（mL）。测定时，每个样品做 3 个平行，并以加入 1mL 无菌水代替土壤上清液的反应作为空白对照。

5. 计算公式

$$U = \frac{C \cdot (V_2 - V_1) \cdot V_T}{t \cdot m \cdot V_S}$$

式中：U 为过氧化氢酶活性 $[mmol/(h \cdot mg)]$；C 为 $KMnO_4$ 溶液浓度（mmol/mL）；V_2 为空白对照所消耗的 $KMnO_4$ 体积（mL）；V_1 为土壤样品所消耗的 $KMnO_4$ 体积（mL）；V_T 为提取酶液的总量（mL）；t 为反应时间（h）；m 为反应体系中土壤的烘干重（mg）；V_S 为反应所用酶液的量（mL）。

6. 注意事项

① 因 H_2O_2 对温度较为敏感，在实验中需要控制温度，最好将温度控制在 4℃ 下进行，以减少 H_2O_2 自身的分解。

② 为减少 H_2O_2 自身的分解，培养时间也不宜过长。

③ 如所测定样品消耗的高锰酸钾溶液体积过少，为减少实验误差，应增加样品的稀释倍数或减少取样量。

（二）脱氢酶

脱氢酶是一类催化物质氧化还原反应的酶，反应中被氧化的底物叫氢供体或电子供体，被还原的底物叫氢受体或电子受体。当受体是 O_2 时，催化该反应的酶称为氧化酶，其他情况下都称为脱氢酶。不同的脱氢酶几乎都根据其底物的名称命名，其中以催化供体中醇基团（-CHOH）、醛、酮基团（-HCO 或 -RCO）及烷基团（-CH_2-CH_2-）脱氢的为最常见。天然受体主要有烟酰胺腺嘌呤二核苷酸（NAD^+）、烟酰胺腺嘌呤二核苷酸磷酸（$NADP^+$）和细胞色素。还原型烟酰胺腺嘌呤二核苷酸（NADH）脱氢酶，以及一些直接以黄素为辅基的脱氢酶的底物通过脱氢酶的催化最后通过细胞色素系统而被氧化，释放出的能量供机体需要。

作为电子传递系统中催化有机质脱氢作用的第一个酶，在有机质的分解过程中具有关键作用。脱氢酶活性（DHA）与微生物活性密切相关，以及可能与有机碳存在相关性，所以广泛应用于土壤农药和重金属污染及其修复研究。测定脱氢酶的方法很多，较为常用的是氯化三苯基四氮唑（2,3,5-Triphenyl-tetrazolium Chloride，TTC）法。

1. 方法原理

当 TTC（氯化三苯基四氮唑）被引入电子得失的反应链中后，由于与核黄素相连的脱氢酶向细胞色素的氢的转移机制将由无色的人工受体 TTC 代替,受氢还原后的 TTC 形成一种为三苯基甲替($C_{19}H_{15}$,TF)的红色物质,该物质可从细胞中提取出来并由比色法定量测定其浓度,根据在 490nm 吸收峰下相应的光密度(OD 值),计算 TF 的生成量,求出脱氢酶的活性。

2. 仪器设备

分析天平、pH 计、分光光度计、生化培养箱、恒温水浴锅、离心机、50mL 离心管、10mL 棕色容量瓶。

3. 试剂溶液

① Tris-HCl 缓冲液(pH 8.4):称取 6.037g 三羟甲基氨基甲烷($C_4H_{11}NO_3$,分析纯),再加入 20mL 1mol/L 的盐酸,再定容至 1L。

② 氯化三苯基四氮唑(TTC)溶液(12mmol/L):称取 4.017g TTC(2,3,5-氯化三苯基四氮唑,分析纯)和 2g 葡萄糖(0.1mol/L,分析纯)溶于少量蒸馏水中,再稀释到 100mL 的容量瓶中,储存于棕色瓶中,1 周更换 1 次。

③ 丙酮(分析纯)。

④ 浓硫酸(分析纯)。

4. 测定步骤

① 样品准备:准确称取 0.5g 经过筛(<2mm)和 4℃下避光保存的土壤样品于 50mL 离心管中;另称取 0.5g 预先进行高温(121℃,20min)处理的土壤样品,作为对照。

② 水浴反应:分别加入 2mL Tris-HCl 缓冲溶液(pH 8.4)和 2mL TTC 溶液(12mmol/L),放入 37℃水浴锅振荡反应 1h,取出后,各加 2 滴浓硫酸终止反应。

③ 离心:将装有样品的离心管放入离心机中离心(4000r/min,5min),弃去上清液。

④ 萃取:在离心管中准确加入 20mL 丙酮,混匀,于暗处萃取反应产物 TF(10min)。

⑤ 测定:离心(4000r/min,5min),在分光光度计测定上清液吸光度 OD 值(波长 490nm)。

⑥ 标准曲线绘制:分别移取 0.5mL、1.0mL、2.0mL、3.0mL、4.0mL、5.0mL、7.0mL、10mL TTC 溶液(12mmol/L)放入 8 支 10mL 的容量瓶中,定容;另取 8 支 50mL 离心管,分别加入 2mL Tris-HCl 缓冲溶液、2mL 不同浓度的 TTC 溶液,第 8 支为对照组。余下的水浴反应、离心、萃取和测定均同样品测定步骤。

5. 计算公式

根据样品显色液与样品空白吸光值的差,查标准曲线,换算出 TF 的浓度值,计算公式:

$$U = \frac{(C_1 - C_0) \times V \times N}{t \times m \times 10^3}$$

式中:U 为土壤中脱氢酶活性[mmol/(h·mg)];C_1 为查标准曲线获得土壤样品在体系中生成的 TF 浓度(mmol/L);C_0 为查标准曲线获得经高温处理对照的土壤样品在体系中生成

的TF浓度(mmol/L); V 为反应体系的总体积(L); N 为分取倍数; t 为反应时间(h); m 为经含水率换算后土壤烘干重(g); 10^3 为g与mg的换算系数。

6. 注意事项

① 此方法中选用的萃取剂是丙酮,由于丙酮不与水发生分层,有稀释作用影响,用标准曲线换算浓度时,应注意体积稀释等问题。

② 氯仿和甲苯可与水发生分层,且可萃取红色TF,萃取效果好,因此可根据要求,萃取剂选用氯仿和甲苯。其中氯仿因密度大于水,萃取离心后位于泥与水层之间,取出时易沾染上层水体引入误差;而甲苯密度小于水,萃取离心后位于水层之上,方便取样,而且甲苯具有抑制脱氢酶活性的作用,因此建议选用甲苯作为萃取剂。

③ 为了保证样品有足够的代表性,沉积物样品的取量不小于相当于0.5g干重的量。另外,在保证酶的活性不受影响下,样品也可选择风干的试样,但要考虑含水率校正。

(三) 亚硝酸还原酶

亚硝酸还原酶是湿地土壤氮素反硝化过程中的一种关键酶,它在缺氧或厌氧的条件下,催化湿地土壤中的亚硝酸盐还原为NO,其活性强烈影响着沉积物中氮氧化物的产生和释放。

1. 方法原理

由于在酸性溶液中,亚硝酸盐与对-氨基苯磺酸(或对-氨基苯磺酰胺)反应产生重氮,再与α-萘胺(或萘基乙烯二胺)偶联形成紫红色的偶氮化合物,在540nm处有最大吸收峰。因此,通过测定酶促反应前后 NO_2-N 含量的变化,即可间接测定亚硝酸还原酶的活性。

2. 仪器设备

分析天平、pH计、分光光度计、生化培养箱、离心机、容量瓶(500mL)、具塞试管(25mL)。

3. 试剂溶液

① $NaNO_2$ 溶液(0.5%):称取0.5g $NaNO_2$(分析纯),溶解于去离子水中,定容至100mL。

② 葡萄糖溶液(1.0%):称取1.0g葡萄糖(分析纯),溶解于去离子水中,定容至100mL。

③ 显色剂(格氏试剂):用比重为1.04的乙酸(分析纯)分别配制0.1%的α-萘胺溶液(a)和0.5%的对氨基苯磺酸溶液(b),使用前将等体积a、b溶液混合即成。

④ $NaNO_2$ 标准溶液(10mg/L):准确称取在105~110℃下烘干约4h的亚硝酸钠($NaNO_2$,分析纯)2.464g,溶解于去离子水中,定容至1000mL(此溶液含 NO_2-N 500mg/L),储存于4℃冰箱中,可保存数周。使用时,用移液管吸取此标准储备溶液10.00mL,用去离子水定容至500mL,即为10mg/L的 $NaNO_2$ 标准溶液。

4. 测定步骤

① 样品保存:将5~10g新鲜土壤样品放入事先经酸洗、蒸馏水冲洗及高压灭菌的玻

璃采样瓶或无菌的塑料样品采集袋中，置于4℃的冷藏箱中，尽快运回实验室进行分析。

② 含水率测定：准确称取5~10g新鲜土壤样品，测定样品含水率。

③ 样品分散：准确称取新鲜土壤样品（1g左右），放入事先经高压灭菌的50mL三角瓶中，加入10mL的无菌水，室温充分振荡、摇匀后，静置10min左右。

④ 标准曲线制作：分别取$NaNO_2$标准溶液（10mg/L）0.0mL、0.5mL、1.0mL、1.5mL、2.0mL、2.5mL、3.0mL于25mL洗净烘干的7支具塞刻度试管中，用去离子水定容至10mL，加入1.0mL显色剂，混匀、静置15min后，540nm比色测定OD值，绘制标准曲线。

⑤ 酶促反应：在已经高压灭菌的干净试管中分别加入1mL土壤上清液（10000r/min，离心10min）、2.0mL亚硝酸钠溶液（0.5%）、1.0mL葡萄糖溶液（1.0%）、6mL去离子水，摇匀后，塞上不透气的橡胶塞，置于30℃生化培养箱中，培养24~48h（空白对照，以1mL无菌水替代土壤上清液，其余同样品处理）。

⑥ 测定：培养结束后，取1mL混合溶液，放入洗净、烘干的具塞刻度试管中，用去离子水定容至10mL，加入1.0mL显色剂，混匀、静置15min后，540nm比色测定OD值。测定时，每个样品做3个平行。

5. 结果计算

$$U=\frac{(C_1-C_0)\cdot V_0 \cdot V_2}{t\cdot m \cdot V_1}$$

式中：U为亚硝酸还原酶活性[mg/(h·mg)]；C_0为反应体系培养后，查标准曲线获得空白对照中NO_2-N的含量（mg/L）；C_1为反应体系培养后，查标准曲线获得样品中NO_2-N的含量（mg/L）；V_0为显色反应体系的总体积（L）；V_2为酶反应体系的总体积（L）；V_1为从酶反应体系中取出用于显色的溶液体积（L）；t为反应时间（h）；m为反应体系中土壤烘干重（mg）。

6. 注意事项

① 由于亚硝酸盐的还原需在缺氧（或厌氧）条件下进行，为了使培养体系处于缺氧（或厌氧）状态，在普通玻璃试管进行培养时，应保证其中液体的液面高度在10cm以上，并用不透气的橡皮塞塞紧试管，以使试管底部处于缺氧（或厌氧）状态。

② 为减少实验误差，所用底物$NaNO_2$溶液的浓度、用量、培养时间及所加入土壤的用量、培养后从酶反应体系中取出用于显色的溶液体积等条件，均可根据系统中亚硝酸还原酶活性进行适当调整，以使反应后体系内NO_2-N的含量处于适宜检测范围内。

二、水解酶

水解酶是一类能够催化裂解有机化合物中的糖苷键、脂键、肽键、酸酐键等化学键，从而将土壤中的有机物质水解成能被植物、微生物等所利用无机营养物质的酶，它们主要参与土壤中碳、氮、磷、硫等营养物质的循环转化过程,其活性较为稳定,在土壤碳、氮循环过程中发挥重要作用,主要包括淀粉酶(amylase)、蛋白酶(protease)、碱性磷酸酶(alkaline phosphatase,ALP)、脲酶(urease)等。

(一) 淀粉酶

淀粉酶广泛存在于土壤环境中,主要催化淀粉水解生成麦芽糖、葡萄糖等还原糖。通常依据特性和作用方式,将淀粉水解酶分为 α-淀粉酶和 β-淀粉酶两类,其中,α-淀粉酶可随机地作用于淀粉中的 α-1,4-糖苷键,生成葡萄糖、麦芽糖、麦芽三糖、糊精等还原糖,β-淀粉酶则从淀粉的非还原性末端进行水解,生成麦芽糖。淀粉酶用3,5-二硝基水杨酸比色法测定。

1. 方法原理

淀粉酶催化水解产生的还原糖能使3,5-二硝基水杨酸还原,生成棕红色的3-氨基-5-硝基水杨酸。在一定范围内,通过测定540nm处反应液中生成的棕红色3-氨基-5-硝基水杨酸的量,即可推算出在一定时间内生成的还原糖的量,从而计算出淀粉酶的活性。

2. 仪器设备

分析天平、分光光度计、离心机、pH计、恒温水浴锅、生化培养箱等。

3. 试剂溶液

① 标准葡萄糖溶液(1mg/mL):准确称取葡萄糖($C_6H_{12}O_6 \cdot H_2O$,分析纯)1.000g 在 105~110℃下烘干约4h,溶于去离子水中,定容至1L。

② NaOH 溶液(1mol/L):准确称取 40.0g 的氢氧化钠(NaOH,分析纯),溶于去离子水中,定容至1L。

③ 3,5-二硝基水杨酸溶液(1%):准确称取 1.0g 3,5-二硝基水杨酸($C_7H_4N_2O_7$),溶于 20mL 2mol/L 的 NaOH 溶液中,加入 50mL 去离子水,再加入 30g 酒石酸钾钠,待溶解后用去离子水定容至 100mL,4℃冰箱保存(保存时间最好不超过1周)。

④ 柠檬酸缓冲液(0.1mol/L,pH 5.6):称取 4.8g 柠檬酸($C_6H_8O_7$,分析纯)溶于 250mL 去离子水(A液,0.1mol/L),再称取 22.1g 柠檬酸钠($C_6H_5O_7Na_3 \cdot 2H_2O$,分析纯)溶于 750mL 去离子水(B液,0.1mol/L);取 A液 55mL 与 B液 145mL 混匀,即为 0.1mol/L pH 5.6 的柠檬酸缓冲液。

⑤ 淀粉溶液(1%):称取 1.0g 淀粉溶于 100mL 0.1mol/L 的柠檬酸缓冲液(pH值5.6)中,4℃冰箱保存(保存时间不超过1周)。

4. 测定步骤

① 样品保存:将 5~10g 新鲜土壤样品放入事先经酸洗、蒸馏水冲洗及高压灭菌的玻璃采样瓶或无菌的塑料样品采集袋中,置于4℃的冷藏箱中,尽快运回实验室进行分析。

② 含水率测定:准确称取 5~10g 新鲜土壤样品,测定样品含水率。

③ 样品分散:准确称取新鲜土壤样品(1g左右),放入事先经高压灭菌的 50mL 三角瓶中,加入 10mL 无菌水,室温充分振荡、摇匀后,静置10min左右。

④ 葡萄糖标准曲线制备：取 7 支已灭菌的具塞试管，分别加入 0.0mL、0.2mL、0.4mL、0.8mL、1.2mL、1.6mL、2.0mL 的 1mg/L 的葡萄糖标准液（用去离子水补足至 2.0mL），分别加入 3mL 的 3,5-二硝基水杨酸试剂，摇匀后，置沸水浴中煮沸 5min，取出，流水冷却后，在 540nm 波长下测定光密度（OD 值），绘制标准曲线。

⑤ 酶促反应：取预先洗净、灭菌的干燥试管，分别在各试管中加入 1mL 预先制备好的土壤上清液，加入 2mL 的 1%淀粉溶液，摇匀后，置于生化培养箱中，37℃反应 6~8h。

⑥ 显色：取出后分别加入 3mL 的 3,5-二硝基水杨酸试剂，摇匀后，置沸水浴中煮沸 5min。

⑦ 测定：取出，流水冷却后，10000r/min 离心 10min，取上清液，立即在 540nm 下测定其 OD 值。同时，以加入 1mL 无菌水代替土壤上清液的反应作为空白对照。

5. 计算公式

$$U = \frac{C \cdot V_1}{t \cdot m}$$

式中：U 为淀粉酶活性[mg/(h·mg)]；C 为查标准曲线获得反应体系培养水解后产生的还原糖浓度(mg/L)；V_1 为反应体系的总体积(L)；t 为反应时间(h)；m 为反应体系中土壤烘干重(mg)。

6. 注意事项

① 为保证实验结果准确性，测定时，建议每个样品做 3 个平行。

② 如果所测定样品的吸光度值超过标准曲线最大值，则应该增加样品的稀释倍数或减少土壤样品的取样量。

③ 由于两种淀粉水解酶具有完全不同的特性，其中，α-淀粉酶对酸敏感，在 pH<3.6 时可迅速被钝化；β-淀粉酶对热敏感，在 70℃以上的温度时，15min 即可钝化。根据它们的这种特性，实际测定淀粉水解酶活性时，如有需要可钝化其中之一。将在非钝化条件下测定的淀粉水解酶总活力，减去钝化后测定的酶活力，即可计算出另一种淀粉酶的活力。

④ 蔗糖水解酶是一种与淀粉水解酶类似的水解酶，它能催化非还原性双糖（蔗糖）的 1,2-糖苷键裂解，将蔗糖水解为等量的葡萄糖和果糖（还原糖）。因此，也可参照此方法测定蔗糖水解酶的活性。

（二）蛋白酶

蛋白酶是一类能催化多肽或蛋白质水解的酶的总称。土壤蛋白酶参与土壤中存在的氨基酸、蛋白质以及其他含蛋白质氮有机化合物的转化，其水解产物是高等植物的氮源之一。蛋白酶的测定主要采用 1921 年 Folin 首创的 Folin-酚试剂法，1951 年 Lowry 对此法进行了改进，在样品中加入了碱性铜试剂，提高测定的灵敏度。Folin-酚试剂法如下：

1. 方法原理

利用蛋白质分子中具有酚基的氨基酸（如酪氨酸、色氨酸、苯丙氨酸等），在碱性条件下可还原磷钨酸和磷钼酸的混合物,生成蓝色的钨—钼蓝特性,利用蛋白水解酶分解酪素(底物),生成含酚基的氨基酸,通过测定680nm处反应体系中钨—钼蓝混合物的生成量,间接测定蛋白水解酶的活性。

2. 仪器设备

分析天平、离心机、分光光度计、生化培养箱、恒温水浴、pH计等。

3. 试剂溶液

① Tris缓冲溶液(1mmol/L,pH 8.5):称取121g的Tris碱(优级纯),溶解于800mL去离子水中,用浓盐酸(37%,优级纯)调节pH 8.5,定容至1L,即为1mol/L的Tris-HCl母液(过滤密闭保存)。使用时将母液稀释1000倍,即为1mmol/L的缓冲溶液。

② 碳酸钠溶液(0.4mol/L):准确称取42.4g无水碳酸钠(Na_2CO_3,分析纯),溶解于去离子水中,定容至1L。

③ 三氯乙酸溶液(0.4mol/L):准确称取65.4g的三氯乙酸($C_2HCl_3O_2$,分析纯),溶解于去离子水中,定容至1L。

④ NaOH溶液(0.5mol/L):准确称取2.0g氢氧化钠(NaOH,分析纯),溶解于去离子水中,定容至100mL。

⑤ 浓磷酸溶液(85%,1.689g/cm³,分析纯)。

⑥ 溴水(Br_2,分析纯,含量99%)。

⑦ 浓盐酸(分析纯)。

⑧ 硫酸锂($LiSO_4$,分析纯)。

⑨ 福林(Folin)试剂储备液:在2000mL的磨口回流装置中,加入钨酸钠($Na_2WO_4 \cdot 2H_2O$,分析纯)100g、钼酸钠($Na_2MoO_4 \cdot 2H_2O$,分析纯)25g、去离子水700mL、85%磷酸50mL、浓盐酸100mL,小火沸腾回流10h。反应结束后,取下回流冷凝器,在通风柜中加入硫酸锂($LiSO_4$)50g、去离子水50mL和数滴浓溴水(99%),再微沸15min,以除去多余的溴(冷却后如溶液中仍有绿色,则需重新加入溴水,再煮沸除去过量的溴)。冷却后用去离子水定容至1000mL,混匀,过滤。制得的试剂应呈金黄色,储存于棕色瓶内,4℃冰箱中保存。

⑩ 福林试剂使用液:将上述的福林试剂储备液与去离子水按1:2的比例混合,摇匀后,即为福林试剂使用液。使用时,现配现用。

⑪ 酪素溶液(10.0mg/mL):称取酪素1.000g,用少量0.5mol/L的氢氧化钠溶液润湿,加入适量的Tris缓冲液,在水浴中加热搅拌,直至完全溶解,冷却后,转入100mL容量瓶中,用Tris缓冲液稀释至刻度。此溶液需在4℃冰箱内储存(保存期最好不超过3天)。

⑫ 酪氨酸标准溶液(100μg/mL):准确称取预先在105℃干燥至恒重的L-酪氨酸($C_9H_{11}NO_3$)0.1000g,用1mol/L盐酸60mL溶解后,用去离子水定容至1L,即为100μg/mL酪氨酸标准溶液。

4. 测定步骤

① 样品保存:将5~10g新鲜土壤样品放入事先经酸洗、蒸馏水冲洗及高压灭菌的玻

璃采样瓶或无菌的塑料样品采集袋中,置于4℃的冷藏箱中,尽快运回实验室进行分析。

② 含水率测定:准确称取5~10g新鲜土壤样品,测定样品含水率。

③ 样品分散:准确称取新鲜土壤样品(1g左右),放入事先经高压灭菌的50mL三角瓶中,加入10mL的无菌水,室温充分振荡、摇匀后,静置10min左右。

④ 对硝基苯酚标准曲线制作:取7支干净的试管,加入0.00mL、0.10mL、0.20mL、0.30mL、0.40mL、0.50mL、0.60mL的100μg/mL酪氨酸标准溶液,添加去离子水至1mL,然后分别加入0.4mol/L的碳酸钠溶液5mL、福林试剂实验溶液1mL,混匀后,置于40℃恒温水浴中显色20min,取出后,在680nm波长处比色,测定其吸光度值(以不含酪氨酸为空白),绘制标准曲线。

⑤ 酶促反应:在事先已经高压灭菌的试管中加入适量的静置后土壤上清液(通常为1mL),然后加入2mL 10.0mg/mL的酪素溶液,摇匀后,将试管放入30℃的生化培养箱中,反应6~8h。

⑥ 反应终止:反应结束后,在试管中加入2mL 0.4mol/L三氯乙酸,以终止反应,再放入离心机以10000r/min离心10min。

⑦ 测定:取离心后上清液1mL,放入干净的试管中,分别加5mL 0.4mol/L的Na_2CO_3、1mL福林试剂使用液,置于40℃恒温水浴中显色20min,取出后,680nm波长比色,测定OD值。测定时,以加入1mL无菌水代替土壤上清液的反应作为空白对照。为减少误差,每个样品需做3个平行。

5. 计算公式

$$U = \frac{C \cdot V_1}{t \cdot m}$$

式中:U为蛋白酶活性[mg/(h·mg)];C为查标准曲线获得反应体系培养水解后产生的具有酚基的氨基酸浓度(mg/L);V_1为反应体系的总体积(L);t为反应时间(h);m为反应体系中土壤烘干重(mg)。

6. 注意事项

① 为减少实验的误差,所用三角瓶、试管、移液器等仪器最好预先进行灭菌处理。

② 如果所测定样品的吸光度值超过标准曲线最大值,则应该增加样品的稀释倍数或减少土壤样品的取样量。

③ 由于蛋白酶存在酸性、中性和碱性三大类,因此,测定不同土壤或沉积物中蛋白酶活性时,最好根据所测定土壤pH,采用相应pH缓冲体系,一般在pH 5.5~8.5进行选择。

(三) 碱性磷酸酶

碱性磷酸酶是一类广泛存在于湿地土壤和沉积物环境的酶,能催化几乎所有的磷酸单脂的水解反应,产生无机酸和相应的醇、酚或糖。通常在湿地水生态系统中缺乏正磷酸盐时,碱性磷酸酶将由藻类及细菌体诱导产生,因此,碱性磷酸酶活性(alkaline phosphatase activity，APA)常被用作系统中磷缺乏的指示参数。另外，因间隙水中溶解活性磷变化的调节作用，淡水湖沉积物中碱性磷酸酶活性与磷的释放速率也成正相关。测定碱性磷酸酶的方法主要有 Gomori 钙钴法、对硝基苯磷酸二钠法(pNPP 偶氮法)、磷酸苯二钠法、邻甲基荧光素法和茜素红法等。但对湿地土壤和沉积物中 APA 的测定，应用较广泛的主要为磷酸苯二钠法。磷酸苯二钠比色法如下：

1. 方法原理

在碱性(pH 10 左右)环境中，碱性磷酸酶催化磷酸苯二钠水解生成酚和磷酸氢钠，酚在碱性溶液中与 4-氨基安替比林作用，经铁氰化钾氧化生成红色醌的衍生物，根据红色深浅程度确定碱性磷酸酶活性的大小。

2. 仪器设备

分析天平、生化培养箱、离心机、分光光度计。

3. 试剂溶液

① 甲苯(C_7H_8，分析纯)。

② 磷酸苯二钠溶液(5%)：取 5.0g 磷酸苯二钠($C_6H_5Na_2O_4P$，分析纯)溶于 100mL 去离子水中。

③ 硫酸铝溶液(0.3%)：称取 0.3g 硫酸铝(分析纯)，溶于 100mL 去离子水中。

④ 硼酸盐缓冲液(pH 9.6 与 pH 10.0)：称取 12.404g 硼酸(H_3BO_3)溶于 700mL 去离子水中，用稀 NaOH 溶液调节至 pH 10.0，用去离子水稀释至 1000mL。

⑤ 氯代二溴对苯醌亚胺试剂：取 0.125g 2,6-二溴对苯醌亚胺，用 10mL 96%的乙醇溶解呈黄色液体，储存于棕色瓶中，低温避光冷藏(保存备用，若变为褐色，则不可使用)。

⑥ 酚标准储备液(10.00mmol/L)：准确称取 0.9411g 酚(试剂纯)溶于去离子水中，并稀释至 1000mL，保存于棕色瓶中备用。

⑦ 酚标准使用液(0.100mmol/L)：取 10mL 酚标准储备液于 1000mL 容量瓶中，用去离子水稀释至刻度。

⑧ 4-氨基安替比林显色液(0.2%)：称取 2.000g 的 4-氨基安替比林($C_{11}H_{13}N_3O$，分析纯)溶于水，稀释至 100mL，于 4℃冰箱中保存(可使用 1 周)。

⑨ 铁氰化钾溶液(8%)：称取 8.00g 铁氰化钾(分析纯)溶于水，稀释至 100mL，于 4℃冰箱中保存(可使用 1 周)。

4. 测定步骤

① 溶剂提取：取 5g 经冷冻干燥、研磨并过筛(100 目)的土壤于 200mL 三角瓶中，加入 2.5mL 甲苯，振荡 15min，进行有机溶剂提取。

② 酶促反应：加入 20mL 0.5%磷酸苯二钠于反应混合物中，并将三角瓶置于 37℃恒温培养箱内，培养 24h。同时做无土壤对照实验，其操作与有样品相同。

③ 过滤：在有样品和对照的培养液中，分别加入 100mL 0.3%硫酸铝溶液，用致密滤

纸过滤。

④ 标准曲线绘制：量取 0.0mL、1.0mL、3.0mL、5.0mL、7.0mL、9.0mL、11.0mL、13.0mL 酚的标准使用液(0.100mmol/L)，置于 8 支 50mL 容量瓶中，每瓶加入 5mL 硼酸盐缓冲液和 4 滴氯代二溴对苯醌亚胺试剂，显色(蓝色)后稀释至 50mL 刻度，30min 后在分光光度计上于 660nm 处比色测定 OD 值，得苯酚浓度(mmol/L)与光密度之间的标准曲线。

⑤ 测定：取滤液 3mL，置于 50mL 容量瓶中，然后按绘制标准曲线所述方法显色，得各土壤试样和对照样的光密度值并计算出酚的对应浓度。

5. 计算公式

$$U = \frac{(C_1 - C_0) \times V \times N}{t \times m \times 10^3}$$

式中：U 为碱性磷酸酶[mmol/(h·mg)]；C_1 为查标准曲线获得土壤样品反应液中酚的浓度(mmol/L)；C_0 为查标准曲线获得对照反应液中酚的浓度(mmol/L)；V 为显色体系的液体体积(L)；N 为分取倍数；t 为反应时间(h)，本测定方法取 24h；m 为土壤烘干重(g)；10^3 为 g 与 mg 的换算系数。

6. 注意事项

① 推荐反应条件为 pH 8.4~8.5(用 Tris 缓冲溶液调配)、温度为 30℃、反应时间为 6h，特别注意反应时间一定要精确。

② 由于细菌也产生碱性磷酸酶，且测定样品时需在 30℃ 下反应(6h)，为减少细菌引入的误差，所用三角瓶、试管、移液器等预先进行灭菌处理。

③ 每个实验需设置一个空白对照，以等体积的无菌蒸馏水代替土壤样品，其他操作与样品测定相同，以检验试剂纯度、基质自身分解及土壤对实验结果的影响。此外，为保证实验结果的准确性，建议每个样品在测定时，设置 3 个平行。空白对照一定要先加 NaOH，后加酶。

④ 若所测定样品的吸光度值超过标准曲线最大值，则应该增加样品的稀释倍数或减少样品的取样量。

(四) 脲酶

脲酶存在于大多数的细菌、真菌和高等植物体中，是一种极为专性的酰胺酶，特异性地催化尿素水解，释放出氨和二氧化碳。土壤中的脲酶，通常与土壤中微生物数量、有机物质含量、氮含量等密切相关，土壤中脲酶活性常用于表征土壤中氮的状况及其转化进程，用苯酚钠—次氯酸钠比色法测定脲酶。

1. 方法原理

利用脲酶水解尿素生成的氨，在碱性溶液中可与苯酚—次氯酸钠反应，生成蓝色的化合物，通过测定 578nm 处吸光度，即反应体系中靛酚蓝的生成量，来间接测定脲酶的活性，也可以通过测定体系中未水解的尿素量来反映脲酶的活性。

2. 仪器设备

分析天平、离心机、分光光度计、pH 计、生化培养箱。

3. 试剂溶液

① 甲苯(C_7H_8,分析纯)。

② 尿素溶液(10%):称取 10g 尿素[$CO(NH_2)_2$,分析纯],溶于 100mL 去离子水中。

③ 次氯酸钠溶液(0.9%):称取 0.9g 次氯酸钠(NaClO,分析纯),溶于 100mL 去离子水中,使用时现配。

④ 柠檬酸盐缓冲液(pH 6.7):分别称取 184.0g 柠檬酸($C_6H_8O_7 \cdot H_2O$,分析纯)和 147.5g 氢氧化钾(KOH,分析纯),溶于去离子水中,用 1mol/L 的 NaOH 将 pH 调至 6.7,用去离子水定容至 1000mL。

⑤ 苯酚钠溶液(1.35mol/L):称取 62.5g 苯酚(C_6H_5OH,分析纯)溶于少量乙醇(CH_3CH_2OH,分析纯)中,加 2mL 甲醇(CH_3OH,分析纯)和 18.5mL 丙酮(C_3H_6O,分析纯),用乙醇稀释至 100mL(A 液),储存于 4℃冰箱中;称取 27g NaOH(分析纯)溶于 100mL 去离子水中(B 液),储存于 4℃冰箱中。使用前,分别取 A 液、B 液各 20mL 混合,用去离子水稀释至 100mL 即可。

⑥ 氮标准溶液(10mg/L):精确称取 105~110℃下烘干约 4h 的硫酸铵[$(NH_4)_2SO_4$,分析纯]0.4717g,溶于去离子水中,定容至 1000mL,制成氮标准储备液(100mg/L),储存于 4℃冰箱中。使用时,将上述 100mg/L 的氮标准储备液稀释 10 倍,即为氮标准液(10mg/L)。

4. 操作步骤

① 样品保存:将 5~10g 新鲜土壤样品放入事先经酸洗、蒸馏水冲洗及高压灭菌的玻璃采样瓶或无菌的塑料样品采集袋中,置于 4℃的冷藏箱中,尽快运回实验室进行分析。

② 含水率测定:准确称取 5~10g 新鲜土壤样品,测定样品含水率。

③ 样品分散:准确称取新鲜土壤样品(1g 左右),放入事先经高压灭菌的 50mL 三角瓶中,加入 10mL 的无菌水,室温充分振荡、摇匀后,静置 10min 左右。

④ 标准曲线制作:分别吸取 0.0mL、1.0mL、3.0mL、5.0mL、7.0mL、9.0mL、11.0mL、13.0mL 的氮标准溶液(10mg/L),置于 8 支 50mL 的干净具塞刻度试管中,添加去离子水至约 20mL,然后加入 4mL 苯酚钠溶液和 3mL 次氯酸钠溶液,用去离子水定容至 50mL,摇匀。显色 20min 后,578nm 处比色,测定 OD 值,然后以氮标准液浓度(0.0000mg/mL、0.0002mg/mL、0.0006mg/mL、0.0010mg/mL、0.0014mg/mL、0.0018mg/mL、0.0022mg/mL、0.0026mg/mL)为横坐标,吸光值为纵坐标,绘制标准曲线。

⑤ 酶促反应:在事先已经高压灭菌的试管中加入适量的静置后沉积物上清液(通常为 1mL),然后加入 0.1mL 甲苯,振荡、混合均匀。放置 15min 后,加入 2mL 的柠檬酸盐缓冲液(pH 6.7)和 2mL 的 10%尿素溶液,摇匀后,在 37℃的生化培养箱中培养 24h。

⑥ 测定:反应结束后,将试样离心(10000r/min,10min),取上清液 1mL,置于 50mL 的干净具塞刻度试管中,加入 4mL 苯酚钠溶液和 3mL 次氯酸钠溶液,去离子水定容,摇匀后,显色 20min。在 1h 内,测定 578nm 处的吸光度值。测定时,以加入 1mL 无菌水代替土壤上清液的反应作为空白对照。为减少实验误差,每个样品需做 3 个平行。

5. 计算公式

$$U = \frac{C \cdot V_1}{t \cdot m}$$

式中：U 为脲酶活性[mg/(h·mg)]；C 为查标准曲线获得反应体系中水解后产生的 NH_3—N 浓度(mg/L)；V_1 为反应体系的总体积(L)；t 为反应时间(h)；m 为反应体系中土壤烘干重(mg)。

6. 注意事项

① 如果所测定样品的吸光度值超过标准曲线最大值，则应该增加样品的稀释倍数或减少沉积物样品的取样量。

② 由于靛酚所形成的蓝色，在 1h 内可保持稳定，因此，比色测定需在 1h 内完成。

③ 为减少实验误差，所用三角瓶、试管、移液器等仪器最好预先进行灭菌处理。

三、转移酶和裂解酶

土壤中除了氧化还原酶和水解酶，还有转移酶(transferase)和裂解酶(lyases)，这两类酶在土壤的物质转化中也起着重要的作用，已发现的土壤转移酶类有蔗糖酶(invertase)、转氨酶(transaminase)、硫氰酸酶(rhodanese)、谷胱甘肽硫转移酶(glutathione S-transferases，GSTs)等；裂解酶有天门冬氨酸脱羧酶(aspartate decarboxylase)、谷氨酸脱羧酶(glutamate decarboxylase)、色氨酸脱羧酶(tryptophan decarboxylase)等。土壤转移酶是土壤中催化某些化合物中基团的分子间或分子内转移伴随能量传递的一类酶，在核酸、脂肪和蛋白质代谢以及激素合成转化过程中具有重要意义。例如在转氨酶的作用下，氨基酸的氨基转移形成新的氨基化合物。土壤裂解酶是指土壤中催化有机化合物化学键非水解裂解或加成反应的酶。

(一) 蔗糖酶

蔗糖酶是根据其酶促基质——蔗糖而得名，又叫转化酶或 β-D-呋喃果糖苷酶，它对增加土壤中易溶性营养物质起着重要的作用。蔗糖酶与土壤有机质、氮、磷含量、微生物数量及土壤呼吸强度有关。一般情况下，土壤肥力越高，蔗糖酶活性越高，它不仅能够表征土壤生物学活性强度，也可以作为评价土壤熟化程度和土壤肥力水平的一个指标。

1. 方法原理

土壤蔗糖酶将蔗糖促水解为还原糖，还原糖与 3,5-二硝基水杨酸在沸水浴中反应而生成橙色的 3-氨基-5-硝基水杨酸，颜色深度与还原糖量呈正相关，因而可用还原糖量来表示蔗糖酶的活性。

2. 仪器设备

分析天平、pH 计、分光光度计、生化培养箱、水浴锅、50mL 三角瓶、离心机、离心管。

3. 试剂溶液

① 蔗糖水溶液(80g/L)：称取 8g(精确至 0.01g)蔗糖($C_{12}H_{22}O_{11}$)加水溶解后并定容至 100mL。

② 磷酸氢二钠溶液(A 液)：称取 11.876g(精确至 0.0001g)二水合磷酸氢二钠($Na_2HPO_4 \cdot H_2O$，分析纯)用水溶解定容至 1L。

③ 磷酸二氢钾溶液(B 液)：称取 9.078g(精确至 0.0001g)磷酸二氢钾(KH_2PO_4，分析纯)用水溶解定容至 1L。

④ 磷酸缓冲液(pH 5.5)：取 A 液 0.5mL 和 B 液 9.5mL 混合均匀即可。

⑤ 葡萄糖标准液(1mg/mL)：预先将葡萄糖置 98~100℃ 干燥 2h，准确称取 50mg(精确至 0.0001g)葡萄糖于烧杯中，用水溶解后，移至 50mL 容量瓶中，定容，摇匀备用(4℃冰箱中保存期不超过 7 天)。若该溶液发生混浊和出现絮状物现象，则应弃之，重新配制。

⑥ 3,5-二硝基水杨酸试剂(DNS 试剂)：称取 0.5g(精确至 0.0001g)3,5-二硝基水杨酸($C_7H_4N_2O_7$)，溶于 20mL 2mol/L 氢氧化钠溶液中再加入 50mL 水，再称取 30g(精确至 0.01g)酒石酸钾钠($KNaC_4H_4O_6 \cdot 4H_2O$，分析纯)，溶于上述溶液中，用水定容至 100mL(保存期不超过 7 天)。

⑦ 甲苯(C_7H_8，分析纯)。

4. 操作步骤

① 样品保存：将 5~10g 新鲜土壤样品放入事先经酸洗、蒸馏水冲洗及高压灭菌的玻璃采样瓶或无菌的塑料样品采集袋中，置于 4℃ 的冷藏箱中，尽快运回实验室进行分析。

② 含水率测定：准确称取 5~10g 新鲜土壤样品，测定样品含水率。

③ 样品分散：准确称取新鲜土壤样品(1g 左右)，放入事先经高压灭菌的 50mL 三角瓶中，加入 10mL 的无菌水，室温充分振荡、摇匀后，静置 10min 左右。

④ 标准曲线绘制：分别吸取 1mg/mL 的葡萄糖标准液 0.00mL、0.10mL、0.20mL、0.30mL、0.40mL、0.50mL 于 50mL 比色管中，再补加水至 1mL，加 DNS 试剂 3mL 混匀，于沸水浴中准确反应 5min(从试管放入重新沸腾时算起)，取出后立即于冷水浴中冷却至室温，用水定容至 50mL，以空白管调零在波长 540nm 处比色，以吸光值为纵坐标，以葡萄糖浓度为横坐标绘制标准曲线。

⑤ 蔗糖酶测定：称取 5g 土壤(精确至 0.0001g)(如含量高可适当减少称样量)，置于 50mL 具塞三角瓶中，加入 15mL 80g/L 蔗糖溶液、5mL 磷酸缓冲液和 5 滴甲苯，摇匀混合后，放入恒温培养箱，在 37℃±1℃ 下培养 24h，取出迅速过滤。准确吸取滤液 1.00mL，注入 50mL 容量瓶中，加入 3mL DNS 试剂，沸水水浴 5min，随即将容量瓶移至自来水流下冷却 3min。溶液因生成 3-氨基-5-硝基水杨酸而呈橙黄色，最后用水定容至 50mL，在分光光度计上于 540nm 处进行比色。

5. 结果计算

蔗糖酶活性以单位时间内 1g 风干土壤可水解生成葡萄糖毫克数表示，计算公式：

$$U = \frac{(C_1 - C_2) \cdot V \cdot N}{m \cdot f \cdot t}$$

式中：U 为样品中蔗糖酶的含量[mg/(h·g)]；C_1 为加基质样品由标准曲线求得的葡萄糖的含量(mg/mL)；C_2 为未加基质样品由标准曲线求得的葡萄糖的含量(mg/mL)；V 为显色定容体积(mL)；N 为分取倍数；t 为反应时间(h)；f 为烘干土壤占新鲜土壤比例(%)；m 为反应体系中土壤鲜重(g)。

6. 注意事项

① 每一个样品应该做一个无基质对照，以等体积的水代替基质(80g/L 蔗糖水溶液)，其他操作与样品实验相同，以排除土样中原有的蔗糖、葡萄糖对实验结果的影响。

② 整个实验设置一个无土对照，不加土样，其他操作与样品实验相同，以检验试剂纯度和基质自身分解，即空白试验。

③ 如果样品吸光值超过标准曲线最大值，则应该增加分取倍数或减少培养的土样。

(二) 谷胱甘肽硫转移酶

谷胱甘肽硫转移酶是指一簇分布于各种生物体内的同工酶，它能催化结构不同的内源性或外源性亲电性化合物或其代谢产物的亲电基团与还原型谷胱甘肽的巯基偶联，增加其疏水性，使其易于穿越细胞膜，并在被分解后排出体外，从而达到解毒的目的，它可催化包括烃基、芳基、芳烃基、烯基和环氧基等在内的转移反应，是环境毒理学中常用的一种酶。

1. 方法原理

由于谷胱甘肽硫转移酶可以将 1-氯-2,4-二硝基苯(CDNB)转化为 2,4-二硝基苯，它与谷胱甘肽结合后生成的 2,4-二硝基苯-谷胱甘肽复合物，于 340nm 处有最大吸收峰。因此，通过测定体系中 2,4-二硝基苯-谷胱甘肽复合物的生成量，即可间接测定谷胱甘肽硫转移酶的活性。

2. 仪器设备

分析天平、pH 计、分光光度计、生化培养箱。

3. 试剂溶液

① 1-氯-2,4-二硝基苯溶液(30mmol/L)：称取 0.606g 的 1-氯-2,4-二硝基苯[$ClC_6H_3(NO_2)_2$，分析纯]，溶解于无水乙醇(分析纯)中，定容至 100mL，储存于 4℃ 冰箱中。

② 谷胱甘肽溶液(30mmol/L)：准确称取 0.9219g 的谷胱甘肽(GSH，试剂纯)，溶解于无水乙醇(分析纯)中，定容至 100mL，储存于 4℃ 冰箱中。

③ 三氯乙酸溶液(20%)：称取 20g 三氯乙酸(分析纯)，溶解于去离子水中，定容至 100mL。

④ 磷酸氢二钾—磷酸二氢钾缓冲液(10mmol/L，pH 6.5)：准确称取无水磷酸氢二钾(分析纯)1.74g，溶于去离子水中，定容至 1000mL；准确称取无水磷酸二氢钾(分析纯)

1.36g，溶于去离子水中，定容至1000mL。分别取上述磷酸氢二钾溶液330mL、磷酸二氢钾溶液670mL，将二者混匀、调pH至6.5后，置4℃冰箱备用。

⑤ 2,4-二硝基苯标准溶液（10mmol/L）：准确称取0.1841g在105~110℃下烘干约4h的2,4-二硝基苯酚（分析纯），溶于去离子水中，定容至100mL，储存于4℃冰箱中。

4. 操作步骤

① 样品保存：将5~10g新鲜土壤样品放入事先经酸洗、蒸馏水冲洗及高压灭菌的玻璃采样瓶或无菌的塑料样品采集袋中，置于4℃的冷藏箱中，尽快送回实验室进行分析。

② 含水率测定：准确称取5~10g新鲜土壤样品，测定样品含水率。

③ 样品分散：准确称取新鲜土壤样品（1g左右），放入事先经高压灭菌的50mL三角瓶中，加入10mL的无菌水，室温充分振荡、摇匀后，静置10min左右。

④ 标准曲线制备：分别取2,4-二硝基苯标准溶液（10mmol/L）0.00mL、0.25mL、0.50mL、1.00mL、1.50mL、2.00mL、2.50mL，分别加入7支25mL洗净烘干的具塞刻度试管中，再加入1.0mL磷酸氢二钾—磷酸二氢钾缓冲液（10mmol/L，pH 6.5），用去离子水定容至10mL。然后加入2.0mL谷胱甘肽溶液（30mmol/L），充分混匀，置于30℃生化培养箱，静置15min后，取出，340nm处比色测定OD值，绘制标准曲线。

⑤ 酶促反应：在事先已经高压灭菌的干净试管中分别加入1.0mL土壤上清液（10000r/min，离心10min）、1.0mL磷酸氢二钾—磷酸二氢钾缓冲液（10mmol/L，pH值6.5）、2.0mL 1-氯-2,4-二硝基苯溶液（30mmol/L）、6.0mL去离子水，充分摇匀后，置于30℃生化培养箱中，培养4~8h（空白对照，以1.0mL无菌水替代土壤上清液，其余同样品处理）。测定时，每个样品做3个平行。

⑥ 终止反应：培养结束后，加入1.0mL三氯乙酸（20%），终止反应。

⑦ 测定：取1.0mL反应后的混合溶液，放入洗净烘干的具塞刻度试管中，用去离子水定容至10mL，然后加入2.0mL谷胱甘肽溶液（30mmol/L），充分混匀，置于30℃生化培养箱，静置15min后取出，340nm处比色测定OD值。

5. 结果计算

$$U = \frac{C \cdot V_0 \cdot V_2}{t \cdot m \cdot V_1}$$

式中：U为谷胱甘肽硫转移酶活性[mmol/(h·mg)]；C为反应体系培养后，由标准曲线查得产生二硝基苯的含量（mmol/L）；V_0为显色反应体系的总体积（L）；V_2为酶反应体系的总体积（L）；V_1为从酶反应体系中取出用于显色的溶液体积（L）；t为反应时间（h）；m为反应体系中烘干土壤干重（mg）。

6. 注意事项

① 如果所测定样品的吸光度值超过标准曲线最大值，则应该增加样品的稀释倍数或减少样品的取样量。

② 为减少实验误差，所用底物1-氯-2,4-二硝基苯溶液的浓度、用量、培养时间及培养后从酶反应体系中取出用于显色的溶液体积等，均可根据系统中谷胱甘肽硫转移酶活性而进行适当的调整，以使反应后体系内二硝基苯的含量处于适宜检测的范围内。

参 考 文 献

[1] 鲍士旦，2000. 土壤农化分析(第三版)[M]. 北京：中国农业出版社.

[2] 曹慧，孙辉，杨浩，等，2003. 土壤酶活性及其对土壤质量的指示研究进展[J]. 应用与环境生物学报，9：105-109.

[3] 车荣晓，王芳，王艳芬，等，2016. 土壤微生物总活性研究方法进展[J]. 生态学报，36(8)：2103-2112.

[4] (德)施特尔马赫(Stellmach，Bruno)，1992. 酶的测定方法[M]. 钱嘉渊，译. 北京：中国轻工业出版社.

[5] 范成新，2018. 湖泊沉积物调查规范[M]. 北京：科学出版社.

[6] 耿玉清，王冬梅，2012. 土壤水解酶活性测定方法的研究进展[J]. 中国生态农业学报，20：387-394.

[7] 关松荫，1986. 土壤酶及其研究法[M]. 北京：农业出版社.

[8] 黄代中，肖文娟，刘云兵，等，2009. 浅水湖泊沉积物脱氢酶活性的测定及其生态学意义[J]. 湖泊科学，21：345-350.

[9] 林先贵，土壤微生物研究原理与方法[M]. 北京：高等教育出版社.

[10] 刘善江，夏雪，陈桂梅，等，2011. 土壤酶的研究进展[J]. 中国农学通报，27(21)：1-7.

[11] 陆梅，孙向阳，田昆，2020. 纳帕海高原湿地土壤微生物多样性研究[M]. 北京：中国林业出版社.

[12] 鲁如坤，2000. 土壤农业化学分析方法[M]. 北京：中国农业科技出版社.

[13] 骆世明，2001. 农业生态学[M]. 北京：中国农业出版社.

[14] 吕宪国，等. 2005. 湿地生态系统观测方法[M]. 北京：中国环境科学出版社.

[15] 日本土壤微生物研究会，1983. 土壤微生物实验法[M]. 叶维青，译. 北京：科学出版社.

[16] 田雅楠，王红旗，2011. Biolog法在环境微生物功能多样性研究中的应用[J]. 环境科学与技术，34(3)：50-57.

[17] 万忠梅，吴景贵，2005. 土壤酶活性影响因子研究进展[J]. 西北农林科技大学学报(自然科学版)，33(6)：87-92.

[18] 伍光和，王乃昂，胡双熙，等，2007. 自然地理学[M]. 北京：高等教育出版社.

[19] 许光辉，郑洪元，1986. 土壤微生物分析方法手册[M]. 北京：农业出版社.

[20] 杨持，2017. 生态学实验与实习(第3版)[M]. 北京：高等教育出版社.

[21] 张海燕，丁玉，尹瑞卿，等，2007. 脂肪酶酶活性的最新研究[J]. 生物学通报，42：16-17.

[22] 张丽莉，陈利军，张玉兰，等，2005. 土壤氧化还原酶催化动力学研究进展[J]. 应用生态学报，16：371-374.

[23] 张咏梅，周国逸，吴宁，2004. 土壤酶学的研究进展[J]. 热带亚热带植物学报，12：83-90.

[24] 张玉兰，陈利军，刘桂芬，等，2003. 土壤水解酶类催化动力学研究进展[J]. 应用生态学报，14：2326-2332.

[25] 中国科学院南京土壤研究所，1978. 土壤理化分析[M]. 上海：上海科技出版社.

[26] 中华人民共和国国家质量监督检验检疫总局, 中国国家标准化管理委员会, 2009. 蛋白酶制剂(GB/T 23527—2009)[S]. 北京: 中国标准出版社.

[27] 周东兴, 李淑敏, 张迪, 2009. 生态学研究方法及应用[M]. 哈尔滨: 黑龙江人民出版社.

[28] Chróst R J, 1991. Microbial enzymes in aquatic environments[M]. New York: Springer-Verlag.

[29] Garland J L and Mills A L, 1991. Classification and Characterization of Heterotrophic Microbial Communities on the Basis of Patterns of Community Level Sole Carbon-Source Utilization[J]. Applied and Environmental Microbiology, 57: 2351-2359.

[30] Kramer D N, Guilbault G G, 1963. A substrate for the fluorimetric determination of lipase activitity[J]. Analytical Chemistry, 35: 588-589.

[31] Lenhard G, Ross W R, Du P A, 1962. A Study of method for the classification of bottom deposits of natural waters[J]. Hydrobiologia, 20: 223-240.

[32] Liu W, Marsh T, Cheng H, et al, 1997. Characterization of microbial diversity by determining terminal restriction fragment length polymorphisms of genes encoding 16S rRNA[J]. Applied and Environmental Microbiology, 63 (11): 4516-4522.

[33] Muyzer G, Smalla K, 1998. Application of denaturing gradient gel electrophoresis(DGGE) and temperature gradient gel electrophoresis (TGGE) in microbial ecology[J]. Antonie Leeuwenhoek, 73 (1): 127-141.

[34] Neto M, Ohannessian A, Delolme C, et al, 2007. Towards an optimized protocol for measuring global dehydrogenase activity in storm-water sediments[J]. J Soils Sediments, 7(2): 101-110.

[35] Shendure J, Ji H, 2008. Next-generation DNA sequencing[J]. Nature Biotechnology, 26: 1135-1145.

[36] Stubberfield L C F, Shaw P J A, 1990. A comparison of tetrazolium reduction and FDA hydrolysis with other measurements of microbial activity[J]. Journal of Microbiological Methods, 12: 151-162.

[37] Swisher R, Carroll G C, 1980. Fluorescein diacetate hydrolysis as an estimator of microbial biomass on coniferous needle surfaces[J]. Microbial Ecology, 6: 217-226.

第八章 湿地气象与大气环境

气候是自然地理过程的主要因素之一，直接影响到湿地水文条件、地貌外营力和土壤、植被的形成和分布。湿地作为一个位于水陆结合部位的宏观开放系统，其动植物、水文、土壤的分布和性质变化必然受气候的直接影响。温度和降水可以在很大程度上影响动物的生长繁殖与地理分布。降水既可以淹没动物的栖息场所，淹死某些动植物，干扰热能代谢平衡，使动物植物过冷过热而死，也会改变湿地环境的温度和湿度，改变食物和水分来源，从而间接地影响动物的生活和数量。风可以减小大气湿度，破坏植物正常的水分平衡，使成熟的细胞不能发育到正常大小，组织器官小型化、矮化和旱生化，使生物量降低。风还能促进动物的主动迁移和被动迁移。

在湿地生态系统中，气候只是环境因素之一。湿地中的水生植被类型不仅与气候条件有关，还与沉积物、水文和水化学状况有关。湿地气候的调查是研究湿地动植物和湿地生态环境的基础工作之一。

第一节 湿地气候环境与观测方法

湿地气候调查的目的是收集气候资料，利用已有的气象台(站)和气象部门刊印的资料报表、地方气候志、农业气候区划、区域气候普查、地面基本气候资料、气候图集和手册以及气候资料汇编等，查阅、摘抄和统计气候要素，了解当地气候。主要调查内容：

① 气候特征：包括全年气候特征、四季气候特征、流域小气候特征等。

② 主要气象要素：包括气温(年平均气温、1月和7月平均气温、≥10℃积温)，降水(年、季、月降水量、降水日数)，风(年平均风速和风向频率、年际主导风向、大风日数)，湿度和蒸发(年平均相对湿度、年平均蒸发量、干燥度)，日照和云量(年平均日照时数、日辐射量、季节变化特点、年平均总云量、晴阴日数)，地温、冻土和霜冻(年平均地面温度、最大冻土深度、无霜期、冰情)，天气现象(降雪、积雪、雷暴、冰雹、沙暴、台风)等。

由于湿地大多人烟稀少、远离正规气象台(站)，所收集的资料由于位置、面积尺度和形状等与气象台(站)的覆盖情况有所不同，因此，不一定能满足资料代表性的要求。如果湿地附近有气象台(站)观测站点时，就要用这些站点的数据加以内插修正。如果附近没有观测站,或虽有观测站却没有所需数据时,就应进行独立的观测。以湿地生境和野生动植物保护为目的的自然保护地,就更需建立自己的长期气候气象观测站,对影响湿地和野生动植物较大的气候因子进行监测,积累有关动植物种群与气候变化数据,分析气候与湿地动物动态之间的相互关系,为湿地保护和管理服务。

一、小气候观测基本要求和方法

(一)观测目的

因为小气候观测项目很多,资料应用很广,如鉴定动物、植物生长发育的气候学指标、研究湿地水热平衡条件、分析湿地水分动态以及光能利用效率、CO_2吸收转换与土壤—植物—大气的物质能量交换等,这些目的互异、要求各不相同,所需观测项目、仪器种类等都会有很大差异。因此,要求观测者在测点设置前明确观测目的,把精力集中在关键性要素上,以避免过多地耗费人力物力。

(二)选择有代表性测点

测点选择是否适当,对观测资料的代表性、准确性和比较性影响极大。除某些特殊研究,需在代表性地点建立专业测点外,一般测点要求建在空旷平坦,四周无河流、道路与障碍物,且能反映当地一般地形、地势、土壤、耕作制度和管理水平的地方。在有障碍物的情况下,测点距离障碍物应不小于10倍障碍物的高度,观测地段面积$0.208 \sim 0.334 hm^2 (3 \sim 5 亩)$。

(三)环境调查

环境调查是正确分析小气候形成规律的一个重要环节。某地小气候特征与该地自然地理状况有密切联系,特别是与地形、植被、土壤等。所获得的环境调查资料无论在阐明小气候形成规律或对比分析不同地区小气候差异时,都是必不可少的。

(四)观测方法

1. 对比观测法

任何下垫面上的小气候特征,都是与开阔平坦裸地作比较的方法来估算和说明,这种将某种特定下垫面上的小气候与裸地相比较的研究方法,称作对比观测法。对比观测法又分定点与流动两类:

(1)定点对比观测

在对照开阔裸地与研究地段设立若干百叶箱,进行较长时间的连续观测,它的观测记录与材料整理方法均与普通气象台(站)相同,所不同的是在小的试验场内,根据所研究的问题增加或减少了某些观测项目。

(2)流动对比观测

通常是临时性的,它可以用少量的人力、物力,在较短的时间内完成较大范围内的测试,是查明区域小气候特征(如了解最低温度的地域分布与霜冻、积雪与微地形的关系等)

的方法。要有一个固定测点进行连续观测，以对相应时刻的流动测值进行订正。流动观测的时间不能选在有锋面一类天气系统过境时进行，要在日变化较小的时段内进行，以减少订正误差。

2. 平行观测法

在研究天气、气候对湿地植物、鸟类的影响中，除了要进行气象要素观测外，还必须对植物、动物的生长发育状况进行观测，一方面进行气象要素观测，一方面进行动植物生长发育观测，这种比较方法称作平行观测法。

平行观测法是揭示天气、气候对动植物生长发育和产量影响的基本方法，两种观测必须在同一地段上进行，因为小气候因子在时间和空间都是变化的，只有真正测出动植物周围的气象条件，才能正确分析二者间的关系。

（五）测点仪器布设

① 测点内仪器要保持一定距离，互不影响；高的仪器安置在北面，低的仪器安置在南面。

② 仪器安置高度要能真实反映要素的变化，又便于操作。

③ 除特殊目的外，在要素发生关键性转变的高度或区域多设一些点，变化缓和的地方少设一些点，以掌握要素分布的空间规律。

④ 保持原有场地的生态环境条件。

二、观测项目与测量方法

（一）日射与日照观测

1. 日射观测

在所有气象要素中，太阳辐射对动植物的生长、发育起着最直接和最大的影响。湿地植物开花期早晚、光合作用强弱、蛋白质含量高低等与太阳光照时间、辐射强度以及不同光谱成分直接相关。日射观测包括总辐射、直接辐射、散射辐射、反射辐射以及长波有效辐射等。

（1）仪器种类

测量日射仪器有两大类：一类利用辐射热效应制成的各种测热式辐射仪，如天空辐射表、直接辐射表等；另一类利用辐射光电效应制成的各种测光式辐射仪，如各种照度计。

① 天空辐射表：又称日射强度表，用于测定太阳总辐射，这种表带上遮光板后可测天空散射辐射，如将其感应面转朝下也可测地表反射辐射，加配各种滤光片后还可进一步对太阳光谱中各个不连续波段的辐射进行测量。

② 直接辐射表：又称直接日射强度表或直接太阳辐射仪，用于测量太阳直射光的辐射强度。

③ 辐射平衡表：又称净辐射表，它吸收直接射向地表和从地表向上的所有波长的辐射。由于仪器感应元件上下两个热电堆，分别接受来自天空和地表所有波长的辐射，因此

上下两边热效应不同，出现温差，这种温度与向上和向下的辐射强度直接相关，故辐射平衡表测得的是向上和向下总辐射通量的差值，即辐射平衡和净辐射通量。

④ 反射率表：一种测定下垫面对太阳与天空向下的短波辐射折射的专用仪器。使用反射率表，观测人员不需接近仪器就能取得读数，对保持测点下垫面特征与数据遥感自动处理有重要作用。

(2) 观测场地与时间

日射观测应选在地平线上半球天空无障碍物的平坦地上，仪器安置高度为1.5~2.0m，每天北京时间5:00、8:00、11:00、14:00、17:00、20:00观测6次（小气候根据需要，自行拟定）。微处理机自动记录，打样时间2min，电表人工采样，每项观测3次，每次读数间隔5~10s，取其平均值。

(3) 观测步骤

① 观测前20min，巡视仪器，查看转换器触点，装好遮光板。

② 观测前5min，记下天空云状、云量与仪器上空半径15°内天空周围的云状、云量，记下反射率表下方下垫面状况（如干、湿、有雨等），记下各辐射表的零点（先读反射率表，再读直接辐射表），然后取下小罩，将天空辐射表转朝下，打开直接辐射表盖，对准太阳，记下开始观测时间。

③ 正式观测开始后按下列顺序进行：观测反射辐射强度，作3次读数，在2次读数间进行1次直接辐射观测，并记下日光情况。转上翻板，使天空辐射表感应面朝上，对好遮光板，按测反射率的同样程序观测散射辐射强度，并读取一次电表温度。

2. 日照观测

日照观测就是测定太阳照射的时间长短。太阳中心从东边地平线升起到降入西边地平线为止的时间，称为可照时间。因云雾或障碍物遮蔽，太阳在一地的实际照射时间，称为日照时数，日照时数与可照时数的百分比，称日照百分率。

一般气象台（站）测定日照时间均用暗筒式（又称乔唐式）日照计，见图8-1，它是利用阳光在感光纸上留下的轨迹来计算日照时数。

(1) 仪器安置

仪器底座应保持水平，筒轴对准正北，并使纬度指针与测点纬度相合（即指针在刻度盘上的示度，正好就是测点的纬度）。

(2) 观测方法

① 涂药：在暗处进行。先用脱脂棉把日照纸擦净，再用新的脱脂棉将药液薄而均匀地涂在日照纸上，涂好药的日照纸放在暗处阴干

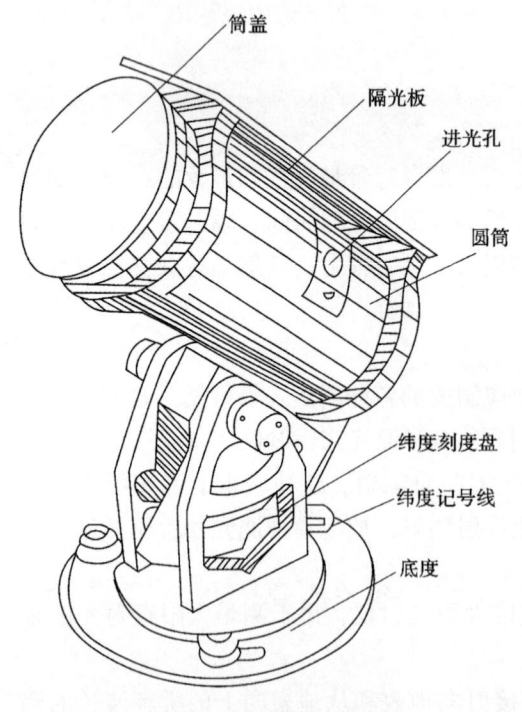

图8-1　暗筒式日照计

备用，用具洗净，预防中毒。

② 药液配制：赤血盐与水的比例为1∶10，枸橼酸铁铵与水的比例为3∶10，将已配制好的两种药液等量混在一起，搅匀，然后按要求涂刷。

③ 换纸：每天日落后换纸，上纸时，注意使纸上10：00线对准筒口的白线，14：00线对准筒底的白线，线上两个圆孔对准两个进光孔，压纸夹交叉处向上，将纸压紧，盖上筒盖。

④ 换下的日照纸，应依感光迹线的长短，在其下描划铅笔线，然后将日照纸放入足量的清水中浸漂3~5min拿出，阴干后复验，使铅笔线与感光迹线等长，按铅笔线计算各时日照时刻，相加得全日的日照时数，准确到0.1h，日照纸可向当地气象台（站）购置。

日照观测还可直接采用光电式数字日照计，是一款基于总辐射—散射辐射测量原理且无需机械转动的高准确度数字化光电式的日照观测设备，具有安装快捷、观测准确度高、功耗低等特点，可测量总辐射、散射辐射，经计算得出太阳直接辐射和日照时数，提供精确的日照时数信息。

（二）温度观测

温度是影响湿地生态系统内能量流动的最重要要素，因而是湿地小气候的必测项目。在湿地生态系统中，温度除直接影响动植物生长发育与生产性能外，还间接通过影响植物残体的分解速度，控制着物质能量转化效率。因此，了解动植物适生温度范围、限制其生长发育的最高、最低温度界限以及各地区长年平均气温与极端情况，是开展湿地管理的重要条件之一。

1. 测温仪表

（1）普通温度表

普通温度表即水银温度表，是由球部、套管、白磁刻度板及顶部所组成。水银温度表的特点是温度表内的液体随被测物体温度的变化而变化，因而可以测出任意时刻被测物体的温度。

（2）最高温度表

最高温度表的构造与普通温度表不同的是它的球底有一玻璃针，尖端稍微伸入毛细管内，使球部与毛细管之间形成一个狭窄通道。当温度上升时，感应球部水银膨胀，仍残留管内，因而能指示出上次调整复原后，这段时间内的最高温度。

（3）最低温度表

最低温度表是用来测定一定时间间隔内最低温度的一种温度表。它的毛细管较粗，内有一形如哑铃的玻璃游标。当温度上升时，表内酒精柱可以经过游标向前流动而不带动游标上升，在温度下降时，酒精柱收缩，当酒精柱顶与游标接触时，酒精的表面张力使游标一起往后退。因此在最低温度表中，酒精柱随温度变化下降，而游标只下降，不上升，这样游标远离球部一端的示度，就指示出一定时间间隔内曾出现过的最低温度，见图 8-2。

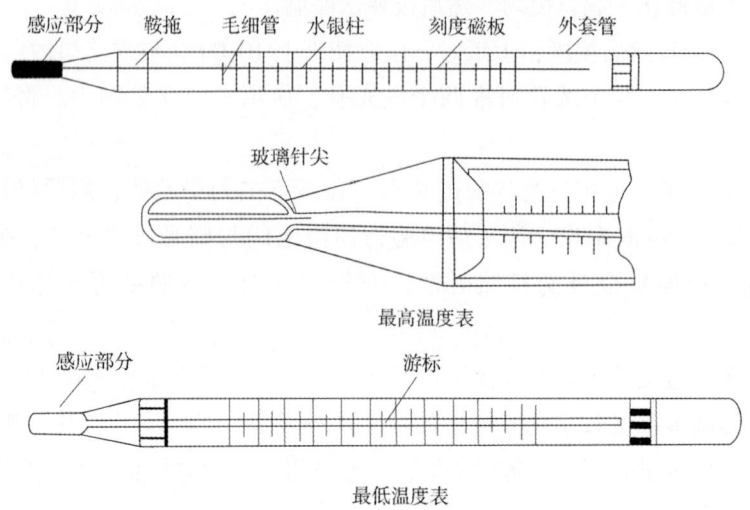

图 8-2　最高、最低温度表示意图

（4）曲管温度表

曲管温度表也是一种液体温度表，它与普通棒状温度表的区别：

① 表身下部较长。

② 在球部附近管子弯曲成 135°，专用于测量地温。一套曲管地温表共 4 支，根据球部放置深度，分为 5cm、10cm、15cm、20cm。当测量深度超过 20cm，如 40cm、60cm、80cm、160cm、320cm 时，就不再有曲管温度表，而选用直管地温表。

2. 仪器安装

温度测定仪器安放在百叶箱内。百叶箱的作用是防止太阳对仪器的直接辐射和地面对仪器的反射辐射，保护仪器免受强风、雨、雪等的影响，并使仪器感应部分有适当的通风，能真实地感应外界空气温度和湿度的变化。百叶箱应水平固定在一个特制的支架上，支架应牢固地埋在地下，顶端约高出地面 125cm，埋入地下的部分，要涂防腐油，箱门朝正北。

3. 观测程序

① 定时观测时间顺序：最低温度表和最高温度表，依次进行温度表读数并作时间记录。

② 气温在-36.0℃以下时，改用酒精温度表或用最低温度表酒精柱的示度来测定空气温度。

③ 最高温度表：每天 20:00 观测 1 次，读数准确到 0.2℃，读数记入观测簿中，并按所附检定证进行仪器差订正。气温在-36.0℃以下时，停止最高温度表的观测，记录从缺，并在备注栏注明。读数后调整最高温度表，具体做法：手握住表身，感应部分向下，臂向

外伸出约 30°的角度，用大臂将表前后甩动，毛细管内水银就可以下落到感应部分，使示度接近当时的干球温度，调整应尽量避免阳光照射，也不能用手接触感应部分。

④ 最低温度表：每天 20:00 观测 1 次，读数(即游标的示度)准确到 0.2℃，记入观测簿。观测后调整温度表的感应部分，表身倾斜，使游标回到酒精柱的顶端。最低温度表的酒精柱示度，每月 1~5 日 20:00 应与干球温度表的示度（都经过订正）进行比较，当平均误差<0.5℃时，该表可用，若平均误差≥0.5℃则应更换，并将此 5 天的平均差值订正在该 5 天的逐时最低温度值上。

温度表应避开太阳辐射的直接影响，一般放置在百叶箱或专用的遮蔽罩内，应避免与百叶箱或遮蔽罩的其他部分接触，保持百叶箱或遮蔽罩的良好通风，读数准确。

温度观测还可采用温度自动记录仪观测。

（三）水分观测

水分是动植物生活所必需的基本和不可代替的因素之一，多水是湿地的基本特征。一般植物体的含水量常达整个植株重量的 75%~90%，且每形成 1g 干物质约耗水 500g。由于湿地表积水，因此，表现出一系列独特的生态特征。植物群落组成和生物生产力的高低与水分关系极为密切。

1. 空气湿度

（1）干湿温度表

由两支型号完全相同的温度表组成，一支球部包有纱布称作湿球，一支未包纱布称作干球。测量时，湿球因蒸发冷却温度下降，当湿球蒸发耗热与从周围空气中获取的热量平衡时，湿球的温度就会下降，下降的幅度与纱布水分蒸发速度，即空气的干湿度和气压有密切关系。在测得干湿球温度和本站气压后，即可应用公式计算出绝对湿度，再利用相对湿度公式计算出相对湿度，见图 8-3。

① 仪器安装：在小百叶箱的底板中心，安装一个温度表支架，干湿球温度计垂直悬挂在支架两侧的环内，干球在东，湿球在西，温度计的球部中心距地面高度 1.5m。湿球球部包扎一条纱布（长约 10cm），纱布下端浸到一个带盖的小杯内，杯口距湿球球部约 3cm。

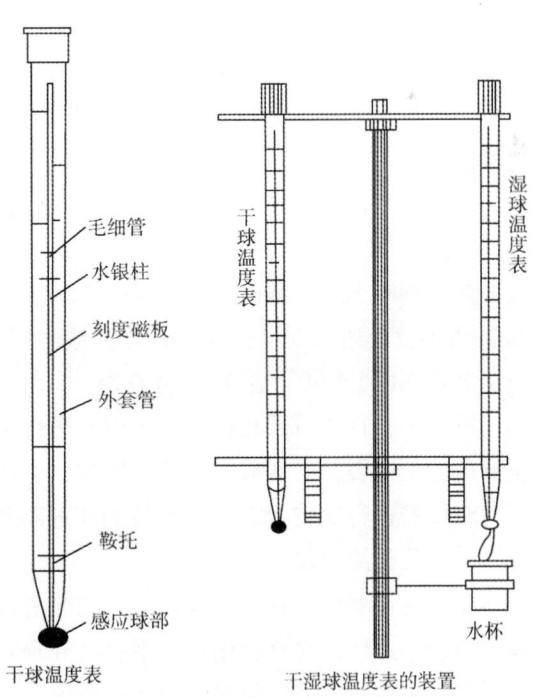

图 8-3 干湿球温度表示意图

② 观测和记录：观测干湿表时，先读干球，再读湿球。为测定准确需保持湿球纱布开始冻结时，需在球部下方 2~3mm 处将纱布剪去，但在每次观测前，进行湿球溶水。如无脱脂纱布与蒸馏水，可用在碱水中煮过的细白布和煮沸的水代用，但决不允许用未经处理的白布和自来水。

③ 湿度查算方法：在实际工作中，若每次用公式计算，过于繁杂且易出错误，故湿度都利用气象常用表（第一号）查算，步骤：

第一步，根据干湿球温度（t，t'），从表中查取 n 值。

第二步，根据 n 值和测点气压值（P），从中查取湿球温度的气压订正值 $\triangle t'$。

第三步，进行气压订正，即球 t 和 t' 的代数和。

第四步，根据 t 和 $t'+\triangle t'$，从表中查取绝对湿度 e、相对湿度 r 和饱和差 d。

第五步，再根据 e 从附录中查取露点温度值 τ。

（2）通风干湿表

通风干湿表测湿原理与固定式干湿表相同，也是由两支相同型号温度表组成，所不同是它有防辐射和通风装置，使流经湿球球部的空气速度恒定（2m/s）。通风干温表由于性能良好，携带方便，既能测温又能测湿，成为小气候观测中最重要的仪器之一。

在读数前 4~5min 按下列步骤完成准备工作：

第一步，湿润纱布。用手挤压皮球使球内蒸馏水距滴管口约 1.5cm 时，用铜夹夹紧皮管，插入湿球保护管里，经 5~10s 润湿纱布后，放松铜夹，将滴管抽出。

第二步，上通风发条。用左手捏紧靠通风器下的护板，右手按顺时针方向拧动发条，但不要过紧，以防拧断发条。

第三步，悬挂。上好发条后，将仪器悬挂在预先设置的木柱金属挂勾上，注意挂好，勿使仪器脱落损坏。

第四步，仪器挂好后，经 4~5min，在示度停止上下波动时，就可进行观测。当风速>4m/s 时，应将防风罩套在风扇旋转方向。读数时观测人员应从下风方向接近仪器，以免人体热量影响示度的准确性。另外，风扇应保持等速旋转，如转速减慢，必须重新上弦 2min 后再读。通风干湿表湿度查算方法与固定式干湿表相同，只是湿球温度订正值 $\triangle t'$，应从表背面的"通风干湿表"部分查取。

第五步，在同时用几台通风干湿表进行梯度观测或小区域湿度分布观测时，由于装入仪器内的干湿表，受器械个体差异影响，会产生新的器差。观测前需在同一地点不同温度下，对仪器进行比较检定，找出新的订正器差，以保证资料准确。

（3）其他测湿仪

除上述仪器外，利用干湿表原理的测湿仪尚有热敏电阻干湿表、温差电偶干湿表、晶体干湿表。此外，也有利用水汽吸收红外辐射的光谱测湿仪。

空气湿度还可采用温湿度记录仪测定。

2. 土壤湿度

测定土壤湿度的仪器有电阻土壤湿度仪、电容土壤湿度仪、红外土壤水分仪、中子土壤水分仪等多种类型,但在小气候中最常用的还是土钻法,这是由于土钻法投资少、精度高,只需土钻、铝盒、天平、烘箱与温度表等简单设备,而且有不受时间、地点、土质的限制。

土钻法测湿度步骤:

第一步,先将各土盒称重,记下土盒号与重量。

第二步,土壤湿度测定深度据一般植物生长需要,通常为 5cm、10cm、15cm、20cm、30cm、40cm、50cm。各深度取 3~4 个土样平均,取土时间上午 9:00~10:00,取样点根据研究对象确定。

第三步,将取得的土样放入盒内再次称重,记下土重+盒重。

第四步,称重后的湿土盒放入 100~105℃烘箱内,烘干 7h 左右,直到重量不变时,再次称重。

第五步,用烘干前盒+湿土重减去烘干后盒+干土重,求出土壤含水量。

第六步,用烘干后盒+干土重减去空盒重,求出干土重量,土壤湿度百分率计算公式:

$$含水量(\%) = \frac{(湿土+盒) - (干土+盒)}{(干土+盒) - 盒重} \times 100$$

土壤湿度还可采用土壤湿度检测仪进行测定。

(四)降水观测

降水量是湿地水文模型中的重要水文数据,日降水、月降水、年降水数据都可以从气象局获得。对于简单的模型,只需要长期的月平均降水量,更为详尽的湿地水位模型需要逐日降水记录。

一般来说,应尽可能利用靠近气象站的雨量器数据,但靠近程度要看其资料的长度,记录是否是具有气候相似性。如果临近站有长期记录,本站的短期记录可做适当的外推,首先建立两个站之间降水量关系(回归法),然后用这个关系去预测临近站早期或缺失资料。一个关键地点的降水数据也可以从周围降水观测网的数据内插获得。

测量降水的仪器有雨量筒、翻斗式遥测雨量计、虹吸式雨量计 3 种,后两种配有自记部分,可作连续记录。

1. 雨量筒

口径 20cm 的金属圆筒,由接水器(漏斗)、贮水瓶和圆形套筒组成。

雨量器安置在观测场内固定架子上,器口保持水平,距地面高度 70cm。冬季积雪较深地区,应在其附近装一能使雨量器器口距地高度达到 1.0~1.2m 的备份架子,当雪深超过 30cm 时,应把仪器移至备份架子上进行观测。冬季降雪时,须将漏斗从器口内拧下,取走储水瓶,直接用承雪口和储水筒容纳降水。

液态降水观测:每天 8:00、20:00 观测前 12h 降水量。在观测时要换取储水瓶,把换下的储水瓶取回室内,将水倒入量杯(注意倒净)。然后,视线与水面平齐,以水凹面最低处为准，读得的刻度数即为降水量。

固态降水观测：将以承接固态降水物的储水筒用备用储水筒换下，盖上盖子，取回室内，待固态降水物融化后，用量杯量取，读数准确到 0.1mm。也可将固态降水物连同储水筒用台秤称量，称量前须把附着于筒外的降水物和泥土等清除干净。

无降水时，降水量栏空白不填，不足 0.05mm 的降水量记 0.0。纯雾、露、霜、冰针、雾凇、吹雪等量按无降水处理，但吹雪量必须量取，专供计算蒸发量用。

出现暴雪时，应观测其降水量。

2. 翻斗式遥测雨量计

翻斗式遥测雨量计是由感应器、记录器等部件组成的有线遥测雨量计。

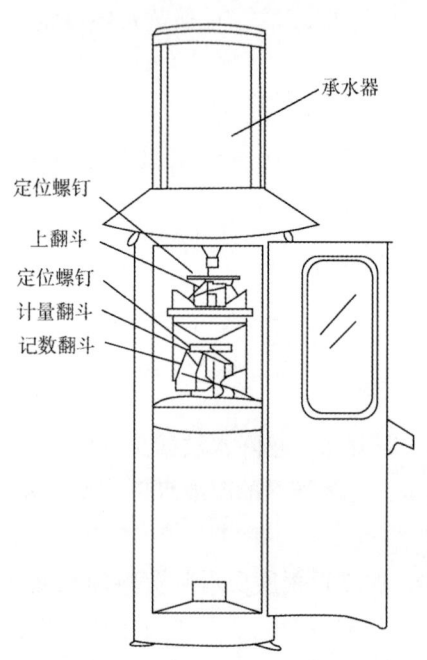

图 8-4 翻斗式遥测雨量计感应部分

翻斗式遥测雨量计的感应器安装在观测场内（图 8-4），底盘用 3 个螺钉固定在混凝土底座或木桩上，要求安装牢固，器口保持水平。电缆接在接线柱上并从筒身圆孔中引出，电缆可架空或地下敷设。记录器安置在室内稳固的桌面上，避免震动，为保持记录的连续性，应同时接上交流（220V）和直流（12V）电源。

从计数器上读取降水量，读数记入观测簿中。读数后按回零按钮，将计数器数字复位到"0"。复位后，计数器的五位 0 数必须在一条直线上。遇固态降水，如果很快融化，仍照常读数和记录。否则，应将储水器口加盖，仪器停止使用（并在观测簿备注栏注明），待有液态降水时再恢复记录。

自记纸更换。一日内有降水（自记迹线上升 > 0.1mm），必须换纸。若换纸时有降水，在记录迹线终止和开始的一端均用铅笔划一短垂线，作为时间记号；若换纸时无降水，在新自记纸换上前拧动笔位调整旋钮，把笔尖调至"0"线上。

当换纸时遇强降水时，若自记纸尚有一部分可继续记录，则可等雨停或雨势转小后再换纸。如估计在短时间内雨不会停也不会转小，则可拨开笔尖，转动钟筒，在原自记纸的开始端（此处须无降水记录，或有降水自记迹线而不致重叠）对准时间，重新记录，待雨停或转小后，立即换纸，换下的自记纸应注明情况，分别在两天的迹线上标明日期，以免混淆。

一日内无降水时，可不换纸。每天于规定的换纸时间，先作时间记号，再拨开自记笔上升约 1mm 的格数，以免每日迹线重叠。

3. 虹吸式雨量计

虹吸式雨量计由接水器、浮子室、虹吸管与自记钟等部件组成。降水时,雨水从接水器流入浮子室,浮子随水位增高跟着上升,带动笔杆在自记纸上记下降水变化曲线,当浮子室的水位到达一定高度后,由虹吸管自动排出,浮子室水位下降到原位。若降水不停,浮子重又上升,如此往复。

虹吸式雨量安装时需经下列调节检查方能应用:

① 校正笔尖的零线位置,往接水器内倒水,查看虹吸作用终止后笔尖位置是否停在零线位置上。若笔尖与零线位置不吻合,应松开笔杆固定螺丝,加以调整。

② 用 10mL 清水缓缓注入接水器,如摩擦太大,笔尖移动不灵,应查看浮子顶端直杆、自动笔右端导轮以及导向卡口等处,是不是能自由活动。

③ 调整虹吸管的高度:将 10mL 清水注入接水器后,若笔尖位置低于 10mm 就开始虹吸或水倒完后尚未虹吸,则应将虹吸管的高度加以调整,使其正好在倒完 10mL 水时,开始虹吸。

④ 虹吸式雨量计使用中,应防止尘埃等杂物在管的弯曲处积集,影响读数准确。

降水观测现常与自动气象观测站一同进行。

(五) 风速观测

空气的水平运动称作风。风速是指单位时间内空气质点的水平变化距离,单位 m/s。在湿地生态系统内,风有不可忽视的影响,多数湿地地形平坦,景观空旷,阻滞风速的能力较小,加速水分蒸发,减低地面湿度,风速过大,会在开阔水面掀起波浪,加重岸线侵蚀。风对促进动物的主动迁徙和被动迁徙也有重要作用。

1. 风速测量设备

在小气候中,风受局部地影响最大。了解风的特征,必须用风速器进行实地调查,小气候调查中常用的风速仪有:

(1) 轻便风速表

轻便风速表由感应器、计数器两个部件组成。感应器为 3 个半球形的杯,在风力推动下,旋转风杯借中心轴的转动,带动计数器将风速记录下来。轻便风速表具有结构简单、示度精确、价格便宜、携带方便等优点,是小气候中测风的主要仪器。

(2) 电子风速仪

常见电子风速仪也是转杯式的,这是由于转杯式风速仪具有结构简单、性能稳定、流体力学性能好的特点。转杯式电子风速仪是由感应器、计数器、时间控制器以及自动置零等线路部件组成,它与轻便风速表的区别是以先进的无触点开关代替了齿轮咬合变速讯号的方式,并配有自动定时的显示装置。因而,操作方便、节省人力,便于远距离观测,这对保证测点自然条件不被破坏和多点同步观测有重要意义。

电子风速表使用前要检查仪器是否良好,方法是用手轻轻拨动风杯转一定转数,在显示器上就会显示出一定的风速数。如风杯转动显示器不出数或加转动相同的转数，显示不同的数说明存在着误发或漏发讯号，需进行检修。另外，所有电子风速仪如需作精确测量，都必须在检测前加以检定，制订出风速检定曲线，以提高读数的精度。

2. 仪器安装与测点设置

除特殊目的外，仪器应安置在四面开阔风速不受阻碍的地方，安置高度可以根据观测目的来确定，通常为 0.5m、1.5m 或 0.5m、2.0m。注意保持表身垂直，读数方便。对于某些特殊研究，如了解地形或其他障碍物对风速的影响，测点布设应考虑到气象要素三维空间的分布特征和接近障碍物影响大的特点，也就是说测点布设不是等距离的，应根据要素变化缓急来决定，变化急的地方多设一些，变化缓的地方少设一些。例如，观测障碍物对风速水平变化的影响，一般在向风面 10 倍、5 倍、3 倍、1 倍与背风面 1 倍、2 倍、3 倍、5 倍、7 倍、10 倍、15 倍、25 倍、35 倍、45 倍障碍物高度处设点。

另外，在近地层中，气温垂直分布具有逆温、中性和超绝热三种状态，这三种状态对风速影响各不相同。因此，要对这三种分布型的各种不同风速特征分别进行观测。

3. 观测和记录（EL 型电接风向风速计）

打开指示器的风向、风速开关，观测 2min 风速指针摆动的平均位置，读取整数，记入观测簿相应栏中。风速小时，把风速开关拨在 20 档，读 0~20m/s 标尺刻度；风速大时，应把风速开关拨在 40 档，读 0~40m/s 标尺刻度。观测风向指示灯，读取 2min 的最多风向，用十六方位的缩写记载，见表 8-1。静风时，风速记 0，风向记 C；平均风速超过 40m/s，则记为>40，统计日平均时，按 40 统计。EL 型电接风向风速计见图 8-5、图 8-6。

因电接风向风速计有故障，或冻结现象严重而不能正常工作时，可用达因式风向风速计或轻便风向风速表进行观测，并在备注栏注明。

表 8-1　风向符号与度数对照表

方位	符号	中心角度(°)	角度范围(°)
北	N	0	384.76~11.25
北东北	NNE	22.5	11.26~33.75
东北	NE	4.5	33.76~56.25
东东北	ENE	67.5	56.26~78.75
东	E	90	78.76~101.25
东东南	ESE	112.5	101.26~123.75
东南	ES	135	123.76~146.25
南东南	SSE	157.5	146.26~168.75
南	S	180	168.76~191.25
南西南	SWS	202.5	191.26~213.75
西南	SWS	225	213.76~236.25
西西南	WSW	247.5	236.26~258.75

(续)

方位	符号	中心角度(°)	角度范围(°)
西	W	270	258.76~281.25
西西北	WNW	292.5	281.26~303.75
西北	NW	315	303.76~326.25
北西北	NNW	337.5	326.26~348.75
静风	C		风速小于或等于0.2 m/s

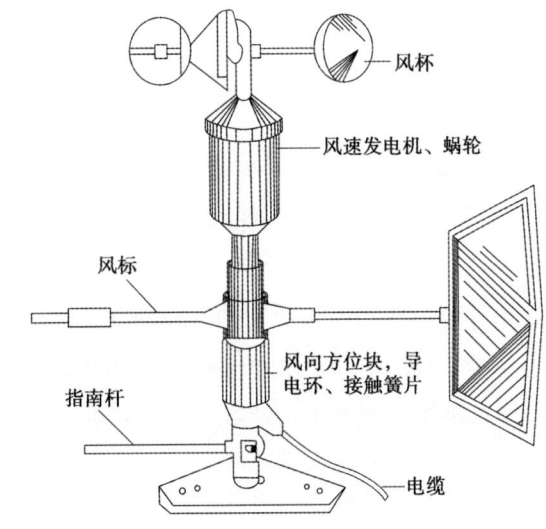

图 8-5 EL 型风向风速计感应部分

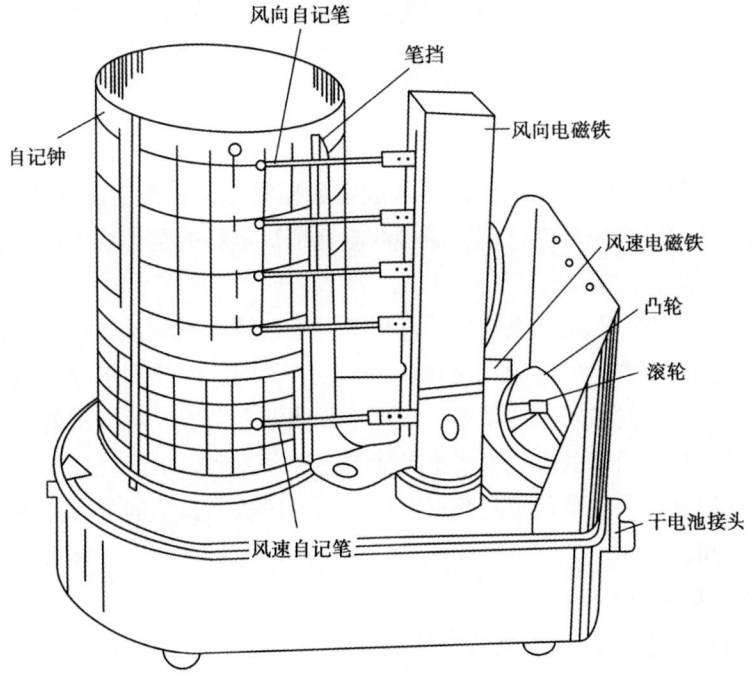

图 8-6 EL 型风向风速记录器

由于湿地野外观测的需要，还可以使用一种便携式的测风仪，它可以为临时的野外观测提供方便。

(1) FYF-1 便携式测风仪

FYF-1 便携式测风仪，风速的测量部分采用了微机技术，可以同时测量瞬时风速、瞬时风级、平均风速、平均风级和对应浪高等 5 个参数，并采取了许多降低功耗的措施，大大减少仪器的功耗。它带有数据锁存功能，便于读数。在风向部分采用了指北装置，测量时无需人工对北，简化测量操作。仪器体积小、重量轻、功能全、耗电省，可以广泛应用于湿地、农林、环境、海洋等科学考察。

(2) YE1-1 型遥测风向风速仪

YE1-1 型遥测风向风速仪遥测风向、风速，可自动采集、计算、显示。仪器具有六路风速通道，可同时进行多点风速测量。仪器设有与计算机通讯的 RS-232 接口。风向范围：0°~360°，风速范围：0.5~60m/s，遥测距离可达 150m。

(六) 湿地蒸发观测

水的蒸发是湿地水循环过程中的一个重要环节，是湿地、湖泊等水量损失的一部分，又是研究陆面蒸发的基本参考资料。在湿地水文计算和湖泊的水量平衡研究等工作中，都需要水面蒸发资料。开展湿地蒸发观测工作，是为了探索湿地的水面蒸发在不同地区的时空分布规律，为湿地水文计算和科学研究提供依据。

蒸发数据比径流更难以得到可靠的数据，但可以用一些经典的公式计算出蒸发量。尽管不同条件下蒸发皿系数变化很大，但也可用蒸发皿估测湿地的总蒸发量。连续淹水湿地的蒸发可以用监测双水位波动方法测定蒸发蒸腾量。降水和树冠流可以在整个湿地随机位置放置达到统计学要求数量的雨量计来测定，也可以利用现存的气象台(站)数据计算获得。

蒸散发是从水、土壤、植被和其他表面总蒸发，蒸散发速率取决于辐射、风速、湿度、温度。当为构建湿地模型目的而需要蒸散发数据时，只有长期连续观测数据才可用。大型明水湿地水面蒸发是主导性过程，而多数湿地植被蒸腾的是土壤中的水，而不是地表面的水。

湖面蒸发可用蒸发皿测定，更精确的可用能量平衡计算或质量转移方法，后者需要详细的有效气候数据。不同蒸发皿的风速和热状况显著不同，而开阔水面湿地的蒸发一般都低于蒸发皿所示值。蒸发皿对湖的系数一般用于预测湖面蒸发，不同湖的系数不同，引用时必须注意，带有挺水植物的湿地蒸腾率可能会超过蒸发皿所示值。

最方便的获取平均、季节的蒸发数据可用地图内插法。长期的月度蒸发平均值可从已知点的值内插获得。

1. 蒸发器种类和规格

蒸发观测仪器主要有 E-601 型蒸发器、口径为 80cm 带套盆的蒸发器和口径为 20cm 的蒸发皿三种。口径 20cm 的蒸发皿，具有易于安装、观测方便的优点，但因暴露在空间且体积小，不同于自然水体的自然景观，受上下、四周各种附加热的影响大，其代表性和稳定性是各种类型蒸发器中的最差者。口径为80cm的蒸发器，也是暴露在空间，但因水体增大且带有套盆，改善了热交换条件，它的代表性和稳定性较口径为20cm的蒸发皿为好。E-601型蒸发器埋入地下，使仪器内水体和器外土壤之间的热交换较接近自然水体的情况，并设有水圈，不仅有助于减轻溅水对蒸发的影响，而且起到了增大蒸发器面积的作用，因而它与口径为20cm和80cm的蒸发器（皿）相比，代表性和稳定性都较好，但它有观测不够方便、小动物和沙易进入器内、蒸发器不易就地制造等缺点。

水面蒸发器观测的标准仪器是改进后的E-601型蒸发器。如无E-601型蒸发器，可暂用口径为80cm带套盆的蒸发器观测。冰冻期用E-601型或口径为80cm蒸发器观测有困难时，可用口径为20cm蒸发皿观测。有些地区在非冻结期也可使用口径为20cm蒸发皿观测。

2. 仪器安置

E-601型蒸发器在安置时，应力求少扰动原土，蒸发桶放入坑内必须使器口水平，可用水准器检验，其最大误差应不超过0.2cm。桶壁与坑壁间的空隙用土回填捣实，水圈与蒸发桶必须密合，取与土坑中土壤相接近的土料来填筑土圈，土圈的土面应低于蒸发桶的口缘7.5cm。口径为80cm的蒸发器在安置时，要求器口水平，离地面高度为70cm，座台坚实不下陷。口径为20cm的蒸发皿的口缘应水平，离地面高度为70cm，可在地面上竖一圆柱，柱顶钉一架圈，将蒸发皿安置其上。附属的雨量器及自记雨量计的安置完毕后，应运走废土，清除杂物，保持场地平整。

3. 观测时间

① 一般每日8:00观测蒸发量和降水量1次。冬季8:00观测有困难时，可规定以其他时间作为蒸发量的日分界，降水之日应在该时加测1次降水量，以便计算蒸发量，但降水量资料的日分界仍在8:00不变。

② 观测人员应于定时观测前到达观测场地，检查各项仪器设备是否良好，尤其当大雨或大风浪过后（指漂浮水面蒸发场），应查清蒸发器内的水有无溅进或泼出。在暴雨时，如预计蒸发器水面将升高很多，可能出现器内水量溅进、泼出的问题，或溢流桶可能盛满外溢时，应适时从蒸发器内汲出定量水量或加测溢流桶的水量。

③ 在规定观测时间以前，预计大雨或大风（指漂浮水面蒸发场）即将来临，影响正点观测时，可以提前观测。如正点观测时刻正值大雨或大风，观测工作也可推迟进行，但提前和推迟时间不得超过2h，观测的蒸发量仍视为该日蒸发量，并在记录表中注明。

④ 仅1人测站，若在定时观测时需观测两个以上项目，可将在时间上变化较大的项目，予以正点观测。其他项目可提前，或推迟观测。

⑤ 观测精度：蒸发量以毫米计，测记至0.1mm。

4. 观测方法

(1) E-601型蒸发器观测

① 用测针测量蒸发器中水面的高度。若观测时器内水面有波纹，则应使静水器的器

口恰好露出水面，待静水器内的水面平静，即可旋动测杆旁的摩擦轮使测针的针尖与水面接触，然后利用游标观读测杆上的刻度，读至 0.1mm。

② 每次观测，应测量 2 次。在第 1 次读数后，应使测针的插杆转一个角度(<180°)再读第 2 次，两次读数之差如≤0.2mm，即取其平均值，否则应重测。

③ 在测记水面高度后，应立即调整器内的水面高度，如针尖露出或没入水面超过 1cm 时，则需向桶内加水或汲出，使水面恰与针尖齐平，若未超出 1cm 的范围，则可不作调整。

④ 每次加入或汲出水后，都应该用测针测量蒸发器中水面高度两次，并记入记载簿中，作为次日观测器内水面高度的起算点。

⑤ 在遇到器内有污物或小动物时，应于测记蒸发量后在加水或汲水前将它捞出。

⑥ 在有风沙的地区，当发生沙暴时，应将蒸发器和雨量计遮盖起来，这时蒸发场上不进行观测，沙暴过后应立即取掉遮盖物。沙暴情况应在记载簿上注明。

⑦ 遇有测针临时损坏而又无备件时，可改用量杯加入或汲出水量至水面与针尖齐平，根据加入或汲出的水量，折算成蒸发量的毫米数。

⑧ 在观测蒸发器蒸发量的同时，应观测溢流桶的降水深度。

（2）口径为 80cm 蒸发器观测

观测前，应先将套盆内的水加入或汲出至水面与蒸发器内水面指示针大致齐平，再用特制量杯向蒸发器内加水或汲水使器内水面恰与指示针尖相平，将加入或汲出水量的毫米数记入记载簿。

（3）口径为 20cm 蒸发皿观测

① 口径为 20cm 蒸发皿，一般仅在封冻期使用。皿内原状水深为 20mm，用专用的蒸发秤或台秤称得全部重量，经 24h 后，到观测时刻再称其重量，用两次重量之差计算蒸发量。称量后，要加水补足保持水深 20mm 的水量。在蒸发量很小时，也可若干天中累计称重一次。

② 有风沙时，皿内冰面会有尘土，观测时应轻轻将其除去。称量后，用少量的水将尘土洗去，再加水补足相当 20mm 水深的水量。

③ 蒸发秤的精度应读至 0.1mm，普通台秤也要求有相应的精度。如蒸发量很小或台秤精度达不到要求，则可每 2~5 天累计称重一次，求其累计蒸发总量。

（4）观测用水要求

蒸发器中的水应长期保持清洁，以水面上无漂浮物、水中无悬浮等污物，器壁无严重锈蚀、青苔，水色无显著改变为宜，不合上述要求时应及时换水。在水源困难和水质较差地区，标准可略放宽，但观测用水也要力求保持清洁。陆上水面蒸发场的蒸发器，可使用能代表自然水体的水。当水色混浊，含有泥沙或其他杂物时，应在自然沉淀后使用。水质一般要求为淡水。如当地的水源含有盐碱，为符合当地水体的水质情况，也可全用。在汲取地表水有困难的地区，可使用供饮用的井水。漂浮水面蒸发场的蒸发器，都用水体中的水而不考虑其水质情况。套盆和水圈内的水，也要大体上做到清洁，不变色，并进行必要的更换。蒸发器换水时，换入水的水温以接近器内原有水的水温为宜，不能相差太悬殊，否则换水后几天蒸发量将产生较大的误差。

5. 日蒸发量计算

① 一日蒸发量和降水量一般均以 8:00 为日分界，算得的蒸发值作为前一日的蒸发量。

② 不使用溢流桶时，用 E-601 型蒸发器观测的一日蒸发量，可按下式计算：

$$E = P + (h_1 - h_2)$$

式中：E 为一日蒸发量（mm）；P 为一日累计降水量（mm），以雨量器观测值为准，如只装有自记雨量计者，可用自记雨量计观测值；h_1 为上次测得的蒸发器内水面高度（mm）；h_2 为本次测得的蒸发器内水面高度（mm）。

③ 使用溢流桶时，用 E-601 型蒸发器观测的一日蒸发量，按下式计算：

$$E = P + (h_1 - h_2) - C \cdot h_3$$

式中：E 为一日蒸发量（mm）；P 为一日累计降水量（mm），以雨量器观测值为准，如只装有自记雨量计者，可用自记雨量计观测值；h_1 为上次测得的蒸发器内水面高度（mm）；h_2 为本次测得的蒸发器内水面高度（mm）；h_3 为溢流桶内的水深读数（mm）；C 为溢流桶与蒸发器面积的比值。

④ 用口径为 80cm 的蒸发器观测的一日蒸发量，按下式计算：

$$E = P + (h_入 - h_出)$$

式中：E 为一日蒸发量（mm）；P 为一日累计降水量（mm）；$h_入$ 为加入的水深（mm）；$h_出$ 为汲出的水深（mm）。

⑤ 用口径为 20cm 的蒸发皿观测的一日蒸发量，按下式计算：

$$E = P + \frac{W_1 - W_2}{31.4}$$

式中：E 为一日蒸发量（mm）；P 为一日累计降水量（mm）；W_1 为上次称得蒸发皿的重量（g）；W_2 为本次称得蒸发皿的重量（g）；31.4 为蒸发皿内每一毫米水深的重量（g）。

⑥ 负值的处理：计算的蒸发量有时出现负值，可能是空气中水汽在水面的凝结量大于蒸发量，也可能是其他原因造成的，应随时检查，分析其原因。当实际蒸发量很小时，蒸发量算出负值者，一律作零处理，并在记载簿内说明。

第二节　湿地气象要素观测

一、气象观测场地选择

观测场是取得地面气象资料的主要场所，地点应该选在能较好反映被观测湿地生态系统局地气候的地方，同时选择的地点应该处于一块面积较大的相对完整湿地之中，避免受人为干扰或局部地形的影响。

观测场内仪器布置应按国家标准气象台站设置。观测场的大小一般为 25m×25m，场地应该保持平整，保持有均匀草层，草高一般不能超过 20cm，场内应该保持自然状态，铺设 0.3~0.5m 宽的小路，如果湿地地表有积水，还要架设简易桥梁，便于行走。观测场四周应该设高度 1.2m 的稀疏围栏，能够保持气流的畅通。场内保持清洁，经常清除观测场上的树叶、纸屑等杂物，有积雪时，除小路上的积雪可以清除外，其他应该保持原有的自然状态。

观测场内仪器布置要注意不要互相影响，以便于操作，具体要求：高的仪器安置在北面，低的仪器顺次安排在南面，东西排列成行；仪器之间，南北间距≥4m，仪器距围栏≥3m；观测的门最好开在北面，仪器安排在小路的南侧，以便于值班人员从北面接近仪器。各类仪器安置的高度、深度、方位、纬度以及角度的要求及其基准部位，见表 8-2。

表 8-2 观测场内仪器的布置

仪器	要求和允许误差	基准部位
百叶箱通风干湿表	高度 1.5m±5cm	感应部分中心
干湿球温度表	高度 1.5m±5cm	感应部分中心
最高温度表	高度 1.53m±5cm	感应部分中心
最低温度表	高度 1.52m±5cm	感应部分中心
温度计	高度 1.5m±5cm	感应部分中心
雨量器	高度 70cm±3cm	口缘
虹吸雨量计	仪器自身高度	
遥测雨量计	仪器自身高度	
小型蒸发器	高度 70cm±3cm	口缘
E-601 型蒸发器	高度 30cm±1cm	口缘
地面温度表和地面最高、最低温度表	感应部分和表身埋入土中一半	感应部分中心
日照计（传感器）	高度以便于操作为准，方位正北±5°	底座南北线
风速器（传感器）	安置在观测场高 10~12m 处	风杯中心
风向器（传感器）	方位正南（北）±5°	方位指南（北）杆
水银气压表（定槽）	高度以便于操作为准	水银槽盒中线
水银气压表（动槽）	高度以便于操作为准	象牙针尖
气压计	高度以便于操作为准	

自动气象观测系统是人工气象站的替代、更新和扩展，其场地的选择原则也应与人工气象站相同或类似，避免建筑物和树木的直接影响，地形比较平坦，观测场周围有防护围栏，面积达到 9m×6m，但是，测量降水的仪器例外，因为这种仪器要求有适当分布的树木、灌木或与树木灌木相类似的物体作为风障，从而避免产生不适当的湍流。

如果观测场内架设辐射仪器，应确保在一年四季的任何季节和时间内(从日出到日落)太阳光不受任何障碍物影响。如果有障碍物时，在日出和日落方向障碍不超过5°，同时尽可能避开局地性雾、烟等大气污染严重的地方。

二、地面气象要素观测

(一) 气压

1. 定义

气压是指作用在单位面积上的大气压力，单位为百帕(hPa)。

2. 观测仪器和方法

观测的仪器为动槽式或定槽式水银压力表(凡使用空盒气压表、气压计等的站点，必须要和标准仪器进行对比)。观测时将仪器读数按仪器差、温度差和重力差的顺序进行订正，求得气压值。在自动观测系统中采用振筒式气压传感或压敏电容等。

3. 观测时间

北京时间2:00、8:00、14:00、20:00观测。自动观测中要求给出每小时的观测值。

4. 仪器安装和观测

① 动槽式水银气压表应安装在温度少变、光线充足的气压室内，尚无气压室的湿地野外台站，可安置在特制的保护箱内。气压表应牢固、垂直地悬挂在墙壁、水泥柱或坚固的木柱上，切勿安置在热源、门窗旁以及阳光直接照射的地方。安装前，应将挂板或保护箱牢固地固定在准备悬挂气压表的地方，再小心地从木盒中取出气压表，槽部向上，稍稍拧紧槽底调整螺旋1~2圈，慢慢地将气压表倒转过来，使表直立，槽部在下。然后先将槽的下端插入挂板的固定环里，再把表顶悬环套入挂钩中，使气压表自然垂直后，慢慢旋紧固定环上的3个螺丝(注意不能改变气压表的自然垂直状态)，将气压表固定。最后旋转槽底调整螺旋，使槽内水银下降到零点针尖以下3mm的位置处。安装后要稳定4h，方可观测使用。

② 定槽式水银气压表安装要求同动槽式水银气压表。安装步骤也基本相同，不同点是当气压表倒转挂好后，要拧松槽上的气孔螺丝，表身应处在自然垂直状态，槽部不需固定。

5. 观测程序

(1) 动槽式水银气压表

① 观测温度表，准确到0.1℃。当温度低于附属温度表最低刻度时，应在紧贴气压表外套管壁上，另挂一支有更低刻度的温度表作为附温表，进行读数。

② 调整水银槽内水银面，使之和象牙塔尖恰好相接为止。调整时，旋动槽底调整螺旋，使槽内水银面自下而上地升高，动作要轻而慢，直到象牙针尖与水银面恰好相接为止。如果出现了小涡，则需重新进行调整，直至达到要求为止。

③调整游标尺使之与水银柱顶相切。先使游尺稍高于水银柱顶,并使视线与游尺环的前后下缘在同一水平线上,再慢慢下降游尺,直到游尺环的前后下缘与水银柱凸面顶点刚刚相切。此时,通过游尺下缘零线所对标尺的刻度即可读出整数。再从游尺刻度线上找出一根与标尺上某一刻度相吻合的刻度线,则游尺上这根刻度线的数字就是小数读数。

④读数复验后,降下水银面,旋转槽底调整螺旋,使水银下降到零点针尖以下 3mm。

⑤进行气压订正,求得准确的气压值。

(2)定槽式水银气压表

①观测附属温度表,准确到 0.1℃。

②轻击表身。

③调整游标尺使之与水银柱顶相切。

④读数并记录,将读数以 hPa 为单位,精确到小数点后一位记录下来。

⑤进行气压订正,求得准确的气压值。

(3)气压订正

气压读数要进行仪器差订正、温度差订正和重力差订正后,才能使用。

(二)地温

1. 定义

地面和地中不同深度的土壤温度统称地温,单位为℃。

2. 测量指标

地面温度是直接与土壤表面接触温度表所示的温度,观测的指标主要有地面温度、地面最高温度、地面最低温度。地中温度包括浅层地温和较深层地温,浅层地温包括距离地面 5cm、10cm、15cm、20cm 深度的地中温度,较深层温度是指距离地面 40cm、80cm、160cm、320cm 的地中温度。

3. 观测仪器

观测的仪器为地面温度表(又称 0cm 温度表)、地面最高温度表和地面最低温度表。浅层地中温度利用曲管地温表来观测,较深层地中温度利用直管地温表来进行观测。

4. 观测时间

地面温度、浅层地温在每日的 2:00、8:00、14:00、20:00 观测;地面最高温度和最低温度于每日 20:00 观测一次;较深层地温于每日 14:00 观测一次。

5. 仪器安装和观测

测地面温度、地面最高温度、地面最低温度的 3 支温度表必须水平放置在被测地段的中央偏东的地面,自北向南平行排列,感应部分向东,并使其位于南北向的一条直线上,表间相隔约 5cm,感应部分及表身,一半埋入土中,一半露出地面。埋入土中的感应部分与土壤必须密贴,不可留有空隙,露出地面的感应部分和表身,要保持清洁。

曲管地温表安置在地面最低温度表的西边约 20cm 处,按 5cm、10cm、15cm、20cm 深度的顺序自东向西排列，感应部分向北，表间相隔约10cm，表身与地面成45°夹角，各表身应沿着东西排齐，露出地面的表身需用叉形木（竹）架支住，见图8-7。安装时，按上述要求，先在地面划出安装位置，然后挖沟，表身露出地面的沟壁呈东西向，长约40cm，沟壁往下向北倾斜，与沟沿成45°坡，沟的北壁呈垂直面，北沿、南沿距离宽20cm，沟底为阶梯形，由东向西逐渐加深，每阶距地面垂直深

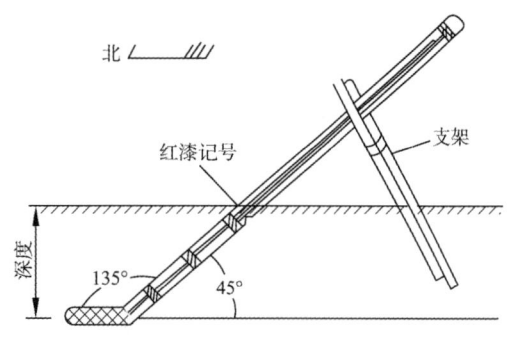

图8-7 曲管地温表安装示意图

度分别为5cm、10cm、15cm、20cm，长约10cm。沟坡与沟底的土层要压紧，然后安装地温表，使表身背部和感应部分的底部与土层贴紧，各表的深度、角度和距离均符合安装要求，再用土将沟填平。填土时，土层也须适度培紧，使表身与土壤间不留空隙。整个安装过程，动作应轻巧和缓，以免损坏仪器。

由于湿地地势一般较低洼，地表常有积水，当地面和曲管地温表被水淹时，虽可照常观测，但其中地面3支温度表应水平地取出水面迅速进行读数。在拿取地温表时须注意勿使水银柱、游标滑动，手也不能触及地温表感应部分。若遇地温表漂浮于水中，则记录从缺。在冬季由于较大的积雪以及由于温度太低容易冻折曲管地温表的地区，应将曲管地温表全部收回。若测试需要不能收回，则需将支撑表身的叉形架拆除。

40cm、80cm、160cm、320cm直管地温表是装在带有铜底帽的管形保护框中，保护框中部有一长孔，使温度表刻度部位显露，便于读数。保护框的顶端连接在一根木棒上，木棒长度依深度而定。整个木棒和地温表又放在一根硬橡胶套管内。木棒顶端有一个金属盖，恰好盖住硬橡胶套管。木棒上几处缠有绒圈，金属盖内装有毡垫，以阻止管内空气对流和管内外空气交换，也可防止降水等物落入。

直管地温表的安装应自东向西，由浅而深，表间相隔约50cm，在地段中部排列成一行。直管地温表的套管必须垂直埋入土中，挖坑时应尽量少破坏土层。套管埋放好后，要使各表感应部分中心距离地面的深度符合要求，并把管壁四周与土层之间的空隙用细土充填。

（三）土壤冻结深度

1. 定义

冻土是指含有水分的土壤因温度下降到0℃或0℃以下时而呈冻结状态，主要测算指标是冻结深度，单位为cm。土壤冻土观测项目主要应用在冬季温度在0℃以下的湿地野外观测站点。

2. 使用仪器

冻土器根据埋入土中的冻土器内水柱结冰的部位和长度来测定冻结层次及其上限和下限，见图8-8。

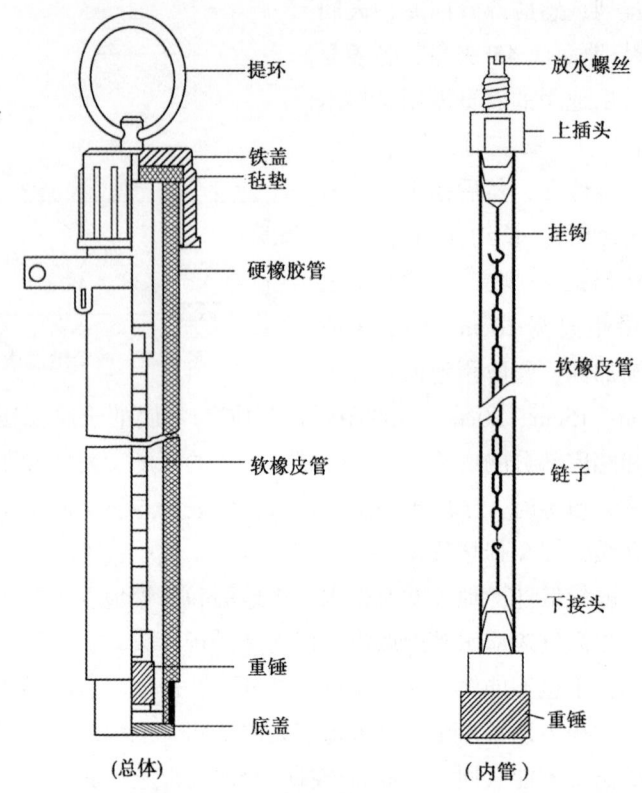

图 8-8 冻土器结构示意图

3. 观测时间

当地面温度下降到 0℃ 时，即应开始冻土观测，直到次年土壤完全解冻为止，每日 8:00 观测一次。

4. 观测

冻土器由内管和外管组成，外管为一标有 0cm 刻度线的硬橡胶管，内管为一根有厘米刻度的橡皮管（管内有固定冰柱的链子或铜丝、线绳），底端封闭，顶端与短金属管、木棒及铁盖相连。内管中灌注当地干净的一般用水（河水、井水等）至刻度的 0 线处。根据当地可能出现的最大冻土深度，采用长度规格适用的冻土器。

观测时，一手把冻土器的铁盖连同内管提起，用另一手摸测内管冰柱所在位置，从管壁刻度线上读下冰柱上下两端的相应刻度数，即分别为此一冻结层的上下深度值。

（四）大气温度

同第一节中温度观测。

（五）降水量

同第一节中降水量观测。

(六) 空气湿度

同第一节中水分观测。

(七) 蒸发量

同第一节中湿地蒸发观测。

(八) 风力风向

同第一节中风速观测。

(九) 辐射量与日照时数

同第一节中日射与日照观测。

三、气象要素自动观测——新型自动气象站

新型自动气象站是能自动进行地面气象要素观测、处理、存储和传输的仪器。新型自动气象站由硬件和软件两大部分组成，硬件包括传感器、采集器、外部总线、电源、计算机等设备；软件包括采集器软件和业务应用软件。新型自动气象站系统连接结构见图8-9。

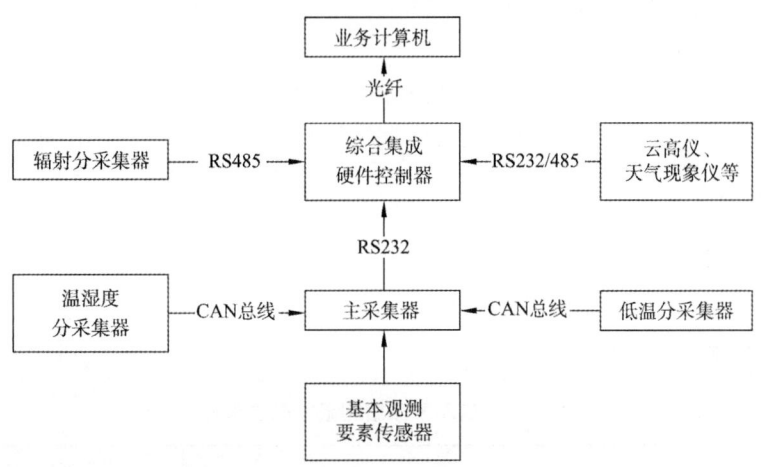

图 8-9 新型自动气象站系统连接结构

(一) 自动气象站基本要求

1. 观测项目

根据观测目的，可开展以下一项或多项观测：气压、气温、相对湿度、风向、风速、降水量、地温、能见度、雪深、蒸发、日照、辐射以及其他气象要素。

2. 时制和日界

时制：一般采用北京时间，辐射和日照观测采用地方时间。

日界：一般宜以北京时间 20:00 为日界，辐射和日照以地方时间 24:00 为日界。

3. 校时

具有自动校时功能，以北京时间为准，误差≤30s。

4. 观测场地

选择能够代表应用或研究区域的地点开展观测：

① 应根据观测项目选择场地大小。

② 应设立明显标志，易受动物或人类活动影响的地区，宜在场地四周设置围栏。

③ 宜在现测场地设置气象探测环境保护警示牌。

④ 宜设置防雷设施。

⑤ 应测定观测场地中心的经纬度和海拔高度。

5. 元数据

应建立包含以下内容的气象观测元数据档案，并记录变化信息：

① 观测台站：台站名称、观测模式、区站号、地理位置。

② 地理环境：地表覆盖、地形特征、由于仪器安装方位使观测数据受外部的影响、观测场周边环境及对观测数据的影响。

③ 观测要素：要素值名称、测量单位、观测时间。

④ 数据采集与分析方法。

⑤ 数据质量信息。

⑥ 观测仪器信息：仪器测量范围、传感器距地高度、仪器校准时间、最近校准日期、时间和有效期、仪器型号和序列号、仪表定期维护情况、仪器使用日期和时间。

（二）测量方法

1. 测量性能要求

自动气象站包括传感器、采集器、供电单元、结构和安装附件等，测量性能应符合自动气象站测量性能要求，见表8-3。

表8-3 自动气象站测量性能要求表

气象要素	测量范围	分辨率	最大允许误差
气压	450~1100hPa	0.1hPa	±0.3hPa
气温	−50~50℃	0.1℃	±0.2℃
相对湿度	0%~100%	1%	±3%（≤80%）、±5%（>80%）
风向	0°~360°	3°	±5°
风速	0~60m/s	0.1m/s	±(0.5m/s+0.03V)[a]
降水量	0~4mm/min（0.1mm/翻斗）	0.1mm	±0.4mm（≤10mm）、±4%（>10mm）
	0~400mm（称重）	0.1mm	±0.4mm（≤10mm）、±4%（>10mm）
地面温度	−50~80℃	0.1℃	±0.2℃（≤50℃）、±0.5℃（>50℃）
浅层地温	−40~60℃	0.1℃	±0.3℃

(续)

气象要素	测量范围	分辨率	最大允许误差
深层地温	−30~40℃	0.1℃	±0.3℃
草面温度	−50~80℃	0.1℃	±0.2℃（≤50℃）、±0.5℃（>50℃）
能见度	10~30000m	1m	±10%（≤1500m）、±20%（>1500m）
雪深	0~150cm	0.1cm	±1cm
日照	0~24h	60s	±0.1h
总辐射	0~2000W/m²	1W/m²	±5%
蒸发量	0~100mm	0.1mm	±0.2mm（≤10mm）、±2%（>10mm）

注：a—V 是实际风速。

2. 仪器布局和安装

应符合国家级地面气象观测站的布局和安装，相邻仪器之间应遵循互不影响观测数据质量的原则。

3. 维护和检定

① 定期维护观测场地和仪器设备，清洁仪器，记录设备状态信息。
② 每年定期对防雷设施进行全面检查，对接地电阻进行检测。
③ 发现仪器有故障时，应及时维修或更换。
④ 使用检定或校准合格的仪器。

4. 采样和算法

（1）采样

自动气象站观测的各要素采样频率，见表8-4。

表8-4 气象要素采样频率

气象要素	采样频率(次/min)
气压	6
气温	
相对湿度	
草面温度	
地温	
风速	60
风向	60
降水量	1
蒸发量	1
能见度	4
雪深	10
日照	6
辐射	6

(2) 计算方法

计算方法应符合下列要求：

① 气压、气温、相对湿度、地温、分钟能见度、辐射采用算术平均法，计算公式：

$$\overline{Y} = \frac{\sum_{i=1}^{N} y_i}{m}$$

式中：$\overline{Y}$ 为观测时段内气象要素的变量平均值；y_i 为观测时段内第 i 个气象要素变量的采样样本，其中"错误""可疑"等非"正确"的样本应丢弃而不用于计算；N 为观测时段内的样本总数，由采样频率和平均值时间区间决定；m 为观测时段内的"正确"的样本数（$m \leqslant N$），正确样本数≤样本总数的66%（2/3）时，$\overline{Y}$ 标识为"缺测"。

当 $m = N$ 且 $N \leqslant 10$ 时，可使用去尾平均法计算，将一组数据的一个最大值和一个最小值去掉后计算其余数值的平均值，使平均值集中趋势强。

② 风速、10min 能见度采用滑动平均法，计算公式：

$$\overline{Y_n} = \frac{\sum_{i=a}^{n} y_i}{m}$$

式中：$\overline{Y_n}$ 为第 n 次计算的气象要素的变量平均值；y_i 为第 i 个样本值，其中"错误""可疑"等非"正确"的样本应丢弃而不用于计算；a 为在移动着的平均值时间区间内的第 1 个样本，当 $n \leqslant N$ 时，$a = 1$，当 $n > N$ 时，$a = n - N + 1$，N 是平均值时间区间内的样本总数；m 为在移动着的平均值时间区间内"正确"的数据样本数（$m \leqslant N$）。

③ 风向采用单位矢量平均法，计算公式：

$$\overline{W_D} = \arctan\left(\frac{\overline{X}}{\overline{Y}}\right)$$

式中：$\overline{W_D}$ 为观测时段内的平均风向；$\overline{X}$ 为观测时段内单位矢量在 x 轴（西东方向）上的平均分量：$\overline{X} = \frac{1}{N} \cdot \sum_{i=1}^{N} \sin D_i$；$\overline{Y}$ 为观测时段内单位矢量在 y 轴（南北方向）上的平均分量：$\overline{Y} = \frac{1}{N} \cdot \sum_{i=1}^{N} \cos D_i$；$D_i$ 为观测时段内第 i 个风矢量的幅角（与 y 轴的夹角）；N 为观测时段内的样本总数。

根据 $\overline{X}$、$\overline{Y}$ 的正负，按下列方法对 $\overline{W_D}$ 进行修正：

$\overline{X} > 0$、$\overline{Y} > 0$，$\overline{W_D}$ 无需修正；

$\overline{X} > 0$、$\overline{Y} < 0$ 或 $\overline{X} < 0$、$\overline{Y} < 0$，$\overline{W_D}$ 加 180°；

$\overline{X} < 0$、$\overline{Y} > 0$，$\overline{W_D}$ 加 360°。

④ 各要素的极值和最大值采用极值算法，计算方法：最大风速从 10min 滑动平均风速

值中选取,并记录相应的风向和时间;能见度极值从小时内十分钟平均能见度中选取,并记录时间;其他要素的极值(含极大风速)均从瞬时值中选取,并记录时间。

⑤ 降水量、蒸发量、日照采用累计值算法,计算公式:

$$Y = \sum_{i=1}^{N} y_i$$

式中:Y 为观测时段内气象要素变量的累计值;y_i 为观测时段内气象要素变量的第 i 个采样瞬时值(样本),其中"错误""可疑"等非"正确"的样本应丢弃而不用于计算,即令 $y_i = 0$;N 为观测时段内的样本总数。

5. 数据文件

(1) 概述

数据文件至少包含站点基本信息、要素观测值、数据质量控制信息等。

(2) 站点基本信息

站点基本信息包含测站名称及代码、观测场地纬度、经度、海拔高度、观测方式等。

(3) 要素观测值

要素观测值包含观测时间、各要素分钟观测数据、各要素小时观测数据、各要素极值及极值出现时间等。

(4) 质量控制信息

质量控制信息标识内容至少包含正确、可疑、错误、缺测、修改等。

6. 数据存储

应具备数据存储功能,并满足:① 国家级地面气象观测站的数据存储应满足存储 1h 的采样瞬时值、7 天的瞬时气象(分钟)值、1 月的正点气象要素值,以及相应的导出量和统计量等;② 其他参照国家级地面气象观测站的规定要求。

7. 数据传输

具备数据传输功能,具有通用数据通信接口,支持有线或无线数据传输:① 国家级地面气象观测站应支持主动传输和被动响应传输两种方式;② 其他应支持主动传输或被动响应传输方式。

(三) 主要设备性能要求

1. 传感器

新型自动气象站使用的传感器,根据输出信号特点,分为模拟传感器、数字传感器、智能传感器。常见的气象要素观测传感器的性能,见表 8-3。

2. 采集器

采集器是自动气象站的核心,主要功能是数据采样、数据处理、数据存储及数据传输,应满足以下要求:

① 具有各类工作状态指示灯,能够直观的显示出采集器的工作运行状态。

② 采集器自身能够存储 1h 的采样瞬时值、7 天的瞬时气象(分钟)值、1 个月的正点气象要素值。

③ 采集器外存储器(卡)至少能够存储 6 个月全要素分钟数据。

④ 采集器内部时钟误差不超过 15s/月。

⑤ 外接电源中断时,采集器电源能保证采集器至少正常工作 7 天。

(四) 设备运行检验

1. 系统结构

① 各传感器、采集器及附属设备安装规范、布局合理、外观整洁、结构完整,无破损或形变,表面涂层无气泡、开裂、脱落等现象。

② 各传感器、采集器及附属设备质量符合国家或行业标准;

③ 系统所有部件线缆连接整齐有序、紧固牢靠。

2. 技术性能

① 各采集器、传感器具备基本的数据采集、处理、通信、存储和质量控制功能,均在检定有效期内,输出信号准确可靠。

② 通信、电源等附属设备符合技术规定,能保障自动气象站设备正常运转,运行状态和通信状态指示灯正常。

③ 自动气象站信息及相关配置准确。

3. 技术资料

① 各类仪器设备检定证书、合格证书齐全,设备质量标识和条形码完好无损。

② 相关技术规范和手册齐全。

③ 维护记录填写规范,保存完整,及时归档。

4. 运行环境

① 观测场四周障碍物应满足气象站设置环境相关要求。

② 观测场设施及围栏干净、整洁、草层平整。

③ 处于防雷保护区内、防雷及接地良好,并经常进行检查。

④ 供电环境良好。

⑤ 线缆地沟符合要求。

⑥ 值班室应保持干净、整洁,资料摆放有序。

⑦ 网络设备和 UPS 电源等附属设备满足设备正常运行的环境温度。

⑧ 业务计算机业务软件、操作系统、杀毒软件应及时升级,且专机专用。

(五) 设备维护记录

根据观测站点需要,对观测场和仪器设备进行日巡视、周维护、月维护、年维护,填报巡视(维护)表,并及时收集、整理、归档保存。

(六) 安全注意事项

① 仪器设备维护、数据处理期间均要避开降水、大风及正点时次,同时避开极值出现时间。

② 专机专用,不要在计算机上运行、安装与业务无关的软件。

③ 计算机操作过程中应谨慎使用光盘或优盘等外来存储介质,防止病毒侵入。

④ 现用设备维护时间较长时,可用备份自动气象站数据代替,并做好备注。

⑤ 禁止带电插拔、安装、清洁设备。

⑥ 业务软件中各类参数、传输路径等做必要修改后,应及时做好记录及备份更新工作。

⑦ 维护能见度传感器时,眼睛不要长时间正视镜头。

⑧ 在对风向风速传感器进行高空维护时,需要穿戴安全防护装备。

⑨ 维护翻斗雨量传感器时,禁止用手或其他物体抹拭翻斗内壁,以免沾上油污;严禁随意调整翻斗下方的调斗螺钉。

⑩ 修剪观测场植被时,注意保护草温传感器及其线缆。

第三节 湿地大气环境观测

大气环境化学观测是生态环境的重要环节,对于湿地而言,通过研究大气环境中污染物质的化学组成、性质、存在状态等物理化学特性及其来源、分布、迁移、转化、累积、消除等过程,可探讨其在湿地中的化学行为、反应机制、变化规律以及对湿地生态系统的影响等。

一、二氧化碳

二氧化碳(CO_2)是地球大气中的重要微量气体成分,二氧化碳浓度的变化对全球变化有较大的影响,而湿地可以储存大量的生物残体,并以有机质的形式累积在土壤表层,尤其泥炭形成是碳累积的重要过程,通过对二氧化碳的观测可以进一步研究湿地碳源—汇过程。

(一) 定义

大气中的二氧化碳浓度以体积分数或质量浓度来表示,单位 mg/m^3,精度为 0.02%~0.08%。

(二) 观测方法

观测方法主要利用气相色谱和非色散红外法。

1. 气相色谱法

(1) 方法原理

二氧化碳在色谱柱中与空气的其他成分完全分离后,进入热导检测器的工作臂,使该臂电阻值的变化与参考臂电阻值的变化不相等,惠斯登电桥(wheatstone bridge)失去平衡而产生的信号输出。在线性范围内,信号大小与进入检测器的二氧化碳浓度成正比,从而进行定性与定量测定。

(2) 测定范围

进样 3mL 时,测定浓度范围 0.02%~0.60%,最低检出浓度 0.014%。

(3) 试剂

① 二氧化碳标准气(浓度 1%,铝合金钢瓶装):以氮气作本底气。

② 高分子多孔聚合物(GDX-102,60~80 目):作色谱固定相。

③ 纯氮气(纯度 99.99%)。

(4) 仪器

① 气相色谱仪:配备有热导检测器的气相色谱仪。

② 注射器:2mL、5mL、10mL、20mL、50mL、100mL,体积误差<±1%。

③ 塑料铝箔复合膜采样袋:容积 400~600mL。

④ 色谱柱:长 3m、内径 4mm 不锈钢管内填充 GDX-102 高分子多孔聚合物,柱管两端填充玻璃棉。新装的色谱柱在使用前,应在柱温 180℃、通氮气 70mL/min 条件下,老化 12h,直至基线稳定为止。

(5) 操作步骤

第一步,采样。用橡胶双联球将现场空气打入塑料铝箔复合膜采气袋,使之涨满后放掉,如此反复 4 次,最后一次打满后,密封进样口,并写上标签,注明采样地点和时间等。

第二步,配制标准气。在 5 支 100mL 注射器内,分别注入 1%二氧化碳标准气体 2mL、4mL、8mL、16mL、32mL,再用纯氮气稀释至 100mL,即得浓度为 0.02%、0.04%、0.08%、0.16%、0.32%的气体。另取纯氮气作为零浓度气体。

第三步,绘制标准曲线。每个浓度的标准气体,分别通过色谱仪的六通进样阀,量取 3mL 进样,得到各浓度的色谱峰和保留时间。每个浓度做 3 次,测量色谱峰高(峰面积)的平均值。以二氧化碳的浓度(%)对平均峰高(峰面积)绘制标准曲线,并计算回归线的斜率,以斜率的倒数(B_g)作样品测定的计算因子。

第四步,测定校正因子。用单点校正法求校正因子。取与样品空气中含二氧化碳浓度相接近的标准气体,按绘制标准曲线的方法,测量色谱峰的平均峰高(峰面积)和保留时间,校正因子计算公式:

$$f = \frac{c_0}{h_0}$$

式中:f 为校正因子;c_0 为标准气体浓度(%);h_0 为平均峰高(峰面积)。

第五步,样品分析。通过色谱仪的六通进样阀进样品空气 3mL,得到各浓度的色谱峰和保留时间,测量二氧化碳的峰高(峰面积)。每个样品做 3 次分析,求色谱峰高(峰面积)的平均值,并记录分析时的气温和大气压力。高浓度样品用纯氮气稀释至<0.3%,再分析。

(6) 结果计算

① 用标准曲线法查标准曲线定量,浓度计算公式:

$$c = h \cdot B_g$$

式中:c 为样品空气中二氧化碳浓度(%);h 为样品峰高(峰面积)的平均值;B_g 为计算因子斜率的倒数。

② 用校正因子计算浓度,计算公式:

$$c = h \cdot f$$

式中:c 为样品空气中二氧化碳浓度(%);h 为样品峰高(峰面积)的平均值;f 为校正因子。

2. 非色散红外法

(1) 方法原理

二氧化碳对红外线具有选择性的吸收,在一定范围内,吸收值与二氧化碳浓度呈线性关系,根据吸收值确定样品二氧化碳的浓度。

(2) 测量范围

0.0%~0.5%、0.0%~1.5% 两档,最低检出浓度为 0.01%。

(3) 试剂

① 变色硅胶:在 120℃下干燥 2h。

② 无水氯化钙(分析纯)。

③ 高纯氮气(纯度 99.99%)。

④ 烧碱石棉(分析纯)。

⑤ 塑料铝箔复合薄膜采气袋(0.5L 或 1.0L)。

⑥ 二氧化碳标准气体(0.5%):贮于铝合金钢瓶中。

(4) 仪器

二氧化碳非分散红外线气体分析仪。

(5) 操作步骤

第一步,采样。用塑料铝箔复合薄膜采气袋,抽取现场空气冲洗 3~4 次,采气 0.5L 或 1.0L,密封进气口,带回实验室分析。也可以将仪器带到现场间歇进样,或连续测定空气中二氧化碳浓度。

第二步,仪器的启动和校准。仪器接通电源后,稳定 30~60min,将高纯氮气或空气经干燥管和烧碱石棉过滤管后,进行零点校准。用二氧化碳标准器(如 0.5%)连接在仪器进样口,进行终点刻度校准。零点和终点校准重复 2~3 次,使仪器处在正常工作状态。

第三步,样品测定。将装有空气样品的塑料铝箔复合薄膜采气袋接在装有变色硅胶或无水氯化钙的过滤器和仪器的进气口相连接,样品被自动抽到气室中,并显示二氧化碳的浓度(%)。

如果将仪器带到现场,可间歇进样测定,并可长期监测空气中的二氧化碳浓度。

二、甲烷

甲烷(CH_4)也是大气中重要的微量气体之一，大气中的甲烷浓度为1700~1800ppb，同时由于人类活动的影响，使大气中的甲烷含量不断发生改变，根据观测，自然湿地与水稻田是甲烷的排放源，甲烷含量对湿地的变化具有重要的指示意义。

对大气中甲烷浓度的测定通常采用现场采样和室内气相色谱仪分析的方法，即用特制的采样瓶(玻璃或不锈钢制成)收集空气，然后用气相色谱仪分析甲烷浓度。

(1) 试剂溶液

① 色谱标准物：以氮气为底气的2.01%甲烷标准气体。

② 甲醇溶剂(色谱纯)。

(2) 仪器设备

气象色谱仪：HP5890(检测器：FID)；色谱柱：PE-1(30m×0.32mm×0.25μm)；气密性注射器(100μL、2.5mL)；玻璃注射器(10mL、100mL若干)；高纯氮气、空气；氢气发生器(HP Whatman)。

(3) 分析条件

① 柱温：40℃，恒温5min；进样器温度：200℃；FID检测器温度：250℃。

② 柱流量：0.9mL/min；分流比：30∶1。

③ 空气流量：300mL/min；氢气流量：37.5mL/min。

④ 进样量：低浓度时吸取1mL气体；高浓度时吸取100μL气体。

(4) 操作步骤

第一步，标准气体配制。低浓度甲烷标准气体：分别以1∶2000、1∶1000、1∶500、1∶200、1∶100比例，以空气为稀释气作稀释2.01%甲烷标准气体。高浓度甲烷标准气体：分别以1∶100、1∶50、1∶20、1∶10比例，以空气为稀释气作稀释2.01%甲烷标准气体。

第二步，测定。用气密性注射器抽取待测样品，反复置换3次后，准确抽取、定量、迅速注入色谱系统，得到样品的色谱图。以色谱标准物中甲烷的保留时间作为定性依据，以峰面积作为响应值，每次实样分析同时要用标准气体进行校正，其中低浓度甲烷气体吸取1mL测定，高浓度甲烷气体吸取100μL测定。

(5) 结果分析

① 定性分析：以保留时间作为定性依据，得到甲烷的色谱图。

② 定量分析：分别吸取不同百分比浓度甲烷气体进行色谱分析，以峰面积为纵坐标，百分比浓度为横坐标，得到标准曲线。

另外，野外甲烷测定还可采用加拿大LGR公司的便携式甲烷分析仪(UMA)。

三、二氧化硫

二氧化硫(SO_2)是无色气体，具有刺激性气味，是大气主要污染物之一。大气中的二氧化硫主要是人类活动产生的，大部分来自煤和石油的燃烧以及石油炼制等。二氧化硫会刺激人的呼吸道，减弱呼吸功能，并导致呼吸道抵抗力下降，诱发呼吸道的各种疾病，危害人体健康。二氧化硫的污染还可能形成酸雨，对许多植物造成危害，从而给森林、湿地、农业生态系统等带来严重危害。二氧化硫常见的测定方法有四氯汞盐吸收—副玫瑰苯胺分光光度法、紫外荧光法、定电位电解法等。

（一）四氯汞盐吸收—副玫瑰苯胺分光光度法

1. 方法原理

二氧化硫被四氯汞钾吸收后，生成稳定的二氯亚硫酸盐络合物，再与甲醛及盐酸副玫瑰苯胺作用，生成紫红色络合物，比色测定。

主要干扰物质有氮氧化物、臭氧、锰、铁、铬等，加入氨基磺酸铵可消除氮氧化物的干扰，采样后放置一段时间可使臭氧自行分解，加入磷酸和乙二胺四乙酸二钠盐，可以消除或减少某些重金属的干扰，如在用 10mL 吸收液时，60μg 铁（Fe）、10μg 锰（Mn）、10μg 铬（Cr）、10μg 铜（Cu）、22μg 钒（V）没有明显干扰，环境大气中的微量氨、硫化物及醛类不干扰。

2. 仪器设备

① 吸收管：多孔玻板吸收管、小型冲击式吸收管或大型气泡式吸收管，用于 30~60min 采样；125mL 多孔玻板吸收瓶或 125mL 洗气瓶，用于 24h 采样。

② 大气采样器：流量范围 0~1L/min。

③ 721 分光光度计。

3. 试剂溶液

（1）水

所用水为除去氧化剂的重蒸水。

（2）四氯汞钾吸收液（0.04mol/L）

称取 10.9g 氯化汞（$HgCl_2$）、6.0g 氯化钾（KCl）和 0.066g 乙二胺四乙酸二钠盐（Na-EDTA），溶于水中，稀释至 1L，此溶液 pH 约为 4，在酸度计上用 0.01mol/L 的氢氧化钠溶液调节 pH 至 5.2 左右。此试剂可以稳定 6 个月。

（3）氨基磺酸铵溶液（0.6%）

称取 0.6g 氨基磺酸铵（$H_2NSO_3NH_4$）溶于水中，稀释至 100mL，用时现配。

（4）甲醛溶液（0.2%）

量取 1.4mL 的 36%~38% 甲醛（HCHO），溶于水中，稀释至 250mL，于冰箱中保存，可稳定一个半月。

（5）碘储备液（0.1mol/L）

称取 12.7g 碘（I），放入烧杯中，加入 40g 碘化钾（KI），加 25mL 水，搅拌至全部溶解后，用水稀释至 1L，储于棕色试剂瓶中。

（6）碘溶液（0.01mol/L）

量取 50mL 的 0.1mol/L 碘储备液，用水稀释至 500mL 储于棕色试剂瓶中。

（7）淀粉指示剂

称取 0.2g 可溶性淀粉（可加 0.4g 二氯化锌防腐），用少量水调成糊状物，倒入 100mL

沸水中，继续煮沸直到溶液澄清，冷却后储于试剂瓶中。

（8）碘酸钾标准溶液（0.1000mol/L）

称取3.5668g碘酸钾（KIO_3，优级纯，110℃烘干2h）溶于水中，移入1000mL容量瓶中，用水稀释至刻线。

（9）硫代硫酸钠储备液（0.1mol/L）

称取25g硫代硫酸钠（$Na_2S_2O_3 \cdot 5H_2O$），溶于1L新煮沸但已冷却的水中，加0.2g无水碳酸钠（Na_2CO_3），储于棕色试剂瓶中，放置一周后标定其浓度，若溶液混浊时，应该过滤。

标定方法：吸取10.00mL的0.1mol/L碘酸钾标准溶液，置于250mL碘量瓶中，加70mL煮沸但已冷却的水，加1g碘化钾（KI），振摇至完全溶解后，再加3.5mL冰醋酸（或10mL的1mol/L盐酸溶液），立即盖好瓶塞，混匀，在暗处放置5min后，用0.1mol/L硫代硫酸钠溶液滴定至淡黄色，加5mL新配制的0.2%淀粉指示剂后，溶液显蓝色，再继续滴定至蓝色刚好消失，计算硫代硫酸钠溶液的浓度。

（10）硫代硫酸钠溶液（0.01mol/L）

取50.00mL标定过的0.1mol/L硫代硫酸钠溶液，置于500mL容量瓶中，用新煮沸但已冷却的水稀释至标线。

（11）二氧化硫标准溶液

先配制亚硫酸钠水溶液，称取0.200g亚硫酸钠（Na_2SO_3）及0.010g乙二胺四乙酸二钠盐（$C_{10}H_{14}N_2Na_2O_8 \cdot 2H_2O$），溶于200mL新煮沸但已冷却的水中，轻轻摇匀（避免振荡，以防充氧），放置2~3h后标定，此溶液相当于每毫升含320~400μg二氧化硫。

标定方法：

① 取4个250mL碘量瓶（A_1、A_2、B_1、B_2）分别加入50mL的0.01mol/L碘溶液，在A_1、A_2内各加入25mL水，在B_1瓶内加入25mL亚硫酸钠水溶液，盖好瓶塞。

② 立即吸取2mL亚硫酸钠水溶液，加到一个已加有40~50mL四氯汞钾溶液的100mL容量瓶中，使生成稳定的二氯亚硫酸盐络合物。

③ 紧接着再吸取25mL亚硫酸钠水溶液，加入B_2瓶中，盖好瓶塞。

④ 用四氯汞钾溶液将100mL容量瓶中溶液稀释至标线，摇匀。

⑤ A_1、A_2、B_1、B_2四瓶置于暗处放置5min后，用0.01mol/L硫代硫酸钠标准溶液滴定至浅黄色，加5mL新配制的0.2%淀粉指示剂，继续滴定至蓝色刚刚消失，平行滴定所用硫代硫酸钠标准溶液的体积之差应≤0.10mL。

100mL容量瓶中二氧化硫的浓度计算公式：

$$\rho_{SO_2} = \frac{(A-B) \times C \times 32000}{25.00} \times \frac{2.00}{100}$$

式中：ρ_{SO_2}为二氧化硫的浓度（μg/mL）；A为空白滴定时所用硫代硫酸钠标准溶液体积的平均值（mL）；B为样品滴定时所用硫代硫酸钠标准溶液体积的平均值（mL）；C为硫代硫酸钠标准溶液的浓度（mol/L）。

根据以上计算的二氧化硫的浓度，再用吸收液稀释成每毫升含2.0μg二氧化硫的标准溶液。此溶液储于冰箱中，一周内浓度不变。

(12) 盐酸副玫瑰苯胺(即对品红)的提纯

取正丁醇[$CH_3(CH_2)_3OH$]和1mol/L盐酸溶液各500mL,放在1L分液漏斗中摇匀,使其互溶达到平衡,再称取0.100g对品红于小烧杯中,加约30mL平衡过的1mol/L盐酸溶液,搅拌,放置至完全溶解后,用1mol/L盐酸溶液分数次将其洗入250mL分液漏斗,溶液的总体积不得超过50mL,加100mL平衡过的正丁醇,振摇数分钟,静置至分层后,将下层含有对品红的盐酸溶液转入另一分液漏斗,加100mL平衡过的正丁醇,再抽提,按此操作,每次用50mL正丁醇再重复抽提6次,保留水相,应尽量避免损失,弃去有机相,最后将水相滤入一只50mL容量瓶中,并用1mol/L盐酸溶液稀释至标线。此对品红储备液(0.2%)为浅棕黄色,应符合以下条件:

① 对品红储备液在醋酸—醋酸钠缓冲溶液中,在波长540nm处有最大吸收峰。测定吸收曲线的溶液配制:吸取1.00mL提纯后的对品红储备液于100mL容量瓶中,用水稀释至标线,摇匀。取此稀释液5.00mL于50mL容量瓶中,加5.00mL的1mol/L醋酸—醋酸钠缓冲溶液,用水稀释至标线,1h测定吸收曲线。

② 试剂空白值测定:用储备液配制的对品红使用液,按本操作方法在22℃下绘制标准曲线时,使用1cm比色皿,在波长548nm处测得试剂空白液的吸光度应不超过0.17。

③ 在上述条件下绘制的标准曲线斜率应为0.030±0.003 吸光度/μg SO_2。

(13) 对品红使用液(0.016%)

吸取20.00mL 0.2%对品红储备液于250mL容量瓶中,加25mL的3mol/L磷酸溶液,用水稀释至刻线,至少放置24h方可使用。此溶液稳定9个月以上。

(14) 盐酸溶液(1mol/L)

量取86mL浓盐酸(1.19g/mL),用水稀释至1L。

(15) 磷酸溶液(3mol/L)

量取41mL浓磷酸(H_3PO_4,80%),用水稀释至200mL。

(16) 醋酸—醋酸钠缓冲溶液(1mol/L)

称取13.6g醋酸钠($NaCH_3COO·3H_2O$),溶于水,转入100mL容量瓶,加5.7mL冰醋酸,用水稀释至标线,此溶液pH为4.7。

4. 操作步骤

(1) 标准曲线绘制

取7个25mL容量瓶,标准色列配制,见表8-5。

表8-5 标准色列

编号	0	1	2	3	4	5	6
二氧化硫标准液(2μg/mL,mL)	0.00	0.50	2.00	4.00	6.00	8.00	10.00
四氯汞钾溶液(mL)	10.00	9.50	8.00	6.00	4.00	2.00	0.00
二氧化硫含量(μg)	0.0	1.0	4.0	8.0	12.0	16.0	20.0

在以上各瓶中分别加入 1.00mL 0.6%氨基磺酸铵溶液，摇匀，再加 2.00mL 0.2%甲醛溶液，5.00mL 0.016%对品红使用液，用新煮沸并已冷却的水稀释至标线，摇匀。当室温 15~20℃ 时，显色 30min；室温为 20~25℃ 时，显色 20min；室温为 25~30℃ 时，显色 15min；用 1cm 比色皿，于波长 548nm 处，以水为参比，测定吸光度（因试剂空白对温度敏感，易受分光光度计中温度的影响，改以水为参比）。

为了提高准确度，可使用恒温水浴。绘制标准曲线时的温度于测定样品时的温度之差应不超过 ±2℃。

用最小二乘法计算标准曲线的回归方程式：

$$Y = a + b \cdot X$$

式中：Y 为 $A - A_0$，标准溶液吸光度（A）与试剂空白液吸光度（A_0）之差；X 为二氧化硫含量（μg）；a 为回归方程式的截距；b 为回归方程式的斜率。

（2）采样

采样时间为 30~60min 时，用 10mL 吸收液，流量为 0.5L/min，测定 24h 平均浓度时，用 75~100mL 吸收液以 0.2~0.3L/min 流量连续采样 24h。

如果样品采集后不能当天测定，应放在冰箱内保存。在采样、运输和储存过程中，应避免日光直射。

（3）样品测定

① 样品中若有混浊物，应离心分离除去。

② 采样时间为 30min 和 1h 的样品，可将吸收液移入 25mL 容量瓶中，用约 5mL 水冲洗吸收管。测定 24h 平均浓度时，用吸收液将样品体积调整至 75mL 或 100mL 标线，吸取 10.00mL 样品溶液于 25mL 容量瓶。

③ 样品放置 20min，以使臭氧分解。

④ 每一批样品应测定试剂空白和控制样品，以检查试剂的可靠性和操作的准确性。

配制方法：吸取 10.00mL 四氯汞钾溶液于 25mL 容量瓶中，配成试剂空白；吸取 2.00mL 二氧化硫标准溶液（2.0μg/mL）于 25mL 容量瓶中，加 8.00mL 四氯汞钾，配成控制样品。

⑤ 在试剂空白液、控制样品及全部样品中，分别加入 1.00mL 0.6%氨基磺酸铵溶液，摇匀，放置 10min 以去除氮氧化物的干扰，步骤同标准曲线绘制。

如果测定样品时的温度和绘制标准曲线时的温度相差不超过 2℃，则二者的试剂空白吸光度相差不应超过 0.03，如果超过此值，应重新绘制标准曲线。

如果样品吸光度在 1.0~2.0 之间，可用试剂空白液稀释，在数分钟内测吸光度，使测得的吸光度值在 0.03~1.0 之间，但稀释倍数不要大于 6 倍。

5. 结果计算

$$\rho_{SO_2} = \frac{(A - A_0) - a}{b \cdot V_r} \cdot D$$

式中：ρ_{SO_2}为二氧化硫的浓度（mg/m^3）；A 为样品溶液吸光度；A_0 为试剂空白液的吸光度；b 为标准曲线的斜率（吸光度/μg）；a 为标准曲线的截距；V_r 为换算为参比状态（25℃，1atm 大气压）下的采样体积（L）；D 为稀释因子（30min、1h 样品：$D=1.24$，24h 平均浓度：$D=7.5$ 或 10）。

6. 注意事项

① 温度对显色有影响，温度越高，空白值越大；温度高时，发色快，褪色也快。所以，最好用恒温水浴控制显色温度，并根据室温决定显色温度和时间。

② 提纯对品红可以降低试剂空白的吸光度，提高方法的灵敏度；增加酸度虽然也可以降低试剂空白的吸光度，但方法的灵敏度也随之降低。

③ 因六价铬能使紫红色络合物褪色，产生负干扰，故应避免用硫酸—重铬酸钾洗液洗涤玻璃器皿，若已经用硫酸—重铬酸钾洗液洗过，则需用（1∶1）盐酸溶液浸洗，再用水充分洗涤，以将六价铬洗净。

④ 用过的比色管及比色皿应及时用酸洗涤，否则红色难以洗净。比色管用（1∶4）盐酸溶液洗，比色皿用（1∶4）盐酸加 1/3 体积乙醇的混合液洗涤。

⑤ 四氯汞钾溶液是剧毒试剂，使用时应小心，如溅到皮肤上，立即用水冲洗。

⑥ 含四氯汞钾废液的处理方法：在每升废液中加约 10g 碳酸钠至中性，再加 10 粒锌，于黑布罩下搅拌 24h 后，将上清液倒入玻璃缸，滴加硫代硫酸钠溶液，至不产生沉淀为止，弃去溶液，将沉淀移入一适当的容器里。此法可除去 99% 的汞。

⑦ 配制亚硫酸钠溶液时，应加入少量乙二胺四乙酸二钠盐，SO_3^{2-} 被水中的溶解氧氧化为 SO_4^{2-} 时，易受试剂及水中微量 Fe^{3+} 的催化，加乙二胺四乙酸络合 Fe^{3+}，SO_3^{2-} 浓度转为稳定。

（二）紫外荧光法

1. 方法原理

样品空气以恒定的流量通过颗粒物过滤器进入仪器反应室，二氧化硫分子受波长 200~220nm 的紫外光照射后产生激发态二氧化硫分子，返回基态过程中发出波长 240~420nm 的荧光，在一定浓度范围内样品空气中二氧化硫浓度与荧光强度成正比。

2. 干扰和消除

① 样品空气中含有 2155μg/m³ 甲烷时，对二氧化硫测定结果产生 3μg/m³ 影响，正常情况下环境空气中甲烷的干扰可以忽略不计。

② 样品空气中含有 6939μg/m³ 硫化氢时，对二氧化硫测定结果影响不高于 1μg/m³，正常情况下环境空气中硫化氢的干扰可以忽略不计。

③ 样品空气中含有 123μg/m³ 一氧化氮时，对二氧化硫测定结果产生 3μg/m³ 影响，正常情况下环境空气中一氧化氮的干扰可以忽略不计。

④ 样品空气中含有芳香烃时，对二氧化硫测定结果产生影响，可通过除烃器去除。

3. 试剂材料

① 零气：由零气发生装置产生，也可由零气钢瓶提供。如果使用合成空气，其中氧的浓度应为合成空气的 20.9%±2.0%。

② 标准气体：二氧化硫有证标准物质，单位为 μmol/mol。

③ 滤膜：聚四氟乙烯，孔径≤5μm。

4. 仪器设备

① 进样管路：应为不与二氧化硫发生化学反应的聚四氟乙烯、氟化聚乙烯丙烯、不锈钢或硼硅酸盐玻璃等材质。

② 颗粒物过滤器：安装在采样总管与仪器进样口之间。颗粒物过滤器除滤膜外的其他部分应为不与二氧化硫发生化学反应的聚四氟乙烯、氟化聚乙烯丙烯、不锈钢或硼硅酸盐玻璃等材质。仪器如有内置颗粒物过滤器，则不需要外置颗粒物过滤器。

③ 二氧化硫测定仪：二氧化硫测量系统见图 8-10。

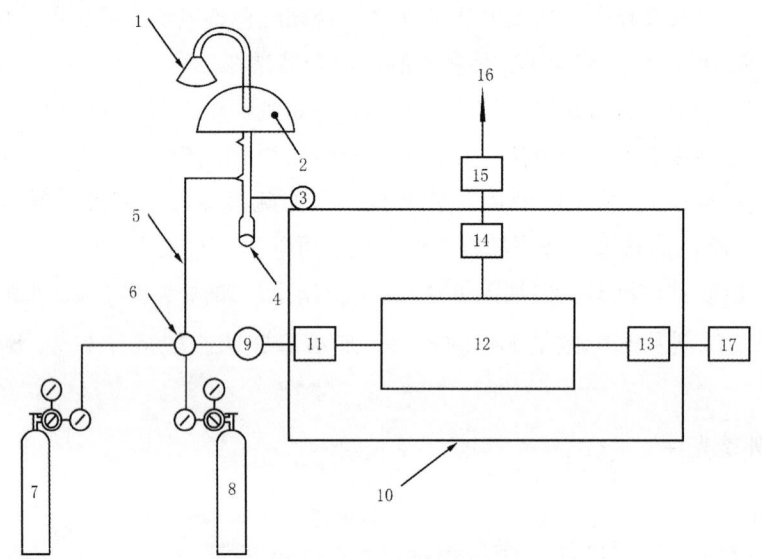

图 8-10　二氧化硫测量系统示意图

1—进气口；2—房顶；3—风机；4—除湿装置；5—进样管路；6—四通阀；7—零气；8—标准气体；
9—颗粒物过滤器；10—二氧化硫测定仪；11—碳氢化合物去除器；12—反应室；13—信号输出；
14—流量控制器；15—泵；16—排空口；17—数据输出

5. 操作步骤

（1）仪器安装调试

新购置的仪器安装后应依据操作手册设置各项参数进行调试，调试指标包括零点噪声、最低检出限、量程噪声、示值误差、量程精密度、24h 零点漂移和 24h 量程漂移。

（2）检查

仪器运行过程中需要进行零点检查、量程检查和线性检查，如果检查结果不合格，需对仪器进行校准，必要时对仪器进行维修。仪器维修完成后，应进行线性检查，并对仪器进行重新校准。

(3) 校准

① 确定仪器量程：仪器量程应根据当地不同季节二氧化硫实际浓度水平确定，当二氧化硫浓度低于量程的 20% 时，应选择更低的量程。

② 校准：将零气通入仪器，读数稳定后，调整仪器输出值等于零；将浓度为量程 80% 的标准气体通入仪器，读数稳定后，调整仪器输出值等于标准气体浓度值。

(4) 样品测定

将样品空气通入仪器，进行自动测定并记录二氧化硫的体积浓度。

6. 结果计算

当用于环境空气质量监测、无组织排放监测或室内空气质量监测时，应分别按照相应质量标准和排放标准要求的状态进行结果计算，测定结果保留整数位。

二氧化硫的质量浓度，计算公式：

$$\rho = \frac{64}{V_m} \times \varphi$$

式中：ρ 为二氧化硫质量浓度（$\mu g/m^3$）；64 为二氧化硫摩尔质量（g/mol）；V_m 为二氧化硫摩尔体积（L/mol），标准状态下为 22.4 L/mol，参比状态下为 24.5 L/mol；φ 为二氧化硫体积浓度（nmol/mol）。

7. 注意事项

更换采样系统部件和滤膜后，应以正常流量采集至少 10min 样品空气，进行饱和吸附处理，期间产生的测定数据不作为有效数据，该处理过程也可在实验室内进行。

此外，还可采用便携式二氧化硫气体检测仪进行户外二氧化硫浓度的速测。

四、氮氧化物

氮氧化物是大气中的重要的污染性气体，它们参加湿地与其他环境要素之间的地球化学循环作用。氮氧化物主要有三种，即 NO、NO_2 和 N_2O，其中 N_2O 还是温室性气体之一。氮氧化物标准的测定方法有盐酸萘乙二胺比色法、定电位电解法化、便携式紫外吸收法、化学发光法和原电池库仑法等，其中盐酸萘乙二胺比色法和定电位电解法操作简便、灵敏度高，是国内外普遍采用的方法。

(一) 盐酸萘乙二胺比色法

1. 方法原理

在测定总氮氧化物浓度时，先用三氧化铬将一氧化氮氧化成二氧化氮，二氧化氮被吸收液吸收后生成亚硝酸和硝酸。在冰乙酸存在条件下，亚硝酸与对氨基苯磺酸发生重氮化反应，再与盐酸萘乙二胺偶合，生成玫瑰红色偶氮染料，其颜色深浅与气样中二氧化氮浓度成正比，采用分光光度法测定。因为 NO_2（气）转变为 NO_2^-（液）的转换系数为 0.76，故在计算结果时应除以 0.76。

2. 仪器设备

多孔筛板吸收管、双球玻璃管(内装三氧化铬—砂子)、便携式空气采样器(流量范围 0~1L/min)、可见分光光度计(或紫外可见分光光度计)。

3. 试剂溶液

所有试剂均用不含亚硝酸根的重蒸馏水配制,检验方法是所配制的吸收液对540nm光的吸光度不超过0.005。

(1) 吸收液

称取5.0g对氨基苯磺酸,置于1000mL容量瓶中,加入50mL冰乙酸和900mL水的混合溶液,盖塞,振摇,使其完全溶解,再加入0.050g盐酸萘乙二胺,溶解后,用水稀释至标线,此为吸收原液,贮于棕色瓶中,在冰箱内可保存两个月。保存时应密封瓶口,防止空气与吸收液接触。

采样时,按4份吸收原液1份水的比例混合配成采样用吸收液。

(2) 三氧化铬—砂子氧化管

筛取20~40目海砂(或河砂),用(1:2)的盐酸溶液浸泡1夜,用水洗至中性,烘干。将三氧化铬与砂子按重量比(1:20)混合,加少量水调匀,放在红外灯下或烘箱里105℃加热烘干,烘干过程中应搅拌几次。制备好的三氧化铬—砂子应是松散的,若粘在一起,说明三氧化铬比例太大,可适当增加一些砂子,重新制备。称取约8g三氧化铬—砂子装入双球玻璃管内,两端用少量脱脂棉塞好,用乳胶管或塑料管制的小帽将氧化管两端密封,备用。采样时将氧化管与吸收管用一小段乳胶管相接。

称取0.1500g粒状亚硝酸钠($NaNO_2$,预先在干燥器内放置24h以上),溶解于水,移入1000mL容量瓶中,用水稀释至标线。此溶液每毫升含100.0μg NO_2^-,贮于棕色瓶内,冰箱中保存,可稳定3个月。

(3) 亚硝酸钠标准溶液

吸取贮备液5.00mL于100mL容量瓶中,用水稀释至标线。此溶液每毫升含5.0μg NO_2^-。

4. 实验步骤

(1) 标准曲线绘制

取7支10mL具塞比色管,亚硝酸钠标准色列配制,见表8-6。

表8-6 亚硝酸钠标准色列

管号	0	1	2	3	4	5	6
亚硝酸钠标准溶液(mL)	0.00	0.10	0.20	0.30	0.40	0.50	0.60
吸收原液(mL)	4.00	4.00	4.00	4.00	4.00	4.00	4.00
水(mL)	1.00	0.90	0.80	0.70	0.60	0.50	0.40
NO_2^-含量(μg)	0.0	0.5	1.0	1.5	2.0	2.5	3.0

将以上溶液摇匀，避开阳光直射放置15min，在540nm波长处，用1cm比色皿，以水为参比，测定吸光度。以吸光度为纵坐标，相应的标准溶液中NO_2^-量(μg)为横坐标，绘制标准曲线。

（2）采样

将一支内装5.00mL吸收液的多孔玻板吸收管进气口接三氧化铬—砂子氧化管，并使管口略微向下倾斜，以免当湿空气将三氧化铬弄湿时污染后面的吸收液。将吸收管的出气口与空气采样器相连接，以0.2~0.3L/min的流量避光采样至吸收液呈微红色为止，记下采样时间，密封好采样管，带回实验室，当日测定。若吸收液不变色，应延长采样时间，采样量应不少于6L。在采样的同时，应测定采样现场的温度和大气压力，并做好记录。

（3）样品测定

采样后，放置15min，将样品溶液移入1cm比色皿中，按绘制标准曲线的方法和条件测定试剂空白溶液和样品溶液的吸光度。若样品溶液的吸光度超过标准曲线的测定上限，可用吸收液稀释后再测定吸光度。计算结果时应乘以稀释倍数。

5. 结果计算

$$\rho_{NO_x} = \frac{(A-A_0) \times \frac{1}{b}}{0.76 \times V_n}$$

式中：ρ_{NO_x}为氮氧化物浓度(mg/m^3)；A为样品溶液的吸光度；A_0为试剂空白溶液的吸光度；$1/b$为标准曲线斜率的倒数，即单位吸光度对应的NO_2的毫克数；V_n为标准状态下的采样体积(L)；0.76为NO_2(气)转换为NO_2^-(液)的系数。

6. 注意事项

① 吸收液应避光，且不能长时间暴露在空气中，以防止光照使吸收液显色或吸收空气中的氮氧化物而使试剂空白值增高。

② 氧化管适于在相对湿度为30%~70%时使用。当空气相对湿度>70%时，应勤换氧化管；<30%时，则在使用前，用经过水面的潮湿空气通过氧化管，平衡1h。在使用过程中，应经常注意氧化管是否吸湿引起板结，或者变成绿色。若板结会使采样系统阻力增大，影响流量；若变成绿色，表示氧化管已失效。

③ 亚硝酸钠(固体)应密封保存，防止空气及湿气侵入。部分氧化成硝酸钠或呈粉末状的试剂都不能用直接法配制标准溶液。若无颗粒状亚硝酸钠试剂，可用高锰酸钾容量法标定出亚硝酸钠贮备溶液的准确浓度后，再稀释为含5.0μg/mL亚硝酸根的标准溶液。

④ 溶液若呈黄棕色，表明吸收液已受三氧化铬污染，该样品应报废。

⑤ 绘制标准曲线，向各管中加亚硝酸钠标准使用溶液时，都应以均匀、缓慢的速度加入。

（二）定电位电解法

1. 方法原理

抽取废气样品进入主要由电解槽、电解液和电极(包括三个电极，分别称为敏感电极、参比电极和对电极)组成的传感器。NO 或 NO_2 通过渗透膜扩散到敏感电极表面,在敏感电极上发生氧化或还原反应,在对电极上发生还原或氧化反应,反应式:

$$NO + 2H_2O \longrightarrow HNO_3 + 3H^+ + 3e$$

$$NO_2 + 2H^+ + 2e \longrightarrow NO + H_2O$$

或

$$NO_2 + 2e \longrightarrow NO + O^{2-}$$

与此同时产生极限扩散电流 i。在一定的工作条件下,电子转移数 Z、法拉第常数 F、气体扩散面积 S、扩散常数 D 和扩散层厚度 δ 均为常数,因此在一定范围内极限扩散电流 i 的大小与 NO 或 NO_2 的浓度 (ρ) 成正比。

$$i = \frac{Z \cdot F \cdot S \cdot D}{\delta} \cdot \rho$$

2. 试剂

(1) 一氧化氮、二氧化氮标准气体

有证环境标准气体,不确定度≤2%,或所能达到的不确定度,检查示值误差和系统偏差,标准气体的浓度为 40%~60% C.S. 或等于 C.S.(C.S. 表示校准量程)。

(2) 氮气

纯度>99.99%。

3. 仪器设备

(1) 定电位电解法氮氧化物测定仪

① 组成:定电位电解法氮氧化物测定仪由主机(含流量控制装置、抽气泵、NO 和 NO_2 传感器等)、采样管(含滤尘装置和加热装置)、导气管、除湿冷却装置、便携式打印机等组成。

② 要求:具有显示采样流量的功能,示值误差绝对值≤5%(浓度<100μmol/mol 时,≤5μmol/mol),系统偏差绝对值≤5%C.S.,具有消除干扰的功能。

(2) 气体流量计

用于测定仪器的采样流量,测定范围和精度满足仪器采样流量要求。

(3) 标准气体钢瓶

配可调式减压阀、可调式转子流量计及导气管。

(4) 集气袋

用于气袋法校准仪器,容积 4~8L,内衬材料应选用对被测成分影响小的惰性材料。

4. 操作步骤

(1) 量程校准

仪器按下述(2)测定的步骤测定标准气体,若示值误差符合定电位电解法氮氧化物测定仪的要求,仪器可用。否则,需校准。

校准方法:

① 气袋法:先用气体流量计校准仪器的采样流量,用标准气体将洁净的集气袋充满

后排空，反复 3 次，再充满后备用。按仪器使用说明书中规定的校准步骤进行校准；

② 钢瓶法：先用气体流量计校准仪器的采样流量，将配有减压阀、可调式转子流量计及导气管的标准气体钢瓶与采样管连接，打开钢瓶气阀门，调节转子流量计，以仪器规定的流量，通入仪器的进气口，仪器采样流量示值与规定值应保持一致。注意各连接处不得漏气。按仪器使用说明书中规定的校准步骤进行校准。

（2）测定

① 零点校准：按仪器使用说明书，正确连接仪器的主机、采样管（含滤尘装置和加热装置）、导气管、除湿冷却装置以及其他装置。将加热装置、除湿冷却装置及其他装置等接通电源，达到仪器使用说明书中规定的条件。打开主机电源，以清洁的环境空气或氮气为零气，进行仪器零点校准。

② 样品测定：零点校准完毕后，将仪器的采样管前端置于排气筒中，堵严采样孔，使之不漏气。待仪器示值稳定后，记录示值，每分钟至少记录一次监测结果。取 5~15min 平均值作为一次测定值。测定期间，为保护传感器，应每测定一段时间后，依照仪器使用说明书用清洁的环境空气或氮气清洗传感器。

③ 测定结束：取得测定结果后，将采样管置于清洁的环境空气或氮气中，使仪器示值回到零点附近，关机，切断电源，拆卸仪器的各部分连接，测定结束。

5. 结果计算

NO_x 浓度等于 NO 浓度与 NO_2 浓度之和，按下式计算以 NO_2 计的标准状态（273K，101.325kPa）下的质量浓度，仪器显示值以质量浓度表示时，计算公式：

$$\rho_{NO_x} = \frac{46}{30} \times \rho_{NO} + \rho_{NO_2}$$

式中：ρ_{NO_x} 为标准状态下干废气中 NO_x 质量浓度（mg/m³）；ρ_{NO} 为标准状态下干废气中 NO 质量浓度（mg/m³）；ρ_{NO_2} 为标准状态下干废气中 NO_2 质量浓度（mg/m³）；46 为 NO_2 分子量；30 为 NO 分子量。

仪器示值以体积浓度表示时，计算公式：

$$\rho'_{NO_x} = \frac{46 \times (\rho'_{NO} + \rho'_{NO_2})}{22.4}$$

式中：ρ'_{NO_x} 为标准状态下干废气中 NO_x 体积浓度（μmol/mol）；ρ'_{NO} 为干废气中 NO 体积浓度（μmol/mol）；ρ'_{NO_2} 为干废气中 NO_2 体积浓度（μmol/mol）；22.4 为气体摩尔体积。

6. 注意事项

① 被测废气温度应不高于仪器说明书的规定或加热冷却装置的温度上限。

② 测定结果应处于仪器校准量程的 20%~100% 之间。

③ 测定过程中，当仪器采样流量低于仪器规定值时，可采用外加抽气泵的方式解决。

④ 及时排空除湿冷却装置的冷凝水，防止影响测定结果。

⑤ 及时清洁滤尘装置，防止阻塞气路。

(三) 便携式紫外吸收法

1. 方法原理

一氧化氮对紫外光区内 200~235nm 特征波长光,二氧化氮对紫外光区内 220~250nm 或 350~500nm 特征波长光具有选择性吸收,根据朗伯—比尔定律(Lambert-Beer law)定量测定废气中一氧化氮和二氧化氮的浓度。

2. 干扰和消除

① 废气中的颗粒物容易污染吸收池,应通过高效过滤器除尘等方法消除或减少废气中颗粒物对仪器的污染,过滤器滤料的材质应避免与氮氧化物发生物理吸附或化学反应。

② 废气中的水蒸气在采样过程中遇冷产生冷凝水会吸收样品中的二氧化氮,导致测试结果偏低,应通过加热采样管和导气管、冷却装置快速除湿或测定热湿废气样品等方法,消除或减少废气中水汽冷凝等对仪器的污染和造成的氮氧化物吸附及溶解损失。

3. 试剂材料

① 一氧化氮、二氧化氮标准气体:市售有证标准气体,扩展不确定度≤2%;或用配气装置以氮气稀释高浓度市售有证标准气体获得的适宜浓度气体。

② 配气装置:市售稀释配气装置,最大输出流量不低于 5L/min,所有的输入、输出流量计流量最大允许误差应满足:当流量<50%的满量程时,流量最大允许误差不超过满量程的±0.5%;当流量≥50%的满量程时,流量最大允许误差不超过设定流量的±1.0%。配气装置气路系统材质应避免与氮氧化物发生物理吸附或化学反应。

③ 零点气:不干扰测定的纯度≥99.99%的氮气或空气。

4. 仪器设备

(1) 紫外吸收法氮氧化物测定仪

紫外吸收法氮氧化物测定仪组成:分析仪(含光源、检测器、吸收池、控制单元等)、气体流量计、抽气泵、采样管、导气管、除湿除尘装置、打印机等。采用热湿法测定废气样品的仪器应配置测定废气中水分含量的检测器,无需配置除湿装置,但应当同步测定废气中水分含量。量程及误差:

① 示值误差:校准量程>100μmol/mol 时,相对误差不超过±3%;校准量程<100μmol/mol 时,绝对误差不超过±3.0μmol/mol。

② 系统误差:校准量程>60μmol/mol 时,相对误差不超过±5%;校准量程<60μmol/mol 时,绝对误差不超过±3.0μmol/mol。

③ 零点漂移:校准量程>100μmol/mol 时,相对误差不超过±3%;校准量程<100μmol/mol 时,绝对误差不超过±3.0μmol/mol。

④ 量程漂移:校准量程>100μmol/mol 时,相对误差不超过±3%;校准量程<100μmol/mol 时,绝对误差不超过±3.0μmol/mol。

(2) 标准气体钢瓶

配备可调式减压阀、流量控制器及导气管。减压阀、流量控制器及导气管材料应避免与氮氧化物发生物理吸附或化学反应。

(3) 集气袋

用于气袋法校准仪器，内衬材料应选用聚氟乙烯膜、聚全氟乙丙烯膜等不影响被测组分或对被测组分影响小的惰性材料。

5. 操作步骤

(1) 仪器气密性检查

连接分析仪、采样管、导气管等，开启仪器电源，经仪器预热稳定后，检查气密性，若检查不合格，应查漏和维护，直至检查合格。

(2) 仪器校准

将零点气和一氧化氮标准气体依次导入仪器，校准仪器零点和量程。通入零点气和标准气体的方法：

① 气袋法：用标准气体将洁净的集气袋充满后排空，反复3次，再充满后在3h内使用。通入的标准气体的浓度应不超过$50\mu mol/mol$。按仪器的校准步骤进行校准。如本次需要测定零点漂移、量程漂移，记录零点、校准量程点仪器示数。

② 钢瓶法：将配有流量控制器及导气管的标准气体钢瓶与采样管连接，打开钢瓶气阀门，调节流量控制器，以仪器规定的流量，将标准气体通入仪器的进气口。注意各连接处不得漏气。对于分析仪内置抽气泵的，应适当增大钢瓶供气流量，并采用旁路泄压方式，保证气路内没有负压且分析仪进气量不会过大，按仪器校准步骤进行校准。如本次需要测定零点漂移、量程漂移，记录零点、校准量程点仪器示数。

(3) 样品测定

把采样管插入采样点位，以仪器规定的采样流量连续自动采样，待仪器读数稳定后即可记录读数，每分钟保存一个均值，连续取样5~15min测定数据的平均值可作为一个样品测定值。测定过程中如发现二氧化氮浓度超过本方法测定下限，应中止测定，用二氧化氮标准气体校准仪器后，重新进行测定。

(4) 质量检查

测定结束后，按照如下步骤进行：

① 将采样管置于零点气中，待仪器示值稳定。

② 如需开展零点漂移检查则记录此时的仪器示值，并计算零点漂移，否则直接进入下一步(定期开展零点漂移检查)。

③ 分别从仪器进气口和采样管通入标准气体，待仪器示数稳定后，计算示值误差和系统误差，或直接从采样管通入标准气体进行全系统示值误差检查。

④ 如需开展量程漂移检查，从采样管分别通入浓度为校准量程的标准气体，待示数

稳定后记录仪器示值，计算量程漂移，否则直接进入下一步（定期开展量程漂移检查）。

⑤ 若②③④的结果满足仪器性能要求，测试结果有效，否则测试结果无效。

⑥ 将采样管置于零点气中，待仪器示数稳定后，关闭仪器和预处理器电源，断开仪器各部分连接，整理好仪器装箱，测试结束。

6. 结果计算

氮氧化物浓度以二氧化氮计，计算结果保留至整数位，浓度≥1000mg/m³时，保留三位有效数字。二氧化氮测定结果小于测定下限，相应的体积浓度、质量浓度都按零计。二氧化氮浓度按下式计算标准状态（273K，101.325kPa）下废气中的氮氧化物质量浓度：

① 测试得到干基浓度的，由一氧化氮和二氧化氮的体积浓度转换为氮氧化物的质量浓度，计算公式：

$$\rho = 2.05 \times (\varphi_{NO} + \varphi_{NO_2})$$

式中：ρ 为标准状态下干基废气中氮氧化物的质量浓度（mg/m³）；2.05 为氮氧化物体积分数换算为标准状态下废气中质量浓度（以 NO_2 计）的系数（g/L）；φ_{NO} 为干基废气中一氧化氮的体积浓度（μmol/mol）；φ_{NO_2} 为干基废气中二氧化氮的体积浓度（μmol/mol）。

② 测试得到干基浓度的，由一氧化氮和二氧化氮的质量浓度转换为氮氧化物的质量浓度，计算公式：

$$\rho = 1.53 \times \rho_{NO} + \rho_{NO_2}$$

式中：ρ 为标准状态下干基废气中氮氧化物的质量浓度（mg/m³）；1.53 为 NO 与 NO_2 质量浓度换算系数，无量纲；ρ_{NO} 为干基废气中一氧化氮的质量浓度（mg/m³）；ρ_{NO_2} 为干基废气中二氧化氮的质量浓度（mg/m³）。

③ 测试得到湿基浓度的，由一氧化氮和二氧化氮的体积浓度转换为氮氧化物的质量浓度，计算公式：

$$\rho = 2.05 \times (\widetilde{\varphi_{NO}} + \widetilde{\varphi_{NO_2}}) \times \frac{1}{1-X_{SW}}$$

式中：ρ 为标准状态下湿基废气中氮氧化物的质量浓度（mg/m³）；2.05 为氮氧化物体积分数换算为标准状态下废气中质量浓度（以 NO_2 计）的系数（g/L）；$\widetilde{\varphi_{NO}}$ 为湿基废气中一氧化氮的体积浓度（μmol/mol）；$\widetilde{\varphi_{NO_2}}$ 为湿基废气中二氧化氮的体积浓度（μmol/mol）；X_{sw} 为废气中水分含量（%）。

④ 测试得到湿基浓度的，由一氧化氮和二氧化氮的质量浓度转换为氮氧化物的质量浓度，计算公式：

$$\rho = (1.53 \times \widetilde{\varphi_{NO}} + \widetilde{\varphi_{NO_2}}) \times \frac{1}{1-X_{SW}}$$

式中：ρ 为标准状态下湿基废气中氮氧化物的质量浓度（mg/m³）；1.53 为 NO 与 NO_2 质量浓度换算系数，无量纲；$\widetilde{\rho_{NO}}$ 为湿基废气中一氧化氮的质量浓度（mg/m³）；$\widetilde{\rho_{NO_2}}$ 为湿基废气中二氧化氮的质量浓度(mg/m^3);X_{sw}为废气中水分含量(%)。

干基废气是指废气经过加热冷凝除水后的废气,湿基废气是指废气不经过冷凝除水在高温下直接测量的废气。

7. 注意事项

① 仪器应在其规定的环境温度、环境湿度等条件下工作。

② 测定前应确保采样管和导气管畅通,并清洁颗粒物过滤装置,必要时更换滤料。

③ 测定前应检查采样管加热系统是否正常工作,采样管是否加热到预设温度,仪器必须充分地预热。

④ 如有除湿冷却装置,测定前应确保正常运行,测定全过程应注意观察冷凝水,及时排出,防止影响测定结果。

⑤ 当监测点位负压过大时,容易导致仪器无法正常采集气样,影响测试结果的准确性,应选择抗负压能力大于烟道负压的仪器或将负压烟道气引出到平衡装置内等手段消除影响,然后进行测定,测定过程中随时监控。

另外,还可采用手持式氮氧化物监测仪进行户外大气氮氧化物测定。

五、$PM_{2.5}$、PM_{10}

细颗粒物 $PM_{2.5}$ 指环境空气中空气动力学当量直径≤2.5μm 的颗粒物,它能较长时间悬浮于空气中,其在空气中含量浓度越高,代表空气污染越严重,化学成分主要包括有机碳(OC)、元素碳(EC)、硝酸盐(NO_3^-)、硫酸盐(SO_4^{2-})、铵盐(NH_4^+)、钠盐(Na^+)等。

颗粒物 PM_{10} 指粒径≤10μm 的颗粒物,通常来自未铺沥青、水泥的路面上行驶的机动车、材料的破碎碾磨处理过程以及被风扬起的尘土。可吸入颗粒物被人吸入后,会积累在呼吸系统中引发许多疾病,对人类危害大。

1. 方法原理

分别通过具有一定切割特性的采样器,以恒速抽取定量体积空气,使环境空气中 $PM_{2.5}$ 和 PM_{10} 被截留在已知质量的滤膜上,根据采样前后滤膜的重量差和采样体积,计算出 $PM_{2.5}$ 和 PM_{10} 浓度。

2. 仪器设备

(1) 切割器

① $PM_{2.5}$ 切割器、采样系统:切割粒径 D_{a50} = 2.5μm±0.2μm;捕集效率的几何标准差为 σ_g = 1.2μm±0.1μm。

② PM_{10} 切割器、采样系统:切割粒径 D_{a50} = 10μm±0.5μm;捕集效率的几何标准差为 σ_g = 1.5μm±0.1μm。

(2) 采样器孔口流量计

① 大流量流量计:量程 0.8~1.4m^3/min,误差≤2%。

② 中流量流量计:量程 60~125L/min,误差≤2%。

③ 小流量流量计：量程<30L/min，误差≤2%。

(3) 滤膜

根据样品采集目的可选用玻璃纤维滤膜、石英滤膜等无机滤膜或聚氯乙烯、聚丙烯、混合纤维素等有机滤膜。滤膜对 0.3μm 标准粒子的截留效率不低于 99%。空白滤膜按下述 4 操作步骤的平衡处理至恒重，称量后，放入干燥器中备用。

(4) 分析天平

感量 0.1mg 或 0.01mg。

(5) 恒温恒湿箱(室)

箱(室)内空气温度在 15~30℃ 范围内可调，控温精度±1℃。箱(室)内空气相对湿度应控制在 50%±5%。恒温恒湿箱(室)可连续工作。

(6) 干燥器

内盛变色硅胶。

3. 样品

(1) 样品采集

① 采样时，采样器入口距地面高度不得低于 1.5m。采样不宜在风速大于 8m/s 的天气条件下进行。采样点应避开污染源及障碍物。如果测定交通枢纽处 $PM_{2.5}$ 和 PM_{10}，采样点应布置在距人行道边缘外侧 1m 处。

② 采用间断采样方式测定日平均浓度时，其次数不应少于 4 次，累积采样时间不应少于 18h。

③ 采样时，将已称重的滤膜用镊子放入洁净采样夹内的滤网上，滤膜毛面应朝进气方向，将滤膜牢固压紧至不漏气。如测定任何一次浓度，每次需更换滤膜；如测日平均浓度，样品可采集在一张滤膜上。采样结束后，用镊子取出，将有尘面两次对折，放入样品盒或纸袋，并做好采样记录。采样后滤膜样品称量按以下 4 操作步骤进行。

(2) 样品保存

滤膜采集后，如不能立即称重，应在 4℃ 条件下冷藏保存。

4. 操作步骤

将滤膜放在恒温恒湿箱(室)中平衡 24h，平衡条件：温度取 15~30℃ 中任何一点，相对湿度控制在 45%~55% 范围内，记录平衡温度与湿度。在上述平衡条件下，用感量为 0.01mg 或 0.1mg 的分析天平称量滤膜，记录滤膜重量。同一滤膜在恒温恒湿箱(室)中相同条件下再平衡 1h 后称重。对于 $PM_{2.5}$ 和 PM_{10} 颗粒物样品滤膜，两次重量之差分别小于 0.04mg 或 0.4mg 为满足恒重要求。

5. 结果计算

$PM_{2.5}$ 和 PM_{10} 浓度，计算公式：

$$\rho = \frac{w_2 - w_1}{V} \times 1000$$

式中：ρ 为 $PM_{2.5}$ 或 PM_{10} 浓度($\mu g/m^3$)；w_2 为采样后滤膜的重量(mg)；w_1 为空白滤膜的重量(mg)；V 为采样体积(m^3)。

6. 注意事项

① 采样器每次使用前需进行流量校准。

② 滤膜使用前均需进行检查,不得有针孔或任何缺陷。滤膜称量时要消除静电的影响。

③ 取清洁滤膜若干张,在恒温恒湿箱(室),按平衡条件平衡24h,称重。每张滤膜非连续称量10次以上,计算每张滤膜的平均值为该张滤膜的原始重量,以上述滤膜作为标准滤膜。

④ 每次称滤膜的同时,称量两张标准滤膜。若标准滤膜称出的重量在原始重量±5mg(大流量)或±0.5mg(中流量和小流量)范围内,则认为该批样品滤膜称量合格,数据可用,否则应检查称量条件是否符合要求并重新称量该批样品滤膜。

⑤ 要经常检查采样头是否漏气。当滤膜安放正确,采样系统无漏气时,采样后滤膜上颗粒物与四周白边之间界限应清晰,如出现界线模糊时,则表明应更换滤膜密封垫。

⑥ 对有电刷的电机采样器,应尽可能在电机由于电刷原因停止工作前更换电刷,以免使采样失败,更换时间视以往情况确定。更换电刷后要重新校准流量。新更换电刷的采样器应在负载条件下运转1h,待电刷与转子的整流子良好接触后,再进行流量校准。

⑦ 当$PM_{2.5}$或PM_{10}含量很低时,采样时间不能过短。对于感量为0.01mg和0.1mg的分析天平,滤膜上颗粒物负载量应分别大于0.1mg和1mg,以减少称量误差。

⑧ 采样前后,滤膜称量应使用同一台分析天平。

此外,还可采用PDR-1500(Thermo)便携式颗粒物监测仪进行$PM_{2.5}$和PM_{10}颗粒物野外速测工作。

六、空气负(氧)离子

空气负(氧)离子[air negative(oxygen) ion,NAI]是带负电荷的单个气体分子和轻离子团的总称。在自然生态系统中,森林和湿地是产生空气负(氧)离子的重要场所。空气负(氧)离子主要是由空气中含氧负离子与若干个水分子结合形成的原子团。根据地理物理学和大地测量学国际联盟的大气联合委员会采用的理论,空气负(氧)离子就是$O_2^-(H_2O)_n$或$OH^-(H_2O)_n$、$CO_4(H_2O)_2$,是带负电荷单个气体分子以及其轻离子团的总称。由于氧分子比CO_2、N_2等分子更具有亲电性,因此氧分子会优先获得电子形成负离子,所以空气负(氧)离子主要由负氧离子组成,故常被称为空气负氧离子。

1. 定义

空气负(氧)离子浓度[concentration of air negative (oxygen) ion]:监测设备的离子迁移率≥$0.4cm^2/(V·s)$时所测定的空气离子浓度为空气负(氧)离子浓度(个/cm^3)。

空气负(氧)离子浓度等级[gradation of air negative (oxygen) ion concentration]:为了指示空气新鲜程度,按照一定的浓度差异,将空气负(氧)离子浓度划分成不同的等级。

缺测(漏测):由于某种原因(如停电)导致监测设备没有采集到样本数据。

2. 设备

(1) 设备分类

监测设备可分为固定式和移动式(便携式)两种。

固定式监测设备为常年固定安装在监测场，全天24h不间断采集空气负(氧)离子浓度数据，并实时地往服务器无线传输数据。

移动式监测设备在监测场实行人工操作，监测完毕带回室内保管，达不到自动连续监测要求。

(2) 性能指标

监测设备性能指标要求，见表8-7。

表8-7 监测设备性能指标表

序号	项目	性能指标
1	负(氧)离子测量范围	0~50000个/cm^3
2	负(氧)离子迁移率	≥0.4cm^2/(V·s)
3	负(氧)离子测量分辨率	① 10个/cm^3，当观测值≤500个/cm^{3}时； ② 50个/cm^3，当500个/cm^3<观测值≤3000个/cm^{3}时； ③ 100个/cm^3，当3000个/cm^3<观测值≤50000个/cm^{3}时
4	负(氧)离子采样频率	50次/min
5	负(氧)离子浓度测量误差范围	−20%~20%
6	负(氧)离子迁移率误差范围	−20%~20%
7	数据观测采集频率	1条数据组/min，实时动态观测采集
8	数据传输存储频率	1条数据组/min，实时动态传输
9	传输通信方式	手机(SIM卡)移动通讯、北斗无线、光纤有线等多种方式
10	数据存储时间	传输断线情况下保存2个月
11	数据补传功能	2个月内可手动补传
12	主机外接电源	220V
13	主机内置蓄电池	供电时间≥2h(设备在断电的情况下)

安装于监测场的监测设备环境适应性要求，见表8-8。

表8-8 监测设备环境适应性要求表

序号	项目	指标
1	环境温度	−30~60℃
2	环境湿度	0%~100%(允许过饱和)
3	大气压力	450~1060hPa
4	抗风能力	≤75m/s
5	降水强度	6mm/min

(3) 硬件要求

① 设备组成部分：监测设备由传感器、采集器、通讯设备等部分组成。

② 设备组装要求：设备主机将传感器、采集器、通信设备、风扇、蓄电池等集成于一体，便于施工安装。

③ 参数要求：在设备主机的显著位置，标明关键参数，包括：传感器有效横截面积（cm^2）、采样空气流速（cm/s）、采样电阻阻值，高阻电阻、电极间距（mm）、电极长度（mm）。

(4) 设备校准

在出厂前，采用标准机[在固定电压、固定高阻电阻、固定采集器横截面、固定电极间距、固定电极长度、固定采样空气流速以及迁移率大于 $0.4cm^2/(V·s)$ 条件下]对设备主机进行校准。

将待校准的设备主机与标准机置于干扰较少、空气负（氧）离子浓度在 300~2000 个/cm^3 的房间内，连续平行对比观测 24h。

当待校准的设备主机与标准机的空气负（氧）离子浓度在允许误差范围内（-20%~20%），待校准的设备主机方能出厂安装。

4. 数据采集传输存储

(1) 采集

通过监测场的监测设备，全天 24h 连续自动采集环境温度、环境湿度、空气负（氧）离子浓度及其监测设备噪音本底值等数据。观测采集频率以 1 条数据组/min 计，1 天共观测采集 1440 条数据组。

(2) 传输

监测场原始数据传输采用无线方式，实时动态传输并存储到服务器。

(3) 记录存储

采用工作表格式（.xls、.xlsx）、文本文档格式（.txt）等多种办公软件能打开的文件，记录存储数据。

(4) 数据下载

各级监测员在其权限内下载原始数据。

5. 监测指标内容

(1) 监测指标

包括监测日期时间、环境温度、环境湿度、空气负（氧）离子浓度和监测设备噪音本底值。

(2) 指标表达格式和单位

① 日期时间：表达格式为"年月日时分"，即 YYMMDDHHmm，"YY""MM""DD""HH"和"mm"分别表示年、月、日、小时和分钟，均为两位，位数不足高位补零，例如，"1903312155"表示"2019 年 3 月 31 日 21 时 55 分"。

② 环境温度：单位以摄氏度(℃)表示。

③ 环境湿度：单位以相对湿度(%)表示。

④ 空气负(氧)离子浓度值与监测设备噪音本底值：单位以个/cm³表示。

6. 数据处理

(1) 异常值处理

对监测获取的空气负(氧)离子浓度值进行甄别，对异常值的数量和发生时间进行统计。当异常值发生时，查明异常值发生的原因，对监测设备采集器进行清洁等处理，及时恢复正常监测。

(2) 处理

某1min发生数据缺测(漏测)时，采用其前1min和后1min两定时数据的平均值来代替，并按正常数据统计。当设备主机发生连续缺测或故障不能及时解决，及时启用备用的设备主机替换，放置监测场原位恢复观测。

(3) 记录缺失处理

当传输断线造成记录缺失，及时从设备主机手动补传或下载记录缺失的数据。

(4) 统计汇总

数据处理后，采用算术平均值的算法，计算监测指标的小时平均值、日平均值、周平均值、月平均值、年平均值等，及其标准差、最大值和最小值等。

统计监测日期时间、数据组条数、有效数据组条数、异常值条数、缺测条数、记录缺失条数等。

(5) 均值与标准差计算

① 平均值(均值)，计算公式：

$$\mu = \frac{\sum_{i=1}^{N} x_i}{m}$$

式中：μ 为监测时段(小时、日、周、月、年，下同)内某指标的平均值；x_i 为监测时段内某指标第 i 个值(样本)，其中"异常""缺测"等非"正确"样本数据应舍弃；N 为监测时段内某指标样本总数，由采样时间区间决定；m 为监测时段内某指标"正确"的样本，$m \leq N$。

② 标准差，计算公式：

$$\sigma = \sqrt{\frac{\sum_{i=1}^{N}(x_i - \mu)^2}{m}}$$

式中：σ 为监测时段(小时、日、周、月、年，下同)内某指标的标准差；μ 为监测时段(小时、日、周、月、年，下同)内某指标的平均值；x_i 为监测时段内某指标第 i 个值(样本)，其中"异常""缺测"等非"正确"样本数据应舍弃；N 为监测时段内某指标样本总数，由采样时间区间决定；m 为监测时段内某指标"正确"的样本，$m \leq N$。

数据处理后的格式示样，见表 8-9。

表 8-9 数据处理后的格式示样表

时间：YYYYMMDDHHmm$_1$—YYYYMMDDHHmm$_2$

序号	指标	平均值	标准差	最大值	最小值	数据组条数			
						总数	有效	异常	缺测	记录缺失
1	空气负(氧)离子浓度									
2	环境气温									
3	环境湿度									

（6）均值与有效性

① 小时平均值：以每分钟获得 1 条监测数据组计算，除了异常值或缺测之外，该小时内达到 55 条及以上有效数据组的数据算术平均值。

② 日平均值：以 0:00~23:59 获得有效数据的算术平均值。每日应至少有 19 个有效小时平均值时，或者至少有 1260 条有效数据组，则该日平均值有效。

③ 周平均值：每个整周(星期一至星期日，7 天)获得有效数据的算术平均值。每周应至少有 6 天有效日平均值时，或者至少有 8820 条有效数据组，则该周平均值有效。

④ 月平均值：每个整月获得有效数据的算术平均值。每月应至少有 25 个有效日平均值(2 月至少有 24 个有效日平均值)，或者至少有 37800 条有效数据组(2 月至少有 35280 条有效数据组)，则该月平均值有效。

⑤ 年平均值：每年获得有效数据的算术平均值。每年应有 12 个有效月平均值时，或者至少应有 459900 条有效数据组，则该年平均值有效。

7. 空气负(氧)离子浓度等级划分

根据平均值划分空气负(氧)离子浓度等级，见表 8-10。

表 8-10 空气负(氧)离子浓度等级划分表

等级	空气负(氧)离子浓度(n, 个/cm^3)	备注
Ⅰ	$n \geqslant 3000$	优
Ⅱ	$1200 \leqslant n < 3000$	↑
Ⅲ	$500 \leqslant n < 1200$	
Ⅳ	$300 \leqslant n < 500$	
Ⅴ	$100 \leqslant n < 300$	↓
Ⅵ	$n < 100$	劣

七、臭氧和总氧化剂

总氧化剂能使碘化钾氧化析出碘(I_2)的物质，包括臭氧(O_3)、过氧乙酰硝酸酯、部分氮氧化物和其他氧化性物质。空气中总氧化剂的浓度,以相当于臭氧浓度(mg/m^3)计量,用硼酸碘化钾比色法作为测定大气中总氧化剂的标准方法。为了取得大气中总氧化剂的连续监测数据,可用连续自动监测仪器,已采用的有动态库仑仪、化学发光测定仪、紫外吸收仪等。

(一) 硼酸碘化钾比色法

1. 方法原理

空气中臭氧被含有1%碘化钾的0.1mol/L硼酸溶液吸收,置换出碘,比色测定游离碘的浓度,以换算成空气中臭氧的浓度。

2. 范围

灵敏度:25mL溶液含2μg臭氧产生0.041吸光度,如果实验值不在此范围之内,则须核实分光光度计和标准溶液的精确度、试剂和水的纯度以及玻璃器皿的清洁度。

硼酸碘化钾比色法检出限为1μg/25mL,测定范围为2~30μg/25mL,若采集气体积为10L,可测浓度范围为0.2~3mg/m^3。

3. 试剂溶液

① 所有实验用水为重蒸水。制备重蒸水的方法是在第一次蒸馏水中加高锰酸钾至淡红色,再用氢氧化钡碱化后,进行重蒸馏。

② 吸收液:称量6.2g硼酸(H_3BO_3),溶于750mL水中,并缓慢加热促使硼酸溶解。冷却后移入1L棕色容量瓶中,再加入10g碘化钾,溶解后,加入1mL的0.021g/L过氧化氢溶液,充分混匀,用水稀释至刻度混匀,吸收液的pH为5.1±0.2,立即用10mm石英比色皿,以水为参比,在波长为352nm处,测定吸光度(E_1)。放置2h后,再测吸光度(E_2)。若$E_2-E_1 \geq 0.008$,则此溶液可以使用;若$E_2-E_1 < 0.008$,则溶液需重新配制。

③ 过氧化氢(0.021g/L):在200mL水中加0.7mL 300g/L或7mL 30g/L过氧化氢溶液,置于500mL容量瓶中,用水稀释至刻度,混匀。在配制吸收液时,取此溶液5mL,用水稀释至100mL,即为0.021g/L过氧化氢。

④ 硫酸溶液(0.5mol/L):取28mL浓硫酸,慢慢地加入500mL水中,冷却后,稀释至1L。

⑤ 碘酸钾标准溶液(1/6KIO_3,0.1000mol/L):准确称取3.5668g经105℃干燥过的优级纯碘酸钾,溶于新煮沸冷却的水中,移入1L容量瓶中,用水稀至刻度。准确量取10mL的0.1000mol/L碘酸钾标准溶液于含有50mL水的100mL棕色容量瓶中,加入1g碘化钾,溶解后再加5mL的0.5mol/L硫酸溶液,用水稀释至刻度,混匀。此时析出碘的标准溶液(1/2I_2,0.0100mol/L),此溶液1.00mL相当于24×0.0100mg臭氧。临用前,用吸收液稀释成1.00mL含1.2μg臭氧的标准溶液。

4. 仪器设备

① 气泡吸收管:普通型,有10mL体积刻度线。

② 空气采样器：流量范围 0.2~1L/min 流量最稳定。使用时，用皂膜流量计校准采样系列在采样前和采样后的流量，流量误差<5%。

③ 容量瓶：25mL，棕色，刻度应校正。

④ 分光光度计：用 10mm 石英比色皿，在 352nm 测定吸光度。

5. 采样

用两个各装 10mL 吸收液的气泡吸收管，以 0.5L/min 流量采气 10L，记录采样时的温度和大气压力。

6. 操作步骤

（1）标准曲线绘制

取 7 个 25mL 棕色容量瓶，制备标准色列，见表 8-11。

表 8-11 标准色列

项目	0	1	2	3	4	5	6
KIO_3 标准溶液（mL）	0.00	2.50	5.00	10.00	15.00	20.00	25.00
吸收液（mL）	25.0	22.5	20.0	15.0	10.0	5.0	0.0
臭氧含量（μg）	0	3	6	12	18	24	30

各瓶盖上瓶塞，摇匀，在制备 0.0100mol/L 碘的标准溶液后的 20min 内，用 10mm 石英比色皿，以水为参比，在波长 352nm 下测定吸光度。以臭氧的含量（μg）为横坐标，吸光度为纵坐标，绘制标准曲线，并计算回归线的斜率。以斜率的倒数作为样品测定的计算因子 B_s（μg）。

（2）样品测定

采样后，将各管吸收液分别定量转移至两个 25mL 棕色容量瓶中，用少量吸收液洗涤吸收管，合并于容量瓶中，用吸收液稀释至刻度，立即将前后两管样品溶液按绘制标准曲线的操作步骤，测定吸光度。

在每批样品测定的同时，取未采样的吸收液，按相同的操作步骤作试剂空白测定。

7. 结果计算

$$\rho = \frac{[(A_1 - A_0) + (A_2 - A_0)] \cdot B_s}{V_0}$$

式中：ρ 为空气中臭氧浓度（mg/m³）；A_1 为前管样品溶液吸光度；A_2 为后管样品溶液吸光度；A_0 为试剂空白溶液吸光度；B_s 为用标准溶液绘制标准曲线得到的计算因子（μg）；V_0 为换算成标准状况下的采样体积（L）。

9. 注意事项

① 干扰与排除：碘和臭氧都是活性很强的化学物质，空气中其他氧化性和还原性气

体会对本方法产生干扰。硼酸碘化钾法是测定臭氧比较准确的方法，它与紫外光度法测定结果是一致的，这说明反应原理中 I_3/O_3 的计算关系是 $1:1$。美国环保局规定此法是标定 O_3 浓度的传递标准方法，但是本法在用于现场测定时，还应考虑其他还原性气体和氧化性气体的干扰问题。

② 碘和臭氧都是活泼性很强的化学物质，痕量的还原性杂质会引起严重的误差。操作过程中所用的水、试剂以及玻璃仪器和比色皿的清洗等稍不注意，都会影响测定结果，所有试剂必须是分析纯。

③ 由于碘液不稳定，很易挥发造成损失，所有装碘液的容器必须加盖。绘制标准曲线必须在制备标准溶液后 20min 内完成，采样时间也不宜过长，采样后立即比色。

④ 因臭氧化学性质很活泼，聚氯乙烯管和橡皮管会使臭氧分解，所有接触臭氧的管路都必须用聚四氟乙烯管或玻璃管，吸收管串联时用短的硅橡胶管将玻璃管头对头地紧密地连接起来。如用此法校正臭氧标准源时，管路要用臭氧气体吹洗处理 1h，以避免 O_3 的损失。

（二）库仑原电池法

1. 方法原理

臭氧和总氧化剂测定仪是采用双铂阳极和炭阳极的示差原电池原理制作的。测定原理见图 8-11。电解液为溴化钾和碘化钾的磷酸盐缓冲溶液，当空气被抽入电解池中后，电解液就经过阴极连续循环流动。如果空气中含有臭氧，则电解液中的卤素离子立刻被氧化成卤素，析出的卤素被电解液带到阴极区，并在阴极上重新还原成卤素离子。电解池中发生反应：

$$O_3 + 2Br^- \rightarrow O_2 + O^{2-} + Br_2$$
$$Br_2 + 2e^- \rightarrow 2Br^-$$
$$\cdots C + O^{2-} \rightarrow \cdots CO + 2e^-$$

式中：$\cdots CO$ 为不定形氧的化学吸附物。

如果臭氧与卤素离子的反应是按化学当量进行的，析出的卤素在阴极的还原是定量的，而且卤素在阴极还原之前不损失，则臭氧的浓度与原电池的电流成正比，并可通过法拉第电解定律计算出来，计算公式：

$$i = 6.69 \times 10^{-3} \times Q \times c$$

式中：i 为由臭氧产生的原电池电流（μA）；c 为臭氧浓度（mg/m^3）；Q 为空气样品流量（在 20℃ 和 101.3kPa，mL/min）。

由于空气中除了臭氧以外，还可能存在其他氧化剂。为了同时测出臭氧和总氧化剂，将空气试样分成两路相等的气流，分别通过两个相同的阴极池。其中有一路气流在进入阴极池之前，先通过一个臭氧选择性过滤器，此过滤器只将臭氧除去，而保留其他成分通过。这样就可以使两路气流中其他氧化剂所产生的电流互相抵消,实际产生的电流仅是臭氧的电流。从图 8-11 中可以看出,测得的 $\triangle V$ 是臭氧的含量,而 V 则是总氧化剂含量。

2. 范围

库仑原电池法最低检出浓度 $0.015mg/m^3$,可测浓度范围 $0.025 \sim 2.0mg/m^3$。

3. 试剂溶液

① 电解液:称取 178g 溴化钾(KBr)、16.6g 碘化钾(KI)、12g 磷酸氢二钠($Na_2HPO_4 \cdot 12H_2O$)、4.5g 磷酸二氢钾(KH_2PO_4)溶于 1000mL 蒸馏水,此溶液 pH 6。

② 三氧化铬氧化管:筛选 20~30 目的砂子,以硝酸—盐酸的混合液浸泡过夜,先后以自来水漂洗,去除悬浮物,用蒸馏水冲至

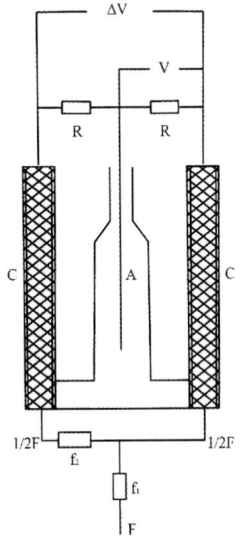

图 8-11 臭氧和总氧化剂测定原理

C—阴极;A—阳极;R—负载电阻;F—空气样品流量;
f_1—除还原剂的过滤器;f_2—除臭氧的过滤器

中性,烘干。用磁铁将砂中的含铁的黑粒除去,然后将处理好的砂子装瓶备用。

取 10g 分析纯三氧化铬,溶于 10~15mL 水中,加 100g 上述处理的砂子,搅拌均匀后,在红外线灯下烘干,装于棕色瓶中备用,用时装入过滤管中。冬季空气干燥,制备时可加入 1%~2% 磷酸或硫酸,保持一定的湿度。

③ 阳极制备:取 100~120 目色层用活性炭,用电解液浸泡,调成糊状,然后用滴管将糊状活性炭一滴滴装入洗净的素陶瓷管中,再塞上硅橡胶片,插入铂丝引线即成。

4. 仪器设备

① 臭氧和总氧化剂测定仪。

② 仪器气路流程,见图 8-12。

空气经过活性炭过滤器净化后作为零气,抽入电解池,调仪器零点。随后将臭氧发生器产生的标准臭氧气吸进电解池,校准仪器的刻度。测量时,先将三通阀旋至测量档,样气经三氧化铬过滤器除去二氧化硫等还原性气体,然后分两路进入两个流量计,用针阀调节流量(如均为 200mL/min)从流量计出来气体,一路直入阴极区,另一路先经臭氧过滤器,选择性地除去臭氧,然后进入另一个阴极区,从电解池出来的气体经冷阱到缓冲器最后由泵排出。

③ 仪器主要技术指标:

测量范围(4 档):$0 \sim 0.25mg/m^3$、$0 \sim 0.5mg/m^3$、$0 \sim 1.0mg/m^3$、$0 \sim 2.0mg/m^3$。

检出下限:$0.025mg/m^3$。

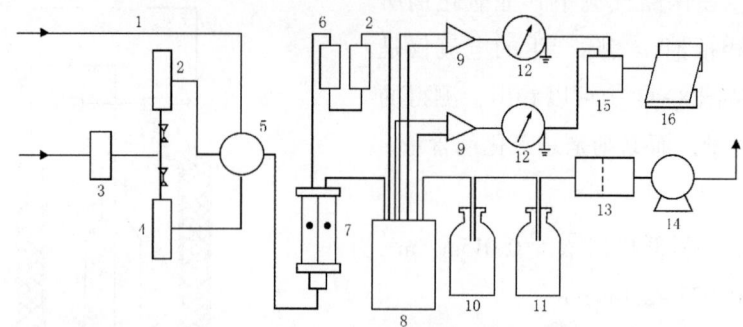

图 8-12　差示原电池法臭氧和总氧化剂监测仪气路流程图

1—标气；2—三氧化铬过滤器；3—除尘器；4—活性炭过滤器；
5—三通阀；6—去臭氧过滤器；7—双管流量计；8—电解池；
9—放大器；10—冷阱；11—干燥器；12—微安表；13—缓冲器；
14—抽气泵；15—双笔记录仪；16—台式电子计算机

响应时间(达到最大值的90%)：<5min。

准确度：误差<±5%满刻度。

重现性：偏差<±4%满刻度。

零点漂移：24h 漂移量<±4%满刻度。

抗干扰性能：SO_2 为 $2.66mg/m^3$，H_2S 为 $1.41mg/m^3$ 时的干扰相当量小于测量值的10%。

工作环境：温度 5~35℃，相对湿度<85%。

信号输出：接记录器(各档)0~10mV，接电子计算机(不分档)0~2V。

④ 仪器如果不带臭氧标准气体发生装置，则可按下述臭氧发生器和图 8-13 中装置配制臭氧标准气体。

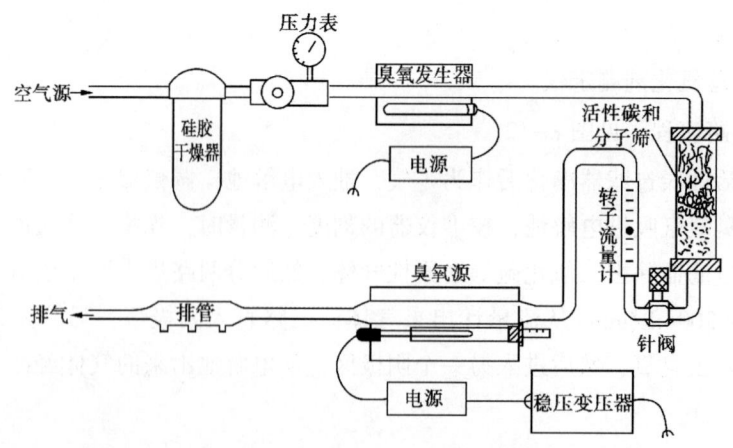

图 8-13　臭氧发生和稀释装置

典型的臭氧发生和稀释装置见图 8-13 所示。臭氧发生器是由一个通空气或氧气的石英管，和一个照射在石英管上的很稳定的低压汞灯所组成。从汞灯发射出来的紫外线，射入石英管中，激发管中的 O_2 分子产生 O_3。在汞灯的周围安装一个可调的铝质套筒，调节这个套筒的位置就可控制汞灯紫外线的照射量，从而就可发生出不同量的 O_3。空气在进入石英管之前，要经过仔细的净化处理、硅胶干燥，并要用 O_3 将空气中存在的 NO 全部转变成 NO_2，最后通过活性炭和分子筛过滤器除去 NO_2、O_3、烃类和痕量水分。由于空气的温度和流量对 O_3 发生量有影响，所以 O_3 发生源的气体需要恒温（±1℃），流量要控制稳定。当气体温度、压力和流量稳定，汞灯电源稳定后，只需要调节灯的照射面，就可得到稳定的各种浓度的 O_3 标准气体。

5. 采样

以每路 150mL/min 的流量通过聚四氟乙烯管将样气抽入仪器。

6. 操作步骤

第一步，打开电源开关，电源指示灯亮，泵开始抽气；

第二步，将三通阀旋在"调零"端，量程选择开关放在 0~2.0mg/m³ 档，工作 2h；

第三步，调节针阀使转子流量计指示在刻度红线处，此时流量为 150mL/min；

第四步，调节"调零"电位器，使微安表头指示在零点；

第五步，将量程选择开关放在所需的位置上；

第六步，将三通阀旋在"调零"位置，运转 0.5h，调节"调零"电位器，使微安表头在 0~0.25mg/m³ 档时指示为零；

第七步，将三通阀旋至"测量"位置，调节针阀使转子流量计指示在刻度红线处，此时流量为 150mL/min；

第八步，仪器稳定工作 20min 即可读数；

第九步，如在测量过程中需要改变量程时，仪器需从第六步开始重新调整；

第十步，仪器需用臭氧标准气发生装置，产生一定浓度臭氧进行定期校准。

7. 结果计算

从记录器上读取任一时间臭氧与总氧化剂浓度（mg/m³）。

将记录纸上的浓度和时间曲线进行积分计算（或与电子计算机连接），可以得到臭氧和总氧化剂的小时平均和日平均浓度。

8. 注意事项

① 电介质的选择：臭氧从卤化物的水溶液中析出卤素是各种电化学分析法测定大气中臭氧和总氧化剂的基础，为使卤素定量析出和有较快的响应时间，电解质的选择是很重要的。溴化钾的浓度从 0.5~4mol/L，原电池电流是恒定的，而且与理论电流值是一致的。溴化钾浓度低于 1.5mol/L 时，响应时间拖长，而浓度太高时容易析出溴化钾结晶将进气管堵住，所以，选用溴化钾浓度为 1.5mol/L。当碘化钾浓度低于 0.002mol/L 时，原电池电流显著偏低。当碘化钾浓度在 0.002mol/L 以上，电流与计算值完全一致，为了保证 O_3 与碘离子充分反应，选用 0.1mol/L 碘化钾是合适的。

② 电解液的 pH 对原电池电流有一定影响：当溶液 pH 高于 6.7 时，原电池电流低于理论值；而 pH 低于 5.5 时，则碘离子有可能被氧分子所氧化而使电流偏高，所以电解质溶液 pH 最好控制在 6 左右。

③ 样气通过三氧化铬过滤器可以将还原性气体除去，但同样也能将 NO 氧化成 NO_2，使总氧化剂测定值偏高，当 NO 浓度高时需另作 NO 测定，然后从总氧化剂中扣除由 NO 氧化成 NO_2 所产生的臭氧相当量。

此外，臭氧还可采用便携式臭氧监测仪测定。

八、干湿沉降

大气沉降是指大气中的污染物通过一定的途径被沉降至地面或水体的过程，分为干沉降和湿沉降。大气沉降是陆源污染物和营养物质向海洋输送的重要途径，通过大气沉降途径向海洋输入的 N、P 营养盐，Zn、Pb、Cd、Ni 等重金属元素以及酸雨等，对于近岸海洋特别是表层海水中的污染物质分布、海水富营养化、重金属元素污染及海水酸化都有较大的影响。此外大气沉降也是土壤污染的重要途径之一，能源、运输、冶金和建筑材料生产产生的气体和粉尘中含有大量的重金属，除汞以外，其他重金属基本上是以气溶胶的形态进入大气，经过干湿沉降进入土壤。

（一）干沉降

干沉降是指大气中的浮尘以自然沉降的方式到达地表所形成的物质，一般用每月每平方千米沉降的吨数 $[t/(km^2 \cdot 月)]$ 表示，采用称重法测定。

称重法：干沉降是利用集尘缸（一般为内径 150mm、高 300mm 的玻璃缸）收集自然沉降的沙尘，样品经蒸发、干燥后，以称重法测定降尘量，然后推算单位面积的自然表面上沉降的沙尘量。有时候降尘缸也可以用长方形的不锈钢替代，降尘缸底部放置滤膜。样品的物理特征和化学成分可以在实验室内进行。

1. 试剂

乙二醇（$C_2H_6O_2$）。

2. 仪器设备

集尘缸为内径 15cm±0.5cm、高 30cm 的圆筒形玻璃缸（缸底要平整）、瓷坩埚（100mL）、电热板（2000W）、搪瓷盘、分析天平（感量 0.1mg）。

3. 采样点设置

① 在采样前，首先要选好采样点。选择采样点时，应先考虑集尘缸不易损坏的地方，还要考虑操作者易更换集尘缸。采样点一般设在矮建筑物的屋顶。

② 采样点附近不应有高大建筑物，并避开局部污染。

③ 集尘缸放置高度应距离地面 5~12m。在某一地区，各采样点集尘缸的放置高度尽量保持在大致相同的高度。如放置屋顶平台上，采样口应距平台 1~1.5m，以避免平台扬

尘的影响。

④ 集尘缸的支架应该稳定并很坚固,以防止被风吹倒或摇摆。

⑤ 在清洁区设置对照点。

4. 样品收集

(1) 放缸前准备

集尘缸在放到采样点之前,加入乙二醇 60~80mL,以占满缸底为准,加水溶液量视当地的气候情况而定,冬季和夏季加 50mL,其他季节可加 100~200mL。加好后,罩上塑料袋,直接把缸放在采样点的固定架上再把塑料袋取下,开始收集样品。记录放缸地点、缸号、时间(年、月、日、时)。应该注意,加乙二醇水溶液既可以防冻,又可以保持缸底湿润,还能抑制微生物及藻类的生长。

(2) 样品收集

按月定期更换集尘缸 1 次(30 天±2 天)。取缸时应核对地点、缸号并记录取缸时间(年、月、日、时),罩上塑料袋,带回实验室。取换缸的时间规定为月底 5 天内完成。在夏季多雨季节,应注意缸内积水情况,为防水满溢出,及时更换新缸,采集的样品合并后测定。

5. 测定步骤

(1) 瓷坩埚准备

将 100mL 的瓷坩埚洗净、编号,在 105℃±5℃ 下,烘箱内烘 3h,取出放入干燥器内,冷却 50min,在分析天平上称量,再烘 50min,冷却 50min,再称量,直至恒重(两次重量之差<0.4mg),此值为 W_0。然后将其在 600℃ 灼烧 2h,待炉内温度降至 300℃ 以下时取出,放入干燥器中,冷却 50min 称重,再在 600℃ 下灼烧 1h,冷却称量,直至恒重,此值为 W_b。

(2) 降尘总量测定

首先用尺子测量集尘缸的内径(按不同方向至少测定 3 处,取其算术平均值),然后用光洁的镊子将落入缸内的树叶、昆虫等异物取出,并用水将附着在上面的细小尘粒冲洗下来后扔掉,用淀帚(是在玻璃棒的一端,套上一小段乳胶管,然后用止血夹夹紧,放在 105℃±5℃ 的烘箱中,烘 3h 后使乳胶管黏合在一起,剪掉不黏合的部分制得,用来扫除尘粒)把缸壁擦洗干净,将缸内溶液和尘粒全部转入 500mL 烧杯中,在电热板上蒸发,使体积浓缩到 10~20mL,冷却后用水冲洗杯壁,并用淀帚把杯壁上的尘粒擦洗干净,将溶液和尘粒全部转移到已恒重的 100mL 瓷坩埚中,放在搪瓷盘里,在电热板上小心蒸干(溶液少时注意不要迸溅),然后放入烘箱于 105℃±5℃ 烘干,按上述方法称量至恒重,此值为 W_1。

(3) 降尘中可燃物测定

将上述已测降尘总量的瓷坩埚放入马弗炉中,在 600℃ 灼烧 3h,待炉内温度降至 300℃ 以下时取出,放入干燥器中,冷却 50min 称重,再在 600℃ 下灼烧 1h,冷却称量,直至恒重,此值为 W_2。

将与采样操作等量的乙二醇水溶液,放入 500mL 的烧杯中,在电热板上蒸发浓缩至 10~20mL,然后将其转移至已恒重的瓷坩埚内,将瓷坩埚放在搪瓷盘中,再放在电热板上蒸发至干,于 105℃±5℃ 烘干,按步骤(1)称量至恒重,减去瓷坩埚的重量 W_0,即为 W_c。然后放入马弗炉中 600℃ 灼烧,称量至恒重,减去瓷坩埚的重量 W_b,即为 W_d。测定 W_c、W_d 时所用乙二醇水溶液与加入集尘缸的乙二醇水溶液应是同一批溶液。

6. 结果计算

$$M = \frac{W_1 - W_0 - W_c}{s \times n} \times 30 \times 10^4$$

式中:M 为降尘总量[t/(km²·月)];W_1 为降尘、瓷坩埚和乙二醇水溶液蒸干并在 105℃±5℃ 恒重后的质量(g);W_0 为在 105℃±5℃ 烘干的瓷坩埚重量(g);W_c 为与采样操作等量的乙二醇水溶液蒸干并在 105℃±5℃ 恒重后的质量(g);s 为集尘缸缸口面积(cm²);n 为采样天数,准确到 0.1 天。

$$M' = \frac{(W_1 - W_0 - W_c) - (W_2 - W_b - W_d)}{s \times n} \times 30 \times 10^4$$

式中:M' 为可燃物量[t/(km²·月)];W_2 为降尘、瓷坩埚和乙二醇水溶液蒸发残渣于 600℃ 灼烧后的质量(g);W_b 为 600℃ 灼烧后的瓷坩埚重量(g);W_d 为与采样操作等量的乙二醇水溶液蒸发残渣于 600℃ 灼烧后的质量(g);s 为集尘缸缸口面积(cm²);n 为采样天数,准确到 0.1 天。

7. 注意事项

① 大气降尘是指可沉降的颗粒物,故应除去树叶、枯枝、鸟粪、昆虫、花絮等干扰物。

② 每一个样品所使用的烧杯、瓷坩埚等的编号必须一致,并与其相对应的集尘缸的缸号一并及时填入记录表中。

③ 瓷坩埚在烘箱、马弗炉及干燥器中,应分离放置,不可重叠。

④ 蒸发浓缩实验要在通风柜中进行,样品在瓷坩埚中浓缩时,不要用水洗涤坩埚,否则将在乙二醇与水的界面上发生剧烈沸腾使溶液溢出。当浓缩至 20mL 以内时应降低温度并不断摇动,使降尘粘附在瓷坩埚壁上,避免样品溅出。

⑤ 应尽量选择缸底比较平的集尘缸,可以减少乙二醇的用量。

(二) 湿沉降

大气湿沉降是指以任何形式离开大气而到达地表面的物质,例如雨、雪、雹、雾等以及其他形式的降水都是湿沉降,测定方法包括湿沉降量测定和大气湿沉降组分测定两部分。

湿沉降量是指从天空降落到地面上的液态或固态(经融化后)降水,未经蒸发、渗透、流失而在水平面上积聚的深度,单位 mm。标准测定方法是用标准降水收集器(如雨量器)

或自动降水采样装置(如翻斗式雨量计等)采样测定或自动测定,记录湿沉降量等。

大气湿沉降组分测定是指测定大气湿沉降样品的电导、pH 以及其他化学组分。常测定的化学组分为 F^-、Cl^-、Br^-、SO_4^{2-}、NO_3^-、K^+、Ca^{2+} 等。

一般利用聚乙烯或聚丙乙烯塑料桶来收集湿降尘。降水之前人为开盖,收集一次降水全过程的水样,降水结束后及时取回,在实验室进行物化特征分析,尤其是 pH 和电导的测定,同时注意要先测定电导然后测定 pH。用孔径 0.45μm 的混合纤维素微孔滤膜过滤,过滤后的样品用于测定阴离子以及阳离子。

将承接湿沉降的塑料桶收回后,用抽滤法使固液分离,测量液体体积(V),放入塑料桶内保存。

1. 氯化物采用硝酸银滴定法

(1) 方法原理

在中性至弱碱性范围内(pH 6.5~10.5),以铬酸钾为指示剂,用硝酸银滴定氯化物时,由于氯化银的溶解度小于铬酸银的溶解度,氯离子首先被完全沉淀出来,然后铬酸盐以铬酸银的形式被沉淀,产生砖红色,指示滴定终点到达。沉淀滴定反应式:

$$Ag^+ + Cl^- \rightarrow AgCl \downarrow$$

$$2Ag^+ + CrO_4^{2-} \rightarrow Ag_2CrO_4 \downarrow (砖红色)$$

(2) 试剂溶液

① 高锰酸钾($1/5KMnO_4$,0.01mol/L)。

② 过氧化氢(H_2O_2,30%)。

③ 乙醇(C_6H_5OH,95%)。

④ 硫酸溶液($1/2H_2SO_4$,0.05mol/L)。

⑤ 氢氧化钠溶液(NaOH,0.05mol/L)。

⑥ 氢氧化铝悬浮液:溶解 125g 硫酸铝钾于 1L 蒸馏水中,加热至 60℃,然后边搅拌边缓缓加入 55mL 浓氨水放置约 1h 后,移至大瓶中,用倾泻法反复洗涤沉淀物,直到洗出液不含氯离子为止,用水稀释至约为 300mL。

⑦ 氯化钠标准溶液(NaCl,0.0141mol/L,相当于 500mg/L 氯化物含量):将氯化钠置于瓷坩埚内,在 500~600℃下灼烧 40~50min。在干燥器中冷却后称取 8.2400g,溶于蒸馏水中,在容量瓶中稀释至 1000mL。用吸管吸取 10.0mL,在容量瓶中准确稀释至 100mL。

⑧ 硝酸银标准溶液($AgNO_3$,0.0141mol/L):称取 2.3950g 于 105℃烘 30min 的硝酸银($AgNO_3$),溶于蒸馏水中,在容量瓶中稀释至 1000mL,贮于棕色瓶中。用氯化钠标准溶液标定其浓度:用吸管准确吸取 25.00mL 氯化钠标准溶液于 250mL 锥形瓶中,加蒸馏水 25mL,另取一锥形瓶,量取蒸馏水 50mL 作空白,各加入 1mL 铬酸钾溶液,在不断的摇动下用硝酸银标准溶液滴定至砖红色沉淀刚刚出现为终点。计算每毫升硝酸银溶液所相当的氯化物量,然后校正其浓度,再作最后标定。

⑨ 铬酸钾溶液(50g/L):称取 5g 铬酸钾溶于少量蒸馏水中,滴加硝酸银溶液至有红

色沉淀生成,摇匀,静置 12h,然后过滤并用蒸馏水将滤液稀释至 100mL。

⑩ 酚酞指示剂溶液:称取 0.5g 酚酞溶于 50mL 的 95%乙醇中,加入 50mL 蒸馏水,再滴加 0.05mol/L 氢氧化钠溶液使呈微红色。

(3) 仪器设备

锥形瓶(250mL)、滴定管(25mL,棕色)、吸管(50mL、25mL)。

(4) 测定步骤

用吸管吸取 50mL 样品溶液(若氯化物含量高,可取适量样品用蒸馏水稀释至 50mL),置于锥形瓶中。另取一锥形瓶加入 50mL 蒸馏水做空白试验。

如样品溶液 pH 在 6.5~10.5 范围时,可直接滴定,超出此范围的水样应以酚酞作指示剂,用稀硫酸或氢氧化钠的溶液调节至红色刚刚褪去。

加入 1mL 铬酸钾溶液,用硝酸银标准溶液滴定至砖红色沉淀刚刚出现,即为滴定终点。同法做空白滴定。

(5) 结果计算

$$\rho_{Cl} = \frac{(V_2 - V_1) \times M \times 35.45 \times 1000}{V}$$

式中:ρ_{Cl} 为氯化物含量(mg/L);V_1 为蒸馏水消耗硝酸银标准溶液量(mL);V_2 为试样消耗硝酸银标准溶液量(mL);M 为硝酸银标准溶液浓度(mol/L);V 为试样体积(mL);35.45 为氯离子的摩尔质量(g/mol)。

2. 氟化物采用离子选择电极法

(1) 方法原理

当氟电极与含氟的试液接触时,电池的电动势 E 随溶液中氟离子活度变化而改变(遵守 Nernst 方程)。当溶液的总离子强度为定值且足够时服从关系式:

$$E = E_0 - \frac{2.303 \times R \times T}{F} \times \log C_{F^-}$$

式中:E 为氧化电位值,与 $\log C_{F^-}$ 成直接关系;E_0 为标准电位值;$\frac{2.303 \times R \times T}{F}$ 为该直线的斜率,也为电极的斜率;2.303 为 ln10 值;R 为摩尔气体常数,约 8.314 J/(mol·K);T 为绝对温度(K);F 为法拉第常数;C_{F^-} 为溶液中氟离子的浓度。

工作电池可表示如下:

Ag│AgCl,Cl⁻(0.3mol/L),F⁻(0.001mol/L)│LaF$_3$││试液││外参比电极。

(2) 试剂溶液

① 盐酸(HCl,2mol/L)。

② 硫酸(H$_2$SO$_4$,1.84g/mL)。

③ 总离子强度调节缓冲溶液(TISAB):TISAB Ⅰ(0.2mol/L 柠檬酸钠、1mol/L 硝酸钠)制备:称取 58.8g 二水柠檬酸钠和 85g 硝酸钠,加水溶解,用盐酸调节 pH 至 5~6,转入 1000mL 容量瓶中,稀释至标线,摇匀。TISAB Ⅱ(总离子强度调节缓冲溶液)制备:量

取约 500mL 水于 1L 烧杯内，加入 57mL 冰乙酸、58g 氯化钠和 4.0g 环己二胺四乙酸，或者 1,2-环己二胺四乙酸，搅拌，溶解。置烧杯于冷水浴中，慢慢地在不断搅拌下加入 6mol/L 的 NaOH（约 125mL）使 pH 达到 5.0~5.5，转入 1000mL 容量瓶中，稀释至标线，摇匀。TISAB Ⅲ（1mol/L 六次甲基四胺、1mol/L 硝酸钾、0.03mol/L 钛铁试剂）制备：称取 142g 六次甲基四胺、85g 硝酸钾、9.97g 钛铁，加水溶解，调节 pH 至 5~6，转移到 1000mL 容量瓶中，用水稀释至标线，摇匀。

④ 氟化物标准贮备液：称取 0.2210g 基准氟化钠（NaF）（预先于 105~110℃ 干燥 2h，或者于 500~650℃ 干燥约 40min，干燥器内冷却，转入 1000mL 容量瓶中，稀释至标线，摇匀，贮存在聚乙烯瓶中，此溶液每毫升含氟 100μg。

⑤ 氟化物标准溶液：用无分度吸管吸取氟化钠标准贮备液 10.00mL，注入 100mL 容量瓶中，稀释至标线，摇匀。此溶液每毫升含氟（F^-）10.0μg。

⑥ 乙酸钠（CH_3COONa）：称取 15g 乙酸钠溶于水，并稀释至 100mL。

⑦ 高氯酸（$HClO_4$，70%~72%）。

(3) 仪器设备

氯离子选择电极、饱和甘汞电极或氯化银电极、离子活度计、毫伏计或 pH 计（精确到 0.1mV）、磁力搅拌器（具备覆盖聚乙烯或者聚四氟乙烯等的搅拌棒）、聚乙烯杯（100mL、150mL）。氟化物的水蒸气蒸馏装置，见图 8-14。

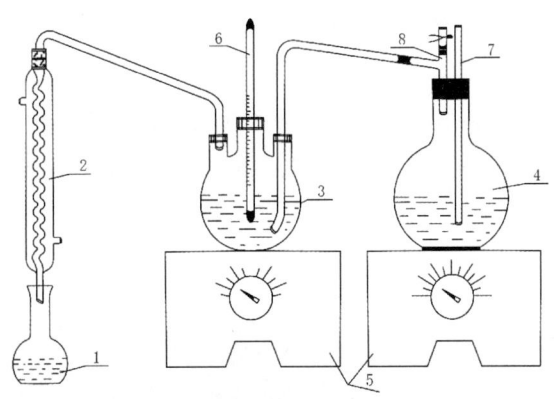

图 8-14　氟化物的水蒸气蒸馏装置

1—接收瓶（200ml 容量瓶）；2—蛇形冷凝管；3—250ml 直口三角烧瓶；
4—水蒸气发生瓶；5—可调电炉；6—湿度计；7—安全管；8—三通管（排气用）

(4) 测定步骤

① 样品处理：实验室样品应该用聚乙烯瓶采集和贮存。如果水样中氟化物含量不高，pH 在 7 以上，也可以用硬质玻璃瓶存放。采样时应先用水样冲洗取样瓶 3~4 次。试样如果成分不太复杂，可直接取出试份。如果含有氟硼酸盐或者污染严重，则应先进行蒸馏。

在沸点较高的酸溶液中，氟化物可形成易挥发的氢氟酸和氟硅酸与干扰组分按以下步骤分离：准确取适量（如 25.00mL）水样，置于蒸馏瓶中，并在不断摇动下缓慢加入 15mL

高氯酸，按图连接好装置，加热，待蒸馏瓶内溶液温度约130℃时，开始通入蒸汽，并维持温度在140℃±5℃，控制蒸馏速度5~6mL/min，待接收瓶馏出液体积约150mL时，停止蒸馏，并用水稀释至200mL，供测定用。

在测定前应使试份达到室温，并使试份和标准溶液的温度相同（温差不得超过±1℃）。

② 测定：用无分度吸管，吸取适量试份，置于50mL容量瓶中，用乙酸钠或盐酸调节至近中性，加入10mL总离子强度调节缓冲溶液，用水稀释至标线，摇匀，将其注入100mL聚乙烯杯中，放入一只塑料搅拌棒，插入电极，连续搅拌溶液，待电位稳定后，在继续搅拌时读取电位值E_x。在每一次测量之前，都要用水充分冲洗电极，并用滤纸吸干。根据测得的毫伏数，由校准曲线上查找氟化物的含量。

③ 空白试验：用水代替试份，进行空白试验。

④ 校准：可用校准曲线法和一次标准加入法。

校准曲线法：用无分度吸管分别吸取1.00mL、3.00mL、5.00mL、10.0mL、20.0mL氟化物标准溶液，置于50mL容量瓶中，加入10mL总离子强度调节缓冲溶液，用水稀释至标线，摇匀，分别注入100mL聚乙烯杯中，各放入一只塑料搅拌棒，以浓度由低到高为顺序，分别依次插入电极，连续搅拌溶液，待电位稳定后，在继续搅拌时读取电位值E。在每一次测量之前，都要用水冲洗电极，并用滤纸吸干。在半对数坐标纸上绘制$E(mV)$-$\log C_{F^-}(mg/L)$校准曲线，浓度标示在对数分格上，最低浓度标示在横坐标的起点线上。

一次标准加入法：当样品组成复杂或成分不明时，宜采用一次标准加入法，以便减小基体的影响。先测定出试份的电位值E_1，然后向试份中加入一定量（与试份中氟含量相近）的氟化物标准溶液，在不断搅拌下读取平衡电位值E_2。E_1与E_2的以相差30~40mV为宜，计算公式：

$$c_x = \frac{\dfrac{c_s \cdot V_x}{V_x + V_s}}{\dfrac{E_2 - E_1}{S} - \dfrac{V_x}{V_x + V_s}}$$

式中：c_x为待测试份的浓度（mg/L）；c_s为加入标准溶液的浓度（mg/L）；V_s为加入标准溶液的体积（mL）；V_x为测定时所取试份的体积（mL）；E_1为测得试份的电位值（mV）；E_2为试份加入标准溶液后测得的电位值（mV）；S为电极的实测斜率。

⑤ 电极存放：电极用后应用水充分冲洗干净，并用滤纸吸去水分，放在空气中，或者放在稀的氟化物标准溶液中，如果短时间不再使用，应洗净，吸去水分，套上保护电极敏感部位的保护帽，电极使用前应充分冲洗，并去掉水分。

(5) 结果表示

氟含量以mg/L表示，根据测定所得的电位值，从校准曲线上查得相应氟离子含量。

3. 硫酸盐采用硫酸钡比浊法

（1）方法原理

硫酸盐和钡离子生成硫酸钡沉淀，形成浑浊，其浑浊程度与样品硫酸盐含量成正比。

（2）试剂溶液

① 无水硫酸钠、氯化钠、盐酸、丙三醇、乙醇、氯化钡、蒸馏水。

② 硫酸盐标准溶液（1000mg/L）：称取 1.4786g 无水硫酸钠，溶于水中，定容至 1000mL。

③ 稳定剂溶液：称取 75g 氯化钠，溶于 300mL 水中，加入 30mL 盐酸、50mL 甘油和 100mL 乙醇，混合均匀。

（3）仪器设备

岛津 UV-2450 型紫外分光光度计、UVProbe 软件。

（4）测定步骤

第一步，取 50mL 样品，加入 2.5mL 稳定剂溶液，调节电磁搅拌器速度，使溶液在搅拌时不溅出，并能使 0.2g 氯化钡晶体在 10~30s 溶解。固定此条件，在同批测定中不改变。

第二步，取同型烧杯分别加入硫酸盐标准溶液 0.0mL、0.5mL、2.0mL，各加水至 50mL，使硫酸盐浓度分别为 0.0mg/L、10.0mg/L、40.0mg/L。

第三步，另取 50mL 水样，与标准系列在同一条件下，在水样与标准系列中各加入 2.5mL 稳定剂溶液，待搅拌速度稳定后加入 0.2g 氯化钡晶体，并立即计时，搅拌 60s±5s。各烧杯均从加入氯化钡晶体起计时，到准确 10min 时于 420nm 波长、1cm 比色皿，以水为参比，测定吸光度。

（5）结果

根据吸光度，在标准曲线上获得硫酸盐浓度（mg/L）。

4. F^-、Cl^-、NO_2^-、NO_3^-、SO_4^{2-} 可用离子色谱分析

（1）试剂

氟化钠（优级纯）、氯化钠（优级纯）、亚硝酸钠（优级纯）、硝酸钠（优级纯）、硫酸钾（优级纯）、标准样品（F^- 保证值为 0.524mg/L±0.051mg/L，Cl^- 保证值为 5.02mg/L±0.27mg/L，NO_2^- 保证值为 0.307mg/L±0.020mg/L，NO_3^- 保证值为 9.0mg/L±0.31mg/L）。

（2）仪器设备

ICS-2000 离子色谱仪（配 EG40 电导检测器和 Chromeleon 色谱工作站，AS 自动进样器，KOH 自动淋洗液装置）、聚乙烯塑料桶、聚乙烯塑料容器（60mm，0.2μm 水性滤膜）。

（3）离子色谱分析条件

分析条件：Dionex IonPac AS19 分析柱+AG19 保护柱、抑制器（ASRS 300，4mm）、抑制器电流 50mA、抑制模式（自循环再生）、流速（1mL/min）。

样品进样体积（定量环，100μL）、检测器（Dionex 电导检测器）、柱温（30℃）、电导池

温度（35℃）、淋洗液（氢氧化钾自动淋洗液，梯度淋洗程序为0~11min，氢氧化钾浓度为4mmol/L；梯度淋洗程序为11.1~20.0min，氢氧化钾浓度为10mmol/L；梯度淋洗程序为20.1~42.0min，氢氧化钾浓度为20mmol/L、分析时间（42.0min）。用外标法以峰面积定量。

（4）测定步骤

① 样品采集：降水样品采用手工方法采集，雨水样品采集使用聚乙烯塑料桶，雪水样品采集使用聚乙烯塑料容器。雪水样品采集后放置实验室内待其自然融化完后，样品过60mm 0.2μm水性滤膜过滤，除去降水中尘埃颗粒物、微生物体。雨水样品采集后直接过60mm 0.2μm水性滤膜过滤，除去降水中尘埃颗粒物、微生物体。

② 标准曲线：分别称取氟化钠（105℃烘2h）2.2100g、氯化钠（105℃烘2h）1.6485g、亚硝酸钠（干燥2h）1.4997g、硝酸钠（105℃烘2h）1.3780g、硫酸钾（105℃烘2h）1.8142g，用去离子水定容至1000mL，配制浓度为1000mg/L的F^-、Cl^-、NO_2^-、NO_3^-、SO_4^{2-}单个溶液标准储备液。最终配制F^-、Cl^-、NO_2^-、NO_3^-、SO_4^{2-}含量分别为0.00mg/L、0.05mg/L、0.1mg/L、0.2mg/L、0.4mg/L、0.5mg/L、1.0mg/L、2.0mg/L、5.0mg/L、8.0mg/L、10.0mg/L、20.0mg/L、25.0mg/L混合标准溶液系列，进行色谱分析，以浓度（y）对峰面积（x）绘制标准曲线。

③ 样品分析：按照离子色谱分析条件设定，进样分析。

参 考 文 献

[1] 曹月华，赵士洞，1997. 世界环境与生态系统监测和研究网络[M]. 北京：科学出版社.

[2] 国家林业局，2016. 空气负（氧）离子浓度观测技术规范（LY/T 2586—2016）[S]. 北京：中国标准出版社.

[3] 国家林业局，2016. 空气负（氧）离子浓度监测站点建设技术规范（LY/T 2587—2016）[S]. 北京：中国标准出版社.

[4] 国家林业局野生动植物保护司，2001. 湿地管理与研究方法[M]. 北京：中国林业出版社.

[5] 环境保护部，2009. 环境空气二氧化硫的测定四氯汞盐吸收-副玫瑰苯胺分光光度法（HJ 483—2009）[S]. 北京：中国环境科学出版社.

[6] 环境保护部，2013. 环境空气颗粒物（PM_{10}和$PM_{2.5}$）采样器技术要求及检测方法（HJ 93—2013）[S]. 北京：中国环境出版社.

[7] 环境保护部，2013. 环境空气颗粒物（$PM_{2.5}$）手工监测方法（重量法）技术规范（HJ 656—2013）[S]. 北京：中国环境出版社.

[8] 环境保护部，2014. 固定污染源废气氮氧化物的测定定电位电解法（HJ 693—2014）[S]. 北京：中国环境出版社.

[9] 环境保护部，2018. 固定污染源废气二氧化硫的测定定电位电解法（HJ 57—2017）[S]. 北京：中国环境出版集团.

[10] 环境保护部，2018. 固定污染源废气二氧化碳的测定非分散红外吸收法（HJ 870—2017）[S]. 北京：中国环境出版社.

[11] 环境保护部环境监测司，中国环境监测总站，河北省环境监测中心站，2015. 环境监测管理[M].

北京：中国环境出版社．

[12] 吕宪国，等，2005. 湿地生态系统观测方法[M]. 北京：中国环境科学出版社．

[13] 生态环境部，2018. 关于发布《环境空气二氧化硫的测定甲醛吸收—副玫瑰苯胺分光光度法》（HJ 482—2009）等 19 项标准修改单公告[EB/OL]. http://www.mee.gov.cn/xxgk2018/xxgk/xxgk01/201808/t20180815_629605.html 2018-08-14.

[14] 生态环境部，2020. 固定污染源废气氮氧化物的测定便携式紫外吸收法（HJ 1132-2020）[S]. 北京：中国环境出版集团．

[15] 生态环境部，2020. 环境空气二氧化硫的自动测定紫外荧光法（HJ 1044-2019）[S]. 北京：中国环境出版集团．

[16] 王庚辰，2000. 气象和大气环境要素观测与分析[M]. 北京：中国标准出版社．

[17] 吴鹏鸣，等，1989. 环境空气监测质量保证手册[M]. 北京：中国环境科学出版社．

[18] 章家恩，2007. 生态学常用实验研究方法与技术[M]. 北京：化学工业出版社．

[19] 中国环境监测总站，国家环境保护环境监测质量控制重点实验室，2013. 环境监测方法标准实用手册第 5 册监测技术规范[M]. 北京：中国环境出版社．

[20] 中国气象局，1996. 气象辐射观测方法[M]. 北京：气象出版社．

[21] 中国气象局，2003. 地面气象观测规范[M]. 北京：气象出版社．

[22] 中国气象局，2005. 生态气象观测规范（试行）[M]. 北京：气象出版社．

[23] 中国气象局监测网络司，2005. 气象仪器和观测方法指南（第六版）[M]. 北京：气象出版社．

[24] 中华人民共和国国家质量监督检验检疫总局，中国国家标准化管理委员会，2017. 地面气象观测规范地面状态（GB/T 35236—2017）[S]. 北京：中国标准出版社．

[25] 中华人民共和国国家质量监督检验检疫总局，中国国家标准化管理委员会，2017. 地面气象观测规范地温（GB/T 35234—2017）[S]. 北京：中国标准出版社．

[26] 中华人民共和国国家质量监督检验检疫总局，中国国家标准化管理委员会，2017. 地面气象观测规范风向和风速（GB/T 35227—2017）[S]. 北京：中国标准出版社．

[27] 中华人民共和国国家质量监督检验检疫总局，中国国家标准化管理委员会，2017. 地面气象观测规范辐射（GB/T 35231—2017）[S]. 北京：中国标准出版社．

[28] 中华人民共和国国家质量监督检验检疫总局，中国国家标准化管理委员会，2017. 地面气象观测规范降水量（GB/T 35228—2017）[S]. 北京：中国标准出版社．

[29] 中华人民共和国国家质量监督检验检疫总局，中国国家标准化管理委员会，2017. 地面气象观测规范空气温度和湿度（GB/T 35226—2017）[S]. 北京：中国标准出版社．

[30] 中华人民共和国国家质量监督检验检疫总局，中国国家标准化管理委员会，2017. 地面气象观测规范气压（GB/T 35225—2017）[S]. 北京：中国标准出版社．

[31] 中华人民共和国国家质量监督检验检疫总局，中国国家标准化管理委员会，2017. 地面气象观测规范日照（GB/T 35232—2017）[S]. 北京：中国标准出版社．

[32] 中华人民共和国国家质量监督检验检疫总局，中国国家标准化管理委员会，2017. 地面气象观测规范蒸发（GB/T 35230—2017）[S]. 北京：中国标准出版社．

[33] 中华人民共和国国家质量监督检验检疫总局，中国国家标准化管理委员会，2017. 地面气象观测规范自动观测（GB/T 35237—2017）[S]. 北京：中国标准出版社．

[34] 中华人民共和国国家质量监督检验检疫总局，中国国家标准化管理委员会，2017. 地面气象观测规范总则（GB/T 35221—2017）[S]. 北京：中国标准出版社．

[35] 中华人民共和国国家质量监督检验检疫总局,中国国家标准化管理委员会,2017.自动气象站观测规范(GB/T 33703—2017)[S].北京:中国标准出版社.

[36] 中华人民共和国农业部,2009.沼气中甲烷和二氧化碳的测定气相色谱法(NY/T 1700—2009)[S].北京:中国农业出版社.

[37] 周东兴,李淑敏,张迪,2009.生态学研究方法及应用[M].哈尔滨:黑龙江人民出版社.

[38] Li C Y, Huang Y L, Guo H H, et al, 2019. The Concentrations and Removal Effects of PM_{10} and $PM_{2.5}$ on a Wetland in Beijing[J]. Sustainability, 11(5), 1312.

第九章 湿地动态演变与"4S"技术

湿地是地球上最重要的生态系统之一，具有很高的社会效益、经济效益和生态效益。然而，由于各种自然因素和人为因素的影响，近年来湿地退化严重。第二次全国湿地资源调查(2009—2013年)主要结果表明，作为国家重要生态资源的湿地，在10年间减少了339.63万hm^2，这已经接近我国海南省的总面积。而湿地生态系统快速退化的后果，则是其重要的生物多样性保持、水源涵养、气候调节等功能大幅度下降，对我国的生物多样性保护、农业生产安全、自然灾害防御等乃至全国生态安全构成威胁。

随着社会经济的发展，对土地利用提出更高的要求，湿地资源面临巨大压力，迫切需要对湿地生态系统进行科学的管理和保护。21世纪以来，党和国家高度重视我国湿地保护与修复，2016年11月30日国务院办公厅印发《湿地保护修复制度方案》，明确提出把"湿地面积不低于8亿亩"列为2020年我国生态文明建设的主要目标之一，并纳入了《国家"十三五"规划纲要》。系统深入研究湿地资源的动态变化、分布特征，分析不同时期湿地演变特征，掌握湿地的演变规律，是湿地保护与管理的一项基础工作。

准确地识别湿地的空间分布位置及变化，并监测其周围土地覆盖类型的动态，对湿地有效管理、湿地退化过程控制，以及政策法规制定和后续土地利用活动具有重要的指导意义。传统的野外采样方法覆盖范围小、花费时间多，积水区难以接近，并且采样过程对湿地具有破坏性。遥感技术由于具有覆盖范围广、信息获取快，同时具有客观、准确、动态等优点，为湿地保护与管理提供及时、准确、高效的时空信息，也为湿地科学从定性到定量化研究和应用带来了机遇。遥感技术在定量化、多时相、多平台、巨量信息、智能化识别等方面的不断发展为湿地科学研究与管理决策提供了更便捷的方法和更广阔的思路，遥感(RS)、地理信息系统(GIS)、全球定位系统(GPS)和北斗导航系统(BDS)在湿地中的应用，为从不同时序上对湿地景观格局进行空间定位和过程动态分析创造良好条件，应用卫星遥感影像可实时、动态地监测湿地资源的变化，准确掌握各类湿地的分布状况及动态变化趋势。

湿地动态监测采用以遥感(RS)为主，地理信息系统(GIS)、全球定位系统(GPS)和北斗导航系统(BDS)相辅助的"4S"技术。

第一节　湿地数据获取

林业部（国家林业局）在1995—2003年，组织开展了首次全国湿地资源调查，这次调查重点是对湿地类型、面积与分布及存在趋势进行调查分析，为湿地保护、管理以及研究提供基础数据。关于湿地动态变化研究的数据主要涉及三个方面，即湿地数据、历史文献数据和遥感数据。

一、湿地数据

清查数据：是指官方公布的湿地清查数据。我国已开展了两次全国湿地资源清查，覆盖时段分别为1995—2003年和2009—2013年，湿地资源清查数据可为量化分析湿地演变提供重要的基础数据支撑。

根据2009—2013年第二次全国各省湿地资源清查（未包括香港特别行政区、澳门特别行政区和台湾省的湿地），现有湿地总面积5342.06万hm^2，其中，自然湿地面积4667.47万hm^2，占湿地总面积的87.37%。按湿地类统计，近海与海岸湿地579.59万hm^2，河流湿地1055.21万hm^2，湖泊湿地859.38万hm^2，沼泽湿地2173.29万hm^2，人工湿地674.59万hm^2。结果见表9-1和表9-2。

统计资料：各地统计资料，主要来自于林业和草原局、自然资源局、生态环境局、文物局、水利局、农业局、城市规划局、航道管理处等部门。

野外调查：主要调查湿地的资源分布情况。此外，为提高遥感影像解译精度，也要开展湿地野外调查，选取典型样点，采用无人机搭载高光谱成像系统获取典型湿地的植物和水域的连续高光谱数据，比对不同植被光谱，用于校对遥感影像材料，提高利用遥感技术划分植被的准确性。

定位站点：通过在重要、典型湿地区域，建立长期监测点与监测样地，对湿地生态系统的生态特征、生态功能及人为干扰进行长期定位监测，从而揭示湿地生态系统发生、发展、演替的作用机理与调控方式，为保护、恢复、重建以及合理利用湿地提供科学依据。

研究成果：研究湿地的成果较多，可参考湿地研究的相关报告、专著、论文。

表9-1　第二次全国各省湿地资源清查结果表（未包括香港、澳门、台湾）

省（自治区、直辖市）	合计（hm^2）	近海与海岸湿地（hm^2）	河流湿地（hm^2）	湖泊湿地（hm^2）	沼泽湿地（hm^2）	人工湿地（hm^2）	湿地率（%）
总计	53420597.35	5795956.68	10552054.68	8593810.80	21732911.40	6745863.79	5.56
北京市	48071.64		22707.53	199.65	1246.61	23917.85	2.86
天津市	295550.22	104299.75	32264.05	3615.45	10935.76	144435.21	23.94

(续)

省(自治区、直辖市)	合计 (hm²)	近海与海岸湿地 (hm²)	河流湿地 (hm²)	湖泊湿地 (hm²)	沼泽湿地 (hm²)	人工湿地 (hm²)	湿地率(%)
河北省	941919.44	231886.59	212483.62	26611.37	223630.05	247307.81	5.04
山西省	151936.76		96923.72	3130.96	8151.36	43730.72	0.97
内蒙古自治区	6010590.17		463705.14	566218.79	4848896.24	131770.00	5.08
辽宁省	1394764.62	713198.94	251446.41	2911.84	110098.79	317108.64	9.42
吉林省	997605.81		223500.46	112027.42	527415.56	134662.37	5.32
黑龙江省	5143364.93		733502.63	356015.59	3864320.78	189525.93	11.31
上海市	464583.37	386621.00	7241.46	5795.16	9289.20	55635.55	73.27
江苏省	2822762.66	1087533.34	296516.79	536672.22	28031.77	874008.54	27.51
浙江省	1110129.05	692523.36	141230.69	8793.24	743.54	266838.22	10.91
安徽省	1041801.65		309559.38	361134.72	42854.59	328252.96	7.46
福建省	871046.35	575633.94	135111.77	257.23	193.97	159849.44	7.18
江西省	910059.21		310747.09	374090.92	25827.10	199394.10	5.37
山东省	1737499.68	728508.30	257795.20	62628.82	54112.50	634454.86	11.07
河南省	627946.14		369005.50	6900.63	4867.32	247172.69	3.76
湖北省	1444994.93		450382.94	276919.87	36916.33	680775.79	7.77
湖南省	1019727.25		398399.40	385797.72	29287.54	206242.59	4.81
广东省	1753444.07	815098.49	337880.69	1534.81	3621.49	595308.59	9.76
广西壮族自治区	754270.07	258985.21	268939.88	6282.94	2354.35	217707.69	3.20
海南省	320026.39	201666.76	39755.05	556.91	43.68	78003.99	9.14
重庆市	207151.00		87289.76	263.49	62.01	119535.74	2.51
四川省	1747788.83		452289.00	37388.48	1175871.82	82239.53	3.61
贵州省	209726.85		138154.76	2517.70	10978.70	58075.69	1.19
云南省	563474.50		241847.51	118486.26	32212.10	170928.63	1.43
西藏自治区	6529028.94		1434563.27	3035200.41	2054255.03	5010.23	5.35
陕西省	308494.61		257591.35	7597.92	11034.16	32271.18	1.50
甘肃省	1693945.56		381678.33	15909.83	1244822.62	51534.78	3.73
青海省	8143562.19		885256.77	1470302.22	5645406.98	142596.22	11.27
宁夏回族自治区	207171.39		97904.89	33500.14	38067.84	37698.52	4.00
新疆维吾尔自治区	3948159.07		1216379.64	774548.09	1687361.61	269869.73	2.38

表 9-2 第二次全国湿地资源清查各类型湿地面积及比例一览表

湿地类	湿地型	湿地面积(hm^2)	比例(%)
近海与海岸湿地	小计	5795956.68	100.000
	浅海水域	3432007.88	59.214
	潮下水生层	1152.58	0.020
	珊瑚礁	6117.60	0.106
	岩石海岸	45461.92	0.784
	沙石海滩	187669.65	3.238
	淤泥质海滩	948981.56	16.373
	潮间盐水沼泽	101823.44	1.757
	红树林	34472.14	0.595
	河口水域	875452.84	15.104
	三角洲/沙洲/沙岛	127614.71	2.202
	海岸性咸水湖	27427.88	0.473
	海岸性淡水湖	7774.48	0.134
河流湿地	小计	10552054.68	100.000
	永久性河流	7109157.31	67.372
	季节性或间歇性河流	1112371.06	10.542
	洪泛平原湿地	2330405.71	22.085
	喀斯特溶洞湿地	120.60	0.001
湖泊湿地	小计	8593810.80	100.000
	永久性淡水湖	3967533.47	46.167
	永久性咸水湖	4176708.08	48.601
	季节性淡水湖	149992.53	1.746
	季节性咸水湖	299576.72	3.486
沼泽湿地	小计	21732911.40	100.000
	藓类沼泽	2126.22	0.010
	草本沼泽	6487851.31	29.853
	灌丛沼泽	876775.57	4.034
	森林沼泽	1721543.10	7.922
	内陆盐沼	3362721.97	15.473
	季节性咸水沼泽	2355239.36	10.837
	沼泽化草甸	6919372.35	31.838
	地热湿地	6782.40	0.031
	淡水泉/绿洲湿地	499.12	0.002

二、历史数据

湿地是一门新的学科，历史上未有专论湿地的书籍，关于湿地资源调查的历史统计数据也较少，没有直接的数据获取。湿地生态环境演变的内容涉及河流、水利、土地、植被、城市、气候等相关要素，其中诸多信息都要通过查阅历史文献间接获取，历史文献是研究湿地生态环境演变的基础数据。历史文献主要包括历史史料、历史地图、人口、文物、社会经济等统计资料、当代研究成果及实地调查、监测数据等。

湿地是重要的土地利用类型之一，历史文献中包含许多土地使用和管理的信息，具有重要的科学研究价值，通过这些信息可了解土地(湿地)利用/覆被变化的轨迹。根据历史文献的特点，研究者可通过定性或定量分析，直接从这些历史文献中提取土地利用/覆被的数据。

(1) 正史

正史的资料来源都是史官的记录，是第一手资料，是指以纪传体为编撰体例的史书，代表史书有《二十四史》。其他纪传体体裁的史书也可称为正史。

(2) 地方志

地方志，是指记述地方情况的史志。有全国性的总志和地方性的州郡府县志两类，详细记载某地的地理、沿革、风俗、教育、物产、人物、名胜、古迹以及诗文、著作等的史志。方志分门别类，取材丰富，为研究历史，特别是地方史的重要参考资料。

(3) 考古资料

考古资料是指考古所得的所有信息，包括报告、文物等以及当地的地理环境、气候状况和所有的照片、影像、文字记录。

(4) 家(族)谱

家(族)谱作为一种历史文献，受到了史学界的高度重视，成为除正史、地方志、考古资料以外最重要的资料来源。家(族)谱集中了哲学、历史、地理、礼仪、风俗等多方面的知识，是研究社会发展、进步和研究过去社会状态、生活情景最基本的资料之一。

(5) 年鉴

年鉴是以全面、系统、准确地记述上年度事物运动、发展状况为主要内容的资料性工具书，汇辑一年内的重要时事、文献和统计资料，按年度连续出版的工具书。它集辞典、手册、年表、图录、书目、索引、文摘、表谱、统计资料、指南、便览于一身，具有资料权威、反应及时、连续出版、功能齐全的特点。

(6) 科学考察报告

科学考察报告是科技人员在一个科学领域或发生事件进行探索，通过实地的观察、了解，在搜集整理大量材料的基础上，并且经过分析研究之后写成的书面报告。

(7) 科技论文

科技论文又称为原始论文或一次文献,它是科学技术人员或其他研究人员在科学实验(或试验)的基础上,对自然科学、工程技术科学以及人文艺术研究领域的现象(或问题)进行科学分析、综合研究和阐述,进一步开展的研究、总结和创新。科技论文按照各个科技期刊的要求进行电子和书面的表达。

(8) 专著

专著是指著作者专门针对某一问题进行的深入研究,具有较高学术水平和一定的创造性的著作。

(9) 历史地图

官方发布的不同历史时期的历史地图,如谭其骧主编《中国历史地图集》(中国地图出版社,1982)等。

其他,如游记、文人笔记、官府文书、名家文集都是值得参考的资料。

三、遥感数据

湿地的演变和变迁研究既有时间的限定,又有空间的限定,研究湿地的演变和变迁主要依据空间信息数据中遥感数据的获取,通过对数据进行特征集构建,进而开展土地解译、遥感反演、植被指数提取、水土指数提取、湿地演变以及湿地生态环境质量评价等方面的研究。

遥感是一种高效的空间数据采集手段,更是生态环境演变重要的数据来源。土地利用/覆被变化的数据来源主要涉及调查数据、统计数据、定位观测数据和遥感数据等,其中由于遥感数据的客观性和广域性,成为国内外土地利用变化研究中最为重要的数据来源。遥感数据是能够为监测土地利用/覆被变化提供从静态到动态,从定性到定量,从宏观到微观的现代技术支撑可靠的信息来源。遥感数据种类繁多,按遥感平台分类,可分为航天遥感、航空遥感和地面遥感;按遥感媒介分类,可分为电磁波遥感、声波遥感、力场遥感和地震波遥感;按遥感器的工作方式分类,可分为被动遥感和主动遥感;按遥感所获取的资料形式分类,又可分为成像遥感和非成像遥感。在湿地动态演变研究中,对于土地利用变化数据获取的精度而言,遥感数据的空间分辨率、波谱分辨率和时间分辨率成为评价遥感信息的三个首要标准。所以,在土地利用变化的研究中多采用航天遥感,国外的航天遥感影像有 NOAA/AVHRR 影像、MODIS 影像、LANDSAT TM/ETM 影像、SPOT 影像和 QUICKBIRD 影像,国内可使用的遥感影像也较多,主要有资源一号卫星 02C 星(ZY1-02C)影像、高分一号(GF-1)影像、高分二号(GF-2)影像、高分六号(GF-6)影像等。

美国 NOAA 气象观测卫星的 AVHRR 影像时间分辨率高、成像面积大(185km×185km)、成本低,光谱分辨率高,但其空间分辨率低(1.1km),只能适合较大尺度区域的研究。MODIS 是美国宇航局研制的大型空间遥感仪器,它有 36 个互相配准的光谱波段,以中等分辨率、每 1~2 天观测地球表面一次。但 MODIS 影像也存在分辨率低的缺点,只适合较大尺度区域的研究。LANDSAT TM/ETM 影像是美国陆地资源卫星，有9个波段，空间分辨率为30m，易于进行组合处理和专题提取，因此可用于中小尺度的土地利用变化研究。SPOT 影像是法国地球观测卫星的影像数据，有较高的空间分辨率，适合于小尺度的土地利用变化研究。我国航天发展迅速，资源系列和高分系列卫星具有多个波段，空间分辨率高，可达亚米级高空间分辨率，并且具有覆盖能力大、重访周期短的特点，可广泛应用于国土资源调查与监测、防灾减灾、农林水利、生态环境、国家重大工程等领域。

在研究湿地动态演变的过程中，在选取遥感数据时要依据研究内容的典型区域范围，一般可选取 LANDSAT 卫星、MODIS 卫星、SPOT 卫星、资源系列卫星和高分系列卫星等。从分辨率看，主要是空间分辨率为30m 的 TM/ETM 影像数据、分辨率为1km 的 MODIS 影像数据、分辨率为0.8~8m 的 SPOT 影像和高分系列影像数据。时间的选取也依据研究内容而有所不同，土地变化数据、水体指数提取数据、植被指数提取数据选取的是 LANDSAT 卫星的 TM、ETM 影像数据，在长时间序列的湿地演变研究中，植被指数提取还可选取 MODIS 卫星中的长时间序列的 MODIS-NDVI 植被数据集影像数据，2002年后的湿地生态环境评估研究还可选取具有高分辨率的法国 SPOT 影像数据，近年来的高分辨率影像数据可选取我国的高分系列影像数据，如资源一号卫星02C 星(ZY1-02C)影像、高分一号(GF-1)影像、高分二号(GF-2)影像、高分六号(GF-6)影像等。

（一）遥感卫星选取

1. 国外高分辨率卫星及其他常用卫星

美国 NASA 的陆地卫星计划(LANDSAT)，1975年前称为"地球资源技术卫星-ERTS"，自1972年7月23日以来，已发射8颗(第6颗发射失败)。LANDSAT1~4均相继失效，LANDSAT5曾超期运行至2011年11月，LANDSAT7于2005年退役，2013年2月11日 NASA 成功发射了 LANDSAT8 卫星，正常运行至今。陆地卫星的轨道设计为与太阳同步的近极地圆形轨道，以确保北半球中纬度地区获得中等太阳高度角的上午成像，而且卫星以同一地方时、同一方向通过同一地点，保证遥感观测条件的基本一致，利于图像的对比。如 LANDSAT4、LANDSAT5 轨道高度705km，轨道倾角98.2°，卫星由北向南运行，地球自西向东旋转，卫星每天绕地球14.5圈，每天在赤道西移2752km，每16天重复覆盖一次，穿过赤道的地方时为9:45，覆盖地球范围 N 81°~S 81.5°。另外，LANDSAT8 包含了9个波段，空间分辨率为30m，其中包括一个15m 的全色波段。因 LANDSAT 影像具有较高空间分辨率、波谱分辨率、极为丰富的信息量和较高定位精度，成为20世纪80年代中后期世界各国广泛应用的重要地球资源与环境遥感数据源，能满足有关农、林、水、土、地质、地理、测绘、区域规划、环境监测等要求。湿地演变研究使用的区域遥感数据一般选取的陆地卫星主要有 LANDSAT5 和 LANDSAT7 两种。

SPOT5卫星是法国 SPOT 卫星系列的第五颗卫星，于2002年5月4日发射，卫星上载有2台高分辨率几何成像装置(HRG)、1台高分辨率立体成像装置(HRS)、1台宽视域植被探测仪(VGT)等，空间分辨率最高可达2.5m，前后模式实时获得立体像对，运营性能有很大改善，在数据压缩、存储和传输等方面也均有显著提高。SPOT 卫星的图像分辨率可达 10~20m，超过了陆地卫星系统，具有一定的优越性，加之 SPOT 卫星可以拍摄立体像对，可用于土地利用信息提取及生态环境监测。在湿地生态环境评价中一般选用的 SPOT5 卫星全色波段为 2.5m×2.5m 分辨率数据和多光谱图像为 10m×10m 分辨率的遥感影像。

MODIS 卫星系统是世界上新一代"图谱合一"的光学遥感仪器，有 36 个离散光谱波段，光谱范围宽，从 0.4μm（可见光）到 14.4μm（热红外）全光谱覆盖。MODIS 的多波段数据可以同时提供反映陆地表面状况、云边界、云特性、海洋水色、浮游植物、生物地理、化学、大气中水汽、气溶胶、地表温度、云顶温度、大气温度、臭氧和云顶高度等特征的信息，可用于对地表、生物圈、固态地球、大气和海洋进行长期全球观测。湿地遥感分析中的植被数据集一般选取的是分辨率为 1km 的 MODIS 卫星遥感数据。

2. 中国资源系列卫星和高分系列卫星

资源一号卫星 02C（简称 ZY1-02C），于 2011 年 12 月 22 日发射，搭载有全色多光谱相机和全色高分辨率相机，可广泛应用于国土资源调查与监测、防灾减灾、农林水利、生态环境、国家重大工程等领域，该卫星配置了 1 台 10m 分辨率 P/MS 多光谱相机和 2 台 2.36m 高空间分辨率（HR）相机，数据的幅宽达到 54km，覆盖能力大、重访周期短。

高分一号卫星（GF-1），于 2013 年 4 月 26 日发射，卫星搭载了 2 台 2m/8m 相机，其中全色相机分辨率 2m，多光谱相机分辨率 8m，两台相机影像拼接后幅宽可达到 60km；该卫星还携带了 4 台 16m 分辨率宽幅多光谱相机，4 台相机影像拼接后幅宽可达 800km。

高分二号卫星（GF-2），于 2014 年 8 月 19 日发射，是我国自主研制的首颗空间分辨率优于 1m 的民用光学遥感卫星，卫星搭载有两台高分辨率 1m 全色、4m 多光谱相机，星下点空间分辨率可达 0.8m，是我国分辨率最高的民用陆地观测卫星，标志着我国遥感卫星进入了亚米级高分时代。

高分六号卫星（GF-6），于 2018 年 6 月 2 日发射，与高分一号组网运行，使遥感数据获取的时间缩短到 2 天，配置 2m 全色/8m 多光谱相机观测幅宽 90km，16m 多光谱相机观测幅宽 800km，并配置了能够有效反映植物特有光谱特性的"红边"波段。

在湿地遥感分析中，可利用高空间分辨率的资源系列卫星和高分系列卫星遥感数据，开展湿地土地利用信息提取和生态环境监测工作。

（二）数据获取

湿地遥感数据获取的方式：

① 中国科学院对地观测与数字地球科学中心获取。
② 从 http://www.landcover.org/下载研究区域的数据。
③ 通过国家林业和草原科学数据中心申请下载获取，http://www.cfsdc.org/。
④ 其他途径。

（三）常用合成方法

在 LANDSAT 卫星的信息提取过程中，波段的组合方式有多种。

321：真彩合成。与肉眼所见接近，仅使用反射的可见光，受大气、云雾、阴影、散射的影响较大，通常对比度不高，感觉模糊（蓝色光散射严重），对于海岸区域研究特别有用，因为可见光可穿透水面，观察到海底。

432：近红外合成。颜色与肉眼所见完全不同，植被在近红外波段反射率特别高，因为叶绿素在此波段反射的能量大，因此在432图像中植被会明显表现为深浅不同的红色，不同类型植物有不同的红色色调，水会吸收几乎所有的近红外光，因此水面颜色很深，近乎黑色。

743/742：短波红外合成。包含至少一个短波红外波段，短波红外波段的反射率主要取决于物体表面的含水量，因此这类图像可用于植被保护和土地研究。

在湿地演变与环境评价研究中，可采用1、2、3、4、5、7波段组合，如果所选取的区域范围较大，每个区域无法用一景图像全部覆盖，需要多景覆盖。同时，卫星在成像过程中由于主客观原因对影像质量带来偏差，一个区域很难选择同一月份甚至同一天同一时间的影像数据，因此遥感影像数据成像时间多选用4月、5月、7月、8月、9月、10月等成像较好的月份。

第二节　遥感数据处理与提取

遥感数据处理是对数据的采集、存储、检索、加工、变换和传输，更是对事实、概念或指令的一种表达形式，可由人工或自动化装置进行处理。由于遥感系统空间、波谱、时间以及辐射分辨率的限制，很难精确地记录复杂的地表信息，因而误差不可避免地存在于数据获取过程中，这些误差降低了遥感数据的质量，从而影响了遥感图像分析的精度。而遥感数据质量是影响土地覆盖变化检测精度的重要因素，数据本身固有的变形、噪音等严重影响变化检测能力，甚至产生虚假变化信息。因此，变化检测必须充分考虑遥感数据的时间、空间、光谱和辐射特征以及大气条件、土壤湿度等重要的环境要素。遥感图像处理是为了消除数据噪声、图像的几何畸变等，更好地提取土地利用变化信息，处理效果的好坏直接决定了土地利用动态监测的精度。因此，在实际图像进行分析和应用之前，有必要对遥感图像进行处理。

湿地遥感分析使用的TM、ETM、MODIS-NDVI和SPOT卫星遥感数据虽然经过初步的辐射校正和传感器校正，但仍存在一定程度的几何变形，需要对其进行几何精校正、辐射校正、图像融合等操作，便于对研究区域进行宏观整体的研究。结合湿地生态环境演变研究对遥感数据因素的需求，湿地遥感数据的处理主要包括：波段的选择与优化组合、基础校正、图像拼接和图像剪接等，见图9-1。

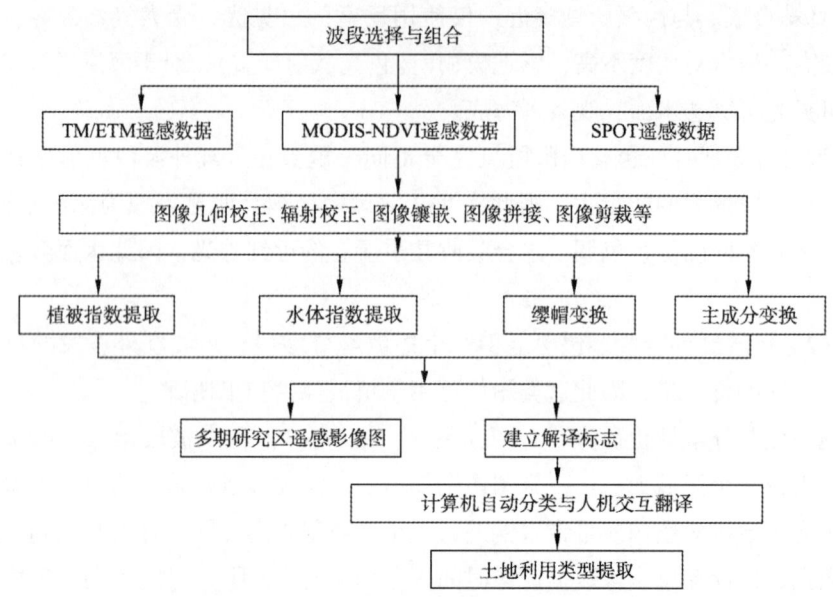

图 9-1 湿地研究区域遥感数据的处理流程

一、波段选择与优化组合

湿地演变的区域遥感数据一般选用美国陆地卫星的 TM 和 ETM 数据,其中 TM 数据共有 7 个多光谱波段,包括可见光红、绿、蓝各一个波段、一个近红外、一个热红外和两个短波红外波段,波长范围 0.45~12.5μm,瞬时视场角(IFOV,即空间分辨率 30m,热红外为 120m),一景影像覆被面积为 185km×185km;ETM 数据共有 8 个波段,多了 1 个全色波段,分辨率为 15m,热红外的分辨率提高到 60m,其他参数和 TM 数据相同。

LANDSAT 数据波段宽度设计具有很强的针对性,对植被、水体、土壤含水量的监测具有非常好的效果,各波段特点及应用范围见表 9-3。

表 9-3 数据空间特征和主要用途

波段号	波段	波长范围(μm)	地面分辨率(m)	主要用途
TM1	蓝色	0.45~0.52	30	水体穿透性良好,适用于海岸制图,用于区分针叶林与阔叶林,土壤与植被区分也较理想
TM2	绿色	0.52~0.60	30	对应健康指数的绿反射区,适合于植被的绿反射峰测量研究,也较适应于水体污染监测
TM3	红色	0.63~0.69	30	探测植物叶绿素吸收的差异,是区分土壤边界和地质边界最有用的可见光波段

(续)

波段号	波段	波长范围(μm)	地面分辨率(m)	主要用途
TM4	近红外	0.76~0.90	30	适合于绿色植被类型、作物长势和生物量调查
TM5	短波红外	1.55~1.75	30	适合于植物缺水现象的探测和长势分析,还适合于区分某些岩石种类、云层地面冰积和雪盖等,适合于区分水陆界限以及雨后的土壤
TM6	热红外	10.4~12.5	120/60	温度测量和热强度测定分析
TM7	短波红外	2.09~2.35	30	适用于地质制图,区分健康植物和缺水现象
TM8	全色波段	0.52~0.90	15	提高图像清晰度,有助于生态环境监测

一般正常人眼只能分辨20级左右的亮度级,而对彩色的分辨能力则可达100多种,远大于对黑白亮度值的分辨能力,不同色彩变换可大大增强图像的解析能力。为使图像的波段信息尽可能体现而不被遗失,湿地遥感分析在波段叠加组合过程中可选择1、2、3、4、5、7六个波段。另外,对于多波段的彩色合成,遵循所选的波段信息量要大、波段间相关性要小、波段组合对所研究地物类型的光谱差异要大以及可获取不同时期遥感影像各波段的信息量、均值、标准差和相关系数等统计值。TM4为近红区,它获取植物强烈反射近红外的信息,信息强弱与植物的活力、叶面积指数和生物量等因子相关,对植物叶绿素的差异表现出较强的敏感性。TM2和TM3处于可见光区,能反映出植物色素的不同程度。因此,通过定性分析和定量计算比较,一般可对近红外波段(B4)、红光波段(B3)、绿光波段(B2)分别赋予红、绿、蓝为假彩色的影像组合。

二、基础校正

(一) 几何校正

人造卫星在运行过程中,受飞行姿态、飞行轨道、飞行高度变化以及遥感平台的速度、地形起伏等的影响。遥感图像在成像时,由于受成像投影方式、传感器外方位元素变化、传感介质的不均匀、地球曲率、地球旋转、地形起伏等因素的影响,使得遥感图像存在一定的几何变形,即图像上的像元在图像坐标系中的坐标,与其在地图坐标系等参考坐标系统中的坐标之间存在差异,主要表现为位移、旋转、缩放、放射、弯曲和更高阶的扭曲,而产生卫星遥感图像的几何畸变。TM/ETM影像只是经过了简单的辐射校正和几何粗校正,还需要对研究区的影像进行几何精校正,从而使之实现与标准图像或地图的几何整合。

湿地遥感研究中的图像几何精校正主要分为三个步骤,即地面控制点选取、多项式纠正模型建立和像元重采样。

第一步，以1:25万地形图作为参考图像，在地形图上选取地面控制点，校正ETM影像。具体要求：控制点>18个，均匀分布在整幅图像内，采用二次多项式模型，以三次卷积插值法进行几何精校正。

第二步，以配准好的ETM为参考图像，利用多项式模型校正的TM影像和MODIS-NDVI影像。校正过程中，TM影像的几何均方差(RMS)要严格控制在0.3个像元以内。遥感影像地面控制点(GCP)选取除需要特征明显、易于匹配和分布均匀外，还应注意在湿地区域尽可能地多选GCP，使几何校正误差控制在0.5个像元内，空间分辨率高于5m的误差要≤0.2个像元，影像间配准误差需<0.5个像元。

第三步，对几何校正后的遥感影像数据进行地图投影变换，确定其坐标和投影。

（二）辐射校正

辐射校正是为了纠正因大气散射及传感器灵敏度等引起的辐射误差，为了正确评价地物的反射特征及辐射特征，必须尽量消除这些误差。由于传感器扫描的不均匀性，卫星姿态的不稳定、大气厚度的不均匀以及大气成分的变动等诸多因素的影响，导致地物光谱的失真。辐射校正是遥感研究中的一个非常活跃的领域，而辐射校正方法的选择可对结果起到决定性的作用。辐射校正包括遥感器校正、大气校正及太阳高度角和地形校正，对于一部分变形，一般卫星地面接收站根据扫描成像时的相关技术参数已经进行了初步纠正，大气校正则成为遥感辐射的主要内容。

鉴于传感器量化性能的不稳定、大气的散射、吸收和发射作用，使得传感器接收到的辐射是综合辐射，因此需要从综合辐射中将大气的效应进行削弱甚至剔除，从而恢复地表不同地物类型光谱辐射的真实特征。研究大尺度的湿地演变时，由于遥感影像数据较多，很大一部分图像存在辐射变形的现象，为保证数据的真实性，对图像进行大气辐射校正是必要的。大气辐射校正一般在软件ENVI程序平台，选用暗组—亮组法对影像进行辐射校正。

（三）图像拼接

在遥感图像的应用中，当研究区范围处于几幅图像的交接处或研究区范围较大需要多幅图像才能覆盖时，需要进行图像配准和镶嵌，以便于更好地统一处理、解译、分析和研究。图像拼接处理就是要对若干幅互为邻接的遥感图像通过彼此间的几何镶嵌、去重叠（拓扑检查）等数字处理，拼接成一幅统一的新图像。

由于研究区域范围大，图幅数量多，一些图像的边界存在云、雾或者质量较差的问题，因此不能直接拼接，需要对部分图像进行裁剪，同时还需要做直方图匹配等处理。直方图匹配是对图像查找表进行数学变换，从而使一幅图像某个波段的直方图与另一幅图像对应波段相类似，或使一幅图像所有波段的直方图与另一幅图像所对应波段类似。通过直方图匹配可以部分消除由于太阳高度角或大气影响带来的相邻图像的光谱色彩差异。

首先利用 ArcGIS 软件对部分边界有问题的图像进行裁剪，然后运用 ENVI 程序软件中的图像拼接工具，加载欲拼接的影像进行两两相接，设置重叠区域的计算方式及直方图的匹配参数，运行图像拼接，观察图像的拼接效果，使两副图像的交迭处拼接吻合，色彩过渡比较自然。

（四）图像剪裁

图像剪裁是指在实际工作中按照研究区域的行政界限或感兴趣区域将研究区域从整幅图像上分幅剪切下来，从而便于对感兴趣的区域进行处理和研究。图像的剪裁分为规则分幅剪裁和不规则分幅剪裁。规则分幅剪裁的边界范围是一个矩形，剪裁范围是通过直接输入左上角点坐标和右下角点坐标定义的；不规则分幅剪裁的边界范围是任意多边形，无法通过左上角和右下角两点的坐标确定图像的范围，必须生成一个完整的闭合多边形区域进行剪裁。在图像剪裁时，首先通过 ArcGIS 选择一个湿地本体现状为中心，生成某一范围的缓冲区，然后以 ENVI 为平台，先将缓冲区的面状行政边界转换为 ROI，最后通过 Subset Data Via ROIs 工具裁剪图像，即可得到不同时期研究区范围的原始遥感影像数据图。

三、特征集构建

特征集是信息识别与提取的关键步骤。在识别与提取对象要素过程中，如何找到最有效的特征和特征集来识别所需信息是最为核心的问题。遥感影像分类过程中的特征就是能够反映地物光谱信息和空间信息并可用于遥感影像分类处理的变量。特征集的选择就是从众多特征要素中挑选出可以参加遥感分类运算的若干个特征，实际上就是确定分类的信息源，如 TM/ETM 影像波段的选择等。特征提取是在特征选择之后，利用特征提取法从原始影像特征中求出最能反映地物类别差异的一组新特征，完成样本空间的转换，提高不同类别特征之间的可区分性，这样既能保留多光谱数据的光谱特征，又发挥了较高空间分辨率数据的优点，实现两种类型数据的优势互补，使各类地物特征清晰，易于目视判读和计算机解译。

（一）植被指数提取

在遥感应用领域中，植被指数有助于增强遥感影像的解译力和分类能力，因此已被广泛应用于土地利用覆被探测、植被覆盖密度评价、植物识别和预报等诸多领域。由于植物光谱表现为植被、土壤亮度、环境影响、阴影、土壤颜色和湿度复杂混合反应，而且受大气空间—时相变化的影响，因此植被指数没有一个普遍的值，其研究经常表明不同的结果。常利用在轨卫星的红光和红外波段的不同组合进行植被研究，这些波段在气象卫星和地球观测卫星上都普遍存在，并包含 90% 以上的植被信息。常用的植被指数主要有比值植被指数（RVI）、垂直植被指数（PVI）、归一化植被指数（NDVI）、转换型植被指数（TNDVI）等，其中，归一化植被指数应用较为广泛，并能很好地反映植被信息，因此在研究不同时期湿地演变时一般对遥感影像构建归一化植被指数（NDVI）提取植被信息。

植被信息提取的模型公式：

$$NDVI = \frac{TM4 - TM3}{TM4 + TM3}$$

式中：$NDVI$ 为植被指数；TM3 为红色波谱段数据；TM4 为近红外谱波段数据。

（二）水体指数提取

对于 LANDSAT 卫星的 TM/ETM 遥感图像，由于湿地水体的光谱反射率具有从可见光到中红外波段逐渐减弱的特征，可以利用不同波段间波谱值的差异构建水体指数（NDWI），快速提取水体信息，并且将水体与阴影区分开来。一般用 TM2、TM5 波段构建水体指数。

湿地水体指数提取的模型公式：

$$NDWI = \frac{TM2 - TM5}{TM2 + TM5}$$

式中：$NDWI$ 为水体指数；TM2 为绿色波谱段数据；TM5 为中红外波谱段数据。

（三）缨帽变换

缨帽变换也称 K-T 变换（即坎斯—托马斯变换，Kauth-Thomas transformation），又称缨子帽变换（tasselled cap transformation），是一种经验性的多波段图像的正交线性变换，该变换能最大限度地区分土壤与植被的光谱信息。通过缨帽变换后，生成新的 6 个波段，其中前 3 个波段特征分别为亮度、绿度和湿度。亮度轴代表地物总的辐射能量水平，主要反映地物的亮度或反射率差异；绿度轴同亮度轴垂直，为可见光与近红外的对比度，相当于植被指数，体现了绿色生物量的特征，反映了绿色植被的生长状况；湿度反映了可见光与近红外、中红外的差异，表现出对土壤湿度和植被湿度的敏感程度。一般在湿地遥感分析中采用缨帽变换的前三个波段的特征信息，即亮度、绿度和湿度。

（四）主成分变换

主成分变换是多元数据分析的常用方法，用它来进行遥感图像的融合处理被称为 K-L 变换或霍特林变换（hotelling），它通过对原始多维空间数据的正交线性变换以生产新的多维空间数据，从几何的角度理解主成分变换，就是通过对原始空间坐标系进行平移和旋转，实现原始拘束的方差重组而生成新的综合变量，也就是基于变量之间的相关关系，在尽量不丢失信息前提下的一种线性变换方法，主要用于数据压缩和信息增强。K-L 变换能够将图像分解为一组主成分的和，而每个主成分都对应一个权重，该权重的大小反映图像中不同部分的相关性，可以通过对主成分的选取实现不同相关性波段信号的分离。将主成分按其权重大小排序，如果只取最大一个或几个主成分，那么恢复后的图像相关性较好。

主成分变换被广泛应用，主要原因是它能够在多元数据分析中存在典型效应。比如，数据降维，当原始数据 P 维数据经过变换后仍然是 P 维数据 Y，但是 Y 的各分量的方差由小到大排列，所以只需要取下 Y 中的前几个分量就能很好地替代原始的 P 数据中所含有的绝大部分信息，由此就可以实现从 P 维空间向少数几维空间的映射，从而实现数据降维；去相关，原始的 P 维数据间往往存在很强的相关关系，通过正交线性变换生成新的综合变量，而综合变量之间是彼此独立的，这就是主成分变换的去相关效应；数据融合，是指新生成的每一个综合变量是原始 P 维变量的线性组合，每一综合变量都是原始 P 维变量的加、减变换组合的结果，因而都含有原始 P 维变量的信息，这就是它的数据融合效应。

将主成分变换用来进行遥感数据的融合处理，主要有两种方式：一是将多光谱影像与空间分辨率的全色波段影像进行几何配准，对多光谱图像进行加密使其具有与高空间分辨率影像相同的空间分辨率，然后将其加密后的多光谱图像与高空间分辨率组合在一起，进行主成分变换，得到融合图像，融合后的图像既具有多光谱图像的信息又有高的空间分辨率。二是将加密后的图像进行主成分变换，用高空间分辨率影像与第一主成分图像进行直方图匹配，使其具有与第一主成分相近似的均值和方差，用匹配后的全色波段的影像替代第一主成分和其余主成分一起进行主成分逆变换，得到融合图像。在图像解译中根据实际需要，可选取第一主成分、第二主成分和第三主成分的前 5 个波段。

（五）图像融合

随着遥感技术的飞速发展，不同平台的各种传感器为用户提供的遥感数据越来越丰富。来自不同传感器的数据具有不用的空间分辨率、光谱分辨特征、时间分辨率和辐射分辨率，即便是同一传感器的不同波段也传达出不同的信息。为了充分挖掘不同特征的遥感数据的潜力，常常将多种传感器的遥感数据或者同一传感器的不同波段信息进行整合变化，相互取长补短，以便发挥各自的优势，这种图像的组合实质上就是图像融合，它是指将多源遥感数据在统一的地理坐标系中，采用一定的算法生成一组新的信息或合成图像的过程。图像融合的目的着重于把那些在空间或时间上冗余或互补的多源数据，按一定的规则进行运算处理，获得比任何单一数据更精确、更丰富的信息，生成一幅具有新的空间、波谱、时间特征的合成图像，它不仅仅是数据间的简单复合，而强调信息的优化，以突出有用的专题信息，消除或抑制无关的信息，改善目标识别的图像环境，从而增加解译的可靠性，减少模糊性、改善分类、扩大应用范围。可以说，遥感图像的融合是一种目标地物识别应用的有效方法，它既能保留多光谱数据的光谱特征，同时又发挥了高空间分辨率数据的优点，实现数据的优势互补，使各类地物特征清晰，易于目视判读和计算机解译。

鉴于图像融合在于实现高空间分辨率和高光谱分辨率的优势互补，融合后图像质量的高低对于后续专题信息提取、解译和改善分类精度乃至变化监测都至关重要，不同融合方法产生的光谱失真可能导致不可靠的判别和应用，通过上述各种融合方法生成新的波段。

四、土地利用/覆被变化信息提取

（一）遥感影像信息提取

土地利用/覆被类型划分是土地利用/覆被变化信息提取分析的基础，它的准确度决定了湿地演变动态变化分析结果的准确程度，其中类型划分是土地利用/覆被研究中的重点，也是土地利用/覆被变化研究的难点之一。土地利用/覆被变化的遥感调查分类经历了从航片调查到以卫片为主、地面调查为辅的过程。遥感影像信息的提取技术也可以分为三个主要阶段：早期的人工目视判读—手工编绘及面积量算；中期利用地理信息系统和遥感结合的人工判读—手工编绘并数字化—计算机量测汇总；再到遥感与地理信息系统一体化的人机交互判读—计算机量测汇总。从具体的技术层次上看，可分为目视解译方法和遥感影像计算机自动分类两种。

1. 目视解译

目视解译就是根据样本的影像特征和空间特征（形状、大小、纹理、图形、位置和布局等），与多种非遥感信息资料的结合，运用生物地学等相关规律，采用对照分析的方法，进行由此及彼、由表及里、去伪存真的综合分析和逻辑推理过程。目视解译分类方法的应用主要有两种形式：一是通过航片、卫片或多种遥感图像资料的结合，进行人工判读之后，手工编汇土地利用图或数字化处理，由此得到土地利用分类信息。这种形式从开始采用遥感手段进行土地利用调查，一直到现在，仍然被广泛使用。第二种形式主要是随着计算机技术和遥感图像处理技术的发展而形成的人机交互式目视解译方法，它通过遥感图像处理软件可对图像进行任意的放大、缩小，在对遥感图像进行各种增强处理，达到最佳目视判读效果之后，判读人员可根据影像中各地类的屏幕解译标志，直接用鼠标沿影像特征边缘准确地勾绘出地类界线。目视解译方法通过卫星影像特征等直接要素和相关地物分布、地理分布、物候期等要素，结合参考有关非遥感信息判断分析，按照技术标准进行区别，勾绘出不同类型的图斑。

2. 遥感计算机自动分类

卫星影像计算机自动分类是利用计算机通过对卫星影像各类地物的光谱信息和空间信息进行分析，选择特征，并用一定的手段将特征空间划分为互不重叠的子空间，然后将影像中的各个像元划分到各子空间去的方法。遥感图像分类的主要依据是地物的光谱特征，即地物电磁波辐射的多波段测量值，这些测量值可以用作遥感图像分类原始分类的特征变量。

传统的土地利用/覆被遥感分类方法分为监督分类和非监督分类两种。监督分类又称训练场地法或先学习后分类法，它是先选择具有代表性的典型试验区或训练区，用训练区中已知地面各类地物样本的光谱特征来训练计算机，获得识别各类地物的判别模式或判别函数，并以此模式，对未知地区的像元进行处理分类，分别归入到已知的类别中，达到自动分类识别的目的。监督分类方法首先需要从研究区域选取有代表性的训练场地作为样本。根据已知训练区提供的样本，通过选择特征参数(如像素亮度均值、方差等)，建立判别函数，据此对样本像元进行分类，依据样本类别的特征来识别非样本像元的归属类别。

非监督分类又称边学习边分类法，它直接对输入的数字图像像元数值(亮度值)进行统计运算处理，分别将每个像元归纳到由图像各波段构成的多维空间的集群中，达到分类识别的目的。非监督分类的前提是假定遥感影像上同类物体在同样条件下具有相同的光谱信息特征。非监督分类方法不必对影像地物获取先验知识，仅依靠影像上不同类地物光谱信息(或纹理信息)进行特征提取，再统计特征的差别来达到分类的目的，最后对已分出的各个类别的实际属性进行确认。

迅速发展的数字遥感技术和计算机技术，为土地利用现状及变化信息的获取提供了及时有效的技术手段。遥感技术应用的第二阶段必然是动态监测，遥感由静态到动态，由定性解释到定量调查，这是它的必然过程。而且土地利用与土地覆盖研究最终目的是为了研究土地的发展过程及未来趋势，因此动态监测尤为重要。土地利用/土地覆盖动态监测遥感分类无论是数据预处理还是分类方法均有许多不同于土地利用/土地覆盖现状信息的遥感分类方法。已提出的土地利用/土地覆盖变化遥感监测方法基本上可归结为两类：分类后比较法和分类前变化探测法，由于土地覆盖变化受到空间、时间、光谱以及被识别的专题特征等多种复杂因素的影响，任何变化检测方法都有其优势与不足，没有一种方法适合于所有情况。即使在相同的环境下，不同的方法得到的检测结果也各不相同。一般在湿地演变研究过程中采用分类后比较方法进行土地利用变化信息的提取。解译方法采用人机交互式的解译提取土地利用信息，然后借助于 ArcGIS 程序对解译结果进行数据合成，同时利用统计分析工具得到各土地利用类型的定量信息，并利用 ArcGIS 程序的 Union 工具进行变化检测，根据属性特征构造土地利用转移图，以达到对研究区域进行动态监测研究的目的。具体步骤：① 建立土地利用/覆被分类系统；② 建立土地利用/覆被变化遥感解译标志；③ 在 ENVI4.7 软件下，人机交互解译土地利用/覆被类型；④ 验证解译结果，计算分类精度；⑤ 在 ArcGIS 程序软件下，对解译结果进行拓扑检查；⑥ 在 ArcGIS 程序软件下，叠加解译结果；⑦ 在 ArcGIS 程序环境中，提取土地利用变化位置、类型、面积等信息。

(二) 分类系统构建

建立合理科学的土地利用/覆被遥感分类体系是开展土地利用覆被变化的前提。土地利用/覆被遥感分类体系应综合考虑调查比例尺的大小、精度、遥感资料可判识性，以及区域特点、实用性和系统性。国外比较有代表性的是 1976 年美国 1∶25 万土地利用和土地覆被分类体系(ANDERSON 分类系统)和 1995 年美国国家 30m MRLC 土地覆被分类体系(C-CAP 分类体系)。我国比较有代表性的分类体系是 1992 年中国科学院"八五"重大应用项目"国家资源与环境遥感宏观调查与动态研究"中的土地资源分类系统、1984 年全国农业区划委员会《土地利用现状调查技术规程》分类系统和国家标准《土地利用现状分类》(GB/T 21010—2017)。

在综合比较分析以上分类系统的基础上，本着实用、简洁的原则，根据研究区域的土地利用/覆被特征、遥感分类的技术可行性以及研究目的，我国将研究区域的土地利用现状分类及覆被类型按《土地利用现状分类》（GB/T 21010—2017）中 12 个一级类和 73 个二级类进行划分；湿地类的土地利用现状按 14 个类型分类，如水田、红树林地、森林沼泽、灌丛沼泽、沼泽草地、盐田、河流水面、湖泊水面、水库水面、坑塘水面、沿海滩涂、内陆滩涂、沟渠、沼泽地等。为保证土地利用在时间、空间上有可比性，分类指标内容必须一致。

（三）解译标志建立及影像解译

1. 解译标志建立

遥感技术可以实时、准确地获取资源与环境信息，可以全方位、全天候地监测全球资源和环境的变化，为社会经济的发展提供定性、定量、定位的信息服务。遥感影像解译是遥感技术能够最大程度发挥其作用的基础，包括目视解译、人机交互解译、基于知识的遥感影像解译、影像自动解译。在综合分析对比遥感影像分类方法的基础上，一般在湿地演变研究过程中采用人机交互式目视解译方法对研究区域土地利用/覆被进行解译。

解译标志的建立是目视解译和计算机监测遥感影像分类非常重要的一个环节，解译标志选取的科学与否直接影响到分类结果的精确度。遥感影像是以地物的光谱特征、辐射特征、几何特征及时相变化来表现地物信息的，解译时必须运用地学相关分析方法，综合影像的色调、亮度、饱和度、形状、纹理和结构等特征，并结合已有资料和野外工作经验，建立不同土地利用类型的解译标志，见表 9-4。

表 9-4　不同土地利用类型的解译标志

土地类型	二级类别		样图	特征描述
	编码	名称		
湿地	0101	水田		主要分布在滨海平原、河流冲积平原、山区河谷平原，几何形状明显、边界清晰。呈大面积分布，影像呈深绿色、浅蓝色（春）、粉红色（夏）、绿色与橙色相间（收割后），纹理较均一
	1101	河流		河流轮廓清晰，呈弯曲流线状深蓝色或深绿色条带，河床边缘不规整，河面宽度不均匀

（续）

土地类型	二级类别		样图	特征描述
	编码	名称		
湿地	1102	湖泊		湖泊轮廓清晰，通常为不规则形状，呈墨绿色、深蓝色或黑色
	1103	水库		水面为墨绿色或黑色，面积较大，有堤坝，多为椭圆形或葫芦形
	1104	坑塘		一般分布在居民地或农田周围，有规整边界，水面多为墨绿色或黑色，面积较小
	1105	沿海滩涂		分布于沿海，海岸向陆一侧一般植被生长茂盛，呈绿色或深绿色，向海一侧植被较为稀疏呈浅绿色或没有植被，裸露潮滩上多有树枝状潮沟发育
	1108	沼泽地		一般位于河流、湖泊、水库的边缘或枝杈上，纹理不规则

(续)

土地类型	二级类别 编码	二级类别 名称	样图	特征描述
湿地	0303	红树林地		多沿海岸分布于潮滩、水陆交界处,向海延伸,分布形状不规则,纹理平滑,有立体感,影像呈绿色,且较暗
耕地	0103	旱地		耕地现状条状分布并且呈现有规则分布,地块边缘比较清晰,有农作物显示为绿色,没有耕种显示为灰褐色
其他土地	1206	裸土地		主要分布在山区或城市区及附近区域,呈灰褐色或黄色,轮廓较为清晰
林地				颜色纹理略呈颗粒状,颜色多为绿色。一般分布在山坡上,可以清楚地看见山坡线
商服用地				影像呈规则的团状或片状建筑物,主要分布在城市中心区域

土地类型	二级类别		样图	特征描述
	编码	名称		
住宅用地				楼房之间分布规整，街区道路轮廓清晰可见

注：林地、商服用地和住宅用地只划分到一类土地利用类型。

2. 影像解译

基于建立的土地利用/覆被解译标志，在遥感处理软件 ENVI 中，采用监督分类方法、人工判读、人机交互式目视解译方法，分别就处理后湿地遥感影像进行解译，然后经过彩色重编码，得到土地利用/覆被遥感分类专题图。

（四）分类精度评价及比较

1. 分类精度评价

分类模板建立后，可对其进行可能性矩阵评价（contingency matrix evaluation）。可能性矩阵评价是根据分类模板，分析 AOI 训练区的像元是否完全落在相应的类别之中，通常都期望 AOI 区域的像元分到他们参与训练的类别当中，实际上 AOI 中的像元对各个类都有一个权重值，AOI 训练区只是对类别模板起一个加权的作用。可能性矩阵的输出结果是一个百分比矩阵，说明每个 AOI 训练区中有多少个像元分别属于相应的类别。在 ENVI 程序软件中经过误差矩阵的分析评价对解译结果进行分类精度评价。

2. 分类后评价

分类后比较法首先对研究区域经过几何配准的两个（或多个）不同时相遥感图像分别作分类处理后，获得两个（或多个）分类图像，然后比较影像同一位置的分类结果，逐个像元比较生成变化图像。根据变化检测矩阵确定各变化像元的变化类型，见图 9-2。

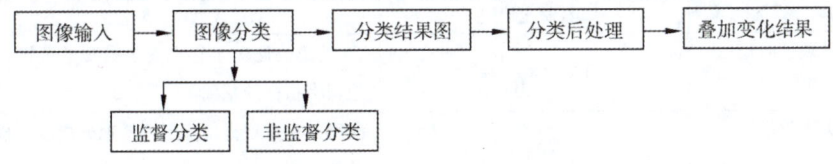

图 9-2　分类后比较法流程图

分类后比较法直观常用，可以将多时相影像之间大气、传感器和环境差异影像降到最低，提供完整的变化信息矩阵。一般采用 ArcGIS 的 Union 方法来对相邻两个时相的土地利用现状图进行比较。Union 即图层合并，对同一地区、同一比例尺的两组或两组以上的多边形要素的数据文件进行叠置。参加叠置分析的两个图层应都是矢量数据结构,其基本的处理方法是根据两组多边形边界的交点来建立具有多重属性的多边形或进行多边形范围内的属性特性的统计分析,Union 得到的结果图层中具有所有输入图层的属性,可以据此建立土地利用转移矩阵。

第三节　湿地景观演变分析

一、景观格局指数分析法

景观格局指数能够高度浓缩景观空间格局信息,是一种反映其结构组成和空间配置等方面特征的简单定量指标,可用于湿地景观格局特征和变化的分析,实现湿地景观空间格局同时异地、同地异时和异地异时的比较。反映景观格局变化的特征指数达 200 多个,但有些指数生态学意义不明确或指数之间相互矛盾,在选用景观格局指数时,应充分了解所选指数的特点和各指数之间的相互独立性,根据研究内容和目的以及指数对景观格局的敏感度,选取能说明问题并尽量简单的指数,综合运用 RS 和 GIS 技术对景观格局指数进行筛选。

景观指数是描述景观变化的一种定量化研究方法,它建立了格局与景观过程之间的联系,是景观格局信息的高度浓缩,反映了景观结构组成和空间配置等方面特征的信息。景观格局指数的研究通常采用 Fragstats 软件包,从斑块水平、斑块类型水平、景观水平三个尺度对景观的构成和空间配置进行分析。景观格局的结构特征可通过对同一时间不同区域或同一地区不同时段的景观格局指数进行研究,从而分析其空间分布的区域差异和动态演化特征与趋势,探明景观格局的时空演变规律。研究区域景观指数选取的原则:科学性、简明性、定量可比性。

景观格局特征是对景观结构、功能及过程的描述,景观指数反映景观格局的信息。根据以上原则一般选取以下 8 个景观指数:景观总面积(TA)、斑块数量(NP)、斑块密度(PD)、边缘密度(ED)、景观现状指数(LSI)、最大斑块指数(LPI)、形状指数(SHAPE)、分维数(FRAC),对研究区域的景观进行定量化的分析,见表 9-5。

表 9-5　景观指数及其生态含义

序号	指标	计算公式	含义
1	景观总面积(TA)	$TA = A \times \dfrac{1}{10000}$	TA 的重要性在于它定义了景观的范围,是计算其他很多指标的基础
2	斑块数量(NP)	$NP = n$	测度某一景观类型范围内景观分离度与破碎性最简单的指标
3	斑块密度(PD)	$PD = \dfrac{n_i}{A} \times \dfrac{1}{10000} \times 100$	斑块密度反映景观被分割的破碎化程度,同时也反映景观空间异质性程度,在一定程度上反映人为因素对景观的干扰程度。PD 越大,破碎化程度越高,空间异质性程度也越大

(续)

序号	指标	计算公式	含义
4	边缘密度（ED）	$ED = \dfrac{1}{A}\sum_{i=1}^{m}\sum_{j=1}^{m}P_{ij}$	在斑块类型尺度上，边缘密度与总边缘长度（TE）有相同的功能和缺陷，不同的是 ED 在用于不同大小的景观比较时，能反映出单位面积上的边缘长度
5	景观现状指数（LSI）	$LSI = \dfrac{\sum_{k=1}^{m} e_{ik}}{4\sqrt{A}}$	景观中所有斑块边界的总长度（m）除以景观总面积（m²）的平方根，再乘以正方形校正常数，取值范围：LSI>1，无上限。景观形态指数是结合景观面积对景观总边缘长度或边缘密度的标准化度量
6	斑块形状指数（SHAPE）	$SHAPE = \dfrac{P_{ij}}{\min P_{ij}} = \dfrac{P_{ij}}{4\sqrt{a_{ij}}}$	形状指数没有单位，取值范围是 SHAPE≥1。当它等于1时，说明斑块最大限度地聚集在一起，随着形状的越来越不规则，它的值就无限增大
7	分维数（FRAC）	$FRAC = \dfrac{2\ln(0.25 P_{ij})}{\ln a_{ij}}$	反映出在一定的观测尺度上，景观类型形状的复杂程度和稳定性，1≤FRAC≤2，分维数越大，形状复杂性增强
8	最大斑块指数（LPI）	$LPI = \dfrac{\max a_{ij}}{A} \times 100$	LPI 是来度量多大比例的景观面积是由最大斑块组成的，它是对优势度的简单度量。0<LPI≤100，当它接近0时，说明这种斑块类型中最大斑块的面积越小，当它等于100时，说明整个景观由一个斑块组成

式中：A 为景观总面积（hm²）；n 为斑块总数量；m 为斑块类型数；n_i 为第 i 类景观要素总面积（m²）；i 和 j 为第 i 类斑块及其中的第 j 个斑块；P_{ij} 为斑块 ij 的周长（m）；a_{ij} 为斑块 ij 的面积（m²）；e_{ik} 为 i 类斑块与 k 类斑块间的总边界长度（m）。

二、动态度模型

在自然和人为因素的影响下，研究区域各类湿地的数量在不同时段变化的幅度和速度是不同的，而且存在空间差异。面积变化率和面积变化动态模型可以描述某一特定时间内某类湿地的面积变化情况，反映湿地的变化幅度和速度，计算公式：

$$C = \dfrac{Rb - Ra}{Ra} \times \dfrac{1}{T} \times 100$$

式中：C 为研究时段内某一湿地类型的动态度（%）；Rb 为研究末期该湿地类型的面积（hm²）；Ra 为研究初期该湿地类型的面积（hm²）；T 为研究时段，当其设定为年时，模型结果表示某一研究时段内研究区域此类湿地的年变化率，若结果为正，则表明某类湿地研究期末面积较研究期初有所增长，为负则表明有所下降，根据不同研究时段动态度的变化，可以表征湿地在不同时段面积变化的快慢情况。

三、马尔科夫转移矩阵法

转移矩阵模型是基于生态学中马尔可夫链的数学过程,不仅可以反映研究期初、期末的湿地类型结构,还可以表征研究时段内各种湿地类型之间以及湿地与非湿地土地利用类型的转移变化情况,便于了解研究区域不同时段内各类湿地的构成、来源及流向。

马尔科夫转移矩阵法是利用 ARC/INFO 软件,将不同时期的遥感影像图进行空间叠加分析,把湿地景观格局变化分成离散的转化状态,从一个状态到另一个状态的转化。转化率是指一种斑块类型转变为另一种斑块类型的面积占对比年该斑块类型面积的比例,采用马尔科夫转移矩阵来表示各种景观组分之间的转化情况,根据转移矩阵,可以分析景观组分之间的转化,还可分析出不同景观类型的稳定程度。

马尔科夫转移矩阵用于描述景观空间结构变化,其模型:

$$N_t = P \times N_{t+\Delta t} = P_{ij}(n) \times N_{t+\Delta t}$$

式中:N_t 为 t 时刻状态向量的值;$N_{t+\Delta t}$ 为 $t+\Delta t$ 时刻状态向量的值;P 为转化概率矩阵;P_{ij} 为从时间 t 到 $t+\Delta t$ 系统从斑块类型 j 转变为斑块类型 i 的概率,$0 \leq P_{ij} \leq 1$,且 $\sum_{k=1}^{n} P_{ij} = 1$($n$ 为斑块类型总数)。

四、空间质心模型

质心原本是物质系统中质量集中的一个假想点,为质量中心的简称,可根据数学的方法计算湿地区域各年度各类湿地空间质心的分布,通过比较研究期末和期初的空间质心分布位置及迁移方向,可以在一定程度上了解研究区域湿地分布空间格局的变化情况,获取其空间动态变化规律,计算公式:

$$X_t = \frac{\sum_{i=1}^{n}(C_{ti} \cdot X_i)}{\sum_{i=1}^{n} C_{ti}}$$

$$Y_t = \frac{\sum_{i=1}^{n}(C_{ti} \cdot Y_i)}{\sum_{i=1}^{n} C_{ti}}$$

式中:X_t 为第 t 年某类湿地分布质心的经度坐标;Y_t 为第 t 年某类湿地分布质心的纬度坐标;C_{ti} 为第 t 年第 i 块湿地斑块的面积(hm^2);X_i 为第 i 块湿地斑块质心经度坐标;Y_i 为第 i 块湿地斑块质心纬度坐标。

若 X_i 和 Y_i 较为稳定,则表明该类湿地在研究时段内较为稳定或在各个方向上的变化程度相当;若 X_i 和 Y_i 变化加大,说明研究区域内部分湿地变化波动较大。

第四节　湿地景观演变驱动力分析

　　研究湿地景观格局演变驱动力机制可揭示景观格局变化的产生原因、发生过程和作用机制，也可用于预测湿地景观格局未来变化的方向。影响景观格局变化因素一般分为自然驱动因素和人为驱动因素；高原、山地等自然条件比较复杂、人口密度相对较少的地区，其景观格局变化主要受自然因素的影响；而人口比较密集的地区则主要受经济发展、人口增减以及政策变化等人为因素的影响。随着研究的深入，人类活动对景观格局变化的研究受到了更多的重视，相关研究中对人为影响因素的分析逐渐增多，对驱动机制的研究方法也逐渐从定性、半定量分析发展为定量分析。定性、半定量分析以文字形式为主，从宏观上揭示景观格局演变的驱动因素，但该方法量化程度相对较低、主观性较强，而定量分析多采用多元统计分析方法，可深入分析景观格局演变的驱动机制。其中，主成分分析、因子分析是景观格局演变驱动机制研究中常用的减少变量的方法，通过分析可以筛选出较少且重要的变量，这两种方法都是在定性分析的基础上揭示各驱动因子的贡献率。回归分析是基于因变量与自变量之间相互依赖关系的数理统计方法，主要应用于驱动力分析、景观格局演变预测模拟等方面。典型相关分析适合于标准变量组的各个变量之间本身相关性较大的情况，而由于各土地利用类型相互影响、相互制约，典型相关分析已成为景观格局演变驱动机制定量研究的重要手段。灰色系统理论适合于信息相对缺乏的景观格局变化研究，可以对景观格局演变各驱动因素的重要性进行排序，并计算出景观格局变化与各驱动因子的灰色关联度，反映出影响景观格局变化的主要因素。

一、湿地演变驱动力指标体系构建

　　影响湿地变化的驱动因素较多，概括起来可分为自然和人为两个方面。自然因素是生态环境演变的物质基础，在大的环境背景下对生态环境演变的趋势与过程具有主导作用，它的变化是一个长期积累的过程，在较小的时空尺度内对生态环境演变的作用难以明显地表现出来。而人类活动可以直接或间接地对不同时空尺度的生态环境产生影响，并引起环境质量、植被覆盖、土地利用方式等的变化。研究湿地环境演变的驱动机制应基于定性与定量分析相结合的方法，分别从自然因素和人为因素两个方面选取评价指标进行分析，其中，自然因素包括气候、水文、土壤、植被等影响因子；人为因素包括农业、人口变化、经济增长、工业化与城市化发展等因素。

（一）自然因素

自然因素包括气候、水文、土壤、植被等影响因子。

1. 气候

气候因子包括降水量、温度、蒸发量、相对湿度、日照时数等。降水量作为湿地水分的主要补给源之一，降水量的减少和平均气温升高会加剧湿地退化。蒸发量的增加可能导致天然湿地水分消耗大，造成湿地干涸，从而向河床、草地草甸等土地类型转化。日照是气候形成的重要因素，是太阳辐射最直观的表现。结合 DEM 采用克里金(Kriging)空间插值法，对气象站点数据进行空间插值，得到年均降水量、年均气温、年均相对湿度、蒸发量和日照时数的空间数据。

2. 土壤

对研究区土壤进行分类，叠加到 DEM 地图中，得到研究区域不同土壤类型的矢量数据。根据不同时间段不同土壤类型与面积的变化，可以分析出湿地丧失的面积。如草甸土长期受潜水和地下水浸润，具有腐殖质层较厚、有机质含量高、水分充足等特点，多分布于平原地区且分布范围较广，由于其生产潜力大和土壤肥力高，促使人们加大对其开发的力度以求获得更高的收益。白浆土是经过一系列的白浆化过程而形成的土壤类型，主要分布在我国东北地区湿润气候区，地形以低平原和丘陵为主，白浆土分布区内湿地丧失面积较大。沼泽土长期分布在低洼地并生长着喜湿植物，由于通过科学的改良后在农、林、牧、渔业取得较高的效益，也影响其湿地面积丧失。砂土是土壤颗粒组成中砂粒含量较高的土壤，土质粘性较低，土壤的保水保肥性能较差，致使砂土的肥力较差、养分较低，要想对其开垦利用就必须采取适当的措施(增施有机肥、播种耐旱作物)对其加以改良，砂土质地不易于开发利用，砂土区内的湿地丧失面积较小。居民用地分布区则受居民用地占用，湿地丧失面积较大。

3. 地形

地表形态是地理环境的主要因素之一，地形在很大程度上决定着自然景观的类型、特征及其分布。不同地区由于海拔高度、坡向、坡度和地表形态的差异，对局部地区气候影响显著。此外，地形还是造成区域干湿冷暖差异的决定性因素，是造成植被生长、水土流失及土地利用等方面区域差异的重要影响因素。地形定量因子是为有效的研究与表达地貌形态特征所设定的参数或指标，其中坡度和坡向是坡面形态的主要衡量指标，用以表示局部地表坡面在空间的倾斜程度和朝向，坡长则是水土保持的重要影响因子之一，它决定水力侵蚀的强度。因此，地形条件分析主要涉及坡度和坡长因子。

① 坡度：坡度是最基本的微观地形因子指标之一，坡度表示局部地表坡面的倾斜程度，坡度大小直接影响着地表物质流动与能量转换的规模与强度，也是影响地表径流、土地利用和土壤侵蚀的主要因素之一。坡度是环境演变重要控制因子之一，在水力作用下，坡度是引起水土流失的主要地形因素。

② 坡长指在地面上一点沿水流方向到其流向起点间的最大地面距离在水平面上的投影长度。当其他条件相同时，水力侵蚀的强度依据坡面长度来决定，坡面越长，汇聚的流量越大，其侵蚀能力就越强，坡长直接影响地面径流的速度，从而影响对地面土壤的侵蚀力。坡长的数学表达式：

$$L = m \cdot \cos\theta$$

式中：L 为坡长(m)；m 为地表面沿流向的水流长度(m)；θ 为水流地区的地面坡度值(°)。

上式是坡长提取的一般表示方法，而在坡长实际提取中，往往利用 DEM 数据在 GIS 空间分析方法的支持下提取坡长。在实际提取过程中，首先借助 ArcGIS 软件对 DEM 进行去除洼地处理，生成无洼地 DEM 数据，然后计算无洼地 DEM 数据的水流方向，最后计算汇流长度即为所求的坡长。

（二）人为因素

人为因素包括人口数量、人口密度、人均地区生产总值（GDP）、耕地面积、粮食产量、城市建设用地面积等因素。

1. 人口数量与人口密度

提取研究区域统计年鉴人口数据，用各个行政区域不同年代的总人口数除以各个区域的总面积，得到不同年代各地区的人口密度，叠加该区域湿地丧失的矢量图，得到这一时期不同人口密度上湿地丧失面积数据。

2. 人均地区生产总值（GDP）

提取研究区域统计年鉴各个行政区域不同年代平均 GDP 数据，借助相关软件对湿地丧失图与各区域的 GDP 矢量图进行叠加，得到不同年代、不同地区湿地丧失面积及所占的比例。

3. 耕地面积和粮食产量

从研究区域统计年鉴中提取各个行政区域不同年代耕地面积和粮食产量。

4. 城市建设用地面积

对不同时期的遥感影像进行解译时，对主要建设用地进行细分类，将城市建设用地、居住地、交通用地、工业用地面积提取出来，计算不同类型的建设用地面积。

（三）指标体系建立

湿地资料采用不同时期的湿地数据，通过对数据的处理和分析，得出湿地的空间变换形态，如湿地面积减少量、湿地斑块数减少量等。具体指标可选取景观总面积（TA）、斑块数量（NP）、斑块密度（PD）、边缘密度（ED）、景观现状指数（LSI）、最大斑块指数（LPI）、形状指数（SHAPE）、分维数（FRAC）等。

驱动力指标选取自然和人为两个方面的 14 个驱动因子，为了方便数据显示，以 X_1，X_2，…，X_{14} 分别代表各因子，即 X_1：降水量（mm）、X_2：温度（℃）、X_3：蒸发量（mm）、X_4：相对湿度（%）、X_5：日照时数（h）、X_6：土壤、X_7：坡度（°）、X_8：坡长（m）、X_9：人均地区生产总值（万元）、X_{10}：人口密度（万人/hm^2）、X_{11}：人口数量（万人）、X_{12}：粮食产量（万 t）、X_{13}：耕地面积（hm^2）、X_{14}：城市建设用地面积（hm^2）。

湿地变化驱动机制系统结构见图 9-3。

二、湿地演变驱动力定量分析

不同的湿地类型对各驱动因子的敏感程度也不同，任何地区的湿地演变都不是由一项

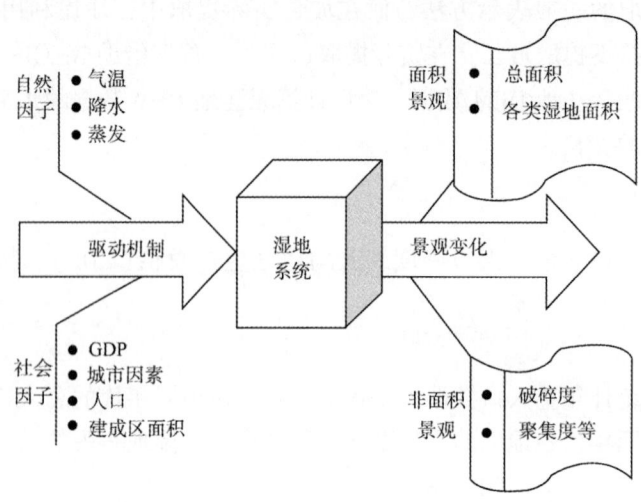

图 9-3 灰色关联分析参考系列和比较系列

或者少数的单独几项影响因子所决定的,而是该研究区域自然因子与人为因子综合作用的结果。因此,从单项驱动因子的角度来分析湿地演变的影响因子,并不能揭示其对湿地演变的直接作用力大小,更不能说明该驱动因子在湿地演变过程中的贡献大小。此外,影响湿地演变的驱动因子虽然可大体分为自然和人为两大类,但这两大类中又分别包含诸多具体的因子。而具体的驱动因子之间又可能存在着某种联系,如人为因子中的人口数量与国内生产总值之间就存在相互影响的关系,自然因子中的降水量与径流量同样密切相关。故在进行驱动力分析时可对全部的驱动要素先进行必要的概括和分类,提炼出对湿地演变起主要作用的因子,再进行进一步的分析。

研究湿地变化的常用的定量模型化方法主要包括系统动力学方法、细胞自动机方法、多智能体模拟方法等空间建模方法以及数理统计方法,主要包括相关分析、多元回归分析、主成分分析、灰色关联度以及典型相关分析方法,研究者用这些方法提取主要驱动因子,建立多元回归方程,进而对土地利用变化进行合理的解释。在这些方法中使用的最多的是回归分析,因为它可以有效地模拟在各种驱动力作用下土地利用的变化,具有使复杂问题简单化的特点,易于抓住复杂系统中矛盾的主要方面和系统内部重要的驱动机制。其次是典型相关分析方法,这种方法特别适用于多个因变量和多个自变量的情景分析。第三种方法是因子分析,这种方法能够提取众多影响因子中的关键因子,从而抓住关键分析信息。第四个是灰色关联分析,这种分析方法是研究如何将多指标问题化为较少的综合指标的问题,已被广泛地应用到生态、地理、环境等研究中。但是,影响湿地及其景观格局变化的因素错综复杂,用单一的方法不易得到一个满意的模型。

(一) 主成分分析与灰色关联分析

采用主成分分析法(principal components analysis,PCA)和灰色关联度分析法(grey relation analysis,GRA)相结合对湿地景观格局变化进行研究,主成分分析方法对因素进行定量的判别,灰色关联分析方法分析格局影响因素。首先用主成分分析法选择主要的影响因素,克服多重共线性问题,然后再对选择的因素建立灰色关联模型,从而对影响湿地景观格局变化因素的影响力进行定量分析,得到湿地格局变化的各个驱动力水平。

主成分分析法和灰色关联度分析法耦合存在三种模式:PCA 整合 GRA、PCA 和 GRA 并列使用(松耦合)、GRA 整合 PCA,见图9-4。

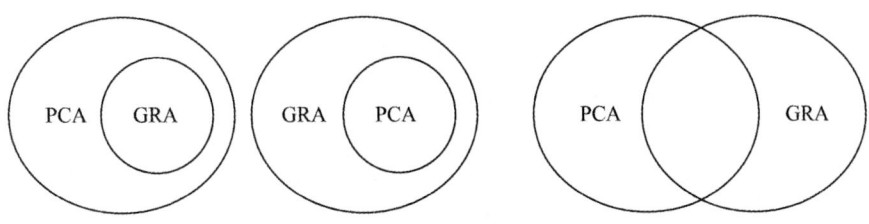

图 9-4　主成分分析法和灰色关联度分析法结合方式

主成分分析与灰色关联分析相结合的优点在于主成分分析是数学中一种有效的降维方法,它提供了一种复杂事物的简化思维,但主成分分析的前提是各原始数据的权重具有一致性,其运算的方差相累积值大小只是表明原始数据群相对于主轴面的变异程度,直接反映主因子与分析目标的相关性,同时由于构建的指标体系是在一定经验的基础上建立的假设模型,要考虑选用的指标是否与分析的目标有关。

景观指数作为因变量,不仅能够反映湿地面积变化的原因,而且可以对湿地各景观指数变化的成因进行分析。

1. 主成分分析

利用 SPSS、MATLAB 软件对湿地变化驱动力因子进行主成分分析,得到湿地变化驱动力因子的相关系数矩阵。一般来说,影响湿地面积变化的各因子之间存在较强的相关性,如果直接利用这些因子分析湿地面积变化驱动机制,将会有很大部分的信息重叠,增加分析难度,因此有必要对驱动力因子进行主成分分析,选出其中包含大部分信息的几个主成分。

主成分分析是用较少独立性的综合指标来代替原来较多的相关指标,是进行信息提取与综合的一种有效方法,它从指标的代表性角度筛选指标,先计算指标的主成分,然后选择主成分的个数。计算步骤见图9-5。

第一步,原始数据的标准化:所得结果(Z)、变量个数(k)和观测记录数(n)保持不变。

第二步,主成分分析(PCA):用 k 个彼此不相关的主成分来解释 k 个变量的全部方差。

第三步,主成分因子分析(PCFA):用 $J(J>k)$ 个主成分解释大部分方差。

第四步,因子旋转使每个变量在某一因子上的载荷最大(在其他因子上的载荷很小,甚至接近于0),以增加解释能力。

KMO(Kaiser-Meyer-Olkin)检验统计量是用于比较变量间简单相关系数和偏相关系数

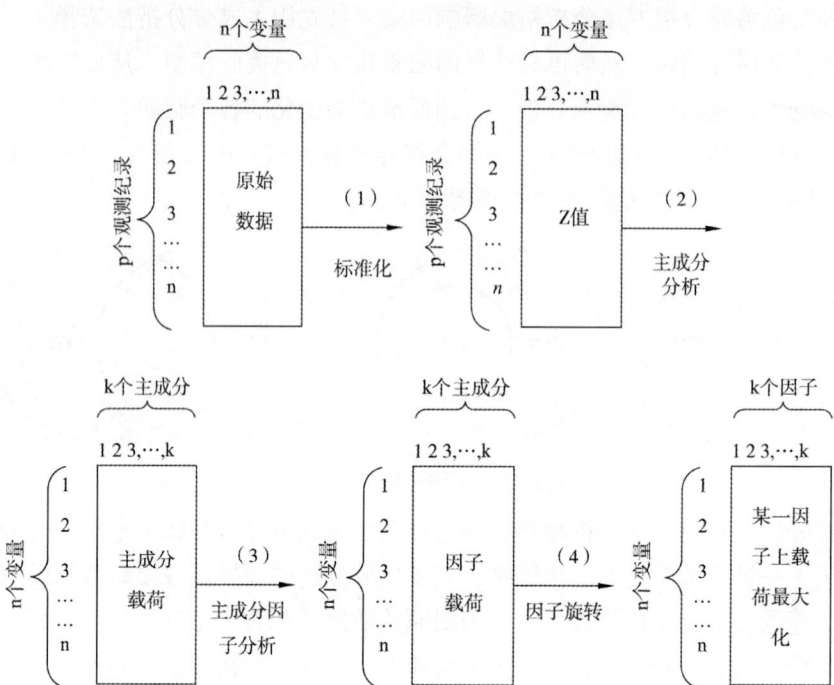

图 9-5 主成分分析步骤

的指标,在主成分分析中,其值代表所选变量是否适合做主成分分析。KMO 取值在 0~1,KMO 值越接近 1 表示变量间的相关性越强,原有变量越适合做主成分分析。通常 KMO 取值>0.9 表示非常适合,0.8~0.9 表示适合,0.7~0.8 表示一般,0.5~0.7 表示不太适合,≤0.5 表示不适合。对研究所选用的原始变量进行 KMO 检验,如果结果显示 KMO 统计量>0.8,表明研究所选用的驱动力因子适合做主成分分析。

一般选取的主成分特征值大于 1、累计贡献率较大,且能够包含选取的 14 个驱动力因子的大部分信息,这样筛选的主成分符合研究的需要,达到了对原始数据的简化和降维的目的。

随后采用方差最大正交旋转法(varimax rotation)进一步得到主成分因子负荷矩阵。根据各驱动力因子在不同主成分中的载荷量值的大小,选取较大载荷量的驱动力因子,确定影响湿地演变的自然因子和人为因子。

2. 灰色关联度分析

虽然分析得出影响湿地变化的驱动因子,但是各驱动因子对不同类型湿地的影响程度不同,为了有效地研究湿地变动的主要影响因素,通过灰色关联度法可分析湿地与各驱动因子的相关联程度。灰色关联方法是一种有效处理不确定变量相关关系的方法。因为在湿地生态系统中,许多因素之间的关系是灰色的,很难确定影响湿地结构变化的主导因素,灰色系统理论中的灰色关联分析提供了处理这类问题方法。

在进行驱动因子与各类湿地关联度分析时,对所选取的驱动因子与各类湿地面积变化的原始数据进行标准化处理,对标准化数据进行灰色关联度分析。关联系数实质上是表征曲线间几何形状的差别程度,因此曲线间差值大小,可作为关联程度的衡量尺度,计算步骤:

假设结果序列 X_0 和因数序列 X_i 长度相同,建立序列始点零化像,即公式:

$$X_0^0 = [X_0^0(1), X_0^0(2), X_0^0(3), \cdots, X_0^0(n)]$$

$$X_i^0 = [X_i^0(1), X_i^0(2), X_i^0(3), \cdots, X_i^0(n)]$$

则结果序列 X_0 和因数序列 X_i 灰色绝对关联度,计算公式:

$$\varepsilon_{0i} = \frac{1 + |s_0| + |s_i|}{1 + |s_0| + |s_i| + |s_i - s_0|}$$

$$|s_0| = \left| \sum_{k=2}^{n-1} x_0^0(k) + 0.5 x_0^0(n) \right|$$

$$|s_i| = \left| \sum_{k=2}^{n-1} x_i^0(k) + 0.5 x_i^0(n) \right|$$

$$|s_i - s_0| = \left| \sum_{k=2}^{n-1} (x_i^0(k) - x_0^0(n)) + 0.5(x_i^0(n) - x_0^0(n)) \right|$$

式中: ε_{oi} 为各灰色绝对关联度。

(二)地理探测器模型

地理探测器模型是一种新型空间分析模型,是探测空间分异性,以及揭示其背后驱动力的一组统计学方法,该模型以因子力(power of determinant)作为度量指标,结合 GIS 空间叠加技术和集合论,能够用来定量地探测某地理属性与其驱动因子之间的关系。相比于驱动力的传统探测计算模型,地理探测器需要的假设条件与约束极少,可以更好地克服处理类别变量时的局限性。此外,地理探测器不仅可以探测数值型数据,还可以通过离散化对定性数据进行探测,这是该模型的一大优点;地理探测器的另一优点是能够分析多因子之间对因变量的交互作用。

地理探测器主要包括因子探测器、交互作用探测器、生态探测器和风险探测器四个部分,湿地演变驱动力研究可利用因子探测器、交互作用探测器以及生态探测器对影响湿地面积变化的各因子进行定量分析,从而定量得出各个驱动因子在不同年份影响研究区域湿地分异的相对重要性、各因子对区域内湿地时空变化的驱动情况、各驱动因子对研究区域湿地空间分布影响是否有显著的差异以及各因子之间的交互作用。

① 因子探测器:用来探测各驱动因子对研究区域湿地空间分布及变化的贡献率 Q,其值域为[0,1], Q 值越大,表示该因子对研究区域湿地面积变化的影响程度越高,反之则越低,计算公式:

$$Q = 1 - \frac{\sum_{a=1}^{n} N_a \cdot \sigma_a^2}{N \cdot \sigma^2} = \frac{W}{T}$$

$$W = \sum_{a=1}^{n} N_a \cdot \sigma_a^2$$

$$T = N \cdot \sigma^2$$

式中：Q 为湿地空间分布及变化的贡献率；$a=1,\cdots,n$ 为各驱动因子的分类或分区；N_a 和 N 为区域 a 和全区的单元数；σ_a 和 σ 为区域 a 和全区因变量即研究区域湿地分布特征值的方差；W 和 T 为层内和全区的方差和。

② 生态探测器：用来比较不同驱动因子 A1 和 A2 对研究区域湿地空间分布的影响是否存在显著的差异性，用统计量 F 表示，计算公式：

$$F = \frac{N_{A1} \cdot (N_{A1}-1) \cdot W_{A1}}{N_{A2} \cdot (N_{A2}-1) \cdot W_{A2}}$$

$$W_{A1} = \sum_{a=1}^{n1} N_a \cdot \sigma_a^2$$

$$W_{A2} = \sum_{a=1}^{n2} N_a \cdot \sigma_a^2$$

式中：N_{A1} 和 N_{A2} 为驱动因子 A1 及 A2 的样本量；W_{A1} 和 W_{A2} 为驱动因子 A1 和 A2 分层的层内方差和；$n1$、$n2$ 为驱动因子 A1 和 A2 的分层数目。

其探测结果表示为"Y"或"N"，当探测结果显示为"Y"时，说明驱动因子 A1 和 A2 对研究区域湿地空间分布变化的影响机制存在显著差异；若探测结果显示为"N"，则表示驱动因子 A1 和 A2 对研究区域湿地空间分布变化的影响机制差异不明显。

③ 交互作用探测器：用于识别不同驱动因子对研究区域湿地时空分布及变化影响的交互作用，计算出驱动因子 A1 和 A2 共同作用时对研究区域湿地时空分布变化的影响程度会出现增加、减弱或相互独立。不同因子的交互作用主要表现形式，见表9-6。

表9-6 地理探测器交互作用探测作用类型

交互关系	表达式	图示
非线性减弱	$Q(A1 \cap A2) < \mathrm{Min}(Q(A1), Q(A2))$	
单因子减弱	$\mathrm{Min}(Q(A1), Q(A2)) < Q(A1 \cap A2) < \mathrm{Max}(Q(A1), Q(A2))$	
双因子增强	$Q(A1 \cap A2) > \mathrm{Max}(Q(A1), Q(A2))$	
独立	$Q(A1 \cap A2) = Q(A1) + Q(A2)$	
非线性增强	$Q(A1 \cap A2) > Q(A1) + Q(A2)$	

注：○ 表示 $\mathrm{Min}(Q(A1), Q(A2))$，即在 $Q(A1)$ 与 $Q(A2)$ 中取最小值；◇ 表示 $\mathrm{Max}(Q(A1), Q(A2))$，即在 $Q(A1)$ 与 $Q(A2)$ 中取最大值；⊗ 表示 $Q(A1)+Q(A2)$，即 $Q(A1)$ 与 $Q(A2)$ 两者求和；▼ 表示 $Q(A1 \cap A2)$，即 $Q(A1)$ 与 $Q(A2)$ 两者交互。

（4）注意事项

① 地理探测器模型的使用所需数据包括因变量 Y 以及自变量 X，其中自变量需为类型

量，若自变量为数值量，则需要对其进行离散化处理。

② 对不同时期的湿地景观指标作为各探测年份的因变量 Y，使用 ArcGIS 软件利用格网法将研究区划分为 1.5km×1.5km 的网格，通过空间分析手段求得各个网格内不同时期湿地景观指标，并将其转换为点阵数据，以此作为地理探测器模型探测所使用的因变量 Y。

③ 驱动力指标构建分析已经基本阐明了湿地变化主要驱动因素，但由于个别因素缺乏量化数据，如湿地利用和保护政策等，因此不参与模型探测过程。地理探测器模型所使用自变量 X 即研究区域湿地退化驱动因素一般包括自然和人为两个方面的 14 个驱动因子，即 X_1：降水量(mm)、X_2：温度(℃)、X_3：蒸发量(mm)、X_4：相对湿度(%)、X_5：日照时数(h)、X_6：土壤、X_7：坡度(°)、X_8：坡长(m)、X_9：人均地区生产总值(万元)、X_{10}：人口密度(万人/hm²)、X_{11}：人口数量(万人)、X_{12}：粮食产量(万 t)、X_{13}：耕地面积(hm²)、X_{14}：城市建设用地面积(hm²)，其中各项人类活动因素利用社会统计数据以区域为单位进行空间量化。

④ 由于各驱动因子均为数值量，需将其离散化为类型量以参与探测。使用 ArcGIS 软件，对研究区域各年份湿地变化驱动因素的数值进行归并统计，在此基础上利用自然断点法得出各因子的分类阈值并按相应阈值对各驱动因子进行重分类，以此作为探测所用的自变量 X。

参 考 文 献

[1] 陈玮彤，张东，崔丹丹，等，2018. 基于遥感的江苏省大陆岸线岸滩时空演变[J]. 地理学报，73(7)：1365-1380.

[2] 葛全胜，戴君虎，何凡能，等，2008. 过去 300 年中国土地利用、土地覆被变化与碳循环研究[J]. 中国科学(D)：地球科学，38(2)：197-210.

[3] 宫兆宁，宫辉力，赵文吉，2007. 北京湿地生态演变研究：以野鸭湖湿地自然保护区为例[M]. 北京：中国环境科学出版社.

[4] 宫兆宁，张翼然，宫辉力，等，2011. 北京湿地景观格局演变特征与驱动机制分析[J]. 地理学报，66(1)：77-88.

[5] 李伟云，2001. TM 遥感数据在森林资源调查中图斑目视判读区划实例分析[J]. 四川林勘设计，1：41-45.

[6] 刘吉平，郑永宏，周伟，2012. 遥感原理及遥感信息分析基础[M]. 武汉：武汉大学出版社.

[7] 罗湘华，倪晋仁，2000. 土地利用/土地覆盖变化研究进展[J]. 应用基础与工程科学学报，8(3)：262-272.

[8] 吕国楷，洪启旺，郝允充，等，1995. 遥感概论(修订版)[M]. 北京：高等教育出版社.

[9] 马建文，2017. 遥感数据智能处理方法与程序设计[M]. 北京：科学出版社.

[10] 毛锋，吴永兴，李喜佳，2014. 京杭大运河开凿与变迁[M]. 北京：电子工业出版社.

[11] 孙伟富，马毅，张杰，等，2011. 不同类型海岸线遥感解译标志建立和提取方法研究[J]. 测绘通报，3：41-44.

[12] 牛振国，张海英，王显威，等，2012. 1978—2008 年中国湿地类型变化[J]. 科学通报，57：

1400-1411.

[13] 王伟武, 王人潮, 朱利中, 2002. 基于"3S"技术的环境质量评价及其研究展望[J]. 浙江大学学报: 农业与生命科学版, 28(5): 578-584.

[14] 王文杰, 蒋卫国, 王维, 等, 2011. 环境遥感监测与应用[M]. 北京: 中国环境科学出版社.

[15] 邬建国, 2000. 景观生态学——格局、过程、尺度与等级[M]. 北京: 高等教育出版社.

[16] 杨静, 2014. 京杭大运河沿线典型区域生态环境演变[M]. 北京: 电子工业出版社.

[17] 杨绪红, 金晓斌, 林忆南, 等, 2016. 中国历史时期土地覆被数据集地理空间重建进展评述[J]. 地理科学进展, 35(2): 159-172.

[18] 袁敏杰, 李伟芳, 江汪奇, 等, 2018. 基于遥感和GIS的舟山岛岸线资源时空变迁及其利用演进研究[J]. 海洋通报, 37(3): 335-344.

[19] 张怀清, 凌成星, 孙华, 等, 2014. 北京湿地资源监测与分析[M]. 北京: 中国林业出版社.

[20] 张怀清, 王金增, 王亚欣, 等, 2014. 北京湿地资源信息管理技术[M]. 北京: 中国林业出版社.

[21] 赵澍, 冀玮芳, 高鹏, 等, 2018. 1986—2016年呼伦湖水域面积动态变化及与气候因素关系研究[J]. 中国农业资源与区划, 39(4): 53-58.

[22] 中国科学院南京地理与湖泊研究所, 2015. 湖泊调查技术规程[M]. 北京: 科学出版社.

[23] 竺可桢, 1972. 中国近五千年来气候变迁的初步研究[J]. 考古学报, (1): 15-38.

[24] Abadie J, Dupouey J L, Avon C, et al, 2018. Forest recovery since 1860 in a Mediterranean region: drivers and implications for land use and land cover spatial distribution[J]. Landscape Ecology, 33(2): 289-305.

[25] Gimmi U, Lachat T, Bürgi M, 2011. Reconstructing the collapse of wetland networks in the Swiss lowlands 1850-2000[J]. Landscape Ecology, 26(8): 1071-1083.

[26] He F N, Li M J, Li S C, 2017. Reconstruction of Lu-level cropland areas in the Northern Song Dynasty (AD976-1078)[J]. Journal of Geographical Sciences, 27(5): 606-618.

[27] Jin X, Pan Q, Yang X, et al, 2016. Reconstructing the historical spatial land use pattern for Jiangsu Province in mid-Qing Dynasty[J]. Journal of Geographical Sciences, 26(12): 1689-1706.

[28] Latifovic R and Pouliot D, 2007. Analysis of climate change impacts on lake ice phenology in Canada using the historical satellite data record[J]. Remote Sensing of Environment, 106: 492-507.

[29] Rush S A, Rodgers J, Soehren, E C, et al, 2019. Spatial and Temporal Changes in Emergent Marsh and Associated Marsh Birds of the Lower Mobile-Tensaw River Delta in Alabama, USA[J]. Wetlands, 39: 1189-1201.

[30] Yu H, Zhang F, Kung H, et al, 2017. Analysis of land cover and landscape change patterns in Ebinur Lake Wetland National Nature Reserve, China from 1972 to 2013[J]. Wetlands Ecology and Management, 25(5): 619-637.

第十章 湿地大数据

大数据(big data)是巨量数据的集合,指无法在一定时间范围内用常规软件工具进行捕捉、管理和处理的数据集合,是需要新处理模式才能具有更强的决策力、洞察发现力和流程优化能力的巨量、高增长率和多样化的信息资产。大数据是互联网发展到一定阶段的一种表象或特征,借助云计算技术,使这些原本很难收集和使用的数据开始容易被利用起来,通过各行业的不断创新,逐步为人类创造更多的价值。在生态学方面,诸多学者也发现了大数据的重要性,并开展了相关研究,为生态学诸多问题的科学解决提供了新思路。

大数据在林业和湿地建设管理中的作用越来越突出,其与自然资源相互支撑、相互促进。湿地大数据产生于各级林业、湿地管理部门以及科研院所对湿地生态系统保护和管理中的信息资源,是指湿地保护、修复、建设和管理过程中涉及的一切文件、资料、图表和数据信息以及其他形式存在的信息,包括以软件或程序形式存在的智能资源、分布式通信与计算能力、信息深度挖掘融合的决策资源信息等,对湿地生态系统结构、过程、功能、环境因子及人为干扰进行长期监测,是揭示湿地生态系统发生、发展、演替的作用机理,是开展湿地生态系统研究、科学保护和发展的重要保障。湿地动态监测产生巨量数据,利用巨量、高维度、变量全面的湿地监测大数据,建立起湿地资源数据库和管理信息平台,实现对湿地资源进行全面、客观地分析评价,为湿地资源的保护、管理和合理利用提供科学、准确的基础数据和决策依据。在湿地信息化建设发展中,湿地大数据将发挥主动性、联动性的作用,为湿地保护和管理提供支撑。

第一节 湿地大数据采集

湿地大数据类型多样,具有多维、多时相、多尺度等特点,按时态、格式、业务、内容划分为四类数据,通过对这四类数据进行收集、整理、分析、存储,形成湿地大数据,为湿地科学管理奠定数据基础。

一、内容与特点

湿地大数据按内容可分为生态大数据、经济大数据和社会大数据,见图10-1。

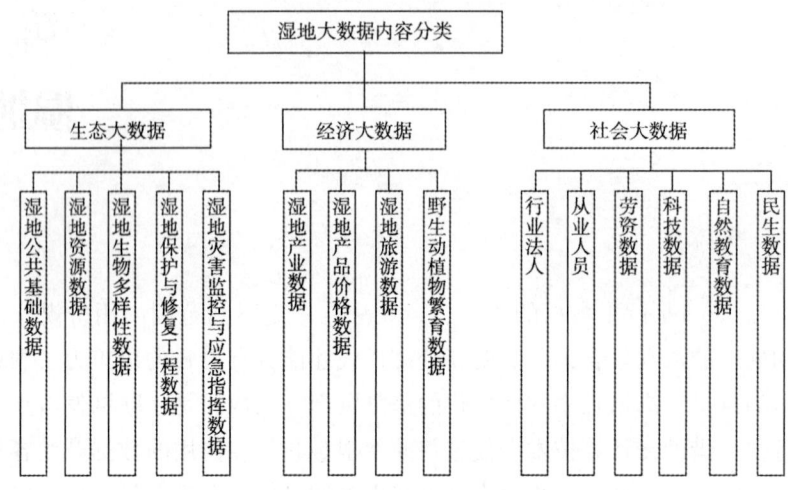

图10-1 湿地大数据内容分类

(一) 生态大数据

采集湿地生态系统相关的资源数据,提供完整的湿地资源信息,实现湿地资源动态管理,为湿地资源监管、评估、保护和可持续利用提供基础数据。

1. 湿地公共基础数据

湿地公共基础数据包括湿地基础地理、遥感影像、社会经济、生态环境等数据。基础地理数据包括:各种比例尺数字化地形图、DEM数据;省(市、县)多级比例尺的行政区划图、交通道路、水系、城镇居民点、独立建筑物等数据;多级比例尺的土壤、植被数据等。遥感影像数据包括多源、多时相、多分辨率的遥感数据。社会经济数据包括人口、经济产值等数据。气象数据包括温度、降水量、极端最高、最低温度、年积温等数据。湿地公共基础数据主要来源于国家行业管理部门。

2. 湿地资源数据

湿地资源数据是湿地资源信息的重要组成部分,必须进行全面采集。湿地资源数据包括湿地调查和监测、湿地标准、湿地履约数据等。采集湿地生态系统的基本数据包括植被数据、土壤数据、气候数据、水文与水环境数据等,全面掌握湿地资源分布、特征数据、环境数据、湿地征占、动态变迁等,为湿地资源管理、湿地保护与修复工程评估以及可持续发展提供基础服务。

3. 湿地生物多样性数据

湿地生物多样性的保护离不开湿地自然保护区和湿地公园等自然保护地建设,湿地大数据建设还要采集国际重要湿地、重点湿地、湿地自然保护区、湿地公园等基本数据和野生动植物资源的基本情况，包括自然保护区人员组成、管理情况、基础建设情况和野生动植物资源的种类、数量、分布、生长环境、栖息环境等，为加强生物多样性保护、管理，履行国际公约或协定、合理开发利用野生动植物资源提供决策依据。

4. 湿地保护与修复工程数据

湿地保护与修复工程是以保护与修复湿地生态系统，维护生态平衡，改善生态状态，实现人与自然和谐发展为目标。湿地保护与修复工程数据采集主要是收集湿地保护与修复工程规划、设计、建设、检查验收、核查等相关的数据，包括植被数据、水文数据、地形数据、工程推进图表、工程建设档案等。

5. 湿地灾害监控与应急指挥数据

湿地灾害监控与应急指挥数据包括湿地病虫害、湿地火灾、天气实况数据、湿地物候、可燃物状况、野生动物偷猎、农业牧渔以及应急指挥等数据。

（二）经济大数据

经济价值是湿地价值中极其重要的一部分，也是最直接的一部分。采集与湿地经济活动全过程相关的数据，为全面提高湿地产业发展和湿地保护提供数据基础和决策辅助。

1. 湿地产业数据

要全面采集与湿地旅游、休闲服务、生态服务、水产业、农业产业、医药资源、水运、水力发电、水质净化、削减洪峰径流、野生动植物产品加工制造以及其他湿地产业相关活动的数据，加强对湿地产业的指导和信息发布，为湿地产业发展提供基础。

2. 湿地产品价格数据

要全面掌握各类湿地产品(鱼类等)的价格、库存、供需，分析各类湿地产品的价格走势，保持湿地产品的价格稳定，促进湿地产品交易，保证林农林企经济效益，充分发挥湿地产品的第一、第二、第三产值，为国家湿地产品的发展和流通提供合理准确的信息决策支持。

3. 湿地旅游数据

全面采集湿地旅游资源的数据，包括景区位置、景区人流量、景区门票、景区路线、景区小气候等，为游客的旅游、休闲、观光、疗养等休闲活动提供信息发布和决策支持。

4. 野生动植物繁育数据

全面采集湿地区域内以及影响湿地环境的野生动植物繁育基本情况，包括野生动植物的种类、数量、分布、生长环境、栖息环境、繁育能力、后代数量和健康质量等，为加强湿地保护与修复提供决策依据。

（三）社会大数据

要全面采集湿地社会大数据，了解湿地相关产品、湿地从业人员、单位劳资、湿地科技、教育改革等信息，从而辅助湿地保护与修复以及产业决策。

1. 行业法人

采集与湿地相关的行政、事业、企业的法人资料,包括法人类型和从事行业。

2. 从业人员

登记湿地从业人员,建立湿地从业人员数据库,采集各类从业人员的基本信息。

3. 劳资数据

采集湿地行业相关单位中,劳动工人和单位的资产所有者的劳资数据。

4. 科技数据

全面采集湿地保护与管理、湿地修复、湿地产业等科技数据。

5. 自然教育数据

采集湿地科技人才培养、湿地知识宣传普及,以及湿地科学和技能培训等相关社会活动的数据。

6. 民生数据

采集与民生相关的湿地资源数据。

二、时态分类

湿地大数据按时态划分包括历史数据、资源变化数据、实时动态数据和趋势预测数据,见图10-2。

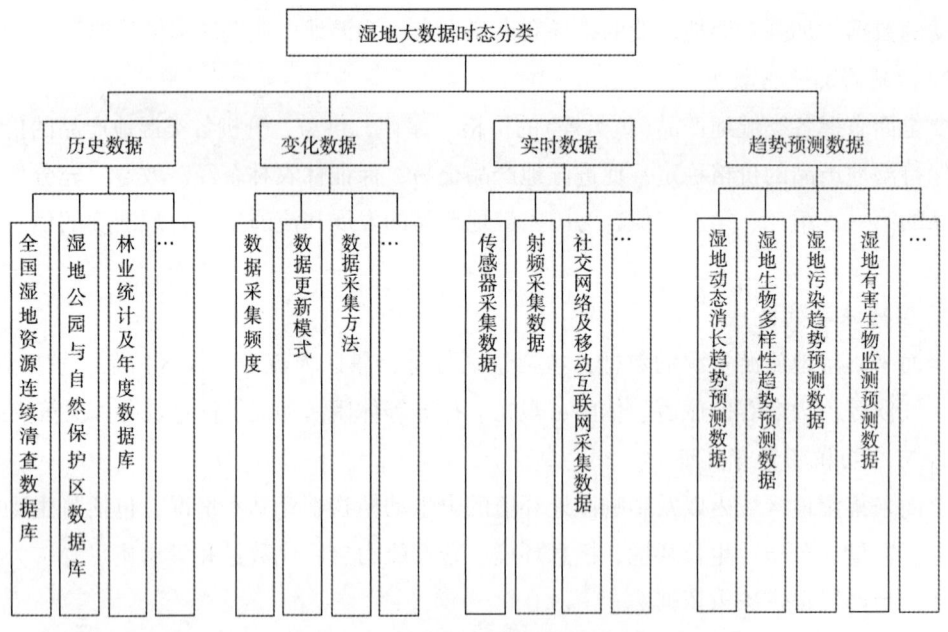

图 10-2 湿地大数据时态分类

（一）历史湿地数据

主要是在湿地保护和利用过程中已经形成的历史数据，包括全国湿地资源连续清查数据库、全国湿地资源分布图形数据库、湿地公园数据库、湿地自然保护区数据库、生物多样性数据库、野生动植物数据库、林业统计及年度数据库、经营利用产业统计数据库等数据，还有湿地相关的文献资料、湿地办公文档等历史资料。

（二）资源变化数据

湿地资源变化数据指通过数据采集和更新，不断保持湿地数据的时效性。采集和更新技术包括遥感信息获取技术、北斗卫星导航系统（BDS）和 GPS 及移动调查技术、GIS 矢量化技术，通常根据不同层次的信息需求选择相应技术。根据湿地保护与管理需求选择和确定相应的数据采集频度、数据更新模式、数据采集方法。

1. 数据采集频度

按使用频度和时效性要求，湿地数据分为实时采集、定期采集、不定期采集三类。实时采集用于时效性要求高的湿地业务管理，如湿地气象环境监测和湿地有害生物等。定期采集用于正常的湿地业务管理，通常具有固定的更新周期，如湿地资源、湿地退化、湿地生物多样性监测点。不定期采集是根据特定需要而进行的数据采集。

2. 数据更新模式

分为手工直接修改更新、现有资料数字化更新、业务流程更新和联动全自动数据变更等模式。手工直接修改更新对于需要变更的信息，提供了手动更改功能。现有资料数字化更新通过对现有资料进行数字化，确定数字化标准，确保与建库的数据有统一的标准。业务流程更新是由业务驱动完成的更新。联动全自动数据变更需要数据管理人员、外业监测人员、湿地监测传感器、业务管理人员紧密配合，严格按照操作流程来完成。对于变更的数据要自动保留历史记录，保留操作日志。

3. 数据采集方法

包括外业调查、资料收集、矢量化、遥感信息获取、互联网舆情监测、视频监测、湿地传感器监测等。

（三）实时资源数据

通过大数据等现代采集技术能够实时获取的湿地数据，是湿地大数据价值挖掘最重要的一环，其后的集成、分析、管理都构建于实时采集的基础上。实时数据的来源方式主要有 RFID 射频数据、传感器数据、社交网络交互数据及移动互联网数据等。RFID 射频数据包括监测野生动物活动情况数据、湿地产品溯源数据等；传感器数据包括湿地生物多样性和湿地防火视频监控数据、湿地水资源数据、湿地气象数据、湿地土壤数据等；社交网络和移动互联网包括网站、论坛、博客、微博、微信等发布的信息。实时数据的采集可以理解为两种方式，一种方式是在线监测实时数据，通过数据流计算方法和功能采集获取；另一种方式是通过约定的接口方式获得非实时数据，即批量数据。湿地大数据实现对实时采集的结构化、半结构化、非结构化数据的智能化识别、定位、跟踪、接入、传输、信号转换、监控、初步处理和管理等。

(四)趋势预测数据

趋势预测数据主要包括湿地动态消长、湿地生物多样性、湿地污染、湿地有害生物监测预测数据等。

1. 湿地动态消长趋势预测数据

湿地动态消长趋势预测数据以湿地的类型、面积和分布状况调查信息为基础,从湿地斑块、类型、景观三个尺度对湿地的构成和空间配置、动态消长情况进行分析,并对湿地未来发展趋势展开分析,探明湿地格局的时空演变规律,为湿地保护与修复提供决策依据。

2. 湿地生物多样性趋势预测数据

主要是针对湿地的动植物进行调查,运用生物统计学方法对湿地动植物种类、群落组成与空间分布进行研究,对湿地生物多样性和种群动态情况开展预测分析,提出湿地保护与修复意见。

3. 湿地有害生物监测预测数据

结合林业和湿地有害生物的调查监测,积累和整理主要监测对象的相关因子数据,选用和提出适用的预测预报数学模型,对湿地有害生物种群数量进行模拟,及时发布警示信息,并对未来其种群消长作出科学预测,为及时预防和处理提供决策咨询。

4. 湿地污染趋势预测数据

根据流域内现有的土地利用、植被覆盖和社会经济数据获取湿地中点源和面源污染物数据,计算湿地对污染物的承载力,模拟湿地对污染物吸收、吸附的作用,预测湿地中污染物的变化趋势,制定正确的污染物治理控制措施。

三、格式与形态

(一)大数据格式

湿地大数据信息采集按格式划分包括栅格数据、矢量数据、属性数据、统计数据、文档数据和多媒体数据,见表10-1。

表10-1 湿地大数据格式划分

序号	大类	子类	数据类型
1	湿地资源	湿地资源监测数据	矢量、属性、统计数据
		野生动植物资源调查数据	属性、统计数据
		湿地生态定位监测数据	属性、统计数据
		湿地自然保护区数据	属性、统计数据
		湿地公园数据	属性、统计数据
		湿地保护与修复重点工程数据	属性、统计数据
		湿地自然保护区建设工程数据	属性、统计数据

(续)

序号	大类	子类	数据类型
1	湿地资源	野生动植物利用审批数据	属性、统计数据
		濒危物种出口数据	属性、统计数据
		野生动植物及其产品出口、驯养、繁殖、猎捕、采集审批数据	属性、统计数据
		其他标准、文档、技术规程等综合数据	文档数据
2	湿地防火	湿地防火预测预报数据	矢量、属性数据
		湿地防火监测数据	栅格、矢量、属性数据
		湿地火灾扑救指挥数据	矢量、属性数据
		湿地火灾损失评估数据	矢量、属性、统计数据
		其他标准、文档、技术规程等综合数据	文档数据、多媒体数据
3	有害生物	有害生物公共基础数据	矢量、属性数据
		有害生物防治数据	矢量、属性数据
		有害生物检疫信息	属性、统计数据
		其他标准、文档、技术规程等综合数据	属性、统计数据
4	湿地利用	湿地产业产值数据	统计数据
		主要湿地产品数据	属性、统计数据
		湿地旅游企业数据	属性、统计数据
		湿地产品市场价格数据	统计数据
		湿地自然保护区	属性数据
		湿地公园数据库	属性数据
		其他标准、文档、技术规程等综合数据	文档数据

(二) 大数据采集形态

① 结构化数据：包括湿地资源数据库、湿地空间信息数据库、湿地行政审批数据库以及其他核心数据库等，这些数据库包括高速存储应用需求、数据备份需求、数据共享需求以及数据容灾需求。

② 非结构化数据：包括视频、音频、图片、图像、文档、文本等形式，如湿地影像系统、湿地宣传视频数据、湿地视频监控数据、湿地文件服务器(PDM/FTP)数据、湿地媒体资源管理数据等，包括数据存储、数据备份以及数据共享等。

③ 半结构化数据：包括邮件、HTML、报表、资源库等，如国家林业和草原局及省(市、县)林业和草原主管部门网站的数据等，包括数据存储、数据备份、数据共享以及数据归档等基本存储需求。

四、采集渠道

(一) 湿地大数据采集基础

我国已建立较好的湿地资源信息调查采集体系,对各类湿地资源信息的采集都有相关的方法和制度。

1. 湿地资源监测

湿地资源监测是以典型调查为基础,综合运用遥感、地理信息系统、全球定位系统、数据库等技术,对湿地资源及其生态环境进行定期调查,查清湿地资源现状,掌握湿地资源动态变化,并逐步对湿地资源及其生态环境进行全面、准确、及时地分析评价,为湿地资源的保护和管理提供完整统一、及时准确的宏观数据支持。

湿地资源监测内容主要包括湿地的类型、面积与分布,湿地水资源状况,湿地利用状况,湿地的生物多样性及其珍稀濒危野生动植物资源状况,湿地周边地区社会经济发展对湿地资源的影响,湿地管理状况和研究进展,以及影响湿地动态变化主要环境因子等。湿地资源监测主要包括三个层次:一是宏观调查,以省(市、区)或流域为调查总体,主要是调查湿地类型、面积和分布,通过汇总获得区域湿地资源信息;二是典型调查,是为了解湿地(或湿地区域)资源及其生态环境状况进行的调查;三是湿地资源专项调查,是由于特殊和专项需要而对湿地资源进行的调查。

2. 野生动植物资源调查

野生动植物资源调查是为实现野生动植物资源的有效保护、持续利用和科学管理,为湿地保护开展的一项工作。野生动植物调查的主要内容是野生动植物的种类、数量、分布及生境状况、利用状况、管理及研究状况、影响资源变动的主要因子。调查成果主要包括野生动植物资源数据库、现状、动态变化表及调查报告等。

3. 湿地生态系统定位监测

湿地生态系统定位研究站是通过在重要、典型湿地区域,建立长期监测点与监测样地,对湿地生态系统的生态特征、生态功能及人为干扰进行长期定位监测,从而揭示湿地生态系统发生、发展、演替的作用机理与调控方式,为保护、修复、重建以及合理利用湿地提供科学依据。

中国湿地生态系统定位研究网络(China Wetland Ecosystem Research Network,CWERN,简称湿地生态站网),是由分布于全国重要湿地类型区的湿地生态系统定位研究站(简称湿地生态站)组成,是国家林业和草原局陆地生态系统定位研究网络的重要组成部分,截至2019年年底,全国已建立湿地生态系统定位研究站39个。国家林业和草原局生态定位观测网络中心数据室负责数据信息的收集、处理和数据共享交流工作,在收集和整理生态站已有观测和研究数据的同时,对数据进行处理加工,并提出切实可行的数据管理解决方案,构建相应的数据信息资源库等多个数字化基础平台,逐步实现生态站之间、生态站与中心之间数据传输、共享的一体化。

4. 有害生物调查

有害生物是指影响湿地或森林生态系统植物正常生长发育并造成严重损失的病、虫、杂草以及其他有害生物。有害生物调查包括病虫鼠害调查、湿地林草病害调查和外来有害物种调查等。病虫鼠害调查是通过实地调查、动植物检疫检查的方法，对湿地病虫鼠害的发生和发展等信息进行采集。

外来有害物种主要是通过有意或无意的人类活动而被引入一个非本源地区域，在当地的生态系统中形成了自我再生能力，给当地的生态系统或地理结构及经济发展造成了明显的损害或影响，包括我国国内被引出其本源地的物种和来自其他国家的非本地物种。外来有害生物入侵造成的危害主要体现在两个方面，一是对生态系统造成的危害，二是人们为修复受损生态系统而蒙受的巨大经济损失。外来有害物种调查通常具有滞后性，即一般是在灾害发生后，有害物种已经大规模暴发，才开始进行调查和治理，因此，外来有害物种调查应注重以预防为主，综合治理。

5. 湿地火灾调查

湿地火灾调查主要是为建立以湿地火灾预防和管理为主体的湿地防火信息系统而进行的湿地资源防火带、防火设施、防火队伍建设、历次火灾发生发展情况等湿地火灾信息资源的采集，并通过航天遥感、航空巡视、瞭望台（塔）观察和地面巡护的实时监测方法对湿地区域内火灾的发生、蔓延趋势进行实时监测，并根据各地气象、火险等级等可能发生湿地火灾的客观条件，实现湿地火灾的预警预报。

6. 湿地科研项目

湿地科研项目是国家科研院所以及企事业单位以开展某项湿地研究为目的的调查、研究工作。湿地科研项目都在某一程度上对湿地资源信息进行采集，因此，湿地科研项目也是一类湿地资源信息。由于湿地科研项目一般目的性和针对性很强，根据目的不同可以分为很多类，每类又依据自身的特点运用不同的采集方法采集不同湿地科研项目资源信息，因此，对于湿地科研项目信息源来说，应该具体问题具体分析，与实践相结合研究湿地科研项目信息源。

7. 其他

此外，为便于社会各界了解湿地保护与发展状况、社会经济发展状况等，各级主管部门也利用上报的统计年报和其他相关资料进行分析，使社会大众能方便了解到湿地资源、生态建设、产业发展、从业人员和劳动报酬、湿地投资、湿地教育等各类数据。

（二）采集渠道

湿地大数据采集渠道比较广泛，包括数据调查自采、数据购买、数据交换、业务产生、网络数据采集、飞机航片采集、卫星遥感影像采集、音视频采集、物联网数据采集、文献数据采集、数据调查等。

1. 调查采集

湿地相关主管部门根据业务需要进行数据的采集，或在重要湿地、湿地公园、湿地保护区等进行定期或不定期的专业调查，例如进行湿地资源连续清查、野生动植物资源调查、湿地产品数据等。

2. 数据购买

为了更好地进行业务开展，需要购买相关的公共基础数据，如气象数据（部分数据）、基础地理信息数据等。

3. 数据交换

湿地相关部门与其他部门进行数据开发共享，同时能够获得其他部门共享的数据，如测绘部门的基础数据、气象部门的气象数据等。

4. 业务产生

湿地相关单位在业务开展中产生的数据，如湿地业务部门产生湿地数据、自然保护区产生野生动植物数据等。

5. 网络数据采集

人们通过微博、微信、博客、论坛等社交平台去分享各种信息数据、表达诉求、建言献策，每天传播于这些平台上，这些自媒体采集的数据对于湿地管理部门了解民意动态、生态环境政策制定具有一定的作用。

6. 飞机航片采集

飞机（无人机）航拍具有高分辨率遥感影像，能够达到0.3m，可满足在湿地保护区、湿地公园及湿地资源清查等方面的要求。

7. 卫星遥感影像采集

湿地相关部门可根据不同的业务需求，采集不同分辨率的卫星遥感影像，有30m的环境卫星，15~30m的Landsat8，2.5~15m的资源卫星，有<2.5m的Quickbird、高分系列卫星等。

8. 音视频采集

湿地在防火监控和宣传方面将产生大量的音视频数据，如湿地自然保护区和湿地公园进行实时视频监控。

9. 物联网数据采集

各种物联网传感器采集的实时数据，如湿地的温湿度、土壤墒情、水文、水质、病虫害信息等。

10. 文献数据采集

湿地区域范围内相关部门存有大量的纸质、电子的文献资料，这些资料对湿地进行相关研究具有重要的参考价值。

第二节 湿地大数据集构建

一、采集技术

数据采集就是把感应器嵌入和装备到湿地、荒地、道路、水系、土壤、各类生物的栖息地甚至动物身体等各种物体中,实现人类社会与物理系统的整合。在这个整合中,利用计算机,对整合网络内的人员、机器、设备和基础设施实施实时的管理和控制。在此基础上,以更加精细和动态的方式管理,提高湿地资源保护与管理水平。主要技术:

(一)视频监控系统

视频监控系统(video surveillance & control system,VSCS)是由摄像、传输、控制、显示、记录登记五大部分组成。摄像机通过同轴视频电缆将视频图像传输到控制主机,控制主机再将视频信号分配到各监视器及录像设备,同时可将需要传输的语音信号同步录入到录像机内。通过控制主机,操作人员可发出指令,对云台的上、下、左、右的动作进行控制及对镜头进行调焦变倍的操作,并可通过控制主机实现在多路摄像机及云台之间的切换。利用特殊的录像处理模式,可对图像进行录入、回放、处理等操作,使录像效果达到最佳。由于其具有监控画面实时显示、录像图像质量单路调节功能,每路录像速度可以分别设置、快速检索、多种录像方式设定功能、自动备份、云台/镜头控制功能、网络传输等特点,视频监控成为各自然资源、生态环境、林业和草原、湿地等部门对重要场所进行实时监控的物理基础,可获得有效数据、图像或声音信息,对湿地火灾、水灾、旱灾等突发性异常事件的过程进行及时的监视和记录,用以提供指挥调度。

(二)射频识别

射频识别(radio frequency identification,RFID)是通过无线电信号识别特定目标并读写相关数据的无线通讯技术。RFID已经在身份证件、电子收费系统和物流管理等领域有了广泛的应用,但在林业和其他生态领域推广不多。RFID技术市场应用成熟、标签成本低廉,适合用来进行物品的身份甄别和属性的存储,应用前景广阔。

(三)微电子机械系统

微电子机械系统(micro electro mechanical system,MEMS)是集微型机构、微型传感器、微型执行器以及信号处理控制电路、接口、电源等于一体的机械装置。MEMS技术发展迅速,为传感器节点的智能化、小型化、功率的不断降低制造了成熟的条件,集成度更高的纳米级电子系统的出现和发展,具有微型化、智能化、多功能、高集成度和适合大批量生产等特点,可把湿地大数据的获取、处理和执行集成在一起,组成具有多功能的微型系统,又可再集成于大尺寸系统中,从而大幅度地提高系统的自动化、智能化和可靠性水平。

（四）各类试验数据自动采集系统

利用无人机可实现野外大规模超分散数据采集和检测，是一种由软、硬件组成的小型智能机器人系统，采用 IT 技术（因特网、无线局域网、远程控制）、传感器网络测量技术及声音处理、图像采集和传输、CPU 芯片使用技术等，构建大规模的图像采集和数据收集系统。

二、集成与构建

（一）集成方式

根据湿地资源数据的来源和格式，按照不同来源的更新机制，将数据集成进入湿地大数据中心库，数据集成方式：

1. 手动执行导入包

对于湿地历史数据，利用 ETL 数据导入工具及相应的 ETL 管理工具，实现定期自动入库或手工入库。

2. 数据接口自动入库

湿地资源大数据中心对湿地数据提供标准数据接口，业务系统推送转换为标准数据后，实现数据自动入库。

3. 定期直接入库

对于在线监测数据，由于数据的采集部门、方式和格式相对固定，不需要制定中间格式数据标准，直接由系统自动进行数据的检查和审核，以数据复制等方式将数据自动转入中心数据库。

4. 数据流方法

流处理的基本理念是数据的价值会随着时间的流逝而不断减少，尽可能快地对最新的数据做出分析并给出结果，是所有流数据处理模式的共同目标。需要采用流数据处理的大数据应用场景主要为集成传感器数据，如湿地防火传感器、降雨传感器等。

5. 数据录入

对于公共代码等没有业务系统的支撑，可通过特定的数据录入表单来进行数据采集入库。

（二）数据初始化工作策略

针对不同数据存放形式设计合理的数据初始化方法和数据集成工具，制定与各类湿地数据相适应的匹配校验规则，为后续数据整合工作提供帮助。

根据数据源分析结果，制定数据初始化策略，主要包括数据分析、数据抽取、数据转换、数据加载、提取关键字、质量保证、安全、合规性及容错处理策略。

(1) 数据分析策略

对待初始化数据进行细致地数据梳理及数据内容分析，主要包括数据内容分析、结构分析、质量分析、源与目标差异分析等，详细数据分析是后续工作的主要依据。

(2) 数据抽取策略

从数据源系统或文件抽取湿地数据库所需的数据，数据抽取采用统一接口，可以从数据库抽取数据，也可以从文件抽取。对于不同数据平台、源数据形式以及不同数据量的源数据，采用不同的接口方式，为保证抽取效率方便核查，对于大数据量抽取，建议采取"数据分割、缩短抽取周期"的原则。

(3) 数据转换策略

数据转换是根据湿地数据库模型的要求，对抽取的源数据进行数据的转换、清洗、拆分、汇总等，保证来自不同系统、不同格式的数据和信息模型具有一致性和完整性，并按要求装入湿地综合数据库。模式集成步骤包括模式比较、统一模式、合并和重建模式。其中，模式比较处理检测多个数据源的名字冲突和结构冲突，名字冲突包括同名异义和异名同义，结构冲突包括实体属性类型冲突、依赖冲突、关键字冲突和行为冲突。统一模式处理诸如属性和实体的转换，目的是统一或联合不同数据库的模式，使得它们能彼此兼容得以集成。合并和重建过程完成模式的重建，需要考虑完整性、最小性(关系依赖非冗余)和易理解性。

(4) 数据加载策略

数据加载是将转换后的数据加载到湿地数据库中，可以采用数据加载工具，也可以采用 API 编程进行数据加载。

(5) 提取关键字策略

建立提取关键字策略，提取数据信息相应的关键字，如编号、内容描述、时间等。根据关键字进行索引建设，并为查询、统计做准备。

(6) 质量保证策略

数据质量保证策略主要由数据特征分析、规则、清洗和审计四部分组成。

① 数据特征分析是指从不同角度，如数据内容、结构、最大值、最小值、值域和主外键约束来分析数据，能够找到源数据中潜在的数据质量问题，生成完整的数据质量报告。

② 数据规则也是数据质量管理中一个重要的组成部分，主要用来设定对于数据的一些强制要求。

③ 数据清洗是根据数据规则的定义，选出有缺陷的数据，使其正确化和规范化来满足信息使用者需求的数据质量，提高数据质量最终目的是希望得到干净和标准的数据来降低数据清洗和转换上的工作。

④ 数据审计是在数据集成过程中，保证数据库中数据同应用系统中数据专业意义上的一致性及数据的准确性。数据审计功能支持通过百分比来表述审计结果，以此说明数据

的质量。那些不能通过审计的数据需要保存，随后通过数据清洗或手工操作来清洗数据。

（7）安全策略

数据集成过程遵循安全策略，保证数据集成的安全、有序进行。

（8）合规性策略

对所有提取、转换加载过程进行合规性检查，符合湿地管理部门对数据合规性方面的相关规定。

（9）容错处理策略

在作业流程中设置异常的条件，如当错误记录超过一定的条数或者错误级别达到一定的级别时，作业掉转到异常处理流程，进行自动处理，系统设计原则是尽量不中断ETL作业流程，如果错误特别严重，也可以转到手工处理。

（三）数据初始化工作方法

数据初始化工作方法包括关系型数据库数据整理、电子文档数据整理以及纸质数据初始化。

① 关系型数据库数据整理：对以关系型数据库形式存在的数据，需要根据系统的实际数据库类型制定数据整理方法，关系型数据库数据属于结构化数据，将待整理数据全部导入，经过数据核对、匹配、入库后完成数据初始化工作，见图10-3。

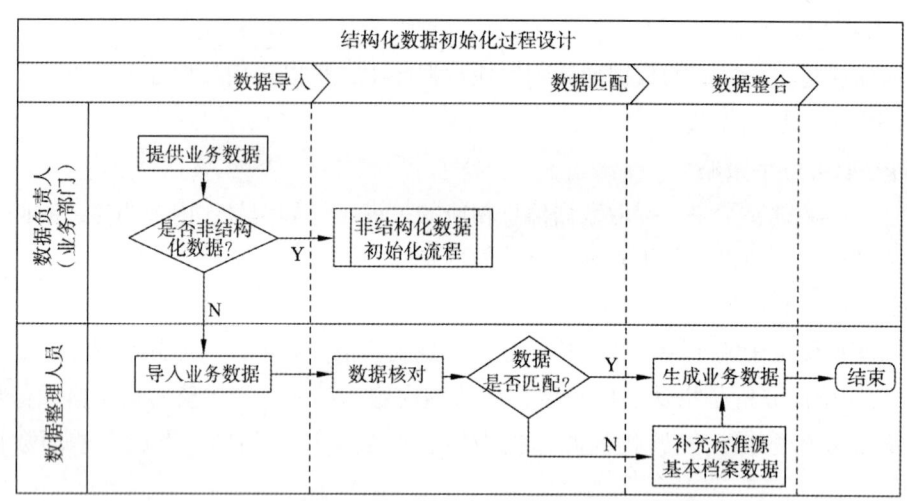

图10-3 关系型数据库与电子文档（Excel）数据整理流程

② 电子文档（Excel）数据整理：对以Excel形成存储的电子文档，在数据中心建设过程中对文档格式进行统一，对表格中的具体数据名称和类型进行规范，将待整理数据全部导入，经过数据核对、匹配、入库后完成数据初始化工作，整理流程见图10-3。

③ 电子文档（Txt、Word）数据整理：对以Txt、Word为载体的电子文档，该类文档数据的整理需要针对电子文档中关键信息，尤其是一些重要的环境指标数据进行摘取并且结构化，将待整理数据导入到数据中心，经过数据核对、匹配、入库后完成数据初始化工

作，整理流程见图10-4。

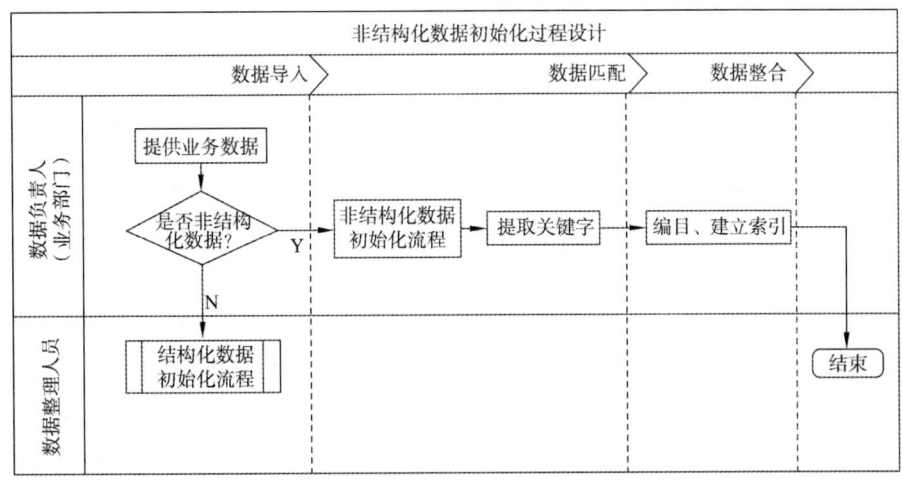

图10-4 电子文档(Txt、Word等)数据整理流程

④ 纸质数据源初始化：针对纸质数据首先采用扫描的形式获取影像信息上传到数据中心，提取文档中的关键字，尤其是一些重要的环境指标数据进行摘取并且结构化，将待整理数据导入到数据中心，经过数据核对、匹配、入库后完成数据初始化工作，整理流程见图10-5。

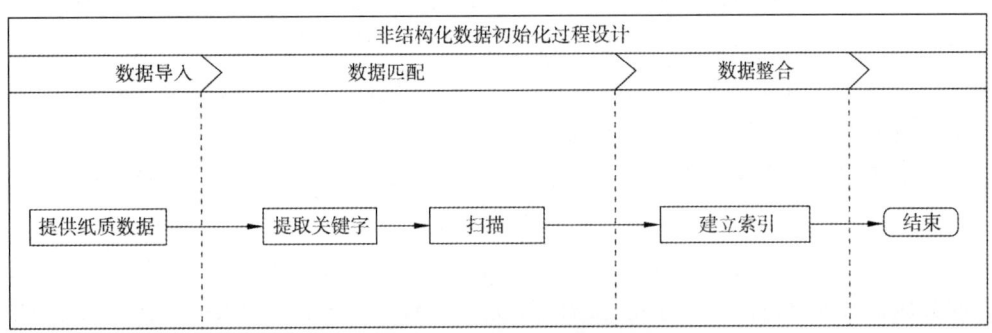

图10-5 纸质数据整理流程

（四）集成与管理

1. ETL集成方式设计

ETL(extract-transform-load)，即数据抽取、转换、装载的过程，是BI/DW(business intelligence)的核心，能够按照统一的规则集成并提高数据的价值，是负责完成数据从数据源向目标数据仓库转化的过程，是实施数据仓库的重要步骤。

（1）适用范围

一是可访问应用系统数据库的已有应用系统，二是可访问系统数据库的新建应用系统。

（2）ETL集成过程设计

使用ETL工具进行数据集成的过程由数据抽取、清洗转换、数据加载组成。

① 抽取过程：从数据源系统抽取数据中心所需的数据，数据抽取采用统一的接口，可以从数据库抽取数据，也可以从文件抽取。对于不同数据平台、源数据形式、性能要求的业务系统，以及不同数据量的源数据，可采用的接口方式不同，为保证抽取效率，减少对生产运营的影响，对于大数据量的抽取，采取"数据分割、缩短抽取周期"的原则，对于直接的数据库抽取，采取协商接口表的方式，保障数据库的安全。

② 清洗转换过程：数据转换根据数据中心系统模型的要求对抽取的源数据，进行数据的转换、清洗、拆分、汇总等，保证来自不同系统、不同格式的数据和信息模型具有一致性和完整性，并按要求装入数据中心。

数据转换是 ETL 中的核心问题。由于湿地数据库系统的开发一般有一个较长的时间跨度，这就造成一种数据在业务系统中可能会有多种完全不同的存储格式，甚至还有许多数据中心分析中所要求的数据在业务系统中并不直接存在，而是需要根据某些公式对各部分数据进行计算才能得到。因此，要求数据转换功能对抽取到的数据能进行灵活的计算、合并、拆分等转换操作。湿地大数据中心的数据转换具有字段影射功能、运算功能、数据类型转换功能、记录整合功能以及其他辅助功能。其中，字段影射功能包括映射的自动匹配功能、字段的拆分功能与跨异构数据库的关联功能；运算功能包括多字段的混合运算功能、自定义函数功能、环境变量动态修改功能、抽取的字段动态修改功能、数据清洗及标准化功能、度量衡等常用的转换函数功能、统计功能；数据类型转换功能包括多数据类型支持功能、时间类型的转换功能、对各种码表的支持功能、在转换过程中支持数据比较的功能；记录整合功能包括去重复记录功能、记录合并或计算功能、记录拆分功能、排序功能、按行按列的分组聚合功能、行列变换功能；其他辅助功能包括复杂条件过滤功能、代理主键的生成功能、调试功能、数据预览功能以及性能监控功能。

③ 加载过程：清洗转换过程完成后进入加载过程。数据导入后，首先与数据中心的标准源进行匹配。数据加载是将转换后的数据加载到数据中心，可以采用数据加载工具，也可以采用 API 编程进行数据加载。数据加载策略包括加载周期和数据追加策略，数据加载周期要综合考虑分析需求和系统加载的代价，对不同业务系统的数据采用不同的加载周期，但必须保持同一时间业务数据的完整性和一致性。

2. ETL 管理设计

数据管理设施保持了数据中心的事实基础(包括可能的链接和关联)，反映了数据中心作用的基本特点，即所有决策层都基于数据集的存取。数据管理(即存储、检索与操作数据)所需要的特殊功能包括以下几个方面：数据库管理系统(DBMS)与数据库提供存取库中数据的机制；数据字典维护系统中数据定义、类型描述；数据源描述查询设施解释数据请求，确定如何满足这些请求，详细阐述数据库管理系统(DBMS)专门数据请求，最后将结果返回给原请求的发出者；中间集结与提取功能以及辅助管理(如定时功能、反馈功能、预警功能)。

3. 空间数据和属性数据一体化集成

基于关系数据库或者对象数据库的空间数据管理方式(空间数据库)，具有数据管理功能、多用户并发控制、严格的权限管理、空间信息与属性信息一体化存储等优点。采用关系数据库或对象关系数据库管理空间数据,利用 SQL 语言对空间与非空间数据进行各项数据库操作,同时可以利用关系数据库的数据管理、事务处理、记录锁定、并发控制、数据仓库等功能,使湿地空间数据和非空间数据一体化集成。空间数据库的核心,是通过空间数据库引擎存取空间数据库中的数据。选用大型通用关系型数据库系统,优先选择支持 XML 和 GIS 的关系型数据库平台。

4. 多尺度空间数据一体化集成

多尺度空间数据一体化集成是湿地资源空间数据管理和应用的一个重要方面。理想的多尺度空间数据一体化管理模式是在林业或湿地资源空间数据库中保存大比例尺的空间,而对于小比例尺的空间数据采用计算机自动逐级综合方式获得。将不同尺度的湿地资源空间数据分别按照各自的分层和编码保存在空间数据库中,实现不同尺度空间数据的叠加和按不同比例尺范围显示。

5. Hadoop 平台

Hadoop 平台能够为林业或湿地大数据项目提供所需要的异构数据的存储与管理能力、异构数据的分析处理能力、高可用的任务调度和任务监控能力,见图 10-6。

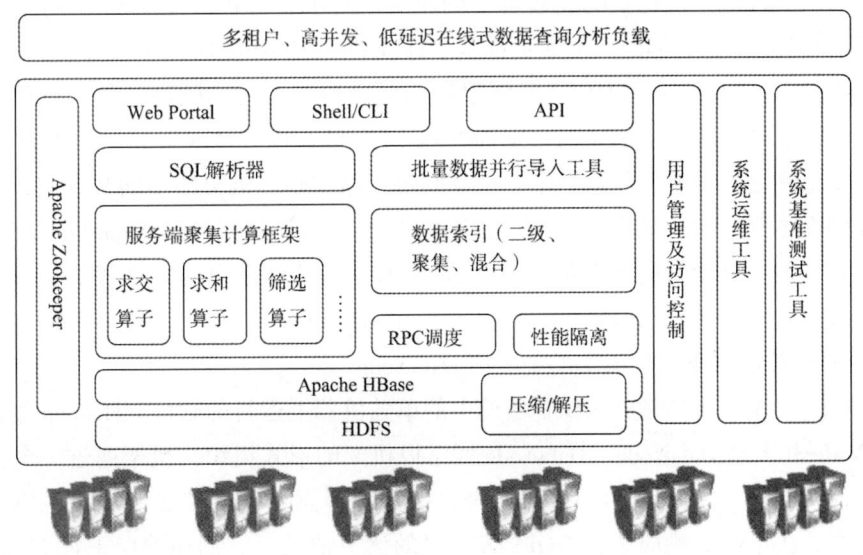

图 10-6　Hadoop 平台

Hadoop 是谷歌一款名为 MapReduce 的编程模型包。谷歌的 MapReduce 框架可以把一个应用程序分解为许多并行计算指令,跨大量的计算节点运行非常巨大的数据集,使用该框架的一个典型例子就是在网络数据上运行的搜索算法,是以一种可靠、高效、可伸缩的方式进行处理的。用户可以轻松地在 Hadoop 上开发和运行处理巨量数据的应用程序,具有以下优点:① 高可靠性,Hadoop 按位存储和处理数据的能力强;② 高扩展性,Hadoop 是在可用的计算机集簇间分配数据并完成计算任务,这些集簇可以方便地扩展到数以千计的节点；③高效性，Hadoop 能够在节点之间动态地移动数据，并保证各个节点的动态平衡，因此处理速度非常快；④高容错性，Hadoop 能够自动保存数据的多个副本，并且能够自动将失败的任务重新分配；⑤低成本，与一体机、商用数据仓库以及 QlikView 商业分析软件、永洪一站式大数据分析平台（Yonghong Z-Suite）等数据平台相比，Hadoop 是开源的，项目的软件成本因此会降低。

Hadoop 平台核心架构。Hadoop 由许多元素构成，其最底部是 Hadoop Distributed File System（HDFS），它存储 Hadoop 集群中所有存储节点上的文件。HDFS 的上一层是 MapReduce 引擎，该引擎由 JobTrackers 和 TaskTrackers 组成。通过对 Hadoop 分布式计算平台最核心的分布式文件系统 HDFS、MapReduce 处理过程，以及数据仓库工具 Hive 和分布式数据库 Hbase 的引入，基本涵盖了 Hadoop 分布式平台的所有技术核心。

对外部客户机而言，HDFS 就像一个传统的分级文件系统，可以创建、删除、移动或重命名文件等。但是 HDFS 的架构是基于一组特定的节点构建的，这些节点包括 NameNode（仅一个），它在 HDFS 内部提供元数据服务；DataNode 为 HDFS 提供存储块。由于仅存在一个 NameNode，因此这是 HDFS 的一个缺点。存储在 HDFS 中的文件被分成块，然后将这些块复制到多个计算机中（DataNode），这与传统的 RAID 架构大不相同。块的大小（通常为 64MB）和复制的块数量在创建文件时由客户机决定。NameNode 可以控制所有文件操作。HDFS 内部的所有通信都基于标准的 TCP/IP 协议。

NameNode 是一个通常在 HDFS 实例中的单独机器上运行的软件，负责管理文件系统名称空间和控制外部客户机的访问。NameNode 决定是否将文件映射到 DataNode 上的复制块上。对于最常见的 3 个复制块，第一个复制块存储在同一机架的不同节点上，最后一个复制块存储在不同机架的某个节点上。实际的 I/O 事务并没有经过 NameNode，只有表示 DataNode 和块的文件映射的元数据经过 NameNode。当外部客户机发送请求要求创建文件时，NameNode 会以块标识和该块的第一个副本的 DataNode IP 地址作为响应。这个 NameNode 还会通知其他将要接收该块的副本的 DataNode。

DataNode 也是一个通常在 HDFS 实例中的单独机器上运行的软件。Hadoop 集群包含一个 NameNode 和大量 DataNode。DataNode 通常以机架的形式组织，机架通过一个交换机将所有系统连接起来。Hadoop 的一个假设是机架内部节点之间的传输速度快于机架间节点的传输速度。DataNode 响应来自 HDFS 客户机的读写请求。它们还响应来自 NameNode 的创建、删除和复制块的命令。NameNode 依赖来自每个 DataNode 的定期心跳（heartbeat）消息，每条消息都包含一个块报告，NameNode 可以根据这个报告验证块映射和其他文件系统元数据。如果 DataNode 不能发送心跳消息，NameNode 将采取修复措施，重新复制在该节点上丢失的块。

（五）增量数据抽取加载方法

根据业务系统数据加载周期和数据库结构特点，制定全量抽取和增量抽取两种加载策略。

1. 全量抽取加载策略

全量抽取将数据从源系统全部抽取出来,并由转换或加载过程来确定所需要的数据。全量抽取的实现方式主要有两种:一是镜像比较加载,在此种实现方式中,数据中心从源系统全量抽取出数据后,将对当前镜像与前次抽取镜像进行比较来确定前次抽取后数据所发生变化的情况,并且仅转换和加载那些发生变化的数据,而其数据保持不变;二是全量数据加载,在全量数据加载情况中,不论数据记录是否发生变化,数据中心均对所抽取的全部数据进行转换与加载。具体实现方式见表 10-2。

表 10-2 全量抽取实现方式

主要考虑因素	镜像比较加载	全量数据加载
处理时间	由于需要对比前次加载与当次加载数据间的变化情况,因此处理时间较长	无需比对数据记录,处理时间短
数据传输时间	由于传输前会对两次数据镜像进行比较,因此实际传输对网络影响相对较小	巨量全量数据文件的传输会造成网络性能下降,产生拥塞
复杂度	必须实现高性能的数据项比较机制	不需对数据进行比较,因此复杂度较低
加载性能	由于仅加载发生变化的数据,因此加载性能更高	删除/更新冗余数据项对性能的影响非常大

2. 增量抽取加载策略

增量抽取仅抽取那些前次抽取过程后发生变化、新插入或者删除的数据,这种抽取方式无需转换和加载步骤来决定需要保留哪些数据。增量抽取技术可以划分为系统级别、表级别和数据项级别三个层次。

① 系统级别:归档日志保存了数据记录增删等各种操作的数据库标准功能文件(通常用于备份),主要用于帮助抽取步骤识别前次抽取和当次抽取间数据发生变化的情况。日志文件通过编码的形式对全部数据库操作进行记录。

② 表级别:日志表是通过与表级别更新相关联的数据库触发器产生的,主要用于保存发生变化的记录。当数据库更新事件(包括 INSERT、UPDATE、DELETE 等)发生时,所发生的数据更新将被记录在日志表中。需要特别注意的是,在处理 UPDATE 操作的时候,需要同时将发生变化的数据项的主键也写入日志表,通过这一做法,可以避免当某个字段多次发生修改时,日志表产生重复记录。此外,如果数据表没有设定触发器,则发生在数据表上的任何数据变化均不会被记录在日志表中。

③ 数据项级别:可以在数据项内加入一个标志位字段,每当数据项发生变化的时候(通常是通过触发器),标志位的值即根据所发生变化类型赋予新的数值(可能是布尔值、字符型或短整数等)。通过设置标志位,抽取流程可以很方便地识别出发生变化的数据记录。

时间戳跟踪与标志位跟踪方法相似,时间戳使用数据或者时间类型来记录数据发生变更的时间。抽取流程必须记录上次抽取数据的时间和数据，并以此与本次抽取时数据记录的时间进行比较来识别发生变更的数据。和时间戳方法相比，由于选用了字节数较短的数据类型跟踪数据变化，标志位跟踪方法所需要的存储和内存空间更小。但是，在各个源数据系统内维护统一的标志位编码方式与记录时间戳相比更加困难，见表10-3。

表10-3 增量抽取方法比较

主要考虑因素	标志跟踪	时间戳跟踪	日志表	日志文件跟踪
复杂性	方法简单	方法简单	必须分析所有更新活动	需要单独工具解析日志文件，各种数据相关的问题难以处理
效率	效率低	效率低	效率低	效率较高，日志格式专门针对性能进行优化
获得精确修改时间的能力	无法确定修改时间	时间戳即显示修改时间	无法确定修改时间	能够获得，但是时间信息被加密
性能	必须处理整张数据表，性能较低	必须处理整张数据表并且比较时间戳，性能低	发生变化的数据已经存放在独立的数据表中，性能高	发生变化的记录被单独存放于文件中，但是需要工具检验记录，性能较高
冗余	仅需要一个字段来记录标志位	仅需要一个字段来记录时间戳	需要额外的数据表	还包含了未完成的交易数据

总体而言，不论全量抽取还是增量抽取，它们都各有特色，也都存在不足，可以说，单独任何一种方案都无法完全满足系统需求。在决定选择哪种抽取方式的时候，主要应该考虑以下问题：源系统架构、数据量以及所具备的实现技术能力。一种常用的方法是混合使用这两种抽取技术以平衡它们的特点，取长补短，实现性能较高的抽取流程，见表10-4。

表10-4 全量抽取与增量抽取比较

主要考虑因素	全量抽取	增量抽取
实现灵活性	不依赖于数据的存储和维护方式	非常依赖于数据的存储和维护方式
抽取过程对源系统产生的影响	由于需要对全部数据进行抽取，因此需要长时间占用大量源系统资源	仅抽取发生变化的数据，因此对源系统占用时间较短
冗余	已经存入数据中心的数据仍然需要从源系统进行抽取，造成资源的浪费	仅传输发生变化的数据
网络流量影响	由于需要传输巨量全量数据，因此需要较大的带宽	仅抽取发生变化或新加入的数据，数据带宽要求低
数据加载对于数据中心性能影响	已经存放在数据中心内的数据需要被重新处理和插入	仅存新的数据需要被插入
所适宜数据类型	适用于数据量较小的数据表或引用表	适用于存放大数据量的数据表

（六）湿地大数据集成方案

湿地大数据的来源方式十分广泛，这就导致数据类型极为复杂，湿地大数据的数据类型不再是关系型数据库时期的结构化数据，而是转变为结构化数据、半结构化数据和非结构化数据的集合。要想处理湿地大数据，首先要对大数据采集阶段所得到的数据进行预处理，从中提取出关系和实体，经过关联和聚合，采用统一结构来存储这些数据。如在湿地资源信息网中的各个传感器终端每天会产生大量数据，这样得到的数据格式可能不一致，或者其格式不是下一步数据分析所需要的，因此就要改变其格式，使其具有统一的结构以方便存储和分析处理。对于大数据，并不是全部都有价值，有些数据可能与研究内容无关，而且有一些数据可能是完全错误的干扰项，因此要对数据通过"过滤""去噪"来提取有效数据。

在分布式数据集成中，如何屏蔽数据的分布性和异构性，实现数据高效、安全的交换和传输，并保持局部系统的自治性和目标系统的数据完整性，是需要考虑的主要问题。数据集成技术在传统数据库领域已有了比较成熟的研究。联邦数据库技术、分布式数据库技术、数据仓库技术都为数据集成应用提出了解决的办法。随着新数据源的出现，数据集成方法也在不断发展之中，相继出现了基于 XML 技术的数据集成、基于 CORBA 的数据集成、基于 P2P 技术的数据集成、基于 Web Services 技术的数据集成等。总的来说，从数据集成模型来看，现有的数据集成方式基本分为 4 种类型：基于物化或 ETL 方法的引擎、基于联邦数据库或中间件方法的引擎、基于数据流方法的引擎及基于搜索的引擎。

湿地资源具有地域分布广、动态变化、复杂多样的特点，造成湿地数据以空间地理数据为主，具有数据量大、类型多样、多维性、多时序、多尺度等特点。湿地数据这些特征，对空间数据的存储、使用管理和更新以及历史数据利用提出较高的要求，需将不同类型、格式、内容、尺度、时间以及多维的空间数据统一管理，并满足各种湿地资源管理业务应用的需求。湿地大数据的存储和处理涉及许多方面，传统的关系数据管理技术经过了长时间的发展，在扩展性方面遇到了巨大的障碍，无法胜任大数据分析的任务；以 MapReduce 为代表的非关系数据管理和分析技术以其良好的扩展性、容错性和大规模并行处理的优势，得到了很大的发展，并逐渐成为大数据处理和存储的主要技术手段。具体来说，湿地大数据的主要存储技术有分布式文件系统、分布式数据库等。

文件系统是存储系统的重要组成部分，也是支撑大数据处理过程中上层应用的基础。在大数据处理过程中，通常采用分布式文件系统来应对数据存储和快速访问。分布式文件系统是指文件系统管理的物理存储资源不一定直接连接在本地节点上，而是通过计算机网络与节点相连。众多处理数据的公司都有其自己的分布式文件系统，如 Google 公司的 GFS（谷歌文件系统）、淘宝网的 TFS（淘宝文件系统）、IBM 的 GPFS（一般并行文件系统）和阿里巴巴网站的阿里巴巴分布式文件系统。另外，也有一些开源的分布式文件系统，包括 HDFS、NFS、PNFS、XFS、PVFS、Lustre 等。

HDFS 是一个大型的分布式文件系统，它处于所有核心技术的底层，为各种应用服务提供数据存储功能，主要由数据管理节点、数据存储节点和客户端构成。运行在 HDFS 上的应用主要以文件的流式读取为主，通常可以处理 TB 级甚至 PB 级的大文件存储，对文件采用一次性写、多次读的访问模式。HDFS 有着高容错性的特点，并且设计用来部署在低廉的硬件上，而且它提供高吞吐量来访问应用程序的数据，适合那些有着超大数据集的应用程序，可以实现流的形式访问文件系统中的数据，见图 10-7。

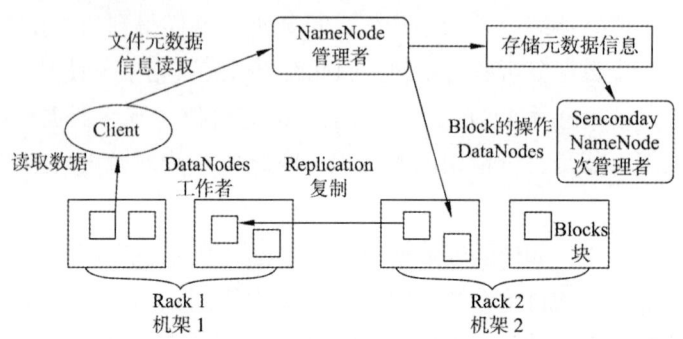

图 10-7　HDFS 架构（Hadoop 分布式文件系统）

第三节　湿地大数据应用分析

湿地大数据技术体系的设计要按照统一标准、共建共享、互联互通的思路，以高端、集约、安全为目标，充分利用物联网、云计算、移动互联网、大数据等信息资源开发利用技术，实现中国湿地信息资源透彻感知、互联互通、充分共享及深度计算，为湿地大数据在全国范围内的发展应用打下坚实基础。

一、湿地大数据技术

（一）并行计算技术

并行计算（parallel computing）是指同时使用多种计算资源解决计算问题的过程，是提高计算机系统计算速度和处理能力的一种有效手段，它的基本思想是用多个处理器来协同求解同一问题，即将被求解的问题分解成若干个部分，各部分均由一个独立的处理机来并行计算。并行计算系统既可以是专门设计的、含有多个处理器的超级计算机，也可以是以某种方式互连的若干台的独立计算机构成的集群。通过并行计算集群完成数据的处理，再将处理的结果返回给用户。

并行计算可以划分成时间并行和空间并行，时间并行即流水线技术，空间并行使用多个处理器执行并发计算，研究主要以空间并行问题为主。空间上的并行导致两类并行机的产生，按照麦克·弗莱因（Michael Flynn）的说法分为单指令流多数据流（SIMD）和多指令流多数据流（MIMD），而常用的串行机也称为单指令流单数据流（SISD）。MIMD 类的机器又可分为五类：并行向量处理机（PVP）、对称多处理机（SMP）、大规模并行处理机（MPP）、工作站机群（COW）与分布式共享存储处理机（DSM）。计算求解过程，见图 10-8。

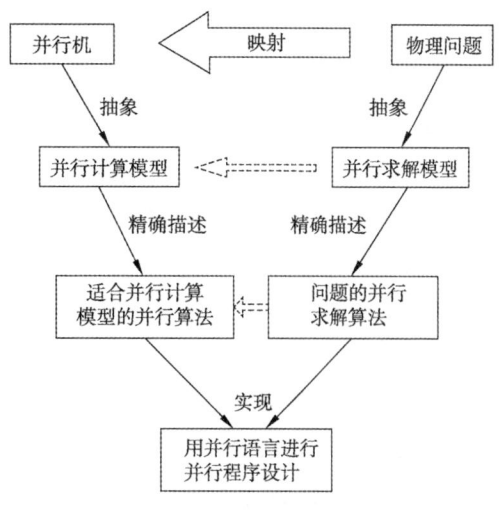

图 10-8　并行计算过程

（二）流式计算技术

数据流计算（data flow calculation）来自于一个信念：数据的价值随着时间的流逝而降低，所以事件出现后必须尽快地对它们进行处理，最好数据出现时便立刻对其进行处理，发生一个事件进行一次处理，而不是缓存起来成一批处理。例如商用搜索引擎，像 Google、Bing 等，通常在用户查询响应中提供结构化的 Web 结果，同时也插入基于流量的点击付费模式的文本广告。为了在页面上最佳位置展现最相关的广告，通过一些算法来动态估算给定上下文中一个广告被点击的可能性。上下文可能包括用户偏好、地理位置、历史查询、历史点击等信息。一个主搜索引擎可能每秒钟处理成千上万次查询，每个页面都可能会包含多个广告。为了及时处理用户反馈，需要一个低延迟、可扩展、高可靠的处理引擎。

对于这些实时性要求很高的应用，若把持续到达的数据简单地放到传统数据库管理系统中，并在其中进行操作，是不切实际的。传统的数据库管理系统并不是为快速连续的存放单独的数据单元而设计的，而且也并不支持持续处理，而持续处理是数据流应用的典型特征。另外，人们都认识到，近似性和自适应性是对数据流进行快速查询和其他处理（如数据分析和数据采集）的关键要素，而传统数据库管理系统的主要目标与之相反；通过稳定的查询设计，得到精确的答案。流式处理的模式决定了要和批处理使用完全不同的架构，试图搭建一个既适合流式计算又适合批处理的通用平台，结果可能会是一个高度复杂的系统，并且最终系统可能对两种计算都不理想。

Storm 是 Twitter 开源的实时数据流计算系统，为分布式实时计算提供了一组通用原语，可被用于流处理之中，实时处理消息并更新数据库，这是管理队列及工作者集群的另一种方式。Storm 的主要特点：① 简单的编程模型，类似于 MapReduce 降低了并行批处理复杂性，Storm 降低了进行实时处理的复杂性；② 支持各种编程语言，可以在 Storm 之上使用各种编程语言，默认支持 Clojure、Java、Ruby 和 Python。要增加对其他语言的支持，只需实现一个简单的 Storm 通信协议即可；③ 支持容错，Storm 会管理工作进程和节点的故障；④ 支持水平扩展，计算是在多个线程、进程和服务器之间并行进行的；⑤ 可靠的消息处理，Storm 保证每个消息至少能得到一次完整处理。任务失败时，它会负责从消息源重试消息；⑥ 高效消息处理，系统的设计保证了消息能得到快速的处理，使用 MQ 作为其底层消息队列。

(三) 遥感技术

遥感技术(RS)是一种卫星遥感技术，不直接接触目标或现象就能收集信息，并据此进行识别与分类，即在地球不同高度平台上使用某种传感器，收集地球各类地物反射或发射的电磁波信息，对这些电磁波信息进行加工处理，用特殊方法判读解译，从而达到识别、分类的目的，为科研工程的生产应用服务。人造地球卫星发射成功，大大推动了遥感技术的发展。现代遥感技术主要包括信息的获取、传输、存储和处理等环节，完成上述功能的全套系统称为遥感系统，其核心组成部分是获取信息的遥感器。

遥感系统是由遥感器、遥感平台、信息传输设备、接收装置以及图像处理设备等组成。遥感器装在遥感平台上，它是遥感系统的重要设备，可以是照相机、多光谱扫描仪、微波辐射计或合成孔径雷达等。信息传输设备是飞行器和地面间传递信息的工具。图像处理设备对地面接收到的遥感图像信息进行处理（几何校正、滤波等），以获取反映地物性质和状态的信息。图像处理设备可分为模拟图像处理设备和数字图像处理设备两类，常用的是数字图像处理设备。

(四) 可视化技术

信息可视化(information visualization)是对抽象数据使用计算机支持的、交互的、可视的表示形式以增强认知能力，与传统计算机图形学以及科学可视化研究不同，信息可视化的研究重点更加侧重于通过可视化图形呈现数据中隐含的信息和规律，所研究的创新性可视化表征目的是建立符合人的认知规律的心理映像，信息可视化已经成为人们分析复杂问题的强有力工具。

人机交互是人与系统之间通过某种对话语言，在一定的交互方式和技术支持下的信息交换过程，其中的系统可以是各类机器，也可以是计算机和软件。用户界面或人机界面指的是人机交互所依托的介质和对话接口，通常包含硬件和软件系统。信息可视化的本质是一种交互式的图形用户界面范型。人机交互的发展一方面强调研究智能化的用户界面，将计算机系统变成一个有思想、有个性、有观点的智能机器人；另一方面强调充分利用计算机系统和人各自的优势，弥补彼此的不足，共同协作来分析和解决问题。具体而言，主要研究方向包括符合认知科学的用户界面范型、交互方式以及相应的交互技术等，例如多通道用户界面及自然交互技术、可触摸用户界面及手势交互技术、智能自适应用户界面及情境感知交互技术等。

可视化分析是信息可视化、人机交互、认知科学、数据挖掘、信息论、决策理论等研究领域的交叉融合所产生的新的研究方向。可视分析是一种通过交互式可视化界面来辅助用户对大规模复杂数据集进行分析推理的科学与技术，运行过程可看作"数据—知识—数据"的循环过程，中间经过两条主线，可视化技术和自动化分析模型，从数据中洞悉知识的过程主要依赖两条主线的互动与协作。可视化分析目标是面向大规模、动态、模糊或者常常不一致的数据集来进行分析，因此，可视分析的研究重点与大数据分析的需求相一致。

大数据可视分析是指在大数据自动分析挖掘的同时，利用支持信息可视化的用户界面以及支持分析过程的人机交互方式与技术，有效融合计算机的计算能力和人的认知能力，以获得对于大规模复杂数据集的洞察力。

（五）数据挖掘技术

数据挖掘（datamining）是从大量的、不完全的、有噪声的、模糊的、随机的实际应用数据中，提取隐含在其中的、人们事先不知道的、但又是潜在有用的信息和知识的过程。

数据挖掘常用的技术有统计技术、关联规则、基于历史的分析（MBR）、遗传算法、聚集检测、连接分析、决策树、神经网络、粗糙集、模糊集、回归分析、差别分析、概念描述等。

① 统计技术：统计技术对数据集进行挖掘的主要思想是统计的方法对给定的数据集合假设了一个分布或者概率模型（例如一个正态分布），然后根据模型采用相应的方法来进行挖掘。

② 关联规则：数据关联是数据库中存在的一类重要的可被发现的知识，若两个或多个变量的取值之间存在某种规律性就称为关联。关联可分为简单关联、时序关联、因果关联。关联分析的目的是找出数据库中隐藏的关联网。有时并不知道数据库中数据的关联函数，即使知道也是不确定的，因此关联分析生成的规则带有可信度。

③ 基于历史的分析（memory based reasoning，MBR）：它的本质是先根据经验知识寻找相似的情况，然后将这些情况的信息应用于当前的例子中。MBR 首先寻找和新记录相似的邻居，然后利用这些邻居对新数据进行分类和估值。使用 MBR 有三个主要问题：寻找确定的历史数据；决定表示历史数据的最有效的方法；决定距离函数、联合函数和邻居的数量。

④ 遗传算法（genetic algorithms，GA）：遗传算法是基于进化理论，并采用遗传结合、遗传变异和自然选择等设计方法的优化技术，其主要思想是根据适者生存的原则，形成由当前群体中最适合的规则组成新的群体以及这些规则的后代。典型情况下，规则的适合度（fitness）用它对训练样本集的分类准确率评估。

⑤ 聚集检测：将物理或抽象对象的集合分组成为由类似的对象组成的多个类的过程称为聚类，由聚类所生成的簇是一组数据对象的集合，这些对象与同一个簇中的对象彼此相似，与其他簇中的对象相异。相异度是根据描述对象的属性值来计算的，距离是经常采用的度量方式。

⑥ 连接分析：连接分析的基本理论是图论，图论的思想是寻找一个可以得出好结果但不是完美结果的算法，而不是去寻找完美解的算法。连接分析就是运用了这样的思想：不完美的结果如果是可行的，那么这样的分析就是一个好的分析。利用连接分析，可以从一些用户的行为中分析出一些模式，同时将产生的概念应用于更广的用户群体中。

⑦ 决策树：决策树提供了一种展示类似在什么条件下会得到什么值这类规则的方法，它利用信息论中的互信息（信息增益）寻找数据库中具有最大信息量的字段，建立决策树的一个节点，再根据字段的不同取值建立树的分支；在每个分支子集中重复建立树的下层节点和分支的过程，即可建立决策树。国际上最有影响和最早的决策树算法是 Quiulan 研制的 ID3 方法，数据库越大它的效果越好，此后又发展了各种决策树方法，如 IBLE 方法使识别率提高了 10%。

⑧ 神经网络：神经网络是模拟人脑神经元结构，以 MP 模型和 Hebb 学习规则为基础，用神经网络连接的权值表示知识，其学习体现在神经网络权值的逐步计算上，主要有三大类神经网络模型：① 前馈式网络，以感知机、反向传播模型、函数型网络为代表，可用于预测、模式识别等方面；② 反馈式网络，以 Hopfield 的离散模型和连续模型为代表，分别用于联想记忆和优化计算；③ 自组织网络，以 ART 模型、Kohdon 模型为代表，用于聚类。

⑨ 粗糙集：粗糙集理论基于给定训练数据内部的等价类的建立，形成等价类的所有数据样本是不加区分的，即对于描述数据的属性，这些样本是等价的。给定现实世界数据，通常有些类不能被可用的属性区分，粗糙集就是用来近似或粗略地定义这种类。

⑩ 模糊集：模糊集理论将模糊逻辑引入数据挖掘分类系统，允许定义"模糊"域值或边界。模糊逻辑使用 0.0 和 1.0 之间的真值表示一个特定的值是一个给定成员的程度，而不是用类或集合的精确截断，模糊逻辑提供了在高抽象层处理的便利。

⑪ 回归分析：回归分析分为线性回归、多元回归和非线性回归。在线性回归中，数据用直线建模；多元回归是线性回归的扩展，涉及多个预测变量；非线性回归是在基本线性模型上添加多项形成非线性同门模型。

⑫ 差别分析：差别分析是试图发现数据中的异常情况，如噪音数据、欺诈数据等异常数据，从而获得有用信息。

⑬ 概念描述：概念描述就是对某类对象的内涵进行描述，并概括这类对象的有关特征。概念描述分为特征性描述和区别性描述，前者描述某类对象的共同特征，后者描述不同类对象之间的区别，生成一个类的特征性描述只涉及该类对象中所有对象的共性。

（六）分布式技术

分布式技术（distribution technology）是一种基于网络的计算机处理技术，与集中式相对应，其优点是可以快速访问、多用户使用，每台计算机可以访问系统内其他计算机的信息文件；系统设计上具有更大的灵活性，既可为独立的计算机用户提供特殊需求服务，也可为联网的企业需求服务，实现系统内不同计算机之间的通信；每台计算机都可以拥有和保持所需要的最大数据和文件，减少了数据传输的成本和风险。为分散地区和中心办公室双方提供更迅速的信息通信和处理方式，为每个分散的数据库提供作用域，数据存储于许多存储单元中，但任何用户都可以进行全局访问，使故障的不利影响最小化，以较低的成本来满足用户的特定要求。

分布式计算是指各种不同的工作站通过网络互相连接，由分布式系统提供跨越网络、透明地访问各种异构设备所需要的支持，使得用户可以充分利用网络上的各种计算资源来完成自己的任务。分布式计算中所涉及的分布式系统是指组件分布在网络计算机上且通过消息传递进行通信和动作协调的系统。构造分布式系统的主要挑战是其组件的异构性、开放性、安全性、可伸缩性、故障处理以及组件的并发性和透明性。

二、湿地大数据分析方法

根据湿地大数据的生成方式和结构特点不同，湿地大数据分析可划分为 7 个关键技术领域，即结构化数据分析、物联感知数据分析、文本分析、Web 分析、多媒体分析、社交网络分析和移动分析。

（一）结构化数据分析

结构化数据一直是传统数据分析的重要研究对象，主流的结构化数据管理工具，如数据库、数据仓库、OLAP 和业务流程管理（BPM）等成熟商业化技术都提供了数据分析功能，主要分析对象为林业和湿地领域业务应用系统和存储在关系数据库的数据，如关系型数据库等。关系型数据库技术的发展，使结构化数据的分析方法趋于成熟，大部分都以数据挖掘和统计分析为基础。

（二）物联感知数据分析

物联网通过各种传感器技术（如 RFID、传感器、定位仪、摄像机、激光扫描器等）、各种通信手段（如无线、有线），将任何物体与互联网相连接，从而实现了远程监视、自动报警、控制、诊断和维护，帮助人们实现管理、控制与运营。物联网技术在湿地领域的应用，在线监测设备和监控设备会产生巨量的数据。

在物联网中，对大数据技术具有更高的要求，主要体现在：

① 物联网中的数据量更大：物联网的最主要特征之一是节点的巨量性，除了人和服务器之外，物品、设备、传感网等都是物联网的组成节点，其数量规模远大于互联网；同时，物联网节点的数据生成频率远高于互联网，如传感节点多数处于全时工作状态，数据流源源不断。

② 物联网中的数据速率更高：一方面，物联网中数据巨量性必然要求骨干网汇聚更多的数据，数据的传输速率要求更高；另一方面，由于物联网与真实物理世界直接关联，很多情况下需要实时访问、控制相应的节点和设备，因此需要高数据传输速率来支持相应的实时性。

③ 物联网中的数据更加多样化：物联网涉及的应用范围广泛，从智慧城市、智慧交通、智慧物流、商品溯源，到智能家居、智慧医疗、安防监控等，无一不是物联网应用范畴；在不同领域、不同行业，需要面对不同类型、不同格式的应用数据，因此物联网中数据多样性更为突出。

④ 物联网对数据真实性的要求更高：物联网是真实物理世界与虚拟信息世界的结合，其对数据的处理以及基于此进行的决策将直接影响物理世界，物联网中数据的真实性显得尤为重要。

大数据是物联网中必需的关键技术，二者的结合能够为物联网系统和应用的发展带来更好的技术基础。对湿地物联感知数据的分析，需基于物联网标识技术，对设备和数据进行统一标识和管理(如监控信号、图像、视频等)，从设备层面解决数据稀疏性问题，从而为湿地大数据的分析和处理奠定底层基础。

(三) 文本分析

存储信息最常见的形式就是文本，例如电子邮件通信、单位文件到网站页面、社交媒体内容等，湿地大数据研究的文本数据包括湿地领域的历史和增量业务管理数据、外购数据、社交媒体数据等。通常情况下，文本分析也称为文本挖掘，指的是从非结构化文本中提取有用信息和知识的过程。文本挖掘是一个跨学科领域，涉及信息检索、机器学习、统计、计算语言学尤其是数据挖掘，大部分文本挖掘系统都以文本表达和自然语言处理(NLP)为基础，重在后者。

(四) Web 分析

互联网信息呈几何级增长使 Web 分析作为一个活跃的研究领域。Web 技术的发展，丰富了获取和交换数据的方式，Web 数据高速的增长，使其成为大数据的主要来源。湿地大数据中的 Web 数据主要来源于从互联网采集的湿地领域相关数据。Web 分析旨在从 Web 文档和服务中自动检索、提取和评估信息用以发现知识。Web 分析建立在几个研究领域之上，包括数据库、信息检索、自然语言处理和文本挖掘等。根据要挖掘的 Web 部分的不同，可以将 Web 分析划分为三个相关领域，即 Web 内容挖掘、Web 结构挖掘和 Web 使用挖掘。① Web 内容挖掘处理 Web 页面内容中有用信息或知识的发现，Web 内容涉及多种类型的数据，例如文本、图像、音频、视频、代号、元数据以及超链接等；② Web 结构挖掘涉及发现 Web 链接结构相关的模型，该模型揭示了不同网站间的相似性和相互关系，可以用来为网站页面分类；③ Web 使用挖掘是通过挖掘相应站点的日志文件和相关数据来发现该站点上的浏览者的行为模式，获取有价值的信息过程。

(五) 多媒体分析

多媒体数据(主要包括图像、音频和视频)以惊人的速度增长，湿地大数据研究的多媒体数据主要包括湿地视频监控数据、图像数据和音频数据。由于多媒体数据多种多样且大多数都比单一的简单结构化数据和文本数据包含更丰富的信息，提取信息这一任务正面临多媒体数据语义差距的巨大挑战。多媒体分析研究涵盖的学科种类非常多，包括多媒体摘要、多媒体注解、多媒体索引和检索、多媒体建议和多媒体事件检测等。

音频摘要可以通过从原数据中简单地提取突出的词或句子来合成新的表述来实现。视频摘要可以理解最重要或更具代表性的视频内容序列，可以是静态的，也可以是动态的。

静态视频摘要方法要利用一个关键帧序列或上下文敏感的关键帧来代表视频。多媒体索引和检索指的是描述、存储并组织多媒体信息和协助人们方便、快捷地查找多媒体资源。

多媒体推荐的目的是根据用户的喜好来推荐特定的多媒体内容，现有的推荐系统分为基于内容系统和基于协同过滤系统。而多媒体时间检测，则是检测基于事件套件（event kit）的视频剪辑内某一事件的发生情况，而事件套件中含有一些有关概念和一些示例视频的文本描述。

（六）社交网络分析

在线社交网络通常都含有大量的链接和内容数据，其中链接数据主要为图形结构，表示两个实体之间的通信，而内容数据则包含有文本、图像以及其他网络多媒体数据。这些网络的丰富内容给数据分析带来了巨大的挑战，同时也带来了机遇。按照以数据为中心的观点来看，社交网络上下文的研究方向可以分为基于链接的结构分析和基于内容的分析。湿地大数据采集的互联网社交数据，主要来自社交网站、论坛、贴吧、微博、微信等公众参与讨论的湿地舆情、舆论数据。

基于链接的结构分析研究一直致力于链接预测、社区发现、社交网络进化和社会影响分析以及其他一些领域。社交网络可以作为图形实现可视化，图形中的定点对应于一个人，同时其中的边表示对应人士之间的某些关联。由于社交网络是动态网络，不断会有新的顶点和边添加到图形中去，链接预测希望能预测两个节点之间未来建立联系的可能性。社交网络中基于内容的分析研究指的是社交媒体分析，社交媒体内容包括文本、多媒体、定位和评论。所有的有关结构化分析、文本分析和多媒体分析的研究主题都可以解释为社交媒体分析，但社交媒体分析正面临着挑战。首先，需要在合理的时间期限内自动分析大量而且不断增长的社交媒体数据；其次，社交媒体数据中含有许多噪声数据；第三，社交网络是动态网络，常常在很短的时间内频繁变化和更新。社交媒体紧贴于社交网络，因此社交媒体分析不可避免地要受社交网络分析的影响。

（七）移动分析

随着移动计算的快速增长，移动终端（例如移动电话、传感器等）和应用也越来越多，大量的数据和应用为移动分析开拓了广阔的研究领域，同时也带来了挑战。移动数据的特征十分独特，例如移动感知、活动灵敏、嘈杂而且有大量冗余，在不同的领域中均出现了新的移动分析研究来应对挑战。湿地大数据研究的移动数据是指利用湿地领域专业移动采集设备采集的数据或从普通用户移动客户端获取的湿地相关数据。

三、湿地大数据应用

湿地大数据应用包括湿地生态红线保护、生态安全监测评价、动态决策和应急管理。湿地大数据应用是利用大数据挖掘技术实现从大量的、不完全的、有噪声的、模糊的、随机的实际湿地应用数据中，提取隐含在其中潜在的有用信息和知识的过程。大数据挖掘涉及的技术方法很多，有多种分类法。根据挖掘任务可分为数据总结、分类、聚类、关联规则发现、序列模式发现、依赖模型发现、异常和趋势发现等；根据挖掘对象可分为关系数据库、面向对象数据库、空间数据库、时态数据库、文本数据库、多媒体数据库、异质数据库以及互联网；根据挖掘方法可分为机器学习方法、统计方法、神经网络方法和数据库方法。综合运用以上的数据挖掘方法，湿地大数据应用体系重点在数据可视化分析、数据挖掘算法、预测性分析、数据质量和数据管理等方面运用。

（一）湿地生态红线保护

1. 湿地生态红线内涵

红线通常具有约束性含义，表示各种用地的边界线、控制线或具有低限含义的数字。红线最初指规划部门批给建设单位的占地面积，一般用红笔圈在图纸上，具有法律效力，后来红线广泛用于规划红线（建筑红线、道路红线）、耕地红线、水资源红线、生态红线等。

生态红线指为维护国家或区域生态安全和可持续发展，根据生态系统完整性和连通性的保护需求，划定的需实施特殊保护的区域，该区域是关键生态保护区域的边界线，不仅是国家或区域生态安全的底线，也是重要物种资源生存与发展的最小面积。

国家林业局于2013年制定出台《推进生态文明建设规划纲要（2013—2020年）》，并启动生态红线保护行动，划定林地和森林、湿地、荒漠植被、物种4条生态红线，要求全国林地面积不低于46.8亿亩（3.12亿hm^2），森林面积不低于37.4亿亩（2.49亿hm^2），森林蓄积量不低于200亿m^3，湿地面积不少于8亿亩（5333.33万hm^2），治理宜林宜草沙化土地、恢复荒漠植被不少于56万km^2，各级各类自然保护区严禁开发，现有濒危野生动植物全面保护。

湿地生态红线保护是通过对湿地大数据进行辨析、抽取、清洗等操作形成有效数据，利用大数据技术的分类、决策树技术等分析方法为生态红线落定、生态红线动态平衡、生态红线管控提供有效的技术手段。

2. 湿地生态红线动态平衡

湿地红线划定依据某区域湿地的详尽信息，如湿地周边的自然环境、资源条件、湿地面积、湿地功能、湿地类型、湿地气候等具体信息。

湿地生态红线动态平衡是在外界环境发生变化时，为确保生态红线平衡，利用大数据决策树技术判别生态系统红线调节的边界和阈值，实现生态红线分布边界调整，确保生态红线动态平衡。

① 空间数量动态平衡：在湿地生态系统受到扰动时，为确保湿地生态红线总量不变，利用湿地大数据技术建立生态系统红线调节的边界和阈值，实现生态红线分布边界调整，确保湿地生态红线空间数量动态平衡。

② 保护性质动态平衡：在湿地生态系统受到扰动时，以保障湿地生态系统保护性质稳定为第一目标，利用湿地大数据技术对生态系统红线边界和阈值进行适度调整，实现湿

地生态红线保护性质动态平衡。

③ 生态功能动态平衡：在湿地生态系统受到扰动时，以保障生态系统功能稳定为首要目标，利用大数据技术对生态系统红线边界和阈值进行适度调整，实现湿地生态红线的生态功能动态平衡。

3. 湿地生态红线管控

湿地生态红线管控以严守湿地生态红线为目标，主要包括湿地资源、生态功能和生态状况三个方面的管控。

① 湿地资源管控：为了保障湿地生态红线的落实和稳定，利用湿地大数据分析技术对不同区域的湿地资源分析建立湿地生态系统开发建设黑名单和白名单，并严格依照名单进行管理，依法对湿地利用进行监督，严厉查处违法利用湿地的行为。

② 湿地生态功能管控：为了保证湿地生态系统可以有效地发挥调节气候、涵养水源、维持物种多样性等生态功能，同时确保生态红线不被突破，对湿地生态系统的主要生态功能进行管控，并建立相关保障机制，以维护生态系统功能的相对稳定。

③ 湿地生态状况管控：为保证湿地水体、空气、土壤、生物多样性和声环境等环境质量，利用大数据技术制定针对不同湿地生态因子的管控体系，包括开发建设项目标准、排污标准等人类行为的管控，以保证湿地生态状况整体质量不下降，维护湿地生态质量稳定。

4. 研究方法

湿地生态红线的划定是一个质与量综合分析的过程，它不仅涉及多项因子的相互作用，同时也是多种手段综合运用的结果。湿地生态红线的划分方法主要有面积当量法、综合模型法、大数据决策树法和定量指标法。

湿地生态学是湿地生态红线划定的理论支撑，系统论、控制论、信息论也为生态红线的划定提供了技术支撑。

统计学是生态红线划定的主要方法。统计学是通过搜索、整理、分析、描述数据等手段，以达到推断所测对象的本质，甚至预测对象未来的一门综合性科学，其中环境统计学、人口统计学、生物统计学等分支学科，对于湿地生态红线的制定更为有用。

信息与计算科学是数学与计算机信息管理的完美结合，它是综合运用数学建模、科学计算等方法，全面而准确地对湿地生态大数据进行研究与分析，从而解决实际问题。

管理学是生态红线划定的必备知识。管理学的众多理论都对湿地生态红线的划定提供了很好的参考作用，尤其是决策理论、研究与开发管理、科学计量学、决策支持系统、管理信息系统、理论预测学等学科的研究内容，都影响着生态系统中各类资源组织配置的合理性。管理学为科学划定湿地生态红线，保证湿地生态系统平衡，提高湿地生产力及生态效益和经济效益等提供科学依据。

系统科学是湿地生态红线动态保护体系涉及的重要知识。系统科学将整个世界视为系统与系统的集合，掌握生态系统的整体性、关联性、等级结构性、平衡性和时序性等基本特征，以反映客观规律，反映系统层次、结构、演化，用以调整系统结构、协调各要素关系，使生态系统达到最优化的目的，为湿地生态红线动态保护体系的建立提供方法论基础。

决策树分析法是常用的风险分析决策方法，该方法是一种用树形图来描述各方案在未来情况的计算、比较以及选择的方法，其决策是以期望值为标准，未来可能会遇到多种不同的情况，每种情况均有出现的可能，现无法确知，但是可以根据以前的资料来推断各种自然状态出现的概率。在这样的条件下，计算的各种方案在未来的效果只能是考虑到各种自然状态出现的概率的期望值，与未来的实际发生不会完全符合。

（二）湿地生态安全监测评价

生态安全是指生态系统的健康和完整情况，是人类在生产、生活和健康等方面不受生态破坏影响的保障程度。生态安全监测评价通过对陆地生态系统进行分区，划分出不同生态系统的脆弱区域，并对其进行动态监控，掌握其生态安全状态与主要威胁因素，并利用大数据分析技术分析其发展趋势、提出对策建议。

在大数据观念下要改变已有对生态安全相关数据的收集态度，需要抛弃对少量有条理和纯净数据的偏爱，转而接受大量而杂乱的数据，通过对生态系统所涉及的各类主体对象发展变迁轨迹和生态环境总体表象的分析，建立生态安全监测评价体系和评价等级模型对生态系统当前状态进行评估，利用大数据技术的分类、聚类和关联分析方法对未来趋势进行预测，对可能发生的生态安全事件进行预警，明确生态系统内在的相关性、规律性与外在的表现性、影响性之间的关系。

湿地生态安全监测评价体系以湿地生态脆弱区为重点监控对象，通过对湿地生态脆弱区本体与环境的动态监控，掌握其发展变迁规律，为突发安全事件的预测预报提供科学依据，由湿地生态安全分区、重点生态区监控、生态环境评估和生态环境预测预警形成一个完整的生态安全监测体系，见图10-9和图10-10。

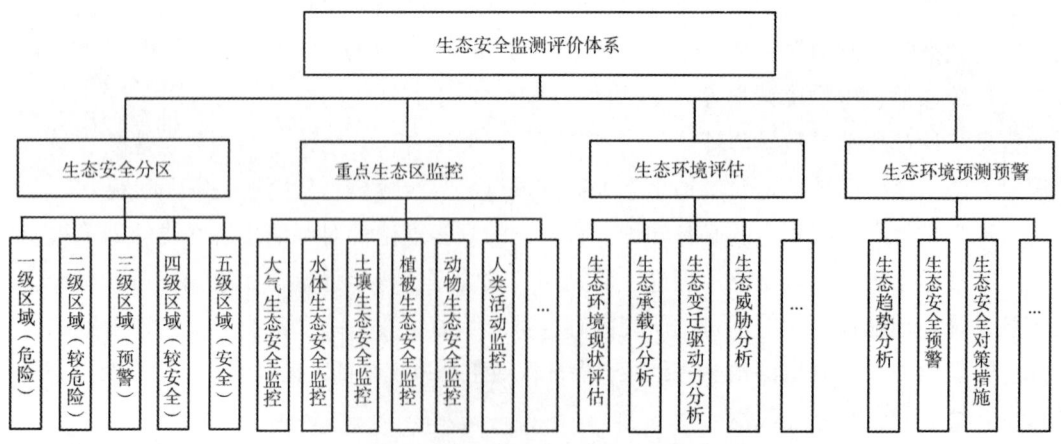

图10-9　湿地生态安全监测评价体系

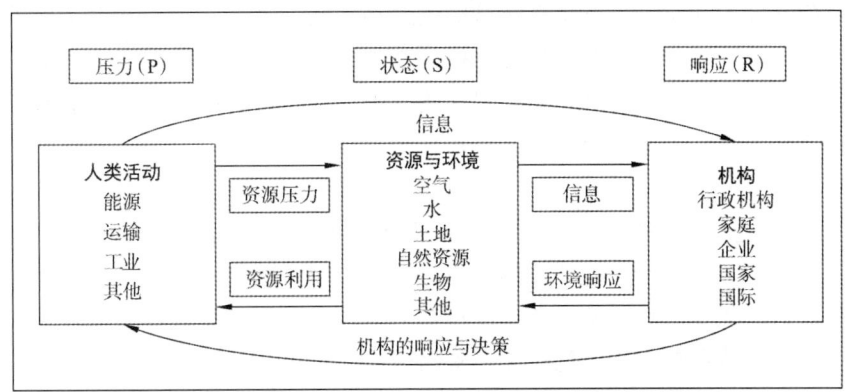

图 10-10 湿地生态安全评价指标体系的基本逻辑结构

1. 湿地生态系统分区与监测

湿地生态系统的生物群落由水生和陆生生物组成，其物质循环、能量流动和物种迁移与演变活跃，具有较高的生态多样性、物种多样性和生物生产力。依据湿地生态系统所在的地理位置、发挥的生态功能，以及湿地的数量、质量、可恢复程度等，利用数据技术分析不同因子间的相关性，并结合 DELPHI、AHP 等评价方法，明确湿地生态系统的安全等级，为生态脆弱区湿地资源保护与可持续发展提供依据。

在湿地重点生态区域，全面监测湿地大气、水、土壤、植被、人类活动等各项生态因子，利用湿地大数据关联规则对各生态因子之间的关联或相互关系进行分析，即可以根据一个因子的出现推导出其他因子的出现。首先从巨量的原始监测数据中找出所有的高频项目组，例如植被和人类活动，然后从这些高频项目组产生关联规则，如人类活动频繁因子出现，推导出植被破坏严重因子。通过这种方式全面、实时地掌握生态重点区域的各项情况，为保证湿地重点生态区的生态安全提供保障。

① 大气生态监测：湿地大气生态监测是保护生态环境的基础。全面监控空气中各类指标，使用定点、连续或定时的采样和测量，监测二氧化硫、一氧化氮、碳氢化合物、悬浮物等信息，为大气质量评价提供数据基础。数据处理包括对已接收数据进行辨析、抽取、清洗等操作。① 辨析，对不同环境监测数据进行初步识别、分类；② 抽取，因监控采集数据可能具有多种结构和类型，数据抽取过程可以将这些复杂的数据转化为单一的或者便于处理的构型，以达到快速分析处理的目的；③ 清洗，对于大数据，并不全是有价值的，有些数据并不是所研究的内容，而另一些数据则是完全错误的干扰项，例如因仪器故障测得的不准确数据等，因此要对数据通过过滤、去噪，从而提取出有效数据。

② 水体生态监测：水生态监测是水生态安全保护和修复的前期工作。水体监测要全面监测湿地各类水体的信息，包括水流量、水流速、水位、温度、色度、浊度、pH 值、电导率、悬浮物、溶解氧、化学需氧量和生物需氧量，还有酚、氰、砷、铅、铬、镉、汞和有机有毒物质。同大气生态安全监测相似，对已接收的水体监测数据进行辨析、抽取、清洗等操作，得到有效的数据，为水质量评价提供支持。

③ 土壤生态监测：健康的土地生态功能是维系生态安全和社会稳定的决定性因素。

土壤生态监测是保护和修复土壤生态环境的关键和基础，也是土壤生态安全保护和修复的前期工作。湿地土壤监测包括布点采样、样品制备、分析方法、结果表征、资料统计和质量评价等。同大气生态安全监测相似，对采集的土壤监测数据进行辨析、抽取、清洗等操作，得到有效的数据，全面掌握湿地土壤物理化学性质、质量状况，服务于土壤质量管理。

④ 植被生态监测：植被生态安全监测是保护和修复植被的基础，也是植被生态安全保护和修复的前期工作。湿地植被监测以临时性监测和周期性普查，定位观测与定点监测相结合，调查走访和实地测算相结合，进行全样本、全物种、长时效的植被监测。监测湿地重点生态区的植被自然演替变化状况、植物覆盖度变化、林草郁闭度、林草生长量增减等指标。同大气生态安全监测相似，对采集的植被监测数据进行辨析、抽取、清洗等操作，得到有效的数据，为植被变化趋势分析提供数据基础。

⑤ 人类活动监测：人类活动是影响湿地生态系统变化的最重要因素之一，人类活动监测，要通过数据统计、视频监控、红外监控等多种途径，全面监测湿地重点生态区人类活动，包括旅游、科研调查、自然灾害等，对采集的人类活动监测数据进行辨析、抽取、清洗等操作，得到有效的数据，为重点生态区域生态安全评价提供决策支持。

2. 湿地生态环境评估与预警

（1）湿地生态环境评估

湿地生态环境评估是对湿地生态环境现状、生态承载力、生态变迁驱动力和生态威胁等生态环境指标进行综合评价，全方位、多角度分析生态环境的数量与质量，形成真实、科学的湿地生态环境现状报告，为提高湿地生态环境质量提供决策依据。

① 湿地生态环境现状评估：湿地生态环境在大气、水体、动植物、土壤等多因子共同作用下发生变化，分析现状和预测其变化趋势尤为重要。利用大数据关联规则分析监测采集的大气数据、水体数据、动植物数据、土壤数据等的关联性，进行湿地生态环境评估，制定生态现状分级标准，综合各项指标，确定生态环境状况等级。

② 湿地生态承载力分析：湿地生态承载力是指湿地生态系统的自我维持、自我调节能力及资源环境承载能力，强调在不损害该区域湿地环境的情况下，湿地所能承载的人类最大负荷量，是自然生态系统维持和调节能力的阈值。生态足迹（ecological footprint）作为定量测度区域可持续发展程度的有效指标，其核心是测量人类对自然生态服务的需求和自然所提供的生态服务之间的差距，使人类认识到自身生存发展对生态系统构成的压力状况，进而协助人类活动与影响做出正确的选择。测算生态足迹，要利用大数据分析区域人均生态承载力、人均毛生态承载力、区域总人口、各种消费项目及其生态生产性土地面积、确定各项对应生态生产性土地的权重、项目产量因子等之间的相关性，以综合体现湿地生态承载力，反映湿地生态环境为当地提供生态服务和资源的潜力，从而达到综合调控、正确决策。

③ 湿地生态变迁驱动力分析：广泛选取自然、工农业及人口等方面与湿地生态环境密切相关的因子，运用因子分析、主成分分析、层次分析等方法，评定湿地生态系统状态

指数、压力指数、响应指数以及生态安全指数，计算它们之间的相关关系，进行影响湿地生态环境变迁的驱动力排序，以及分析各个驱动力之间的关系，为湿地生态系统保护与修复提供参考。

④ 湿地生态威胁分析：湿地遭到破坏，面积缩减，生态功能降低，调节能力下降，生物多样性丧失，湿地面临着巨大的生态威胁。分析和发现湿地生态威胁因子，建立湿地生态系统安全分析指标体系，运用大数据分类方法构建分析模型，为有针对性地提出治理和保护对策提供依据。

（2）湿地生态环境预测预警

人类活动监测数据和湿地生态环境变化数据之间存在关联性，隐藏着湿地生态变化的规律，对这些监测数据进行挖掘并研究，可以帮助林业和湿地主管部门了解湿地生态环境变化的规律性，并为湿地生态环境预测模型的选择提供数据支撑。湿地生态环境变化分析可借助大数据聚类技术，通过对于训练样本集中的同类别样本进行动态聚类，根据聚类结果划定生态环境模式。生态环境分类模式的确定为人类活动对生态影响因素的作用机理研究提供了基础，同时为预测模型的选取提供了依据。不同生态环境模式表示生态变化规律差异，生态环境波动较小的可选用简单模型，如时间序列；生态环境波动大的，可依据波动原因，选取考虑相关影响因素的模式识别、神经网络等模型。大数据技术为及时发现生态问题，预防生态环境恶化起到支撑作用。针对湿地生态系统可建立生态环境预测预警体系，确定预测指标、算法、模型，建立预警机制。

① 生态趋势分析：通过对湿地、生物多样性、人类活动变化的连续观测，对采集的数据进行辨析、抽取、清洗等操作。利用大数据聚类分析得出的湿地生态环境模式分类结果，作为湿地生态趋势预测模型选择的依据，生态影响因素分析结论用于预测模型参数的选择和优化，对预测区域的类型、气温、降水量、气象累积效应均有影响的生态环境，在预测参数选择上需考虑以上多个因素，并对主导因素赋以较大权值。为满足不同生态环境模式差异，结合生态趋势预测模型的使用条件，可采用自回归移动平均模型、一元回归模型、模式识别模型和神经网络模型等，最终实现生态趋势的预测分析。

② 生态安全预警：生态安全预警应全面掌握湿地生态系统自身结构安全状况和所提供的生态服务状况，即自身是否安全和对人类是否安全。生态安全突发事件和危机的日常预警成本远低于危机爆发后的处理挽救成本，湿地大数据为生态安全危机应对提供了低成本、高效率、最快速、最便捷的信息基础，应用好大数据能够在事件形成前或刚刚出现时发现危机端倪，在事件大规模爆发前采取行动，争取更多的应对危机的时间和机会。一方面通过探索生态威胁成因，利用大数据分析多层次多领域的湿地大数据，建立包括动植物种群、生物群落和人类活动为一体的集成式预警系统，及时发现生态潜在危机。另一方面在互联网媒体大发展的环境下，实时地监测网站、论坛、博客、微博、微信等信息，及时、全面、准确地掌握各种信息和网络动向，从巨量的大数据中发掘湿地生态安全事件苗头，实现生态安全预警。

③ 生态安全对策措施：湿地生态安全对策措施需要充分利用湿地生态、社会、经济、政策等各项数据，利用湿地大数据分析技术归纳舆论观点倾向，掌握公众态度情绪，并结合历史类似事件建立不同情况下不同对策选取模型，在发生湿地生态安全问题时，对策实施准确化、实时化、智慧化。利用生态自我修复、政策约束、人为工程干预、经济调控等各项措施解决好湿地生态安全问题，保证湿地生态安全。

3. 研究方法

湿地生态安全监测评价主要分为湿地监测和湿地评价两部分。监测技术主要是仪器分析技术和生物技术；评价技术则涉及众多领域的众多学科，包括政策学、数量经济学、生态经济学、风险管理学、大数据挖掘技术等。湿地生态安全监测评价需要对各个领域的知识技术综合运用，才能高效准确地完成。

① 湿地监测技术：仪器分析是以物理和物理化学方法为基础的分析方法，它包括光谱分析法、色谱分析法、电化学分析法、放射分析法和流动注射分析法等，如残渣、降尘、油类、硫酸盐和水中酸度、碱度、化学需氧量、溶解氧、硫化物、氰化物等的测定。生物技术是利用植物和动物所产生的各种反映信息来判断生态环境质量的方法，是一种最直接的综合方法。生物监测通过观察生物受伤害症状、生物的生理生化反应、生物群落结构和种类变化等来判断湿地生态环境质量。

② 政策学：湿地保护政策是开展湿地保护的驱动力。政策学研究包括调查研究、政策分析、系统分析、信息决策、行政、经济与法律以及思想政治工作等方法。通过研究国内外湿地政策，开展湿地保护政策评估的理论、方法及案例研究，提出湿地保护政策创新的思路。

③ 数量经济学：数量经济学是以质的分析为基础，用数学方法和计算技术，研究经济数量关系及其变化规律的科学。湿地是具有多种功能的独特生态系统，可以提供多种资源和服务，如果仅根据利益的需要而决定湿地的开发利用方式，往往会导致湿地其他功能和效益的丧失。因此，要利用数量经济学方法科学、全面地评价湿地所具有的生态功能和效益，为湿地的保护、规划、修复、利用等提供科学依据。从数据分析处理的角度看，数量经济学成为生态大数据具体运用中的必要手段，分析生态效益、评价生态安全等级与之密不可分。

④ 生态经济学：生态经济学是一门研究和解决生态经济问题、探究生态经济系统运行规律的经济科学，旨在实现生态系统与经济系统之间的协调发展并使生态经济效益最大化。社会经济可持续发展的紧迫性更凸显了生态经济学研究的重要性，运用生态经济学，研究生态经济协调发展规律、生态产业链规律、生态需求递增规律和生态价值增值规律等生态经济学基本规律，可为生态安全监测评价提供科学的依据。

⑤ 风险管理学：风险管理学主要研究风险度量方法，利用各种风险模型、统计学和精算学科知识计算生态安全效益、评价生态安全等级。

⑥ 大数据挖掘技术：湿地生态安全评价体系用到大数据挖掘技术中的分类、聚类、

关联规则等方法。分类是找出数据库中的一组数据对象的共同特点并按照分类模式将其划分为不同的类，其目的是通过分类模型，将数据库中的数据项映射到某个给定的类别中，可以应用到分类、趋势预测中。聚类类似于分类，但与分类的目的不同，是针对数据的相似性和差异性将一组数据分为几个类别。属于同一类别的数据间的相似性很大，但不同类别之间数据的相似性很小，跨类的数据关联性很低。关联规则是隐藏在数据项之间的关联或相互关系，即可以根据一个数据项的出现推导出其他数据项的出现。

（三）湿地动态决策

湿地动态决策针对湿地变迁，评估其资源、环境、功能等方面的变化，并提出相应的调整方案与措施，对实现湿地可持续发展具有重要意义。湿地动态决策体系分为湿地保护发展规划、湿地生态环境评估和湿地动态决策。

1. 湿地保护发展规划

大数据在湿地保护发展规划建设中发挥着巨大作用，从政府决策与实施，到湿地的产业布局和规划，再到湿地管理，通过对湿地资源的自然信息和经济、社会、文化、人口等人为社会信息的挖掘，可以为湿地保护发展规划提供强大的决策支持，强化湿地管理科学性和前瞻性。

气候变化、人类活动、植物自然生长、动物生命活动都不断影响着湿地生态系统，依据湿地资源特性、发展目标、功能定位、区域人口、社会经济发展现状等信息，利用大数据技术分析湿地资源的历史数据，找出湿地保护发展规划中的不合理之处，制定湿地阶段保护发展规划，指导湿地资源保护与利用。

2. 湿地生态环境评估

湿地生态环境随着时间的推移，由于人类活动、自然运动和气候变化等影响而不断发生变迁，其地质地貌、气候特征、水文环境、植被都不断演变，及时评估湿地生态环境变化，对维持湿地生态环境动态平衡有着重要的作用。

利用大数据的回归分析技术对湿地生态环境变化进行预测评估，回归分析技术反映了数据库中人类活动、地质地貌、气候特征、植被等数据的属性值的特性，通过函数表达数据映射的关系来发现属性值之间的依赖关系。例如通过对上一年度生态环境变化的回归分析，对下一年度生态环境变化趋势作出预测评估和针对性的应对措施，维持湿地生态环境动态平衡。

① 湿地资源变化评估：评估阶段时期内区域湿地资源变化情况，明确湿地资源数量变化特征、质量变化特征、时空变迁规律等，利用大数据回归分析技术预测评估湿地资源环境变化，为维护湿地资源总量平衡提供依据。

② 湿地生态功能变化评估：随着湿地生态系统内各组成成分的不断变化，其生态功能也随之产生变化，评估阶段时期内湿地生态系统内各种生态功能的变化情况，尤其是主要生态功能的变化、原因、影响、作用，利用大数据回归分析技术预测评估湿地生态功能变化规律，为维护湿地生态系统平衡提供依据。

③ 湿地生态环境变化评估：湿地生态系统内的无机环境是生态系统的非生物组成部分，是生物不可或缺的物质基础。评估阶段时期内湿地生态环境变化情况，包括大气、土壤、水分等生态因子，明确系统内物质流、能量流的变化情况，利用大数据回归分析技术预测评估湿地生态环境变化，为维护湿地生态环境平衡提供依据。

④ 湿地生态损失评估：生态损失是社会公众较关注的一部分内容，评估由自然或人为因素引起的湿地生态灾害影响，包括灾害程度、灾害规模、灾害频度、受灾面积、灾害损失等信息，利用大数据技术分析得出湿地生态损失评估，为维护湿地生态系统安全提供依据。

3. 湿地动态决策

湿地保护发展规划方案的实施会受到各种因素的影响，湿地动态决策数据来源可以分为业务数据、民情社情数据和物理环境数据三类。业务数据主要来源于湿地各业务部门；民意社情数据主要来源于湿地民意调查和舆情监测；物理环境数据主要来源于对自然环境监测产生的环境数据。这三者的数据呈爆炸式增长，且数据类型多种多样，管理部门可获取决策的数据资源领域和范围更深、更广。利用大数据技术构建起一个巨大的、精准映射并持续记录物质世界的数据世界，为湿地保护发展目标、规划方案、实施对策等方面进行决策支撑。

① 保护发展目标调整：依据湿地生态系统变迁情况、生态系统发展规律、自然条件、社会经济条件、行业发展需求、生态安全目标等因素，调整湿地规划的保护发展目标，利用大数据技术实现湿地保护发展目标动态调整。

② 规划方案调整：依据先期湿地保护规划方案、生态系统变化情况、生态系统发展规律、自然地理条件、行业发展目标、社会经济需求等因素，调整先期湿地保护规划方案，利用大数据技术实现湿地规划设计动态调整。

③ 实施对策调整：依据先期湿地保护与管理措施，结合湿地资源变化情况、生态系统变迁规律、行业发展目标、社会经济需求等因素，调整湿地保护与管理措施，利用大数据技术实现湿地管理动态调整。

4. 研究方法

人类与生态系统、不同生态系统与生态系统之间都存在着紧密的联系和影响。在众多干扰之下，如何修复和改善已经退化的湿地生态系统，重建可持续发展的湿地生态系统，涉及很多学科的理论和技术。

① 恢复生态学：恢复生态学是重要的理论支撑，它研究生态系统退化的原因、退化生态系统恢复与重建的技术和方法及其生态学过程和机理。恢复是指生态系统原貌或其原先功能的再现，重建则指在不可能或不需要再现生态系统原貌的情况下营造一个不完全雷同于过去的甚至是全新的生态系统。湿地生态恢复最关键的是湿地系统功能的恢复和合理湿地结构的构建。

② 景观生态学：在生态系统受到干扰的情况下，恢复景观，增加视觉和美学享受也

需要景观生态学作理论支撑。景观生态学是研究在一个相当大的区域内，由许多不同生态系统所组成景观的空间结构、相互作用、协调功能及动态变化的一门生态学分支。景观生态学以整个景观为对象，通过物质流、能量流、信息流与价值流在地球表层的传输和交换，通过生物与非生物以及与人类之间的相互作用与转化，运用生态系统原理和系统方法研究景观结构和功能、景观动态变化以及相互作用机理，研究景观的美化格局、优化结构、合理利用和保护的学科。景观生态学研究的具体内容包括景观空间异质性的动态、异质性景观的相互作用和变化、空间异质性对生物和非生物过程的影响、空间异质性的管理。景观生态学强调系统的等级结构、空间异质性、时空尺度效应、干扰作用、人类对景观的影响以及景观管理。

③ 大数据采集技术：大数据采集技术是指通过 RFID 射频数据、传感器数据、湿地业务数据、社交网络交互数据及移动互联网数据等方式获得的各种类型的结构化、半结构化及非结构化的巨量数据，是大数据知识服务模型的根本。大数据智能感知层包括数据传感体系、网络通信体系、传感适配体系、智能识别体系及软硬件资源接入系统，实现对结构化、半结构化、非结构化的巨量数据的智能化识别、定位、跟踪、接入、传输、信号转换、监控、初步处理和管理等。

④ 大数据回归分析技术：大数据回归分析技术反映数据库中数据属性值的特性，通过函数表达数据映射的关系来发现属性值之间的依赖关系，它可以应用到对数据序列的预测及相关关系的研究中。

（四）湿地应急管理

湿地应急管理针对湿地火灾、有害生物等各种突发事件，从指挥调度、应急管理、灾后评估等方面入手，实现对突发事件的快速应急指挥，利用大数据技术提高对灾害的应急快速反应能力和综合防控能力，减少灾害带来的损失，以保障国家和人民群众的生命财产安全。

湿地应急响应在宏观方面分为决策指挥、现场应对和外界援助三个层面，以巨量数据信息、高效计算能力和数据传输能力为基础，利用大数据技术实现信息有效沟通和机器预测预判，进而帮助指挥部门协调各方、现场处置和救援，与外界通过信息沟通提供援助，实现多元化协作的应急处置。在微观层面，应急部门、林业和湿地部门需要在应急处置时，利用大数据构成强大的信息管理系统，做到实时报告，而且操作简易，能够同时集合多项关键指标的高效指挥决策辅助系统。在大数据决策支持系统支撑下，交通、医护、消防、应急、林业和草原、公安等管理部门需要及时沟通，为突发事件的处置提供充足的物力资源、及时的导航信息等。

1. 湿地防火与应急指挥

在物联网、大数据、地理空间信息技术支持下，及时、准确地掌握湿地火情，实现湿地防火动态管理；对湿地监测、湿地预测预报、扑火指挥和火灾损失评估等各环节实行全过程管理，全面提高湿地防火现代化水平，为科学决策提供依据。通过物联网传感器将定时采集的环境温度、空气湿度、光强及烟雾浓度、图像等数据输送到远程控制系统进行处理，利用大数据的整合计算对湿地环境进行判断并作出决策，从而实现对湿地的实时自动监控。

① 湿地火险预警预报：利用湿地火险要素监测数据、可燃物因子采集的数据及气象部门提供的天气预报和实况信息，结合湿地物候和可燃物状况等基本信息，利用大数据技术生成预测预报模型，及时准确地进行多时间、多尺度湿地火险等级预报，生成湿地火险等级预报图和各类专题图。

② 湿地火灾监控图像传输：实现各地湿地防火视频监控平台资源共享，应急防火指挥中心和林草防火办可以通过网络访问和调用各地视频监控平台的实时图像和历史数据，利用大数据分析技术智能判读火灾点，为湿地防火监控和应急指挥提供地面基础数据并提高卫星火灾监测能力，建设自主接受卫星火灾监测系统和数据传输体系。

③ 湿地火灾应急辅助决策：通过火灾热点信息查询、火情标绘和三维电子沙盘防火指挥等功能，直观反映火场情况，利用大数据技术为湿地火灾扑救指挥员提供快捷、准确、及时、有效的数据、图像、影像、音频等信息，确保湿地火灾预防、监测和扑救工作的顺利开展。

④ 湿地火灾损失评估：以湿地调查数据作为基础，通过处理卫星图像数据、地理信息数据和火场实况图等，结合北斗导航系统（BDS）、大数据技术等勘测手段，测算火场面积、受害湿地面积等，评估火灾损失。

⑤ 湿地火灾信息发布：通过网络向公众发布湿地高火险的地区名单和地图，为公众提供防火相关信息查询，利用大数据技术分析群众网络举报火情和提供火灾发生原因线索，提高公众防火意识和参与度。

2. 湿地有害生物防治

湿地有害生物防治主要用于国家和地方多级湿地有害生物管理，包括有害生物调查、监测预报与预警、预防和除治、灾害监测和评估、检疫及追溯信息、数据管理等，实现国家、省、市、县四级湿地有害生物管理部门的数据共享，跨省的检疫管理和有关信息发布；通过形成湿地有害生物应急管理和应急指挥体系，利用大数据技术实现湿地有害生物的实时、有效、多尺度监测，为有害生物防治提供决策支持。

① 湿地有害生物监测：利用航空、航天、远程等遥感监测手段，建立面向不同地区的湿地有害生物监测预警体系，利用大数据技术对重点灾害易发地区进行监测跟踪和分析，实现地面、航空、航天的多尺度立体监测评价，及时准确地发现灾害点。

② 湿地有害生物防治：在湿地有害生物灾害监测、预测、预警、大数据分析和决策等基础上，针对可能或已经发生的灾害，按照有关规定及防治实施方案、防治应急预案的要求，实现对各类防治资源调配、指挥、效果检查评估的管理。

③ 湿地植物检疫管理：包括湿地植物检疫管理、湿地植物检疫执法监管和植物检疫追溯等三部分，利用大数据技术使植物检疫工作更加规范化、流程化，提高检疫执法工作

效率。

④ 湿地有害生物公共服务：实现湿地有害生物防治技术网络共享，建立基本预测信息数据库、预测模型方法库、种群动态和危害知识库、病虫害专家库等有害生物数据库和网络远程诊断技术体系，对采集的数据进行大数据分析，提高有害生物防治的能力。

⑤ 湿地有害生物灾害评估：建立有害生物遥感多尺度监测技术体系，实现灾害的实时、宏观、准确监测与评估，实现监测数据自动更新、湿地有害生物灾害数据管理。开展湿地植被恢复模拟和损失档案管理工作，以湿地调查数据为基础，测算灾害发生面积、受害湿地面积、受害状况等，利用大数据技术评估灾害损失，生成统计图表。

3. 重大湿地生态破坏事件应急

重大湿地生态破坏事件应急，一方面，由航天、航空遥感、物联网等数据采集系统收集灾害监测预警数据、环境背景数据和成灾体数据等，由空间信息系统、大数据技术结合自然灾害模型、抗灾性能模型进行灾害时空分析，判断是否成灾、灾害等级、影响范围和持续时间；另一方面，利用大数据挖掘、模糊搜索等技术手段，从网络信息中寻找生态破坏事件的苗头和倾向，重视隐形热点、难点问题，防止潜在的生态事件转化为严重湿地生态破坏事件。

① 湿地重大生态事件预警：湿地重大生态事件预警是以生态安全监控集成系统收集的数据为基础，通过大数据技术，进行综合分析和判断生态破坏的状态和运动方式、发展趋势，是一个可以实现早期报警，并提出解决方案的人机一体化预警体系。

② 湿地重大生态事件应急：当湿地突发破坏性事件发生后，利用大数据技术实现信息有效沟通和机器预测预判，进而帮助指挥部门协调各方、现场处置和救援，与外界通过信息沟通提供援助，实现多元化协作的应急处置，以避免和降低损失。

4. 研究方法

湿地应急服务体系涵盖广，包括湿地火灾防控、湿地有害生物防治以及其他灾害监测预警等，其关键技术因具体专业不同而不同。

湿地防火技术包括湿地防火模式、火灾预防技术（包括火灾阻隔技术、防火线、雷击火预防技术、湿地火险预测预报技术等）、火灾监测技术（包括红外、视频、地波雷达、微波、卫星监测等）、防火通讯技术和火灾扑救技术。而有害生物防治，则主要涉及生物、化学和物理三大防治技术措施。

① 生物学、生态学：建设湿地应急服务体系，离不开生物学、生态学下各个分支学科的基础科学支撑。生物学是研究生物的结构、功能、发生和发展规律，以及生物与周围环境关系等的科学，微生物学、生物化学、生物信息学、环境生物学等分支学科，都为湿地应急服务的建立提供了相关的理论基础和技术支撑。生态学是研究生物体与其周围环境（包括非生物环境和生物环境）相互关系的科学，湿地生态学、微生物生态学、植物生态学、动物生态学、人类生态学、个体生态学、种群生态学、群落生态学等分支学科，这些也为湿地应急服务的建立提供了相关的理论指导。

②风险管理学、运筹学：基于定量分析和定性分析的风险管理学和运筹学等，也为湿地紧急事件的调控治理提供坚实的理论基础。运筹学是应用数学和形式科学的跨领域研究，利用统计学、数学模型和算法等方法，去寻找复杂问题中的最佳或近似最佳的解答。运筹学以规划论（包括线性规划、非线性规划、整数规划和动态规划等）、库存论、图论、决策论、对策论、排队论、可靠性理论等，指导湿地紧急事件中人员和物资的调度等问题。

③大数据统计分析技术：大数据统计分析技术主要利用分布式数据库，或者分布式计算集群来对存储于其内的巨量数据进行分析和分类汇总等，以满足大多数常见的分析需求，在这方面，一些实时性需求会用到 EMC 的 GreenPlum、Oracle 的 Exadata，以及基于 MySQL 的列式存储 Infobright 等，而一些批处理，或者基于半结构化数据的需求可以使用 Hadoop。

④大数据挖掘技术：大数据挖掘技术与统计和分析过程不同的是数据挖掘一般没有预先设定好的主题，主要是在现有数据上进行基于各种算法的计算，从而起到预测的效果，实现一些高级别数据分析的需求。比较典型算法有用于聚类的 Kmeans、用于统计学习的 SVM 和用于分类的 NaiveBayes，主要使用的工具有 Hadoop 的 Mahout 等。

参 考 文 献

[1] 曹杰，李树青，蒋伟伟，等，2018. 大数据管理与应用导论[M]. 北京：科学出版社.

[2] 董欣，戴夫士·斯里瓦斯塔瓦，2017. 大数据管理丛书·大数据集成[M]. 王秋月，杜治娟，王硕，译. 北京：机械工业出版社.

[3] 高盎，崔丽娟，王发良，等，2017. 基于大数据的湿地生态系统服务价值评估[J]. 水利水电技术.48(9)：1-9.

[4] 国家发改委办公厅，2016. 关于组织实施促进大数据发展重大工程的通知[EB/OL]. 国家发展和改革委员会门户网站 www. sdpc. gov. cn 2016-01-07.

[5] 国务院，2015. 关于印发促进大数据发展行动纲要的通知[EB/OL]. 中央政府门户网站 www. gov. cn 2015-08-31.

[6] 国务院办公厅，2015. 关于运用大数据加强对市场主体服务和监管的若干意见[EB/OL]. 中央政府门户网站 www. gov. cn 2015-06-24.

[7] 李清锋，孔明茹，黄英来，2017. 基于高可用云计算的中国智慧林业大数据系统探究[J]. 世界林业研究，30(6)：63-68.

[8] 李世东，邹亚萍，李明国，等，2016. 中国林业大数据发展战略研究报告[M]. 北京：中国林业出版社.

[9] 任磊，杜一，马帅，等. 2014. 大数据可视分析综述[J]. 软件学报，25(9)：1909-1936.

[10] 宋庆丰，牛香，王兵，2015. 基于大数据的森林生态系统服务功能评估进展[J]. 生态学杂志，34(10)：2914-2921.

[11] 王宏志，2019. 大数据管理系统原理与技术[M]. 北京：机械工业出版社.

[12] 习近平，2017. 实施国家大数据战略加决建设数字中国[EB/OL]. http：//www.xinhuanet.com/2017-

12/09/c_1122084706.htm 2017-12-09.

[13] 熊鹰,2012. 湖南省生态足迹与生态承载力的动态变化分析[J]. 生态环境学报,21(10):1683-1688.

[14] 中国科学院信息领域战略研究组,2009. 中国至2050年信息科技发展路线图[M]. 北京:科学出版社.

[15] 中国林业网,2013. 国家林业局启动生态红线保护行动[EB/OL]. http://www.forestry.gov.cn/main/3161/content-617676.html 2013-07-25.

[16] Thomas J J and Cook K A, 2005. Illuminating the path: the research and development agenda for visual analytics[M]. Washington DC: IEEE Computer Society.

[17] Card S K, Mackinlay J D, Shneiderman B, 1999. Readings in Information Visualization: Using Vision To Think[M]. San Francisco: Morgan-Kaufmann.

附 录

附录1 专业术语中英文对照表

英文	中文	简写
Aboveground net primary productivity	地上净初级生产量	ANPP
Age determination	年代测定	
Air negative(oxygen) ion	空气负(氧)离子	NAI
Alkaline phosphatase	碱性磷酸酶	ALP
Alkaline phosphatase activity	碱性磷酸酶活性	APA
American Public Health Association	美国公共卫生协会	APHA
American Water Works Association	美国自来水厂协会	AWWA
Amylase	淀粉酶	
Archaebacteria	古菌(古细菌)	
Asian Wetland Bureau	亚洲湿地局	AWB
Aspartate decarboxylase	天门冬氨酸脱羧酶	
Asymptotic model	渐近线分解模型	
Atomic absorption spectrophotometry	原子吸收分光光度法	AAS
Back scattered electron image	背散射电子图像	BSEI
Berger-Parker's dominance index	Berger-Parker优势度指数	d
Biochemical oxygen demand	生化需氧量	BOD
Biological productivity	第一性生产力(第一性生产量)	
Bound water(Adsorbed water)	结合水(吸附水)	
Business intelligence	商务智能	BI/DW
Catalase	过氧化氢酶	CAT
Catch per unit effort	单位努力捕获量	CPUE
Chemical oxygen demand	化学需氧量	COD
China Wetland Ecosystem Research Network	中国湿地生态系统定位研究网络	CWERN

(续)

英文	中文	简写
Chromatography column	色谱柱	
Cluster of workstation	工作站机群	COW
Crystal water	结晶水	
Cody's index	Cody 指数	$β_c$
Combined water	化合水	
Community level physiological profile	群落生理代谢剖面	CLPP
Community-Weighted mean trait values	群落植物特征加权平均数指数	CWM
Concentration of air negative(oxygen)ion	空气负(氧)离子浓度	
Conductivity	电导率	
Constant flux of supply	稳定输入通量—稳定堆积模式	CFS
Constitution water	结构水	
Constant initial concentration	恒定初始浓度模式	CIC
Constant rate of supply	恒定补偿速率模式	CRS
Contingency matrix evaluation	可能性矩阵评价	
Data flow calculation	数据流计算	
Data mining	数据挖掘	
Dating	定年	
Dehydrogenase	脱氢酶	
Density	密度	
Density separates	密度分组	
Deoxyribonucleoside triphosphate	脱氧核糖核苷三磷酸	dNTP
Digital elevation model	数字高程模型	DEM
Digital terrain model	数字地形模型	DTM
Digital surface model	数字地表模型	DSM
Digital orthophoto map	数字正射影像	DOM
Digital line graphic	数字线划图	DLG
Direct shear test	直接剪切试验	
Dissolved inorganic carbon	溶解无机碳	DIC
Dissolved oxygen	溶解氧	DO
Distributed shared memory	分布式共享存储	DSM
Distribution technology	分布式技术	
DNA sequencing	DNA 测序	
Dose rate	剂量率	
Double exponential model	双指数分解模型	
Ecological footprint	生态足迹	

(续)

英文	中文	简写
Electron capture detector	电子捕获检测器	ECD
Electron impact	电子轰击	EI
Emission counting	辐射计数	
Energy dispersive spectrometer	能谱仪	EDS
Enzyme-linked immunosorbent assay	酶联免疫吸附测定法	ELISA
Equivalent dose	等效剂量	D_e
Ethylene glycol monomethylether	乙二醇乙醚吸附法	EGME
Event kit	事件套件	
Extract-Transform-Load	数据抽取、转换、装载过程	ETL
Fitness	规则的适合度	
Flame ionization detector	火焰离子检测器	FID
Flame photometric detector	火焰光度检测器	FPD
Flame photometry	火焰光度法	
Fluorescein diacetate	荧光素二乙酸酯	FDA
Free water	自由水	
Fumigation-extraction method	熏蒸提取法	FE
Fumigation-incubation method	熏蒸培养法	FI
Functional attribute diversity	Walker 功能多样性	FAD
Functional divergence	功能分歧指数	FD_{iv}
Functional diversity index	Petchey 和 Gaston 指数	FD
Functional evenness	功能均匀度指数	FEve
Gamma spectrometry	伽马能谱仪	
Gas chromatography	气相色谱法	GC
Gas chromatography-mass spectrometry	气相色谱—质谱法	GC-MS
Genetic algorithms	遗传算法	GA
Gleason's index	Gleason 指数	D_{Gl}
Glutamate decarboxylase	谷氨酸脱羧酶	
Glutathione S-transferases	谷胱甘肽硫转移酶	GSTs
Gradation of air negative (oxygen) ion concentration	空气负(氧)离子浓度等级	
Grain size	粒度	
Grey relation analysis	灰色关联度分析法	GRA
Gross primary productivity	总第一性生产力(总初级生产力)	GPP
Groundcontrol point	地面控制点	GCP

(续)

英文	中文	简写
Hadoop distributed file system	分布式文件系统	HDFS
Heavy-fraction organic matter	重组有机质	
High performance liquid chromatography	高效液相色谱法	HPLC
High-throughput sequencing	高通量测序	
Histogram of gradient	方向梯度直方图	HOG
Hydrolytic enzyme	水解酶	
Inductively coupled plasma-atomic emission spectrometry	电感耦合等离子体原子发射光谱法	ICP-AES
Information visualization	信息可视化	
Inertial navigation system	惯性导航系统	INS
Inorganic carbon	无机碳	IC
International Atomic Energy Agency	国际原子能机构	IAEA
Interstitial water	间隙水	
Interstratified water	层间水	
Invertase	蔗糖酶	
Isotope	同位素	
Isotope abundance	同位素丰度(同位素相对丰度)	
Isotope fractionation	同位素分馏	
Isotope ratio	同位素比率	R
Isotope ratio mass spectrometer	同位素比质谱仪	IRMS
Isotopic tracer method	同位素示踪法	
Kaiser-Meyer-Olkin	KMO 检验	KMO
Karhunen-Loevetransform (Hotelling transform)	离散 KL 变换(霍特林变换)	K-L 变换
Kauth-Thomas transformation (Tasselled cap transformation)	缨帽变换(坎斯—托马斯变换,缨子帽变换)	K-T 变换
Leaf area index	叶面积指数	LAI
Light-fraction organic matter	轻组有机质	
Line transect	样线法	
Loss on ignition	烧失量	LOI
Luminescence dating	释光测年	
Lyases	裂解酶	
Margalef's index	Margalef 指数	D_{Mg}
Mass spectrometry	质谱	MS
Massively parallel processing	大规模并行处理	MPP

(续)

英文	中文	简写
Mean nearest phylogenetic taxon distance	最近种间平均进化距离	MNTD
Mean phylogenetic distance	种间平均进化距离	MPD
Memory based reasoning	基于历史的分析	MBR
Menhinick's index	Menhinick 指数	D_{Me}
Micro electro mechanical system	微电子机械系统	MEMS
Mineralization of water	矿化度	
Mohr method	莫尔法	
Monk's index	Monk 指数	D_{Mo}
Most probable number	最大或然数	MPN
Multiple instruction stream and multiple data stream	多指令流多数据流	MIMD
National Institute of Standards and Technology	美国国家标准和技术研究所	NIST
Nernst equation	能斯特方程	
Net nearest taxon index	净最近种间亲缘关系指数	NTI
Net primary productivity	净第一性生产力(净初级生产力)	NPP
Net related index	净谱系亲缘关系指数	NRI
Neutron activation analysis	中子活化分析方法	NAA
Nitrate reductase	硝酸还原酶	NR
Nitrite reductase	亚硝酸还原酶	NiR
Nitrogen phosphorous detector	氮磷检测器	NPD
Nuclear settlement method	核沉降法	
Nuclide	核素	
Odor threshold quantity method	臭阈值法	
Optical density	吸光度(光密度)	OD
Optically stimulated luminescence	光释光	OSL
Organochlorine pesticides	有机氯农药	OCPs
Oxidation-reduction potential	氧化还原电位	Eh(ORP)
Oxidoreductase	氧化还原酶	
Packed column gas chromatography	填充柱气相色谱法	GC-ECD
Parallel computing	并行计算	
Parallel vector processor	并行向量处理机	PVP
Part per billion	十亿分之一(纳克)	ppb
Part per million	百万分之一(微克)	ppm
Part per trillion	万亿分之一(皮克)	ppt

(续)

英文	中文	简写
Particulate organic matter	颗粒有机质	
Periodic flux	阶段恒定通量模式	PF
Permeability	渗透率	
Permeability coefficient	渗透系数(水力传导系数)	
Peroxidase	过氧化物酶	
Photosynthetically active radiation	光合有效辐射	PAR
Phycocyanin	藻蓝素(藻蓝蛋白)	PC
Pielou´s evenness index	Pielou 均匀度指数	E_H
Plasticity index	塑性指数	PI
Point count	样点观察法	
Polychlorinated biphenyls	多氯联苯	PCBs
Polychlorinated dibenzofurans	多氯代二苯并呋喃	PCDFs
Polychlorinated dibenzo-p-dioxins	多氯代二苯并对二噁英	PCDDs
Polycyclic aromatic hydrocarbon	多环芳烃	PAHs
Polyphenoloxidase	多酚氧化酶	
Polyurethane foam unit method	聚氨酯泡沫塑料法	PFU
Population density	种群密度	
Pore water	孔隙水	
Post processed kinematic	动态后处理技术	PPK
Power of determinant	因子力	
Principal components analysis	主成分分析法	PCA
Protease	蛋白酶	
Pulse duration	脉冲宽度	
Radio frequency identification	射频识别	RFID
Radioactive isotope	放射性同位素	
Rao's quadratic entropy	Rao's 二次熵指数	FDQ
Remotely piloted aircraft	远程驾驶航空器	RPA
Remotely piloted aircraft systems	远程驾驶航空器系统	RPAS
Respiratory quotient	呼吸熵	RQ
Rhodanese	硫氰酸酶	
Ribosomal database project	核糖体数据库项目	RDP
Secondary electron image	二次电子及其图像	SEI
Sequencing by synthesis	边合成边测序	
Shannon-Wiener's index	香农-威纳多样性指数	H´
Shear stress	剪应力	

(续)

英文	中文	简写
Single aliquot regenerative-dose	单片再生法	SAR
Single exponential model	单指数模型	
Single instruction multiple data	单指令流多数据流	SIMD
Single instruction single data	单指令流单数据流	SISD
Size separates	大小分组	
Soil microbial biomass C	土壤微生物生物量碳	
Soil microbial biomass N	土壤微生物生物量氮	
Solid phase extraction	固相萃取	SPE
Sorenson's similarity index	Sorenson相似性系数	Cs
Specific surface	比表面	
Stable isotope	稳定同位素	
Stable isotope technique	沉积物断面同位素法	SIT
Stokes	司笃克斯	
Symmetric Multi-Processing	对称多处理机	SMP
Temperature sensitivity of soil respiration	土壤呼吸温度敏感性	Q10
Terminal restriction fragment length polymorphism	末端限制性酶切片段长度多态性分析	T-RFLP
Thermal ionixation mass spectrometer	热电离质谱	TIMS
Thermo luminescence	热释光	TL
Total carbon	总碳	TC
Total nitrogen	总氮	TN
Total organic carbon	总有机碳	TOC
Transaminase	转氨酶	
Transferase	转移酶	
Traumatic optic neuropathy	臭阈值	TON
Triple exponential model	三指数分解模型	
Tryptophan decarboxylase	色氨酸脱羧酶	
Turbidity	浊度	
Unconfined compressive strength	无侧限抗压强度	
Unmanned aircraft vehicle	无人机	UAV
Unmanned aircraft system	无人机系统	UAS
Urease	脲酶	
Varimax rotation	方差最大正交旋转法	
Varve dating	纹层定年	
Video surveillance & control system	视频监控系统	VSCS

(续)

英文	中文	简写
Water Environment Federation	水环境协会	WEF
Water-acetone-epoxy resin	水—丙酮—环氧树脂交换方法	
Wheatstone bridge	惠斯登电桥	
Whittaker's index	Whittaker 指数	β_w
Wilson's index	Wilson-Schmida 指数	β_T
X-ray fluorescence	X-射线荧光光谱法	
2,3,5-Triphenyltetrazolium Chloride	2,3,5-三苯基氯化四氮唑(氯化三苯基四氮唑)	TTC

附录 2　国际相对原子量表

元素符号	名称 英文	名称 中文	原子量	元素符号	名称 英文	名称 中文	原子量
Ag	Silver	银	107.8682(2)	Na	Sodium	钠	22.98976928(2)
Al	Aluminum	铝	26.9815386(8)	Nb	Niobium	铌	92.90638(2)
Am	americium	镅	243*	Nd	Neodymium	钕	144.242(3)
Ar	Argon	氩	39.948(1)	Ne	Neon	氖	20.1797(6)
As	Arsenic	砷	74.92160(2)	Ni	Nickel	镍	58.6934(2)
Au	Gold	金	196.966569(4)	O	Oxygen	氧	15.9994(3)
B	Boron	硼	10.811(7)	Os	Osmium	锇	190.23(3)
Ba	Barium	钡	137.327(7)	P	Phosphorus	磷	30.973762(2)
Be	Beryllium	铍	9.012182(3)	Pa	Protactinium	镤	231.03588(2)
Bi	Bismuth	铋	208.98040(1)	Pb	Lead	铅	207.2(1)
Br	Bromine	溴	79.904(1)	Pd	Palladium	钯	106.42(1)
C	Carbon	碳	12.017(8)	Po	Polonium	钋	209*
Ca	Calcium	钙	40.078(4)	Pr	Praseodymium	镨	140.90765(2)
Cd	Cadmium	镉	112.411(8)	Pt	Platinum	铂	195.084(9)
Ce	Cerium	铈	140.116(1)	Pu	Plutonium	钚	244*
Cl	Chlorine	氯	35.453(2)	Ra	Radium	镭	226.0254
Co	Cobalt	钴	58.933195(5)	Rb	Rubidium	铷	85.4678(3)
Cr	Chromium	铬	51.9661(6)	Re	Rhenium	铼	186.207(1)
Cs	Cesium	铯	132.9054519(2)	Rh	Rhodium	铑	102.90550(2)
Cu	Copper	铜	63.546(3)	Rn	Radon	氡	222.0176*
Dy	Dysprosium	镝	162.500(1)	Ru	Ruthenium	钌	101.07(2)
Eu	Europium	铕	151.964(1)	S	Sulfur	硫	32.065(5)
F	Fluorine	氟	18.9984032(5)	Sb	Antimony	锑	121.760(3)

(续)

元素符号	名称		原子量	元素符号	名称		原子量
	英文	中文			英文	中文	
Fe	Iron	铁	55.845(2)	Sc	Scandium	钪	44.955912(6)
Ga	Gallium	镓	69.723(1)	Se	Selenium	硒	78.96(3)
Gd	Gadolinium	钆	157.25(3)	Si	Silicon	硅	28.0855(3)
Ge	Germanium	锗	72.64(1)	Sm	Samarium	钐	150.36(2)
H	Hydrogen	氢	1.00794(7)	Sn	Tin	锡	118.710(7)
He	Helium	氦	4.002602(2)	Sr	Strontium	锶	87.62(1)
Hf	Hafnium	铪	178.49(2)	Ta	Tantalum	钽	180.94788(2)
Hg	Mercury	汞	200.59(2)	Tb	Terbium	铽	158.92535(2)
Ho	Holmium	钬	164.93032(2)	Te	Tellurium	碲	127.60(3)
I	Iodine	碘	126.90447(3)	Th	Thorium	钍	232.03806(2)
In	Indium	铟	114.818(3)	Ti	Titanium	钛	47.867(1)
Ir	Iridium	铱	192.217(3)	Tl	Thallium	铊	204.3833(2)
K	Potassium	钾	39.0983(1)	Tm	Thulium	铥	168.93421(2)
Kr	Krypton	氪	83.798(2)	U	Uranium	铀	238.02891(3)
La	Lanthanum	镧	138.90547(7)	V	Vanadium	钒	50.9415(1)
Li	Lithium	锂	6.941(2)	W	Tungsten	钨	183.84(1)
Lu	Lutetium	镥	174.967(1)	Xe	Xenon	氙	131.293(6)
Mg	Magnesium	镁	24.3050(6)	Y	Yttrium	钇	88.90585(2)
Mn	Manganese	锰	54.938045(5)	Yb	Ytterbium	镱	173.04(3)
Mo	Molybdenum	钼	95.94(2)	Zn	Zinc	锌	65.409(4)
N	Nitrogen	氮	14.006747(7)	Zr	Zirconium	锆	91.224(2)

注：括号中的数字为相对原子质量末位数的不确定度；加 * 为该放射性元素已知的半衰期最长同位素的原子质量数。

附录3　希腊字母常用指代意义及其读音

序号	大写	小写	英语音标注音	英文	汉语名称	常用指代意义
1	Α	α	/ˈælfə/	alpha	阿尔法	角度、系数、角加速度、第一个、电离度、转化率
2	Β	β	/ˈbiːtə/或/ˈbeɪtə/	beta	贝塔	角度、系数、磁通系数
3	Γ	γ	/ˈgæmə/	gamma	伽玛	电导系数、角度、比热容比
4	Δ	δ	/ˈdeltə/	delta	得尔塔/德尔塔	变化量、焓变、熵变、屈光度、一元二次方程中的判别式、化学位移
5	Ε	ε, ϵ	/ˈepsɪlɒn/	epsilon	艾普西隆/厄普西隆	对数之基数、介电常数、电容率、应变

(续)

序号	大写	小写	英语音标注音	英文	汉语名称	常用指代意义
6	Z	ζ	/ˈziːtə/	zeta	泽塔	系数、方位角、阻抗、相对黏度
7	H	η	/ˈiːtə/	eta	伊塔	迟滞系数、机械效率
8	Θ	θ	/ˈθiːtə/	theta	西塔	温度、角度
9	I	ι	/aɪˈəʊtə/	iota	约(yāo)塔	微小、一点
10	K	κ	/ˈkæpə/	kappa	卡帕	介质常数、绝热指数
11	Λ	λ	/ˈlæmdə/	lambda	拉姆达	波长、体积、导热系数、普朗克常数
12	M	μ	/mjuː/	mu	谬	磁导率、微、动摩擦系(因)数、流体动力黏度、货币单位、莫比乌斯函数
13	N	ν	/njuː/	nu	纽	磁阻系数、流体运动粘度、光波频率、化学计量数
14	Ξ	ξ	希腊/ksi/，英美/zaɪ/或/saɪ/	xi	克西	随机变量、(小)区间内的一个未知特定值
15	O	ο	/əʊˈmaɪkrən/或/ˈɑːməkrɑːn/	omicron	奥米克戎	高阶无穷小函数
16	Π	π	/paɪ/	pi	派	圆周率、π(n)表示不大于n的质数个数、连乘
17	P	ρ	/rəʊ/	rho	柔	电阻率、柱坐标和极坐标中的极径、密度、曲率半径
18	Σ	σ, ς	/ˈsɪgmə/	sigma	西格马	总和、表面密度、跨导、应力、电导率
19	T	τ	/tɔː/或/taʊ/	tau	陶	时间常数、切应力、2π(两倍圆周率)
20	Υ	υ	/ˈɪpsɪlɒn/或/ˈʌpsɪlɒn/	upsilon	阿普西龙/阿普西隆	位移
21	Φ	φ	/faɪ/	phi	斐	磁通量、电通量、角、透镜焦度、热流量、电势、直径、欧拉函数
22	X	χ	/kaɪ/	chi	希	统计学中有卡方(χ^2)分布
23	Ψ	ψ	/psaɪ/	psi	普西	角速、介质电通量、ψ函数、磁链
24	Ω	ω	/ˈəʊmɪgə/或/oʊˈmeɡə/	omega	奥米伽/欧米伽	欧姆、角速度、角频率、交流电的电角度、化学中的质量分数、不饱和度

此书的出版还得到了中央级公益性科研院所基本科研业务费专项资金项目 CAFYBB2014QA030 资助。